수문학

이종석 저

CH 1 서론 | CH 2 강수 | CH 3 손실 | CH 4 유출 |
CH 5 확률 분석 | CH 6 홍수 추적 | CH 7 설계 응용

도서출판
구미서관

Preface

머리말

수문학(水文學, Hydrology)이라는 이름으로 강의를 시작한 지 10여 년만인 2006년에 강의교재로 사용하기 위해 책을 처음으로 출간하였다. 그때는 지금에 비해 모든 면에서 훨씬 부족하였을 텐데 한편으로 생각하니 용기는 가상했던 것 같다. 그 후 10 수년이 지난 지금 네 번째의 증보판으로 새 책을 출간하게 되니 조금은 열심히 노력은 한 것 같으면서도 머리말을 정리하려니 아직도 미흡한 것이 많이 보인다.

2018년 이후 우리나라의 수자원·물 분야는 여러 부문에서 크고 작은 일들의 많은 변화가 있었다. 수자원 관리 일원화와 통합의 일환으로 주 분야 관리 총괄부서가 이동을 시작하면서 2022년에는 그 근거 법령도 어느 정도 정리된 것 같다. 1965년 제1차 수자원개발 10개년계획에서 제4-3차 수자원장기종합계획이 2016~2020년까지 진행되었고, 2017년 수자원법을 거쳐 2019년 물관리기본법이 제정되어 현재의 우리나라 수자원 최상위 계획인 국가물관리기본계획(2021~2030년)이 수립·수행과정에 있다. 이러한 변화과정 중에 실무적인 관리지침이나 설계기준 등도 체제를 갖추면서 설계 홍수량 산정요령(국토해양부, 2012)이 홍수량 산정 표준지침(환경부, 2019)으로 변경되었다. 이는 오랫동안 사용해왔던 확률강우량 산정 방법이 지점 빈도해석에서 지역 빈도해석으로 변경되었고, 이를 뒷받침하는 실무 활용화 도구인 프로그램도 FARD 2006에서 RFAHD 2020으로 상향된 것은 변화 중의 다른 하나일 것이다.

이 책은 위에서 언급한 변화과정의 내용을 조금이라도 반영하고자 제1장 서론에 수문학의 개념과 정의를 서술한 후 물관련법, 기본계획, 설계 홍수량 등에 관해 간략하게 다루고, 물의 순환과 수문기상에 대해 기술하였다. 제2장은 입력변수인 강수에 관한 내용으로 강수 형성, 수문조사·관측 업무규정과 평균우량, IDF 곡선, DAD 해석 등의 자료 분석, 강우분석과 RFAHD 소개 등의 설계 활용에 관해 기술하였다. 제

3장은 과정변수인 손실로 증발·산, 침투·유효우량, 정상류의 지하수에 관해 기술하였고, 제4장은 출력변수인 유출로 수문곡선, 단위도, HEC-HMS 소개에 관해 기술하였다. 제5장 확률 분석에서는 통계·확률의 개념, 지점·지역빈도 해석, RFAHD 응용에 관해, 제6장 홍수 추적에서는 저수지·하도·유역의 수문학적 홍수추적방법, HEC-HMS 응용, 수리학적 방법(운동파의 유역·하도추적), HEC-RAS 소개를 다뤘다. 제7장 설계 응용에서는 수공 구조물과 그의 설계 수문량, 구조물의 건설비와 피해액 등을 고려한 수경제 분석, 실무적 측면에서의 설계 홍수량 산정에 관해 기술하였다. 또한 이 책은 전반부 4개장을 통해 물 순환의 기초적인 개념을 이해·정립하고, 후반부 3개장을 통해 수공 기술자로서 실무적인 응용력의 향상과 정립에 도움을 줄 수 있도록 편성하고자 하였다. 그리고 학부생들의 교육과정에 편성된 수문학의 강의교재로 활용할 수 있도록 예제와 연습문제를 포함하여 15주 한 학기의 강의에 적합하도록 7개장으로 적절하게 구성하였다. 이 책이 학부생들의 수공학 분야 전공 학습에 기초가 되고, 나아가 수공 실무에 다소나마 활용될 수 있기를 고대하면서 선배 제현님의 지도 편달을 바랍니다.

아울러, 이 책이 완성될 수 있도록 많은 도움을 준 여러분들과 좋은 책을 만들겠다는 일념으로 열의를 다해주신 도서출판 구미서관의 대표님과 직원 여러분께 감사를 드리며, 늘 곁에서 묵묵히 응원해주고 있는 든든한 가족들에게 고마움을 전합니다.

2023. 7.

S8동 227호 연구실에서

李 宗 秝

Contents

목차

Contents

목차

CHAPTER 4 유 출

CHAPTER 5 확률 분석

Contents

목차

CHAPTER 6 홍수 추적

CHAPTER 7 설계 응용

CHAPTER

1

서 론

CHAPTER 1 서 론

본 장에서는 **토목공학**(土木工學, Civil Engineering)도로서 **수공학**(水工學, Hydraulic Engineering) 분야를 체계적으로 이해할 수 있도록 그 연관적 세부전공 분야의 연구과정을 살펴보고, 그중 수공학 분야의 기초 교과목·필수적으로 다루는 **수문학**(水文學, Hydrology)을 정의한다. 수공학 분야 전반에 걸쳐 기본적으로 알아야 할 수자원(물관리)과 하천관련 주요 법령(물관리기본법, 하천법 등)의 일부와 수자원에 관련 기본계획(국가물관리기본계획, 하천기본계획 등), (설계)홍수량 산정(요령) 표준지침 관련 내용의 일부를 다루고자 한다.

아울러 수문학의 근간을 이루는 물 순환과정을 간단히 소개하고 기온, 습도, 바람과 기타 수문기상 분야 관련 주요 법령(기상법 등)의 일부, 예보·관측업무 규정 등에 대해 간략하게 설명한다.

1.1 총 론

체계적인 수공학 분야의 이해를 돕기 위해 세부전공 분야의 연구과정을 살펴보고, 토목공학도로서 수공학 분야의 필수·기초 교과(목)로 다루는 **수문학(Hydrology)**의 정의와 수자원(물관리)·하천 관련 법령의 주요 내용에 대해 설명한다. 또한 종전의 수자원장기종합계획(국토교통부, 2016)인 국가 물관리기본계획(관계부처 합동, 2021)과 하천기본계획(수립), 홍수량 산정 표준지침(환경부, 2019), 기타의 기상 관련사항 등에 대해 간략히 기술한다.

1.1.1 수공학 체계

수공학(Hydraulic Engineering)과 관련된 학문적 체계는 개략적으로 **그림 1.1**과 같이 설명할 수 있다. 수문학은 자연현상을 대상으로 하여 물의 순환과정을 중심으로 다룬다. 이를 기초로 하여 학부 교과과정의 응용교과에 활용할 수 있는 기본과목으로 유체역학과 함께 수공학 분야의 기초를 이룬다. 수문학은 강수-유출로 이어지는 기초적 물순환의 원리와 흐름의 개념을 유체역학·실험, 수리학·실험, 수공설계와 상·하수도공학, 하천공학, 해안·항만공학 등에 제공함으로써 수공학 분야의 공학적 응용과 실무 활용의 바탕 역할을 할 것이다. 또한 이들 공학적 개념은 각종 수공 구조물을 기획·설계와 안정성 검토, 유지관리에 필수적인 것이다.

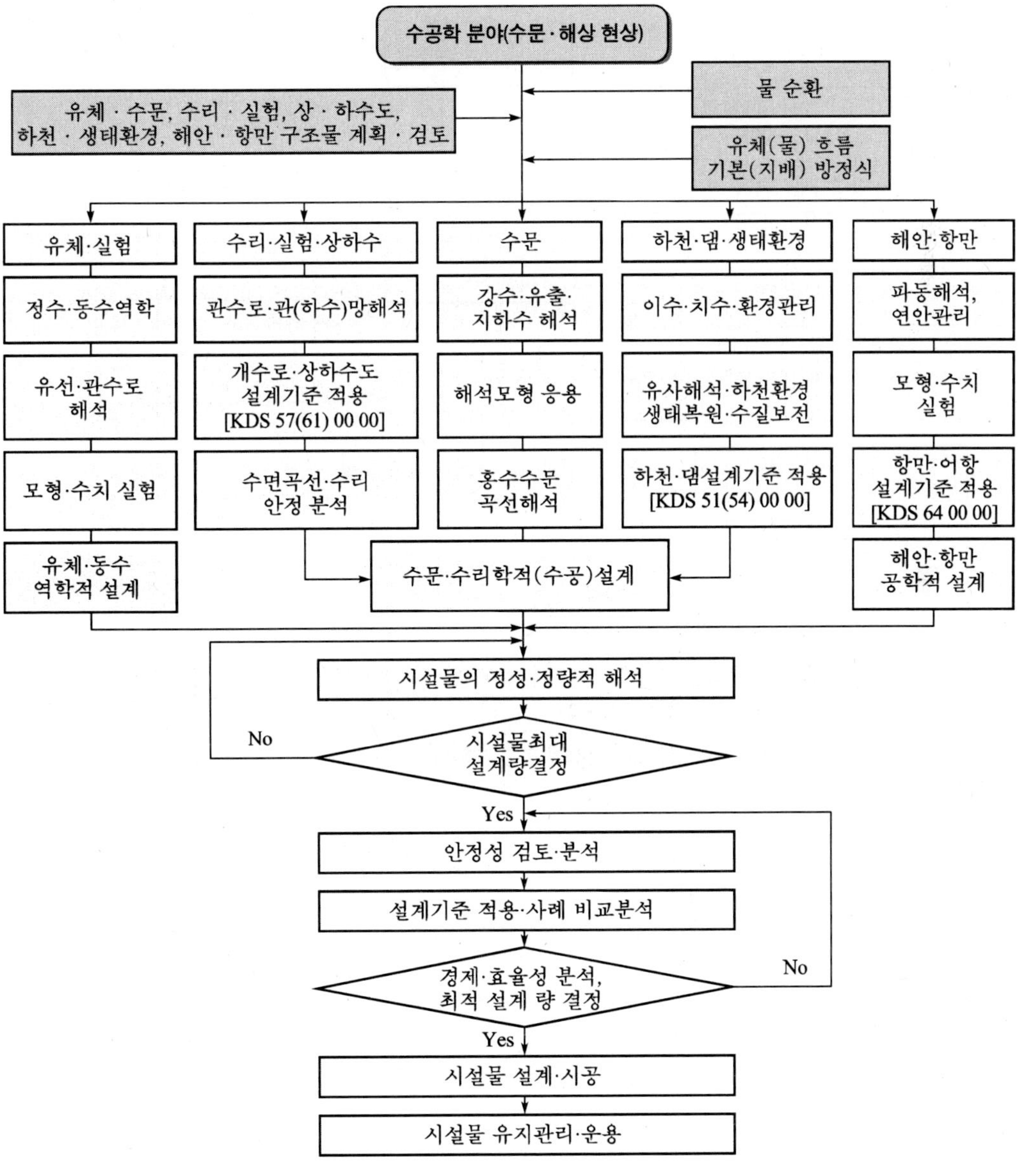

그림 1.1 수공학 분야의 체계와 운용

1.1.2 수문학 정의 · 역할

수문학(水文學, **Hydrology**)은 자연을 대상으로 하여 물의 순환과정에서 일어나는 여러 가지 현상과 이들 현상 간의 상호관계를 이해하고 구명함으로써 수자원의 효율적인 개발·기획·관리에 필요한 기본원리를 제공하는 학문이다.

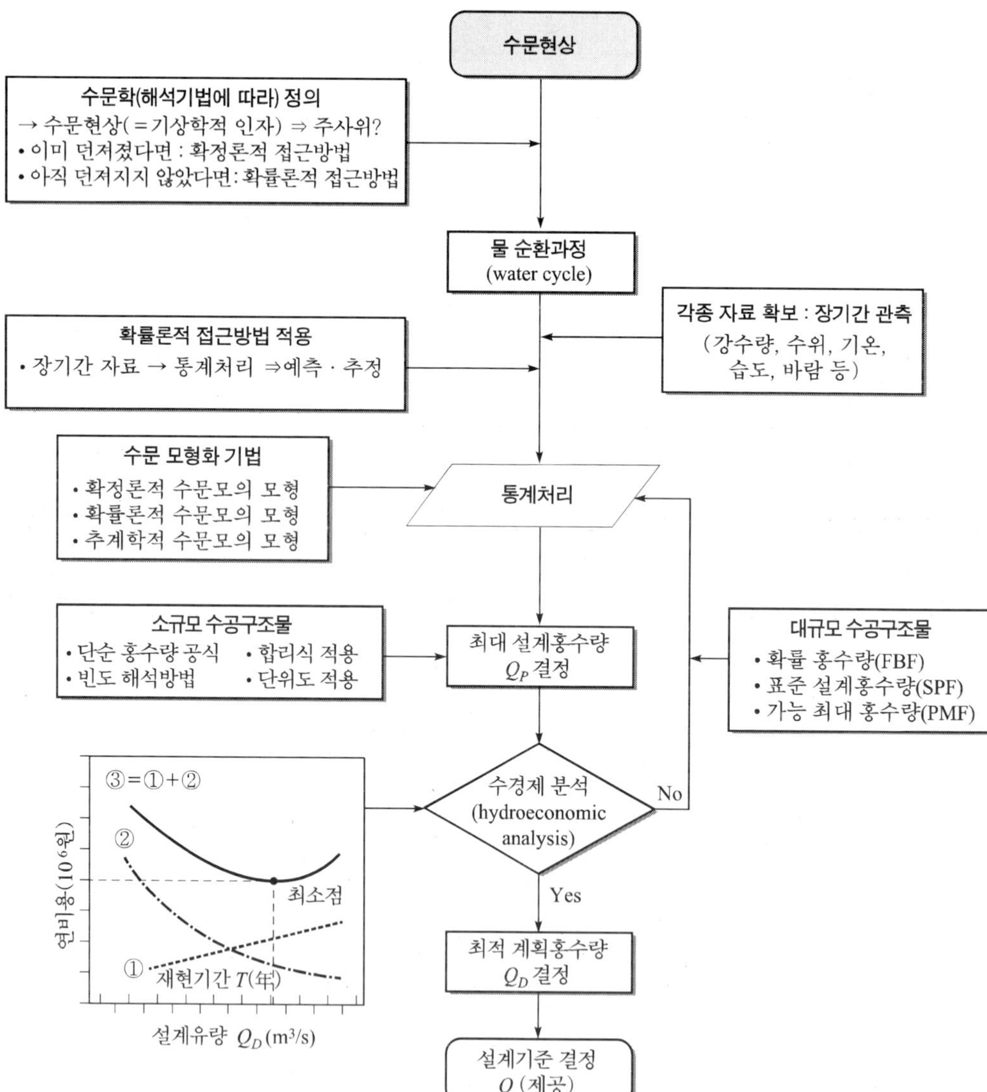

그림 1.2 수문학의 역할

이는 수문현상을 어떻게 이해하고, 해석하느냐의 접근방법(approach metho)에 따라 즉, 수문현상을 하나의 주사위로 생각해볼 때, 이 운명의 주사위가 던져졌느냐 아니면 아직 던져지지 않았느냐에 따른 접근방법에 따라 구분된다. 전자의 경우는 수문현상을 **결정론적 과정(決定論的 過程, deterministic approach method)**으로 해석하는 방법이고, 후자의 경우는 **확률론적 과정(確定論的 過程, probabilistic approach method)**으로 해석하는 방법이다. 현재까지는 수문현상을 확률론적 가정으로 해석하고 있으며, 여기에 **추계론적 방법(推計論的 方法, stochastic method)**을 가미하여 각종 사용목적에 적용하고 있다.

수문학의 **역할**은 **그림 1.2**와 같이 수공구조물의 설계와 운용에 필요한 양적 기준(=설계기준량)을 제공한다. 암거(culvert), 도시배수 시스템, 관개용·배수 시스템, 비행장 배수 시스템, 하천제방 시설물, 소규모 댐의 여수로·부속시설물 등의 **소규모 수공구조물(小規模 水工構造物, minor hydraulic structure)**은 확률강우량에 의한 재현기간별 설계홍수량을 그 기준으로 한다.

또한 구조물의 규모가 작은 **확률홍수량(確率 洪水量, frequency-based flood, FBF)**, 중간 정도의 경우에는 **표준설계 홍수량(標準 設計洪水量, standard project flood, SPF)**, 큰 경우에는 **가능 최대 홍수량(可能 最大 洪水量, probable maximum flood, PMF)**을 설계홍수량으로 결정한다.

특히 **대규모 수공구조물(大規模 水工構造物, major hydraulic structure)**인 대규모 다목적 댐의 최적 설계홍수량은 **그림 1.2**와 같이 건설비용과 피해비용의 합이 최소 비용인 구조물이 되도록 결정하는 이른바 **수경제 분석(水經濟 分析, hydroeconomic analysis)**을 통해 정량적으로 결정하여 그 기준을 제공한다. 이에 대해서는 7.2.1 **수경제 분석**에서 상세히 다룬다.

1.1.3 물관련법

본 절에서는 국가물관리기본계획과 하천기본계획 등의 법적 근거를 이루고 있는 물관리기본법(법제처, 2022d)과 수자원의 조사 · 계획 및 관리에 관한 법률(법제처, 2022g)(이하 "수자원법"으로 약칭), 하천법(법제처, 2022k)의 일부에 대해 간단하게 다룬다. 또한 이들 법의 시행령과 시행규칙의 일부를 소개하며, 해당 법령은 주요 사항만을 그 법령의 나열 순서대로 소개하고자 한다.

(1) 물관리기본 관련법

본 소절에서는 물관리기본법(시행 2021. 7. 6., 법률 제17841호, 2021. 1. 5., 일부개정)과 같은 법 시행령(시행 2022. 6. 16., 대통령령 제32697호, 2022. 6. 14., 타법개정)에 대해 주요 사항 일부를 소개한다(법제처, 2022d).

① 물관리기본법

물관리기본법의 주요 내용 중 일부를 소개하면 다음과 같다.

1) 제1조(목적) 이 법은 물관리의 기본이념과 물관리 정책의 기본방향을 제시하고 물관리에 필요한 기본적인 사항을 규정함으로써 물의 안정적인 확보, 물환경의 보전·관리, 가뭄·홍수 등으로 인하여 발생하는 재해의 예방 등을 통하여 지속가능한 물순환 체계를 구축하고 국민의 삶의 질 향상에 이바지함을 목적으로 한다.

2) 제3조(정의) 이 법에서 사용하는 용어의 뜻은 다음과 같다.
   1. “물순환”이란 강수(降水)가 지표수(地表水)와 지하수(地下水)로 되어 하천·호수·늪·바다 등으로 흐르거나 저장되었다가 증발하여 다시 강수로 되는 연속된 흐름을 말한다.
   2. “물관리”란 모든 사람과 생명체가 물을 자연환경의 구성요소 및 사회·경제 활동의 필요요소이자 자원으로서 보전하고 경제적으로 이용하며, 가뭄·홍수로 인한 재해를 줄이거나 예방하는 일을 말한다.
   3. “수자원”이란 인간의 생활이나 경제활동 및 자연환경 유지 등을 하는 데 이용할 수 있는 자원으로서의 물을 말한다.
   4. “유역”이란 분수령(分水嶺)을 경계로 하여 하천 등이 모이는 일정한 구역을 말한다.

3) 제27조(국가물관리기본계획의 수립 등) ① 환경부장관은 10년마다 관계 중앙행정기관의 장 및 유역물관리위원회의 위원장과 협의하고 국가물관리위원회의 심의를 거쳐 다음 각 호의 사항을 포함한 국가물관리기본계획(이하 “국가계획”이라 한다)을 수립하여야 한다.
   1. 국가 물관리 정책의 기본목표 및 추진방향
   2. 국가 물관리 정책의 성과평가 및 물관리 여건의 변화 및 전망
   3. 물환경 보전 및 관리, 복원에 관한 사항
   4. 물의 공급·이용·배분과 수자원의 개발·보전 및 중장기 수급 전망
   5. 가뭄·홍수 등으로 인하여 발생하는 재해의 경감 및 예방에 관한 사항

6. 기후변화에 따른 물관리 취약성 대응 방안
7. 물분쟁 조정 및 수자원 사용의 합리적 비용 분담 원칙·기준
8. 물관리 예산의 중·장기 투자 방향에 관한 사항
9. 물산업의 육성과 경쟁력 강화
10. 유역물관리종합계획의 기본 방침
11. 그 밖에 지속가능한 물관리를 위하여 대통령령으로 정하는 사항

② 물관리기본법 시행령

물관리기본법 시행령의 주요 내용 중 일부를 소개하면 다음과 같다.

1) **제1조(목적)** 이 영은 「물관리기본법」에서 위임된 사항과 그 시행에 필요한 사항을 규정함을 목적으로 한다.

2) **제13조(국가물관리기본계획의 수립 등)**

① 법 제27조제1항제11호에서 "대통령령으로 정하는 사항"이란 다음 각 호의 사항을 말한다.

1. 물관리 국제협력에 관한 사항
2. 남북한 간 물관리 협력에 관한 사항
3. 물관리 관련 조사연구 및 기술개발 지원에 관한 사항
4. 법 제27조제1항에 따른 국가물관리기본계획(이하 "국가계획"이라 한다)의 연도별 이행 상황 평가에 관한 사항

표 1.1은 제1차 국가물관리기본계획(2021～2030)이 우리나라의 물관리 최상위 계획으로 1965년도부터 2022년 현재까지 변천과정해온 과정을 요약한 것이다. 이는 앞에서 간단히 설명한 것과 같이 물관리기본법(제27조)에 근거한 '2021～2030년까지 우리나라 전역(4대 대권역, 18개 중권역)에 대한 각 분야별 물관리 계획의 물 관련 국가 최상위 계획'이다. 이에 대한 개략적인 설명은 1.1.4 **기본계획**에서 다루고자 한다.

표 1.1 물관리 최상위 계획의 변천과정

	196 · 70년대	1980년대	1990년대	2000년대	2010년대	2020년대
수자원종합개발 · 농어촌용수이용합리화	1차 수자원개발 10개년계획 (1965-1975) 다목적댐 개발	2차 수자원장기종합개발계획 (1981-1991) 댐개발 · 치수사업	3차 수자원장기종합계획 (1991-2011) 수자원 개발 · 관리 3-1차 수자원장기종합계획 (1997-2011) 환경친화적 수자원 개발 · 관리 1차 농촌용수이용합리화계획 (1999) 농촌용수 합리적 개발·보전·관리	4차 수자원장기종합계획 (2001-2020) 건전 물 활용, 안전·친근 물 환경 조성 4-1차 수자원장기종합계획 (2006-2020) 사람, 자연이 바라는 지속 가능 물관리	4-2차 수자원장기종합계획 (2011-2020) 녹색국토 위한 물강국 실현 4-3차 수자원장기종합계획 (2016-2020) 물걱정無, 행복 · 풍요 세상 2차 농어촌용수이용합리화계획 (2015-2024) 농어촌용수 효율적 이용·개발, 보전·관리	제1차 국가물관리기본계획 (2021-2030)
맑은 물 공급 · 수질 관리		1차 맑은 물 공급종합대책 (1989-1992) 팔당호 주변지역 하수처리장 건설	2차 맑은 물 공급종합대책 (1993-1997) 원수 수질개선대책 1차 전국수도 종합계획 (1997-2006) 깨끗 · 안전한 수돗물 공급	2차 전국수도 종합계획 (2006-2015) 맑은 물 안정적 공급 1차 물환경관리기본계획 (2006-2015) 물고기, 아이들 물환경 조성 1차국가하수도종합계획 (2007-2015) 쾌적 · 안전 생활환경 하수도	3차 전국수도 종합계획 (2016-2025) 걱정 없는 발전하는 수도 2차 국가하수도종합계획 (2016-2025) 시민안전 생활쾌적, 지역활력 하수도 2차 물환경관리기본계획 (2016-2025) 방방곡곡 건강한물, 행복한 세상	• 물관리기본법 구체화 계획 • 물 관련기관 통합형 계획 • 각 분야 물관리 최상위 계획 • 실증기반 과학적 분석·전략계획

(2) 수자원 관련법

본 소절에서는 수자원법(시행 2020. 5. 26., 법률 제17326호, 2020. 5. 26., 타법개정)과 같은 법 시행령(시행 2022. 6. 16., 대통령령 제32697호, 2022. 6. 14., 타법개정), 같은 법 시행규칙(시행 2018. 6. 8., 환경부령 제764호, 2018. 6. 8., 타법개정)에 대해 주요 사항 일부를 소개한다(법제처, 2022g).

① 수자원법

수자원법의 주요 내용 중 일부를 소개하면 다음과 같다.

1) **제1조(목적)** 이 법은 수자원의 효율적 보전·이용·개발·물 관련 재해의 경감·예방을 위하여 수자원의 조사, 수자원계획의 수립·집행, 수자원 관리의 효율화에 필요한 사항을 정함으로써 공공복리를 증진하고 국민경제의 지속가능한 발전에 이바지함을 목적으로 한다.

2) **제2조(정의)** 이 법에서 사용하는 용어의 뜻은 다음과 같다.

   1. "수자원"이란 인간의 생활이나 경제활동, 자연환경 유지 등을 하는 데 이용할 수 있는 자원으로서의 물을 말한다.

2. "물순환"이란 강수(降水)가 지표수(地表水)와 지하수(地下水)로 되어 하천·호수·늪·바다 등으로 흐르거나 저장되었다가 증발하여 다시 강수로 되는 연속된 흐름을 말한다.
3. "수문조사"(水文調査)란 하천(「하천법」 제2조제1호에 따른 하천을 말한다. 이하 같다)·호수·늪의 수위, 유량(취수량, 방류수량을 포함한다), 유사량(流砂量), 하천유역의 강수량, 증발산량(蒸發散量), 토양수분 함유량에 관하여 과학적인 방법으로 관찰·측정·조사·분석하는 것을 말한다. 다만, 「기상관측표준화법」 등 기상 관계 법률에 따른 기상관측은 제외한다.
4. "수자원시설"이란 수자원의 보전·이용·개발과 재해의 경감·예방을 위하여 설치하는 다음 각 목의 시설을 말한다.
   가. 제방·하구둑·홍수조절지·방수로 등 하천의 기능을 보전하고 효용을 증진하며 홍수피해를 줄이기 위하여 설치하는 시설
   나. 댐, 보(洑), 해수담수화 시설, 지하수자원확보 시설 등 수자원의 종합적인 이용·개발을 위하여 설치하는 시설
   다. 가목 또는 나목의 시설과 연계된 친수이용을 위하여 설치하는 시설
   라. 그 밖에 대통령령으로 정하는 시설
5. "수자원관리기술"이란 수자원의 체계적 보전·이용 및 개발, 홍수·가뭄 등 수자원 관련 재해의 경감 및 예방, 그 밖에 수자원을 기반으로 한 자연 및 인문 환경의 증진을 위한 활동에 관한 기술을 말한다.

3) 제8조(홍수·갈수 예보의 실시)

① 환경부장관은 홍수 또는 갈수(渴水)로 인명과 재산에 대한 피해가 예상될 때에는 그 피해를 예방하거나 줄이기 위하여 홍수 또는 갈수 예보를 하여야 한다. 〈개정 2018.6.8.〉

② 제1항에 따른 예보에 관한 세부적인 사항은 환경부령으로 정한다. 〈개정 2018.6.8.〉

4) 제17조(수자원장기종합계획)

① 환경부장관은 국가 수자원의 효율적인 이용 및 관리를 위한 20년 단위의 종합계획(이하 "수자원장기종합계획"이라 한다)을 수립하여야 한다. 〈개정 2018.6.8.〉

② 수자원법 시행령

수자원법시행령의 주요 내용 중 일부를 소개하면 다음과 같다.

1) **제1조(목적)** 이 영은 「수자원의 조사·계획 및 관리에 관한 법률」에서 위임된 사항과 그 시행에 필요한 사항을 규정함을 목적으로 한다.

2) **제2조(수자원시설)** 「수자원의 조사·계획 및 관리에 관한 법률」(이하 "법"이라 한다) 제2조제4호라목에서 "대통령령으로 정하는 시설"이란 다음 각 호의 시설을 말한다.

1. 「하천법」 제2조제3호에 따른 하천시설(이하 "하천시설"이라 한다) 중 호안(護岸), 수문(水門) 등 수자원의 보전·이용 및 개발, 물 관련 재해의 경감 및 예방에 필요한 시설
2. 강수량계, 수위계 등 수문조사(水文調査)에 필요한 시설

3) **제9조(하천시설에서의 수문조사기기 설치기준)**

① 법 제10조제1항에 따라 수문조사기기를 설치하려는 하천시설의 설치자는 다음 각 호의 기준에 따라 수문조사기기를 설치하여야 한다.

1. 수위·유량 조사기기는 하천시설의 수위·방류량 및 유입량을 측정하기 위하여 해당 하천시설이 설치된 하천의 적정한 지점에 설치할 것
2. 강수량 조사기기는 하천·기상 등의 상황을 고려하여 해당 하천시설의 상류집수지역 중 강수량 조사에 적합한 지점에 다음 각 목의 구분에 따라 설치할 것

가. 유역면적이 200제곱킬로미터 미만인 경우: 1개 이상

나. 유역면적이 200제곱킬로미터 이상 600제곱킬로미터 미만인 경우: 2개 이상

다. 유역면적이 600제곱킬로미터 이상인 경우: 3개 이상

② 제1항에 따라 설치되는 수위·유량 조사기기 및 강수량 조사기기는 자동으로 기록되는 것이어야 한다.

4) **제15조(수자원장기종합계획)**

① 법 제17조제1항에 따른 수자원장기종합계획(이하 "수자원장기종합계획"이라 한다)에는 다음 각 호의 사항이 포함되어야 한다.

1. 수자원 정책의 기본목표 및 추진방향
2. 수자원의 현황, 주변여건 및 전망에 관한 사항
3. 수자원의 개발·공급 및 관리에 관한 사항
4. 홍수 등 재해방지에 관한 사항..

5. 하천의 환경보전 및 다목적 이용에 관한 사항
6. 수자원에 관한 조사·연구 및 기술개발
7. 기후변화 대응을 위한 수자원 관리대책
8. 수자원과 관련한 사회적 갈등의 발생을 예방하기 위한 주민 참여에 관한 사항
9. 수자원과 관련한 산업육성, 해외진출 전략 및 국제협력에 관한 사항
10. 그 밖에 수자원의 관리 및 보전에 관한 사항

③ **수자원법 시행규칙**

수자원법시행규칙의 주요 내용 중 일부를 소개하면 다음과 같다.

1) **제1조(목적)** 이 규칙은 「수자원의 조사·계획 및 관리에 관한 법률」 및 같은 법 시행령에서 위임된 사항과 그 시행에 필요한 사항을 규정함을 목적으로 한다.

2) **제2조(홍수예보)**

① 홍수통제소장은 「수자원의 조사·계획 및 관리에 관한 법률」(이하 "법"이라 한다) 제8조제1항에 따라 하천구역(「하천법」 제2조제2호에 따른 하천구역을 말한다. 이하 같다) 및 그 배후지역에서 홍수로 인명과 재산에 대한 피해가 예상될 때에는 다음 각 호의 정보를 제공하는 홍수예보를 하여야 한다.

1. 하천변 도로, 철도 및 주요시설의 침수위험 정보
2. 하천구역 및 그 배후지역의 예측수위 정보
3. 「하천법」 제44조에 따른 친수지구의 홍수위험 정보
4. 그 밖에 홍수피해를 예방하거나 줄이기 위하여 필요한 정보

3) **제3조(갈수예보)**

① 홍수통제소장은 법 제8조제1항에 따라 갈수(渴水)로 인명과 재산의 피해가 예상되는 지역에 대하여 **별표 2의 기준**에 따라 갈수예보를 관심, 주의, 경계 또는 심각 단계로 구분하여 발령하여야 한다.

② 홍수통제소장은 갈수예보를 발령할 때에는 그 사실을 별지 제4호서식의 갈수예보(관심, 주의, 경계, 심각)단계 발령서에 따라 관할 시·도지사, 관할 시장·군수·구청장, 관계기관의 장, 「하천법」 제50조 및 제50조의2에 따른 해당 지역의 하천수 사용자(이하 "하천수사용자"라 한다) 및 그 밖의 수자원시설을 관리하는 기관의 장에게 지체 없이 통지하여야 한다.

③ 홍수통제소장은 발령된 갈수예보를 변경할 때에는 그 사실을 별지 제5호서식의 갈

수예보(관심, 주의, 경계, 심각)단계 변경발령서에 따라 관할 시·도지사, 관할 시장·군수·구청장, 관계기관의 장, 하천수사용자 및 그 밖의 수자원시설을 관리하는 기관의 장에게 지체 없이 통지하여야 한다.

(3) 하천 관련법

본 소절에서는 하천법(시행 2023. 6. 11., 법률 제18915호, 2022. 6. 10., 일부개정)과 같은 법 시행령(시행 2022. 1. 21., 대통령령 제32352호, 2022. 1. 21., 타법개정), 같은 법 시행규칙(시행 2022. 1. 1., 환경부령 제958호, 2021. 12. 28., 타법개정)에 대해 주요 사항 일부를 소개한다(법제처, 2022k).

① 하천법

하천법의 주요 내용 중 일부를 소개하면 다음과 같다.

1) **제1조(목적)** 이 법은 하천사용의 이익을 증진하고 하천을 자연친화적으로 정비·보전하며 하천의 유수(流水)로 인한 피해를 예방하기 위하여 하천의 지정·관리·사용 및 보전 등에 관한 사항을 규정함으로써 하천을 적정하게 관리하고 공공복리의 증진에 이바지함을 목적으로 한다.

2) **제2조(정의)** 이 법에서 사용하는 용어의 정의는 다음과 같다. 〈개정 2009.4.1., 2012.1.17., 2013.3.23., 2020. 6. 9., 2020. 12. 31〉

1. "하천"이라 함은 지표면에 내린 빗물 등이 모여 흐르는 물길로서 공공의 이해에 밀접한 관계가 있어 제7조제2항, 제3항에 따라 국가하천 또는 지방하천으로 지정된 것을 말하며, 하천구역과 하천시설을 포함한다.
2. "하천구역"이라 함은 제10조제1항에 따라 결정된 토지의 구역을 말한다.
3. "하천시설"이라 함은 하천의 기능을 보전하고 효용을 증진하며 홍수피해를 줄이기 위하여 설치하는 다음 각 목의 시설을 말한다. 다만, 하천관리청이 아닌 자가 설치한 시설에 관하여는 하천관리청이 해당 시설을 하천시설로 관리하기 위하여 그 시설을 설치한 자의 동의를 얻은 것에 한한다.

가. 제방·호안(護岸)·수제(水制) 등 물길의 안정을 위한 시설

나. 댐·하구둑(「방조제관리법」에 따라 설치한 방조제를 포함한다)·홍수조절지·저류지·지하하천·방수로·배수펌프장(「농어촌정비법」에 따른 농업생산기반시설인 배수장과 「하수도법」에 따른 하수를 배제(排除)하기 위하여 설치한 펌프장을

제외한다)·수문(水門) 등 하천수위의 조절을 위한 시설

다. 운하·안벽(岸壁)·물양장(物揚場)·선착장·갑문 등 선박의 운항과 관련된 시설

라. 그 밖에 대통령령으로 정하는 시설

4. "하천관리청"이라 함은 하천에 관한 계획의 수립과 하천의 지정·사용 및 보전 등을 하는 환경부장관, 특별시장·광역시장·특별자치시장·도지사·특별자치도지사(이하 "시·도지사"라 한다)를 말한다.

5. "하천공사"라 함은 하천의 기능을 높이기 위하여 하천의 신설·증설·개량, 보수 등을 하는 공사를 말한다.

6. "유지·보수"라 함은 하천의 기능이 정상적으로 유지될 수 있도록 실시하는 점검·정비 등의 활동을 말한다.

7. 삭제 〈2017.1.17.〉

8. "하천수"라 함은 하천의 지표면에 흐르거나 하천 바닥에 스며들어 흐르는 물 또는 하천에 저장되어 있는 물을 말한다.

3) 제7조(하천의 구분 및 지정)

① 하천은 국가하천과 지방하천으로 구분한다.

② 국가하천은 국토보전상 또는 국민경제상 중요한 하천으로서 다음 각 호의 어느 하나에 해당하여 환경부장관이 그 명칭과 구간을 지정하는 하천을 말한다. 〈개정 2009. 4. 1., 2013. 3. 23., 2018. 8. 14., 2020. 12. 31.〉

1. 유역면적 합계가 200제곱킬로미터 이상인 하천
2. 다목적댐의 하류 및 댐 저수지로 인한 배수영향이 미치는 상류의 하천
3. 유역면적 합계가 50제곱킬로미터 이상이면서 200제곱킬로미터 미만인 하천으로서 다음 각 목의 어느 하나에 해당하는 하천

가. 인구 20만명 이상의 도시를 관류(貫流)하거나 범람구역 안의 인구가 1만명 이상인 지역을 지나는 하천

나. 다목적댐, 하구둑 등 저수량 500만세제곱미터 이상의 저류지를 갖추고 국가적 물 이용이 이루어지는 하천

다. 상수원보호구역, 국립공원, 유네스코생물권보전지역, 문화재보호구역, 생태·습지보호지역을 관류하는 하천

라. 삭제 〈2018. 8. 14.〉

4. 범람으로 인한 피해, 하천시설 또는 하천공작물의 안전도 등을 고려하여 대통령

령으로 정하는 하천

③ 지방하천은 지방의 공공이해와 밀접한 관계가 있는 하천으로서 시·도지사가 그 명칭과 구간을 지정하는 하천을 말한다.

④ 환경부장관은 제2항에 따라 국가하천을 지정하려는 경우에는 관계 중앙행정기관의 장과 협의한 후 「수자원의 조사·계획 및 관리에 관한 법률」 제29조에 따른 국가수자원관리위원회(이하 "국가수자원관리위원회"라 한다)의 심의를, 시·도지사가 제3항에 따라 지방하천을 지정하려는 경우에는 같은 법 제32조에 따른 지역수자원관리위원회(이하 "지역수자원관리위원회"라 한다)의 심의를 거쳐야 한다. 지정을 변경하거나 해제하는 경우에도 또한 같다. 〈개정 2009. 4. 1., 2013. 3. 23., 2017. 1. 17., 2020. 12. 31.〉

⑤ 환경부장관이 지방하천을 국가하천으로 지정한 때에는 지방하천의 지정은 그 효력을 잃는다. 〈개정 2009. 4. 1., 2013. 3. 23., 2020. 12. 31.〉

⑥ 환경부장관 또는 시·도지사가 제2항 또는 제3항에 따라 국가하천 또는 지방하천으로 지정하거나 지정을 변경 또는 해제하는 경우에는 환경부령으로 정하는 바에 따라 이를 고시하고, 관계 서류를 관계 시장·군수 또는 구청장(자치구의 구청장을 말한다. 이하 같다)에게 보내야 하며, 시장·군수 또는 구청장은 관계 서류를 일반인이 볼 수 있도록 하여야 한다. 〈개정 2009. 4. 1., 2013. 3. 23., 2020. 12. 31.〉

⑦ 둘 이상의 하천이 합류되거나 분기되는 지점에서의 하천 구간의 경계는 하천관리청이 정하되, 하천관리청이 서로 다른 경우에는 관계 하천관리청이 협의하여 정한다. 〈개정 2020. 6. 9.〉

4) 제25조(하천기본계획)

① 하천관리청은 그가 관리하는 하천에 대하여 대통령령으로 정하는 바에 따라 하천의 이용, 주민친화적 활용 및 자연친화적 관리·보전에 필요한 기본적인 사항 등을 내용으로 하는 10년 단위의 하천기본계획을 수립하여야 한다. 〈개정 2018. 6. 12., 2021. 7. 27.〉

② 제1항에도 불구하고 환경부장관은 「수자원의 조사·계획 및 관리에 관한 법률」 제18조에 따른 하천유역수자원관리계획 등과의 연계가 필요하다고 인정되는 경우에는 시·도지사가 하천관리청인 하천에 대하여 하천기본계획을 수립할 수 있다. 이 경우 미리 관계 하천관리청과 협의하여야 한다. 〈개정 2009. 4. 1., 2013. 3. 23., 2017. 1. 17., 2020. 12. 31.〉

③ 하천관리청은 하천기본계획이 수립된 날부터 5년마다 그 타당성을 검토하여 필요한 경우에는 그 계획을 변경하여야 한다. 〈개정 2020. 6. 9.〉

④ 하천기본계획에 포함되어야 하는 사항은 대통령령으로 정한다.

⑤ 환경부장관 또는 하천관리청은 하천기본계획을 수립하거나 변경하려는 때에는 미리 관계 행정기관의 장과 협의한 후 수자원관리위원회의 심의를 거쳐야 한다. 다만, 대통령령으로 정하는 경미한 사항을 변경하려는 때에는 그러하지 아니하다. 〈개정 2009. 4. 1., 2013. 3. 23., 2017. 1. 17., 2020. 12. 31.〉

⑥ 제9조는 둘 이상의 시·도에 걸치는 지방하천에 대하여 시·도지사가 하천기본계획을 수립하는 경우에 준용한다. 〈개정 2020. 6. 9.〉

⑦ 제7조제6항은 하천기본계획의 수립 및 변경에 관하여 준용한다.

⑧ 하천기본계획의 수립 기준·절차·방법 등에 필요한 사항은 대통령령으로 정한다. 〈신설 2016. 1. 19.〉

② 하천법시행령

하천법시행령의 주요 내용 중 일부를 소개하면 다음과 같다.

1) **제1조(목적)** 이 영은 「하천법」에서 위임된 사항과 그 시행에 필요한 사항을 규정함을 목적으로 한다.

2) **제2조(하천시설)** 「하천법」(이하 "법"이라 한다) 제2조제3호라목에서 "대통령령으로 정하는 시설"이란 하천관리에 필요한 보(洑)·수로터널·하천실험장, 그 밖에 법에 따라 설치된 시설로서 환경부장관이 고시하는 시설을 말한다. 〈개정 2013. 3. 23., 2017. 7. 17., 2021. 12. 28.〉

3) **제24조(하천기본계획의 수립)** ① 법 제25조제1항에 따른 하천기본계획(이하 "하천기본계획"이라 한다)을 수립할 때에는 하천유역의 국토계획 및 도시·군계획 등에 대한 변동상황을 고려하여 공통유역도(환경부장관이 이수·치수·환경을 고려하여 전국을 권역별로 구분한 유역도를 말한다)를 기본으로 권역별로 수립하여야 한다. 〈개정 2012. 4. 10., 2013. 3. 23., 2021. 12. 28.〉

③ 하천법시행규칙

하천법시행규칙의 주요 내용 중 일부를 소개하면 다음과 같다.

1) **제1조(목적)** 이 규칙은 하천법, 같은 법 시행령에서 위임된 사항과 그 시행에 필요한 사항을 규정함을 목적으로 한다.

2) **제13조(하천기본계획의 고시 등)** 유역환경청장·지방환경청장 또는 시·도지사는 법 제25조제1항부터 제3항까지의 규정에 따라 하천기본계획을 수립하거나 변경한 때에는 다음 각 호의 사항을 관보 또는 공보에 고시하여야 한다. 〈개정 2021. 12. 28.〉

1. 하천기본계획의 수립 목적 또는 변경 목적
2. 연평균 강우량과 하천 수자원의 부존량(賦存量)에 관한 사항
3. 하천유역의 지역별 및 홍수방어시설별 홍수배분계획
4. 하천의 주요 지점별 기본홍수량·계획홍수량·계획홍수위 및 계획하폭에 관한 사항
5. 법 제44조제1항에 따른 보전지구·복원지구 또는 친수지구에 관한 사항
6. 하천기본계획의 열람에 관한 사항

1.1.4 기본계획

본 소절에서는 **국가물관리기본계획**(이하 '**물기본계획**'이라 함)(관계부처 합동, 2021)과 **하천기본계획**(이하 '**하천계획**'이라 함)에 대하여 간단히 소개한다.

(1) 물기본계획

물기본계획은 **물관리기본법**(법제처, 2022d) 제27조에 근거하여 수립되는 물과 관련된 최상위 계획이다. 금회의 물기본계획은 제1차로 2021년부터 2030년까지의 전국 4대 대권역(118개 중권역) 단위로 계획되었으며, 그 주요 내용은 표 1.2 목차와 같다.

본 소절에서는 표 1.2의 목차 중 중요한 부분을 중심으로 설명하고자 하며, 상세한 내용은 문헌(관계부처 합동, 2021)을 참고한다.

표 1.2 물기본계획의 목차

① 제1장 기본계획의 개요

1) 1. 계획수립의 배경

㈎ 기후 변화, 경제·사회 여건변화 등에 효과적으로 대응하고, 지속가능한 물관리 체계를 구축하기 위해 새로운 물관리 계획 필요

㈏ 인간과 자연을 함께 고려하고, 공급자 중심에서 수요자 중심으로 물관리 체계의 변화를 위한 비전·전략이 요구되는 상황

㈐ 물관리 인프라 노후화, 대규모 신규 수자원 확보 곤란 등의 상황에서 국민들의 안전확보와 삶의 질 향상을 위한 물관리 전략 마련 긴요

㉮ AI, IoT, 빅데이터 등 첨단기술을 통한 물 인프라 관리 선진화, 기 확보된 수자원의 합리적 활용 방안 등 정책대안을 적극 강구할 필요

㈑ 물관리 일원화, 물관리기본법 제정·시행 등 우리나라 물관리 체계의 혁신기에 정책의 구심점 역할을 수행할 통합물관리 전략 마련 요구

2) 2. 계획의 법적 근거와 범위

㈎ 법적 근거(물관리기본법, 제27조)

㉮ (수립) 환경부 장관이 10년마다 수립, 여건변화 등 고려 5년마다 변경

㉯ (심의·의결) 국가물관리위원회(이하 "국가위")가 심의·의결

㉰ (절차) 계획(안) 마련(환경부)→관계부처 및 유역물관리위원장 협의(환경부)→심의 제청(환경부; 국가위)→공청회(국가위)→심의·의결(국가위)→공고(환경부)

㈏ 계획의 범위 및 포함 내용

㉮ 시간적 범위: 2021년~2030년

㉯ 공간적 범위: **표 1.3**과 같이 대한민국 국토 전역(4대 유역, 17개 시도, 하구·연안 포함)

가) 빗물이 지표수·지하수의 형상으로 흘러서 바다에 이르고 다시 비가 되는 물 순환 과정의 모든 공간(산림, 농촌, 도심, 하천, 하구·연안, 도서 등)

㉰ 포함 내용(물관리기본법 제27조 제1항·동법 시행령 제13조제1항)

표 1.3 물기본계획의 공간적 범위

4대 대(중)권역	118개 중권역	유역구분	
한강 (31개)	한강(25개)	유역명	한강유역
	안성천(1개)	주요 하천	한강, 안성천 등
	한간서해(2개)	행정구역	서울시, 인천시, 경기·강원·충북·충남·경북
	한강동해(3개)		
낙동강 (32개)	낙동강(2개)	유역명	낙동강 유역
	형산강(1개)	주요 하천	낙동·형산·태화강 등
	태화강(1개)	행정구역	부산·대구·울산시, 강원·경북·경남·전북·전남도
	회야·수영강(2개)		
	낙동강동해(3개)		
	낙동강남해(3개)		
금강 (21개)	금강(14개)	유역명	금강유역
	삽교천(1개)	주요 하천	금강, 삽교천, 만경·동진강 등
	만경·동진강(3개)	행정구역	대전·세종자치시, 충북·충남·전북도
	금강 서해(3개)		
섬진·영산강 (34개)	섬진강(9개)	유역명	섬진·영산강(제주 포함)유역
	섬진강남해(6개)	주요 하천	섬진·탐진강 등
	남해도(1개)	행정구역	광주시, 전북·전남·경북·제주도
	영산강(8개)		
	탐진강(1개)		
	영산강남해(2개)		
	영산강서해(3개)		
	제주도(4개)		
비고	남북공유하천 2개 중권역 포함		

3) 3. 계획의 성격, 위상, 원칙

(가) 계획의 성격·위상

㉮ 물관리기본법 제정의 배경 및 취지를 준수하고 구체화하는 계획

㉯ 물 관련 관계기관이 모두 참여하여 수립하는 통합형 계획

㉰ 각 분야별 물관리 계획을 아우르는 물 관련 국가 최상위 계획

㉱ 실증 기반의 과학적 분석을 통해 물 문제를 진단하고, 소통·협력을 통해 미래 물 관리 방향을 모색하는 전략계획

(나) 계획의 기본원칙

㉮ 국가물관리기본계획은 물관리기본법 물관리의 12대 기본원칙을 준수

(다) 다른 계획과의 관계

㉮ **그림 1.3**과 같이 다른 분야의 최상위 계획과 대등한 위계에서 물관리 정책방향을 제시

가) 국가환경종합계획, 국토종합계획, 기후변화대응기본계획, 지속가능발전기본계획, 국가안전관리기본계획, 환경관리해역기본계획 등 타분야 최상위 계획과 일관성·정합성 유지

㉯ 물 관련 최상위 계획으로서 물 관련 하위 계획들의 구심점 역할 수행

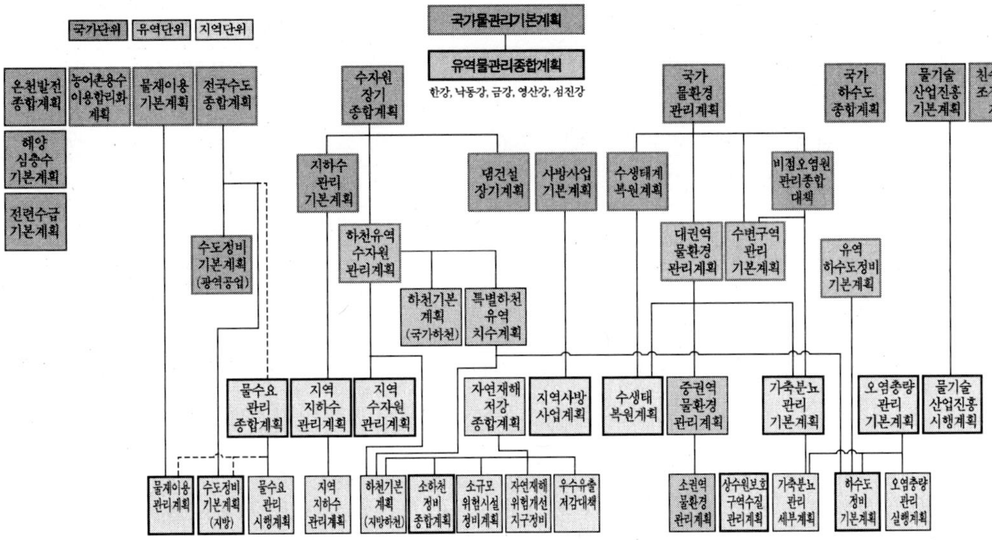

그림 1.3 물기본계획의 현행 체계

② 제2장 물관리 여건 · 전망

1) 1. 우리나라 물관리 여건 · 특징

(가) 강수·지형 여건

㉮ (강수) 몬순 기후 특성 등으로 계절별·지역별·연도별 편차 큼

가) (계절성) 연평균 강수량 **1,252mm**의 55.4%(693.9mm)가 여름에 집중

나) (지역성) 고위도로 갈수록 감소 경향, 남해안에서 최대 강수 발생

다) (연간 변동성) 홍수기의 변동으로 연간 강수량 변동성도 큰 편

㉯ (지형·유출) 국토의 63%가 산악지형으로 유역면적이 작고 유로연장이 짧으며, 급한 경사로 강수 후 짧은 시간에 바다로 유출

가) 자연상태에서의 유량변동계수는 **표 1.4**와 같이 300~390이며 수자원 공급시설 등으로 70~243으로 작아졌으나, 타 국가 대비 여전히 큰 편

나) 유출량의 대부분이 홍수기(6~9월)에 편중되며, 연 최저 유출량은 1988년 406억m^3, 최고는 2003년 1,293억m^3으로 연도별 변화폭이 큼

표 1.4 우리나라 4개 대권역별 주요지점 등의 유량변동계수

대권역(하천명, 지점)	유량변동계수			
	우리나라		외국	
	자연상태	1995–2017	하천명(국가)	계수값
한강(한강, 한강대교)	390	132	대청천(일본)	110
낙동강(낙동강, 진동)	372	97	세느강(프랑스)	34
금강(금강, 공주)	300	70	나일강(이집트)	30
섬진·영산강(섬진강, 송정)	390	243	라인강(독일)	16
섬진·영산강(영산강, 나주)	320	191	템즈강(영국)	8

㉰ (하천) 5개의 큰 강을 중심으로 대유역이 형성되어 있고, 각 유역의 많은 강과 내가 혈관처럼 수계로 연결

가) 각 수계 하천들은 규모 등에 따라 국가·지방하천(하천법), 소하천(소하천정비법)으로 분류 중이며, 국가하천 63개(3,012km), 지방하천 3,770개(26,840km), 소하천 22,160개(34,689km)로 구성

㉱ (지하수) 지하수 함양량은 약 200억m^3/년, 개발 가능량은 130억m^3/년

㉲ (강수량) 최근 52년간 연평균 강수량은 **1,252mm**(1989~2018년 연평균강수=1,314mm)이며, 국토면적을 고려한 연간 수자원 총량은 약 **1,264억**m^3 [1,252mm×

육지면적 98,455km^2 +1,675mm×제주도면적 1,850km^2 +1,341mm ×울릉도면적(73km^2)](제주, 울릉도 제외 시, 1,233억m^3)

㉥ (유출량) 연간 유출량은 약 731억m^{3}으로 수자원 총량의 59% 수준(육지 기준 : 제주·울릉도 제외)(북한 유입량 40억m^3 포함 시 771억m^3)

㉦ (함양량) 내린 비가 지하수로 함양되는 양은 연간 200억m^3 수준(제주, 울릉도 제외 시 183억m^3)

㉧ (증발산 등) 산림·농지·도시·하천·바다 등에서 대기로 돌아가는 증발산 양은 연간 약 516억m^3(수자원 총량의 41%) 추정(내륙 기준 약 502억m^3)[증발산량=연간 수자원총량(1,264억m^3) 하천유출량(731억m^3, 육지) 지하수함양량(17억m^3, 제주·울릉도)]

㈏ 인구·사회 여건

㉮ (인구) 2018년 인구는 1960년 2,501만명에서 약 206% 증가한 5,161만명이며, 인구밀도 【514명/km^2(≒5,161만명/100,378km^2), OECD 국가 중 1위, 세계 23위 수준】 는 514명/km^{2}으로 타 국가대비 높음 【1인당 이용가능한 수자원량은 1,507m^3/년 규모로 타 국가대비 적은 편이며, 이는 세계 중위값의 1/3, 세계 평균의 1/13 정도 수준임】

㈐ 물 이용 현황(그림 1.4 참조)

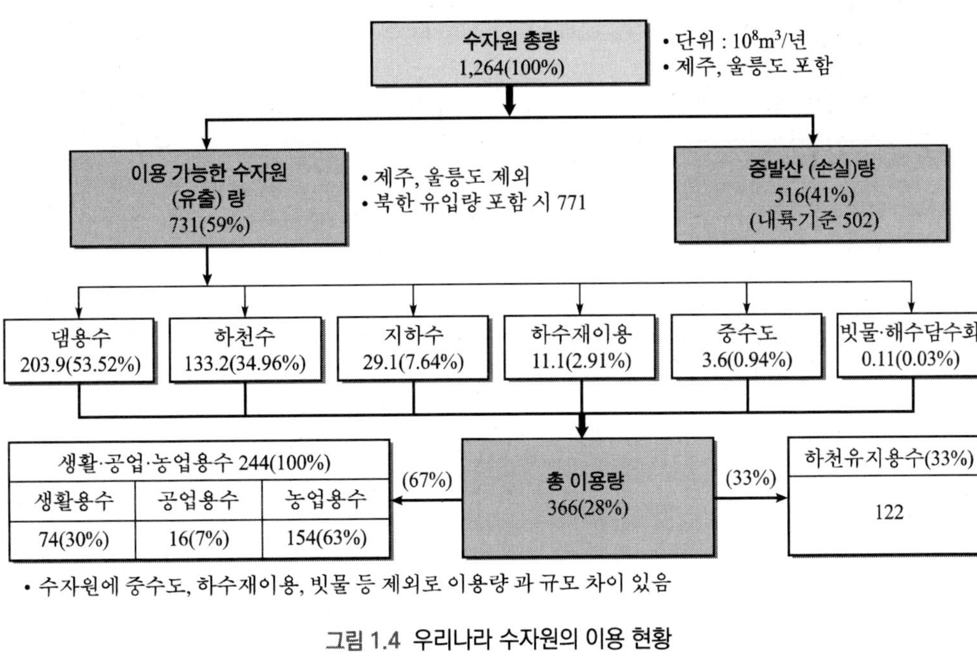

• 수자원에 중수도, 하수재이용, 빗물 등 제외로 이용량과 규모 차이 있음

그림 1.4 우리나라 수자원의 이용 현황

㉮ (수자원 이용량) 2018년 기준 연간 이용량은 **그림 1.4**와 같이 총 366억m^3으로 추정되며, 생활·공업·농업 등 용수 이용은 244억m^3(67%), 하천유지유량은 122억m^3(33%)

가) (수원별) 수원별 구성은 댐용수(53.5%), 하천수(35.0%), 지하수(7.6%), 하수재이용(2.9%), 중수도(0.9%), 빗물(0.02%), 해수담수화(0.01%)

나) (용도별) 용수 이용량 244억m^3 중 생활용수 74억m^3(30%), 공업용수 16억m^3(7%), 농업용수 154억m^3(63%)을 사용

㈑ 물 기반시설 현황

㉮ (댐·저수지) **표 1.5**와 같이 2020년 기준 총 17,318개 댐·저수지가 총 213억m^3의 저수용량을 가지며, 용수공급(생활·공업·농업), 홍수조절, 발전 등에 활용

표 1.5 국내 댐·저수지 시설 현황

구분	총저수량 (백만m^3)	유효저수용량 (백만m^3)	물 공급능력 (백만m^3/년)	홍수조절능력 (백만m^3)	발전용량 (천 kW)	비고
총계	21,356.3	13,541.5	16,388.6	5,594.9	6,372.7	–
다목적댐	12,923.0	9,170.0	11,305.2	2,294.0	1,044.8	소양강댐 등 20개
홍수전용댐 · 조절지	2,980.6	–	–	2,981.6	–	평화의댐 등 5개
농업용 저수지	2,971.8	2,864.8	3,125.5	19.0	23.0	예당저수지 등 17,145개
발전전용댐	1,842.4	961.1	1,050.0	276.8	5,303.1	화천댐 등 21개
생공용수 전용댐	638.5	545.6	907.9	23.5	1.8	운문댐 등 127개

비고 : 2020년 기준

2) 2. 물관리 정책 변천 · 성과 · 한계

물관리 정책 변천과 성과·한계에 관한 내용은 **표 1.1 물관리 최상위 계획의 변천과정**을 참조하고, 그 외의 상세한 내용은 참고문헌을 참조한다.

(2) 하천계획

하천계획은 **하천법**(법률 제18352호, 2021. 7. 27. 일부개정, 시행 2022. 1. 28.) 제25조와 동법 시행령(대통령령 제31526호, 2021. 3. 9. 일부개정, 시행 2021. 3. 9.) 제24조, 제24조의2, 동법 시행규칙(국토교통부령 제882호, 2021. 8. 27. 타법개정, 시행 2021. 8. 27.) 제13조 의 규정에 근거하여 수립된다(법제처, 2022k). 이는 우리나라 국가·지방하천의 하천관리에 필요한 기본적인 사항을 작성하기 위한 계획이며, 그 수립지침(국토교통부, 2018a) 주요사항의 목차는 **표 1.6**과 같다(이종석, 2022b).

표 1.6 하천계획 수립지침의 목차

제1장 총칙	4.4 하천공간 관리계획
1.1 목적	제5장 시행계획·기대효과
1.2 법적근거	5.1 경제성 분석
1.3 기본원칙	5.2 소요재원 산정
1.4 의견청취, 관계기관 협의, 자문·심의 등	5.3 투자우선순위 검토
1.5 관련 계획과의 관계	5.4 결론·기대효과
1.6 용역의 대가	제6장 기타 고려사항
제2장 제2장 기초자료 조사·검토	6.1 하천측량
2.1 유역현황	6.2 보고서 작성·배부
2.2 하도특성 조사	제7장 하천시설에 대한 관리대장
2.3 하천의 치수특성 조사	7.1 일반사항
2.4 하천의 이수특성 조사	7.2 하천구역, 홍수관리구역 등의 결정
2.5 하천환경 특성 조사	7.3 하천시설에 대한 관리대장의 작성
2.6 하천이용 현황 조사	7.4 기타 유의사항
2.7 관련계획 검토·조정	제8장 자료의 전산화
제3장 종합분석	8.1 일반사항
3.1 치수특성 분석	8.2 작성원칙
3.2 이수특성 분석	8.3 자료검수에 관한 사항
3.3 하천환경특성 분석	8.4 전산화 자료의 제출
제4장 하천 정비·관리 계획	참고 1. 하천기본계획보고서 표준 목차
4.1 치수 종합계획	참고 2. 하천기본계획 의견수렴 매뉴얼
4.2 이수 종합계획	참고 3. 하천 물리특성 평가방법·기준
4.3 하천환경 종합계획	참고 4. 하천 생물특성 평가방법·기준

① 하천계획 수립지침

하천계획 수립지침(국토교통부, 2018a)(이하 '수립지침'으로 약칭)의 주요 내용은 이 책의 나열 순서에 의거 다음과 같이 정리·소개한다.

1) 제1장 총칙

㈎ 목적

㉮ 본 지침은 하천기본계획 수립에 필요한 일반적인 내용과 방향을 제시함으로써 하천기본계획이 하천의 체계적인 정비와 이용 및 자연친화적 관리 등을 위한 종합적인 계획이 될 수 있도록 하는 데 목적이 있다.

㉯ 하천기본계획 수립 시 본 지침에서 제시한 기준, 절차, 방법 등을 합리적으로 적용하여 하천기본계획 효율화 및 내용의 최적화, 관련 계획과의 연계성 강화 등을 도모하여야 한다.

㈏ 법적 근거

㉮ 하천관리청은 그가 관리하는 하천에 대하여 대통령령으로 정하는 바에 따라 하천의 이용, 주민친화적 활용 및 자연친화적 관리·보전에 필요한 기본적인 사항 등을 내용으로 하는 10년 단위의 하천기본계획을 수립하여야 한다(「하천법」 제25조제1항).

㉯ ㉮항에도 불구하고 환경부장관은 「수자원의 조사·계획 및 관리에 관한 법률(이하 '수자원법'이라 한다)」 제18조에 따른 하천유역수자원관리계획 등과의 연계가 필요하다고 인정되는 경우에는 시·도지사가 하천관리청인 하천에 대하여 하천기본계획을 수립할 수 있다. 이 경우 미리 관계 하천관리청과 협의하여야 한다(「하천법」 제25조제2항).

㉰ 하천기본계획의 수립 기준·절차·방법 등에 필요한 사항은 대통령령으로 정한다(「하천법」 제25조제8항).

㈐ 기본원칙

㉮ 수립기준

가) 「하천법 시행령」 제24조2에 따라 하천기본계획은 유역의 강우, 하천의 유량, 하천환경 및 하천의 이용 현황 등 하천의 치수, 이수(利水), 환경 및 친수 등에 관한 제반 사항을 검토하여 하천의 체계적인 정비와 하천의 이용 및 자연친화적 관리 등을 위한 종합계획이 되도록 하여야 한다.

나) 하천기본계획은 「수자원법」 제18조에 따른 하천유역수자원관리계획 및 같은 법 제20조에 따른 특정하천유역치수계획을 기본으로 수립하여야 한다.

다) 「국토의 계획 및 이용에 관한 법률」에 따른 도시계획 등 관련 계획을 조사하여 하천기본계획과 관련되는 사항에 대해서는 관계기관과 미리 협의하여야 한다.

라) 하천기본계획을 수립하는 경우에는 지역주민, 시민단체, 관계 전문가, 관계

행정기관 등의 의견을 들어야 한다.

㉯ 수립 범위

가) 하천기본계획의 조사·분석 범위는 원칙적으로 해당 하천유역을 대상으로 하되 「하천법」 제2조에 따른 하천(하천구역과 하천시설을 포함)을 중심으로 하천의 정비·이용·관리 등을 위한 종합계획을 수립한다.

나) 그 밖에 하천의 보전 및 이용, 하천의 치수·이수·환경 등을 위해 필요한 시설, 저류시설(댐, 저수지 등)로 인한 저수구간 등에 대해서는 발주청과 협의를 통해 수립범위를 결정한다.

㉰ **하천기본계획의 주요 내용**

하천기본계획에는 다음 사항이 포함되어야 한다(「하천법 시행령」 제24조).

가) 하천기본계획의 목표

나) 하천의 개황(槪況)에 관한 다음의 사항

㉮ 유역의 특성 등 일반현황 ㉯ 강우·기상 등 자연조건 ㉰ 하천의 수질 및 생태 ㉱ 수해 및 가뭄의 피해현황 ㉲ 하천수의 이용현황 ㉳ 하천유역의 지형·지물 등을 파악하기 위한 측량기준점에 관한 사항

다) 제방·댐·저류지·홍수조절지·방수로 등 홍수방어시설의 홍수방어계획

라) 토지이용계획 등에 따른 홍수방어계획

마) 홍수방어계획의 연차별 시행 방안

바) 하천공사의 시행에 관한 다음의 사항

㉮ 기본홍수량 및 홍수량의 배분에 관한 사항 ㉯ 계획홍수량 ㉰ 계획홍수위 ㉱ 계획하폭 및 그 경계 ㉲ 하도(河道)와 유황(流況)의 개선

사) 하천구역 및 홍수관리구역의 결정을 위한 기초자료의 제공에 관한 사항

아) 자연친화적 하천 조성에 관한 사항

자) 폐천부지 등의 보전 및 활용에 관한 사항

차) 그 밖에 하천의 환경보전과 적절한 이용에 관한 사항

2) 제2장 유역·하천 현황

㈎ 유역현황

㉮ 유역의 개황 ㉯ 유역의 특성

㈏ 하도특성

㉮ 하상재료 및 유사량 조사 ㉯ 하도 현황 및 특성량 ㉰ 하상변동량 조사 ㉱ 하도

물리특성 조사

㈐ 하천의 치수특성 조사

㉮ 치수시설물 현황 ㉯ 치수성능지표 ㉰ 홍수피해현황 및 취약지역

㈑ 하천의 이수특성 조사

㉮ 이수시설물 현황 ㉯ 이수성능 지표 ㉰ 하천수 사용량 현황 ㉱ 지하수 이용량 현황 ㉲ 물이용 취약현황 ㉳ 가뭄피해 현황 및 취약지역

㈒ 하천환경 특성 조사

㉮ 환경시설물 현황 ㉯ 하천환경성능 지표 ㉰ 환경영향평가 등 결과조사 ㉱ 하천의 수질 및 저니질 현황 ㉲ 유역의 수질오염원 및 오염부하량 조사 ㉳ 하천생태 현황 ㉴ 수질오염 원인 및 취약현황

㈓ 하천이용 현황 조사

㈔ 관련계획 검토 및 조정

3) 제3장 종합분석

㈎ 치수특성 분석

㉮ 홍수량 ㉯ 홍수위 ㉰ 계획하폭 ㉱ 하상변동 ㉲ 시설물 능력검토

㈏ 이수특성 분석

㉮ 수자원 부존량 산정 ㉯ 하천관리유량 산정 ㉰ 하천수 사용시설물 수요·공급량 추정

㈐ 하천환경특성 분석

㉮ 물리특성 ㉯ 생물특성 ㉰ 수질특성 ㉱ 하천환경자연도

1.1.5 홍수량 산정

환경부(2019)는 수공구조물 또는 하천시설의 규모 결정에 기준이 되는 홍수량의 일관성 있는 산정을 위해 【홍수량 산정 표준지침】(이하 "표준지침"이라 한다)을 제시하였다. 그 목적은 하천과 수자원, 이에 관련된 계획 설계에 필요한 홍수량의 산정방법에 대한 기술을 체계화하고 객관적이며 표준화된 절차를 제시하는 데 있다. 또한 적용범위는 국가·지방하천을 기준으로 하며, 이를 통해 산정된 홍수량은 「하천설계기준」 등을 참조하여 계획홍수량을 결정시 사용할 수 있다.

따라서, 본 소절에서는 그 지침 중 제1장 총칙의 일부 주요 내용을 간단히 설명하고자 한다.

(1) 표준지침 작성

표준지침은 기존에 한시적으로 운영·적용된 매뉴얼과 물관리 연구사업의 성과검토 및 적용성 검증을 통해 작성되었다.

① 표준지침은『홍수량 산정기법 가이드라인(건설교통부, 2007)』,『설계홍수량산정요령(국토해양부, 2012)』,『제주형 하천기본계획 수립 및 하천시설 관리 매뉴얼 개발(제주특별자치도, 2013)』, 등 기존에 한시적으로 운영·적용된 매뉴얼들을 우리나라의 수문학적·지형학적 특성을 반영하여 체계적으로 정리한 것이다.

② 표준지침 작성을 위하여『설계홍수량 산정 선진화 기획 연구보고서(국토해양부, 2010)』의 연구기획 의도와 국토교통부의 물관리 연구사업『한국형수문량 분석 선진화 기술 개발(2017b)』, 국토교통기술지역특성화사업『제주지역 홍수피해 저감을 위한 최적 대응기술 개발(2018) 및 제주 도심하천 설계홍수량 산정요령(제주권 국토교통기술 지역거점센터, 2017)』등 연구성과에 대해 면밀히 검토하였으며, 공청회, 전문가 간담회, 전문가 자문, 관계기관 협의, 국가 지역수자원관리위원회 자문 등을 거쳐 실무에서 활용이 가능하도록 홍수량 산정절차, 산정방법, 적용 시 유의점 등을 제시하였다.

(2) 홍수량 산정방법

홍수량 산정방법은 크게 홍수량 빈도해석 방법과 강우-유출관계 모형에 의한 방법으로 구분한다.

① 홍수량 산정방법은 홍수량 빈도해석 방법과 강우-유출관계 모형에 의한 방법으로 나눌 수 있다.

② 계측유역의 실측 연최대치계열의 홍수량 자료가 충분히 축적되어 있거나, 향후 축적될 경우 홍수량 산정 시 홍수량 직접빈도해석 결과와 강우-유출관계 모형, 기왕 홍수자료, 홍수흔적, 경험공식 등을 비교 검토하여 홍수량을 결정할 수 있다.

③ 홍수량 빈도해석에 의한 방법은 홍수량 자료가 충분히 계측된 유역에 대하여 연최대홍수량 자료 계열을 작성 후 홍수빈도분석에 의해 확률홍수량을 산정하는 방법이다. 홍수량이 미계측된 유역에 이 방법을 적용하기 위해서는 홍수량 계측유역에 대한 홍수빈도 분석결과와 계측유역의 지형특성 인자간 상관관계를 이용하는 지역화(regionalization)방법을 사용하여 확률홍수량을 결정하게 된다. 자세한 산정절차는 하천설계기준(KDS 51 00 00)(국토교통부, 2018b)의 설계수문량(KDS 51 14 10 : 2018)(국토교통부, 2022c)을 참고한다.

④ 홍수량 빈도해석에 의한 방법은 홍수량 자료를 직접 빈도해석하여 확률 홍수량을 산정하며

이론적으로 가장 정확한 방법이라 할 수 있다. 하지만, 현재 시점에서 우리나라의 실측 연최대치계열의 홍수량 자료가 절대적으로 부족하고, 기존 수위-유량관계곡선의 정확도가 낮아 환산하는 과정에서 홍수량 자료 계열 자체의 신뢰도가 낮은 문제점이 있다. 또한, 홍수조절능력을 가진 댐이 설치되어 있는 경우의 홍수량 산정 시에는 댐 건설 이전의 홍수량 자료를 댐 건설 이후의 홍수량 자료로 환산하여야 하지만 간단한 경험공식(Myers-Garris 공식) 이외에는 적절한 환산방법이 없으므로 홍수량 결정에 문제점이 있다.

1.1.6 기타사항

우리나라 수자원의 특성과 물 순환과정의 개념을 이해하는데 10대 하천과 다목적댐 현황은 밀접한 관계가 있을 것이다. 한반도의 지형도 위에 그려진 수계도나 국토교통부(2013, 2017a)에서 발행하는 한국하천일람의 주요 하천별 수계도, **국가수자원관리 종합정보 시스템**(water management information system, WAMIS)(http://www.wamis.go.kr/), 하천관리지리정보 시스템[river information management GIS(geographic information system), RIMGIS](http://www.river.go.kr/index_new.aspx/)을 참조하면 다음 내용들을 열람할 수 있다.

(1) 10대 하천

우리나라 10대 하천의 유역면적과 유로연장은 2014년 말일 현재 표 1.7(국토교통부, 2017a)과 같다.

표 1.7 우리나라 10대 하천

하천명	유역면적(km^2)	유로연장(km)	하천명	유역면적(km^2)	유로연장(km)
한강	25,953.60	494.44	안성천	1,655.73	59.51
낙동강	23,384.21	510.36	삽교천	1,649.39	58.60
금강	9,912.15	397.79	만경강	1,527.10	77.40
섬진강	4,911.89	223.86	형산강	1,140.00	61.95
영산강	3,467.83	129.50	동진강	1,136.21	51.03

(2) 다목적댐

다목적댐 현황은 **표 1.8**(환경부, 2020b; 이종석, 2022b)와 같이 한강에 3개, 낙동강에 9개, 금강에 2개, 섬진강에 3개, 기타 3개를 합한 20개가 있다. 다목적댐의 제1의 목적은 홍수조절에 있으며 대부분 수력발전용량을 갖고 있다.

표 1.8 건설 완료 다목적댐 현황

수계	댐	형식	유역면적 (km²)	제원			총저수량 (10^6m^3)	상시만수위 (EL. m)	계획홍수위 (EL. m)	발전시설용량 (10^3kw)	사업효과		사업기간
				높이 (m)	길이 (m)	체적 (10^3m^3)					홍수조절 (10^6m^3)	용수공급 (10^6m^3/년)	
한강	소양강	사력댐	2,703.0	123.0	530.0	9,591.0	2,900.0	193.5	198.0	200.0	500.0	1,213.0	'67.04. - '73.12.
	충주	CCD	6,648.0	97.5	447.0	902.0	2,750.0	141.0	145.0	412.0	616.0	3,380.0	'78.06. - '86.10.
	횡성	사력댐	209.0	48.5	205.0	675.0	86.9	180.0	180.0	1.0	9.5	119.5	'90.01. - '02.11.
낙동강	안동	사력댐	1,584.0	83.0	612.0	4,015.0	1,248.0	160.0	161.7	91.5	110.0	926.0	'71.04. - '77.05.
	임하	사력댐	1,361.0	73.0	515.0	3,423.0	595.0	163.0	164.7	51.1	80.0	591.6	'84.12. - '93.12.
	합천	CCD	925.0	96.0	472.0	891.0	790.0	176.0	179.0	101.2	80.0	599.0	'82.04. - '89.12.
	남강	CFRD	2,285.0	34.0	1,126.0	1,280.0	309.2	41.0	46.0	14.0	269.8	573.3	'87.11. - '03.12.
	밀양	CFRD	95.4	89.0	535.0	3,943.0	79.6	207.2	210.2	1.3	6.0	73.0	'90.04. - '02.12.
	군위	CFRD	87.5	45.0	390.0	877.0	48.7	204.0	205.1	0.5	3.1	38.3	'00.01. - '12.12.
	김천부항	CFRD	82.0	64.0	472.0	2,189.0	54.3	195.0	198.6	0.6	12.3	36.3	'02.02. - '14.12.
	성덕	CCD	41.3	58.5	274.0	227.0	27.9	364.0	364.9	0.2	4.2	20.6	'02.08. - '15.12.
	보현산	CCD	32.6	58.5	250.0	203.0	22.1	236.0	238.5	0.2	3.6	14.9	'10.01. - '15.12.
금강	대청	혼합형댐	4,134.0	72.0	495.0	1,234.0	1,490.0	76.5	80.0	90.8	250.0	1,649.0	'75.03. - '81.06.
	용담	CFRD	930.0	70.0	498.0	2,206.0	815.0	263.5	265.5	26.2	137.0	650.4	'90.10. - '06.12.
섬진강	섬진강	CCD	763.0	64.0	344.2	410.0	466.0	196.5	197.7	34.8	32.0	350.0	'61.06. - '65.12.
	주암 본댐	사력댐	1,010.0	58.0	330.0	1,573.0	457.0	108.5	110.5	1.4	60.0	270.1	'84.09. - '92.12.
	주암 조절지댐	사력댐	134.6	99.9	562.6	4,965.0	250.0	108.5	111.1	22.5	20.0	218.7	'84.09. - '92.12.
기타	보령	사력댐	163.6	50.0	291.0	1,116.0	116.9	74.0	75.5	0.7	10.0	106.6	'90.11. - '00.06.
	부안	CFRD	59.0	50.0	282.0	614.0	50.3	41.2	43.8	0.2	9.3	35.1	'90.02. - '96.12.
	장흥	CFRD	193.0	53.0	403.0	1,506.0	191.0	82.0	82.8	0.8	6.0	127.8	'96.02. - '07.12.
합		-	-	-	-	-	12,747.9	-	-	1,051	2,218.8	10,993.2	-
비고		• CCD=콘크리트댐(Concrete dam) • CFRD=콘크리트 표면차수벽형 석괴댐(Concrete face rockfill dam) • 기준(2019.12.31.)											

이상에서 설명한 것과 같이 수자원의 효율적인 관리와 운용을 위해서는 각종 수자원 관계 법령의 체계적 정비와 최상위 국가물관리 기본계획을 비롯한 하천기본계획 등의 하위 계획이 순차적으로 밀접하게 연계되어 원활한 소통과 해당 기관별 협조가 원만하게 이루어져야 할 것이다. 이러한 측면에서의 수공(학) 업무분야 실무체계를 요약·정리하면 **그림 1.5**(이종석, 2019)와 같이 간단히 표현할 수 있을 것이다.

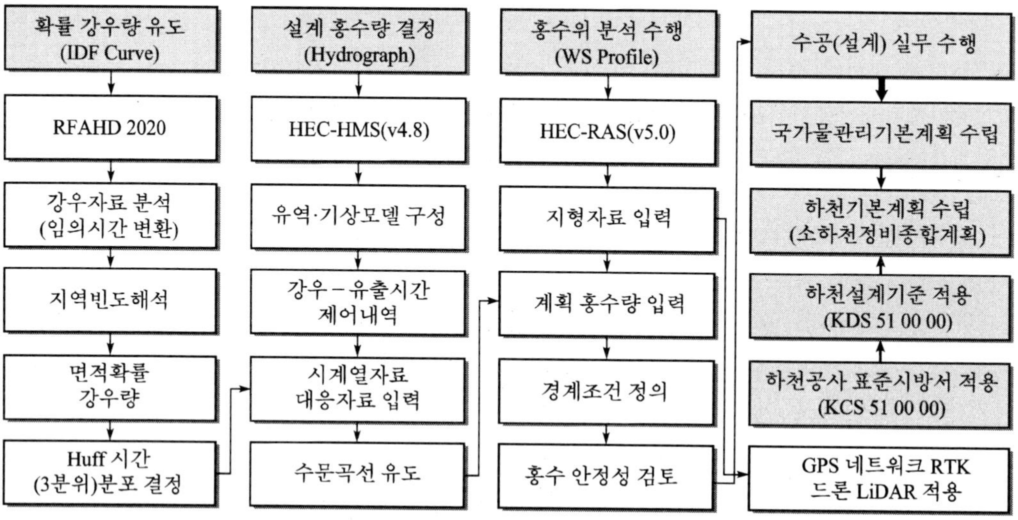

그림 1.5 수공실무의 개관

1.2 순 환

물순환(water cycle)은 **수문학적 순환**(**水文學的 循環**, hydrological cycle)이라고도 부르며, 그 과정은 **그림 1.6**과 같이 구체적인 내용으로 설명할 수 있다. 이는 대기층으로 방출되는 **증발**(**蒸發**, evaporation), 식물의 엽면을 통한 **증산**(**蒸散**, transpiration), 대기 중의 수분이 공기의 냉각으로 응축되어 지상에 떨어지는 **강수**(**降水**, precipitation)가 있다. 지표면에 도달된 물은 토양 속으로 **침투**(**浸透**, infiltration)하고, 공극 속으로 더 흘러 지하수위에 이르는 **침루**(**浸漏**, percolation)를 거치면서 **지하수**(**地下水**, ground water)를 형성한다. 계속되는 강우로 토양이 포화되면 지표면을 통해 물이 흘러 하천에 이르게 되는데, 이를 **유출**(**流出**, runoff)이라 한다.

이와 같이 증발·증산, 강수, 침투·침루, 지하수, 유출이 반복되는 일련의 과정을 **물 순환**(**과정**)[**물循環**(**過程**), water cycle]이라 한다.

특히, 물 순환 과정의 하나인 유출에 대해서는 5단계로 세분하여 설명할 수 있다. **제1단계**는 비가 오기 직전의 무강우(無降雨) 기간이고, **제2단계**는 강우시작단계이며, **제3단계**는 각종 강우강도가 계속되는 단계로 강우가 계속되어 초과강우량이 생겨 유출이 발생된다. **제4단계**는 자연상태의 모든 저류공간 충만될 때까지 강우가 계속되는 시기로 강우량의 침투율은 통기대를 통한 물의 통과율과 같아지고, 통기대에 있는 토양의 공극률에 의존하게 된다. 이 시기에는 하천수가 제방 쪽으로 흘러들어가 지하수위가 상승한다. **제5단계**는 강우가 끝나고 다음 강우가 시작될 때까지의 기간으로 이와 같은 현상이 반복되는 것을 **유출 순환과정**이라 한다. 이에 대해 상세한 내용은 4.1.2 **유출 순환과정**에서 다룬다.

이와 같은 물 순환과정에 대해 유역 시스템의 입력 변수인 '강수'는 제2장에서 다루고, 물 수지관계로 볼 때 과정 변수인 '증발·증산, 침투·침루, 지하수'는 '손실'로 제3장에서 다룬다. 또한 이들 과정으로부터 비롯되는 출력 변수인 '유출'은 제4장에서 개념과 현상 이해에 중점을 두고 상세하게 설명하고자 한다.

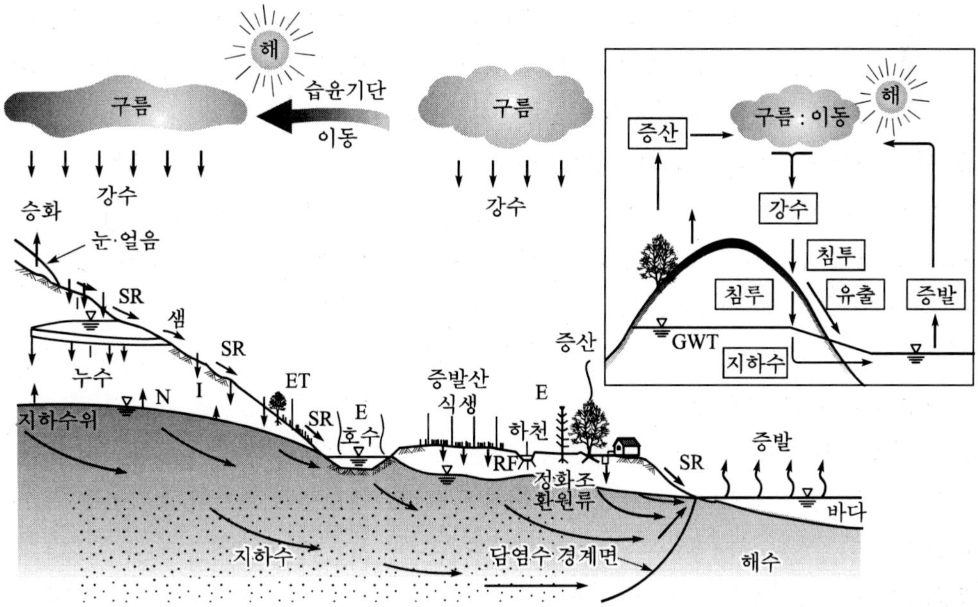

E = 증발, I = 침투, N = 자연주입, ET= 증발산, SR = 지표면 유출, RF = 관개 환원류

그림 1.6 물의 순환

1.3 기 상

한 지역의 **수문기상(水文氣象)**은 그 지역의 기후, 지형과 지질에 지배를 받는다. 대표적인 **기후학적 인자**는 **강우**, **습도**, **기온**, **바람** 등으로 증발과 증산에 직접적인 영향을 미친다. **지형인자**는 강수의 형이나 강수량의 분포에 영향을 미치며, **지질인자**는 지형형상과 대수층의

구조에 지대한 영향을 미친다.

수문기상 요소는 여러 가지가 있지만 대기의 성질을 지배하는 주요한 인자는 **기온(氣溫, atmospheric temperature)**, **기압(氣壓, atmospheric pressure)**, **습도(濕度, humidity)**이다. 이들 3요소는 바람과 구름, 비, 눈 등에 영향을 미친다.

본 절에서는 기온, 기후, 습도, 바람, 태풍과 이들 자료의 관측·예보 등 기상 관련 사항에 대하여 기술한다.

1.3.1 기온

기온이란 대기의 온도를 말하며, 이는 **온도계(溫度計, thermometer)**를 사용해 측정한다. 보통 물이 어는점을 0도, 끓는점을 100도로 정하여 그 사이를 100등분한 **섭씨온도(Celsius temperature)** ℃와 물이 어는점을 32도, 끓는점을 212도로 정하여 그 사이를 180등분한 **화씨온도(Fahrenheit temperature)** °F가 사용되고 있다. 이들 측정 온도의 단위는 a℃=(5/9)(b°F−32) 또는 b°F=a(9/5)℃+32로 환산하며, 이때 a, b=상수이다.

온도계는 통풍이 잘되고, 지붕이 있는 나무 상자속의 지면에서 약 1.5m 위치한 곳에 설치한다. 보통 온도계는 일(日)최고기온을 측정하기 위한 최고치(最高値) 온도계와 최저치(最低値) 기온을 측정하기 위한 최저치 온도계가 있다. **자기(自記)온도계(thermograph)**는 하루 동안의 연속되는 시각별 변화를 자동으로 기록하는 온도계이다.

평균기온은 어떤 긴 시간 동안의 산술평균기온을 말한다. **일(日)평균기온**은 일 최대·최저 온도를 산술평균한 온도와 하루 동안의 매시간 평균한 온도, 또한 3시간, 6시간 간격 평균한 온도가 있다. 이중 산술평균온도는 매시간 평균온도 보다 약 1℃ 이내 더 높다.

정상(正常)기온(normal temperature)은 특정일이나 월(月), 계절 혹은 연(年)에 대한 최근 30년간의 평균치 기온을 말하며, 정상일평균기온(normal daily temperature)은 특정일의 최근 30년간의 일(日)평균기온을 평균한 기온을 말한다.

그림 1.7과 같이 연직방향 고도의 변화에 따른 온도변화율(溫度變化率, lapse rate)은 지표면으로부터 10~20km 사이의 대기층인 **대류권(對流圈, troposphere)**에서 고도 100m당 평균 0.7℃ 정도 낮아진다. 주위의 공기가 건조할 경우 **건조단열(乾燥斷熱) 온도변화율(dry adiabatic lapse rate)**은 고도가 높아짐에 따라 대기압은 낮아지므로 단위 질량의 공기가 차지하는 용적은 더 커진다. 이에 따른 온도저하는 주위의 공기가 건조할 경우 100m당 약 1℃ 정도 낮아지며, 주위의 공기가 습윤할 경우인 **포화단열(飽和斷熱) 온도변화율(saturated adiabatic lapse rate)**은 연직고도 100m당 약 0.6℃ 정도 낮아진다.

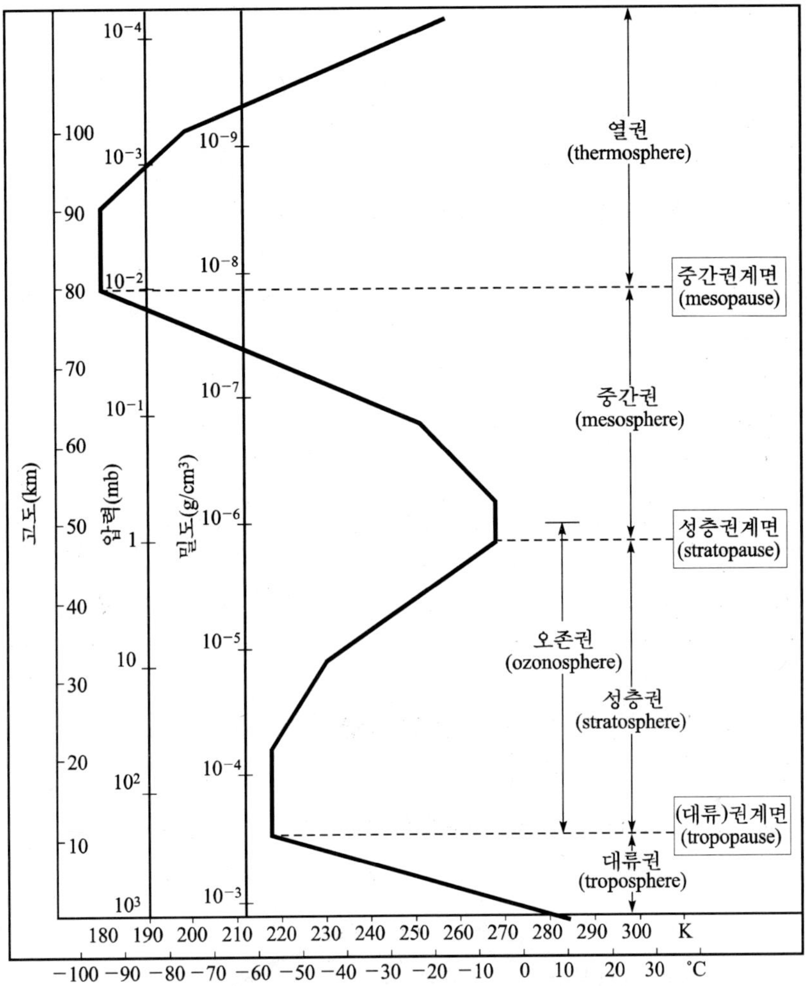

그림 1.7 대기권의 고도별 구분과 특성

또한 대기는 **표 1.9**와 같이 여러 종류의 기체로 구성된 혼합체이다. 일반적으로 대기순환은 지구의 회전에 관계되고 열에 근원하며 이들은 지구 압력분포와 밀접하다. 비회전체로 가정한 지구는 **그림 1.8**과 같이 단순하게 남북열순환(단일폐합형 기류순환)에서 비롯된다. 적도부근 온난기단이 상승하면, 위도가 높아질수록 한기단(寒氣團)으로 바뀌어 극지방의 한기단이 적도지방으로 하강한다.

표 1.9 대기의 구성

기체 종류	대류권 내 분포비율(%)	비고
질소(Nitrogen : N_2)	78.084	
산소(Oxygen : O_2)	20.946	
아르곤(Argon : Ar)	0.934	
이산화탄소(Carbon Dioxide : CO_2)	0.033	
네온(Neon : Ne)	0.00182	
헬륨(Helium : He)	0.000524	
메탄(Methane : CH_3)	0.00016	
크립톤(Krypton : Kr)	0.00014	
수소(Hydrogen : H_2)	0.00005	
일산화이질소(Nitro Oxide : NO_2)	0.000035	
수증기(Water Vapor : H_2O)	0~4	(변화성 기체)
오존(Ozone : O_3)	0~0.000007 0.0001~0.000020	지상 성층권과 중간권

이들 수문 기상학적 인자들의 변화는 **열순환(熱循環, thermal circulation)**에 가장 큰 영향을 받으며(Wiesner, 1970), 이러한 열순환에는 그림 1.8, 1.9와 같이 **단일폐합형 기류순환(單一閉合形 氣流循環)**과 **다폐합형(多閉合形) 기류순환**이 있다.

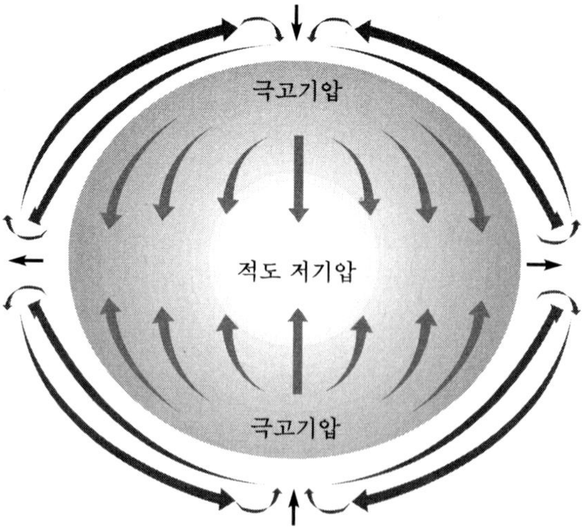

그림 1.8 단일폐합형 기류순환

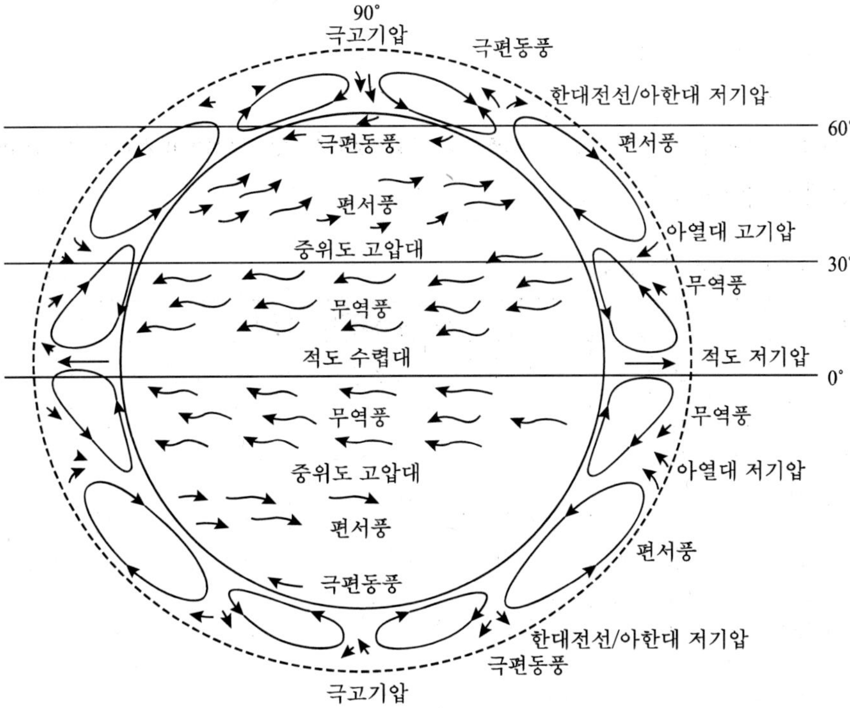

그림 1.9 다폐합형 기류순환

지구의 자전은 남북축을 중심으로 1일 1회 자전하므로 지구상 임의 점의 기단은 12시간씩 가열과 냉각이 반복된다. 태양주위를 연(年) 1회 공전하므로 기단의 가열과 냉각은 계절성을 가지며, 지구표면은 지면과 수면으로 구성돼 비열(比熱)과 열반사율이 각각 다르다. 이로 인하여 **다폐합형 기류순환**이 **그림 1.9**와 같이 형성되며, 이로써 한 지역의 기후는 각종 인자들의 복합작용에 의해 그 특징이 결정되므로 예측하기가 어렵다.

따라서, 장기간의 기상관측 자료를 얻어서 통계학적으로 분석하여 기후의 장기적 예측을 한다.

1.3.2 습도

습도(humidity)는 대기 중의 공기가 함유하게 되는 수분의 정도를 표시하는 척도로서 **습도계**(濕度計, psychrometer)로 측정한다. 습도계는 건구와 습구의 온도차인 습구 강하량을 측정하고, 이를 사용하여 **상대습도**(相對濕度, relative humidity)를 다음 식으로 구하며, 그 값은 **표 1.10**과 같다.

$$f = \frac{e}{e_s} \times 100 \tag{1.1}$$

여기서 f =상대습도(%)이고, e_s =**포화증기압(飽和蒸氣壓, saturation vapor pressure)**이며, e =실제 증기압이다.

표 1.10 습구 강하량에 의한 상대습도(%)

대기 온도 (℃)	건구와 습구의 온도차															
	0	1	2	3	4	5	6	7	8	9	10	11	12	13	14	15
−10	91	60	31	2												
−8	93	65	39	13												
−6	94	70	46	23	0											
−4	96	74	53	32	11											
−2	98	78	58	39	21	3										
0	100	81	63	46	29	13										
2	100	84	68	52	37	22	7									
4	100	85	71	57	43	29	16									
6	100	86	73	60	48	35	24	11								
8	100	87	75	63	51	40	29	19	8							
10	100	88	77	66	55	44	34	24	15	6						
12	100	89	78	68	58	48	39	29	21	12	4					
14	100	90	79	70	60	51	42	34	26	18	10	3				
16	100	90	81	71	63	54	46	38	30	23	15	8				
18	100	91	82	73	65	57	49	41	34	27	20	14	7			
20	100	91	83	74	66	59	51	44	37	31	24	18	12	6		
22	100	92	83	76	68	61	54	47	40	34	28	22	17	11	6	
24	100	92	84	77	69	62	56	49	43	37	31	26	20	15	10	5
26	100	92	85	78	71	64	58	51	46	40	34	29	24	19	14	10
28	100	93	85	78	72	65	59	53	48	42	37	32	27	22	18	13
30	100	93	86	79	73	67	61	55	50	44	39	35	30	25	21	17
32	100	93	86	80	74	68	62	57	51	46	41	37	32	28	24	20
34	100	93	87	81	75	69	63	58	53	48	43	39	35	30	26	23
36	100	94	87	81	75	70	64	59	54	50	45	41	37	33	29	25
38	100	94	88	82	76	71	66	61	56	51	47	43	39	35	31	27
40	100	94	88	82	77	72	67	62	57	53	48	44	40	36	33	29

또한 상대습도는 **표 1.11**과 같이 임의온도 t℃에서 물의 포화증기압 e_s(**그림 예1.1** 참조)에 대한 실제 증기압 e의 비를 백분율로 표시한 것을 말한다.

표 1.11 임의 온도 t℃에서 물의 포화 증기압(mmHg)

대기 온도(℃)	0.0	0.1	0.2	0.3	0.4	0.5	0.6	0.7	0.8	0.9
−10	2.15									
−9	2.32	2.30	2.29	2.27	2.26	2.24	2.22	2.21	2.19	2.17
−8	2.51	2.49	2.47	2.45	2.43	2.41	2.40	2.38	2.36	2.34
−7	2.71	2.69	2.67	2.65	2.63	2.61	2.59	2.57	2.55	2.53
−6	2.93	2.91	2.89	2.86	2.84	2.82	2.80	2.77	2.75	2.73
−5	3.16	3.14	3.11	3.09	3.06	3.04	3.01	2.99	2.97	2.95
−4	3.41	3.39	3.37	3.34	3.32	3.29	3.27	3.24	3.22	3.18
−3	3.67	3.64	3.62	3.59	3.57	3.54	3.52	3.49	3.46	3.44
−2	3.97	3.94	3.91	3.88	3.85	3.82	3.79	3.76	3.73	3.70
−1	4.26	4.23	4.20	4.17	4.14	4.11	4.08	4.05	4.03	4.00
0	4.58	4.55	4.52	4.49	4.46	4.43	4.40	4.36	4.33	4.29
0	4.58	4.62	4.65	4.69	4.71	4.75	4.78	4.82	4.86	4.89
1	4.92	4.96	5.00	5.03	5.07	5.11	5.14	5.18	5.21	5.25
2	5.29	5.33	5.37	5.40	5.44	5.48	5.53	5.57	5.60	5.64
3	5.68	5.72	5.76	5.80	5.84	5.89	5.93	5.97	6.01	6.06
4	6.10	6.14	6.18	6.23	6.27	6.31	6.36	6.40	6.45	6.49
5	6.54	6.58	6.65	6.68	6.72	6.77	6.82	6.86	6.91	6.96
6	7.01	7.06	7.11	7.16	7.20	7.25	7.31	7.36	7.41	7.46
7	7.51	7.56	7.61	7.67	7.72	7.77	7.82	7.88	7.93	7.98
8	8.04	8.10	8.15	8.21	8.26	8.32	8.37	8.43	8.48	8.54
9	8.61	8.67	8.73	8.78	8.84	8.90	8.96	9.02	9.08	9.14
10	9.20	9.26	9.33	9.39	9.46	9.52	9.58	9.65	9.71	9.77
11	9.84	9.90	9.97	10.03	10.10	10.17	10.24	10.31	10.38	10.45
12	10.52	10.58	10.66	10.72	10.79	10.86	10.93	11.00	11.08	11.15
13	11.23	11.30	11.38	11.75	11.53	11.60	11.68	11.76	11.83	11.91
14	11.98	12.06	12.14	12.22	12.30	12.38	12.46	12.54	12.62	12.70
15	12.78	12.86	12.95	13.03	13.11	13.20	13.28	13.37	13.45	13.54
16	13.63	13.71	13.80	13.90	13.99	14.08	14.17	14.26	14.35	14.44
17	14.53	14.62	14.71	14.80	14.90	14.99	15.09	15.17	15.27	15.38
18	15.46	15.56	15.66	15.76	15.86	15.96	16.06	16.16	16.26	16.36
19	16.46	16.57	16.68	16.79	16.90	17.00	17.10	17.21	17.32	17.43
20	17.53	17.64	17.75	17.86	17.97	18.08	18.20	18.31	18.43	18.54
21	18.65	18.77	18.88	19.00	19.11	19.23	19.35	19.46	19.58	19.70
22	19.82	19.94	20.06	20.19	20.31	20.43	20.58	20.69	20.80	20.93
23	21.05	21.19	21.32	21.45	21.58	21.71	21.84	21.97	22.10	22.23
24	22.27	22.50	22.63	22.76	22.91	23.05	23.19	23.31	23.45	23.60
25	23.75	23.90	24.03	24.20	24.35	24.49	24.64	24.79	24.94	25.08
26	25.31	25.45	25.60	25.74	25.89	26.03	26.18	26.32	26.46	26.60
27	26.74	26.90	27.05	27.21	27.37	27.53	27.69	27.85	28.00	28.16
28	28.32	28.49	28.66	28.83	29.00	29.17	29.34	29.51	29.68	29.85
29	30.03	30.20	30.38	30.56	30.74	30.92	31.10	31.28	31.46	31.64
30	31.82	32.00	32.19	32.38	32.57	32.76	32.95	33.14	33.33	33.52

임의 기온 t℃에서의 실제 증기압 e는 다음 경험식으로 구한다.

$$e = e_w - T_c(t - t_w) \tag{1.2}$$

여기서 t_w =습구 온도계의 온도(℃)이고, e_w = t_w에서의 포화증기압이며, T_c =습도계 상수로서 증기압을 밀리바(millibar, mb) 단위로 표시할 때 0.66, 수은주(水銀柱)의 크기(mmHg)로 나타낼 때는 0.485를 사용한다.

습도분포는 시공간적으로 변하며 고도의 증가에 반비례하여 대기 중의 수분은 위도가 높아짐에 따라 감소한다. 대양지역에서는 최대, 내륙지역으로 갈수록 감소해 여름철에 최대, 겨울철에 최소가 된다. 상대습도분포는 온도에 반비례하고, 위도가 높아짐에 따라 증가하며, 여름철에 최소, 겨울철에 최대가 된다.

비습도(比濕度, specific humidity) q_h는 습윤한 공기 단위질량당의 수증기의 질량(g_0/kg_0)으로 정의하며 다음과 같은 경험식으로 계산할 수 있다.

$$q_h = 622\frac{e}{p_a} \tag{1.3}$$

여기서 p_a =대기의 압력(mb)이고, e =실제 증기압(mb)이며, q_h =비습도이다.

어떤 두께의 공기층 내에 존재하는 수증기의 총량은 보통 **가강수분(可降水分, precipitable water depth)** W_p(mm)로 표시하는데, 이는 두 층 내의 평균압력과 층의 상·하부 면에서의 온도, 습도 등의 측정에 의해 다음과 같은 경험식으로 구할 수 있다.

$$W_p = \Sigma 0.01\overline{q_h}\Delta p_a \tag{1.4}$$

여기서 Δp_a =층 내의 압력변화량(mb)이고, $\overline{q_h}$ =상·하부층의 비습도 평균치이다.

예제 1.1

대기의 온도를 측정한 결과 건구의 온도는 30℃이고, 습구의 온도는 22℃이었다. 이를 이용하여 다음 사항에 답하시오 【단, 식 (3.1)의 1mmHg=1.333mb=1.333×10^3dyne/cm^2 관계 이용】.

1. 포화 증기압 계산 2. 실제 증기압력 계산 3. 상대습도 계산 4. 이슬점(dew point) 결정

[풀이]

0. 그림 예1.11과 같이 임의 4온도 t°C에서의 포화증기압 e_s의 관계【표 예1.1】를 표시한 곡선을 **포화증기압곡선(saturated vapor pressure curve)**이라 한다. 그림 예1.1의 임의 대기(건구)온도 t(℃)일 때 실제 증기압 e인 점(t,e)에서 (e_s-e)인 증기압을 포화증기 미흡량이라 하고, 대각선의 e_w인 포화 증기압을 갖는 온도를 습구온도라 하며, 수평선을 그어 포화곡선과 만나는 점 e의 포화증기압을 갖는 온도를 이슬점(dew point)이라 한다.

표 예1.1 임의 온도(t°C)의 포화증기압(e_s = mmHg)

온도 (℃)	포화증기압 (mmHg)	온도 (℃)	포화증기압 (mmHg)	온도 (℃)	포화증기압 (mmHg)	온도 (℃)	포화증기압 (mmHg)
-5	3.16	4	6.1	13	11.23	22	19.82
-4	3.41	5	6.54	14	11.98	23	21.05
-3	3.67	6	7.01	15	12.78	24	22.27
-2	3.97	7	7.51	16	13.63	25	23.75
-1	4.26	8	8.04	17	14.53	26	25.31
0	4.58	9	8.61	18	15.46	27	26.74
1	4.92	10	9.20	19	16.46	28	28.32
2	5.29	11	9.84	20	17.53	29	30.03
3	5.68	12	10.52	21	18.65	30	31.82

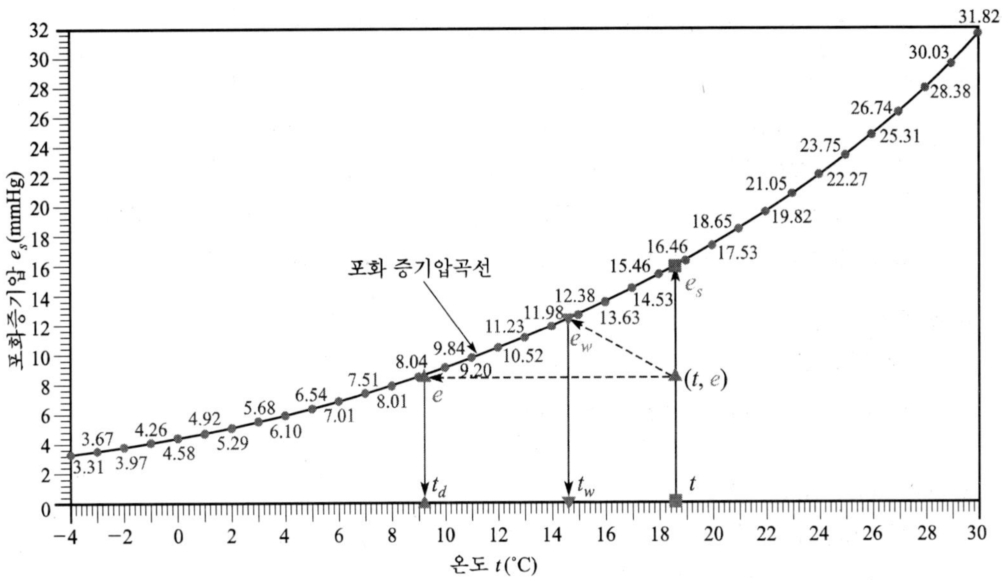

그림 예1.1 물의 포화증기압 곡선

1. 포화 증기압 계산

(1) 포화 증기압 e_s(mmHg)는 다음과 같이 계산한다.

① 대기(건구) 온도 t=30℃일 때 **표 1.11**에서 포화증기압 e_s=31.82mmHg이다.

② 다음 식을 이용해 구할 수도 있다.

1) $e_s = 611.2 \times e^{(\frac{17.27\,t}{t+237.3})}$ (P_a) (예1.1a)

2) $e_s = 6.112 \times 10(\frac{7.8\,t}{t+237.3})$ [hP_a(=mb)] (예1.1b)

3) $e_s = 6.112 \times e^{(\frac{17.67\,t}{t+243.5})}$ [hP_a(=mb)] (예1.1c)

4) $e_s = 4.584\,e^{(\frac{17.27t}{237.3+t})}$(mmHg) (예1.1d)

5) 식 (예1.1a), (예1.1d)를 이용하여 포화증기압을 구하면 다음과 같다.

(가) $e_s = 611.2 \times e^{(\frac{17.27\,t}{t+237.3})} = 611.2 \times e^{(\frac{17.27\times 30}{30+237.3})}$=611.2×$e^{1.938}$=4,244.69$P_a$

(나) 식 (3.1)의 압력단위 관계를 이용하여 e_s=4,244.69P_a≒42.44hP_a(=mb)이므로 이를 수은주의 값으로 환산하면, e_s=42.44/1.333=31.83≒31.82mmHg로 **표 1.11**의 값과 같다.

(다) 여기서 1bar=10^5N/m^2=$10^5$$P_a$(←1hecto=$10^2$)=$10^3$$hP_a$(←1mb=$10^3$bar)이므로 1bar =$10^3$mb=$10^3$$hP_a$이다.

(라) ∴ 식 (3.1)의 1mmHg=1.333mb 관계를 이용하면 **표 1.11**의 값과 같음을 알 수 있다.

(마) 식 (예1.1d)에 의하면 e_s=4.584$e^{1.938}$=31.83≒31.82mmHg를 얻는다.

2. 실제 증기압 계산

(1) 실제 증기압 e(mmHg)는 **표 1.11**과 식 (1.2)를 이용하여 계산한다.

① **표 1.11**에서 습구온도 t_w=22℃일 때 포화증기압 e_w=19.82mmHg로 결정한다.

② 식 (1.2) $e = e_w - T_c(t - t_w)$에 증기압 단위를 고려한 계수값 0.485를 이용한다.

③ ∴ 실제 증기압 e=19.82−0.485(30−22)=15.94mmHg이다.

3. 상대습도 계산

(1) 상대습도 f(%)는 식 (1.1)을 이용하여 다음과 같이 계산한다.

① ∴ $f = \frac{e}{e_s} \times 100 = \frac{15.94}{31.82} \times 100$ =50.09%이다.

4. 이슬점(dew point) 결정

(1) 이슬점(온도) t_d(℃)는 0항에서 설명한 것과 같이 **그림 1.11**의 임의 점 (t, e)로부터 왼쪽으로 수평선을 그어 증기압 포화곡선과 만난 점 e(mmHg)인 포화증기압을 갖는 온도를 말한다.

(2) 그러므로, 이슬점 온도 t_d는 실제증기압 e=15.94mmHg에 해당하는 대기의 온도와 같다.

(3) **표 1.11**에서 e_s=e(15.94mmHg)인 포화증기압의 온도는 18.5℃이다.

1.3.3 바람

바람은 속도와 방향으로 크기를 표시하고, 자침의 16방위로 방향을 표시하며, 그 크기는 **풍속계(anemometer)**를 이용해 측정한다. 지표면 부근에서는 나무나 건물과 기타의 장애물에 의해 풍속과 풍향이 바뀌게 된다. 이것을 마찰효과라 하고, 이 영향을 받는 해발 600m 미만의 영역을 **마찰층(摩擦層, friction layer)**이라 하며, 이 이상의 영역에서는 마찰 효과가 무시된다. 보통 마찰층 내의 풍속은 마찰층 외의 풍속보다 지표면에서는 40%, 해양면에서는 70% 정도인 것으로 알려져 있다.

지표면으로부터의 표고에 따른 풍속의 변화는 마찰층 내에서 다음과 같은 멱법칙(power law)형 경험식으로 구할 수 있다.

$$\frac{\bar{v}}{\bar{v}_1} = \left(\frac{z}{z_1}\right)^k \tag{1.5}$$

여기서 $\bar{v}$ = 지표면으로부터의 임의 표고 z에서의 평균풍속이고, $\bar{v}_1$ = 지표면으로부터 임의 기준표고 z_1에 설치한 풍속계의 평균풍속이며, k = 지표면의 조도상태와 기류의 안정성 정도에 의한 지수이다. k의 값은 **표 1.12**와 같이 약 0.1~0.6의 범위 값을 갖는 것으로 알려져 있다.

표 1.12 지표면 조도와 기류의 안정성에 따른 k값

지표면의 종류	지표면으로부터의 높이(m)	기류의 안정성		조도값	
		안정	불안정	과단열	중위
황무지(desert)	6~61	0.22	–	0.15	0.18
잔디밭(grass field)	8~120	0.27	0.32~0.77	0.14	0.17
비행장(airfield)	9~27	0.18	–	0.09	0.08
목초지(meadow)	10~70	–	0.61	0.25	0.27
평지(flat field)	11~49	0.25	0.36	0.16	0.20
삼림지역 부근	11~124	0.35	–	0.19	0.29

풍속의 단위는 속도차원[LT−1]과 같으며, 단위별 변환 값은 다음과 같다.

$$1\text{m/s} = 1.94\text{kt} = 2.2\text{mi/h} = 3.2\text{ft/s} \tag{1.6a}$$

$$1\text{kt} = \text{시속 1해리} = 1{,}852\text{m/h} = 1.15\text{mi/h} = 0.51\text{m/s} \tag{1.6b}$$

$$1\text{km/h} = 0.62\text{mi/h} = 0.28\text{m/s} = 0.54\text{kt} \tag{1.6c}$$

예제 1.2

지상 5m와 60m에 위치한 풍속계의 평균풍속이 각각 5m/s, 10m/s로 측정되었을 때 다음 사항에 답하시오.

1. 10m와 30m 지점의 풍속 계산
2. 이들 관계의 그래프 작성과 대안에 의한 풍속 계산(추정)

[풀이]

1. 10m와 30m 지점의 풍속 계산

(1) 주어진 고도별 풍속과 식 (1.5)를 이용하여 평균풍속을 결정한다.

① $\frac{\bar{v}}{\bar{v}_1} = (\frac{z}{z_1})^k$에서 지수 k값을 결정한다.

② $\frac{10}{5} = (\frac{60}{5})^k$, $2 = 12^k$←양변에 상용대수를 취한다.

③ $\log_{10}2 = k\log_{10}12$, $k = \frac{\log_{10}2}{\log_{10}12}$ =0.279를 얻는다.

(2) k=0.279를 식 (1.5)에 대입하여 10m와 30m 지점의 풍속 계산.

① $\bar{v} = \bar{v}_1(\frac{z}{z_1})^{0.279}$를 이용한다.

② z=10m일 때 $\bar{v}_{10} = 5(\frac{10}{5})^{0.327} = 6.06$m/s이다.

③ z=30m일 때 $\bar{v}_{30} = 5(\frac{30}{5})^{0.327} = 8.24$m/s이다.

2. 이들 관계의 그래프 작성과 대안에 의한 풍속을 계산(추정)

(1) 이들 관계의 그래프를 1(2)항의 값을 이용해 작성한다.

① 풍속에 대한 고도(실측치 ■)의 관계를 그래프로 **그림 예1.2**와 같이 작성한다.

(2) 대안에 의한 풍속을 계산(추정)한다.

① 1(2)① 항과 같이 식 (1.5)를 이용해 두 지점의 고도에 대한 풍속을 계산할 수도 있다.

② 대안으로 1(2)②, ③ 항에서 구한 풍속 분포도로부터 곡선 적합(평활스플라인, smoothing spline)과 내삽법(interpolation)을 통해 보간치(▲)로 (추정) 계산할 수도 있다.

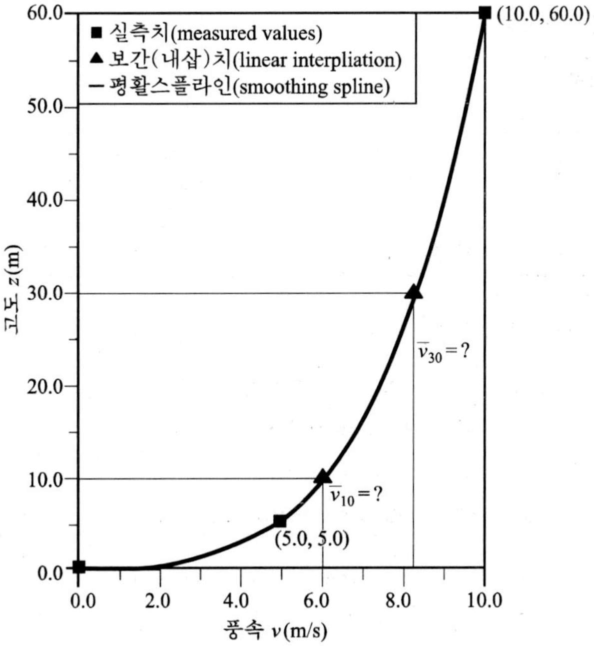

그림 예1.2 고도별 실측치와 예측치 풍속 분포도

1.3.4 태풍

태풍(颱風, typhoon)은 주로 여름철 열대지방(적도 부근)의 해상에서 북반구 북동 무역풍(또는 북의 계절풍)과 남반구 남동 무역풍(또는 남의 계절풍)이 서로 충돌하여 열대전선 부근에 많이 발생된다. **세계기상기구(WMO)**는 열대저기압 중에서 중심 부근의 최대풍속이 33m/s (34kt) 이상인 것을 태풍(TY), 25~32m/s인 것을 강한 열대폭풍(STS), 17~24m/s인 것을 열대폭풍(TS), 그리고 17m/s 미만인 것을 열대저압부(TD)로 구분한다. 한편, 우리나라와 일본에서는 최대풍속이 17m/s이상인 열대저기압 모두를 태풍이라고 부른다(기상청, 2022).

태풍은 **표 1.13**의 중심기압과 풍속 크기에 따라 또는 **표 1.14**와 같이 중심부근의 최대풍속에 따라 세계기상기구(WMO)와 같이 구분한다. 또한 각 지역에 따른 태풍이름은 **그림 1.10**과 같이 연간 평균 80개 발생하는 열대성 저기압의 발생해역별로 불린다(이종석, 2006; 2014; 기상청, 2022).

표 1.13 태풍의 중심기압 크기에 따른 분류

분류 \ 내용	중심 기압	풍속	비고
초 A급	920mb 이하	65m/s 이상	
A급	920~950mb	50~65m/s	
B급	950~980mb	30~50m/s	
C급	980mb 이상	17~30m/s	

표 1.14 세계기상기구(WMO)의 태풍 구분

중심부근 최대풍속	세계기상기구(WMO)	한국, 일본	
17m/s(34kt)미만	열대저압부(TD, tropical depression)	TD	열대저압부
17~24m/s(34~47kt)	열대폭풍(TS, tropical storm)	TS	태풍
25~32m/s(48~63kt)	강한 열대폭풍(STS, severe tropical storm)	STS	
33m/s(64kt)이상	태풍(TY, typhoon)	TY	

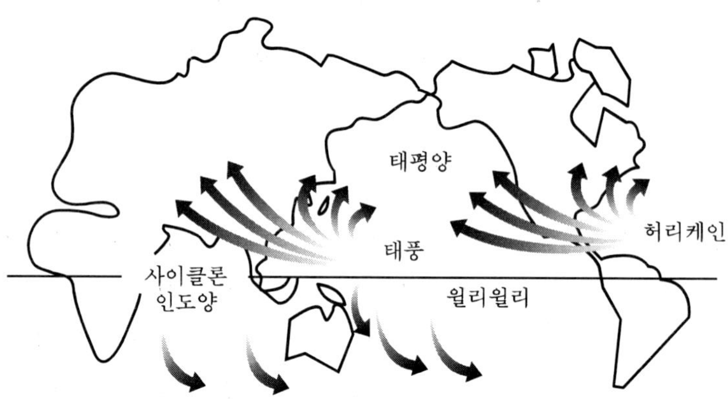

그림 1.10 태풍의 발생지역별 이름

(1) 극동지역(중국, 일본, 대만, 필리핀, 북태평양 남서해상) = **태풍**(**typhoon** : 30개)

(2) 인도양과 오스트레일리아 부근 남태평양 해역(아라비안 해, 벵골만)
 = **사이클론**(**cyclone** : 27개)

(3) 미국(하와이 포함)(북대서양과 카리브해, 멕시코만, 동부 태평양)
 = **허리케인**(**hurricanes** : 23개)

(4) 호주 부근 남태평양 해역 = **윌리윌리**(**willy-willy** : 7개)

또한 2000년 이후 **태풍 이름**은 태풍 영향 14개국으로 구성된 '태풍위원회'(1997년, 제30차)에서 2000년부터 모든 태풍에 각 회원국의 언어로 만든 이름을 쓰기로 결정하였다. 국가당 10개씩 14개국의 총 140개 이름이 5개조로, 1조당 28개 국가명 알파벳 순서로 **표 1.15**와 같이 배열되어 2022년 3월 24일 기준, 현재의 이름이 사용되며, 우리나라와 북한의 태풍 이름 10개는 각각 **표 1.16, 1.17**과 같다(기상청, 2022).

표 1.15 2022년 현재의 태풍 이름

순	국명 \ 조	1		2		3		4		5	
1	캄보디아	돔레이	damrey	콩레이	kong-rey	나크리	nakri	크로반	krovanh	트라세	trases
2	중국	하이쿠이	haikui	인싱	yinxing	펑선	fengshen	두쥐안	dujuan	무란	mulan
3	북한	기러기	kirogi	도라지	toraji	갈매기	kalmaegi	수리개	surigae	메아리	meari
4	홍콩	윈욍	yun-yeung	마니	man-yi	퐁웡	fung-wong	초이완	choi-wan	망온	ma-on
5	일본	고이누	koinu	우사기	usagi	고토	koto	고구마	koguma	도카게	tokage
6	라오스	볼라벤	bolaven	파북	pabuk	노카엔	nokaen	참피	champi	힌남노	hinnamnor
7	마카오	산바	sanba	우딥	witip	페냐	penha	인파	in-fa	무이파	muifa
8	말레이시아	즐라왓	jelawat	스팟	sepat	누리	ruri	츰파카	cempaka	므르복	merbok
9	미크로네시아	에위니아	ewiniar	문	mun	실라코	sinlaku	네파탁	nepartak	난마돌	nanmadol
10	필리핀	말릭시	maliksi	다나스	danas	하구핏	hagupit	루핏	lupit	탈라스	talas
11	한국	개미	kaemi	나리	nari	장미	changmi	미리내	mirinae	노루	noru
12	태국	프라피룬	prapiroon	위파	wipha	메칼라	mekkhala	니다	nida	꿀랍	kulap
13	미국	마리아	maria	프란시스코	francisco	히고스	higos	오마이스	omais	로키	roke
14	베트남	손띤	son-tinh	꼬마이	comay	바비	bavi	꼰선	conson	선까	sonca
15	캄보디아	암필	ampil	크로사	krosa	마이삭	maysak	찬투	chanthu	네삿	nesat
16	중국	우쿵	wukong	바이루	bailu	하이선	haishen	뎬무	dianmu	하이탕	haitang
17	북한	종다리	jongdari	버들	podul	노을	noul	민들레	mindulle	날개	nalgae
18	홍콩	산산	shanshan	링링	lingling	돌핀	dolphin	라이언록	lionrock	바냔	banyan
19	일본	야기	yagi	가지키	kajiki	구지라	kujira	곤파스	kompasu	야마네코	yamaneko
20	라오스	리피	leepi	농파	nongfa	찬홈	chan-hom	남테운	namtheun	파카르	pakhar
21	마카오	버빙카	bebinca	페이파	peipah	페이러우	peilou	말로	malou	상우	sanvu
22	말레이시아	풀라산	pulasan	타파	tapah	낭카	nangka	냐토	nyatoh	마와르	mawar
23	미크로네시아	솔릭	soulik	미탁	mitag	사우델	saudel	라이	rai	구촐	guchol
24	필리핀	시마론	cimaron	라가사	ragasa	나라	narra	말라카스	malakas	탈림	talim
25	한국	제비	chebi	너구리	noguri	개나리	gaenari	메기	megi	독수리	doksuri
26	태국	끄라톤	krathon	부알로이	bualoi	앗사니	atsani	차바	chaba	카눈	khanun
27	미국	바리자트	barijat	마트모	matmo	아타우	etau	에어리	aere	란	lan
28	베트남	짜미	trami	할롱	halong	방랑	bang-lang	송다	songda	사올라	saola

표 1.16 2022년 기준 우리나라의 태풍이름

조 / 순서	1	2	3	4	5
11	개미(kaemi)	나리(nari)	장미(changmi)	미리내(mirinae)	노루(noru)
25	제비(chebi)	너구리(noguri)	개나리(gaenari)	메기(megi)	독수리(doksuri)

표 1.17 2022년 기준 북한의 태풍이름

조 / 순서	1	2	3	4	5
3	기러기(kirogi)	도라지(toraji)	갈매기(kalmaegi)	수리개(surigae)	메아리(meari)
17	종다리(jongdari)	버들(podul)	노을(noul)	민들레(mindulle)	날개(nalgae)

참고적으로, 엘니뇨(El Niño; 스페인어)와 나니냐(La Niña) 현상은 열대 중부 지방의 태평양 해수면 온도가 평소에 비해 섭씨 +0.5도 이상의 차이가 나는 상태로 5개월 이내의 기간 동안 지속되는 현상을 말한다.

엘니뇨 현상(El Niño)은 **그림 1.11**과 같이 남미의 페루 근처 해역의 북쪽으로부터 난류인 적도 해류가 강하게 밀고 들어와 해수 온도가 비정상적으로 높아진다. 이처럼 동태평양의 수온이 비정상적으로 높아지는 현상 【엘니뇨(스페인어)= '예수', 엘니뇨가 크리스마스 전후로 발생하고, 평소에 못 보던 난류성 물고기들이 많이 잡혀 'Oh My god' 이라는 어부들의 말에서 유래】 이다.

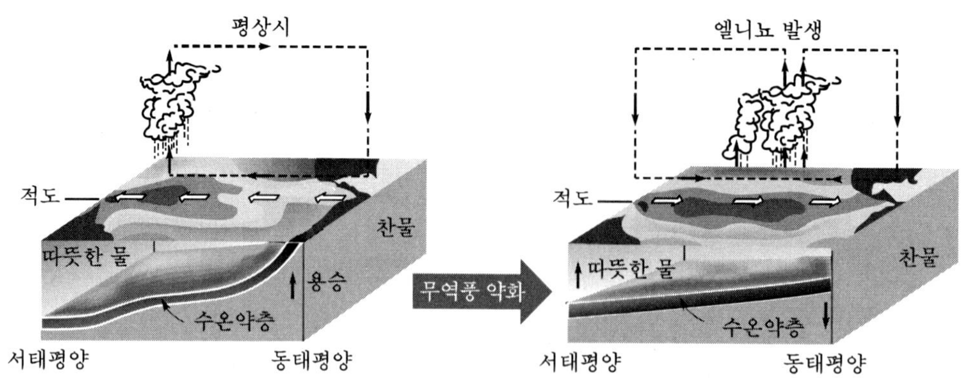

그림 1.11 엘니뇨 현상

라니냐 현상(La Niña)은 **그림 1.12**와 같이 적도 무역풍의 세력이 강해져서 서태평양의 해수 온도는 상승하고 동태평양의 해수 온도가 낮아지는 현상(엘니뇨 현상과 반대, 동태평양 해수의 수온이 평년보다 0.5℃ 낮아지고, 5개월 이상 지속)이다. 이는 반 엘니뇨 【=엘니뇨와 반대 개념이고, '엘니뇨=남자 아이, 라니냐=여자 아이'를 뜻함)】 현상을 나타내며, 주로 엘니뇨 현상의 전과 후에 발생한다.

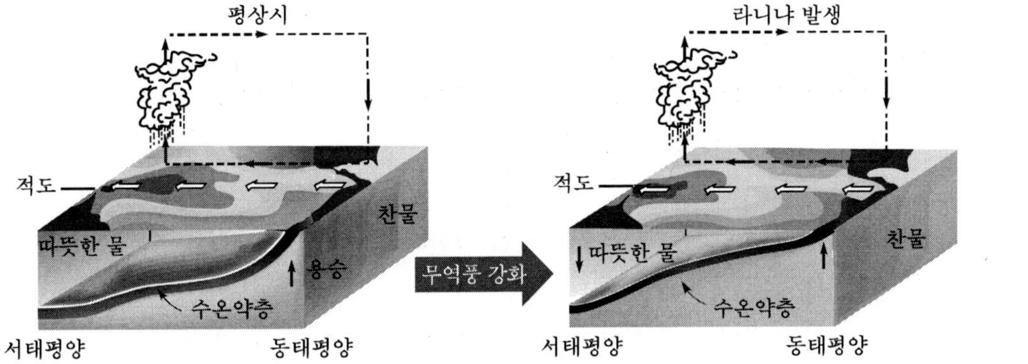

그림 1.12 라니냐 현상

1.3.5 기상 관련 사항

본 소절에서는 기상 관련 사항으로 기상 관련법인 기상법과 같은 법 시행령·시행규칙, 기상관측표준화법 시행규칙, 예보·관측업무규정 등에 대해 그 실용 측면에서 간단히 기술한다.

(1) 기상 관련법

기상 관련법에는 기상법(시행 2021. 6. 10., 법률 제17424호, 2020. 6. 9., 일부개정)·**기상법시행령**(시행 2021. 6. 10., 대통령령 제31747호, 2021. 6. 8., 일부개정)·**기상법시행규칙**(환경부령 제990호, 2022. 6. 22., 일부개정)의 주요 내용을 다룬다(법제처, 2022c).

① 기상법(氣象法)

기상법의 주요 내용 중 일부를 소개하면 다음과 같다.

1) 제1조(목적) 이 법은 국가기상업무의 효율적 수행에 필요한 기본적인 사항을 정함으로써 기상업무의 건전한 발전에 힘쓰게 하여 기상재해 및 기후변화로부터 국민의 생명과 재산을 보호하고 공공복리를 증진하는 데에 이바지함을 목적으로 한다. 〈개정 2017. 4.

18.〉 [전문개정 2008. 12. 31.]

2) **제2조(정의)** 이 법에서 사용하는 용어의 뜻은 다음과 같다. 〈개정 2011. 9. 30., 2014. 1. 21., 2017. 4. 18.〉

1. "기상"(氣象)이란 대기의 여러 현상을 말한다.
2. "지상"(地象)이란 기상과 밀접한 관련이 있는 지면 또는 지중에서 일어나는 여러 현상을 말한다.

2의2. 삭제 〈2014. 1. 21.〉

3. "수상"(水象)이란 기상 또는 지상과 밀접한 관련이 있는 내륙의 하천, 호수 또는 해양에서 일어나는 여러 현상을 말한다.

3의2. 삭제 〈2014. 1. 21.〉

4. "기상현상"이란 다음 각 목의 현상을 말한다.

가. 기상　　나. 지상　　다. 수상

라. 대기권 밖의 여러 현상이 기상, 지상 및 수상에 미치는 현상

4의2. "해양기상"이란 해양 위의 대기와 해양의 상호작용으로 나타나는 기상현상을 말한다.

4의3. "항공기상"이란 항공기의 운항에 영향을 미치는 기상현상을 말한다.

5. "기상관측"이란 기상현상을 과학적 방법으로 관찰·측정하는 것을 말한다.
6. "기후"란 일정 기간 특정 지역에서의 기상현상의 평균상태를 말한다.
7. "기후변화"란 인간 활동이나 자연적인 요인으로 기상현상이 평균상태를 벗어나 상당 기간 지속되는 것을 말한다.
8. "기상업무"란 다음 각 목의 업무를 말한다.

가. 기상관측 및 예보

나. 기후변화에 대한 대책 수립 및 영향조사, 기후변화 감시 및 기후 예측

다. 삭제 〈2014. 1. 21.〉

라. 기상현상 및 기후에 관한 통계·정보의 교환, 조사, 분석, 연구 및 그 부대업무

9. "예보"란 기상관측 결과를 기초로 한 예상을 발표하는 것을 말한다.
10. "특보"란 기상현상으로 인하여 중대한 재해가 발생될 것이 예상될 때 이에 대하여 주의를 환기하거나 경고를 하는 예보를 말한다.
11. "기상측기"(氣象測器)란 기상관측에 사용되는 기계·기구 또는 장치를 말한다.
12. 삭제 〈2009. 6. 9.〉

13. "기상시설"이란 기상업무 수행에 필요한 관측시설, 예보시설, 통신시설 및 이를 설치・운영하기 위한 건축물 등 그 부대시설을 말한다.
14. "기상정보시스템"이란 국내외의 기상업무에 관한 자료를 수집・가공・저장・검색・표출・송수신 및 활용할 수 있도록 체계적으로 구성된 기기・프로그램 및 데이터베이스 등의 결합체를 말한다. [전문개정 2008. 12. 31.]

3) **제13조(일반인을 위한 예보 및 특보)**

① 기상청장은 기상현상에 대하여 일반인이 이용할 수 있도록 필요한 예보 및 특보를 하여야 한다.

② 기상청장은 기상현상으로 인하여 발생한 재해가 특정한 시기 또는 지역에서 국민의 생명・신체・재산 및 생활에 미치는 영향(이하 이 조에서 "기상영향"이라 한다)에 대하여 일반인이 이용할 수 있도록 관계 중앙행정기관의 장과 협의하여 필요한 예보를 할 수 있다. 〈신설 2017. 4. 18.〉

③ 기상청장은 제1항 및 제2항에 따라 기상현상 및 기상영향에 대한 예보・특보를 하는 경우에는 보도기관을 이용하거나 정보통신망에 게재하는 등 적절한 방법을 통하여 이를 일반인에게 알려야 한다. 〈개정 2017. 4. 18.〉

④ 제1항 및 제2항에 따른 예보 및 특보의 종류・내용에 필요한 사항은 대통령령으로 정한다. 〈개정 2017. 4. 18.〉 [전문개정 2008. 12. 31.]

② 기상법시행령

기상법시행령의 주요 내용 중 일부를 소개하면 다음과 같다.

1) **제1조(목적)** 이 영은 「기상법」에서 위임된 사항과 그 시행에 필요한 사항을 규정함을 목적으로 한다. 〈개정 2009. 7. 7.〉

2) **제8조(일반인을 위한 예보 및 특보)**

① 법 제13조제1항에 따른 기상현상에 관한 예보는 기온・강수 등에 관하여 정시 또는 수시로 하되, 다음 각 호의 예보로 구분하여 발표한다. 〈개정 2018. 4. 17.〉

1. 초단기예보 : 예보대상기간 6시간 이내
2. 단기예보 : 예보대상기간 3일 이내
3. 중기예보 : 예보대상기간 10일 이내
4. 장기예보 : 예보대상기간 11일 이상

② 법 제13조제1항에 따른 기상현상에 관한 특보는 다음 각 호의 어느 하나에 해당하는

기상현상으로 인하여 중대한 재해발생이 예상될 때 해당 지역에 대하여 그 정도에 따라 주의보 및 경보로 구분하여 발표한다. 〈개정 2008. 6. 20., 2009. 7. 7., 2018. 4. 17.〉

1. 호우 2. 대설 3. 폭풍해일 4. 삭제 〈2015. 1. 20.〉 5. 태풍 6. 강풍 7. 풍랑 8. 황사 9. 건조 10. 한파 11. 폭염 12. 삭제 〈2018. 4. 17.〉

③ 법 제13조제2항에 따른 기상영향에 대한 예보는 제2항 각 호의 기상현상별로 기상영향의 정도를 분석하여 정시 또는 수시로 발표할 수 있다. 〈신설 2018. 4. 17.〉

④ 제1항부터 제3항까지의 규정에 따른 예보 및 특보의 세부 종류·내용, 대상 구역, 발표 기준 등에 관하여 필요한 사항은 기상청장이 정한다. 〈신설 2018. 4. 17.〉

③ 기상법시행규칙

기상법시행규칙의 주요 내용 중 일부를 소개하면 다음과 같다.

1) **제1조(목적)** 이 규칙은 「기상법」 및 같은 법 시행령에서 위임된 사항과 그 시행에 필요한 사항을 규정함을 목적으로 한다. 〈개정 2009. 7. 10.〉

2) **제6조(기후전망의 발표주기 및 방법)**

① 법 제22조제1항에 따른 기후전망은 다음 각 호의 주기로 발표한다. 〈개정 2008. 5. 23., 2009. 7. 10.〉

1. 연 기후전망: 다음 해 1월부터 12월까지에 대한 기후의 전망을 전년도 12월 하순에 발표
2. 봄철 기후전망 : 같은 해 3월부터 5월까지에 대한 기후의 전망을 전년도 11월 하순에 발표
3. 여름철 기후전망 : 같은 해 6월부터 8월까지에 대한 기후의 전망을 2월 하순에 발표
4. 가을철 기후전망 : 같은 해 9월부터 11월까지에 대한 기후의 전망을 5월 하순에 발표
5. 겨울철 기후전망 : 12월부터 다음 해 2월까지에 대한 기후의 전망을 8월 하순에 발표
6. 수시 기후전망 : 특수한 기상상황이 발생하여 그 기후의 전망을 국민에게 알릴 필요가 있는 경우에 수시로 발표

② 제1항에 따른 기후전망은 인터넷 등을 이용하여 발표한다.

③ 기후전망의 발표일시 그 밖에 필요한 사항은 기상청장이 정한다.

(2) 기상관측표준화법 시행규칙

기상관측표준화법 시행규칙(시행 2022. 6. 22., 환경부령 제991호, 2022. 6. 22., 일부개정)(법제처, 2022b)은 「기상관측표준화법」 및 동법 시행령에서 위임된 사항과 그 시행에 관하여 필요한 사항을 규정함을 목적으로 한다. 제2조(기상관측기준) 제1항(기상관측표준화법 제4조제2항에 따른 기상관측기준은 다음 각 호와 같다.)제3호 "법 제4조제2항제3호, 제4호에 따른 기상관측에서 기상요소별로 사용하는 단위 및 기상관측자료 관측단위의 마지막 자리에 관한 기준은 별표 3과 같다."의 '별표 3'에 대한 기상요소와 관측단위 마지막 자리 기준은 **표 1.18**과 같다.

표 1.18 기상요소·관측단위와 마지막 자리

기상요소	관측단위	마지막 자리	기상요소	관측단위	마지막 자리
기온	섭씨(℃)	0.1	증발량	밀리미터(mm)	0.1
습도	백분율(%)	1	지면온도	섭씨(℃)	0.1
풍향	도(°)	1	지중온도	섭씨(℃)	0.1
풍속	초당미터(m/s)	0.1	초상(草上)온도	섭씨(℃)	0.1
강수량	밀리미터(mm)	0.1	수온	섭씨(℃)	0.1
적설	센티미터(cm)	0.1	수위	미터(m)	0.1
기압	헥토파스칼(hPa)	0.1	물결높이	미터(m)	0.1
일조	시간(h)	0.1	물결방향	도(°)	1
일사	제곱미터당 메가줄(MJ/m²)	0.01	물결주기	시간(s)	0.1

(3) 예보업무규정

예보업무규정(시행 2021. 8. 12, 기상청훈령 제1013호, 2021. 8. 12. 일부개정타법개정)은 기상법·같은 법 시행령·같은 법 시행규칙에서 위임한 예보 및 특보에 관한 업무와 그 시행에 필요한 사항을 규정함을 **제1조(목적)**로 하며, 이 규정에서 사용하는 용어의 뜻은 **제3조(정의)**로 다음과 같다(법제처, 2022h).

1. "초단기예보"란 영 제8조제1호에 따라 발표시점부터 6시간 이내에 대하여 행하는 예보를 말한다.
2. "단기예보"란 영 제8조제2호에 따라 발표시점부터(발표시점이 속한 당일을 포함한다) 3일 이내 기간에 대하여 행하는 예보를 말한다.
3. "중기예보"란 영 제8조제3호에 따라 발표시점부터(발표시점이 속한 당일을 포함한다) 4일에서 11일까지의 기간에 대하여 행하는 예보를 말한다.

4. "태풍예보"란 태풍의 발생에서 소멸까지 태풍의 진행방향 및 이동속도 등 태풍 관련사항에 대하여 행하는 예보를 말한다.
5. "날씨해설"이란 기상현황과 전망, 원인, 날씨변동 가능성 등 예보 관련사항에 대해 이해하기 쉽도록 정기적으로 설명하는 정보를 말한다.
6. "영향예보"란 기상영향에 대하여 행하는 예보를 말한다.
7. "수치예보"란 기온, 바람 등과 같은 기상요소를 수치적으로 해석하여 앞으로의 대기상태를 예측하는 것을 말한다.
8. "육상광역예보"란 도경계나 기후학적 경계를 기준으로 구분하여 넓은 지역에 행하는 예보를 말한다.
9. "육상국지예보"란 시·군 등 지역 단위로 한정된 범위에 대하여 행하는 예보를 말한다.
10. "산지" 또는 "산간"이란 해발고도 600m 이상 또는 들이 적고 산이 많은 지역 중 기상청장이 별도로 정한 구역을 말한다.
11. "해상광역예보"란 한반도 주변바다(동해, 서해, 남해)를 도경계 등을 이용해 앞바다와 먼바다로 구분한 해역 및 대화퇴 해상, 연해주 해상, 규슈해상, 동중국해상의 넓은 해역에 행하는 예보를 말한다.
12. "해상국지예보"란 해상광역예보구역 중 앞바다를 시·군 경계 등을 이용해 여러 개로 분할한 해역에 행하는 예보를 말한다.
13. "예보관서"란 예보, 특보 및 정보를 생산하는 기상청, 지방기상청 및 기상지청을 말한다.
14. "발효"란 발표된 특보의 효력이 나타나는 것을 말한다.
15. "통보문"이란 발표된 예보나 특보 등의 통보를 위해 일부 또는 전체 내용을 요약하거나 정리하여 작성한 문서를 말한다.
16. "실황"이란 현재 나타나는 날씨의 상태를 말한다.
17. "일기도"란 일기나 기상요소의 분포를 지도 위에 표시하고 분석한 것을 말한다.
18. "하늘상태"란 구름이 하늘을 덮고 있는 정도를 맑음, 구름 많음, 흐림으로 표현한 것을 말한다.
19. "유의파고"란 해상의 한 지점에서 통과하는 파도 중 높이가 높은 순으로 3분의 1까지의 파도 높이를 평균한 값을 말한다.
20. "강수확률"은 현재와 유사한 기상상황에서 강수가 발생할 가능성을 확률로 나타낸 것을 말한다.
21. "강풍반경"이란 태풍 중심으로부터 풍속 15m/s(54km/h)의 바람이 부는 곳까지의 거리를 말한다.

22. "사후분석"이란 예보 및 특보의 발표 이후 실제로 나타난 기상현상과 비교하여 예보 및 특보의 발표 내용의 문제점 및 개선사항 등을 도출하는 것을 말한다.
23. "검증"이란 발표한 예보 및 특보와 관측자료를 객관적인 기준에 따라 비교 검토하여 확인하는 것을 말한다.

또한 **제17조(특보기준)**은 기상법시행령 제8조제2항 및 영 제9조에 따른 육상 및 해상의 특보는 기상현상으로 인한 재해발생의 예상 정도에 따라 주의보와 경보로 구분하며, 그 기준은 표 6과 같다. 이 특보기준의 "표 6 특보의 발표기준〈개정 2018.6.1., 2020.7.30.〉"은 다음의 **표 1.19**와 같다.

표 1.19 특보의 발표기준

종류	주의보	경보
강풍	육상에서 풍속 50.4km/h(14m/s) 이상 또는 순간풍속 72.0km/h(20m/s) 이상이 예상될 때. 다만, 산지는 풍속 61.2km/h(17m/s) 이상 또는 순간풍속 90.0km/h(25m/s) 이상이 예상될 때	육상에서 풍속 75.6km/h(21m/s) 이상 또는 순간풍속 93.6km/h(26m/s) 이상이 예상될 때. 다만, 산지는 풍속 86.4km/h(24m/s) 이상 또는 순간풍속 108.0km/h(30m/s) 이상이 예상될 때
풍랑	해상에서 풍속 50.4km/h(14m/s) 이상이 3시간 이상 지속되거나 유의파고가 3m 이상이 예상될 때	해상에서 풍속 75.6km/h(21m/s) 이상이 3시간 이상 지속되거나 유의파고가 5m 이상이 예상될 때
호우	3시간 누적강우량이 60mm 이상 예상되거나 12시간 누적강우량이 110mm 이상 예상될 때	3시간 누적강우량이 90mm 이상 예상되거나 12시간 누적강우량이 180mm 이상 예상될 때
대설	24시간 동안 내려 쌓인 눈의 양이 5cm 이상 예상될 때	24시간 동안 내려 쌓인 눈의 양이 20cm 이상 예상될 때. 다만, 산지는 24시간 동안 내려 쌓인 눈의 양이 30cm 이상 예상될 때
건조	실효습도 35% 이하가 2일 이상 지속될 것으로 예상될 때	실효습도 25% 이하가 2일 이상 지속될 것으로 예상될 때
폭풍해일	천문조, 폭풍, 저기압 등의 복합적인 영향으로 해수면이 상승하여 발효기준 값 이상이 예상될 때. 다만, 발효기준 값은 지역별로 별도지정	천문조, 폭풍, 저기압 등의 복합적인 영향으로 해수면이 상승하여 발효기준 값 이상이 예상될 때. 다만, 발효기준 값은 지역별로 별도지정
한파	10월~4월 사이의 기간에 다음 중 어느 하나에 해당하는 경우 ① 아침 최저기온이 전날보다 10℃ 이상 하강하여 3℃ 이하이고 평년값보다 3℃가 낮을 것으로 예상될 때 ② 아침 최저기온이 -12℃ 이하가 2일 이상 지속될 것으로 예상될 때 ③ 급격한 저온현상으로 중대한 피해가 예상될 때	10월~4월사이의 기간에 다음 중 어느 하나에 해당하는 경우 ① 아침 최저기온이 전날보다 15℃ 이상 하강하여 3℃ 이하이고 평년값보다 3℃가 낮을 것으로 예상될 때 ② 아침 최저기온이 -15℃ 이하가 2일 이상 지속될 것으로 예상될 때 ③ 급격한 저온현상으로 광범위한 지역에서 중대한 피해가 예상될 때

표 1.19 특보의 발표기준(계속)

종류	주의보	경보
태풍	태풍으로 인하여 강풍, 풍랑, 호우, 폭풍해일 현상 등이 주의보 기준에 도달할 것으로 예상될 때	태풍으로 인하여 다음 중 어느 하나에 해당하는 경우 ① 강풍(또는 풍랑) 경보 기준에 도달할 것으로 예상될 때 ② 총 강우량이 200mm이상 예상될 때 ③ 폭풍해일 경보 기준에 도달할 것으로 예상될 때
황사	-	황사로 인해 1시간 평균 미세먼지(PM_{10}) 농도 800 $\mu g/m^3$ 이상이 2시간 이상 지속될 것으로 예상될 때
폭염	일최고기온이 33℃ 이상인 상태가 2일 이상 지속될 것으로 예상될 때	일최고기온이 35℃ 이상인 상태가 2일 이상 지속될 것으로 예상될 때

(4) 관측업무규정

관측업무규정(시행 2020. 8. 5., 기상청훈령 제988호, 2020. 8. 5., 전부개정)(법제처, 2022a)은 기상법, 같은 법 시행령, 시행규칙에 따라 기상청의 관측업무에 필요한 사항을 규정함을 **제1조(목적)**로 한다. 이 규정 **제2조(정의)**에서 사용하는 용어의 뜻은 다음과 같다.

1. "관측관서"란 소속기관 중 기상관측을 수행하는 기관을 말한다.
2. "지상기상관측"이란 지면 부근 및 지상에서의 기상요소와 기상현상에 대한 관측을 말한다.
3. "고층기상관측"이란 대기의 연직구조를 파악하기 위한 고도별 기상요소에 대한 관측을 말한다.
4. "해양기상관측"이란 해양 위의 대기와 해양의 상호작용으로 나타나는 기상현상에 대한 관측을 말한다.
5. "위탁기상관측"이란 「기상법」(이하 "법"이라 한다) 제44조에 따라 위탁하여 수행하는 관측을 말한다.
6. "관측메타데이터시스템"이란 기상관측자료의 공동활용을 목적으로 관측시설과 관측환경 정보분석, 처리, 분류, 평가 등의 업무를 지원하기 위한 시스템을 말한다.

또한 **제4조(관측의 기준 및 방법 등)** ① 관측요소에 관한 관측의 기준 및 방법은 **별표 1**과 같다. 제1항 **별표 1**의 '관측요소에 관한 관측의 기준 및 방법'은 **표 1.20**과 같다.

표 1.20 관측요소에 관한 관측의 기준 및 방법

관측요소	관측기준		관측방법	
	관측단위	최소위수	계측	목측
기 온	섭씨(℃)	0.1	○	-
이슬점온도	섭씨(℃)	0.1	○	-
초상온도	섭씨(℃)	0.1	○	-
지면온도	섭씨(℃)	0.1	○	-
지중온도	섭씨(℃)	0.1	○	-
기 압	헥토파스칼(hPa)	0.1	○	-
습도(상대습도)	백분율(%)	1	○	-
풍 향	도(°)	1	○	-
풍 속	초당미터(m/s)	0.1	○	-
일 조	시간(h)	0.1	○	-
일 사	제곱미터당메가줄(MJ/m^2)	0.01	○	-
증 발 량	밀리미터(mm)	0.1	○	-
강 수 량	밀리미터(mm)	0.1	○	-
적 설	센티미터(cm)	0.1	○	○
토양수분	백분율(%)	1	○	-
수 온	섭씨(℃)	0.1	○	-
수 위	미터(m)	0.1	○	-
물결(파랑)				
-높이(파고)	미터(m)	0.1	○	○
-방향(파향)	도(°)	1	○	-
-주기(파주기)	초(시간)	0.1	○	-
구 름				
-형태(운형)	기본형10종	-	-	○
-양(운량)	10분수	1	○	○
-높이(운고)	미터(m)	100	○	○
시 정	미터(m)	10	○	-
기상현상				
-물			○	○
-먼지			○	○
-빛			-	○
-전기			○	○

(5) 지진화산업무규정

지진화산 업무규정(시행 2022. 6. 14., 기상청훈령 제1045호, 2022. 6. 14., 타법개정)(법제처, 2022i)은 지진·지진해일·화산의 관측 및 경보에 관한 법률, 같은 법 시행령·같은 법 시행규칙에서 정하는 지진·지진해일·화산(이하 "지진등"이라 한다) 업무의 시행에 필요한 사항을 **제1조(목적)**로 하고, 이 규정에서 사용하는 용어는 **제3조(정의)**로 다음과 같다.

1. "규모"란 지진이 발생하면서 방출되는 에너지의 총량으로 표현되는 정량적 수치를 말한다.
2. "진도"란 지진으로 인한 진동의 세기를 수치로 표시한 경험적 표현으로 지진이 일어났을 때 사람의 느낌이나 주변의 물체 또는 구조물의 흔들림 정도를 수치로 표시하여 계급화한 척도를 말한다.
3. "기본관측"이란 지진등의 중심적인 업무를 수행하기 위하여 관측장비를 이용하여 자동관측하는 것을 말한다.
4. "보조관측"이란 지진등의 보조적인 업무를 수행하기 위하여 육안 및 체감에 의한 관측을 말한다.
5. "지역"이란 육지(陸地)와 섬(島)을 포함한 땅을 말한다.〈신설 2019. 12. 30.〉
6. "해역"이란 지역을 제외한 바다를 말한다.〈신설 2019. 12. 30.〉

또한 **제6조(지진 관측 방법 및 요소)** 지진 관측의 방법 및 요소는 **표 1.21**과 같다.

표 1.21 관측방법과 관측요소

관측구분	관측방법	관측요소	
기본관측	지진계에 의한 자동관측	• 지진파형자료 • 지반속도	• 지진파 위상의 도달시각 및 진폭 • 지반가속도
보조관측	육안 및 체감에 의한 관측	• 진도 • 지진 영향	• 지진 현상

연 습 문 제

1.1 물의 순환과정을 간단한 그림을 그려서 설명하시오.

1.2 우리나라 수자원의 특성[국가물관리기본계획(관계부처 합동, 2021) 참조]을 들고, 간단히 설명하시오.

1.3 우리나라 5대강의 BOD, T-P, 클로로필-a의 수질변화 추이[국가물관리기본계획(관계부처 합동, 2021) 참조]에 대해 설명하시오.

1.4 우리나라의 수자원 이용현황[국가물관리기본계획(관계부처 합동, 2021) 참조]에 대해 설명하시오.

1.5 포화 증기압곡선(saturated vapor pressure curve)을 작성하고, 실제 증기압, 포화증기 미흡량, 이슬점 등에 대해 설명하시오.

1.6 우리나라 10대 하천을 들고, 각 하천의 유로연장과 유역면적에 대해 설명하시오.

1.7 우리나라의 완성된 다목적댐을 수계별로 들고, 각 댐의 형식·높이에 대해 설명하시오.

1.8 수문관측과 관련된 법령·규정에 대해 간단히 설명하시오.

1.9 우리나라 수자원의 문제점과 대책을 이수와 치수측면을 중심으로 하여 간단히 설명하시오.

1.10 문 1.9에서 대책으로 제시할 수 있는 대체수자원의 개발방법에 대해 간단히 설명하시오.

1.11 하천법에 근거하여 작성되는 하천기본계획의 수립절차에 대해 간단히 설명하시오.

1.12 일평균 조건이 임의 고도점의 풍속 U_z=1.9m/s이고, 증기압 e_z=22mb이며, 대기온도 t= 25℃일 때 포화증기압≒31.6mb이다. 이 조건에서 여러 가지 질량이송방법(=혼합체가 수면에 미치는 총압력은 증기압(=수증기의 압력)과 건조한 공기압력의 합이다.)의 해석에 의한 증발량 산정 공식을 비교하시오.

1.13 기상법시행령 제8조 일반인을 위한 예보 및 특보에서 예보의 세부 종류·내용에 대해 설명하시오.

1.14 예보업무규정의 제17조(시행 2021. 8. 12, 기상청훈령 제1013호, 2021. 8. 12. 일부개정타법개정) '별표 6'과 관련된 특보의 발표기준에 대해 설명하시오.

1.15 기상관측표준화법 제4조제2항제3호와 제4호에 따른 기상관측에서 기상요소별로 사용하는 단위·기상관측자료 관측단위의 마지막 자리에 관한 기준에 대해 설명하시오.

1.16 건구와 습구의 온도가 각각 30℃, 22℃일 때 다음 사항에 답하시오.

1. 포화 증기압과 실제 증기압, 상대습도, 이슬점(온도) 계산

1.17 고도별 대기압과 비습도가 표 문1.17과 같을 때 다음 사항에 답하시오.

1. 가강 수분량의 결정

표 문1.17 가강 수분 산정을 위한 고도별 대기압과 비습도

고도	대기압(mb)	비습도(g/kg)	고도	대기압(mb)	비습도(g/kg)
1	1,200	18	6	510	8
2	1,000	16	7	430	6
3	850	15	8	300	4
4	700	13	9	250	2
5	600	10	10	200	1

1.18 일반적으로 증기압은 수은주의 크기로 표시하는데, 포화증기압 1mmHg = 1.33mb = $1.333 \times 10^3 \text{dyne/cm}^2$ 이다. 다음 사항에 답하시오.

1. 이 관계식의 증명

1.19 높이 5m에 위치한 풍속계의 속도가 5m/s이고, 높이 60m에 위치한 풍속계의 속도가 10m/s로 측정되었을 때 다음 사항에 답하시오.

1. 고도 10m, 30m 지점의 풍속 산정
2. 1항의 값과 고도, 풍속 관계자료를 이용해 풍속도 작성

1.20 태풍의 발생요인과 발생해역별 이름, 중심기압 크기별 분류에 대해 설명하고, 2022년 현재 사용 중인 우리나라의 태풍 이름 10가지를 나열하시오.

CHAPTER

2

강 수

CHAPTER 2 강 수

본 장에서는 대기 중의 수분이 집적되어 지표면에 물방울로 떨어지는 **강수**(降水, precipitation) 현상과 그 형성조건, 형식, 수문 측정, 강수자료의 분석 등에 대해 기술한다. 우량계에 의해 측정되는 **(지)점 우량**(point rainfall)을 유역에 균등하게 분포하는 면적우량인 평균우량의 산정과 확률개념이 도입된 우량자료의 해석, 기상학적 극한 상태의 **가능 최대 강수량**(probable maximum precipitation, PMP)에 대해 설명한다. 또한 **우량깊이 - 유역면적 - 강우지속기간**(rainfall depth - area - duration, DAD) 관계 해석, 강우분석, RFAHD 소개 등의 설계 활용에 대해 다루고자 한다.

2.1 총 론

강수는 대기 중의 수분이 냉각·집적되어 지표면에 떨어지는 모든 형태를 총칭하는 것으로 그 형태가 비일 때는 강우, 눈일 때는 강설 등으로 부른다. 이는 기상학적으로 비가 내릴 수 있는 조건이 충족될 때 발생된다. 그 조건은 호강수(豪强水, heavy precipitation)가 발생할 수 있는 조건으로 공기가 어는점까지 **냉각(冷却)**(구름입자 : 평균지름 0.01mm)되어야 하고, **응결핵[凝結核, (cloud) condensation nuclei]**(지름 0.0001~0.01mm의 연소 찌꺼기 등)이 존재하며, 수분입자의 **점증(漸增)** · **집적(集積)**이 되어야 한다.

2.1.1 강수 형성

(1) 강수 구분

강수는 따듯한 **기단(氣團, air mass)**의 상승요인에 따라 형성되며 그 형태에 따라 **대류 강수**, **저기압 강수**, **산악·지형 강수** 등으로 다음과 같이 구분한다.

대류 강수(對流 降水, convective precipitation)는 그림 2.1(a)와 같이 따뜻하고 가벼워진 공기가 대류현상에 의해 보다 차갑고 밀도가 큰 공기 속으로 자연히 상승할 때 발생된다.

저기압 강수(低氣壓 降水, cyclonic precipitation) 중 **전선 강수**((前線 降水, frontal precipitation)는 전선의 한쪽 면에서 다른 한쪽의 차갑고 밀도가 큰 기단위로 따뜻한 기단이 상승할 때 발생된다. **그림 2.1(b)**와 같이 **온기단**(溫氣團)이 **한기단**(寒氣團) 위로 진행될 때 발생되는 것을 **온난전선 강수**(溫暖前線 降水, warm front precipitation)라 하고, **그림 2.1(c)**와 같이 빠르게 이동하는 한기단에 의해 온기단이 강제로 상승될 때 발생하는 것을 **한랭전선 강수**(寒冷前線 降水, cold front precipitation)라 한다.

산악·지형 강수(山岳·地形 降水, orographic precipitation)는 **그림 2.1(d)**와 같이 습윤한 기단을 운반하는 바람이 산맥에 부딪쳐서 기단이 산 위로 상승할 때 생기는 강수이다. 바람이 불어오는 향사면(向斜面, windward)에는 **호강수**(豪强水)가 발생되나 배사면(背斜面, leeward)에는 대단이 건조한 것이 보통이다.

또한 **그림 2.1(e)**와 같이 두 기단의 세력이 맞서 한 지점에서 기단이 장기간 머물고 있을 때를 **정체전선**(停滯前線, stationary front) 또는 **장마전선**이라 한다. **그림 2.1(f), 2.1(g)**와 같이 한기단이 온기단보다 빠르게 이동하여 보통 한기단이 덮치게 되어 한기단 또는 온기단의 전선표면에 서로 기대어 미끄러지는데, 이러한 현상을 **폐색**(閉塞, occluded)이라 하고, 그 결과로 생긴 전선표면을 **폐색전선**(occluded front)이라 한다.

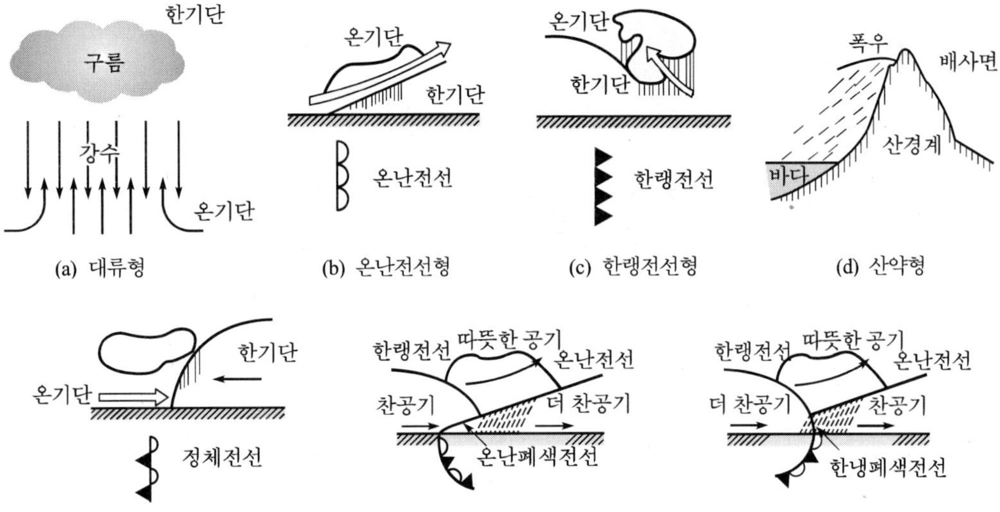

그림 2.1 강수의 구분

(2) 아열대 저기압

위도 30~60° 사이 남반구와 북반구 열대(tropics) 외부로부터 대부분의 강수는 **아열대 저기압(亞熱帶性 低氣壓, subtropical cyclone)**과 관계되며, 이들 **저기압 호우(cyclonic storm)**는 중위도 내 극지 에너지 변환의 주요한 원인이 된다.

아열대 저기압은 온도, 함수비와 관련되는 기단과 밀도 간의 경계에서 형성되는 **동적 파(動的 波, dynamic wave)**와 유사한 특성이 있다. 대략적으로 일정한 온도와 습윤 조건에 따른 표면 전체에 대한 수일 동안의 공기 순환은 그 표면의 특성에서 비롯되고, 이는 기단의 특별한 형식으로 확인할 수 있다.

그림 2.2는 아열대 저기압의 전형적인 발달 과정(화살표=바람 방향)을 나타내며, 이를 **저기압(cyclogenesis)**이라 한다. 이는 중위도 내 주요 강우 생성과정을 이해하는 데 기본개념이 된다. 저기압은 온도와 압력경사가 상대적으로 큰 대략 100~200km 영역의 넓은 **전선(front)**인 **기단경계(air-mass boundary)**에서 다음과 같은 과정에 의해 발생된다.

그림 2.2(a)와 같이 바람 전단(wind shear)에 의해 와류(eddies)를 나타내는 두 기단의 정체전선(stationary front)이 형성되고, **그림 2.2(b)**와 같이 와류로부터 초기적인 파가 발생하며, **그림 2.2(c)**와 같이 온난영역(front sector) 사이에 별개의 한랭·온난전선(distinct cold

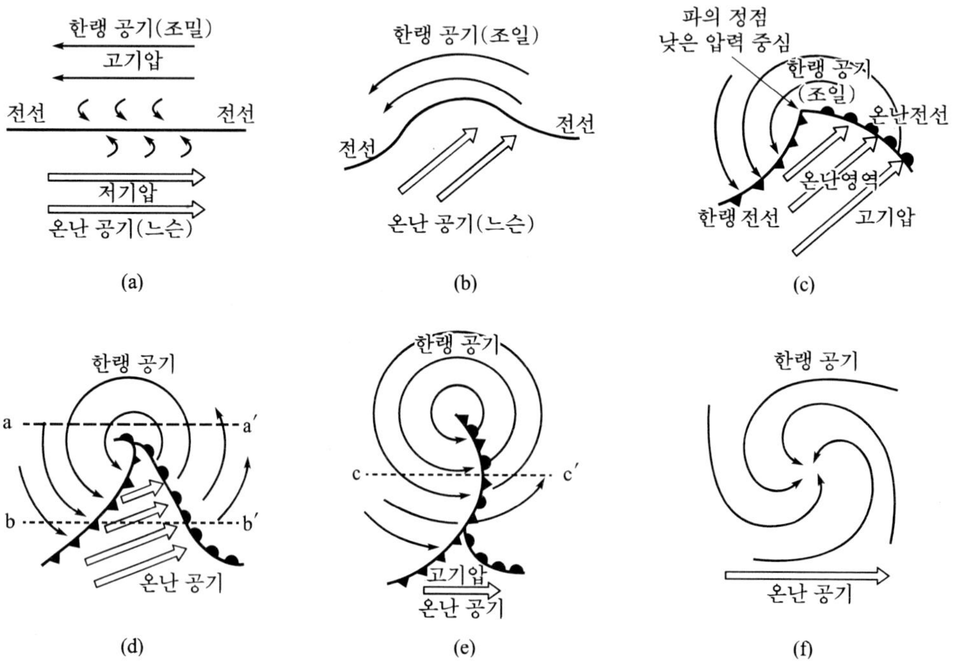

그림 2.2 아열대 저기압 발달 과정

and warm front)을 갖는 중간 단계의 과정을 거친다. 그 후 **그림 2.2(d), 2.2(e)**와 같이 온난전선이 점점 상실되어 폐쇄(occlusion)가 시작되어 **그림 2.2(f)**와 같은 마지막 단계로 이루어진다.

그림 2.2(d)의 점선 단면 a–a′와 b–b′의 발달양상을 상세히 보면, **그림 2.3(a)**의 점선인(온난 구역을 통과하는) 단면 a–a′와 **그림 2.3(b)**의 b–b′ 위치에서 비가 내리고, **그림 2.2(e)**와 같이 크게 발생된 전선에 의해 **그림 2.3(c)** 폐쇄된 전선의 두 형식에 대한 단면 c–c′ 위치에서 비가 내리다가 **그림 2.2(f)**와 같이 전선이 **소산(消散, dissipation)**되는 마지막 단계를 거쳐 비가 그친다.

그림 2.1(f), (g)와 **그림 2.2(e)**는 **그림 2.3(c)**의 폐색전선에 의한 강우를 설명하는 것이다. **그림 2.1(f)**와 **그림 2.3(c) ⓐ**는 한기단(찬공기, chilly)이 온기단(따뜻한 공기)을 빠르게 이동시

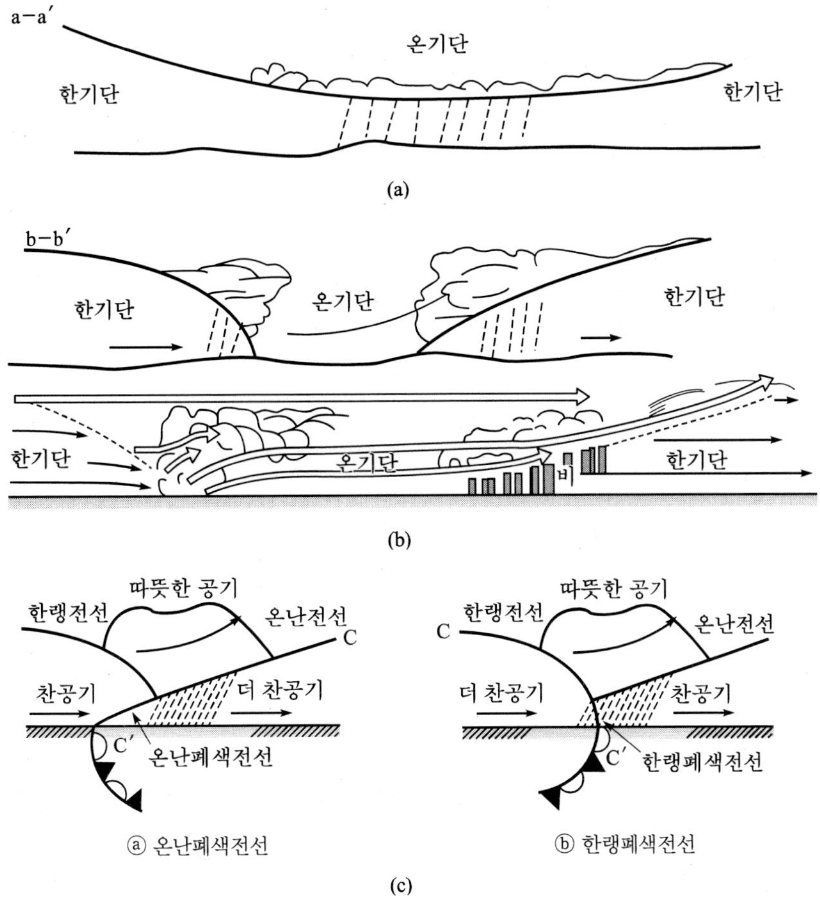

그림 2.3 아열대성 저기압의 강수 양상

켜 과한랭기단(더 찬공기 colder) 위로 온기단이 상승되면서 온난폐색전선을 형성하여 비를 내리게 하고, 그림 2.1(g)와 그림 2.3(c) ⓑ는 과한랭기단이 온기단을 빠르게 이동시켜 한기단 위로 난기단이 상승되면서 한랭폐색전선을 형성하여 비를 내리게 한다.

특히 그림 2.4[Shaw(1994)]는 저기압 강수의 형성조건을 구체적으로 설명하기 위한 것으로, 그림 2.4(a)와 2.4(b)는 전형적인 온난전선과 그 전선의 일부 A–A' 단면을 표시한 것이다. 그림 2.4(a)는 온기단인 **열대해양성 기단(熱帶海洋性 氣團, tropical maritime, Tm)**이 한기단인 **극대륙성 기단(極大陸性 氣團, polar continental air mass, Pc)**이나 **극해양성 기단(極海洋性 氣團, polar maritime air mass, Pm)** 위로 연속적으로 그림 2.4(b)와 같이 이동·상승하면서 전형적인 구름상판(床板, cloud deck)인 **전선대(前線帶, frontal zone)**를 형성하여 그 전면 약 100~200km 부근에서 비를 내린다. 그림 2.4(c)는 한기단인 극해양성 기단, **북극기단(arctic air mass)** 또는 **남극기단(antarctic air mass)**이 그림 2.4(d)와 같이 온기단인 열대해양성 기

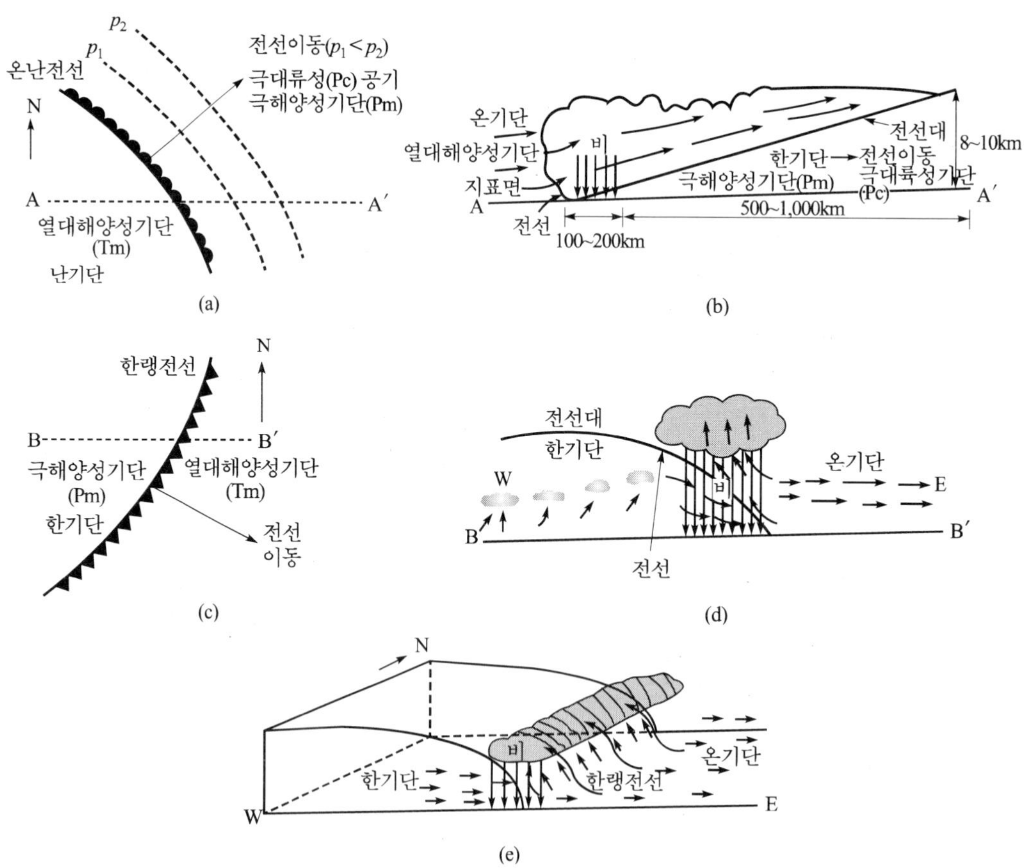

그림 2.4 전선 강수의 형성

단을 밀치고 이동하면서 그 접촉면인 전선(front)에 비를 내리게 한다. **그림 2.4(e)**는 **그림 2.4(d)**와 같은 한랭전선에서의 비가 내리는 형상을 이해하기 쉽게 3차원으로 표시한 것이다.

(3) 강수 종류

강수의 종류는 수분입자가 집적되어 떨어지는 물방울의 크기에 따라 지름이 0.1~0.5mm인 이슬비로부터 5mm 이상의 작은 얼음덩어리, 그 이상인 우박 등으로 **표 2.1**(Rafael, 1990)과 같이 구분한다.

표 2.1 강수의 종류

명칭	내용	크기	비고
이슬비(drizzle)	물방울(water droplets), 강우강도 낮다(1mm/h 이하)	0.1~0.5mm	
비(rain)	물방울(water drop) 낮은 강우강도(light) : 2.5mm/h 미만 중간 강우강도(moderato) : 2.5~7.6mm/h 높은 강우강도(heavy) : 7.6mm/h 이상	0.5mm 이상	
비얼음(雨氷, glaze)	비나 이슬비가 얼어서 형성된 얼음 입힘(ice coating)	비중≒0.8	
무빙(霧氷, rime)	불투명체(opaque), 입상(粒狀) 얼음 퇴적물(granular ice deposit)	비중≒0.2~0.3	
눈(snow)	육각형(hexagonal)의 빙정(氷晶, ice crystals) (0.06~0.15g/cm^3)	평균비중 ≒0.1g/cm^3	
우박(hail)	자연의 대류현상에 의한 구형(ball)의 불규칙 얼음 단편(斷片, ice fragments)	비중≒0.8 5~125mm 이상	
작은 얼음덩어리(ice pollets)	투명한(transparent), 반투명한(translucent) 얼음	5mm 이하	

2.1.2 수문조사·관측 업무규정

수문관측 업무규정(시행 2009. 8. 24., 국토해양부훈령 제427호, 2009. 8. 24., 일부개정)(법제처, 2022e)은 수문관측에 관한 내용을 다룬다. 또한 수문조사 업무규정(시행 2018. 6. 11., 환경부훈령 제1344호, 2018. 6. 11., 제정)(법제처, 2022f)은 수문·수자원 자료의 조사·측정 등에 관한 내용을 담고 있다. 이들 업무규정의 주요 부분과 수자원법 관련 기타사항에 관해 주요 부분을 간단히 설명하고자 한다.

(1) 수문조사 업무규정

1) **제1조(목적)** 이 규정은 「수자원의 조사·계획 및 관리에 관한 법률」 제11조, 같은 법 시행령 제10조에 따른 수문조사의 방법·기준에 대한 세부사항을 정함으로써 홍수예보, 실시간 물관리, 수자원계획 수립 등 하천의 효율적인 유지관리 등에 필요한 수문자료를 제공함을 목적으로 한다.

2) **제3조(용어의 정의)** 이 규정에서 사용하는 용어의 정의는 다음과 같다.

1. "수문조사"란 하천·호수·늪의 수위, 유량(취수량, 방류수량을 포함한다), 유사량(流砂量)·하천유역의 강수량, 증발산량(蒸發散量), 토양수분 함유량에 관하여 과학적인 방법으로 관찰·측정·조사·분석하는 것을 말한다. 다만, 「기상관측표준화법」 등 기상 관계 법률에 따른 기상관측은 제외한다.
2. "수문조사시설"이란 물의 순환에 관한 자료를 수집하기 위한 시설·홍수발생의 예보를 위한 시설을 말한다.
3. "유역(流域)"이란 하천의 어느 일정지점을 동일한 유출점으로 갖는 지표면의 범위를 말한다.
4. "수계(水系)"란 본류하천의 종점을 기준으로 동일 유역에 속하는 하천 전체를 말한다.
5. "강수량"이란 일정한 시간 동안에 내린 비, 이슬비, 우박, 서리, 눈, 싸락눈 등의 수량을 단위면적당 깊이로 표시한 것을 말하며, 크게 강우량과 강설량으로 나눈다.
6. "적설"이란 일정한 시간 동안에 내린 눈, 싸락눈 등이 지면에 내려 쌓여있는 수직 깊이를 말한다.
7. "수위"란 일정한 기준면으로부터 하천의 수면까지의 높이를 말한다.
8. "유량"이란 하천의 횡단면을 단위시간에 통과하는 물의 부피를 말한다.
9. "유사량(流砂量)"이란 하천의 흐름에 따라 이송되는 단위시간당 토사의 양을 말하며, 이송형태에 따라 소류사(掃流砂)량과 부유사(浮遊砂)량으로 나눈다.
10. "증발산량"이란 일정한 시간 동안에 지면 또는 수면에서 대기로 증발되는 수증기량(증발량)과 식물의 잎에서 대기로 증산되는 수증기량(증산량)을 합한 양을 말한다.
11. "토양수분량"이란 토양에 함유된 수분의 양으로서 토양표본에 포함된 건토의 질량에 대한 수분의 질량비나 부피에 대한 수분의 질량비를 말한다.
12. "기준수위표"란 하천의 수위를 관측하기 위해 설치한 표척을 말한다.
13. "영점(零點)표고검정수준점"이란 기준수위표의 영점을 결정하기 위하여 「수준측량 작업규정」(국토지리정보원 고시)에 따라 1등 수준점(불가피한 경우 2등 수준

점)을 기점으로 2등 수준측량에 의하여 수위관측소 인근에 설치한 수위표 전용 수준점을 말한다.

14. “수질”이란 일정한 시점의 물의 물리적, 화학적·생물학적 제 성질을 말한다.

3) **제6조(조사의 종목)**

① 관측소의 유형에 따른 조사의 종목은 다음 각 호와 같고 필요한 경우에는 이를 병행하여 조사할 수 있다.

1. 강수량관측소 : 강수량
2. 수위·유량·유사량관측소
   가. 수위 나. 유량 다. 소류사량 라. 부유사량
3. 증발산량관측소 : 증발산량
4. 토양수분량관측소 : 토양수분량

② 제1항제1호와 관련되는 풍향풍속, 증발량, 기온, 습도, 적설양 등의 기상요소를 관측할 수 있는 관측계기가 갖추어진 관측소에서는 이에 대한 관측을 실시할 수 있다.

③ 하천환경관리를 위하여 필요한 경우에는 제1항제2호의 관측소에서 하천수질환경기준에서 정하는 수질에 관한 항목을 측정할 수 있다.

4) **제7조(조사방법)** 조사항목별 조사방법은 다음 각 호와 같다.

1. 강수량; 자기우(설)량계·보통우(설)량계에 의한다.
2. 수위; 조사시설에 의한 조사자료, 자기수위계의 자기기록장치 자료·기준 수위표에 의한다.
3. 유량; 유속계, 부자 또는 기타 방법으로 측정한 평균유속과 그 유속이 대표하는 단면적을 곱한 값, 댐 월류량 또는 방류량에 의하여 계산한다.
4 유사량; 유사량계에 의하여 채취된 시료로 계산한다.
5. 증발산량; 증발산량계에 의한다.
6. 토양수분량; 토양수분량계에 의한다.
7. 하상변동조사; 수위관측소 지점을 중심으로 상·하류 약 500~1,000m의 직선유로 구간에 가수위표를 설치하고, 횡단측량을 실시하여 일정기간마다 하상의 변동상태를 조사한다.
8. 수질; 수위·유량·유사량 관측소에서 채수한 물을 이용하여 환경기준·하천수수질검사기준에 관한 항목을 분석하거나 국가공인 수질검사소의 분석결과를 활용할 수 있으며, 유량자료의 확보가 가능한 지점에서 측정한다.

(2) 수문관측 업무규정

1) 제1조(목적) 이 규정은 하천법 제18조 및 동법시행령 제12조의 규정에 의하여 하천유역의 강수량, 하천의 수위·유량·유사량 등 수문현상에 관한 관측 및 자료제출 등의 방법을 정하고, 국토계획 및 수자원계획, 유역조사, 유역종합치수계획, 하천정비기본계획, 하천공사의 실시, 하천의 효율적인 유지관리에 필요한 수문 자료를 제공하는 등 수문관측 업무에 관한 세부사항을 정함을 목적으로 한다.

2) 제3조(용어의 정의)

① 이 규정에서 사용하는 용어의 정의는 다음 각호와 같다.

1. "유역"이라 함은 하천의 어느 일정지점을 동일한 유출점으로 갖는 지표면의 범위를 말한다.
2. "수계"라 함은 하구(바다와 만나는 본류하천의 종점)를 기준으로 하였을 때 본류하천의 유역에 속하는 하천의 총칭을 말하며, 그 명칭은 본류하천의 명칭을 따른다.
3. "관측소"라 함은 하천유역의 강수량, 하천의 수위·유량·유사량 등의 관측을 정상적으로 계속하여 실시하기 위한 시설물 또는 관측지점을 말한다.
4. "강수량"이라 함은 일정한 시간 동안에 내린 수량(비, 우박, 서리, 눈 등)을 단위면적당의 깊이로 표시한 것을 말하며, 크게 강우량과 강설량(적설량을 강우량으로 환산한 우량)으로 나눈다.
5. "적설량"이라 함은 일정한 시간 동안에 내린 눈의 깊이를 말한다.
6. "강우강도"라 함은 단위시간 동안에 내린 비의 양을 말한다.
7. "증발량"이라 함은 공기 중에 설치된 표준증발접시에서 일정한 시간 동안에 증발한 물의 깊이를 말한다.
8. "수위"라 함은 일정한 기준면으로부터 하천의 수면까지의 높이를 말한다.
9. "최고수위"라 함은 일정한 기간을 통하여 최고의 수위를 말한다.
10. "최저수위"라 함은 일정한 기간을 통하여 최저의 수위를 말한다.
11. "평수위"라 함은 1년을 통하여 185일은 이보다 저하하지 않는 수위를 말한다.
12. "저수위"라 함은 1년을 통하여 275일은 이보다 저하하지 않는 수위를 말한다.
13. "갈수위"라 함은 1년을 통하여 355일은 이보다 저하하지 않는 수위를 말한다.
14. "일평균수위"라 함은 1일을 통하여 1시부터 24시까지 매시 수위의 합을 24로 나눈 수위를 말한다.

15. “연평균수위”라 함은 1년을 통하여 일평균수위의 합을 당해 연도의 일수로 나눈 수위를 말한다.
16. “유량”이라 함은 하천의 횡단면을 단위시간에 통과하는 물의 부피를 말한다.
17. “최대유량”이라 함은 일정한 기간을 통하여 최대의 유량을 말한다.
18. “최소유량”이라 함은 일정한 기간을 통하여 최소의 유량을 말한다.
19. “평균유량”이라 함은 1년을 통하여 185일은 이보다 저하하지 않는 유량을 말한다.
20. “저수유량”이라 함은 1년을 통하여 275일은 이보다 저하하지 않는 유량을 말한다.
21. ”갈수량”이라 함은 1년을 통하여 355일은 이보다 저하하지 않는 유량을 말한다.
22. “일평균유량”이라 함은 1일을 통하여 1시부터 24시까지 매시 수위에 대응하는 유량의 합을 24로 나눈 유량을 말한다.
23. “연평균유량”이라 함은 1년을 통하여 일평균유량의 합을 당해 연도의 일수로 나눈 유량을 말한다.
24. “유사(流砂)”라 함은 하천의 흐름에 의해서 이송되는 토사를 말하며, 이송형태에 따라 소류사(掃流砂)와 부유사(浮遊砂)로 나눈다.
25. “수질”이라 함은 일정한 시점의 물의 물리적, 화학적 및 생물학적 제성질을 말한다.

② 제1항에서 정하지 않은 용어에 대하여는 관계법령 또는 다른 규정에서 정하는 것을 준용한다.

3) 제5조(관측소의 등급별 관리)

① 관측소는 다음 각 호와 같이 1등급, 2등급, 3등급, 4등급으로 구분한다.

1. 1등급 관측소
   가. 강우레이더의 지상계측 보정용으로 이용되는 강수량 관측소
   나. 한강·낙동강·금강·섬진강·영산강·안성천·삽교천·만경강·형산강·동진강·태화강·탐진강 수계(이하 “12대 수계”라 한다)의 홍수예보에 활용되는 실시간 자동수집방식의 강수량 관측소
   다. 12대 수계의 홍수예보지점 중 본류, 제1지류에 위치한 수위·유량·유사량 관측소
   라. 수자원단위지도상 중권역 유역의 출구점에 위치한 수위·유량·유사량 관측소
   마. 수계대표 수질관리지점에 위치한 수위·유량·유사량 관측소
2. 2등급 관측소
   가. 자료보유기간이 40년 이상인 수문관측소

나. 이수·치수 목적상 관측소의 공간적 배치·고도별 배분 등을 감안하여 실시간 자동수집방식에 의해 자료를 수집할 필요성이 있는 강수량 관측소

다. 12대 수계의 홍수예보지점 중 제1호다목에 해당하지 않는 수위·유량·유사량 관측소

라. 중앙수질관리지점에 위치한 수위·유량·유사량 관측소

3. 3등급 관측소

가. 자료보유기간이 20년 이상인 수문관측소

나. 제1호·제2호에 속하지 않는 강수량 관측소

다. 지방수질관리지점에 위치한 수위·유량·유사량 관측소

4. 4등급 관측소

제1호 내지 제3호에 속하지 않는 수문관측소

② 제1항의 규정에 의한 등급별 관측소에 대하여는 다음 각 호와 같이 구분 관리할 수 있다.

1. 1등급 관측소

가. 실시간 자동수집방식에 의한 자료수집

나. 낙뢰방지 보호시설(2종접지·피뢰설비)

다. 연 6회 이상 점검

라. 1~2년 주기의 유량측정

마. 12대 수계의 주요 1~2개 지점에 대한 실시간 유량측정

바. 동절기 관측이 가능한 관측계기의 설치 또는 가열장치 부착

사. 유량측정과 병행하여 유사량 측정

2. 2등급 관측소

가. 실시간 자동수집방식에 의한 자료수집

나. 낙뢰방지 보호시설(2종접지·피뢰설비)

다. 연 6회 이상 점검

라. 3~4년 주기의 유량측정

마. 동절기 관측이 가능한 관측계기의 설치 또는 가열장치 부착

바. 하상변동이 예상되는 곳에서의 유량측정과 병행하여 유사량 측정

3. 3등급 관측소

가. 실시간 자동수집방식에 의한 자료수집

나. 낙뢰방지 보호시설(3종접지·피뢰설비)

다. 연 4회 이상 점검

라. 5년 주기의 유량측정

4. 4등급 관측소

가. 연 4회 이상 점검

나. 필요시 유량측정

4) **제6조(관측소의 배치)** 관측소는 수문현상을 효율적으로 파악하기 위하여 다음 각호의 사항을 고려하여 배치하여야 한다.

1. 강수량 관측소

가. 대략 균등한 강수상황을 나타내는 지역으로 구분이 가능한 경우에는 그 지역별로 1개 관측소를 배치하되 평면과 표고차를 고려하여 관측망을 구성

나. 대략 균등한 강수상황을 나타내는 지역으로 구분하는 것이 곤란한 경우에는 50km^2마다 1개 관측소를 배치

2. 수위·유량·유사량 관측소

가. 하천 등의 관리, 계획·시공상 주요한 지점

나. 주요 지류하천의 합류점 전후·보, 취·배수문 상하류

다. 협곡부, 유수지, 호소, 저수지, 내수·하구 등의 수리·유사특성과 공공수역의 수질이 종합적으로 파악될 수 있고, 치수·이수·하천환경의 상황을 알기 위하여 필요한 지점

라. 하천 상·하류의 연관 분석이 가능한 지점

5) **제7조(관측소의 설치)** 관측소의 설치장소는 다음 각호의 사항을 고려하여 정하여야 한다.

1. **강수량 관**측소

가. 지형이 협곡해서 풍향, 풍속에 영향을 적게 주는 장소

나. 바람의 영향으로 인하여 특수한 강수상황이 나타나지 않는 장소

다. 대략 사방 10m 이상 넓이의 평활한 토지로서 인근 장애물 높이의 2배 이상 떨어져 있고 대기의 변화가 적은 장소

라. 물이 고일 염려가 없는 장소

마. 관측과 순회 점검이 편리하고 관측원을 확보하기 쉬운 지점

2. 수위·유량·유사량 관측소

가. 물의 흐름상태가 일정하고 유속이 크게 변하지 않는 지점

나. 수면경사가 급하거나 또는 완만하지 않은 지점

다. 유로·하상의 변동이 적은 지점
라. 갈수 시에도 관측이 가능한 지점
마. 관측 시 위험이 적고 유지관리가 용이한 지점
바. 관측과 순회 점검이 편리하고 관측원을 확보하기 쉬운 지점

6) 제10조(관측의 종목)

① 관측소에서 행하는 관측의 종목은 다음 각 호와 같고 필요한 경우에는 이를 병행하여 관측할 수 있다.

1. 강수량 관측소 : 강수량
2. 수위·유량·유사량 관측소
가. 수위 나. 유량 다. 소류사량 라. 부유사량

② 제1항제1호와 관련되는 풍향풍속, 증발량, 기온, 습도, 적설량 등의 기상요소를 관측할 수 있는 관측계기가 갖추어진 관측소에서는 이에 대한 관측을 실시할 수 있다.

③ 하천환경관리를 위하여 필요한 경우에는 제1항제2호의 관측소에서 하천수질환경기준에서 정하는 수질에 관한 항목을 측정할 수 있다.

7) 제11조(관측계기·시설)

① 관측소의 관측계기·시설은 다음 각 호와 같다.

1. 강수량 관측소
가. 자기우량계 나. 보통우량계
2. 수위·유량·유사량 관측소
가. 자기수위계 나. 보통수위표(목자판) 다. 영점표고 검정 수준점
라. 유속계 마. 부자 바. 횡단말뚝 사. 부자투하설비
아. 가(假)수위표(보조수위표) 자. 소류사 채취기 차. 부유사 채취기

② 제1항의 관측계기로서 검정규격이 있는 것은 검정에 합격한 것을 사용하여야 한다.

③ 유속계는 유량측정의 정확성을 기하기 위하여 매년 1회 이상 한국건설기술연구원 또는 다른 검정기관에서 검정을 받아야 한다.

④ 유량·유사량 측정장비와 제10조제3항의 규정에 의하여 실시하는 수질측정장비는 매측정시마다 기기의 초기설정치에 대한 확인을 하여 정확한 결과를 얻을 수 있도록 하여야 한다.

(3) 수자원법 관련 기타사항

수자원법(수자원의 조사·계획 및 관리에 관한 법률)과 같은 법 시행령에 의한 하천시설에서의 수문조사, 하천시설에서의 수문조사기기 설치기준의 주용 내용은 **표 2.2**와 같다(법제처, 2022g).

표 2.2 하천시설의 수문조사·기기 설치기준

수자원법[시행 2020. 5. 26., 법률 제17326호, 2020. 5. 26., 타법개정]
제10조(하천시설에서의 수문조사) ① 다음 각 호의 어느 하나에 해당하는 하천시설의 설치자는 해당 하천의 적정한 관리와 위해 방지를 위하여 대통령령으로 정하는 바에 따라 수문조사기기를 설치하고 수문조사를 하여야 한다. 〈개정 2020. 5. 26.〉 1. 하천의 유수(流水)를 저류(貯溜)하거나 취수(取水)하기 위하여 설치한 **댐**으로서 기초지반부터 댐마루까지의 높이가 15미터 이상이거나 총저수용량이 2천만세제곱미터 이상인 댐. 다만, 높이가 15미터 이상인 농업용 댐 중 유역면적이 25제곱킬로미터 미만이거나 총저수용량이 500만세제곱미터 미만인 댐은 제외한다. 2. 하구둑 3. 하구 부근의 해면에서 하천의 유수를 저류하는 인공구조물 4. 운하
수자원법 시행령[시행 2022. 6. 16., 대통령령 제32697호, 2022. 6. 14., 타법개정]
제9조(하천시설에서의 수문조사기기 설치기준) ① 법 제10조제1항에 따라 수문조사기기를 설치하려는 하천시설의 설치자는 다음 각 호의 기준에 따라 수문조사기기를 설치하여야 한다. 1. 수위·유량 조사기기는 하천시설의 수위·방류량, 유입량을 측정하기 위하여 해당 하천시설이 설치된 하천의 적정한 지점에 설치할 것 2. 강수량 조사기기는 하천·기상 등의 상황을 고려하여 해당 하천시설의 상류집수지역 중 강수량 조사에 적합한 지점에 다음 각 목의 구분에 따라 설치할 것 가. 유역면적이 200제곱킬로미터 미만인 경우 : 1개 이상 나. 유역면적이 200제곱킬로미터 이상 600제곱킬로미터 미만인 경우 : 2개 이상 다. 유역면적이 600제곱킬로미터 이상인 경우 : 3개 이상 ② 제1항에 따라 설치되는 수위·유량 조사기기, 강수량 조사기기는 자동으로 기록되는 것이어야 한다.

2.1.3 강수량 측정

대기에서 떨어지는 물을 강수라 하며 강수는 비와 눈으로 대별된다. 강설량 관측시설이 우량관측시설에 병설되면 우량·설량을 함께 관측하게 되지만, 강우량·강설량 자료로 구분하지 않고 있다. 이러한 혼란을 피하기 위해 강수량 자료에는 강설량 포함 여부를 명기할 필요가 있다. 강수량의 측정단위는 깊이(mm)로 나타내며 일정시간(1시간) 동안의 강수량을 **강수강도** 또는 **강우강도(rainfall intensity)**(mm/h)라 한다.

(1) 우량계 종류

현재 사용하고 있는 **우량계**에는 **그림 2.5**와 같이 보통우량계와 전도형 자기우량계, 부자형 자기우량계 외에 **그림 2.6**과 같은 **레이더 우량계** 등이 있다.

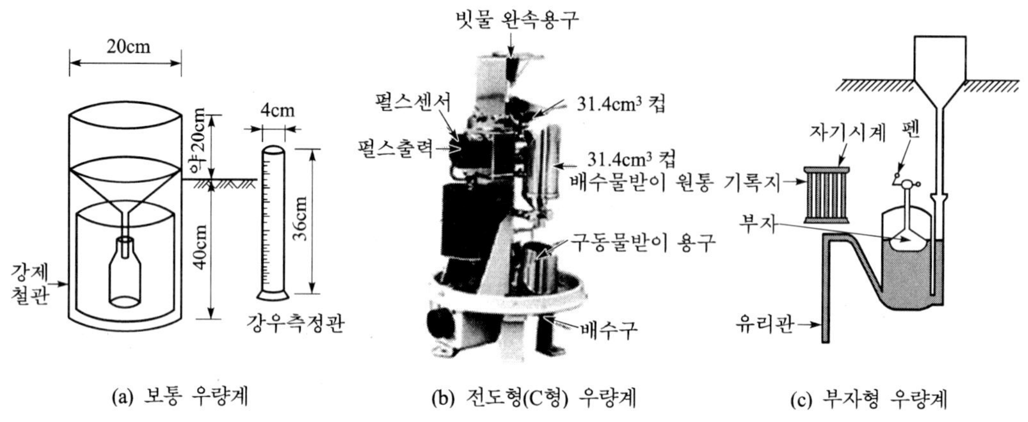

그림 2.5 우량계의 종류

보통 우량계는 **그림 2.5(a)**와 같이 구경 20cm의 수수구를 통하여 들어오는 강수를 받아 저수병에 모은 다음 우량측정관(mass cylinder)으로 측정하는 장치로서 내구년수는 10년이고, 수수구의 내부 직경은 200mm이며, 오차범위는 ±0.6mm이다. 우량측정관의 길이는 36cm, 내경 4cm의 원통으로 우량 0.1mm마다 눈금이 그려져 있으며 눈금의 오차는 ±0.02mm 이하가 되어야 한다.

참고적으로 조선시대에 사용되었던 **측우기(測雨器)**는 세종 23년(1441) 8월18일에 높이 2척(尺)(=41.32cm), 지름 8치(寸)(=16.53cm)인 원통형 철제로 제작되었으나, 이듬해인 세종 24년(1442) 5월 8일에 높이 1척 5치(30.99cm), 지름 7치(=14.46cm)로 축소·개량하여 사용되었는데, 현재 단위로 당시의 1척 20.66cm(=10치), 1치 2.066cm(=1/10척)이다(이종석, 2018b).

전도형 우량계는 **그림2.5(b)**와 같이 수수구를 통하여 일정량의 빗물(0.5~1.0mm)이 수수컵에 고이면 중력에 의해 기울어지면서 저수조로 배수되며 이때 전도횟수를 전기신호로 바꾸어 우량을 기록하는 장치이다. **무인원격 측정장치(telemeter, TM)** 강수량 관측소의 전도형 우량계기는 제작사별로 구조가 다른 관계로 편의상 구조형식에 따라 분리·구분한다. 전도 A형은 수수구와 우량계 장치가 분리형·펜 기록 방식이고, 전도 B형은 수수구와 우량계 장치가 일체형·펜 기록 방식이며, 전도 C형은 수수구와 우량계 장치가 일체형·자기기록(data logger) 방식이다. 강수량 관측소에는 **그림 2.5(b)**와 같은 전도 C형이 가장 많이 설치되어 있으며, 강우량 1~0.5mm마다 전기신호를 발생하고 내장된 A/D(analog/digital) 변환기에 의해 디지털 신호로 출력되어 T/M에 직결되도록 한 우량계이다.

부자형 자기우량계는 **그림 2.5(c)**와 같이 수수구에 내린 비의 용적을 부자의 상·하 운동으로 펜을 움직이게 하는 동안에 자기회전시계는 방안지를 일정한 속도로 회전시킴으로써 우량의 시간적 변화를 기록하는 장치이다. 저수통에 대략 20mm의 강우가 저수되면 사이펀(syphon)작용으로 내부의 물은 자동 배수되며 이때 펜은 다시 자기지상의 영선을 가리키며, 오차는 우량 20mm에 대하여 ±0.2mm 이내이다.

(2) 레이더 우량계

① 측정원리

그림 2.6(a)와 같이 레이더 송신기에서 전파를 대기 중으로 **발사(신호)(radar pulse)**하여 비, 눈, 우박 등에 부딪혀 되돌아온 **강수 신호(scattered pulse)**의 이동속도와 방향, 강도를 레이더 영상으로 표출시켜 관측한다(기상 레이더센터, 2022).

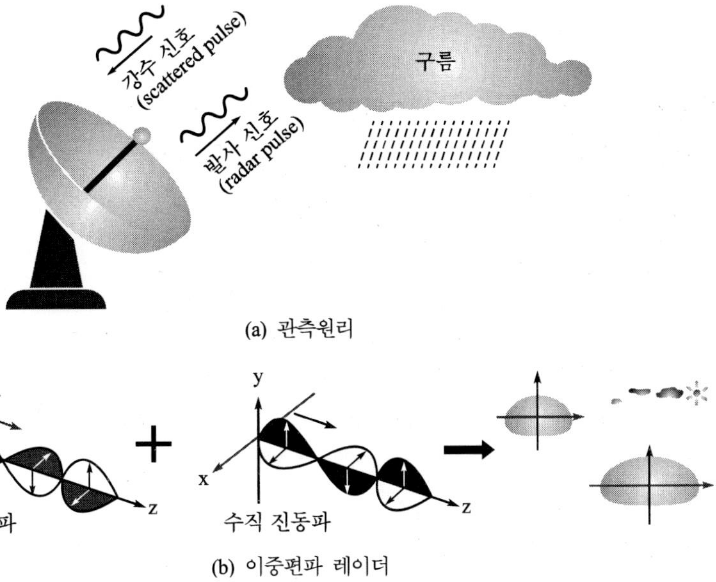

그림 2.6 레이더 관측원리와 변수

기상학적 강우 레이더는 면적의 크기와 위치, 강우의 이동성을 측정하는 데 뛰어난 장비이다. 게다가 넓은 면적에 걸쳐 강우의 양을 아주 좋은 정확도로 측정해 결정할 수 있다.

레이더는 좁은 공간의 빔(narrow beam)에서 **전자파(electronic radiation)**를 규칙적으로 연속하여 발사한다. 빗방울(또는 우적(雨滴))(raindrop)이 레이더 빔에 차단될 때 평균 반향 수신전력(average echopower) P_r은 다음과 같이 구한다.

$$P_r = \frac{CZ}{r^2} \tag{2.1}$$

여기서 P_r=발사전파가 우적에 부딪혀 산란, 반사 등을 통해 전파의 일부분이 안테나 방향으로 되돌아올 때의 수신전력(=에코, echopower)이고, Z=**레이더 에코계수(radar-echo factor)**이며, r=차단 우적(target volume)까지의 거리, C=상수이다. 일반적으로 Z는 강우강도와 다음과 같은 관계를 갖는다.

$$Z = a\,I^b \tag{2.2}$$

여기서 a, b=계수와 지수이고, I=강우강도(mm/h)이다. 주어진 레이더 위치에 대한 a, b는 강수량 관측소의 자료를 사용하여 검정을 통해 결정한다. Z는 다음과 같은 전형적인 관계식을 사용할 수 있다.

$$Z = 200\,I^{1.60} \tag{2.3}$$

② 레이더 구성

레이더의 구성은 **그림 2.6(a), 2.7**과 같이 안테나, 레이돔, 도파관, 표출기, 송신기, 수신기로 구성되며, 이들에 대해 간단히 설명하면 **표 2.3**과 같다.

표 2.3 레이더의 구성 요소

요소	내용	비고
안테나	송신기에서 발사된 전파를 발사, 수신하는 장치	
레이돔	레이더를 강풍 등으로부터 보호하기 위해 만들어진 돔(dome) 모양의 구조물	
도파관	송신파와 수신파가 이동하는 관	
표출기	레이더 정보와 목표물의 관측특성(수신신호의 강도)을 2차원 평면상에 좌표를 이용하여 나타내는 것	
송신기	레이더에서 대기로 발사하는 마이크로파(microwave)를 생성하는 장치	
수신기	목표물 또는 다른 물체로부터 반사된 전파를 탐지하고, 그것을 저주파신호로 증폭시켜 출력장치로 넘기는 장치	

③ **이중편파 레이더**

이중편파 레이더는 **그림 2.6(b)**와 같이 전자기파의 수평·수직방향 진동파를 함께 송·수신하여 강수입자에 산란되어 되돌아오는 신호를 이용해 강수입자의 수평·수직방향의 크기와 모양을 동시에 관측한다.

④ **산출변수**

그림 2.6(b) 좌측의 수평진동파 또는 수직진동파 하나 만의 송수신에 의한 관측의 경우는 **단일편파 레이더**라 하고, 이들 둘을 이용한 경우를 이중편파 레이더에 의한 관측이라 한다. 전자에 의한 산출변수는 반사도 Z, 시선속도 V_r, 스펙트럼 폭 S_w이 있고, 후자의 경우는 이들 3개 변수를 포함한 다음의 4개 변수를 추가 측정하여 관측한다.

1) 차등위상차

차등위상차(differential phase) ϕ_{dp}는 수평·수직편파 펄스간의 위상차이로 관측체적 내 강수 입자의 개수, 강우강도 추정을 위한 초기변수이다.

2) 차등반사도

차등반사도(differential reflectivity) Z_{dr}은 수평편파 반사도와 수직 편파 반사도의 차이로 강수입자 크기, 모양분석에 활용되며, 우박을 판별한다.

3) 비차등위상차

비차등위상차(specific differential phase) K_{dp}는 단위거리에서 **차등위상차** ϕ_{dp}의 변화율로 강우강도 판별과 정량적인 강수량의 추정 활용한다.

4) 교차상관계수

교차상관계수(cross-correlation coefficient) ρ_{hv}는 수평편파와 수직편파 펄스신호의 상관관계를 나타내는 변수로 비와 분의 구분과 기상 에코(echo≒반사파)와 비기상 에코 분류에 중요한 인자이다.

여기서 **강수 에코(precipitation echo)**에는 층상형과 대류성이 있는데, 전자는 넓은 지역에 10mm미만의 강수 시 눈이 낙하하면서 0℃ 기온 고도층을 통과하여 레이더 반사율이 높은 물방울로 녹으면서 반사도가 강한 밝은 띠(bright band)가 관측되는 경우이다. 후자는 서울, 경기도, 강원도 북부 지방 중심의 시간당 최대 30mm이상의 강수 시 한랭전선 전면에서 줄을 서는 모양으로 탐지되거나, 뇌전의 동반, 우박을 포함한 잘 발달한 대류운에 의한 경우이다. 또한 **비강수 에코**에는 지형(ground echo)(=고정물체에 의한 반사파), 이상굴절(anomalous propagation)(=전파굴절률이 심한 곳), 파랑(=해면에 반사되어 나타나는 반사파), 채프(chaff)(=레이더 탐지 방해용의 금속편), 전파간섭, 태양 섬광 등이 있다.

⑤ 레이더 관측망

우리나라의 레이더 관측망은 위험기상 감시(기상청), 수문관리 및 홍수예보(환경부), 군 작전지역의 기상지원(국방부) 등 부처별 목적에 따라 총 31개가 운영되고 있다(기상청, 2022). 이중 기상청에는 **표 2.4**와 같은 이중편파 도플러 형식의 10개 강우 레이더가 있으며, 환경부 9개, 국방부 10개가 있다.

표 2.4 기상청 운영 강우레이더 현황

관측소명	위치	종류	설치 년도	안테나		관측 반경 (km)
				고도 (EL.m)	직경 (m)	
백령도	인천시 옹진군 백령면 두무진로 362-91	이중편파 도플러	2014	185	8.5	240
관악산	서울시 관악구 신림동 산56-2	이중편파 도플러	2016	641	8.5	240
오성산	전북 군산시 성산면 환동길 182	이중편파 도플러	2018	234	8.5	240
진도	전남 진도군 의신면 운림산방로 527-209	이중편파 도플러	2015	500	8.5	240
구덕산	부산시 서구 꽃마을로 163번길 233-138	이중편파 도플러	2016	549	8.5	240
면봉산	경북 청송군 현서면 면봉산길 685-1017	이중편파 도플러	2015	1,136	8.5	285
강릉	강원도 강릉시 사천면 산대월길 97	이중편파 도플러	2019	99	8.5	280
광덕산	강원도 화천군 사내면 천문대길 453	이중편파 도플러	2017	1,064	8.5	240
고산	제주도 제주시 한경면 노을 해안로 1013-70	이중편파 도플러	2017	103	8.5	240
성산	제주도 서귀포시 성산읍 신난로 11	이중편파 도플러	2018	68	8.5	240

참고적으로 **그림 2.7**은 환경부에서 운영하고 있는 인천시 옹진군 백령면 두무진로의 백령도 레이더 우량계[기상청 보도자료(2014. 4. 28.)]와 경북 청도 비슬산 조화봉에 설치된 비슬산(이중편파 도플러 형식)의 레이더 우량계 장비이다. 이는 집중호우, 폭우, 폭설, 우박, 태풍 등 상시 감시·관측에 운영되며, 이 장비의 관측범위는 150km, 강우 산정은 100 km이다(이충기, 2013).

그림 2.7 레이더 우량계 예(비슬산 강우 레이더 장비 구성도)

(3) 강우량 관측

강우량은 **보통관측**, **자기관측**, **T/M 시스템 관측**이 있는데, **보통관측**은 수수구를 통하여 저수조에 저장된 강수를 우량 측정관에 옮겨 눈금에 의하여 수위를 읽으면 강수량이 얻어지며, 우량 측정관에는 강수량으로 환산한 눈금이 있어 강수량을 1/10mm 단위까지 관측할 수 있다. 눈이나 싸라기눈 등의 강수가 모여졌을 때 미리 계량된 미지근한 물로 녹여 강수량을 계산하며, 강우가 없을 경우에도 이슬이나 서리 등으로 우량계에 물이 모아지는 경우가 있다. 이 경우 강우와 똑같이 취급하며 이것을 기입할 때에는 이슬, 서리 등의 현상을 기록한다. 강수량이 0.1mm 미만일 때에는 0.0mm로 기입하고 전혀 강우가 없을 때에는 무(無)로 기입한다.

자기관측(自記觀測, self observation)은 기록기를 가진 계기에 의한 관측을 말하며, 자기기록계는 노트북을 사용하여 수집하고, 펜 기록계(pen recorder)는 자기지를 정상으로 가동시켜 일정기간 후에 자기지상의 기록을 읽고 정리하는 일련의 작업을 말한다. 자기지는 기록기간에 따라 1일용, 1주용, 1개월용, 3개월용 등으로 구분하며, 기록지의 기록기간 여유는 1일, 1주용에는 여유가 거의 없으므로 매일 또는 매주 정해진 시각에 기록지를 교환하여야 만 1개월용, 3개월용의 자기 기록지는 2일, 1주일 정도의 여유가 있어 이 기간에 기록지를 갈아야 한다. 이와 같은 자기관측은 현재 매 정시 강우량이 관측되어 T/M 시설을 통해 홍수예보 시스템으로 전송·입력되고 있다.

세계기상기구(world meteorological organization, WMO)가 추천하는 강수 계측망의 최소밀도는 **표 2.5**(WMO, 2008)와 같다.

표 2.5 강수량 관측소 최소밀도

지형	관측소 최소밀도(km^2/관측소)	
	비자기	자기
해안	900	9,000
산악	250	2,500
평야	575	5,750
구릉	575	5,750
도서	25	250
도시	–	10~20
극지/건조지역	10,000	100,000

(4) 강수량 관측소 현황

우리나라의 2019년 12월 31일 현재 강수량 관측소의 현황은 **표 2.6**과 같으며, 수위 관측소 현황은 **표 4.5**와 같다(환경부, 2020b).

표 2.6 우리나라 강수량 관측소의 현황

구분 / 합계	합계	환경부 홍수통제소	한국수자원공사	한국수력원자력
합계	634	426	188	20
한강	207	129	59	19
안성천	13	13	–	–
양양남대천	1	1	–	–
삼척오십천	–	1	–	–
한강서해권	2	2	–	–
한강동해권	2	1	1	–
낙동강	183	115	68	–
형산강	14	13	1	–
태화강	10	6	4	–
서낙동강	1	1	–	–
회야강	1	1	–	–
낙동강동해권	2	1	1	–
낙동강남해권	3	1	2	–
금강	82	58	24	–
삽교천	11	11	–	–

표 2.6 우리나라 강수량 관측소의 현황(계속)

합계 \ 구분	합계	환경부 홍수통제소	한국수자원공사	한국수력원자력
합계	634	426	188	20
만경강	8	8	–	–
동진강	6	6	–	–
금강서해권	7	2	5	–
섬진강	42	29	12	1
섬진강남해권	5	1	4	–
영산강	25	21	4	–
탐진강	8	5	3	–

우리나라의 강수계측망 밀도는 **표 2.6**과 같이 2020년 12월 31일 현재 행정구역 남한면적(=지적통계 면적) 100,413km^2(국토교통부, 2021)에 텔리미터(telemeter, TM) 관측소(매 10분 단위로 자동 관측·전송)가 634개(환경부, 2020b) 설치되어 있으므로 관측소 한 개가 지배하는 면적은 100,413km^2/ 634(=158.38)≒158km^2/개[2013년 1월 1일 현재 약 170km^2/개 보다 개선]로 **표 2.5**와 비교하여 양호한 편이다.

예제 2.1

어떤 유역에 설치된 6개의 강수량 관측소에서 일년 동안에 관측된 강수량은 표 예2.1과 같다. 평균우량 계산의 오차한계가 10%라고 할 때 다음 사항에 답하시오.

1. 평균우량의 표준오차(standard error of mean)
2. 우량계 설치 최적의 수(optimum number)

표 예2.1 관측소별 연강우량

관측소명	a	b	c	d	e	f
연강수량(mm)	826	1,029	1,803	1,103	988	1,367

[풀이]

1. 평균우량의 표준오차(standard error of mean)
   (1) 평균우량에 대한 표준오차는 평균에 대한 표준편차 s로 정의한다.
   ① 평균(우량) $\bar{x}(=\bar{P})=\frac{1}{n}(\sum_{i}^{n}P_i)$로 계산한다.
   ② ∴ $\bar{x}$=1/6(826+1,029+1,803+1,103+988+1,367)=7,116/6=1,186mm

③ 표준편차 $s=\sqrt{(\frac{1}{n-1})\sum_{1}^{n}(x_i-\bar{x})^2}$ 로 계산한다.

④ $\therefore\ s=\sqrt{(\frac{1}{5})[(826-1{,}186)^2+\cdots+(1{,}367-1{,}186)^2]}=\sqrt{\frac{613{,}792}{5}}$ =350.36mm

(2) 변동계수 $C_{vs}=\frac{s}{\bar{x}}=\frac{350.36}{1{,}186}$ =0.2954(=29.54%)이다.

(3) 평균우량의 표준오차(standard error of mean)를 계산한다.

① 표준오차 $\epsilon_{ex}=\frac{C_{vs}}{\sqrt{n}}$ 로 계산한다.

② $\therefore\ \epsilon_{ex}=\frac{29.54}{\sqrt{6}}\fallingdotseq 12.06\%$

2. 우량계 설치 최적의 수(optimum number)

(1) 우량계 설치 최적의 수 n_{on}는 다음 식으로 계산한다(Subramanya, 2013).

① $n_{on}=(\frac{C_{vs}}{\epsilon})^2$ (예2.1)

② 주어진 오차한계 ϵ이 10%이므로 설치 최적의 수는 식 (예2.1)로 결정한다.

③ $\therefore\ n_{on}=(\frac{C_{vs}}{\epsilon})^2=(\frac{29.54}{10})^2$ =8.73개이다.

(2) ∴우량계 설치 최적의 수는 9개로 결정한다.

(3) 따라서, 추가 권장 수는 현재 6개이므로 [(9−6)=] 3개이다.

(5) 기타사항

국제수문학프로그램(international hydrological program, IHP)(www.ihpkorea.or.kr; 2022)은 1964년 프랑스 파리에서 개최되었던 UNESCO(united nations educational, scientific and cultural organization) 제13차 회의에서 국제수문개발 10개년 계획(international hydological decade, IHD)이 제창되었다. 해당 회원국은 1965~1974년의 10년간을 사업 기간으로 하여 '기본 자료수집, 정리·분배, 수자원 부존량 조사·물 수지 연구, 물 관련 연구 사업, 정보 교환·해석방법의 표준화, 수문학자·기술자 교육 훈련'에 단계별로 주력하였다. 제1단계(1975~1980년; 6년간) 수문해석·실무응용을 위한 과학적 기초 확립에서부터 제2, 3단계(1982~1989년; 8년간), 제4단계(1990~1995년; 6년간), 제5단계(1996~2001년; 6년간), 제6단계(2002~2007년; 6년간), 제7단계(2008~ 2013년; 6년간), 제8단계(2014~2021년; 8년간)까지 진행하였다. 제9단계(2022~2029년; 8년간)에서는 '변화하는 환경에서의 물 안보 세계를 위한 과학(과학적 연구·혁신, 지속 가능성을 고려한 4차 산학혁명에서의 물 교육 등)'을 사업 주제로 제시하였다.

2.2 자료 분석

강수자료는 강수량 관측소에서 지름 20cm(수동 우량계) 또는 40~44.7cm(자기우량계)의 수수기로부터 측정된 점우량 자료 자체로는 설계실무에 직접 활용할 수 없다. 한 지점에서 관측·기록된 자료일 경우에도 자료에 일관성이나 결측치 등을 검사·보완하여 강수의 기초자료로 활용해야 한다. 또한 검증된 자료는 설계에 적용할 수 있는 유역 전체의 **등가깊이 우량(=면적 우량)**인 **평균우량(平均雨量, mean precipitation)**으로 계산해야 한다.

2.2.1 강수자료 분석

강수량 관측소로부터 취득한 점우량인 강수량 자료는 **이중누가 우량분석(二重累加 雨量分析, double mass analysis)**, **정상 연강수량 비율법(定常年降水量 比率法, normal ratio method)** 등에 의해 자료분석을 실시해야 한다.

(1) 이중누가 우량분석

한 지점에서 기록된 자료일 경우에도 장기간의 기록은 계기 이전, 계기 교체, 관측방법 변경, 주위환경 변화로 자료의 일관성이 결여될 수 있다. 자료의 **일관성(一貫性, consistency)**은 이중누가 분석에 의하여 검토·수정된다.

그림 2.8은 일관성이 문제가 되는 a지점 수문량의 연차적 누가치를 세로축에 취하고 가로축에는 이에 대응하는 주변 여러 지점의 평균수문량의 누가치를 취해 작성한다. 이들 관계의 경사는 a지점과 주변과의 평균적 상관관계를 나타내어 보정하는 과정을 보여주며, 경사가 중간에서 변화되면 양자의 관계는 경사가 변화된 연도에서부터 변화가 발생된 것으로 판단한다. 또 경사가 서서히 변화되는 경향일 때는 a지점 또는 주변의 물리적 환경조건이 장기적으로 변화되고 있다는 것을 알 수 있다.

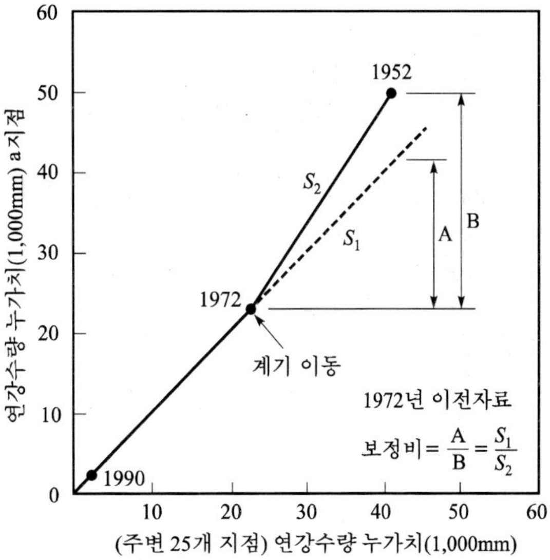

그림 2.8 이중누가 우량분석

예제 2.2

어떤 관측소 "a"에서의 연도별 총우량과 부근에 위치한 25개 관측소에 대한 연평균 우량은 표 예2.2.1과 같다. 이중 누가우량 분석에 의하여 a관측소 우량기록의 일관성을 검사하여 다음 사항에 답하시오.

1. 최근 연도를 기준으로 누가우량의 변화 발생 여부 확인
2. 1항의 변화 발생 여부에 따른 변화 연도 수 5년을 기준으로 자료 수정 후의 연평균 우량 산정
3. 2항의 결과와 무관하게 산술 평균우량으로 산정했을 경우와의 결과 비교

표 예2.2.1 a관측소와 인근 25개 관측소 평균우량

연도	연도별 우량(mm)		연도	연도별 우량(mm)	
	a관측소	25개 관측소 평균값		a관측소	25개 관측소 평균값
1973	626	855	1955	733	1,144
1972	618	748	1954	580	763
1971	992	1,220	1953	908	1,060
1970	946	954	1952	717	771
1969	687	915	1951	801	816
1968	923	1,114	1950	915	915
1967	611	771	1949	1,510	1,144
1966	976	1,175	1948	1,022	908
1965	748	763	1947	885	877
1964	710	929	1946	1,030	885
1963	733	908	1945	1,373	969
1962	672	801	1944	1,228	1,114
1961	915	855	1943	976	748
1960	946	1,060	1942	1,022	999
1959	679	755	1941	1,045	908
1958	870	763	1940	984	1,007
1957	786	755	1939	969	900
1956	915	999	1938	1,304	1,091

[풀이]

1. 최근 연도를 기준으로 누가우량의 변화 발생 여부 확인

(1) 먼저 수록된 자료로부터 a관측소와 인접 25개 관측소의 연강우량 평균값으로부터 각각의 누가값을 최근인 1973년을 시점으로 1938년까지 계산하여 **표 예2.2.2**와 같이 작성한다.

표 예2.2.2 평균우량의 연도별 누가

연도	연도별 우량 누가값(mm)		연도	연도별 우량 누가값(mm)	
	a관측소	25개 관측소 평균값		a관측소	25개 관측소 평균값
1973	626	855	1955	15,086	17,484
1972	1,244	1,603	1954	15,666	18,247
1971	2,236	2,823	1953	16,574	19,307
1970	**3,182**	**3,777**	1952	17,291	20,078
1969	3,869	4,692	1951	18,092	20,894
1968	4,792	5,806	**1950**	**19,007**	**21,809**
1967	5,403	6,577	1949	20,517	22,953
1966	6,379	7,752	1948	21,539	23,861
1965	7,127	8,515	1947	22,424	24,738
1964	7,837	9,444	1946	23,454	25,623
1963	8,570	10,352	1945	24,827	26,592
1962	9,242	11,153	1944	26,055	27,706
1961	10,157	12,008	1943	27,031	28,454
1960	**11,103**	**13,068**	1942	28,053	29,453
1959	11,782	13,823	1941	29,098	30,361
1958	12,652	14,586	**1940**	**30,082**	**31,368**
1957	13,438	15,341	1939	31,051	32,268
1956	14,353	16,340	1938	32,355	33,359

(2) 이들 누가값을 **그림 예2.2**와 같이 가로축에 25개 평균값, 세로축에 a관측소의 누가우량의 관계 그래프를 작성한다. 그 결과는 1950년 이전과 이후의 자료가 이질성을 가짐을 알 수 있다. 그러므로, 1938년~1949년까지 12년간의 자료에 변화가 발생한 것이다.

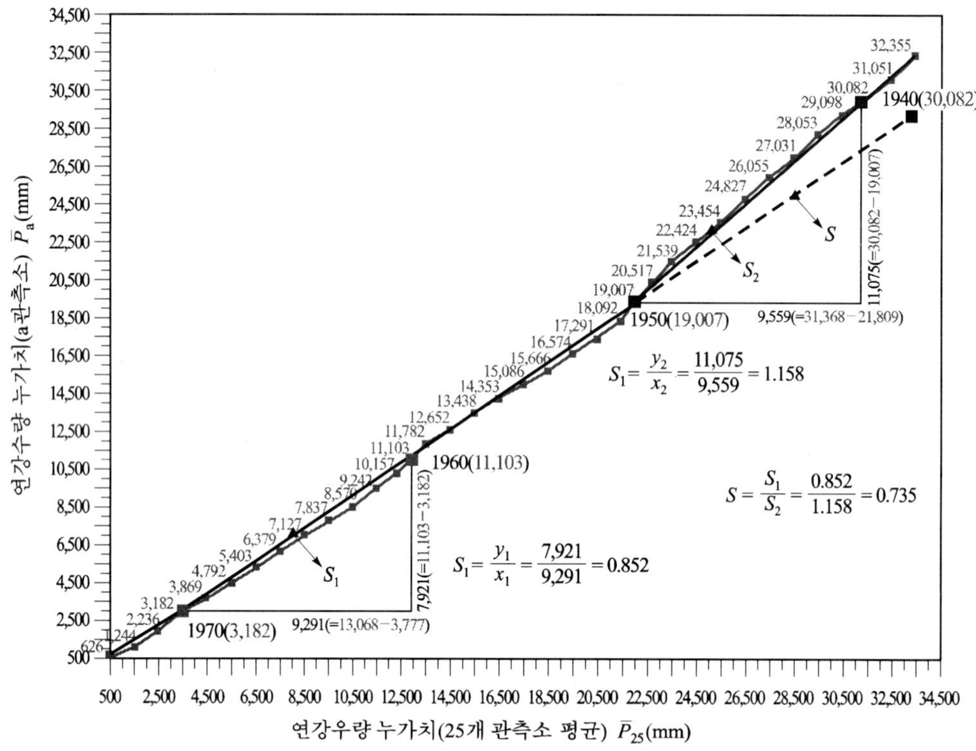

그림 예2.2 이중누가우량분석

2. 1항의 변화 발생 여부에 따른 변화 연도 수 5년을 기준으로 자료 수정 후의 연평균 우량 산정
   (1) 1항에서 변화 발생 이후의 연도가 12년으로 5년 이상임을 알 수 있다.
   (2) 그러므로, 변화가 있는 자료를 **그림 예2.2**와 같이 두 직선의 경사를 구해 최근인 1973년~1950년까지의 경향인 S_1의 경사로 1938년~1949년까지 자료의 경사 S_2를 완만하게 수정하여 평균우량을 산정한다.
      ① S_1=0.852, S_2=1.158이므로 수정경사 $S = S_1/S_2$=0.852/1.158=0.735를 이용해 수정한다.
      ② 1938~1949년까지의 누가우량 자료에 S=0.735을 곱해서 수정함으로써 전 자료가 일관성을 갖도록 조정한다.
      ③ $\bar{P}_a = \frac{(1950 \sim 1973\text{년까지 누가값}) + (1938 \sim 1949\text{년까지 수정누가값}) \times S}{\text{기록연수}}$

$$= \frac{19,007 + [(32,355 - 19,007) \times 0.735]}{36} \fallingdotseq 800.49 = 800.4\text{mm}$$

3. 2항의 결과와 무관하게 산술 평균우량으로 산정했을 경우와의 결과 비교
   (1) 2항과 무관하게 36년간의 산술평균값은 **표 예2.2.2**를 이용해 다음과 같이 구한다.

$$\bar{P}_{36} = \frac{\text{a 관측소 총누가값}}{\text{기록연수}} = \frac{32,355}{36} \fallingdotseq 898.75 = 898.7\text{mm}$$

(2) 2항의 수정에 의한 평균값 $\overline{P}_a$=800.4mm와 3항의 수정 없이 구한 산술평균값 $\overline{P}_{36}$=898.7 mm는 후자의 경우가 98.3mm, 약 12.2% 크게 산정된 결과이다.

(3) 이는 제4장에서 다룰 유출량 산정에서 강우량의 산정 결과가 미치는 영향이 상당한 오차를 초래하게 되므로 정확한 평균우량 산정이 선행되어야 함을 알 수 있게 될 것이다.

(2) 정상 연강수량 비율법

유역 내 강수량 관측소에 모종의 사정에 의해 결측치가 생겼을 때, 그 결측치를 주변의 정상연평균강수량을 이용해 보정하는 방법이다. 결측치가 있는 관측소의 정상 연평균강수량에 대한 각 관측소 정상 연평균강수량 비의 절대치가 0.1 또는 10% 미만일 때는 산술평균하여 보정하고, 10% 이상일 때는 다음 식으로 보정해 구하는 방법을 **정상 연강수량 비율법 (normal ratio method)**이라 한다.

$$P_x = \frac{P_{Nx}}{3}\left(\frac{P_a}{P_{Na}} + \frac{P_b}{P_{Nb}} + \frac{P_c}{P_{Nc}}\right) \tag{2.1}$$

여기서 P_x = 결측치가 있는 x 강수량 관측소의 보정치 강우량이고, P_{Nx} = x 강수량 관측소의 정상 연평균강우량이며, P_{Na}, P_{Nb}, P_{Nc} = 각각 a, b, c 강수량 관측소의 정상 연평균강우량, P_a, P_b, P_c = x 강수량 관측소 결측 기간 동안의 각각 a, b, c 강수량 관측소에서 측정된 강우량이다.

예제 2.3

어떤 유역 내 x강수량 관측소의 우량계 고장으로 수개월 동안 관측을 실시하지 못하였다. 이 기간 동안 인접한 a, b, c 강수량 관측소에서 관측된 총 우량은 각각 228mm, 192mm, 258mm이었다. 강수량 관측소 x, a, b, c에서 30년 이상 걸쳐 측정된 강우자료의 정상 연평균강우량이 각각 1,188mm, 1,358mm, 1,136mm, 1,453mm일 때 다음 사항에 답하시오.

1. x 강수량 관측소의 보정할 강우량 계산

[풀이]

1. x 강수량 관측소의 보정할 강우량 계산

(1) **표 예2.3**과 같이 주어진 자료를 정리한 후 x강수량 관측소의 정상 연평균강수량에 대한 각 강수량 관측소 간의 절대치 오차를 구한다.

표 예2.3 x강수량 관측소 결측치 보정자료

강수량 관측소	강우량 (mm)	정상 연평균강우량 (mm)	강수량 관측소	강우량 (mm)	정상 연평균강우량 (mm)
x	?	1,188	b	192	1,136
a	228	1,358	c	258	1,453

(2) $$\left|\frac{P_{N\max}(\text{또는 } P_{N\min})-P_{Nx}}{P_{Nx}}\right| = \left|\frac{1{,}453\ (\text{또는 } 1{,}136)-1{,}188}{1{,}188}\right|$$

$$= \frac{265\ (\text{또는 } 52)}{1{,}188} = 0.223 > 0.10$$

(3) 식 (2.1)의 정상 연강수량 비율법을 사용하여 다음 값으로 보정한다.

$$P_x = \frac{1{,}188}{3}\left(\frac{228}{1{,}358}+\frac{192}{1{,}136}+\frac{258}{1{,}453}\right) = 396(0.167+0.169+0.176)$$

$$\fallingdotseq 202.75 = 202.8\text{mm}$$

2.2.2 평균우량

강수량 관측소의 지름 20cm(보통 우량계) 또는 40~44.7cm(자기 우량계)인 수수기로부터 측정된 점우량 자료는 설계에 직접 활용할 수는 없기 때문에 유역 내 등가깊이의 우량인 평균우량(면적우량=등가깊이 우량)으로 환산하여야 한다. 이러한 방법으로 사용되는 **산술평균법**, **Thiessen 법**, **등우선법**, **삼각형법**에 대해 기술한다.

(1) 산술평균법

산술평균법(算術平均法, arithmetical mean method)은 유역이 비교적 평탄하고, 산악이 적어 강우의 지역적인 편차가 적을 때 관측지점 우량의 합을 관측소의 총수로 나누어 평균우량으로 산정하는 가장 간단한 방법이다.

$$\overline{P} = \frac{P_1 + P_2 +, \cdots, + P_n}{n} = \frac{1}{n}\sum_{i=1}^{n} P_i \tag{2.2}$$

여기서 $\overline{P}$ =유역 내의 평균우량(=면적우량=등가깊이 우량)이고, P_1, P_2, ⋯, P_n =각각 1, 2, ⋯, n 관측소의 점우량이며, n =관측소의 총수, i=관측소의 나열 순서이다.

이 방법은 유역면적이 비교적 작은 500km^2 이내에 적용한다.

(2) Thiessen 법

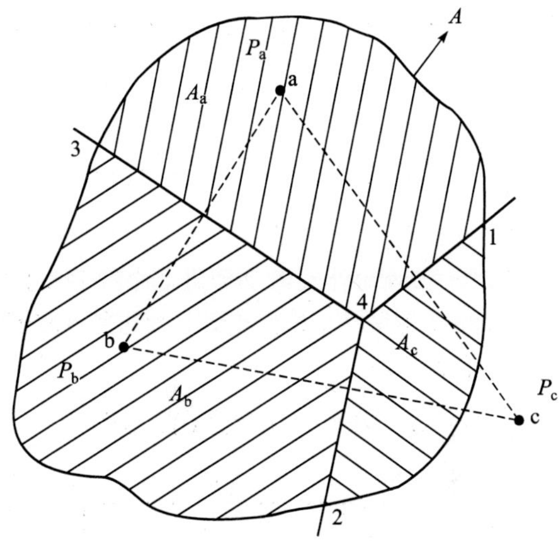

그림 2.9 Thiessen 망의 작성

Thiessen 법은 전 유역면적 A에 대한 각 관측점의 지배면적비 A_a/A, A_b/A, A_c/A를 **가중인자(weighting factor)** w_a, w_b, w_c로 구한다. 이를 각 관측소의 우량값 P_a, P_b, P_c에 곱하여 합산한 값을 평균우량으로 산정하는 방법을 **Thiessen 가중법** 또는 **Thiessen 다각형법**이라 한다. 가중인자를 구하기 위해서는 **그림 2.9**와 같이 Thiessen 망(Thiessen polygon)을 작성해야 하는데, 이는 다음과 같은 방법으로 작성한다.

① (분수계로 포위된 유역 내의) 각 관측소(점) a, b, c를 서로 직선으로 연결시켜(가능한 정삼각형에 가까운) 삼각망이 되도록 한다.

② 연결된 삼각망의 각 변(직선)에 (가능한) 수직이등분선을 긋는다.

③ 이등분선으로 구성된 폐합다각형의 면적(=관측점의 지배면적) $A_a(=A_{1\cdot4\cdot3\cdot1})$, $A_b(=A_{2\cdot3\cdot4\cdot2})$, $A_c(=A_{1\cdot2\cdot4\cdot1})$를 구적기(planimeter) 등을 이용해 구한다.

④ 각 관측점의 가중인자 $w_a(=A_a/A)$, $w_b(=A_b/A)$, $w_c(=A_c/A)$를 구한다.

⑤ 평균우량 $\overline{P}$는 정의와 같이 가중인자에 우량값을 곱해 이를 합산하여 다음과 같이 구한다.

$$\overline{P}=P_a\times w_a+P_b\times w_b+P_c\times w_c \tag{2.3}$$

식 (2.3)에 가중인자를 대입하여 정리하면 다음 식으로 구할 수 있다.

$$\begin{aligned}\overline{P}&=P_a\times\frac{A_a}{A}+P_b\times\frac{A_b}{A}+P_c\times\frac{A_c}{A}=\frac{P_aA_a+P_bA_b+P_cA_c}{A}\\&=\left[\sum_{i=1}^{n}P_iA_i\right]/\left[\sum_{i=1}^{n}A_i\right]\end{aligned} \tag{2.4}$$

여기서 A =전 유역면적$(=A_a+A_b+A_c)$이다.

이 방법은 유역면적이 500~5,000km^{2}에 적용·가능하고, 산악효과가 비교적 작은 경우나 우량계가 유역 내 불균등 분포 시 사용되며, 실제적으로 가장 많이 사용되는 객관적인 방법이다.

예제 2.4

그림 예2.4(a)와 같이 유역의 강수량 관측소 a, b, c, d에서 각각 20mm, 25mm, 30mm, 40mm의 강우량이 측정되었다. 우량은 mm단위의 소수 2자리 이하를 버림하여 다음 사항에 답하시오.

1. Thiessen 법에 의한 평균우량 산정

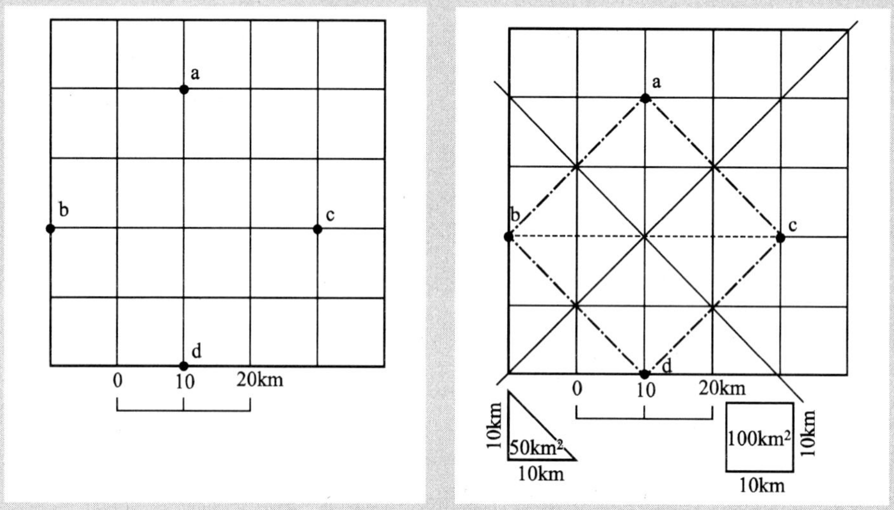

(a) 유역도 (b) Thiessen 망

그림 예2.4 유역도와 소구역분할(Thiessen 망 구성)

[풀이]

1. **Thiessen 법**에 의한 평균우량 산정
   (1) **그림 예2.4(b)**와 같이 Thiessen 망을 작성한다.
      ① 각 강수량 관측소를 점선으로 연결한다.
      ② ①의 각 점선에 실선과 같이 수직이등분선을 긋는다.
      ③ 실선으로 만들어진 4개 다각형의 면적을 구한다.
   (2) **표 예2.4**와 같이 소구역별 면적에 해당 강우량을 곱해 식 (2.4)를 이용해 다음과 같이 평균우량을 구한다.

표 예2.4 Thiessen 법 이용 평균우량 산정

소구역 \ 내용	면적 $A_i(\text{km}^2)$	강우량 P_i(mm)	계
a	850	20	17,000
b	400	25	10,000
c	850	30	25,500
d	400	40	16,000
합	2,500	-	68,500

(3) 식 (2.4)에 의한 평균우량 산정

① $\therefore \overline{P} = \dfrac{\sum_{1}^{n} P_i A_i}{\sum_{1}^{n} A_i} = \dfrac{68{,}500}{2{,}500} = 27.4\text{mm}$

② 또는 $\overline{P} = \dfrac{\sum_{1}^{n} P_i A_i}{\sum_{1}^{n} A_i} = \dfrac{20(850)+25(400)+30(850)+40(400)}{850+400+850+400} = 27.4\text{mm}$

(3) 등우선법

등우선법(等線法, isohyetal method)은 전 유역면적 A에 대한 두 등우선(isohyet) 간의 면적 비인 가중인자[$w_1(=A_1/A)$, …, $w_i(=A_i/A)$]를 해당 등우선 간의 평균우량[$\overline{P}_1 = (P_0+P_1)/2$, …, $\overline{P}_i = (P_{i\text{-}1}+P_i)/2$]에 곱해 합산한 값을 평균우량[$\overline{P} = \sum_{i=1}^{n} \overline{P}_i w_i$]으로 산정하는 방법으로 **등우선도법**이라고도 한다. **그림 2.10**과 같이 유역의 지형도상에 등우선도를 작성하고 두 등우선간의 면적비인 가중인자를 구하는 요령은 다음과 같다.

① 지형도상에 관측점의 우량과 지형을 고려하여 구분한 제일 큰 우량의 경계를 P_0로 하고, 그 차순위 각 등우선을 P_1, P_2, P_3의 순서로 구분하여 제일 작은 우량의 경계를 P_4로 정한다.

② 분할된 두 등우선 간의 포위면적을 구적기 등을 이용하여 구하고 전 유역면적에 대한 해당 면적비(=가중인자)[$A_1(=A_{1\cdot2\cdot8\cdot1})/A = w_1$, …, $A_4(=A_{4\cdot5\cdot6\cdot4})/A = w_4$]를 구한다.

③ 두 등우선 간의 평균우량 $\overline{P}_1[=(P_o+P_1)/2]$, …, $\overline{P}_4[=(P_3+P_4)/2]$를 각각 구한다.

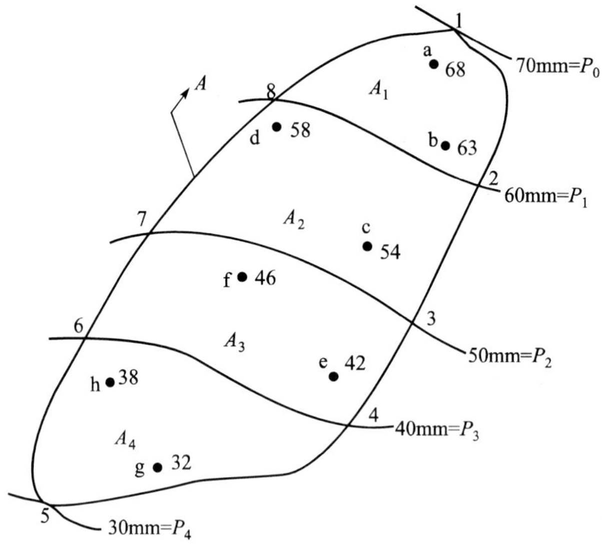

그림 2.10 등우선법의 가중인자 산정

④ 평균우량 $\overline{P}$는 정의와 같이 소구역 면적의 가중인자에 두 등우선 간의 평균우량값을 곱해 합산$[\overline{P}=\sum_{i=1}^{n}\overline{P}_i w_i]$하여 다음과 같이 구한다.

$$\overline{P}=\overline{P}_1\times w_1+\overline{P}_2\times w_2+\overline{P}_3\times w_3+\overline{P}_4\times w_4 \tag{2.5}$$

식 (2.5)에 가중인자를 대입하여 정리하면 다음 식으로 구할 수 있다.

$$\begin{aligned}\overline{P}&=\overline{P}_1\times\frac{A_1}{A}+\overline{P}_2\times\frac{A_2}{A}+\overline{P}_3\times\frac{A_3}{A}+\overline{P}_4\times\frac{A_4}{A}\\&=\frac{\overline{P}_1A_1+\overline{P}_2A_2+\overline{P}_3A_3+\overline{P}_4A_4}{A}=\left[\sum_{i=1}^{n}\overline{P}_iA_i\right]/\left[\sum_{i=1}^{n}A_i\right]\end{aligned} \tag{2.6}$$

여기서 A =유역의 전체면적$(=A_1+A_2+A_3+A_4)$이다.

이 방법은 유역면적이 5,000km^2 이상에 적용하면 가장 정확한 결과를 얻을 수 있으나, 우량계의 밀도가 유역 내 조밀하게 분포해야 하고, 등우선을 작성하는 과정에서 생길 수 있는 주관적인 오차에 특별한 주의가 필요하다.

(4) 삼각형법

삼각형법은 전 유역면적에 대한 삼각형으로 분할된 지배면적비를 삼각형의 3점을 평균한 우량에 곱해 합한 것을 평균우량으로 산정하는 방법으로 **그림 2.11**과 같이 유역의 지형도상에 각 관측소를 삼각형으로 연결하고 면적비를 구하는 요령은 다음과 같다.

① 지형도상에 관측점의 우량과 지형을 표시한 후 각관측점을 삼각형으로 연결한다.

② 삼각형으로 포위된 면적을 구적기로 구하고 그 면적비(=가중인자)($A_1/A=w_1$, $A_2/A=w_2$, $A_3/A=w_3$, $A_4/A=w_4 \cdots$)를 구한다.

③ 지배면적을 포위하고 있는 3점의 평균우량 $\overline{P}_1[=(P_a+P_b+P_c)/3]$, $\overline{P}_2[=(P_b+P_c+P_d)/3]$, $\overline{P}_3[=(P_b+P_d+P_e)/3]$, …를 각각 구한다.

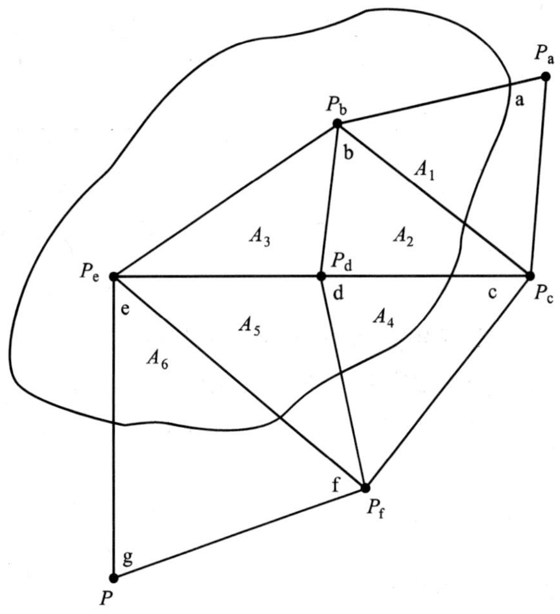

그림 2.11 삼각형법

④ 평균우량 $\overline{P}$는 정의와 같이 가중인자에 3점 평균우량을 곱해 합하면 다음과 같이 계산된다.

$$\overline{P}=\overline{P}_1\times w_1+\overline{P}_2\times w_2+\overline{P}_3\times w_3+\overline{P}_4 \tag{2.7}$$

식 (2.7)에 가중인자를 대입하여 정리하면 다음 식으로 구할 수 있다.

$$\begin{aligned}\overline{P}&=\overline{P}_1\times\frac{A_1}{A}+\overline{P}_2\times\frac{A_2}{A}+\overline{P}_3\times\frac{A_3}{A}+\overline{P}_4\times\frac{A_4}{A}\cdots\\&=\frac{\overline{P}_1A_1+\overline{P}_2A_2+\overline{P}_3A_3+\overline{P}_4A_4}{A}\cdots=\left[\sum_{i=1}^{n}\overline{P}_iA_i\right]/\left[\sum_{i=1}^{n}A_i\right]\end{aligned} \tag{2.8}$$

예제 2.5

그림 예2.5.1과 같은 유역의 강수량 관측소 a, b, c, d, e에서 각각 105, 115, 125, 115, 115mm의 강우량이 측정되었다. 10mm 단위 등우선을 사용하여 다음 사항에 답하시오.

1. 산술평균법, Thiessen 법, 등우선법에 의한 면적우량의 산정
2. 1항의 산정방법 적용 여부 판단

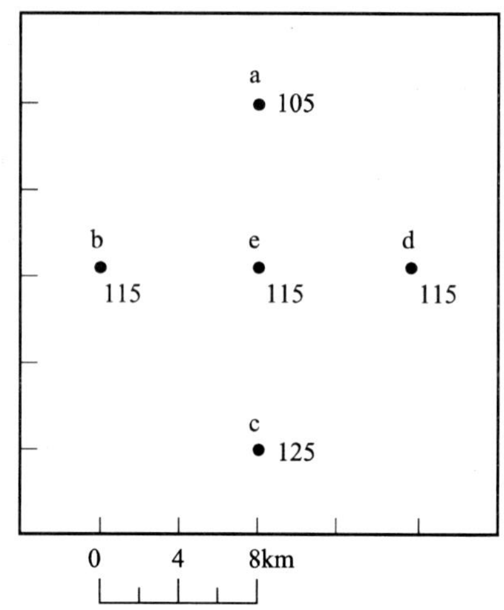

그림 예2.5.1 관측점의 우량과 유역도

[풀이]

1. 산술평균법, Thiessen 법, 등우선법에 의한 면적우량의 산정

(1) 그림 예2.5.2와 같이 각 방법에 대해 유역을 분할하고 그 면적을 각각 계산한다.

① 산술평균법 : $\overline{P}=\dfrac{P_a+,\cdots,+P_e}{5}=\dfrac{105+115\times3+125}{5}=115\text{mm}$

② Thiessen 법 : $\overline{P}=\dfrac{P_aA_a+,\cdots,+P_eA_e}{A}$

1) a~d 관측소의 지배면적; $A_a(=A_b=A_c=A_d)=\dfrac{(8+24)}{2}\times8=128\text{km}^2$

2) e 관측소의 지배면적과 전 유역면적; A_e=64km^2, $A=576\text{km}^2$

3) 평균우량 $\overline{P}=\dfrac{105\times128+(115\times128)\times2+115\times64+125\times128}{576}=115\text{mm}$

③ 등우선법 : $\overline{P}=\dfrac{\overline{P}_{\text{I}}A_{\text{I}}+\overline{P}_{\text{II}}A_{\text{II}}+\overline{P}_{\text{III}}A_{\text{III}}}{A}$

1) 두 등우선간 평균우량; $\overline{P}_{\text{I}}=\dfrac{100+110}{2}=105\text{mm}$, $\overline{P}_{\text{II}}=\dfrac{110+120}{2}=115\text{mm}$,

$\overline{P}_{\text{III}}=\dfrac{120+130}{2}=125\text{mm}$

2) 두 등우선간 지배면적 $A_{\text{I}}(=A_{\text{II}}=A_{\text{III}})=24\times8=192\text{km}^2$

3) 평균우량 $\overline{P}=\dfrac{105\times192+115\times192+125\times192}{576}=115\text{mm}$

(2) 3방법에 의한 평균우량은 115mm로 동일하다.

2. 1항의 산정방법 적용 여부 판단

(1) 본 유역의 면적=576km^{2}로 산술평균법, 등우선법은 각 방법의 적용범위인 500km^2 미만, 5,000km^2 이상에 유용하므로 부적합하다.

(2) 그러므로, 본 유역에는 Thiessen 법을 적용하는 것이 타당하다.

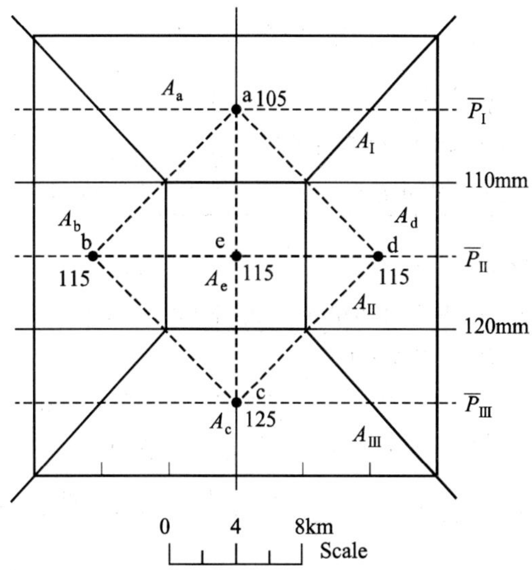

그림 예2.5.2 각 방법에 의한 평균우량 산정

예제 2.6

그림 예2.6과 같이 유역에 설치된 강수량 관측소의 강우량과 Thieesen 다각형이 기록되어 있다. 다음 사항에 대해 답하시오.

1. 산술평균법, Thiessen 법에 의한 면적우량 산정

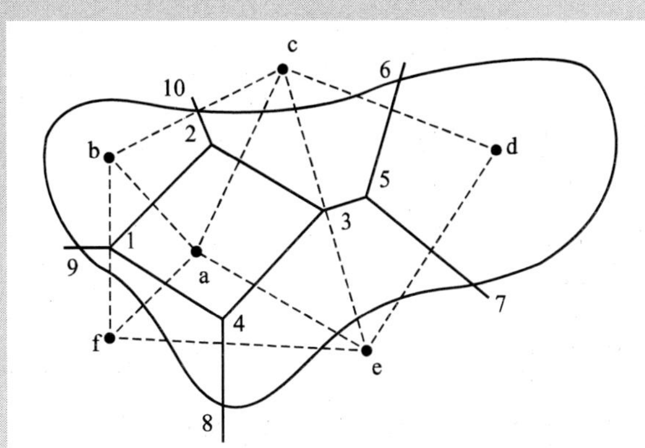

그림 예2.6 강수량 관측소의 우량과 유역도

표 예2.6.1 관측소별 우량자료와 특성

관측소명	a	b	c	d	e	f
Thiessen 다각형 면적(km^2)	720	380	440	1,040	800	220
관측우량(mm)	121	134	145	126	99	115

[풀이]

1. 산술평균법, Thiessen 법에 의한 면적우량 산정

(1) 산술평균법

① 식 (2.2)를 이용, **그림 예2.6**과 같이 유역 내에는 a, b, d 강수량 관측소 3개가 있으므로 평균우량은 다음과 같이 구한다.

② $\overline{P}=\dfrac{P_a+P_b+P_d}{3}=\dfrac{121+134+126}{3}=127\text{mm}$

(2) Thiessen 법

①**그림 예2.6**과 같이 Thiessen 망을 작성하고 각 관측소의 지배면적을 구해 식 (2.3) 또는 (2.4)를 이용, **표 예2.6**과 같이 계산한다.

표 예2.6.2 Thiessen 법에 의한 평균우량

ⓐ 관측소명	ⓑ Thiessen 다각형 면적(km^2)	ⓒ 가중인자 (w_i=ⓑ/A)	ⓓ 관측우량 P_i(mm)	ⓔ (=ⓓ×ⓒ=$P_i w_i$) 가중우량(mm)
a	$A_{1\cdot2\cdot3\cdot4\cdot1}=720$	720/3,600=0.200	121	121(0.200)=24.2
b	$A_{10\cdot2\cdot1\cdot9\cdot10}=380$	380/3,600=0.106	134	14.1
c	$A_{6\cdot5\cdot3\cdot2\cdot10\cdot6}=440$	0.122	145	17.7
d	$A_{6\cdot7\cdot5\cdot6}=1{,}040$	0.289	126	36.4
e	$A_{7\cdot8\cdot4\cdot3\cdot5\cdot7}=800$	0.222	99	22.0
f	$A_{8\cdot9\cdot1\cdot4\cdot8}=220$	0.061	115	7.0
합	$A_{6\cdot7\cdot8\cdot9\cdot10\cdot6}=3{,}600$	1.000	-	121.5

② 그러므로, Thiessen 법에 의한 평균우량은 121.5mm이다.

예제 2.7

그림 예2.7.1(Gupta, 2017)과 같은 7개 강수량 관측소(a~g)에서 관측된 우량자료와 표 예2.7.1의 자료를 이용하여 다음 사항에 답하시오.

1. 산술평균법, Thiessen 법과 등우선법에 의한 평균우량 산정

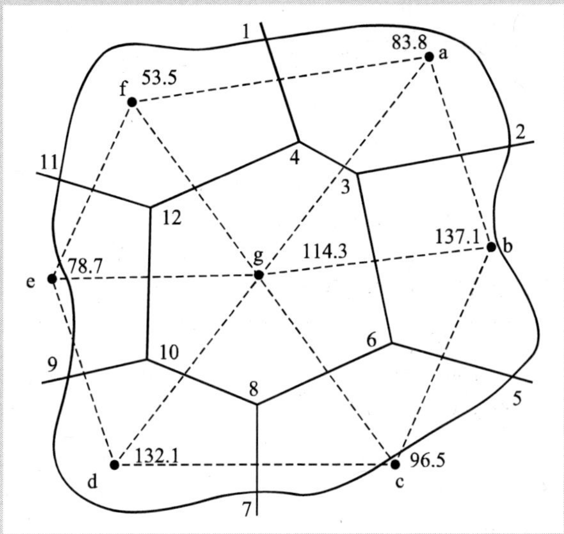

그림 예2.7.1 유역도

표 예2.7.1 Thiessen 법과 등우선법 적용을 위한 기초자료

(a) Thiessen 법 적용 자료(그림 예2.7.1)

ⓐ 관측소명	ⓑ Thiessen 다각형 면적 A_i(km^2)
a	$A_{1\cdot2\cdot3\cdot4\cdot1}$ = 1,774.15
b	$A_{2\cdot5\cdot6\cdot3\cdot2}$ = 1,916.60
c	$A_{5\cdot7\cdot8\cdot6\cdot5}$ = 1,605.80
d	$A_{7\cdot9\cdot10\cdot8\cdot7}$ = 1,657.60
e	$A_{9\cdot11\cdot12\cdot10\cdot9}$ = 1,230.25
f	$A_{11\cdot1\cdot4\cdot12\cdot11}$ = 1,903.65
g	$A_{4\cdot3\cdot6\cdot8\cdot10\cdot12\cdot4}$ = 3,133.90
합	$A_{1\cdot2\cdot5\cdot7\cdot9\cdot11\cdot1}$ = 13,221.95

(b) 등우선법 적용 자료(그림 예2.7.2)

ⓐ 등우선(mm) (*가정 값)	ⓑ 등우선 구분 누가 면적(km^2)	ⓒ 등우선간 소구역 면적 A_i(km^2)
*35	0	
50	323.75	323.75
75	2,447.55	2,123.80
100	5,296.55	2,849.00
125	11,914.45	6,617.90
*145	13,221.95	1,307.50
합		13,221.95

[풀이]

1. 산술평균법, Thiessen 법과 등우선법에 의한 평균우량 산정

(1) 산술평균법

① **그림 예2.7.1**과 식 (2.2)를 이용, 주어진 7개 강수량 관측소 중 유역 외에 위치한 c, e 관측소를 제외한 5개 관측소(a, b, d, f, g)의 강우량을 산술평균하여 다음과 같이 구한다.

② 평균우량 $\bar{P}=\dfrac{P_{\mathrm{a}}+P_{\mathrm{b}}+P_{\mathrm{d}}+P_{\mathrm{f}}+P_{\mathrm{g}}}{n}$

$$=\frac{83.8+137.1+132.1+53.5+114.3}{5}=103.5\,\mathrm{mm}$$

(2) Thiessen 법

① **그림 예2.7.1**과 같이 Thiessen 망을 작성하고 각 관측소의 지배면적을 구해 식 (2.3) 또는 (2.4)를 이용, **표 예2.7.2**와 같이 계산한다.

표 예2.7.2 Thiessen 법에 의한 평균우량

ⓐ 관측소명	ⓑ Thiessen 다각형 면적A_i(km^2)	ⓒ 가중인자 $w_i(A_i/A)$	ⓓ 관측우량 P(mm)	ⓔ 가중우량 Pw_i (=ⓓ×ⓒ)(mm)
a	$A_{1\cdot2\cdot3\cdot4\cdot1}=1{,}774.15$	1,774.15/13,221.95 =0.134	83.8	11.2
b	$A_{2\cdot5\cdot6\cdot3\cdot2}=1{,}916.60$	0.145	137.1	19.8
c	$A_{5\cdot7\cdot8\cdot6\cdot5}=1{,}605.80$	0.121	96.5	11.6
d	$A_{7\cdot9\cdot10\cdot8\cdot7}=1{,}657.60$	0.125	132.1	16.5
e	$A_{9\cdot11\cdot12\cdot10\cdot9}=1{,}230.25$	0.093	78.7	7.3
f	$A_{11\cdot1\cdot4\cdot12\cdot11}=1{,}903.65$	0.144	53.5	7.7
g	$A_{4\cdot3\cdot6\cdot8\cdot10\cdot12\cdot4}=3{,}133.90$	0.237	114.3	27.0
합	$A_{1\cdot2\cdot5\cdot7\cdot9\cdot11\cdot1}=13{,}221.95$	1.000	−	101.1

② ∴ Thiessen 법에 의한 평균우량 $\bar{P}=101.1\mathrm{mm}$

(3) 등우선법

① **그림 예2.7.2**와 식 (2.5) 또는 (2.6)을 이용, **표 예2.7.3**과 같이 계산한다.

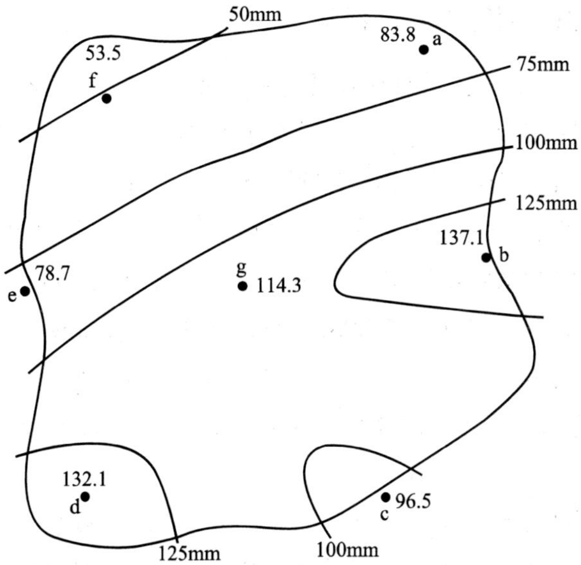

그림 예2.7.2 등우선법

표 예2.7.3 등우선법에 의한 평균우량

ⓐ 등우선 (mm)	ⓑ 등우선 구분 누가 면적 (km²)	ⓒ 등우선간 소구역 면적 A_i (km²)	ⓓ (=ⓒ/A) 가중인자 w_i	ⓔ 등우선간 평균우량 $\overline{P_i}$ (mm)	ⓕ (=ⓔ×ⓓ) 가중우량($\overline{P_i}\,w_i$) (mm)
*35	0				
		323.75 (=2,447.55−323.75)	323.75/13,221.95 =0.024	42.5 [=(35+50)/2]	42.5(0.024) =1.0
50	323.75				
		2,123.80	0.161	62.5	10.1
75	2,447.55				
		2,849.00	0.215	87.5	18.8
100	5,296.55				
		6,617.90	0.501	112.5	56.4
125	11,914.45				
		1,307.50	0.099	135.0	13.4
*145	13,221.95				
합		13,221.95	1.000	−	**99.7**
비 고		* 가정한 값			

② ∴ 등우선법에 의한 평균우량 $\overline{P}=99.7\text{mm}$

2.2.3 확률 강우량 · 가능 최대 강수량

본 절에서는 확률강우량 산정에 대한 홍수량 산정 표준지침(2019, 환경부)(이하 "**표준지침**"이라 함)을 중심으로 개념적인 간단한 내용을 다룬다. 표준지침은 이전의 설계홍수량 산정요령(국토해양부, 2012)(이하 "**산정요령**"이라 함)과 확률강우량 산정에서 적용한 빈도해석 방법의 차이에 있다. 표준지침과 산정요령의 큰 차이점은 제5장에서 다룰 빈도해석에 의한 확률강우량의 산정방법이다. 표준지침은 지역빈도해석(regional frequency analysis) 방법을 적용하여 개발된 프로그램인 **RFAHD**(regional frequency analysis for hydrological data) 2020을 사용하고 있고, 산정요령은 지점빈도해석(point frequency analysis) 방법을 적용하여 개발된 프로그램인 **FARD**(frequency analysis for rainfall data) 2006을 사용하고 있다.

따라서, 본 절에서는 수공구조물의 설계 시 활용되는 확률강우량으로부터 결정되는 설계강우량의 산정에 대해 기존에 사용했던 지점우량의 빈도해석개념에서 유도된 IDF 곡선과 기상학적으로 최악의 상태에서 내릴 수 있는 **가능 최대 강수량(PMP)**에 대해 간단히 기술한다.

(1) 확률강우량

수공구조물의 설계에 적용되는 설계강우량은 지점우량이 아니라 해당 유역의 전반에 걸쳐 균등하게 분포하는 **등가깊이 우량(=면적우량=평균우량)**이 필요하다. 우리나라에서는 (건설교통부, 2000a; b) 전국의 강수량 관측소에서 측정된 지점우량을 기초자료로 하여 68개 지점에 대해 **확률강우량도**를 작성하였다. 이 확률강우도에서 읽은 값은 각 지도에 나타낸 지속기간과 **재현기간**(recurrence interval, return period) 또는 **생기빈도**(frequency)(年)에 대한 지점우량이므로 이 지점우량 값은 평균강우량 또는 면적 강우량으로 변환시키기 위해 **면적우량 환산계수**(面積雨量 換算係數, areal reduction factor, ARF)를 이용하여 근사적으로 계산한다.

확률강우량도는 지속기간 $t=30$분, 1, 2, 3, 6, 12, 24시간, **재현기간**(再現其間, recurrence interval, return period) 또는 **생기빈도**(frequency)(年) $T=2$, 5, 10, 20, 50, 100, 200년에 대한 총 49매를 1 : 1,500,000 지형도에 등우선으로 표시하였다. 이는 기상청 산하 측후소, 관측소 68개 지점의 연최대치 자료를 이용해 다음의 **확률강도식**에 의해 IDF 곡선을 작성하였다(건설교통부, 2000a; b).

$$I(t,\ T) = \frac{a + b\ln\dfrac{T}{t^n}}{c + d\ln\left(\dfrac{\sqrt{T}}{t}\right) + \sqrt{t}} \tag{2.9}$$

여기서 $I(t, T)$ = 강우강도(rainfall intensity)(mm/h)이고, t = 강우지속기간(duration)(分)이며, T = **재현기간(recurrence interval, return period)** 또는 **생기빈도(frequency)**(年)[일정기간 동안에 어떤 크기의 호우가 발생할 횟수 또는 임의 강우량이 1회 이상 같거나 초과하는 데 소요되는 연수(年數)]이다. a, b, c, d, n=각 지점마다 결정되는 회귀상수이다.

우리나라의 **확률강우강도식**에 의한 IDF 곡선이 작성된 주요 지점은 **표 2.7**과 같으며, 본 절에서는 **표 2.8, 2.9, 그림 2.12, 2.13**과 같이 대표적으로 2지점만 제시하였다. 이들을 제외한 나머지는 이들 확률강우량도는 FARD 2006 프로그램에도 내장되어 있다(이종석, 2006; 2014).

표 2.7 IDF 곡선이 작성된 68개 지점

속초	수원	군산	여수	이천	부여	장흥	구미
철원	서산	대구	완도	인제	금산	해남	영천
대관령	울진	전주	제주	홍천	부안	고흥	거창
춘천	청주	울산	제주고층	태백	임실	성산포	합천
강릉	**대전**	마산	서귀포	제천	정읍	춘양	밀양
서울	추풍령	광주	진주	충주	남원	영주	산청
인천	안동	부산	강화	보은	장수	문경	거제
원주	포항	통영	양평	아산	순천	영덕	남해
울릉도	목포	보령	의성				

표 2.8 서울지점의 확률강우량

재현기간(년)	지속기간															
	10분	20분	30분	40분	50분	60분	90분	2시간	3시간	4시간	6시간	9시간	12시간	15시간	18시간	24시간	48시간
2	14.3	21.7	28.3	33.9	38.6	43.0	53.4	61.1	72.3	79.8	93.0	105.9	114.8	123.9	130.7	141.0	153.8
3	17.3	26.3	34.1	41.0	46.9	52.0	64.3	73.1	86.0	94.6	110.2	125.4	136.1	148.3	157.1	170.8	188.6
5	20.7	31.4	40.7	48.9	56.1	62.1	76.3	86.5	101.3	111.1	129.4	147.0	159.8	175.6	186.4	204.0	227.3
10	25.0	37.9	48.9	58.9	67.6	74.8	91.5	103.4	120.4	131.7	153.5	174.3	189.5	209.8	223.3	245.7	276.0
20	29.1	44.0	56.8	68.4	78.6	87.0	106.1	119.5	138.8	151.6	176.6	200.4	218.1	242.6	258.7	285.7	322.6
30	31.5	47.6	61.3	73.9	85.0	94.0	114.5	128.8	149.4	163.0	189.9	215.5	234.5	261.5	279.1	308.7	349.5
50	34.4	52.0	67.0	80.8	93.0	102.8	125.0	140.4	162.6	177.2	206.5	234.2	255.1	285.1	304.6	337.5	383.1
70	36.4	54.9	70.7	85.3	98.2	108.5	131.9	148.0	171.3	186.6	217.4	246.6	268.5	300.6	321.2	356.4	405.1
80	37.1	56.1	72.2	87.1	100.2	110.8	134.6	151.1	174.7	190.3	221.7	251.5	273.8	306.7	327.9	363.9	413.8
100	38.4	58.0	74.7	90.0	103.7	114.6	139.1	156.1	180.5	196.5	228.9	259.6	282.8	317.0	338.9	376.4	428.4
200	42.4	64.0	82.3	99.2	114.4	126.4	153.2	171.7	198.2	215.6	251.3	284.9	310.4	348.7	373.1	415.0	473.5
300	44.7	67.4	86.8	104.6	120.6	133.2	161.4	180.8	208.6	226.8	264.3	299.6	326.5	367.2	393.1	437.6	499.8
500	47.6	71.8	92.4	111.4	128.5	141.9	171.8	192.3	221.7	240.9	280.7	318.2	346.8	390.5	418.2	466.1	533.0

비고 : 확률강우량(단위 mm)

표 2.9 대전지점의 확률강우량

재현기간(년)	지속기간																
	10분	20분	30분	40분	50분	60분	90분	2시간	3시간	4시간	6시간	9시간	12시간	15시간	18시간	24시간	48시간
2	15.5	24.3	30.3	35.7	39.9	44.2	53.2	59.4	71.1	78.4	92.5	106.9	116.6	122.7	126.9	140.3	156.7
3	17.7	27.7	34.5	40.5	45.3	50.9	61.9	68.8	83.3	92.3	108.3	126.1	138.3	146.5	151.3	167.7	189.6
5	20.3	31.5	39.2	45.8	51.4	58.4	71.6	79.2	96.9	107.7	125.8	147.5	162.5	173.1	178.4	198.2	226.3
10	23.5	36.3	45.1	52.6	59.0	67.8	83.8	92.4	114.0	127.0	147.9	174.3	192.9	206.5	212.5	236.6	272.4
20	26.6	40.9	50.7	59.0	66.3	76.8	95.5	105.0	130.5	145.6	169.0	200.1	222.1	238.5	245.2	273.4	316.6
30	28.4	43.6	53.9	62.7	70.6	82.0	102.2	112.2	139.9	156.3	181.2	214.9	238.9	256.9	264.0	294.6	342.1
50	30.6	46.9	58.0	67.4	75.8	88.4	110.6	121.3	151.7	169.6	196.4	233.4	259.9	280.0	287.5	321.1	373.9
70	32.0	49.1	60.6	70.4	79.3	92.7	116.2	127.2	159.5	178.4	206.4	245.5	273.6	295.1	302.9	338.4	394.7
80	32.6	49.9	61.7	71.6	80.6	94.4	118.4	129.6	162.5	181.9	210.4	250.3	279.1	301.0	309.0	345.3	403.0
100	33.6	51.3	63.4	73.6	82.9	97.2	122.0	133.5	167.7	187.7	217.0	258.3	288.2	311.0	319.2	356.8	416.8
200	36.5	55.8	68.9	79.9	90.0	105.9	133.3	145.7	183.5	205.6	237.4	283.2	316.4	342.0	350.8	392.3	459.5
300	38.3	58.4	72.0	83.5	94.1	111.0	139.9	152.8	192.8	216.1	249.4	297.8	332.9	360.1	369.2	413.1	484.5
500	40.5	61.7	76.0	88.1	99.3	117.4	148.2	161.8	204.5	229.3	264.4	316.0	353.6	382.8	392.4	439.3	515.9

비고 : 확률강우량(단위 mm)

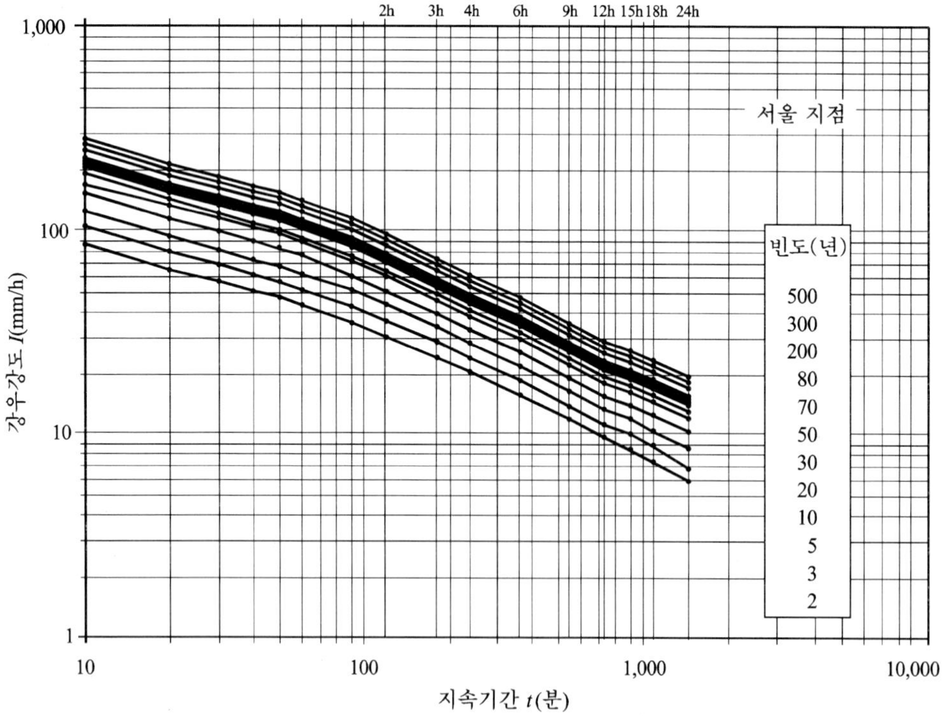

그림 2.12 서울지점의 IDF 곡선

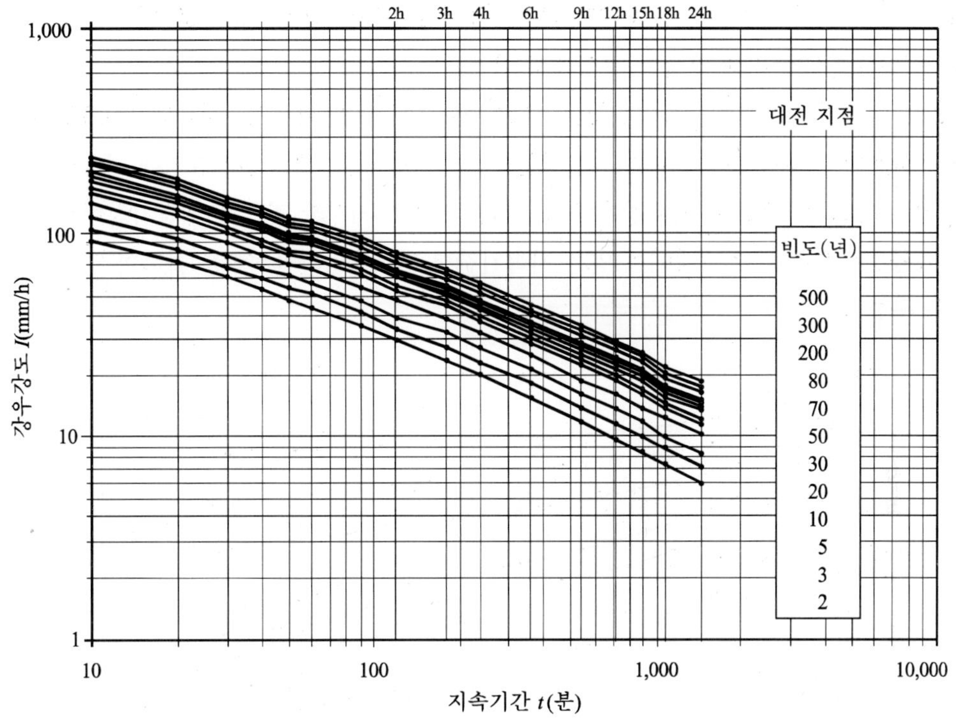

그림 2.13 대전지점의 IDF 곡선

면적우량환산계수(ARF) 연최대치 자료를 이용하여 산정된 지점우량(=확률강도식을 이용해 산정된 확률강우량) R_p를 설계에 활용하기 위한 면적우량(=평균우량) R_a로 다음과 같이 환산하여 사용되는 계수이다.

$$R_a = ARF \times R_p \tag{2.10}$$

여기서 R_p=식 (2.9)에 의한 지점우량이고, R_a=설계에 활용하기 위한 면적우량(=평균우량)이며, ARF=면적우량환산계수로 다음 식에 의해 구한다.

$$ARF(A) = 1 - M\exp[-(aA^b)^{-1}] \tag{2.11}$$

여기서 $ARF(A)$=유역면적(km^2) A에 따른 면적우량환산계수이고, M, a, b=**회귀상수(回歸常數, regression constant)**이다.

면적우량환산계수(ARF)의 결정은 관측밀도가 높고, 특정 호우사상에 대한 동시 강우자료를 획득하여 산정해야 하는데, 우리나라의 경우는 한강유역을 대표지역으로 하여 건설교통부(2000a; b) 산하 T/M 강수량 관측소 17개소(1975~1998 : 24년 자료), 기상청 강수량 관측소 18개소, 한국수자원공사 T/M 17개소를 합해 1개소당 약 500km^{2}로 미국, 영국의 약 25.9km^{2}당 1개소에 비해 부족한 현실에서 산정되었다.

ARF도는 재현기간 $T=2$, 5, 10, 30, 50, 100년(6개)에 대해 ARF 관계식 (2.11)로부터 유도하여 사용하였으며, **그림 2.14~2.17**은 건설교통부(2000a; b)에서 한강유역에 적용하여 개발된 면적우량 환산곡선으로 확률강우량도를 대표적으로 제시한 것으로 해당지점에서 산정한 지점 확률강우량에다 이 그림에서 얻은 지속기간별 면적우량환산계수를 곱하여 면적 확률강우량을 구한다.

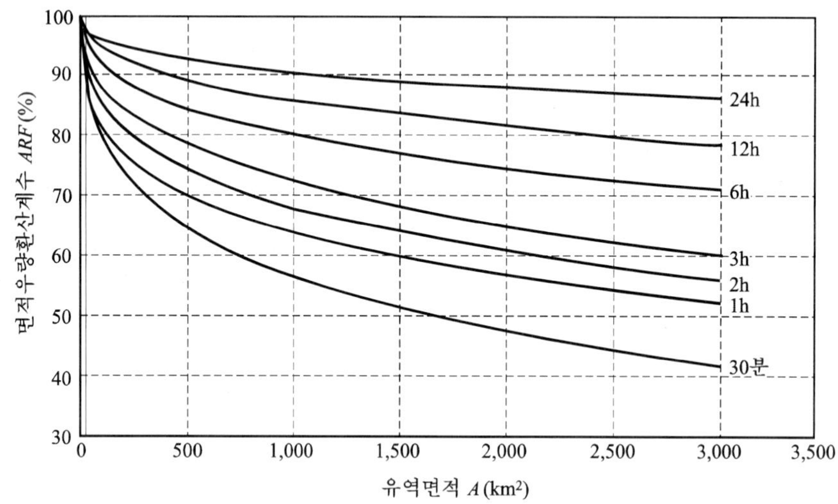

그림 2.14 재현기간 2년 – 면적우량 환산곡선

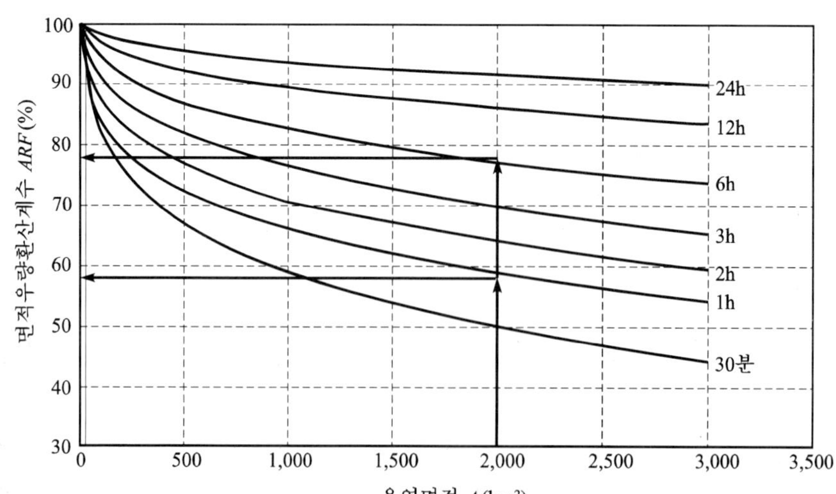

그림 2.15 재현기간 10년 – 면적우량 환산곡선

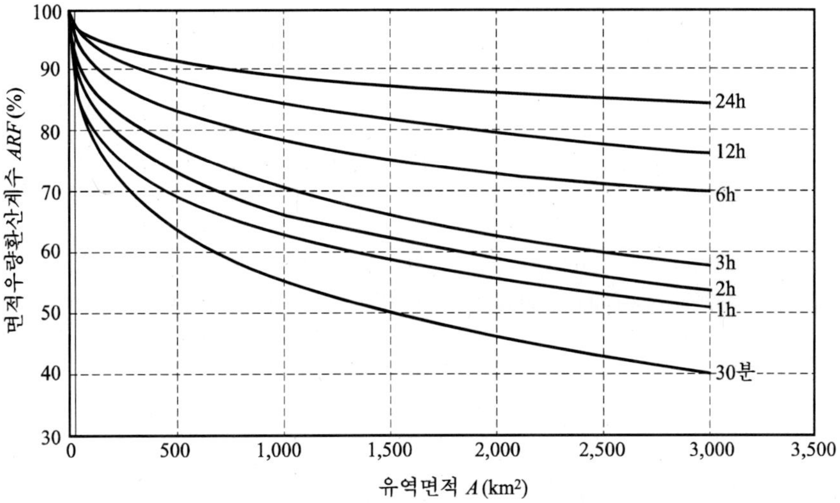

그림 2.16 재현기간 50년 – 면적우량 환산곡선

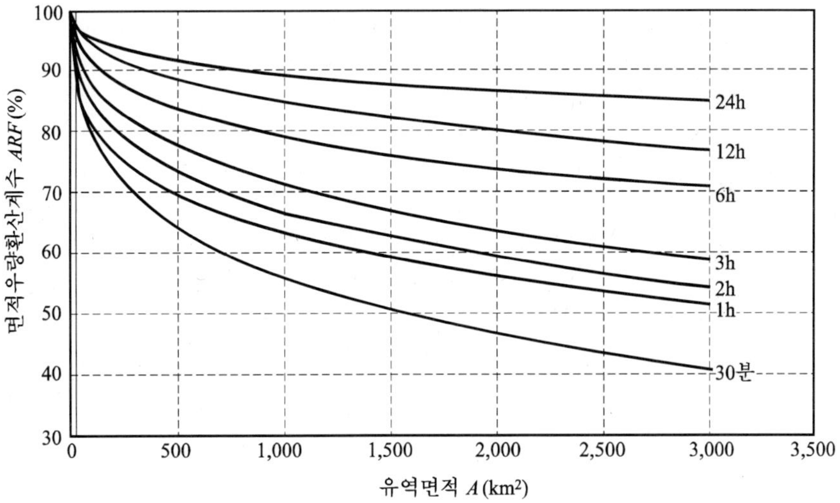

그림 2.17 재현기간 100년 – 면적우량 환산곡선

그러나 **면적우량환산계수(ARF)**는 유역면적 5,000km^2 이상과 지속기간 24시간 이상의 경우는 적용범위를 벗어나 국토해양부(2011)는 기존과 동일한 방법으로 4대강 권역별 ARF의 회귀상수를 **표 2.10**과 같이 유도하여 설계홍수량 산정에 사용하고 있다(국토해양부, 2012).

표 2.10 면적우량환산계수 회귀식의 회귀상수

재현기간(년)	권역	매개변수	지속기간(시간)											
			1	2	3	4	6	9	12	15	18	24	48	72
2	한강	M	1.2085	1.4664	1.7830	1.9837	2.7809	1.6750	2.6040	1.5264	1.6216	1.7500	1.9251	0.8000
		a	0.0995	0.1013	0.1047	0.1001	0.1005	0.1001	0.0983	0.1001	0.1000	0.1001	0.1006	0.1000
		b	0.2890	0.2424	0.2100	0.1999	0.1693	0.1870	0.1576	0.1758	0.1677	0.1606	0.1401	0.1686
	낙동강	M	1.2563	1.5770	2.0323	2.4575	2.5303	1.8593	1.0509	1.0436	0.9000	1.6908	1.6519	1.6949
		a	0.1356	0.1364	0.1405	0.1278	0.1194	0.1197	0.1103	0.1045	0.1063	0.1090	0.1065	0.1002
		b	0.2483	0.2000	0.1639	0.1542	0.1509	0.1606	0.1998	0.1996	0.1999	0.1510	0.1455	0.1479
	금강	M	1.1000	1.3359	1.5680	1.4400	2.9403	1.7378	1.1730	1.4900	2.6000	2.5342	1.1196	1.0385
		a	0.1010	0.1195	0.1148	0.1158	0.1257	0.1226	0.1028	0.1052	0.1030	0.1000	0.1000	0.1004
		b	0.3100	0.2397	0.2150	0.2119	0.1447	0.1666	0.2050	0.1820	0.1500	0.1493	0.1740	0.1673
	영산강	M	1.0016	1.0407	1.1347	1.2380	1.2274	1.3031	1.2490	1.4100	1.3450	1.1750	0.8500	0.3320
		a	0.1282	0.1235	0.1188	0.1258	0.1319	0.1361	0.1354	0.1330	0.1330	0.1330	0.1104	0.1050
		b	0.2991	0.2635	0.2383	0.2099	0.1905	0.1672	0.1614	0.1500	0.1500	0.1500	0.1800	0.2590
5	한강	M	1.1350	1.2400	1.1910	1.3330	1.9990	1.6083	1.4901	1.2195	1.1000	1.5750	1.2858	0.7350
		a	0.1033	0.1100	0.1000	0.1000	0.1003	0.1018	0.1002	0.1000	0.1001	0.1009	0.1038	0.1038
		b	0.3088	0.2700	0.2747	0.2500	0.1998	0.2000	0.1951	0.2000	0.2000	0.1714	0.1599	0.1800
	낙동강	M	1.1538	1.5340	1.4367	1.3740	1.5796	1.6508	0.9835	0.9084	0.9000	1.6271	1.5107	1.2900
		a	0.1492	0.1500	0.1500	0.1430	0.1500	0.1496	0.1482	0.1393	0.1420	0.1432	0.1313	0.1370
		b	0.2644	0.2000	0.1948	0.1960	0.1630	0.1526	0.1880	0.1950	0.1850	0.1374	0.1425	0.1400
	금강	M	1.1830	1.3680	1.7480	1.6350	2.5000	2.7800	2.4526	1.7300	2.2390	2.1172	1.2460	1.2122
		a	0.1033	0.1146	0.1140	0.1158	0.1257	0.1226	0.1001	0.1002	0.1002	0.1019	0.1001	0.1037
		b	0.3088	0.2550	0.2180	0.2150	0.1650	0.1550	0.1804	0.1960	0.1747	0.1679	0.1837	0.1736
	영산강	M	0.9491	0.9555	1.0500	1.0930	1.5600	1.7800	1.6100	0.9000	0.6670	0.5900	0.6305	0.5138
		a	0.1492	0.1238	0.1379	0.1392	0.1450	0.1387	0.1420	0.1310	0.1210	0.1210	0.1104	0.0966
		b	0.3237	0.2947	0.2460	0.2250	0.1711	0.1550	0.1500	0.1960	0.2300	0.2350	0.2253	0.2575
10	한강	M	1.1210	1.1030	1.2380	1.3900	1.9648	1.6118	1.5000	1.2400	1.1350	1.5730	1.2396	0.6650
		a	0.1033	0.1000	0.1000	0.1000	0.1045	0.1045	0.1005	0.1005	0.1005	0.1000	0.1038	0.1038
		b	0.3150	0.3060	0.2747	0.2500	0.1999	0.2000	0.1980	0.2010	0.1990	0.1750	0.1626	0.1900
	낙동강	M	1.0694	1.0939	1.4363	1.3699	1.4900	1.5800	0.9298	0.9084	0.9000	1.4981	1.1109	1.2900
		a	0.1500	0.1500	0.1482	0.1430	0.1460	0.1494	0.1480	0.1393	0.1420	0.1440	0.1385	0.1415
		b	0.2822	0.2497	0.1997	0.1992	0.1768	0.1600	0.1971	0.1992	0.1896	0.1450	0.1581	0.1400
	금강	M	1.1840	1.3100	1.7600	1.7200	2.4600	4.1000	2.3502	2.3277	1.9867	1.7650	1.2400	1.1300
		a	0.1009	0.1100	0.1150	0.1158	0.1257	0.1210	0.1009	0.1010	0.1006	0.1010	0.1010	0.1040
		b	0.3150	0.2700	0.2200	0.2150	0.1700	0.1400	0.1855	0.1804	0.1850	0.1828	0.1883	0.1820
	영산강	M	0.9194	0.9414	1.0050	1.1340	1.4240	1.8600	1.4590	0.9100	0.7010	0.5710	0.6459	0.5550
		a	0.1493	0.1497	0.1497	0.1460	0.1414	0.1349	0.1381	0.1240	0.1210	0.1210	0.1173	0.0966
		b	0.3433	0.2803	0.2460	0.2210	0.1843	0.1586	0.1629	0.2070	0.2300	0.2450	0.2245	p0.2575

표 2.10 면적우량환산계수 회귀식의 회귀상수(계속)

재현기간(년)	권역	매개변수	지속기간(시간)											
			1	2	3	4	6	9	12	15	18	24	48	72
20	한강	M	1.1000	1.1200	1.2630	1.4126	2.0379	1.6095	1.4678	1.1880	1.3768	1.5900	1.1720	0.8400
		a	0.1003	0.1000	0.1000	0.1000	0.1054	0.1073	0.1027	0.1070	0.1104	0.1000	0.1070	0.1110
		b	0.3250	0.3060	0.2747	0.2503	0.1982	0.1992	0.1992	0.1992	0.1785	0.1750	0.1630	0.1690
	낙동강	M	1.0422	1.0262	1.4450	1.3699	1.5037	1.6400	0.9620	0.9069	0.8400	1.5295	1.0836	1.2900
		a	0.1500	0.1492	0.1482	0.1448	0.1470	0.1494	0.1500	0.1482	0.1470	0.1481	0.1442	0.1440
		b	0.2910	0.2644	0.2000	0.1992	0.1768	0.1610	0.1966	0.1961	0.1960	0.1437	0.1570	0.1410
	금강	M	1.2040	1.3300	1.7480	1.7650	3.2100	4.2460	2.3502	2.1998	1.6420	1.7600	1.8820	1.0392
		a	0.1000	0.1100	0.1160	0.1158	0.1257	0.1210	0.1004	0.1006	0.1000	0.1010	0.1050	0.1074
		b	0.3157	0.2700	0.2220	0.2150	0.1560	0.1400	0.1886	0.1865	0.2006	0.1850	0.1630	0.1868
	영산강	M	0.9118	0.9600	1.0236	1.1700	1.4639	1.8320	1.2900	0.8650	0.6620	0.5880	0.6700	0.5800
		a	0.1496	0.1497	0.1497	0.1460	0.1414	0.1332	0.1340	0.1240	0.1210	0.1210	0.1173	0.0966
		b	0.3526	0.2790	0.2454	0.2210	0.1843	0.1624	0.1778	0.2140	0.2400	0.2450	0.2245	0.2590
30	한강	M	1.0970	1.1330	1.2357	1.4126	2.0381	1.6094	1.4461	1.2088	1.3768	1.6000	1.2050	0.8350
		a	0.1000	0.1000	0.1001	0.1008	0.1051	0.1087	0.1044	0.1067	0.1110	0.1000	0.1070	0.1116
		b	0.3270	0.3051	0.2791	0.2509	0.1993	0.1986	0.1994	0.1991	0.1785	0.1750	0.1620	0.1692
	낙동강	M	1.0390	1.0375	1.4030	1.3700	1.4900	1.6500	0.9624	0.9152	0.8350	1.5238	1.0812	1.2984
		a	0.1500	0.1500	0.1490	0.1454	0.1494	0.1500	0.1488	0.1480	0.1470	0.1491	0.1491	0.1490
		b	0.2927	0.2625	0.2040	0.2000	0.1774	0.1625	0.1991	0.1974	0.1980	0.1443	0.1543	0.1379
	금강	M	1.2070	1.3000	1.6350	1.7800	3.1750	4.3080	2.4200	1.9100	1.6340	1.8600	1.9100	1.0392
		a	0.1000	0.1100	0.1140	0.1158	0.1257	0.1210	0.1004	0.1006	0.1000	0.1010	0.1050	0.1080
		b	0.3157	0.2750	0.2320	0.2150	0.1570	0.1400	0.1886	0.1970	0.2020	0.1828	0.1630	0.1874
	영산강	M	0.9047	0.9730	0.9970	1.1500	1.2650	1.8350	1.1750	0.8300	0.6650	0.5920	0.6900	0.5900
		a	0.1492	0.1497	0.1500	0.1460	0.1380	0.1343	0.1320	0.1240	0.1210	0.1210	0.1173	0.0966
		b	0.3589	0.2790	0.2500	0.2240	0.2011	0.1620	0.1881	0.2190	0.2400	0.2450	0.2230	0.2590
50	한강	M	1.1050	1.1335	1.2350	1.4127	2.0381	1.6059	1.4434	1.2088	1.3600	1.6150	1.1706	0.8810
		a	0.1012	0.1000	0.1001	0.1001	0.1055	0.1092	0.1047	0.1069	0.1110	0.1000	0.1091	0.1132
		b	0.3245	0.3063	0.2796	0.2529	0.1997	0.1992	0.2000	0.1997	0.1800	0.1750	0.1619	0.1652
	낙동강	M	1.0450	1.0233	1.3900	1.3584	1.5000	1.5500	0.9705	0.9070	0.8450	1.4241	1.0652	1.2984
		a	0.1500	0.1500	0.1500	0.1492	0.1494	0.1490	0.1492	0.1490	0.1450	0.1487	0.1497	0.1494
		b	0.2927	0.2663	0.2050	0.1990	0.1774	0.1690	0.2000	0.1990	0.2010	0.1500	0.1555	0.1384
	금강	M	1.2075	1.3090	1.6500	1.7470	3.2680	4.3700	2.5669	1.9100	1.7179	1.5550	1.9300	1.0500
		a	0.1002	0.1100	0.1140	0.1158	0.1250	0.1210	0.1007	0.1006	0.1010	0.0990	0.1050	0.1080
		b	0.3160	0.2750	0.2320	0.2180	0.1570	0.1400	0.1854	0.1980	0.1989	0.1980	0.1630	0.1880
	영산강	M	0.9100	1.0100	1.0460	1.2200	1.3942	1.8853	1.1700	0.7900	0.6700	0.6400	0.7160	0.6000
		a	0.1494	0.1497	0.1500	0.1498	0.1432	0.1337	0.1330	0.1240	0.1200	0.1210	0.1162	0.0966
		b	0.3587	0.2750	0.2450	0.2149	0.1885	0.1615	0.1881	0.2250	0.2420	0.2400	0.2230	0.2590
80	한강	M	1.0910	1.1350	1.1879	1.4128	2.0381	1.6059	1.4318	1.2229	1.3560	1.6280	1.1790	0.8810
		a	0.1005	0.1009	0.1005	0.1005	0.1058	0.1095	0.1068	0.1072	0.1110	0.1000	0.1091	0.1146
		b	0.3302	0.3064	0.2871	0.2533	0.2000	0.1996	0.1992	0.1990	0.1810	0.1750	0.1619	0.1646
	낙동강	M	1.0480	1.0290	1.3400	1.3502	1.5080	1.5630	0.9892	0.9071	0.8530	1.4100	1.0810	1.2984
		a	0.1500	0.1500	0.1500	0.1499	0.1494	0.1490	0.1498	0.1497	0.1450	0.1487	0.1500	0.1498
		b	0.2939	0.2663	0.2100	0.1998	0.1774	0.1690	0.1989	0.1997	0.2010	0.1515	0.1548	0.1387
	금강	M	1.2000	1.2400	1.6600	1.7600	3.3000	2.8140	2.2991	1.9280	1.7200	1.5650	1.9500	1.0490
		a	0.1004	0.1150	0.1140	0.1158	0.1250	0.1210	0.1008	0.1006	0.1009	0.0990	0.1050	0.1080
		b	0.3180	0.2810	0.2320	0.2180	0.1570	0.1650	0.1928	0.1980	0.1997	0.1980	0.1630	0.1890
	영산강	M	0.9080	0.9500	1.1120	1.2230	1.7500	1.9200	1.1580	0.7850	0.6900	0.6530	0.7430	0.6110
		a	0.1498	0.1550	0.1500	0.1500	0.1499	0.1337	0.1350	0.1240	0.1200	0.1210	0.1162	0.0966
		b	0.3630	0.2880	0.2391	0.2150	0.1660	0.1610	0.1881	0.2260	0.2410	0.2400	0.2220	0.2590

표 2.10 면적우량환산계수 회귀식의 회귀상수(계속)

재현기간(년)	권역	매개변수	지속기간(시간)											
			1	2	3	4	6	9	12	15	18	24	48	72
100	한강	M	1.0910	1.1200	1.1880	1.4128	2.0596	1.6220	1.4318	1.2230	1.3400	1.6310	1.1830	0.8800
		a	0.1008	0.1000	0.1008	0.1007	0.1066	0.1103	0.1069	0.1073	0.1110	0.1000	0.1091	0.1146
		b	0.3304	0.3108	0.2872	0.2533	0.1987	0.1984	0.1994	0.1992	0.1820	0.1750	0.1619	0.1649
	낙동강	M	1.0550	1.0320	1.2530	1.3502	1.3460	1.5520	0.9880	0.9100	0.8580	1.4150	1.0810	1.2984
		a	0.1500	0.1500	0.1500	0.1500	0.1499	0.1490	0.1500	0.1500	0.1450	0.1487	0.1500	0.1500
		b	0.2939	0.2663	0.2190	0.2000	0.1880	0.1700	0.1994	0.2000	0.2010	0.1515	0.1550	0.1387
	금강	M	1.2040	1.2550	1.6650	1.7350	3.3100	2.8290	2.2300	1.9370	1.6400	1.5950	1.9300	1.0300
		a	0.1004	0.1150	0.1140	0.1158	0.1250	0.1210	0.1010	0.1006	0.1000	0.1010	0.1050	0.1080
		b	0.3190	0.2800	0.2320	0.2200	0.1570	0.1650	0.1950	0.1980	0.2050	0.1950	0.1640	0.1905
	영산강	M	0.9020	0.9880	1.0300	1.2050	1.7750	1.9200	1.1600	0.8080	0.6900	0.6550	0.7540	0.6150
		a	0.1492	0.1592	0.1600	0.1490	0.1500	0.1340	0.1350	0.1240	0.1200	0.1210	0.1162	0.0966
		b	0.3680	0.2780	0.2460	0.2180	0.1650	0.1610	0.1881	0.2240	0.2420	0.2410	0.2210	0.2600
200	한강	M	1.0917	1.1253	1.1935	1.4127	2.0597	1.6221	1.4318	1.2233	1.3250	1.6400	1.1870	0.8840
		a	0.1000	0.1000	0.1000	0.1001	0.1069	0.1098	0.1076	0.1077	0.1110	0.1000	0.1091	0.1146
		b	0.3325	0.3108	0.2892	0.2551	0.1991	0.1996	0.1994	0.1992	0.1830	0.1750	0.1619	0.1649
	낙동강	M	1.0469	1.0300	1.2097	1.3686	1.3100	1.5550	0.9880	0.9604	0.8630	1.4250	1.0623	1.2984
		a	0.1500	0.1500	0.1500	0.1500	0.1499	0.1490	0.1500	0.1498	0.1450	0.1487	0.1500	0.1500
		b	0.2974	0.2670	0.2241	0.2000	0.1911	0.1700	0.2000	0.1960	0.2010	0.1515	0.1568	0.1394
	금강	M	1.2090	1.2570	1.4700	1.6430	3.4000	2.8190	2.2400	1.9885	1.6300	1.5900	1.9150	1.0400
		a	0.1004	0.1150	0.1090	0.1150	0.1250	0.1210	0.1010	0.1004	0.1000	0.1010	0.1050	0.1080
		b	0.3180	0.2800	0.2530	0.2270	0.1560	0.1660	0.1950	0.1971	0.2060	0.1960	0.1650	0.1905
	영산강	M	0.8900	0.9880	1.0260	1.2190	1.7800	1.9050	1.1650	0.8300	0.6860	0.6540	0.7430	0.6030
		a	0.1492	0.1592	0.1600	0.1490	0.1500	0.1350	0.1350	0.1240	0.1200	0.1210	0.1162	0.0966
		b	0.3770	0.2790	0.2470	0.2170	0.1650	0.1610	0.1881	0.2220	0.2430	0.2420	0.2230	0.2650
500	한강	M	1.0918	1.1255	1.1936	1.4128	2.0607	1.6221	1.4340	1.2238	1.3360	1.7100	1.1960	0.8940
		a	0.1004	0.1006	0.1006	0.1007	0.1077	0.1110	0.1083	0.1084	0.1110	0.1000	0.1091	0.1146
		b	0.3330	0.3115	0.2899	0.2555	0.1990	0.1992	0.1992	0.1994	0.1830	0.1732	0.1619	0.1649
	낙동강	M	1.0533	1.0300	1.1670	1.3840	1.2320	1.5450	1.0020	0.9825	0.8730	1.4400	0.9334	1.3110
		a	0.1500	0.1500	0.1500	0.1500	0.1500	0.1490	0.1500	0.1496	0.1450	0.1487	0.1500	0.1500
		b	0.2973	0.2680	0.2300	0.2000	0.1980	0.1710	0.2000	0.1954	0.2010	0.1515	0.1670	0.1394
	금강	M	1.1880	1.2620	1.4820	1.6610	3.1200	2.8580	2.2550	2.0170	1.6070	1.5500	1.9350	1.0550
		a	0.1004	0.1150	0.1090	0.1150	0.1250	0.1210	0.1010	0.1004	0.1000	0.1010	0.1050	0.1080
		b	0.3230	0.2800	0.2530	0.2270	0.1620	0.1660	0.1950	0.1971	0.2080	0.1987	0.1650	0.1905
	영산강	M	0.8830	0.9850	1.0200	1.1670	1.7700	1.8800	1.1400	0.8500	0.7900	0.6450	0.7280	0.6060
		a	0.1500	0.1592	0.1600	0.1510	0.1500	0.1370	0.1350	0.1350	0.1350	0.1210	0.1162	0.0980
		b	0.3832	0.2810	0.2490	0.2220	0.1660	0.1610	0.1910	0.2110	0.2150	0.2450	0.2260	0.2650

설계우량(=평균우량)의 계산은 식 (2.10)을 이용하여 강우지속기간별 설계우량=확률강우량×면적우량환산계수로 다음과 같이 구한다.

① 선정된 재현기간 100년-지속기간 30분에 대한 확률강우량도 또는 해당 IDF 곡선으로부

터 확률강우량(=지점최대 우량)을 결정한다.

② 면적우량환산계수는 **그림 2.14~2.17**의 면적우량 환산곡선을 이용하여 결정하거나 면적우량환산계수 산정식 (2.11)에 **표 2.10**의 매개변수(회귀상수)를 대입하여 산정한다.

③ 식 (2.10)을 이용하여 해당 조건에 맞는 설계(=면적)우량[=①×②]을 구한다.

(2) 가능 최대 강수량

가능 최대 강수량(可能最大 降水量, probable maximum precipitation, PMP)은 기상학적으로 최악의 상태에서 내릴 수 있는 강수량이다. 건설교통부(2000c; d; e; f)에서는 유역면적 A =25, 100, 200, 1,000, 2,000, 10,000, 20,000km^{2}에 대한 강우지속기간 t =1, 2, 6, 12, 24, 48, 72시간 PMP도 총 49매를 1 : 1,500,000 지형도에 등우선으로 표시하여 PMP도를 작성하였다. 또한 전국의 유역면적 A =1,000km^{2}에 대한 강우지속기간 t =1, 6, 12, 24, 48시간 PMP도 5매를 작성하였다. 이들 PMP 추정을 위한 기본자료로 사용된 관측강우량은 강우의 시·공간적 특성을 나타내는 **강우깊이-유역면적-강우지속기간(rainfall depth-area-duration, DAD)** 자료라 할 수 있다. 사용자료는 1969년부터 1999년까지의 지점 일우량(1~24시)이 130mm 이상인 호우사상을 대상으로 하였다. 이들 자료는 1998현재 기상청 72개소, 356개소, 한국수자원공사 136개소, 기타(행정자치부, 농업기반공사, 한국전력공사 등)에서 측정된 것이다.

기 관측된 호우에 대한 DAD 분석 결과는 **표 2.11**과 같고, 이를 도시한 것은 **그림 2.18**과 같으며, 이들 자료를 근거로 유도된 PMP도는 **그림 2.19**와 같다(건설교통부, 2000c; d; e; f).

표 2.11 우리나라의 관측 최대 DAD 값

지속기간(h) / 면적(km^2)	1	2	4	6	8	12	18	24	48	72
25	135.00	216.50	349.00	466.50	507.50	586.00	615.50	653.00	809.50	900.80
50	108.80	198.15	318.17	424.93	472.27	560.23	594.40	615.86	790.50	879.34
100	99.46	192.48	309.09	412.78	455.60	535.22	575.22	587.10	771.50	857.89
200	96.93	186.81	300.01	400.62	441.90	518.08	557.83	558.13	752.49	836.43
500	92.82	178.08	285.64	381.26	422.49	495.43	533.77	537.52	727.37	808.07
1,000	88.95	169.88	272.79	364.27	401.99	474.90	517.99	521.29	708.37	786.80
2,000	75.92	158.30	258.30	344.20	380.80	452.50	496.70	500.80	681.40	762.45
5,000	53.28	93.30	175.00	210.00	249.20	293.30	350.54	440.00	607.98	685.59
10,000	34.20	58.30	107.50	134.20	158.30	222.49	296.00	392.00	500.75	575.38
20,000	25.86	41.93	78.37	100.27	129.16	186.29	254.46	324.00	441.89	458.55

• 단위 : 지속기간(시간; h), 최대 DAD 값(mm)

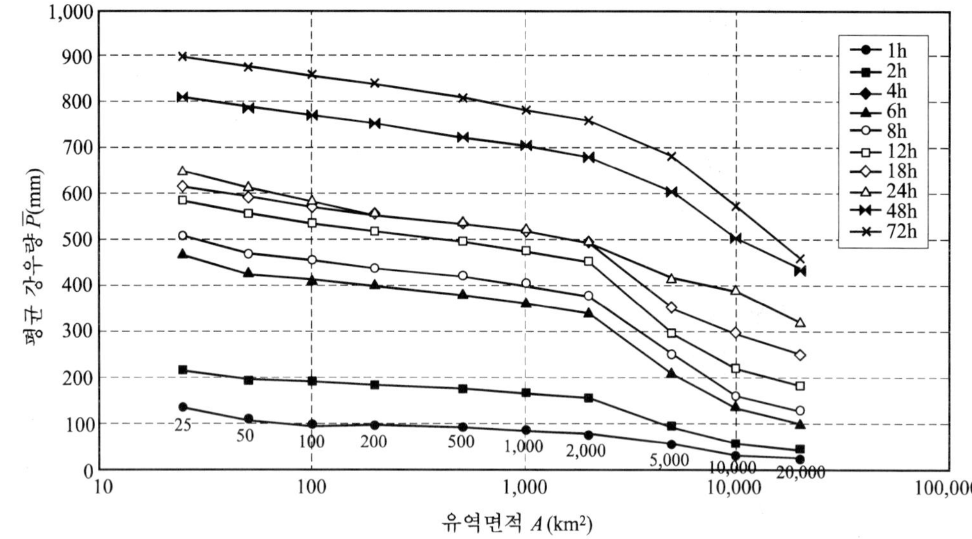

그림 2.18 우리나라 관측 최대 DAD도

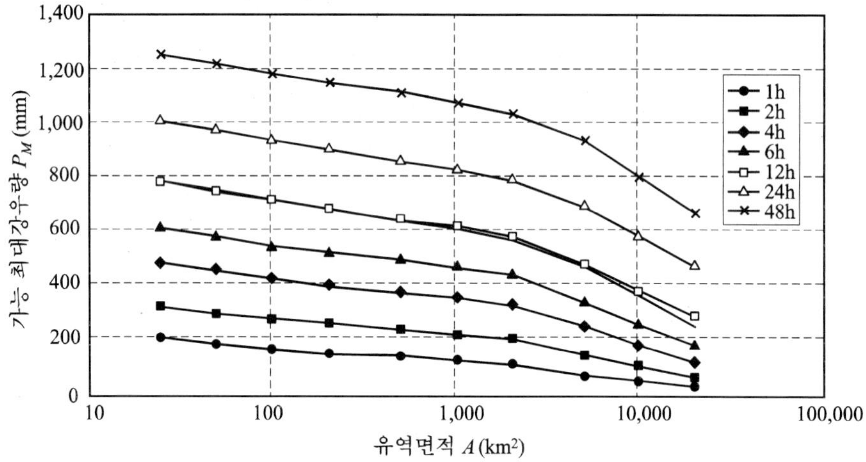

그림 2.19 우리나라 전국 PMP-DAD도

2.2.4 강우강도 - 지속기간 관계

강우강도(降雨强度, rainfall intensity)는 단위시간 동안에 내린 강우량의 크기(mm/h)를 말한다. 호우는 비교적 짧은 시간에 이루어지므로 비가 계속해서 내리는 시간 장경인 **지속기간**(持續期間, duration)은 **분**(分, minute)단위로 측정하는 것이 일반적이다.

$$I(=\mathrm{mm/h}) = \frac{P(\mathrm{mm})}{t(\mathrm{min})\frac{1(\mathrm{h})}{60(\mathrm{min})}} = \frac{P(\mathrm{mm})\times 60}{t(\mathrm{h})} = \frac{60P}{t}(\mathrm{mm/h}) \tag{2.12}$$

여기서 I=강우강도(mm/h)이고, t=지속기간으로 강우가 계속되는 시간(分, min)의 장경(長徑, major axis)이며, P=지속기간 동안 내린 강우량(mm)이다.

강수자료 해석에서 **강우강도-지속기간 관계**(rainfall intensity-duration relationship)에는 **표 2.12**와 같은 관계식을 지역별로 자기우량계에 의해 측정된 지속기간별 최대우량을 결정하여 얻는다. 이는 소규모 수공구조물을 설계할 때 설계유량을 결정하는 방법의 하나인 **합리식** 등에 사용되므로 이를 결정해두면 대단히 유익하다.

강우강도-지속기간의 관계식은 보통 **Talbot형**, **Sherman형**, **Japanese형**이 사용되며, **FARD 2006**(국립방재연구소, 2006), **RFAHD 2020**(환경부, 2020)에서는 **표 2.12**와 같이 준대수(Semi-Log)형, 전대수 다항식형 등이 사용되었다.

표 2.12 FARD 2006·RFAHD 2020에 사용된 강우강도 공식

공식명	공식	기호설명	식 번호
Talbot형	$I(t)=\frac{a}{t+b}$	• $I(t)$ =강우강도(mm/h) • t=강우지속기간(min) • t_h =강우지속기간(h) • a, b, c, d, e, f, g, n =회귀상수	(2.13a)
Sherman형	$I(t)=\frac{a}{t^n}$		(2.13b)
Japanese형	$I(t)=\frac{a}{\sqrt{t}+b}$		(2.13c)
Semi-Log형	$I(t)=a+b\log(t)$		(2.13d)
General형	$I(t)=\frac{a}{t^n+b}$		(2.13e)
전대수 다항식형	$\ln(I)=a+b\ln(t_h)+c(\ln(t_h))^2+d(\ln(t_h))^3$ $+e(\ln(t_h))^4+f(\ln(t_h))^5+g(\ln(t_h))^6$		(2.13f)

강우강도-지속기간-생기빈도(rainfall intensity-duration-frequency, IDF) 관계는 2.3.3 **확률 강우량·가능 최대 강수량**에서 기술한 것과 같이 도표(**표 2.8, 2.9**와 **그림 2.12, 2.13**)을 작성해 두면 소규모 수공구조물의 설계 시 **재현기간**(recurrence interval, return period) 또는 **생기빈도**(frequency)(年) T에 따른 **지속기간** t별 **강우강도** $I=\frac{aT^n}{t}$(I=강우강도, T=재현기간, t=지속기간, a, n=지역에 따른 상수)를 얻을 수 있어 설계홍수량 산정에 유익하다.

예제 2.8

어떤 강수량 관측소에서 5분 간격으로 측정된 강우량 자료가 표 예2.8.1과 같을 때 다음 사항에 답하시오.

1. 5분단위 지속기간별 최대(평균) 강우강도 [$\bar{I}_{t(분(分))\cdot max}$] 계산
2. 강우강도 – 지속기간 관계 설명

표 예2.8.1 30분간의 최대 강우자료

지속기간(분)	0~5	5~10	10~15	15~20	20~25	25~30
강우량(mm)	10	13	14	18	15	12

[풀이]

1. 5분 단위 지속기간별 최대(평균) 강우강도 $\bar{I}_{t(분(分))\cdot max}$ 계산

(1) 식 (2.12) 이용해 지속기간별 강우강도 계산

① $\bar{I}_{t(분(分))\cdot max} = \dfrac{P(\text{mm})}{t(\text{min})\dfrac{1(\text{h})}{60(\text{min})}} = \dfrac{P(\text{mm})\times 60}{t(\text{h})} = \dfrac{60P}{t}\text{mm/h}$

② $\bar{I}_{5\cdot max}$ =15~20분까지 $t=$ 5분일 때 P=18mm이므로, $\bar{I}_{5\cdot max} = \dfrac{60\times 18}{5} = 216.0\text{mm/h}$

③ $\bar{I}_{10\cdot max}$ =15~25분까지 t=10분일 때 $P=18+15=33$mm이므로,

$\bar{I}_{10\cdot max} = \dfrac{60\times 33}{10} = 198.0\text{mm/h}$

④ $\bar{I}_{20\cdot max}$ =5~25분까지 t=20분일 때 $P=18+15+14+13=60$mm이므로,

$\bar{I}_{20\cdot max} = \dfrac{60\times 60}{20} = 180.0\text{mm/h}$

(2) 같은 요령으로 나머지 지속기간에 대해서도 계산하면 **표 예2.8.2**와 같다.

표 예2.8.2 지속기간별 강우강도 계산 결과

지속기간(분)	5	10	15	20	25	30
강우강도(mm/h)	216.0	198.0	188.0	180.0	172.8.0	164.0

2. 강우강도-지속기간 관계 설명

(1) **표 예2.8.2**와 같이 강우강도 – 지속기간의 관계는 반비례 관계임을 알 수 있다. 즉, 지속기간이 길수록 강우강도는 작다.

(2) **그림 예2.8**과 같이 지속기간별 최대평균 강우강도 $\bar{I}_{t(분(分))\cdot max}$는 지속기간이 가장 짧은(5분; 216.0mm/h) 최대평균강우강도가 가장 크고, 이를 중심으로 지속기간이 길어질수록 [가장 긴 시간 30분; 164.0mm/h)] 작아진다.

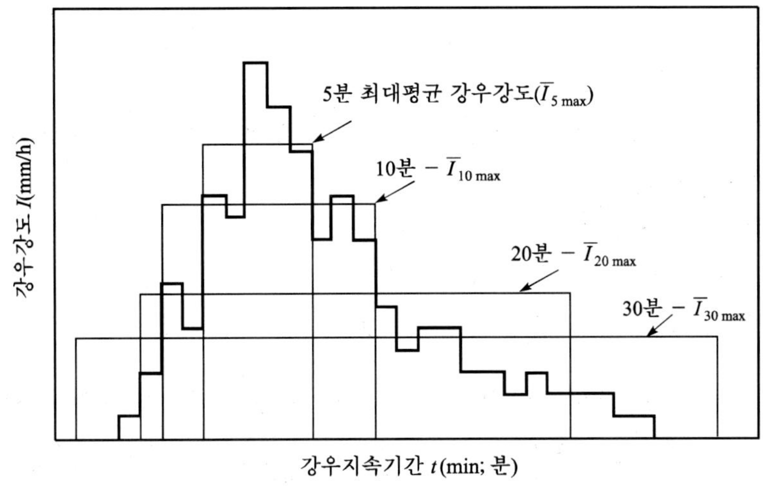

그림 예2.8 최대평균 강우강도와 지속기간 관계

예제 2.9

어떤 지역의 재현기간 10년에 대한 강우강도-지속기간 관계를 얻기 위해 표 예2.9.1과 같은 자료를 얻었다. 주어진 회귀상수 α, β에 관한 식 (예2.9.1a, b)를 이용하여 다음 사항에 답하시오.

1. Talbot형의 강우강도식 유도

표 예2.9.1 지속기간별 강우강도

강우지속기간 t(min)	5	10	15	30	60	120
강우강도 I(mm/h)	7.1	5.9	5.1	3.8	2.3	1.4
$1/(0.1I)[(mm/h)^{-1}]$	1.4	1.7	2.0	2.6	4.3	7.1

$$\alpha = \frac{\Sigma y_i \Sigma x_i^2 - \Sigma x_i \Sigma x_i y_i}{n\Sigma x_i^2 - (\Sigma x_i)^2} \quad \text{(예2.9.1a)}$$

$$\beta = \frac{n\Sigma x_i y_i - \Sigma x_i \Sigma y_i}{n\Sigma x_i^2 - (\Sigma x_i)^2} \quad \text{(예2.9.1b)}$$

[풀이]

1. Talbot형의 강우강도식 유도

(1) Talbot형 I-t 관계식의 $I=\dfrac{a}{t+b}$에서 $\dfrac{1}{I}\propto\dfrac{t+b}{a}$ 관계이므로 비례상수를 도입해 다음과 같이 변환시킨다.

① $\dfrac{1}{I\times0.1}=\dfrac{t+b}{a}=\dfrac{b}{a}+\dfrac{t}{a}$ (예2.9.2a)

② $\dfrac{1}{I_i\times0.1}=y_i,\ \dfrac{b}{a}=\alpha,\ \dfrac{1}{a}=\beta,\ t_i=x_i\quad\therefore y_i=\alpha+\beta x_i$ (예2.9.2b)

(2) 식 (예2.9.1a)와 (예2.9.1b)를 이용하여 **표 예2.9.2**와 같이 회귀상수를 계산한다.

① $\alpha=\dfrac{\Sigma y_i\Sigma x_i^2-\Sigma x_i\Sigma x_iy_i}{n\Sigma x_i^2-(\Sigma x_i)^2}=\dfrac{19.1\times19{,}250-240\times1{,}242}{6\times19{,}250-(240)^2}=\dfrac{69{,}595}{57{,}900}=1.2019\fallingdotseq1.20$

② $\beta=\dfrac{n\Sigma x_iy_i-\Sigma x_i\Sigma y_i}{n\Sigma x_i^2-(\Sigma x_i)^2}=\dfrac{6\times1{,}242-240\times19.1}{6\times19{,}250-(240)^2}=\dfrac{2{,}868}{57{,}900}=0.0495\fallingdotseq0.05$

표 예2.9.2 회귀상수의 계산

i	y_i	x_i	x_i^2	y_i^2	x_iy_i
1	1.4	5	25	1.96	7
2	1.7	10	100	2.89	17
3	2.0	15	225	4.00	30
4	2.6	30	900	6.76	78
5	4.3	60	3,600	18.49	258
6	7.1	120	14,400	50.41	852
합	19.1	240	19,250	84.51	1,242

(3) **표 예2.9.2**에서 구한 회귀상수를 식 (예2.9.2b)에 대입하고 정리하면 다음과 같다.

① $\dfrac{1}{I\times0.1}=1.20+0.05t$(← ×0.1 : 양변), $\dfrac{1}{I}=0.120+0.005t$[← 역(逆)을 취하면]

② $I=\dfrac{1}{0.120+0.005t}$ [← (우변의 분자, 분모에)×1/0.005=200]

③ $I=\dfrac{1\times200}{0.120\times200+0.005\times200t}=\dfrac{200}{24+t}$ [$a=200,\ b=24$]

(4) $\therefore I=\dfrac{200}{24+t}$ ($\because I=\dfrac{a}{b+t}$ ← $a=200,\ b=24$)

2.2.5 유역면적 - 우량깊이 관계

Horton(1924)은 유역에 내리는 강우량은 면적의 크기와 다음의 관계가 있다는 이른바 **평균우량깊이 - 유역면적곡선(rainfall depth - area curve)**의 경험공식을 제안하였다(Rakhecha and Singh, 2009).

$$\overline{P}= P_o e^{-kA^n} \tag{2.14}$$

여기서 $\overline{P}$ = 평균우량(mm)이고, P_o = 최대우량(mm)이며, k, n = 지역의 호우특성에 따라 결정되는 상수이다.

지점의 최대우량 P_o와 평균우량, 유역면적에 대한 두 쌍의 아는 값 $\overline{P}_1$, A_1과 $\overline{P}_2$, A_2가 주어지면 이들 값을 식 (2.14)에 대입하여 정리하면 다음 식을 얻는다.

$$\frac{\overline{P}_1}{P_0} = e^{-kA_1^n} = e^{-X_1} \tag{2.15a}$$

$$\frac{\overline{P}_2}{P_0} = e^{-kA_2^n} = e^{-X_2} \tag{2.15b}$$

여기서 $X_1 = kA_1^n$, $X_2 = kA_2^n$이고, k, n =상수이다.

식 (2.15a)와 (2.15b)에 자연대수를 취해 변환한 후 X_2에 대한 X_1의 비 $X_1/X_2 = (kA_1^n)/(kA_2^n) = X_1/X_2 = (A_1/A_2)^n$를 구하고, 상용대수를 취하면 다음과 같이 상수값을 구할 수 있다.

$$n = \log\left(\frac{X_1}{X_2}\right) / \log\left(\frac{A_1}{A_2}\right) \tag{2.16a}$$

$$k = \frac{X_1}{A_1^n} = \frac{X_2}{A_2^n} \tag{2.16b}$$

이상과 같이 평균강우량은 유역면적의 크기에 따라 식 (2.14)와 같이 변하므로 식 (2.15a)와 (2.15b)로부터 상수 n과 k를 구할 수 있어 유역면적의 크기를 알면 **그림 2.20**과 같이 유역면적-우량깊이 관계를 확대·연장할 수 있다.

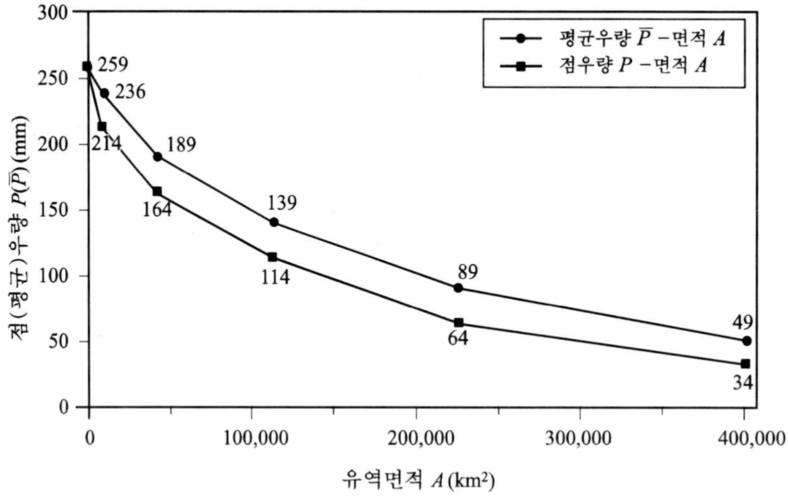

그림 2.20 Horton의 유역면적 - 평균우량 관계곡선

예제 2.10

표 예2.10.1의 관측점별 우량은 그림 예2.10.1의 관측점 위치도를 투명지에 복사하여 기입하고 다음 사항에 답하시오.

1. 34, 64, 114, 164, 214mm 등우선으로 포위되는 폐합경계 작성(스케치)
2. 34mm 등우선(유역 경계; 가정)과 1항 나머지 인접 등우선 간 면적을 구적기(求積器, planimeter) 등으로 결정
3. 등우선법에 의한 평균우량 산정
4. Thiessen 법에 의한 평균우량 산정과 등우선법에 의한 결과의 비교
5. Horton의 유역면적-평균우량 간의 관계식 유도

표 예2.10.1 관측점 위치·우량자료

관측점	우량(mm)	관측점	우량(mm)	관측점	우량(mm)	관측점	우량(mm)	관측점	우량(mm)
a	124	f	114	k	64	p	184	u	224
b	114	g	39	l	70	q	34	v	65
c	59	h	36	m	134	r	36	w	31
d	50	i	35	n	231	s	30	x	28
e	64	j	259	o	32	t	116	y	27

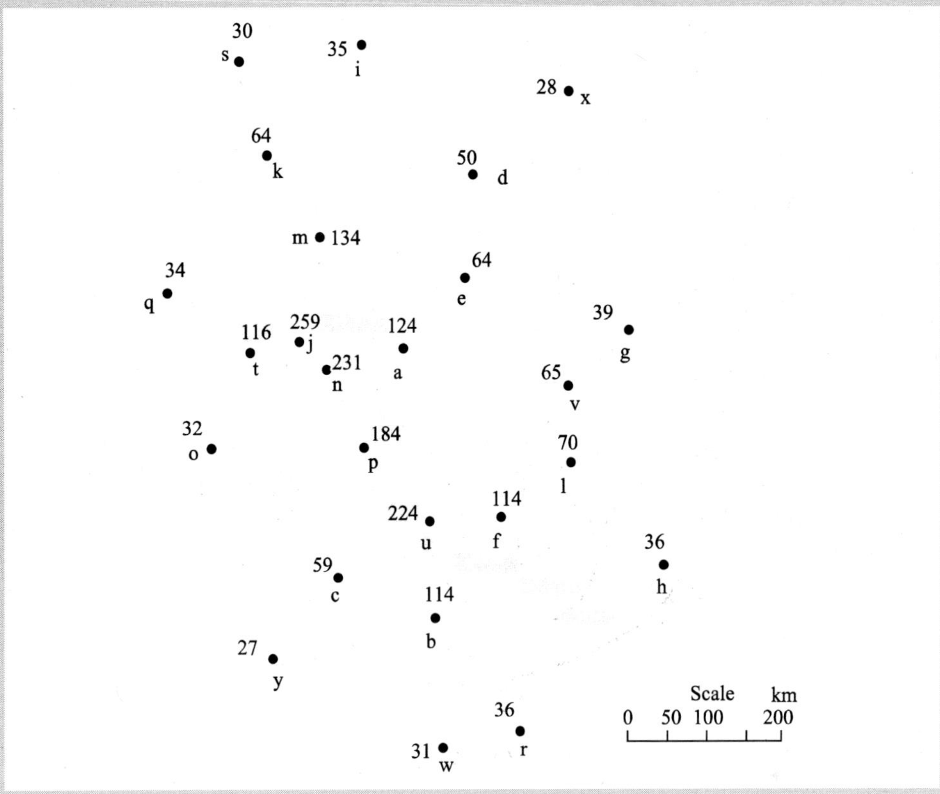

그림 예2.10.1 강수량 관측소와 유역도

[풀이]

1. 34, 64, 114, 164, 214mm 등우선으로 포위되는 폐합경계 작성(스케치)
   (1) 관측점 위치를 투명지에 복사하여 관측점별 우량을 기입한다.
   (2) 34, 64, 114, 164, 214mm 등우선을 스케치하여 **그림 예2.10.2**를 얻는다.

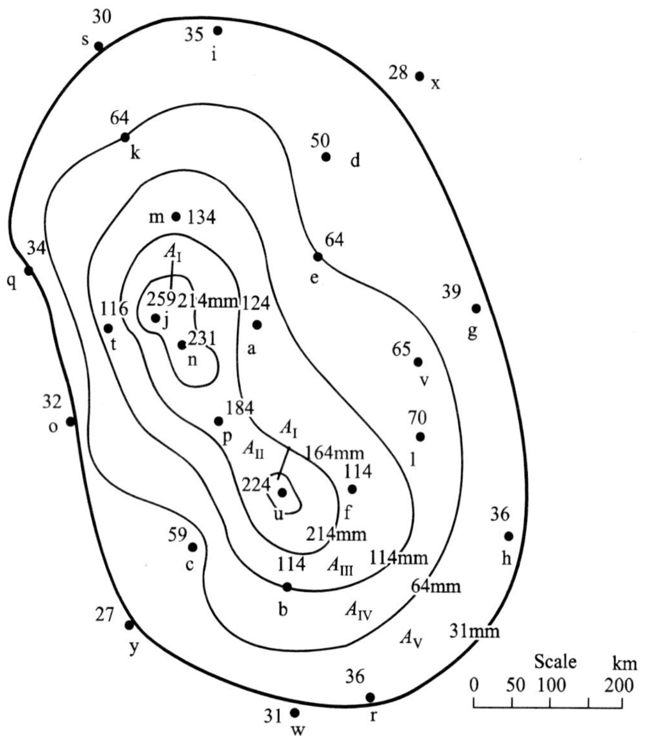

그림 예2.10.2 등우선 구분

2. 34mm 등우선(유역 경계; 가정)과 1항 나머지 인접 등우선 간 면적을 구적기(求積器, planimeter) 등으로 결정

(1) 34mm 등우선을 유역의 경계선으로 가정하고 **표 예2.10.2**와 같이 인접 등우선의 소구역으로 구분한다.

① 214mm 이상 I 소구역 , ··· , 34~64mm V 소구역의 5개 소구역으로 분할한다.

② ①항의 I 소구역 A_I=9,368km^2, ···, V 소구역 A_V=174,128km^{2}의 각 소구역 면적은 구적기 등을 이용해 결정한다.

표 예2.10.2 각 등우선 간의 면적

등우선 간격	면적(km^2)	등우선 간격	면적(km^2)	등우선 간격	면적(km^2)
Ⅰ=214mm 이상	9,368	Ⅲ=114~164mm	71,138	Ⅴ=34~64mm	174,128
Ⅱ=164~214mm	33,009	Ⅳ=64~114mm	112,608	–	–

3. 등우선법에 의한 평균우량 산정

(1) 식 (2.6)을 이용(등우선법)한 평균우량 산정결과는 **표 예2.10.3**과 같다.

표 예2.10.3 등우선법의 평균우량 산정

구역	등우선법		
	등우선간 면적 A_i(km²)	등우선간 평균우량 $\overline{P}_i$(mm)	$A_i \overline{P}_i$
Ⅰ=214mm 이상	$A_{\text{I}}=9,368$	$*236\left(=\dfrac{214+259}{2}\right)$	2,210,848
Ⅱ=164~214mm	$A_{\text{II}}=33,009$	$189\left(=\dfrac{164+214}{2}\right)$	6,238,701
Ⅲ=114~164mm	$A_{\text{III}}=71,138$	139	9,888,182
Ⅳ=64~114mm	$A_{\text{IV}}=112,608$	89	10,022,112
Ⅴ=34~64mm	$A_{\text{V}}=174,128$	$49\left(=\dfrac{34+64}{2}\right)$	8,532,272
합	$A=400,251$		36,892,115

비고 : * 최대우량 214mm와 259mm의 평균값

(2) 평균우량 산정 $\overline{P}=\dfrac{36,892,115}{400,251} \fallingdotseq 92.2\text{mm}$

4. Thiessen 법에 의한 평균우량 산정과 등우선법에 의한 결과의 비교

(1) Thiessen 법에 의한 평균우량 산정

① 그림 예2.10.3과 같이 Thiessen 망을 작성·분석한다.

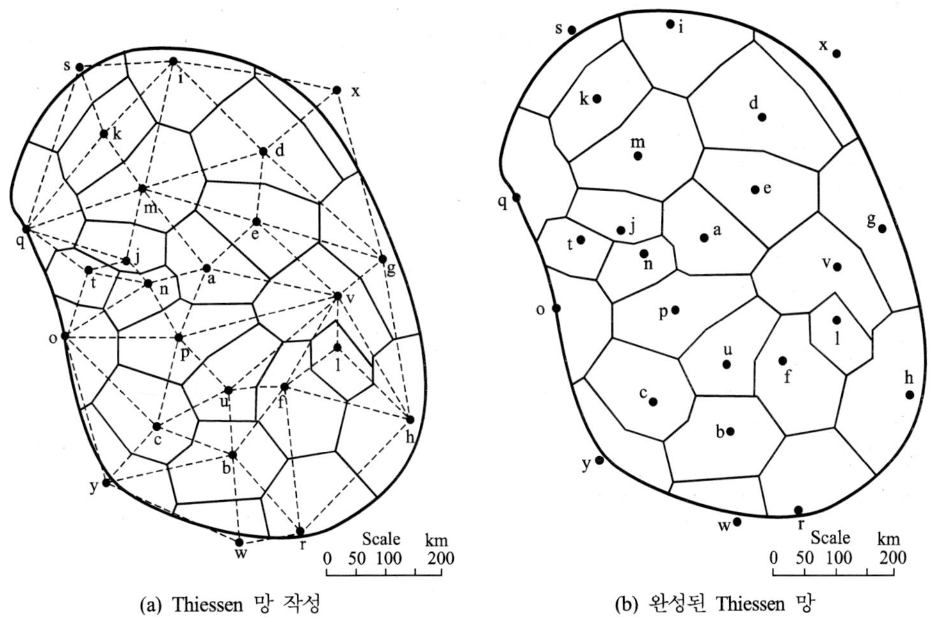

(a) Thiessen 망 작성 (b) 완성된 Thiessen 망

그림 예2.10.3 Thiessen 망의 작성·분석

표 예2.10.4 Thiessen 법과 등우선법의 비교

소구역 번호	ⓐ Thiessen 법			ⓑ 등우선법		
	다각형면적 A_i(km^2)	우량 P_i(mm)	A_iP_i	등우선 간 면적A_i(km^2)	등우선 간 평균우량$\overline{P}_i$(mm)	$A_i\overline{P}_i$
a	16,213	124	2,010,412	A_{I} 9,368	*236	2,210,848
b	19,770	114	2,253,780	A_{II} 33,009	189	6,238,701
c	18,070	59	1,066,130	A_{III} 71,138	139	9,888,182
d	29,029	50	1,451,450	A_{IV} 112,608	89	10,022,112
e	19,754	64	1,264,256	A_{V} 174,128	49	8,532,272
f	19,312	144	2,780,928			
g	20,307	39	791,973			
h	24,526	36	882,936			
i	18,711	35	654,885			
j	9,837	259	2,547,783			
k	16,129	64	1,032,256			
l	8,082	70	565,740			
m	23,922	134	3,205,548			
n	8,786	231	2,029,566			
o	11,663	32	373,216			
p	20,227	184	3,721,768			
q	15,501	34	527,034			
r	17,768	36	639,648			
s	8,806	30	264,180			
t	7,979	116	925,564			
u	15,209	224	3,406,816			
v	23,952	65	1,556,880			
w	6,818	31	211,358			
x	7,249	28	202,972			
y	12,631	27	341,037			
합	400,251	–	34,708,116	400,251	–	36,892,115
평균우량	86.7mm			92.2mm		
비고	* 최대우량 214mm와 259mm의 평균값					

② 식 (2.4)의 Thiessen 법에 의해 평균우량을 계산한다.

③ 평균우량 산정 $\overline{P}=\dfrac{34,708,116}{400,251}\fallingdotseq 86.7\text{mm}$

(2) 등우선법에 의한 결과의 비교

① **표 예2.10.4**의 ⓐ Thiessen 법과 ⓑ 등우선법의 결과를 비교한다.

② 4(2)①항의 결과 비교; Thiessen 법=85.9mm, 등우선법=92.2mm로 나타났다.

5. Horton의 유역면적-평균우량 간의 관계식 유도

(1) Horton 우량깊이-유역면적곡선(rainfall depth-area curve) 경험공식 (2.15), (2.16)을 이용한다.

① 이를 위해 등우선법에 의한 평균강우량과 경계우량인 지점우량의 유역면적에 대한 관계를 구하면 다음과 같다.

② P_o=최대(지점)우량=259mm이고, $\overline{P}_{\text{I}}[(=P_0+P_{\text{I}})/2]$=평균우량=236mm와 A_{I}=9,368km²이며, $\overline{P}_{\text{II}}[(=P_{\text{I}}+P_{\text{II}})/2]$=평균우량=189mm와 A_{II}=33,009km²을 이용한다.

(2) 상수 k, n=호우특성에 따라 결정한다.

① $\dfrac{\overline{P}_{\text{I}}}{P_o}=\dfrac{236}{259}=e^{-X_{\text{I}}}$, $\dfrac{\overline{P}_{\text{II}}}{P_o}=\dfrac{189}{259}=e^{-X_{\text{II}}}$의 양변에 자연대수를 취한다.

② $\ln e=1$이므로 $-X_{\text{I}}=\ln(0.91119)=-0.09300$, $-X_{\text{II}}=\ln(0.72972)=-0.31509$이다.

③ 그러므로, $X_{\text{I}}=0.09300$, $X_{\text{II}}=0.31509$를 얻고, 식 (2.16a)를 이용해 상수 n을 다음과 같이 구한다.

④ $n=\log\left(\dfrac{X_{\text{I}}}{X_{\text{II}}}\right)/\log\left(\dfrac{A_{\text{I}}}{A_{\text{II}}}\right)=\log\left(\dfrac{0.09300}{0.31509}\right)/\log\left(\dfrac{9368}{33,009}\right)=0.96863$

⑤ n값을 식 (2.16b)를 이용해 상수 k를 다음과 같이 구한다.

⑥ $k=\dfrac{X_{\text{I}}}{A_{\text{I}}^{n}}=\dfrac{0.09300}{9368^{0.96863}}=1.32259\times10^{-5}$

(3) (2)항에서 구한 n, k값을 식 (2.14)에 대입하면 이 유역에 적용할 수 있는 관계식을 얻는다.

① $\overline{P}_i=P_o e^{-1.32259\times10^{-5}A_i^{0.96863}}$, $\overline{P}_i=259\,e^{-1.32259\times10^{-5}A_i^{0.96863}}$ (예2.10.1)

② 이들 관계를 지점우량에 적용하면(P_0=259mm, P_{I}=214mm, A_{I}=9,368km², P_{II}=164mm, A_{II}=23,009km²) 같은 과정에 의해 다음 관계식을 얻을 수 있다.

③ $P_i=P_o e^{-3.3687\times10^{-4}A_i^{0.69322}}$, $P_i=259e^{-3.3687\times10^{-4}A_i^{0.69322}}$ (예2.10.2)

(4) 이상의 결과를 평균우량과 점우량-유역면적 관계도를 작성하면 앞에서 제시한 **그림 2.20**과 같다.

2.2.6 강우강도 - 지속기간 - 재현기간 관계

강우강도와 지속기간 관계만으로는 수공구조물의 설계에 활용하기 어려우므로 여기 한 개의 매개변수인 **재현기간**(recurrence interval, return period) 또는 **생기빈도**(frequency)(年)를 추가시키게 된다. 강우강도와 지속기간, 재현기간 관계식을 유역별로 산정해둠으로써 소규모 공구조물의 설계홍수량을 산정할 때 유효하게 사용할 수 있으며, 이미 확률강우량에서 기술하였다.

강우자료의 통계적 해석을 나타내는 가장 일반적인 형태는 주어진 재현기간에 따른 강우강도와 평균지속기간 사이의 관계를 나타내는 **강우강도**(intensity) - **지속기간**(duration) - **생기빈도**(frequency) 관계인 IDF **곡선**이다.

IDF 곡선식의 적용성과 의미를 충분히 이해하기 위한 가장 좋은 방법은 원래의 강우량 자료로부터 이 곡선이 어떻게 계산되는가를 실제로 예제를 통해 문제를 풀어보는 것이다. IDF 곡선을 계산하기 위해 필요한 자료는 전형적으로 5분 단위인 Δt시간의 고정간격에 대한 강우깊이 형태의 측정치 강우자료이다. 국지 강우자료는 보통 관측소의 기록치를 사용하여 작은 시간 증분을 갖는 기록이 없는 관측소에 대해 일 총우량 형태로 사용된다.

몇 년간의 강우자료를 사용하여 IDF 곡선을 유도하는 절차는 다음과 같다.

(1) Δt시간으로 시작되는 주어진 지속기간에 대해 각 해당 연의 이 지속기간에 대한 최대 강우량을 결정한다.

(2) 각 해당 연에 대해 강우량은 크기순으로 순서를 정하고, 각 강우량에 대한 재현기간 T를 다음의 Weibull 공식을 사용하여 계산한다.

$$T = \frac{n+1}{m} \tag{2.17}$$

여기서 n = 자료 연의 수이고, m = 재현기간 T인 사상에 상응하는 자료의 순위이다.

(3) Δt시간으로 증가되는 지속기간에 대해 (1), (2)를 반복한다. 최대지속기간을 결정해야 하는 데 통상 1~2시간 크기가 사용된다.

(4) 각 재현기간에 대해서 강우량 vs(對) 지속기간의 그래프를 작성하면 되는데, 이 관계를 IDF 곡선이라 한다. 등치 지속기간으로 나누어지는 강우량은 IDF 곡선을 얻기 위해 각 재현기간에 대해 강우량 vs 지속기간에 해당하는 평균강우강도를 얻는다.

예제 2.11

어떤 강수량 관측소에 5분 간격으로 측정한 32년간의 강우자료가 있다. 5분, 10분, 15분, 20분, 25분, 30분의 시간간격에 대한 최대강우량 자료는 표 예2.11.1과 같다. 이 자료를 이용하여 각 시간 증분에 대해 mm 단위의 상위 3개 강우량을 결정하였다. 다음 사항에 답하시오.

1. 20년 재현기간의 IDF 관계곡선 유도

표 예2.11.1 IDF 곡선 유도 강우자료(mm)

순위 \ Δt(분)	5	10	15	20	25	30
1	12.1	18.5	24.2	28.3	29.5	31.5
2	11.0	17.9	22.1	26.0	28.4	30.2
3	10.7	17.5	21.9	25.2	27.6	29.9

[풀이]

1. 20년 재현기간의 IDF 관계곡선 유도

(1) 각 시간 증분 Δt에 대해 연최대강우량 자료 $n=32$개를 크기 순서로 정렬시킨다.

① 순위 m과 재현기간 T(년)의 관계를 식 (2.17)을 사용하여 다음과 같이 구한다.

② $T=\dfrac{n+1}{m}=\dfrac{32+1}{m}=\dfrac{33}{m}$

(2) 첫 번째~세 번째 크기 강우자료의 재현기간 계산

① 첫 번째 큰 강우자료 : $T=33/1=33$년, 두 번째 큰 강우자료 : $T=33/2=16.5$년, 세 번째 큰 강우자료 : $T=33/3=11$년이다.

(3) 재현기간은 순위 대신으로 사용할 수 있으므로 주어진 자료는 **표 예2.11.2**와 같이 바꿀 수 있다.

표 예2.11.2 자료의 순위별 재현기간 변환 강우량(mm)

T(년) \ Δt(분)	5	10	15	20	25	30
33.0	12.1	18.5	24.2	28.3	29.5	31.5
16.5	11.0	17.9	22.1	26.0	28.4	30.2
11.0	10.7	17.5	21.9	25.2	27.6	29.9

(4) $T=20$년에 대한 강우증분은 **표 예2.11.2**의 $T=33$년에 대한 강우증분과 $T=16.5$년 사이 강우의 증분을 이용해 선형 보간함으로써 **표 예2.11.3**과 같이 구할 수 있다.

① $\Delta t=5$분 : $12.1-0.867[\leftarrow(33-20):x=(33-16.5):(12.1-11.0)$, $13:x=16.5:1.1$, $x=(13\times1.1)/16.5\fallingdotseq0.867]=11.233\fallingdotseq11.2$mm

② $\Delta t=30$분 : $31.5-1.024[\leftarrow 13:x=16.5:1.3(=31.5-30.2)$, $x=(13\times1.3)/16.5\fallingdotseq1.024]=30.476\fallingdotseq30.5$mm

표 예2.11.3 T = 20년의 지속기간별 강우량(mm)

T(년) \ Δt(분)	5	10	15	20	25	30
33.0	12.1	18.5	24.2	28.3	29.5	31.5
20.0	**11.2**	18.0	**22.5**	26.5	28.6	**30.5**
16.5	11.0	17.9	22.1	26.0	28.4	30.2
11.0	10.7	17.5	21.9	25.2	27.6	29.9

(5) 그러므로, 각 지속기간에 대한 평균강우강도는 등치지속기간으로 강우량을 나누면 **표 예 2.11.4**와 같이 구할 수 있으며, 이들 값은 20년 재현기간에 대한 IDF 곡선을 나타낸다.

① $I_5 = \dfrac{P(\text{mm})}{t(\text{min})\dfrac{1(\text{h})}{60(\text{min})}} = \dfrac{P(\text{mm}) \times 60}{t(\text{h})} = \dfrac{11.2 \times 60}{5} \fallingdotseq 134\text{mm/h}$

② $I_{30} = \dfrac{30.5 \times 60}{30} = 61\,\text{mm/h}$

표 예2.11.4 T = 20년 지속기간별 강우강도(mm/h)

I	T	지속기간 t(분)	5	10	15	20	25	30
강우강도 (mm/h)	재현기간 (년)	33	145	111	97	85	71	63
		20	**134**	108	**90**	79	69	**61**
		11	128	105	88	75	66	59

(6) **표 예2.11.4**와 같이 유도된 T=20년에 대한 지속기간별 강우강도를 그래프로 작성하면 **그림 예2.11**과 같은 IDF 곡선을 얻는다.

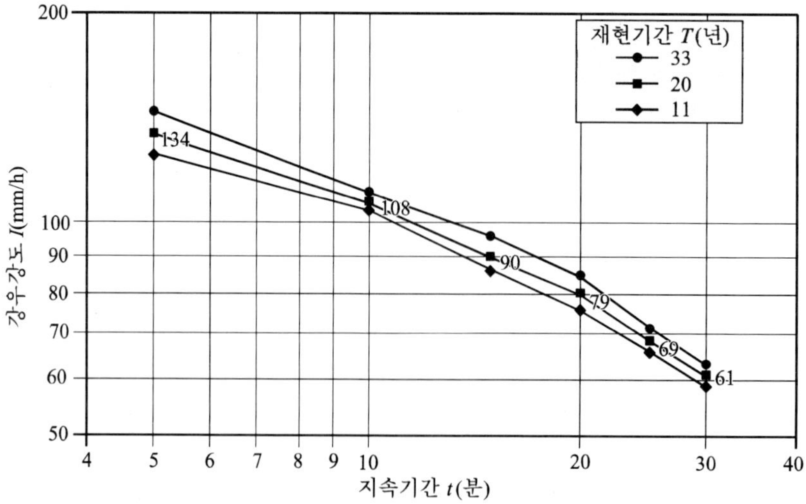

그림 예2.11 유도된 재현기간 20년의 IDF 곡선

(7) **그림 예2.11**과 같은 IDF 곡선을 유도하는 데 사용하는 프로그램은 2.3.2에서 소개된 FARD 2006과 RFAHD 2020이다.

2.2.7 DAD 해석

가능 최대 강수량을 해석하기 위해서는 기 관측치 최대강우자료를 이용하여 **우량깊이**(rainfall depth) - **유역면적**(area) - **강우지속기간**(duration) 관계를 수립하는 것이 필요한데, 이러한 관계를 수립하는 절차를 **DAD 해석**이라 한다. DAD 해석을 위해서는 해당유역에서 관측된 지속기간별 최대강우자료를 선정하여 다음 절차에 의해 수립하며, 이들 관계는 수공구조물의 설계 시 설계우량의 산정에 활용된다.

(1) 소구역에 대한 평균누가우량의 산정

각 소구역의 평균누가우량 산정은 유역 내 등가깊이의 평균우량을 소구역별로 구하는데 공학적인 판단에 의하거나 Thiessen 법을 이용한다.

(2) 소구역 누가면적별 평균누가우량의 산정

각 소구역의 누가면적별 평균누가우량 산정은 유역을 등우선으로 분할하여 소구역의 면적을 누가하면서 평균우량을 가중치 개념으로 구한다.

(3) 누가면적별 지속기간별 최대평균강우량의 결정

소구역 누가면적별 지속기간별 최대 평균누가우량 결정은 각 소구역의 누가면적별 지속기간별 최대평균우량을 산정한다.

(4) DAD 곡선 작성

DAD 곡선은 반대수지를 이용하여 작성한다. 가로축은 대수값으로 유역면적(km^2)을 취하고, 세로축은 산술값으로 최대(누가) 평균우량(mm)을 취해 지속기간(h)을 매개변수로 그래프를 작성한다. 어떤 유역의 최대평균우량은 지속기간에 비례하고 유역면적의 크기에 반비례하는 것을 알 수 있다.

예제 2.12

표 예2.12.1과 같은 강우지속기간 8시간의 최대강우량 누가자료가 그림 예2.12.1 유역의 강수량 관측소 a, b, c, d, e에서 관측되었다. Thiessen 법과 10mm 단위의 등우선을 사용하여 다음 사항에 답하시오【단, 우량(mm)=소수 2자리 이하, 가중인자=소수 3자리 이하 버림하여 계산】.

1. 강우지속기간 2, 4시간에 대한 DAD 해석 수행
2. 해석 결과는 그림 예2.12.2의 반대수지를 이용해 DAD 곡선 작성
3. 해석결과에 대한 분석

표 예2.11.1 관측소별 강우량 자료

지속기간(h) \ 관측소	a	b	c	d	e
2	9	6	7	8	5
4	34	38	33	30	35
6	55	64	55	49	55
8	75	85	75	65	75

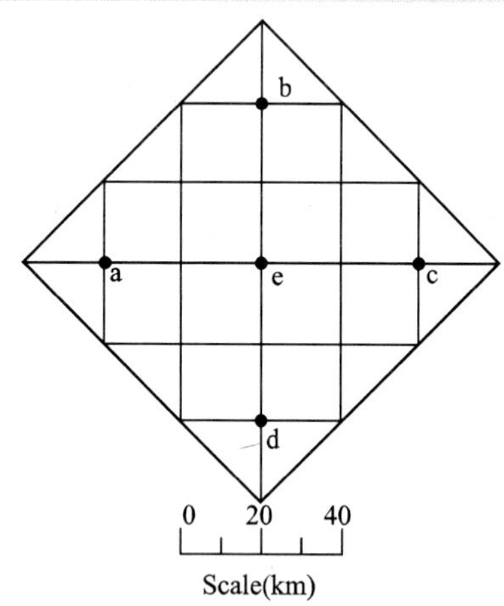

그림 예2.12.1 유역도(Thiessen 망 작성)

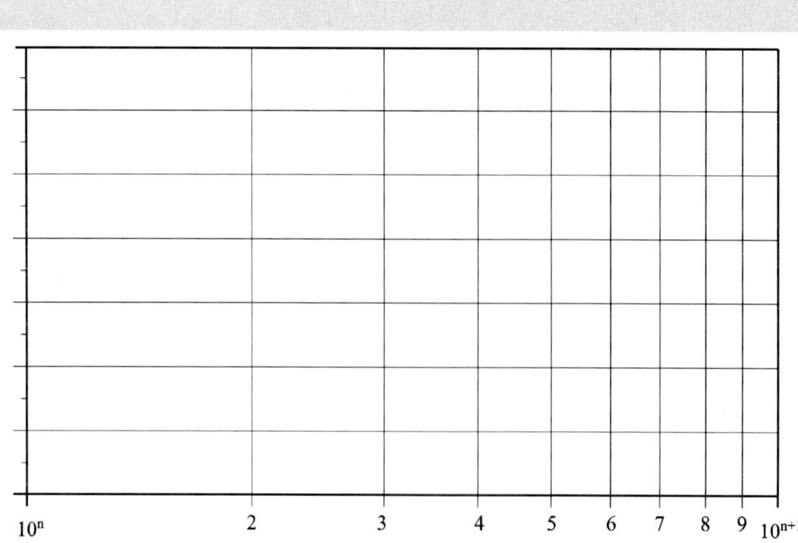

그림 예2.12.2 DAD 곡선 작성

[풀이]

0. 해석 전 선행(예비) 작업

(1) **그림 예2.12.1** 유역도(지형도)에 **표 예2.12.1**과 같은 각 강수량 관측소 a, …, e에 최대 우량을 기록한다.

(2) (1)항 수행 후 **그림 예2.12.3(a)**와 같이 Thiessen 망을 작성하고, **그림 예2.12.3(b)**와 같이 등우선을 그어 전 유역을 필요한 수의 소구역으로 분할·면적 계산한다.

① 소구역 구분 ; $P_{90\sim80mm}$→제Ⅰ소구역, $P_{80\sim70mm}$→제Ⅱ소구역, $P_{70\sim60mm}$→제Ⅲ소구역으로 구분한다.

② 소구역 면적계산 ; 각 소구역의 면적은 다음과 같다.

1) 제Ⅰ소구역⇒A_{I}[=1/2(80×40)]=1,600km^2

2) 제Ⅱ소구역⇒A_{II}[=(80×40)+(40×20)]=1,600=4,000km^2

3) 제Ⅲ소구역⇒A_{III}[=1/2(80×40)]=1,600km^2

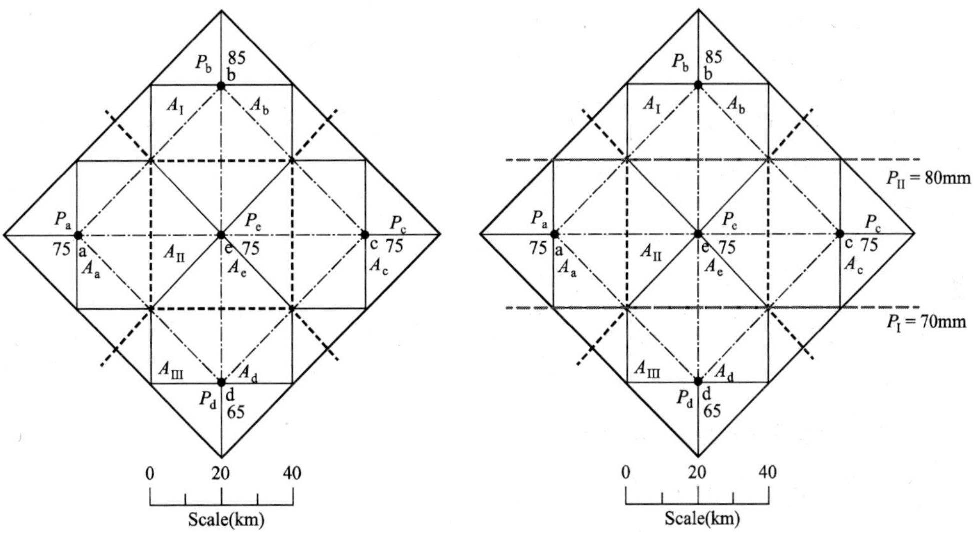

(a) Thieseen 망 작성　　(b) 소구역 분할

그림 예2.12.3 Thieseen 망·소구역 구성

1. 강우지속기간 2, 4시간에 대한 DAD 해석 수행

(1) 소구역에 대한 평균누가우량을 산정한다.

① **표 예2.12.1** 관측소별 강우량 자료와 식 (예2.12 .1)을 이용하여 **표 예2.12.2** 소구역 평균누가우량을 산정한다.

② 유역 내 등가깊이의 평균우량을 소구역별로 구하는데 Thiessen 법을 이용한다.

1) **그림 예2.12.3(a)**와 같이 Thieseen 망을 작성하고, 각 관측소의 지배면적 A_a, …, A_e를 계산한다.

2) 유역의 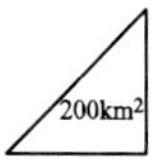

지배면적[=1/2(20×20)]=200km^2 이고, 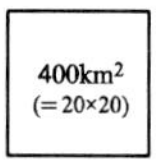

의 지배면적 [=(20×20)]=400km^2 이다.

3) $\therefore A_a = 400 \times 3 + 200 = 1{,}400\text{km}^2(=A_b = A_c = A_d)$이고, $A_e = 400 \times 4 = 1{,}600\text{km}^2$이며, 전체 유역면적 $A = \sum A_i = 1{,}400 \times 4 + 1{,}600 = 7{,}200\text{km}^2$이다.

③ 각 소구역 (최대) 평균누가우량은 다음 식을 이용해 산정한다.

$$P_{\text{I}} = \frac{3.5P_b + 0.25P_a + 0.25P_c}{4} \tag{예2.12.1a}$$

$$P_{\text{II}} = \frac{3P_a + 4P_e + 3P_c}{10} \tag{예2.12.1b}$$

$$P_{\text{III}} = \frac{3.5P_d + 0.25P_a + 0.25P_c}{4} \tag{예2.12.1c}$$

■ **소구역 (최대) 평균누가우량 계산 예;**

- 제Ⅰ소구역, 지속기간=2시간 ;

$$P_{\text{I},2} = \frac{3.5P_b + 0.25P_a + 0.25P_c}{4} = \frac{3.5(6) + 0.25(9) + 0.25(7)}{4} = 6.3\text{mm}$$

- 제Ⅱ소구역, 지속기간=4시간 ;

$$P_{\text{II},4} = \frac{3P_a + 4P_e + 3P_c}{10} = \frac{3(34) + 4(35) + 3(33)}{10} = 34.1\text{mm}$$

- 제Ⅲ소구역, 지속기간=6시간 ;

$$P_{\text{III},6} = \frac{3.5P_d + 0.25P_a + 0.25P_c}{4} = \frac{3.5(49) + 0.25(55) + 0.25(55)}{4} = 49.8\text{mm}$$

④ 산정된 소구역별 (최대) 평균누가우량은 **표 예2.12.2**와 같다.

표 예2.12.2 소구역 (최대) 평균누가우량

지속기간(h) \ 소구역	Ⅰ	Ⅱ	Ⅲ
2	6.3	6.8	8.0
4	37.4	34.1	30.4
6	62.9	55.0	49.8
8	83.8	75.0	66.3

(2) 소구역 누가면적별 평균누가우량의 산정

① **표 예2.12.2**의 산정된 소구역별 (최대) 평균누가우량 자료와 식 (예2.12 .2)를 이용하여 **표 예2.12.3**의 소구역 누가면적 평균누가우량을 산정한다.

② 각 소구역의 누가면적별 평균누가우량 산정은 분할된 소구역 면적을 누가하면서 평균우

량을 가중치 개념으로 구한다.

③ 각 소구역의 누가면적별 평균누가우량은 다음 식을 이용해 산정한다.

$$P_{\mathrm{I}} = \frac{1,600P_{\mathrm{I}}}{1,600} \quad \text{(예2.12.2a)}$$

$$P_{\mathrm{I} \sim \mathrm{II}} = \frac{1,600P_{\mathrm{I}} + 4,000P_{\mathrm{II}}}{5,600} \quad \text{(예2.12.2b)}$$

$$P_{\mathrm{I} \sim \mathrm{III}} = \frac{1,600P_{\mathrm{I}} + 4,000P_{\mathrm{II}} + 1,600P_{\mathrm{III}}}{7,200} \quad \text{(예2.12.2c)}$$

■ **소구역의 누가면적별 평균누가우량 계산 예;**

- 제 I 소구역은 **표 예2.12.2** I 소구역의 값과 동일하다.
- 제 I ~ II 소구역 누가, 지속기간=2시간 ;

$$P_{\mathrm{I} \sim \mathrm{II},2} = \frac{1,600(6.3) + 4,000(6.8)}{5,600} = 6.6\text{mm}$$

- 제 I ~ II 소구역 누가, 지속기간=4시간 ;

$$P_{\mathrm{I} \sim \mathrm{II},4} = \frac{1,600(37.4) + 4,000(34.1)}{5,600} = 35.1\text{mm}$$

- 제 I ~ III 소구역 누가, 지속기간=8시간 ;

$$P_{\mathrm{I} \sim \mathrm{III},6} = \frac{1,600(83.8) + 4,000(75.0) + 1,600(66.3)}{7,200} = 75.0\text{mm}$$

④ 산정된 소구역의 누가면적별 평균누가우량은 **표 예2.12.3**과 같다.

표 예2.12.3 소구역 누가면적 평균누가우량

누가면적(km^2) / 지속기간(h)	I (1,600)	I ~ II (5,600)	I ~ III (7,200)
2	6.3	6.6	6.9
4	37.4	35.1	34.0
6	62.9	57.3	55.6
8	83.8	77.5	75.0

(3) 누가면적별 지속기간별 최대평균강우량의 결정

① **표 예2.12.3**의 산정된 소구역 누가면적 평균누가우량를 이용하여 **표 예2.12.4**의 소구역 누가 면적 평균누가우량을 산정한다.

② 소구역 누가면적별 지속기간별 최대 평균누가우량 결정은 각 소구역의 누가면적별 지속기간별 최대평균우량으로 결정한다.

■ **소구역 누가면적별 지속기간별 최대 평균누가우량 결정 예;**

- 제 I 소구역, 지속기간=2시간 ;

  2~4시=37.4−6.3=31.1mm, 4~6시=62.9−37.4=25.2mm,

  6~8시=83.8−62.9=20.9mm⇒$\overline{P}_{\mathrm{I_{max}}2h}$=31.1mm
- 제 I 소구역, 지속기간=4시간 ;

  2~6시=62.9−6.3=56.6mm, 4~8시=83.8−37.4=46.4mm

  ⇒$\overline{P}_{\mathrm{I_{max}}4h}$=56.6mm
- 제 I ~ II소구역, 지속기간=2시간 ;

  2~4시=35.1−6.6=28.5mm, 4~6시=57.3−35.1=22.2mm,

  6~8시=77.5−57.3=20.2mm⇒$\overline{P}_{\mathrm{I\sim II_{max}}2h}$=28.5mm
- 제 I ~III소구역, 지속기간=4시간 ;

  2~6시=55.6−6.9=48.7mm, 4~8시=75.0−34.0=41.0mm

  ⇒$\overline{P}_{\mathrm{I\sim III_{max}}4h}$=48.7mm

③ 산정된 소구역 누가면적별 지속기간별 최대 평균누가우량 결정은 **표 예2.12.4**와 같다.

표 예2.12.4 누가면적별 지속기간별 최대강우량

누가면적(km^2) / 지속기간(h)	I (1,600)	I ~II (5,600)	I ~III (7,200)
2	31.1	28.5	27.1
4	56.6	50.6	48.7

2. 해석 결과는 **그림 예2.12.2**의 반대수지를 이용해 DAD 곡선 작성

(1) 결과는 **그림 예2.12.2**의 반대수지를 이용하여 다음과 같은 방법으로 **그림 예2.12.4**의 DAD (도) 곡선을 작성한다.

① 가로축은 대수값으로 유역면적(km^2)을 취한다.

② 세로축은 산술값으로 최대(누가) 평균우량(mm)을 취한다.

③ 제3의 변수로 지속기간(h) 2h, 4h를 매개변수로 그래프를 작성한다.

(2) 어떤 유역의 최대평균(누가)우량 $\overline{P}_{max}$은 강우지속기간에 비례하고 유역면적의 크기에 반비례하는 것을 알 수 있다.

3. 해석결과에 대한 분석

(1) 본 예제의 DAD 해석결과는 최대 평균강우량이 **그림 예2.12.4**와 같이 나타났다.

(2) 이 결과는 DAD 해석의 일반적인 경우와 같이 최대평균우량은 강우지속기간에 비례하고, 유역면적의 크기에 반비례하는 것으로 나타났다.

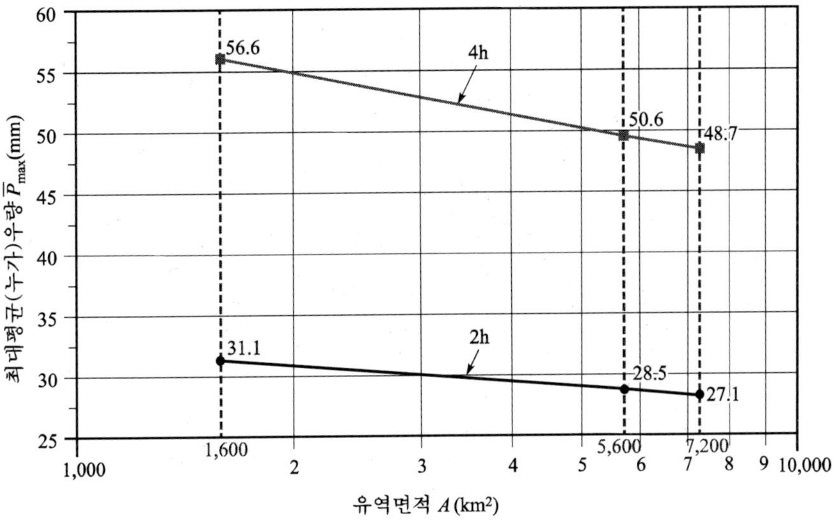

그림 예2.12 .4 DAD 해석 곡선

예제 2.13

그림 예2.13.1과 같은 유역의 하천유역에 최대우량에 가까운 호우가 발생하여 유역 내의 우량관측점 a, b, c, d, e, f, g에 표시된 바와 같은 점우량이 기록되었으며, 예비작업으로 등우선을 그어 전 유역을 5개 소구역으로 나누었다. 각 소구역의 면적은 그림 예2.13.1에 표시된 바와 같고, 각 관측점의 자기우량기록으로부터 얻은 지속기간별 누가우량값(accumulated rainfall amount)은 표 예2.13.1과 같다. 다음 사항에 답하시오.

1. 지속기간 2, 4, 6, 8, 10, 12시간에 대한 DAD 해석 수행

표 예2.13.1 관측소별 누가우량자료

관측점 / 시간(h)	a	b	c	d	e	f	g
4	0.0	0.0	0.0	0.0	0.0	0.0	0.0
6	10.2	0.0	0.0	0.0	0.0	0.0	0.0
8	15.2	12.7	0.0	0.0	0.0	5.1	0.0
10	22.8	20.3	0.0	0.0	7.6	12.7	5.1
12	30.5	30.5	15.2	5.1	20.3	20.3	7.6
14	35.6	38.1	28.0	15.2	30.5	28.0	12.7
16	43.1	43.1	43.1	30.5	35.6	30.5	15.2
18	43.1	53.4	55.9	43.1	50.8	33.0	15.2
20	43.1	53.4	73.6	55.9	55.9	35.6	15.2
22	43.1	53.4	81.2	68.5	55.9	35.6	15.2
24	43.1	53.4	81.2	68.5	55.9	35.6	15.2
비고	단위; mm						

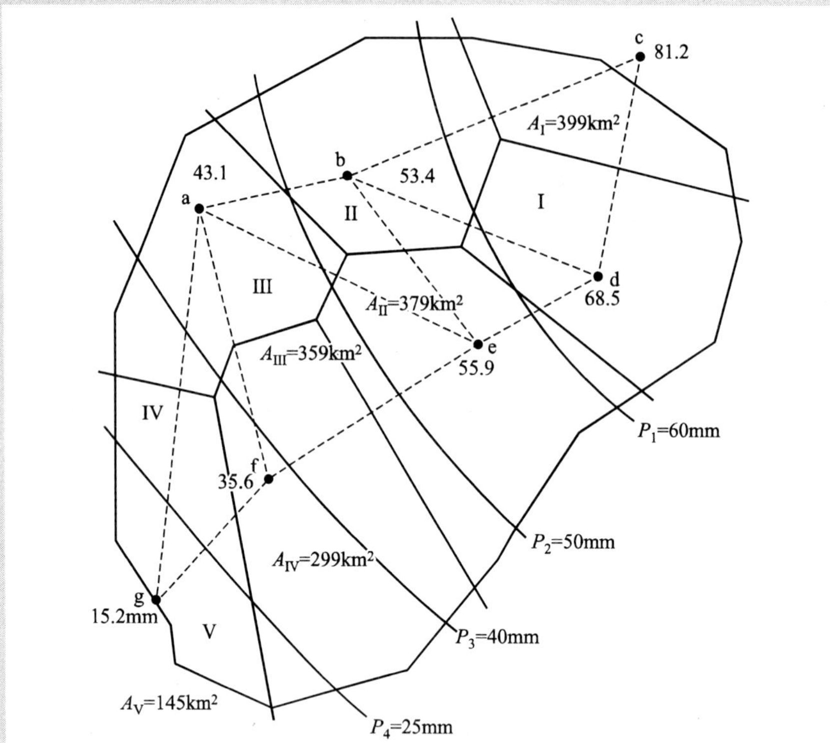

그림 예2.13.1 강수량 관측소와 유역도

[풀이]

1. 지속기간 2, 4, 6, 8, 10, 12시간에 대한 DAD 해석 수행

(1) 각 소구역에 대한 평균누가우량의 산정

① 각 소구역의 평균누가우량은 그 구역 내 혹은 부근에 있는 **표 예2.13.1** 관측점의 누가우량에 **가중인자(weighting factor)**를 곱해 평균우량을 얻는다.

② 이 가중인자의 결정을 위해서는 소구역의 지형·호우양상 등을 고려하여 공학적 판단에 의하거나 Thiessen 법을 사용하는데, 여기서는 후자를 택해 가중인자로 다음 식을 사용한다.

$$\overline{P}_{\mathrm{I}} = 0.11P_b + 0.30P_c + 0.50P_d + 0.09P_e \quad \text{(예2.13.1a)}$$

$$\overline{P}_{\mathrm{II}} = 0.01P_a + 0.45P_b + 0.01P_d + 0.53P_e \quad \text{(예2.13.1b)}$$

$$\overline{P}_{\mathrm{III}} = 0.45P_a + 0.04P_b + 0.16P_e + 0.35P_f \quad \text{(예2.13.1c)}$$

$$\overline{P}_{\mathrm{IV}} = 0.20P_a + 0.50P_f + 0.30P_g \quad \text{(예2.13.1d)}$$

$$\overline{P}_{\mathrm{V}} = 0.15P_f + 0.85P_g \quad \text{(예2.13.1e)}$$

여기서 $\overline{P}_{\mathrm{I}}$, …, $\overline{P}_{\mathrm{V}}$ =등우선으로 분할·포위된 Ⅰ, …, Ⅴ(5개) 각 소구역의 평균누가우량이고, P_a, …, P_g = 7개 관측점 a, …, g에서 측정된 누가점우량이다.

③ 식 (예2.13.1)의 관계를 사용하여 **표 예2.13.1**로부터 계산된 소구역별 평균누가우량은 **표 예2.13.2**와 같다.

> ■ **소구역의 누가면적별 평균누가우량 계산 예;**
>
> • 제 I 소구역, 지속기간=8시간 ;
>
> $\overline{P}_{I,8} = 0.11P_b + 0.30P_c + 0.50P_d + 0.09P_b$
>
> $=0.11(12.7)+(0.30(0)+0.50(0)+0.09(0)=1.397 \fallingdotseq 1.3$mm
>
> • 제 II 소구역, 지속기간=10시간 ;
>
> $\overline{P}_{II,10} = 0.01P_a + 0.45P_b + 0.01P_d + 0.53P_b$
>
> $=0.01(22.8)+0.45(20.3)+0.01(0)+0.53(7.6)=13.391 \fallingdotseq 13.3$mm

표 예2.13.2 소구역별 평균누가우량

시간(h) \ $\overline{P}_i$(mm)	$\overline{P}_I$	$\overline{P}_{II}$	$\overline{P}_{III}$	$\overline{P}_{IV}$	$\overline{P}_V$
4	0.0	0.0	0.0	0.0	0.0
6	0.0	0.1	4.5	2.0	0.0
8	1.3	5.8	9.1	5.5	0.7
10	2.9	13.3	16.7	12.4	6.2
12	12.2	24.8	25.2	18.5	9.5
14	22.9	33.8	32.2	24.9	14.9
16	36.1	38.9	37.4	28.4	17.4
18	48.7	51.8	41.2	29.6	17.8
20	60.9	54.6	42.9	30.9	18.2
22	69.5	54.7	42.9	30.9	18.2
24	69.5	54.7	42.9	30.9	18.2

(2) 소구역 누가면적별 평균누가우량의 산정;

① 소구역 누가면적별 평균누가우량은 각 소구역의 누가면적 합에 대한 **표 예2.13.2**의 소구역별 평균누가 우량에 해당 소구역 면적을 곱한 비 즉, 가중평균누가우량을 다음 식으로 산정한다.

$$\overline{P}_{(I)} = 399P_I / 399 \quad \text{(예2.13.2a)}$$

$$\overline{P}_{(I\text{-}II)} = (399P_I + 379P_{II})/778 \quad \text{(예2.13.2b)}$$

$$\overline{P}_{(I\text{-}III)} = (399P_I + 379P_{II} + 359P_{III})/1{,}137 \quad \text{(예2.13.2c)}$$

$$\overline{P}_{(I\text{-}IV)} = (399_I + 379P_{II} + 359P_{III} + 299_{IV})/1{,}436 \quad \text{(예2.13.2d)}$$

$$\overline{P}_{(I\text{-}V)} = (399P_I + 379P_{II} + 359P_{III} + 299P_{IV} + 145P_V)/1{,}581 \quad \text{(예2.13.2e)}$$

여기서 $\overline{P}_{(I)}$, …, $\overline{P}_{(I\text{-}V)}$=각 누가면적 $A_{(I)}$, …, $A_{(I\text{-}V)}$에 대한 각 소구역 누가면 적별 평균누가우량이다.

② 이는 식 (예2.13.2)에 의해 계산되며, 그 결과는 **표 예2.13.3**과 같다.

■ 소구역의 누가면적별 평균누가우량 계산 예;

- 제 I 소구역은 표 예2.13.2의 I 소구역 값과 동일하다.
- 제 I ~ II소구역 누가, 지속기간=12시간 ;

$$P_{(\text{I} \sim \text{II}),12} = \frac{399\bar{P}_{\text{I}} + 379\bar{P}_{\text{II}}}{778} = \frac{399(12.2) + 379(24.8)}{778} = 18.3\text{mm}$$

- 제 I ~IV소구역 누가, 지속기간=16시간 ;

$$P_{(\text{I} \sim \text{IV}),16} = \frac{399\bar{P}_{\text{I}} + 379\bar{P}_{\text{II}} + 359(\bar{P}_{\text{III}}) + 299(\bar{P}_{\text{IV}})}{1{,}436}$$

$$= \frac{399(36.1) + 379(38.9) + 359(37.4) + 299(28.4)}{1{,}436} = 35.5\text{mm}$$

표 예2.13.3 소구역의 누가면적별 평균누가우량

$\bar{P}_{(i)}$(mm) / 시간(h)	$\bar{P}_{(\text{I})}$ (399km²)	$\bar{P}_{(\text{I-II})}$ (778km²)	$\bar{P}_{(\text{I-III})}$ (1,137km²)	$\bar{P}_{(\text{I-IV})}$ (1,436km²)	$\bar{P}_{(\text{I-V})}$ (1,581km²)
4	0.0	0.0	0.0	0.0	0.0
6	0.0	0.0	1.4	1.5	1.4
8	1.3	3.4	5.2	5.3	4.8
10	2.9	7.9	10.7	11.0	10.6
12	12.2	**18.3**	20.5	20.0	19.1
14	22.9	28.2	29.4	28.5	27.2
16	36.1	37.4	37.4	**35.5**	33.8
18	48.7	50.2	47.3	43.6	41.2
20	60.9	57.8	53.1	48.4	45.7
22	69.5	62.2	56.1	50.9	47.9
24	69.5	62.2	56.1	50.9	47.9

(3) 누가면적별 지속기간별 최대평균 누가강우량의 결정;

① 일정한 누가면적에 대한 지속기간별 최대평균누가우량은 표 예2.13.3의 자료로부터 지속기간, 누가면적별로 구한다.

■ 소구역 누가면적별 지속기간별 최대 평균누가우량 결정 예;

- 제 I 소구역, 지속기간=2시간 ;

4~6시=0, 6~8시=1.3-0=1.3mm, 8~10시=2.9-1.3=16mm,
10~12=12.2-2.9=9.3mm, 12~14=22.9-12.2=10.7mm,
14~16=36.1-22.9=13.2mm, 16~18=48.7-36.1=12.6mm,
18~20=60.9-48.7=12.2mm, 20~22=69.5-60.9=8.6mm,
22~24=69.5-69.5=0mm
∴14~16=36.1-22.9=13.2mm

- 제 I 소구역, 지속기간=4시간 ;

4~8=1.3-0=1.3mm, 6~10=2.9-0=2.9mm,
8~12=12.2-1.3=10.9mm, 10~14=22.9-2.9=20mm,

12～16=36.1−12.2=23.9mm,	14～18=48.7−22.9=25.8mm,
16～20=60.9−36.1=24.8mm,	18～22=69.5−48.7=20.8mm
20～24=69.5−60.9=8.6mm	
∴14～18=48.7−22.9=25.8mm	

② 그 결과는 **표 예2.13.4**와 같다.

표 예2.13.4 소구역의 누가면적별 평균누가우량

$\overline{P}_{(i)\max}$(mm) / 시간(h)	$\overline{P}_{(\mathrm{I})\max}$ (399km²)	$\overline{P}_{(\mathrm{I-II})\max}$ (778km²)	$\overline{P}_{(\mathrm{I-III})\max}$ (1,137km²)	$\overline{P}_{(\mathrm{I-IV})\max}$ (1,436km²)	$\overline{P}_{(\mathrm{I-V})\max}$ (1,581km²)
2	13.2	12.8	9.9	9.0	8.5
4	25.8	22.0	18.7	17.5	16.6
6	38.0	31.9	26.8	24.5	23.2
8	48.7	42.3	36.6	32.6	30.6
10	58.0	49.9	42.4	38.3	36.4
12	66.6	54.4	47.9	43.1	40.9

(4) DAD 곡선 작성;

① **그림 2.20**의 Horton의 유역면적－평균우량관계 곡선과 같이 **표 예2.13.4**의 결과를 반대수지를 이용해 DAD 관계곡선을 작성한다.

② 이는 대수값인 가로축에 누가면적을 잡고, 세로축에 이에 대응하는 산술값의 최대평균누가우량을 잡아 지속기간별로 표시하면 **그림 예2.13.2**와 같은 DAD 곡선을 얻는다.

③ **그림 예2.13.2**와 같이 어떤 유역의 최대평균 누가우량은 지속기간에 비례하고 유역면적의 크기에 반비례하여 작아지는 것을 알 수 있다.

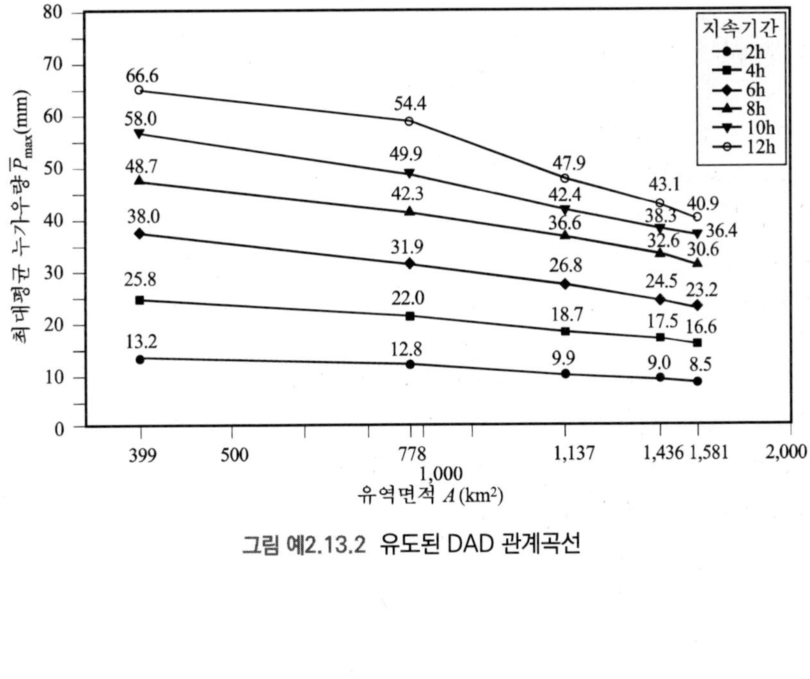

그림 예2.13.2 유도된 DAD 관계곡선

2.3 설계 활용

본 절의 설계 활용에서는 2.2.3에서 간단하게 설명한 확률강우량으로부터 산정되는 홍수량 산정에 관한 내용 중 현재 중심적으로 사용되는 환경부(2019)의 홍수량 산정 표준지침(이하 "**표준지침**"으로 약칭)을 다룬다. 이들 중 강우 분석과 관련된 주요 내용의 일부에 대해 기술한다.

2.3.1 강우 분석

본 소절에서는 표준지침의 '제2장 강우분석'에 관련된 주요 내용의 일부를 선별적·서술형식에 맞게 소개한다.

(1) 강우자료 구축

① 강우량 자료는 **국가수자원관리종합정보시스템(WAMIS)**와 유관기관(기상청, 환경부, 한국농어촌공사, 한국수자원공사 등)을 통해 취득할 수 있으며, WAMIS에서 제공하고 있는 표준지점 번호를 사용하여 구축한다.

② 보통의 자료특성을 벗어난 기록치를 점검할 필요가 있으며, 이상치 대상을 확인하여 검·보정한다. 지속기간별 연최대강우량을 구축하고, 임의시간 강우량 자료로 변환한다.

[해설]

1) **강수량 관측소 선정**

㈎ 해당 유역과의 거리, 시우량 관측 연수, 관측소의 밀도와 분포 등을 종합적으로 고려하여 강수량 관측소를 선정한다.

㈏ 기상청(**자동기상관측장비; automatic weather station, AWS** 포함), 환경부(홍수통제소), 한국수자원공사, 한국농어촌공사, 한국수력원자력 등과 같은 강수량 관측소 관할기관들이 있으며 실시간 우량자료와 관측소 제원은 국가수자원관리종합정보시스템(water resources management information system, WAMIS)(환경부, 2022a)에서 조회, 다운로드가 가능하다.

㈐ 제주도(2013)는 『제주형 하천기본계획 수립 및 하천시설 관리 매뉴얼』(이하 '**제주도 매뉴얼**'이라 칭함)에 의거 지형의 특수성 등으로 인해 고지대의 강우특성을 반영하기 위해 최소 10년 이상(AWS관측소 포함) 강수량 관측소의 자료보유현황, 관측소의 지리적인 위치, 고도 등을 고려하여 관측소를 선정한다.

2) **임의시간 강우량 자료로 변환**

㈎ 수문학적 지속기간은 고정시간이 아닌 임의시간을 의미하므로 수집된 시우량 자료를 임의시간 강우량 자료로 변환하여야 한다.

㈏ 고정시간 시우량을 임의시간 강우량 자료로 변환할 경우에는 국토해양부(2011b)에서 제시한 고정시간-임의시간 환산계수를 적용하되 48시간의 환산계수는 **표 2.13**을 수정·적용한다.

㈐ 고정시간-임의시간 환산계수는 일반적으로 아래와 같은 회귀식을 작성하여 적용한다.

$$Y = 0.1346\, X^{-1.4170} + 1.0014 \quad (2.18)$$

여기서 Y=환산계수이고, X=강우지속기간(h)이다.

㈑ 강우지속기간이 48시간을 초과하는 경우에는 **그림 2.21**과 같이 환산계수를 적용하지 않으며, 측정자료가 임의시간 강우량 자료인 경우에는 환산계수를 적용하지 않고 그대로 사용한다.

표 2.13 고정시간 - 임의시간 환산계수

고정시간(시간)	1	2	3	4	6	9	12	18	24	48
임의시간(분)	60	120	180	240	360	540	720	1,080	1,440	2,880
환산계수	1.136	1.051	1.031	1.020	1.012	1.007	1.005	1.004	1.003	1.002

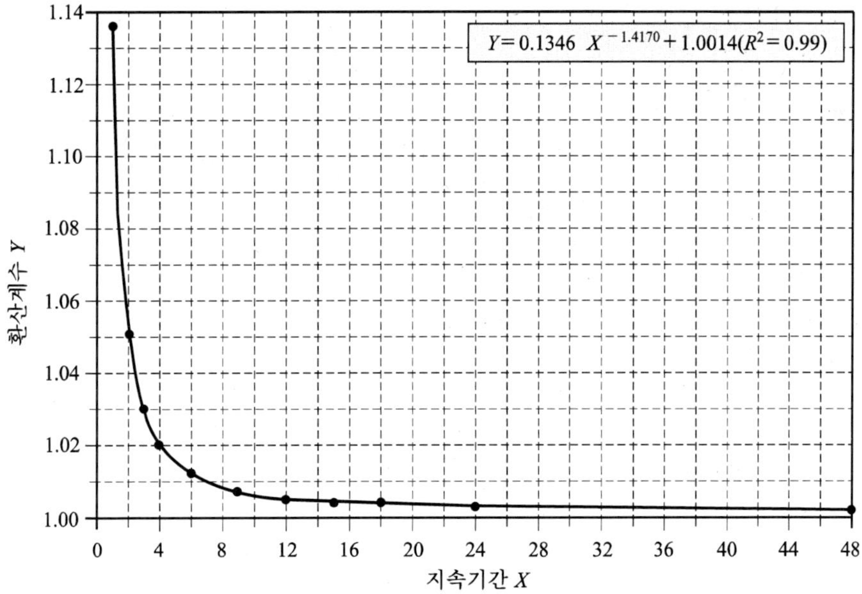

그림 2.21 고정시간 - 임의시간 환산계수 회귀곡선

(2) 확률강우량 산정·강우강도식 유도

① 확률강우량 산정방법은 지역빈도해석 방법을 권장하고 최적 확률분포형은 GEV 분포형으로 한다.

② 도서·해안 등 지역빈도해석 수행·적용이 용이하지 않은 지역의 경우에는 지점빈도해석을 통해 확률강우량을 산정할 수 있으며, 지점빈도해석의 최적 확률분포형은 Gumbel 분포형으로 한다.

③ 임의의 지속기간에 해당하는 확률강우량은 강우강도식을 작성하여 산정하며, 상관계수가 높은 General형이나 전대수다항식형을 채택한다.

[해설]

1) **확률강우량 산정**

(가) 지점빈도해석 확률강우량 산정

㉮ 확률분포함수의 매개변수 추정 방법으로 모멘트법, 최우도법, 확률가중 모멘트법을 적용한 후, 확률가중모멘트법을 채택하는 것을 원칙으로 하되 재현기간이 커지면서 모멘트법과 최우도법보다 지나치게 크게 산정되는 경우에는 추가적인 검토가 필요하다.

㉯ 최적 확률분포형으로 주로 Gumbel 분포를 채택하고 있으나, 일부 GEV 분포 등을 채택하는 경우도 있다. 지점빈도해석 시 Gumbel 분포와 GEV 분포에 의해 산정되는 확률강우량은 추정된 매개변수에 따라 차이가 크게 발생할 수 있으므로 지역적 불연속이 발생하는 것을 방지하기 위하여 Gumbel 분포로 통일하여 채택하는 것을 원칙으로 하고, 과거 분석 결과보다 확률강우량이 작게 산정되더라도 확률분포형을 변경하여 이와 같은 역전현상을 막는 방법을 지양하여야 한다. 국토해양부(2011b)에서도 기상청 산하 관측소의 적정 확률분포형을 모두 Gumbel 분포로 제시한 바 있다.

지점확률강우량 산정시 재현기간은 2년, 10년, 20년, 30년, 50년, 80년, 100년, 200년, 500년 등을 기본으로 하며 필요시 추가한다.

㉰ 대표적인 확률강우량 산정 프로그램으로는 FARD(frequency analysis of rainfall data)가 있으며 지점빈도해석 절차는 그림 5.13과 같다.

(나) 지역빈도해석 확률강우량 산정

㉮ 일반적으로 실무에서 사업대상 범위(하천유역) 내에 지점빈도해석을 수행하기 위한 강수량 관측소는 수공구조물의 설계빈도보다 짧은 기간의 자료를 보유하거나, 자료가 없는 미계측 지점인 경우가 대부분이다. 이와 같은 이유로 인해 멀리 떨어져 있더라도 자료기간이 충분하고 품질을 신뢰할 수 있는 강수량 관측소(대표적으로 기상청 강수량 관측소) 자료를 사용하는 경우가 대부분이며, 이는 사업대상 유역의 강우특성과 동떨어진 자료를 이용하여 확률강우량을 산정하는 문제를 야기할 수 있다.

㉯ **지역빈도해석**(regional frequency analysis)은 하천유역에서 멀리 떨어진 지점의 강수량 관측소 자료로 산정한 지점빈도해석 확률강우량과 일부 차이가 발생할 수 있으나, 지점빈도해석과는 달리 하천유역 내 자료기간이 짧은 강수량 관측소에서도 확률강우량을 산정할 수 있기 때문에 하천유역의 강우특성을 대변할 수 있는 장점이 있다. 빈도해석에 의해 추정된 확률 수문량은 관측자료 기간이 길어질수록 불확실성이 작아지고 신뢰도도 커지므로, 지역빈도해석은 이러한 지점에 대한 확률수문량의 정확도를 향상시키는 목적으로 활용되는 기법이다. 지역빈도해석은 동일한 모분포를 따르는 것으로 판단되는 모든 지점의 자료를 이용하여 빈도해석함으로써 대상 지점의 신뢰할 만한 **확률수문량**을 산정할 수 있다.

㉰ 국토교통부(2017b)의 연구에서는 국내 실정에 맞는 지역빈도해석 방법을 제시하였다. 전국에 설치되어 있는 강수량 관측소(기상청, 환경부, 한국수자원공사, 한국농어촌공사 관할)의 강우자료 중 5개년도(L-moment 분석 최소 기준) 이상 관측기록이 있는 지점의 강우자료(시자료) 구축과 검·보정을 실시하였다. 지역구분과 최적분포형 선정, 확률수문량 추정·정확성 검정 등의 과정을 통해 일부관측소(L-moment 계산 불가지역, 백령도, 울릉도 등)를 제외한 채택 강수량 관측소를 선정(615개)하고, **군집지역**을 구분(26개)하였으며, **최적확률분포형**을 GEV **분포**로 제시하였다.

㉱ **그림 5.15**와 같은 지역빈도 해석의 주요 내용과 **그림 2.22**와 같이 채택 **강수량 관측소**(615개)의 최근 강우자료(~2017년)를 반영한 지역빈도해석 지역구분 결과 및 확률강우량을 부록(연구보고서)에 수록하였다.

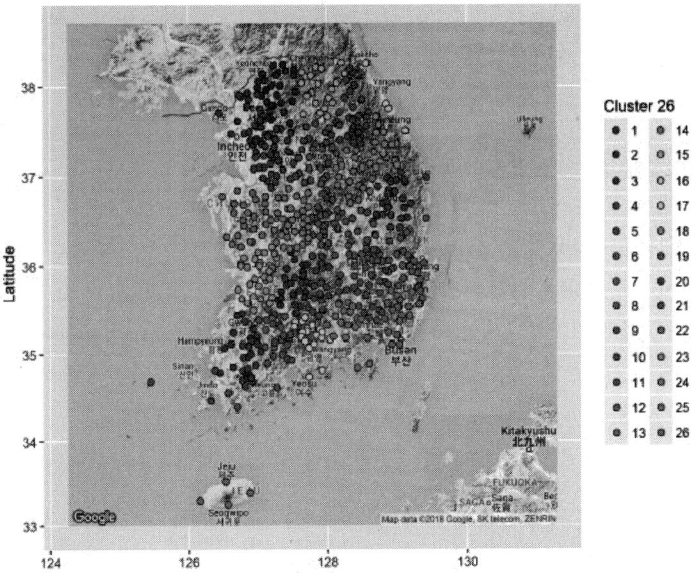

그림 2.22 전국 군집지역(26개) 구분 결과

(다) 확률강우량 적용방안

㉮ 확률강우량은 지역빈도해석 적용을 권장하고, 도서·해안(예 : 울릉도, 백령도 등) 등 지역빈도해석 수행 및 적용이 용이하지 않은 지역의 경우에는 지점빈도해석을 통해 확률강우량을 산정할 수 있다.

㉯ 제주도는 지형의 특수성을 고려하여 제주도(2013)에 의거 지점빈도해석을 통해 확률강우량을 산정한다.

2) **강우강도식 유도**

(가) 강우강도식은 임의의 지속기간에 대한 확률강우량이 없는 경우에 내삽에 의한 보간을 하기 위해 산정하는 것이 주 목적이며, 부수적으로 이러한 과정을 통하여 지속기간별 확률강우량 추이의 이상 유무도 검토할 수 있다.

(나) 강우강도식의 형태로는 **Talbot형**, **Sherman형**, **Japanese형**, **Semi-Log형** 등과 같은 2회귀상수 형태와 3회귀상수인 General형이 적용되어 왔으며, 국토해양부(2011b)에서는 **전대수다항식형**(6차식) 등이 제시된 바 있다.

(다) 강우강도식은 상관계수가 높게 나타나는 형태를 채택하며, 회귀상수의 개수가 많은 General형이나 전대수다항식형의 상관계수가 상대적으로 높으므로 이들 두 가지 중에서 채택하는 것이 바람직하다. 단, 전대수다항식의 경우 단기(1시간미만) 지속기간의 경우 외삽에 의한 강우강도의 진동이나 역전현상이 발생되므로 단기(1시간미만) 지속기간의 전대수다항식의 채택을 지양해야 한다. (1시간 미만에 General형 적용을 권장한다.)

(라) 전체 강우지속기간을 하나의 강우강도식으로 나타내기 곤란한 경우에는 단·장기간, 단·중·장기간으로 적절히 구분해서 강우강도식(표 2.12 참조)을 유도해야 하며, 이와 같은 기간 구분 시에는 임계지속기간 부근에서 불연속에 의한 문제점이 발생할 수도 있으므로 임계지속기간 근처에서의 구분은 지양해야 한다.

3) **확률강우량 · 강우강도식의 활용 · 자료관리**

(가) 확률강우량 및 강우강도식 산정 시 부록(연구보고서)에 수록된 지역빈도 해석 확률강우량과 강우강도식을 활용할 수 있고, 추가 분석 필요 시 분석 프로그램을 활용할 수 있다.

(나) 기후변화에 따른 강우특성의 변화, 수자원·하천 계획의 지속적인 수립 및 보완 등을 고려하여 국가차원에서 지역빈도해석 확률강우량의 정기적 (5년 단위)인 보완이 필요하다.

(다) 지역빈도해석 연구수행 시 표준화된 확률강우량과 강우강도식의 분석을 위해 분석 프로그램 보완이 필요하며,

(라) 확률강우량, 강우강도식 등 주요자료는 DB화하여 사용자가 활용할 수 있도록 제공이 필요하다.

(3) 면적확률강우량 산정·강우 시간분포

① 확률강우량은 지점확률강우량과 면적확률강우량으로 구분되며 유역면적 25.9km^2 이상인 경우 **면적확률강우량**을 적용한다.

② 면적확률강우량은 홍수량 산정지점을 기준으로 지점확률강우량에 **면적우량 환산계수** (areal reduction factor, ARF)를 곱하여 면적확률강우량을 산정한다. 홍수량 산정지점의 유역면적을 기준으로 하며, 소유역 분할 시에도 동일하게 적용한다.

③ 강우시간분포는 수정 Huff **4분위법**을 적용하며, 3분위를 채택하고, **무차원 누가곡선**의 50% 분위를 적용하여 산정한다.

[해설]

1) **면적확률강우량 산정**

(가) 일정한 강우지속기간 동안 유역에 내린 평균우량 깊이는 호우중심으로 부터 멀어질수록 감소하며, 면적강우량은 유역에 내린 총강우량을 유역면적으로 나눈 등가우량깊이를 의미하므로 호우중심으로부터 면적이 증가함에 따라 면적강우량은 점점 작아지게 된다. 이와 같이 공간분포 및 이동 등으로 인해 강우가 유역 전반에 걸쳐 동일한 형태로 발생하지 않으므로 유역의 면적강우량은 관측소의 지점강우량보다 작아지게 된다.

(나) 확률강우량은 지점확률강우량과 면적확률강우량으로 구분되며, 유역면적이 25.9km^2 이상인 경우에는 면적확률강우량을 적용한다.

(다) 면적확률강우량은 유역 내에 여러 관측소가 존재할 경우 Thiessen **방법** 등으로 가중평균한 동시간 임의시간 면적강우량의 연최대치 계열을 작성하고, 이를 빈도해석하는 것이 원칙이다. 그러나 우리나라는 충분한 동시간 임의시간 강우량자료의 수집이 곤란하므로 다음과 같은 방안으로 면적확률강우량을 산정한다.

(라) 홍수량 산정지점을 기준으로 상류 유역에 대해 채택된 관측소별 확률강우량을 Thiessen 방법을 이용해서 유역평균강우량으로 계산한 후, 여기에 면적우량환산계수(areal reduction factor, ARF)를 곱하여 면적확률 강우량을 산정한다.

(마) 제주도는 지형의 특수성을 고려하여 제주도(2013)에 의거 등우선법으로 유역평균강우량을 산정한다.

(바) 면적우량환산계수 산정 시 적용 기준면적은 홍수량 산정지점의 유역면적을 기준으로 하며, 유역분할로 인해 소유역별 홍수량을 산정할 경우에도 동일하게 적용한다.

(사) 면적우량환산계수를 실제 유역에 적용할 경우 재현기간별 지속기간별 면적우량환산계수를 산정한 후 이를 면적별 강우지속기간-면적우량환산계수 형태의 회귀곡선으로 유도하며, 회귀상수가 제시되지 않은 지속기간 등은 인접 지속기간의 면적우량환산계수를 선형보간하여 적용한다.

(아) 본 표준지침에서는 국토해양부(2012)에서 제시한 회귀식 (2.11)과 **표 2.10**의 매개변수를 활용한다.

2) **강우 시간분포**

(가) 확률강우량은 지속기간별 강우 총량이기 때문에 각 지속기간 내 강우의 시간적 변화를 전혀 반영하지 못한다. 따라서, 확률강우량을 유출모형에 적용하여 홍수량을 산정하기 위해서는 관측호우와 같이 지속기간 내 시간적 분포를 고려한 강우주상도의 작성이 필요하다.

(나) 기존 강우의 시간분포 방법에는 **Mononobe 방법**, **Huff 방법**, **Keifer과 Chu 방법**, **Pilgrim과 Cordery 방법**, **Yen과 Chow 방법**, **교호블록 방법** 등이 있다.

(다) 표준지침에서 강우의 시간분포는 해당지점에 대한 강우의 시간적, 양적 특성을 고려할 수 있도록 집중호우 기준으로 작성된 수정 Huff 방법을 적용한다. 국토교통부(2017b) 연구에서 제시한 '**집중호우 기준**'이란 시강우량 30mm 이상이거나, 일강우량 80mm 이상이거나, 일강우량이 연강우량의 10% 이상인 경우의 강우사상이다.

(라) Huff 무차원 누가곡선식 유도 시 강수량 관측소별 집중호우사상이 부족하여 지역빈도해석으로 구분한 군집지역(26개)의 회귀상수를 산정하여 부록(연구보고서)에 제시하였다. 강우의 시간분포 시 각 강수량 관측소의 해당 군집지역에 해당하는 수정 Huff 무차원 누가곡선식을 적용한다.

(마) 제주도는 지형의 특수성을 고려하여 제주도(2013)에 의거 국토해양부(2011)에서 제시한 총강우량 25.4mm(1in) 이상인 경우의 강우사상을 적용하여 산정된 Huff 무차원 누가곡선식을 적용한다.

(바) Huff 분위별 9가지 형태(확률 10~90%)의 무차원 누가곡선식 중에서 일반적으로 첨두 강우강도가 해당분위의 가운데에서 발생하는 50%를 채택한다.

(사) Huff 방법 분위 선정은 국토해양부(2011)에 의거 최빈분위(2, 3분위) 중 3분위를 안전측으로 채택한다.

참고적으로 하천의 규모를 계획홍수량과 유역면적에 따라 구분하면 **표 2.14**와 같다(국토해양부·한국건설기술평가원, 2009; 이종석, 2014).

표 2.14 하천의 규모별 구분

기준 \ 구분	하천법 적용		소하천정비법 적용
	대하천	중하천	소하천
계획홍수량(m^3/s)	10,000 이상	5,000~10,000	5,000 미만
유역면적(km^2)	1,000 이상	10~1,000	1~10

2.3.2 RFAHD 소개

본 소절에서 소개할 RFAHD(regional frequency analysis for hydrological data) 2020은 표준지침에 의거 지역빈도해석(regional frequency analysis) 방법을 적용하여 개발된 프로그램이다. 이는 WAMIS 홈페이지/하천/홍수량 산정(http://www.wamis.go.kr/wsc/wsc_fldstand.do; 2022.07.13.,16:30, 검색)에서 '수문자료빈도해석 프로그램'을 다운로드하여 사용할 수 있으며, 표준지침과 프로그램 관련 문헌들도 참고할 수 있다. 참고적으로 강우자료의 지점빈도 해석을 통한 확률강우량 산정하는 프로그램인 **FARD(frequency analysis of rainfall data)** 2006(의 기능)은 **RFAHD 2020** 프로그램에 포함되어 있으며, 국립재난안전연구원 홈페이지(https://www.ndmi.go.kr/research/migration/migration.jsp; 2022.07.13.,17:28, 검색)에서 '강우분석 프로그램' 설치파일을 내려 받을 수 있다.

(1) RFAHD 활용 목적

RFAHD는 설계 강우량 또는 확률 강우량(=빈도별 강우량)을 산정·결정하기 위해 사용하는 지역빈도해석용 프로그램이다. **설계 강우(호우)(design rainfall or storm)**는 특정 목적의 수공구조물 설계를 위해 제시되는 강우(사상)(량)이다. 이는 크게 다음과 같이 인공적 강우와 과거 실제 강우사상 두 가지로 구분한다.

① 인공적 강우사상은 과거 자료를 해석한 **강우깊이-지속기간-생기빈도[rainfall(precipitation) depth-duration-frequency, (PDF) DDF]** 또는 **강우강도-지속기간-생기빈도(rainfall intensity-duration-frequency, IDF)**에 근거한 첨두유량(peak discharge) 산정을 위해 사용한다.

② 과거 실제 강우사상은 유출 체적을 근거로 하므로 직접 사용 연속된 여러 강우사상에 기초하여 첨두유량 결정한다.

위 두 방법 중 ①의 개념이 설계우량 산정에 우세하다. 따라서, RFAHD 2020은 설계 강우(호우)가 강우깊이와 시간분포, 공간분포, 선행강우지수, 호우이동 등의 함수관계이므로 빈도(확률) 해석(지역빈도해석)을 통해 설계 강우량을 산정·결정하기 위해 사용한다.

(2) 프로그램 소개

RFAHD 2020은 윈도우 시작메뉴 RFAHD 또는 바탕화면의 아이콘 ( )을 더블 클릭하면 프로그램 소개 화면의 출현 후 **그림 2.23**과 같이 초기화면이 나타난다.

그림 2.23 RFAHD 2020 프로그램

프로젝트 생성을 위한 프로그램 초기작업의 수행과 메뉴 구성은 다음과 같다.

① '프로젝트 생성'을 위해서는 **그림 2.24(a)**와 같이 작업한다.

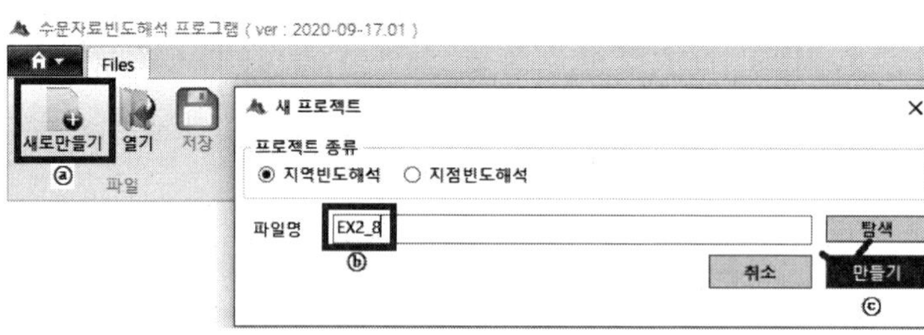

(a) 프로젝트 초기화면

① 프로젝트 메뉴	② 강우자료와 지역구성	③ 지역의 지점 추가와 제거
④ 수문자료 입력과 출력	⑤ 지역빈도해석 수행	⑥ 지역빈도해석 결과 조회
⑦ 강우강도식 산정과 결과조회	⑧ 강수량 관측소 일람과 확률강우량 조회	⑨ 지역구분 탭
⑩ 지점구분 탭	⑪ 강우자료 구역	

(b) 프로그램 메뉴 구성

그림 2.24 프로그램 초기작업과 메뉴 구성

1) 메인 메뉴의 'ⓐ 새로 만들기' 클릭→'지역빈도해석' 선택 ⇒'파일명(ⓑ EX2_8)' 입력(경로 미지정 시; C;//내문서/RFAHD로 자동 저장)한다.

2) **그림 2.24(a)**와 같이 '© 만들기' 클릭⇒**그림 2.24(b)**와 같은 창(window)이 나타난다.

② RFAHD 프로그램의 메뉴 구성은 **그림 2.24(b)**와 같이 11개로 구성되었다. 이중 메인 메뉴(상단의 아이콘)는 8개(파일, 지역, 지점, 자료, 빈도해석, 빈도해석 결과, 강우강도식, 강수량 관측소)이다.

1) 이들의 메뉴는 '파일, 자료, 해석, 결과, 강우'의 5개로 대별할 수 있을 것이다.

2) 1)항의 내용은 **파일**(프로젝트 메뉴; 새로 만들기·열기·저장), **자료**(지역; 강우자료·지역추가·지역제거, 지점; 추가·제거, 자료입력·자료저장), **해석**(빈도해석; 재현기간·분석), **결과**(빈도해석 결과; 기본통계량·불일치 척도·동질성 척도·매개변수 추정·적합도 검정·성장곡선· 확률수문량), **강우**(강우강도식; 산정·매개변수, 강수량 관측소)로 상세히 설명할 수 있다.

(3) 자료입력·빈도해석

① **자료입력**

1) 장 강우자료 적용

㈎ **그림 2.24(b)**와 같이 메뉴 '② 강우자료' 클릭(☑)→**그림 2.25**와 같이 지도출현

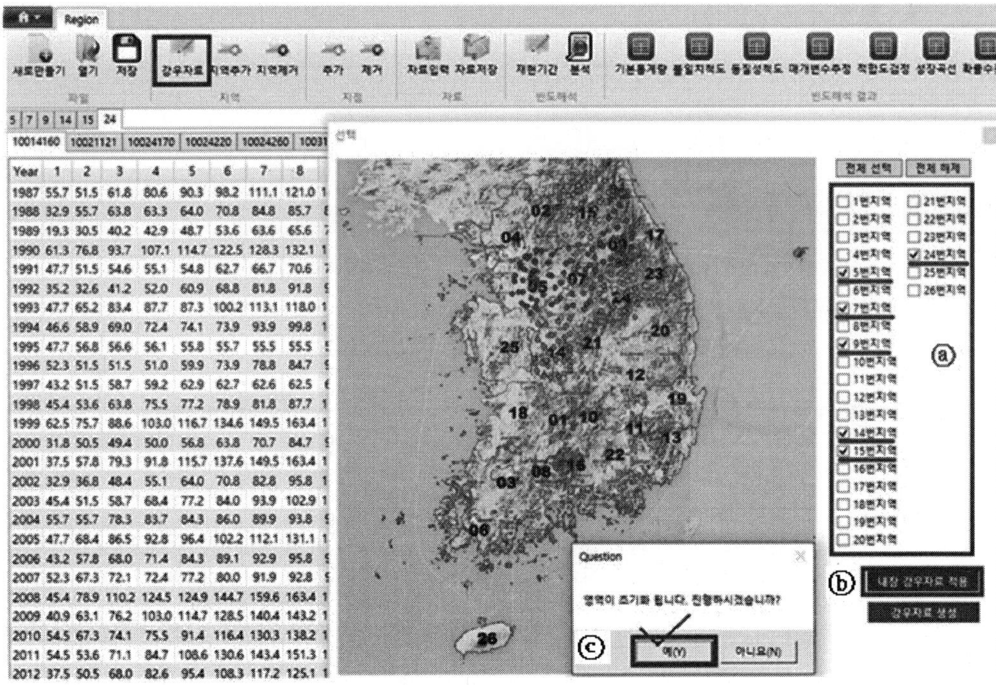

그림 2.25 강우자료의 선택과 입력

㈏ 지도 우측 위에서 가운데에 있는 'ⓐ 지역; □ 1번 지역~□ 26번 지역(의 26개 지역번호)'에서 원하는 해당 지역번호 클릭→"(예): (유역 내) 5, 7, 9, 15, 24번 지역; (유역 외) 4, 14, 23, 25번 지역" 클릭

• 내장 강우자료=615개 강수량 관측소의 검증·보정된 연최대 우량자료, 표준지침(환경부, 2019)의 확률강우량 산정에 사용된 2017년까지 시간단위(mm) 임의시간변환 우량자료

㈐ **그림 2.25**의 지도 우측 아래 'ⓑ (청색 바탕) **내장 강우자료 적용**' 클릭→'영역이 초기화됩니다. 진행 하시겠습니까?'→ 'ⓒ 예(Y)' 클릭

2) 강우자료 생성

㈎ 강우자료 생성의 경우는 5.3 RFAHD 응용에서 설명한다.

② 빈도해석

1) **그림 2.26**과 같이 '빈도해석' 수행을 위해 메뉴의 '⑤ 재현기간' 클릭→'ⓓ 재현기간'에 필요한 재현기간 입력[(기본 13개; 2, 3, 5, 10, 20, 30, 50, 70, 80, 100, 200, 300, 500)(필요 기간 입력⇒예; "1, 2, 3, 4, … 50, 80, 100, 150, 200, … ")⇨"ⓔ 확인" 클릭

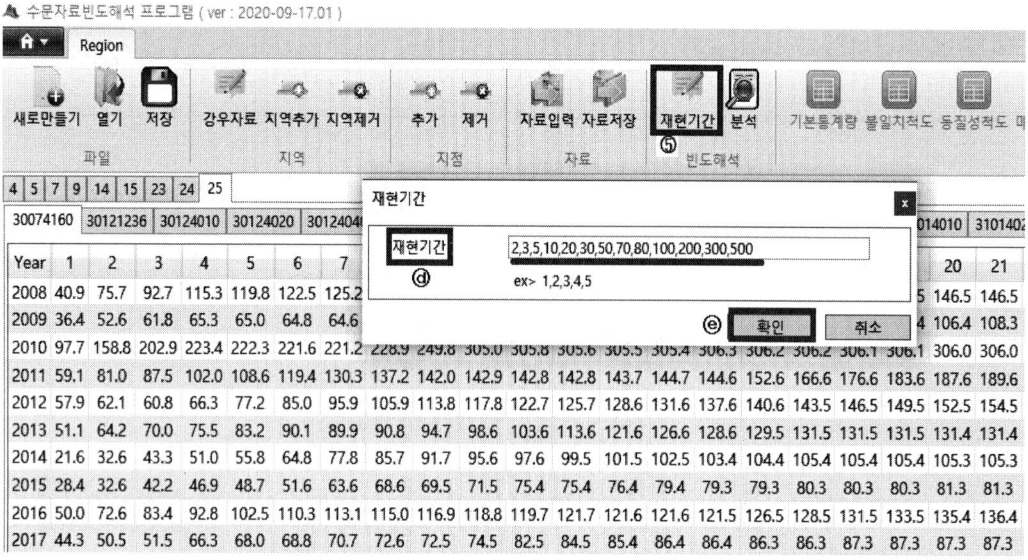

그림 2.26 재현기간 입력

2) **그림 2.27(a)**와 같이 메뉴 '⑤' 분석' 클릭 → 계산 수행(시간 약간 소요) 후 ⇒ '분석완료' 출현⇒ 'Close' 클릭 ⇨ **그림 2.27(b)**; 계산 완료
3) 계산이 완료되면 **그림 2.27(c)**와 같이 메뉴 ' ⑥ 빈도해석 결과(기본통계량, …, 확률수문량)' 8개 아이콘 활성화 → 필요한 계산 결과 확인

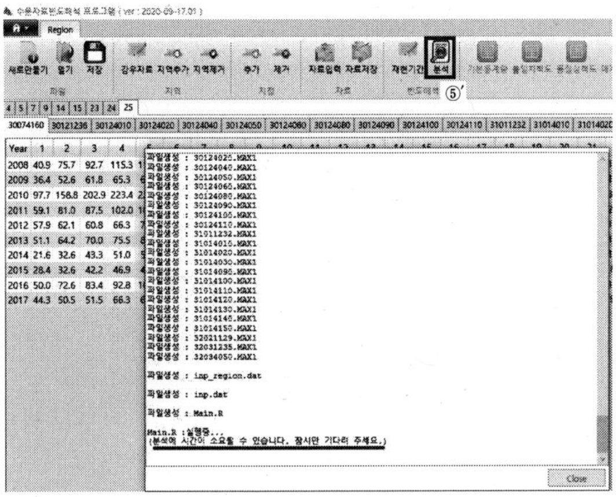

(a) 분석 중

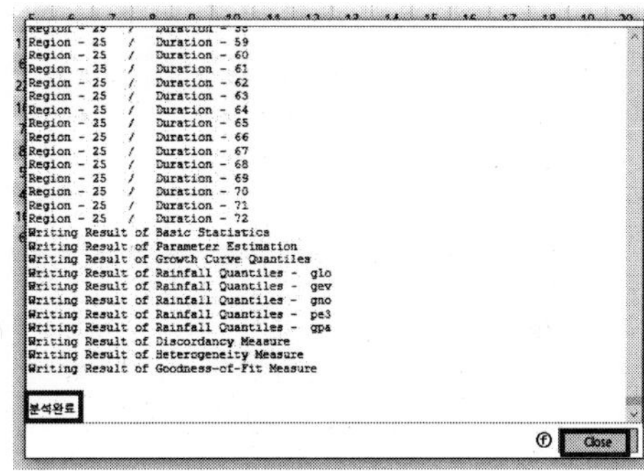

(b) 분석 완료

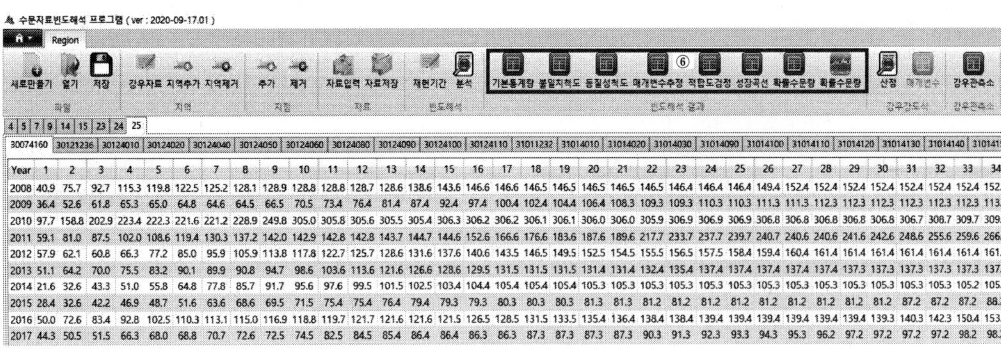

(c) 빈도해석 결과 활성화

그림 2.27 빈도해석 과정

(4) 분석 결과 확인

① 빈도해석 결과

분석결과는 '⑥ 빈도해석 결과'의 8개 항목 ' 기본통계량, 불일치 척도, 동질성 척도, 매개변수 추정, 적합도 검정, 성장곡선'을 확인할 수 있다. 여기서는 **그림 2.28**에서 6개 항목과 **그림 2.29**에서 나머지 2개 확률수문량의 빈도해석 결과만을 제시하고, 이들 항목에 대한 이론적 근거 등의 상세한 내용은 5.3 RFAHD 응용에서 다룬다.

(a) 기본통계량

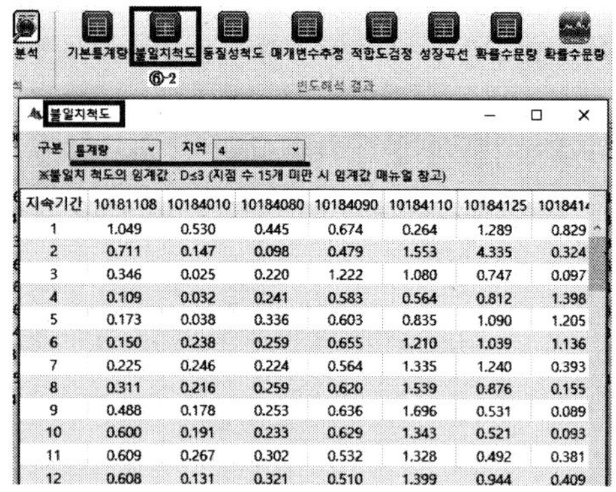

(b) 불일치 척도

(c) 동질성 척도

(d) 매개변수 추정

(e) 적합도 검정

(f) 성장곡선

그림 2.28 빈도해석 결과의 주요 항목별 확인

그림 2.29(a)는 빈도해석 결과 8개 항목 중 나머지 2개 항목으로 선정 재현기간에 대한 (72시간) 지속기간 값의 확률 강우량을 표(table)로 제시한 것이고, 그림 2.29(b)는 (500년

까지의) 재현기간에 대한 선정 지속기간 값의 확률강우량을 그래프(graph)로 나타낸 것이다. 이중 **그림 2.29(b)**와 같이 확률강우량의 그래프(graph)로의 제시는 다음과 같은 요령으로 얻는다.

1) 메뉴 '**⑥-8** 확률수문량' 아이콘 클릭(잠깐 후, 계산시간 소요)에 'IDF(←PDF) 곡선' 작성을 위한→**그림 2.29(b)**ⓐ와 같이 (빈) 그래프[가로축=재현기간(년), 세로축(확률강우량 mm)] (용지) 출현⇒'ⓕ 분포(형), 지역(번호), 지점(코드번호)'를 선택한다.
2) 우측의 "ⓖ □번호(1~72)"(=지속기간) 중 해당 지속기간 클릭⇒클릭(√)과 동시에 PDF 곡선 출현(작성 완료)

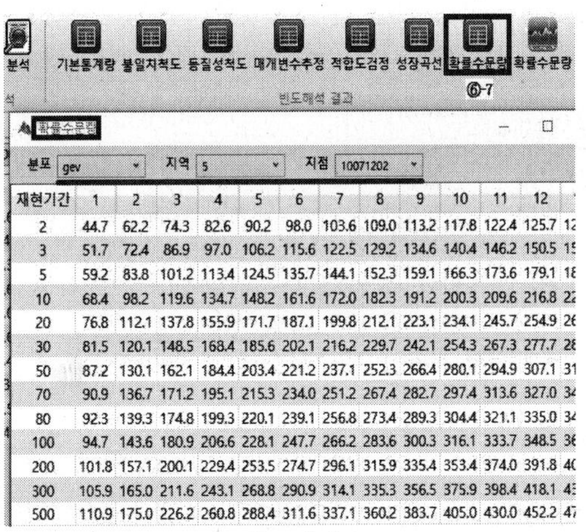

재현기간	1	2	3	4	5	6	7	8	9	10	11	12	
2	44.7	62.2	74.3	82.6	90.2	98.0	103.6	109.0	113.2	117.8	122.4	125.7	12
3	51.7	72.4	86.9	97.0	106.2	115.6	122.5	129.2	134.6	140.4	146.2	150.5	15
5	59.2	83.8	101.2	113.4	124.5	135.7	144.1	152.3	159.1	166.3	173.6	179.1	18
10	68.4	98.2	119.6	134.7	148.2	161.6	172.0	182.3	191.2	200.3	209.6	216.8	22
20	76.8	112.1	137.8	155.9	171.7	187.1	199.8	212.1	223.1	234.1	245.7	254.9	26
30	81.5	120.1	148.5	168.4	185.6	202.1	216.2	229.7	242.1	254.3	267.3	277.7	28
50	87.2	130.1	162.1	184.4	203.4	221.2	237.1	252.3	266.4	280.1	294.9	307.1	31
70	90.9	136.7	171.2	195.1	215.3	234.0	251.2	267.4	282.7	297.4	313.6	327.0	34
80	92.3	139.3	174.8	199.3	220.1	239.1	256.8	273.4	289.3	304.4	321.1	335.0	34
100	94.7	143.6	180.9	206.6	228.1	247.7	266.2	283.6	300.3	316.1	333.7	348.5	36
200	101.8	157.1	200.1	229.4	253.5	274.7	296.1	315.9	335.4	353.4	374.0	391.8	40
300	105.9	165.0	211.6	243.1	268.8	290.9	314.1	335.3	356.5	375.9	398.4	418.1	43
500	110.9	175.0	226.2	260.8	288.4	311.6	337.1	360.2	383.7	405.0	430.0	452.2	47

ⓐ 5지역

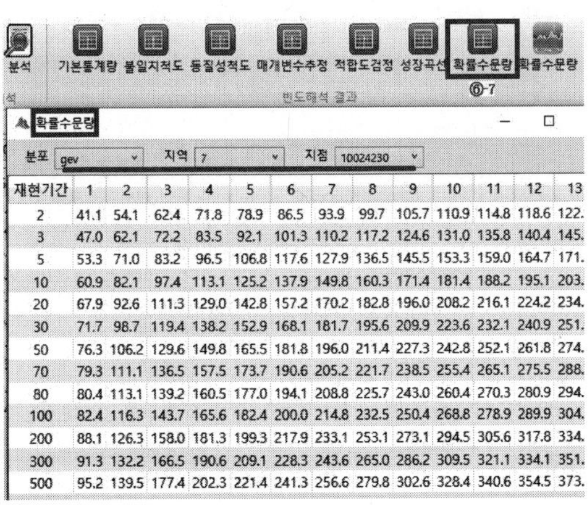

재현기간	1	2	3	4	5	6	7	8	9	10	11	12	13
2	41.1	54.1	62.4	71.8	78.9	86.5	93.9	99.7	105.7	110.9	114.8	118.6	122.
3	47.0	62.1	72.2	83.5	92.1	101.3	110.2	117.2	124.6	131.0	135.8	140.4	145.
5	53.3	71.0	83.2	96.5	106.8	117.6	127.9	136.5	145.5	153.3	159.0	164.7	171.
10	60.9	82.1	97.4	113.1	125.2	137.9	149.8	160.3	171.4	181.4	188.2	195.1	203.
20	67.9	92.6	111.3	129.0	142.8	157.2	170.2	182.8	196.0	208.2	216.1	224.2	234.
30	71.7	98.7	119.4	138.2	152.9	168.1	181.7	195.6	209.9	223.6	232.1	240.9	251.
50	76.3	106.2	129.6	149.8	165.5	181.8	196.0	211.4	227.3	242.8	252.1	261.8	274.
70	79.3	111.1	136.5	157.5	173.7	190.6	205.2	221.7	238.5	255.4	265.1	275.5	288.
80	80.4	113.1	139.2	160.5	177.0	194.1	208.8	225.7	243.0	260.4	270.3	280.9	294.
100	82.4	116.3	143.7	165.6	182.4	200.0	214.8	232.5	250.4	268.8	278.9	289.9	304.
200	88.1	126.3	158.0	181.3	199.3	217.9	233.1	253.1	273.1	294.5	305.6	317.8	334.
300	91.3	132.2	166.5	190.6	209.1	228.3	243.6	265.0	286.2	309.5	321.1	334.1	351.
500	95.2	139.5	177.4	202.3	221.4	241.3	256.6	279.8	302.6	328.4	340.6	354.5	373.

ⓑ 7지역

(a) 표로 제시

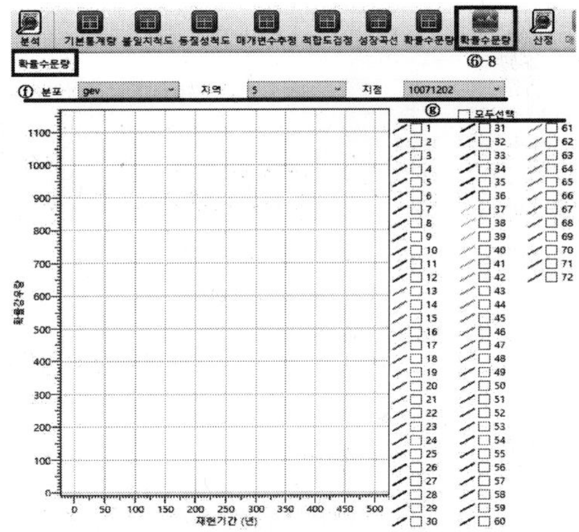

ⓐ PDF 작성용 빈 그래프

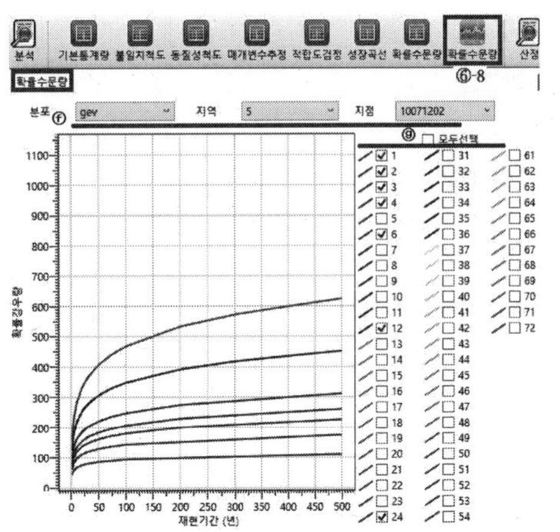

ⓑ 5지역(PDF 곡선)

(b) 그래프로 제시

그림 2.29 빈도해석 결과의 확률 수문량

② 강우강도식 유도 · 결과 확인

1) 강우강도식 유도

㈎ 그림 2.30(b)와 같이 메뉴의 '강우강도식'에서 "⑦ 산정" 버튼 클릭한다.

㈏ 강우강도식을 산정하시겠습니까?→"예(Y)" 클릭⇒잠시 계산 시간 소요 후 '산정완료' 출현 ⇨"Close" 클릭; 그림 2.30(b)의 '⑦-1 매개변수' 활성화된다.

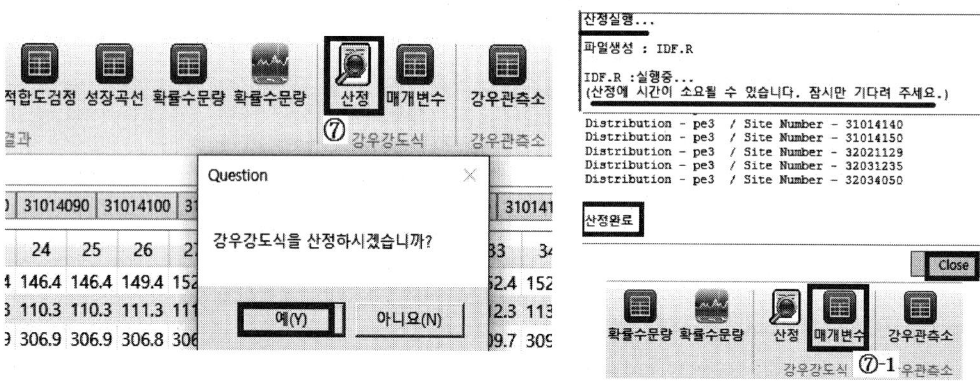

(a)'산정' 클릭 (b) 산정 완료

그림 2.30 강우강도식의 유도 과정

2) 산정 결과확인

㈎ '⑦-1 매개변수' 클릭→잠시 계산 시간 소요 후 계산 결과 그림 2.31과 같이 표 출현

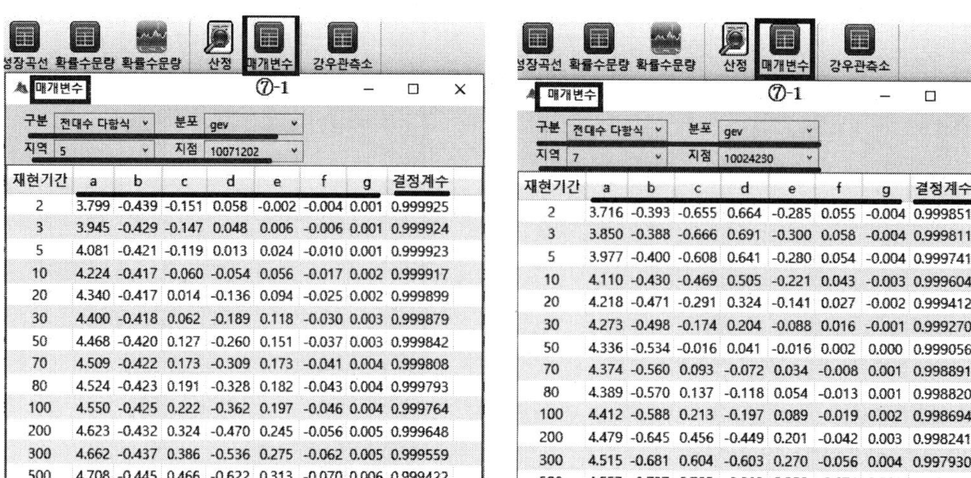

(a) 구분: 전대수 다항식, 분포: gev, 지역: 5, 지점: 10071202

재현기간	a	b	c	d	e	f	g	결정계수
2	3.799	-0.439	-0.151	0.058	-0.002	-0.004	0.001	0.999925
3	3.945	-0.429	-0.147	0.048	0.006	-0.006	0.001	0.999924
5	4.081	-0.421	-0.119	0.013	0.024	-0.010	0.001	0.999923
10	4.224	-0.417	-0.060	-0.054	0.056	-0.017	0.002	0.999917
20	4.340	-0.417	0.014	-0.136	0.094	-0.025	0.002	0.999899
30	4.400	-0.418	0.062	-0.189	0.118	-0.030	0.003	0.999879
50	4.468	-0.420	0.127	-0.260	0.151	-0.037	0.003	0.999842
70	4.509	-0.422	0.173	-0.309	0.173	-0.041	0.004	0.999808
80	4.524	-0.423	0.191	-0.328	0.182	-0.043	0.004	0.999793
100	4.550	-0.425	0.222	-0.362	0.197	-0.046	0.004	0.999764
200	4.623	-0.432	0.324	-0.470	0.245	-0.056	0.005	0.999648
300	4.662	-0.437	0.386	-0.536	0.275	-0.062	0.005	0.999559
500	4.708	-0.445	0.466	-0.622	0.313	-0.070	0.006	0.999422

(b) 구분: 전대수 다항식, 분포: gev, 지역: 7, 지점: 10024230

재현기간	a	b	c	d	e	f	g	결정계수
2	3.716	-0.393	-0.655	0.664	-0.285	0.055	-0.004	0.999851
3	3.850	-0.388	-0.666	0.691	-0.300	0.058	-0.004	0.999811
5	3.977	-0.400	-0.608	0.641	-0.280	0.054	-0.004	0.999741
10	4.110	-0.430	-0.469	0.505	-0.221	0.043	-0.003	0.999604
20	4.218	-0.471	-0.291	0.324	-0.141	0.027	-0.002	0.999412
30	4.273	-0.498	-0.174	0.204	-0.088	0.016	-0.001	0.999270
50	4.336	-0.534	-0.016	0.041	-0.016	0.002	0.000	0.999056
70	4.374	-0.560	0.093	-0.072	0.034	-0.008	0.001	0.998891
80	4.389	-0.570	0.137	-0.118	0.054	-0.013	0.001	0.998820
100	4.412	-0.588	0.213	-0.197	0.089	-0.019	0.002	0.998694
200	4.479	-0.645	0.456	-0.449	0.201	-0.042	0.003	0.998241
300	4.515	-0.681	0.604	-0.603	0.270	-0.056	0.004	0.997930
500	4.557	-0.727	0.795	-0.803	0.358	-0.074	0.006	0.997485

(a) 지역(번호)(5) (b) 지역(번호)(7)

그림 2.31 강우강도식 유도 결과

(나) **그림 2.31**과 같이 '구분(전대수다항식), 분포(gev), 지역(번호)(5), (7) 등'의 결과 출력 가능

(5) 결과 저장

① 저장하기; **그림 2.32(a)**와 같이 완료한 Project(EX2_8.rfa)의 저장→"①-3 저장" 클릭

② 나기기; **그림 2.32(b)**와 같이→홈에서 ⇒'EXIT' 클릭

③ 저장 확인(또는 작업 완료 저장 Project 불러오기); **그림 2.32(b)**와 같이 →"Open" 클릭 ⇒'C://문서/RFAHD' 클릭 ⇨" EX2_8.rfa " 클릭(확인)

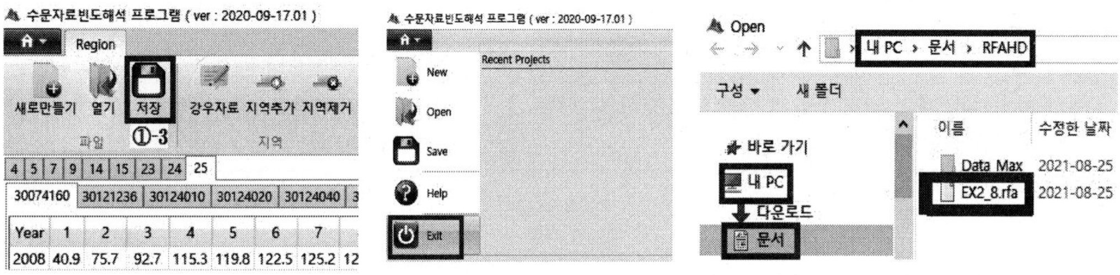

(a) 저장　　(b) 나가기　　(c) 저장 확인

그림 2.32 결과 저장

2.3.3 관련 자료수집

수자원 관련 자료나 정보가 필요한 경우에는 **표 2.15**와 같이 관계기관의 홈페이지를 이용하여 보관 또는 실시간으로 제공하는 각종 자료를 활용할 수 있다.

표 2.15 기관별 물관리 정보 시스템 현황

기관명	홈페이지	주요 정보 · 자료
환경부	국가수자원관리종합정보 시스템 http://www.wamis.go.kr	• 수문기상 • 유역 • 하천 • 댐 • 지하수 • 이수용수 이용량 • 수도 • 환경생태 • 자연재해 • 지형공간 • 용어사전
국토 교통부	하천이력관리 시스템 http://rhms.river.go.kr	• 하천통계 • 하천지정이력 • 하천기본 계획이력 • 하천시설이력 • 하천시설목록 • 정보관리

표 2.15 기관별 물관리 정보 시스템 현황(계속)

기관명	홈페이지	주요 정보 · 자료
환경부	국가상수도정보시스템 https://www.waternow.go.kr	• 상수도정보 • 배움터 • 정보마당
	한강홍수 통제소 http://www.hrfco.go.kr	• 수문 • 홍수 • 하천
	기상청 https://www.kma.go.kr	• 자료실 • 알림·소식 • 주요업무
	국가지하수정보센터(한국수자원공사) https://www.gims.go.kr	• 지하수 상식 • 정보마당 • 지하수개발 • 지하수정보지도 • 지하수측정망
해양 수산부	국립해양측위정보원 https://marineweather.nmpnt.go.kr	• 실시간해양기상정보 • 해양기상통계 자료 • 해양기상정보서비스
농림축산 식품부	농촌용수종합정보시스템(한국농어촌공사) https://rawris.ekr.or.kr	• 농업생산기반시설 • 농촌용수 • 용수 관리정보 • 수자원관련사업

(1) 국가수자원관리종합 정보시스템

표 2.15의 관련 홈페이지 중에서도 관심이 제일 큰 곳은 **국가수자원관리종합 정보시스템(water management information system, WAMIS)**(http://www.wamis.go.kr)(환경부, 2022a)으로 다음과 같은 상세한 육상자료(陸上資料)를 접할 수 있다.

① **수문기상** : 강수량; 강수자료

② **유역** : 유역특성; 특성인자·지형특성·토양지질, 인문사회; 인문통계·산업통계·지역경제, 유역자원; 산림자원· 광물자원·하천골재자원·관관자원·문화재자원, 국토개발; 토지이용·도시계획현황·개발제한 구역현황·상수원 보호구역현황·공원지정 구역현황

③ **하천** : 하천현황; 하천현황·하천 개수율, 하천시설; 이수시설·치수시설·다기능 보시설·강변 저류지 계획현황, 홍수량 산정; 표준지침·유역도·티센계수·유출곡선지수·매개변수·산정결과·강우분석·보고서·부록·다운로드, 하천관리 지리정보시스템; 하천관리 지리정보시스템, 우리가람 길라잡이; 우리가람 길라잡이, 하천기본계획서; 하천기본계획서

④ **댐** : 댐 수문정보; 댐 수문정보, 수위-저수량곡선식; 수위-저수량곡선식

⑤ **지하수** : 지하수 이용; 시설·이용현황·폐공현황, 지하수 산출; 충적 지하수·암반 지하수, 지하수 수질; 지하수 수질특성, 국가지하수 정보센터; 국가지하수 정보센터

⑥ **이수** : 이수용수이용량; 유효우량포함·유효우량미포함, 생활용수; 생활용수 이용량·상수

도 이용현황·상수도 생산량 분석현황·업종별 급수량 현황·미급수지역 이용현황·기타 이용현황, 공업용수; 공업용수 이용량·계획입지공단 현황·계획입지공단 이용량·자유입지업체 이용량, 농업용수; 농업용수 이용량·경지면적현황·논밭용수이용량·가축사육두수현황·축산용수이용량, 수리권·관행 및 허가 수리권 집계·관행 수리권·허가 사용권·하천수 허가사용량, 물이동특성; 물이동특성, 수력발전; 전력수요 및 전망·전원별 현황·수력발전

⑦ **수도** : 수도시설; 광역 및 공업용수도·지방상수도·간이상수도·전용상수도·상수도공급 계통모식도, 운영; 광역 및 공업용수도·지방상수도·상수도 관련비용, 수질; 정수장 수질

⑧ **환경생태** : 하천공간평가; 하천공간평가

⑨ **자연재해** : 홍수; 홍수피해·침수실적조사·홍수기 시 우량·홍수기 시 수위·홍수위험지역·고시홍수량·우심피해현황·피해복구비·치수사업 투자비, 지진; 지진현황, 가뭄; 피해현황

⑩ **지형공간** : 지형공간; 수자원 단위지도·수자원 주제도·유역 주제도·분석 주제도

⑪ **용어사전** : 용어사전; 수자원 물환경 용어사전

(2) 국립해양측위정보원

해상(海上) 관련 상세한 기상자료는 **국립해양측위정보원**(national maritime positioning, navigation, and timing office, NMPNT)(https://marineweather.nmpnt.go.kr)(해양수산부, 2023)을 통해 다음과 같은 내용들을 접할 수 있다.

① **실시간해양기상정보** : 풍향, 유향, 기온, 수온, 시정, 풍속, 파고, 기압, 습도, 염분, 조류

② **해양기상통계자료** : ①항의 기상정보에 대해 7일간의 자료를 지방청별 관측소의 접할 수 있다.

③ **해양기상정보서비스** ; 개인정보 수집·이용에 동의한 후 '지방청(부산청) 선택→3개까지 관측소지정 가능(송정리등표, 오륙도등대, 가덕도등대) ⇒측정기간(2022.05.16.~2022.06.15.)⇒발송요청시간[필요한 시간 체크(√); 04:00, 08:00, 12:00, 16:00, 20:00, 24:00]⇒이용목적(해당항목 선택; 기타), 직업(공공기관)⇒신청(클릭)⇨신청하시겠습니까?; 클릭'하면 서비스를 받을 수 있다.

연 습 문 제

2.1 어떤 "x" 강수량 관측소의 우량계 고장으로 수개월 동안 관측을 실시하지 못하였다. 이 기간 동안 인접한 a, b, c 관측소에서 관측된 총우량은 각각 276, 240, 306이었다. 관측소 x, a, b, c에서의 30년 이상에 걸쳐 측정된 정상 연평균강우량이 각각 1,236, 1,406, 1,184, 1,501mm일 때 다음 사항에 답하시오.

1. x 관측소 보정 강우량의 계산

2.2 어떤 유역에 4개(a, b, c, d)의 강수량 관측소가 있다. 그중 b관측소는 우량계의 고장으로 인해 1개월 동안 결측이 발생되었다. 이 기간 동안에 집중호우가 발생되어 인접한 세 개의 관측소 a, c, d에서는 128, 145, 135mm가 각각 측정되었다. 각각 a, b, c, d 관측소의 정상 연평균강우량은 1,095, 1,023, 1,126, 1,125mm이었을 때 다음 사항에 답하시오.

1. b 관측소의 보상(보정) 강우량 결정

2.3 표 문2.3과 그림 문2.3을 이용하여 다음 사항에 답하시오.

1. 점 우량-유역면적 관계식의 유도
2. Thiessen 법에 의한 평균 우량깊이-유역면적 관계식의 유도
3. 1항과 2항 결과의 그래프 작성

표 문2.3 우량자료

관측소	a	b	c
강우량(mm)	140	140	140
관측소	d	e	f
강우량(mm)	220	220	140
관측소	g	h	i
강우량(mm)	300	140	220
관측소	j	k	l
강우량(mm)	220	140	140
관측소	m		
강우량(mm)	140		

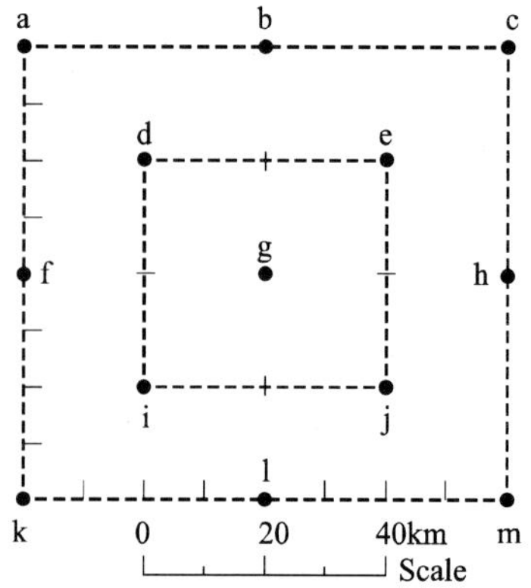

그림 문2.3 유역도

2.4 어떤 유역에서 재현기간 20년에 대한 강우강도－지속기간 관계를 수립하고자 한다. **표 문2.4**와 같은 자료를 이용하여 다음 사항에 답하시오.

1. Talbot형 강우강도식의 유도

표 문2.4 강우강도 자료

강우지속기간(분)	5	10	15	30	60	120
강우강도(mm/h)	7.3	5.6	4.9	3.4	2.2	1.2

2.5 **그림 문2.5**와 같은 유역의 a~f까지 6개 관측소에서 관측된 우량자료를 이용하여 다음 사항에 답하시오.

1. 산술평균법과 Thiessen 법에 의한 평균우량 산정

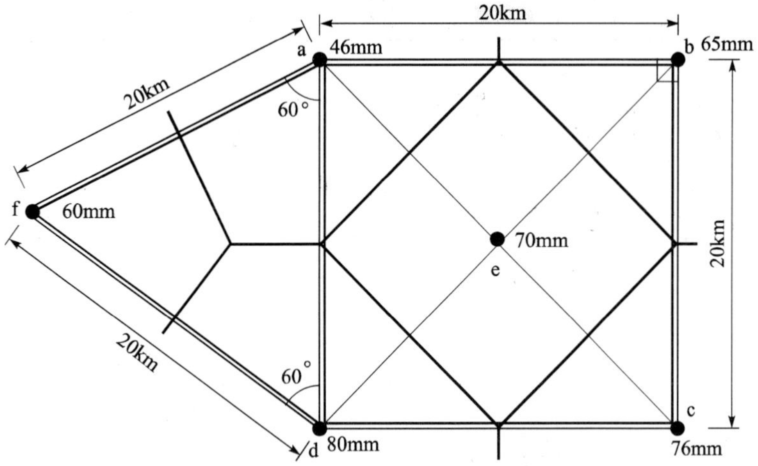

그림 문2.5 평균우량 산정을 위한 유역도

2.6 표 문2.6의 관측점별 우량과 그림 문2.6의 관측위치도를 이용하여 다음 사항에 답하시오.

1. 관측점 위치를 투명지에 복사하여 관측점별 우량을 기입하고 30, 60, 110, 160, 210mm 등우선 스케치
2. 30mm 등우선을 유역의 경계선으로 가정하고 등우선 간 면적 구적기 등으로 구하기
3. 등우선법에 의하여 평균우량 산정
4. Thiessen 방법에 의해 평균우량을 구하여 등우선법에 의한 결과와 비교

표 문2.6 관측소별 강우량 자료

관측점	우량(mm)	관측점	우량(mm)	관측점	우량(mm)	관측점	우량(mm)
a	129	f	119	k	69	p	189
b	119	g	44	l	75	q	39
c	64	h	41	m	139	r	41
d	55	i	40	n	236	s	35
e	69	j	264	o	37	t	121

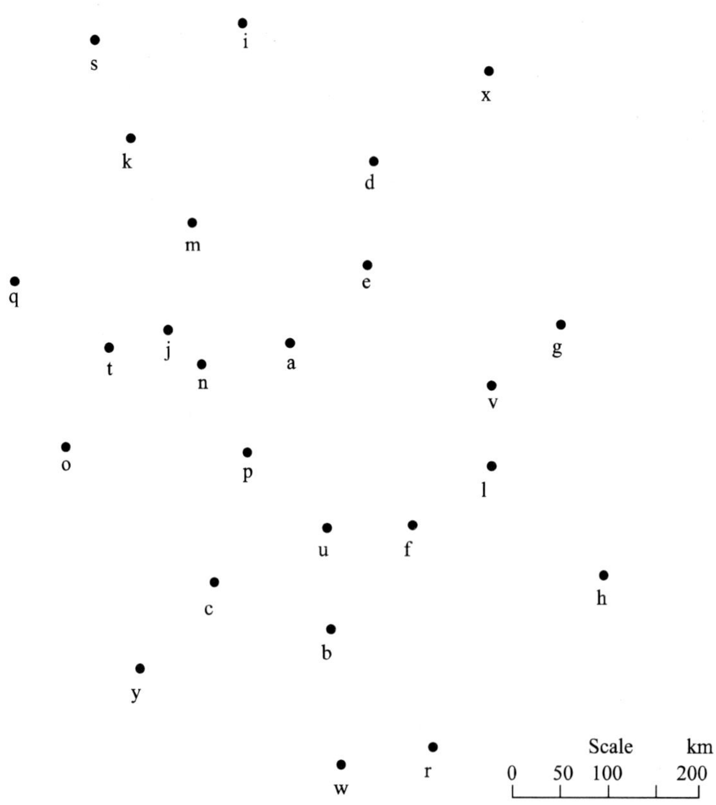

그림 문2.6 유역도

2.7 그림 문2.7과 같이 유역 안에 7개 관측소와 유역 밖에 3개 관측소가 있고, 관측소 이름과 함께 강우량 자료가 주어졌다. 다음 사항에 답하시오.

1. 산술평균법과 Thiessen 법, 등우선도법을 이용한 면적우량 산정
2. 1항의 적합성 여부 검토

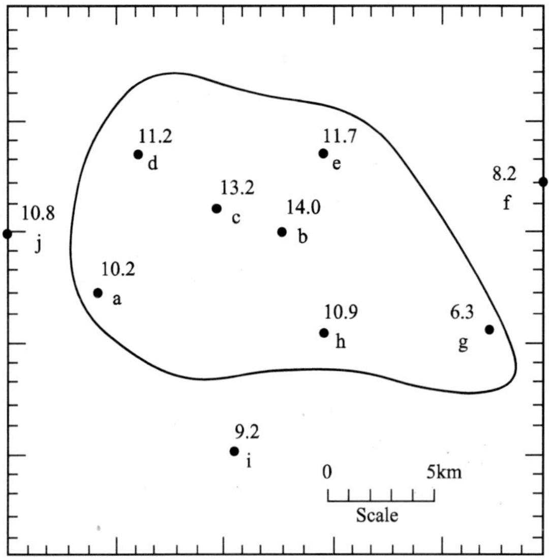

그림 문2.7 평균우량 산정을 위한 유역도

2.8 그림 문2.8과 같은 유역의 강수량 관측소 a, b, c, d, e에 강우지속기간이 6시간인 최대강우량(mm) 누가자료가 표 문2.8과 같다. 유역특성이 균일할 때 Thiessen 법과 10mm 단위 등우선을 사용하여 소구역을 구분하고, 다음 사항에 답하시오[단, 우량(mm) = 소수 2자리 이하, 가중치 = 소수 4자리 이하 버림하여 계산].

1. 강우지속기간 2시간, 4시간에 대한 DAD 해석 수행
2. 1항 결과의 그림 문2.11.2를 이용한 DAD도 작성

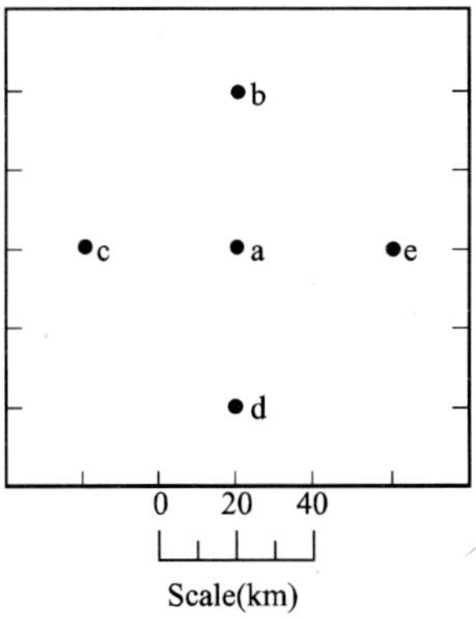

그림 문2.8 유역도

표 문2.8 강우량 자료

관측소 / 지속기간(h)	a	b	c	d	e
6	20	21	22	24	23
8	50	52	55	60	54
10	80	83	84	88	86
12	115	105	115	125	115

2.9 그림 문2.9와 같은 유역의 강수량 관측소 a, b, c, d에 강우지속기간이 8시간인 최대강우량의 누가자료가 표 문2.9와 같다. 유역특성이 균일할 때 Thiessen 법과 10mm 단위의 등우선을 사용하여 다음 사항에 답하시오.

1. 강우지속기간 2, 4시간에 대한 DAD 해석 수행
2. 1항 결과의 그림 문2.11.2를 이용한 DAD도 작성

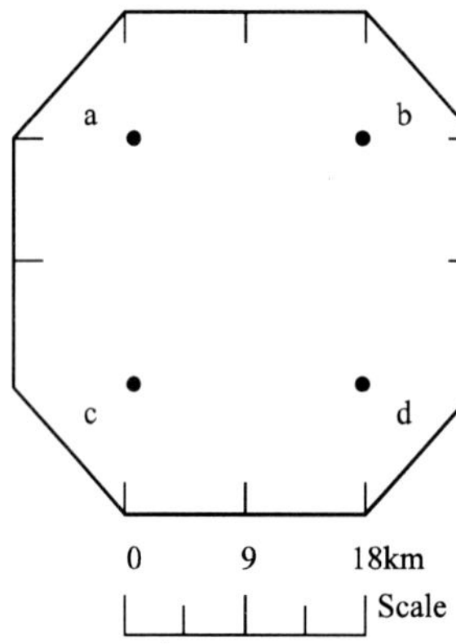

그림 문2.9 유역도

표 문2.9 누가우량자료

지속기간(h) \ 관측소	a	b	c	d	e
2	4.0	7.0	3.0	9.0	23
4	19.0	21.0	18.0	20.0	54
6	48.0	32.0	41.0	37.0	86
8	75.0	65.0	65.0	55.0	115

2.10 그림 문2.10과 같은 유역의 강수량 관측소 a, b, c, d, e에 강우지속기간 8시간인 최대강우량 누가자료가 표 문2.10과 같다. 유역특성이 균일할 때 Thiessen 법과 10mm 단위의 등우선을 사용하여 다음 사항에 답하시오[단, 우량(mm)=소수 2자리 이하, 가중인자=소수 4자리 이하 버림 계산].

1. 강우지속기간 2, 4시간에 대한 DAD해석 수행
2. 1항 결과의 그림 문2.11.2를 이용한 DAD도 작성

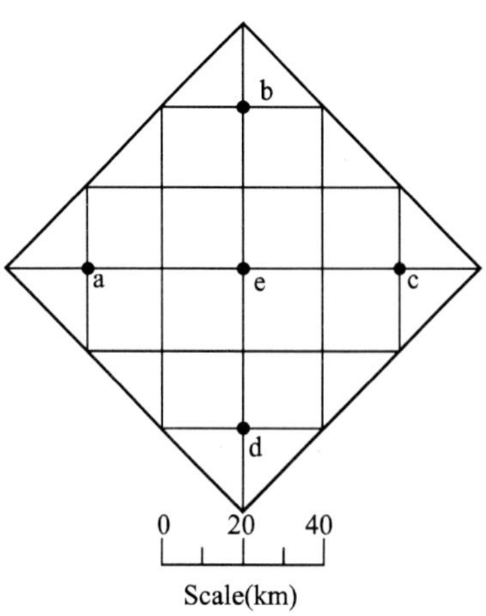

그림 문2.10 유역도

표 문2.10 강우량 자료

지속기간(h) \ 관측소	a	b	c	d	e
2	5	8	6	7	9
4	20	22	28	30	27
6	43	41	49	56	48
8	75	65	75	85	75

2.11 표 문2.11과 같은 강우지속기간 8시간인 최대강우량 누가자료가 그림 문2.11 유역의 강수량 관측소 a, b, c, d, e에서 관측되었다. Thiessen 법과 10mm 단위의 등우선을 사용하여 다음 사항에 답하시오[단, 우량(mm)=소수 2자리 이하, 가중인자=소수 3자리 이하 버림 계산].

1. 강우지속기간 2, 4시간에 대한 DAD 해석 수행
2. 1항 결과의 그림 문2.11.2를 이용한 DAD도 작성
3. 1항과 2항 결과의 분석

표 문2.11 강우량 자료

지속기간(h) \ 관측소	a	b	c	d	e
2	9	6	7	8	5
4	34	38	33	30	35
6	55	64	55	49	55
8	75	85	75	65	75

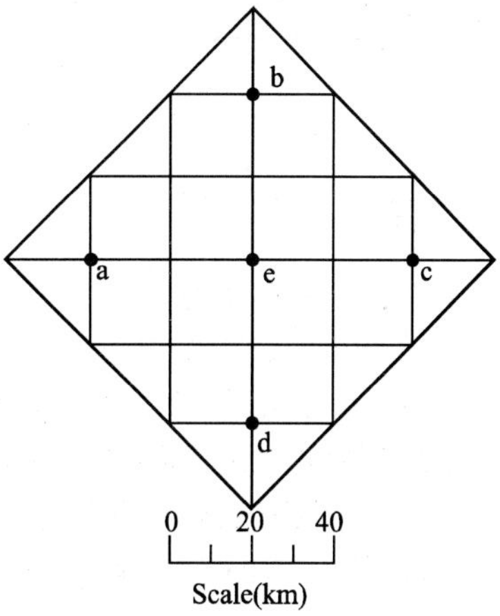

그림 문2.11.1 유역도

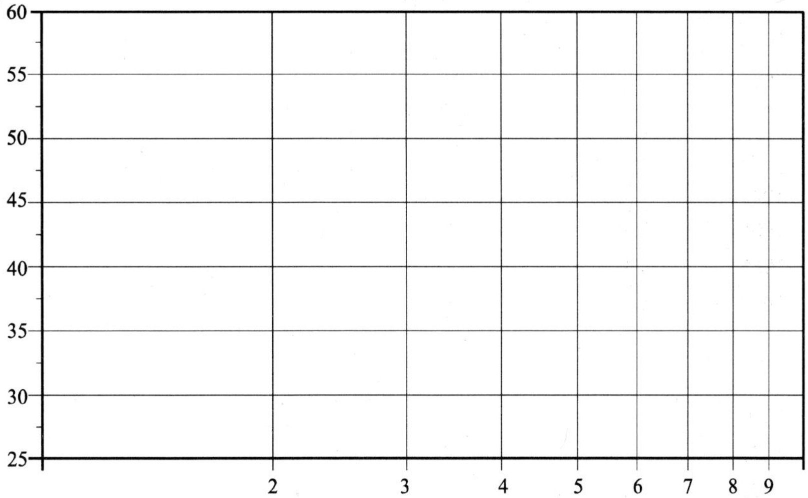

그림 문2.11.2 DAD도 작성

2.12 어떤 강수량 관측소의 5분, 10분, 15분, 20분, 25분, 30분의 5분 시간간격에 대한 65년간 측정된 최대 강우자료는 각 시간증분에 대해 mm 단위의 상위 3개 강우량를 선정하고 순위를 표 문2.12와 같이 결정하였다. 이 자료를 이용하여 다음 사항에 답하시오.

1. 30년 재현기간에 대한 IDF 곡선 유도
2. 1항 결과의 그래프 작성

표 문2.12 IDF 곡선 유도용 강우자료

순위 \ Δt(분)	5	10	15	20	25	30
1	13.1	20.5	25.2	30.3	31.5	33.5
2	12.0	18.9	23.1	27.0	29.4	31.2
3	11.7	17.5	21.9	25.2	27.6	29.9

2.13 어떤 강수량 관측소 'a'의 연도별 총우량과 부근에 위치한 30개 강수량 관측소에 대한 연평균 우량은 표 문2.13과 같다. 이중 누가우량 분석에 의하여 a 강수량 관측소의 우량기록의 일관성을 검사하여 다음 사항에 답하시오.

1. 일관성 변화 여부의 검토
2. 1항 결과 분석에 따른 평균우량의 산정
3. 검토 결과로 산정된 평균우량의 비교

표 문2.13 a 강수량 관측소와 인근 30개 강수량 관측소 평균우량

연도	연도별 우량(mm)		연도	연도별 우량(mm)	
	a 관측소	30개 관측소 평균값		a 관측소	30개 관측소 평균값
1960	676	781	1975	1,244	1,400
1961	578	660	1976	999	1,140
1962	95	110	1977	573	650
1963	462	520	1978	596	646
1964	472	540	1979	375	350
1965	699	800	1980	635	590
1966	479	540	1981	497	490
1967	431	490	1982	386	400
1968	493	560	1983	438	390
1969	503	575	1984	568	570
1970	415	480	1985	356	377
1971	531	600	1986	685	653
1972	504	580	1987	825	787
1973	828	950	1988	426	410
1974	679	770	1989	612	588

2.14 표 문2.13 강수량 관측소 'a'의 일관성 검사에 의해 보정된 강우량 자료를 이용하여 다음 사항에 대해 답하시오.

1. 연강우자료의 막대그래프(bar chart)를 작성하고, 평균값의 20% 이하 표시
2. 3년 이동평균법(3-year moving average method)에 의한 평균값 계산과정을 표로 작성하고, 그 결과를 그래프로 작성

2.15 표 문2.15는 어떤 강수량 관측소의 270분 지속기간에 대한 누가 우량자료이다. 이를 이용하여 다음 사항에 답하시오.

1. 지속기간 30분 간격의 우량주상도(hyetograph) 작성과 강우강도 계산
2. 지속기간 30, 60, …, 240, 270분별 최대 우량깊이와 강우강도를 계산
3. 2항에서 계산된 각 지속기간별 최대 우량깊이와 강우강도의 그래프 작성

표 문2.15 어떤 강수량 관측소의 지속기간별 누가 우량자료

지속기간(분)	0	30	60	90	120	150	180	210	240	270
누가우량(mm)	0	6	18	36	36	43	49	52	53	54

2.16 670km^{2}인 유역에 표 문2.16과 같이 등우선(isohyet) 간의 소구역 면적을 가질 때 다음 사항에 답하시오.

1. 평균우량의 산정

표 문2.16 어떤 강수량 관측소의 등우선 간 소구역 면적

등우선(mm) 간격	150~120	120~90	90~60	60~30	30~10
등우선간 면적(km^2)	100	140	160	180	90

2.17 유역 내에 위치한 5개 강수량 관측소(a, c, e, g, h)와 유역 외 위치한 3개 강수량 관측소 (b, d, f)의 Thiessen 다각형 면적과 강우량이 표 문2.17과 같다. 다음 사항에 답하시오.

1. Thiessen 법과 산술평균법에 의한 평균강우량의 산정
2. 1항의 산정 방법에 따른 결과 비교

표 문2.17 각 강수량 관측소별 지배면적과 강우량 자료

강수량 관측소명	a	b	c	d	e	f	g	h
지배면적(km^2)	725	1,395	1,455	1,050	908	2,231	427	1,545
측정 강우량(mm)	133	142	137	136	111	124	98	109

2.18 10개의 강수량 관측소가 위치한 좌표와 측정된 강우량이 표 문2.18과 같을 때 다음 사항에 답하시오[단, 유역의 대략적 형상은 직교좌표(거리 단위; km)인 (30, 0), (80, 10), (110, 30), (140, 90), (130, 115), (40, 110), (15, 60)으로 구성되었다.].

1. 등우선(도)법에 의한 평균우량 산정

표 문2.18 강수량 관측소의 위치와 강우량 자료

강수량 관측소명	a	b	c	d	e
좌표(km)	(0, 40)	(50, 0)	(140, 30)	(140, 80)	(90, 140)
연강우량(mm)	1,320	1,360	930	810	850
강수량 관측소명	f	g	h	i	j
좌표(km)	(0, 80)	(40, 50)	(90, 30)	(90, 90)	(40, 80)
연강우량(mm)	1,240	1,560	1,280	1,020	1,280

2.19 5각형 형상의 유역경계를 표시하는 모서리 좌표와 유역 내 위치한 4개 강수량 관측소의 좌표와 연강우량 자료는 **표 문2.19**와 같다. 다음 사항에 답하시오.

1. Thiessen 법에 의한 연평균 강우량 산정

표 문2.19 강수량 관측소의 위치와 강우량 자료

유역경계	모서리명	1	2	3	4	5
	좌표(km)	(0, 0)	(120, 0)	(120, 80)	(60, 140)	(0, 80)
강수량 관측소	관측소명	a	b	c	d	
	좌표(km)	(40, 20)	(80, 20)	(80, 60)	(40, 80)	
	연강우량(mm)	1,250	1,115	1,050	1,260	

2.20 4개의 강수량 관측소 a, b, c, d에서 측정된 정상연평균 강우량(normal annual rainfall)이 각각 809.7, 675.9, 762.8, 920.1mm이었다. 어느 해에 a, b, c 강수량 관측소에서는 911.1, 722.3, 798.9mm가 측정되었으나 d 강수량 관측소에서는 모종의 사정으로 인해 우량측정을 하지 못했을 때 다음 사항에 답하시오.

1. d 강수량 관측소의 결측치 보삽(계산)

2.21 **표 문2.21**과 같은 어떤 유역의 유역면적-강우량 관계를 이용하여 다음 사항에 답하시오.

1. Horton의 평균우량깊이-유역면적 관계식의 유도
2. 1항 결과의 그래프 작성

표 문2.21 어떤 유역의 유역면적-강우량 관계

유역면적(km^2)	10	100	500	1,000	5,000	10,000	20,000
강우량(mm)	540	530	100	390	390	330	290

CHAPTER

3

손 실

CHAPTER 3 손 실

본 장에서는 대기의 온도변화에 의해 수분입자가 수표·지표면에서 대기 중으로 방출되는 **증발(蒸發, evaporation)**과 주로 식생의 엽면(葉面)에서 수분입자가 기체화되는 **증산(蒸散, transpiration)**을 다룬다. 또한 강수로 지표에 도달된 물은 지표면을 통해 토양 속으로 **침투(浸透, infiltration)**되고, 이는 중력 작용으로 지하수위까지 도달되는 **침루(浸漏, percolation)**를 거치면서 **지하수(地下水, ground water)**를 형성하는 순환과정을 이루게 된다.

이들 순환과정은 수자원의 활용측면에서 과정변수인 증발·증산, 침투·침루, 지하수의 순환과정을 **손실(損失, water losses)**로 통칭해 다루고자 한다.

3.1 증발·산

본 절에서는 수표면과 지표면으로부터 수분입자가 태양에너지에 의해 대기 중으로 방출되는 **증발**(evaporation)과 식생의 탄소동화 작용에 의해 식생의 엽면을 통해 수분입자가 대기 중으로 방출되는 **증산**(transpiration), 이들에 의한 **증발산**(**蒸發散, evapotranspiration**)에 관해 기술한다.

3.1.1 증발 영향인자

수면과 습한 토양 표면의 물 분자가 태양 에너지에 의해 액체 상태에서 기체 상태로 변환되는 과정은 혼합체가 수면에 미치는 총압력이 수증기의 압력인 **증기압**(**蒸氣壓, saturation vapor pressure**)과 건조한 공기압력의 합과 같다는 Dalton의 법칙으로 설명된다. 공기와 수증기가 섞인 혼합체가 포화상태에 도달할 때까지의 수증기가 갖는 부분압을 **포화증기압**(**飽和蒸氣壓, saturation vapor pressure**)이라 한다. 이와 같이 포화증기압에 영향을 미치는 인자는 물과 공기의 **온도**, **바람**, **상대습도**, **대기압**, **수질**, **수표면 성질·형상** 등이 있다.

증기압은 온도의 상승에 따라 증가하고, **바람**은 실제증기압을 감소시켜 증발률을 증가시키며, **상대습도**는 공기가 수면으로부터 이탈하는 수분입자를 흡수할 능력이 감소하기 때문 공기의 상대습도가 높아짐에 따라 증발률은 감소한다. **대기압**은 고도가 높아짐에 따라 온도가 낮아져 대기압은 감소하게 되므로 증발현상은 촉진된다. **수질**은 오염수질이 순수수질보다 증발률이 작으며, **증발면**의 형상에 따른 영향은 작은 값을 갖으나 평탄지의 증발률은 오목들어간 곳(요, 凹)보다는 크고, 볼록 나온 곳(철, 凸)보다는 작다.

증기압(압력)과 **포화증기압**의 단위는 수은주의 높이(mmHg)를 기본단위로 측정하는데 이를 관련단위로 변환시키면 다음과 같다.

$$1\text{mmHg} = 1.333\text{mb} = 1.333 \times 10^3\text{dyne/cm}^2 \tag{3.1}$$

3.1.2 증발량 산정

넓은 유역의 수면과 지면에서 주로 이루지는 증발은 그 양을 정확하게 산정한다는 것은 쉬운 일이 아니지만 경험적인 방법에 의해 산정한다. 그 방법에는 **물·에너지 수지(收支)방법, 공기 동역학적 방법, 에너지 수지**와 **공기 동역학적 방법**의 **혼합법**, **증발 접시법** 등이 있다.

(1) 물·에너지 수지방법

물·에너지 유입량과 유출량의 **물 수지(收支, budget)** 관계를 연속 방정식 개념으로 표시하는 **저류량 방정식(貯溜量 方程式, storage equation)**이라 하고, 이를 통해서 증발량을 산정하는 방법이다. 물의 주요 순환과정에서 **그림 3.1**과 같이 저수지를 기준으로 유입량은 양(陽, +)과 유출량은 음(陰, −)으로 다음과 같이 표시하여 구한다.

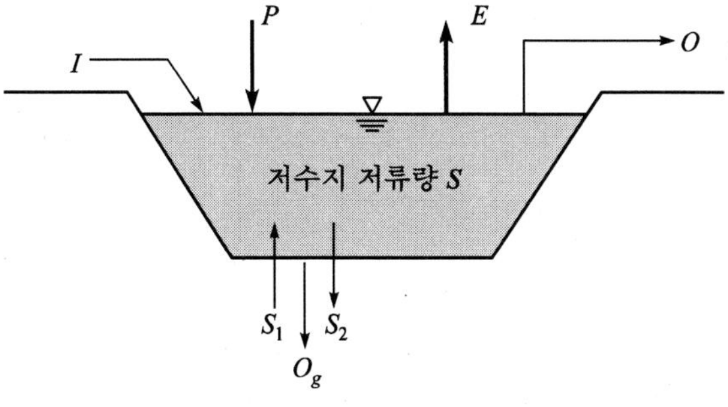

그림 3.1 물수지 원리

$$P+I-O-E+(S_1-S_2)-O_g=0 \tag{3.2}$$

여기서 P=강수량이고, E=증발량이며, I=지표면 유입량, O=지표면 유출량이다. 또한 S_1 =저류량의 증가 변화량이고, S_2=저류량의 감소 변화이며, O_g=침투량(浸透量, seepage)이다.

식 (3.2)에서 증발량 E에 관해 정리하여 다음과 같이 구한다.

$$E=P+I-O+(S_1-S_2)-O_g \tag{3.3}$$

식 (3.3)에서 우변(右邊)의 (S_1-S_2)와 O_g는 정확한 측정이 곤란하고, 장기간 측정 시 다른 양과 비교해 매우 작기 때문에 무시, $E=P+I-O$로 간단히 구하는 것이 보통이다.

또한 에너지 수지원리 방법은 물수지 방법과 비슷하게 수표면을 기준으로 각종 열에너지의 유입량과 유출량을 포함하는 방정식을 이용해 간접적으로 증발산량을 산정하는 방법이며, 많은 수문기상학적 인자(변수)를 포함한다. 이 방법은 저수지의 수면에 저장되어 있는 에너지의 증감량은 수면을 향해 유입을 양으로 하고, 유출을 음으로 하여 에너지를 고려하는 에너지 보존의 원리를 적용한 것이다. 모든 항을 **하루당 태양복사열(langley = cal/cm^2)**의 단위(langley/day)를 사용한다. 주요한 에너지 항에는 태양복사 에너지, 반사복사 에너지, 장파복사 에너지 교환량, 전도 에너지, 유입 및 유출수로 인한 순 에너지 변화량이 있으며, 이들의 저수지 저장 에너지 증감량을 고려해 산정한다.

(2) 공기 동역학적 방법

이 방법은 호수와 저수지의 증발량 산정을 위해 아주 널리 사용되는 방법이다. 이는 증발이 공기 내 수분으로 인한 수표면에서의 포화증기압과 증기압 간에 차에 비례한다는 Dalton이 1802년에 제안한 다음의 **확산 방정식(擴散 方程式, diffusion equation)**에 기초한다(Rafael, 1990).

$$E_a=k_a(e_w-e_z)u_z \tag{3.4}$$

여기서 E_a=공기 동역학적 방법에 의한 증발량(mm/day)이고, k_a=**질량이송계수(質量移送係數, mass transfer coefficient)**로 차원은 압력($[FL^{-2}]$, Pa)의 역수($[1/FL^{-2}]=[F^{-1}L^2]$, 1/Pa)이며, e_w=물 온도에서의 포화증기압이다. 또한 e_z=표고 z에서 **상대습도(相對濕度, relative humidity)** f일 때 증기압이고, u_z=표고 z에서의 풍속이다.

질량이송계수는 에너지 수지방법을 기준으로 보정하여 결정하는 것이 보통이며, 체적증발계수의 항으로 다음과 같이 구한다.

$$k_a = 0.622\frac{\rho_a C_e}{\rho_w p_a} \tag{3.5}$$

여기서 ρ_w, ρ_a =물과 공기의 밀도이고, p_a =표고 z에서의 대기압이며, C_e =무차원 체적증발계수이다.

이상에서 압력차원의 항 e_w, e_z, p_a는 kPa 단위로 측정하고, 속도는 m/s, 공기와 물의 밀도는 kg/m^{3}의 단위를 쓸 때 지상 8m에서 체적증발계수 C_e =1.15×10^{-3}~1.4×10^{-3}의 값을 갖는다. 풍속이 계산하고자 하는 표고와 다를 경우에는 표면조도를 사용해 계산하는 다음 식의 대수법칙 풍속분포곡선을 이용하여 조정한다.

$$u_2 = u_1\left(\frac{z_2}{z_1}\right)^{0.2} \tag{3.6}$$

여기서 z_1, z_2 =서로 다른 위치 1과 2에서의 표고이다.

정지 유체 내 압력의 변화는 물속에 있거나 비행기를 타고, 산위에 올라본 누구라도 중력장 내 정지 유체에서 압력은 높이의 함수라는 것을 안다(Edward et al., 2005). 더 깊은 물속에서 수영을 하거나 잠수하면 더 큰 수압이 귀를 고통스럽게 한다. 정지유체에서 압력은 높이에 따라 변하는 **정수압력(hydrostatic pressure)**으로 다룬다. 평균해수면을 기준으로 한 표준대기압 **【1기압(1 atm)**= 101,300N/m^2(=P$_a$)=101.3kN/m^2(=kPa)**】** 은 표면 1m^2 위 대기 내 공기 기둥의 무게(air weight of entire column)와 같다는 것을 의미한다. 이 관계를 이용해 깊이(depth) [또는 높이(height)] h인 (밀도가 일정한) 정지상태 유체의 압력차는 다음 식으로 구할 수 있다.

$$\Delta p = \rho g h \tag{3.7}$$

여기서 Δp=대기의 압력차이고, ρ=유체(fluid)의 밀도이며, g=중력가속도이다. 표준대기압에서 기온에 따른 공기의 특성은 표 3.1(Edward et al., 2005; 이종석, 2022a)과 같다.

표 3.1 표준대기압에서의 기온에 따른 공기 특성

기온 t (℃)	밀도 ρ (kg/m^3)	단위중량 γ (kN/m^3)	점성계수 μ (Ns/m^2)	동점성계수 ν (m^2/s)	비열비 k –	음속 c (m/s)
-40	1.514	14.85	1.57×10^{-5}	1.04×10^{-5}	1.401	306.2
-20	1.395	13.68	1.63×10^{-5}	1.17×10^{-5}	1.401	319.1
0	1.292	12.67	1.71×10^{-5}	1.32×10^{-5}	1.401	331.4
5	1.269	12.45	1.73×10^{-5}	1.36×10^{-5}	1.401	334.4
10	1.247	12.23	1.76×10^{-5}	1.41×10^{-5}	1.401	337.4
15	1.225	12.01	1.80×10^{-5}	1.47×10^{-5}	1.401	340.4
20	1.204	11.81	1.82×10^{-5}	1.51×10^{-5}	1.401	343.3
25	1.184	11.61	1.85×10^{-5}	1.56×10^{-5}	1.401	346.3
30	1.165	11.43	1.86×10^{-5}	1.60×10^{-5}	1.403	349.1
40	1.127	11.05	1.87×10^{-5}	1.66×10^{-5}	1.400	354.7
50	1.109	10.88	1.95×10^{-5}	1.76×10^{-5}	1.400	360.3
60	1.060	10.40	1.97×10^{-5}	1.86×10^{-5}	1.399	365.7
70	1.029	10.09	2.03×10^{-5}	1.97×10^{-5}	1.399	371.2
80	0.9996	9.803	2.07×10^{-5}	2.07×10^{-5}	1.399	376.6
90	0.9721	9.533	2.14×10^{-5}	2.20×10^{-5}	1.398	381.7
100	0.9461	9.278	2.17×10^{-5}	2.29×10^{-5}	1.397	386.9
200	0.7461	7.317	2.53×10^{-5}	3.39×10^{-5}	1.390	434.5
300	0.6159	6.040	2.98×10^{-5}	4.84×10^{-5}	1.379	476.3
400	0.5243	5.142	3.32×10^{-5}	6.34×10^{-5}	1.368	514.1
500	0.4565	4.477	3.64×10^{-5}	7.97×10^{-5}	1.357	548.8
1000	0.2772	2.719	5.04×10^{-5}	1.82×10^{-4}	1.321	694.8

예제 3.1

호수의 수면은 대기상태이고, 바닥에는 수면 압력의 2배를 받는다. 이때 다음 사항에 답하시오.

1. 수면 아래 단위면당 물기둥의 높이 계산

[풀이]

1. 수면 아래 단위면당 물기둥의 높이 계산

(1) 식 (3.7)을 이용하여 **그림 예3.1**과 같은 호수의 단위면적 A인 수면 아래 물기둥 깊이 h를 구한다.

① 연직방향인 z축에 대한 힘의 평형식을 적용한다.

② $\therefore \sum_z A(p+\Delta p)-AP-W=0$이므로 이를 정리하면 식 (3.7)[$\Delta p=\rho g h$]을 얻는다.

③ 여기서 Δp=수면과 바닥의 압력차이고, ρ=물의 밀도이며, g=중력가속도, P=전수압, W=물의 무게이다.

④ 그러므로, $h=\dfrac{\Delta p}{\rho g}$로 물기둥의 높이를 구한다.

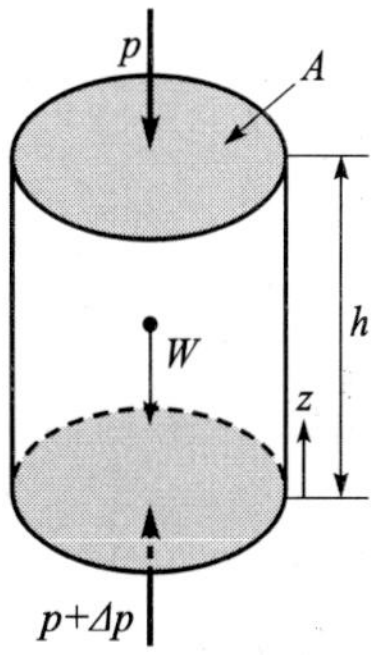

그림 예3.1 원통 물기둥

(2) 수면의 2배 압력을 받는 바닥으로부터의 물기둥 높이는 다음과 같이 구한다.

① $\therefore$ 물기둥 높이 $h=\dfrac{\Delta p}{\rho g}=\dfrac{101{,}300(\text{kg/m}\cdot\text{s}^2)}{(1{,}000\text{kg/m}^3)(9.8\text{m/s}^2)}$=10.33m이다.

예제 3.2

공기의 밀도가 고도(높이)변화에 따라 일정하게 유지된다고 한다. 해발고도 100m에 위치한 10층 아파트(EL_{d_2})의 엘리베이터(elevator)를 타고 있을 때 다음 사항에 답하시오.

1. 맨 위층에서 경험하게 될 공기의 압력변화 계산

[풀이]

1. 맨 위층에서 경험하게 될 공기의 압력변화 계산

(1) 식 (3.7)과 **표 예3.2**의 평균해수면을 기준으로 한 표준대기(공기)의 특성(Edward et al., 2005) 값을 이용하여 구한다.

표 예3.2 표준상태 대기(15℃)의 특성

요소	특성치	요소	특성치
압력(p)	101.3kPa	단위중량(γ)	9.8N/m^3
밀도(ρ)	0.9991kg/m^3	점성계수(μ)	1.789(10^{-5})kg/(m·s)[(N·s)/m^2]

① 식 (3.7)과 $\Delta p=\rho g h$, **표 예3.2**의 밀도 ρ=0.9991kg/m^3, 단위중량 γ=9.8N/m^3 이용, 1층 높이≒4m로 가정한다.

② $\Delta p=\rho g h$=0.9991(9.8)(4×10)≒9.8(40)=392N/m^2=392Pa

③ $\Delta p=p_2-p_1 \rightarrow p_1=p_2-\Delta p$에서; $p_2=\gamma(EL_{d_2})$=9.8(100)=980N/m^2

④ $p_1=p_2-\Delta p$=980−392=588N/m^2<p_2[∵맨 위층이 맨 아래층보다 (대기)압력이 낮다]

(2) ∴10층인 맨 위층에서는 약 66.7%의 압력을 받는다.

① ∵맨 위층은 Δp만큼의 압력이 작아지므로 감소 후 압력 $\nabla p=(\frac{p_1-p_2}{p_1})\times 100(\%)$이다.

② ∴ 맨 위층에서 경험하게 될 감소된 압력은 $\nabla p(\%)=(392/588)\times 100 ≒ 66.7\%$이다.

예제 3.3

평균 4m 상의 공기 온도는 30℃이고, 호수의 최고온도는 20℃이며, 최저온도는 18℃이다. 증발접시의 최고온도는 28℃이고, 최저온도는 25℃일 때 상대습도 25%이다. 또한 지상 4m의 풍속은 6m/s이고, 접시 증발량은 9mm이며, 무차원 체적증발계수 $C_e=1.14\times10^{-3}$일 때 다음 사항에 답하시오.

1. 공기동역학적 방법에 의한 증발량 산정

[풀이]

1. 공기동역학적 방법에 의한 증발량 산정

(1) 호수의 평균온도[(20+18)/2=] 19℃에서 포화증기압 e_w=16.46mmHg(←표 1.11 이용, 단위환산)

① 식 (3.1) 이용; 1mmHg=1.333×10^{3}dyne/cm^2(←1dyne/cm^2=0.1N/m^2)=133.3N/m^2

② e_w=16.46×133.3N/m^2=2.194kPa

(2) 지상 4m상의 평균 공기온도=30℃에서 포화증기압 e_s=31.82mmHg(←표 1.11 이용, 단위환산)

① 식 (3.1) 이용; 1mmHg=133.3N/m^2⇒e_s=31.82×133.3N/m^2=4.241kPa

② 공기의 상대습도 25%인 실제증기압 $e_z=f\times e_s$=0.25×4.241=1.060kPa

(3) 공기온도 30℃에서 대기압 p_a=101.3kPa(표준대기압으로 가정), 공기밀도 ρ_a=1.165kg/m^3 (←표 3.1 이용)

① 식 (3.5) 이용 : **질량이송계수** k_a 【(mass transfer coefficient) 차원; 압력([FL^{-2}], Pa)의 역수([1/FL^{-2}]=[$F^{-1}L^2$], 1/Pa)】 계산;

② $\therefore\ k_a=0.622\dfrac{\rho_a C_e}{\rho_w p_a}=0.622\dfrac{(1.165)(1.14\times10^{-3})}{(1000)(101.3)} ≒ 0.815\times10^{-8}/\text{kPa}$

③ 식 (3.4) 이용 : $E_a=k_a(e_w-e_z)u_z=0.8119\times10^{-8}(2.189-1.058)(6.0)$m·kPa/s·kPa

$=5.509\times10^{-8}$m/s

(4) 또는 $(5.509\times10^{-8}\text{m/s})\left(\dfrac{1{,}000}{1}\dfrac{\text{mm}}{\text{m}}\right)\left(\dfrac{86{,}400}{1}\dfrac{\text{s}}{\text{day}}\right) ≒ 4.8$mm/day

(3) 에너지 수지·동역학적 방법의 혼합법

이 방법은 에너지 수지방법의 태양방사 에너지 중 증발면에 최종적으로 남는 순 에너지의 공급과 이것에 의한 증발면에서의 공기동역학적 분석(수증기의 이동)을 혼합 적용하는 방법으로 Penman의 이론이 있다. Penman 방법은 증발열을 공급할 에너지가 항상 존재하고, 일단 증발된 수증기를 이동시키는 어떠한 조직이 이루어진다고 가정하여 증발률을 산정하는 이론에 충실한 근거가 있는 공식이다(Penman, 1948).

Pemman 공식은 이론에 충실한 근거를 두고, 에너지 평형(energy balance)과 질량이송 접근방법(mass transfer approach)의 조합에 의해 얻는다. Pemman 공식은 여러 연구자들에 의해 제시된 몇 가지 수정안이 조합되어 다음과 같이 제시되었다(Subramanya, 2013).

$$E_{pm} = \frac{A\,H_n + E_a\gamma}{A+\gamma} \tag{3.8}$$

여기서 E_{pm}=**일 잠재 증발산량(daily potential evapotranspiration)**(mm/day)이고, A=공기의 평균기온(℃) vs. 포화증기압(mmH$_g$)의 경사 (mmHg/℃)(**표 3.2** 참조)이다. 또한 E_a=풍속과 포화 미흡량을 포함하는 매개변수이고, γ=0.49(←0.485)인 **습도계(psychrometer) 상수**(mmHg)이며, H_n=순 복사 에너지(하루당 증발 가능 수심)(mm/day)이다.

표 3.2 물의 포화증기압과 포화증기압 경사

기온(℃)	포화증기압 e_s(mmH$_g$)	포화증기압 경사 A(mmHg/℃)	비고
0.0	4.58	0.30	
5.0	6.54	0.45	
7.5	7.78	0.54	
10.0	9.21	0.60	
12.5	10.87	0.71	
15.0	12.79	0.80	
17.5	15.00	0.95	
20.0	17.54	1.05	
22.5	20.44	1.24	
25.0	23.76	1.40	
27.5	27.54	1.61	
30.0	31.82	1.85	
32.5	36.68	2.07	
35.0	42.81	2.35	
37.5	48.36	2.62	

표 3.2 물의 포화증기압과 포화증기압 경사(계속)

기온(℃)	포화증기압 e_s(mmHg)	포화증기압 경사 A(mmHg/℃)	비고
40.0	55.32	2.95	
45.0	71.20	3.66	
비고	• $e_s = 4.584 e^{(\frac{17.27t}{237.3+t})}$(mmHg), t=℃		

또한 **순 복사 에너지** H_n는 다음과 같이 구한다.

$$H_n = H_a(1-r)(a+b\frac{n}{N}) - \sigma T_a^4(0.56 - 0.092\sqrt{e_a})(0.10 + 0.90\frac{n}{N}) \tag{3.9}$$

여기서 H_a=수평면 위의 대기 외부로부터의 **입사 태양 복사 에너지(incident solar radiation)** (하루당 증발 가능 수심)(mm/day)(일년 주기와 위도의 함수로 **표 3.3** 참조)이고, a(=0.29 cosϕ)=위도 ϕ에 좌우되는 상수이며, b=평균 0.52인 상수, n=실제 일조시간(h), N=일조시간의 가능 최대치(h)(위도의 함수로 **표 3.4** 참조)이다.

표 3.3 대기층의 월평균 태양 복사 에너지

북위° \ 월	1	2	3	4	5	6	7	8	9	10	11	12
0	14.5	15.0	15.2	14.7	13.9	13.4	13.5	14.2	14.9	15.0	14.6	14.3
10	12.8	13.9	14.8	15.2	15.0	14.8	14.8	15.0	14.9	14.1	13.1	12.4
20	10.8	12.3	13.9	15.2	15.7	15.8	15.7	15.3	14.4	12.9	11.2	10.3
30	8.5	10.5	12.7	14.8	16.0	16.5	16.2	15.3	13.5	11.3	9.1	7.9
40	6.0	8.3	11.0	13.9	15.9	16.7	16.3	14.8	12.2	9.3	6.7	5.4
50	3.6	5.9	9.1	12.7	15.4	16.7	16.1	13.9	10.5	7.1	4.3	3.0
비고	• H_a(mm/일)											

표 3.4 월평균 일조시간

북위° \ 월	1	2	3	4	5	6	7	8	9	10	11	12
0	12.1	12.1	12.1	12.1	12.1	12.1	12.1	12.1	12.1	12.1	12.1	12.1
10	11.6	11.8	12.1	12.4	12.6	12.7	12.6	12.4	12.9	12.9	11.7	11.5
20	11.1	11.5	12.0	12.6	13.1	13.3	13.2	12.8	12.3	11.7	11.2	10.9
30	10.4	11.1	12.0	12.9	13.7	14.1	13.9	13.2	12.4	11.5	10.6	10.2
40	9.6	10.7	11.9	13.2	14.4	15.0	14.7	13.8	12.5	11.2	10.0	9.4
50	8.6	10.1	11.8	13.8	15.4	16.4	16.0	14.5	12.7	10.8	9.1	8.1
비고	• N(h)											

또한 r=**반사계수(reflection coefficient)**[=반사율(albedo)]로 보통 **표 3.5**의 범위 값을 사용하고, σ=Stefan-Boltzman 상수[=2.01×10^{-9}(mm/day)]이며, T_a=평균(절대)대기온도(kelvin 온도=273+℃), e_a=대기 중 실제 평균증기압(mmHg)이다.

표 3.5 표면조건과 반사율

표면조건	반사율 범위	표면조건	반사율 범위
작물로 덮임	0.15~0.25	수면	0.05
나지	0.05~0.45	눈표면	0.45~0.95

풍속과 포화 미흡량을 포함하는 매개변수 E_a는 다음과 같이 구한다.

$$E_a = 0.35(1+\frac{u_2}{160})(e_w - e_a) \tag{3.10}$$

여기서 u_2=지상 2m의 평균풍속(km/day)이고, e_w=평균대기온도의 포화증기압(mmHg)(**표 3.2** 참조)이며, e_a=대기중 실제 평균증기압(mmHg)이다.

Penman 공식은 **반사율** 0.05를 사용하여 호수 수면에서의 일 증발량 산정에 사용하며, 이는 인도와 영국, 호주, 미국 등에서도 사용된다(Subramanya, 2013).

예제 3.4

어떤 지역 11월의 표 예3.4.1과 같이 주어진 특성(조건)을 이용하여 다음 사항에 답하시오.

1. 일 잠재증발산량의 계산

표 예3.4.1 어떤 지역의 주어진 특성(조건)

• 위도(latitude)=28°4′N	• 고도(elevation)=EL 230m	• 월평균기온=19℃
• 평균상대습도=75%	• 평균관측 일조시간=9h	
• 지상 2m의 풍속=85km/day	• 표면피복 특성=녹색 작물 피복	

[풀이]

1. 일 잠재증발산량(daily potential evapotranspiration)(mm/day) 계산

(1) **표 3.2** 이용, 포화증기압 경사(mmHg/℃) A 계산;

① t=19℃; $e_s = 4.584e^{(\frac{17.27\times 19}{237.3+19})}$=16.49≒16.50mmHg

(2) 표 3.3 이용, 대기층의 월평균 태양 복사 에너지 H_a 계산

① N=28°4′, 11월⇒H_a=9.506mm/day

(3) 표 3.4 이용, n/N 계산;

① N=10.716h⇒n/N=9/10.716=0.84

(4) 대기 중 실제 평균증기압(mmHg) e_a 계산;

① $e_a=f(e_w)$=0.75(16.50)=12.38mmHg

② 위도 ϕ에 좌우되는 상수 a 계산 (b=0.52인 상수)

③ $\therefore\ a=0.29\cos\phi=0.29\cos 28°4'=0.2559$

④ Stefan-Boltzman 상수 σ와 절대온도 T_a 사용

⑤ $\therefore\ \sigma=2.01\times10^{-9}$mm/day, T_a=273+19℃=292K

⑥ $\sigma T_a^4=(2.01\times10^{-9})(292)=14.613$, $r=0.25$

(5) 식 (3.9) 이용, 수평면 위 대기 외부로부터의 입사 태양 복사 에너지 H_n 계산

① $\therefore\ H_n=H_a(1-r)(a+b\dfrac{n}{N})-\sigma T_a^4(0.56-0.092\sqrt{e_a})(0.10+0.90\dfrac{n}{N})$

$=9.506(1-0.25)[0.2559+0.52(0.84)]-14.613(0.56-0.092\sqrt{12.38})$
$[0.10+0.90(0.84)]$

$=4.936-2.946=1.990$mm/day

(6) 식 (3.10) 이용, 일 잠재 증발산량(daily potential evapotranspiration)(mm/day) E_a 계산;

① E_a=풍속과 포화 미흡량을 포함하는 매개변수 계산

② $\therefore\ E_a=0.35(1+\dfrac{u_2}{160})(e_s-e_a)=0.35(1+\dfrac{85}{160})(16.50-12.38)=2.208$mm/day

③ 일 잠재 증발산량 E_a 계산

④ $\therefore\ E_{pm}=\dfrac{AH_n+E_a\gamma}{A+\gamma}=\dfrac{(1\times1.990)+(2.208\times0.49)}{(1.00+0.49)}=2.06$ mm/day

(4) 증발 접시법

증발접시는 현장에서 증발량을 직접적으로 측정하여 증발량을 산정하는 방법이다. 이 방법에서 저수지 잠재증발산량 E_{po}는 증발접시의 증발산량 E_p에 **접시증발계수(pan coefficient)** k_p를 곱함으로써 증발산량을 추정하는 데 사용된다. 이 접시로 잠재증발산량 E_{po}는 증발접시의 증발량 E_p에 증발접시계수 k_p를 곱해 다음과 같이 구한다.

$$k_p=\frac{E_{po}}{E_p} \tag{3.11a}$$

$$E_{po} = k_p E_p \tag{3.11b}$$

여기서 E_{po} =**잠재증발산량(潛在蒸發散量, potential evaporation)**이고, E_p =증발접시의 증발량이며, k_p =증발접시계수(pan coefficient)이다.

① 국내의 경우

우리나라의 국가농림기상센터(2022)에서는 소형 증발접시와 대형 증발접시를 사용하여 다음과 같이 증발량을 측정하고 있다.

(a) 소형 (b) 대형

그림 3.2 증발접시 증발계

1) 소형증발계

그림 3.2(a)와 같이 구경 20cm, 깊이 10cm인 소형 증발계는 우량계의 수수기 높이와 같게 설치하고 배수구는 북쪽을 향하도록 설치한다. 증발계부근에 잔디를 심어 지면에 낙하되는 빗물이 튀어 들어가지 않도록 하며, 철제로 된 **그림 3.2(b)**와 같은 **조제(鳥除, bird chasing fence)**를 씌워 조류의 침입을 방지하여야 한다(조제는 야간이나 강수 시 제거). 관측은 09:00시에 맑은 물 20mm를 넣은 후 다음 날 같은 시각에 관측한 값과의 차를 전일의 증발량으로 기록하며, 결빙 시에는 평형우설량계로 관측한다.

2) 대형 증발계

그림 3.2(b)와 같이 구경 120cm, 높이 25cm인 아연철판제의 백색대형 원통에 후크게이지(hook gauge)를 고정시킨 것이다. 증발계의 수량은 mm 단위로 관측하며, 수온, 수위, 강수량 보정 등의 계산을 거쳐 측정한다. 수위측정에는 주척의 9mm를 10등분한 것 등이 부척으로 구성되어 있다. 건물이나 기타 지상물체의 영향을 받지 않는 곳에 수평으로 설치한다. 증발계의 북측에 수위측정기와 유리원통(靜水井)을 증발계의 구연변

에서 약 5cm의 거리에 수직으로 부착시킨다. 유리원통의 상단은 증발계 구연변보다 약 1cm 낮게 설치하고, 수위측정기는 부착침의 선단이 유리원통의 중앙이 되도록 조정하여 조정나사를 증발계의 측면에 고정시키다. 수위는 20cm 정도로 하고 사용하는 물은 맑은 물이나 빗물을 여과시켜 사용한다. 증발량을 관측하려면 먼저 수온을 관측한 후 수위계에 의한 수위측정 요령에 의해 수위를 측정한다.

② **미국의 경우**

미국 내 가장 일반적으로 사용되는 증발접시는 **그림 3.3(a)**와 같이 지름 120.7cm, 깊이 25cm의 아연도금 철이나 **모넬메탈(monel metal)** A급 접시이다. 팬은 수평이 유지되도록 나무 받침대 위에 설치하고, 동물들의 침입방지를 위해 망으로 연결된 펜스(chain link fence)를 **그림 3.3(b)**와 같이 덮개로 만들어 설치하였다. 그리고 증발량의 측정은 팬의 상부(top)로부터 정확하게 5cm까지 물을 채우고, 24시간 경과 후에 수위를 측정한다. 측정이 끝나면 다시 같은 방법으로 물을 채우고 연속적인 측정이 이루어진다(Wikipedia, 2023).

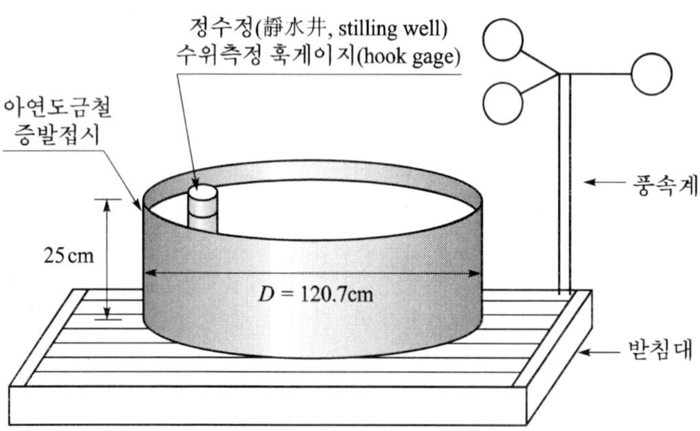

(a) 증발접시 제원

(b) 관측현장 설치

그림 3.3 미국의 표준 A급 증발접시

증발접시계수는 일반적으로 0.35~0.85를 사용하나 여러 위치조건에 대한 대표적인 값은 **표 3.6**과 같다.

표 3.6 여러 위치조건에서의 접시계수 값

바람	식생인 향사면 취송거리(m)	상대습도(%)		
		낮음(<40)	보통(40~70)	높음(>70)
약함 (<1m/s)	0	0.55	0.65	0.75
	10	0.65	0.75	0.85
	100	0.70	0.80	0.85
	1,000	0.75	0.85	0.85
보통 (2~5m/s)	0	0.50	0.60	0.65
	10	0.60	0.70	0.75
	100	0.65	0.75	0.80
	1,000	0.70	0.80	0.80
강함 (5~8m/s)	0	0.45	0.50	0.60
	10	0.55	0.60	0.65
	100	0.60	0.65	0.70
	1,000	0.65	0.70	0.75
아주 강함 (>8m/s)	0	0.40	0.45	0.50
	10	0.45	0.55	0.60
	100	0.50	0.60	0.65
	1,000	0.55	0.60	0.65

비고 : 접시의 종류 : A급(지름=120.7cm, 깊이=25cm)

예제 3.5

어떤 유역에 풍속 3m/s이고, 향사면 취송거리 100m이며, 상대습도 90%, 증발접시 증발량 130mm일 때 다음 사항에 답하시오.

1. 잠재증발산량 산정

[풀이]

1. 잠재증발산량 산정
   (1) 표 3.6에서 상대습도=90%이고, 취송거리=100m이며, 풍속=3m/s일 때 증발접시계수 $k_p=0.80$ 선정
   (2) 식 (3.11)이용 : 증발량 산정
   $E_{po}=k_p E_p=0.8(130)=104\text{mm}$

예제 3.6

어떤 50km²인 유역에 댐을 건설하기 위해 예비조사를 실시한 결과 연평균강수량이 1,200mm이고, 연평균증발량은 1,000mm이었으며, 유출계수는 0.50, 증발접시계수는 0.71이었다. 다음 사항에 답하시오.

1. 댐 지점의 건설 전후 연간 하천유량 변화 계산
2. 1항 변화량의 MKS 단위 환산

[풀이]

1. 댐 지점의 건설 전후 연간 하천유량 변화 계산
   (1) 댐 지점의 건설 전 하천 유출량 Q_1

$$Q_1 = AC_1P = 50\text{km}^2(10^6)\left(\frac{\text{m}^2}{\text{km}^2}\right)(0.50)(120)(\text{mm/yr})\left(\frac{10^{-3}\text{m}}{\text{mm}}\right) = 30\times10^6\text{m}^3/\text{y}_\text{r}$$

   (2) 댐 건설 이후의 하천 유출량 Q_2

$$Q_2 = AC_2(P - k_pE_p) = 50\times1\times[1,200 - 0.71\times1,000](10^6)(10^{-3}) = 24.5\times10^6\text{m}^3/\text{y}_\text{r}$$

   (3) 댐 건설 전후의 변화 유출량 ∇Q

$$\nabla Q = Q_2 - Q_1 = (24.5 - 30)\times10^6 = -5.5\times10^6\text{m}^3/\text{y}_\text{r}$$

2. 1항 변화량의 MKS 단위 환산
   (1) 1(3)항의 댐 건설 이후 1년당 하천유량은 $5.5\times10^6\text{m}^3$만큼 감소한다.
   (2) 이를 MKS 단위로 표시하면 다음과 같다.

① 감소유량 $\nabla Q = 5.5\times10^6\text{m}^3/\text{yr} = \dfrac{5.5\times10^6\text{m}^3}{365\times24\times3,600s} = 0.174\text{m}^3/\text{s}$

② $\therefore\ \nabla Q = 0.174\text{m}^3/\text{s}$(감소)

3.1.3 증발산

증산(蒸散, transpiration)은 식물의 탄소동화 작용으로 인해 식물의 뿌리, 나무줄기를 거쳐 엽면을 통해 액체상태의 물이 기체상태인 수증기로 변환되어 대기 중으로 방출되는 것이다. 증산과 증발에 의한 물의 수증기로 변환되는 것을 **증발산(蒸發散, evapotranspiration)**이라 한다.

증산에 영향을 미치는 인자에는 (1) **식물생리학적 인자**인 다공의 밀도와 특성, 엽면의 구조와 식물 생리학적 요소, (2) **환경학적 인자**인 온도, 태양복사열, 바람, 토양함유수분이 있는데, (2)가 더 중요하다.

증산량의 측정은 **증산계(蒸散計, phytometer)**를 이용하여 식물의 옆면으로부터의 방출량 측정하는데, 실험실 조건하에서 화분에 식물을 심어 이 식물에 용기의 수분을 방출하는 양을 용기무게의 시간적 변화를 측정하여 증산량을 추정하는 방법이다.

증발산은 증발과 증산에 의한 물의 수증기로 변환되는 것을 통틀어 말하며, 이는 **증발산량계(蒸發散量計, lysimeter)**로 측정한다. 증발산량의 측정방법은 증발산계에 의한 측정방법, 물수지 원리방법, 에너지 수지 원리방법과 기상자료에 의한 방법이 있다.

증발산계에 의한 측정방법은 증산량의 측정과 비슷하게 용기 내에 식물을 심고 정상적인 성장에 필요한 일정량의 물이 유지되도록 해야 하며, 화분 내의 흙과 식물 엽면을 통해 방출되는 수분의 총량을 일정시간 간격으로 화분을 끄집어내 용기의 무게를 측정하여 증발산량을 추정한다. 물수지 방법은 유역 내 유입·출량과 저류량을 측정하여 물수지 관계에 의해 유역의 평균증발산량을 산정한다. 기상자료에 의한 방법은 증발산에 영향을 미치는 기상학적인 인자와 증발산량 간의 관계를 분석하여 경험적인 방법에 의해 증발산량을 구하는 방법이다.

3.1.4 잠재열

잠재열(潛在熱, latent heat)은 물질 1그램(gram)당(當) 상태변화를 일으키는 데 필요한 열(교환)량(condensation)(cal/g, J/kg)으로 온도의 함수이다. 이 현상에 필요한 **잠재증기화 열량**과 **잠재응축 열량**(cal/g)의 상태변화에 따른 관계는 **표 3.7**과 같다. **융해(融解, fusion)**와 **동결(凍結, freezing)**에 필요한 열량을 **잠재융해 열량**과 **잠재동결 열량**이라 하며, 그 값은 79.7cal/g이다. 또한 **승화(昇華, sublimation)** 현상에 필요한 **잠재승화 열량** 등은 다음 경험식으로 구한다(Rafael, 1990).

$$H_v = 597.3 - 0.57t (= -H_c) \tag{3.12a}$$

$$H_s = 677 - 0.07t \tag{3.12b}$$

$$H_m = -H_f (= 79.7\text{cal/g}) \tag{3.12c}$$

여기서 t = 대기온도 ℃이다.

표 3.7 물질의 상태에 따른 잠재열량 관계

상태 1에서	상태 2로 변화	정의	기호
액체(물) (liquid)	기체(수증기) (vapor)	H_v =잠재증기화열(latent heat of evaporation, evaporization)	+
수증기	물	H_c =잠재응축열(latent heat of condensation)	−
고체(얼음) (ice)	수증기	H_s =잠재승화열(latent heat of sublimation)	+
얼음	물	H_m =잠재융해열(latent heat of melting)	+
물	얼음	H_f =잠재동결열(latent heat of freezing, fusion)	−

예제 3.7

주변 온도가 45℃인 수심이 아주 얕은 증발접시에 물이 1,200g 들어 있다. 대기압이 0.9bar일 때 다음 사항에 답하시오.

1. 증발의 시작과 총 증발에 필요한 열(熱) 에너지(calories) 계산

[풀이]

1. 증발의 시작과 총 증발에 필요한 열(熱) 에너지(calories) 계산
   (1) 증발의 시작 (1g) 에 필요한 잠재증기화열 계산 : 식 (3.12a) 이용
   $H_v = 597.3 - 0.57t = 597.3 - 0.57 \times 45 = 571.6\text{cal/g}$
   (2) 대기압을 표준대기압으로 환산;
   ① 표준대기압 1기압=760mmHg=1,013mb=1.013bar, 주어진 조건의 대기압=0.9bar의 잠재증기화열은 비례식으로 환산
   ② $1.013\text{bar} : 571.6\text{cal/g} = 0.9\text{bar} : H_{vx} \rightarrow H_{vx} = \dfrac{571.6 \times 0.9}{1.013} = 507.8\text{cal/g}$
   ③ ∴ 45°C 물 1g을 증기화(수증기)시키는 데 507.8cal/g을 필요로 한다.
   (3) 1,200g 총량의 증발에 필요한 열량은 다음과 같다.
   ① ∴ 총열량은 609.36Kcal(=507.8×1,200=609,360cal)이다.

3.2 침투·유효우량

강수로 지표면에 도달된 물은 지표면의 함수상태에 따라 토양의 미소공극을 통해 지표면 아래로 스며드는 것을 **침투(浸透, infiltration)**라 하고, 침투된 물이 중력에 의해 계속 이동하여 포화대인 지하수위에 이르는 것을 **침루(浸漏, percolation)**라고 한다. 이들 두 현상은 개념적으로는 이와 같이 정의할 수 있으나 실제적으로 그 양을 구분하기는 쉽지 않다.

유효우량은 NRCS의 **유출곡선지수 모형(流出曲線指數 模型, runoff curve number model)**을 이용해 유출량 Q 자료가 없는 미계측 지역에서의 강우량 P와 다른 매개변수를 이용해 산정할 수 있다. 이는 1954년 미국 농림부(U.S. dept. of agriculture, USDA) 산하 **자연자원보전국(自然資源保全局, natural resources conservation service, NRCS)**(구, soil conservation service, SCS)에 의해 개발되었다(USDASCS, 1985).

3.2.1 침투·영향인자

침투율(浸透率, infiltration rate)은 비가 단위시간 단위면적당 지표면에서 토양 속으로 침투되는 비율(mm/h)을 말한다. 이는 단위시간에 침투되는 물의 양을 침투면적으로 나눈 수주(水柱)의 높이로 표시하며, **침투계(浸透計, infiltrometer)**로 측정한다.

실체침투율 f_a는 강우강도 I가 토양의 침투능 f_p보다 클 때($I > f_a$) 생기고, 그 크기는 침투능과 같은 $f_a = f_p$이며, 그 반대의 $I < f_a$인 경우에는 $f_a < f_p$인 실제 침투율을 나타낸다.

이와 같이 침투현상은 물의 토양면 **침입**→토양 내부로 **이동**→토양 내 저류량 **고갈**⇒**3단계**로 이루어진다.

침투에 영향을 미치는 인자로는 토양의 종류, 지표보류수의 깊이와 포화대의 두께, 토양의 함유수분(함수량), 토양의 다짐정도, 식생피복, 토양의 동결깊이, 온도변화 등이 있다.

(1) 토양 종류

토양 속 공극의 크기, 공극 크기의 분포상태, 강우나 관개 시 공극의 안정성 등에 따라 영향을 받는다. 즉, **그림 3.4(a)**와 같이 사질 토양은 공극이 크고, 안정성 커 침투율이 크다(침투능 최대). **그림 3.4(b)**와 같이 **점토질 토양**은 침투능이 작고, 실트질이나 점토질 토양은 건조 시 공극이 크나 비가 오면 공극 작아진다[∵콜로이드(colloidal) 물질(=성상이 아교와 닮은 물질)이 부풀기 때문](Dingman, 2002; Todd, 1980; 2005).

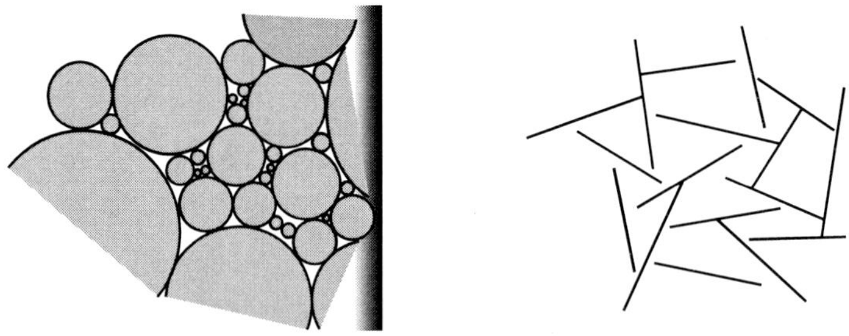

(a) 사질 토양　　(b) 점토질 토양

그림 3.4 토양의 종류에 따른 공극

(2) 지표보류수 깊이 · 포화대 두께

그림 3.5(a)의 무강우 시는 마찰력이 전혀 없고, 그림 3.5(b)와 같이 강우초기는 그림 3.5(d)의 최대 침투능(=초기 침투능)이던 것이 강우가 계속되는 시간의 경과에 따라 마찰력은 증가되고 침투능은 감소된다. 계속된 강우로 그림 3.5(c)와 같이 시간의 경과에 따라 포화대가 완전히 포화되어 $L \geq d$가 되면 마찰력은 거의 일정한 값을 갖게 되어 $h \fallingdotseq L$로 압력수두는

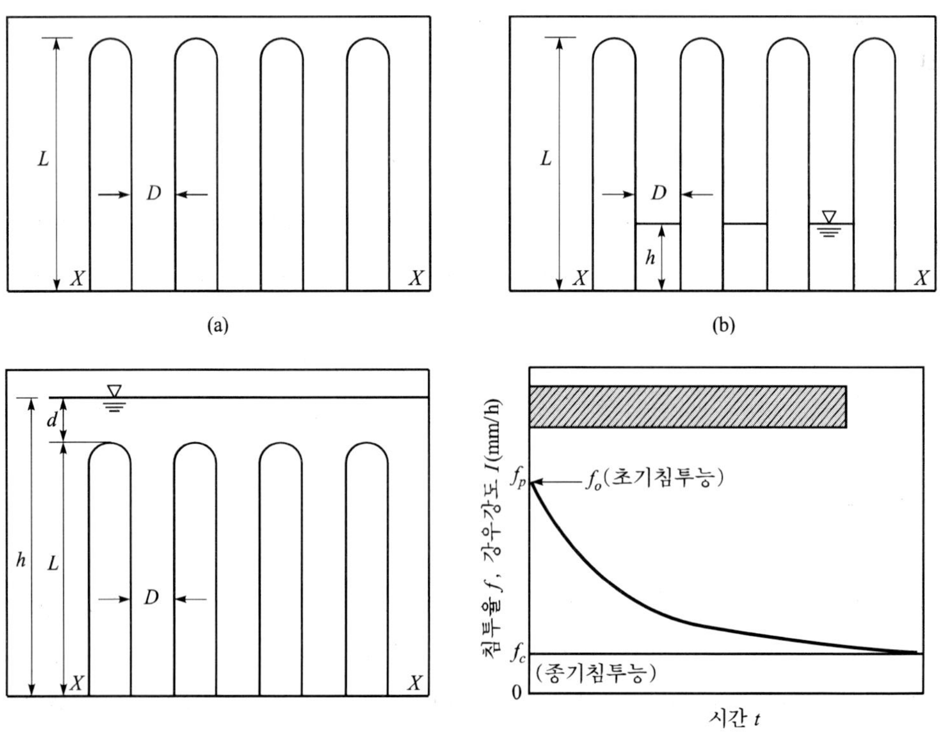

그림 3.5 지표보류수 깊이와 포화대 두께 관계

관로길이와 같게 된다. 이때부터는 **그림 3.5(d)**와 같이 침투능은 일정하게 되는데, 이것이 종기침투능이다. 여기서 D = 미소관의 지름이고, L = 관의 길이이며, d = 지표보류수의 깊이, $h(=d+L)$ = 손실수두이다.

(3) 토양수분

건조토양은 강우 초기에는 토양이 완전히 건조상태 시(토양공극이 크므로) 모관력이 커 침투능이 크다. 강우가 계속되면 물이 점점 침투되면서 지표토층이 포화상태에 가까워지므로 **그림 3.5(d)**와 같이 침투능이 감소된다. 습윤 토양은 강우초기에는 토양이 어느 정도 수분이 있으므로 건조 토양보다 침투능이 작다. 강우가 계속되면 건조 시보다 낮은 침투능으로 감소한다.

(4) 토양 다짐 · 식생

토양의 다짐 정도에 따라 토양속 공극의 감소로 침투능은 비례하여 감소한다. 또한 **식생**은 토양의 공극을 보존하는 흙의 스펀지 역할을 해주므로 침투능을 증대시킨다. 그래서 산에 나무가 많으면 침투능을 크게 하여 지표유출량을 감소시킴은 물론 침식방지로 사방효과도 있다. 그 외에도 온도와 토양의 동결 등도 침투에 영향을 미치는데, 온도에 따른 침투능 변화는 겨울보다 여름에 크고, 동결 시에는 건조토가 큰 공극으로 인해 침투능이 크다.

3.2.2 침투능 산정

침투능(浸透能, infiltration capacity)은 일정조건하에서 어떤 토양면을 통해 물이 침투할 수 있는 최대율 또는 최대속도[LT^{-1}]로 나타낸다. 이는 토양표면을 통하여 지하로 물이 유입되는 과정으로 침투되는 동안 토양속의 함유수분 분포로 나타낸다.

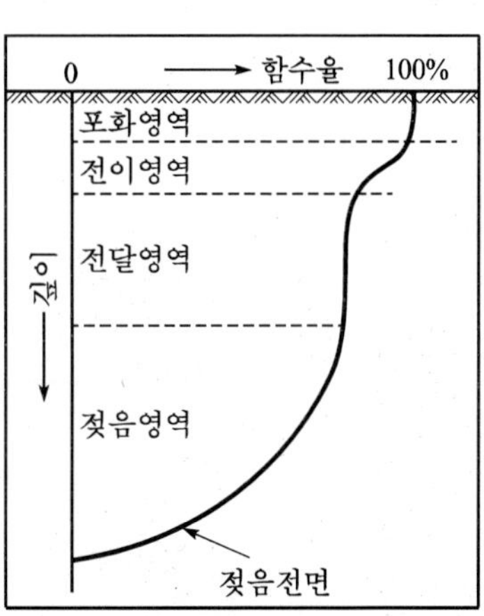

그림 3.6 침투과정에 따른 토양수분 분포 깊이

그림 3.6과 같이 깊이의 크기에 따라 4개 영역으로 분류할 수 있다. 이 4개의 영역은 지표면으로부터 시작되는 **함수율(含水率, moisture content)** 100%인 얇은 층의 **포화영역(飽和領域, saturation zone)**과 그 바로 아래에 **전이영역(轉移領域, transition zone)**이 위치하며, 그 다음 영역인 **전달영역(傳達領域, transmission zone)**이 존재한다. 이 전달영역의 토양수분은 **잠재 침투능(潛在 浸透能, field**

capacity)(=최대 보수량)보다는 높고, 포화상태보다는 낮으며, 깊이에 따라 거의 균일한 분포를 갖는 비포화상태에 있다. 맨 아래에는 **젖음영역(wetting zone)**이 존재하는데 이 영역의 토양수분은 잠재 침투능 상태 또는 그 이하에 있으며, 깊이에 따라 감소된다. 젖음영역의 경계는 새롭게 침투되어 젖은 토양과 원래 함유수분을 갖는 토양사이에 존재하는 깊이에 따라 급격히 변하는 **젖음전면(wetting front)**이 있다. 토양의 물리적인 특성과 침투량에 따라 젖음전면은 수 센티미터(centimeter)에서부터 수 미터(meter)로 분포될 수 있다.

(1) 침투계

면적이 넓은 유역에서 침투능을 결정하는 것은 실제적으로 어려운 일이기 때문에 일부 시험지역을 선정하여 관측하고, 그 유역을 대표하는 값으로 삼는 것이 타당할 것이다. 현재 알려져 있는 현장에서의 침투능 측정방법은 대체적으로 **그림 3.7(a)**와 같은 범람형(氾濫型, flooding type)과 **그림 3.8(a)**와 같은 인공살수형(人工撒水型, sprinkling type)이 있다. 전자의 경우는 **그림 3.7(b)**(Dingman, 2002)와 같이 건조토양에 의한 단효과를 없애기 위해 동심원인 이중관으로 만들었다. 측정방법은 5mm의 수심이 침투되는 시간을 측정하여 이를 단위시간당의 침투량(mm/h)으로 환산한다. 후자는 실험실에서 인공적으로 임의 시간동안 강우량 P(=강우강도=유입률)를 살수시켜 토양을 침투하여 불투수층으로 흘러 집수지로 유입된 유량을 측정에 얻은 유출률을 구해 그 차이를 침투율로 산정하는 방법이다. **그림 3.8(b)**(Shaw, 1984)와 같은 갱도식 침투계는 유역 내 나지(裸地)나 식생지(植生地) 등에 여러 개의 침투계를 설치하고, 이로부터 침투된 물을 **집수갱(集水坑, collecting pit)**에서 월간 단위로 측정하여 침투율을 산정하는 방법이다.

(a) 이중관 침투계

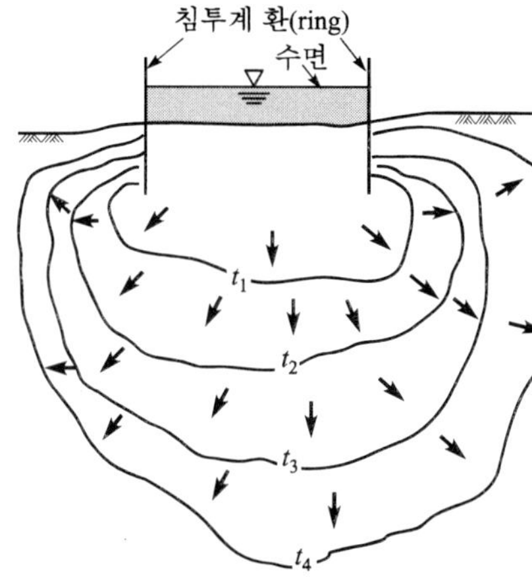

(b) 침투계의 불포화층 내 젖음전면 양상

그림 3.7 침투계와 젖음전면의 양상

(2) 경험식

경험 공식에 의한 방법으로 가장 대표적인 Horton **방법**을 소개한다. 그는 현장이나 실험실에서 측정된 많은 자료를 이용해서 침투능에 관한 경험식을 다음과 같이 제안(Horton, 1933)하였는데, **그림 3.5(d)**와 같은 곡선에 그의 이름을 붙여 **Horton 침투능 곡선**이라 한다.

$$f_p = f_c + (f_0 - f_c)e^{-kt} \tag{3.13}$$

여기서 f_p = 임의 시간에서의 침투능(mm/h)이고, f_0 = 초기 침투능이며, f_c = 종기 침투능, t = 강우 시작시간으로부터 측정되는 시간(h), k = 토양의 종류와 식생피복에 따라 결정되는 상수(h^{-1})이다.

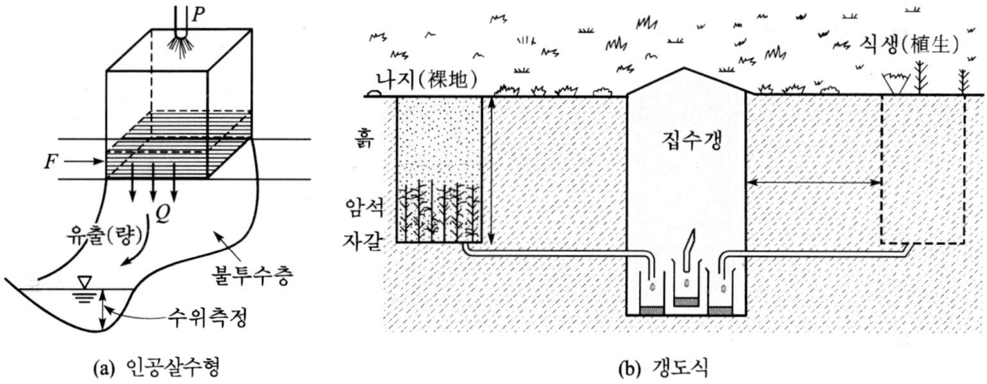

그림 3.8 현장 침투계

식 (3.13)을 강우 시작시간으로부터 임의시간 t까지를 적분하면 다음과 같이 **누가침투량(累加浸透量, accumulated infiltration)**을 얻는다.

$$F = \int_0^t f_p dt [\leftarrow f_p = f_c + (f_0 - f_c)e^{-kt}] = f_c t + (f_0 - f_c)\frac{1}{k}(1 - e^{-kt}) \tag{3.14}$$

이 외에도 Holtan, Philip 등 여러 가지의 경험식이 있다(Ponce, 1989).

예제 3.8

어떤 유역의 토양이 Horton의 침투능 매개변수인 초기침투능 f_0=100mm/h이고, 종기침투능 f_c=20mm/h, 상수 k=2min^{-1}이다. 다음 사항에 답하시오.

1. 강우시작으로부터 지표보류가 발생되는 강우강도의 설명
2. 1항 강우강도가 40분 동안 유지될 때 이 강우기간 동안의 시간 함수인 침투능 표시

[풀이]

1. 강우시작으로부터 지표보류가 발생되는 강우강도의 설명
   (1) 침투능 산정 : Horton의 침투능 식 (3.13) 이용
      ① 잠재 침투율은 최대 f_0=100mm/h와 최소 f_c=20mm/h로 변한다.
      ② 전체 호우기간 동안 100mm/h를 초과하는 강우강도는 어떤 강우에 대해 강우의 시작으로부터 지표보류를 초래하게 될 것이다.
2. 1항 강우강도가 40분 동안 유지될 때 이 강우기간 동안의 시간 함수인 침투능 표시
   (1) 이들 조건하에서 침투능 f_p는 시간의 함수로 하여 다음과 같이 표시할 수 있다.
      ① $f_p = f_c + (f_o - f_c)e^{-kt} = 20 + (100-20)e^{-2t} = 20 + 80e^{-2t}\ (0 \le t \le 40\text{min})$
      ② 여기서 t=40분의 강우지속기간은 저류시간(=수막시간, ponding time)이다.

예제 3.9

표 예3.9.1은 어떤 유역의 범람형 침투계(flooding-type infiltrator)를 이용한 실험에서 얻은 침투능 자료이다. 이를 이용하여 다음 사항에 답하시오.

1. 실험 경과시간과 침투특성간의 관계 그래프 작성
   (1) 침투능 vs. 시간의 관계곡선 작성
   (2) 누가침투량 vs. 시간의 관계곡선 작성
   (3) 침투능 vs. 누가침투량의 관계곡선 작성
2. 곡선적합(curve fitting)을 통한 Horton의 침투능곡선 유도

표 예3.9.1 범람형 침투계에 의 침투능 실험자료

실험 시작 후 시간 t(분)	5	10	15	25	45	60	75	90	110	130
누가침투량 F(mm)	17.5	30.0	39.5	55.0	72.5	83.0	93.0	102.0	112.8	123.6

[풀이]

1. 실험 경과시간과 침투특성간의 관계 그래프 작성

작성할 그래프 3개를 위해 필요한 변수(침투능, 누가침투량)를 **표 예3.9.2**와 같이 주어진 실험 경과시간(분)에 대해 계산한다.

표 예3.9.2 경과시간에 대한 주요 변수(침투능, 누가침투량) 계산

ⓐ 경과시간 t(분)	ⓑ 누가침투량 F(mm)	ⓒ 시간간격별 증가 침투량 ΔF(mm)	ⓓ 침투능 f_p(mm/h)	ⓔ $\ln(f_p - f_c)$	ⓕ 경과시간 t(h)
0	0	0	0	0	0
5	17.5	(17.5−5=) 17.5	(17.5(60)/5=) 210.0	ln(210.0−32.4=) 5.179	(5/60=) 0.083
10	30.0	(30−17.5=) 12.5	(12.5(60)/5=) 150.0	ln(150.0−32.4) =4.767	(10/60=) 0.167
15	39.5	(39.5−30=) 9.5	(9.5(60)/5=) 114.0	4.401	0.250
25	55.0	(55−39.5=) 15.5	(15.5(60)/10=) 93.0	4.104	0.417
45	72.5	(83−72.5=) 17.5	(17.5(60)/20=) 52.5	3.000	0.730
60	83.0	(55−39.5=) 10.5	(10.5(60)/15=) 42.0	2.261	1.000
75	93.0	10.0	40.0	2.028	1.250
90	102.0	9.0	36.0	1.280	1.500
110	112.8	10.8	32.4		1.833
130	123.6	10.8	32.4		(130/60) =2.167

(1) 침투능 vs. 시간의 관계곡선 작성

표 예3.9.2의 경과시간 ⓕ에 대한 침투능 ⓓ 간의 관계곡선은 **그림 예3.9.1(a)**와 같이 작성한다.

(2) 누가침투량 vs. 시간의 관계곡선 작성

표 예3.9.2의 경과시간 ⓕ에 대한 누가침투량 ⓑ 간의 관계곡선은 **그림 예3.9.1(b)**와 같이 작성한다.

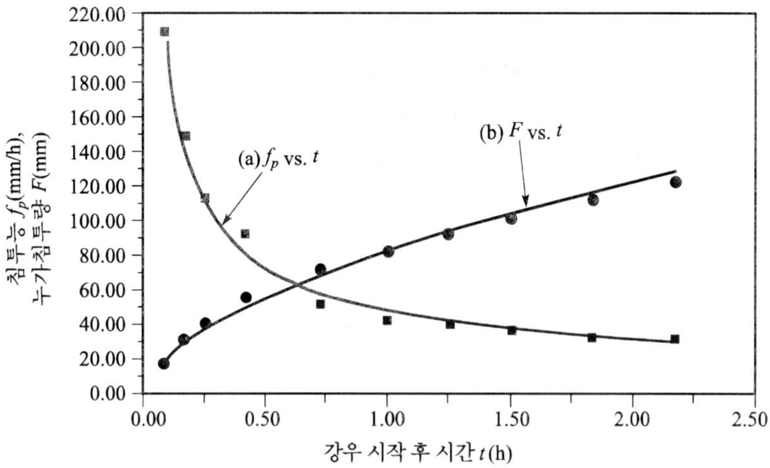

그림 예3.9.1 경과시간에 대한 침투능과 누가침투량의 관계곡선

(3) 침투능 vs. 누가침투량의 관계곡선 작성

표 예3.9.2의 누가침투량 ⓑ와 침투능 ⓓ 관계곡선은 그림 예3.9.2와 같이 작성한다.

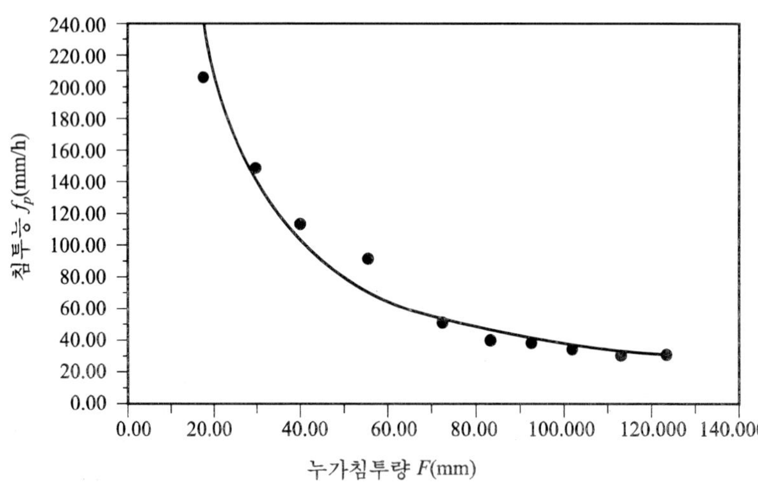

그림 예3.9.2 누가침투량과 침투능 관계곡선

2. 곡선적합(curve fitting)을 통한 Horton의 침투능곡선 유도

(1) 표 예3.9.2의 경과시간 ⓕ에 대한 $\ln(f_p - f_c)$ ⓔ 간의 관계곡선은 그림 예3.9.3과 같이 작성한다.

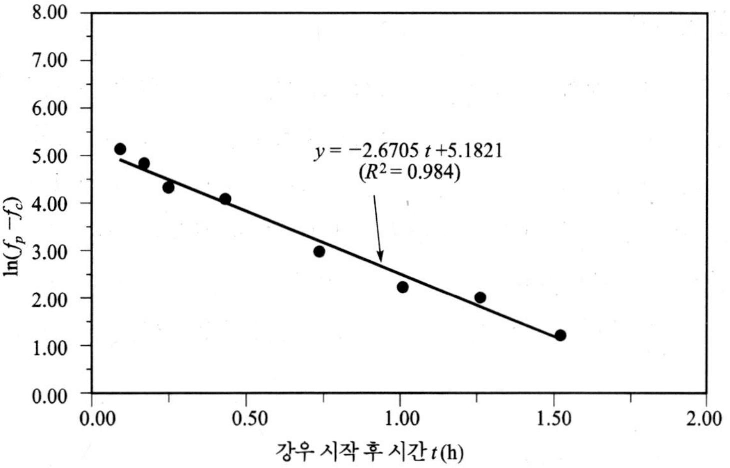

그림 예3.9.3 경과시간에 대한 $\ln(f_p - f_c)$ **간의 관계곡선**

(2) 작성된 **그림 예3.9.3**을 통해 곡선적합(curve fitting)에 의해 관계식을 유도하고 초기침투능 f_0를 다음과 같이 결정한다.

① Horton의 침투능식 $f_p = f_c + (f_0 - f_c)e^{-kt}$에서 $f_p - f_c = (f_0 - f_c)e^{-kt}$로 변환 후 양변에 자연대수를 취한다.

② $\ln(f_p - f_c) = -kt + \ln(f_o - f_c)$는 $y = -kt + a$ 형의 1차 직선(회귀)식으로 변환한다.

③ **그림 예3.9.3**과 같이 시간 t에 대한 $\ln(f_p - f_c)$ 간의 관계 그래프를 작성한다.

④ 작성된 그래프의 곡선적합(curve fitting)을 통해 다음과 같은 직선식을 도출한다.

$$\ln(f_p - f_c) = -2.6750t + 5.1821 \quad (R^2 = 0.984) \tag{예3.9}$$

⑤ 식 (예3.9)에서 $-k$=기울기(slope)=-2.6750, $\ln(f_0 - f_c)$=절편(intercept)=5.1821을 얻을 수 있다.

1) 여기서 기울기 k=2.6750이다.

2) 절편 $\ln(f_0 - f_c)$=5.1821에서 ($y = e^x \rightarrow \ln y = x$이므로) $(f_0 - f_c) = e^{5.1821}$=178.0을 얻는다.

3) $\therefore f_0$=178.0+f_c=178.0+32.4=210.4mm/h

4) 이들 값을 정리하면, 초기 침투능 f_0=210.4mm/h이고, 종기 침투능 f_c=32.4mm/h, 기울기 k=2.6750(h^{-1})이다.

5) $\therefore$Horton의 침투능식 $f_p = 32.4 + (210.4 - 32.4)e^{-2.6750t} = 32.4 + 178.0e^{-2.6750t}$이다.

3.2.3 평균 침투능

평균침투지표(平均 浸透指標, infiltration index)는 **그림 3.9**와 같이 호우기간 동안의 총 침투량을 호우지속기간으로 나눈 값을 평균침투율로 이를 **평균침투능**이라 하며, 많이 사용되는 방법으로 ϕ-지표가 있다. 이는 강우강도의 시간에 따른 변화를 나타내는 **우량주상도(雨量柱狀圖, rainfall hyetograph)**를 이용하여 구한다. 평균침투능은 총강우량과 총손실량을 구분하는 수평선에 대응하는 강우강도이고, ϕ-지표 위에 있는 강우량과 유출량이 동일한 강우강도 또는 이 호우가 발생한 유역의 호우로 인한 평균침투능이다(Cook, 1946).

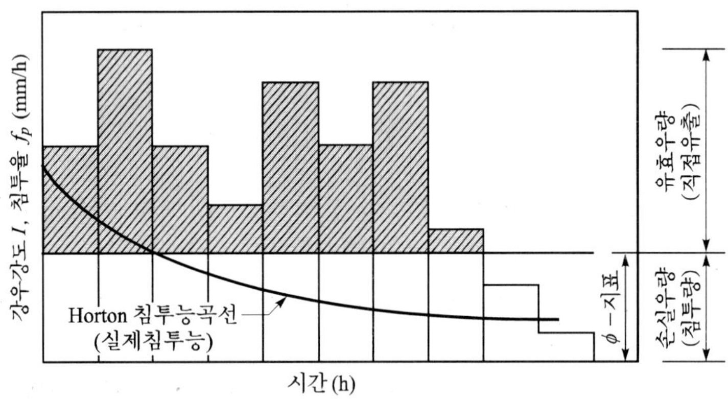

그림 3.9 평균 침투능지표의 개념

이 방법은 총강우량(P)−총침투량(F)=초과강우량($\overline{R}$)[=유효우량=표면유출량]으로 계산하고, $\overline{R}$가 모두 지표면 유출된다고 가정하여 평균침투능(지표)을 다음과 같이 결정한다.

$$\phi - \text{지표} = \frac{\text{총침투량}(F)}{\text{강우지속기간}(T)} = \frac{P - \overline{R}}{T} \tag{3.15}$$

여기서 P=총강우량(mm)이고, F=총침투량(mm)(=손실량 : 지표보류 증발산, 침투 등에 의한 손실의 총량)이고, $\overline{R}$=(지표면)유출량[=유효유량=초과강우량 : 유역상의 등가 깊이(mm)], T=강우강도 I(mm/h)가 침투능 f_p보다 큰 시간장경(h)이다.

실제침투능은 지수 함수곡선(=Horton의 침투능곡선식)을 따라 감소하는데, 이를 균일한 값으로 보아 계산함으로써 강우초기에는 실제보다 너무 작은 침투율을 적용하게 되고, 강우종기에는 실제보다 너무 큰 침투율로 계산된다. 그렇지만 이 방법은 큰 유역의 호우발생 시 개략적인 유출량의 산정방법으로 실제에 많이 사용되는 방법이다.

예제 3.10

어떤 강수량 관측소의 6시간 연속된 강우가 각각 시간당 10, 30, 40, 50, 25, 7mm이었다. 유역의 출구에서 관측된 유출량의 평균 유출고가 72mm일 때 다음 사항에 답하시오.

1. 우량주상도의 작성
2. ϕ – 지표법에 의한 평균침투지표 산정

[풀이]

1. 우량주상도의 작성
   (1) 시간당 우량에 대한 **우량주상도**는 그림 예3.10과 같다.

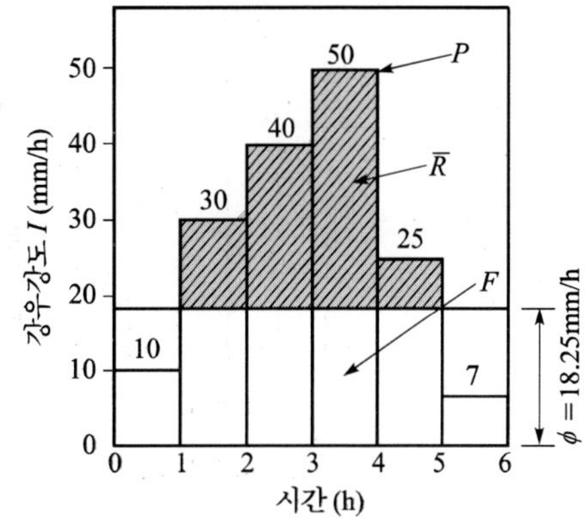

그림 예3.10 우량주상도

2. ϕ-지표법에 의한 평균침투지표 산정
   (1) 식 (3.15)를 이용한 시산법 적용
   (2) 제1시산 :

$$\phi_1 = \frac{F_1}{T_1} = \frac{P-\overline{R}}{T_1} = \frac{162-72}{6}$$

$$= 15\text{mm/h}$$

① 제1검산 : $\Sigma(I_i - \phi_1)t_r = \overline{R}(\leftarrow I_i \geq \phi_1)$

② $[(30-\phi_1)+(40-\phi_1)+(50-\phi_1)+(25-\phi_1)]\times 1 = \overline{R}$이면 OK

③ $[(30-15)+(40-15)+(50-15)+(25-15)]\times 1 = 85\text{mm} \neq 72\text{mm}$ ∴NG

(3) 제2시산 : $\phi_2 = \dfrac{F_2}{T_2} = \dfrac{P-[\overline{R}+\Sigma I_i(\leq \phi_1)t_r]}{T_2}$

① $F_2 = 162-[72+(10+7)\times 1] = 162-89 = 73\text{mm},\ T_2 = I_i > \phi_1 = 4\text{h}$

$= 73/4 = 18.25\text{mm/h}$

② 제2검산 : $\Sigma(I_i - \phi_2)t_r = \overline{R}(\leftarrow I_i \geq \phi_2)$

③ $[(30-\phi_2)+(40-\phi_2)+(50-\phi_2)+(25-\phi_2)]\times 1 = \overline{R}$이면 OK

④ $[(30-18.25)+(40-18.25)+(50-18.25)+(25-18.25)]\times 1 = 72\text{mm}$ ∴OK

(4) ∴ 평균침투지표 ϕ=18.25mm/h이고, 우량주상도에 표시하면 그림 예3.10과 같다.

예제 3.11

강우량 75mm가 그림 예3.11과 같이 매시간분포가 다른 2개의 분포에서 유효우량이 33mm로 동일한 호우에 대해 다음 사항에 답하시오.

1. ϕ – 지표에 의한 평균침투지표를 구하고 그 값의 비교

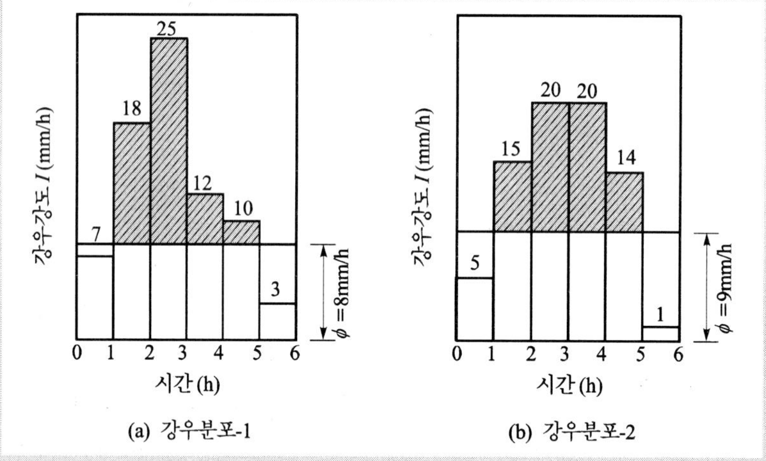

그림 예3.11 강우분포별 우량주상도

[풀이]

1. ϕ-지표에 의한 평균침투지표를 구하고 그 값의 비교
   (1) ϕ-지표에 의한 평균침투지표 계산
   ① **그림 예3.11**의 우량주상도를 이용해 시산법으로 구한다.
   ② $\phi_1 = \dfrac{F_1}{T_1}[\leftarrow F_1 = P - \overline{R} = 75 - 33 = 42\text{mm},\ T_1 = 6\text{h}] = \dfrac{42}{6} = 7\text{mm/h}$
   (2) 시산과정에 의해 구하며, 이들 계산과정은 **표 예3.11**과 같다.
   ① 제1차 시산 후의 '제1차 검산'에 이어 "제2차 시산" 과정은 다음 방법으로 진행한다.
   1) 검산

$$\Sigma(I_i - \phi_1)\ \ (\leftarrow I_i \geq \phi_1)t_r = \overline{R}\ \ (\Rightarrow \text{OK}) \qquad (예3.11.1)$$

   2) 시산; $\phi_2 = \dfrac{F_2}{T_2} \Leftarrow$

$$\cdot\ F_2 = P - [\overline{R} + \sum I_i(\leq \phi_1)t_r] \qquad (예3.11.2a)$$

$$\cdot\ T_2(I_i \rangle \phi_1 \Rightarrow T) < T_1 \qquad (예3.11.2b)$$

   ② 시산 후의 '제1차 검산'에 이은 "제2차 시산" 과정은 식 (예3.11.1)과 (예3.11.2)를 이용하여 **표 예3.11**과 같이 수행한다.

표 예3.11 시산과 검산 과정

<table>
<tr><td>분포
시산</td><td colspan="2">(a) 강우분포-1</td><td colspan="2">(b) 강우분포-2</td></tr>
<tr><td rowspan="3">제
1
차</td><td colspan="4">시산; $\phi_1 = \frac{F_1}{T_1}$ [$\leftarrow F_1 = P - \overline{R}$=75−33=42mm, T_1=6h]$=\frac{42}{6}$=7mm/h</td></tr>
<tr><td colspan="4">검산; $\Sigma(I_i - \phi_1)\,t_r = \overline{R}$ $(\leftarrow I_i \ge \phi_1) \Rightarrow$OK</td></tr>
<tr><td colspan="2">[(7−7)+(18−7)+(25−7)+(12−7)+(10−7)]×1
=0+11+18+5+3=37mm$\neq \overline{R}$ [=33mm]
∴NG</td><td colspan="2">[(15−7)+(20−7)×2+(14−7)]×1
=8+26+7=41mm$\neq \overline{R}$ [=33mm] ∴NG</td></tr>
<tr><td rowspan="4">제
2
차</td><td rowspan="2">$\phi_2 = \frac{F_2}{T_2}$
$=\frac{32}{4}$
=8mm/h</td><td>$F_2 = P - [\overline{R} + \Sigma I_i(\le \phi_1)t_r$
=75−[33+(7+3)×1]
=75−43=32mm</td><td rowspan="2">$\phi_2 = \frac{F_2}{T_2}$
$=\frac{36}{4}$
=9mm/h</td><td>$F_2 = P - [\overline{R} + \Sigma I_i(\le \phi_1)t$
=75−[33+(5+1)×1]
=75−39=36mm</td></tr>
<tr><td>T_2=[$I_i > \phi_1$(=7mm/h)]
$=T < T_1$[(=6h)]=4h</td><td>T_2=[$I_i > \phi_1$(=7mm/h)]
$=T <$[T_1(=6h)]=4h</td></tr>
<tr><td colspan="4">검산; $\Sigma(I_i - \phi_2)\,t_r = \overline{R}$ $(\leftarrow I_i \ge \phi_2) \Rightarrow$OK</td></tr>
<tr><td colspan="2">[(18−8)+(25−8)+(12−8)+(10−8)]×1
=10+17+4+2=33mm($\overline{R}$=33mm) ∴OK
∴ ϕ=8mm/h</td><td colspan="2">[(15−9)+(20−9)×2+(14−9)]×1
=6+22+5=33mm($\overline{R}$=33mm) ∴OK
∴ ϕ=9mm/h</td></tr>
</table>

③ **표 예3.11(a), (b)**의 시산과정을 통한 평균침투지표 값은 각각 ϕ=8mm/h, ϕ=9mm/h 이다.

(3) 계산 결과의 비교; 강우량과 유효우량이 동일한 경우라도 시간에 따른 강우의 분포에 따라 평균 침투능이 달라진다. 그러므로, 이 값의 유역 내 대푯값은 여러 경우의 평균값으로 택하는 것이 필요하다.

예제 3.12

표 예3.12.1과 같이 어떤 유역에 12시간 동안 70mm의 강우가 발생하였다. 유효우량이 28mm일 때 다음 사항에 답하시오.

1. 우량 주상도의 작성
2. ϕ -지표법에 의한 평균 침투능 산정과 그 스케치(1항에 추가 표시)

표 예3.12.1 지속기간별 누가강우량 자료

지속기간(h)	0	2	4	6	8	10	12
누가우량깊이(mm)	0	8	24	46	60	66	70

[풀이]

1. 우량 주상도의 작성

(1) 우량주상도 작성을 위한 선행 작업; **표 예3.12.2**와 같이 각 시간구간별 강우강도 산정

표 예3.12.2 지속기간별 누가강우량 자료

ⓐ 지속기간(h)	0	2	4	6	8	10	12
ⓑ 누가우량깊이(mm)	0	8	24	46	60	66	70
ⓒ 시간구간 강우량 P_i(mm)	0	8 (=8-0)	16 (=24-8)	22 (=46-24)	14	6	4
ⓓ 시간구간별 강우강도 I_i(mm/h)	0	4 (=8/2)	8 (=16/2)	11 (=22/2)	7	3	2

(2) **표 예3.12.2ⓓ**의 값을 이용해 **그림 예3.12(a)**와 같이 우량주상도를 작성한다.

2. ϕ-지표법에 의한 평균 침투능 산정과 그 스케치(1항에 추가 표시)

(1) ϕ-지표법에 의한 평균 침투능 산정

① 평균침투지표 산정; 총강우량 P=70mm, 유효유량 $\overline{R}$=28mm, ϕ-지표=? → 시산법 이용

1) $\phi\text{-지표} = \dfrac{\text{총침투량}(F)}{\text{강우지속기간}(T)} = \dfrac{P-\overline{R}}{T}$

2) 제1시산 : $\phi_1 = \dfrac{F_1}{T_1} = \dfrac{P-\overline{R}}{T_1} = \dfrac{70-28}{12} = \dfrac{42}{12} = 3.5\text{mm/h}$

㈎ 제1검산 : $\sum(I_i-\phi_1)t_r = \overline{R}(\leftarrow I_i \geq \phi_1)$

㈏ $[(4-3.5)+(8-3.5)+(11-3.5)+(7-3.5)]\times 2 = 32\text{mm} \neq 28\text{mm}$ ∴ NG

3) 제2시산 : $\phi_2 = \dfrac{F_2}{T_2} = \dfrac{P-[\overline{R}+\Sigma I_i(\leq \phi_1)t_r]}{T_2}$

(가) $F_2 = 70 - [28 + (3+2) \times 2] = 70 - 38 = 32\text{mm}$

(나) $T_2(I_i > \phi_1) = 4 \times 2 = 8\text{h}$

(다) $\phi_2 = \dfrac{F_2}{T_2} = \dfrac{32}{8} = 4\text{mm/h}$

(라) 제2검산 : $\sum (I_i - \phi_2) t_r = \overline{R} (\leftarrow I_i \geq \phi_2)$

(마) $[(4-4)+(8-4)+(11-4)+(7-4)] \times 2 = 28(\overline{R} = 28\text{mm}) \quad \therefore \text{OK}$

② $\therefore \phi = 4\text{mm/h}$ 우량주상도에 표시

(2) 계산된 평균 침투능 값의 우량주상도에 스케치(추가 표시)

① ϕ-지표(평균침투지표) $\phi = 4\text{mm/h}$는 **그림 예3.12(b)**와 같이 추가시킨다.

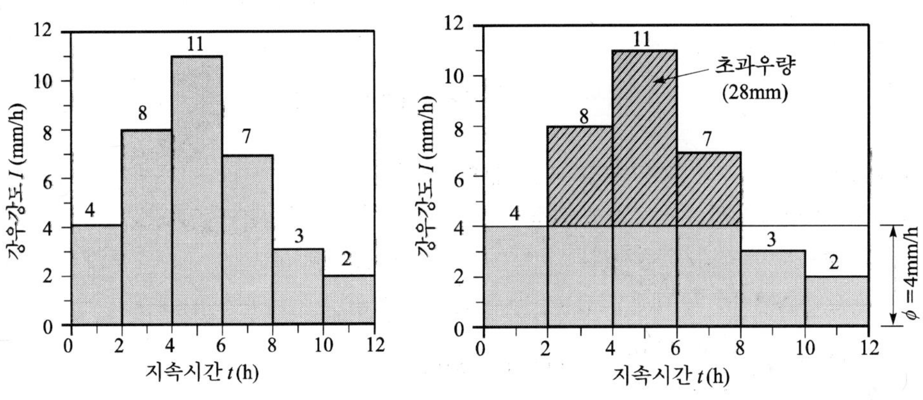

(a) 우량 주상도 (b) ϕ-지표

그림 예3.12 우량주상도와 평균 침투능

예제 3.13

배수면적이 2,023,430m²인 유역에 150분간 호우가 각각 지속기간 30분에 대한 강우강도는 25.4, 76.2, 114.2, 88.8, 50.8mm/h이다. 이 유역의 출구에서 측정된 직접유출의 체적은 129,515m³이다. 다음 사항에 답하시오.

1. 우량 주상도의 작성
2. ϕ-지표법에 의한 평균 침투능 산정과 그 값의 스케치

[풀이]

1. 우량 주상도의 작성

(1) 150분간의 호우에 대한 각각 지속기간 30분의 우량 주상도를 작성한다.

(2) 시간당 우량에 대한 **우량 주상도**는 **그림 예3.13(a)**와 같다.

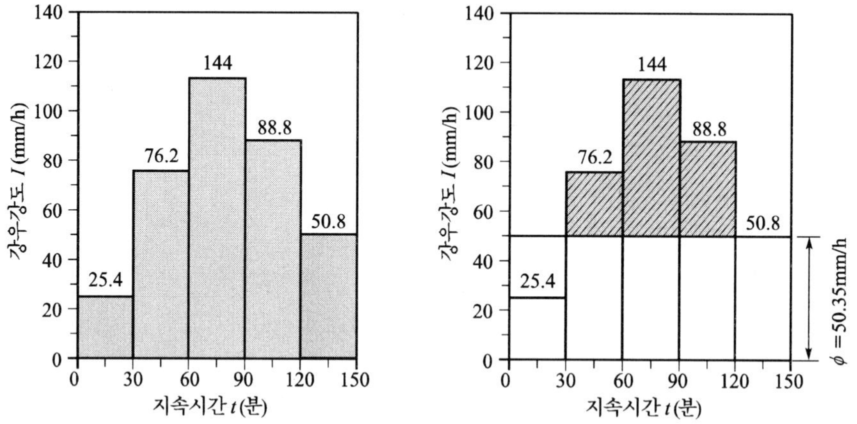

(a) 우량 주상도 (b) ϕ-지표

그림 예3.13 우량 주상도와 평균 침투능

2. ϕ-지표법에 의한 평균 침투능 산정과 그 값의 스케치

(1) ϕ-지표법에 의한 평균 침투능 산정

① 주어진 자료(조건) 정리;

1) 유역면적 A에 대한 직접유출량 $\forall$의 비=(직접) 평균유출고 $\overline{R}$ 계산;

2) $\overline{R}=\dfrac{\forall}{A}\ \dfrac{129{,}515\,\mathrm{m}^3}{2{,}023{,}430\,\mathrm{m}^2}=0.064\mathrm{m}=64\mathrm{mm}$

3) 총 강우량 P계산;

4) $P=25.4\left(\dfrac{\mathrm{mm}}{\mathrm{h}}\right)(30\mathrm{min})\left(\dfrac{1\mathrm{h}}{60\mathrm{min}}\right)+76.2\left(\dfrac{30}{60}\right)+114.2\left(\dfrac{30}{60}\right)+88.2\left(\dfrac{30}{60}\right)+50.8\left(\dfrac{30}{60}\right)$

$=177.4\mathrm{mm}$

② 평균침투지표 ϕ계산;

1) 제1시산 : $\phi_1=\dfrac{F_1}{T_1}$ mm/h

(가) $F_1=P-\overline{R} \leftarrow P=177.4\mathrm{mm},\ \overline{R}=64\mathrm{mm}$

(나) $\phi_1=\dfrac{F_1}{T_1}=\dfrac{P-\overline{R}}{T_1} \leftarrow T_1=150\mathrm{min}=2.5\mathrm{h},\ F_1=P-\overline{R}=177.4-64=113.4\mathrm{mm}$

(다) $\phi_1=\dfrac{113.4}{2.5}=45.36\mathrm{mm/h}$

2) 제1검산 : $\Sigma(I_i-\phi_1)t_r=\overline{R}(\leftarrow I_i \geq \phi_1,\ t_r=0.5\mathrm{h})$

(가) $[\ (76.2-\phi_1)+(114.2-\phi_1)+(88.2-\phi_1)+(50.8-\phi_1)]\times 0.5=\overline{R} \Rightarrow$ OK

(나) $[(76.2-45.36)+(114.2-45.36)+(88.2-45.36)+(50.8-45.36)]\times 0.5$

$=(64\mathrm{mm})?$

(다) $(30.84+68.84+42.84+5.44)\times 0.5=147.96\times 0.5=73.98\mathrm{mm}\neq 64\mathrm{mm}\ \therefore$ NG

3) 제2시산; $\phi_2 = \frac{F_2}{T_2} = \frac{P-[\overline{R}+\Sigma I_i(\le \phi_1)t_r]}{T_2}$

(가) $F_2 = 177.4-[64+(25.4)\times 0.5] = 177.4-76.7 = 100.7\text{mm}$,

(나) $T_2 = (I_i > \phi_1$인 시간 장경$) = 120\text{min} = 2\text{h}$

(다) $\phi_2 = \frac{100.7}{2} = 50.35\text{mm/h}$

4) 제2검산 : $\Sigma(I_i - \phi_2)t_r = \overline{R}(\leftarrow I_i \ge \phi_2,\ t_r = 0.5\text{h})$

(가) $[(76.2-\phi_2)+(114.2-\phi_2)+(88.2-\phi_2)+(50.8-\phi_2)]\times 0.5 = \overline{R} \Rightarrow$ OK

(나) $[(76.2-50.35)+(114.2-50.35)+(88.2-50.35)+(50.8-50.35)]\times 0.5$
$=(64\text{mm})?$

(다) $(25.85+63.85+37.85+0.45)\times 0.5 = 128\times 0.5 = 64\text{mm} = \overline{R}(=64\text{mm})$ ∴OK

5) ∴**ϕ = 50.35mm/h**이다.

(2) 평균 침투능 값의 스케치

① 평균 침투능 값 **ϕ = 50.35mm/h**를 우량주상도에 표시하면 그림 예3.13(b)와 같다.

예제 3.14

어떤 하천유역의 우량·수위(유량)관측소에서 측정된 각 자료가 표 예3.14.1과 같다. 이중누가 우량분석에 의해 일관성이 조사된 이들 자료를 이용하여 강우-유출 관계식을 유도하고자 한다. 다음 사항에 답하시오.

1. 선행강수지수(先行降水指數, antecedent precipitation index, API)법 적용
2. 그래프 방법(graphic procedure) 적용
3. 회귀분석법(回歸分析法, regression analysis) 적용

표 예3.14.1 강수량과 유출량 자료

연도	유출량 (m^3/s)	강수량 (mm)→(m)	연도	유출량 (m^3/s)	강수량 (mm)→(m)	연도	유출량 (m^3/s)	강수량 (mm)→(m)
1971	82.33	820→0.82	1980	77.86	730→0.73	1989	-	730→0.73
1972	97.68	790→0.79	1981	89.14	780→0.78	1990	-	440→0.44
1973	97.68	820→0.82	1982	64.84	640→0.64	1991	-	460→0.46
1974	31.14	440→0.44	1983	104.76	870→0.87	1992	-	760→0.76
1975	108.72	910→0.91	1984	31.14	460→0.46	1993	-	610→0.61
1976	54.64	570→0.57	1985	29.73	500→0.50	1994	-	490→0.49
1977	50.45	590→0.59	1986	77.58	740→0.74	1995	-	450→0.45
1978	66.53	670→0.67	1987	58.04	610→0.61	1996	-	520→0.52
1979	70.22	680→0.68	1988	-	490→0.49	1997	-	600→0.60

[풀이]

1. **선행강수지수(先行降水指數, antecedent precipitation index, API)법 적용**

(1) 선행강수지수(API) 법; **표 예3.14.2**와 같은 절차에 의해 선행강수지수 관계식을 유도한다.

① **표 예3.14.2**ⓒ 같은 값이 있을 때 : 1972→97.68, 1973→97.68⇒3.5순위로, 1974→31.14, 1984→31.14⇒14.5 : 첫 번째 연(年)을 제외하고 크기 순으로 순위 정함(**표 예3.14.2**ⓔ, ⓗ, ⓚ, ⓝ : 동일)

② **표 예3.14.2**ⓕ(관측 강수량 순위−유출량 순위)^2 : 각 연별로 구한 합 계산→11.0

③ **표 예3.14.2**ⓖ 1차 시산 : $P_e = aP_0 + bP_1 (a = 0.9,\ b = 0.1 \rightarrow a + b = 1)$, P_0 = 해당년 강수량, P_1 = 전년도 강수량⇒예) 1977년도 : 0.9×0.59+0.1×0.57=0.588≒0.59

④ **표 예3.14.2**ⓘ(제1가정 강수량 순위−유출량 순위)^2 : 각 연별로 구한 합 계산→5.0(←ⓛ, ⓞ 동일함 : ⓛ=4.0, ⓞ=47.0)

⑤ **표 예3.14.2**ⓕ와 ⓘ, ⓛ, ⓞ의 합 비교 : **표 예3.14.2**ⓕ =11.0, ⓘ=5.0, ⓛ=4.0, ⓞ=47.0

⑥ ∴ **표 예3.14.2**ⓛ, 제2차 시산의 오차가 제일 적으므로 최적 API로 결정

표 예3.14.2 선행강수지수(API)의 계산 결과

유출			관측된 강수량			1차 가정			2차 가정			3차 가정		
ⓐ	ⓑ	ⓒ	ⓓ	ⓔ	ⓕ	ⓖ	ⓗ	ⓘ	ⓙ	ⓚ	ⓛ	ⓜ	ⓝ	ⓞ
연	연유량	순위	연평균 (mm)	순위	(ⓔ−ⓒ)^2	$0.9p_0 + 0.1p_1$ (mm)	순위	(ⓗ−ⓒ)^2	$0.8p_0 + 0.2p_1$ (mm)→(m)	순위	(ⓚ−ⓒ)^2	$0.7p_0 + 0.3p_1$ (mm)	순위	(ⓝ−ⓒ)^2
1971	82.33		820											
1972	97.68	3.5	790	4	0.25	790	4	0.25	800→0.80	4.0	0.25	800	2.5	1.00
1973	97.68	3.5	820	3	0.25	820	3	0.25	810→0.81	3.0	0.25	810	1.0	6.25
1974	31.14	14.5	440	16	2.25	480	16	2.25	520→0.52	15.0	0.25	550	15.0	0.25
1975	108.72	1.0	910	1	0.00	860	1.0	0.00	820→0.82	1.5	0.25	770	4.5	12.25
1976	54.64	12.0	570	13	1.00	600	12.0	0.00	640→0.64	11.5	0.25	670	9.5	6.25
1977	50.45	13.0	590	12	1.00	588	13.0	0.00	586→0.58	13.0	0.00	580	13.5	0.25
1978	66.53	9.0	670	9	0.00	660	9.0	0.00	650→0.65	10.0	1.00	65	11.5	6.25
1979	70.22	8.0	680	8	0.00	680	8.0	0.00	680→0.68	8.0	0.00	680	7.5	0.25
1980	77.86	6.0	730	7	1.00	730	6.0	0.00	720→0.72	6.0	0.00	720	6.0	0.00
1981	89.19	5.0	780	5	0.00	780	5.0	0.00	770→0.77	5.0	0.00	770	4.5	0.25
1982	64.84	10.0	640	10	0.00	650	10.0	0.00	670→0.67	9.0	1.00	680	7.5	6.25
1983	104.76	2.0	870	2	0.00	850	2.0	0.00	820→0.82	1.5	0.25	800	2.5	0.25
1984	31.14	14.5	460	15	0.25	500	14.5	0.00	540→0.54	14.0	0.25	580	13.5	1.00
1985	29.73	16.0	500	14	4.00	500	14.5	2.25	490→0.49	16.0	0.00	490	16.0	0.00
1986	77.58	7.0	740	6	1.00	720	7.0	0.00	690→0.69	7.0	0.00	670	9.5	6.25
1987	58.04	11.0	610	11	0.00	620	11.0	0.00	640→0.64	11.5	0.25	650	11.5	0.25
합					11.00			5.00			4.00			47.00

(2) $\therefore P_e = 0.8P_0 + 0.2P_1$

2. 그래프 방법 적용

(1) 그래프 방법은 **표 예3.14.2**ⓑ[Q(m^3/s) : 연(年)유출량→세로축] vs. **표 예3.14.2**ⓑ[API : P_e=연강우량 m 단위(∵ 단위 통일)→가로축] 관계도를 **그림 예3.14.1**과 같이 작성한다(곡선적합, curve fitting).

(2) $Q=\alpha+\beta P_e$인 관계로부터 : 직선의 기울기 $\beta=\dfrac{Q}{P_e}=\dfrac{90.0-27.0}{0.763-0.50}$=63.0/0.263=239.54, 절편 α값 결정 : P_e=0.763m→Q=90.0m^3/s ⇒ 90.0=239.54(0.763)+α ⇒ ∴α= −92.76

(3) $\therefore Q=239.54P_e-92.76$

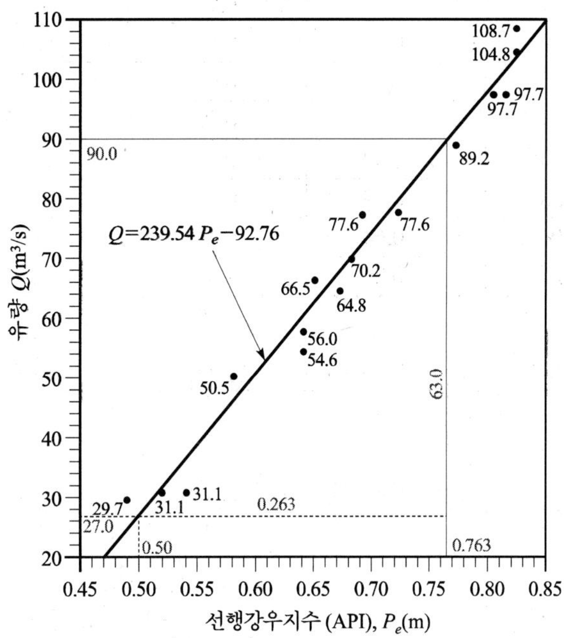

그림 예3.14.1 선행강수지수와 유출량의 관계

3. 회귀분석법 적용

(1) [예제 2.9]와 같은 방법으로 **표 예3.14.3**을 작성하여 회귀분석(최소자승법) 관계식을 유도한다(곡선적합, curve fitting).

(2) **표 예3.14.3**을 이용하여 절편, 기울기, 통계적 특성치(표준편차, 표준오차, 상관계수)는 다음과 같이 계산한다.

표 예3.14.3 회귀분석 결과

순번	$Q(\text{m}^3/\text{s})=y$	$P_e(\text{m})=x$	x^2	xy	$y^2(\times 10^3)$
1	97.68	0.80	0.64	78.14	9.54
2	97.68	0.81	0.66	79.12	9.54
3	31.14	0.52	0.27	16.19	0.97
4	108.72	0.82	0.67	89.15	11.82
5	54.64	0.64	0.41	34.97	2.99
6	50.45	0.59	0.35	29.77	2.54
7	66.53	0.65	0.42	43.24	4.43
8	70.22	0.68	0.46	47.75	4.93
9	77.86	0.72	0.52	56.06	6.06
10	89.19	0.77	0.59	68.68	7.95
11	64.84	0.67	0.45	43.44	4.20
12	104.76	0.82	0.67	85.90	10.97
13	31.14	0.54	0.29	16.82	0.97
14	29.73	0.49	0.24	14.57	0.88
15	77.58	0.69	0.48	53.53	6.02
16	58.04	0.64	0.41	37.14	3.37
합	1,110.2	10.85	7.53	794.47	87.18

① 절편 : $\alpha=\dfrac{(\Sigma y)(\Sigma x^2)-(\Sigma x)(\Sigma xy)}{n(\Sigma x^2)-(\Sigma x)^2}=\dfrac{(1{,}110.2)(7.53)-(10.85)(794.47)}{16(7.53)-(10.85)^2}$

$\fallingdotseq -94.34$

② 기울기 : $\beta=\dfrac{n(\Sigma xy)-(\Sigma x)(\Sigma y)}{n(\Sigma x^2)-(\Sigma x)^2}=\dfrac{16(794.47)-(10.85)(1{,}110.2)}{16(7.53)-(10.85)^2}\fallingdotseq 241.43$

③ 표준편차 : $S_y^2=\dfrac{(\Sigma y^2)-\dfrac{(\Sigma y)^2}{n}}{n-1}=\dfrac{(87.18\times 10^3)-\dfrac{(1{,}110.2)^2}{16}}{16-1}=676.39\fallingdotseq 676.4$

④ 표준오차 : $S_{yx}^2=\dfrac{(\Sigma y^2)-s(\Sigma y)-i(\Sigma xy)}{n-2}$

$=\dfrac{(87180)-241.43(1{,}110.2)+94.34(794.47)}{16-2}=8.24$

⑤ 상관계수 : $R^2=\left(1-\dfrac{S_{yx}^2}{S_y^2}\right)=\left(1-\dfrac{8.24}{676.4}\right)=0.99(>0.80)$ $\therefore$ OK

⑥ $\therefore\ Q=241.43P_e-94.34$

(3) 그래프 작성용 프로그램인 그래퍼(Graper v5.02)(Golden Software, 2023)로 작성한 곡선적합(curve fitting) 결과는 **그림 예3.14.2**와 같이 $Q=237.97P_e-91.84(R^2=0.98)$로 나타났다.

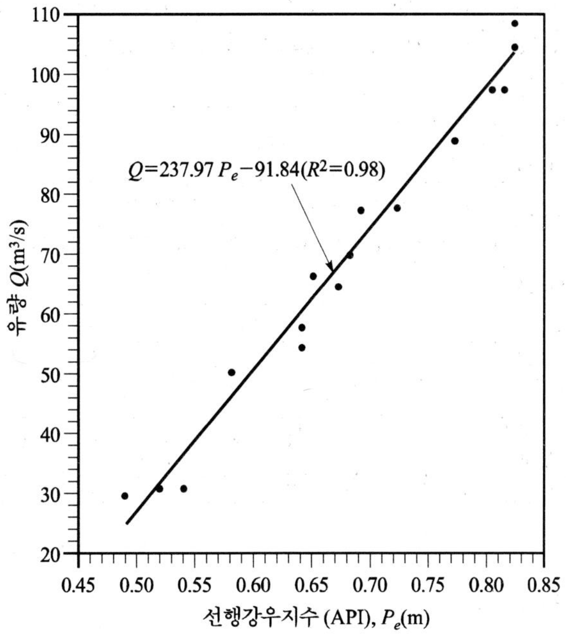

그림 예3.14.2 Graper에 의한 곡선적합 결과

예제 3.15

[예제 3.14] 하천유역의 우량과 수위관측소 측정자료로부터 유도된 강우-유출관계식을 이용하여 다음 사항에 답하시오.

1. 1988~1997년까지의 유출량 확충(계산)

[풀이]

1. 1988~1997년까지의 유출량 확충(계산)
   (1) [예제 3.14]에서 그래프 방법 적용으로 구한 식 $Q=241P_e-92.75$ 또는 회귀분석법 적용에 의한 강우-유출관계식 $Q=241.43P_e-94.34$ 중 하나를 이용하여 확충한다.
   (2) 회귀분석법에 의해 유도된 $Q=241.43P_e-94.34$를 사용한다.
   (3) 1988~1997년까지의 유출량은 다음 식을 이용해 추정·확충하면 **표 예3.15**와 같다.
   $Q=241.43P_e-94.34,\ P_e=0.8P_o+0.2P_1$

표 예3.15 강수 - 유출관계식에 의한 유출량 계산

연도	P_e(m) → API(mm)	유출량 (m^3/s)	계산 예
1987	0.61 → 610	58.04	$P_e = 0.8P_{88} + 0.2P_{87} = 0.8(0.49) + 0.2(0.61) ≒ \mathbf{0.51}\text{m} = 510\text{mm}$
1988	**0.51** → 510	**28.78**	$Q = 241.43P_e - 94.34 = 241.43(0.51) - 94.34 = \mathbf{28.78}\text{m}^3/\text{s}$
1989	0.68 → 680	69.82	
1990	0.50 → 500	26.37	
1991	0.46 → 460	16.71	
1992	**0.70** → 700	**74.66**	$P_e = 0.8P_{92} + 0.2P_{91} = 0.8(0.76) + 0.2(0.46) = \mathbf{0.70}\text{m} = 700\text{mm}$ $Q = 241.43P_e - 94.34 = 241.43(0.70) - 94.34 ≒ \mathbf{74.66}\text{m}^3/\text{s}$
1993	0.64 → 640	60.17	
1994	0.51 → 510	28.78	
1995	0.46 → 460	16.71	
1996	0.51 → 510	28.78	
1997	**0.58** → 580	**45.68**	$P_e = 0.8P_{97} + 0.2P_{96} = 0.8(0.60) + 0.2(0.52) ≒ \mathbf{0.58}\text{m} = 580\text{mm}$ $Q = 241.43P_e - 94.34 = 241.43(0.58) - 94.34 ≒ \mathbf{45.68}\text{m}^3/\text{s}$

3.2.4 NRCS 모형 · 유효우량

NRCS 모형은 앞에서 언급한바 있는 경험적 방법으로 미국 내 초과강우(=강우량-손실량) 추정에 가장 많이 사용되는 방법이다. 이 방법은 심각한 문제가 적고, 매개변수의 광범위한 기초자료가 사용되어 적용이 쉽기 때문에 널리 사용된다. 이는 원래 소규모 농촌에 초과강우량(=유효우량)을 산정하기 위해 개발되었는데, 도시 유역에도 확대 적용되었다.

(1) NRCS 모형

NRCS 모형은 **초과강우**(超過降雨, rainfall excess) $\overline{R}$와 **초기손실량**(初期損失量, initial abstraction) I_a, **실제 침투량**(實際 浸透量, actual retention) F의 세 성분으로 구성된다. 이들 성분은 **그림 3.10**과 같이 도식적 해석을 통해 다음 식과 같이 쓸 수 있다(USDASCS, 1985).

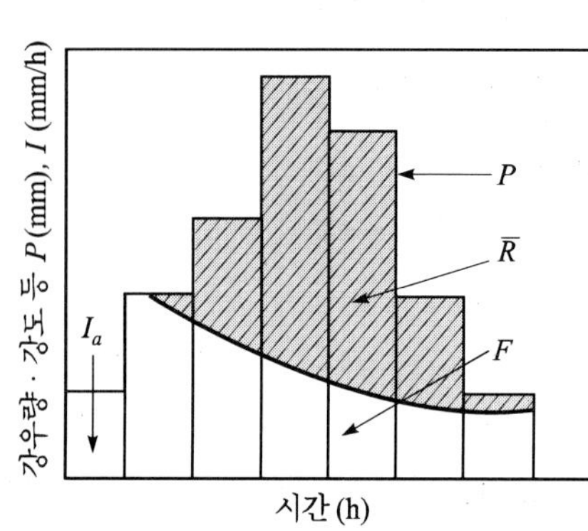

그림 3.10 NRCS 유출곡선지수 모형 성분

$$P = \overline{R} + F + I_a \tag{3.16a}$$

$$F = P - \overline{R} - I_a \tag{3.16b}$$

여기서 P =총강우량(total rainfall)이고, $\overline{R}$ =직접유출(량)고(direct runoff)(=유효우량)이며, F =실제 손실량(actual retention), I_a =초기 손실량(initial abstraction)이다.

NRCS에서의 기본 가정은 강우량 P, 유출(량)고 $\overline{R}$, 실제 침투량 F와 초기손실량 I_a 간에 다음과 같은 관계를 갖는 것으로 하였다.

$$\frac{F}{S} = \frac{\overline{R}}{P - I_a} \tag{3.17a}$$

$$\frac{\text{실제침투량}}{\text{최대침투량}} = \frac{\text{실제유출고(량)}}{\text{최대유출량}} \tag{3.17b}$$

여기서 S =토양의 저류용량을 측정하는 **잠재 최대 침투량**으로 **초기손실** I_a는 포함되지 않는다.

식 (3.16b)를 식 (3.17a)에 대입하고 정리하여 다음 식을 얻는다.

$$\overline{R} = \frac{(P - I_a)^2}{S + (P - I_a)} \tag{3.18}$$

여기서 초기손실 I_a는 다음 식과 같다.

$$I_a = 0.2S \tag{3.19}$$

그러므로, 식 (3.18)에 식 (3.19)를 대입하고 정리하면 다음 식을 얻는다.

$$\overline{R} = \frac{(P - 0.2S)^2}{S + P - 0.2S} = \frac{(P - 0.2S)^2}{P + 0.8S} (P > 0.2S) \tag{3.20}$$

식 (3.20)에 **잠재 최대 침투량** S를 직접 구하는 것보다 보통 **유출곡선지수** CN값을 S와 연관시켜 다음과 같이 구한다.

$$S = \frac{25,400}{CN} - 254 \tag{3.21a}$$

$$CN = \frac{25,400}{S + 254} \tag{3.21b}$$

(2) 유효우량

실제 저류가 존재하지 않는(불투수층 표면의 $S=0$) 경우의 $CN=100$이고, $CN=0$인 저류량은 무한대이므로 CN값은 0에서 100까지 변한다. 실제 적용에서 CN의 값은 **토양 종류, 토양 피복 상태, 강우선행지수**에 의해 변한다. 토양의 종류는 A, B, C, D군의 4개로 표 3.8, 3.9와 같이 주어지는데 NRCS는 4,000여 개의 토양 종류를 4개의 군으로 분류하였다.

표 3.8 미국 SCS의 농경지역 유출곡선지수(AMC - II 조건)

토지이용상태	피복처리상태	수문학적 조건	토양군			
			A	B	C	D
휴경지(fallow)	직선열 경작(straight row)	–	77	86	91	94
이랑경작지 (row crops)	직선열 경작(straight row)	불량	72	81	88	91
		양호	67	78	85	89
	등고선 경작(contoured)	불량	70	79	84	88
		양호	65	75	82	86
	혼합식 경작 (contoured & terraced)	불량	66	74	80	82
		양호	62	71	78	81
조밀경작지 (small grains)	직선열 경작(straight row)	불량	65	76	84	88
		양호	63	75	83	87
	등고선 경작(contoured)	불량	63	74	82	85
		양호	61	73	81	84
	혼합식 경작 (contoured & terraced)	불량	61	72	79	82
		양호	59	70	78	81
조밀식재 콩과식물경작지 (close-seeded legumes) 또는 윤번 초지 (rotation meadow)	직선열 경작(straight row)	불량	66	77	85	89
		양호	58	72	81	85
	등고선 경작(contoured)	불량	64	75	83	85
		양호	55	69	78	83
	혼합식 경작 (contoured & terraced)	불량	63	73	80	83
		양호	51	67	76	80
자연목초지(pasture) 또는 목장(range)	가축 방목을 위한 초지	불량	68	79	86	89
		보통	49	69	79	84
		양호	39	61	74	80
초지(meadow)	등고선 경작	양호	30	58	71	78
수림(woods)	마을에 가까운 조성림 등이 해당	불량	45	66	77	83
		보통	36	60	73	79
		양호	25	55	70	77
농가(farmsteads)	불투수면적 약 30% 정도	–	59	74	82	86
수면(water surface)	하천, 호소	–	100	100	100	100

표 3.9 미국 SCS의 도시지역 유출곡선지수(AMC - II 조건)

토지이용상태	피복처리상태	수문학적 조건	토양군			
			A	B	C	D
개활지(open space)	잔디, 공원, 골프장, 묘지 등	불량	68	79	86	89
		보통	49	69	79	84
		양호	39	61	74	80
도시지구 (urban districts)	상업 및 사무실지역 (불투수면적 85%)	–	89	92	94	95
	공업지역(불투수면적 72%)	–	81	88	91	93
주거지구 (residential districts)	소구획 500m^2 이하 (불투수면적 65%)	–	77	85	90	92
	소구획 500~1,000m^2 (불투수면적 38%)	–	61	75	83	87
	소구획 1,000~1,320m^2 (불투수면적 30%)	–	57	72	81	86
	소구획 1,320~2,000m^2 (불투수면적 25%)	–	54	70	80	85
	소구획 2,000~4,000m^2 (불투수면적 20%)	–	51	68	79	84
	소구획 4,000~8,000m^2 (불투수면적 12%)	–	46	65	77	82
도로 (streets & roads)	포장도로 및 가로	–	98	98	98	98
	포장 : 연석아래 우수관거설치	–	83	89	92	93
	포장 : 개거, 자갈도로	–	76	85	89	91
	흙도로	–	72	82	87	89
불투수 지역 (impervious area)	포장된 주차장, 지붕, 접근도로	–	98	98	98	98
개발 중인 지역 (developing area)	택지개발, 단지개발 등	–	77	86	91	94

AMC(선행토양함수조건)-II 조건 하에서 유출곡선지수 CN별 총우량-유효우량 관계곡선인 **그림 3.11**(Haan et al., 1994; 윤용남, 2003; 2012)을 이용하거나 식 (3.22)에 의해 직접 계산한다.

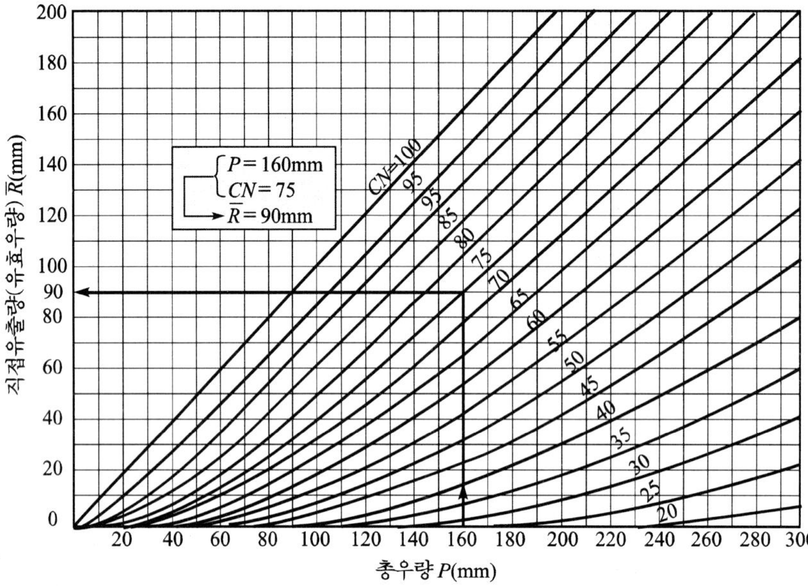

그림 3.11 총우량-유효우량 관계곡선

① **유출곡선지수**

유출곡선지수 *CN*은 NRCS 방법에 의한 유효우량의 산정에 필요한 유출곡선지수로 수문학적 토양형과 식생피복·처리상태, 선행토양함수조건 등을 고려하여 결정한다. 유출곡선지수 *CN*은 일반적으로 수문학적 토양형과 식생피복·처리상태 하에서는 **선행토양함수조건**에 따라 일정한 값을 가지며 NRCS는 이를 도표화하여 사용하고 있다.

② **수문학적 토양형**

수문학적 토양형 분류는 미국 전역에 분포된 토양종류와 그 특성을 조사하여 토양의 유출률의 크기 역순으로 A, B, C, D형의 4가지 유형으로 분류하였으며 미국 내 분포되어 있는 수많은 명칭의 토양종류를 이들 4개형 중 하나로 분류하여 유출률의 정도를 표시하도록 하였다. 우리나라의 경우도 전국에 걸쳐 토양도(축척; 1 : 25,000, 1 : 50,000)가 작성되어 있고 토양 명칭별로 총유출의 정도에 따라 A, B, C, D형으로 분류할 수 있도록 토양도에 그 특성이 서술되어 있다.

③ **식생피복·처리상태**

식생피복·처리상태는 유역의 토양이용형태에 따른 식생피복과 그의 처리상태는 유출률에 영향을 미치므로 대상유역이 도시화된 유역인지 또는 경작지를 포함하는 자연하천유역인지를 토지이용도 등을 사용하여 파악하여야 한다.

④ 선행토양함수조건

유역의 **선행토양함수조건**(antecedent soil moisture condition, AMC)은 유역의 유출능력은 선행함수량의 크기에 따른 선행토양함수정도에 크게 영향을 받는다. SCS는 유역의 선행토양함수조건을 5일 선행강수량의 크기에 따라 AMC-I, AMC-II, AMC-III의 세 가지로 분류하였다.

표 3.10에서 우리나라의 경우 비성수기는 대략 10월~다음 해 5월, 성수기는 6~9월로 간주할 수 있으며 AMC-I, II, III의 순으로 토양의 수분함유량이 크므로 유역의 유출률은 높은 것임을 알 수 있다.

표 3.10 선행토양함수조건의 분류

AMC	5일 선행강수량(mm)		비고
	비성수기	성수기	
I	<13	<36	
II	13~28	36~53	
III	>28	>53	

AMC-I 조건으로부터 다른 AMC 조건으로의 유출곡선지수 변환은 **표 3.8**, **표 3.9**와 **표 3.10**을 이용하여 AMC-II 조건하에서의 토양형-식생피복별 유출곡선지수를 표시하며 유역의 선행토양함수조건이 AMC-I 또는 AMC-III일 경우는 유출곡선지수를 변경시켜 주어야 한다. AMC-I은 AMC-III의 경우보다 5일 선행강우량이 작으므로 침투량이 많아 유출률은 작아질 것이며 AMC-III는 반대로 유출률이 커지는 경우가 된다. SCS는 이를 감안하여 **표 3.11**과 같이 CN 값의 환산표를 작성하였으며 이를 식으로 표시하면 다음과 같다.

$$CN\text{-I} = \frac{4.2\,CN\text{-II}}{10 - 0.058\,CN\text{-II}} \tag{3.22a}$$

$$CN\text{-III} = \frac{23\,CN\text{-II}}{10 + 0.13\,CN\text{-II}} \tag{3.22b}$$

여기서 CN-I, CN-II, CN-III=각각 AMC-I, II, III 조건하에서의 유출곡선지수이다.

표 3.11 선행토양함수조건별 유출곡선지수의 관계

AMC				AMC				AMC				AMC			
II	I	III	비고	II	I	III	비고	II	I	III	비고	II	I	III	비고
100	100	100		80	63	91		60	40	78		40	22	60	
99	97	100		79	62	91		59	39	77		39	21	59	
98	94	99		78	60	90		58	38	76		38	21	58	
97	91	99		77	59	89		57	37	75		37	20	57	
96	89	99		76	58	89		56	36	75		36	19	56	
95	87	98		75	57	88		55	35	74		35	18	55	
94	85	98		74	55	88		54	34	73		34	18	54	
93	83	98		73	54	87		53	33	72		33	17	53	
92	81	97		72	53	86		52	32	71		32	16	52	
91	80	97		71	52	86		51	31	70		31	16	51	
90	78	96		70	51	85		50	31	70		30	15	50	
89	76	96		69	50	84		49	30	69		·	·	·	
88	75	95		68	48	84		48	29	68		·	·	·	
87	73	95		67	47	83		47	28	67		·	·	·	
86	72	94		66	46	82		46	27	66		25	12	43	
85	70	94		65	45	82		45	26	65		20	9	37	
84	68	93		64	44	81		44	25	64		15	6	30	
83	67	93		63	43	80		43	25	63		10	4	22	
82	66	92		62	42	79		42	24	62		5	2	13	
81	64	92		61	41	78		41	23	61		0	0	0	

예제 3.16

유역면적 350ha인 어떤 유역의 선행토양함수조건(AMC) II에서 유출곡선지수 CN=70이다. 이 유역에 2017년 7월 1일 50mm, 7월 2일 20mm, 7월 3일 30mm, 7월 4일 18mm의 강우가 있었을 때 NRCS(구 SCS) 방법을 사용하여 다음 사항에 답하시오【단, 유출 용적(volume)(m^3)=소수 이하 버림, 잠재 최대 침투량(mm)=소수 2자리 이하, 강우량(mm)=소수 3자리 이하 버림 계산】.

1. 주어진 조건에서 직접유출 용적 산정
2. AMC-II 조건이 CN=80일 때의 직접유출 용적 산정

[풀이]

1. 주어진 조건에서 직접유출 용적 산정

(1) 이 유역의 직접유출 용적 $Q_{\forall_d}$(volume)(SI단위; m^3)을 NRCS(구 SCS) 방법에 의해 계산한다.

① 식 (3.20), (3.21)을 이용한다.

② 잠재최대 침투량 $S=\frac{25,400}{CN}-254=\frac{25,400}{70}-254$=108.8mm

③ 유효우량 $\overline{R}=\frac{(P-0.2S)^2}{P+0.8S}=\frac{[P-(0.2\times108.8)]^2}{P+(0.8\times108.8)}=\frac{(P-21.76)^2}{P+87.04}$ (예3.16.1)

(2) 7월 1일 강우량 P=50(>21.76)mm에 대한 유효우량 $\overline{R}$를 식 (예3.16.1)로 구한다.

① $\overline{R}=\frac{(P-21.76)^2}{P+87.04}=\frac{(50-21.76)^2}{50+87.04}$=5.79mm

② ∴ $\overline{R}$=5.79mm

(3) 7월 2일 강우량 P=20(<21.76)mm에 의한 유효우량 $\overline{R}$=0mm이다[∵식 (예3.16.1)의 불능 상태]

(4) 7월 3일 강우량 P=30(>21.76)mm에 의한 유효우량도 1(2)항과 같이 구한다.

① $\overline{R}=\frac{(P-21.76)^2}{P+87.04}=\frac{(30-21.76)^2}{30+87.04}$=0.58mm

(5) 7월 4일 강우량 P=18(<21.76)mm의 경우는 1(3)항과 같아 $\overline{R}$=0mm이다.

(6) ∴총 직접유출용적 $\forall_d$='유효우량의 합 $\Sigma\overline{R}_i$×유역면적 A'로 구한다.

① $\forall_d=\Sigma\overline{R}_i\times A$=(5.79+0.58)($10^{-3}$)×350($10^4$)=22,295$m^3$

2. AMC-Ⅱ 조건이 CN=80일 때의 직접유출 용적 산정

(1) AMC-Ⅱ가 CN=80일 때 직접유출 용적은 1항의 유출곡선지수 값만 변경시켜 유효유량 산정식 (예3.16.2)를 유도하여 같은 방법으로 다음과 같이 계산한다.

① $S=\frac{25,400}{CN}-254=\frac{25,400}{80}-254$=63.5mm

② $\overline{R}=\frac{(P-0.2S)^2}{P+0.8S}=\frac{[P-(0.2\times63.5)]^2}{P+(0.8\times63.5)}=\frac{(P-12.7)^2}{P+50.8}$ (예3.16.2)

(2) 7월 1일 강우량 P=50(>12.7)mm에 대한 유효우량 $\overline{R}$를 식 (예3.16.2)로 구한다.

① $\overline{R}=\frac{(50-12.7)^2}{50+50.8}$=13.80mm

(3) 7월 2일 P=20(>12.7)mm일 때 2(2)항과 같이 구하면 $\overline{R}=\frac{(20-12.7)^2}{20+50.8}$=0.75mm이다.

(4) 7월 3일 P=30(>12.7)mm일 때 2(2)항과 같이 구하면 $\overline{R}=\frac{(30-12.7)^2}{30+50.8}$=3.70mm이다.

(5) 7월 4일 P=18(>12.7)mm일 때 2(2)항과 같이 구하면 $\overline{R}=\frac{(18-12.7)^2}{18+50.8}$=0.40mm이다.

(6) ∴총직접유출용적 $\forall_d$=(13.80+0.75+3.70+0.40)(10^{-3})×350(10^4)=65,275m^3이다.

3.2.5 유효우량 결정

본 소절은 환경부(2019)가 제시한 '표준지침' 중 유효우량 산정에 대해 기술한다. 유효우량은 단위도를 이용하여 직접유출수문곡선을 유도하는 데 이용된다. 또한 유역 출구에서의 유출량을 관측하여 직접유출수문곡선으로부터 손실량을 제외한 유역 내 등가 깊이의 우량(=면적우량)을 산정하여 단위도를 유도하는 데 사용된다. 유출량의 관측이 없는 유역에서의 경험적인 방법에 의한 유효우량 산정방법은 실무적으로 유용하다

현재 수자원 실무에서 많이 사용하고 있는 미국 NRCS(구 SCS) 방법을 채택하고, 미국 NRCS 방법의 우리나라 적용을 위한 '표준지침'의 일부를 소개한다.

(1) 유효우량의 산정

① 유효우량은 단위도를 이용해서 **직접유출수문곡선**을 계산하기 위해 강우량의 시간적 분포에서 침투에 의한 손실우량을 제외하는 방식으로 산정한다.

② 유효우량 산정은 NRCS 방법을 채택하고, 우리나라 적용을 위해 조정된(논, 산림 등) 유출곡선지수 기준(AMC-Ⅱ조건)을 적용한다.

③ **선행토양함수조건**은 설계안전을 고려하여 유출률이 가장 높은 AMC-Ⅲ조건을 적용하여 CN-Ⅲ를 채택한다.

④ 제주도(2013)는 제주형 매뉴얼에서 제시된 유출곡선지수 산정 방법을 적용한다.

[해설]

1) 유효우량 산정방법 및 유출곡선지수 개선 필요성

(가) 유효우량 산정방법

㉮ 유효우량 산정은 NRCS 방법을 채택하여 **유출곡선지수(curve number, CN)**를 산정한다. NRCS 방법은 대상유역의 토지이용상태, 식생피복처리상태, 수직배수능력을 나타내는 수문학적 조건 및 토양군의 종류 등에 따라 결정한다.

㉯ NRCS 유효우량 산정법에서의 토지이용상태는 크게 재배농경지, 기타 농경지, 도시지역으로 구분하고 있으며, 식생피복의 처리상태는 직선열 경작지, 등고선 경작지, 테라스식 경작지로 구분하고, 수문학적 조건은 수직배수가 불량하여 유출률이 높은 불량(poor), 수직배수가 보통이어서 유출률이 중간인 보통(fair), 수직배수가 양호하여 유출률이 낮은 양호(good)로 구분하고 있다.

㉰ **수문학적 토양군**은 A, B, C, D 4개 종류로 분류되며 토양군별 침투능의 크기는 A, B, C, D 순이므로 유출률은 반대로 D, C, B, A 순이다.

㈏ 유출곡선지수 개선 필요성

㉮ 미국 NRCS의 유출곡선지수 결정 기준을 국내 적용함에 있어서 발생되는 기존의 주요 문제점은 다음과 같으며, 표준지침에서는 이를 개선한 방안을 제시하였다.

가) 우리나라 토지이용 형태에 적합한 미국 NRCS 기준의 토지이용상태와 피복처리상태의 조합을 선택할 수 있는 기준 미흡

나) 직파재배가 아닌 담수재배하는 논에 대한 CN 기준 미제시

다) 우리나라의 많은 면적을 차지하고 있는 산림에 대한 CN 기준 미포함

라) 초기손실이 최대잠재보유수량의 20%로 고정($I_a = 0.2S$)되어 있어 제주도와 같은 투수성 지반에는 별도 기준 필요

2) 유출곡선지수 산정 방법

㈎ 유출곡선지수 산정 방법 및 국내 토지이용 분류기준

㉮ 유출곡선지수를 산정하기 위해 환경부의 수치토지피복도와 국립농업과학원의 수치정밀토양도를 활용하며, 우리나라 토지이용 형태에 적합한 유출곡선지수 산정 기준은 표 3.12를 적용한다.

㈏ 토양군 분류

㉮ 우리나라 수문학적 토양군의 분류는 국립농업과학원(2007)의 분류 방법을 적용한다.

㉯ 국립농업과학원의 분류 방법은 우리나라 전역에 산재된 1,200여개의 토양통에 토양부호를 붙이고 토양의 침투율을 고려하여 개별 토양부호별로 NRCS의 4가지 수문학적 토양군(A, B, C, D) 중의 하나로 분류하고 있으며, 국립농업과학원의 수치정밀토양도를 활용하여 분류한다.

㈐ 유출곡선지수 기준 조정

㉮ 논의 유출곡선지수; 우리나라 논의 경우 홍수기에 담수상태이므로 임상준 등(1997)에서 제시한 바와 같이 토양군에 관계없이 CN-Ⅰ, CN-Ⅱ, CN-Ⅲ를 70, 79, 89로 적용한다.

㉯ 산림의 유출곡선지수; 우리나라 산림의 경우 수목이 집단적으로 생육하는 숲이므로 국토교통부(2017c) 연구에서 국내의 신뢰도 높은 유출량 자료(한국수자원조사기술원)를 활용하여 제시한 산림지역의 유출곡선지수 기준을 적용한다. 제시된 우리나라 산림의 유출곡선지수 기준은 AMC-Ⅱ 조건에서 수문학적 토양군(A, B, C, D)별로 각각 55, 72, 82, 85이다.

㈑ 제주도 유출곡선지수 산정 방법

㉮ 제주도(2013)는 제주형 매뉴얼에 의거 제주도는 특수한 지형(숨골, 곶자왈 등 투수성 지층)에는 초기손실 $I_a = 0.4S$로 적용하고, 국토해양부(2012)에서 제시한 유출곡선지수 기준을 적용하며, 선행토양함수조건은 투수성 지반을 고려하여 CN-Ⅱ를 채택한다.

표 3.12 국내 유출곡선지수 기준(AMC-Ⅱ 조건)

수치토지이용도		수치토지피복도		토양군				비고
세분류	코드 번호	중분류	코드 번호	A	B	C	D	(SCS 분류기준 등)
경지정리답	1110	논	210	79	79	79	79	별도 기준(논)
미경지정리답	1120			79	79	79	79	
보통, 특수작물	1210	밭	220	63	74	82	85	조밀 경작지, 등고선 경작, 불량
과수원기타	1220	과수원	240	70	79	84	88	이랑 경작지, 등고선 경작, 불량
자연초지	2110	자연초지	410	30	58	71	78	초지, 등고선경작, 양호
인공초지	2120	기타 초지	430	49	69	79	84	자연목초지 또는 목장, 보통
침엽수림	2210	침엽수림	320	55	72	82	85	별도 기준(산림)
활엽수림	2220	활엽수림	310	55	72	82	85	
혼합수림	2230	혼효림	330	55	72	82	85	
골프장	2310	골프장	420	49	69	79	84	개활지, 보통
공원묘지	2320	기타 초지	430	49	69	79	84	
유원지	2330	위락시설지역	140	49	69	79	84	
암벽 및 석산	2340	기타 나지	620	77	86	91	94	개발중인 지역
일반주택지	3110	주거지역	110	77	85	90	92	주거지구, 소구획 500m^2 이하
고층주택지	3120			77	85	90	92	
상업, 업무지	3130	상업지역	130	89	92	94	95	도시지역, 상업 및 사무실지역
나대지 및 인공녹지	3140	기타 나지	620	77	86	91	94	개발 중인 지역
도로	3210	교통지역	150	83	89	92	93	도로, 포장도로(도로용지 포함)
철로 및 주변지역	3220			83	89	92	93	
공항	3230			83	89	92	93	
항만	3240			83	89	92	93	
공업시설	3310	공업지역	120	81	88	91	93	도시지구, 공업지역
공업나지, 기타	3320	기타 나지	620	77	86	91	94	개발 중인 지역
발전시설	3410	공공시설지역	160	61	75	83	87	주거지구, 소구획 500~1,000m^2
처리장	3420			61	75	83	87	
교육, 군사시설	3430			61	75	83	87	
공공용지	3440			61	75	83	87	
양어장, 양식장	3510			100	100	100	100	별도기준(수면)
채광지역	3520	채광지역	610	68	79	86	89	개활지, 불량
매립지	3530	공공시설지역	160	61	75	83	87	주거지구, 소구획 500~1,000m^2
광천지	3540	채광지역	610	68	79	86	89	개활지, 불량
가축사육시설	3550	기타 재배지	250	68	79	86	89	자연목초지 또는 목장, 불량

표 3.12 국내 유출곡선지수 기준(AMC-Ⅱ 조건)(계속)

수치토지이용도		수치토지피복도		토양군				비고 (SCS 분류기준 등)
세분류	코드 번호	중분류	코드 번호	A	B	C	D	
갯벌	4110	연안습지	520	100	100	100	100	별도기준(수면)
염전	4120							
하천	4210	내륙수	710	100	100	100	100	
호, 소	4310							
댐	4320	공공시설지역	160	61	75	83	87	주거지구, 소구획 500~1,000m^2
백사장	4410	기타 나지	620	77	86	91	94	개발 중인 지역
–	–	하우스재배지	230	76	85	89	91	도로, 포장, 개거
–	–	내륙습지	510	100	100	100	100	별도기준(수면)
–	–	해양수	720	100	100	100	100	

(마) *CN* 산정절차

㉮ 전술한 기준과 GIS 자료를 이용하여 홍수량 산정지점별로 평균유출곡선지수를 산정하며, 그 절차를 도시하면 그림 3.12와 같다.

전술한 기준과 GIS 자료를 이용하여 홍수량 산정지점별로 '유역도 작성 ⇒ 토지피복도 작성 ⇒ 정밀토양도 작성 ⇒ 수문학적 토양군 분류 ⇒ 토양도 레스터(raster)(=컴퓨터 모니터, TV 화면에서 개별적인 점 또는 주사선들로 만들어지는 영상 표현) 변환 ⇒ 중첩에 의한 셀별 *CN* 산정 ⇒ 소유역별 평균 *CN* 산정' 순으로 평균유출곡선지수를 산정한다.

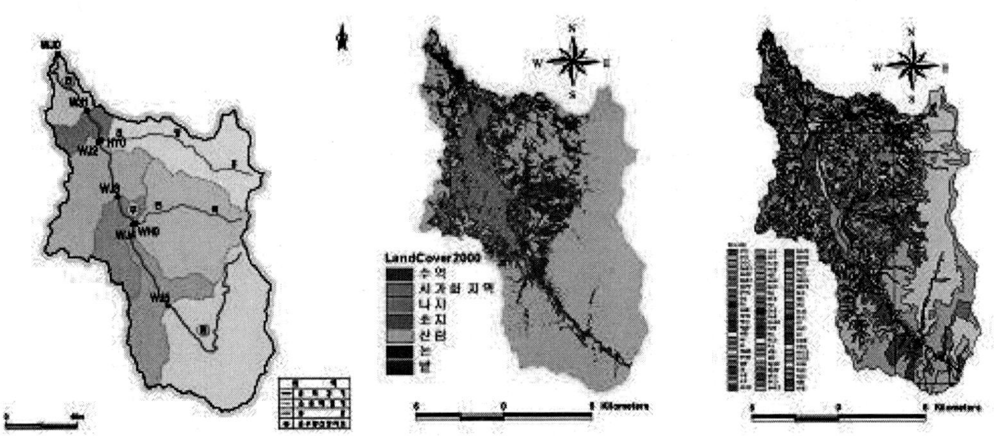

(a) 유역도 작성 (b) 토지피복도 작성 (c) 정밀토양도 작성

그림 3.12 유출곡선지수(*CN*) 산정 절차

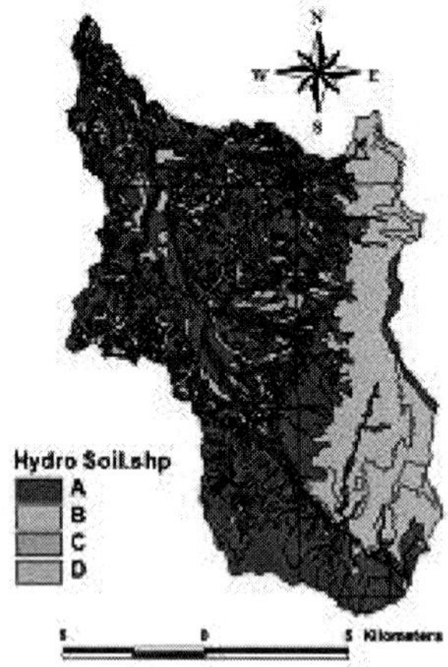

(d) 수문학적 토양군 분류

(e) 토양도 레스터 변환

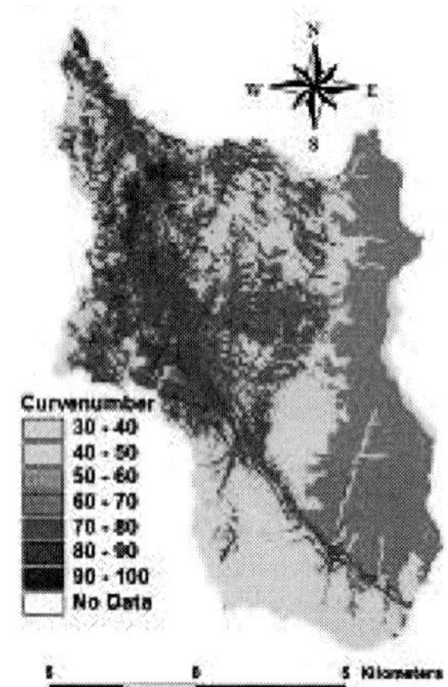

(f) 중첩에 의한 셀별 *CN* 산정

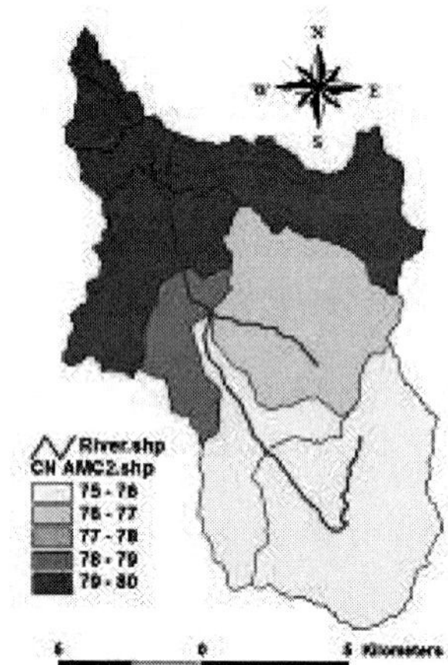

(g) 소유역별 평균 *CN* 산정

그림 3.12 유출곡선지수(*CN*) 산정 절차(계속)

예제 3.17

표 예3.17.1(표 3.11 참조)과 같이 논의 경우에는 경사 경작(배수 좋음)을 하고, 밭은 등고선 경작(배수 좋음), 삼림은 배수가 불량한 그림 예3.17 유역의 피복처리, 토양의 수문학적 조건 하에서 토지를 이용하고 있다. 그림 예3.17과 같은 유역 내의 호우자료를 이용하여 NRCS(구 SCS) 방법에 의해 다음 사항에 답하시오【단, 2017년 8월 10일~8월 13일까지의 총강우량은 90.5mm(5일 선행강우량=28.1mm)이고, 8월 16일~8월 20일까지의 총강우량은 67.3mm(5일 선행강우량=64.2mm)이다.】.

1. 유역의 평균유출곡선지수
2. 호우별 유효우량

표 예3.17.1 유역 내 유출곡선지수 분포(AMC-II, $Ia = 0.2S$ 조건)

식생피복 및 토지이용상태	피복처리상태	토양의 수문학적 조건	토양형			
			A	B	C	D
밭	경사 경작	배수 좋음	63	75	83	87
	등고선 경작	배수 좋음	61	73	81	84
논	등고선 경작	배수 나쁨	70	79	84	88
	경사 경작	배수 좋음	67	78	85	89
농가	–	–	59	74	82	86
삼림	–	배수 좋음	25	55	70	77
		배수 나쁨	45	66	77	83

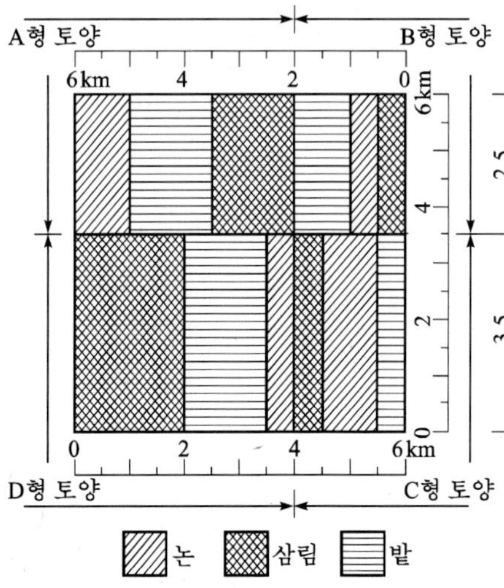

그림 예3.17 유역도

[풀이]

1. 유역의 평균유출곡선지수

(1) 토양형별 평균유출곡선지수를 산정하면 **표 예3.17.2**와 같다.

표 예3.17.2 토양형별 평균유출곡선지수의 산정

토지 이용 현황	토양형별 면적								총면적 (km^2)	평균유출 곡선지수 (*CN*)
	A		B		C		D			
	면적	*CN*	면적	*CN*	면적	*CN*	면적	*CN*		
논	2.50	67	1.25	78	3.50	85	1.75	89	9.00	79
밭	3.75	61	2.50	73	1.75	81	5.25	84	13.25	75
산림	3.75	45	1.25	66	1.75	77	7.00	83	13.75	70
합	10.00		5.00		7.00		14.00		36.00	74

① $\overline{CN}\text{논} = \dfrac{(2.5\times 67)+(1.25\times 78)+(3.5\times 85)+(1.75\times 89)}{9.00} = 79$

② $\overline{CN}\text{밭} = \dfrac{(3.75\times 61)+(2.50\times 73)+(1.75\times 81)+(5.25\times 84)}{13.25} = 75$

③ $\overline{CN}\text{삼림} = \dfrac{(3.75\times 45)+(1.25\times 66)+(1.75\times 77)+(7.0\times 83)}{13.75} = 70$

(2) AMC-II 조건에서 전체 평균 유출곡선지수 $\overline{CN}$은 다음과 같다.

① $\overline{CN} = \dfrac{(9\times 79)+(13.25\times 75)+(13.75\times 70)}{36} \fallingdotseq 74$

② $\therefore \overline{CN} = 74$

2. 호우별 유효우량

(1) **표 예3.17.3**과 같이 선행강우량에 따라 AMC 조건 변화(AMC-II 여부) 확인한다.

① 8월 10일~8월 13일 강우; $P_5 = 28.1\text{mm} < 36\text{mm} \Rightarrow \therefore$ AMC-I

⇨ **표 3.11**의 변환값 선택;

1) $CN\text{-II} = 74 \Rightarrow CN\text{-I} = 55$ 적용

㈎ $S_1 = \dfrac{25,400}{CN_1} - 254 = \dfrac{25,400}{55} - 254 = 207\text{mm}$

㈏ $\overline{R}_1 = \dfrac{(P_1 - 0.2S_1)^2}{P_1 + 0.8S_1} = \dfrac{(90.5 - 0.2\times 207)^2}{90.5 + 0.8\times 207} = 9.4\text{mm}$

2) 식 (3.22a)에 의한 값

㈎ $CN\text{-I} = \dfrac{(4.2)\times CN\text{-II}}{10-(0.058)\times CN\text{-II}} = \dfrac{4.2(74)}{10-0.058(74)} = 54$

(2) 8월 16일~8월 20일 강우; $P_5 = 64.2\text{mm} > 53\text{mm} \Rightarrow \therefore$ AMC-III

⇨ 표 3.11의 변환값 선택;

1) $CN\text{-II} = 74 \Rightarrow CN\text{-III} = 88$ 적용

㈎ $S_2 = \dfrac{25{,}400}{CN_2} - 254 = \dfrac{25{,}400}{88} - 254 = 34\text{mm}$

㈏ $\overline{R}_2 = \dfrac{(P_2 - 0.2S_2)^2}{P_2 + 0.8S_2} = \dfrac{(67.3 - 0.2 \times 34)^2}{67.3 + 0.8 \times 34} = 38.7\text{mm}$

2) 식 (3.22b)에 의한 값

㈎ $CN\text{-III} = \dfrac{(23) \times CN\text{-II}}{10 + (0.13) \times CN\text{-II}} = \dfrac{23(74)}{10 + 0.13(74)} = 86$

(3) 이상의 계산 결과를 종합하면 표 예3.17.3과 같다.

표 예3.17.3 선행강우량과 AMC 조건에 따른 유효우량 산정

강우일자	P(mm)	P_5(mm)	AMC	CN		S(mm)	$\overline{R}$(mm)
				표 3.11	식 (3.22)		
8.10.~8.13.	90.5	28.1	I(<36)	55	**54**	207	9.4
8.16.~8.20.	67.3	64.2	III(>53)	88	**86**	34	38.7

3.3 지하수

지하수(地下水, ground water)의 정의는 하천설계기준(한국수자원학회, 2000)·해설(건설교통부, 2005)에 의하면 지하수는 "지상에 내린 강수가 (일단) 지표면을 통해 침투하여 단기간 내에 하천으로 방출되지 않고 지하에 머무르면서 흐르는 물(을 지칭한다.)"로 정의하고 있다. **지하수법 【**시행 2022. 1. 6., 법률 제17850호, 2021. 1. 5., 일부개정**】** (법제처, 2022j)의 제1장(총칙)제2조(정의)제1항에 의하면 "지하수"란 '지하의 지층(地層)이나 암석 사이의 빈틈을 채우고 있거나 흐르는 물을 말한다'고 정의한다. 공학적 정의는 "지하의 투수성이 높은 암석 또는 흙 즉, 대수층에 포함되어 있는 포화상태의 채취하여 사용가능한 물(채취 불가능한 물은 제외)"만(선우중호, 1983; 2006)을 지하수로 취급한다.

본 절에서는 대수층의 종류, 지하수 흐름의 기본법칙, 일방향·방사상 정류 등에 대해 기술한다.

3.3.1 대수층

대수층(帶水層, aquifer)은 물이 토양이나 암석의 공극을 통하여 흐를 수 있는 투수성을 가진 지질구조로 지하저수지라고도 한다. 대수층은 크게 **그림 3.13**과 같이 비피압대수층(非被壓 帶水層, unconfined aquifer)과 **피압대수층(被壓 帶水層, confined aquifer)**으로 나눈다(Todd, 1980; Todd and Mays, 2005).

비피압대수층은 **자유대수층**(non-artesian aquifer)이라고도 하고, 자유수면을 가진 지하수층으로 지하수면이 포화수대의 상한면을 형성하는 대수층을 말하며, 자유수면을 가지고 대기압과 접해 있다. 그 예는 **깊은 우물(深井,** deep well)과 **얕은 우물(淺井,** shallow well)에서 볼 수 있으며, 수리학에서의 개수로 개념을 적용할 수 있다.

피압대수층은 지하수가 불투수층인 두 암반층 사이에 끼어 있어 대기압보다 큰 압력을 받고 있는 대수층이고, 이층의 내부까지 우물을 파면 상부의 불투수층보다 훨씬 높은 지점까지 압력수두가 올라간다. 그 예로는 **굴착정(掘鑿井,** artesian well)과 **분정(噴井,** flowing well)을 들 수 있으며, 수리학의 관수로 개념을 적용할 수 있다. 대수층의 **공극(空隙,** pores)은 암석이나 지하 토양 입자 사이의 지하수가 흐를 수 있는 작은 공간과 가느다란 관의 역할을 한다.

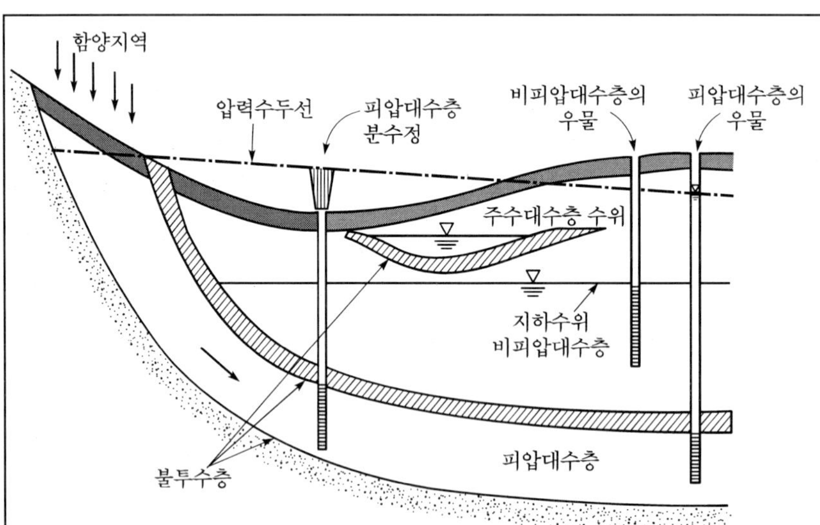

그림 3.13 대수층 종류

3.3.2 공극·암석

(1) 공극

지하수에 영향을 미치는 암석의 성질은 물이 토양이나 암석의 공극을 통해 흐를 수 있는 조직에 따라 구분한다. **그림 3.14**와 같이 대수층의 공극을 이상화시켜 표시하여 공극에 채워진 지하수의 채수에 관한 양적인 관계 즉, 공극률과 채수 가능수율, 보유수율, 유효공극률을 설명하면 다음과 같다.

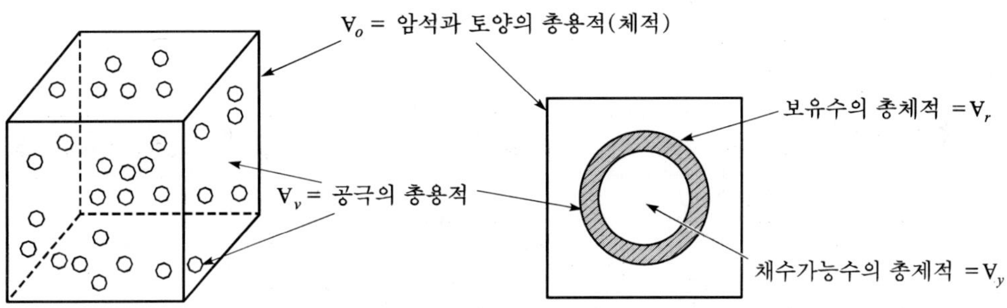

그림 3.14 암석의 공극

$$n=\frac{\forall_v}{\forall_o}\times 100 \tag{3.23}$$

여기서 n = 공극률(porosity)(%)이고, $\forall_o$ = (암석 + 토양)의 총용적이며, $\forall_v$ = 공극의 총용적이다. 이들 공극에 꽉 채워져 있는 지하수 중 우물을 파서 양수할 때 채취 가능한 물을 채수가능수라 하고 이 용적의 총용적에 대한 백분율을 **채수가능수율(採水可能水率)**로 다음과 같이 정의한다.

$$S_y=\frac{\forall_y}{\forall_o}\times 100 \tag{3.24}$$

여기서 S_y = 포화대로부터 지하수를 채취할 수 있는 정도를 나타내는 채수 가능수율(%)이고, $\forall_y$ = 양수하여 사용할 수 있는 채수 가능수의 총용적이다. 양수할 때 포화대의 암석과 토양에 붙어서 채취할 수 없는 부분의 물을 **보유수(保有水, retained water)**라 하는데 총용적에 대한 이 용적의 백분율을 **보유수율(保有水率, specific retention)** S_r(%)이라 하며 다음과 같이 구한다.

$$S_r = \frac{\forall_r}{\forall_o} \times 100 \tag{3.25}$$

여기서 $\forall_r$ =보유수의 총용적이다. 특히 채수 가능수율 S_y은 **순공극률** 또는 **유효공극률(有效空隙率, effective porosity)** n_e라고도 하는데, 그 크기는 **표 3.13**(Chin, 2000)과 같으며, 식 (3.23)~(3.25)로부터 다음과 같이 쓸 수 있다.

$$n_e = \frac{\forall_y}{\forall_o} \times 100(\%) = \frac{(\forall_v - \forall_r)}{\forall_o} \times 100(\%) = n - S_r(\%) \tag{3.26}$$

표 3.13 비(非)압밀토사의 특성

재료 \ 내용	입자 크기(mm)	공극률(%)	채수가능수율(%)	투수계수(m/day)
매우 거친 자갈	32.0~64.0	–	–	–
거친 자갈	16.0~32.0	25~40	10~25	860~8,600
중간 자갈	8.0~16.0	–	15~45	20~1,000
가는 자갈	4.0~8.0	25~40	15~40	–
매우 가는 자갈	2.0~4.0	–	–	–
매우 거친 모래	1.0~2.0	–	–	–
거친 모래	0.5~1.0	20~50	15~45	0.1~860
중간 모래	0.25~0.5	30~40	15~45	0.1~50
가는 모래	0.125~0.25	25~55	1~45	0.01~40
매우 가는 모래	0.062~0.125	–	–	–
실트	0.004~0.062	35~70	1~40	10^{-5}~2
점토	<0.004	35~70	1~20	$<10^{-2}$

(2) 암석

암석은 점토층과 같이 물을 포용할 수는 있으나 다량의 물이 이동될 수 없는 지질구조를 **난(難)대수층(aquiclude)**이라 한다. 견고한 화강암과 같이 물을 포용할 수도 통과시킬 수도 없는 지질구조를 **비(非)대수층(aquifuge)**이라 한다. 모래질과 점토질이 포화된 투수층이 적어 지하수의 이동을 방해하는 우물을 이루어 물을 얻을 수 있지만, 충분하게 두꺼운 대수층의 부근에서 물을 이동시킬 수 있는 지질구조를 **반(半)대수층(aquitard)**이라 하는데, 이는 중요한 지하수의 저류대가 된다. 특히 **그림 3.13**의 통기대에 존재하는 하천의 퇴적물로 된 토지 등에 국지적으로 끼워져 있는 점토층의 지질구조를 **주수(宙水)대수층(perched aquifer)**이라 한다.

예제 3.18

물 25×10^{6}m^{3}가 면적 150km^{2}인 유역 내 여러 개의 균일하게 분포된 우물을 통해 양수된다. 비피압대수층의 채수율이 25%일 때 다음 사항에 답하시오.

1. 유역 내 평균적으로 발생될 강하량의 산정

[풀이]

1. 유역 내 평균적으로 발생될 강하량의 산정
   (1) 양수되는 물의 용량 $\forall_y = 25\times10^6\text{m}^3$이고, 식 (3.24)로부터 채수율 $S_y = (\forall_y/\forall_o)\times 100$ (%)이므로 총체적 $\forall_0$는 다음과 같이 구한다.

   (2) $S_y = \dfrac{\forall_y}{\forall_o}\times 100(\%) \rightarrow 0.25 = \dfrac{25\times10^6}{\forall_o}\quad \therefore\ \forall_0 = 1\times10^8\text{m}^3$

   (3) 유역면적 A에 걸친 평균수면 강하량 Δh는 다음과 같이 구한다.

   (4) $\Delta h = \dfrac{\forall_0}{A} = \dfrac{1\times10^8}{150\times10^6} = 0.67\text{m}$

3.3.3 기본법칙

본 소절에서는 지하수 정(상)류 즉, 흐름의 기본 방정식인 에너지 방정식, Darcy 법칙을 유도하고, 또한 해석에 필요한 Reynolds 수, 투수계수 등 여러 가지 흐름 매개변수에 대해 간단히 기술한다.

(1) 에너지 방정식

지하수 흐름에 기초를 이루는 해석적 접근은 다루기 쉬운 수학적 모형으로 실제 물리계를 표현한다. 지하수의 흐름을 모의함에 있어 합리적으로 적용되어 온 **그림 3.15**와 같은 비점성·비압축성 유체의 흐름인 정류(steady flow)는 다음과 같이 Bernoulli 방정식을 적용한다.

$$\frac{p}{\gamma_w} + z + \frac{\overline{V}^2}{2g} = H_t \tag{3.27}$$

여기서 H_t =총수두(일정)이고, p =압력이며, z =유체의 단위중량, g =중력가속도, $\overline{V}$ =평균 침투속도(seepage velocity)이다. 이는 흐름 영역 내 임의 점에서의 압력수두= p/γ_w와 위치수두= z, 속도수두= $\overline{V}^2/2g$의 합이 일정함을 의미하며, 단위중량당의 에너지($\text{kg}_\text{f}\,\text{m}/\text{kg}_\text{f}$)로 길이 차원[$L$]으로 표시된다.

식 (3.27)은 각 공극 간의 점성저항에 의한 에너지 손실을 고려하는 실제 지하수의 흐름에는 다음의 수정 Bernoulli 방정식이 적용된다.

$$\frac{p_1}{\gamma_w}+z_1+\frac{\overline{V}_1^2}{2g}=\frac{p_2}{\gamma_w}+z_2+\frac{\overline{V}_2^2}{2g}+h_L \tag{3.28}$$

여기서 h_L =관로길이 L에서 유체의 총수두 손실(유체 단위 중량당의 에너지 손실)이다.

관로길이에 대한 총수두 손실의 비(比)는 **동수경사[(動水傾斜, hydraulic gradient)**(=正弦, sine)]로 다음과 같이 정의한다.

$$i=-\lim_{\Delta L\to 0}\frac{\Delta h_L}{\Delta L}=-\frac{dh_L}{dL} \tag{3.29}$$

식 (3.29)의 동수경사는 유체 단위중량당 **에너지 분산(energy dissipation)**의 공간변화(space rate)를 나타낸다. 공극을 통한 지하의 흐름에서 유속은 대부분 느리기 때문에 이에 따른 속도수두(운동 에너지)는 그 값이 더욱 작아 무시할 수 있다. 예를 들면 흙 속을 통과하는 전형적인 평균 **침투속도(浸透速度, seepage velocity)**는 비교적 큰 값인 1ft/s라고 하자. 이를 속도수두로 환산[$1^2/(2\times 32.2)=0.015$ft] 하면 약 0.456cm ≒5mm에 불과하므로 보통 무시할 수 있어 식 (3.29)는 다음과 같이 쓸 수 있다.

$$\frac{p_1}{\gamma_w}+z_1=\frac{p_2}{\gamma_w}+z_2+h_L \tag{3.30}$$

따라서, 흐름영역의 임의 점에 대한 **자유 수면고(自由 水面高, hydraulic head)**, **위압수두(位壓水頭, piezometric head)**(=동수 경사선 높이) h와 손실수두 h_L은 다음과 같다.

$$h=\Psi+z \tag{3.31a}$$

$$h_L=\left(\frac{p_1}{\gamma_w}+z_1\right)-\left(\frac{p_2}{\gamma_w}+z_2\right)=(\Psi_1+z_1)-(\Psi_2+z_2)=h_1-h_2 \tag{3.31b}$$

여기서 $\Psi=p/\gamma$이고, p =임의 점에서 대기압 이상의 압력을 갖는다.

(2) Darcy 법칙

Darcy는 1856년에 **그림 3.15(a)**와 같은 실험장치를 이용하여 지하수 흐름에 관한 기본 법칙인 Darcy 법칙을 제안하였다(Todd, 1980). 이 법칙의 적용대상은 물이나 유체로 포화된 **다공성 물질(多孔性 物質, porous material)** 내의 흐름이다. 기본 가정사항은 다공층을 구성하고 있는 물질의 특성은 **등방성 · 균질성(等方性 · 均質性, isotropic and homogeneous)**이고, 대수층 내는 모관수가 존재하지 않으며, 흐름은 정류로 **층류**에만 적용이 가능하다(Roscoe and George, 1990).

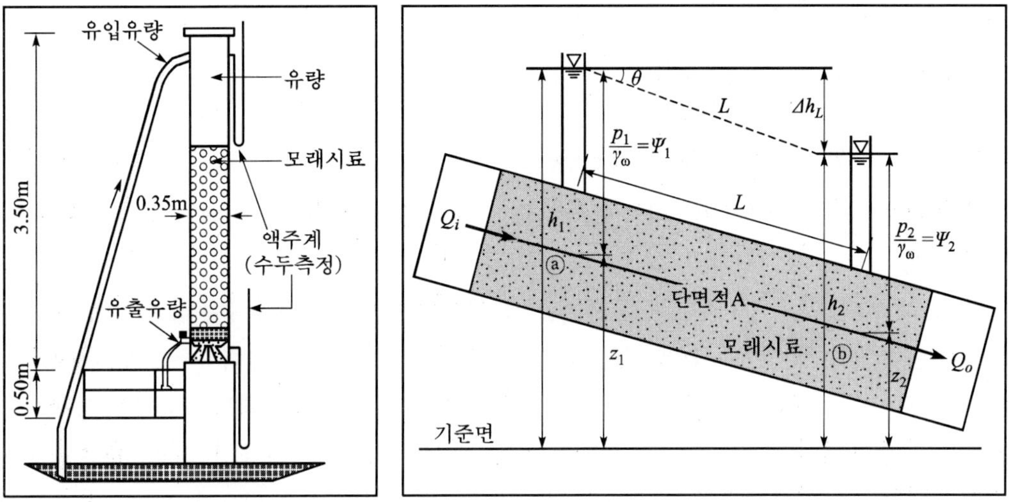

(a) 원래 실험장치 (b) 모형 실험장치

그림 3.15 Darcy 실험장치

그림 3.13(b)와 같은 모형 실험장치를 이용해 다공성 물질(모래)을 통한 유량이 비교적 적을 때 유량 Q는 손실수두 $(h_1 - h_2)$에 비례하고, 관로길이 L에 반비례함을 증명하였다. 즉, $Q \propto h_L$, A, $1/L$의 관계를 증명하였다. 이 관계에 비례상수를 도입하고 그 결과를 정리하면 흐름의 방정식 (3.30)으로부터 손실수두는 식 (3.31b)와 같으므로 다음과 같이 쓸 수 있다.

$$Q = -KA\frac{\Delta h_L}{\Delta L} \tag{3.32}$$

식 (3.32)을 미분형태로 표시하면 식 (3.28)에 의해 동수경사로 표시할 수 있으므로 다음 식을 얻을 수 있다.

$$Q = -KA\frac{dh_L}{dL} \tag{3.33}$$

식 (3.33)은 연속 방정식 $Q = A\overline{V}$를 이용하여 정리하면 다음 식과 같다.

$$Q = A\overline{V} = AKi = -AK\frac{dh_L}{dL} \tag{3.34}$$

식 (3.34)를 다시 정리하여 앞서 정의한 것과 같이 평균유속 $\overline{V}$가 동수경사 i에 비례하는 식으로 간단히 다음과 같이 쓸 수 있다.

$$\overline{V} = Ki = -K\frac{dh_L}{dL} \tag{3.35}$$

여기서 K = 비례상수로 **투수계수(透水係數, hydraulic conductivity)** 또는 **침투능(浸透能)투수계수(permeability coefficient)**, **침투능 상수(常數)(permeability constant)** 등으로도 불린다.

식 (3.35)와 같이 투수계수는 속도차원을 가지는데, 이는 흐름이 총수두의 차이에 의해 이루어지는 것으로, 압력수두 만에 의한 것이라기 보다는 위치수두와 압력수두, 속도수두의 합에 의한 것이다. **그림 3.15(b)**와 같이 지점 ⓑ의 압력이 지점 ⓐ의 압력보다 큼에도 불구하고 흐름은 지점 ⓐ에서 지점 ⓑ로 이루어지는 예(例)에서 이를 알 수 있다. 따라서, 유수 단면적 A를 통과하는 단위시간당 총체적유량 Q는 식 (3.34)로 표시될 수 있으며, Darcy 법칙에서 투수계수(hydraulic conductivity) K는 매질(medium)과 유체(fluid)의 특성을 설명해주기 위한 단순 매개변수(single parameter)이다.

또한 식 (3.35)는 **Darcy 유속** 또는 **비유속(比流速, specific velocity)**으로도 불리는데, 이는 **그림 3.15(b)**에서 물이 단면 ⓐ에서 단면 ⓑ를 통과하는 속도를 단순히 $Q/A = \overline{V}$로 하여 구한 (이론)평균유속 값으로 식 (3.23)과 (3.26)의 관계에서 알 수 있듯이 공극을 통한 실제 유속과는 다음 식과 같이 다르다.

$$V = \frac{Q}{An_e} = \frac{A\overline{V}}{An_e} = \frac{\overline{V}}{n_e} \tag{3.36}$$

그러므로, 식 (3.36)과 같이 Darcy 법칙에서의 평균유속 $\overline{V}$는 유수단면적 A를 통과하는 유속이고, 실제 지하수 흐름에서의 유속은 매질이 갖는 공극의 단면적을 통해 흐르는 유속이므로 실제유속 V가 Darcy 유속 $\overline{V}$보다 크다는 것을 알 수 있다.

(3) Reynolds 수

토양을 통하는 실제 흐름체계에서 Darcy 법칙의 유효한 범위를 결정하는 기준으로는 다음과 같이 **점성력(粘性力, viscous force)**에 대한 **관성력(慣性力, inertial force)**의 비(比)인 무차원 수(數)로 다음과 같이 정의하는 Reynolds 수 Re에 따른다.

$$Re = \frac{\rho V d}{\mu} \tag{3.37}$$

여기서 V=유속(cm/s)이고, d=입자의 평균직경(cm)이며, ρ=유체의 밀도(g/cm^3), μ=점성계수(g/cm s)이다.

입자의 집합체 내에서 흐름이 층류에서 난류로 변화할 때 한계 Reynolds 수는 1과 12 사이의 범위에서 많은 연구가들에 의해 발견되었다. 그러나 Reynolds 수가 1과 같거나 이보다 작을 때 또는 다음 식과 같을 때 Darcy 법칙의 유효성을 수용하는 것이 일반적으로 충분하다.

$$\frac{\rho V d}{\mu} \leq 1 \tag{3.38}$$

지하수 흐름의 적용범위를 판단하는 Reynolds 수는 층류에만 적용가능한데, Re수가 1~10일 때는 층류로부터 난류상태로 변이가 발생하므로 적용에 주의해야 한다.

예제 3.19

비피압 대수층의 현장시료를 이용해 그림 3.15(b)와 같이 길이 50cm, 지름 6cm의 원형관 실험을 실시하였다. 16.3cm의 일정 수두차를 유지하면서 3분간 실험을 실시한 결과 출구에 45.2cm^3 유출량이 측정되었을 때 다음 사항에 답하시오.

1. 대수층의 투수계수 결정

[풀이]

1. 대수층의 투수계수 결정

(1) 식 (3.33) 또는 (3.34) Darcy 법칙을 적용하기 위해 원형관의 단면적, 유출량, 동수경사 등을 계산한다.

① 단면적 $A = \frac{\pi D^2}{4} = \frac{\pi (0.06)^2}{4} = 0.00283\text{m}^2$

② 유량 $Q = \frac{\forall_t}{t} = \frac{45.2\text{cm}^3}{3\text{min}} = 15.07\text{cm}^3/\text{min} = 0.0217\text{m}^3/\text{day}$

③ 동수경사 $i = \frac{dh_L}{dL} = \frac{(-16.3)}{50} = -0.326$

(2) (1)항의 값을 식 (3.33)에 대입해 정리하면 다음과 같다.

① $Q = -KA\frac{dh_L}{dL} \rightarrow K = -\frac{Q}{A(dh_L/dL)} = -\frac{0.0217}{(0.00283)(-0.326)} = 23.5\text{m/day}$

예제 3.20

[예제 3.19] 조건에 추가하여 시료의 중앙입경이 0.037cm이고, 공극률이 0.30이며, 지하수의 수온이 20℃이었다. 다음 사항에 답하시오.

1. Darcy 유속과 공극 내 실제유속의 비교
2. 실험의 Darcy 법칙 만족 여부의 검토

[풀이]

1. Darcy 유속과 공극 내 실제유속의 비교
   (1) 식 (3.35)를 이용해 Darcy의 유속(=평균유속)을 구한다.
   ① 평균유속 $\overline{V}=Ki=-K\dfrac{dh_L}{dL}=-23.54(-0.326)=7.67\,\text{m/day}$
   (2) 공극을 통해 흐르는 실제유속은 식 (3.32)를 이용해 구한다.
   ① 실제유속 $V\left[=\dfrac{Q}{An_e}=\dfrac{A\overline{V}}{An_e}\right]=\dfrac{\overline{V}}{n_e}=\dfrac{7.67}{0.3}=25.6\,\text{m/day}$
   ② ∴평균유속 $\overline{V}$=7.67m/day < 실제유속 V=25.6m/day

2. 실험의 Darcy 법칙 만족 여부의 검토
   (1) Darcy 법칙이 Reynolds 수 1 이하에 적합하다는 것을 확인한다. 이를 위해 식 (3.37) Reynolds 수를 그 한계값과 같게 놓고 구한 유속을 구한다.
   (2) 이 유속값이 최대 유속 $\overline{V}_{\max}$이므로 실제유속 V보다 작으면 Darcy 법칙을 만족한다.
   ① $Re_c=\dfrac{\rho\overline{V}_{\max}d}{\mu}=1$[← 지하수 20℃, $\mu=1.03\times10^{-3}\,\text{kg s/m}^2$, $\rho=998.2\,\text{kg s}^2/\text{m}^4$]
   ② $\therefore\overline{V}_{\max}\left[=\dfrac{\mu}{\rho d}\right]=\dfrac{1.03\times10^{-3}}{998.2(0.00037)}=0.00284\,\text{m/s}=245\,\text{m/day}$
   (3) 그러므로, V=25.6m/day < $\overline{V}_{\max}$ =245m/day이기 때문에 Darcy 법칙의 적용은 적합하다.

(4) 투수계수·고유 투수계수

투수능(透水能, permeability)은 암석이나 흙의 투수성을 유체의 이동능력으로 정의하는 것으로, 식 (3.34)와 (3.35)에서 정의된 **투수계수**(hydraulic conductivity) K와 지하수의 유체특성과는 무관하고, 매질의 **구조적 특성**(media structure characteristics)을 나타내는 **고유투수계수(固有透水係數,** intrinsic permeability)로 나눈다.

① 투수계수

Darcy **법칙**에 대한 식 (3.32)~(3.35)의 비례상수로 도입된 **투수계수**(hydraulic conductivity) K는 **그림 3.16**과 같이 단위길이 1mile당 1ft의 압력수두인 동수경사(hydraulic radius) 하(1ft/mile)에서 1ft×1mile 대수층 단면적을 통과한 하루당의 체적(gallon) 유량(gpd=gallon/day)이다. 이 투수계수의 단위가 마인저 단위(Meinzer unit) gpd/ft^2 이다 【$\because Q(\text{gpd})= Ki(\frac{1\text{ft}}{1\text{mile}})A(1\text{ft}\times\text{mile})\rightarrow K=\frac{Q(\text{gpd})}{iA(\text{ft}^2)}=\frac{Q}{iA}\text{gpd/ft}^2$】.

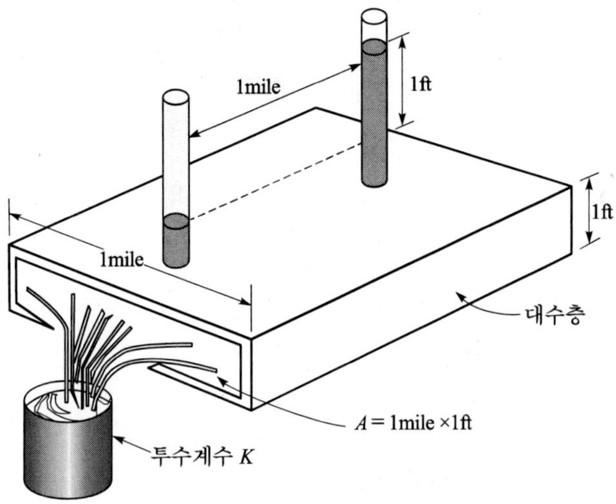

그림 3.16 투수계수의 개념

또한 Hagen–Poiseulli 흐름의 관로(conduit)를 통한 층류의 해석에서 투수계수(능)(coefficient of permeability) K는 다음과 같이 표현할 수 있다.

$$K = Cd_m^2 \frac{\gamma}{\mu} \tag{3.39}$$

여기서 d_m=공극을 갖는 매질의 평균입자크기이고, γ=유체의 단위중량(=ρg)이며, ρ=유체의 밀도, g=중력 가속도이다. μ=점성계수이고, C=공극 매질의 입자분포와 입자의 형상, 다짐(packing), 공극률에 좌우되는 형상계수이다.

그러므로, 주어진 공극 매질에 대해 투수계수는 다음과 같이 쓸 수 있다.

$$K \infty \frac{1}{\nu} \tag{3.40}$$

여기서 ν=동점성계수(=μ/ρ)로 온도의 함수이고, 실험이나 표준값의 투수(능)계수는 20℃의 순수한 물이 갖는 값을 취한다.

② **고유 투수계수**

투수계수는 매질의 특성만을 고려하는 경우와 유체의 특성을 조합한 두 가지를 고려하는 경우가 있다. 그러므로, 식 (3.40)은 다음과 같이 정의한다.

$$K = K_0 \frac{\gamma}{\mu} = K_0 \frac{\rho g}{\mu} = K_0 \frac{g}{\nu} \tag{3.41}$$

여기서 K=투수계수 $[LT^{-1}]$이고, K_0=고유투수계수$[L^2]$이며, g=중력 가속도$[LT^{-2}]$, ν=동점성계수$[L^2T^{-1}]$이다(Roscoe and George, 1990).

고유투수계수 K_0의 단위는 아주 적은 값이므로 $(\mu\mathrm{m})^2=10^{-12}\mathrm{m}^2$의 단위를 가지는데, 이는 **darcy 단위**(USGS 표현)로 측정한다. 이 단위는 석유산업(petroleum industry) 분야에서 사용되며, **1darcy**는 다음과 같이 정의한다.

$$1\mathrm{darcy} = \frac{\dfrac{1\mathrm{centipoise} \times 1\mathrm{cm}^3/\mathrm{s}}{1\mathrm{cm}^2}}{\dfrac{1\mathrm{atm}}{1\mathrm{cm}}} = \frac{\dfrac{0.01\mathrm{dyne{\cdot}s/cm}^2 \times (1\mathrm{cm}^3/\mathrm{s})}{1\mathrm{cm}^2}}{\dfrac{(1.013\times 10^6\mathrm{dyne/cm}^2)}{1\mathrm{cm}}}$$

$$= 0.987\times 10^{-8}\mathrm{cm}^2 = 0.987\times 10^{-12}\mathrm{m}^2 \tag{3.42}$$

표 3.14와 같이 물 20℃의 동점성계수 ν=0.01cm^2/s 일 때 투수계수와 고유투수계수 간에는 식 (3.41)과 (3.42)로부터 다음 관계식을 도출할 수 있다.

$$K_0(\mathrm{darcy}) = 10^3 K(\mathrm{cm/s}) \tag{3.43}$$

표 3.14 투수계수의 대푯값

구분	재료	투수계수 K(cm/s)	고유투수계수 K_0(darcy)
입자	깨끗한 자갈	1~100	$10^3 \sim 10^5$
	깨끗한 거친 모래	0.010~1.00	$10 \sim 10^3$
	혼합 모래	0.005~0.01	5~10
	가는 모래	0.0010~0.05	1~50
	실트 모래	$1\times10^{-4} \sim 2\times10^{-3}$	0.1~2
	실트	$1\times10^{-5} \sim 5\times10^{-4}$	0.01~0.5
	점토	$<10^{-6}$	$<10^{-3}$
암밀	사암(砂岩, sandstone)	$10^{-6} \sim 10^{-3}$	$10^{-3} \sim 1.0$
	탄산염암(carbonate rock)	$10^{-5} \sim 10^{-3}$	$10^{-2} \sim 1.0$
	혈암(頁岩, shale)	10^{-10}	10^{-7}
	대수층(aquifer)	$10^{-6} \sim 10^{-3}$	$10^{-3} \sim 1.0$
비고	물 20℃의 동점성계수 ν=0.01cm^2/s 일 때 식 (3.43) 적용		

③ 다층토 투수계수

다층토(stratified material)의 투수계수는 위치와 방향에 따라 그 값이 변화한다. 그래서 이 경우에는 **공극(다공성) 매질**(porous media)의 **위치**와 측정방향에 따라 다음과 같이 구분하고 각 층의 수평과 수직에 대한 평균값을 사용한다.

1) 위치

토양 내의 **위치**나 지질학적 지층(geological stratum)에 따라 K가 지질학적 형성 간의 위치와 무관한 경우는 **균질성(均質性, homogeneous)**이고, K가 형성 위치에 관련이 있으면 **이질성(異質性, heterogeneous)**으로 분류한다.

2) 방향

측정 방향(measurement direction)에 따라 K가 지질학적 형성간의 측정 방향에 무관한 경우는 **등방성(等方性, isotropic)**이고, K가 형성 위치에 따라 변한다면 **이방성(異方性, anisotropic)**으로 분류한다.

그림 3.17(a)(Delleur, 1999)와 같이 등방성이거나 이방성인 각 층이 n개인 층상구조(層狀構造, layed systems)에 대한 **평균수직 투수계수** K_v는 **가중조화평균(加重調和平均, weighted hormonic average)**을 사용하여 다음과 같이 구한다.

$$K_v = \frac{b}{\displaystyle\sum_{i=1}^{n} \frac{b_i}{K_{vi}}} \tag{3.44}$$

여기서 b =총두께이고, b_i =각 층의 두께이며, K_{vi} =각 층의 수직 투수계수이다.

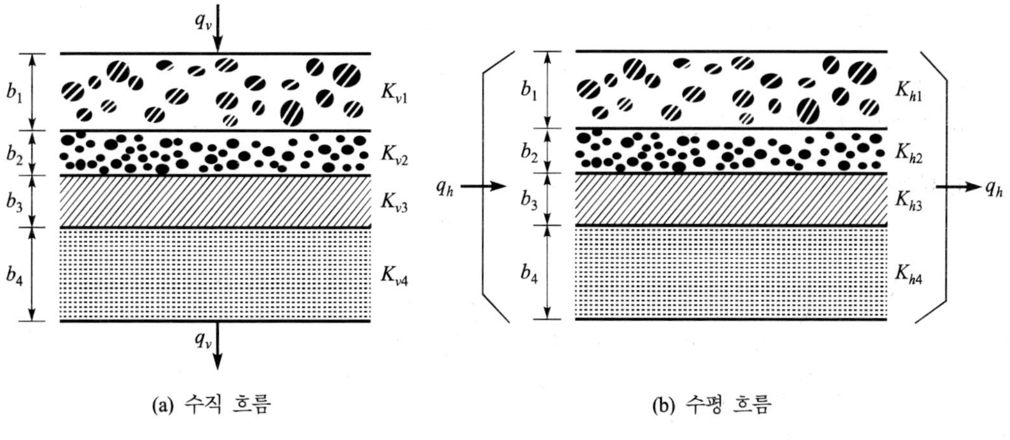

그림 3.17 층상구조의 투수계수

그림 3.17(b)와 같이 등방성이거나 이방성인 각 층이 n개인 층상구조에 대한 평균수직 투수계수 K_h는 **가중선형평균(加重線形平均, weighted linear average)**을 사용하여 다음과 같이 구한다.

$$K_h = \sum_{i=1}^{n} \frac{K_{hi} b_i}{b} \tag{3.45}$$

여기서 K_{hi} =각 층의 수평 투수계수이다.

다른 투수계수를 갖는 다공매질의 두 등방성 층이 평판 표면으로 분리된다면 한 층을 통해 이동하는 물의 입자는 다음 식과 같은 **Tangent 법칙**에 따르면 들어가는 다른 쪽으로 굴절될 것이다(Todd, 1980).

$$\frac{\tan\theta_1}{\tan\theta_2} = \frac{K_1}{K_2} \tag{3.46}$$

이 현상은 에너지와 질량의 보존법칙 때문에 발생되는데, 입자의 투수성이 크거나 투수성이 중간 이하를 각각 만나게 됨에 따라 한쪽이 접촉면에서 다른 면보다 느리거나 빠르게 이동하기 때문이다.

예제 3.21

3개의 수평층으로 구성된 비피압대수층은 각 층이 등방성이다. 맨 위층은 두께 10m에 투수계수 11.6m/day이고, 중간층은 4.4m 두께에 4.5m/day의 투수계수를 가지며, 맨 아래층은 두께 6.2m에 투수계수 2.2m/day이다. 다음 사항에 답하시오.

1. 다층토의 등가 수평 · 연직 투수계수 계산

[풀이]

0. 각 층의 투수계수는 등방성이므로 투수계수는 $K_{hi} = K_{vi}$이다.

1. 다층토의 등가 수평·연직 투수계수 계산

(1) 식 (3.44)를 이용하여 등가 수직 투수계수를 결정한다.

① $K_v = \dfrac{b}{\sum_{i=1}^{n} \dfrac{b_i}{K_{vi}}} = \dfrac{b_1 + b_2 + b_3}{\dfrac{b_1}{K_{v1}} + \dfrac{b_2}{K_{v2}} + \dfrac{b_3}{K_{v3}}} = \dfrac{10 + 4.4 + 6.2}{\dfrac{10}{11.6} + \dfrac{4.4}{4.5} + \dfrac{6.2}{2.2}} = \dfrac{20.6}{0.86 + 0.98 + 2.82}$

$= \dfrac{20.6}{4.66} = 4.42\,\mathrm{m/day}$

② ∴ 등가(=평균) 수직 투수계수 K_v=4.42m/day

(2) 식 (3.45)를 이용해 등가 수평 투수계수를 결정한다.

① $K_h = \sum_{i=1}^{n} \frac{K_{hi}b_i}{b} = \frac{K_{h1}b_1 + K_{h2}b_2 + K_{h3}b_3}{b_1 + b_2 + b_3} = \frac{11.6(10) + 4.5(4.4) + 2.2(6.2)}{10 + 4.4 + 6.2}$

$= \frac{149.44}{20.6} = 7.25\text{m/day}$

② ∴ 등가(=평균) 수평 투수계수 K_h=7.25m/day

(5) 투수량계수

투수량계수(透水量係數, transmissivity, transmissibility) $T[LT^{-1}L = L^2T^{-1}]$는 단위 길이 1mile당 1ft의 압력수두인 동수경사(hydraulic radius) 하(1ft/mile)에서 $b$ft×1mile 대수층 전단면적(total cross sectional area)을 통과한 하루당의 체적(gallon) 유량(gpd=gallons/day)이다. 이 투수량계수의 마인저 단위(meinzer unit)는 gpd/ft이다.

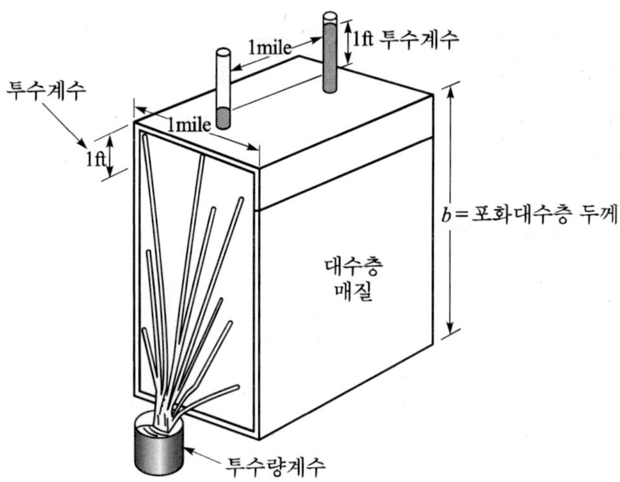

그림 3.18 투수량계수의 정의

이상과 같이 고유투수계수와 투수계수, 투수량계수 간의 단위 환산관계는 **표 3.15**와 같다.

표 3.15 고유투수계수·투수계수·투수량수 간의 단위관계

단 위	이 름	환산 단위
1 darcy = 0.987 × 10^{-8}cm^2	고유투수계수(intrinsic permeability) K_0	1.062 × 10^{-11}ft^2
1 meinzer(gpd/ft^2) = 0.134ft/day	투수계수(hydraulic conductivity) K	0.041m/day
1 gpd/ft = 0.134ft^2/day	투수량계수(transmissivity) T	0.0124m^2/day

예제 3.22

15.6℃(또는 60°F)에서 1darcy인 고유투수계수(intrinsic permeability)를 갖는 지하수가 흐를 때 다음 사항에 답하시오.

1. 마인저(meinzer) 단위의 투수계수(hydraulic conductivity) 계산

[풀이]

1. 마인저(meinzer) 단위의 투수계수(hydraulic conductivity) 계산

【1darcy($K_0 = 0.987 \times 10^{-12}\text{m}^2 = 0.987 \times 10^{-8}\text{cm}^2$)인 고유투수계수(intrinsic permeability)를 갖는 지하수의 마인저(meinzers) 단위(1gpd/ft^2 =0.134 ft/day) 투수계수(hydraulic conductivity) 계산】

(1) 60°F 또는 15.6℃에서 지하수의 특성은 다음과 같다.

① 밀도 $\rho = 0.999\text{g/cm}^3$이고, 점성계수 $\mu = 1.12\text{cP}$(centipoise)(= 1.12×10^{-2} g/cm s)이다.

(2) 식 (3.42)를 이용하고, 공극률 n=1.0으로 가정하여 darcy 단위인 고유투수계수 K_0를 갖는 지하수의 마인저(meinzer) 단위 투수계수(ft/day) K를 구한다.

① 1darcy인 고유투수계수 $K_0 = 0.987 \times 10^{-12}\text{m}^2 = 0.987 \times 10^{-8}\text{cm}^2$이다.

② 식 (3.41)의 투수계수 산정 식을 이용한다.

③ $K = K_0 \dfrac{\rho g}{\mu}$

$$= 1\text{darcy}(0.999\frac{\text{g}}{\text{cm}^3})(980\frac{\text{cm}}{\text{s}^2})(\frac{1}{1.12 \times 10^{-2}}\frac{\text{cm s}}{\text{g}}) \times [\frac{0.987 \times 10^{-8}}{1}\frac{\text{cm}^2}{\text{darcy}})]$$

$$= 862.2 \times 10^{-6}\text{cm/s}$$

(3) 표 3.15를 이용해 (2)③항에서 구한 투수계수 단위(cm/s)를 마인저(meinzer) 단위(ft/day)인 투수계수로 다음과 같이 환산한다.

① 투수계수 $K = (862.8 \times 10^{-6}\dfrac{\text{cm}}{\text{s}})[\dfrac{1\text{m}}{100\text{cm}}][\dfrac{24 \times 60 \times 60\text{s}}{1\text{day}}][\dfrac{1\text{meinzer}}{0.041\text{m/day}}]$

$= 18.2\text{meinzer(ft/day)}$

② ∴ 15.6℃(= 60°F) 지하수의 1darcy인 고유투수계수는 18.2meinzer(ft/day)의 투수계수를 갖는다.

(6) 비·저류상수

저류상수 또는 **저류계수(貯留常數, storativity, storage constant, storage coefficient)**는 **그림 3.19**와 같이 평균수두의 단위량 상승 또는 하강(unit amount of decline or increase)에 의한 단위면적이 갖는 대수층의 수직기둥(vertical coulmn)을 통과해 저류에 더해지거나 감소된 물의 양으로 정의한다. **그림 3.19(a), (b)**는 각각 피압 대수층과 비피압 대수층에 대한

예이며, 이들의 저류상수는 다음 식과 같이 구한다.

$$S = S_s b \tag{3.47a}$$

$$S = n_e + h S_s \; (\leftarrow S_s = 0) \fallingdotseq S_y \tag{3.47b}$$

여기서 S=**저류상수(貯留常數, storativity)**이고, b=대수층의 두께이며, S_s=[$S/b=\rho g(\alpha + n\beta)$] 비저류상수(specific storativity) 또는 비저류계수이다.

피압대수층의 경우 $5\times10^{-2}b \sim 5\times10^{-5}b$로 공극, 압축성계수와 관련된다. 비피압대수층의 경우는 모든 입자들이 유효공극이 되기 때문에 식 (3.47b)와 같이 **비산출량(比産出量, specific yield)** S_y이라고도 하며, 이는 $S_y = 0.01 \sim 0.30$으로 공극률(porosity)과 관련된다.

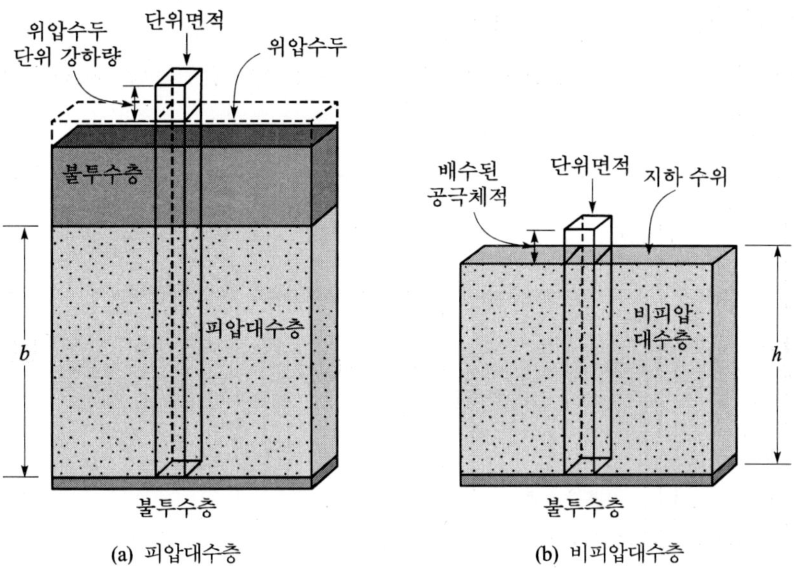

그림 3.19 저류상수의 정의

비저류상수(比貯留係數, specific storage constant) $S_s[L^{-1}]$는 포화 대수층(피압대수층)의 단위두께에 대한 저류상수로 다음과 같이 정의한다. 이는 물의 압축성계수와 대수층의 체적탄성계수, 공극률의 함수관계로 정의한다.

$$S_s = \frac{S}{b} = \rho g(\alpha + n\beta) \tag{3.48}$$

여기서 S=저류상수이고, n=공극률이며, b=대수층 두께, β=물의 압축성계수, α=대수층의 체적탄성계수이다.

3.3.4 정류

지하수의 흐름특성이 시간에 따라 변하지 않고, 각 유선(stream line)의 방향이 평행한 정(상)류 일방향 흐름과 방사상 흐름의 피압대수층과 비피압대수층에 대해 기술한다.

(1) 일방향 흐름

지하수의 **일방향 흐름(steady unidirectional flow)**은 지하수의 흐름특성이 시간에 따라 불변($d/dt=0$)하고, 다공층을 통한 각 유선(stream line)의 방향이 평행한 흐름이다. 이는 지하수 흐름의 가장 간단한 경우이지만 실용적으로는 만족할 만한 결과를 얻을 수도 있다.

① **피압대수층**

그림 3.20과 같이 정상 일방향 흐름에서 피압대수층의 두께가 b이고, 피압대수층 내 유속이 V와 대수층의 투수계수 K가 일정할 때 대수층 내의 단위폭당 유량 q는 다음과 같이 구할 수 있다.

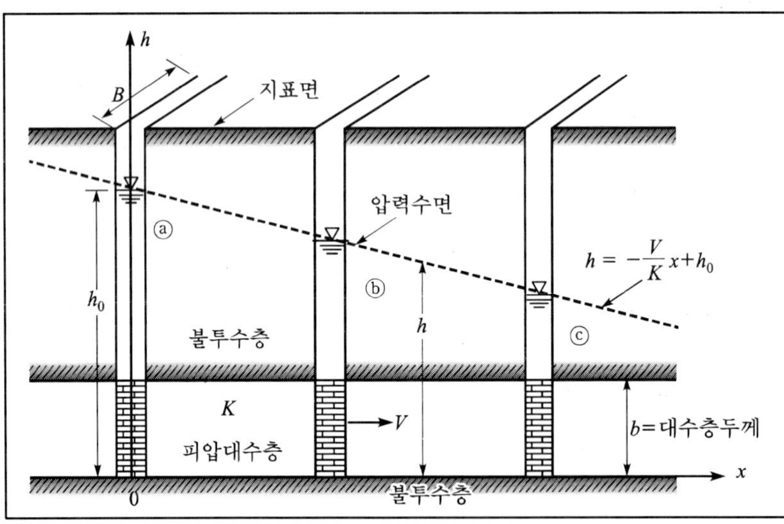

그림 3.20 일방향 정류 비피압대수층의 양수량 관계

$$q=-Kb\frac{dh}{dx} \tag{3.49}$$

식 (3.49)를 거리에 관해 미분하면 다음 식을 얻는다.

$$\frac{dq}{dx}=\frac{d}{dx}\left[-Kb\frac{dh}{dx}\right]=-Kb\frac{d^2h}{dx^2} \tag{3.50}$$

식 (3.50)은 지하수 흐름이 정류라고 가정하면 다음과 같이 쓸 수 있다.

$$\frac{d^2h}{dx^2} = 0 \tag{3.51}$$

식 (3.49)와 (3.51)을 **피압대수층 일방향 정류 기본 방정식**이라 한다.

식 (3.51)의 일반해는 그 식을 두 번 적분하여 정리하면 수두에 관한 다음 식을 얻을 수 있다.

$$h = C_1x + C_2 \tag{3.52}$$

식 (3.52)를 **일반해**라 하고, $x = 0$일 때 $h = h_o$이므로 $C_2 = h_o$가 되어 다음 식을 얻는다.

$$h = C_1x + h_o \tag{3.53}$$

식 (3.53)을 x에 관해 미분하면 $C_1 =-(V/K)$가 되므로 이들 적분상수 값을 식 (3.53)에 대입하여 정리하면 다음 식을 얻을 수 있다.

$$h =-\frac{V}{K}x + h_o \tag{3.54}$$

그러므로, 피압대수층에서의 정상 일방향 흐름은 **그림 3.20**과 같이 흐름방향으로 직선적인 변화를 보임을 알 수 있다.

예제 3.23

그림 3.20과 같이 피압대수층에 세 개의 폭이 좁은 수로를 500m 간격으로 굴착했더니 ⓐ, ⓑ, ⓒ 수로 내에 피압대수층 바닥으로부터 각각 5m, 4m, 3m의 깊이로 물이 흘렀다. 대수층의 두께가 10m이고, 투수계수가 10m/day일 때 다음 사항에 대해 답하시오.

1. 대수층 단위폭당의 유량 계산

[풀이]

1. 대수층 단위폭당의 유량 계산
   (1) 일방향 정류의 피압대수층 내 흐름의 기본 방정식 $d^2h/dx^2 = 0$를 두 번 적분하면 식 (3.52)를 얻는다.
   (2) 식 (3.52)의 $h = C_1x + C_2$에서 $x = 0$일 때 $h_o = 5\text{m}$, $h_2 = C_2 = 5\text{m}$이고, $x = 500\text{m}$일 때 $h_{500} = 4\text{m}$이므로, $4 = C_1 \times 500 + 5 \rightarrow 4 - 5 = 500C_1$에서 $C_1 = -0.002$가 된다.

(3) $C_2=5$m, $C_1=-0.002$를 식 (3.52)에 대입하여 정리하면 $h=-0.002x+5$를 얻는다.

(4) 그러므로, 단위폭당 유량은 식 (3.49) $q=-Kb(dh/dx)$에서 $dh/dx=d/dx(-0.002x+5)=-0.002$이므로 $q=-10\times10(-0.002)=0.2(\text{m}^3/\text{day})/\text{m}$가 된다.

② 비피압대수층

비피압대수층 내의 일방향 정류는 지하수면이 한 개의 유선 역할을 하기 때문에 지하수면의 모양을 쉽게 결정할 수 없다. 이를 해결하기 위해 Dupuit의 가정을 이용한다. Dupuit의 가정은 지하수의 유속은 동수경사의 정접(正接, tangent) dh/dx에 비례하고, 흐름의 방향은 수평이며, 연직면 내의 모든 곳에서 그 크기가 동일하다는 것이므로 정현(正絃, sine) $i=dh/ds$를 사용하는 데 실제와는 약간의 차이가 있다.

그림 3.21과 같은 지하수 흐름에서 Darcy 법칙은 단위폭당의 일차원 유량에 다음과 같이 적용된다.

$$q=-Kh\frac{dh}{dx} \tag{3.55}$$

여기서 h, x=**그림 3.21**의 정의와 같고, 정류상태에서 거리에 따른 q의 변화율은 0이므로 다음과 같이 쓸 수 있다.

$$\frac{dq}{dx}=-\frac{K}{2}\frac{d^2h^2}{dx^2}=0 \tag{3.56a}$$

$$\frac{d^2h^2}{dx^2}=0 \tag{3.56b}$$

식 (3.55)와 (3.56)은 비피압대수층 내의 일방향 정류를 해석하기 위한 기본 방정식이다. 식 (3.55)를 적분하면 다음 식을 얻는다.

$$qx=-\frac{Kh^2}{2}+C \tag{3.57}$$

식 (3.57)은 경계조건을 이용해 풀면 $x=0$일 때 $h=h_o$이므로 $C=(Kh_o^2)/2$이 된다. 이를 다시 식 (3.57)에 대입하고 정리하면 다음 식을 얻는다.

$$q=\frac{K}{2x}(h_o^2-h^2) \tag{3.58}$$

식 (3.58)을 Dupuit **포물선**이라 하며, 이는 비피압 대수층 내의 흐름에서 지하수면은 포물선형임을 의미한다.

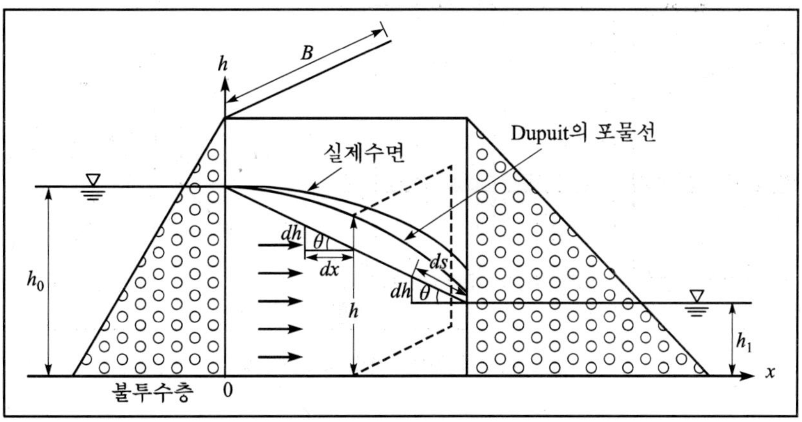

그림 3.21 일방향 정류 비피압대수층의 흐름

(2) 방사상 정류

우물로부터 지하수 양수 시 피압대수층에서의 **수압면(水壓面, piezometric surface)**과 비피압대수층의 **지하수면(地下水面, ground water table)**이 강하하게 된다. 이때 어떤 지점에서의 지하수면 **강하량(降下量, drawdown)**은 지하수면이 양수이전의 원래 위치로부터 낮아진 거리를 의미한다.

① 피압 대수층의 정류

피압 대수층의 정류(steady flow in a confined aquifer)는 **그림 3.22**와 같이 불투수층을 뚫고 판 **굴착정(掘鑿井, artesian well)**을 중심으로 다룬다. 이때 우물로부터 양수되는 지하수량 즉, 유량은 일정하고, 대수층은 바닥까지 들어가 있으며, 대수층의 두께 모두를 포함하고 있다. 이 외에 대수층의 투수성은 지점, 방향, 시간에 따른 변화가 없고, 수평으로 되어 있으며, 그 크기는 무한하다는 가정하에 다음과 같이 계산할 수 있다.

$$Q = 2\pi brK\frac{dh}{dr} \tag{3.59}$$

식 (3.59)의 상미분 방정식을 변수 분리하여 양변 적분하면 다음 식을 얻을 수 있다.

$$h = \frac{Q}{2\pi bK}\ln r + C \tag{3.60}$$

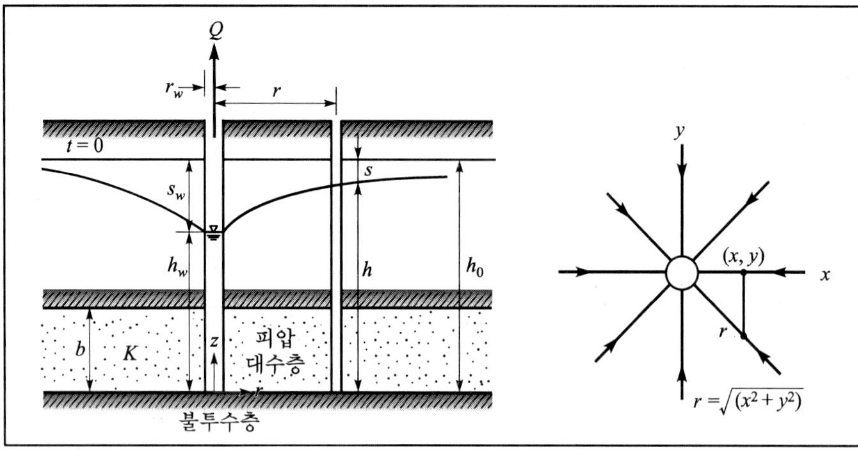

그림 3.22 피압대수층의 방사상 정류

식 (3.60)에 경계조건을 도입하여 적분상수 C를 구할 수 있으며, 이를 다시 식 (3.60)에 대입하고 정리하면 다음 식을 얻는다.

$$Q = 2\pi bK\frac{(h_o - h)}{\ln(r_o/r)} \tag{3.61}$$

식 (3.61)에서 경계조건을 일정유량 양수조건으로 $r = r_w$와 $h = h_w$로 하면 다음 식을 얻을 수 있다.

$$Q = 2\pi bK\frac{(h_o - h_w)}{\ln(r_o/r_w)} \tag{3.62}$$

식 (3.62)에서 대수층의 특성변수(K, b) 및 원통형 섬을 둘러싸고 있는 바다 및 우물 내의 수면 h_w를 알면 Q를 구할 수 있다.

일반적인 경우로 식 (3.61)을 바꾸려면 경계조건을 $r = \infty$이고, $r_o = r$, $h_o = h$ 또는 $r_o = r_1$, $h_o = h_1$인 경우를 취하면 다음 식을 얻는다.

$$Q = 2\pi bK\frac{(h - h_w)}{\ln(r/r_w)} \tag{3.63a}$$

$$Q = \frac{2\pi Kb(h_1 - h_w)}{\ln(r_1/r_w)} \tag{3.63b}$$

식 (3.63)에 **투수량계수** $Kb = T$를 도입하여 표시하면 다음 식을 얻는다.

$$Q = \frac{2\pi T(h_1 - h_w)}{\ln(r_1/r_w)} \tag{3.64}$$

식 (3.64)를 지하수 흐름의 **평형방정식** 혹은 **Thiem 방정식**이라 하며, 대수층의 투수계수를 양수시험으로부터 결정하는 데 사용된다(Todd and Mays, 2005).

투수계수 K의 결정을 위한 양수 시험은 일정 양수율 Q로 양수 시 양수정으로부터의 거리 r_1, r_2에 있는 관측정에서 측정된 수두가 h_1, h_2일 때 지하수 흐름이 정상상태가 유지되도록 충분한 시간에 걸쳐 일정한 율로 양수한다. 또한 관측정의 위치를 양수정 가까이에 두어 수두 강하량을 쉽게 측정할 수 있도록 하며, 대수층은 무한대로 한다. 또한 대수층은 균질재료로 구성되어 있고 흐름은 층류라는 상태하에서 일정 양수율이 유지될 때 투수계수는 다음 식에 의해 구한다.

$$K = \frac{Q}{2\pi b(h_2 - h_1)} \ln\left(\frac{r_2}{r_1}\right) \tag{3.65}$$

또한 **투수량계수(transmissivity)**는 다음과 같이 구한다.

$$T = Kb = \frac{Q}{2\pi(h_2 - h_1)} \ln\frac{r_2}{r_1} \tag{3.66}$$

예제 3.24

영향권 직경이 1km이고, 우물직경이 1m이며, 투수계수가 20m/day, 대수층의 두께 20m이다. 우물의 강하량이 4m일 때 다음 사항에 답하시오.

1. 양수량 산정

[풀이]

1. 양수량 산정

(1) 양수량 계산을 위해 식 (3.62)를 이용한다.

① 식 (3.62); $Q = 2\pi bK\dfrac{h_o - h_w}{\ln(r_o/r_w)}$

② 영향권 반경 $r_o = 1{,}000/2 = 500\text{m}$, 우물 반경 $r_w = d_o/2 = 1/2 = 0.5\text{m}$, 강하량 $h_o - h_w = 4\text{m}$ 를 식 (3.62)에 대입하고 계산한다.

③ $Q = 2\pi(20)(20)\dfrac{4}{\ln(500/0.5)} = 1{,}456.2\text{m}^3/\text{day}$

④ ∴양수량 Q=1,456.2m^3/day

예제 3.25

대수층의 두께 30m에 1m 지름의 양수정이 굴착하여 113m^3/h율로 양수할 때 양수정으로부터 15m 지점의 수압면 강하량이 1.8m, 50m 지점에서는 0.5m로 관측정에서 측정되었다. 정상상태의 양수정에서. 초기 수압면 수두(piezometric head)는 기준면으로부터 40m를 취한다. 다음 사항에 답하시오.

1. 수두와 수압면 강하량 계산
2. 대수층의 투수량계수와 양수정의 영향권 반경(radius of influence) 산정

[풀이]

1. 수두와 수압면 강하량 계산

(1) 양수정의 수두와 수압면 강하량 등을 구하기 위해 식 (3.65)를 이용, 투수계수 계산;

① r_1=15m 지점의 수압면 강하량 $s_1=1.8\text{m} \rightarrow h_1=h_0-s_1=40-1.8=38.2\text{m}$

② r_2=50m 지점의 수압면 강하량 $s_2=0.58\text{m} \rightarrow h_2=h_0-s_2=40-0.5=39.5\text{m}$

2. 대수층의 투수량계수와 양수정의 영향권 반경(radius of influence) 산정

(1) 투수량계수는 식 (3.66) 이용해 산정;

① 투수계수 계산; $K=\dfrac{Q}{2\pi b(h_2-h_1)}\ln\left(\dfrac{r_2}{r_1}\right)=\dfrac{113}{2\pi(30)(39.5-38.2)}\ln\left(\dfrac{50}{15}\right)=0.555\text{m/h}$

② $K=13.32\text{m/day}$

(2) 투수량계수 계산; $T=Kb=13.32(30)=399.6 \fallingdotseq 400\text{m}^2/\text{day}$

(3) 양수정의 수두와 수압면 강하량은 식 (3.63) 또는 (3.64)를 이용해 구한다.

① 양수정의 수두 $h_w=h_2-\dfrac{Q}{2\pi T}\ln\left(\dfrac{r_2}{r_w}\right)$

② $h_2=h_0-s_2=40-0.5=39.5\text{m},\ Q=113\text{m}^3/\text{h}=2{,}712\text{m}^3/\text{day}$

③ $h_w=39.5-\dfrac{2{,}712}{2\pi(400)}\ln\left(\dfrac{50}{0.5}\right)=34.5\text{m}$

④ 양수정의 수압면 강하량 $s_w=h_0-h_w=40-34.5=5.5\text{m}$

(4) 양수로 인한 영향권 반경은 식 (3.66)으로부터 $r_2 \rightarrow r_0$, $h_2 \rightarrow h_0$로 풀면 다음과 같이 구할 수 있다.

① $T=Kb=\dfrac{Q}{2\pi(h_2-h_1)}\ln\dfrac{r_2}{r_1}$

② $\ln\dfrac{r_0}{r_1}=\dfrac{2\pi Kb(h_0-h_1)}{Q}\ \left[(r_0=R)\rightarrow x=\dfrac{R}{r_1},\ y=\dfrac{2\pi Kb(h_0-h_1)}{Q}\right]$

③ $\ln x=y$[$\leftarrow e^y=x$의 양변에 ln 취하면]

④ $\therefore e^y=x$ (예3.25.1a)

⑤ $x\left[=\frac{R}{r_1}\right]=e^y=e^{\left[\frac{2\pi Kb(h_0-h_1)}{Q}\right]}$ (예3.25.1b)

⑥ $\therefore R=(r_1)e^{\left[\frac{2\pi Kb(h_0-h_1)}{Q}\right]}$ (예3.25.2)

⑦ $R=(15)e^{\left[\frac{2\pi(13.3)(30)(40-38.2)}{2712}\right]}=79\text{m}$

② 비피압대수층

그림 3.23과 같이 대수층의 불투수성 바닥까지 굴착된 양수정(깊은 우물)이 일정한 수두를 가진 **동심원상 경계면(concentric boundary)**으로 둘러싸여 있을 때의 양수율 Q는 일방향 정류의 경우와 같이 Dupuit 가정을 사용하여 다음과 같이 유도된다.

$$Q=2\pi hKr\frac{dh}{dr} \tag{3.67}$$

식 (3.67)을 변수 분리하여 적분하면 다음 식을 얻는다.

$$h^2=\frac{Q}{\pi K}\ln r+C \tag{3.68}$$

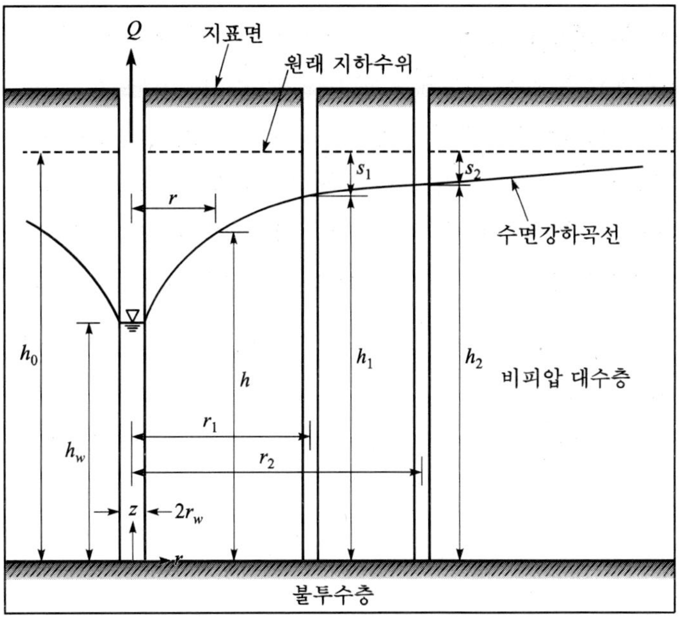

그림 3.23 깊은 우물에서의 양수량 관계

식 (3.68)에서 경계조건을 이용해 적분상수 C를 결정하기 위해 $r = r_o$와 $h = h_o$를 이용하면 적분상수는 다음과 같다.

$$C = h_o^2 - \frac{Q}{\pi K} \ln r_o \tag{3.69}$$

식 (3.69)를 식 (3.68)에 대입하고 정리하면 다음 식을 얻는다.

$$h_o^2 - h^2 = \frac{Q}{\pi K} \ln \frac{r_o}{r} \tag{3.70a}$$

$$Q = \pi K \frac{h_o^2 - h^2}{\ln (r_o / r)} \tag{3.70b}$$

식 (3.70)에 경계조건을 일정유량 양수조건으로 하여 $r = r_w$와 $h = h_w$를 대입하면 양수량은 다음과 같다.

$$Q = \pi K \frac{h_o^2 - h_w^2}{\ln (r_o / r_w)} \tag{3.71}$$

식 (3.71)은 양수정 부근에서는 지하수면 곡선이 급하게 강하하므로 Dupuit 평행흐름(parallel flow)의 가정이 성립하지 않으나, 수두 h를 측정하면 Q는 대체로 정확하다.

또한 **영향권반경(影響圈半徑, radius of influence)** r_o는 측정이 대단히 어려우므로 보통 150~300m(윤용남, 2003; 2012) 또는 300~500m(Subramanya, 2013) 값을 사용한다.

지하수 흐름이 정상상태가 유지되도록 충분한 시간에 걸쳐 일정한 율로 양수하고, 관측정의 위치를 양수정 가까이에 두어 수두 강하량을 쉽게 측정할 수 있도록 하는 등 피압대수층에서와 같은 조건하에서 일정 양수율 Q로 양수 시, 양수정으로부터 거리 r_1, r_2에 있는 관측정에서 측정된 수두가 h_1과 h_2일 때의 투수계수 K는 다음 식에 의해 구한다.

$$K = \frac{Q}{\pi (h_2^2 - h_1^2)} \ln \frac{r_2}{r_1} \tag{3.72}$$

예제 3.26

그림 3.23과 같은 비피압대수층으로부터 직경 20cm, 깊이 30m인 우물을 통해 0.1m³/s의 지하수를 장시간 동안 양수하여 평형상태에 도달하였다. 양수정의 중립축으로부터 20m, 50m 떨어진 관측정에서의 수면 강하량이 각각 4m, 2.5m이었다(이종석, 2018a; b). 다음 사항에 답하시오.

1. 대수층의 투수계수 산정
2. 양수정에서의 수면 강하량 산정

[풀이]

1. 대수층의 투수계수 산정

(1) 투수계수 계산 : 식 (3.72) 이용

① $K=\dfrac{Q}{\pi(h_2^2-h_1^2)}\ln\dfrac{r_2}{r_1} \leftarrow h_1=30-4=26\text{m},\ h_2=30-2.5=27.5\text{m}$

$=\dfrac{0.1}{\pi(27.5^2-26^2)}\ln\dfrac{50}{20}=0.000363\text{m/s}$

(2) 유량 계산 : 식 (3.72) 이용

① $Q=\pi K\dfrac{(h_1^2-h_w^2)}{\ln(r_1/r_w)},\ h_w^2=h_1^2-\dfrac{Q\ln(r_1/r_w)}{\pi K},\ h_w=\sqrt{h_1^2-\dfrac{Q}{\pi K}\ln\left(\dfrac{r_1}{r_w}\right)}$ (예3.26)

2. 양수정에서의 수면 강하량 산정

(1) 우물의 수두계산 : 식 (예3.26) 이용

① $h_w=\sqrt{26^2-\dfrac{0.1\ln(20/0.1)}{\pi\times 0.000363}}=14.54\text{m}$

② ∴우물의 강하량 $s_w=h_0-h_w=30.0-14.54=15.46\text{m}$

예제 3.27

지하수면(static water table) 아래 33m인 비피압대수층의 직경 50cm인 양수정에서 80m³/h로 양수할 때 우물로부터 18m, 45m 떨어진 점의 관측정 수두의 수면 강하량은 1.8m, 1.1m이었다. 정상상태로 양수할 때 다음 사항에 답하시오.

1. 비피압대수층의 투수량계수 계산
2. 양수정의 수면 강하량과 영향권 반경 계산

[풀이]

1. 비피압대수층의 투수량계수 계산

(1) 투수량계수와 양수정의 수면 강하량, 영향권 반경을 구하기 위해 식 (3.72)를 이용해 투수계수를 먼저 구한다.

① 식 (3.72) 이용; $K=\dfrac{Q}{\pi(h_2^2-h_1^2)}\ln\dfrac{r_2}{r_1}$

② $Q=80\text{m}^3/\text{h}=1{,}920\text{m}^3/\text{day}$, $h_1=h_0-s_1=33-1.8=31.2\text{m}$,

③ $h_2=h_0-s_2=33-1.1=31.9\text{m}$, $r_2=45\text{m}$, $r_1=18\text{m}$

④ $K=\dfrac{1{,}920}{\pi(31.9^2-31.2^2)}\ln\dfrac{45}{18}=12.7\text{m/day}$

⑤ $\therefore\ T=Kb=12.7(33)=418\text{m}^2/\text{day}$

2. 양수정의 수면 강하량과 영향권 반경 계산

(1) 식 (예3.26)을 이용하여 우물의 수두를 계산한다.

① $h_w=\sqrt{h_1^2-\dfrac{Q}{\pi K}\ln\left(\dfrac{r_1}{r_w}\right)}=\sqrt{31.2^2-\dfrac{1{,}920}{\pi(12.68)}\ln\left(\dfrac{18}{0.25}\right)}=27.7\text{m}$

② 양수정의 수면 강하량 $s_w=h_0-h_w=33-27.7=5.3\text{m}$

(2) 영향권반경 계산 : 식 (예3.25.2)의 $r_1\rightarrow h_1$을 $r_2\rightarrow h_2$로 변형시켜 계산해도 결과는 같다.

① $r_1\rightarrow h_1$ 이용; $R=(r_1)e^{\left[\frac{\pi K(h_0^2-h_1^2)}{Q}\right]}=(18)e^{\left[\frac{\pi(12.7)(33^2-31.2^2)}{1920}\right]}\doteqdot 198\text{m}$

② $r_2\rightarrow h_2$ 이용; $R=(r_2)e^{\left[\frac{\pi K(h_0^2-h_2^2)}{Q}\right]}=(45)e^{\left[\frac{\pi(12.7)(33^2-31.9^2)}{1920}\right]}\doteqdot 198\text{m}$

연습문제

3.1 증발량 산정방법을 열거하고, 이들 방법에 대해 설명하시오.

3.2 유역면적이 90km^{2}인 유역에 댐을 건설하기 위해 예비조사를 실시한 결과 연평균강수량이 1,500mm이고, 연평균증발량은 1,200mm이었으며, 유출계수는 0.45, 증발접시계수는 0.75이었다. 다음 사항에 답하시오.

1. 댐 건설 전후의 하천유량의 변화여부
2. 변화량의 MKS 단위 계산

3.3 지상 7m와 80m 위치에 설치한 풍속계로부터 측정한 풍속이 6m/s, 12m/s이었다. 이 자료와 대수분포인 풍속분포식 (1.5)를 이용하여 다음 사항에 답하시오.

1. 10m, 15m, 30m 위치의 풍속 계산
2. 이들 값을 이용하여 풍속분포도 작성

3.4 어떤 유역에 설치한 습도계의 건구와 습구의 온도가 32℃, 23℃이었을 때 다음 사항에 답하시오.

1. 포화증기압과 실제증기압, 상대습도, 이슬점 계산

3.5 수심이 얕은 증발접시에 32℃의 물이 1,000g 들어 있다. 대기압이 0.93bar일 때 증발이 시작되는 데 필요한 열에너지를 계산하시오.

3.6 어떤 유역에 지속기간 30분 연속된 강우가 각각 10, 30, 40, 50, 25, 7mm이었다. 유역의 출구에서 관측된 유출량의 평균 유출고가 36mm일 때 다음 사항에 답하시오.

1. 우량주상도의 작성
2. ϕ-지표법에 의한 평균침투지표 산정

3.7 어떤 유역 내 배수시설이 강우강도 $I=[950/(t+43)]$으로 주어지는 IDF 곡선에 의해 25년 빈도의 2시간 지속기간인 호우에 대해 설계하려고 한다. 이때 강우강도 I=cm/h, t=강우 지속기간(분)이다. 토양의 침투계에 의한 침투율은 6mm/h이다. 도시면적은 대체로 잔디가 50% 이하로 덮여 있는 개활지로 구성되었다. 토양은 설계강우조건의 초기에서 평균조건으로 가정하여 다음 사항에 답하시오.

1. 유출 총량을 NRCS 방법에 의해 cm 단위로 계산
2. 5일 전의 호우로 토양 포화 시 발생되는 유출 증가 비율

3.8 어떤 유역의 토양이 Horton의 침투능 매개변수인 초기침투능 f_0=85mm/h이고, 종기침투능 f_c=15mm/h, k=1.5min^{-1}이다. 다음 사항에 답하시오.

1. 강우시작으로부터 지표보류가 발생될 강우강도 산정
2. 강우강도가 55분 동안 유지 시 강우지속기간에 대한 시간의 함수로 침투능 표시

3.9 침투능의 영향을 인자를 들고, 간단히 설명하시오.

3.10 Horton의 침투능 곡선식을 적분하여 총침투량 곡선식을 유도하시오.

3.11 유효우량 산정법 5가지를 들고, 이들 방법에 대해 설명하시오.

3.12 그림 문3.12와 같이 상업지역 25ha 면적은 주차장=7.5ha, 건물=6.3ha, 잔디밭=10.0ha, 저류지 잔디 면적=1.2ha로 구성된 복합지역이다. 주차장과 건물 지붕은 불투수층으로 CN=98이며, 나머지 면적은 직접 저류지로 배수되어 배수가 좋은 B형 토양이다. 다음 사항에 답하시오.

1. 200mm의 강우 시 저류지로 유입되는 표면 유출량 계산

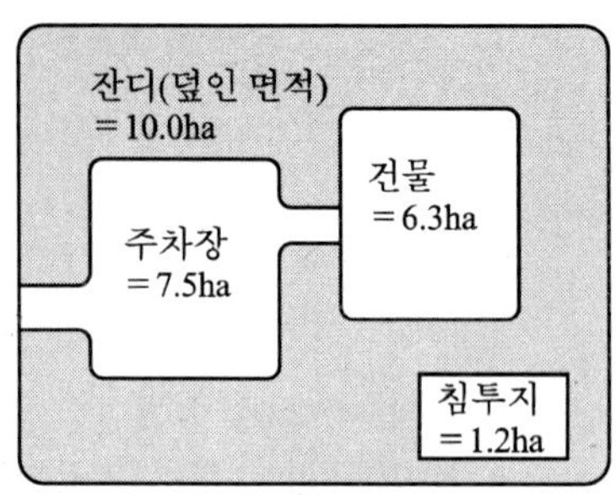

그림 문3.12 상업지역의 구성

3.13 비압밀 점토의 공극비가 1.19인 시료의 공극률을 구하시오.

3.14 석영분 모래 시료의 공극률이 38.41%일 때 용적 밀도를 구하시오.

3.15 비피압대수층의 토양을 채취하여 Darcy 실험장치의 직경 7cm이고 관로길이 35cm인 실린더에 물을 넣고 실험하였다. 실린더 출구에서 8분 동안에 채취한 물의 체적이 40.5cm^{3}이었고, 두 단면 간의 압력 수두차가 15.4cm일 때 이 대수층의 투수계수를 구하시오.

3.16 피압대수층의 토양을 채취하여 Darcy 실험장치를 통해 실험한 결과 투수계수는 0.0040cm/s인 것으로 나타났다. 이때 동점성계수가 0.015cm^2/s라고 할 때 고유투수계수의 단위인 darcy로 표시하시오.

3.17 수평 하상인 피압대수층이 그림 문3.17과 같이 투수층의 두께가 변화한다. 이 투수층은 비균질(inhomogeneous)로 투수계수 $K=12+0.006x$ 이고, x는 단면 ①에서 0이며, 위압수두(piezometric head)는 ①과 ②에서 각각 14.2m, 18.8m로 측정되었다. 대수층의 흐름은 수평이라 할 때 단위폭당 유량을 구하시오.

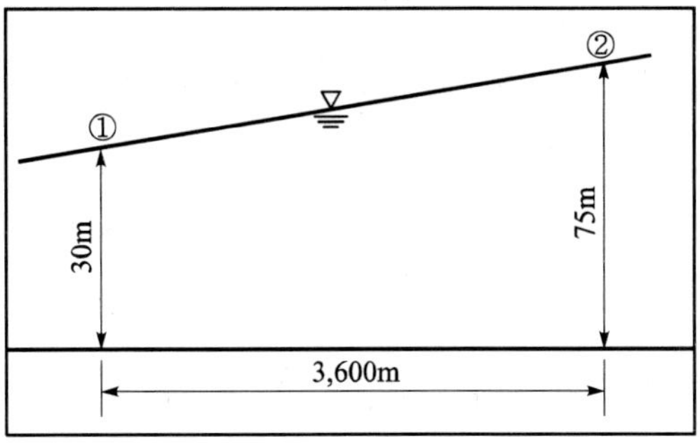

그림 문3.17 수평 피압대수층 내 지하수 흐름

3.18 대수층의 두께 35m에 0.8m 지름의 양수정의 굴착하여 113m^3/h로 양수할 때 양수정으로부터 20m지점의 수압면 강하량이 1.9m, 60m 지점에서는 0.8m로 관측정에서 측정되었다. 정상상태에서 양수정의 수두와 수압면 강하량은 얼마인지 구하시오. 또한 대수층의 투수량계수와 양수정의 영향권 반경(radius of influence)을 구하시오. 초기 수압면 수두(piezometric head)는 기준면으로부터 42m를 취한다.

3.19 지하수면(static water table) 아래 33m인 비피압 대수층의 직경 50cm인 양수정에서 80m^3/h율로 양수할 때 우물로부터 18m, 45m 떨어진 점의 관측정 수두의 수면 강하량은 1.8m, 1.1m이었다. 정상상태로 양수할 때 대수층의 투수량계수와 양수정의 수면 강하량, 영향권 반경을 구하시오.

3.20 면적 2,023,430m^{2}인 유역에 30분 지속기간 강우가 114.3, 76.2, 25.4, 88.9, 50.8mm/h의 강우강도로 150분 발생되어 유역 출구에 128,994m^{3}의 직접 유출량(용적)이 발생되었다. 우량주상도를 작성하고, 평균침투지표를 ϕ-지표법에 의해 구하시오.

CHAPTER

4

유 출

유 출

본 장에서는 입력변수의 **강수**와 과정변수인 증발·증산, 침투·침루, 지하수의 **손실**을 통해 이루어지는 출력변수의 **유출**에 관해 기술하고자 한다. 또한 유출의 구성요소와 영향인자 등에 대한 기초지식, 시간에 따른 유출량의 변화를 나타내는 **수문곡선**, **단위도** 유도 등의 응용부분에 대해 다룬다.

실무 응용측면에서 유출수문곡선을 유도하는 프로그램으로 **HEC-HMS**(v4.8)에 대해서도 간단히 소개하고자 한다.

4.1 수문곡선

수문(수위)곡선[水文(水位)曲線, hydrograph)]은 한 유역(drain basin, catchment, watershed)의 강수로부터 손실과정을 거쳐 출구점(catchment outlet)에서 발생되는 유출량의 시간적 변화를 나타내는 곡선이다. 이는 지표면 유출, 지표하 유출, 지하수 유출 성분이 복합된 하천유량의 시간적 변화를 나타낸다.

4.1.1 유출요소·영향인자

(지표면) 유출(流出, runoff)은 강수의 일부분(**초과 강수**, **유효우량**)이 지표상에 지표류(overland flow)를 형성, 각종 수로에 도달하여 하천수를 형성하는 현상이다. **유출률(流出率, runoff rate)**은 유출현상을 양적으로 표시하는 수단으로 어떤 **배수유역(排水流域, drain basin, catchment, watershed)**의 유수가 모여 그 유역의 출구(catchment outlet)를 통과하는 단위시간당 물의 용적(=체적, volume)(m^3/s) $[L^3T^{-1}]$으로 표시한다.

(1) 유출요소

유출은 어느 한 지점을 동일한 유출점으로 갖는 지표면의 범위인 **유역 크기** 등의 유출요소에 따라 그 특성이 달라지는데, 이들 유출의 **구성요소**는 **그림 4.1**과 같다.

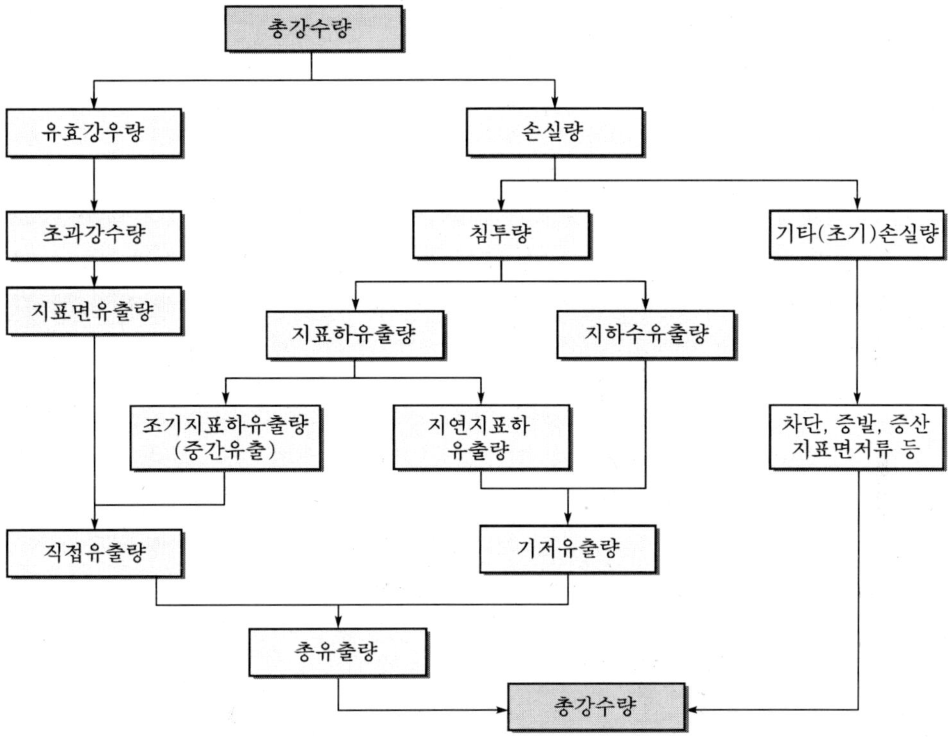

그림 4.1 유출구성 요소

유출요소는 지표면 유출에 기여하는 **유효우량(有效雨量, effective rainfall)**(=초과강수)에 의한 **직접유출(直接流出, direct runoff)**과 침투·초기손실에 의한 **손실량(損失量, base flow)**의 합으로 구성되는 **총강수(總降水, total rainfall)**량으로 이루어진다. 이들 요소 중 직접유출은 **지표면 유출**(surface runoff)과 침투 후에 이루어지는 **조기 지표하 유출(早起 地表下 流出)**(=중간유출, interflow, through flow, storm seepage, surface storm flow, quick return flow)로 구성된다. 또한 지하수 흐름과 침투 후의 **지연 지표하 유출(遲延 地表下 流出)**로 이루어지는 **기저유출(基底流出, base flow)**로 세분할 수 있다. 다시 이들의 관계를 종합하면 **총유출량**과 차단·증발·증산·지표면저류 등 **손실량**의 합은 **총강수량**과 정량적으로 같다.

(2) 유출 영향인자

유출에 영향을 미치는 인자에는 크게 **지상학적 인자**와 **유로특성인자**로 구분하는데, 보통의 경우 후자는 전자에 포함시킨다. 여기서는 유출 영향인자에 대한 특성을 살펴보고, 유역 내에서 비교적 정확한 홍수량의 산정을 위한 유역의 특성·조사 등에 대해 기술한다.

유역 내 강수-유출 간의 관계를 알기 위해서는 유출량과 홍수량을 추정하는 데 필요한 유역과 하천의 특성들을 개략적이며 총괄적으로 조사하기 위한 기준이 필요하다. 이들 특성의 조사에 필요한 대표적 용어로는 **그림 4.2**와 같이 상이한 유역이 만나는 경계선인 **분수계[分水界**, catchment (boundary)(미), (drainage) divide(영)]와 유역분수계로 이루어지는 폐곡선 내 평면상의 면적인 **유역면적**[catchment, drainage basin, watershed, drainage (area)]이 있다. 또한 주요 용어로는 **유로연장**(유역 출구에서 본류를 따라 유역 분수계까지 이르는 최대거리), **하천연장**(하천의 종단 방향의 길이), **하상경사**(하상의 종단방향 경사), **하천밀도**(유역 내의 지류가 많고 적음을 정량적으로 나타내는 지표로 본류와 지류를 포함한 전체 하천의 총길이를 유역면적으로 나눈 값), **하상(河狀)계수**[(bed factor), (하천 내 어느 지점에서 동일한 연도의 최소유량에 대한 최대유량의 비)] 등이 있다.

그림 4.2 분수계와 (유역) 출구(점)

① 일반 특성조사

일반적인 특성조사에는 유역의 특성, 유역형상, 지형·지질, 토양·토질조사 등을 실시한다. **유역특성**을 나타내는 인자에는 유역면적, 유역평균경사, 유역의 방향성, 유역평균표고, 기타 유역특성 인자 등이 있으며, 이들 인자에 대한 특성을 조사한다. **유역형상**을 나타내는 인자에는 유역형상의 분류·특징, 유역 평균폭, 유역의 형상계수, 유역의 밀집도, 기타 유역 형상에 관련된 사항 등의 인자가 있으며, 이들 인자가 유역전반에 대하여 유출에 영향을 미치는 특성을 조사한다. **지형·지질**은 유역 내 침투량과 손실량을 추정하고 유출량의 경향 분석을 위해 그 특성을 조사하며, **토양·토질**은 유역 내의 유출률, 침투율, 배수상태 등 유출상황을 판단하는 데 사용하기 위해 그 특성을 조사한다(한국수자원학회, 2009).

수계(水系, river system)는 유역의 유수 소통능력을 판단하기 위한 하천망도와 배수계통도, 수로 종·횡단의 형태, 수로상태·축조재료, 조도계수의 범위, 하천 표석의 유무, 하천수량상태, 유사의 발생· 이송(이종석 등, 1996; Julien, 2010; 이종석과 김치곤, 2015; 이종석 등, 2015; 이종석, 2022a), 기타 수계에 관련된 사항에 영향을 받으므로 이들 인자에 대해 그 특성을 조사한다.

② **토지이용 등 조사**

토지이용이 유출에 미치는 영향은 크다. 그러므로, 유역 내 토지의 용도별 이용상태·구성비와 식생피복의 종류, 투수·불투수 면적, 구성·위치, 기타 유출특성을 판단할 수 있는 토지이용상태 등을 조사하여 그 특성을 파악하는 것이 필요하다. 유역 내 **주요 시설물**은 건물의 수, 밀집도, 하수관거 부설 현황, 도로·포장된 면적 비율 현황 등의 조사가 필요하며, 이들 대상에는 유수지, 댐, 저수지, 양수장, 호수 등의 시설이 있다. 또한 홍수터·제방의 관리상태와 홍수터의 시설현황, 교량, 철도, 하천부지에 설치된 교각 등의 상황, 기타 주요 시설물 등이 있는데, 이들의 유무, 밀집도 등을 조사하여 유출에 영향을 미치는 정도를 판단할 수 있도록 그 특성을 조사한다. 기존 자료로는 기상자료, 수문량 자료, 인문자료, 홍수흔적, 피해현황 등이 있다. 이들에 포함된 분석 대상유역의 기존의 보고서, 관측기록 등이 있을 때는 이를 조사·수집하여 유역의 문제점과 이용 가능한 자료상태, 추가조치 사항들을 결정할 수 있도록 그 특성을 조사한다.

4.1.2 유출 순환과정

유출 순환과정은 물 순환 과정의 하나인 유출의 구체적인 내용을 5단계로 세분하여 다음과 같이 설명할 수 있다.

제1단계는 비가 오기 직전의 **무강우(無降雨) 기간**이다. 이때 지하수위는 낮고, 계속하여 하강하며, 하천유량은 지표면과 수면의 증발, 엽면(葉面)의 증산으로 감소된다.

제2단계는 **강우 시작**단계이다. 강우량(P)은 증발, 증산, 차단과 지표면 저류 등에 의해 손실(F)되어 지표유하수(=지표하 유출)의 형성이 어렵다. 결과적으로 강우량은 손실로 없어지므로 초과강우량에 의한 지표면 유출은 없다.

제3단계는 **각종 강우강도 계속**되는 단계이다. 강우는 계속되어 초과강우량 $\overline{R}(=P-F)$이 생겨 유출이 발생되고, 강우강도 I가 침투능 f_p보다 큰 경우($I > f_a$)의 실제침투율 $f_a = f_p$가 된다. 이때 **그림 4.3**과 같이 지하수위는 상승하고, 지표(면) 유출량이 발생된다. 지하수위가 하천수위보다 클 때 지하수가 하천으로 유입되어 하천유량은 증가하고, 수위는 급상승해 **유(침)출천[流(浸)出川, gaining(effluent) stream]**을 이룬다. 이때 하천유량은 총유출량인 지표면 유출량과 기저유출량을 합한 상태이고, 증발과 증산은 원만하게 진행된다.

제4단계는 자연상태의 모든 **저류공간 충만**될 때까지 강우가 계속되는 시기이다. 강우량의 침투율은 통기대를 통한 물의 통과율과 같아지고, 통기대에 있는 토양의 공극률에 의존하게 된다. 이때 하천은 그림 4.4와 같이 하천수가 제방 쪽으로 흘러들어가는 **함양천(涵養川, influent stream)** 또는 **침입천(侵入川, losing stream)**을 형성하고, 지하수위는 하폭 중앙부분이 약간 높게 **둥근 언덕 형(hump)**을 이룬다(Subramanya, 2013).

제5단계는 강우가 끝나고 다음 강우 시작될 때까지의 기간이다. 이 기간은 장기간 계속되고, 하천유량과 지표면 저류량은 점점 감소하며, 증발과 증산은 활발하게 이루어진다. 침투가 계속되고, 통기대의 수분은 지하수면 또는 하천수로에 도달하여 지표하 유출(중간유출), "지하수 유출"이 형성된다. 하천유량은 계속적인 유출로 점점 감소되어 처음상태의 제1단계가 반복되는데 이와 같은 현상을 **유출 순환과정(流出 循環過程)**이라 한다.

그림 4.3 유출천

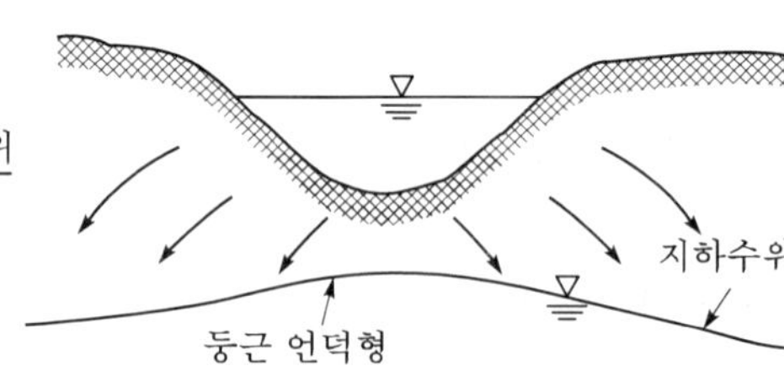

그림 4.4 함양천

4.1.3 수문곡선·분리

수문곡선(水文曲線, hydrograph)은 지표면 유출, 지표하 유출, 지하수 유출 성분이 복합된 하천유량의 시간적 변화를 표시한다. 이는 후술하게 될 **단위도(unit hydrograph) 이론(單位圖 理論)**에서 사용하려면 직접유출과 기저유출로 수문곡선을 분리해야 한다.

(1) 수문곡선

수문(수위)곡선(hydrograph)은 그림 4.5와 같이 지표면 유출, 지표하 유출, 지하수 유출 성분이 복합된 하천유량(하천수위)의 시간에 따른 변화를 표시하는 곡선을 말한다. **홍수위 수문곡선(flood hydrograph)**은 홍수의 특성분석을 위한 시간단위(짧은 시간이 유리)를 가진 자기수위 기록계에 의한 순간수위를 **수위-유량관계곡선(水位-流量關係曲線, rating curve)**에 의해 순간유량으로 환산한 것을 말한다.

수문곡선은 어떤 배수유역의 강우-유출에 영향을 미치는 지상학적 인자(유역면적, 경사, 고도, 피복상태 등)와 기상학적 인자(강수 형, 진행방향 등)의 역할을 대표하는 곡선이다. 이는 여수로 배수시설, 홍수조절용 수공구조물 설계에 따른 예상 첨두홍수량의 추정, 설계홍수량 산정에 이용된다. 그 정도(精度)는 좋은 결과의 이론적 타당성을 가지며, 현재 실무에 많이 활용되고 있다.

수문곡선은 **그림 4.5**와 같이 상승부곡선, 첨두점, 하강부 곡선 등의 요소로 구성된다.

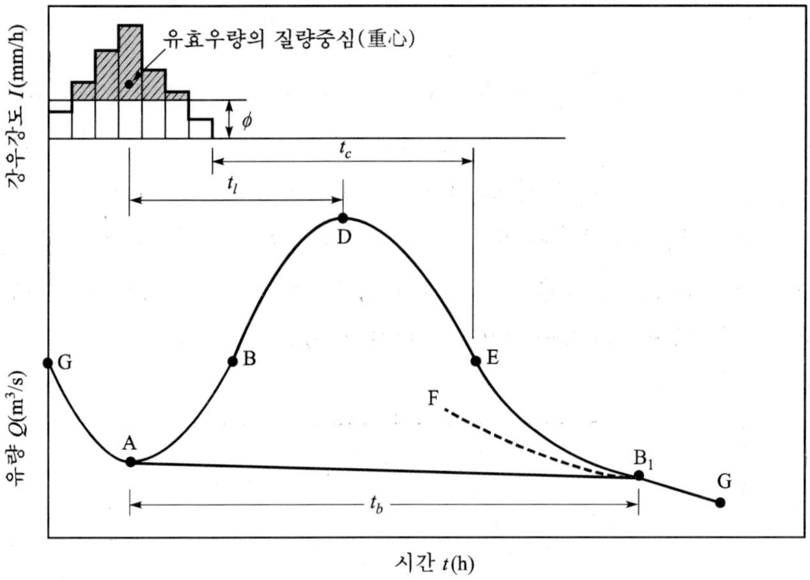

그림 4.5 수문곡선의 구성

그림 4.5에서 **점** A=수문곡선의 시작점[=상승부기점(상승시간)]이고, **점** B=상승곡선의 변곡점이며, **점** D=**첨두점(peak point)**[=첨두유량(=첨두시간; 유역면적 중에서 유출에 기여하고 면적이 가장 클 때 발생하며, 소유역 시 출구에서 가장 먼 지점으로부터의 유량이 가장 가까운 지점과 동시에 나타날 발생)]이다. **점** E=하강곡선의 **변곡점**(=지표면 유출이 중지되는 시간)이고, G~A=수문곡선의 접근부분으로 (기저유출)**감수곡선**(base flow recession)이며, A~D=**상승곡선**(rising curve), D~G=**하강곡선**(falling curve), B~E=**첨두부분**(crest segment)이다. E~B_1=(직접유출)**감수곡선**(recession limb or falling limb)=지표면 유출 중지로부터 기저유출 시점까지의 중간 유축(+지하수) 유출이 유지되는 부분이고,

F~B_1 = **지하수 감수곡선**이며, B_1~G = 순수한 지하수의 공급에 의해 유출이 유지되는 부분으로 이를 (기저유출)**감수곡선(base flow recession)**이라 한다. t_l = **지체시간(lag time)**[= 우량주상도에서 유효강우량의 중심점(= 도심)으로부터 첨두량이 발생하는 시각까지의 시간]이고, t_c = **도달시간(concentration time)**[= ① 강우로 인한 유수가 그 유역의 가장 먼 지점으로부터 유역출구까지 도달하는 데 소요되는 시간(= 평형상태), ② 유출과 강우강도가 같은 상태에 도달하는 데 소요되는 시간, ③ 강우가 끝난 시간으로부터 하강곡선의 변곡점 E까지 소요되는 시간]이며, t_b = **기저시간(base time)**[= 상승부 기점 A로부터 직접유출(지표면유출 + 중간유출)이 끝나는 점 B_1까지의 소요시간]이다.

(2) 수문곡선 분리

비교적 큰 호우로 인한 수문곡선은 **강우강도 I > 침투능 f_p, 침투량 F > 토양수분미흡량 M_d**인 상태에서 형성되며, 그 전형적인 수문곡선은 **그림 4.5, 4.6**과 같다. 이들 수문곡선은 총유출량(직접유출량ⓐ + 기저유출량ⓑ)의 시간에 따른 변화를 나타낸 것이며, 이를 두 성분으로 분해하는 것 즉, 직접유출량ⓐ와 기저유출량ⓑ로 분리하는 것을 **수문곡선 분리**(水文曲線分離, base-flow separation)라 한다. 이들 분리방법에는 **그림 4.6**과 같이 ① **수평직선 분리법**, ② **지하수 감수곡선법**, ③ **N-day법**, ④ **수정 N-day법**이 있다.

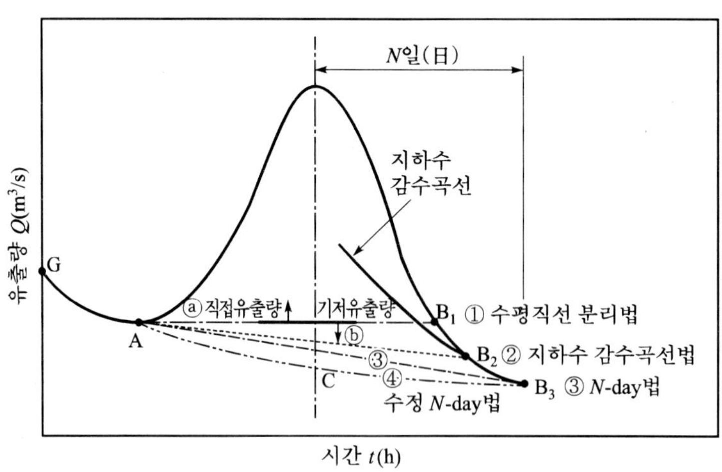

그림 4.6 수문곡선의 분리방법

① **수평직선 분리법**

수평직선 분리법(水平直線 分離法)은 **그림 4.6①**과 같이 상승부 기점 A로부터 수평직선을 그어 하강곡선부와의 교점을 B_1로 하여 직선 AB_1에 의해 분리하는 방법이다.

② **지하수 감수곡선법**

그림 4.6②와 같이 지하수 감수곡선법의 **주지하수 감수곡선(主地下水 減水曲線)** 작성은 **그림 4.7(a)**와 같이 수년간의 연속적인 유량기록을 일련의 수문곡선으로 정규축척(방안지)에 표시한다. 그 후 각 수문곡선의 **감수곡선(recession curve)** 부분을 택하여 **그림 4.7(b)**와 같이 유량에 대수를 취해 시간에 대해 도시한다. 감수곡선의 최저 $\log Q$ 값에 대략적으로 수평선을 긋는다. 최저 $\log Q$ 값의 수평선에 대한 좌표값을 **그림 4.7(c)**와 같이 선형 좌표

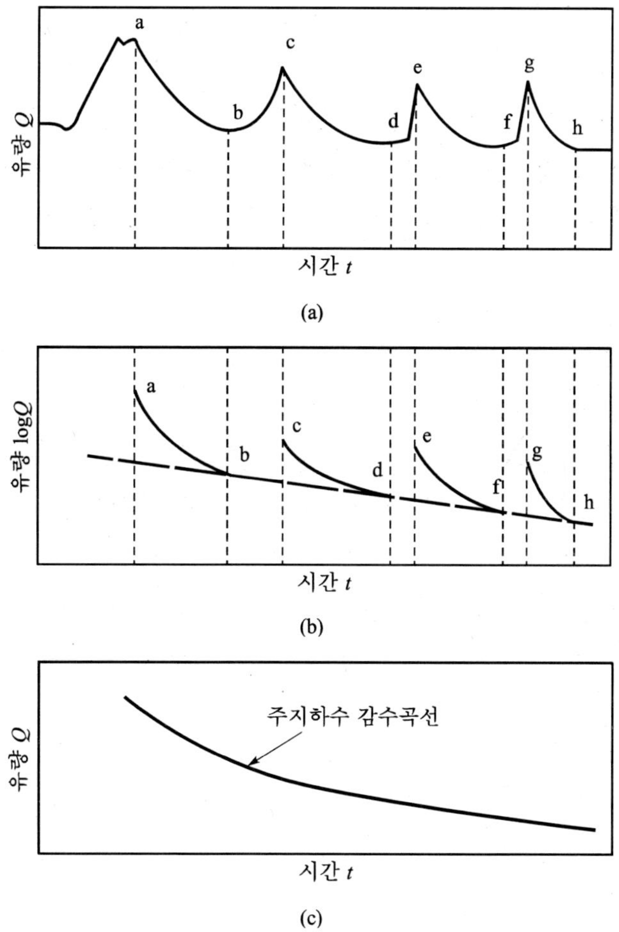

그림 4.7 지하수 감수곡선법

값으로 바꿔 방안지(정규축척)에 시간에 따른 Q의 값을 도시하면 이것이 지하수 감수곡선이다. 이는 해당 관측점의 지하수의 장기 감소 특성을 나타내준다. 그러므로, 수문곡선과 지하수 감수곡선이 겹쳐서 분리된(또는 만난)점 B_2를 결정하여 이 점과 상승부 기점 A를 직선으로 연결해 직접유출과 기저유출로 분리한다.

③ ***N*-day법**

***N*-day법**은 **그림 4.6**③과 같이 상승부 기점 A에서 첨두유량이 발생하는 시간으로부터 N일(日, day) 후의 유량점 B_3에 직선으로 연결하여 분리하는 방법으로 다음 식으로 구한다.

$$N = A_1^{0.2} = 0.827A_2^{0.2} \tag{4.1}$$

여기서 N=일(日, day)이고, $A_1(\text{mi}^2)$, $A_2(\text{km}^2)$=단위별 유역면적이다.

④ **수정 *N*-day법**

수정 *N*-day법은 **그림 4.6**④와 같이 지하수 감수곡선의 체감현상을 반영하기 위한 방법으로 감수곡선 GA를 첨두유량의 발생시간 C점까지 연장한 후 C점으로부터 B_3점에 직선을 그어 직접유출과 기저유출을 분리하는 방법이다.

(3) 감수곡선

(직접유출) 감수곡선(減水曲線, recession limb)은 **그림 4.5**와 같이 전형적인 수문곡선에서 최대의 저류 조건인 변곡점E로부터 기저유출 시점 B_1까지의 중간유출과 지하수 유출에 의해 공급되는 유출구간이다. 강우가 끝난 후에 발생되는 저류 고갈은 수문곡선의 이 부분 형상이 저류특성에 무관하고 온전하게 유역특성에 의해 좌우된다. 유역 내 강수로부터의 저류는 **표면체류(surface detention)·유로저류(channel storage)**를 합한 **표면저류(surface storage)**와 **중간유출(interflow)**, 기저유출인 **지하수 저류(groundwater storage)**로 구성된다. Barnes(1940)에 의하면 이 저류의 감수는 다음 식과 같이 표시할 수 있다.

$$Q_t = Q_0 K_r^t \tag{4.2}$$

여기서 Q_t=시간 t에서의 유량이고, Q_0=시간 t=0에서의 유량이며, K_r=**감수상수(recession constant)**로 1보다 작은 값이다.

식 (4.2)는 다음과 같이 지수 함수형으로 표시할 수 있다.

$$Q_t = Q_0 e^{-at} \tag{4.3}$$

여기서 $a = -\ln K_r$ 이다.

감수상수 K_r 은 다음 식과 같이 3개 형식의 저류로 구성되는 것으로 고려할 수 있다.

$$K_r = K_{rs} K_{ri} K_{rb} \tag{4.4}$$

여기서 K_{rs}=표면저류에 대한 (0.05~0.20 범위인) 감수상수이고, K_{ri}=중간유출에 대한 (0.50~0.85 범위인) 감수상수이며, K_{rb}=기저유출에 대한 (0.85~0.99 범위인) 감수상수이다. 중간유출을 무시할 경우의 감수상수는 1.0으로 가정한다.

감수곡선에서 시간단계 t_1, t_2[(아래)첨자(suffix)]가 1, 2의 두 조건을 표시할 때 식 (4.2)와 식 (4.3)은 다음과 같이 쓸 수 있다.

$$\frac{Q_1}{Q_2} = K_r^{(t_1 - t_2)} \tag{4.5a}$$

$$\frac{Q_1}{Q_2} = e^{-a(t_1 - t_2)} \tag{4.5b}$$

식 (4.5)는 유량을 대수축으로 하는 반대수지 위에 그래프를 작성할 때 직선으로 표시되며, 이 직선의 기울기는 감수상수를 나타낸다. 이 특성을 사용하고, 식 (4.4)를 사용하여 유역에 대한 K_r 값은 홍수수문곡선의 관측치 감수자료를 사용함으로써 계산할 수 있다.

임의시간 t에서의 저류량 S_t는 다음과 같이 구할 수 있다.

$$S_t = \int_t^{\infty} Q_t \, dt = \int_t^{\infty} Q_0 e^{-at} \, dt = \frac{Q_t}{a} \tag{4.6}$$

예제 4.1

그림 4.5와 같은 전형적인 홍수수문곡선의 (직접유출) 감수곡선(減水曲線, recession limb) 구간에 대한 유출량은 표 예4.1.1과 같다. 이 시간은 첨두유량에 도달된 후부터의 시간을 표시한 것이며, 중간유출은 무시하는 것으로 가정하여 다음 사항에 답하시오.

1. 기저유출과 표면유출에 대한 감수상수의 결정
2. 첨두시간 후 3일 경과 시의 저류량 계산

표 예4.1.1 관측치 첨두시간 후 시간에 대한 유량자료

첨두시간 후(일)	유량(m^3/s)	첨두시간 후(일)	유량(m^3/s)
0.0	90.0	4.0	3.8
0.5	66.0	4.5	3.0
1.0	34.0	5.0	2.6
1.5	20.0	5.5	2.2
2.0	13.0	6.0	1.8
2.5	9.0	6.5	1.6
3.0	6.7	7.0	1.5
3.5	5.0		

[풀이]

1. 기저유출과 표면유출에 대한 감수상수의 결정
   (1) **표 예4.1.1**의 자료를 이용하여 반대수지 위에 **그림 예4.1**의 그래프를 작성한다.
      ① 주어진 **표 예4.1.1**의 첨두시간 후의 시간(일)을 가로축으로 하고 이에 대한 유량값을 세로축으로 하여 **그림 예4.1**을 작성한다.
      ② 작성된 **그림 예4.1**의 그래프로부터 곡선적합을 통해 기저유출량과 지표 유출량을 분리한다.
      ③ 직선으로 표시되는 이 그래프의 기울기가 감수상수를 의미한다.
   (2) **그림 예4.1** 그래프의 곡선적합을 통해 **표 예4.1.2**와 같이 기저유출(량)과 표면유출(량)을 산정한다.
      ① t=4.5일에서부터 7.0일까지의 자료는 **그림 예4.1**의 직선 AB 위에 놓이는 것을 볼 수 있다.
      ② 이것은 표면유출이 t=4.5일에서 중지(고갈)된 것을 나타낸다.
      ③ 엑셀(Excel) 등을 이용해 이 직선부분에 대한 곡선적합을 통해 다음과 같은 **지수곡선(exponential curve)** 식을 도출할 수 있다.

$$Q_{bas-calc} = 11.032e^{-0.292t} \quad (R^2=0.999) \qquad (예4.1)$$

      1) 여기서 대수값 기울기인 기저 감수상수 $\ln K_{rb}$=−0.292이고, 감수상수 K_{rb}=0.746이다.
      2) 대안으로 이 그래프를 사용하여 K_{rb}값은 식 (4.5a)를 사용하여 **그림 예4.1**의 직선 AB 상의 두점 1과 2를 선택하여 구할 수도 있다.

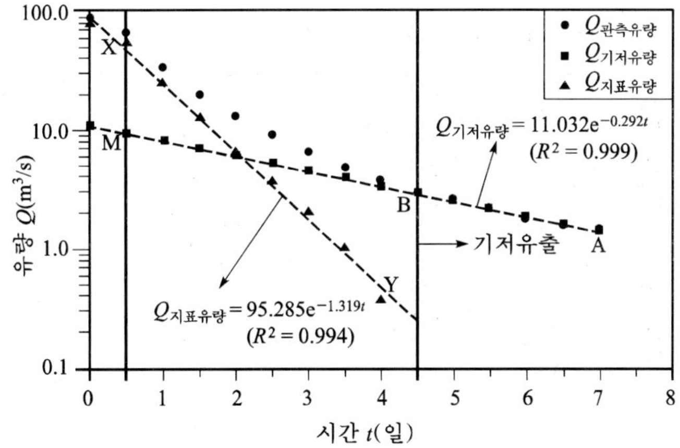

그림 예4.1 감수곡선 유도

(3) 표면유출 감수상수 도출

① 기저유출 감수곡선은 그림 예4.1의 직선 ABM으로 표시한 것과 같이 t≒1일까지 확장한다.

② 표면유출 중지는 주어진 홍수수문곡선인 표 예4.1.2ⓑ의 관측유량에서 표 예4.1.2ⓒ의 기저유량을 제외[표 예4.1.2(ⓑ-ⓒ)]시킴으로써 얻을 수 있다.

1) 표면유출 값은 표 예4.1.2ⓓ에 주어진 것과 같다.

2) 표면유출의 중지는 표 예4.1.2ⓓ의 값이 0으로 된 이후부터 이루어진다.

3) 그러므로, 표 예4.1.2ⓐ의 첨두시간 후 4.5일부터는 기저유출(지하수 유출) 만에 의한 홍수수문곡선이 형성된 것이다.

③ 계산된 표 예4.1.2ⓓ를 이용하여 얻은 그림 예4.1의 표면유출 XY 직선으로부터 표면유출 감수상수를 계산한다.

1) Excel 등을 이용해 이 직선에 대한 곡선적합을 통해 다음과 같은 지수곡선(exponential curve) 식을 도출할 수 있다.

$$Q_{sur-calc} = 95.285\,e^{-1.319t} \quad (R^2\text{=}0.994) \qquad \text{(예4.2)}$$

2) 여기서 대수값 기울기인 표면유출 감수상수 $\ln K_{rs}$=−1.319이고, 감수상수 K_{rs} =0.267이다.

3) 대안으로 이 그래프를 사용하여 K_{rs}값은 식 (4.5a)를 사용하여 그림 예4.1의 직선 XY 상의 두점 1과 2를 선택하여 구할 수도 있다.

표 예4.1.2 첨두시간 후의 홍수수문곡선과 감수곡선 계산

ⓐ 시간 (일)	ⓑ Q_{me} 관측유량 (m^3/s)	ⓒ Q_b 기저유량 (m^3/s)	ⓓ(=ⓑ-ⓒ) Q_s 표면유출 (m^3/s)
0.0	90.0	11.033	78.967
0.5	66.0	9.530	56.470
1.0	34.0	8.233	25.767
1.5	20.0	7.112	12.888
2.0	13.0	6.144	6.856
2.5	9.0	5.307	3.693
3.0	6.7	4.584	2.116
3.5	5.0	3.960	1.040
4.0	3.8	3.421	0.379
4.5	3.0	2.955	
5.0	2.6	2.553	
5.5	2.2	2.205	
6.0	1.8	1.905	
6.5	1.6	1.645	
7.0	1.5	1.421	

2. 첨두시간 후 3일 경과 시의 저류량 계산

(1) 첨두시간 후 3일 뒤의 유용한 저류량은 표면유출과 지하수 감수양상의 합으로 다음과 같이 구할 수 있다.

$$S_{t3} = \left(\frac{Q_{s3}}{-\ln K_{rs}} + \frac{Q_{b3}}{-\ln K_{rb}} \right) \qquad \text{(예4.3)}$$

(2) (직접유출)감수곡선에 대한 적합곡선 식 (예4.2)와 기저유출 감수곡선 식 (예4.1)을 각각 사용하여 다음과 같이 계산한다.

① 식 (예4.2) 이용; $Q_{sur-calc} = 95.285\,e^{-1.319t}$($\leftarrow t$=3일 대입)$= 95.285\,e^{-1.319\times3}$=1.821, $\ln K_{rs}$=-1.319를 이용한다.

② 식 (예4.1) 이용; $Q_{bas-calc} = 11.032e^{-0.292t}$($\leftarrow t$=3일 대입)$= 11.032e^{-0.292\times3}$=4.594, $\ln K_{rb}$=-0.292를 이용한다.

③ 식 (예4.3)을 이용하여 저류량을 다음과 같이 구한다.

$$S_{t3} = \left(\frac{Q_{s3}}{-\ln K_{rs}} + \frac{Q_{b3}}{-\ln K_{rb}} \right) = \left(\frac{1.821}{1.319} + \frac{4.594}{0.292} \right)$$

$=17.113 m^3/s \cdot day$ ($\leftarrow$1day=86,400s)$=1.478\times 10^6 m^3$

4.1.4 합리식·도달시간

합리식(合理式, rational method)은 어떤 배수유역(A) 내 발생한 강우강도[$P/t = I$(mm/h)]와 첨두유량(Q)의 관계를 나타내는 대표적인 경험공식이다. 강우지속기간 t는 후술하는 **도달시간(到達時間, concentration time)** t_c보다 크거나 같아야 하며, 이 공식은 도시(배수)유역 소규모 수공구조물의 설계 홍수량 결정에 사용된다.

(1) 합리식

합리식은 강우지속기간 t가 유역의 **도달시간** t_c와 같거나 클 때($t \geq t_c$)까지 강우가 계속되어 유역(면적)이 불투성이라면 $Q = AI$인 **평형상태(平衡狀態)**에 이르게 된다. 그러나 자연상태인 유역은 침투현상에 의해 강수량의 손실이 생기므로 감소량을 보정해야 한다. 그러므로, 감소량의 보정을 위해 AI에 **총강수량** P에 대한 **유출고** $\overline{R}$의 비($\overline{R}/P$)인 **유출계수(流出係數, runoff coefficient)** C(손실에 의한 감소량을 보정하기 위한 감소계수 개념으로)를 곱해 다음과 같이 쓸 수 있다.

$$Q = CIA \tag{4.6}$$

$$【Q = CI(\frac{1\text{in}}{\text{h}})\,A\,(1\text{acre})\,(\frac{1\text{ft}}{12\text{in}})(\frac{1\text{h}}{3{,}600\text{s}})(\frac{43{,}560\text{ft}^2}{1\text{acre}})$$
$$= 1.0083\,CIA\,(1\text{ft}^3/\text{s}) \fallingdotseq CIA\,(1\text{ft}^3/\text{s})】$$

여기서 Q = 첨두홍수량(ft^3/s)이고, C = 무차원의 유출계수로 지표면, 지표면 경사와 강우강도의 특성에 따른 유역손실의 종합적 영향을 나타내며, I = 강우강도(in/h), A = 유역(수평표)면적(drainage surface area measured in horizontal plane)(1acre = 43,560 ft^2)이다.

이들 각 항의 서로 다른 단위를 사용하였음에도 불구하고, 좌우변이 거의 같은 값[Q(ft^3/s) = 1.008(CIA)]을 갖는데 이를 **합리식**이라 부른다(Kuichling, 1889; Ponce, 1989).

식 (4.6)을 미터제 단위계(박선종 등, 1993)로 환산하여 표시하면 다음과 같다.

$$Q_p = \frac{1}{3.6}CIA = 0.2778\,CIA \tag{4.7a}$$

$$【Q_p = \frac{1}{3.6}CIA = 0.2778\,CIA$$
$$[= (\frac{\text{mm}}{\text{h}})\left(\frac{10^{-3}\text{m}}{1\text{mm}} / \frac{3{,}600\text{s}}{1\text{h}}\right)(\text{km}^2)\left(\frac{10^6\text{m}^2}{1\text{km}^2}\right)](\text{m}^3/\text{s})】$$

$$Q_p = \frac{1}{360} CIA^* \tag{4.7b}$$

여기서 Q_p =첨두홍수량(m^3/s)이고, C=무차원의 유출계수로 **표 4.1, 4.2**와 같으며, I=홍수도달시간 t_c를 강우지속시간 t로 하는 특정 발생빈도의 강우강도(mm/h), A =유역면적(km^2) 또는 A^* =유역면적(ha; 1ha=$10^4 m^2$)이다(건설교통부, 2005; 한국수자원학회, 2009).

표 4.1 토지이용도에 따른 유출계수

토지이용		유출계수
상업지역	도심지역	0.70~0.95
	근린지역	0.50~0.70
주거지역	단독주택	0.30~0.50
	독립주택단지	0.40~0.60
	연립주택단지	0.60~0.75
	교외지역	0.25~0.40
	아파트	0.50~0.70
산업지역	산재지역	0.50~0.80
	밀집지역	0.60~0.90
공원, 묘역		0.10~0.25
운동장		0.20~0.35
철로		0.20~0.40
미개발지역		0.10~0.30
도로	아스팔트	0.70~0.95
	콘크리트	0.80~0.95
	벽돌	0.70~0.85
차도 및 보도		0.75~0.85

토지이용				유출계수
지붕				0.75~0.95
잔디	사질토	평탄지		0.05~0.10
		평균		0.10~0.15
		경사지		0.15~0.20
	중토	평탄지		0.13~0.17
		평균		0.18~0.22
		경사지		0.25~0.35
농경지	나지	평탄한 곳		0.30~0.60
		거친 곳		0.20~0.50
	경작지	사질토	작물 있음	0.30~0.60
			작물 없음	0.20~0.50
		중토	작물 있음	0.20~0.40
			작물 없음	0.10~0.25
	초지	사질토		0.15~0.45
		중토		0.05~0.25
	산림지역			0.05~0.25

표 4.2 유출계수의 지형·지질에 따른 보정

지표 상황	기본 유출계수	보정치
나지	0.40	경사<5% : −0.05
초지	0.35	경사>10% : +0.05
경작지	0.30	재현기간<20yr : −0.05
삼림	0.18	재현기간>50yr : +0.05
		연평균강수량<600mm : −0.03
		연평균강수량>900mm : +0.03

적용범위는 Linsly에 의하면 유역면적이 4.0km^2 이상일 때는 주의가 필요하고, 5km^2 이상 시는 사용이 불가능한 것으로 알려져 있다. Hromadka et al.(1984)은 약 1mi^2(≒3km^2)을 적용범위로 하였고, 우리나라에서는 도시지역의 배수망 설계홍수량 결정 및 도로배수시설물 설계 시 4km^2 이내에 적용하고 있다(건설교통부, 2003).

한편, 합리식의 적용 예에 대해 Sokolov et al.(1976)과 Subramanya(2013)는 소규모 암거와 교량 설계, 도시 배수설계의 경우 50km^{2}까지의 소유역 면적에 적합한 것으로 제시하였다.

예제 4.2

어떤 유역의 면적이 180km^{2}이고, 연평균 강수량은 1850mm이며, 유역 출구의 유량 관측소에서 측정된 매월 유량(용적)은 표 예4.2.1과 같다. 이 유역에 관개용(irrigation) 환원유량(return flow)은 3.0Mm^3/월(月)이고, 도심지 상수용과 산업용(domestic water supply and industrial) 유량은 0.50Mm^3/월(月)이다. 또한 보(weir)를 통한 전환유량(diverted stream)은 관개용이 0.8Mm^3/월(月)이고, 도심지 상수용과 산업용은 0.30Mm^3/월(月)이 사용된다. 다음 사항에 답하시오.

1. **유출계수(runoff-rainfall ratio, runoff coefficient)의 결정**

표 예4.2.1 연간(월별) 측정 유량

월(月)	1	2	3	4	5	6	7	8	9	10	11	12
유량(Mm^3)	2.0	1.5	0.8	0.6	2.1	8.0	18.0	22.0	14.0	9.0	7.0	3.0

[풀이]

01. 강수에 상응하여 유역에 나타나는 유출은 기후와 강우특성, 유역의 넓은 범위에서의 종합적인 영향에서 비롯된다. 그러므로, 순유출(true runoff)은 **인적 간섭(人的 干涉, human intervetion)**이 없는 유역 내 자연적 조건에서의 하천 흐름이다. 하천에 설치된 저수지와 **전환구조물(diversion structure)**과 같은 인적 축조물(works of man)에 영향을 받지 않는 하천 흐름을 **자연 유하량(自然 流下量, natural flow)** 또는 **천연류(天然流, virgin flow)**라 한다. 하천에 저류·전환 구조물이 존재할 때 하류수로의 흐름은 이들 구조물의 수리학적 특성과 운전·가동에 따라 영향을 받으므로 **환원류(량)(還元流, return flow)**[≒재용수]와 **전환류(량)(轉換流, diversion flow)**[≒손실수]를 반영하여 조정하지 않는다면 순 유출(량)의 산정은 불가할 것이다.

02. 유역의 출구점에서 시간 Δt에 대한 천연류 용적은 하천 내 저류의 순증발 손실, 유역에서 물의 순유출, 하천 내 저류 용적 변화량 등의 미소량을 무시하면 다음의 대략적 **물수지 방정식(water balance equation)**으로 구할 수 있다.

$$\forall_{(na)} = [\forall_{(me)} - \forall_{(re)})] + \forall_{(di)} \qquad (예4.2)$$

여기서 $\forall_{(na)}$=Δt시간의 천연류 용적이고, $\forall_{(me)}$=출구점에서 Δt시간의 관측유량(용적)이며, $\forall_{(re)}$=관개(irrigation)·도시 상수도와 산업용수(domestic water supply and industrial)의 환원유량(용적)(return flow), $\forall_{(di)}$=관개, 도시 상수도와 산업용수의 전환유량(용적)(diverted stream)이다.

03. 주어진 조건의 자료를 정리한다.

(1) 주어진 자료를 **표 예4.2.2**와 같이 정리한다.

① 매월 유량관측소에서 측정된 유입 관측 유량(용적) $\overline{\forall}_{(me)i}$는 **표 예4.2.1**과 **표 예4.2.2**ⓐ와 같다.

② 환원유량(용적) $\overline{\forall}_{(re)i}$의 월평균값 계산; 관개용=3.0Mm^3/월, 도심지 상수도용과 산업용 유량=0.50Mm^3/월→합계=3.50Mm^3/월

③ 전환유량(용적) $\overline{\forall}_{(di)i}$ 월평균값 계산; 관개용=0.8Mm^3/월, 도심지 상수도용과 산업용=0.30Mm^3/월→합계=1.10Mm^3/월

1. **유출계수(runoff-rainfall ratio, runoff coefficient)**의 결정

(1) **표 예4.2.2**와 같이 유출용적 ⓓ의 합계=월별[(ⓐ+ⓑ-ⓒ]의 합계=116.8Mm^3

표 예4.2.2 월별 물 수지 용적자료

용적 / 월	ⓐ 관측유량(용적) $\overline{\forall}_{(me)i}$(Mm^3)	ⓑ 환원유량(용적) $\overline{\forall}_{(re)i}$(Mm^3)	ⓒ 전환유량(용적) $\overline{\forall}_{(di)i}$(Mm^3)	ⓓ[=ⓐ+ⓑ-ⓒ] 유효유량(용적) $\overline{\forall}_{(an)i}$(Mm^3)	비고
1	2.0	3.5	1.1	4.4	
2	1.5	3.5	1.1	3.9	
3	0.8	3.5	1.1	3.2	
4	0.6	3.5	1.1	3.0	
5	2.1	3.5	1.1	4.5	
6	8.0	3.5	1.1	10.4	
7	18.0	3.5	1.1	20.4	
8	22.0	3.5	1.1	24.4	
9	14.0	3.5	1.1	16.4	
10	9.0	3.5	1.1	11.4	
11	7.0	3.5	1.1	9.4	
12	3.0	3.5	1.1	5.4	
합	88.0	42.0	13.2	116.8	

(2) 1년간의 총유출량(용적)(annual runoff volume) $\forall_{(an)}$=116.8Mm^3=1.168×10^{8}m^3

① 유역면적 A=180km^2=1.80×10^{8}m^2

② (연) 유출깊이(=유효우량) $\overline{R}=\dfrac{\text{연 총유출 용적 } \forall_{(an)}}{\text{유역면적 } A}=\dfrac{1.168\times10^8}{1.80\times10^8}$=0.649m=64.9cm

③ 연강수량 P=1850mm=18.5cm

(3) 유출계수 $C(=\overline{R}/P)$ 계산

① 유출계수 $C=\dfrac{\overline{R}}{P}\left[=\dfrac{\text{유효우량(runoff depth)}}{\text{총강우량(rainfall depth)}}\right]=\dfrac{64.9}{185}$=0.35

② ∴ 유출계수 C=0.35

예제 4.3

그림 예4.3.1 유역은 유출계수가 다른 두 개의 소유역 (a), (b)를 각각 2개 소구역 a_1, a_2와 b_1, b_2로 분할하여 우수거를 설계하고자 한다. 소유역 (a)의 평균유속=0.60m/s, 소유역 (b)의 평균유속=0.54m/s이며, 우수거 a~b간의 평균유속=2.23m/s이다. 두 소유역과 각 소구역의 유출계수는 그림 예4.3.1에 표시된 값과 같을 때 다음 사항에 답하시오【단, 10년 빈도 강우강도 $I=5,000/(t+40)$(mm/h)이고, 강우강도(mm/h) · 도달시간(분) · 거리(m) = 소수 2자리 이하, 유출계수 · 유역면적(km^2) · 유량(m^3/s)=소수 3자리 이하 버림 계산】

1. 합리식에 의한 a점과 b점 우수거의 설계유량 산정

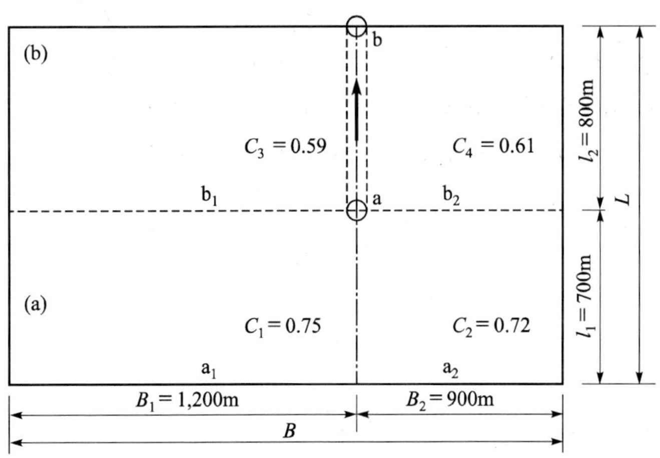

그림 예4.3.1 유역도

[풀이]

0. **그림 예4.3.2**와 설계유량 산정을 위해 도달시간 산정에 필요한 소유역의 가장 먼 거리(대각선 길이), 유역면적을 계산한다.

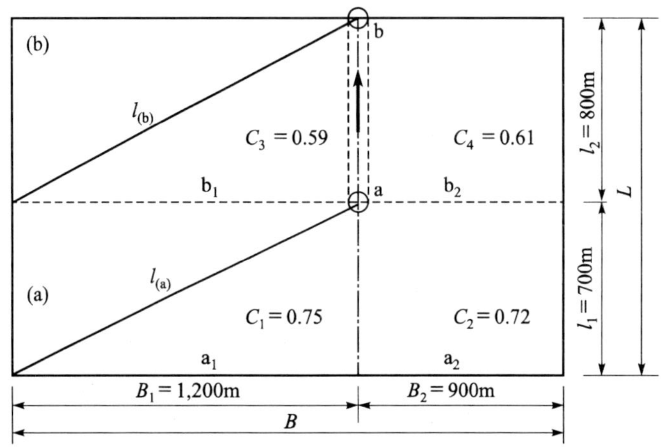

그림 예4.3.2 도달시간 등의 계산

(1) 소유역 (a)의 가장 먼 거리인 대각선 길이 $l_{(a)}$와 소유역 면적 $A_{(a)}$ 계산

① 가장 먼 거리의 대각선 길이 $l_{(a)}$ 계산 ; $l_{(a)}=\sqrt{B_1^2+l_1^2}=\sqrt{(1{,}200^2+700^2)}$ =1,389.2m

② 각 소구역 면적 A_{a1}, A_{a2} 계산 ; $A_{a1}=B_1\times l_1$=1.2×0.7=0.84km^2,

$A_{a2}=B_2\times l_1$=0.9×0.7=**0.63**km^2

③ 소유역 면적 $A_{(a)}$ 계산 ; $A_{(a)}(=B\times l_1)=A_{a1}+A_{a2}$=0.84+0.63=1.47km^2

(2) 소유역 (b)의 가장 먼 거리의 대각선 길이 $l_{(b)}$와 소유역면적 $A_{(b)}$, 누가면적 $A_{(b)}'$ 계산

① 가장 먼 거리의 대각선 길이 $l_{(b)}$계산 ; $l_{(b)}=\sqrt{B_1^2+l_1^2}=\sqrt{(1{,}200^2+800^2)}$ =1,442.2m

② 각 소구역 면적 A_{b1}, A_{b2} 계산 ; $A_{b1}=B_1\times l_2$=1.2×0.8=0.96km^2,

$A_{b2}=B_2\times l_2$=0.9×0.8=**0.72**km^2

③ 소유역 면적 $A_{(b)}$ 계산 ; $A_{(b)}(=B\times l_2)=A_{b1}+A_{b2}$=0.96+0.72=1.68km^2

④ 누가 유역면적 $A_{(b)}'$ 계산 ; $A_{(b)}'(=B\times L)=A_{(a)}+A_{(b)}$=1.47+1.68=3.15km^2

1. 합리식에 의한 우수거 a점과 b점의 설계유량 산정

(1) 우수거 a의 설계유량 산정;

① 합리식에 의한 유량 산정; $Q_a=0.2778\,\overline{C}_{(a)}I_{(a)}A_{(a)}$ (예4.3.1)

㈎ 소유역 (a)의 평균유출계수 산정;

㉮ $\therefore\ \overline{C}_{(a)} = \dfrac{C_1 A_{a1} + C_2 A_{a2}}{A_{a1} + A_{a2}} = \dfrac{0.75 \times 0.84 + 0.72 \times 0.63}{0.84 + 0.63}$ =0.73

(나) 소유역 (a)의 강우강도 산정; $I_{(a)} = \dfrac{5{,}000}{t_{c-a} + 40}$ (예4.3.2)

㉮ 우수거 a까지의 도달시간 t_{c-a} 계산 ;

㉯ $\therefore t_{c-a} = \dfrac{l_{(a)}}{V_{(a)}} = \dfrac{1{,}389.2}{0.60 \times 60} = 38.5$분

㉰ 식 (예4.3.2) 이용; $I_{(a)} = \dfrac{5{,}000}{38.5 + 40}$ =63.6mm/h

② 식 (예4.3.1) 이용; Q_a =0.2778×0.73×63.6×1.47=18.95m^3/s

(2) 우수거 b의 설계유량 산정;

① 합리식에 의한 유량 산정; $Q_b = 0.2778\, \overline{C}_{(b)} I'_{(b)} A'_{(b)}$ (예4.3.3)

(가) 누가유역면적 $A'_{(b)}$ 에 대한 평균유출계수 $\overline{C}_{(b)}$산정;

㉮ 평균유출계수 $\overline{C}_{(b)} = \dfrac{C_1 A_{a1} + C_2 A_{a2} + C_3 A_{b1} + C_4 A_{b2}}{A_{(a)} + A_{(b)}}$ (예4.3.4)

㉯ 식 (예4.3.4) 이용 $\overline{C}_{(b)} = \dfrac{0.75 \times 0.84 + 0.72 \times 0.63 + 0.59 \times 0.96 + 0.61 \times 0.72}{1.47 + 1.68}$

=0.66

(나) 누가유역면적 $A'_{(b)}$ 에 대한 강우강도 산정; $I'_{(b)} = \dfrac{5{,}000}{t'_{c-b} + 40}$ (예4.3.5)

㉮ 소유역 (b)에서 우수거 b까지의 도달시간 $t_{c(b)}$ 계산 ;

㉯ $\therefore t_{c(b)} = \dfrac{l_{(b)}}{V_{(b)}} = \dfrac{1{,}442.2}{0.54 \times 60}$ **=44.5분**

㉰ 소유역 (a)의 소구역 a_1에서 우수거 b까지 도달시간 t_{c-b} 계산

㉱ $\therefore\ t_{c-b} = t_{c-a} + \dfrac{l_2}{V_2} = 38.5 + \dfrac{800}{2.23 \times 60}$ **=44.4분**

㉲ ㉯, ㉱항의 값 중 큰 값(오래 걸린 시간)을 우수거 b까지의 도달시간 t'_{c-b}로 결정

㉳ $\therefore\ t'_{c-b}$=44.5분[=$t_{c(b)}$] **【$\because t_{c(b)}$=44.5분>t_{c-b}=44.4분】**

㉴ 식 (예4.3.5) 이용 ; $I'_{(b)} = \dfrac{5{,}000}{t'_{c-b} + 40} = \dfrac{5{,}000}{44.5 + 40}$ =59.1mm/h

② 식 (예4.3.3) 이용; Q_b=0.2778×0.66×59.1×3.15=34.13m^3/s

예제 4.4

그림 예4.4.1 유역은 3개의 소유역 (a), (b), (c)로 분할된 주차장에 10년 빈도 강우강도 $I=6{,}650/(t+39)$(mm/h)로 우수거를 설계하고자 한다. 각 소유역 (a), (b), (c) 내의 평균유속은 0.40m/s, 0.40m/s, 0.45m/s이며, 우수거 a~c까지의 평균유속은 2.11m/s이다. 각 소유역의 유출계수는 그림 예4.4.1 안에 표시된 것과 같을 때 다음 사항에 답하시오 【단, 강우강도(mm/h)=소수 2자리 이하, 도달시간(min) · 거리(m) · 유역면적(km^2) · 유출계수=소수 3자리 이하, 유량(m^3/s)=소수 4자리 이하 버림 계산】.

1. 합리식에 의한 a, b, c 우수거의 설계홍수량 산정

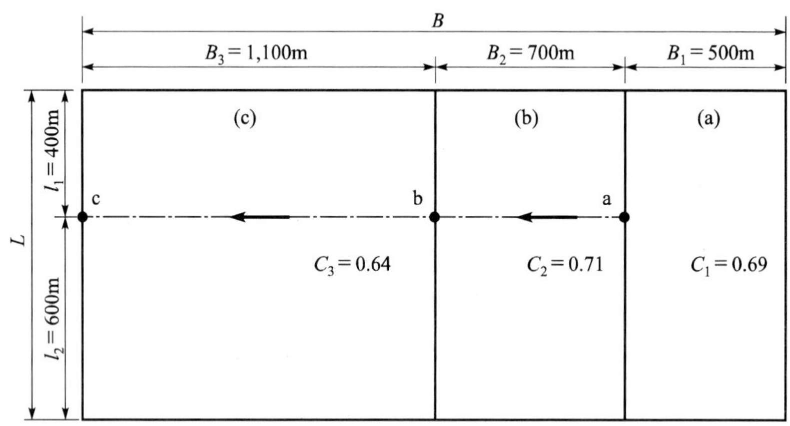

그림 예4.4.1 유역도

[풀이]

0. **그림 예4.4.2**와 같이 설계유량 산정을 위해도달시간 계산에 필요한 소유역의 가장 먼 거리(대각선 길이), 유역면적을 계산한다.
   (1) 소유역 (a)의 가장 먼 거리의 대각선 길이 $l_{(a)}$와 소유역 면적 $A_{(a)}$ 계산
      ① 가장 먼 거리의 대각선 길이 $l_{(a)}$ 계산 ; $l_{(a)}=\sqrt{B_1^2+l_2^2}=\sqrt{(500^2+600^2)}$=781.0m
      ② 소유역면적 $A_{(a)}$ 계산 ; $A_{(a)}=B_1\times L$=0.5×1.0=0.50km^2
   (2) 소유역 (b)의 가장 먼 거리의 대각선 길이 $l_{(b)}$와 소유역 면적 $A_{(b)}$ 계산
      ① 가장 먼 거리의 대각선 길이 $l_{(b)}$계산 ; $l_{(b)}=\sqrt{B_2^2+l_2^2}=\sqrt{(700^2+600^2)}$=921.9m
      ② 소유역면적 $A_{(b)}$ 계산 ; $A_{(b)}=B_2\times L$=0.7×1.0=0.70km^2
      ③ 소유역 (a)~(b)의 누가 유역면적 $A'_{(b)}$ 계산 ; $A'_{(b)}=A_{(a)}+A_{(b)}$=0.50+0.70=1.20km^2

(3) 소유역 (c)의 가장 먼 거리의 대각선 길이 $l_{(c)}$와 소유역면적 $A_{(c)}$ 계산

① 가장 먼 거리의 대각선 길이 $l_{(c)}$ 계산 ; $l_{(c)}=\sqrt{B_3^2+l_2^2}=\sqrt{(1{,}100^2+600^2)}$=1,252.9m

② 소유역면적 $A_{(c)}$ 계산 ; $A_{(c)}=B_3\times L$=1.1×1.0=1.10km^2

③ 소유역 (a)~(c)의 누가 유역면적 $A'_{(c)}$ 계산 ; $A'_{(c)}=B\times L$=2.30×1.0=2.30km^2

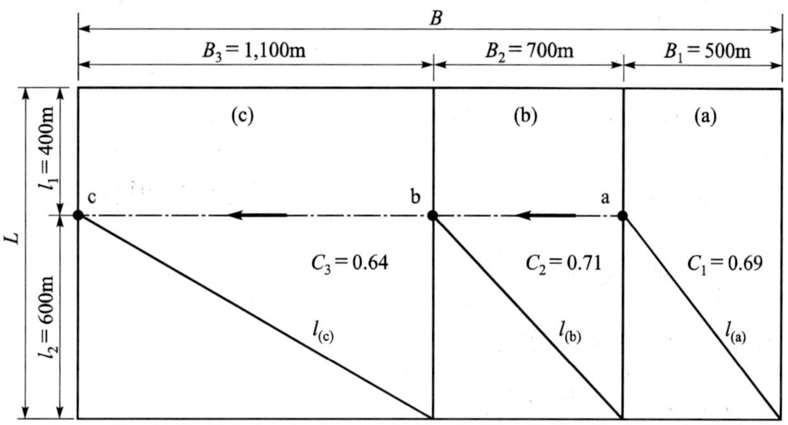

그림 예4.4.2 기본계산 작업 관계도

1. **합리식**에 의한 a, b, c 우수거의 **설계홍수량** 산정

(1) 우수거 a의 설계유량 산정; $Q_a=0.2778\,C_1 I_{(a)} A_{(a)}$ (예4.4.1)

① 강우강도 계산; $I_{(a)}=\dfrac{6{,}650}{t_{c-a}+39}$ (예4.4.2)

1) 우수거 a까지 도달시간 $t_{c-a}=\dfrac{l_{(a)}}{V_{(a)}}=\dfrac{781.0}{0.40\times60}$=32.54분

2) ∴ 식 (예4.4.2) 이용; $I_{(a)}=\dfrac{6{,}650}{32.54+39}$=92.9mm/h

② ∴ 식 (예4.4.1) 이용; Q_a =0.2778×0.69×92.9×0.50=8.903m^3/s

(2) 우수거 b의 설계 홍수량 산정 : $Q_b=0.2778\,\overline{C}_{(b)} I'_{(b)} A'_{(b)}$ (예4.4.3)

① 평균 유출계수 $\overline{C}_{(b)}=\dfrac{C_1A_{(a)}+C_2A_{(b)}}{A_{(a)}+A_{(b)}}$ (예4.4.4)

1) ∴ 식 (예4.4.3) 이용 $\overline{C}_{(b)}=\dfrac{0.69\times0.50+0.71\times0.7}{0.50+0.7}$ =0.70

② 강우강도 계산; $I'_{(b)}=\dfrac{6{,}650}{t'_{c-b}+39}$ (예4.4.5)

1) 우수거 b까지 도달시간 t'_{c-b} 계산

(가) $t_{c(b)}=\dfrac{l_{(b)}}{V_{(b)}}=\dfrac{921.9}{0.40\times60}$=38.41분

(나) $t_{c-b}=t_{c-a}+\dfrac{B_2}{V_{ab}}=32.54+\dfrac{700.0}{2.11\times60}=32.54+5.52=38.06$분

(다) ∴ $t'_{c-b}=38.41$분(∵$t_{c-b}=38.06$분$<t_{c(b)}=38.41$분)

2) ∴ 식 (예4.4.5) 이용; $I'_{(b)}=\dfrac{6{,}650}{38.41+39}=85.9\mathrm{mm/h}$

③ ∴ 식 (예4.4.3) 이용; $Q_a=0.2778\times0.70\times85.9\times1.20=20.044\mathrm{m^3/s}$

(3) 우수거 c의 설계 홍수량 산정 : $Q_c=0.2778\,\overline{C}_{(c)}I'_{(c)}A'_{(c)}$ (예4.4.6)

① 평균 유출계수 $\overline{C}_{(c)}=\dfrac{C_1A_{(a)}+C_2A_{(b)}+C_3A_{(c)}}{A'_{(c)}}$ (예4.4.7)

1) ∴ 식 (예4.4.7) 이용 $\overline{C}_{(c)}=\dfrac{0.69\times0.50+0.71\times0.70+0.64\times1.10}{2.30}=0.67$

② 강우강도 계산; $I'_{(c)}=\dfrac{6{,}650}{t'_{c-c}+39}$ (예4.4.8)

1) 우수거 b까지 도달시간 t'_{c-c} 계산

(가) $t_{c(c)}=\dfrac{l_{(c)}}{V_{(c)}}=\dfrac{1{,}252.9}{0.45\times60}=46.40$분

(나) $t_{c-c}=t_{c-b}+\dfrac{B_3}{V_{bc}}=38.41+\dfrac{1{,}100}{2.11\times60}=38.41+8.68=47.09$분

(다) ∴ $t'_{c-c}=47.09$분(∵$t_{c-c}=47.09$분$<t_{c(c)}=46.40$분)

2) ∴ 식 (예4.4.8) 이용; $I'_{(c)}=\dfrac{6{,}650}{47.09+39}=77.2\mathrm{mm/h}$

③ ∴ 식 (예4.4.6) 이용; $Q_c=0.2778\times0.67\times77.2\times2.30=33.048\mathrm{m^3/s}$

(2) 도달시간

도달시간(到達時間, concentration time) t_c는 수문곡선에서 정의한 것과 같이 강수로 인한 유수가 그 유역의 가장 먼 곳으로부터 유역 출구점까지 도달하는 데 소요되는 시간이다. 유역 내의 도달시간을 산정할 수 있는 경험 공식이나 방법으로는 **표 4.3, 4.4**를 이용할 수 있다(건설교통부, 2005; 한국수자원학회, 2000; 2009).

표 4.3 자연하천 유역의 도달시간 공식

공식	도달시간 t_c(min)	제한사항
Kirpich(1940)	$t_c = 3.976L^{0.77}S^{-0.385}$ L = 유역의 최장하천길이(km) S = 유역의 평균경사(H/L, m/m) H = 유역출구점과 본류 최원점까지의 표고차	지표면 흐름이 지배적인 농경지 소유역, 하도경사가 3~5%, 유역면적 0.453km^2 이하
Kerby(1959)	$t_c = 36.264(L \cdot N)^{0.467}/S^{0.2335}$ L = 유로의 최원점부터 하천유입부분까지의 직선거리(km) S = 유로의 평균경사(m/m) N = 유역의 조도를 나타내는 상수	불투수성 완만한 표면 N=0.02 나지의 비포장 표면 N=0.10 초지가 없는 나지의 거친 표면 N=0.20 초지로 구성된 표면 N=0.40 낙엽으로 덮인 수목지역 N=0.60 초지와 산림이 우거진 표면 N=0.80
Johnstone and Cross(1949)	$t_c = (282/r^2)(L/S)^{0.5}$ L = 본류 유로길이(mi) S = 본류 유로평균경사(H/L, ft/mi) r = 하천형태에 따른 지류인자	25~1,624mi^{2}의 유역면적
Kraven	$t_c = 0.444LS^{-0.515}$ L = 유로길이(km) S = 유로경사(H/L, m/m)	지표면 흐름이 지배적인 중하류, 하도경사가 1/200 이하인 유역
Rziha	$t_c = 0.833LS^{-0.6}$ L = 유로길이(km) S = 유역의 평균경사(H/L, m/m)	지표면 흐름이 지배적인 상류, 하도경사 1/200 이상인 유역
California Culvert Practice(1942)	$t_c = 60[11.9L^3/H]^{0.385}$ L = 최장 유로길이(mi) H = 상류 분할점과 출구의 표고차(ft)	산지 소유역
SCS Lag Eq.(1975)	$t_c = [100L^{0.8}(1{,}000/CN) - 9^{0.7}]/[1{,}900S^{0.5}]$ L = 최장 흐름경로(ft) CN = SCS 유출곡선지수 S = 유역평균경사(%)	주로 농경지 유역에 적용, 0.8km^2 이하의 도시유역도 적용 가능, 도시 불투수 지역에서는 t_c = 1.67×유역지체시간

표 4.4 도시하천 유역의 도달시간 공식

공식	도달시간 t_c(min)	제한사항
Kerby(1949)	$t_c = 36.264(rL^{1.5}/H^{0.5})^{0.467}$ H=표고차(m) r=포장지역=0.02 거칠은 나대지=0.10 거칠고 풀이 없는 지역=0.30 잔디=0.40 나무나 풀이 빽빽한 지역=0.80	L<0.4km=도시유역, A<0.04km², S<1%인 유역
Izzard(1945)	$t_c = [41.025(0.0007I + c)L^{0.33}]/[S^{1/3}I^{2/3}]$ I=강우강도(in/h) c=지체상수 L=흐름경로길이(ft) S=흐름경로경사(ft/ft) r=하천형태에 따른 지류인자	지체상수(c)의 값 : 평평한 포장지역 : 0.007 콘크리트 포장지역 : 0.012 자갈포장지역 : 0.017 잘려진 잔디밭 : 0.046 조밀한 진디밭 : 0.060
Kinematic Wave 공식 (1965, 1973)	$t_c = 0.94L^{0.6}n^{0.6}/[I^{0.4}S^{0.3}]$ L=지표면 흐름길이(ft) n=Manning의 조도계수 I=강우강도(in/h) S=지표면 흐름경사(ft/ft)	개발지역의 지표면 유출해석에 이용
Federal Aviation Agency(1970)	$t_c = 1.8(1.1 - C)L^{0.5}/S^{0.333}$ L=지표면 흐름길이(ft) C=합리식 유출계수 S=지표면 흐름경사(%)	주로 공항지역에 이용할 수 있도록 미 공병단에서 개발, 도시지역에서도 이용, 지표면 흐름 영역에 적용
SCS 평균유속 방법(1975)	$t_c = 1/60\Sigma L/V$ L=지표면 흐름길이(ft) V=표면상태에 따른 평균유속(ft/s)	지표면 상태에 따라 평균유속을 산정하여 도달시간 계산

이들 도달시간 산정 공식이나 방법의 국내 적용결과 Kerby 공식과 운동파 방정식은 대상유역에서 과다한 값을 나타내는 경향을 보이고 있고, Kraven 공식, Rziha 공식, Kirpich 공식은 대상유역에서 과소한 값을 나타내는 경향을 보이고 있다. 나머지 4개 공식(SCS 지체공식, SCS 평균유속방법, Izzard 공식, FAA 공식)은 대상유역에 따라 과다 혹은 과소한 경향을 보이고 있으며, 보다 더 자세한 설명은 하천설계기준(한국수자원학회, 2000)·해설(건설교통부, 2005; 한국수자원학회, 2009)에서 볼 수 있다.

4.1.5 하천수위·유량

하천의 **수위(水位, river stage)**는 임의 기준면으로부터 측정한 수면의 높이(m)로 유출규모를 나타내는 지표이며, 하천 **유량(流量, discharge)**은 하천의 횡단면을 단위시간에 통과하는 물의 용적(m^3/s)을 말한다.

(1) 하천수위

어떤 측수점에서의 (하천)**수위(水位, river stage)**는 **그림 4.8**과 같이 임의 기준면으로부터 측정한 수면의 높이 Y로서 출수(出水) 규모를 나타내는 하나의 지표로 사용되며, **영점표고**[gage datum, 영(零, zero)인 유량에 대한 측점 높이(수위)]는 특정 관측소에서 기준으로 채택한 기준표고이다.

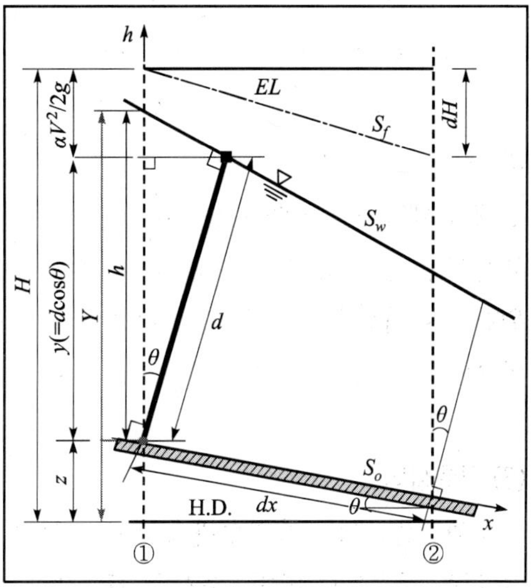

그림 4.8 하천수위와 수심

유수단면 깊이(depth of flow section) d는 수로단면 가장 낮은 점(하상; 원형점 "•")에서 수면까지 수선(직각)으로 표시되는 높이이다. 보통 수로 경사각 $\theta < 6°$이거나 1/10 경사 이하일 때 **수심(flow depth)** h는 정수·유수 수면에서 하상까지의 중력방향으로 측정한 높이로 표시하며, $h \fallingdotseq d$로 한다. 그러나 $\theta > 6°$일 때는 구분하여 다룬다[$\because \cos\theta = d/h$, $h = d/\cos\theta$ ($\leftarrow \theta < 6°$)$\Rightarrow h \fallingdotseq d$]. 또한 **(압력)수두(pressure head)** y는 수로단면 깊이 d의 수면(사각점 "▪")에 대한 연직거리(vertical distance)[$= d\cos\theta$ ($\because \cos\theta = y/d$)($\leftarrow d = h\cos\theta$)$= h\cos^2\theta$ ($\Leftarrow \theta < 6°$) $\therefore d = h = y$]로 측정한다.

관측소는 하천유역의 강수량, 하천의 수위, 유량, 유사량 등의 관측을 정상적으로 계속하여 실시하기 위하여 설치한 시설물이고, **자동수집장치(telemeter, TM)**는 실시간 자동 자료수집 방식이다. **최고수위**는 일정한 기간을 통하여 나타난 최고의 수위이고, 최저수위는 일정한 기간을 통하여 나타난 최저의 수위이며, **평수위**는 1년을 통하여 185일은 이보다 저하하지 않는 수위, **저수위**는 1년을 통하여 275일은 이보다 저하하지 않는 수위, **갈수위**는 1년을 통하여 355일은 이보다 저하하지 않는 수위이다.

또한 **일평균수위**는 1일을 통하여 1시부터 24시까지 매시 수위의 합을 24로 나눈 수위이고,

연평균수위는 1년을 통하여 일평균수위의 합을 당해 연도의 일수로 나눈 수위이다.

수위관측소는 하천관리자가 하천의 개발, 관리, 계획, 하천구조물의 시공과 관련하여 하천 구간 내의 어떠한 장소에서도 정확한 하천수위를 산정할 수 있는 정도로 배치하여야 한다. 이를 위해 주요 지류 또는 하천의 분·합류 전후, 보, 수문 등의 상하류에 수위관측소를 설치하여 하천수위의 변화양상을 파악할 수 있어야 한다. 협곡부, 유수지, 호소, 저수지, 하구 등에서는 홍수파의 감소, 홍수파의 전파, 인위조작의 영향, 조석파의 영향 등에 의하여 특별한 수리현상이 발생하므로 수위를 측정해두지 않으면 하천의 계획, 시공 및 관리에 지장을 초래할 수 있으므로 수위관측소를 적절히 배치하는 것은 매우 중요하다.

수위관측소를 설치할 때는 지형도, 하천 종·횡단 측량도 등을 사용하고 하상변동 조사 결과 등을 감안하여 설치장소를 선정하고, 물의 흐름이 일정하여 유량이 변화하더라도 흐름의 상태가 현저하게 변하지 않아야 하며, 내수의 수위 관측 시는 부근의 지형지물을 고려하여 대표성이 있는 곳을 선정하여야 한다. 갈수 시에도 물이 마르지 않는 장소이고, 배나 뗏목 등을 위한 **계류시설**(繫留施設)이 있어 수위탑에 이러한 시설을 붙잡아 맬 염려가 있는 곳은 피해야 한다.

(2) 관측설비

수위관측소에는 **자기수위계** 또는 **보통수위표**를 설치하고, 수위관측은 보통수위표에서 읽은 값을 기준으로 하며, 자기수위표 값이 보통수위표 값과 다르면 자기수위계 값을 수정한다. 이러한 목적을 위하여 자기수위계 설치 시 보통수위표를 병설하도록 하고 있다. 자기수위계 설치 시 보통수위표를 병설하는 것이 원칙이며, 수위관측설비에는 연중 계속하여 수위를 관측하는 자기수위계와 보통수위표가 있고, 홍수 등 특정시기에 수위를 관측하는 **보조수위표**가 있다. 수위 관측을 위한 관측계기로서 검정규격이 있는 것은 검정에 합격한 것을 사용하여야 하며, 수위의 단위는 m로 하고 최소눈금 단위는 1cm로 하는데, 수위관측에서 요구되는 정확도는 보통 1cm이지만 홍수 시에는 10cm 단위로 측정할 수 있다.

보통수위표는 **그림 4.9(a)**(Subramanya, 2013) 기둥을 세우고 여기에 눈금판을 부착하여 고정하거나, 교량의 교각 또는 교대 등에 눈금판을 색인한다. 기둥은 콘크리트 말뚝 또는 철강재 말뚝을 사용해서 견고하게 고정하며, 너무 길지 않은 것이 좋다. 눈금판의 눈금단위는 1cm로 하지만, 야간이나 홍수 시에는 10cm 또는 1m의 단위도 명확하게 보이지 않기 때문에 눈금을 명확하게 읽을 수 있도록 설치한다.

자기수위계는 **그림 4.9(b)**의 공기방울(bubble)·압력식과 **그림 4.9(c)**의 부자(浮子)식 , 전기

식, 초음파식 등 여러 형태의 수위계가 실무에 이용되고 있으며, 유지관리와 계기의 조달 등을 감안하여 기종을 선정해야 한다. 수위계를 설치할 기초는 견고하게 고정하고 홍수 시에도 충분히 관측할 수 있으며 침수되지 않는 높이에 설치하여야 한다. 예를 들면 제방 둑마루보다 자기 수위계의 위치를 높게 설치해야 하는데, 2019년 12월 31일 현재 우리나라 수위관측소의 현황은 **표 4.5**와 같고, 수위관측 결과 정리표 예는 **표 4.6**과 같다(환경부, 2020b).

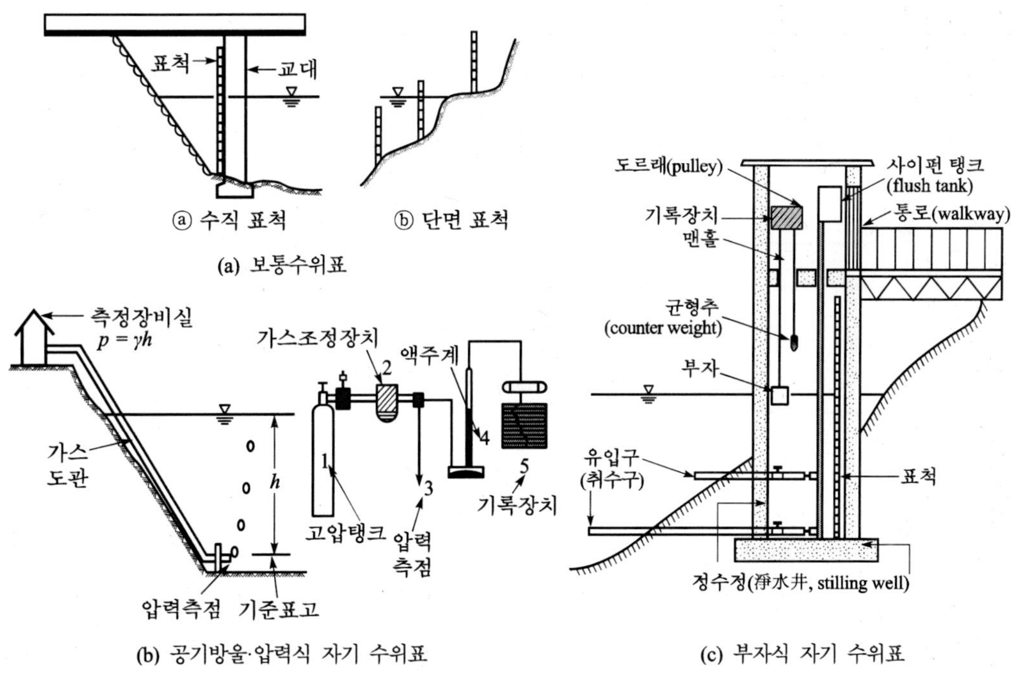

그림 4.9 수위 관측설비

보조수위표는 홍수 시 홍수예경보 업무를 돕고 수문자료를 보충하기 위하여 이미 설치되어 있는 수위표 지점 사이의 중요지점 또는 지류의 중요지점에 보조수위표를 설치한다. 유량측정을 실시하는 수위표 지점의 수면경사에 대한 현지 여건을 고려하여 상하류 지점 간의 수위 차가 30~50cm 정도가 되도록 기설 수위표지점 상하류 약 1km 내외 지점에 보조수위표 또는 가수위표를 설치한다. **수위표 영점표고**는 수위가 기준수위 이하(마이너스 수위)로 표시되는 것을 피하기 위해서 예상 최대갈수위 이하로 잡는다. 영점을 변경할 경우에는 나중에도 확실히 알 수 있도록 변경깊이, 변경 연월일, 변경사유, 변경내역 등을 관측소 대장에 정확히 기입해두어야 한다. 일관성 있고 원활한 수위자료 관측과 수문분석을 위해서는 원칙적으로 특별한 사유가 없는 한 수위관측소의 영점표고는 변경하지 않는 것으로 한다.

표 4.5 우리나라 수위 관측소 현황

구분 / 합계	합계	환경부 홍수통제소	한국수자원공사	한국수력원자력	한국농어촌공사
	809	556	182	12	59
한강	209	150	43	9	7
안성천	14	11	–	–	3
양양남대천	2	2	–	–	–
강릉남대천	2	2	–	–	1
삼척오십천	2	1	–	–	–
한강동해권	5	3	2	–	–
낙동강	225	138	76	–	11
형산강	9	8	1	–	–
태화강	14	8	6	–	–
영덕오십천	1	1	–	–	–
서낙동강	1	1	–	–	–
회야강	3	3	–	–	–
낙동강동해권	8	3	3	–	2
낙동강남해권	4	–	4	–	–
금강	119	88	16	–	15
삽교천	21	19	–	–	2
만경강	21	16	1	–	4
동진강	18	14	1	–	3
금강서해권	9	3	3	–	3
섬진강	46	27	11	3	5
섬진강남해권	13	5	8	–	–
영산강	51	45	4	–	2
탐진강	7	4	3	–	–
영산강서해권	5	4	–	–	1

실시간 자동 수집장치는 홍수예보를 보다 과학적으로 실시하기 위하여 **표 4.6**과 같이 수위 관측 결과는 실시간 자동수집방식으로 하는 것이 바람직하다. 수위관측 자료수집을 실시간 자동수집방식으로 하는 경우 관측치의 대표성, 기왕의 작동상황, 관측의 검사방식, 전기 및 통신조건 등을 고려한다.

표 4.6 수위관측 자료

관측소	수계명	하천명	수위표영점 표고(EL.m)	수위(m)							
				갈수위 (355일)	저수위 (27일)	풍수위 (95일)	평수위 (185일)	(일평균) 연최고	(시자료) 연최고	연최저	연평균
대전시(한밭대교)	금강	유등천	33.438	0.99	1.01	1.13	1.07	1.97	2.63	0.97	1.09
대전시(대덕대교)	금강	갑천	34.065	0.15	0.16	0.28	0.21	0.46	0.73	0.15	0.23
대전시(원촌교)	금강	갑천	31.191	0.35	0.36	0.48	0.42	1.35	1.78	0.31	0.45
대전시(신구교)	금강	갑천	21.952	1.27	1.30	1.37	1.32	2.06	2.45	1.26	1.35
세종시(본산동)	금강	갑천	20.538	0.23	0.25	0.41	0.32	1.97	2.40	0.20	0.37
세종시(노호리)	금강	금강	18.141	0.05	0.08	0.29	0.17	1.90	2.27	0.03	0.23
진천군(명학리)	금강	금강	13.821	0.44	0.47	0.54	0.49	1.46	1.68	0.44	0.52
진천군(신정교)	금강	백곡천	56.672	0.27	0.29	0.87	0.34	1.07	1.18	0.25	0.52
진천군(금곡교)	금강	초평천	65.256	0.13	0.19	0.57	0.55	0.78	0.94	0.13	0.44
진천군(가산교)	금강	미호천	52.144	0.32	0.39	0.44	0.41	1.80	2.71	0.26	0.44

홍수예보와 관련된 내용의 법규는 **표 4.7**(법제처, 2022g)과 같다.

표 4.7 홍수예보의 관련법규 사항

수자원법[시행 2020. 5. 26., 법률 제17326호, 2020. 5. 26., 타법개정]
제8조(홍수·갈수 예보의 실시) ① 환경부장관은 홍수 또는 갈수(渴水)로 인명과 재산에 대한 피해가 예상될 때에는 그 피해를 예방하거나 줄이기 위하여 홍수 또는 갈수 예보를 하여야 한다. 〈개정 2018.6.8.〉 ② 제1항에 따른 예보에 관한 세부적인 사항은 환경부령으로 정한다. 〈개정 2018.6.8.〉
수자원법 시행규칙[시행 2018. 6. 8., 환경부령 제764호, 2018. 6. 8., 타법개정]
제2조(홍수예보) ① 홍수통제소장은 「수자원의 조사·계획 및 관리에 관한 법률」(이하 "법"이라 한다) 제8조제1항에 따라 하천구역(「하천법」 제2조제2호에 따른 하천구역을 말한다. 이하 같다) 및 그 배후지역에서 홍수로 인명과 재산에 대한 피해가 예상될 때에는 다음 각 호의 정보를 제공하는 홍수예보를 하여야 한다. 1. 하천변 도로, 철도 및 주요시설의 침수위험 정보 2. 하천구역 및 그 배후지역의 예측수위 정보 3. 「하천법」 제44조에 따른 친수지구의 홍수위험 정보 4. 그 밖에 홍수피해를 예방하거나 줄이기 위하여 필요한 정보 ② 홍수통제소장은 제1항에 따른 홍수예보를 할 때에는 관할 특별시장·광역시장·특별자치시장·도지사 및 특별자치도지사(이하 "시·도지사"라 한다), 관할 시장·군수·구청장(자치구의 구청장을 말한다. 이하 같다) 및 그 밖의 관계기관의 장에게 정보통신망 등을 이용하여 통지하여야 한다. ③ 홍수통제소장은 하천구역 및 그 배후지역에서 홍수로 인명과 재산에 대한 중대한 피해가 예상될 때에는 별표 1의 기준에 따라 홍수에 대하여 특별한 주의를 요구하거나 경보를 하는 예보(이하 "홍수특보"라 한다)를 홍수주의보 또는 홍수경보로 구분하여 발령하여야 한다.

표 4.7 홍수예보의 관련법규 사항(계속)

④ 홍수통제소장은 홍수특보를 발령할 때에는 그 사실을 별지 제1호서식의 홍수특보(홍수주의보, 홍수경보) 발령서에 따라 방송 · 신문 등의 통신매체, 관할 시 · 도지사, 관할 시장 · 군수 · 구청장 및 그 밖의 관계기관의 장에게 지체 없이 통지하여야 한다.
⑤ 홍수통제소장은 발령된 홍수특보를 변경할 때에는 그 사실을 별지 제2호서식의 홍수특보(홍수주의보, 홍수경보) 변경발령서에 따라 방송 · 신문 등의 통신매체, 관할 시 · 도지사, 관할 시장 · 군수 · 구청장 및 그 밖의 관계기관의 장에게 지체 없이 통지하여야 한다.
⑥ 홍수통제소장은 발령된 홍수특보를 해제할 때에는 그 사실을 별지 제3호서식의 홍수특보(홍수주의보, 홍수경보) 해제발령서에 따라 방송 · 신문 등의 통신매체, 관할 시 · 도지사, 관할 시장 · 군수 · 구청장 및 그 밖의 관계기관의 장에게 지체 없이 통지하여야 한다.
⑦ 특별자치시장 · 특별자치도지사 · 시장 · 군수 · 구청장은 제4항부터 제6항까지의 규정에 따른 통지를 받는 즉시 그 사실을 관할 구역의 경찰서장, 소방서장 및 그 밖의 관계 기관의 장에게 통지하고, 관할 지역의 주민에게 알려야 한다.
⑧ 홍수통제소장은 하천의 수위를 측정하는 지점 중 제3항에 따른 홍수특보 발령을 위한 측정지점(이하 "홍수특보지점"이라 한다)을 정하고 그 위치 및 홍수특보지점별 기준수위를 고시하여야 한다. 고시한 사항을 변경하는 경우에도 또한 같다.
⑨ 홍수통제소장은 홍수특보지점의 위치 및 기준수위를 10년마다 재검토하여 변경이 필요한 경우에는 이를 변경하여야 한다. 다만, 고시된 지점별 위치 및 기준수위의 변동상황 등을 고려하여 재검토 기간을 단축할 수 있다.

제3조(갈수예보)
① 홍수통제소장은 법 제8조제1항에 따라 갈수(渴水)로 인명과 재산의 피해가 예상되는 지역에 대하여 별표 2의 기준에 따라 갈수예보를 관심, 주의, 경계 또는 심각 단계로 구분하여 발령하여야 한다.
② 홍수통제소장은 갈수예보를 발령할 때에는 그 사실을 별지 제4호서식의 갈수예보(관심, 주의, 경계, 심각)단계 발령서에 따라 관할 시·도지사, 관할 시장·군수·구청장, 관계기관의 장, 「하천법」 제50조 및 제50조의2에 따른 해당 지역의 하천수 사용자(이하 "하천수사용자"라 한다) 및 그 밖의 수자원시설을 관리하는 기관의 장에게 지체 없이 통지하여야 한다.
③ 홍수통제소장은 발령된 갈수예보를 변경할 때에는 그 사실을 별지 제5호서식의 갈수예보(관심, 주의, 경계, 심각)단계 변경발령서에 따라 관할 시 · 도지사, 관할 시장 · 군수 · 구청장, 관계기관의 장, 하천수사용자 및 그 밖의 수자원시설을 관리하는 기관의 장에게 지체 없이 통지하여야 한다.
④ 홍수통제소장은 발령된 갈수예보를 해제할 때에는 그 사실을 별지 제6호서식의 갈수예보 해제발령서에 따라 관할 시 · 도지사, 관할 시장 · 군수 · 구청장, 관계기관의 장, 하천수사용자 및 그 밖의 수자원시설을 관리하는 기관의 장에게 지체 없이 통지하여야 한다.
⑤ 특별자치시장 · 특별자치도지사 · 시장 · 군수 · 구청장은 제2항부터 제4항까지의 규정에 따른 통지를 받는 즉시 그 사실을 관할 지역의 주민에게 알려야 한다.
⑥ 홍수통제소장은 수문량(水文量)을 측정하는 지점 중 제1항에 따른 갈수예보 발령을 위한 지점(이하 "갈수예보지점"이라 한다)을 정하고 그 위치 및 갈수예보지점별 계획수문량을 고시하여야 한다. 고시한 사항을 변경하는 경우에도 또한 같다.
⑦ 홍수통제소장은 제6항에 따라 고시된 갈수예보지점의 위치 및 계획수문량을 10년마다 재검토하여 필요한 경우에는 이를 변경하여야 한다. 다만, 고시된 지점별 위치 및 계획수문량의 변동상황 등을 고려하여 재검토 기간을 단축할 수 있다.
⑧ 제1항부터 제7항까지의 규정에도 불구하고 「도서개발 촉진법」 제2조에 따른 도서(島嶼)의 경우에는 관할 시장 · 군수가 해당 지역 주요 수원(水原)의 고갈 정도 등 해당 지역의 실정을 고려한 갈수예보체계를 구축하여 갈수예보를 발령할 수 있다.

수자원법 시행규칙 제2조제3항 **별표 1**(의 기준)과 **제3조제1항 별표 2**(의 기준)에 따른 '홍수예보'와 '갈수예보'기준은 각각 다음의 **표 4.8, 4.9**와 같다.

표 4.8 수자원법 시행규칙 제2조제3항 별표 1의 홍수특보 발령 기준

구분	발령 기준
1. 홍수 주의보	가. 홍수주의보 발령 : 하천의 수위가 계속 상승하여 다음 각 사항에 따른 수위를 고려하여 정한 홍수특보지점의 기준수위(이하 "주의보수위"라 한다)에 가까워지거나 이를 초과할 것이 예상되는 경우 1) 계획홍수량의 100분의 50에 해당하는 유량이 흐를 때의 수위 2) 최근 5년의 평균 저수위로부터 계획홍수위까지 100분의 60에 해당하는 수위 3) 1), 2)에 따른 기준을 적용하기 곤란한 경우에는 주변상황 및 제방 정비상태를 고려한 수위 나. 홍수주의보 변경발령 : 홍수경보가 발령된 지점의 수위가 계속 하강하여 경보수위 이하로 내려갈 것이 예상되는 경우
2. 홍수 경보	가. 홍수경보 발령 : 하천의 수위가 계속 상승하여 다음 각 사항에 따른 수위를 고려하여 정한 홍수특보지점의 기준수위(이하 "경보수위"라 한다)에 가까워지거나 이를 초과할 것이 예상되는 경우 1) 계획홍수량의 100분의 70에 해당하는 유량이 흐를 때의 수위 2) 최근 5년의 평균 저수위로부터 계획홍수위까지 100분의 80에 해당하는 수위 3) 1), 2)에 따른 기준을 적용하기 곤란한 경우에는 주변상황 및 제방 정비상태를 고려한 수위 나. 홍수경보 변경발령 : 홍수주의보가 발령된 지점의 수위가 주의보수위를 넘어 계속 상승하여 경보수위에 가까워지거나 이를 초과할 것이 예상되는 경우
3. 해제	가. 홍수주의보 해제 : 홍수주의보가 발령된 지점의 수위가 계속 하강하여 주의보수위 이하로 내려갈 것이 예상되는 경우 나. 홍수경보 해제 : 홍수경보가 발령된 지점의 수위가 계속 하강하여 주의보수위 이하로 내려갈 것이 예상되는 경우

표 4.9 수자원법 시행규칙 제3조제1항 별표 2의 갈수예보 기준

단계	실시 기준	설정기준
1. 관심	• 특정지역에 갈수 발생의 징후가 감지되는 경우로서 다음 각 목의 어느 하나에 해당하는 경우 가. 갈수예보지점의 수문량이 계속 감소하여 관심단계 설정기준에 도달하거나 이를 하회할 경우 나. 주의단계가 발령된 갈수예보지점의 수문량이 계속 증가하여 관심단계 설정기준에 도달하거나 상회할 경우	갈수예보 지점의 계획수문량에 조정계수를 곱한 값 또는 이에 상당하는 지수
2. 주의	• 특정지역이 갈수피해를 대비해야 하는 경우로서 다음 각 목의 어느 하나에 해당하는 경우 가. 관심단계가 발령된 갈수예보지점의 수문량이 계속 감소하여 주의단계 설정기준에 도달하거나 이를 하회할 경우 나. 경계단계가 발령된 갈수예보지점의 수문량이 계속 증가하여 주의단계 설정기준에 도달하거나 상회할 경우	갈수예보 지점에서 계획수문량의 100분의 80에 조정계수를 곱한 값 또는 이에 상당하는 지수

표 4.9 수자원법 시행규칙 제3조제1항 별표 2의 갈수예보 기준(계속)

단계	실시 기준	설정기준
3. 경계	• 특정지역이 갈수피해 대비를 강화해야 하는 경우로서 다음 각 목의 어느 하나에 해당하는 경우 가. 주의단계가 발령된 갈수예보지점의 수문량이 계속 감소하여 경계단계 설정기준에 도달하거나 이를 하회할 경우 나. 심각단계가 발령된 갈수예보지점의 수문량이 계속 증가하여 경계단계 설정기준에 도달하거나 상회할 경우	갈수예보 지점에서 계획수문량의 100분의 50에 조정계수를 곱한 값 또는 이에 상당하는 지수
4. 심각	• 갈수의 전개 규모와 범위가 매우 심각한 수준으로 확산되어 위기발생이 확실한 경우로서 경계단계가 발령된 갈수예보지점의 수문량이 계속 감소하여 심각단계 설정기준에 도달하거나 이를 하회할 경우	갈수예보 지점에서 계획수문량의 100분의 30에 조정계수를 곱한 값 또는 이에 상당하는 지수

(3) 하천유량

하천유량은 하천의 횡단면을 단위시간에 통과하는 물의 용적을 말하며, 유량측정은 홍수, 평수, 저수, 갈수 시로 구분하여 실시하며, 조석의 영향을 받는 감조하천의 경우는 측정방법을 달리 적용한다. 하천유량은 한정된 횟수의 관측유량과 동일 시점의 수위와의 관계를 회귀분석에 의해 결정된 수위-유량곡선을 통해 간접적으로 측정되는 경우가 있다.

최대유량은 일정한 기간을 통하여 나타난 최대의 유량이고, **최소유량**은 일정한 기간을 통하여 나타난 최소의 유량이며, **평균유량**은 1년을 통하여 185일은 이보다 저하하지 않는 유량이다. **저수유량**은 1년을 통하여 275일은 이보다 저하하지 않는 유량이고, **갈수량**은 1년을 통하여 355일은 이보다 저하하지 않는 유량이며, **일평균유량**은 1일을 통하여 1시부터 24시까지 매시 수위에 대응하는 유량의 합을 24로 나눈 유량, **연평균유량**은 1년을 통하여 일평균유량의 합을 당해 연도의 일수로 나눈 유량을 말한다.

① 조사·측정

하천의 유량관측은 강수량관측이나 수위관측과 같이 시간적으로 장기간 연속해서 관측하기가 매우 어렵기 때문에 한정된 횟수의 관측유량과 동일 시점에 측정한 하천수위와의 관계를 구하고, 이 관계를 이용하여 수위-유량곡선을 작성하여 유량을 측정하지 않고서도 수위를 관측하여 유량으로 환산하는 방법을 사용하고 있다. 보다 정확한 유량을 측정하기 위해서는 정확한 수위-유량 관계식이 필요하게 되는데, 유량측정은 하천규모 및 유량별 용도에 따라 표 4.10과 같은 방법으로 실시한다. 특히 홍수 시에는 **비접촉 유속계(非接觸 流速計, non-submerged velocimetry)**인 **전자파 표면유속계(電磁波 表面流速計)**(Lee and

Julien, 2006)를 사용하여 측정하는 것이 유리하다.

표 4.10 하천의 유량측정 방법

하천 규모	유량	유량측정방법
중·소 하천	갈수·저수 시	유속계법, 위어 측정법
	평수 시	희석법, 유속계법
	홍수 시	부자법
대하천	갈수·저수 시	유속계법, 희석법, 이동 초음파 유속계법
	평수 시	유속계법
	홍수 시	부자법, 전자파 표면 유속계법
비고	기습강우, 댐 방류 시	부자법

② **관측소 배치·설치**

유량관측소는 수계 전체의 적정한 관측망을 고려하여 하천 및 수자원 등의 계획 및 시공 관리상 중요한 지·파천(支·派川) 분류 또는 합류부의 전후 및 보, 유수지, 호소, 저수지의 상하류, 하도가 직선화되어 있는 협곡지점에 배치하는 것이 좋다. 그렇지만 대하천과 합류점 직상류의 지천 등과 같이 본류 수위의 영향으로 수위-유량곡선의 정확도가 높지 않은 곳이나, 하구의 감조구간은 피하는 것이 좋다. 유량측정은 1회의 관측 값이라도 의미가 있으나 수위와의 관계로부터 수위-유량곡선을 작성하여 수위시계열에서 유량시계열을 알 수 있으므로 반드시 유량관측소에는 수위관측소를 병설한다.

관측소 위치 선정은 유량관측소는 관측망, 지형도, 하천의 종횡단도 등을 이용하여 도상 검토한 다음에 현지답사에 의해 수위관측소가 설치된 장소이거나 병설할 수 있는 곳, 유량관측을 안정하게 할 수 있고 유지관리가 쉬운 곳을 선정한다. 또한 유로나 하상 변동이 적고, 대형 관측기기를 설치한 경우에는 무너지거나 전복되지 않도록 충분히 관측시설의 지지가 가능한 교량 등 안전한 곳을 선정한다.

(4) 수위·유량 관측자료

수위와 유량관측 자료를 정리하기 위하여 유량측정연표, **수위-유량곡선(rating curve)**, 일유량 연표, 홍수표, 유황표 등을 작성하게 된다. 2019년 12월 31일 기준 유황표(table of flow duration) 예는 **표 4.11**(환경부, 2020b)과 같이 관측소 소재(명칭), 수계명, 하천명, 유역면적, 유량(갈수량, 저수량, 풍수량, 평수량, 연최대·최소·평균유량, 연총량을 기록한다.

표 4.11 유황표 예

관측소	수계명	하천명	유역면적 (km^2)	유량(m^3/s)							연총량 (10^6m^3)
				갈수량 (355일)	저수량 (27일)	풍수량 (95일)	평수량 (185일)	연최대	연최소	연평균	
대전시(금강1교)	금강	금강	4,219.60	10.04	10.91	32.38	11.85	241.38	9.30	26.21	826.66
금산군(문암교)	금강	유등천	111.30	0.33	0.44	0.86	0.57	65.02	0.15	1.28	40.25
대전시(복수교)	금강	유등천	162.50	0.38	0.57	1.43	0.77	42.48	0.25	1.65	52.00
대전시(인창교)	금강	대전천	56.70	0.19	0.32	0.49	0.40	20.32	0.14	0.61	19.18
대전시(용촌교)	금강	갑천	82.70	0.08	0.27	0.72	0.41	34.72	0.03	0.88	27.66
대전시(구계교)	금강	두계천	50.00	0.10	0.27	0.42	0.33	14.09	0.06	0.55	17.11
대전시(신두교)	금강	갑천	642.50	7.04	7.98	12.62	9.06	157.26	6.71	12.87	405.73
세종시(명학리)	금강	금강	5,006.30	20.13	22.17	45.20	28.06	404.15	18.43	41.58	1,310.52
진천군(가산교)	금강	마호천	188.90	0.41	1.22	1.92	1.64	70.45	0.03	2.46	76.66
진천군(오갑교)	금강	미호천	287.10	1.01	1.99	3.18	2.31	99.27	0.40	3.82	119.68
청주시(여암교)	금강	미호천	577.10	0.30	1.33	4.16	2.85	118.56	0.24	4.34	137.00
청주시(노동교)	금강	무심천	57.43	0.02	0.21	0.42	0.28	8.00	0.00	0.47	14.86
청주시(홍덕교)	금강	무심천	168.50	1.03	1.28	3.98	1.91	29.74	0.93	3.04	95.78

수위-유량곡선의 작성에서는 원칙적으로 하상변동이 있었던 유출시에서 다음 유출 시까지 하상이 안정되어 있는 기간에 대해서 한 개의 수위-유량곡선을 구한다. 그러나 연표의 작성 순서상 자료를 해마다 정리하지 않으면 안 되므로 매년 1회 이상으로 한다. 홍수 시의 매 정시 수위관측값과 홍수 시에 매시간 실시한 유량관측값, 홍수위-유량관계곡선에 의하여 **홍수표**를 작성한다(Julien, 2018). **유황**은 유량관측소에서의 일유량의 연간 상황을 나타내는 것으로 일유량의 크기와 누가 일수를 표 의 형태로 표시한 것이 **유황표**이다. 이를 시간 변화에 대한 유량의 크기로 표시한 그래프가 **그림 4.10**과 같은 **항류천[恒流川(perennial river)]**의 일반적인 **유황도[流況圖(=유량지속곡선), flow duration curve or annual hydrograph(年水文曲線)]**이다.

그림 4.10(a)의 경우는 하천의 유량이 1년 중 가장 적은 달(月)을 시작으로 한 1년(12개월)의 기간을 이르는 **수문년(水文年, water year)**이 현재년 기준으로 6월 1일부터 다음 **역년(歷年, calendar year)** 5월 31일까지의 유황도 예이다. **그림 4.10(a)**의 경우는 1년 기간의 개략적 연평균 유황도의 예이다.

우리나라는 현재년 기준으로 이전 년(年) 10월 1일부터 현재 역년(歷年, calendar year) 9월 30일까지(이동률 등, 1994)를, 미국은 현재년 기준으로 10월 1일부터 다음 역년(following calendar year) 9월 30일까지를, 인도는 현재년 기준으로 6월 1일부터 다음 역년 5월 31일까지를 수문년으로 각각 사용하고 있다(Subramanya, 2013).

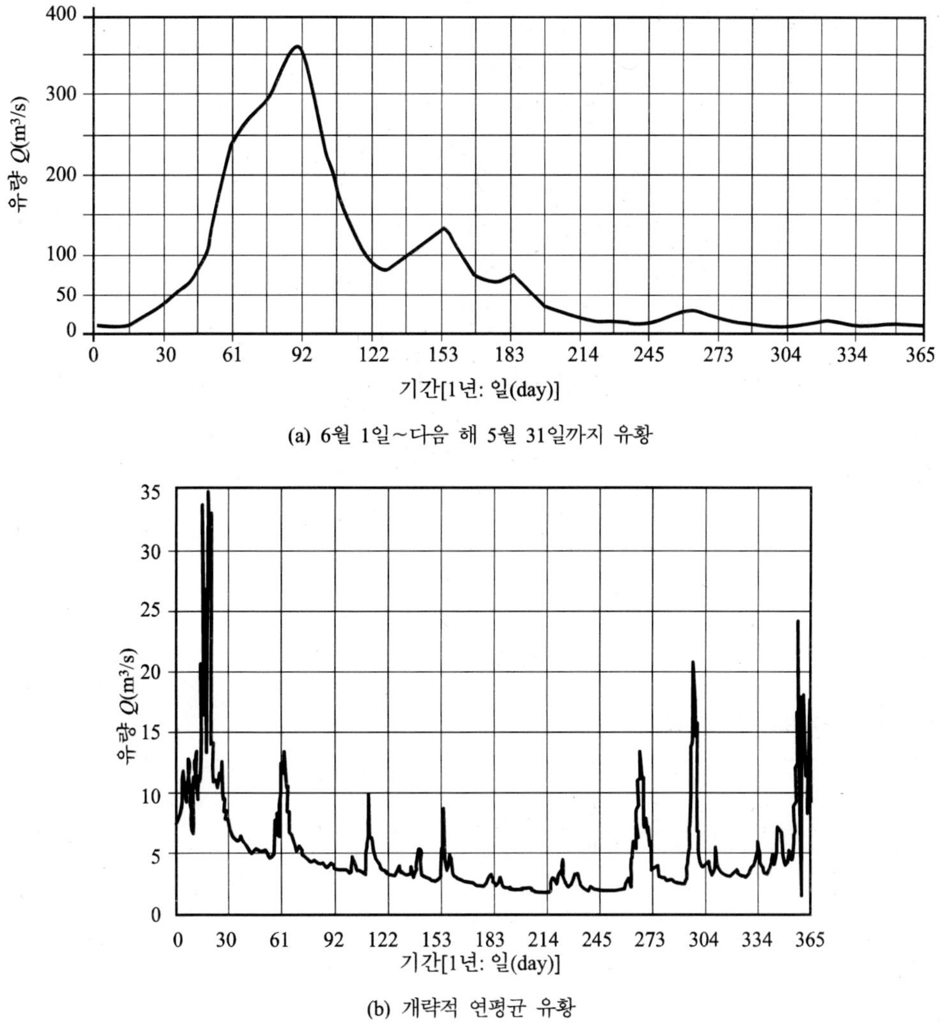

그림 4.10 유황도 예

참고적으로 **하천차수**(stream order)는 그림 4.11과 같이 **분수계**(分水界: 미국; divide, 영국; watershed)로 구분(그림 4.2 참조)되는 **유역면적**(流域面積: catchment area, drainage area, drainage basin; 미국은 watershed로도 부름) 내의 가장 먼 곳에서 시작되는 수로를 1차 수로라 한다. 이 1차 수로와 다른 1차 수로가 합류하여 2차 수로를 만들고, 또 다른 2차 수로와 2차 수로가 합류하여 같은 방법으로 3차 수로로 이어져 **그림 4.11**과 같은 **유역출구(catchment outlet)**를 갖는 경우는 4차 하천으로 구분한다. 이 외에도 제안자에 따라 약간 다른 구분방법이 있는데, 소개한 방법의 경우는 Subramanya(2013)에 의하면 **표 4.12**와 같이 구체적으로 세분하기도 한다.

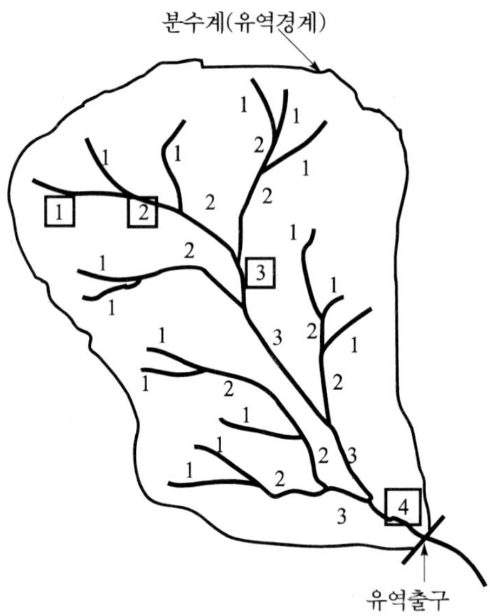

그림 4.11 4차 하천의 하천차수 정의

표 4.12 하천 차수에 의한 구분과 명칭

차수(order)	구분	개념적 명칭	일반 명칭
1~3	소규모 하천(small-size stream)	상류 수두천(headwater stream)	소하천(small stream)
4~5	중규모 하천(medium-size stream)	하천(stream)	하천(stream)
6 이상	대규모 하천(large-size stream)	강(river)	강(river)

(5) 치수 · 이수

하천유량은 하천수로 사이에 있어 어떤 임의 단면을 통과하는 단위시간당 수량(水量)으로 **이수(利水)**와 **치수(治水)**에 중요한 변수이다. 이는 정확한 자료수집을 통해 갈수와 홍수의 수문분석을 위한 기초자료로 사용된다. 또한 임의 구간의 하천유량은 직접적으로 계속하여 측정하기 곤란한 것이므로 통상 **하천수위(river stage)**를 수위관측소로부터 연속적으로 관측하여 이를 **수위-유량관계곡선(水位-流量關係曲線, rating curve)**에 의해 구한다. 본 절에서는 이수측면에서의 갈수와 치수 측면에서의 홍수 대책 등에 관해 기술한다.

① 홍수

홍수(洪水)를 방어하기 위한 계획에서는 **구조물적 대책(構造物的 對策, structural measures)** 뿐만 아니라 **비구조물적 대책(非構造物的 對策, non-structural measures)**을 포함한다(한국수자원학회, 2000; 2005; 2009).

1) 홍수방어·조절

홍수방어는 홍수로 인한 인명과 재산 등 각종 피해를 줄이거나 방지하기 위하여 구조물적·비구조물적 치수대책을 강구하는 것이다. **홍수방어계획**은 하천에서 발생하는 홍수재해로부터 인명과 재산 등이 피해를 입지 않도록 방어하기 위한 조사, 계획, 대책 수립에 대한 사항을 파악하고 결정하기 위하여 책정하는 치수대책이다.

홍수방어계획은 설계홍수를 바탕으로 설계되는 홍수조절·방어계획과 설치되는 하천시설이 수계 전체를 통하여 일관성 있고, 기술적·경제적으로 조화를 이루며 목적하는 기능이 최대한 발휘될 수 있도록 하천유역 종합계획과 일체가 되도록 책정한다. 홍수방어계획을 책정할 때 하천이 가지는 이수, 치수, 환경 등 제반 기능을 종합적으로 검토함과 동시에 하천에서 일어날 수 있는 최대홍수뿐만 아니라 계획규모를 초과하는 홍수가 발생할 수 있는 가능성을 고려하여 결정하여야 한다.

표 4.13과 같이 **구조물적 대책**은 제방, 방수로 등에 의한 하천정비, 개수, 홍수조절지 및 유수지, 홍수조절용 댐과 같은 구조물에 의한 치수대책이다. **비구조물적 대책**은 유

표 4.13 홍수방어와 조절대책의 분류

구분	내용
구조물적 대책	하천정비, 하도개수(하도증대, 굴착)
	저수지(홍수조절지, 유수지, 내수처리시설)
	제방(홍수벽, 대규격제방, 수제)
	홍수조절용 댐(다목적댐)
	홍수로 정비(방수로, 첩수로, 신수로)
비구조물적 대책	댐, 저수지의 운영체제 개선
	홍수예경보(홍수예경보 체제)
	홍수터 관리(지역구분, 홍수위험도, 건축법규)
	홍수보험(정부보상, 공사보험)
	홍수방지(내수시설·건축, 강우지역 변경)
	유역관리와 토지이용 조정(개발조정, 투수지역 확보, 유역침식방지, 경작법 조정, 삼림보전, 토양보전)
	홍수경보와 대피(수방대책 운영, 재해경보체제)

역관리, 홍수예경보, 홍수터 관리, 홍수보험, 홍수방지 대책 등과 같은 비구조물에 의한 치수 대책이다. 이들 홍수방어대책으로 사용되는 **유수지(遊水池, detention basin)**는 홍수 시 제내지에 내린 강우 유출에 따른 제내지 저지대가 침수되는 것을 방지하기 위하여 인공적으로 설치하거나 자연적인 저류공간을 말하고, **홍수조절지(洪水調節池, flood equalizing basin)**는 홍수방어계획의 일환으로 홍수를 조절할 수 있는 기능을 가진 저수지이다.

홍수예보는 관측된 기상상태에 따라 예측한 강우량, 하천상류 주요 지점의 수위 또는 유량으로부터 예보 대상지점의 홍수유출량과 그 수위가 시간에 따라 어떻게 변화할 것인지를 예보하는 것으로 이미 **표 4.7**에서 설명하였다.

2) 종합치수대책

종합치수대책을 수립하고자 할 때는 하천을 둘러싼 모든 여건에 대해 조사 및 검토를 수행하는 종합치수대책 수립을 위한 기초조사 사업을 시행하고, 하천유역의 종합치수대책이나 기타 계획과 관련하여 설계되는 수공구조물이나 치수대책을 위한 구조물은 적절한 기준에 따라야 한다. 종합치수대책은 하천유역 내의 치수시설에 대한 정비를 촉진하고 유역개발에 따른 홍수유출량과 토사유출량을 원활히 소통시켜, 하천유역이 가져야 할 보수·유수기능이 유지되도록 하고, 홍수범람 위험지역 및 토석류 위험 유역에서 치수시설 정비상황에 따라 일어나는 홍수피해가 최소가 되도록 하는 것이다.

수공구조물이나 하천개수의 계획규모는 유역별로 수립된 종합치수계획에 따라 결정되어야 한다. 유역종합치수계획이 수립되어 있지 않거나, 유역종합치수계획에 당해 하천의 설계빈도가 제시되어 있지 않은 경우에는 **표 1.6**(국토해양부, 2012)을 참고하여 결정하되 하류지역의 통수능과 대상하천의 특성을 고려하여 결정한다. 특히 도시관류 하천의 설계빈도는 치수경제조사 결과에 따라 빈도를 이들 값보다 상향조정하는 것이 필요하다.

제방, 하도계획 등의 수공구조물과 하천개수계획에 대한 설계빈도를 일률적으로 100년, 200년으로 결정하는 것보다는 시설·계획수립 대상물의 중요성과 피해정도 등을 감안하여 설계빈도를 결정하는 것이 필요하다. 치수계획은 초기단계에서 계획홍수량으로 기왕 최대홍수를 책정하다가 그 후 확률개념에 따른 홍수량을 산정하여 적용하고 있는데, 이것은 초기의 수문관측이 미비하고 일시적인 재해복구사업이 중심이 된 시대에서 계획적으로 치수사업을 추진해 온 시대로 변천해온 것을 반영한 것이라 할 수 있다. 도시화가 진행되어 불투수 면적이 증가되고 상류지역의 토지이용조건의 변화에 따라 첨두홍수량이 증대되는 것은 일반적인 현상으로 이러한 지역의 치수안전도가 낮아지는 것을 방지하기 위해서는 **표 4.14**와 같은 종합치수대책이 필요하다.

표 4.14 종합치수대책 관련 사항

분	대책과 기능	세부항목
관련 제도	범람원의 관리	범람구역 내 주거, 토지이용 규제, 침수구역도의 공표
	경계피난체제	관측, 자료전달, 해석, 홍수예경보, 홍보와 교육, 피난
	수방계획	수방경보, 수방조직, 수방공법
치수 사업	하천범람 제어	제방축조, 제방확충, 기존 제방의 유지관리
	소통능력 증대	하도굴착, 하도개선, 제방고 높이기, 하도단면적 유지
	수위 저하	첩수로, 방수로, 하도개량
	유로 안정화	호안, 수제, 하상유지공
	첨두유량 감소	댐·유수지 설치, 유역 내 저류시설, 유역관리
	내수 배제	역류제, 통수문·통수관, 빗물펌프장
	고조침수 배제	고조제방, 방조제, 쇄파구조물

3) 구조물적 대책

표 4.13과 같이 **구조물적 대책**으로는 크게 하천정비·하도개수, 저수지, 제방, 홍수조절용 댐, 홍수로 정비가 있는데 이들에 대해 간단히 설명하고자 한다.

하천정비·하도개수계획은 홍수방어를 위한 하도계획에 있어서의 대안 선택과 하도계획 대안의 책정과정을 통하여 이루어지며, 하도계획의 대안선택은 제방축조나 확충, 하도 통수능력의 증대방안, 방수로 축조 등을 검토하여 결정한다. 하도계획 대안의 책정은 홍수처리를 위한 대안의 기본구상, 가능한 대안의 선정과 보완, 홍수처리규모 및 방식결정, 최적안 결정 등의 과정을 통하여 이루어진다. **우수 유출억제 시설계획**은 우수 유출억제 대책수립과 홍수방어를 위한 유수지 및 홍수조절지 계획을 통하여 수립하고, 우수 유출억제 시설은 저류형과 침투형으로 구분할 수 있다. 이는 홍수피해방지뿐만 아니라 한정된 수자원의 활용과 자연생태 유지 등에 크게 기여할 수 있으므로 홍수방어계획 수립이나 우수의 직접유출량을 증가시키는 각종 개발 계획 수립 시 반드시 검토되어야 한다. 지상에 유수지 설치가 여의치 않은 경우 지하공간에 저류시설을 설치하여 홍수 시 빗물을 저류하고 평시에 저류된 물을 활용하거나 홍수 이후에 물을 배제하고 평상시 지하주차장 등으로 활용할 수 있으므로 홍수피해가 크게 우려되는 지역 등에서는 도입을 검토하는 것이 바람직하다.

4) 비구조물적 대책

비구조물적 대책은 표 4.13의 저수지 최적 운영체제와 같이 저수지 운영방안과 최적 해석기법의 개선을 통하여 홍수조절 효과를 가져올 수 있다. **홍수예경보 시스템**은 홍수 예보방법과 홍수예보 과정을 개선함으로써 홍수조절 효과를 기대할 수 있는데, 그 과정은 **그림 4.12**(건설교통부, 2005)과 같이 이루어진다.

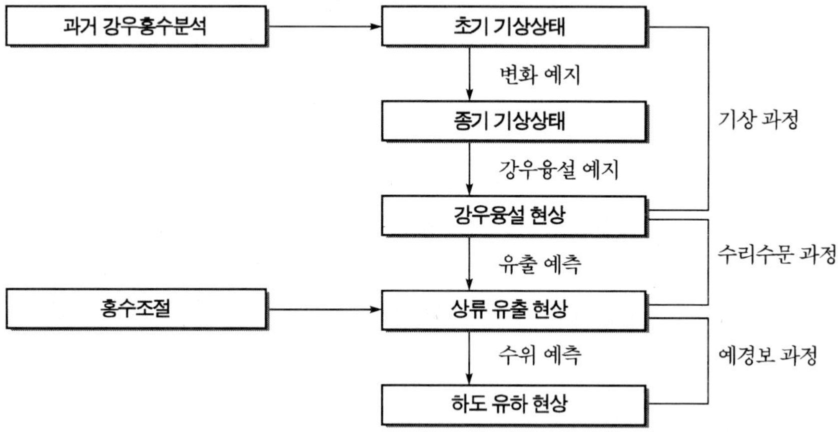

그림 4.12 홍수예경보 과정

홍수터 관리는 **그림 4.13**(Chow et al., 1988; 건설교통부, 2005)과 같은 홍수터와 하천공간에서 비구물적 대책의 하나로서 홍수터 관리의 절차 개선, 홍수터의 수리수문해석 방법의 개선, 홍수보험 등과 같이 홍수터 관리와 관련된 항목 등을 종합적으로 개선함으로써 홍수조절 효과를 기대할 수 있다. 또한 좁은 의미에서 홍수터 관리는 홍수량을 잘 조절하는 것이 아니라 하도나 하천부지가 충분한 홍수 소통 능력을 가지면서 홍수피해를 줄일 수 있도록 홍수위험구역 지정, 홍수방어, 토지이용, 건축법규, 침수선의 결정 등이 포함된다. 넓은 의미에서 홍수터 관리는 어떤 지역에서 홍수피해를 막거나 감소시키기 위하여 예방차원에서 사용될 수 있고, 홍수터 내 자연과 문화 자산을 보호하고 유지하는 데 사용 가능한 모든 분석과 대책을 통틀어 말한다.

홍수터에 대해 **미연방방재청**(U.S. federal emergency management agency, FEMA)에서는 100년 빈도 홍수량이 소통할 수 있는 공간을 말하고 있으며, 이 홍수량에 대하여 홍수터 관리와 대책을 수립하고 있다. 지역에 따라서는 500년 빈도 홍수량을 채택하여 더 넓은 홍수위험지역에 대한 대책을 수립하기도 한다.

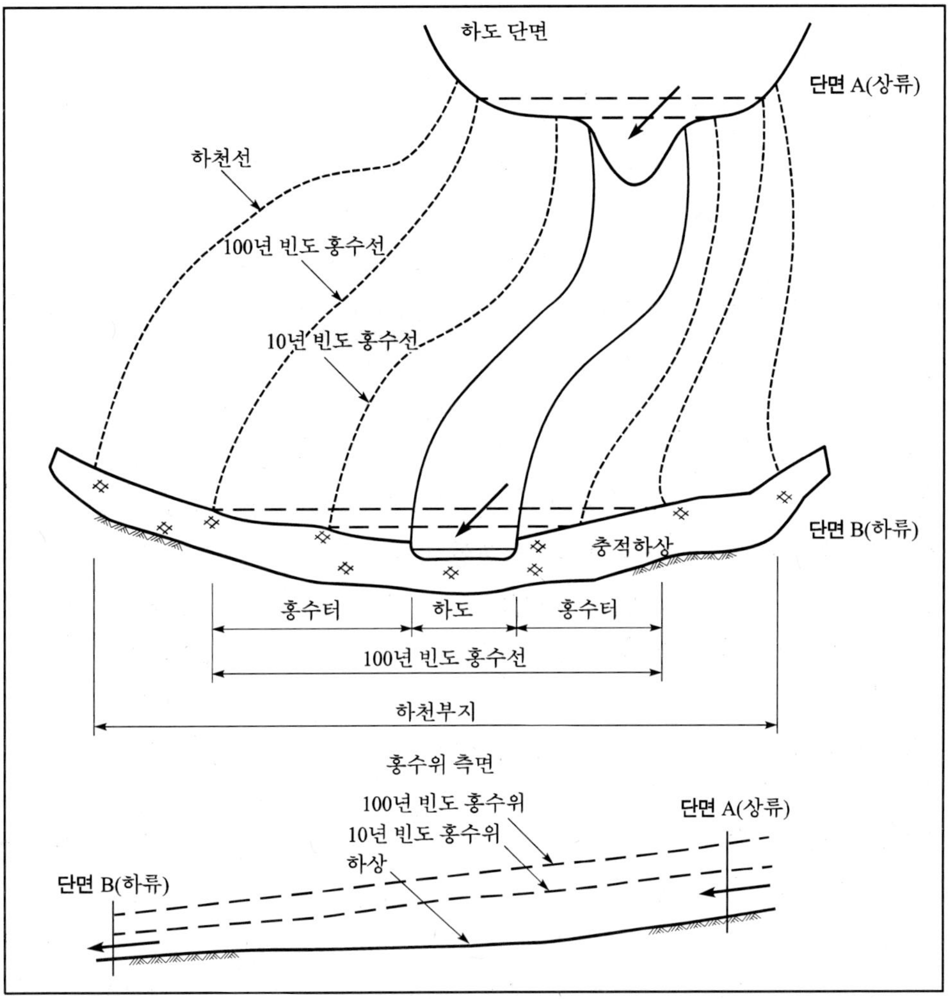

그림 4.13 전형적인 홍수터와 하천공간

홍수보험은 홍수보험의 기능과 과정을 명확히 파악하여 제도를 도입함으로써 홍수조절계획 수립에 일익을 담당할 수 있다. 이는 보험이 지닌 사회적 기능을 적극 활용하는 것으로 홍수위험지역 주민이나 기업이 직접 홍수보험에 가입하여 재해가 발생하였을 경우에 피해보상을 받게 된다. 이 경우 홍수피해를 당할 위험이 있는 당사자가 직접 참여하게 되므로 홍수위험에 대한 인식을 널리 확산시킬 수 있고, 홍수피해방지 대책을 추진하는 데 주민의 협조나 홍보효과까지 얻을 수 있다. 그 외에 비구조물적 대책에는 기상현상 조절에 의한 홍수방지, 유역관리, 홍수조절방법의 조합 등이 있다.

② **이수**

이수계획은 이수와 치수, 환경 측면을 고려하여 조화롭게 수립되어야 함은 물론 갈수 시 주요 지점 유수의 정상적인 기능과 상태를 유지할 수 있는 유량을 설정하여 장래 하천유역의 개발과 사회경제 발달에 따른 용수수요 예측과 공급 등을 고려하여야 한다. 이수계획은 갈수 시에 하천을 적절하게 관리하기 위해 하천유역의 주요 지점에서 유수의 정상적인 기능과 상태를 유지하는 데 필요한 유량을 설정하고, 장래 하천유역 개발과 사회경제 발달에 따른 용수수요 예측과 공급, 수자원 이용의 극대화를수요량의 산정, 예측, 물수지 분석 등의 절차에 따라 수립한다.

수자원 부존량 산정을 위해서는 최소한 30년 이상의 평균강수량 및 전국적인 강수량의 공간분포 특성을 파악해 강수량을 산정하고, 이를 이용해 해당유역 내 연평균 유출량을 산정하며, 수자원 총량은 유역의 평균강수량에 유역면적을 곱해 구한 후 이 값에 유출률을 곱해 수자원 부존량을 구한다. **용수수급현황 파악**은 용수가 용도에 따라서, 생활용수, 공업용수, 농업용수, 하천유지용수로 사용되므로 이수계획을 위해서는 하천수, 지하수, 댐에 의한 용수공급량과 생활용수, 공업용수, 농업용수, 하천유지용수의 이용 현황을 파악하여야 한다.

용수수요 예측·산정은 용수수요 예측을 단기 수요예측과 장기 수요예측으로 나누며, 그 종류에 따라 수요예측 방법과 예측 정확도가 달라진다. 단기 수요예측의 추정은 현재의 수요증가 추세와 구체적으로 결정된 각종 용수수요와 공급계획을 바탕으로 비교적 정확한 예측이 가능하다. 장기 수요예측은 장래의 인구, 산업구조, 물 사용형태 등에 대한 정책을 반영하여 추정함으로써 정확도가 떨어질 수도 있으므로 단기 수요예측을 함께 이용하는 것이 좋다. 다목적댐이나 이수용 저수지에서의 수요예측은 계획하고 건설하는 기간을 포함하여 최소한 30년 이상을 내다보고 시행한다.

③ **갈수**

갈수(渴水, drought)는 물의 수요와 공급의 관계가 자연현상에 의하여 균형을 상실한 현상으로 10년 빈도 갈수 계획기준년의 강우나 유량에 의하여 발생되는 **기준 내 갈수**와 계획기준년을 초과하는 극소의 강우나 유량에 의하여 발생되는 **이상갈수**로 나눌 수 있다. **기준 내 갈수**는 수자원 개발의 전에 잠정적으로 취수가 검토되어 있는 불안정취수와 같이 수자원개발이 계획수준에 도달되지 않고 있기 때문에 발생하는 갈수와 언제 발생할지 모르는 이상갈수에 대처하기 위하여 저수위(貯水位)가 낮아졌을 때 미리 급수제한이나 절수를 시작함으로써 발생되는 갈수로 구분할 수 있다.

갈수대책은 각종 시책을 종합적이고 계획적으로 실시하기 위해 지역마다 종합적으로 책정할 필요가 있으며, 이는 시설계획 등의 구조물적 대책과 갈수조정 등의 비구조물적 대책을 강구함은 물론, 공급·수요 측면의 각종 대책을 세워야 한다. **갈수조정**은 단지 물이용이 곤란하게 되었을 때의 수리권자 상호 간의 조정뿐만 아니라, 미리 댐의 저수상황, 하천의 유황, 기상상황 등을 종합적으로 고려하여 사전에 대응할 필요가 있다. 이는 취수제한의 개시시기, 제한율, 각종 댐의 운용방법 등의 갈수조정의 규칙을 확립하여야 한다. 갈수조정의 취수제한율은 용수나 수리권의 종류에 관계없이 일정하게 적용되기도 하나, 일반적으로 생활용수가 농업용수나 공업용수보다 작게 적용된다.

도시 역내의 빗물이나 배수(排水)의 이용을 도모하고, 하수처리수를 잡용수로 재이용할 수 있도록 주택, 건축물에 빗물저류시설이나 배수 재이용시설의 설치를 권장하며, 이를 시행하는 곳에는 각종 혜택을 지원하는 것이 필요하다.

4.2 단위도

단위유량도(單位流量圖) 또는 **단위도(單位圖, unit hydrograph)**는 그림 4.14(a)와 같이 **수공 시스템(hydraulic system)** 내의 강우-유출·입에 따른 저류변화의 선형 관계(linear system)를 그림 4.14(b)와 같이 유역 내의 강우에 의한 직접유출 산정 관점에 그 연관성을 비교할 수 있다.

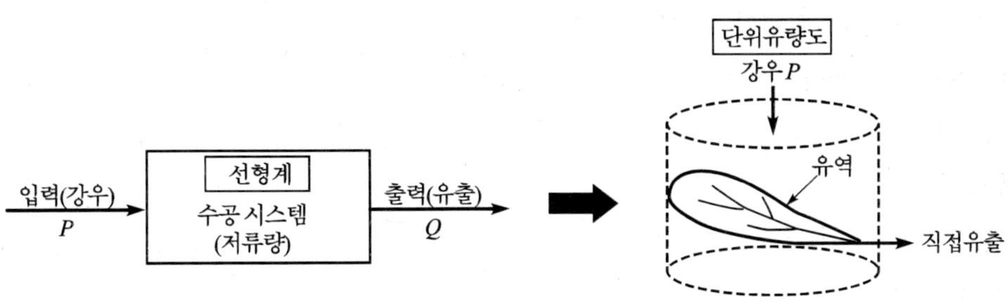

(a) 수공 시스템 (b) 유역

그림 4.14 선형계와 단위도 관계

4.2.1 단위도 개념

(1) 정의

단위도는 **그림 4.15**와 같이 특정 단위시간 동안 균일한 강도로 유역전반에 걸쳐 균등하게 내린 단위유효우량에 의해 발생되는 **직접유출수문곡선(直接流出水文曲線)**이다. 여기서 단위도의 정의·개념을 요약하면 다음과 같다.

① 특정단위시간=일정한 값의 강우 지속기간
② 균일한 강도의 유역전반에 균등한 강우=강우지속기간 동안 강우강도가 시·공간적으로 변하지 않고 일정(←짧은 지속기간·작은 배수유역 선택)
③ 단위유효우량=단위도 이론의 유효우량 크기

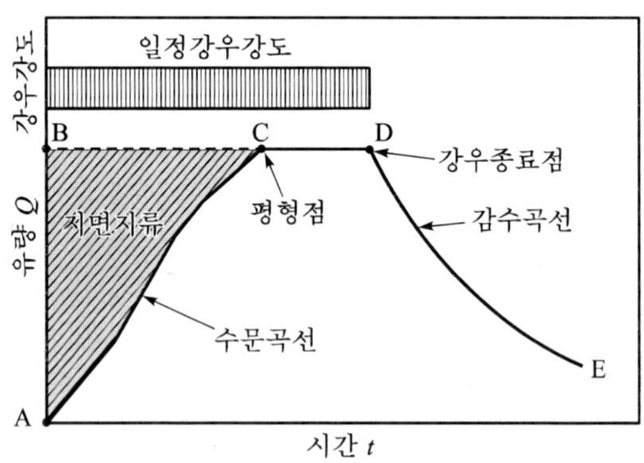

그림 4.15 단위도의 개념

유도된 배경은 **그림 4.15**와 같이 작은 유역(불투수성)에 일정한 강도의 강우 시 유역 출구에서 수문곡선의 기본형태는 강우초기에 지면저류 발생한다. 강우지속기간 초기단계는 유역 내의 지표면 위로 **천류(淺流, sheet flow)**가 형성되어 ABC의 지면 저류량이 생긴다. 강우지속기간 중기단계에서는 강우량 P와 유출량 Q가 같은 즉, **평형상태[(=평형상태(점)]** C에 도달된 후 강우지속기간이 종료단계인 강우종료(점 D) 시 수문곡선은 감수곡선(DE 곡선)을 그린다.

유출수문곡선(流出水文曲線, outflow hydrograph)은 유역(미소유역의 집합)의 지체효과와 하도의 저류효과를 거쳐 나타나는 유역 출구점에서의 유량의 시간적 변화를 표시하는 것이다. 유역의 물리적 특성은 변하지 않고 일정하므로 유사한 특성을 가진 호우로 인한 수문곡선의 모양은 같을 것이다. 이와 같은 개념에서 단위도는 Sherman에 의해 1932년 제안되었다(Sherman, 1932).

(2) 가정

단위도의 유도를 위해서는 **그림 4.16**과 같은 **일정기저시간 가정**과 **비례가정**, **그림 4.17**과 같은 **중첩가정**이 필요하다.

① **일정기저시간 가정**

일정기저시간 가정(一定基底時間 假定, equal base time)은 **그림 4.16**과 같이 동일한 유역에 균일한 강도로 비가 내릴 경우, 지속기간은 같으나 강도가 다른 각종 강우로 인한 유출량은 그 크기는 다를지라도 유하(流下)기간은 같다.

② **비례가정**

비례가정(比例假定, proportionality)은 **그림 4.16**과 같이 동일한 유역에 균일한 강도의 비가 내릴 경우, 동일지속기간을 가진 각종 강도의 강우로부터 결과되는 직접유출수문곡선의 종거는 임의 시간에 있어서 강우강도에 비례한다. 즉, n배 강도의 강우 시 수문곡선의 종거는 n배만큼 커진다. 이 경우 t시간의 강우강도는 nI_u이고, 수문곡선 종거는 nq이다.

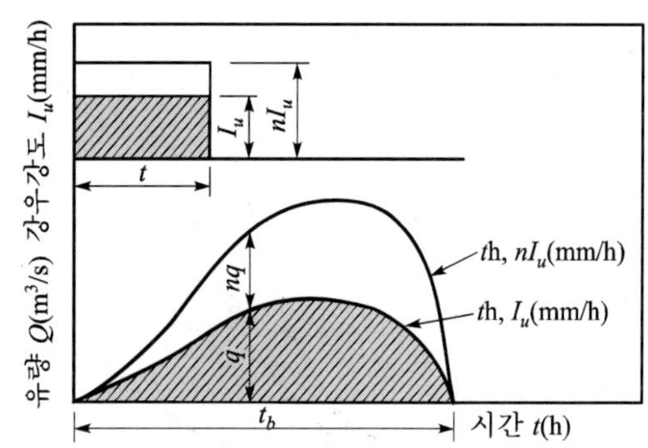

그림 4.16 일정기저시간과 비례시간 가정

③ **중첩가정**

중첩가정(重疊假定, superposition)은 **그림 4.17**과 같이 일정기간 동안 균일한 강도를 가진 일련의 유효강우량에 의한 총유출은 각 기간의 유효우량에 의한 개개 유출량을 산술적으로 합한 것과 같다. 즉, **그림 4.17**과 같이 3개의 호우로 인한 총유출수문곡선은 이들 3개 수문곡선의 종거를 시간에 따라 합한다.

단위유효우량(單位有效雨量, unit effective rainfall)은 유역 전면적상의 **등가깊이 우량**으로 측정되는 특정량의 우량으로, 1cm(또는 1in.)를 사용한다. 유출량의 차원$[L^3T^{-1}]$으로 단위도상에 표시되고, 단위도 아래의 면적(=유량×시간=용적$[L^3]$)이며, 단위유효우량 1cm로 인해 어떤 유역출구를 통과하는 총유출량은 1cm에다 유역면적을 곱한 용적($A \cdot 1\text{cm} = [L^3]$)이 된다.

그러므로, 단위도는 총유출용적의 시간적 분포상태를 나타내주는 것이다. 즉, t_u **시간 단위도**는 기저시간 t_b동안에 총유출용적의 시간적 분포상태를 나타내주는 것이다. 강우지속기간이 단위도의 지속기간과 다를 때에는 단위도를 강우지속기간에 맞게 수정하여 같게 해야 한다.

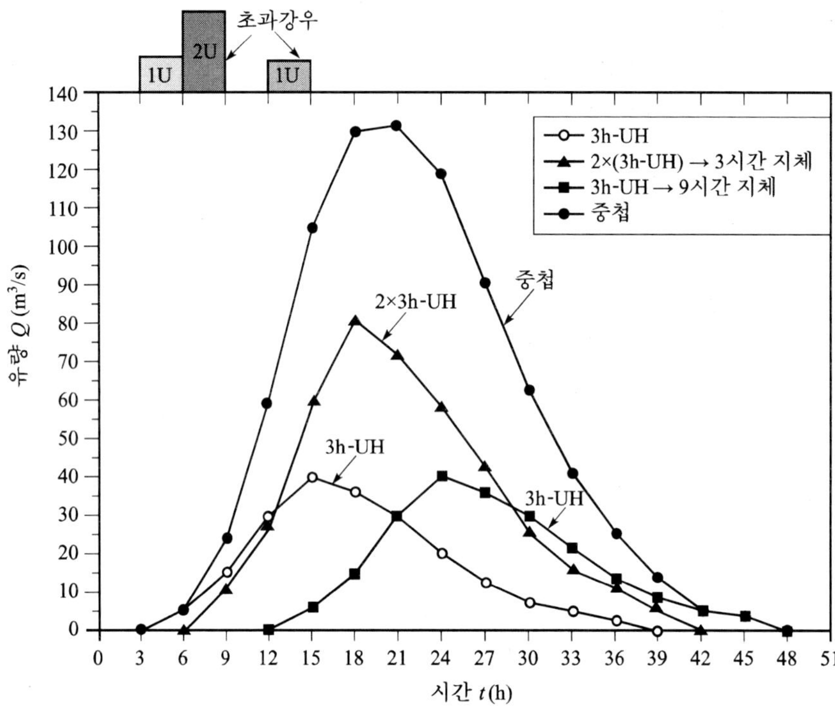

그림 4.17 중첩가정

Sherman(1942)은 유역면적의 크기에 따른 초과(유효) 강수량의 지속기간은 1일 또는 그 보다 작거나 도달시간보다 작아야 하며, 그 값을 **표 4.15**와 같이 추천하였다.

표 4.15 유역면적별 유효우량지속기간

유역면적(km²)	유효우량지속기간(h)	비고
2,590 이상	12~24(권장 : 12)	t_c = 도달시간(h)
259~2,590	6, 8, 12	
51.8	2	
소유역	(1/3~1/4)t_c	

(3) 작성

단위도의 유도(작성) 순서는 **그림 4.18**과 같으며, 이는 [예제 4.5]를 통해 쉽게 이해할 수 있다(이종석, 2006; 2014).

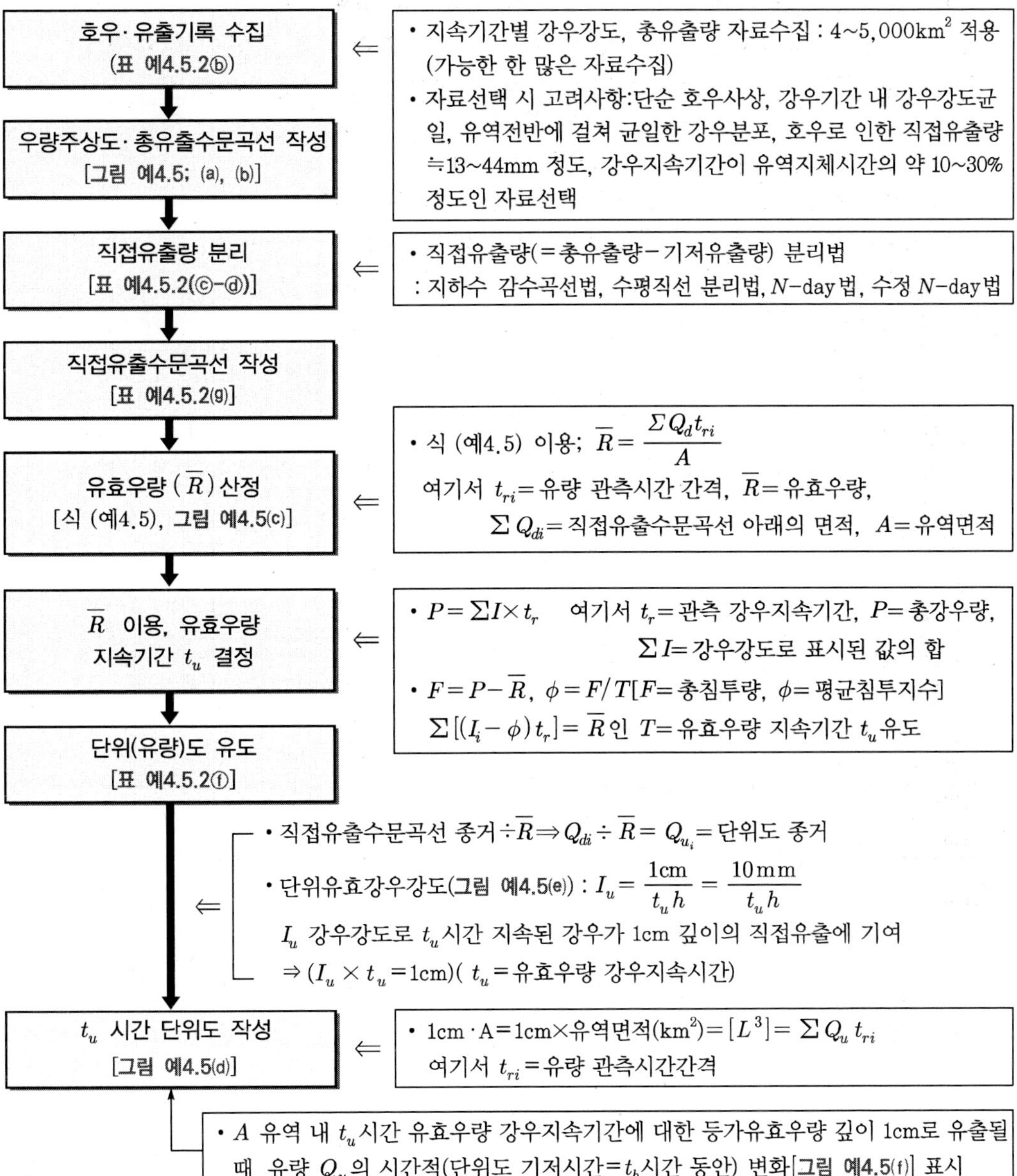

그림 4.18 단위도의 유도 순서

예제 4.5

2016년 8월 2일 10:00부터 8월 3일 18:00까지 면적 300km^{2}인 어떤 유역 내외에 설치된 강수량 관측소와 출구점에 설치된 유량관측소에서 얻은 관측자료는 **표 예4.5.1**과 같다. 또한 30m^3/s인 기저 유출량 자료와 **수평직선 분리법**을 이용하여 다음 사항에 답하시오【단, 강우량(mm)· 침투량(mm) · 유효우량(cm) = 소수 2자리 이하, 평균침투지수(mm/h) · 단위도 강우강도(mm/h) · 단위도 종거(m^3/s) = 소수 4자리 이하 버림하여 계산】.

1. 관측자료에 대한 우량 주상도와 총유출수문곡선 작성
2. 각 관측시간에 대한 기저·직접유출량 계산과 직접유출수문곡선 작성
3. 유효우량 · 평균침투지수 계산과 유효유량 지속기간 결정
4. 단위도 종거 계산과 단위도 작성, 단위도의 유효우량 주상도 작성
5. 유도된 단위도의 의미 설명

표 예4.5.1 관측치 우량과 유량자료

강우(일자) 시간(h)	08.02 10:00	12:00	14:00	16:00	18:00	20:00	22:00	24:00	08.03 02:00
강우강도 (mm/h)	1.6	3.2	5.6	10.8	14.4	7.2	2.4	–	–
유량 (m^3/s)	30	30	68	117	158	221	330	464	383
강우(일자) 시간(h)	08.03 04:00	06:00	08:00	10:00	12:00	14:00	16:00	18:00	
강우강도 (mm/h)	–	–	–	–	–	–	–	–	
유량 (m^3/s)	275	220	140	100	72	67	54	30	

[풀이]

0. 주어진 자료는 **표 예4.5.2**의 형식으로 정리한다.
   (1) 주어진 자료를 **표 예4.5.2**ⓐ~ⓓ와 같이 정리한다.
   (2) 단위도 유도를 위해 필요한 **표 예4.5.2**ⓔ, ⓕ(***경사체 글씨***)를 추가·도출한다.

표 예4.5.2 관측자료를 이용한 단위도의 유도

ⓐ 일시 (일;시간)	ⓑ 강우강도 I(mm/h)	ⓒ 총유출량 Q(m^3/s)	ⓓ 기저유출량 Q_b(m^3/s)	ⓔ 직접유출량 Q_d(m^3/s)	ⓕ 단위도 종거 Q_u(m^3/s)
08.02;10:00	1.6	30	30	-	-
12	3.2	30	30	*0*	*0*
14	5.6	68	30	*38*	*7.169*
16	10.8	117	30	*87*	*16.415*
18	14.4	158	30	*128*	*24.150*
20	7.2	221	30	*191*	*36.037*
22	2.4	330	30	*300*	*56.603*
24		464	30	*434*	*81.886*
08.03;02:00		383	30	*353*	*66.603*
04		275	30	*245*	*46.226*
06		220	30	*190*	*35.849*
08		140	30	*110*	*20.754*
10		100	30	*70*	*13.207*
12		72	30	*42*	*7.924*
14		67	30	*37*	*6.981*
16		54	30	*24*	*4.528*
18		30	30	*0*	*0*
합	45.2			*2,249*	*424.332*

1. 관측자료에 대한 우량 주상도와 총유출수문곡선 작성

(1) 관측자료에 대한 우량 주상도 작성

① **그림 예4.5**의 가로 시간축과 동일한 값에 대해 상단과 같이 세로축에 우량자료를 표시한다.

② **그림 예4.5(a)**와 같이 강우강도에 대한 우량주상도를 작성한다.

(2) 관측자료에 대한 총유출수문곡선 작성

① 가로축의 시간자료 t에 대한 **표 예4.5.2**ⓒ의 (총)유출량 Q자료를 이용해 그래프를 작성한다.

② **그림 예4.5(b)**와 같이 총유출(량)수문곡선을 작성한다.

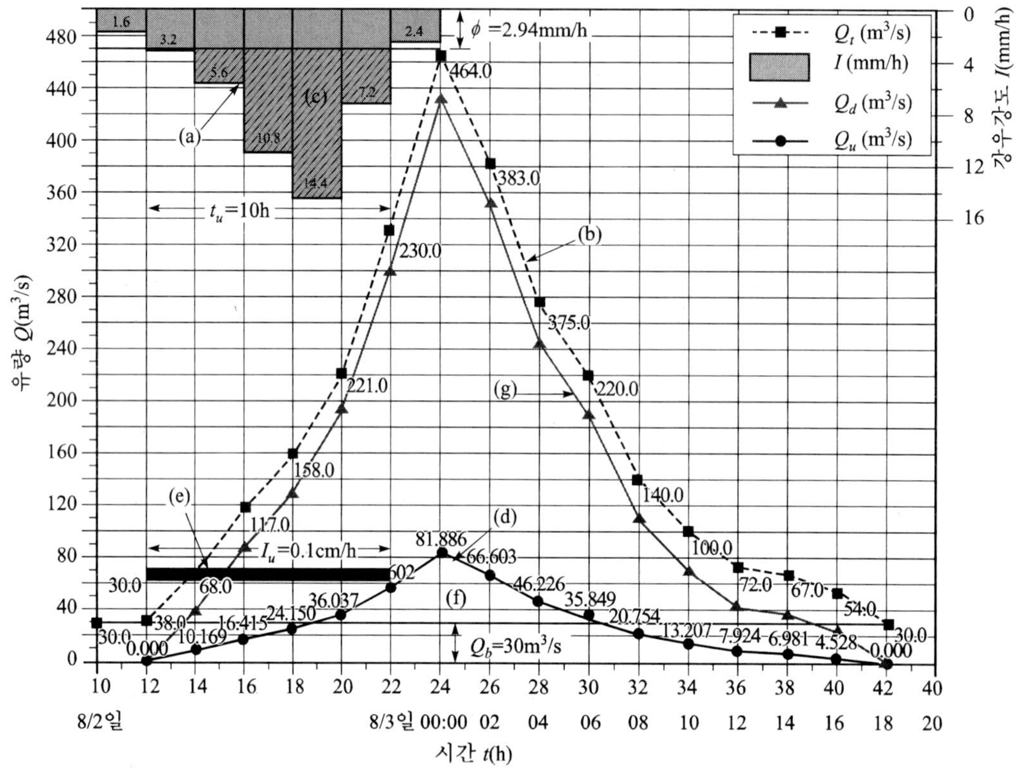

그림 예4.5 유도된 단위도

2. 각 관측시간에 대한 기저·직접유출량 계산과 직접유출수문곡선 작성

(1) 각 관측시간에 대한 기저유출량 Q_b 계산

① 기저유출량 Q_b=30m^3/s로 주어진 값이다.

② 그러므로, 기저유출량은 **표 예4.5.2ⓓ**와 같다.

(2) 각 관측시간에 대한 직접유출량 Q_d 계산

① 주어진 조건을 이용하여 수평직선 분리법에 의해 수문곡선을 분리한다.

② **표 예4.5.2ⓒ**의 총유출량에서 **표 예4.5.2ⓓ**의 기저유출량을 뺀다.

③ 그러므로, 직접유출량은 **표 예4.5.2ⓕ**와 같다.

(3) 각 관측시간에 대한 직접유출수문곡선[**그림 예4.5(g)**] 작성

① **표 예4.5.2ⓐ**의 각 관측시간에 대한 **표 예4.5.2ⓔ**의 직접유출량(***경사체 글씨***)을 표시한 관계곡선이다.

② 본 예제에서는 **그림 예4.5ⓖ**와 같이 총유출량에서 기저유출량을 제외한 부분으로 표시하였다.

3. 유효우량·평균침투지수 계산과 유효우량 지속기간 결정

(1) 유효우량 $\overline{R}$ 계산

① 유효우량 $\overline{R}$는 유역면적 A내의 등가깊이우량(=평균유효우량)으로 다음과 같이 구한다.

$$\overline{R}(=\frac{\forall_t}{A})=\frac{(0.36)\Sigma Q_d t_{ri}}{A}(\text{cm}) \qquad (\text{예}4.5)$$

② 여기서 $\overline{R}$=유효우량(cm)이고, ΣQ_d=직접유출량(m^3/s)의 합이며, t_{ri}=**유량 관측시간 간격**(h)이다. 또한 A=유역면적(km^2)이고, $\forall_t$=총 유출용적이며, 이들 간의 관계로부터 식 (예4.5)는 다음과 같이 유도되었다.

$\because \overline{R}(=\frac{\forall_t}{A})=\frac{(0.36)\Sigma Q_d t_{ri}}{A}(\text{cm})\Leftarrow$	$\Sigma Q_d=2{,}249\text{m}^3/\text{s}(\leftarrow[\frac{(10^2)^3\text{cm}^3}{1\text{m}^3}])$, $t_{ri}=2\text{h}(\leftarrow\frac{3{,}600\text{s}}{1\text{h}})$ $A=300\text{km}^2(\leftarrow\frac{[(10^3\text{m}/1\text{km})(10^2\text{cm}/1\text{m})]^2\text{cm}^2}{1\text{km}^3})$

③ 식 (예4.5)를 이용하여 다음과 같이 계산한다.

$$\overline{R}(=\frac{\forall_t}{A})=\frac{(0.36)\Sigma Q_d t_{ri}}{A}=\frac{0.36\times 2{,}249\times 2}{300}[=\frac{2{,}249\frac{\text{m}^3}{\text{s}}\frac{(10^2)^3\text{cm}^3}{1\text{m}^3}2\text{h}\frac{3{,}600s}{1\text{h}}}{300\text{km}^2\frac{(10^3\times 10^2)^2\text{cm}^2}{1\text{km}^2}}]$$

$$=5.39\text{cm} \fallingdotseq 5.3\text{cm}$$

④ ∴ **그림 예4.5(c)**와 같이 유효우량 $\overline{R}$=5.3cm이다.

(2) 평균침투지수 ϕ계산

① 평균침투지수는 3.2.3에서 이미 설명한 방법으로 계산한다.

② 평균침투지수 $\phi[=(P-\overline{R})/T=F/T]$를 이용한다.

1) 총우량 P 계산 : $P=\Sigma I t_r=45.2\frac{\text{mm}}{\text{h}}2\text{h}=90.4\text{mm}(=9.04\text{cm})$

2) 총침투량 F 계산 : $F=P-\overline{R}=9.04-5.3=3.74\text{cm}(=37.4\text{mm})$

3) ϕ 계산 : $\phi_1=\frac{F_1}{T_1}=\frac{37.4\text{mm}}{7\times 2\text{h}}=2.67\text{mm/h}$

(가) 검산 : $I_i \ge \phi_1$, $\Sigma(I_i-\phi_1)t_r=\overline{R}\rightarrow$OK

$[(3.2-2.67)+(5.6-2.67)+(10.8-2.67)+(14.4-2.67)+(7.2-2.67)]\times 2$

$=55.7\text{mm}\neq\overline{R}(=53\text{mm})$ ∴ NG

(나) 제2시산 $\phi_2=\frac{F_2}{T_2}$

㉮ 강우지속기간 $T_2 : I_i > \phi_1$ 인 강우지속기간(장경)

㉯ $T_2=5t_r=5\times 2\text{h}=10\text{h}$

(다) $\phi_2 = \dfrac{F_2}{T_2} = \dfrac{P - [\overline{R} + \Sigma(I_i \leq \phi_1)t_r]}{T_2} = \dfrac{90.4 - [53 + (1.6 + 2.4) \times 2]}{10}$

$= \dfrac{90.4 - 61.0}{10} = 2.94\text{mm/h}$

(라) 검산 : $I_i \geq \phi_2$, $\Sigma(I_i - \phi_2)t_r = \overline{R}(=53\text{mm})$

$[(3.2-2.94)+(5.6-2.94)+(10.8-2.94)+(14.-2.94)+(7.2-2.94)]\times 2$

$= 53\text{mm} = \overline{R}(=53\text{mm})$ ∴ OK

(3) 유효유량 지속기간 t_u 결정

① 단위도의 지속기간 t_u은 유효우량 지속기간 T_2와 같다.

② 그러므로, 단위도 지속기간 t_u =10시간이다.

③ 즉, 10시간 단위도가 유도되는 것이다.

4. 단위도 종거 계산과 단위도 작성, 단위도의 유효우량 주상도 작성

(1) 단위도 종거 Q_u 계산

① 각 관측시간에 대한 단위도의 종거 Q_u를 계산한다.

② **표 예4.5.2**ⓕ와 같이 유효우량 $\overline{R}(=5.3\text{cm})$로 **표 예4.5.2**ⓔ 직접유출(종거)량을 나눠 구한다.

③ 그러므로, 단위도 종거 Q_u는 **표 예4.5.2**ⓕ와 같다.

(2) 단위도 작성

① 유도된 10시간 단위도는 각 유량 관측시간간격 t_{ri}에 대한 **표 예4.5.2**ⓕ 단위도 종거 Q_u와의 관계로 작성된 그래프이다.

② 단위도 작성 결과는 **그림 예4.5(d)**와 같다.

(3) 유효우량 주상도 작성

① 유효우량은 지속기간 10시간에 1cm이므로 단위도의 강우강도 I_u는 다음과 같다.

② $I_u = \dfrac{1\text{cm}}{t_u\text{h}} = \dfrac{10\text{mm}}{10\text{h}} = 1.00\text{mm/h}$이다.

③ 그러므로, 단위도의 유효우량에 대한 주상도는 **그림 예4.5(e)**와 같다.

5. 유도된 단위도의 의미 설명

(1) **표 예4.5.2**ⓕ와 같이 **기저시간** t_b=30시간 동안에 이루어진 유출량의 시간에 따른 변화를 나타낸다.

(2) **그림 예4.5(f)**와 같이 30시간 동안에 유출 용적은 단위도 아래 면적($[L^3]$=용적)과 같다.

(3) 30시간 동안에 유출 용적은 '단위종거의 합×유량 관측시간간격'이 '유역면적×1cm' 값과 같다.

(4) $\Sigma Q_u t_{ri} = \text{A} \times 1\text{cm}$ ⇨ $\boldsymbol{\Sigma Q_u t_{ri}}$ 【$= 424.332\dfrac{\text{m}^3}{\text{s}} 2\text{h} \dfrac{3{,}600s}{1\text{h}} = 3.055 \times 106\text{m}^3 \fallingdotseq 3 \times 10^6\text{m}^3$】

$= \boldsymbol{A \times 1\text{cm}}$ 【$= 300\text{km}^2 \dfrac{10^6\text{m}^2}{1\text{km}^2} 1\text{cm} \dfrac{10^{-2}\text{m}}{1\text{cm}} = 3 \times 10^6\text{m}^3$】

예제 4.6

면적이 27km^2인 유역에 2017년 7월 24일 20:00부터 다음날 04:00시까지 지속기간 4시간인 2개의 연속된 강우 38mm, 28mm가 내렸다. 유역의 출구점에 설치된 유량관측소에는 표 예4.6.1과 같은 총유출수문곡선이 실측되었으며, 수평직선 분리법에 의한 기저유(출)량은 5.0m^3/s이다. 다음 사항에 답하시오【단, 강우강도(mm/h)·총(기저·직접)유량(m^3/s)=소수 2자리 이하, 평균침투지수(mm/h)·유효우량(cm)=소수 3자리 이하, 단위도 종거(m^3/s)=소수 4자리 이하 버림하여 계산】.

1. 관측자료에 대한 우량 주상도[강우강도는 연직축의 아래 방향을 양(positive)으로 함]와 총유출수문곡선 작성
2. 각 관측시간에 대한 직접유출량 계산과 직접유출 수문곡선 작성
3. 유효우량·평균침투지수 계산과 유효유량 지속기간 결정
4. 단위도 종거 계산과 단위도 작성, 유효우량 주상도 작성
5. 유도된 단위도의 의미 설명

표 예4.6.1 관측치 우량과 유량자료

강우(일자) 시간(h)	07.24;14:00 −6	20:00 0	07.25;02:00 6	08:00 12	14:00 18	20:00 24	07.26;02:00 30
유량(m^3/s)	6.0	5.0	13.0	26.0	21.0	16.0	12.0
강우(일자) 시간(h)	08:00 36	14:00 42	20:00 48	07.27;02:00 54	08:00 60	14:00 66	
유량(m^3/s)	9.0	7.0	5.0	5.0	4.5	4.5	

[풀이]

0. 주어진 자료는 **표 예4.6.2**의 형식으로 정리한다.

(1) 주어진 자료를 **표 예4.6.2**ⓐ~ⓓ와 같이 정리한다.

(2) **표 예4.6.2**ⓑ의 강우강도는 다음과 같이 계산한다.

① 7월 24일 20:00~24:00까지 4시간 강우량 38mm의 강우강도;

1) $I = \frac{P(\mathrm{mm})}{t_r(\mathrm{h})} = \frac{38}{4} = 9.5\mathrm{mm/h}$

② 7월 25일 00:00~04:00까지 4시간 강우량 28mm의 강우강도;

1) $I = \frac{P(\mathrm{mm})}{t_r(\mathrm{h})} = \frac{28}{4} = 7.0\mathrm{mm/h}$

(3) 단위도 유도를 위해 필요한 **표 예4.6.2**ⓔ, ⓕ(***경사체 글씨***)를 추가·도출한다.

표 예4.6.2 관측자료를 이용한 단위도의 유도

ⓐ		ⓑ	ⓒ	ⓓ	ⓔ	ⓕ
일자 (월일)	시간 (h)	강우강도 I(mm/h)	총유출량 Q(m^3/s)	기저유량 Q_b(m^3/s)	직접유출량 Q_d(m^3/s)	단위도 종거 Q_u(m^3/s)
07.24;14:00	-6	-	6.0	5.0	-	-
20:00	0	0.0	5.0	5.0	*0.0*	*0.000*
24:00 07.25;02:00	4 6	9.5 -	13.0	5.0	*8.0*	*1.449*
04:00 08:00	8 12	7.0 -	26.0	5.0	*21.0*	*3.804*
14:00	18	-	21.0	5.0	*16.0*	*2.890*
20:00	24	-	16.0	5.0	*11.0*	*1.992*
07.26;02:00	30	-	12.0	5.0	*7.0*	*1.268*
08:00	36	-	9.0	5.0	*4.0*	*0.724*
14:00	42	-	7.0	5.0	*2.0*	*0.362*
20:00	48	-	5.0	5.0	*0.0*	*0.000*
07.27;02:00	54	-	5.0	5.0	-	-
08:00	60	-	4.5	5.0	-	-
14:00	66	-	4.5	5.0	-	-
	합	16.5			*69.0*	*12.489*

1. 관측자료에 대한 우량 주상도[강우강도는 연직축의 아래방향을 양(positive)으로 함]와 총유출 수문곡선 작성
   (1) 관측자료에 대한 우량 주상도 작성
   ① **그림 예4.6**의 가로 시간축과 동일한 값에 대해 상단과 같이 세로축 하향을 양으로 우량자료를 표시한다.
   ② **그림 예4.6**(a)와 같이 **표 예4.6.2**ⓑ의 강우강도에 대한 우량 주상도를 작성한다.
   (2) 관측자료에 대한 총유출(량)(Q)의 수문곡선 작성
   ① 가로축의 시간자료 t에 대한 **표 예4.6.2**ⓒ의 총유량 Q자료를 이용해 그래프를 작성한다.
   ② **그림 예4.6**(b)와 같이 총유출(량)수문곡선을 작성한다.

2. 각 관측시간에 대한 기저·직접유출량 계산과 직접유출수문곡선 작성
   (1) 각 관측시간에 대한 기저유출량 Q_b 계산
   ① 기저유출량 Q_b=5.0m^3/s로 주어진 값이다.
   ② 그러므로, 기저유출량은 **표 예4.6.2**ⓓ와 같다.
   (2) 각 관측시간에 대한 직접유출량 Q_d 계산
   ① **그림 예4.6**(c)와 같이 수평직선 분리법에 의해 수문곡선을 분리한다.

② **표 예4.6.2ⓒ**의 총유출량에서 **표 예4.6.2ⓓ**의 기저유출량을 뺀다.

③ 그러므로, 직접유출량은 **표 예4.6.2ⓕ**와 같다.

(3) 각 관측시간에 대한 직접유출수문곡선 작성

① **표 예4.6.2ⓐ**의 각 관측시간에 대한 **표 예4.6.2ⓔ**의 직접유출량(***경사체 글씨***)을 표시한 관계곡선이다.

② 직접유출수문곡선은 **그림 예4.6(d)**와 같이 작성한다.

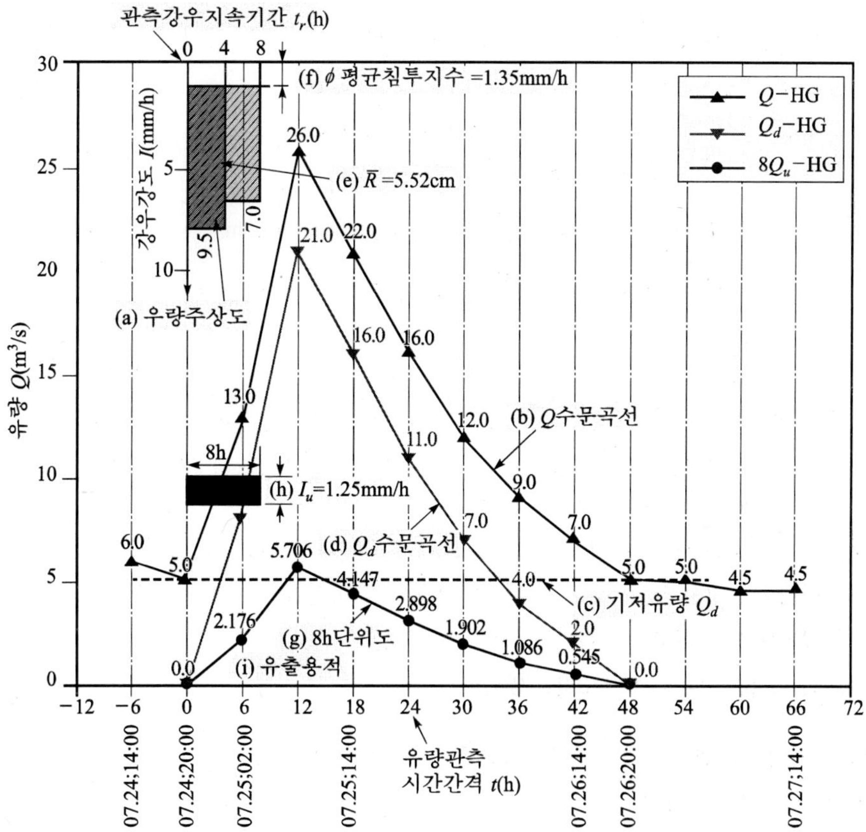

그림 예4.6 단위도의 유도

3. 유효우량·평균침투지수 계산과 유효우량 지속기간 결정

(1) 유효우량 $\overline{R}$ 계산

① 유효우량 $\overline{R}$는 유역면적 A내의 등가깊이우량(=평균유효우량)으로 식 (예4.5)와 같은 방법으로 구한다.

② 식 (예4.5) 이용 계산;

③ $\overline{R}(=\frac{\forall_t}{A})=\frac{(0.36)\Sigma Q_d t_{ri}}{A}=\frac{0.36\times 69\times 6}{27}$=5.52cm

$$[=\frac{69(\mathrm{m^3/s})(10^2)^3(\mathrm{cm^3/s})\times 6(\mathrm{h})\times 3.6\times 10^3(\frac{\mathrm{s}}{\mathrm{h}})}{27(\mathrm{km^2})(10^3\times 10^2)^2(\frac{\mathrm{cm^2}}{\mathrm{km^2}})}=\frac{14.904\times 10^{11}}{27\times 10^{10}}=5.52\mathrm{cm}]$$

1) 여기서 $\overline{R}$=유효우량(cm)이고, ΣQ_d=직접유출(종거)량(m³/s)의 합이며, t_{ri}=유량 관측시간간격(h)이다.

2) 유효우량 $\overline{R}$=5.52cm로 **그림 예4.6(e)**와 같다.

(2) 평균침투지수 ϕ계산

① 평균침투지수는 3.2.3에서 다룬 방법으로 계산한다.

② 평균침투능지수 $\phi(=(P-\overline{R})/T=F/T)$를 이용한다.

1) 총우량 P 계산 : $P=\Sigma I t_r=16.5\frac{\mathrm{mm}}{\mathrm{h}}$ 4h=66mm=6.6cm

2) 총침투량 F 계산 : $F=P-\overline{R}$=6.60−5.52=1.08cm(=10.8mm)

3) ϕ 계산 : $\phi_1=\frac{F_1}{T_1}=\frac{10.8\mathrm{mm}}{4\times 2\mathrm{h}}$=1.35mm/h

㈎ 검산 : $\Sigma(I_i-\phi_1)t_r=\overline{R}(\leftarrow I_i\geq\phi_1)$(=5.52cm)=$\overline{R}$→OK

[(9.50−1.35)+(7.0−1.35)]×4=(8.15+5.65)×4=55.2mm [=$\overline{R}$(=55.2mm)] ∴OK

㈏ **그림 예4.6(f)**와 같이 표시한다.

(3) 유효우량 지속기간 t_u 결정

① 단위도의 지속기간 t_u은 유효우량 지속기간 T_2와 같다.

② 그러므로, 단위도의 지속기간 t_u=8시간이다.

③ 즉, 8시간 단위도가 유도되는 것이다.

4. 단위도 종거 계산과 단위도 작성, 유효우량 주상도 작성

(1) 단위도 종거 Q_u 계산

① 각 유량 관측시간간격 t_{ri}에 대한 단위도의 종거 Q_u를 계산한다.

② **표 예4.6.2ⓕ**와 같이 유효우량 $\overline{R}$(=5.52cm)로 **표 예4.6.2ⓔ**를 직접유출(종거)량을 나눠 구한다.

③ 그러므로, 단위도 종거 Q_u는 **표 예4.6.2ⓕ**와 같다.

(2) 단위도 작성

① 유도된 8시간 단위도는 각 유량 관측시간간격에 대한 **표 예4.6.2ⓕ**의 관계로 작성된 그래프이다.

② 단위도 작성 결과는 **그림 예4.6(g)**와 같다.

(3) 유효우량 주상도 작성

① 유효우량은 지속기간 8시간에 1cm이므로 단위도의 강우강도 I_u는 다음과 같다.

② $I_u = \frac{1\text{cm}}{t_u\text{h}} = \frac{10\text{mm}}{8\text{h}} = 1.25\text{mm/h}$이다.

③ 그러므로, 유효우량에 대한 주상도는 **그림 예4.6(h)**와 같다.

5. 유도된 단위도의 의미 설명

(1) **표 예4.6.2ⓕ**와 같이 기저시간 t_b=48시간 동안에 이루어진 유출량의 시간에 따른 변화를 나타낸다.

(2) **그림 예4.6(g)**와 같이 48시간 동안에 유출 용적은 단위도 아래 면적 **그림 예4.6(i)**($[L^3]$=용적=체적)와 같다.

(3) 48시간 동안의 유출 용적 '단위도 종거의 합×유량 관측시간간격'은 '유역면적×1cm' 값과 같다.

(4) $\Sigma Q_u t_{ri} = \text{A} \times 1\text{cm} \Rightarrow \boldsymbol{\Sigma Q_u t_{ri}}$ $\left[= 12.489\frac{\text{m}^3}{\text{s}} 6\text{h} \frac{3{,}600\text{s}}{1\text{h}} = 269{,}762\text{m}^3 \fallingdotseq 27 \times 10^4 \text{m}^3\right]$

$= \boldsymbol{A \times 1\text{cm}}$ $\left[= 27\text{km}^2 \frac{10^6\text{m}^2}{1\text{km}^2} 1\text{cm} \frac{10^{-2}\text{m}}{1\text{cm}} = 27 \times 10^4 \text{m}^3\right]$

4.2.2 복합호우 단위도

복합호우사상은 앞에서 설명한 것처럼 최대우량이 하나인 단일호우사상이 아니고, 비교적 긴 지속기간의 기복이 여러 개인 최대우량으로 구성된 우량주상도를 갖는 호우사상을 말한다. 이에 대한 단위도의 유도방법에는 **선형 복합 회귀방정식**과 **매트릭스 해석법** 등이 있다. 본 소절에서는 이들 두 방법에 의한 유도 절차에 대해 간단히 소개하고자 한다.

(1) 선형 복합 회귀방정식 방법

그림 4.19와 같이 복합호우사상의 우량자료와 유량관측자료(=총유출수문곡선)로부터 단위도를 선형 복합 회귀방정식으로 사용하여 다음 절차에 의해 유도한다.

① 복합호우사상의 총 지속기간 t를 몇 개의 동일 지속기간 t_1, t_2, t_3로 등분할 한다.

1) ϕ지료에 의한 유효우량 $\overline{R}_1$, $\overline{R}_2$, $\overline{R}_3$를 산정하여 유효우량과 손실량을 분리한다.

② 각 동일지속기간 $t_1(=t_2=t_3)$의 유효강우에 의한 수문곡선을 총 수문곡선으로부터 분리한다.

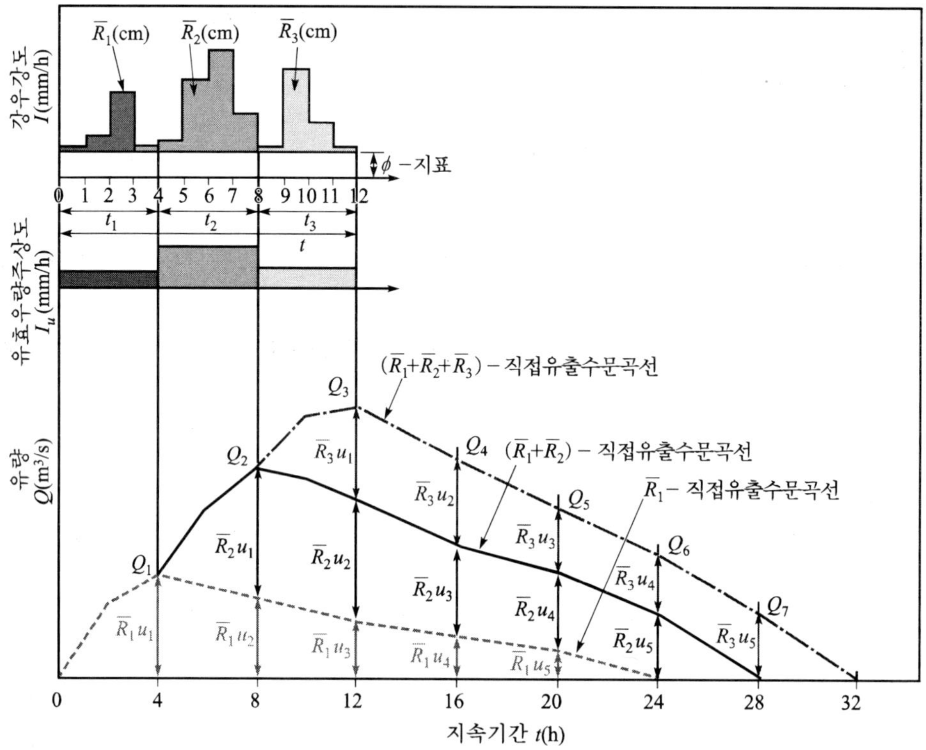

그림 4.19 복합사상의 단위도 유도

③ **그림 4.19**에서 Q_1, Q_2, Q_3, ⋯, Q_7 값은 측정에 의한 기지값에서 ϕ−지표를 이용하여 유효우량 $\overline{R}_1$, $\overline{R}_2$, $\overline{R}_3$ 값을 구해 u_1, u_2, ⋯, u_5 의 미지값이 결정되면 t_1 단위도의 종거가 되는데, 이는 다음과 같이 계산된다.

$$Q_1 = \overline{R}_1 u \quad \therefore u_1 = \frac{Q_1}{\overline{R}_1} \tag{4.4a}$$

$$Q_2 = \overline{R}_2 u_1 + \overline{R}_1 \quad \therefore u_2 = \frac{Q_2 - \overline{R}_2 u_1}{\overline{R}_1}\left(\leftarrow u_1 = \frac{Q_1}{\overline{R}_1}\right) = \frac{Q_2 - \overline{R}_2\left(\frac{Q}{\overline{R}_1}\right)}{\overline{R}_1} \tag{4.4b}$$

$$Q_3 = \overline{R}_3 u_1 + \overline{R}_2 u_2 + \overline{R}_1 u_3 \quad \therefore u_3 = \frac{Q_3 - \overline{R}_3 u_1 - \overline{R}_2 u_2}{\overline{R}_1} \tag{4.4c}$$

$$Q_4 = \overline{R}_3 u_2 + \overline{R}_2 u_3 + \overline{R}_1 u_4 \quad \therefore u_4 = \frac{Q_4 - \overline{R}_3 u_2 - \overline{R}_2 u_3}{\overline{R}_1} \tag{4.4d}$$

$$Q_5 = \overline{R}_3 u_3 + \overline{R}_2 u_4 + \overline{R}_1 u_5 \quad \therefore u_5 = \frac{Q_5 - \overline{R}_3 u_3 - \overline{R}_2 u_4}{\overline{R}_1} \tag{4.4e}$$

$$Q_6 = \overline{R}_3 u_4 + \overline{R}_2 u_5 \quad \therefore u_5 = \frac{Q_6 - \overline{R}_3 u_4}{\overline{R}_2} \tag{4.4f}$$

$$Q_7 = \overline{R}_3 u_5 \quad \therefore u_5 = \frac{Q_7}{\overline{R}_3} \tag{4.4g}$$

④ 그러므로, u_1, u_2, u_3, u_4, u_5는 t_1 지속기간의 단위도 종거가 된다. 이는 최소자승법을 이용한 홍수자료의 통계학적 해석방법으로 식 (4.4)와 같이 총직접유출수문곡선을 표시할 수 있으므로 임의 종거값은 다음과 같이 쓸 수 있다.

$$Q_i = u_1 \overline{R}_1 + u_2 \overline{R}_2 + \cdots + u_i \overline{R}_i \tag{4.5}$$

여기서 Q_i =총직접유출수문곡선의 종거이고, $\overline{R}_i$ =분리된 수문곡선의 직접유(출)량(=유효우량))이며, u_i =각 시간의 단위도 종거이다. Q_i와 $\overline{R}_i$ 사이에 선형 복합 회귀방정식이 성립되므로 최소자승법에 의해 단위도 종거 u_i를 구할 수 있다.

(2) 매트릭스 해석 방법

그림 4.20과 같이 복합호우사상의 우량자료와 유량관측자료(=총유출수문곡선)를 가지고 단위도를 유도하는 데 매트릭스 해석에 의한 방법을 사용할 수 있다.

그림 4.20에서 $\overline{R}_1$ −DR·H=유효우량 $\overline{R}_1$에 의한 직접유출수문곡선이고, $\overline{R}_2$ −DR·H=유효우량 $\overline{R}_2$에 의한 $\overline{R}_3$ −DR·H=$\overline{R}_3$에 의한 직접유출수문곡선이다. $(\overline{R}_1 + \overline{R}_2 + \overline{R}_2) -$ DR·H =3개 유효우량의 합$(\overline{R}_1 + \overline{R}_2 + \overline{R}_2)$에 의한 (중첩) 직접유출수문곡선이다.

$\overline{R}_1$, $\overline{R}_2$, $\overline{R}_3$에 의한 비례가정, 중첩가정 등을 적용하여 **그림 4.20**의 총직접유출수문곡선을 작성한 후 종거에 유효우량을 곱하고, 합성하면 다음과 같이 정리할 수 있다.

$$\overline{R}_1 u_1 = Q_1 \tag{4.6a}$$

$$\overline{R}_2 u_1 + \overline{R}_1 u_2 = Q_2 \tag{4.6b}$$

$$\overline{R}_3 u_1 + \overline{R}_2 u_2 + \overline{R}_1 u_3 = Q_3 \tag{4.6c}$$

$$\overline{R}_3 u_2 + \overline{R}_2 u_3 + \overline{R}_1 u_4 = Q_4 \tag{4.6d}$$

$$\overline{R}_3 u_3 + \overline{R}_2 u_4 = Q_5 \tag{4.6e}$$

$$\overline{R}_3 u_4 = Q_6 \tag{4.6f}$$

이들 식 (4.6)의 다항식은 매트릭스(matrix, 행렬)로 이용해 풀 수 있다.

$$\overline{\boldsymbol{R}}\boldsymbol{U} = \boldsymbol{Q} \tag{4.7a}$$

$$\overline{\boldsymbol{R}} = \begin{bmatrix} \overline{R}_1 & 0 & 0 & 0 & 0 & 0 \\ \overline{R}_2 & \overline{R}_1 & 0 & 0 & 0 & 0 \\ \overline{R}_3 & \overline{R}_2 & \overline{R}_1 & 0 & 0 & 0 \\ 0 & \overline{R}_3 & \overline{R}_2 & \overline{R}_1 & 0 & 0 \\ 0 & 0 & \overline{R}_3 & \overline{R}_2 & 0 & 0 \\ 0 & 0 & 0 & \overline{R}_3 & 0 & 0 \end{bmatrix} \quad \boldsymbol{U} = \begin{bmatrix} u_1 \\ u_2 \\ u_3 \\ u_4 \\ 0 \\ 0 \end{bmatrix} \quad \boldsymbol{Q} = \begin{bmatrix} Q_1 \\ Q_2 \\ Q_3 \\ Q_4 \\ Q_5 \\ Q_6 \end{bmatrix} \tag{4.7b}$$

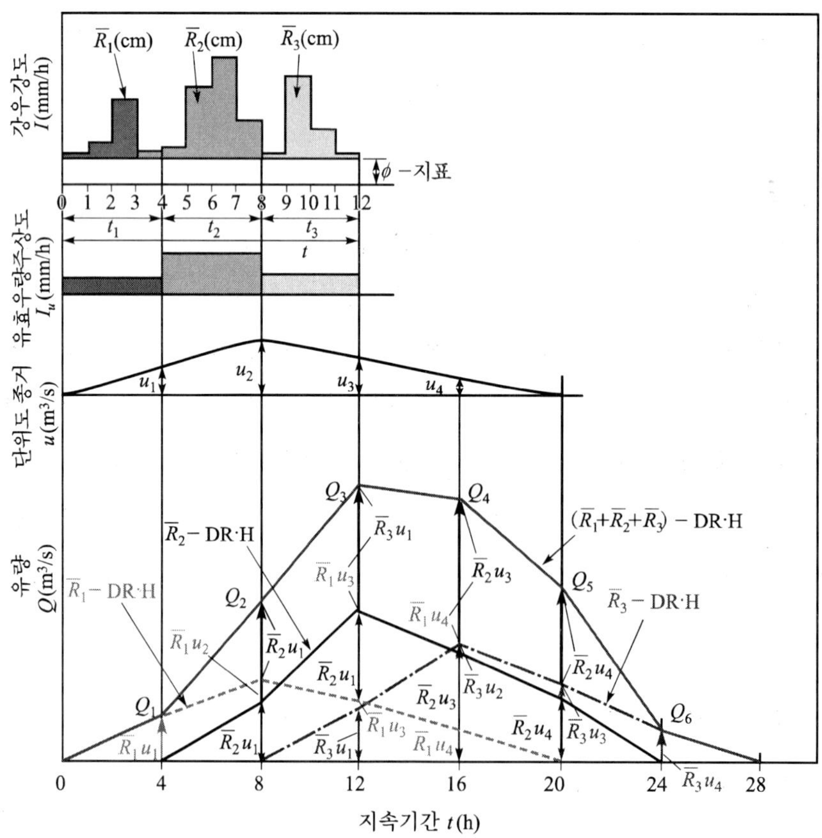

그림 4.20 매트릭스 해석법에 의한 복합사상의 단위도 작성

여기서 $\overline{R}$ =유효우량주상도의 매트릭스이고, U=단위도 종거매트릭스이며, Q =직접유출량 매트릭스이다. 식 (4.7a)는 $U=\overline{R}^{-1}Q$ 의 해가 존재하려면 **역매트릭스**(inverse matrix) $=\overline{R}^{-1}$가 존재해야 하며, $\overline{R}^{-1}$가 존재하려면 $\overline{R}$가 $j=n$인 **정사각행렬**(square matrix)이어야 하므로([∵ $\overline{R}^{-1}=\dfrac{1}{\det\overline{R}}$[ ]가 성립) $\det\overline{R}$가 0이 아닌 값을 가져야 하는데, 그러려면 $\overline{R}$가 정사각형 행렬이어야 한다. 그러므로, $\overline{R}$가 $n\neq j$인 비정사각형 매트릭스이므로 이 방법으로는 구할 수 없기 때문에 $\overline{R}$의 **변환매트릭스**(transpose matrix) $\overline{R}^T$를 이용해 단위도 종거 매트릭스 U를 다음과 같이 구한다.

$$\overline{R}^T(\overline{R}U)=\overline{R}^T Q \tag{4.8a}$$

$$U=(\overline{R}^T\overline{R})^{-1}(\overline{R}^T Q) \tag{4.8b}$$

식 (4.8)의 U 매트릭스를 구하면 우량주상도의 시간구간과 동일한 단위도를 얻는다. 원 수문곡선과 편차가 예상되므로 단위도의 종거를 조정하여 계산된 수문곡선과 원 수문곡선의 종거가 비슷할 때까지 시행착오법으로 계산한다.

4.2.3 단위도 변환

(1) 정수배법

기 유도된 단위도를 변환하는데 짧은 지속기간의 단위도로부터 정수배인 긴 지속기간의 단위로 유도하는 방법으로 **그림 4.21**과 같은 정수배 방법이 있다. 이는 짧은 지속기간의 단위도로부터 정수배(2, 3, 4, ⋯, n배)로 긴 지속기간을 가진 단위도를 유도(변환)하는 가장 간단한 방법으로 지속기간 2시간인 단위도를 4시간인 단위도(3시간 단위도를 9시간 단위도)로 유도하면 다음과 같다.

2(또는 3)시간 동안의 유효우량 1cm에 연속해서 2 (또는 3, 6)시간의 1cm 유효우량이 더 추가(3시간 2회 지체)된다고 가정하여 유도하고, 추가된 2 (또는 3, 6)시간 동안의 유효우량 1cm로 인한 단위도는 기 유도된 단위도와 모양, 크기가 같고 2 (또는 3, 6)시간만큼 오른쪽으로 이동(지체; **표 예4.7** 참조)시켜 표시한다. 그 후 중첩의 원리에 의해 두 단위도를 도상에서 합한 (직접)수문곡선의 종거 또는 강우량은 2 (또는 3)배가 되므로 4 (또는 9) 시간 동안 계속된 강우 2(또는 3)cm로 인한 유출량의 시간적 변화를 나타낸다.

그러므로, 4 (또는 9)시간 동안의 2 (또는 3)cm 강우량 또는 유출량의 종거를 2 (또는 3으)

로 나누어 4 (또는 9)시간 동안의 1cm 강우량에 의한 유출수문곡선으로 바꾸면 4 (또는 9)시간 단위도가 된다.

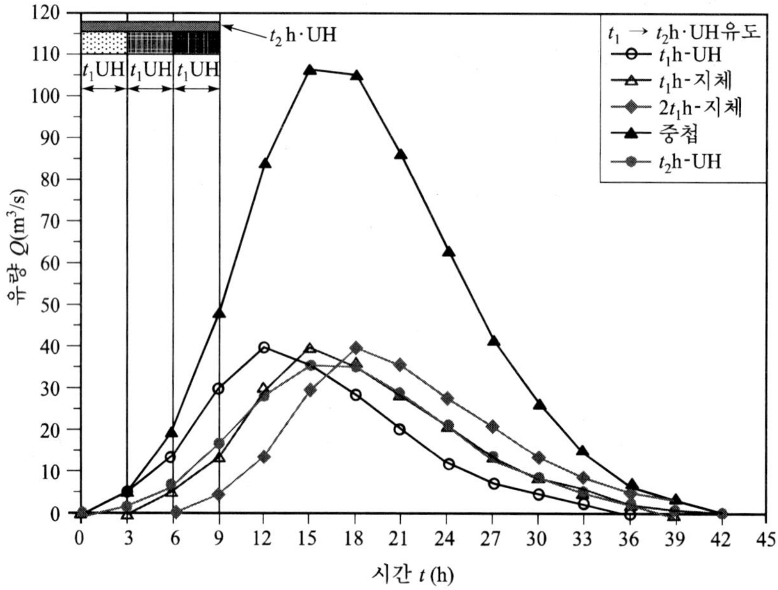

그림 4.21 정수배법 단위도 변환

예제 4.7

표 예4.7ⓐ, ⓑ에 주어진 3시간 단위도를 이용해 다음 사항에 답하시오.

1. 정수배법에 의한 9시간 단위도 유도

표 예4.7 단위도 (변환용) 자료

ⓐ 시간	ⓑ 3시간 단위도 종거(m^3/s)	ⓒ 3시간 지체	ⓓ 6시간 지체	ⓔ [=ⓑ+ⓒ+ⓓ]	ⓕ 9시간 단위도 종거 [ⓔ÷3](m^3/s)
0	0			0	0
3	5	0		5	1.7
6	14	5	0	19	6.3
9	30	14	5	49	16.3
12	40	30	14	84	28.0
15	36	40	30	106	35.3
18	29	36	40	105	35.0

표 예4.7 단위도 (변환용) 자료(계속)

ⓐ 시간	ⓑ 3시간 단위도 종거(m^3/s)	ⓒ 3시간 지체	ⓓ 6시간 지체	ⓔ [=ⓑ+ⓒ+ⓓ]	ⓕ 9시간 단위도 종거 [ⓔ÷3](m^3/s)
21	21	29	36	86	28.7
24	13	21	29	63	21.0
27	8	13	21	42	14.0
30	5	8	13	26	8.7
33	3	5	8	16	5.3
36	0	3	5	8	2.7
39		0	3	3	1.0
42			0	0	0

[풀이]

1. 정수배법에 의해 9시간 단위도로 변환
   (1) **표 예4.7**ⓒ와 같이 주어진 **그림 예4.7**ⓐ의 3시간 단위도를 이용해 3시간 지체시킨다.
   (2) **표 예4.7**ⓓ와 같이 3시간 단위도를 이용해 6시간 지체시킨다.
   (3) **표 예4.7**ⓔ와 같이 중첩(ⓑ+ⓒ+ⓓ)시킨다.
   (4) **표 예4.7**ⓕ와 ⓔ의 종거를 3으로 나눈다(∵ 3cm 유효우량을 1cm로 변환).
   (5) **표 예4.7**ⓕ의 종거를 이용해 변환된 9시간 단위도를 **그림 예4.7**ⓑ와 같이 작성한다.

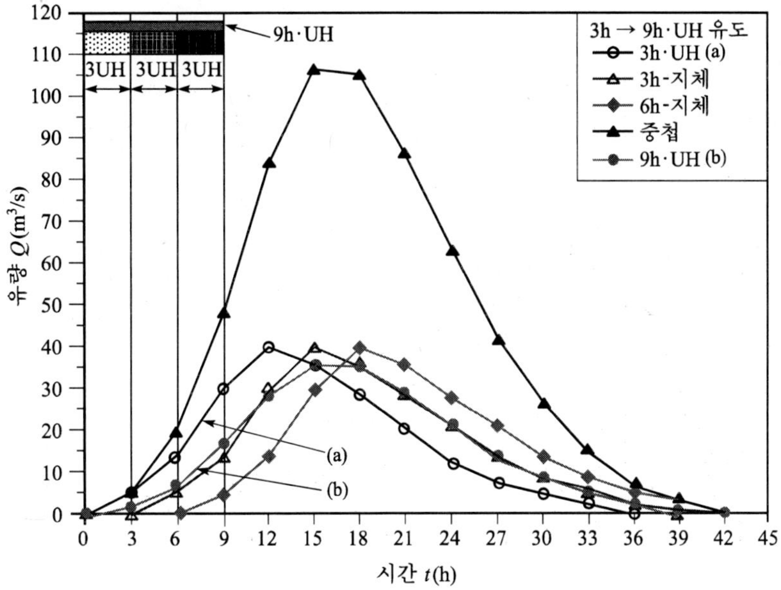

그림 예4.7 정수배법 단위도 변환

(2) 누적곡선법

누적곡선법(累積曲線法, summation curve) 또는 **S-곡선법**은 기 유도된 단위도로부터 짧은 지속기간 또는 긴 지속기간의 단위도를 **그림 4.22**와 같이 유도하는 데 사용한다.

S-곡선법의 기 유도된 **그림 4.22**(a)와 같은 t_1시간 단위도보다 짧은 시간인 **그림 4.22**(b)와 같은 t_2시간 단위도의 변환순서($t_1 = 4\text{h} > t_2 = 3\text{h}$)는 다음과 같다.

① t_1시간(=4h) 누적곡선 S_1-곡선을 작성(유도)한다.

② t_2시간(=3h) 누적곡선 S_2-곡선을 얻기 위해 S_1-곡선을 3시간 지체시킨다.

③ $(S_1 - S_2)$ 차(差)곡선을 작성한다.

④ ③의 종거에 (t_1/t_2)를 곱[(3)×(t_1/t_2)]하면 $t_2(=t_{u2})$시간 단위도가 유도된다.

만약에 기 유도된 **그림 4.22**(a)와 같은 t_1시간 단위도보다 긴 시간인 **그림 4.22**(c)와 같은 t_3시간 단위도의 변환순서($t_1 = 4\text{h} < t_3 = 5\text{h}$)는 다음과 같다.

① t_1시간(=4h) 누적곡선 S_1-곡선을 작성(유도)한다.

② t_3시간(=5h) 누적곡선 S_3-곡선을 얻기 위해 S_1-곡선을 5시간 지체시킨다.

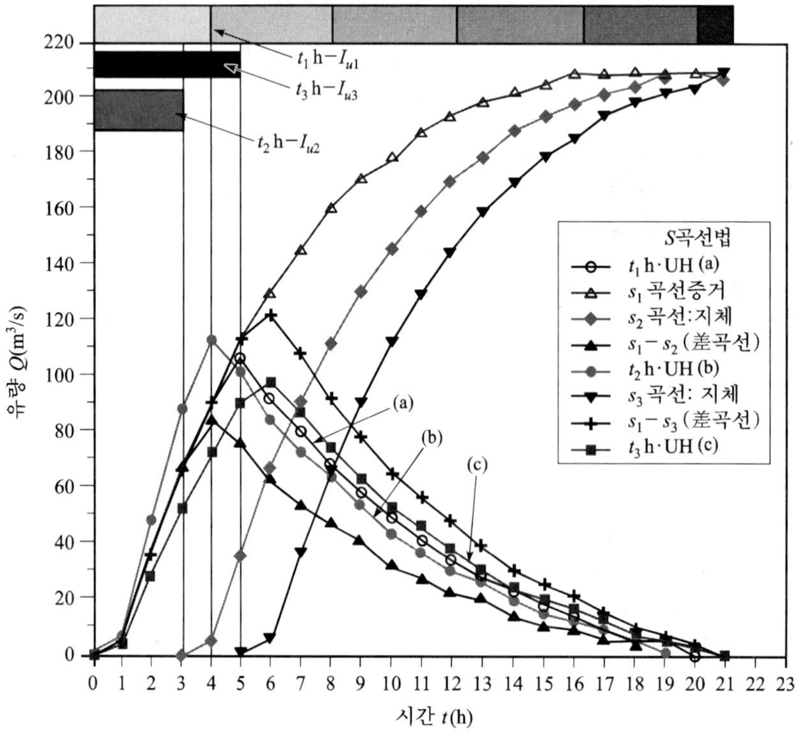

그림 4.22 S-곡선법의 단위도 변환

③ $(S_1 - S_3)$ 차(差)곡선을 작성한 한다.

④ ③의 종거에 (t_1/t_3)를 곱[(3)×(t_1/t_3)]하면 $t_3(=t_{u3})$시간 단위도가 유도된다.

S-곡선법을 이용한 이들 지속기간 변화에 따른 단위도 지속기간의 변환 관계는 [예제 4.8]을 통해 익힐 수 있다.

예제 4.8

표 예4.8ⓐ, ⓑ의 t_1=4시간 단위도 자료와 S-곡선법을 이용하여 면적 300km^{2}의 유역에 대해 다음 사항에 답하시오.

1. t_2=3시간(짧게)인 단위도의 변환 · 작성
2. t_3=5시간(길게)인 단위도의 변환 · 작성
3. 평형유량 계산

표 예4.8 4시간 단위도와 단위도 시간변환

ⓐ 시간 (h)	ⓑ t_1=4h 단위도 종거 (m^3/s)	ⓒ S곡선 가산치	ⓓ t_1=4h S곡선 (=S_4)	ⓔ t_2=3h 지체 S곡선 (=S_3)	ⓕ (S_4-S_3) 차(差)곡선 ⓓ-ⓔ	ⓖ t_2=3h 단위도 ⓕ×t_1/t_2(=4/3) =[ⓕ×1.33]	ⓗ t_3=5h 지체 S곡선 (=S_5)	ⓘ (S_4-S_5) 差곡선 ⓓ-ⓗ	ⓙ t_3=5h 단위도 ⓘ×t_1/t_3(=4/5) =[ⓘ×0.8]
0	0	0	0		0	0		0	0
1	6	0	6		6	6×1.333=8		6	6×0.8=4.8
2	36	0	36		36	36×1.333=48		36	36×0.8=28.8
3	66	0	66	0	66	88		66	52.8
4	91	0	91	6	(91−6=)85	113		91	72.8
5	106	6	(106+6=)112	36	(112−36=)76	101	0	112	89.6
6	93	36	(93+36=)129	66	(129−66=)63	84	6	129−6=123	98.4
7	79	66	(79+66=)145	91	(145−91=)54	72	36	145−36=109	87.2
8	68	91	(68+91=)159	112	(159−112=)47	63	66	159−66=93	74.4
9	58	112	(112+58=) 170	129	(170−129=)41	55	91	170−91=79	63.2
10	49	129	(129+49=) 178	145	(178−145=)33	44	112	178−112=66	52.8
11	41	145	(145+41=) 186	159	(186−159=)27	36	129	186−129=57	45.6
12	34	159	(159+34=) 193	170	(193−170=)23	31	145	193−145=48	38.4
13	28	170	(170+28=) 198	178	(198−178=)20	27	159	198−159=39	31.2
14	23	178	(178+23=) 201	186	(201−186=)15	20	170	201−170=31	24.8
15	18	186	(186+18=) 204	193	(204−193=)11	15	178	204−178=26	20.8
16	15	193	(196+13=) 208	198	(208−198=)10	13	186	208−186=22	17.6
17	10	198	(198+10=) 208	201	(208−201=)7	9	193	208−193=15	12.0
18	7	201	(201+7=)208	204	(208−204=)4	5	198	208−198=10	8.0
19	4	204	(204+4=)208	208	(208−208=)0	0	201	208−201=7	5.6
20	0	208	(208+0=)208	208			204	208−204=4	3.2
21			208				208	208−208=0	0

[풀이]

1. t_2=3시간(짧게)인 단위도의 변환·작성

(1) t_1=**4시간 단위도**의 t_2=**3시간 단위도** 변환

① **표 예4.8**ⓐ, ⓑ 이용→4시간 단위도 **그림 예4.8**(a) 작성⇒**표 예4.8**ⓒ, ⓓ유도(ⓔ, ⓕ계산)⇒**표 예4.8**ⓖ 유도 ⇨**그림 예4.8**(b) 작성

1) **표 예4.8**ⓓ와 같이 t_1=4시간 S-곡선 작성→S_4 : S-곡선 가산치 이용, **표 예4.8**ⓓ 유도

2) **표 예4.8**ⓒ의 S-곡선 가산치는 지속기간(=4h) 단위인 t=1, 2, 3, 4h에 해당하는 S_4-곡선의 값 6, 36, 66, 91을 S-곡선 가산치에 순차적으로 t=5, 6, 7, 8h 단위도 종거 값 106, 93, 79, 68에 더하면 (106+6=)112, (93+36=)129, (79+66=)145, (68+91=)159을 얻는다.

3) 이 값이 t=5, 6, 7, 8h S_4-곡선 값이다. 같은 방법으로 계산하면 **표 예4.8**ⓓ와 같이 t=17시간 이후로는 208m^3/s의 일정한 값을 얻는다.

② 변환하고자 하는 3시간 단위도는 S_4-곡선을 **표 예4.8**ⓔ와 같이 3시간 지체시키면 S_3-곡선을 얻는다.

③ **표 예4.8**ⓕ와 같이 (S_4-S_3)인 차(差)곡선 **표 예4.8**(ⓓ-ⓔ)을 얻는다.

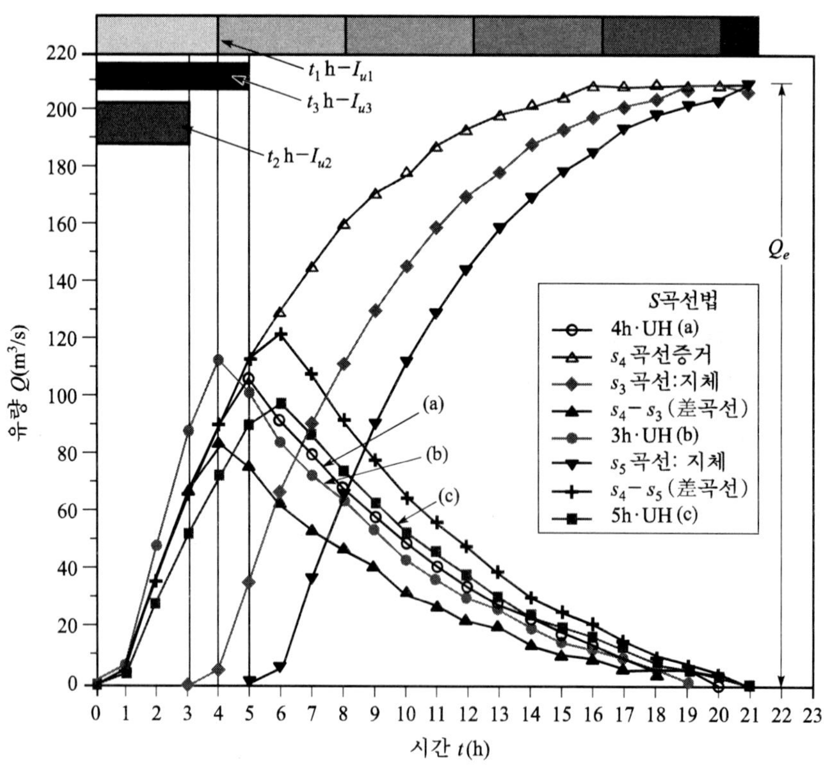

그림 예4.8 S-곡선법의 단위도 변환

④ **표 예4.8**ⓕ×(t_1/t_2)=**표 예4.8**ⓕ×(4/3)=**표 예4.8**ⓕ×1.333)⇒3시간 단위도 종거 **표 예4.8**ⓖ를 얻는다.

(2) t_2=**3시간 단위도** 작성

① **표 예4.8**ⓖ를 이용하여 **그림 예4.8**(b)의 t_2=**3시간 단위도**를 작성한다.

2. t_3=5시간(길게)인 단위도의 변환·작성

(1) t_1=**4시간 단위도**의 t_3= **5시간 단위도** 변환시킨다.

①**표 예4.8**ⓐ, ⓓ 이용→**표 예4.8**ⓗ, ⓘ 계산⇒**표 예4.8**ⓙ 유도⇨ **그림 예4.8**(c) 작성

② **표 예4.8**ⓓ의 S_4-곡선 이용을 이용한다.

③ 5시간 단위도는 S_4-곡선을 **표 예4.8**ⓗ와 같이 5시간 지체시키면 S_5-곡선을 얻는다.

④ **표 예4.8**ⓘ와 같이 (S_4-S_5)인 차(差)곡선 **표 예4.8(ⓓ-ⓗ)**을 얻는다.

⑤ **표 예4.8**ⓘ×(t_1/t_3)=**표 예4.8**ⓘ×(4/5)=**표 예4.8**ⓘ×0.8)⇒5시간 단위도 종거 **표 예4.8**ⓙ를 얻는다.

(2) t_3=**5시간 단위도** 작성

① **표 예4.8**ⓙ를 이용하여 **그림 예4.8**(c)의 t_3=**5시간 단위도**를 작성한다.

3. **평형유량 계산**

(1) 평형유량 Q_e는 다음과 같이 산정한다.

① $\overline{R}=\dfrac{\Sigma Q_d t_r}{A}$ 에서 직접유출수문곡선의 값을 단위도 값으로 변환시킨다.

② $\Sigma Q_d=\dfrac{A\overline{R}}{t_r}$; $\Sigma Q_d\rightarrow Q_e(\mathrm{m^3/s})$, $\overline{R}\rightarrow 1\mathrm{cm}$, $t_r\rightarrow t_u(\mathrm{h})\Rightarrow Q_e=\dfrac{A\,1(\mathrm{cm})}{t_u(\mathrm{h})}$

③ $$Q_e=\frac{A\,1\mathrm{cm}}{t_u\mathrm{h}}=A\mathrm{km}^2\frac{10^6\mathrm{m}^2}{1\mathrm{km}^2}\frac{1\mathrm{cm}}{t_u\mathrm{h}}\frac{\frac{10^{-2}\mathrm{m}}{1\mathrm{cm}}}{\frac{3{,}600\mathrm{s}}{1\mathrm{h}}}=\frac{10}{3.6}\frac{A}{t_u}=2.778\left(\frac{A}{t_u}\right)(\mathrm{m^3/s})$$

1) $$\therefore Q_e=2.778\left(\frac{A}{t_u}\right)(\mathrm{m^3/s}) \qquad (예4.8)$$

2) 여기서 A=유역면적(km²)이고, t_u=단위도의 (유효우량) 지속기간(h)이다.

(2) 유역면적 300km²에 유도된 4시간 단위도의 평형유량은 식 (예4.8)로 구하면 다음과 같다.

① $Q_e=2.778\left(\dfrac{A}{t_u}\right)=2.778\left(\dfrac{300}{4}\right)=208.75\mathrm{m^3/s}$

예제 4.9

면적이 900km^2인 어떤 유역에 측정된 **표 예4.9.1**과 같은 호우자료와 유역조사로 결정된 유출계수가 있다. 또한 이 유역에서 유도된 12시간 대표 단위도는 **표 예4.9.2ⓐ, ⓑ**와 같다. 이 유역에 2018년 6월 7일 12:00부터 6월 8일 24:00까지 내린 호우자료를 이용하여 다음 사항에 답하시오.

1. 계획 홍수량의 산정

표 예4.9.1 계획홍수량 산정용 호우자료

ⓐ 일시	ⓑ 총강우량(mm)	ⓒ 유출계수
2018년 6월 7일 12:00	0.0	0.00
12:00~24:00	57.5	0.40
6월 8일 00:00~12:00	71.3	0.60
12:00~24:00	48.0	0.75

[풀이]

1. 계획 홍수량의 산정

(여기서 계획 홍수량은 설계 홍수량, 설계유량으로 생각하고 계산하면 된다. 이에 대해서는 제 7장에서 상세히 설명한다.)

(1) 유효우량은 다음과 같이 산정한다.

① 총강우량에 유출계수를 곱해 유효우량을 구한다.

1) $\overline{R}_1 = C_1P_1 = 0.40(57.5) = 23.00\text{mm} = 2.300\text{cm}$

2) $\overline{R}_2 = C_2P_2 = 0.60(71.3) = 42.78\text{mm} = 4.278\text{cm}$

3) $\overline{R}_3 = C_3P_3 = 0.75(48.0) = 36.00\text{mm} = 3.600\text{cm}$

(2) (1)항에서 구한 유효우량을 이용해 **표 예4.9.2**와 같이 총유출수문곡선을 유도한다.

① 각각 **표 예4.9.2ⓒ, ⓓ, ⓔ**와 같이 12시간 단위도 종거에 해당 유효우량의 크기를 곱하고 12시간씩 지체시킨다.

② 그런 다음 **표 예4.9.2ⓕ**의 기저유량을 합해 **표 예4.9.2ⓖ**의 총유출수문곡선의 종거를 구한다.

(3) 계획홍수량 결정과 관계 곡선을 작성한다.

① 최대유량은 강우시작 39시간 후에 663.9m^3/s를 얻을 수 있다.

② ∴계획홍수량은 663.9m^3/s로 결정한다.

③ 이들 관계곡선은 **그림 예4.9**(이종석, 2006; 2018b)와 같다.

표 예4.9.2 총유출수문곡선 유도

ⓐ 시간 t (h)	ⓑ 12h 단위도 종거Q_u(m^3/s)	ⓒ ⓑ×2.300 $Q_{\overline{R}_1}$(m^3/s)	ⓓ ⓑ×4.278 $Q_{\overline{R}_2}$(m^3/s)	ⓔ ⓑ×3.600 $Q_{\overline{R}_3}$(m^3/s)	ⓕ 기저유량 Q_b(m^3/s)	ⓖ 총 유출수문곡선 [ⓒ+ⓓ+ⓔ+ⓕ]
0	0.00	0.00			40	40.00
12	75.50	173.65	0.00		40	213.65
24	64.50	148.35	322.99	0.00	40	511.34
36	31.30	71.99	275.93	271.80	40	659.72
48	18.40	42.32	133.90	232.20	40	448.42
60	11.00	25.30	78.72	112.68	40	256.70
72	6.00	13.80	47.06	66.24	40	167.10
84	2.50	5.75	25.67	39.60	40	111.02
96	0.50	1.15	10.70	21.60	40	73.45
108	0.00	0.00	2.14	9.00	40	51.14
120			0.00	1.80	40	41.80
132				0.00	40	40.00

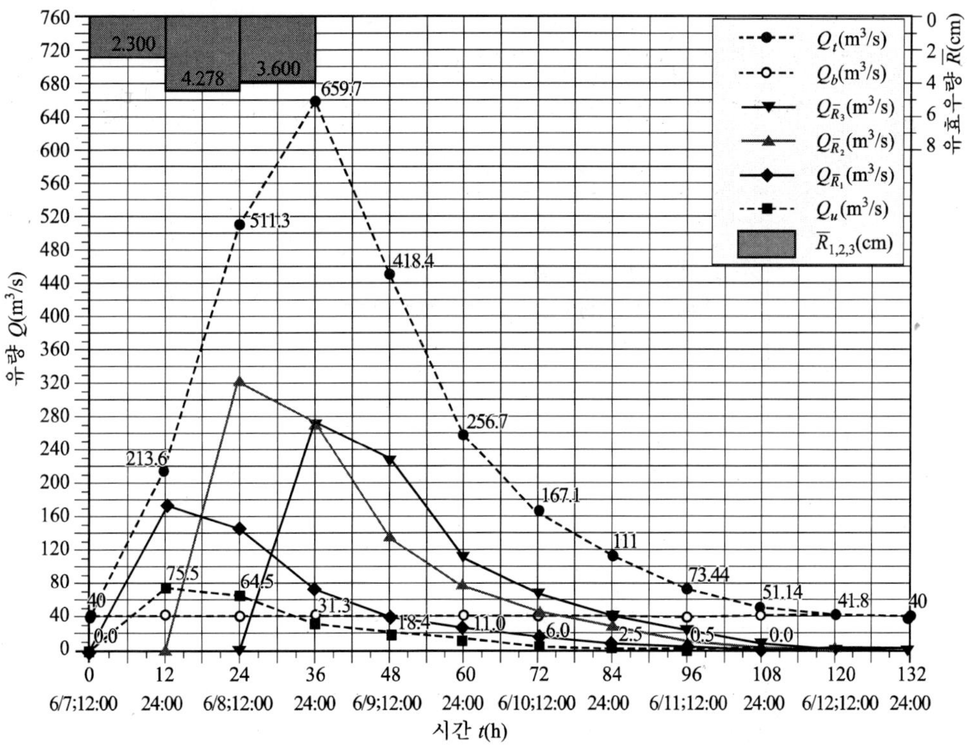

그림 예4.9 계획홍수량 산정 결과

4.2.4 합성단위도

합성단위도(合成 單位圖, synthetic unit hydrograph)(Subramanya, 2013)는 유량기록이 없는 미측수유역의 개략치 단위도 유도에 사용되는 것으로 **Snyder 방법, 미국 자연자원보전국(natural resources conservation service, NRCS, 구 SCS)** 무차원법, 나까야스(中安) 방법, NRCS 삼각형법이 있다. 이 중 Snyder 방법은 우리나라 한강, 금강과 낙동강 유역에 적용하여 연구된 바 있으나 실무에 적용되지는 않고 있다.

(1) Snyder 방법

Snyder 방법은 미국 Appalachian 산맥지역의 여러 계측유역에 대한 분석으로 개발되었으며 단위도의 첨두홍수량의 크기, 발생시각과 단위도의 기저시간 길이를 유역의 지형특성인자와 상관시키는 경험공식이다. 기저폭 또는 기저시간 T_b, 첨두유량 Q_p, 지체시간 t_p의 3개 매개변수로 **그림 4.23**과 같이 매끈하게 연결시켜 단위도를 작성한다.

$$Q_{ps} = \frac{2.78\, C_p A}{t_p} \tag{4.9}$$

여기서 Q_{ps} =지속기간 t_r인 단위도의 첨두유량($\mathrm{m^3/s}$)이고, A=유역면적 ($\mathrm{km^2}$)이며, C_p = 사용단위와 유역특성에 의한 계수(0.56~0.69)이다. t_p =유역지체(basin lag) 또는 지체시간

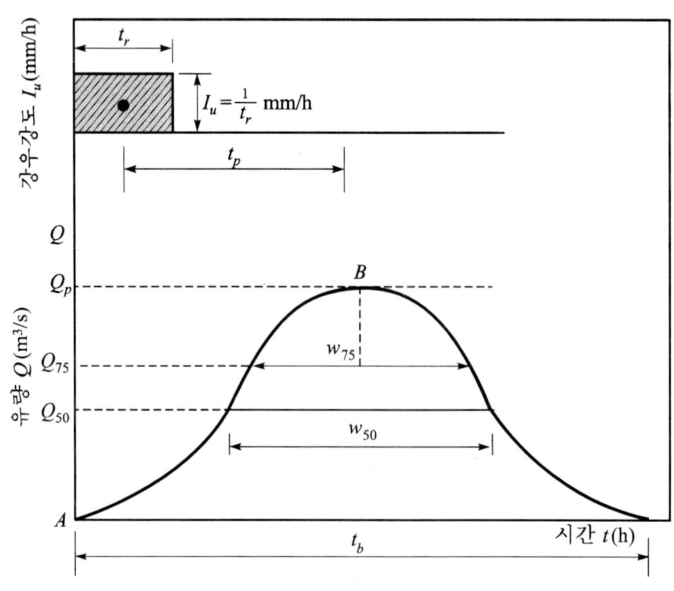

그림 4.23 Snyder의 합성단위도

(lag time)이며 다음 식으로 구한다.

$$t_p = C_t(L_{ca}L)^{0.3} \tag{4.10a}$$

$$t_p = C_{tL}\left(\frac{L_{ca}L}{\sqrt{S}}\right)^n \tag{4.10b}$$

여기서 식 (4.10a)의 C_t =유역의 크기 형상 외의 기타특성에 의한 1.35~1.65의 범위를 갖는 계수이고, L_{ca} =유역 중심으로부터 측수점까지의 거리(km)이며, L =본류의 총길이(km)이다. 식 (4.10b)의 C_{tL}과 n=Linsley et al.(1958)의 연구결과에 의한 유역상수로 산지 배수유역에서 n=0.38일 때 C_{tL}=1.715를 나타냈다.

기저시간 t_b(day)와 표준지속기간 t_r(h)은 다음 식과 같다.

$$t_b = 3 + 3\left(\frac{t_p}{24}\right) \tag{4.11a}$$

$$t_r = \frac{t_p}{5.5} \tag{4.11b}$$

비표준지속기간 t_R(h)을 선택하면 단위도를 유도하는 표준지속기간 t_r(h) 대신에 유역지체의 값이 영향을 받는다. 수정 유역지체시간 t_l은 다음 식과 같다.

$$t_l = t_p + \frac{t_R - t_r}{4} = \frac{21}{22}t_p + \frac{t_R}{4} \tag{4.12}$$

여기서 t_l=t_R(h)의 유효지속기간에 대한 유역지체(시간, h)이고, t_p=식 (4.10)으로 구한다. t_l값은 식 (4.11b) t_p값을 대신해 사용해야한다. 그러므로, 지속기간 t_R의 비표준 유효우량에 대한 첨두유량은 다음과 같이 계산한다.

$$Q_p = \frac{2.78\,C_p A}{t_l} \tag{4.13}$$

그러므로, t_R=t_r일 때 첨두유량 $Q_p = Q_{ps}$이다.

큰 유역의 기저시간 t_b는 일반적으로 다음과 같이 구한다.

$$t_b = 3 + \frac{t_l}{8}(\text{일})[= 72 + 3t_l(\text{h})] \tag{4.14}$$

그러나 소유역의 경우는 다음 식을 이용할 수 있을 것이다(Subramanya, 2013).

$$t_b = 5(t_l + \frac{t_R}{8})(\mathrm{h}) \tag{4.15}$$

또한 첨두유량의 50%, 75%인 단위도의 시간축은 다음 식으로 구한다.

$$w_{50} = \frac{5.87}{q^{1.08}} \tag{4.16a}$$

$$w_{75} = \frac{w_{50}}{1.75} \tag{4.16b}$$

여기서 $q = Q_p/A(\mathrm{m^3/s/km^2})$로 단위유역면적당 첨두유량이다.

(2) NRCS 무차원방법

NRCS의 합성단위도는 미국 자연자원보전국(구 SCS)이 미계측유역의 유량도를 작성하기 위해 미국 내 여러 대소유역으로부터 단위도의 특성을 종합하여 유도한 **그림 4.24**와 같이 **표 4.16**의 무차원 시간별 종거에 의해 작성되는 무차원 단위도이다.

그림 4.24에서 첨두유량 $Q_p(\mathrm{ft^3/s})$, 그 발생시간 t_g를 다음과 같이 결정한 후 무차원 곡선을 사용하여 단위도를 합성한다.

$$t_p = (1/2)t_r + t_g \tag{4.17a}$$

$$Q_p = (484)(A/t_p) \tag{4.17b}$$

여기서 t_p =강우시작 시간으로부터 첨두유량점까지의 시간(h)이고, t_r =강우의 지속기간(h)이며, t_g =우량의 질량중심으로부터 첨두유량점까지의 시간 즉, 유역의 지체시간(h), A =유역면적(mi^2)이다.

$$t_g = 1.44\,A^{0.6} \tag{4.18a}$$

$$t_g = 0.54\,A^{0.6} \tag{4.18b}$$

$$t_g = \frac{L^{0.8}(S+1)^{0.7}}{1{,}900\,Y^{0.5}} \tag{4.18c}$$

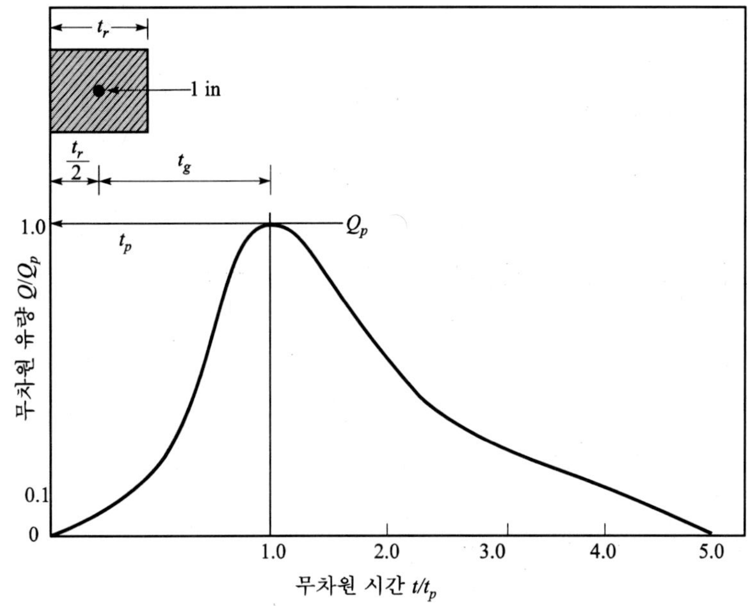

그림 4.24 NRCS의 합성단위도

$$S=\left(\frac{1,000}{CN}\right)-10 \tag{4.18d}$$

여기서 L =하천의 총연장이고, Y =유역의 평균경사(%)이며, S =지표층의 최대잠재 저류량(in.), CN =유출곡선지수이다. 식 (4.18a)는 미국의 Texas주, 식 (4.18b)는 Ohio 주, 식 (4.18c)는 NRCS 방법(8km^2 이하 적용)에서 사용되는 식이다.

표 4.16 무차원 시간별 종거

t/t_p	Q/Q_p	t/t_p	Q/Q_p	t/t_p	Q/Q_p	t/t_p	Q/Q_p
0.0	0.000	0.9	0.990	1.8	0.390	3.4	0.029
0.1	0.030	1.0	1.000	1.9	0.330	3.6	0.021
0.2	0.100	1.1	0.990	2.0	0.280	3.8	0.015
0.3	0.190	1.2	0.930	2.2	0.207	4.0	0.011
0.4	0.310	1.3	0.860	2.4	0.147	4.5	0.005
0.5	0.470	1.4	0.780	2.6	0.107	5.0	0.000
0.6	0.660	1.5	0.680	2.8	0.077		
0.7	0.820	1.6	0.560	3.0	0.055		
0.8	0.930	1.7	0.460	3.2	0.040		

(3) Nakayasu 방법

Nakayasu(中安)는 Horner와 Flynt가 소유역에서의 수문자료 분석으로 유도한 단위도를 일본 하천유역에 적용하여 단위도 특성치를 무차원 수문곡선으로 **그림 4.25**와 같이 상승부와 하강부(감수곡선)으로 나누어 지속기간 t_r(h)인 $\overline{R}_0$(mm)의 유효우량으로 인한 합성단위도를 작성하였다.

이때 상승부와 하강부 곡선은 구분하여 구하는데 상승부곡선은 다음과 같다.

$$\frac{Q}{Q_p}=\left(\frac{t}{t_p}\right)^{2.4} \tag{4.19a}$$

또한 하강곡선은 다음과 같다.

$$0.3 \le \frac{Q}{Q_p} \le 1.0 \rightarrow \frac{Q}{Q_p}=(0.3)^{\frac{t-t_p}{t_k}} \tag{4.19b}$$

$$(0.3)^2 \le \frac{Q}{Q_p} \le 0.3 \rightarrow \frac{Q}{Q_p}=(0.3)^{\frac{t-t_p+0.5t_k}{1.5t_k}} \tag{4.19c}$$

$$(0.3)^3 \le \frac{Q}{Q_p} \le (0.3)^2 \rightarrow \frac{Q}{Q_p}=(0.3)^{\frac{t-t_p+0.5t_k}{2t_k}} \tag{4.19d}$$

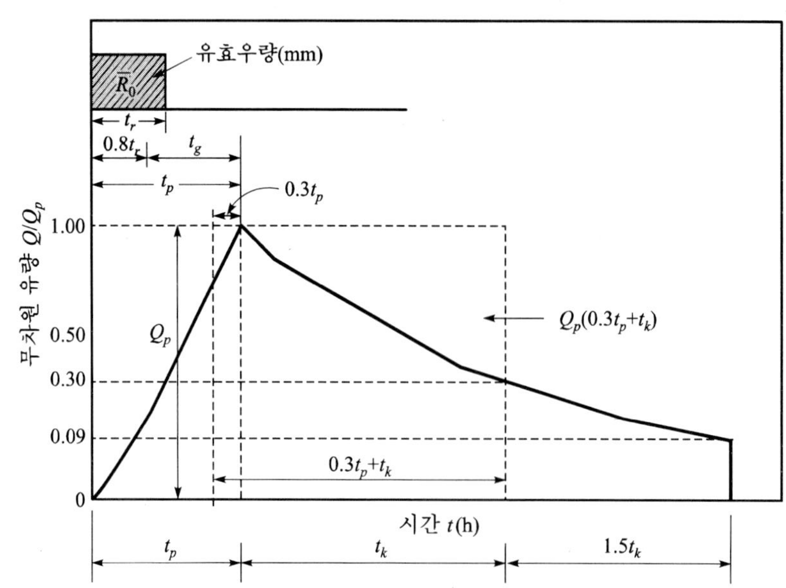

그림 4.25 Nakayasu의 합성단위도

식 (4.19)에서 t_p와 t_g의 결정은 t_g와 t_k를 알아야 하는데 이는 유역면적, 유료연장, 하천경사 등에 영향을 받으므로 다음 경험식을 사용한다.

$$t_g = 0.21L^{0.7}\ ((L \le 15\text{km}) \tag{4.20a}$$

$$t_g = 0.40 + 0.058L\ (L > 15\text{km}) \tag{4.20b}$$

또한 t_k =유량이 최대유량의 0.3배로 감소하기까지의 소요시간(h)으로 다음 식으로 구한다.

$$t_k = 0.47(AL)^{0.25} \tag{4.21}$$

여기서 L =하천의 최대유로길이(km)이고, A =유역면적(km^2)이며, $t_p = t_g + 0.8t_r$이다.

직접유출량(=단위도 적분치)은 다음과 같이 **그림 4.25**의 사각형 면적에 해당하는 대략치로 구한다.

$$\int_0^\infty Q\,dt \fallingdotseq Q_p(0.3t_p + t_k) = \overline{R}_o A \tag{4.22}$$

식 (4.22)를 적분하고, $\dfrac{\Sigma\, Q_d \cdot t_r}{A} = \overline{R}$, $\Sigma\, Q_d = Q_p$, $t_r = 0.3t_p + t_k$, $\overline{R} = \overline{R}_o$(mm)인 관계를 도입하면 첨두유량을 다음과 같이 구할 수 있다.

$$Q_p = \frac{0.2778\overline{R}_o A}{0.3t_p + t_k} \tag{4.23}$$

여기서 A =대상유역의 면적(km^2)이고, $\overline{R}_o$ =단위유효우량(mm)으로 통상 1cm=10mm가 사용되며, t_p =유출시점으로부터 최대유량 $Q_{\max}$(m^3/s)까지의 시간(h), t_k =유량이 최대유량의 0.3배로 감소하기까지의 소요시간(h)이다.

(4) NRCS 삼각형 방법

NRCS(구 SCS)(1972) 삼각형 (합성)단위도(SCS triangular unit hydrograph)(NRCS UH)는 **그림 4.24**의 NRCS 무차원 합성단위도에서 하강(감소)부(recession curve)의 시간($t_b - t_l$)을 $1.67T_p$로 제안한 것에 비롯된다. 또한 첨두시간 T_p는 대략 도달시간의 0.67배($T_p \fallingdotseq 0.67t_c$)와 지체시간 t_l은 도달시간 t_c의 0.6배(t_l=0.6t_c)임을 제시하여 **그림 4.26**과 같이 소유역의 첨두시간 T_p와 첨두유량 Q_p(m^3/s)를 이용해 다음과 같이 간단한 방법으로 삼각형

합성단위도를 얻을 수 있다.

$$t_b = 2.67\,T_p \tag{4.24a}$$

$$T_p \fallingdotseq 0.67\,t_c (= \frac{t_u}{2} + t_l = \frac{t_u}{2} + 0.6t_c) \tag{4.24b}$$

$$Q_p = 2.08\,\frac{A}{T_p} \tag{4.24c}$$

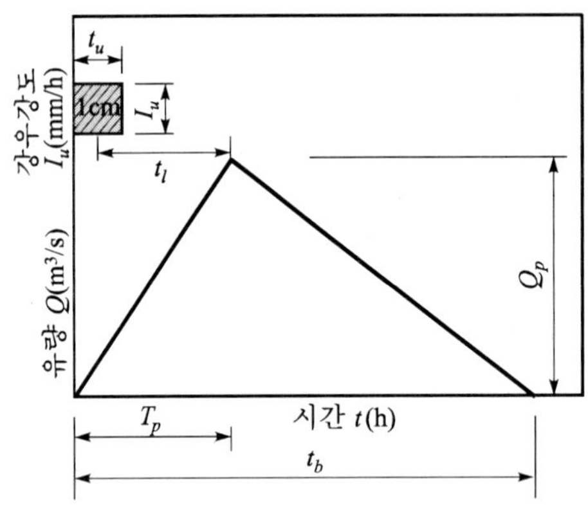

그림 4.26 SCS 삼각형 합성단위도

여기서 t_b =기저시간(base time)이고, T_p =첨두시간(peak time)(h)이며, t_u =유도하려는 단위도의 지속기간(h)이다. t_l =지체시간(lag time)(=0.6t_c)이고, t_c =도달시간(concentration time)(h)이며, A =유역면적(watershed area)(km^2)이다.

식 (4.24c)의 첨두유량 Q_p(m^3/s)는 **그림 4.26** 합성 단위도의 "주어진 삼각형의 면적"과 "(단위도 개념의) 유역 면적 A(km^2)에 1cm를 곱한 값"을 같게 놓고 이 식을 풀어 Q_p로 정리하면 다음과 같이 얻을 수 있다.

$$\frac{1}{2}\,Q_p(\mathrm{m^3/s})\,t_b(\mathrm{h}) = A(\mathrm{km^2}) \times 1(\mathrm{cm})\ (\leftarrow t_b = 2.67\,T_p)$$

$$\therefore Q_p = \frac{2A(10^4)}{2.67\,T_p(3{,}600)} = 2.08\,\frac{A}{T_p}$$

예제 4.10

유역면적이 550ha이고 도달시간이 50분인 어떤 유역에 대한 0.5시간(30분) 단위도를 이용하여 다음 사항에 답하시오.

1. NRCS 삼각형 합성단위도를 적용해 총유출수문곡선 유도

[풀이]

1. NRCS 삼각형 합성단위도를 적용해 총유출수문곡선 유도
   (1) 주어진 조건을 정리한다.
   ① 유역면적 $A=550\text{ha}=5.5\text{km}^2$, 단위도 지속기간 $t_{u1}=30\text{min}=0.50\text{h}$
   ② 도달시간 $t_c=50\text{min}=0.833\text{h}$
   (2) 매개변수를 계산한다.
   ① T_p=첨두시간(h), t_l지체시간 (h), Q_p=첨두유량(m^3/s), t_b=기저시간(h) 계산;
   1) $t_l=0.6t_c=0.6(0.833)=0.50\text{h}$
   2) $T_p=\dfrac{t_{u1}}{2}+t_l=\dfrac{0.50}{2}+0.5=0.75\text{h}$
   3) $Q_p=2.08\dfrac{A}{T_p}=2.08\times\dfrac{5.5}{0.75}=15.25\text{m}^3/\text{s}$
   4) $t_b=2.67T_p=2.67\times0.75=2.00\text{h}$
   (3) 단위도의 유도와 도표를 작성한다.
   ① **표 예4.10**과 같이 표를 이용하여 0.5h 단위도를 유도한다.
   ② **표 예4.10**의 단위도 유도 결과는 **그림 예4.10**과 같다.

표 예4.10 0.50h(30분) 합성단위도 유도

시간 t(h)	종거 (ms)	비고
0.0	0.00	• 0.5h→0.75h:15.25m^3/s =0.5h : $x_{0.5}\text{m}^3$/s ∴ $x_{0.5}=10.16\text{m}^3$/s
0.5	10.16	
1.0	12.20	• 1.5h→(2.0−0.75)h:15.25m^3/s =(2.0−1.5):$x_{1.5}\text{m}^3$/s ∴ $x_{1.5}=6.10\text{m}^3$/s
1.5	6.10	
2.0	0.00	

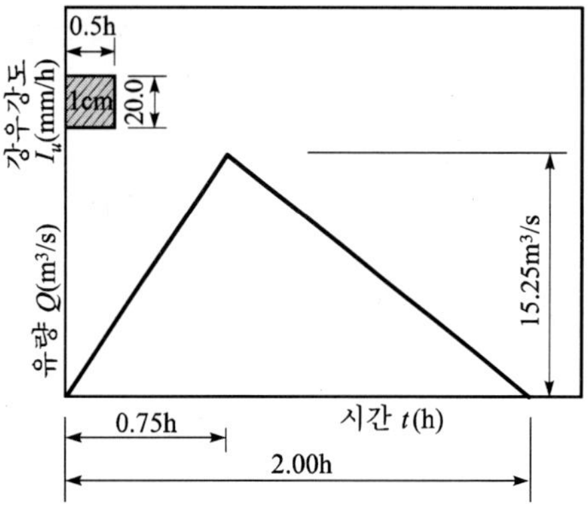

그림 예4.10 0.50h 합성단위도 작성

4.3 HEC-HMS 소개

HEC-HMS(Hydrologic Engineering Center – Hydrologic Modeling System)는 그림 4.27과 같이 미육군공병단(http://www.hec.usace.army.mil/software/hec-hms/;2022.08.08 검색)에서 2009년 8월에 발표(v3.4)한 **수지상 유역(樹枝狀 流域, dendritic watershed system)**의 **강수 – 유출과정(降雨 – 流出過程, precipitation-runoff processes)**을 **모의(模擬, simulation)**하기 위해 개발된 **홍수량 산정용** 프로그램이다(USACE, 2008a; b; c). 2021년 1월 【1월 15일 베타버전(beta released)】 발표한 HEC-HMS(v4.8) 【4월 8일 최종 버전(final release)】은 미국육군공병단에서 맡고 있는 도시홍수·홍수빈도·홍수피해감소·홍수경보시스템 계획·저수지 설계·지표면침식과 유사추적 연구, 홍수예보 응용 등의 대하천 유역 용수공급과 홍수 수문학, 작은 도시나 자연유역의 유출 분석에 활용되고 있다(USACE, 2022a; b; c).

본 절에서는 HEC-HMS에 관해 최근에 출시된 원도우용 v4.8을 중심으로 간단하게 소개하고, 응용·실습 예제는 '**6.2 HEC-HMS 응용**'의 [예제 6.13]에서 설명하고자 한다.

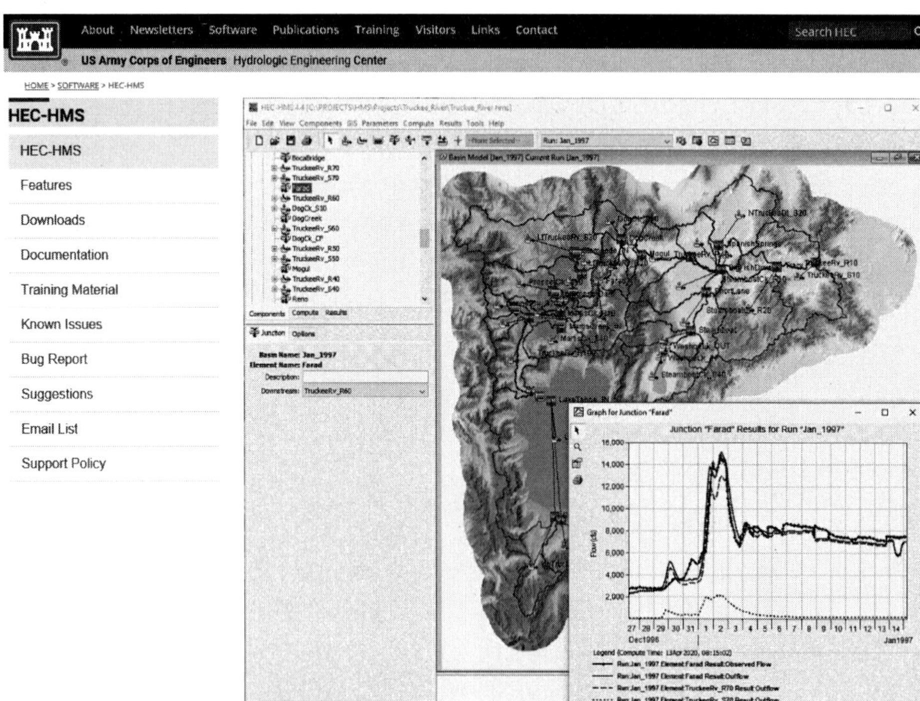

그림 4.27 HEC - HMS 홈페이지

4.3.1 모형 개관

HEC-HMS(v3.4)는 수지상 유역의 강우 유출과정을 모의하여 광범위한 문제를 풀기 위해 지리적 면적의 넓은 범위에 적용시킬 수 있도록 고안되었다. 지리적 면적에는 작은 도시나 자연유역 유출에 대한 **홍수수문학(洪水水文學, flood hydrology)**과 큰 하천유역의 **급수(給水, water supply)**가 포함된다. 이 프로그램에 의해 만들어진 수문곡선들은 물의 유용성, 도시배수, **홍수예보(洪水豫報, flood forecasting)**, **장래 도시화 영향**, **홍수터 조절**, **습지수문학(濕地水文學, wetlands hydrology)**, 체계조작(system operation)의 연구를 위한 다른 기술 수단과 직접 또는 연결시켜서 사용할 수 있다(USACE, 2008a; b). 최근에 발표된 HEC-HMS(v4.8)는 GIS 자료관련 메뉴가 포함되어 있어 **수치표고모형(digital elevation models, DEM)**으로부터 유역을 묘사하는 수치지형의 도구와 수문요소에 대한 공간적 기준으로 활용할 수 있다(USACE, 2022a; b; c).

HEC-HMS(v4.8)은 'File, Edit, View, Components, GIS, Parameters, Compute, Results, Tools, Help'의 주메뉴(main manu) 10개로 **표 4.17**과 같이 구성된다.

표 4.17 HEC - HMS(v4.8) 주메뉴의 구성

메뉴	내용	비고
File	New, Open, Import, Export, Save, Save As, Delete, Rename,Print, Exit	
Edit	Cut, Copy, Paste, Select All, Select Upstream, Invert Selection, Clear Selection, Select By Name	
View	Map Layers, Zoom In, Zoom Out, Zoom To All, Draw Element Labels, Draw Flow Directions, Toolbars, Clear Massages	
Components	Creat Component, Basin Model Manager, Meteorologic Model Manager, Control Specifications Manager, Time-Series Data Manager, Paired Data Manager, Grid Data Manager, Terrain Data Manager	
GIS	Coordinate System, Terrain Reconditioning, Preprocess Sinks, ⋯, Split Element Georeference Existing Elements, ⋯, Compute	
Parameters	Sunbasin Area, ⋯, Transform, Baseflow, ⋯, Routing, ⋯	
Compute	Creat Compute, Simulatio Run Manager, ⋯	
Results	Global Summary Table, Element Graph, Element Summary Table Element Time-Series Table, Graph Properties	
Tools	Reach Tables, Reservoir Tables, ⋯, Program Settings	
Help	Quick Start Guide, User's Manual, Technical Reference Manual, Applications Guide, Install Sample Projects, ⋯, About HEC-HMS	

또한 주요 부메뉴(sub manu)(아이콘)는 **표 4.18**과 같이 소유역·수로구간·저수지·합류·분류·유원·흡입 만들기가 있다.

표 4.18 HEC-HMS(v4.8) 주요 부메뉴

아이콘	내용	비고
	소유역 만들기(Subbasin Creation Tool)	
	수로구간(Reach Creation Tool)	
	저수지 만들기(Reservior Creation Tool)	
	합류 만들기(Junction Creation Tool)	
	분류 만들기(Division Creation Tool)	
	유원(流源) 만들기(Source Creation Tool)	
	흡입(吸入) 만들기(Sink Creation Tool)	

(1) 모델 구성

HEC-HMS **모델 구성(model component)**은 유역에서의 수문학적 반응을 모의할 때 사용되는데, 여기에는 **유역모델(basin model)**, **기상모델(meteorologic model)**, **제어내역(control specification)**, **입력자료(input data)**로 구성된다. 모의를 통해 기상모델에서 주어진 값을 입력하여 유역모델에서의 강수-유출(precipitation-runoff) 반응을 계산한다. **제어내역**에서는 시간주기(time period)와 모의실행의 단계별 시간을 정한다. **시계열 자료(time-series data)**, **대응자료(paired data)**, **망자료(網資料, gridded data)** 등의 입력자료 구성은 유역모델이나 기상모델에서의 매개변수와 경계조건에 자주 사용된다.

① 유역모델

유역모델은 물리적인 유역을 나타내는데, 사용자는 수문요소들을 추가·연결시킴으로써 유역모델을 작성한다. 수문요소는 유역 내의 물리적인 과정을 표현하기 위해 **수학적 모델(mathematical model)**을 이용한다. **표 4.19**에 열거된 수문요소들을 사용하여 유역모델을 작성한다(USACE, 2008a; b; 이종석, 2010; 2014).

표 4.19 수문요소와 내용

내용 / 요소	설명	비고
소유역 (subbasin)	소유역요소는 물리적 유역을 나타내는 데 사용된다. 강우량이 주어질 때, 소유역요소에서의 유출량은 강우량에서 손실량을 뺀 초과강우량에 의한 직접유출량을 구하고 여기에 기저유량을 더해 소유역 출구점의 유출량으로 산정한다.	
수로구간 (reach)	수로구간(하도)요소는 하류로 흐르는 수류를 운반할 때 쓰인다. 하도요소로의 유입량은 하나 혹은 다수의 상류(upstream) 수문요소에서 비롯될 수 있다. 하도에서의 유출량은 수류의 평행이동량을 구하고, 유입수문곡선의 감소와 변환을 구해서 계산할 수 있다.	
합류 (junction)	합류요소는 상류에 위치한 수문요소들의 하도유출량을 합하는 데 사용된다. 합류요소로의 유입은 하나 혹은 다수의 상류요소에서 비롯될 수 있다. 합류에서는 저류량이 없다는 가정하에 모든 유입량의 총합을 구하는 것으로 유출량을 간단히 계산할 수 있다.	
유원 (source)	유원(流源)요소는 유량을 유역모델에 추가하는 데 사용된다. 유원요소는 유입량이 없으며, 유출량은 사용자에 의해 정의된다.	
흡입 (sink)	흡입요소는 유역의 하구를 재현하는 데 사용되고, 흡입요소로의 유입은 하나 혹은 다수의 상류요소에서 비롯될 수 있으며, 이는 유출량이 없다.	
저수지 (reservoir)	저수지 요소는 저수지나 체류지(detention pond)에 의해 생기는 수문곡선의 감쇠와 지면체류(detention) 현상을 모델링하는 데 사용된다. 저수지 요소로의 유입은 하나 혹은 다수의 상류요소에서 비롯될 수 있으며, 이로 인한 유출은 3가지 방법으로 계산한다. • 저수량－유출량(storage-outflow), 표고별－저류량－유출량(elevation-storage-outflow), 표고별 면적－유출량 관계식(elevation area-outflow relationship)을 입력한다. • 표고별－저수량(elevation-storage), 표고－유역면적 관계식(elevation-area relationship)을 입력하고 하나 혹은 다수의 하구 구조(outlet structure)를 정의한다. • 유출량의 시간－계열별 유출량(time-series of outflow)을 구체화한다.	
전환 (diversion)	• 전환요소는 주 수로에서 유출되는 하도유량을 모델링하는 데 사용된다. 전환요소로의 유입은 하나 혹은 다수의 상류 수문요소에서 비롯될 수 있다. • 전환요소에서의 유입량은 전환유량(diverted flow)과 비전환유량(non-diverted flow)으로 구성된다. 전환유량은 사용자의 입력값을 토대로 계산하는데, 전환유량 및 비전환유량 모두 전환 요소의 하류 수문요소와 연결될 수 있다.	

유역요소에서 다양한 수학적 모델은 강우 손실량을 구할 때나 초과강우량을 유역 하구에서의 유출량으로 전환할 때 **기저유량(base flow)**을 더할 때 등에 활용하며, 표 4.20은 유역·수로구간요소에 사용되는 추적방법이다.

표 4.20 소유역 · 하도요소의 계산방법

요소 \ 방법	세부항목	추적방법
소유역	유출용적 (runoff-volume)	부족 · 일정률(deficit and constant rate, DC), 지수법(exponential), Green and Ampt 법, 절점(gridded) DC 법, SCS 유출곡선지수(*CN*), 절점 SCS *CN*, 토양함수조건(soil moisture accounting, SMA)법, 절점 SMA 법, 초기 · 일정률(Initial and constant rate), Smith Parlange법
	직접유출	Clark 단위도, 운동학적 파법, 수정 Clark(ModClark)법, SCS 단위도, Snyder 단위도, 사용자 특화단위도(user-specified UH), 사용자 특화 S곡선
	기저유출	제한적 · 감수(bounded · recession)법, 월별 일정(constant monthly)법, 선형 저수지(linear reservoir)법, 비선형(nonlinear) Boussinesq 법
수로구간	추적	운동학적 파(kinematic wave)법, 지체(lag)법, 수정(modified) Puls 법, Muskingum 법, Muskingum-Cunge 법, 불규칙 갈지자형(straddle stagger)법
	손실/획득	일정률(constant)법, 침루(percolation)법

② 기상모델

기상모델은 유역요소에 필요한 강우 입력값을 계산하고, 점과 격자강수를 사용할 수 있으며, 강설과 강우량 모두를 증발산에 따라 모델링할 수 있다. 새로 추가된 융설(snow melt) 방법은 온도지표 알고리즘을 이용해서 적설량과 융설량을 계산할 수 있다. 증발산 방법은 유역에서의 연속적이거나 장기적인 수문학적 반응을 모의할 때 필요하다. **표 4.21**은 유역의 평균강우량과 격자망 강우 계산방법에 관해 간단하게 설명한다.

표 4.21 기상모델의 적용방법

종류 \ 방법	적용방법
빈도강우	일정 초과확률을 갖는 호우 시 다양한 지속기간별 강우깊이의 강우사상 유도를 위한 방법
가중우량	지정된 강수관측소 사용자에 의한 가중우량 적용
격자망 강수량	레이더 같은 강수 격자망을 사용할 수 있는 방법
역거리 (inverse distance)	사용자 정한 강수량 관측소에 **역거리제곱 가중치(inverse distance square weighting)**를 적용시켜 소유역 평균강우량을 계산하는 방법
SCS 호우	24시간 총강우깊이(24h total storm depth)를 사용자 특화 SCS 시간분포(time distribution)에 적용시키는 방법
특정 우량주상도	사용자 정의 우량계를 특정 소유역요소에 적용시키기 위한 우량주상도
표준설계강우	지표강수깊이(index precipitation depth)를 시간분포에 적용시키는 방법

③ 제어내역

제어내역(control specifications)은 모의실행의 시간간격(time span)을 설정한다. 제어내역 정보에는 시작 날짜와 시간(starting date and time), 종료 날짜와 시간(ending date and time), 계산 시간단계(computation time step)가 포함된다.

④ 입력자료

입력자료는 **시계열 자료(time-series data)**와 **대응 자료(paired data)**, **격자망 자료(gridded data)**로 구성되며, 이는 유역모델과 기상모델의 초기조건이나 매개변수로 흔히 사용된다. 입력자료의 목록은 **표 4.22**와 같고, 이는 수동입력 또는 기존 기록(HEC-DSS) 파일을 기준으로 입력할 수 있다.

표 4.22 입력자료 구성

(a) 시계열자료(Time-Series Data)	
• 강수(Precipitation) 관측소 • 유량(Discharge) 관측소 • 수위(stage) 관측소 • 기온(Temperature) 관측소 • 태양방사량(Radiation) 관측소 • 풍속(Windspeed) • 공기압력(Air pressure) 관측소 • 습도(Humidity) 관측소	• 위도(Altitude) 관측소 • 작물계수(Crop cosfficient) 관측소 • 강설 등우량관측소(Snow water equivalent) • 유사량(Sediment load) • 농도(Concentration) • 비율(Percent) • 증발량(Evapotranspiration) • 햇빛(Sunshine)
(b) 대응자료(Paired data)	
• 수위 – 유량 관계식 • 표고 – 저류량 관계식 • 표고 – 유역면적 관계식 • 표고 – 유량 관계식 • 유입 – 전환 관계식 • 횡단면 관계식	• 단위수문곡선 • 백분률곡선 • 선행온도지수–융해율함수(ATI–meltrate functions) • 선행온도지수–결빙율함수(ATI–coldrate functions) • 지표융해 형태(Groundmelt patterns) • 융해율 형태(Meltrate patterns)
(c) 격자자료(Grid Data)	
• 강수격자(precipitation) • 온도격자(Temperature gridsets) • 태양복사격자(Solar radiation gridsets) • 곡물계수격자(Crop coefficient gridsets) • 저류용량격자(Storage capacity grids) • 침루율격자(Percolation rate grids) • 저류계수격자(Storage coefficients grids) • 수분결핍격자(Moisture deficit grids)	• 불투수면적격자(Impervious area grids) • 유출곡선지수격자(SCS curve number grids) • 표고격자(Elevation grids) • 얼음함유량격자(Cold content grids) • 얼음함유량 선행온도지수 격자(Cold content ATI grids) • 융해율 선행온도지수격자(Meltrate ATI grids) • 액체수분함유격자(Liquid water content grids) • 융설수등가격자(Snow water equivalent grids)

(2) 사용자 인터페이스

사용자 인터페이스(user interface)는 **메뉴바**(menu bar), **툴바**(tool bar), **4개 주요 구획**(主要區劃, four main panes)으로 구성된다. 이들 중 **4개 주요구획**은 **그림 4.28(a)~(d)**와 같이 **유역 탐색기**(watershed explorer), **요소 편집기**(component editor), **작업창**(desktop), **메시지창**(message log)으로 이루어진다.

본 소절에서는 HEC-HMS(v4.8) 주메뉴 'Help'에서 'Install Sample Project'를 내려받아 'Open'으로 얻을 수 있는 **그림 4.28(c)**와 같은 기존의 과제(Existing Project) 'Castro'를 통해 소개하고자 한다.

그리고 HEC-HMS을 이용해 과제를 수행하기 위해서는 **그림 4.28(a)**와 같이 **유역 탐색기** 내의 '과제명' 아래에 4개(Basin Models, Meteorologic Models, Control Specifications, Time-Series Data) 또는 5개(Paired Data 추가) 폴더가 생성되도록 필요한 자료를 입력·완료해야 한다.

① 유역 탐색기

유역 탐색기(watershed explorer)는 **그림 4.28(a)**와 같이 HEC-HMS 과제 수행 중에 각각의 요소를 빨리 선택할 수 있도록 고안되었다. 예를 들어 사용자는 유역모델(basin

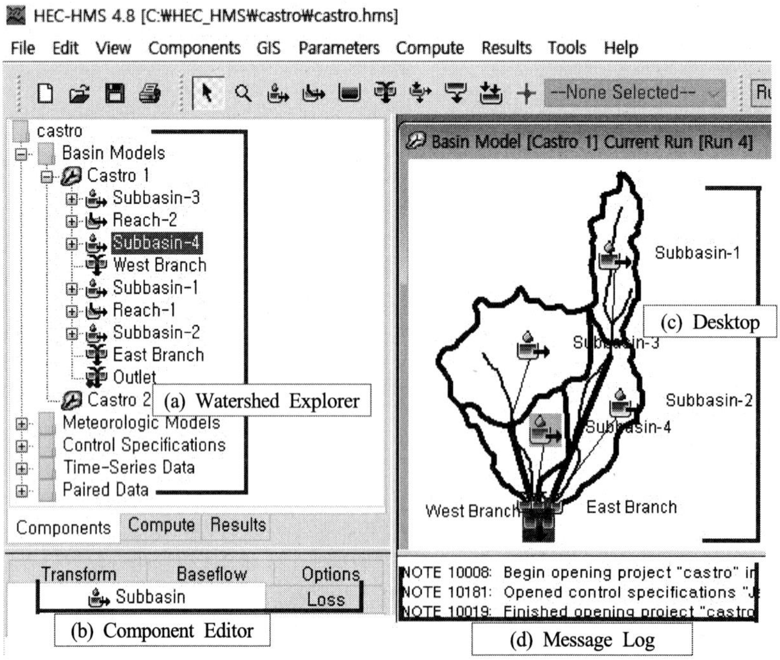

그림 4.28 HEC-HMS의 소개

model)에서 강수량 관측소(precipitation gage)를 탐색한 후 메뉴 옵션이나 새 창을 띄울 필요 없이 바로 기상모델을 탐색할 수 있다. **유역 탐색기**는 **요소(component)**, **계산(compute)**, **결과(result)**의 세 부분으로 구성되어 있다.

② 요소 편집기

유역 탐색기 내의 해당 요소를 클릭하면 요소 편집기가 **그림 4.29(b)**와 같이 활성화된다. **요소 편집기(component editor)**는 유역 탐색기의 해당 요소(소유역, 수로구간 등)에서 구성된 필요 항목이 **그림 4.29(b)**의 'Subbasin, Loss, Transform, Baseflow, Options'와 같이 나타난다. 여기에 필요한 자료를 입력하되 적색 '*'에는 필수로 해당 자료를 입력해야 한다.

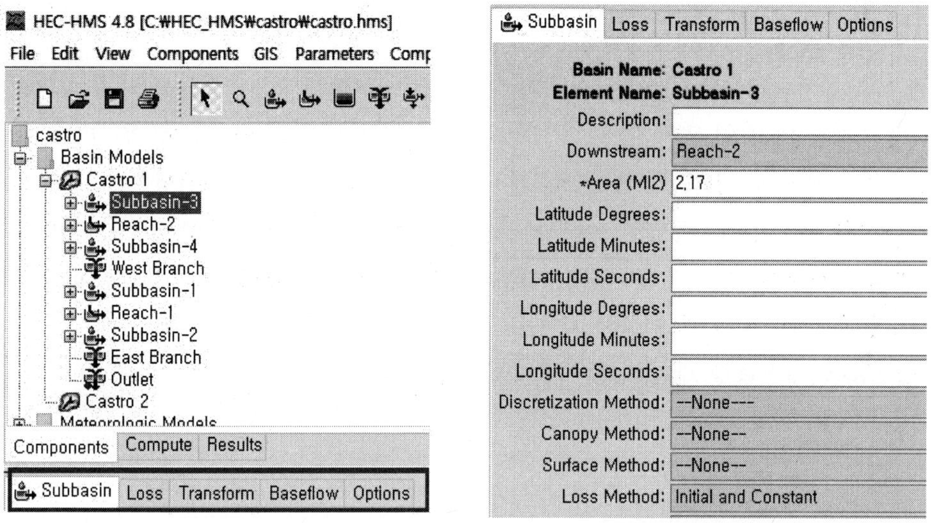

(a) 구성 항목 (b) 해당 자료 입력

그림 4.29 요소 편집기

③ 작업창

그림 4.28(c)와 같이 **작업창(desktop)**에는 요약표, 시간별 표, 그래프, 글로벌 편집기, 유역모델 지도 등의 여러 가지 창이 담긴다. 결과(출력)창은 작업창에 제한을 받지 않으며, 프로그램 설정 옵션에서 결과 창을 작업창 밖으로 설정할 수 있다. 유역모델의 유역도는 작업창 내부로 크기가 제한되며, 이는 유역모델을 전개하는 데 사용된다. 유역의 시각화를 위해 배경지도를 불러올 수 있지만 계산과정에는 실제로 사용되지 않고, 요소간 공간적 관계를 표시하는 데 매우 유용할 수 있으며, **그림 4.28(c)**는 Castro(예시 Project의 이름) 유역모델의 배경지도를 이용한 작업창이다.

④ **메시지창**

그림 4.28(d)와 같이 **메시지창(message log)**에서는 주의, 경고, 오류 등의 메시지를 볼 수 있다. 이런 메시지는 모의실행이 실패하거나, 과제를 실행할 수 없는 등의 오류가 발생하였을 때 그 원인을 찾는 데 유용하다.

4.3.2 HEC-HMS 실행

HEC-HMS(v4.8)에 의한 과제 실행(수문곡선 유도)은 일반적으로 다음의 절차와 같이 수행된다.

(1) 새 과제 만들기

그림 4.30(a)와 같이 메뉴에서 파일(File)-새로 만들기(New …)를 선택해서 새 과제를 만든다. **그림 4.30(b)**와 같이 과제의 '이름(Name)', '설명(Description)', '저장 위치(Location)', '기본 단위 체계(Default Unit System)'를 새 과제 만들기 창을 통해 입력한다. 선택한 저장 경로에 새 과제의 이름과 동일한 이름의 새 폴더가 생성된다. 새 폴더 내에 이 과제와 관련된 모든 파일이 저장될 것이다. 외부 HEC-DSS 파일, ModClark(Modified Clark) 파일, 배경지도 파일 등은 굳이 과제 폴더 내에 저장되어 있지 않아도 된다. 툴바의 새 과제 만들기 버튼을 클릭하는 것으로도 새 과제를 만들 수 있다.

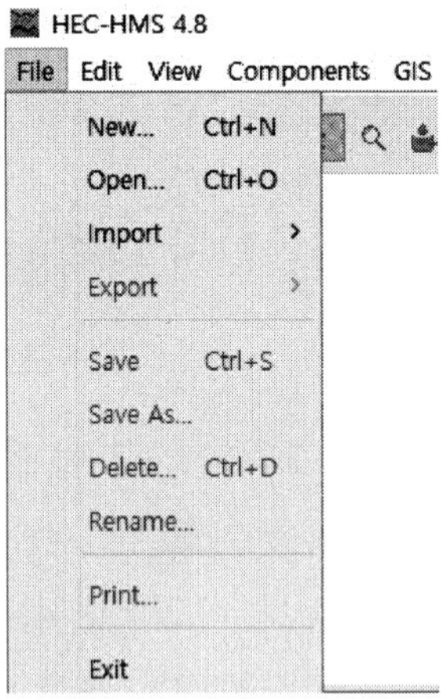

(a) 새 과제 만들기

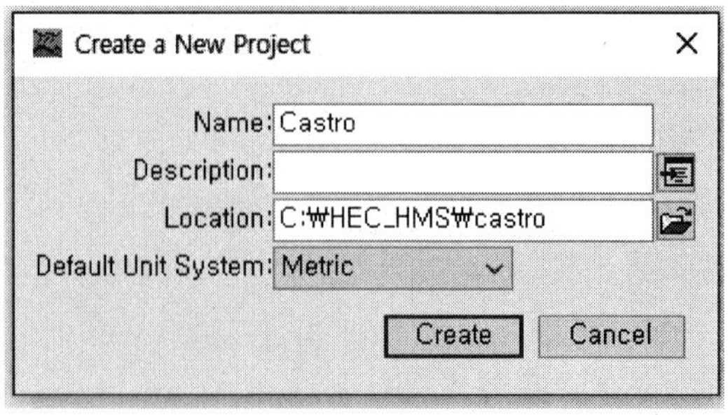

(b) 이름, 저장위치 등 과제환경 입력

그림 4.30 새 과제 만들고 시작하기

(2) 유역모델 만들기

그림 4.31(a)와 같이 주메뉴에서 요소-유역모델 관리자 옵션을 선택하여 새 유역모델을 과제에 추가할 수 있다. 유역모델 관리자 창에 있는 새로 만들기(New …) 버튼을 클릭한다. **그림 4.31(b)**와 같이 '이름(Name)', '설명(Description)'을 '새 유역모델 만들기' 창에서 선택하고 만들기 버튼을 클릭한다. 주메뉴에서 파일(File)-가져오기(Import)-유역모델을 선택해서 기존의 유역모델을 과제 수행 중인 HEC-HMS에 추가할 수 있다.

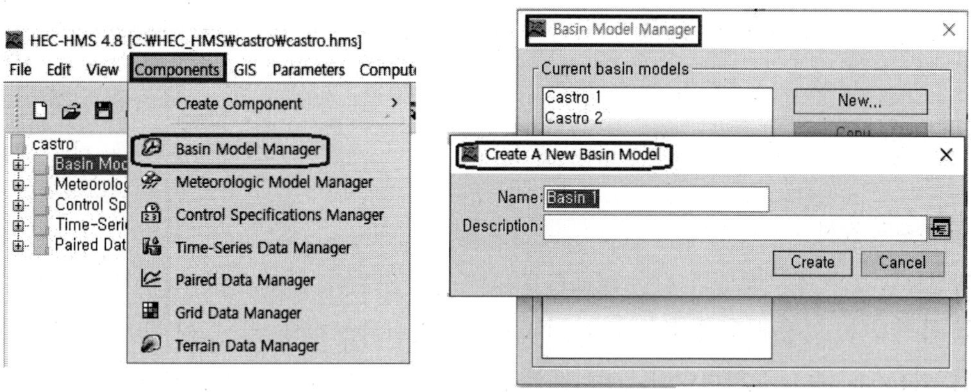

(a) 유역모델 관리자 열기 (b) 새 유역모델 만들기

그림 4.31 유역모델 관리자

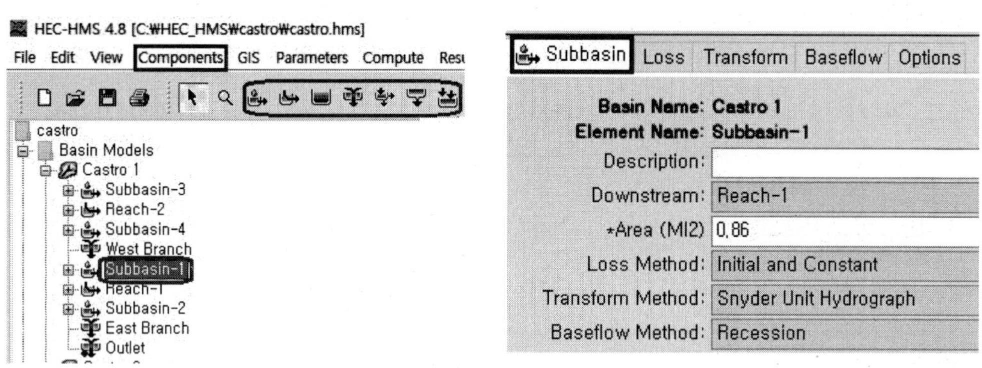

(a) 수문요소 도구모음 (b) 소유역의 요소 편집기

그림 4.32 수문요소 편집기

새 유역모델이 추가되면, 실제 유역의 유출량을 산정할 수 있도록, 수문요소를 유역모델 지도에 추가하고 연결할 수 있다. 작업창에 있는 유역모델 지도를 열기 위해서는 유역 탐색기에 있는 '요소' 탭에서 유역모델을 선택한다. **그림 4.32(a)**와 같이 툴바에 있는 요소 도구 중에

하나를 선택하고, 유역모델 지도에 마우스 왼쪽 버튼을 클릭함으로써 수문요소를 추가할 수 있다. 각 시점(상류)의 연결시킬 **요소** 위에 커서(→)를 위치시키고, 오른쪽 마우스 클릭→ 'Connect Downstream' 출현 ⇒왼쪽 마우스 버튼으로 Connect Downstream를 클릭하면 '+' 커서가 나타난다. 그 후 연결시키려는 하류 요소 위에 커서(+)를 위치시키고 왼쪽 마우스 버튼을 클릭하면 '연결선'이 나타나며, 이로써 연결 작업이 완료된다.

요소 편집기에서 유역모델과 수문요소 매개변수 자료를 입력한다. 요소 편집기를 열기 위해 유역 탐색기에서 유역모델이나 수문요소를 선택한다. 작업창의 유역도에 있는 요소 아이콘을 선택하는 것으로도 수문요소 편집기를 열 수 있다. **그림 4.32(b)**는 소유역의 요소 편집기를 나타낸 것이며, 이들 5개의 탭은 '유역', '손실량', '변환', '기저유량', '옵션(Options)'으로 이루어진다.

(3) 기상모델 작성

기상모델 또한 유역모델과 같은 방법으로 과제에 추가된다. 메뉴에서 요소-기상모델 관리자를 선택한다. 기상모델 관리자 창에서 새로 만들기 버튼을 클릭하고, '새 기상모델 만들기' 창에 '이름'과 '설명'을 입력한다. 기존의 기상모델을 가져오기 위해 메뉴에서 파일-가져오기-기상모델을 선택한다. 유역 탐색기나 기상모델 관리자에서 기상모델의 이름을 바꿀 수 있다. 기상모델의 요소 편집기는 **그림 4.33(a)**와 같고, 기상모델을 전개하는 단계 중 하나는 기상모델의 강우량을 필요로 하는 유역모델이 어떤 것인지 정의하는 것이다.

유역 탐색기의 '요소' 탭에서 기상모델의 요소 편집기를 선택하여 수행한다. 유역 탭을 선택하고, 기상모델의 강우량을 필요로 하는 모든 유역모델에 대해 **그림 4.33(b)**와 같이 '유역

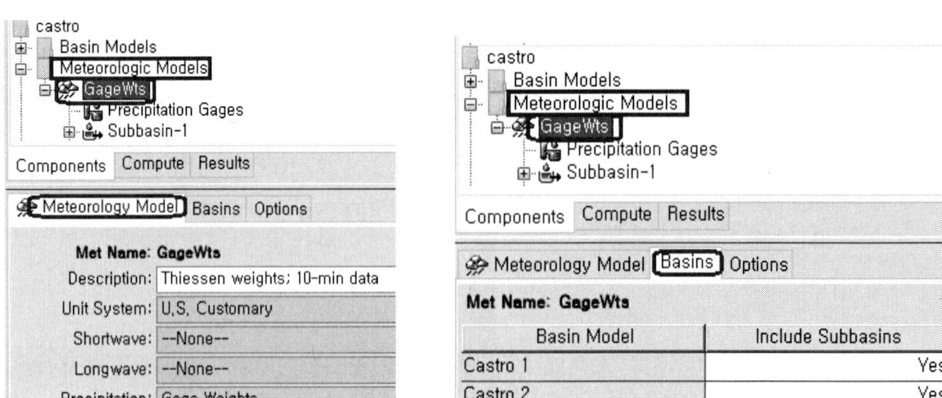

(a) 기상모델 요소 편집기　　　(b) 기상모델에 소유역요소 추가

그림 4.33 기상모델

포함하기' 옵션을 '예'로 설정한다. 선택된 유역모델에 해당하는 모든 소유역요소는 기상모델에 추가될 것이다. 추가된 이후에는 강우량 매개변수, 증발산량, 융설 등의 방법이 요소 편집기를 통해 각각의 소유역요소로 설정될 수 있다.

(4) 제어내역 정의

그림 4.33(a)와 같이 메뉴에서 '요소-제어내역' 관리자 메뉴를 선택하여 제어내역을 과제에 추가할 수 있다. 제어내역 관리자 창에서 새로 만들기 버튼을 누르고 '새 제어내역 만들기' 창에 이름과 설명을 입력한다. **그림 4.33(b)**와 같이 제어내역의 요소 편집기에는 시작일시, 종료일시, 시간단계가 필요하다. 시작 및 종료일은 'ddMMMYYYY' 형식으로 입력해야 한다. 'd'는 일, 'M'은 월, 'Y'는 연도를 나타내며, 1973년 1월 16일은 '16Jan1973'로 표시한다. 시간은 24시간을 표시하는 형식으로 입력하고, 시작과 종료 시간은 'HH:mm' 형식으로 입력해야 하며, 이때 'H'는 시, 'm'은 분을 나타낸다. 시간단계는 1분부터 24시간까지 목록에 있는 시간간격을 선택할 수 있고, 대부분의 방법에서 계산은 시간단계를 통해 수행되며, 실시간 자료는 입력자료 파일(HEC-DDS)을 이용한다.

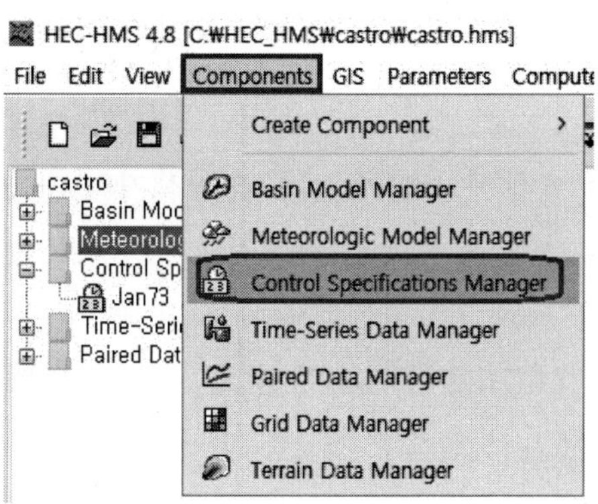

(a) 제어내역 작성

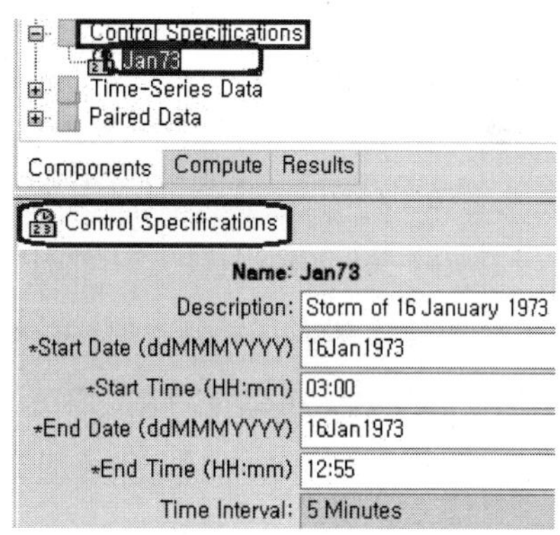

(b) 제어내역 요소 편집기

그림 4.34 제어내역

(5) 시계열·대응자료 입력

그림 4.35(a)와 같이 요소 관리자를 통해 시계열자료, 대응자료, 격자자료가 생성된다. 주메뉴의 요소(components)에서 시계열자료(time-series data) 관리자, 대응자료(paired data) 관리자, 격자자료(grid data) 관리자를 선택함으로써 요소 관리자를 열 수 있다. 관리자의 최상단에는 사용자가 관측소(gage), 대응자료, 격자자료의 자료 종류를 선택할 수 있는 옵션이

있다. 관리자의 오른쪽에 있는 버튼들을 통해 데이터 종류를 새로 만들기(New …), 복사하기(Copy), 이름 바꾸기(Rename), 삭제하기(Delete) 등을 할 수 있다. **그림 4.35(b)**에서 대응자료(paired data) 관리자가 나타나 있다. '저류량-유출량(Storage-Discharge)'의 자료종류를 선택하고 새 입력데이터 종류가 생성되면, 필요한 정보를 요소 편집기에 입력할 수 있다. 입력데이터는 직접 입력할 수도 있고, HEC-DSS 파일에 이미 존재하는 기록을 불러올 수도 있다.

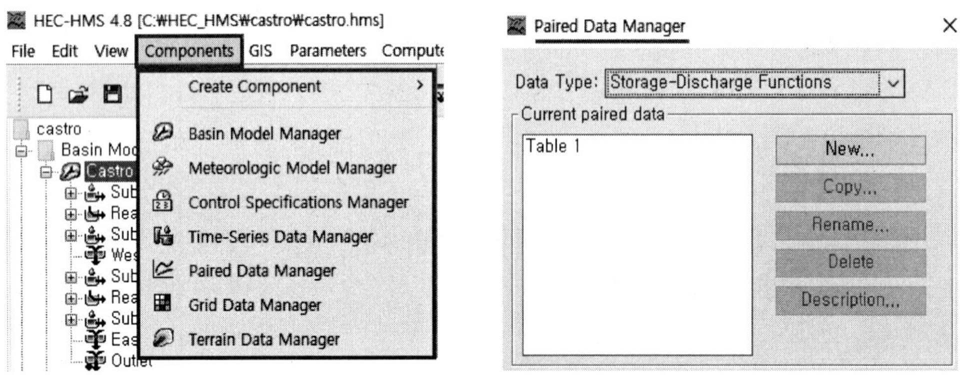

(a) 입력자료 메뉴창 (b) 대응자료 관리자

그림 4.35 입력자료 관리자

그림 4.36(a)는 저류-유출량(대응자료)의 요소 편집기이고, 이는 유역 탐색기의 대응자료(Paired Data) 표(Table 1)를 클릭해서 요소 편집기를 연다. 유역 탐색기나 대응자료 편집기에서 표의 이름을 바꿀 수 있다. '자료 출처(Data Source)'옵션에는 수동(직접) 입력(Manual Entry)과 자료저장 시스템(Data Storage System)(HEC-DSS)이 있다. 자료저장 시스템(HEC-DSS)을 선택하면 사용자는 HEC-DSS 파일을 선택하고 경로를 지정해야 한다. 직접 입력을 선택하면 사용자는 '표(Table)' 탭을 클릭해서 저류-유출곡선을 수동으로 입력해야 한다.

시계열자료를 입력하거나 보기 전에 시간창(Time Window)을 먼저 열어야 한다. 시계열 관측소가 새 과제에 추가될 때, 기본 시간창이 주어진다. 새로운 시간창을 추가하려면, 유역 탐색기에 있는 관측소 이름을 마우스 오른쪽 버튼으로 클릭하고, **그림 4.36(b)**와 같이 팝업창이 뜨면 '시간창 만들기(Create Time Window)' 옵션을 선택한다.

요소 입력기의 대응자료(Paired Data)의 **그림 4.36(a)** 자료 출처(Data Source)에 수동입력(Manual Entry)을 입력한 경우에는 그 옆의 'Table'을 클릭하여 나타나는 표에 저류량-유량의 값을 입력한다.

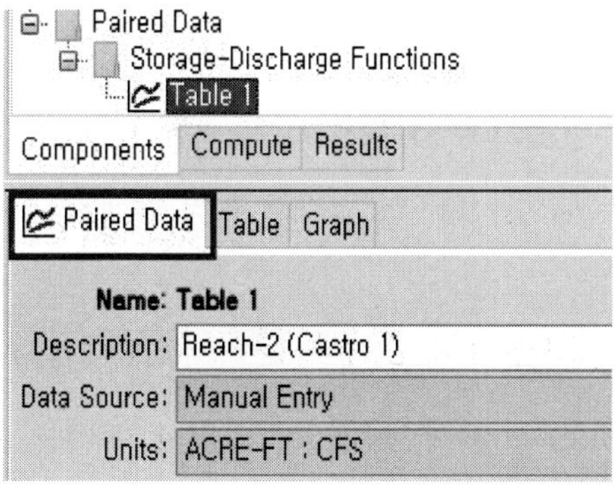

(a) 저류-유량 요소 편집기

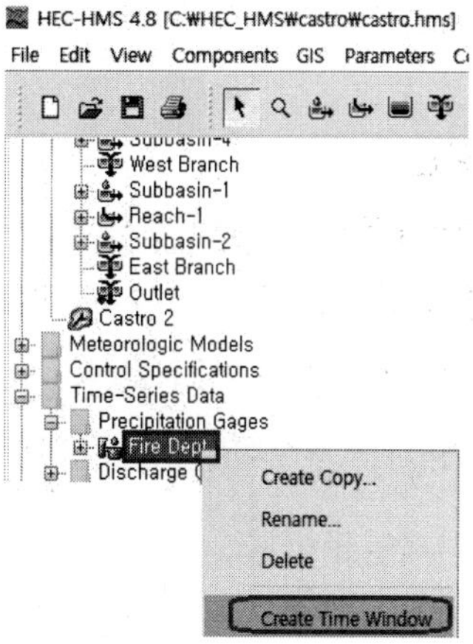

(b) 입력자료 시간창 만들기

그림 4.36 대응자료(저류 - 유량) 작성 편집기

(6) 계산 수행

모의실행은 **그림 4.37(a)**와 같이 유역 탐색기의 'Compute'를 클릭하면 계산 수행(Run)할 준비를 한다. ① 주메뉴에서 'Compute' 클릭→Create Compute 이동⇒'Simulation Run' 클릭⇒'Name; Run i[=실행 차수(次數)] ' 확인 후 하단의 'Next' 클릭⇒ 과제명 'Castro 1' 확인 후 'Next' 클릭⇒ 기상모델명 'GageWts' 확인 후 'Next' 클릭⇒제어내역 'Jan73' 확인 후 'Finish' 클릭⇨**그림 4.35(a)**와 같이 유역 탐색기에 'Simulation Runs' 또는 'Run 7'이 나타난다. ② 'Simulation Runs'이 나타난 경우에는 이를 클릭하면 'Run 7'이 나타나고, 'Run 7'이 나타난 경우는 커서를 그 위에 올려놓고 오른쪽 마우스를 누르면 'Compute'가 나타난다. 이를 왼쪽 마우스 누르면 **그림 4.37(b)**와 같이 (청색) 줄 위에 '100%' 출현되고 그 아래 'Finished'가 나타나 계산이 정상적으로 실행되었음을 알려준다. 'Close'를 누르면 모든

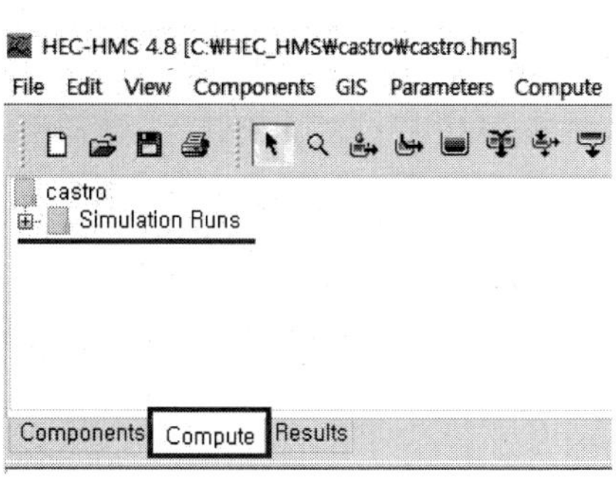

(a) 계산 수행 준비

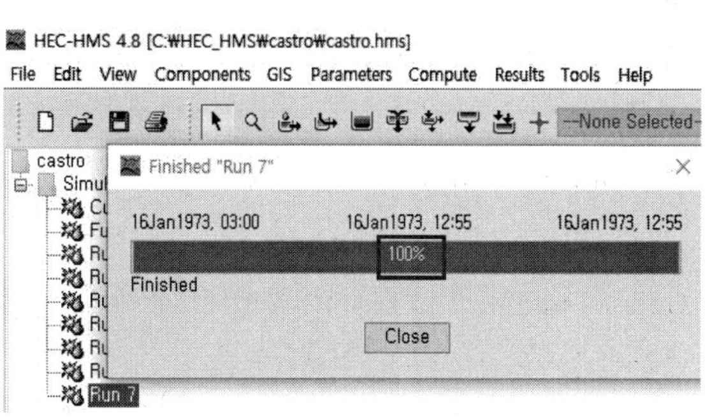

(b) 계산 수행 완료

그림 4.37 계산 수행

계산이 완료된다.

(7) 결과 확인

그림 4.38과 같이 모델의 계산 **결과보기**(확인)는 모의실행, 최적화 시산, 수정·보완 후의 최종적인 분석·검토 모두 완료한 그래프와 표로 나타낸 것이다. 이 결과는 유역 탐색기와 유역모델 지도를 통해 확인할 수 있다.

그림 4.38(a)는 소유역(Subbasin) 1의 유역추적 결과를 '**요소 그래프** (Element Graph)'와 '**요소 시계열표** (Element Time–Series Table)'로 표시한 것이며, **그림 4.38(b)**는 출구(Outlet)의 총유출수문곡선 산정 결과를 '요소 그래프'와 '요소 시계열표'로 나타낸 것이다.

(8) 요약·정리

HEC–HMS(v4.8) 작업 전개 7단계를 이용한 수문학적 모형 전개로부터 총유출수문곡선 유도까지의 절차를 다음과 같이 간단히 요약·정리한다.

① **새 과제 만들기**(File→New⇒Create a New Project)를 통해 수문모형 전개를 시작한다.
② **유역모델 만들기**(Components→Basin Model Manager⇒Create A New Basin Model)를 통해 유역의 물리적 특성 정의에 필요한 요소(소유역, 수로구간 등)를 구성한다.
③ **기상모델 작성**(Components→Meteorologic Model Manager⇒Create A New Meteorologic Model)하기 위한 유역의 강우량 계산방법을 선택하고, 필요한 기상정보를 입력한다.
④ **제어내역 정의**(Components→Control Specifications Manager⇒Create A New Control Specifications)를 통해 홍수추적 일정 등을 정한다.
⑤ **시계열자료 구성**(Components→Time–Series Data Manager⇒Create A New Time–Series Data) 또는 **대응자료 구성**(Components→Paired Data Manager⇒Create A Paired Data)을 통해 필요한 수문·기상자료를 입력한다.
⑥ **계산 수행**[(유역탐색기 Compute→Create Compute⇒Simulation Run⇒Next…⇨Finish ⇨Simulation Runs⇨Run i⇨Compute(100% Finished; Close)]을 통해 모의 실행한다.
⑦ **결과 확인**(유역탐색기 Components 클릭→Basin Model 수문요소 클릭⇒Results⇨ Gobal Summary Table 등 확인)을 통해 수정·보완 등 추가 작업 확인 후 최종 출력으로 총유출수문곡선 유도를 마무리 한다.

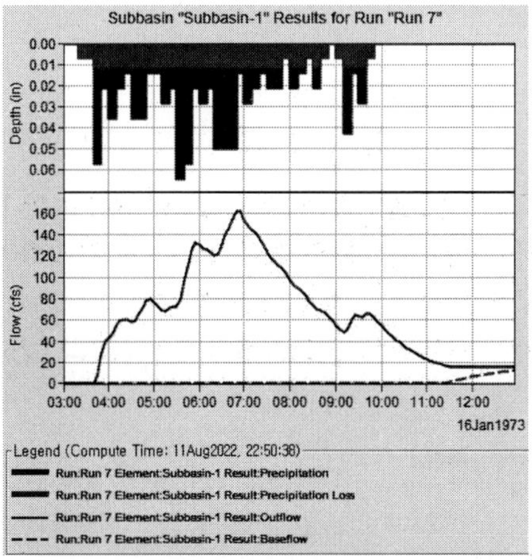

Project: castro Simulation Run: Run 7
Subbasin: Subbasin-1

Start of Run: 16Jan1973, 03:00 Basin Model: Castro 1
End of Run: 16Jan1973, 12:55 Meteorologic Model: GageWts
Compute Time: 11Aug2022, 22:50:38 Control Specifications: Jan73

Volume Units: ◉ IN ○ ACRE-FT

Computed Results

Peak Discharge: 162.3 (CFS) Date/Time of Peak Discharge: 16Jan1973, 06:55
Precipitation Volume: 1.92 (IN) Direct Runoff Volume: 1.11 (IN)
Loss Volume: 0.81 (IN) Baseflow Volume: 0.03 (IN)
Excess Volume: 1.11 (IN) Discharge Volume: 1.13 (IN)

Project: castro Simulation Run: Run 7
Subbasin: Subbasin-1

Start of Run: 16Jan1973, 03:00 Basin Model: Castro 1
End of Run: 16Jan1973, 12:55 Meteorologic Model: GageWts
Compute Time: 11Aug2022, 22:50:38 Control Specifications: Jan73

Date	Time	Precip (IN)	Loss (IN)	Excess (IN)	Direct Flow (CFS)	Baseflow (CFS)	Total Flow (CFS)
16Jan1973	03:00				0.0	0.5	0.5
16Jan1973	03:05	0.00	0.00	0.00	0.0	0.5	0.5
16Jan1973	03:10	0.00	0.00	0.00	0.0	0.5	0.5
16Jan1973	03:15	0.00	0.00	0.00	0.0	0.5	0.5
16Jan1973	03:20	0.00	0.00	0.00	0.0	0.5	0.5
16Jan1973	03:25	0.01	0.01	0.00	0.0	0.5	0.5
16Jan1973	03:30	0.01	0.01	0.00	0.1	0.5	0.5
16Jan1973	03:35	0.01	0.01	0.00	0.1	0.5	0.6
16Jan1973	03:40	0.01	0.01	0.00	0.2	0.5	0.7
16Jan1973	06:35	0.05	0.01	0.04	138.2	0.4	138.6
16Jan1973	06:40	0.05	0.01	0.04	146.4	0.4	146.9
16Jan1973	06:45	0.05	0.01	0.04	154.1	0.4	154.6
16Jan1973	06:50	0.05	0.01	0.04	161.3	0.4	161.7
16Jan1973	06:55	0.01	0.01	0.00	161.8	0.4	162.3
16Jan1973	07:00	0.01	0.01	0.00	154.2	0.4	154.6
16Jan1973	07:05	0.03	0.01	0.02	147.4	0.4	147.9
16Jan1973	07:10	0.03	0.01	0.02	144.4	0.4	144.8
16Jan1973	07:15	0.02	0.01	0.01	141.2	0.4	141.6
16Jan1973	07:20	0.02	0.01	0.01	136.6	0.4	137.0
16Jan1973	07:25	0.01	0.01	0.00	130.6	0.4	131.0
16Jan1973	11:50	0.00	0.00	0.00	11.1	5.1	16.2
16Jan1973	11:55	0.00	0.00	0.00	10.2	5.9	16.2
16Jan1973	12:00	0.00	0.00	0.00	9.4	6.7	16.1
16Jan1973	12:05	0.00	0.00	0.00	8.6	7.5	16.1
16Jan1973	12:10	0.00	0.00	0.00	8.0	8.2	16.1
16Jan1973	12:15	0.00	0.00	0.00	7.4	8.7	16.1
16Jan1973	12:20	0.00	0.00	0.00	6.9	9.2	16.1
16Jan1973	12:25	0.00	0.00	0.00	6.4	9.7	16.1
16Jan1973	12:30	0.00	0.00	0.00	5.9	10.2	16.1
16Jan1973	12:35	0.00	0.00	0.00	5.5	10.6	16.0
16Jan1973	12:40	0.00	0.00	0.00	5.1	11.0	16.0
16Jan1973	12:45	0.00	0.00	0.00	4.6	11.4	16.0
16Jan1973	12:50	0.00	0.00	0.00	4.2	11.8	16.0
16Jan1973	12:55	0.00	0.00	0.00	3.9	12.1	16.0

(a) 소유역(Subbasin)

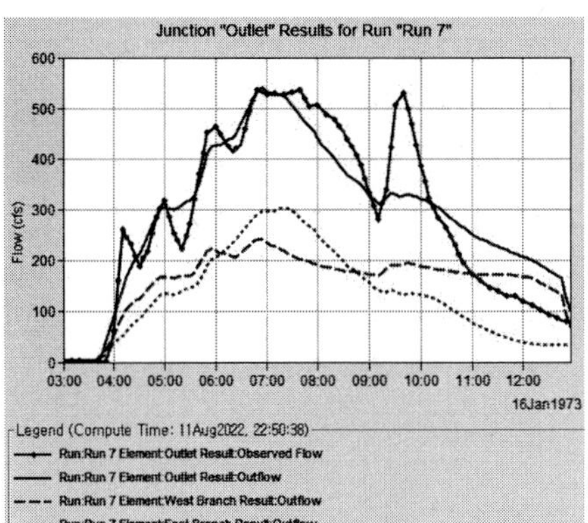

Project: castro Simulation Run: Run 7
Junction: Outlet

Start of Run: 16Jan1973, 03:00 Basin Model: Castro 1
End of Run: 16Jan1973, 12:55 Meteorologic Model: GageWts
Compute Time: 11Aug2022, 22:50:38 Control Specifications: Jan73

Volume Units: ◉ IN ○ ACRE-FT

Computed Results

Peak Discharge: 540.3 (CFS) Date/Time of Peak Discharge: 16Jan1973, 06:55
Volume: 0.83 (IN)

Observed Flow Gage Out

Peak Discharge: 537.0 (CFS) Date/Time of Peak Discharge: 16Jan1973, 07:40
Volume: 0.82 (IN)
RMSE Std Dev: 0.4 Nash-Sutcliffe: 0.863
Percent Bias: 1.03 %

Project: castro Simulation Run: Run 7
Junction: Outlet

Start of Run: 16Jan1973, 03:00 Basin Model: Castro 1
End of Run: 16Jan1973, 12:55 Meteorologic Model: GageWts
Compute Time: 11Aug2022, 23:12:50 Control Specifications: Jan73

Date	Time	Inflow from W... (CFS)	Inflow from E... (CFS)	Outflow (CFS)	Obs Flow (CFS)
16Jan1973	03:00	1.7	1.3	3.0	3.0
16Jan1973	03:05	1.7	1.3	3.0	3.0
16Jan1973	03:10	1.7	1.3	3.0	3.0
16Jan1973	03:15	1.7	1.3	3.0	3.0
16Jan1973	03:20	1.7	1.3	3.0	3.0
16Jan1973	03:25	1.9	1.3	3.2	2.5
16Jan1973	03:30	2.3	1.5	3.7	2.0
16Jan1973	03:35	2.7	1.7	4.4	2.0
16Jan1973	03:40	3.1	1.9	5.0	2.0
16Jan1973	03:45	10.6	5.3	15.9	2.0
16Jan1973	07:15	224.1	302.3	526.5	528.0
16Jan1973	07:20	219.8	304.3	524.1	526.0
16Jan1973	07:25	214.8	302.9	517.7	528.5
16Jan1973	07:30	209.1	297.7	506.9	531.0
16Jan1973	07:35	204.7	290.3	495.0	534.0
16Jan1973	07:40	201.8	282.6	484.4	537.0
16Jan1973	07:45	199.5	275.3	474.8	521.0
16Jan1973	07:50	197.4	267.8	465.2	505.0
16Jan1973	07:55	194.6	259.5	454.1	506.0
16Jan1973	08:00	190.7	249.7	440.5	507.0
16Jan1973	08:05	188.1	239.6	427.7	497.0
16Jan1973	08:10	187.2	231.0	418.2	487.0
16Jan1973	08:15	185.8	223.5	409.3	482.5
16Jan1973	12:20	157.5	34.0	191.5	103.0
16Jan1973	12:25	152.4	33.3	185.8	98.5
16Jan1973	12:30	147.2	33.3	180.4	94.0
16Jan1973	12:35	142.0	33.3	175.3	90.5
16Jan1973	12:40	137.1	33.2	170.3	87.0
16Jan1973	12:45	132.4	33.2	165.6	83.0
16Jan1973	12:50	93.5	33.2	126.7	79.0
16Jan1973	12:55	67.5	33.1	100.7	79.0

(b) 출구(Outlet)

그림 4.38 실행 결과보기

연 습 문 제

4.1 유역면적 500km^{2}인 유역의 출구에서 관측된 2018년 7월 2일의 강우강도와 홍수량이 표 문 4.1과 같을 때 50m^3/s의 기저 유출량을 수평직선 분리법에 의해 수문곡선을 분리하여 단위도를 유도하고, 다음 사항에 답하시오[단, 유효우량(cm), 강우량·침투량(mm)=소수 2자리 이하, 평균침투지수·단위도 강우강도(mm/h), 단위도 종거(m^3/s)=소수 4자리 이하 버림하여 계산].

1. 강우강도에 대한 우량주상도 작성(그래프용지 이용)
2. 총유출수문곡선(그래프용지 이용) 작성
3. 각 시간에 대한 기저·직접유출량(표 이용) 계산
4. 각 시간에 대한 단위도의 종거(표 이용) 계산
5. 유효우량 계산
6. 유도된 단위도의 지속기간 계산
7. 단위도의 작성(그래프용지 이용)
8. 단위도의 우량주상도 작성(그래프용지 이용)
9. 작성된 단위도의 의미 설명

표 문4.1 단위도 유도자료

일시 (일 : 시간)	강우강도 (mm/h)	총유출량 (m^3/s)	기저유출량 (m^3/s)	직접유출량 (m^3/s)	단위도 종거 (m^3/s)
7/2 : 14	1.1	50			
15	2.5	50			
16	3.8	100			
17	6.7	150			
18	7.9	210			
19	4.3	300			
20	1.2	410			
21		515			
22		400			
23		305			
24		250			
7/3 : 01		205			
02		140			
03		105			
04		60			
05		50			
06		40			
합					

4.2 그림 문4.2와 같이 3개의 소유역으로 분할된 유역 내에 우수거를 설계하려고 한다. (1) 소유역은 좌측 끝 상하경계로부터 시작하여 500m점까지 18%의 평균경사를 가지며, 출구점까지 평균유속은 0.40m/s이다. 우수거 ①~③까지의 평균유속은 2.20m/s이다. 또한 각 소유역의 유출계수, 도달시간은 그림 안에 표시된 것과 같을 때 ①, ②, ③ 우수거의 설계홍수량을 합리식에 의해 구하시오[단, 10년 빈도 강우강도 $I=6650/(t+39)$(mm/h)=소수 2자리 이하, 도달시간(分), 거리(m), 유출계수=소수 3자리 이하, 유역면적(km^2), 유량(m^3/s)=소수 4자리 이하 버림하여 계산].

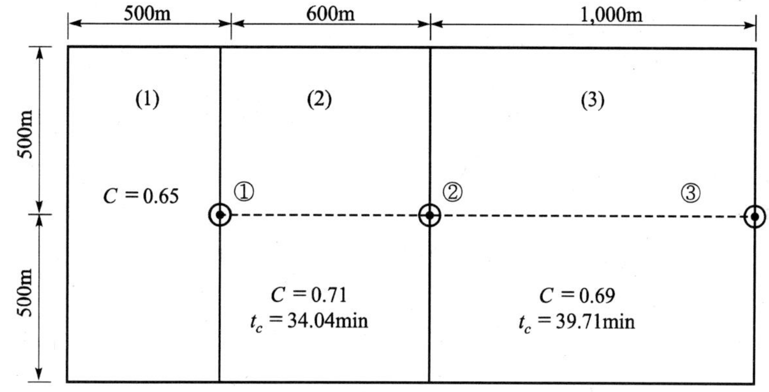

그림 문4.2 유역도

4.3 유역면적이 1,500km^2인 유역에 표 문4.3과 같이 2018년 7월 20일의 호우에 의한 유출량이 측정되었다. 기저유량이 40m^3/s일 때 수평직선(분리)법을 사용하여 단위도를 유도하시오.

표 문4.3 강우·유출자료

① 일시	② 강우강도 (mm/h)	③ 유출량 (m^3/s)	① 일시	② 강우강도 (mm/h)	③ 유출량 (m^3/s)	① 일시	② 강우강도 (mm/h)	③ 유출량 (m^3/s)
7/20 09:00	0.50	40	24:00		287	15:00		81
12:00	4.25	40	7/22 03:00		243	18:00		74
15:00	9.50	110	06:00		230	21:00		69
18:00	7.25	200	09:00		231	24:00		60
21:00	0.50	350	12:00		185	7/24 03:00		57
24:00		635	15:00		157	06:00		54
7/21 03:00		768	18:00		150	09:00		50
06:00		750	21:00		140	12:00		44
09:00		655	24:00		127	15:00		42
12:00		555	7/23 03:00		117	18:00		40
15:00		470	06:00		107	21:00		38
18:00		430	09:00		94	24:00		36
21:00		363	12:00		87			

4.4 어떤 소유역에 설계홍수량을 구하기 위해 미국 자연자원보전국(NRCS, 구 SCS)의 유효우량 산정공식을 사용하고, 지속기간 5시간인 유효우량의 삼각형 합성단위도 해석으로부터 첨두시간 20시간에서 첨두유량 60m^3/s, 기저시간은 50시간을 얻었다. 또한 이 유역에 2018년 8월 1일 05:00부터 10:00까지 70mm, 10:00부터 15:00까지 80mm의 강우량이 기록되었고, 기저유량은 10m^3/s이며, 유출곡선지수는 80이라고 할 때 단위도의 종거를 계산하여 직접유출수문곡선과 총유출수문곡선을 유도·작성 하시오.

4.5 그림 문4.5 유역은 유출계수가 다른 두 개의 소유역을 4개로 분할하여 우수거를 설계하려고 한다. (1) 소유역 평균유속=0.60m/s이고, (2) 소유역 평균유속=0.54m/s이며, 우수거 1~2간의 평균유속=2.10m/s이다. 각 소유역과 분할구역의 유출계수는 그림 문4.5에 표시한 값과 같을 때 우수거 1과 2의 설계유량을 합리식에 의해 각각 구하시오[단, 10년 빈도 강우강도 $I=5{,}000/(t+40)$ (mm/h)이고, 강우강도(mm/h), 도달시간(분), 거리(m)=소수 2자리, 유출계수, 유역면적(km^2)=소수 3자리, 유량(m^3/s)=소수 3자리 이하를 각각 버림 계산].

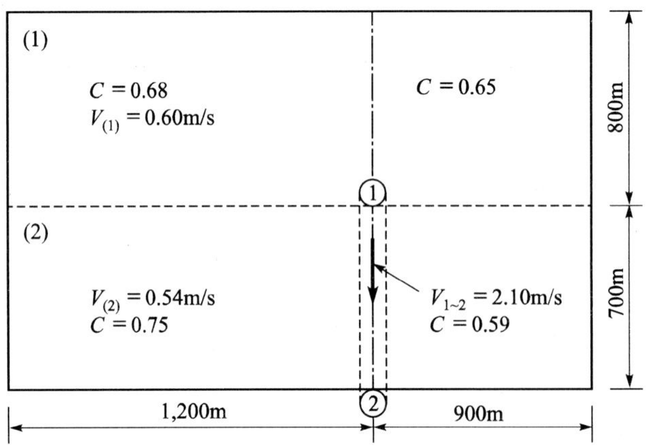

그림 문4.5 유역도

4.6 유역면적 350ha인 어떤 유역의 선행토양함수조건(AMC) AMC-II에서 유출곡선지수 CN =70이다. 이 유역에 2018년 9월 1일 50mm, 9월 2일 20mm, 9월 3일 30mm, 9월 4일 18mm의 강우가 있었을 때 NRCS(구 SCS) 방법에 의해; ① 이 조건에서 유역의 직접유출 용적(volume)(SI단위로 계산), ② 이 유역의 AMC-II가 CN=80일 때 직접유출 용적(SI단위로 계산)을 각각 구하시오[단, 유출용적(m^3)=소수 이하 버림, 잠재 최대 침투량(mm)=소수 2자리 이하, 강우량(mm)=소수 3자리 이하 버림 계산].

4.7 면적 200km^{2}인 유역 출구에서 관측된 2018년 8월 11일의 강우량과 유출량은 표 문4.7과 같다. 기저 유출량이 50m^3/s일 때 수평직선 분리법을 이용하여 단위도를 유도하고, 다음 사항에 대해 각각 답하시오[단, 유효우량(cm), 강우량·침투량(mm), 평균침투지수·단위도 강우강도(mm/h) = 소수 2자리 이하, 단위도 종거(m^3/s) = 소수 3자리 이하 버림하여 계산].

1. 강우강도에 대한 우량주상도 작성(그래프용지 이용)
2. 총유출수문곡선(그래프용지 이용) 작성
3. 각 시간에 대한 기저·직접유출량(표 이용) 계산
4. 각 시간에 대한 단위도의 종거(표 이용) 계산
5. 유효우량 계산
6. 유도된 단위도의 지속기간 계산
7. 단위도의 작성(그래프용지 이용)
8. 단위도의 우량주상도 작성(그래프용지 이용)
9. 작성된 단위도의 의미 설명

표 문4.7 강우 - 유출량 자료

일시 (일 : 시간)	강우강도 I(mm/h)	총유출량 Q(m^3/s)	일시 (일 : 시간)	강우강도 I(mm/h)	총유출량 Q(m^3/s)
8/11 : 10	6	60	8/11 : 18		248
11	18	50	19		173
12	23	106	20		135
13	14	195	21		120
14	9	355	22		107
15	4	495	23		81
16		338	24		50
17		287			

4.8 그림 문4.8 유역은 유출계수가 다른 두 개의 소유역을 4개로 분할하여 우수거를 설계하려고 한다. (1) 소유역 평균유속=0.60m/s이고, (2) 소유역 평균유속=0.54m/s이며, 우수거 1~2간의 평균유속=2.10m/s이다. 각 소유역과 분할 구역의 유출계수는 그림 2안에 주어진 것과 같다. 우수거 ①과 ②의 설계유량을 합리식에 의해 각각 구하시오[단, 10년 빈도 강우강도 $I=5000/(t+40)$(mm/h), 강우강도(mm/h), 도달시간(분), 거리(m)=소수 2자리, 유출계수, 유역면적(km^2)=소수 3자리, 유량(m^3/s)=소수 3자리 이하를 각각 버림 계산].

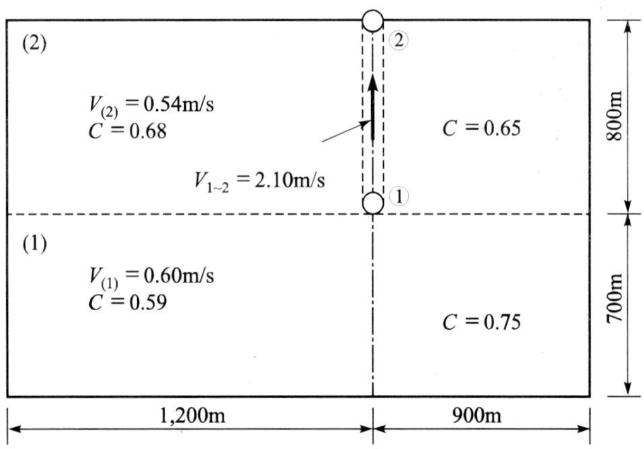

그림 문4.8 유역도

4.9 표 문4.9는 어떤 하천 수로구간에 설치된 수위-유량 관측소(stream gauging)에서 측정된 자료이다. 이 자료와 영점 유량(zero discharge) 상응하는 수위값(gage reading) a=7.50m 이다. 이들 자료를 이용해 다음 사항에 답하시오.

1. 수위-유량관계곡선(rating curve)의 유도와 상관계수 계산
2. 이 관측소의 수위 10.05m에 해당하는 유량 계산

표 문4.9 수위-유량 관계자료

수위 h (m)	유량 Q (m^3/s)	수위 h (m)	유량 Q (m^3/s)	수위 h (m)	유량 Q (m^3/s)	수위 h (m)	유량 Q (m^3/s)
7.65	15	7.90	60	8.98	400	11.10	2,000
7.70	30	7.91	100	9.30	600	11.70	2,400
7.77	57	8.08	150	9.50	800		
7.80	39	8.48	170	10.50	1,500		

4.10 면적 27km^{2}인 유역에 4시간 연속되는 38mm, 28mm의 두 강우에 의해 **표 문4.10**과 같은 수문곡선이 유도되었다. 다음 사항에 답하시오.

1. ϕ – 지표법에 의해 평균침투능 산정
2. 초과 강우량 산정

표 문4.10 유출 수문곡선 자료

시간(h)	유출량 (m^3/s)	시간(h)	유출량 (m^3/s)	시간(h)	유출량 (m^3/s)	시간(h)	유출량 (m^3/s)
−6	6.0	18	21.0	42	7.0	66	4.5
0	5.0	24	16.0	48	5.0	72	4.4
6	13.0	30	12.0	54	5.0	78	4.3
12	26.0	36	9.0	60	4.5	84	4.2

4.11 어떤 유역에 유도된 **표 문4.11**의 6시간 단위도를 이용하여 38mm의 초과 강우량에 대해 다음 사항에 답하시오.

1. 직접유출 수문곡선 유도

표 문4.11 유출 수문곡선 자료

시간(h)	유출량 (m^3/s)	시간(h)	유출량 (m^3/s)	시간(h)	유출량 (m^3/s)	시간(h)	유출량 (m^3/s)
0	0	12	125	30	110	54	16
3	25	15	160	36	60	60	8
6	50	18	185	42	36	69	0
9	85	24	160	48	25		

4.12 어떤 유역에 유도된 **표 문4.11**의 6시간 단위도를 이용하여 연속된 두 초과 강우 30, 20mm에 대해 다음 사항에 답하시오.

1. 총 직접유출 수문곡선 유도

4.13 표 문4.13은 유역면적 423km^{2}에서 측정된 6시간 총유출수문곡선이다. 기저유량 20m^3/s일 때 다음 사항에 답하시오.

1. 6시간 단위도 유도

표 문4.13 총유출수문곡선 자료

시간(h)	−6	0	6	12	18	24	30	36	42	48
유출(m^3/s)	10	10	30	87.5	115.5	102.5	85.0	71.0	59.0	47.5
시간(h)	54	60	66	72	78	84	90	96	102	
유출(m^3/s)	39.0	31.5	26.0	21.5	17.5	15.0	12.5	12.0	12.0	

4.14 유역 면적이 567km^{2}인 어떤 유역에 20m^3/s의 일정 기저유량과 3mm/h의 평균 침투능을 가질 때 다음 사항을 구하시오.

1. 총강우량 59mm일 때 총유출수문곡선의 첨두유량 270m^3/s인 3시간 단위도 종거
2. 3시간 단위도의 형상이 삼각형일 때 기저시간

4.15 어떤 유역에 유도된 표 문4.15의 4시간 단위도를 이용하여 다음 사항에 답하시오.

1. 8시간, 12시간의 단위도를 각각 유도하고, 그 결과 비교

표 문4.15 4시간 단위도 자료

시간(h)	0	4	8	12	16	20
단위도 종거(m^3/s)	0	22	83	135	157	96
시간(h)	24	28	32	36	40	44
단위도 종거(m^3/s)	94	51	25	14	4	0

4.16 어떤 유역에 유도된 표 문4.16의 4시간 단위도를 이용하여 다음 사항에 답하시오.

1. 누적곡선(summation curve, $S-$curve) 유도

표 문4.16 4시간 단위도 자료

시간(h)	0	4	8	12	16	20	24	28
단위도 종거(m^3/s)	0	12	35	28	19	12	7	0

4.17 누적곡선법(summation curve method)을 이용하여 문 4.15를 구하시오.

4.18 기후특성이 비슷한 두 유역의 특성이 표 문4.18과 같을 때 Synder의 합성단위도를 이용하여 다음 사항에 답하시오[단, 유도된 유역 ①의 2시간 단위도 첨두유량은 $50m^3/s$이고, 단위도의 초과강우량 시작에서 첨두점까지 시간은 9시간이다.].

표 문4.18 유역특성 구분

유역구분	유로길이 L(km)	유역의 도심거리 L_{ca}(km)	유역면적 $A(km^2)$
유역 ①	33	18	255
유역 ②	47	27	418

1. 합성단위도 유도에 필요한 변수의 유도와 정리
2. 1항에서 결정된 변수들을 이용하여 유역 ②의 합성단위도 유도

4.19 유역면적이 90ha인 도시유역의 경사는 0.006이고, 물의 이동 최대길이는 980m이다. 30년 재현기간의 강우 최대깊이가 표 문4.19와 같다. 이때 이 유역의 출구에 배수용 암거를 설계를 위한 유출계수 0.30을 사용하여 다음 사항에 답하시오.

1. 설계 홍수량의 산정

표 문4.19 설계 우량자료

지속기간(분)	5	10	20	30	40	50
강우량(mm)	18	29	42	53	58	64

4.20 단위도를 이용하여 어떤 과제에 대한 설계 홍수량 산정을 위해서는 설계강우 또는 호우(design storm)가 필요하다. 이는 표준설계홍수량(standard project flood, SPF) 산정을 위한 표준설계 호우(standard project flood, SPS) 또는 최대가능 홍수량(PMF)을 유도하기 위한 가능 최대 강수량(PMP)을 발생시킬 호우를 필요로 한다. 그 계산은 기상학적 자료를 사용하여 경험있는 기상학자들에 의해 수행된다. 과거 자료의 아주 정교한 기상학적 방법으로부터 간단한 해석까지를 다루는 여러 가지 방법이 전문적 지식과 신뢰성 있는 적절한 자료의 유용성에 따라 사용된다(Subramanya, 2013).

어떤 유역의 DAD 해석 결과로 최대수심-지속기간 포락곡선(enveloping maxium depth-duration curve)으로부터 표 문4.20과 같은 누가우량자료와 6시간 단위도의 종거를 결정하였다. 평균침투지수가 $1.5\mathrm{mm/h}$일 때 다음 사항에 답하시오.

1. 초과강우의 한계호우(기간)(critical storm, critical rainfall period)(Raudkivi, 1979) 설계

표 문4.20 누가우량자료와 6시간 단위도의 종거

강우경과시간 (h)	0	6	12	18	24	30	36	42	48	54	60
누가우량(mm)	0	150	241	300	340	370	390	405	413		
6-UH 단위도 종거($\mathrm{m^3/s}$)	0	20	54	98	125	146	154	152	138	122	106
강우경과시간 (h)	66	72	78	84	90	96	102	108	114	129	132
누가우량(mm)											
6-UH 단위도 종거($\mathrm{m^3/s}$)	92	79	64	52	40	30	20	14	10	6	0

CHAPTER

5

확률 분석

CHAPTER 5

확률 분석

본 장에서는 수공학 분야에서 주로 다루고 있는 수문자료의 **통계·확률개념(確率概念, probability concept)**을 다루고자한다. 통계·확률개념을 바탕으로 하는 최적 확률분형의 결정과 **빈도 해석(頻度解析, frequency analysis)**은 설계 확률강우량의 산정과 설계 홍수량의 산정에 중요한 역할을 한다. 특히, 환경부(2019)는 확률강우량 계산으로부터 비롯되는 홍수량 산정을 지점 빈도 해석방법에서 지역빈도 해석방법으로 실무적 측면에서 활용하도록 제시하고 있다.

이러한 국내의 실무적 변화환경을 반영하기 위해 본 장에서는 수공분야 프로그램에 대해 **5.3 RFAHD 응용**에서 지역빈도해석의 기본개념, 확률분포형·기본통계량, 자료분석·판단기준 등도 비교적 상세하게 기술한다.

5.1 통계·확률

확률(確率, probability) 개념은 수공분야의 많은 문제에서 수공기술자들이 접하게 되는 즉, 특정한 하천흐름에서 초과하게 되는 기대치에 대한 시간의 길이나 특별한 하천흐름의 발생빈도에 대해 의문을 갖는데서 비롯되었다. 그래서 중요한 기술 중의 하나로 빈도 해석이 수공기술자들에게 필요하게 되었다.

본 절에서는 수문자료의 통계분석을 위한 **중앙집중 성향(中央集中 性向, central tendency)**과 **편차(偏差, dispersion)**, **대칭(對稱, symmetry)**, **첨도(尖度, kurtosis)**, **상관계수(相關係數, correlation coefficient)** 등의 기본사항에 대해 간단히 기술한다.

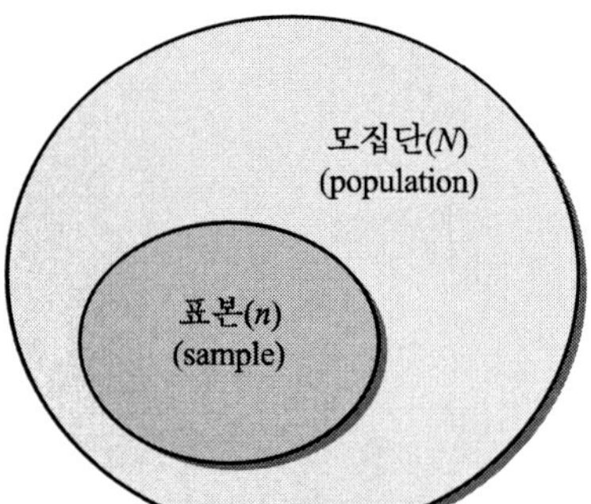

그림 5.1 모집단과 표본(집단)

그림 5.1과 같이 **모집단(母集團, population)**은 통계적인 관찰의 대상이 되는 집단 전체(N개 자료)를 말하고, **표본(집단)[標本(集團), sample]**은 전체 모집

단의 일부분(n개 자료)이 된다는 가정하에 모집단에서 선택·추출된 모집단 구성단위의 일부를 말한다.

5.1.1 통계 기본변수

통계의 기본변수로 중앙집중 성향을 나타내는 **확률변수(確率變數, random variable)**에는 **산술평균(算術平均, arithmetic mean)**과 **기하평균(幾何平均, geometric mean)**, **중앙치(中央値, median)**, **최빈치(最頻値, mode)**, **가중평균(加重平均, weighted mean)**, **분산(分散, variance)** 등이 있다. 또한 표준편차와 변동계수, 왜곡도계수, 첨예계수, 상관성에 대하여 서술한다.

(1) 평균

① 산술평균

일반적으로 가장 중요한 확률변수로 **산술평균(arithmetic mean)**이 널리 쓰이며, 보통 **평균(mean)**이라고도 한다. **그림 5.1**과 같이 자료 수 N개인 **모집단**의 **평균** 또는 매개변수(모수)[媒介變數(某數), parameter) μ와 이 모집단에서 추출된 n개 자료 **표본**의 **산술평균** 또는 **통계량(統計量, statistic)** $\bar{x}$는 각각 다음과 같이 구한다.

$$\mu = \frac{1}{N}\sum_{i=1}^{N} x_i \tag{5.1a}$$

$$\bar{x} = \frac{1}{n}\sum_{i=1}^{n} x_i \tag{5.1b}$$

여기서 N = 모집단의 자료 수이고, n = 모집단에서 추출된 표본의 자료 수이다.

② 기하평균

기하평균(幾何平均, geometric mean) ($\bar{x}_g$)은 합이 아닌 곱이 적용되는 경우의 평균으로 이용하며 다음과 같이 구한다.

$$\bar{x}_g = \left(\prod_{i=1}^{n} x_i\right)^{1/n} \tag{5.2}$$

예제 5.1

2(두)자리 수 '34, 27, 45, 55, 22, 35'로 구성된 6개 숫자가 있을 때 다음 사항에 답하시오.

1. 기하평균 계산

[풀이]

1. 기하평균 계산

(1) 식 (5.2)를 이용해 기하평균 $\overline{x}_g$를 구한다.

① $\overline{x}_g = (\prod_{i=1}^{n} x_i)^{1/n} = (34 \times 27 \times 45 \times 55 \times 22 \times 34)^{1/6} = 1{,}699{,}493{,}400^{1/6} \fallingdotseq 34.54$

② 산술평균 $\overline{x}$=36.16이다.

(2) 기하평균 $\overline{x_g}$=34.54는 산술평균 $\overline{x}$=36.16보다 작다.

1) 중앙치

중앙치(中央値, median)는 n개의 자료를 오름차순 또는 내림차순의 크기순으로 나열했을 때 두 집단으로 이등분되는 값이다. 이는 n이 홀수일 때 $(n+1)/2$번째의 값이고, n이 짝수일 때 $n/2$번째와 $n/(2+1)$의 산술평균이다. 이는 이상치인 큰 값과 작은 값 등에 의한 영향을 막기 위한 대표치이다.

표본의 **중앙치(sample median)** x_{md}는 절반의 값이 x_{md}의 양측에 놓이는 값과 같은 관측치이고, 모집단 중앙치(population median) μ_{md}는 다음 값을 만족하게 된다.

$$\int_{-\infty}^{\mu_{md}} p(x)dx = 0.5 \tag{5.3}$$

식 (5.3)의 확률변수 x는 **연속(連續, continuous)**이고, 확률 p가 다음 식으로 결정될 때 $\mu_{md} = x_p$ 이다.

$$\sum_{i=1}^{p} f(x_i) = 0.5 \tag{5.4}$$

식 (5.4)의 x는 **이산(離散, discrete)**이며, 표본이나 모집단의 중앙치는 존재하지 않는다.

2) 최빈치

최빈치(最頻値, mode)는 자료의 중심위치를 측정하는 것으로 가장 많은 관찰치를 대표치로 한다. 자료 중 그 빈도수가 최대인 값으로 자료가 연속형인 도수 분포표상에서 빈도가 최대인 계급의 중앙값을 최빈값으로 사용한다. **명목자료(名目資料, nominal)**인 문자로 나타내는 자료나 범주(範疇, class) 간 순서가 없는 자료의 경우는 평균과 중앙치는 의미가 없으므로 최빈치를 사용한다.

③ 가중평균

가중(산술)평균(加重平均, weighted mean)은 같은 모집단에서 표본을 서로 다른 개수로 추출할 때 평균을 구하는 데 사용하며, 다음과 같이 구한다.

$$\bar{x}_w = \frac{\sum_{i=1}^{n} w_i x_i}{\sum_{i=1}^{n} w_i} \tag{5.5}$$

여기서 $\bar{x}_w$=**가중평균**이고, w_i =부분 표본에 대한 한계(bound)를 나타내는 가중치이다.

(2) 표준편차·변동계수

편차(偏差, dispersion)를 판별하는 가장 일반적인 두 가지는 **범위(範圍, range)**와 **분산(分散, variance)**인데, 이는 확률변수가 평균으로부터 분산되는 정도를 판별하는 방법이다.

① 표준편차

1) 범위

표본의 **분포범위**는 가장 큰 값과 가장 작은 값의 단순한 차(差)로 구하는데, 이는 자료의 변동을 나타낸다. 모집단의 분포범위는 $-\infty$에서 ∞ 또는 0에서 ∞까지 몇 배의 간격을 갖는다. 표본의 분포범위는 표본 값 두 개만의 함수이지만 자료에 내포된 몇 가지의 개념을 알 수 있다. 많은 연속적인 수문학적 변수의 모집단 분포범위는 0에서 ∞이며, 어느 정도의 정보를 전달한다. 표본범위는 그 값의 한정된 범위에서 최댓값과 최솟값만이 사용되기 때문에 평균으로부터 양 또는 음으로의 편차값의 크기나 빈도를 반영하지 못하는 단점이 있다. 그래서 때로는 평균으로 나눈 범위인 **상대범위(相對範圍, relative range)**가 사용된다.

2) 분산

편차(偏差, dispersion)의 가장 일반적인 판별은 **분산(variance)**이며, 모집단의 분산 σ^2과 표본의 분산 s^2으로부터 모집단의 분산을 추정하는 표본의 분산은 다음과 같이 구한다. 또한 이들의 분산에 제곱근을 취해 구하는 **표준편차(標準偏差, standard**

deviation) σ와 s는 각각 다음과 같이 구한다.

$$\sigma^2 = \frac{1}{N}\sum_{i=1}^{N}(x_i - \mu)^2 \tag{5.6a}$$

$$s^2 = \frac{1}{n-1}\sum_{i=1}^{n}(x_i - \bar{x})^2 \tag{5.6b}$$

$$\sigma = \sqrt{\frac{1}{N}\sum_{i=1}^{N}(x_i - \mu)^2} \tag{5.6c}$$

$$s = \sqrt{\frac{1}{n-1}\sum_{i=1}^{n}(x_i - \bar{x})^2} \tag{5.6d}$$

여기서 σ^2과 s^2 =모집단과 표본의 **분산**이고, σ와 s =모집단과 표본의 **표준편차**이다.

② **변동계수**

모집단과 표본의 **변동계수(變動係數, coefficient of variation)** C_{vp}와 C_{vs}는 모집단과 표본의 표준편차 σ와 s를 모집단과 표본의 산술평균 μ와 $\bar{x}$로 나눠 다음과 같이 구한다.

$$C_{vp} = \frac{\sigma}{\mu} \tag{5.7a}$$

$$C_{vs} = \frac{s}{\bar{x}} \tag{5.7b}$$

이는 측정단위가 서로 다른 자료를 비교할 때 범위나 분산값 만으로는 충분하지 않은 경우에 상대적인 산포도의 비교를 위해 사용한다. 이때 변동계수의 값이 클수록 상대적인 차이가 크다는 것을 의미한다.

(3) 대칭

대칭(對稱, symmetry)은 간단하게 말하면, 물체를 반으로 나눴을 때 그것이 똑같은 모양을 갖는 것을 이른다. 또한 점·직선·평면이 한 중심에서 양쪽으로 같은 거리에 점·직선·평면이 배치·배열되어 있는 것을 뜻한다. 그러나 **그림 5.2**와 같이 많은 분포들이 **대칭**을 이루지 못하고, 오른편이나 왼편으로 차츰 감소하며 빗나가게 되는데, 이를 **비대칭(非對稱, skewed)**이라 한다. 분포의 오른쪽 끝부분은 우측으로 비대칭이고, 다른 왼쪽 끝부분은 좌측으로 비대칭인 왜곡분포의 정도를 **왜곡도(歪曲度, skewness)**라 한다. 이는 평균에 대한 3차 모멘트로 정의하고, 모집단과 표본의 왜곡도 σ_{sp}, σ_{ss}는 각각 다음과 같이 구한다.

$$\sigma_{sp} = \frac{1}{N}\sum_{i=1}^{N}(x_i - \mu)^3 \tag{5.8a}$$

$$\sigma_{ss} = \frac{n}{(n-1)(n-2)}\sum_{i=1}^{n}(x_i - \overline{x})^3 \tag{5.8b}$$

모집단과 표본의 **왜곡도계수(歪曲度係數, coefficient of skewness)** C_{sp}와 C_{ss}는 모집단과 표본의 왜곡도 σ_{sp}와 σ_{ss}를 모집단과 표본의 표준편차 σ와 s의 세제곱으로 나눈 것으로 다음과 같이 정의한다.

$$C_{sp} = \frac{\sigma_{sp}}{\sigma^3} \tag{5.9a}$$

$$C_{ss} = \frac{\sigma_{ss}}{s^3} \tag{5.9b}$$

식 (5.9)는 가장 일반적으로 사용되는 비대칭성의 척도이다.

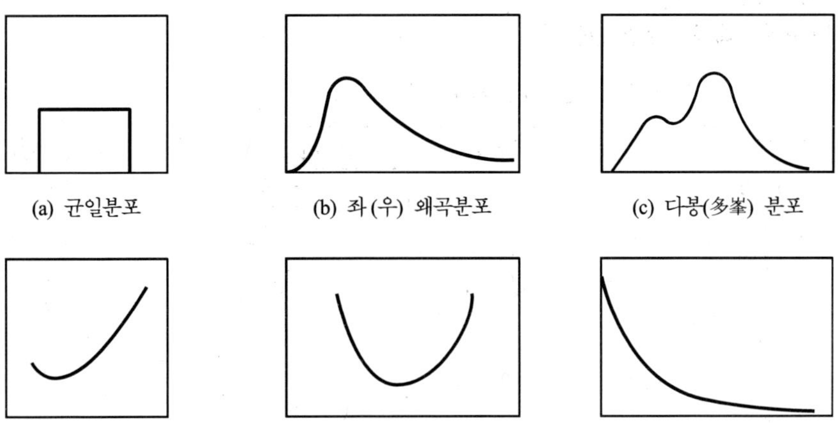

(a) 균일분포 (b) 좌(우) 왜곡분포 (c) 다봉(多峯) 분포

(d) J자(字)형 분포 (e) U자(字)형 분포 (f) 지수분포

그림 5.2 확률밀도함수의 분포형상

또한 그림 5.3(a)는 표본의 왜곡도계수 $C_{ss}=0$인 **대칭분포(symmetrical)**를 나타내고, 그림 5.2(b)는 $C_{ss}>0$인 오른쪽으로 왜곡된 **우측 왜(비대칭)분포(右側歪分布, positive skew)**이다. 그림 5.2(c)는 $C_{ss}<0$인 왼쪽으로 왜곡된 **좌측 왜(비대칭)분포(左側歪分布, negative skew)**이다. 그림 5.2는 이들 좌우측 왜분포에서의 **최빈치(mode)**, **중앙치(median)**, **평균치(mean)**를 각각 표시한다(Hann, 1994; 2002; Bedient and Huber, 1988).

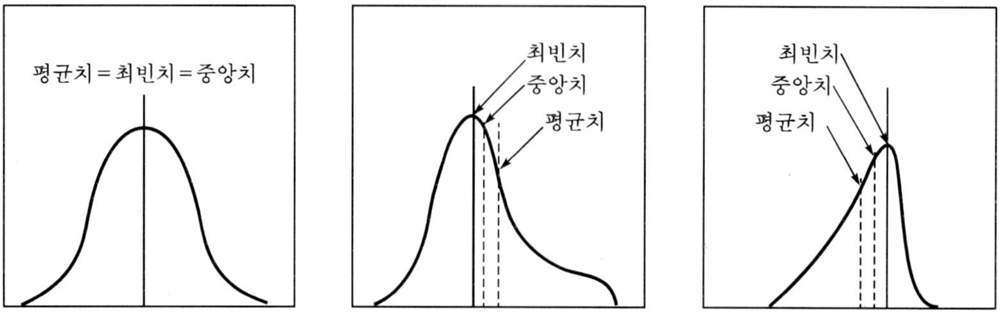

(a) 대칭분포 (b) 우측 왜분포 (c) 좌측 왜분포

그림 5.3 대칭과 비대칭

예제 5.2

표 예5.2ⓐ, ⓑ는 어떤 유역 내 강수량 관측소에서 1996년부터 10년간의 측정된 5월 강우량 자료이다. 다음 사항에 답하시오.

1. 평균, 표준편차 계산
2. 변동계수, 왜곡도계수 산정

표 예5.2 어떤 강수량 관측소의 5월 강우량 자료

ⓐ 기록년도	ⓑ 5월 강우량 x(mm)	ⓒ $(x-\bar{x})^2$	ⓓ $(x-\bar{x})^3$
1996	33.9	39.3	−246.5
1997	31.7	71.7	−607.6
1998	31.5	75.2	−651.7
1999	59.6	377.5	7,335.3
2000	50.5	106.7	1,102.3
2001	38.6	2.5	−3.9
2002	43.4	10.4	33.7
2003	28.7	131.6	−1,509.0
2004	32.0	66.7	−545.3
2005	51.8	135.3	1,573.0
합	401.7	1,016.9	6,480.3

[풀이]

1. 평균, 표준편차 계산

(1) 평균 $\bar{x}$: **표 예5.2ⓑ** 값을 이용하여 식 (5.1b)로 계산한다.

$$\bar{x}=\frac{1}{n}\sum_{i=1}^{n}x_i=\frac{401.7}{10}=40.17\,\text{mm}$$

(2) 표준편차 s : **표 예5.2ⓒ** 값을 이용하여 식 (5.6d)로 계산한다.

$$s=\sqrt{\frac{1}{n-1}\sum_{i=1}^{n}(x_i-\bar{x})^2}=\sqrt{\frac{1}{9}(1{,}016.9)}=10.63\,\text{mm}$$

2. 변동계수, 왜곡도계수 산정

(1) 변동계수 C_{vs} : 1항 (1), (2)와 식 (5.7)을 이용한다.

$$C_{vs}=\frac{s}{\bar{x}}=\frac{10.63}{40.17}=0.264$$

(2) 왜곡도계수 C_{ss} : **표 예5.2ⓓ** 값을 이용하여 식 (5.8b), (5.9b)를 이용해 계산한다.

$$C_{ss}=\frac{\sigma_{ss}}{s^3}\left[\leftarrow\sigma_{ss}=\frac{n}{(n-1)(n-2)}\sum_{i=1}^{n}(x_i-\bar{x})^3\right]=\frac{n\sum_{i=1}^{n}(x_i-\bar{x})^3}{(n-1)(n-2)s^3}$$

$$=\frac{10\times 6{,}480.3}{9\times 8\times (10.63)^3}=\frac{6{,}480.3}{86{,}483.307}=0.749>0$$

(3) 그러므로 **그림 5.3(b)**와 같이 **우측 왜분포(右側歪分布, positive skew)**한다.

(4) 첨도

첨도(尖度, kurtosis)는 확률분포가 갖는 첨예 정도의 척도로 정규 확률분포(normal probability distribution)와 비교하여 확률분포의 최고점(peakedness)이나 평탄(flatness)의 정도를 기준으로 한다. 평균에 대한 4차 모멘트로 모집단과 표본의 첨도 k_{up}와 k_{us}는 각각 다음과 같이 구한다.

$$k_{up}=\frac{1}{N}\sum_{i=1}^{N}(x_i-\mu)^4 \tag{5.10a}$$

$$k_{us}=\frac{n^2}{(n-1)(n-2)(n-3)}\sum_{i=1}^{n}(x_i-\bar{x})^4 \tag{5.10b}$$

또한 모집단과 표본의 **첨도계수(尖度係數, kurtosis coefficient)** C_{kp}와 C_{ks}는 모집단과 표본의첨도 k_{up}와 k_{us}를 표준편차 σ와 s의 4제곱으로 나눠 다음과 같이 구한다(Hann, 2000).

$$C_{kp}=\frac{k_{up}}{\sigma^4} \tag{5.11a}$$

$$C_{ks}=\frac{k_{us}}{s^4} \tag{5.11b}$$

그림 5.4와 같이 정규분포는 $C_{kp}=3$이고, 첨도는 **중첨(中尖, mesokurtic = normal)**이다.

정규분포보다 뾰족한 경우는 **급첨**(急尖, leptokurtic = positive kurtosis : 산모양의 커브가 위로 솟은 것)으로 $C_{kp} > 3$이고, 정규분포보다 평평한 경우는 **평첨**(平尖, platykurtic = negative kurtosis : 평평하게 퍼진 것)으로 $C_{kp} < 3$이다.

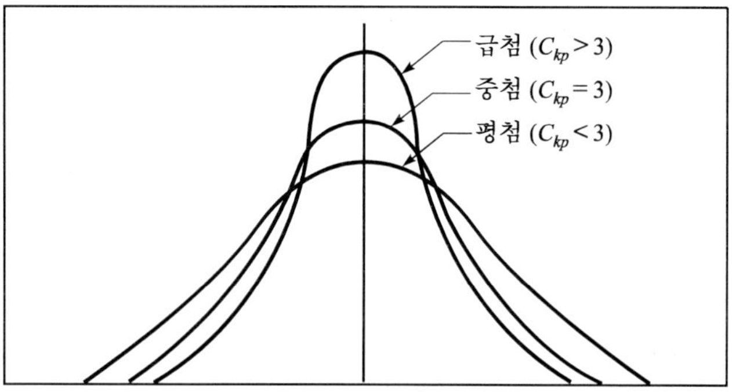

그림 5.4 첨도의 정의

(5) 연관성

연관성(聯關性, association)은 2개 또는 그 이상의 항목에 대해 자료들이 상호 관련되어 있는 성질을 말한다. 연관성에 대한 **선형관계**(線型關係, linear relationship)의 척도는 **공분산**(共分散, covariance)과 **상관계수**(相關係數, correlation coefficient)로 나타낸다.

① 공분산

공분산은 변수 x, y가 각각 모집단 평균(μ_x, μ_y)과 표본 평균($\bar{x}$, $\bar{y}$)으로부터 떨어진 값을 서로 곱한 후, 전부 더하여 모집단에서는 N, 표본에서는 $n-1$로 나눈 값으로 다음과 같이 구한다.

$$\sigma_{xy} = \frac{\sum_{i=1}^{N}(x_i - \mu_x)(y_i - \mu_y)}{N} \tag{5.12a}$$

$$s_{xy} = \frac{\sum_{i=1}^{n}(x_i - \bar{x})(y_i - \bar{y})}{n-1} \tag{5.12b}$$

여기서 σ_{xy}와 s_{xy} = 모집단과 표본의 공분산이고, N과 n = 모집단과·표본의 자료 수이다. μ_x와 μ_y = 모집단 x와 y의 평균이고, $\bar{x}$, $\bar{y}$ = 표본 x와 y의 평균이다.

또한 **공분산**은 두 변수가 어느 방향으로 얼마나 변동하는지 또는 퍼져있는지를 부호(sign)와 크기(magnitude)로 나타낸다. 공분산의 부호는 x와 y가 평균에 대하여 **그림 5.5**와 같이 **양 관계(positive relationship)**는 서로 같은 값을 가질 때이고, **음 관계(negative relationship)**는 서로 반대 값을 가질 때이다.

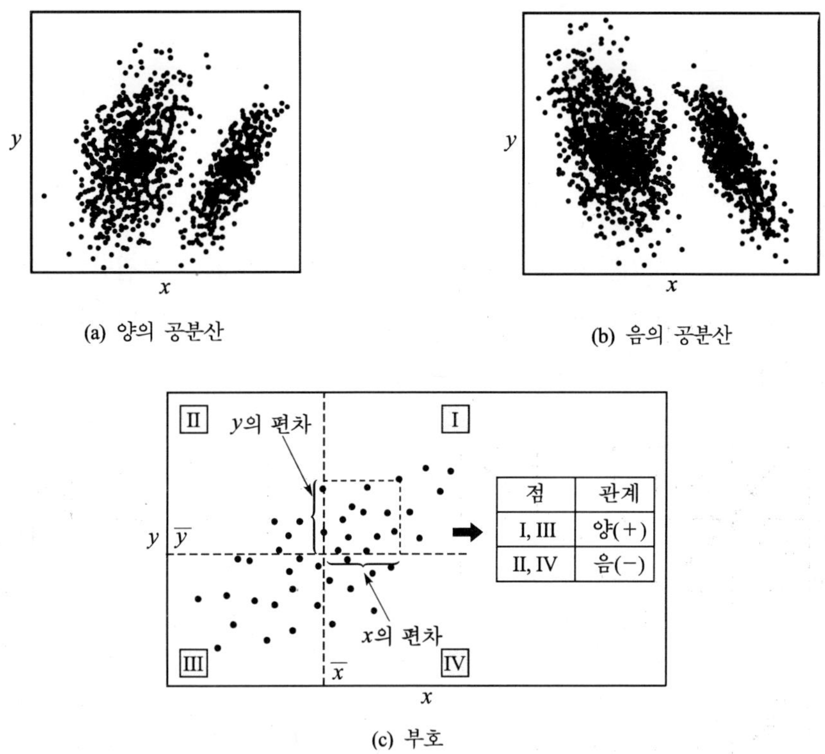

그림 5.5 공분산의 부호와 크기

공분산>0 또는 공분산<0인 경우는 각각 두 변수가 양 또는 음의 관계를 갖는 것이다. 공분산=0인 경우는 두 변수 간에 아무런 관계가 없다는 것이 아니라 양의 관계나 음의 관계가 없는 것을 의미하는 것이다. 공분산은 두 변수 간의 측정단위(예 : 키를 m와 mm단위로 측정했을 때 공분산은 후자의 경우 10배로 커짐)에 따라 그 값이 달라지므로 연관성에 대한 경향성만을 보여준다.

② 상관계수

상관계수(相關係數, correlation coefficient)는 두 변수 x, y의 공분산을 각각의 표준편차로 나눈 값으로 공분산을 표준화한 것이다. 이때 상관관계의 정도를 알기 위해서는 단위를 통일시켜 비교해야 한다. 이를 위해 정규화된 변수들이 비교에 사용되며, 그 값은 모집단과 표본의 경우 각각 다음과 같이 구한다.

$$\rho_{xy} = \frac{\sigma_{xy}}{\sigma_x \sigma_y} \tag{5.13a}$$

$$r_{xy} = \frac{s_{xy}}{s_x s_y} \tag{5.13b}$$

여기서 ρ_{xy}와 r_{xy} = 모집단과 표본의 상관계수이고, σ_{xy}와 s_{xy} = 모집단과 표본의 공분산이며, σ_x와 σ_y = 모집단의 변수 x, y에 대한 표준편차, s_x와 s_y = 표본의 변수 x, y에 대한 표준편차이다.

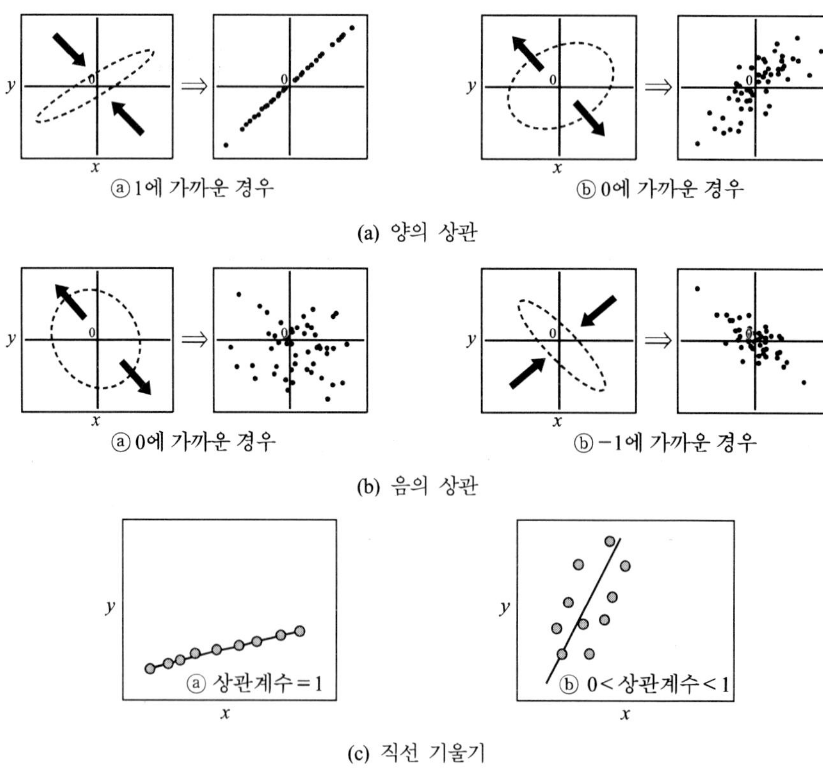

그림 5.6 상관계수의 양과 음의 관계

상관계수는 **그림 5.6**과 같이 항상 -1과 1 사이의 값을 가지며, **그림 5.6(a), 5.6(b)**와 같이 상관계수는 양 또는 음의 상관관계를 갖는다. **그림 5.6(c)**와 같이 두 변수가 선형관계일 때만 -1이나 1이 되는데, 이는 직선의 관계를 나타내는 것이기 때문에 직선의 기울기와는 관계가 없다.

예제 5.3

표 예5.3ⓐ, ⓑ와 같이 두 변수를 갖는 자료를 이용하여 다음 사항에 답하시오.

1. 연관성 검토

표 예5.3 연관성 분석 자료와 결과

i	ⓐ x	ⓑ y	ⓒ $x-\bar{x}$	ⓓ $y-\bar{y}$	ⓔ $(x-\bar{x})(y-\bar{y})$	ⓕ $(x-\bar{x})^2$	ⓖ $(y-\bar{y})^2$
1	36	35	−24	−15	360	576	225
2	80	65	20	15	300	400	225
3	50	60	−10	10	−100	100	100
4	58	39	−2	−11	22	4	121
5	72	48	12	−2	−24	144	4
6	60	44	0	−6	0	0	36
7	56	48	−4	−2	8	16	4
8	68	61	8	11	88	64	121
합	480	400	0	0	654	1304	836

[풀이]

1. 연관성 검토

(1) 표본의 연관성은 공분산[식 (5.12b)]과 상관계수[식 (5.13b)]에 대한 검토(계산)이다.

① (1)항을 수행하기 위한 사전 검토로 식 (5.12b), (5.13b)를 이용하기 위해서는 **표 예5.3ⓐ, ⓑ** 두 자료의 평균과 표준편차를 다음과 같이 구해야 한다.

1) 변수 x의 평균 계산; $\bar{x}=\frac{1}{n}\sum_{i=1}^{n}x_i=\frac{480}{8}=60$

2) 변수 y의 평균 계산; $\bar{y}=\frac{1}{n}\sum_{i=1}^{n}y_i=\frac{400}{8}=50$

3) 변수 x의 표준편차 계산; $s_x=\sqrt{\frac{1}{n-1}\sum_{i=1}^{n}(x_i-\bar{x})^2}$ (예5.3.1a)

$$=\sqrt{\frac{1}{(8-1)}(1{,}304)}=13.648$$

4) 변수 y의 표준편차 계산; $s_y = \sqrt{\dfrac{1}{n-1}\sum_{i=1}^{n}(y_i - \bar{y})^2}$ (예5.3.1b)

$$= \sqrt{\frac{1}{(8-1)}(836)} = 10.928$$

② 공분산을 식 (5.12b)를 이용해 구한다.

$$s_{xy} = \frac{\sum_{i=1}^{n}(x_i - \bar{x})(y_i - \bar{y})}{n-1} = \frac{654}{8-1} = 93.42 \quad \text{(예5.3.2)}$$

③ 표본의 상관계수(correlation coefficient)는 식 (5.13b)를 이용하여 구하며 이때 각 변수의 표준편차 식 (예5.3.1a), (예5.3.1b)를 식 (5.13b)에 대입하고 정리하면 다음과 같이 쓸 수 있다.

1) 표본의 상관계수 $r_{xy} = \dfrac{s_{xy}}{s_x s_y}\left[= \dfrac{\sum_{i=1}^{n}(x_i - \bar{x})(y_i - \bar{y})}{\sqrt{\sum_{i=1}^{n}(x_i - \bar{x})^2(y_i - \bar{y})^2}}\right]$ (예5.3.3)

$$= \frac{93.42}{(13.648)(10.928)} = 0.626$$

$$\left[= \frac{654}{\sqrt{1,304(836)}} = 0.626\right]$$

2) 이들 관계를 그래프로 표시하여 **곡선적합(curve fitting)** 하면 **그림 예5.3**과 같이 **결정계수(determinant coefficient)**(상관계수의 제곱값) R^2을 얻을 수 있다.

3) 결정계수 R^2은 ③ 2)항의 제곱값으로 **그림 예5.3**과 같이 0.3923을 얻는다.

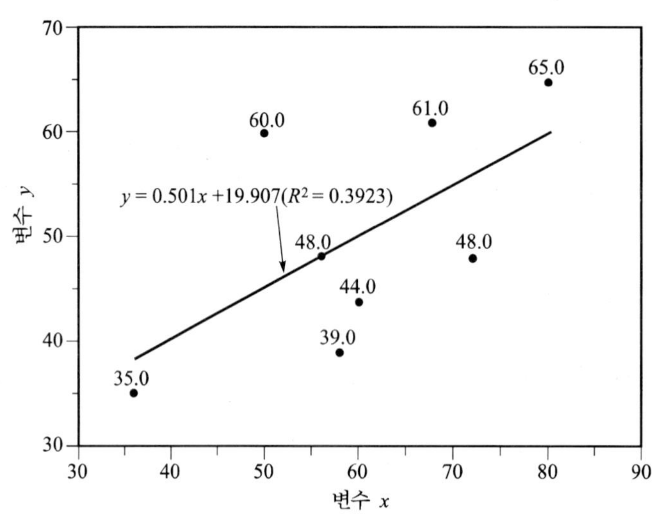

그림 예5.3 연관성 분석

5.1.2 수문자료 계열

통계학적 해석을 위한 수문자료는 해석목적, 해석방법, 자료수집, 정리의 난이도 등을 고려하여 자료를 선정하고 수집하기 위해 여러 항목을 조사 검토해야 한다.

수문자료의 종류에는 강우량, 강설량, 증발량, 하천수위, 하천유량, 지하수위 등이 있으며 광의의 수문자료에는 기온, 습도, 바람, 일조시간과 같은 기상자료를 포함시킨다. 수문자료 계열(hydrologic data series)의 분류는 일반적으로 **그림 5.7**과 같이 크게 **전기간 계열(complete duration series)**, **부분기간 계열**(partial duration series)과 **극치계열**(extreme value series)로 분류된다.

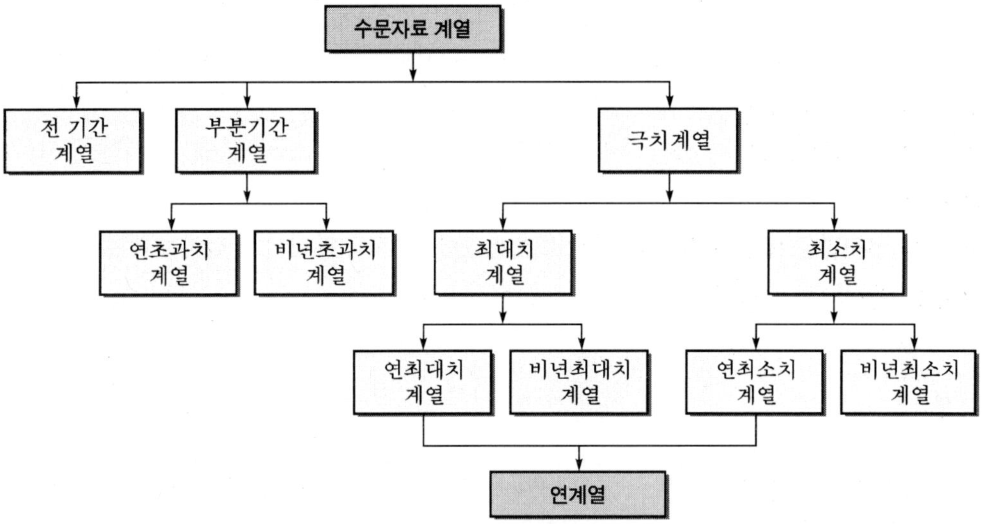

그림 5.7 자료계열의 구성

(1) 전 기간 계열

전 기간 계열(全 期間 系列)은 어떤 기간 동안의 모든 자료로 구성되는 자료 계열로 실제 설계에 사용하는 자료는 수문학적으로 위험조건을 유발하는 극한사상의 자료이고 전기간 계열이 사용되는 예는 지속곡선과 누가곡선의 해석에 한정된다고 할 수 있다.

(2) 부분시계열

부분시계열(部分時系列)은 기준치보다 크거나 작은 값으로 구성되는 자료 계열로 부분 계열의 자료 수가 기록연수와 같도록 기준치가 선정될 때의 계열을 **연초과치**(年超過値)**계열**이라 하고, 그렇지 않은 경우를 **비년초과치 계열**이라 한다.

(3) 극치시계열

극치시계열(極値時系列)은 기록기간이 일정한 단위기간 내에 발생한 최대치 또는 최소치로 구성되는 계열로 단위기간으로는 통상 연(年)이 사용되고 연 단위기간의 계열을 연계열이라 한다. 연계열은 매년 최대치 또는 최소치로 구성되는 것에 따라 **연최대치 계열**과 **연최소치 계열**로 구분된다.

수문자료 계열의 선택방법은 계획하는 수공구조물의 종류에 따라 적절하게 결정해야 하는데, 예를 들어 어떤 해에 발생한 최고치뿐만 아니라 두 번째 크기 값도 그 구조물의 설계에 지대한 영향을 미칠 경우는 연초과치 계열을 선택해야 한다. 그 실례는 여러 차례에 걸친 홍수로 교량의 기초가 세굴로 인해 파괴된다든지 고속도로의 배수시설 붕괴 등에서 볼 수 있는데, 이는 첨두유량뿐만 아니라 연속적인 여러 번의 홍수가 구조물에 큰 피해를 끼치게 되는 것이다.

한편 대규모 댐의 여수로와 같은 가장 위험한 수문학적 조건에서 안전하도록 설계해야 하는 경우는 연최대치 계열의 수문자료를 사용해야 한다.

예제 5.4

어떤 유량 관측소의 홍수량 자료가 1968년 134.5, 165.1, 145.1m^3/s, 1969년 202.5, 235.4, 175.6m^3/s, 1970년 210.5, 200.8m^3/s, 1971년 208.4, 203.2, 197.5m^3/s, 1972년 195.3, 206.5, 204.1m^3/s, 1973년 211.4, 210.6, 209.5m^3/s, 1974년 201.4, 199.2m^3/s, 1975년 205.3, 206.7, 198.2m^3/s이었다. 다음 사항에 답하시오.

1. 연초과치 계열 구성
2. 연최대치 계열 구성

[풀이]

1. 연초과치 계열 구성
   (1) **연초과치 계열**은 자료의 수가 기록연수와 같게 되도록 기준값이 선정된 자료 계열이다.
   (2) 연초과치 계열은 표 예5.4(a)와 같이 구성된다.

2. 연최대치 계열 구성
   (1) 연최대치 계열은 각 자료 중 해당 연도의 최대치 유량으로 구성된 자료계열이다.

(2) **연최대치 계열**은 표 예5.4(b)와 같이 구성된다.

표 예5.4 연초과치와 연최대치 계열

(a) 연초과치 계열		(b) 연최대치 계열	
ⓐ 순위	ⓑ 유량(m^3/s)	ⓐ 순위	ⓑ 유량(m^3/s)
1	235.4	1	235.4
2	211.4	2	211.4
3	210.6	3	210.5
4	210.5	4	208.4
5	209.5	5	206.7
6	208.4	6	206.5
7	206.7	7	201.4
8	206.5	8	165.1

5.1.3 확률개념·분포

(1) 확률개념

확률 $P(E)$는 어떤 사상 E가 여러 차례 시도되었을 때 그 사상이 발생되는 **도수(度數, frequency)**로 다음과 같이 표시한다.

$$P(E) = \frac{n}{N} \tag{5.14}$$

여기서 n =사상 E의 발생 도수이고, N =충분히 큰 값의 시도 횟수며, n/N =**상대도수(相對度數, relative frequency)** 또는 **확률(probability)**이라 한다.

수공 기술자들에게 이러한 확률의 개념은 당연히 홍수의 발생 문제를 해결하고자 하는 데 적용하게 되었다. 2.2.3(1) **확률강우량**에서 언급한 바와 같이 **재현기간(recurrence interval, return period)** 또는 **생기빈도(frequency)**(年)는 일정 기간에 어떤 크기의 강우나 홍수가 발생할 횟수이다. 이는 임의 홍수량이 1회 이상 같아지거나 초과하는 데 소요되는 연수(年數)로 표시하며 이들의 확률 관계는 다음과 같다.

$$T = \frac{1}{P(F)} \tag{5.15}$$

여기서 T =재현기간(년)이고, $P(F)$ =(홍수의) 발생(=초과)확률이다.

따라서, T년 빈도의 홍수가 발생하지 않을 확률은 $P(\overline{F})=1-P(F)=1-\frac{1}{T}$이며, n년 동안에 T년 빈도 홍수가 발생하지 않을 확률[=**신뢰도(reliability)** R_{el}]은 다음과 같다.

$$P_1(\overline{F}_1)\times P_2(\overline{F}_2)\times\cdots\times P_n(\overline{F}_n)=[P(\overline{F})]^n(=R_{el})=\left(1-\frac{1}{T}\right)^n \tag{5.16}$$

n년 동안에 T년 빈도 홍수가 최소한 1회 발생할 확률은 **위험도(危險度, risk)** R_{is}로 다음과 같이 정의한다.

$$R_{is}=1-[P(\overline{F})]^n(=1-R_{el})=1-\left(1-\frac{1}{T}\right)^n \tag{5.17}$$

예제 5.5

어떤 유역에 계획 중인 대규모 댐의 건설을 위해 **가물막이 댐(coffer dam)**을 임시로 건설하고자 한다. 만약 이 댐을 20년 빈도 홍수에 견딜 수 있도록 설계한다고 할 때 다음 사항에 답하시오.

1. 첫 해(年)에 파괴될 위험도
2. 세 번째 해에 파괴될 위험도
3. 본 댐의 건설 기간을 5년으로 가정할 때 이 기간에 최소한 1회 파괴될 위험도
4. 5년 동안 한 번도 파괴되지 않을 확률

[풀이]

1. 첫 해(年)에 파괴될 위험도

   (1) 재현기간 $T=20$년에 첫 번째 해 파괴될 위험도 R_{is1} :

   ① $R_{is1}=1-\left(1-\frac{1}{T}\right)^n=1-\left(1-\frac{1}{20}\right)^1=0.05$

   ② $\therefore R_{is1}=5\%$

2. 세 번째 해에 파괴될 위험도

   (1) 재현기간 $T=20$년에 세 번째 파괴될 위험도 R_{is3} :

   ① $R_{is3}=1-\left(1-\frac{1}{T}\right)^n=1-\left(1-\frac{1}{20}\right)^3=0.1426$

   ② $\therefore R_{is3}=14.26\%$

3. 본 댐의 건설 기간을 5년으로 가정할 때 이 기간에 최소한 1회 파괴될 위험도
   (1) 재현기간 $T=20$ 년에 다섯 번째 파괴될 위험도 R_{is5}

      ① $R_{is5}=1-\left(1-\frac{1}{T}\right)^n=1-\left(1-\frac{1}{20}\right)^5=0.2262$

      ② $\therefore R_{is5}=22.62\%$

4. 5년 동안 한 번도 파괴되지 않을 확률
   (1) 재현기간 $T=20$년에 댐 완공 시까지 5년 동안 한 번도 파괴되지 않을 확률(=신뢰도) R_{el5}

      ① $R_{el5}=[P(\overline{F})]^n=\left(1-\frac{1}{T}\right)^n=\left(1-\frac{1}{20}\right)^5=0.7738$

      ② $\therefore R_{el5}=[P(\overline{F})]^5=77.38\%$

(2) 확률분포

연최대 홍수량의 계열이 계급간격 ΔQ의 급수 또는 유량 그룹의 크기로 세분될 때 각 계급 내 홍수량의 발생 수 f_i는 **그림 5.8(a)**와 같이 주어진 빈도수를 유량에 대해 표시할 수 있다. 이것은 유량 계급 ΔQ의 크기와 계열 내 사상의 총수 N에 관한 두 개의 그래프 세로축을 변환하는 데 편리하다. 우측의 세로축은 $f_i/(N\Delta Q)$인 홍수사상의 확률로 하고, 좌측 세로축은 상대도수(=확률)인 f_i/N로 하는 유량 계급 ΔQ에 대한 **그림 5.8(a)**의 그래프(bar graph)를 작성한다. 이 그래프 각 계급간격의 평면적은 f_i/N로 주어지게 될 것이므로 이들 면적의 합은 다음과 같이 1이 된다.

$$\sum_{i=1}^{N}\left(\frac{f_i}{N\Delta Q}\Delta Q\right)=1 \tag{5.18}$$

여기서 N=홍수량 계급의 수(=유량 계급 ΔQ인 계열 내 사상의 총수)이다.

만약 자료계열이 무한대로 많은 수이고, 계급간격이 무수히 작게 만들었다면 확률밀도(함수)분포(probability density function distribution)의 평활한 곡선이 **그림 5.8(b)**와 같이 얻게 될 것이므로 이 곡선 아래의 면적은 다음과 같이 1을 갖는다.

$$\int_0^{\infty} p(Q)dQ=1 \tag{5.19}$$

연최대 홍수량 Q는 두 변수 a와 b 사이에 놓이는 확률로 다음과 같이 주어진다.

$$P=\int_a^b p(Q)dQ \tag{5.20}$$

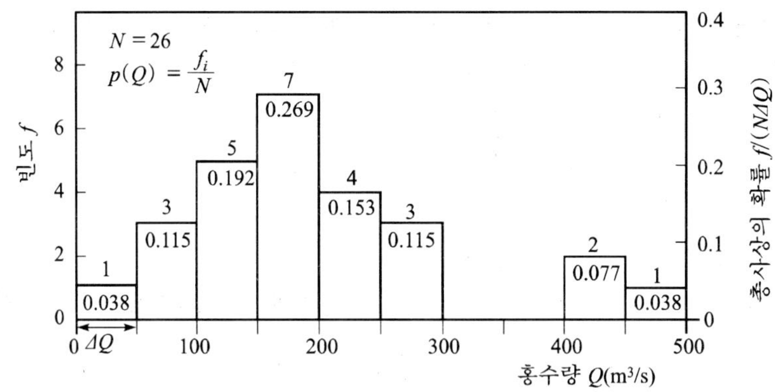

(a) 확률과 계급간격 평면적의 합

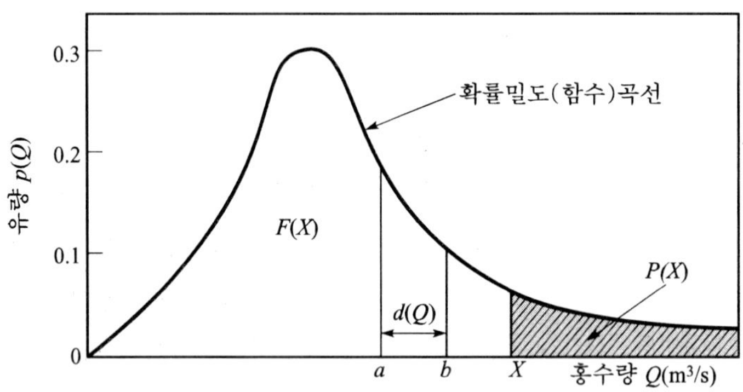

(b) 확률밀도(함수)곡선

그림 5.8 연최대 홍수량의 확률분포

어떤 주어진 **변량(變量, magnitude)** x에 대해 연최대 홍수량 Q와 같거나 초과할 특정치 [(기준치=**무작위 변수(random variable)**] X의 **초과 확률(exceedance probability)**$(Q \geq X)$은 확률밀도(함수)곡선[probability density (function) curve]인 **그림 5.8(b)**의 빗금 친 면적이므로 다음과 같이 쓸 수 있다.

$$P(X)[=P(X \leq x)] = \int_X^{\infty} p(Q)dQ \tag{5.21}$$

만약에 $F(X)[=P(X > x)]$가 $Q < X$인 **비초과 확률(non-exceedance probability)** 또는 발생하지 않을 확률이라면 이는 다음과 같이 쓸 수 있다.

$$F(X) = \int_0^X p(Q)dQ \tag{5.22}$$

그러므로, **초과확률**은 다음과 같이 쓸 수 있다.

$$P(X) = 1 - F(X) \tag{5.23}$$

여기서 $P(X)[=P(x \geq X)]$ =어떤 주어진 기간(T년)에 있어 (기준값) X를 초과하거나 같아지는 연최대 확률이다. 이는 X를 초과하거나 같아지는 연최대치 총수(T년)의 **상대비(relative proportion)** $[P(X)=1/T]$이다.

만약에 X가 많은 수의 n년 내 m번 초과하거나 같아진다면 $P(X)$는 m/n에 접근$[P(X) \rightarrow m/n]$하게 되므로 X에 대한 **재현기간[再現期間, recurrence interval(return period)]** 또는 **생기빈도(frequency)**(年) $T(X)=n/m$이 된다.

따라서, **(초과)확률**과 **재현기간** 사이에는 다음 관계가 성립된다.

$$P(X) = \frac{1}{T(X)} \tag{5.24a}$$

$$T(X) = \frac{1}{P(X)} = \frac{1}{1-F(X)} \tag{5.24b}$$

$$F(X) = \frac{T(X)-1}{T(X)} \tag{5.24c}$$

식 (5.24)의 관계식으로부터 재현기간 $T(X)$=100년이면 발생(초과)확률 $P(X)$=0.01이고, 비초과 확률 $F(X)$=0.99가 된다.

① 연최대치 분포

표 5.1ⓑ는 연최대 홍수량 해석 절차를 설명하기 위해 연속적으로 동일한 관측소에서 측정된 34개 연최대 홍유량을 크기 순으로 나열한 것이다. 첨두유량의 크기순서는 **표 5.1ⓐ**에 정리하였고, 초과확률 $P(X)$는 각 자료의 특정치 X값에 대해 계산하여 다음과 같이 **Gringorten 방법**과 **Weibull 방법**을 각각 사용하였다(Shaw, 1994).

$$P(X) = \frac{m-0.44}{n+0.12} \tag{5.25a}$$

$$P(X) = \frac{m}{n+1} \tag{5.25b}$$

여기서 m=연최대 홍수량 (자료) x의 크기순서이고, n=자료의 총수이다.

Weibull 공식인 식 (5.25b)는 **Gringorten 공식**인 식 (5.25a)보다 계산이 간편하여 널리 사용된다.

표 5.1 연최대 홍수량의 확률분포

ⓐ	ⓑ	(a) Gringorten 공식				(b) Weibull 공식			
순위	ⓑ Q_{max} (m^3/s)	ⓒ $P(X)(\%)$	ⓓ $P(X)$	ⓔ $F(X)(\%)$	ⓕ $T=1/P(X)$	ⓒ $P(X)(\%)$	ⓓ $P(X)$	ⓔ $F(X)(\%)$	ⓕ $T=1/P(X)$
1	695.50	1.64	0.0164	98.36	60.98	2.86	0.0286	97.14	35.00
2	689.30	4.57	0.0457	95.43	21.88	5.71	0.0571	94.29	17.50
3	678.20	7.50	0.0750	92.50	13.33	8.57	0.0857	91.43	11.67
4	656.90	10.43	0.1043	89.57	9.59	11.43	0.1143	88.57	8.75
5	624.10	13.36	0.1336	86.64	7.49	14.29	0.1429	85.71	7.00
6	612.80	16.30	0.1630	83.70	6.13	17.14	0.1714	82.86	5.83
7	594.70	19.23	0.1923	80.77	5.20	20.00	0.2000	80.00	5.00
8	545.60	22.16	0.2216	77.84	4.51	22.86	0.2286	77.14	4.38
9	517.50	25.09	0.2509	74.91	3.99	25.71	0.2571	74.29	3.89
10	495.30	28.02	0.2802	71.98	3.57	28.57	0.2857	71.43	3.50
11	485.20	30.95	0.3095	69.05	3.23	31.43	0.3143	68.57	3.18
12	434.70	33.88	0.3388	66.12	2.95	34.29	0.3429	65.71	2.92
13	430.40	36.81	0.3681	63.19	2.72	37.14	0.3714	62.86	2.69
14	402.10	39.74	0.3974	60.26	2.52	40.00	0.4000	60.00	2.50
15	395.90	42.67	0.4267	57.33	2.34	42.86	0.4286	57.14	2.33
16	390.80	45.60	0.4560	54.40	2.19	45.71	0.4571	54.29	2.19
17	369.50	48.53	0.4853	51.47	2.06	48.57	0.4857	51.43	2.06
18	356.80	51.47	0.5147	48.53	1.94	51.43	0.5143	48.57	1.94
19	346.90	54.40	0.5440	45.60	1.84	54.29	0.5429	45.71	1.84
20	342.90	57.33	0.5733	42.67	1.74	57.14	0.5714	42.86	1.75
21	342.60	60.26	0.6026	39.74	1.66	60.00	0.6000	40.00	1.67
22	321.40	63.19	0.6319	36.81	1.58	62.86	0.6286	37.14	1.59
23	318.00	66.12	0.6612	33.88	1.51	65.71	0.6571	34.29	1.52
24	317.20	69.05	0.6905	30.95	1.45	68.57	0.6857	31.43	1.46
25	300.20	71.98	0.7198	28.02	1.39	71.43	0.7143	28.57	1.40
26	290.00	74.91	0.7491	25.09	1.33	74.29	0.7429	25.71	1.35
27	284.60	77.84	0.7784	22.16	1.28	77.14	0.7714	22.86	1.30
28	283.20	80.77	0.8077	19.23	1.24	80.00	0.8000	20.00	1.25
29	273.30	83.70	0.8370	16.30	1.19	82.86	0.8286	17.14	1.21
30	256.30	86.64	0.8664	13.36	1.15	85.71	0.8571	14.29	1.17
31	196.80	89.57	0.8957	10.43	1.12	88.57	0.8857	11.43	1.13
32	190.30	92.50	0.9250	7.50	1.08	91.43	0.9143	8.57	1.09
33	185.50	95.43	0.9543	4.57	1.05	94.29	0.9429	5.71	1.06
34	138.80	98.36	0.9836	1.64	1.02	97.14	0.9714	2.86	1.03
비고	• 평균 연최대 홍수량 $\overline{Q}_{max}=404.8m^3/s$, 표준편차 $s_m=27.4m^3/s$								

그림 5.9는 Gumbel 확률지의 세로 y축에 연최대 홍수량을, 아래의 가로 x축에 **표 5.1**ⓐ와 ⓑ 각각의 %비초과확률 ⓔ 값의 감소에 따른 관계를 이용해 작성한 **홍수빈도도(洪水頻度圖, flood frequency plot)** 또는 **경험적 확률분포곡선(empirical probability distribution curve)**이다. 두 공식은 주어진 자료의 상위와 하위 순위 일부를 제외하고는 거의 동일한 점에 겹치는 아주 비슷한 결과로 나타났다.

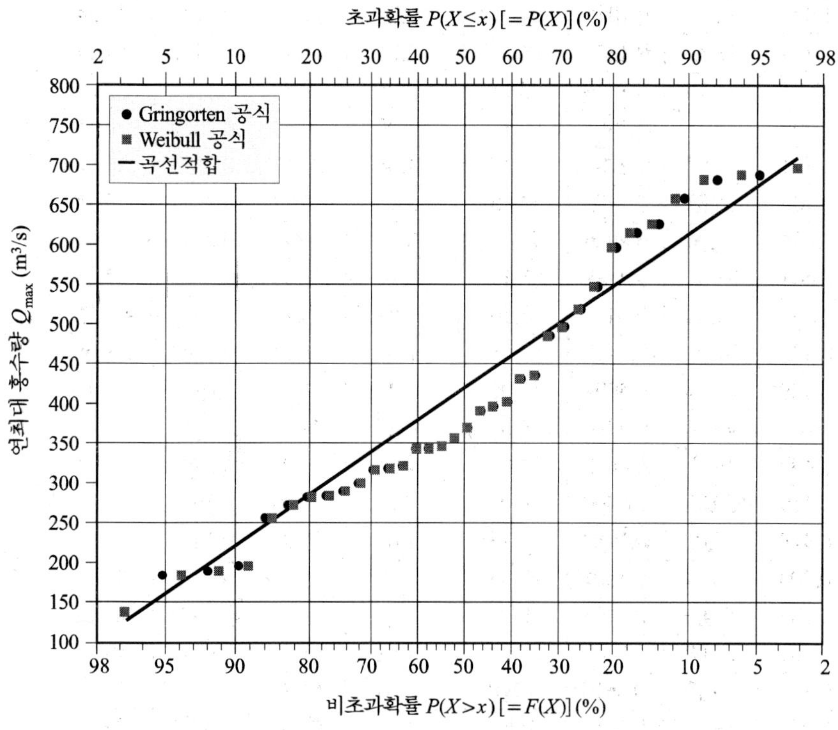

그림 5.9 연최대 홍수량의 Gumbel 확률분포

② 연최소치 분포

표 5.2ⓑ는 연최소 홍수량 해석 절차를 설명하기 위해 동일 관측소에서 측정된 33개의 연최소 홍수량을 크기 순으로 나열한 것이다. 연최소 홍수량의 크기순서는 **표 5.2**ⓐ에 정리하였고, 해당 확률과 재현기간은 Gringorten 공식과 Weibull 공식을 이용하여 **표 5.1**과 같은 방법으로 계산 · 정리하였다.

표 5.2 연최소 홍수량의 확률분포

ⓐ	ⓑ	(a) Gringorten 공식				(b) Weibull 공식			
순위	Q_{min} (m^3/s)	ⓒ $P(X)$(%)	ⓓ $P(X)$	ⓔ $F(X)$(%)	ⓕ $T=1/P(X)$	ⓒ $P(X)$(%)	ⓓ $P(X)$	ⓔ $F(X)$(%)	ⓕ $T=1/P(X)$
1	1.498	1.69	0.0169	98.31	59.14	2.94	0.0294	97.06	34.00
2	1.486	4.71	0.0471	95.29	21.23	5.88	0.0588	94.12	17.00
3	1.387	7.73	0.0773	92.27	12.94	8.82	0.0882	91.18	11.33
4	1.322	10.75	0.1075	89.25	9.30	11.76	0.1176	88.24	8.50
5	1.245	13.77	0.1377	86.23	7.26	14.71	0.1471	85.29	6.80
6	0.963	16.79	0.1679	83.21	5.96	17.65	0.1765	82.35	5.67
7	0.891	19.81	0.1981	80.19	5.05	20.59	0.2059	79.41	4.86
8	0.754	22.83	0.2283	77.17	4.38	23.53	0.2353	76.47	4.25
9	0.702	25.85	0.2585	74.15	3.87	26.47	0.2647	73.53	3.78
10	0.656	28.86	0.2886	71.14	3.46	29.41	0.2941	70.59	3.40
11	0.605	31.88	0.3188	68.12	3.14	32.35	0.3235	67.65	3.09
12	0.593	34.90	0.3490	65.10	2.87	35.29	0.3529	64.71	2.83
13	0.577	37.92	0.3792	62.08	2.64	38.24	0.3824	61.76	2.62
14	0.538	40.94	0.4094	59.06	2.44	41.18	0.4118	58.82	2.43
15	0.501	43.96	0.4396	56.04	2.27	44.12	0.4412	55.88	2.27
16	0.499	46.98	0.4698	53.02	2.13	47.06	0.4706	52.94	2.13
17	0.459	50.00	0.5000	50.00	2.00	50.00	0.5000	50.00	2.00
18	0.428	53.02	0.5302	46.98	1.89	52.94	0.5294	47.06	1.89
19	0.408	56.04	0.5604	43.96	1.78	55.88	0.5588	44.12	1.79
20	0.385	59.06	0.5906	40.94	1.69	58.82	0.5882	41.18	1.70
21	0.351	62.08	0.6208	37.92	1.61	61.76	0.6176	38.24	1.62
22	0.315	65.10	0.6510	34.90	1.54	64.71	0.6471	35.29	1.55
23	0.256	68.12	0.6812	31.88	1.47	67.65	0.6765	32.35	1.48
24	0.238	71.14	0.7114	28.86	1.41	70.59	0.7059	29.41	1.42
25	0.222	74.15	0.7415	25.85	1.35	73.53	0.7353	26.47	1.36
26	0.210	77.17	0.7717	22.83	1.30	76.47	0.7647	23.53	1.31
27	0.187	80.19	0.8019	19.81	1.25	79.41	0.7941	20.59	1.26
28	0.152	83.21	0.8321	16.79	1.20	82.35	0.8235	17.65	1.21
29	0.145	86.23	0.8623	13.77	1.16	85.29	0.8529	14.71	1.17
30	0.139	89.25	0.8925	10.75	1.12	88.24	0.8824	11.76	1.13
31	0.128	92.27	0.9227	7.73	1.08	91.18	0.9118	8.82	1.10
32	0.097	95.29	0.9529	4.71	1.05	94.12	0.9412	5.88	1.06
33	0.074	98.31	0.9831	1.69	1.02	97.06	0.9706	2.94	1.03
비고	• 평균 연최소 홍수량 $\overline{Q}_{min}=0.5579m^3/s$, 표준편차 $s_m=0.423m^3/s$								

그림 5.10은 Gumbel 확률지의 세로 y축에 연최소 홍수량을, 아래의 가로 x축에 **표 5.2** (a)와 (b) 각각의 %초과확률 ⓒ값의 증가에 따른 관계를 이용해 작성한 것이다. 이는 %초과확률의 증가에 따른 연최소 홍수량이 감소하는 경향을 곡선적합(curve fitting)에서 확인할 수 있다. 작성한 그래프의 결과가 확률분포지에 직선관계는 아니므로 해당 확률지의 확률분포를 갖지는 않지만, 곡선적합을 통해 도출된 지수 관계식(exponential relationship)은 결정계수가 높아 자료의 확장 등에 활용할 수 있을 것이다.

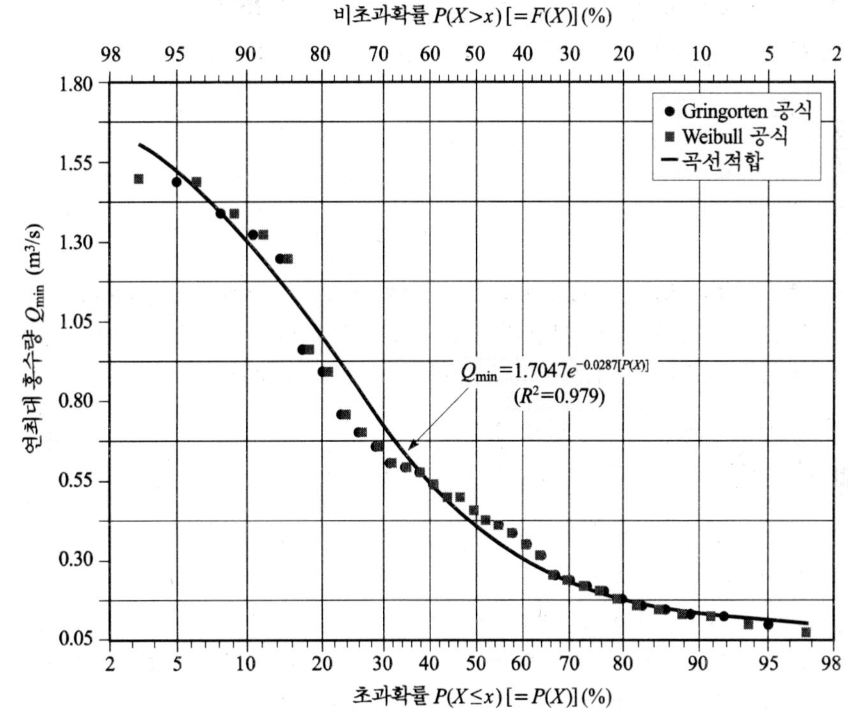

그림 5.10 연최소 홍수량의 Gumbel 확률분포

(3) 유량빈도곡선

하천의 유량관측소에서 관측된 일유량의 연간 상황을 나타내는 **유량지속곡선**(**flow duration curve**) 또는 **유황도(流況圖)**(=年水文曲線, **annual hydrograph**)는 4.1.5(4)에서 간단히 언급한 바 있다. 하천의 유량지속곡선은 **그림 예5.6**과 같이 같거나 초과 흐름시간 확률백분율 $P_{\%}$(%)에 대한 유량 $Q(\mathrm{m^3/s})$의 관계곡선으로 정의하는데 이를 **유량빈도곡선**(**discharge-frequency curve**)이라 부른다. 유량빈도곡선을 작성하기 위해 사용되는 하천유량 자료는 각 관측소의 자료 수가 매우 크다면 계급간격을 사용하여 유량을 **내림 차순**(**descending order**)

으로 정렬시킨다. 이 곡선의 작성에 사용되는 자료는 일(日), 주(週,), 10일 또는 1개월을 사용할 수 있고, Weibull 등의 **표 5.5 확률도시 공식**을 이용하여 [예제 5.6]과 같이 유도할 수 있다. 유량빈도곡선은 수자원의 계획과 개발 활동에 사용할 수 있으며, 그 외의 다음과 같은 경우에도 중요하게 사용된다.

① 수자원 공학관련 과제의 수립에서 유량과 연관된 다양한 평가에 사용된다.
② 하천의 잠재적인 수력발전 특성 평가에 사용된다.
③ 배수유역 시스템(drainage system)의 계획수립·설계에 사용된다.
④ 홍수통제 연구와 하천의 용존고형물(dissolved solids load), 유사량(sediment load) 계산에 사용된다.

예제 5.6

표 예5.6은 어떤 하천의 2011~2013년(3년간)까지 연속해서 측정된 일유량(daily flow) 자료이다. 주어진 각 유량자료는 분석을 통해 **표 예5.6ⓐ**의 계급간격과 **표 예5.6(a)~(c)**의 계급간격에 속한 유량 일수와 같이 분류되었다. 다음 사항에 답하시오.

1. 초과확률 50%에 대한 하천 유량의 결정
2. 초과확률 75%에 대한 하천 유량의 결정

[풀이]

0. **표 예5.6**은 다음과 같이 구성한다.
 (1) **표 예5.6ⓐ** ; 일평균 유량(m^3/s)의 계급간격
 (2) **표 예5.6ⓑ** ; 2011~2013년(3년간) 계급간격 내 유량의 1년간 일수(日數)
 (3) **표 예5.6ⓒ** ; 계급간격 내 유량의 3년간 총일 수
 (4) **표 예5.6ⓓ** ; 계급간격 내 유량의 3년간 총 누가 일수
 (5) **표 예5.6ⓔ** ; Weibull 공식에 의한 3년간 총 누가 일수의 % 초과확률
1. 초과확률 50%에 대한 하천 유량의 결정
 (1) **표 예5.6**을 이용하여 유량빈도곡선을 **그림 예5.6**과 같이 작성한다.
  ① 유량빈도곡선은 양대수지에 작성한다.
  ② '가로축=**표 예5.6ⓔ**의 %초과확률, 세로축=**표 예5.6ⓐ**의 계급간격 유량[일평균유량(m^3/s)] 중 가장 작은 값'을 잡고 그래프를 작성한다.
 (2) **그림 예5.6**에서 %초과확률 50(%)에 해당하는 유량(m^3/s)을 결정한다.
 (3) $\therefore Q_{50}=35m^3/s$

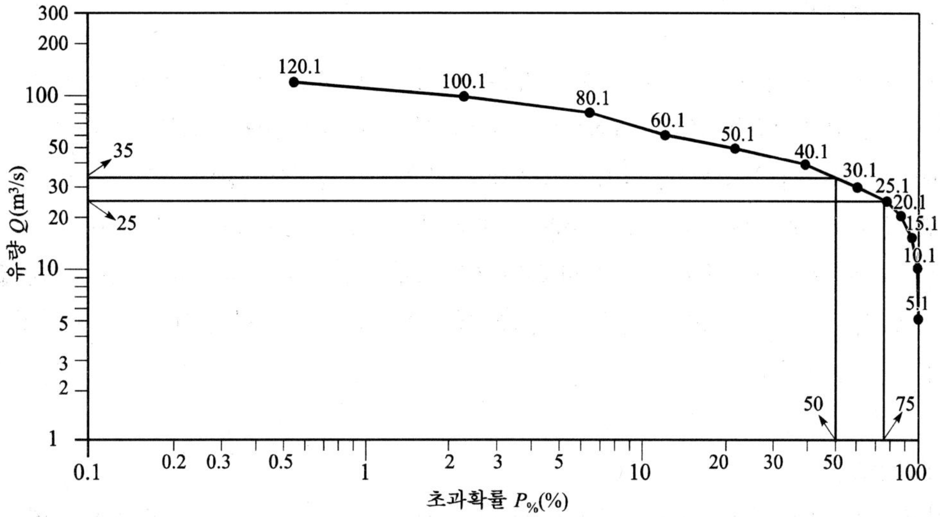

그림 예5.6 유량빈도곡선

표 예5.6 유량빈도곡선 유도를 위한 일(日)유량자료

ⓐ 일평균 유량(m^3/s)	ⓑ 계급간격 내 유량 일수(연간)			ⓒ 총일 수 n a)~c) 합	ⓓ 누가 총일 수 m	ⓔ 초과확률(%) $P_{\%}=[m/(n+1)]\times 100$
	a) 2011	b) 2012	c) 2013			
140~120.1	0	1	5	6	6	6/(1,096+1)(100)=0.55
120~100.1	2	7	10	19	25	2.28
100~80.1	12	18	15	45	70	6.38
80~60.1	15	32	15	62	132	12.03
60~50.1	30	29	45	104	236	21.51
50~40.1	70	60	64	194	430	(430/1,097)(100)=39.19
40~30.1	84	75	76	235	665	60.62
30~25.1	61	50	61	172	837	76.30
25~20.1	43	45	38	126	963	87.78
20~15.1	28	30	25	83	1,046	95.35
15~10.1	15	18	12	45	1,091	99.45
10~5.1	5	–	–	5	1,096	(1,096/1,097)(100)=99.91
합	365	365	366	1,096	–	–

2. 초과확률 75%에 대한 하천 유량의 결정

(1) 1항에서 작성한 유량빈도곡선은 **그림 예5.6**을 이용한다.

(2) **그림 예5.6**에서 %초과확률 75(%)에 해당하는 유량(m^3/s)을 결정한다.

(3) $\therefore Q_{75}=25m^3/s$

5.1.4 확률분포형

수공 분야에서 많이 사용되고 있는 **확률분포형**(probability distribution)에는 **정규분포**(normal), **대수정규분포**(log-normal), **피어슨형**(Pearson type) III**분포**, **대수피어슨형**(log-Pearson type) III**분포**, **극치** I**분포**(Gumbel), Weibull **분포** 등이 있다(Warren et al., 1977; 건설교통부, 2000a; b; Dingman, 2002; Brutsaert, 2005; 이종석, 2006).

본 절에서는 이들 확률분포형의 **밀도함수(密度函數, density function)**와 **누가확률(累加確率, cumulative probability)**의 특성, 분포형에 따른 빈도계수개념의 확률강우량 산정 등에 대해 기술하고자 한다.

(1) 정규분포

정규분포(正規分布, normal or Gaussian distribution)는 종(bell) 모양의 대칭인 연속분포형이다. 이는 **모집단(母集團, population)**이나 **표본(집단)(標本集團, sample)**의 평균 오차가 보통 정규분포를 갖는 것으로 알려져 있는데, 이 분포의 **확률밀도함수**(probability density function) $p(x)(-\infty < x < \infty)$는 다음과 같다.

$$p(x) = \frac{1}{\sigma\sqrt{2\pi}} e^{-\frac{1}{2}\left(\frac{x-\mu}{\sigma}\right)^2} \tag{5.26}$$

여기서 x =변량(variate)이고, μ, σ =모집단의 평균과 표준편차이다. 모집단의 평균 μ와 표준편차 σ는 **그림 5.11**과 같이 평균 μ를 중심으로 대칭분포하고, 표준편차 σ에 따라 분포의 **모양**(shape)이 영향을 받는다.

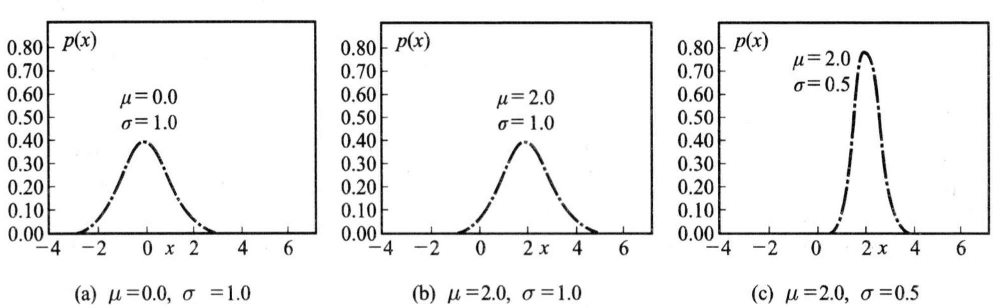

그림 5.11 정규분포의 확률밀도 곡선

확률밀도함수 식 (5.26)으로 표시되는 **확률밀도(함수)곡선(probability density function curve)**을 $-\infty$에서 특정값 X까지 적분하면 변량(variable) x는 특정값 X보다 작은 **누가확률(cumulative probability)** $F(X)$ 또는 **비초과확률(non-exceedance probability)** $P(x<X)$를 다음과 같이 구할 수 있다.

$$F(X)=P(x<X)=\frac{1}{\sigma\sqrt{2\pi}}\int_{-\infty}^{X}e^{-\frac{1}{2}\left(\frac{x-\mu}{\sigma}\right)^2}dx \tag{5.27}$$

식 (5.27)은 해석적인 적분이 불가능하기 때문에 근사적분으로 **누가확률**(=**비초과확률**)을 계산한다. μ와 σ를 표본의 평균과 표준편차인 식 (5.1b), (5.6a)로 바꾸고, 표본의 자료를 z로 **변환** 또는 표준화시켜 $z=(x-\mu)/\sigma$로 바꾸면 $dx=\sigma\,dz$로 쓸 수 있다. 이를 식 (5.27)에 대입하고, z에 관한 누가확률을 구하면 다음과 같다.

$$F(z)=\int_{-\infty}^{z}\frac{1}{\sqrt{2\pi}}e^{-\frac{1}{2}z^2}dz \tag{5.28}$$

식 (5.28)은 **정규확률변수(standardized variate)** $z(-\infty<z<\infty)$의 누가확률(분포함수) $F(z)$이고, 이는 다음과 같은 확률밀도함수 $p(z)$를 갖는다.

$$p(z)=\frac{1}{\sqrt{2\pi}}e^{-\frac{1}{2}z^2} \tag{5.29}$$

식 (5.29)로 표시된 확률밀도(함수)곡선은 **그림 5.12**와 같이 평균 $\mu=0$, 표준편차 $\sigma=1$일 때를 **표준정규분포(標準正規分布, standard normal distribution)**라 한다.

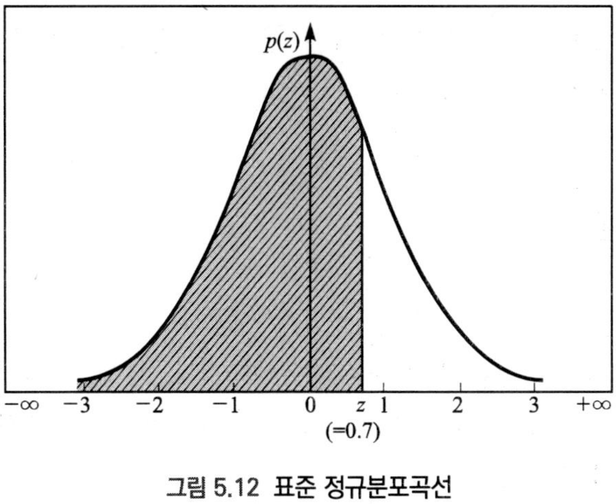

그림 5.12 표준 정규분포곡선

식 (5.28)의 누가확률 $F(z)$는 임의 z값에 대해 쉽게 적분할 수 없으므로 보통 **그림 5.12**와 같이 **표 예5.7.4**의 표준정규 누가확률표를 이용하여 구한다. 즉, $z=0.7$일 때 $F(0.7)$은 $z=-\infty$에서 $z=0$까지의 누가확률 $F(-\infty \le z \le 0)=0.5$이고, $z=0$에서 $z=0.7$까지의 $F(0 \le z \le 0.7)=0.2580$이므로 $z=-\infty$에서 $z=0.70$까지의 $F(-\infty \le z \le 0.7)=0.5+0.2580=0.7580$이다.

따라서, 정규분포에 의한 **확률수문량** x_T는 **빈도 해석(頻度解析, frequency analysis)** 방법 중 **빈도계수법(頻度係數法, frequency factor method)**을 이용하여 구할 수 있는데, 이 내용은 5.2.2(2)에서 상세히 다룬다.

(2) 대수정규분포

대수정규분포(log-normal)는 오른쪽으로 왜곡된 수문자료 분포를 정규분포와 같은 평균을 중심으로 하는 대칭 자료로 변환시키기 위해 주어진 변수에 대수를 취해 정규분포의 특성을 갖게 하여 해석하는 방법이다. 대수정규분포의 확률밀도함수 $p(x)(x>0)$는 다음과 같다.

$$p(x)=\frac{1}{\sigma_y\sqrt{2\pi}}\frac{1}{x}e^{-\frac{1}{2}\left(\frac{\ln x-\mu_y}{\sigma_y}\right)^2} \tag{5.30a}$$

$$p(x)=\frac{1}{\sigma_y\sqrt{2\pi}}\frac{1}{(x-x_0)}e^{-\frac{1}{2}\left(\frac{\ln(x-x_0)-\mu_y}{\sigma_y}\right)^2} \tag{5.30b}$$

여기서 μ_y = 대수변환 자료의 평균이고, σ_y = 대수변환 자료의 표준편차는 2변수 확률분포이다. 또한 x_0 = 위치 매개변수이고, 위치 매개변수가 추가되면 3변수 확률분포이며, 이는 우측 왜곡분포이다.

또한 식 (5.30a)를 $y=\ln x$로 변환하면 변수 y는 다음과 같이 정규 확률밀도함수 $p(y)$ $(-\infty<y<\infty)$로 표시된다(Haan, 2002).

$$p(y)=\frac{1}{\sigma_y\sqrt{2\pi}}e^{-\frac{1}{2}\left(\frac{y-\mu_y}{\sigma_y}\right)^2} \tag{5.31}$$

(3) 피어슨형 III분포

피어슨형 III분포(Pearson type III분포 = 3변수 Gamma 분포)는 최대홍수량과 갈수량, 최대강수량 등의 수문자료 발생확률분포를 나타낸다. 이 분포는 각각 2변수 또는 3변수의 다음과 같은 확률밀도함수 $p(x)$를 갖는다.

$$p(x)=\frac{1}{\alpha\Gamma(\beta)}\left(\frac{x}{\alpha}\right)^{\beta-1}e^{-\frac{x}{\alpha}} \tag{5.32a}$$

$$p(x)=\frac{1}{\alpha\Gamma(\beta)}\left(\frac{x-x_0}{\alpha}\right)^{\beta-1}e^{-\left(\frac{x-x_0}{\alpha}\right)} \tag{5.32b}$$

여기서 α = 축척 매개변수(scale parameter)이고, β = 형상 매개변수(shape parameter)이며, $\Gamma(\beta)$ = 완전 Gamma 함수($=\int_0^\infty z^{\beta-1}e^{-z}dz$)이다. x_0 = 위치 매개변수(location parameter) [$x_0=0$이면 2변수 Gamma 분포로 식 (5.32a) 사용]로 α가 양수일 때는 $x_0 \le x < \infty$, 음수일 때는 $-\infty < x \le x_0$이며, $\beta > 0$이다. 또한 $\bar{x}$= 자료의 평균이고, s_x = 표준편차이다.

(4) 대수피어슨형 III분포

미국에서 홍수자료의 해석에 많이 적용되고 있는 **대수피어슨형(log-Pearson type) III분포**의 확률밀도함수 $p(x)$는 다음과 같다.

$$p(x)=\frac{1}{\alpha\Gamma(\beta)x}\left[\frac{\ln x-y_0}{\alpha}\right]^{\beta-1}e^{-\left(\frac{\ln x-y_0}{\alpha}\right)} \tag{5.33}$$

여기서 α = 축척 매개변수이고, β = 형상 매개변수이며, y_0 = 위치 매개변수, $\Gamma(\beta)$ = 완전 Gamma 함수이다.

대수피어슨형 III분포는 3변수 Gamma 분포, 대수정규분포와 상관관계가 있다. 왜냐하면 확률변량 $y(=\ln x)$는 3개의 매개변수 α, β, x_0을 갖는 Gamma 분포가 되며, y의 왜곡도 변수가 0이면 x는 대수정규분포이고, y는 정규분포가 되기 때문이다.

(5) 일반화 극치분포

일반화 극치분포(generalized extreme value distribution, GEV)는 홍수나 가뭄과 같은 수문사상의 빈도 해석에 많이 사용되는 분포함수로 형상 매개변수 β에 따라 3가지 형태로 구분된다. 일반극치분포의 확률밀도함수 $p(x)$와 누가확률 $F(x)$는 각각 다음과 같다.

$$p(x)=\frac{1}{\alpha}\left[1-\frac{\beta(x-x_0)}{\alpha}\right]^{(1/\beta)-1}e^{-[1-\frac{\beta(x-x_0)}{\alpha}]^{1/\beta}} \tag{5.34a}$$

$$F(x) = e^{-\left(1 - \frac{\beta(x - x_0)}{\alpha}\right)^{(1/\beta)}} \tag{5.34b}$$

여기서 α = 축척 매개변수이고, β = 형상 매개변수이며, x_0 = 위치 매개변수로 β가 음수이면 하한경계치를 갖는 **GEV-II분포(=log-Gumbel 분포)**, β = 양수이면 상한경계치를 갖는 **GEV-III분포(=Weibull 분포)**, β = 0이면 GEV-I **분포(=Gumbel 분포)**가 된다.

(6) Weibull 분포

Weibull 분포는 처음에 재료의 안전성과 수명시험을 모형화하기 위해 제안되었으나 지역홍수 빈도 해석에서 이용되기도 하였으며, 3변수 Weibull 분포는 **GEV-III 분포**와 밀접한 관계가 있다. 3변수 Weibull 분포의 확률밀도함수 $p(x)$와 누가확률 $F(x)$는 각각 다음과 같다.

$$p(x) = \frac{\beta}{\alpha}\left[\frac{x - x_0}{\alpha}\right]^{\beta - 1} e^{-\left(\frac{x - x_0}{\alpha}\right)^{\beta}} \tag{5.36a}$$

$$F(x) = 1 - e^{-\left(\frac{x - x_0}{\alpha}\right)^{\beta}} \tag{5.36b}$$

여기서 $\alpha > 0$ = 축척 매개변수이고, $\beta > 0$ = 형상 매개변수이며, x_0 = 위치 매개변수이다. 3변수 Weibull 분포는 β = 1이면 **지수분포**(exponential distribution)가 되고, x_0 = 0이면 **2변수 Weibull 분포**가 된다.

(7) Gumbel 분포

5.1.4(5)에서 설명한 것과 같이 일반 극치분포 중 형상 매개변수 β = 0인 **GEV-I 분포**를 Gumbel 분포를 이르고, 이는 Gumbel(1941)에 의해 처음 제안되었으며, 일반적으로 Gumbel 분포라 부른다. 이 분포는 1년 365일 중의 가장 큰 첨두 홍수량과 최대 강우량, 최대 풍속 등으로 연최대자료계열을 구성되며, 극치값을 이용한 수문학적 기상학적 예측치 연구에 가장 널리 사용되는 확률분포 중의 하나이다. 그의 극치사상 이론에서 기준치 X보다 크거나 같은 사상의 초과(발생) 확률은 다음과 같이 정의한다(Subramanya, 2013).

$$P(x \geq X) = 1 - e^{-e^{-y}} \tag{5.37}$$

식 (5.37)은 다음과 같이 주어지는 (모집단) 무차원 변수이다.

$$y = \frac{1.285\,(x-\mu)}{\sigma} + 0.577 \tag{5.38}$$

여기서 무차원 변수 $y=\alpha(x-a)$이고, 매개변수 $a=\mu-0.45005\sigma$, $\alpha=1.2825/\sigma$이며, μ =(모집단) 평균, σ=(모집단) 변량 x의 표준편차이다. 실제에 있어 이들 값은 주어진 확률 P에 대한 변량 x를 필요로 하며, 식 (5.37)은 다음과 같이 변환시킨다.

$$y_P = -\ln[-\ln(1-P)] \tag{5.39}$$

여기서 $P=1/T$로 초과확률이고, y_T=일반적으로 환산 변량(reduced variate)으로 불리는 재현기간 T에 대한 y의 값으로 다음과 같이 나타낸다.

$$y_T = -\left[\ln\cdot\ln\frac{T}{1-T}\right] \tag{5.40a}$$

$$y_T = -\left[0.834 + 2.302\log\cdot\log\frac{T}{1-T}\right] \tag{5.40b}$$

식 (5.38)을 재정리하면 재현기간 T에 대한 빈도계수식을 얻을 수 있다.

$$x_T = \mu + K\sigma \tag{5.41a}$$

$$K = \frac{(y_T - 0.577)}{1.2825} \tag{5.41b}$$

여기서 K=빈도계수이다.

식 (5.41)은 모집단의 빈도계수법이고, 이는 기본 Gumbel 방정식을 구성하는 무한 표본 크기에 적용할 수 있다. 그러므로, 유한의 기록자료 수 n개를 이용하는 수공 실무에서는 이들 식에 (표본집단) 평균 $\bar{x}$와 표준편차 s를 변형·적용하여 수문량 x_T와 빈도계수 K를 다음과 같이 구한다.

$$x_T = \bar{x} + Ks \tag{5.42a}$$

$$K = \frac{y_T - \bar{y}_n}{s_n} \tag{5.42b}$$

여기서 $\bar{y}_n$=**표 5.3**과 같은 변환자료의 평균으로 표본자료 수 n의 함수[자료수 무한대일 때 식 (5.38)과 같이 0.577]이고, s_n=**표 5.4**와 같은 변환자료의 표준편차로 표본자료 수 n의 함수[자료수 무한대일 때 식 (5.41b)와 같이 1.2825]이다.

표 5.3 Gumbel 극치분포의 변환 평균 $\bar{y}_n$

n	0	1	2	3	4	5	6	7	8
10	0.4952	0.4996	0.5035	0.5070	0.5100	0.5128	0.5157	0.5181	0.5202
20	0.5236	0.5252	0.5268	0.5283	0.5296	0.5309	0.5320	0.5332	0.5343
30	0.5362	0.5371	0.5380	0.5388	0.5396	0.5402	0.5410	0.5418	0.5424
40	0.5436	0.5442	0.5448	0.5453	0.5458	0.5463	0.5468	0.5473	0.5477
50	0.5485	0.5489	0.5493	0.5497	0.5501	0.5504	0.5508	0.5511	0.5515
60	0.5521	0.5524	0.5527	0.5530	0.5533	0.5535	0.5538	0.5540	0.5543
70	0.5548	0.5550	0.5552	0.5555	0.5557	0.5559	0.5561	0.5563	0.5565
80	0.5569	0.5570	0.5572	0.5574	0.5576	0.5578	0.5580	0.5581	0.5583
90	0.5586	0.5587	0.5589	0.5591	0.5592	0.5593	0.5595	0.5596	0.5598
100	0.5600	–	–	–	–	–	–	–	–

표 5.4 Gumbel 극치분포의 변환 표준편차 s_n

n	0	1	2	3	4	5	6	7	8
10	0.9496	0.9676	0.9833	0.9971	1.0095	1.0206	1.0316	1.0411	1.0493
20	1.0628	1.0696	1.0754	1.0811	1.0864	1.0915	1.0961	1.1004	1.1047
30	1.1124	1.1159	1.1193	1.1226	1.1255	1.1285	1.1313	1.1339	1.1363
40	1.1413	1.1436	1.1458	1.1480	1.1499	1.1519	1.1538	1.1557	1.1574
50	1.1607	1.1623	1.1638	1.1658	1.1667	1.1681	1.1696	1.1708	1.1721
60	1.1747	1.1759	1.1770	1.1782	1.1793	1.1803	1.1814	1.1824	1.1834
70	1.1854	1.1863	1.1873	1.1881	1.1890	1.1898	1.1906	1.1915	1.1923
80	1.1938	1.1945	1.1953	1.1959	1.1967	1.1973	1.1980	1.1987	1.1994
90	1.2007	1.2013	1.2020	1.2026	1.2032	1.2038	1.2044	1.2049	1.2055
100	1.2065	–	–	–	–	–	–	–	–

5.2 빈도해석

수문자료는 무작위 발생하는 특성이 있어 전 절에서 기술한 수문통계의 기초원리가 수문자료 분석에 널리 이용되었다. 이와 같이 **빈도해석(頻度解析, frequency analysis)**은 수문자료 분석에 확률 통계학적 원리를 적용하여 특정 크기의 수문량이 발생할 수 있는 빈도나 어떤 빈도로 발생할 수 있는 수문량의 크기를 추정하는 기법이다.

빈도해석에 사용하는 자료는 동일한 환경조건 하에서 발생되고, 자료 상호간에 독립적이어야 하며, 자료의 크기가 가능한 한 많아야 한다. 또한 빈도해석을 위한 수문자료의 추출을 위해서는 수문현상이 계절적인 주기성과 지속적 성질을 갖는 경우가 있으므로 이들 주기성과 장기 지속성을 갖지 않는 자료의 추출이 필요하다. 수문자료는 시간에 따른 증가나 감소의 경향을 가질 수 있으므로 자료의 시계열 변화상태에 대한 사전 조사가 필요하다.

이 기법은 크게 **지점 빈도해석(地點 頻度解析, point frequency analysis)**과 **지역 빈도해석(地域 頻度解析, regional frequency analysis)**으로 구분하며, 본 절에서는 이 두 방법의 주요한 내용에 대해 간단히 설명하고자 한다.

5.2.1 지점 빈도해석

지점 빈도해석(point frequency analysis)은 분석하고자 하는 자료가 어떤 지점에서 관측된 자료로 한정지을 때 적용하는 방법이며, **그림 5.13**과 같은 9단계 해석과정으로 이루진다(Ponce, 1989; 한국수자원학회, 2000; 허준행 등, 2001; 윤용남 등, 2002; 건설교통부, 2005; 선우중호, 2006; 이종석, 2006).

이 방법에는 **확률도시법(確率圖示法, probability plotting technique)**과 **빈도계수법(頻度係數法, frequency factor method)**이 있다.

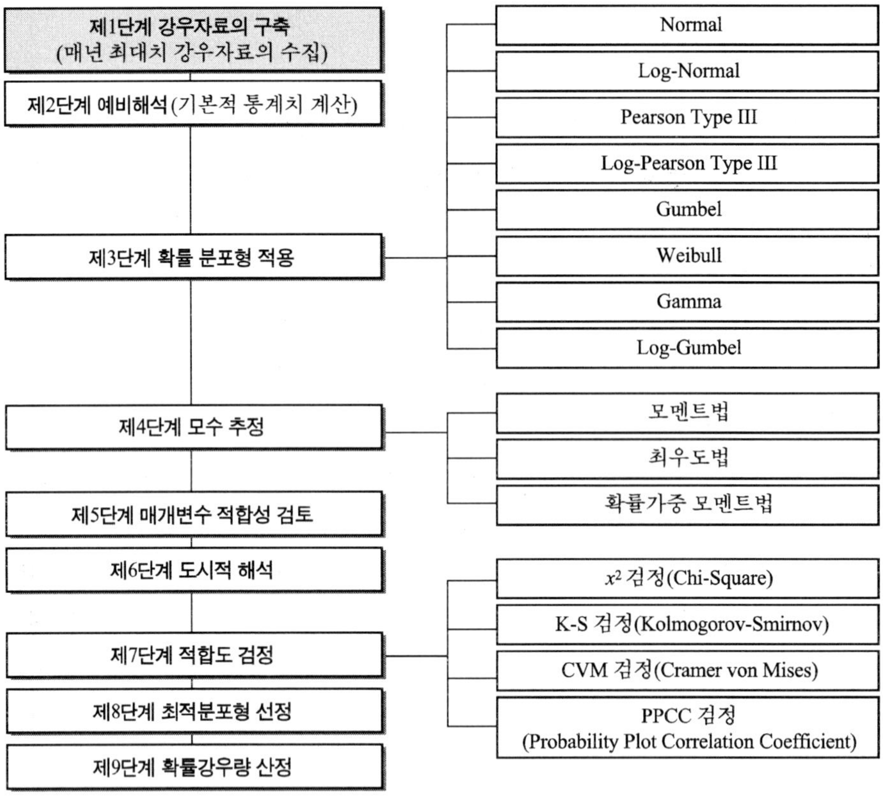

그림 5.13 빈도해석 과정

(1) 확률도시법

확률도시법(確率圖示法, probability plotting technique)은 **도시위치(圖示位置, plotting position)**에 의한 빈도 해석 방법으로 **재현기간**(recurrence interval, return period)[=**생기빈도(frequency)**(年)] 또는 확률 수문량을 간단히 추정할 경우에는 **확률지(確率紙, probability paper)**를 이용한다. 확률지를 이용할 때에는 확률분포형에 대응하는 확률지에 자료값을 도시하고 육안으로 최적곡선을 구하며, 이 곡선을 이용해서 재현기간(또는 초과확률)과 확률수문량의 값을 도상에서 읽는다(Eagleson, 1985).

확률지는 어떤 수문자료에 대하여 하나의 확률분포를 도시했을 때 도시된 점들이 직선에 가깝게 되도록 특별히 고안하여 만든 축척을 갖는 방안지로 이를 이용해 확률분포형을 결정한다. 일반적으로 사용하고 있는 확률지로는 정규분포를 결정할 수 있도록 만들어진 **정규확률지(正規確率紙, normal probability paper)**, 대수정규분포 또는 대수피어슨(log-Pearson) III분포를 결정할 수 있는 **대수정규 확률지(對數確率紙, log-normal probability paper)**가 있다. 또한 극치분포를 결정할 수 있는 **극치확률지(極値確率紙, extremal probability paper)**(= Gumbel 확률지), 대수검벨(log-Gumbel) 분포를 위한 **대수극치 확률지(對數極値確率紙, log-extremal probability paper)**(=Weibull 확률지)가 있다.

확률도시법에서 사용되고 있는 도시위치 공식은 다음과 같이 일반식으로 표시할 수 있다.

$$P(x \geq X) = \frac{m-\alpha}{n+\beta-2\alpha} \tag{5.43}$$

여기서 n =자료의 총수이고, m =수문자료를 제일 큰 값으로부터 크기순으로 배열했을 때 얻어지는 순서(통계량의 순위로서 제일 큰 값은 m =1)이며, α, β =공식에 따라 상이한 값을 갖는 매개변수이다(Haan, 2002).

도시위치는 도시되는 각 수문자료에 부여된 확률을 나타낸다. 도시위치를 결정하는 방법에는 **표 5.5**와 같이 여러 가지가 있으며, 이들의 대부분은 경험식이다(Chow, 1964).

표 5.5 확률도시 경험공식

ⓐ 공식명	ⓑ 공식내용	m =1, n =10일 때 ⓒ 초과확률 $P(x \geq X)$	m =1, n =10일 때 ⓓ 재현기간 T(년)	비고
California	$\frac{m}{n}$	0.100	10.0	연(年)초과치계열 해석에 적합
Hazen	$\frac{2m-1}{2n}$	0.005	20.0	
Beard	$1-(0.5)^{m/n}$	0.067	14.9	
Weibull	$\frac{m}{n+1}$	0.091	11.0	연(年)최대치계열 해석에 가장 적합
Chegadayev	$\frac{m-0.3}{n+0.4}$	0.067	14.9	
Blom	$\frac{m-3/8}{n+1/4}$	0.061	16.4	
Tukey	$\frac{3m-1}{3n+1}$	0.065	15.5	
비고	• ⓑ n =자료치계열을 구성하고 있는 자료의 총수, m =전 자료를 제일 큰 것부터 제일 작은 것까지의 순으로 나열했을 때의 순위 • ⓒ n =10, m =1일 때의 각 공식에 의한 초과확률 • ⓓ=재현기간(년) • 홍수빈도 해석에 많이 사용되는 공식 : Weibull 공식 ; 총변량 x가 특정값 X를 초과할 확률, $P(x \geq X) = m/(n+1) = 1/T = 1-P(x < X)$, T=평균재현기간으로 초과확률 $P(x \geq X)$의 역수, $P(x < X)$ =비초과확률 또는 누가발생확률 $F(X)$			

예제 5.7

표 예5.7.1 홍수량 자료는 어떤 수위관측소에서 측정된 연최대치를 크기순으로 나열한 것이다. 확률도시법에 의해 빈도 해석을 실시하여 다음 사항에 답하시오.

1. 100년 빈도 설계 홍수량 산정

표 예5.7.1 연최대 홍수량 자료

793, 768, 747, 747, 711, 683, 660, 648, 624, 585, 585, 546, 529, 528, 500, 469, 465, 465, 465, 455, 451, 445, 422, 419, 381, 347, 316, 311, 300(m^3/s)

[풀이]

0. 확률도시법을 이용한 빈도 해석 수행

(1) 그림 5.13의 빈도 해석 9단계에 의한 주요 과정에 의해 수행한다.

① 확률분포형의 결정 :

1) 표 예5.7.1을 이용하여 표 예5.7.2와 같이 각 홍수량에 대해 초과확률 표 예5.7.2ⓒ를 Weibull 공식으로 구한다.

2) 비초과확률 $P(x < X)$ 표 예5.7.2ⓓ를 계산하여 몇 가지 확률지에 비초과확률 표 예5.7.2ⓓ vs. 홍수량 표 예5.7.2ⓑ를 그림 예5.7에 도시함으로써 대수정규 확률지상의 직선에 가장 가깝게 표시한다.

3) 도시된 자료점을 대표하는 이론누가확률 분포곡선을 작성한 후 표 예5.7.2ⓔ, ⓕ의 값을 사용하여 $y = \log_{10}x$ 의 평균 $\bar{y}$와 표준편차 s_y 계산을 계산하면, $\bar{y} = 2.708$, $s_y = 0.1218$을 얻는다.

4) 이를 이용하면, 직선방정식은 $y(=\log_{10}x) = \bar{y} + s_y z = 2.708 + 0.1218z$이다.

5) 표 예5.7.2ⓖ는 표 예5.7.2ⓔ의 y에 대한 $z = (y - \bar{y})/s_y$로 계산되며, 표 예5.7.2ⓗ는 이에 상응하는 $F(z)$를 표 예5.7.4의 **표준정규누가 확률표**로부터 구할 수 있다.

6) 표 예5.7.2ⓑ와 ⓗ의 값을 좌표점으로 하여 그림 예5.7에 직선을 표시하면, 이것이 이론적인 **누가확률 분포곡선**이다.

② **확률분포형의 검정**

1) K-S 검정법을 이용하여 대수정규분포의 적합성을 판정한다.

2) 그림 예5.7의 직선으로부터 자료점의 편차인 $|F(z) - S_n(x)|$를 표 예5.7.2ⓘ[=ⓗ-ⓓ 절대치]로 계산하여 이중 최댓값 $D_n = 0.0857$을 선정한다.

3) 그 다음 유의함수 $\alpha = 0.05(5\%)$이고, $n = 29$에 대해 표 예5.7.3의 K-S 검정 한계값을 이용하면 $D_{29}^{0.05} = 0.242$가 된다.

표 예5.7.2 확률도시법의 빈도 해석과 검정

ⓐ m	ⓑ x	ⓒ P $(x \geq X)$	ⓓ $P(x<X)$ $=S_n(x)$	ⓔ y $(=\log_{10}x)$	ⓕ $(y-\overline{y})^2$	ⓖ z	ⓗ $F(z)$	ⓘ $\|F(z)-S_n(x)\|$
1	793	0.0333	0.9667	2.8993	0.0366	1.570	0.9418	0.0249
2	768	0.0667	0.9333	2.8854	0.0314	1.456	0.9273	0.0060
3	747	0.1000	0.9000	2.8733	0.0273	1.357	0.9126	0.0126
4	747	0.1333	0.8667	2.8733	0.0273	1.357	0.9126	0.0459
5	711	0.1667	0.8333	2.8519	0.0207	1.181	0.8812	0.0479
6	683	0.2000	0.8000	2.8344	0.0160	1.038	0.8503	0.0503
7	660	0.2333	0.7667	2.8195	0.0124	0.916	0.8202	0.0535
8	648	0.2667	0.7333	2.8116	0.0107	0.850	0.8023	0.0690
9	624	0.3000	0.7000	2.7952	0.0076	0.716	0.7630	0.0630
10	585	0.3333	0.6667	2.7672	0.0035	0.486	0.6867	0.0200
11	585	0.3667	0.6333	2.7672	0.0035	0.486	0.6867	0.0534
12	546	0.4000	0.6000	2.7372	0.0009	0.239	0.5943	0.0056
13	529	0.4333	0.5667	2.7235	0.0002	0.127	0.5505	0.0162
14	528	0.4667	0.5333	2.7226	0.0002	0.120	0.5478	0.0145
15	500	0.5000	0.5000	2.6990	0.0001	−0.074	0.4705	0.0295
16	469	0.5333	0.4667	2.6712	0.0014	−0.303	0.3810	D_n =0.0857
17	465	0.5667	0.4333	2.6675	0.0016	−0.333	0.3696	0.0637
18	465	0.6000	0.4000	2.6675	0.0016	−0.333	0.3696	0.0304
19	465	0.6333	0.3667	2.6675	0.0016	−0.333	0.3696	0.0029
20	455	0.6667	0.3333	2.6585	0.0025	−0.411	0.3405	0.0072
21	451	0.7000	0.3000	2.6542	0.0029	−0.442	0.3293	0.0293
22	445	0.7333	0.2667	2.6484	0.0036	−0.490	0.3121	0.0454
23	422	0.7667	0.2333	2.6253	0.0068	−0.679	0.2485	0.0152
24	419	0.8000	0.2000	2.6222	0.0074	−0.705	0.2405	0.0405
25	381	0.8333	0.1667	2.5809	0.0162	−1.044	0.1483	0.0184
26	347	0.8667	0.1333	2.5403	0.0281	−1.377	0.0843	0.0490
27	316	0.9000	0.1000	2.4997	0.0434	−1.711	0.0435	0.0565
28	311	0.9333	0.0667	2.4928	0.0463	−1.768	0.0386	0.0281
29	300	0.9667	0.0333	2.4771	0.0533	−1.896	0.0290	0.0043
합	15,365	−	−	78.5329	0.4153	0	−	0.9889

표 예5.7.3 K-S 검정을 위한 한계값 D_n^α

표본크기 n	유의수준 α				
	0.20	0.15	0.10	0.05	0.01
1	0.900	0.925	0.950	0.975	0.995
2	0.684	0.726	0.776	0.842	0.929
3	0.565	0.597	0.642	0.708	0.829
4	0.494	0.525	0.564	0.624	0.734
5	0.446	0.474	0.510	0.563	0.669
6	0.410	0.436	0.470	0.521	0.618
7	0.381	0.405	0.438	0.486	0.577
8	0.358	0.381	0.411	0.457	0.543
9	0.339	0.360	0.388	0.432	0.514
10	0.322	0.342	0.368	0.409	0.486
11	0.307	0.326	0.352	0.391	0.468
12	0.295	0.313	0.338	0.375	0.450
13	0.284	0.302	0.325	0.361	0.433
14	0.274	0.292	0.314	0.349	0.418
15	0.266	0.283	0.304	0.338	0.404
16	0.258	0.274	0.295	0.328	0.391
17	0.250	0.266	0.286	0.318	0.380
18	0.244	0.259	0.278	0.309	0.370
19	0.237	0.252	0.272	0.301	0.361
20	0.231	0.246	0.264	0.294	0.352
25	0.210	0.220	0.240	0.264	0.320
30	0.190	0.200	0.220	0.242	0.290
35	0.180	0.190	0.210	0.230	0.270
40	–	–	–	0.210	0.250
50	–	–	–	0.190	0.230
60	–	–	–	0.170	0.210
70	–	–	–	0.160	0.190
80	–	–	–	0.150	0.180
90	–	–	–	0.140	–
100	–	–	–	0.140	–
$n \to \infty$	$1.07/\sqrt{n}$	$1.14/\sqrt{n}$	$1.22/\sqrt{n}$	$1.36/\sqrt{n}$	$1.63/\sqrt{n}$

4) 이때 D_n은 다음과 같이 구한다.

(가) $D_n = Max|F(x) - S_n(x)|$ (예5.7.1)

(나) 여기서 $D_n = n$의 크기에 따라 좌우되는 확률변수로 주어진 유의함수 α로 적합성 검정 시 D_n은 다음과 같이 정의되는 한계값 D_n^{α}와 비교한다.

(다) $P(D_n \le D_n^{\alpha}) = 1 - \alpha$ (예5.7.2)

(라) 여기서 최대편차 D_n은 한계값 D_n^{α}보다 n의 크기에 따라 달라지며, **표 예5.7.3**이 그 값을 표시해주고 있으며, $D_n \le D_n^{\alpha}$ 시 유의수준 α로서 그 적합성이 인정됨을 의미한다.

5) 따라서, $D_n = 0.0857 < D_n^{\alpha} = 0.242$이므로 대수정규분포의 적합성은 유의수준 $\alpha =$ 5%에서 받아들여진다.

1. 100년 빈도 설계 홍수량 산정

(1) **빈도 홍수량의 산정**

① T=100년인 홍수량은 $P(x \ge X) = 0.01$ 혹은 $P(x < X)[=F(z)] = 0.99$인 홍수량이므로 **표 예5.7.4**로부터 다음과 같이 계산하여 $z = 2.327$을 사용한다.

표 예5.7.4 → $F(z)$=0.99 ⇒ (=0.5+0.49); z=?

z	0.00	…		0.02	?	0.03		…	
2.2	0.4861			0.4368		0.4871			
· :									
2.3	0.4893			0.4898	0.49	0.4901			

• 보간법 이용→z:$F(z)$ **비례식**으로 계산

i	z	$F(z)$
1	2.32	0.4898
2	?(2.32<?<2.33)	0.490
3	2.33	0.4901

Δz_{3-1}=(2.33−2.32)=0.01

$\Delta F(z)_{3-1}$=(0.4901−0.4898)=0.0003

$\Delta z_{2-1}=x$, $\Delta F(z)_{2-1}$=(0.49−0.4898) =0.0002

$\Delta z_{3-1} : \Delta F(z)_{3-1} = x : \Delta F_{2-1}$

⇒0.01:0.0003=x:0.0002

$x = \dfrac{(0.01 \times 0.0002)}{0.0003}$=0.00666

$F(z)$=0.49⇒∴z=?

=2.32+0.00666

=2.32666≒2.327 ∴z=2.327

• ∴$z_T = z_{100}$=2.327 ⇨ z= 2.327

② $y = \bar{y} + s_y z \rightarrow y(=\log_{10} x_{100})$ = 2.708+0.1218×2.327=2.991이다.

③ 그러므로, 100년 빈도의 홍수량 $x_{100} = 10^{2.991}$=979.489≒979.5m^3/s가 된다.

④ ∴Q_{100}=979.5m^3/s

표 예5.7.4 표준정규분포의 누가확률표

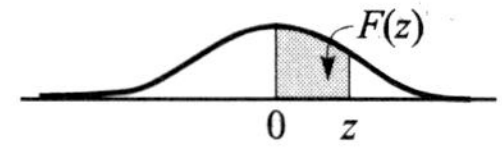

$$F(z)=\int_0^z \frac{1}{\sqrt{2\pi}} e^{-\frac{1}{2}z^2} dz$$

z	0.00	0.01	0.02	0.03	0.04	0.05	0.06	0.07	0.08	0.09
0.0	0.000	0.0040	0.0080	0.0120	0.0159	0.0199	0.0239	0.0279	0.0319	0.0359
0.1	0.0398	0.0438	0.0478	0.0517	0.0557	0.0596	0.0636	0.0675	0.0714	0.0753
0.2	0.0795	0.0832	0.0871	0.0910	0.0948	0.0987	0.1026	0.1064	0.1103	0.1141
0.3	0.1179	0.1217	0.1255	0.1293	0.1331	0.1368	0.1406	0.1443	0.1480	0.1517
0.4	0.1554	0.1591	0.1628	0.1664	0.1700	0.1736	0.1772	0.1808	0.1848	0.1879
0.5	0.1915	0.1950	0.1985	0.2019	0.2054	0.2088	0.2123	0.2157	0.2190	0.2224
0.6	0.2257	0.2291	0.2324	0.2357	0.2389	0.2422	0.2454	0.2486	0.2518	0.2549
0.7	0.2580	0.2611	0.2642	0.2673	0.2704	0.2734	0.2764	0.2794	0.2823	0.2852
0.8	0.2881	0.2910	0.2939	0.2967	0.2995	0.3023	0.3051	0.3078	0.3106	0.3133
0.9	0.3159	0.3186	0.3212	0.3238	0.3264	0.3289	0.3315	0.3340	0.3365	0.3389
1.0	0.3413	0.3438	0.3461	0.3485	0.3508	0.3531	0.3554	0.3577	0.3599	0.3621
1.1	0.3643	0.3665	0.3686	0.3708	0.3729	0.3749	0.3770	0.3790	0.3810	0.3830
1.2	0.3849	0.3869	0.3888	0.3907	0.3925	0.3944	0.3962	0.3980	0.3997	0.4015
1.3	0.4032	0.4049	0.4066	0.4082	0.4099	0.4115	0.4131	0.4147	0.4162	0.4177
1.4	0.4192	0.4207	0.4222	0.4236	0.4251	0.4265	0.4279	0.4292	0.4306	0.4319
1.5	0.4332	0.4345	0.4357	0.4370	0.4382	0.4394	0.4406	0.4418	0.4430	0.4441
1.6	0.4452	0.4463	0.4474	0.4485	0.4495	0.4505	0.4515	0.4525	0.4535	0.4545
1.7	0.4554	0.4564	0.4573	0.4582	0.4591	0.4599	0.4608	0.4616	0.4625	0.4633
1.8	0.4641	0.4649	0.4656	0.4664	0.4671	0.4678	0.4686	0.4693	0.4699	0.4706
1.9	0.4713	0.4719	0.4726	0.4732	0.4738	0.4744	0.4750	0.4756	0.4762	0.4767
2.0	0.4772	0.4778	0.4783	0.4788	0.4793	0.4798	0.4803	0.4808	0.4812	0.4817
2.1	0.4821	0.4826	0.4830	0.4834	0.4838	0.4842	0.4846	0.4850	0.4854	0.4857
2.2	0.4861	0.4865	0.4368	0.4871	0.4875	0.4878	0.4881	0.4884	0.4887	0.4890
2.3	0.4893	0.4896	0.4898	0.4901	0.4904	0.4906	0.4909	0.4911	0.4913	0.4916
2.4	0.4918	0.4920	0.4922	0.4925	0.4927	0.4929	0.4931	0.4932	0.4934	0.4936
2.5	0.4938	0.4940	0.4941	0.4943	0.4945	0.4946	0.4948	0.4949	0.4951	0.4952
2.6	0.4953	0.4955	0.4956	0.4957	0.4959	0.4960	0.4961	0.4962	0.4963	0.4964
2.7	0.4965	0.4966	0.4967	0.4968	0.4969	0.4970	0.4971	0.4972	0.4973	0.4974
2.8	0.4974	0.4975	0.4976	0.4977	0.4977	0.4978	0.4979	0.4980	0.4980	0.4981
2.9	0.4981	0.4982	0.4983	0.4983	0.4984	0.4984	0.4985	0.4985	0.4986	0.4986
3.0	0.4987	0.4987	0.4987	0.4988	0.4988	0.4989	0.4989	0.4989	0.4990	0.4990
3.1	0.4990	0.4991	0.4991	0.4991	0.4992	0.4992	0.4992	0.4992	0.4993	0.4993
3.2	0.4993	0.4993	0.4994	0.4994	0.4994	0.4994	0.4994	0.4995	0.4995	0.4995
3.3	0.4995	0.4995	0.4996	0.4996	0.4996	0.4996	0.4996	0.4996	0.4996	0.4997
3.4	0.4997	0.4997	0.4997	0.4997	0.4997	0.4997	0.4997	0.4997	0.4998	0.4998
·										
4.0	0.499968									

(2) 빈도 해석 결과는 **그림 예5.7**과 같다.

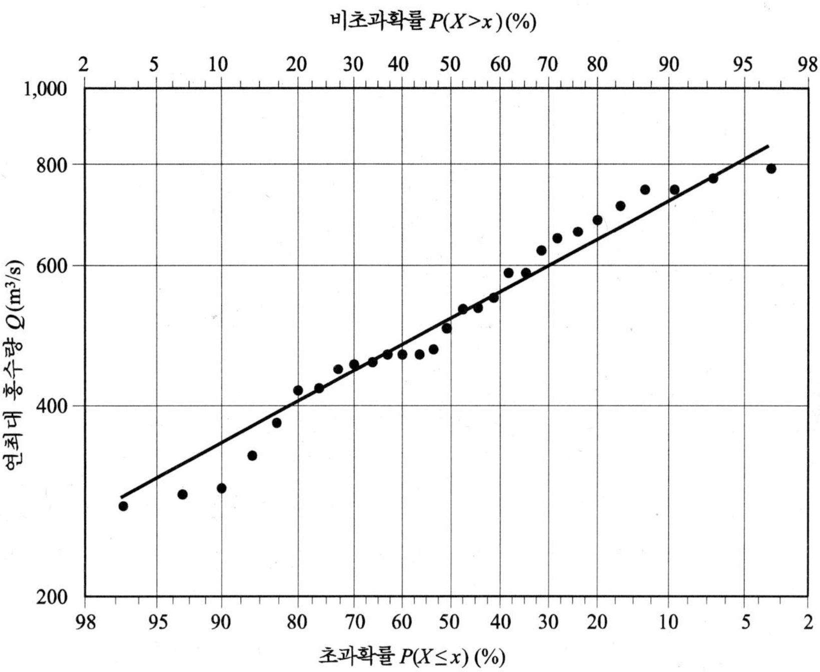

그림 예5.7 빈도 해석 결과

(2) 빈도계수법

Chow(1951)는 수문학적 빈도 해석에 사용되는 많은 확률분포에 적용할 수 있는 다음과 같은 빈도계수 식(frequency factor equation)을 제안(Chow et al., 1988)하였다.

$$x_T = \mu + K_T \sigma \tag{5.44}$$

여기서 μ=(모집단의) 평균이고, σ=표준편차이며, K_T=빈도해석에 사용되는 확률분포형과 재현기간의 함수인 빈도계수이다.

식 (5.44)를 이용한 빈도해석을 빈도계수법(frequency factor method)이라 부른다.

또한 식 (5.44)는 **그림 5.14** 【극치사상 x_T의 평균 μ와 편차 $\Delta x_T(=K_T\sigma)$의 합 ($x_T=\mu+\Delta x_T$)관계】 와 같이 수문사상의 크기(기준) $x_T(=X)$는 평균 μ와 이로부터 변량(variate) x의 편차(departure) Δx_T를 합한 값으로 표시하는 것으로부터 유도되었다(Chow, 1964).

$$x_T = \mu + \Delta x_T \tag{5.45}$$

여기서 Δx_T=편차(deviation)로 빈도계수 K_T와 표준편차 σ의 곱(Δx_T=K_T σ)으로 표시하여 식 (5.44)를 유도할 수 있다.

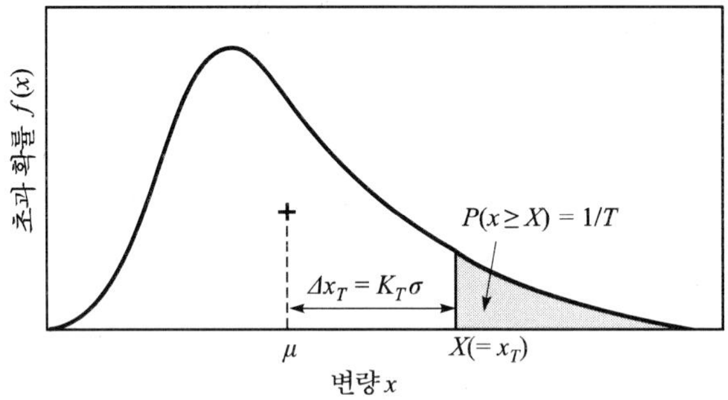

그림 5.14 극치사상의 평균과 편차의 합 관계

또한 식 (5.44)는 모집단의 매개변수(parameter) μ, σ를 사용하므로 수공분야 실무적 측면의 대략적인 값으로 표본집단의 통계량(statistic)을 적용하는 빈도해석의 경우 다음 식으로 표시할 수 있다.

$$x_T = \bar{x} + K_T s \tag{5.46}$$

여기서 $\bar{x}$=(표본집단) 평균이고, s=표준편차이며, K_T= 식 (5.44)의 정의와 동일하다.

식 (5.46)의 표준편차 s에 식 (5.7b) 변동계수 $C_{vs} = s / \bar{x}$를 도입하여 정리하면 다음과 같이 표시할 수 있다.

$$x = \bar{x}(1 + C_{vs} K_T) \tag{5.47}$$

그러므로, 식 (5.46)과 (5.47)의 빈도계수 K_T를 결정하면 재현기간별 확률 수문량을 얻을 수 있다.

(1) 정규분포

빈도 해석(頻度解析, frequency analysis) 중 빈도계수법에 의한 정규분포 자료의 **확률 수문량** x_T는 다음과 같이 구한다.

$$x_T = \bar{x} + s K_T \tag{5.48a}$$

$$x_T = \bar{x}(1 + C_{vs} K_T) \tag{5.48b}$$

여기서 $\bar{x}$ = 평균[= 식 (5.1b)]이고, C_{vs} = 변동계수[= 식 (5.7b)]이며, K_T = 빈도계수는 오차범위 0.00045에서 다음과 같이 구할 수 있다(Bedient, 2002).

$$K_T = w - \frac{2.515517 + 0.802853w + 0.010328w^2}{1 + 1.432788w + 0.189269w^2 + 0.001308w^3} \tag{5.49}$$

여기서 $w = [\ln(1/P^2)]^{1/2}$이며, $0 < P(=1/T) \leq 0.5$이다.

또한 누가확률(분포함수) $F(z)$는 오차범위 0.00025에서 다음과 같이 구할 수 있다(Bedient, 2002).

$$F(z) \fallingdotseq \frac{1}{2}[1 + 0.196854|z| + 0.115194|z|^2 + 0.000344|z|^3 + 0.019527|z|^4]^{-4} \tag{5.50}$$

(2) 대수 정규분포

빈도계수법에 의한 대수정규분포 자료의 확률 수문량 x_T는 다음과 같이 구한다.

$$y_T = \bar{y} + s_y K_T \tag{5.51a}$$

$$x_T = e^{(\bar{y} + s_y K_T)} = e^{y_T} \tag{5.51b}$$

여기서 $\bar{y}$ = 대수정규분포 자료의 평균이고, s_y = 대수정규분포 자료의 표준편차이며, K_T = 빈도계수로 정규분포와 같은 식 (5.49)를 사용한다.

(3) 피어슨형 III분포

빈도계수법에 의한 피어슨형 III분포 자료의 확률 수문량 x_T는 다음과 같이 구한다.

$$x_T = \bar{x} + sK_T \tag{5.52}$$

여기서 $\bar{x}$ = 자료의 평균이고, s = 표준편차이며, K_T = 빈도계수로 다음과 같이 정의하여 사용한다.

$$K_T = \frac{2}{C_s}\left[\left\{\left(K_n - \frac{C_{ss}}{6}\right)\frac{C_{ss}}{6} + 1\right\}^3 - 1\right] \tag{5.53}$$

여기서 K_n = 표준정규분포의 빈도계수이고, C_{ss} = 식 (5.9b)의 왜곡도계수이다.

(4) 대수피어슨형 III분포

대수피어슨형 III분포 자료의 빈도계수법에 의한 확률 수문량 x_T는 다음과 같이 구한다.

$$y_T = \bar{y} + s_y K_T \tag{5.54a}$$

$$x_T = e^{(\bar{y} + s_y K_T)} = e^{y_T} \tag{5.54b}$$

여기서 $\bar{y}$ = 대수변환 자료의 평균이고, s_y = 대수변환 자료의 표준편차이며, K_T = 빈도계수로 피어슨형 III분포와 같은 식을 사용한다.

(5) 일반 극치분포

일반 극치분포 자료의 빈도계수법에 의한 확률 수문량 x_T는 다음과 같이 구한다.

$$x_T = \bar{x}(1 + C_{vs} K_T) \tag{5.55a}$$

$$K_T = -\frac{\sqrt{6}}{\pi}\left[0.5772 + \ln\left\{\ln\left(\frac{T}{T-1}\right)\right\}\right] \tag{5.55b}$$

여기서 $\bar{x}$ = 평균이고, C_{vs} = 변동계수이며, K_T = 빈도계수이다.

예제 5.8

표 예5.8.1은 어떤 유역 내 강수량 관측소의 1981년부터 2003년까지 23년간 4월의 강우량이다. 정규분포에 맞추어 빈도 해석을 실시하고, 다음 사항에 답하시오.

1. 초과확률 1%인 4월의 강우량 산정

표 예5.8.1 어떤 관측소 4월의 강우량 자료

52	31	51	43	44	38	31	47	49	40	43	37	34	53	49	47	41	36	34	38	36	37	43mm

[풀이]

0. 기본통계자료 계산과 빈도해석 주요 과정 수행

(1) 기본통계자료 계산

① **평균** : 식 (5.1b) 이용

1) $\bar{x} = \frac{1}{n}\sum_{i=1}^{n} x_i = \frac{1}{23} \times 954 = 41.5\,\text{mm}$

② **표준편차** : 식 (5.6d) 이용

1) 분산 $s^2 = \left[\frac{1}{n-1}\sum_{i=1}^{n}(x_i - \overline{x})^2\right]$

2) 표준편차 $s = \sqrt{\sum_{i=1}^{n}(x_i - \overline{x})^2/(n-1)} = \sqrt{\frac{979.75}{(23-1)}} = 6.8\text{mm}$: **표 예5.8.2ⓒ** 이용

③ **왜곡도계수** : 식 (5.9b) 이용

$$C_{ss} = \sigma_{ss}/s^3 \leftarrow \sigma_{ss} = \frac{n}{(n-1)(n-2)}\sum_{i=1}^{n}(x_i - \overline{x})^3 = \frac{23}{(22)(21)}(974.88) = 48.532$$

$$= \frac{48.532}{(6.8)^3} \fallingdotseq 0.15$$: **표 예5.8.2ⓓ** 이용

(2) 빈도해석 주요 과정 수행

① Weibull **공식에 의한 초과확률 계산** :

1) **표 예5.8.1**의 자료를 크기순으로 나열한다.

2) 각 자료의 초과확률은 **표 5.5ⓑ**의 Weibull 공식 $P(x \geq X) = m/(n+1)$로 계산하면 **표 예5.8.2ⓔ**와 같다.

표 예5.8.2 Weibull 공식에 의한 초과확률 계산

ⓐ 순위 m	ⓑ 강우량(mm)	ⓒ $(x_i - \overline{x})^2$	ⓓ $(x_i - \overline{x})^3$	ⓔ 초과확률 $P(x \geq X)$ (%)
1	53	132.25	1520.88	4.2
2	52	110.25	1157.63	8.3
3	51	90.25	857.38	12.5
4	49	56.25	421.88	16.7
5	49	56.25	421.88	20.8
6	47	30.25	166.38	25.0
7	47	30.25	166.38	29.2
8	44	6.25	15.63	33.3
9	43	2.25	3.38	37.5
10	43	2.25	3.38	41.7
11	43	2.25	3.38	45.8
12	41	0.25	−0.13	50.0
13	40	2.25	−3.38	54.7
14	38	12.25	−42.88	58.3
15	38	12.25	−42.88	62.5
16	37	20.25	−91.13	66.7
17	37	20.25	−91.13	70.8
18	36	30.25	−166.38	75.0
19	36	30.25	−166.38	79.7
20	34	56.25	−421.88	83.3
21	34	56.25	−421.88	87.5
22	31	110.25	−1157.63	91.7
23	31	110.25	−1157.63	95.8
합	954	979.75	974.88	

② **확률분포지에 의한 분포형 결정 :**

표 예5.8.2ⓔ의 초과확률별 강우량은 그림 예5.8의 정규확률지에 표시한 것과 같다.

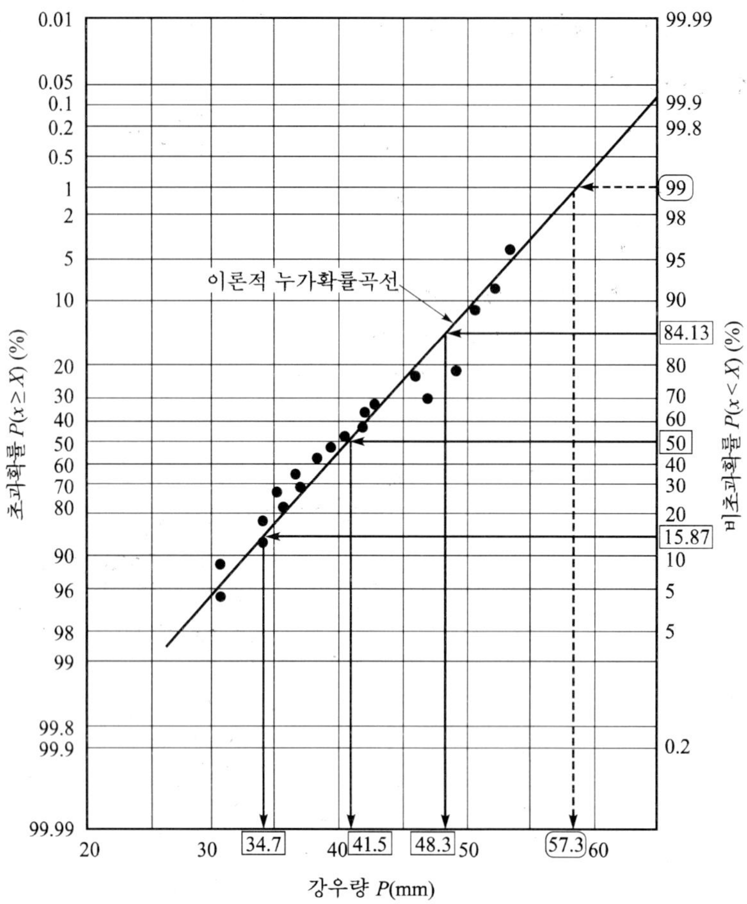

그림 예5.8 정규확률지에 의한 빈도 해석

③ **정규분포의 검정 :**

1) 정규분포의 이론적인 누가확률 분포곡선을 작성하기 위해 식 (5.48a) $x_T = \bar{x} + sK_T$ 를 사용하면 $K_T = z_T$이므로 $x_T = 41.5 + 6.8z_T$이다.
2) 이 식에 $z_T = 0$을 대입하면 $x_T = 41.5$mm[표 예5.8.2ⓔ, 식 (5.44) 이용]이고, 그림 예 5.8 비초과확률$[P(x_T < X)] = 50\%$이다.
3) 같은 방법으로 $z_T = 1$을 대입하면 $x_T = 48.3$mm[표 예5.8.2ⓔ 이용]이고, 그림 예5.8 비초과확률$[P(x_T < X)] = 84.13\%$이다.
4) 또한 $z_T = -1$을 대입하면 $x_T = 34.7$mm[표 예5.8.2ⓔ 이용]이고, 그림 예5.8 비초과확률$[P(x_T < X)] = 15.87\%$이다.

5) 이들 3개 좌표점을 사용하여 그은 직선 즉, 누가확률 분포곡선은 **그림 예5.8**과 같이 자료들이 직선과 잘 합치(合致)하는 것으로 나타났다.

1. 초과확률 1%인 4월의 강우량 산정

(1) **1% 초과확률 계산** :

① 초과확률 $P(x_T \geq X) = 1\%[= P(X) = 1/T(X);\ T(X) = 1/0.01 = 100(\text{년})]$일 때 비초과확률 $P(x_T < X) = 99\%$이다.

② 이에 해당하는 '[예제 5.7] 풀이 1(1)①항'과 **표 예5.7.4.1**에서 $z_T = 2.327$이므로 **초과확률 1%**인 4월의 강우량은 다음과 같이 구한다.

③ $\therefore\ x_{100} = 41.5 + 6.8 \times 2.327 = 57.3\text{mm}$

④ **그림 예5.8**의 이론적 누가 확률분포곡선을 이용할 수도 있다. 점선과 같이 세로축의 비초과확률 99%에 해당하는 가로축의 강우량을 구하면 57.3mm를 얻을 수 있다.

예제 5.9

어떤 하천 유역의 연최대 홍수량 자료 분석결과는 대수정규분포하는 것으로 나타났고, 빈도해석 결과는 100년과 200년 재현기간의 첨두 유량이 $12{,}500\text{m}^3/\text{s}$, $15{,}000\text{m}^3/\text{s}$로 나타났다. 또한 대수정규분포의 재현기간별 빈도계수는 재현기간이 50년, 100년, 200년 1,000년일 때 2.054, 2.326, 2.576, 3.090로 나타났다. 이 빈도해석 결과를 이용하여 다음 사항에 답하시오.

1. 재현기간 1,000년의 첨두 홍수량 산정

[풀이]

1. 재현기간 1,000년의 첨두 홍수량 산정

(1) 무작위 변량(random variate) x=관측치 홍수량(flood discharge)이다.

(2) 환산 변량(transformed variate) z는 관측치 홍수량에 (상용)대수($\log x$)를 취해 대수정규분포(log-normal distribution)로 변환한 값이다.

(3) T=재현기간(return period); 재현기간별 수문량 $z_T = \bar{z} + K_z \sigma_z$는 **표 예5.9**와 같이 계산한다.

표 예5.9 빈도계수법에 의한 수문량 계산

재현기간 T(년)	수문량 $x_T(\text{m}^3/\text{s})$	대수변환 $\log x_T = z_T$	빈도계수 K_T	변환 수문량 $z_T = \bar{z} + K_z \sigma_z$
100	12,500	$\log 12{,}500\ (=z_T) = 4.0969$	2.326	$4.0969 = \bar{z} + 2.326\sigma_z$ (예5.9.1)
200	15,000	$\log 15{,}000\ (=z_T) = 4.1761$	2.576	$4.1761 = \bar{z} + 2.576\sigma_z$ (예5.9.2)
1,000	?		3.090	

① 식 (예5.9.1)을 정리하여 정규확률변수의 평균 $\overline{z}$에 관한 다음 식을 얻는다.

② $\therefore \overline{z}=4.0969-2.326\sigma_z$ (예5.9.3)

③ 식 (예5.9.3)을 식 (예5.9.2)에 대입하여 정리하면 $4.1761=4.0969-2.326\sigma_z+2.576\sigma_z$

$\Rightarrow 0.250\sigma_z=0.079$

④ ∴정규확률변수의 표준편차 $\sigma_z=0.079/0.250=0.317$을 얻는다.

⑤ $\sigma_z=0.317$을 식 (예5.9.3)에 대입, 정리하면 $\overline{z}=4.0969-2.326(0.317)=3.360$

(4) 재현기간 T=1,000년이고, 빈도계수 $K_T=3.090$인 수문량 $x_T(\mathrm{m^3/s})$를 다음과 같이 계산한다.

① 정규확률변수의 수문량 $z_T=\overline{z}+K_z\sigma_z=3.360+3.090(0.317)=4.340$

② ∴ 재현기간 T=1,000년인 수문량 $x_{1,000}=10^{4.340}=21,877\mathrm{m^3/s}$이다.

5.2.2 지역 빈도해석

사상 확률(event frequency)이 상이한 관측치 양에 대해 비슷하다면 한 개의 표본만을 사용하는 것보다 여러 개의 표본자료를 모아 함께 해석함으로써 더 정확한 결론에 도달할 수 있을 것이다. 분석된 표본자료들이 적절하게 정의된 '지역(region)' 간의 다수 측정 위치에서 같은 변수가 일반적인 방법으로 관측되었기 때문에 적용 조건에서 이와 같은 접근방법은 **지역 빈도해석**(regional frequency analysis)으로 알려져 있다. 그렇지만, 지역 빈도해석의 원리는 비슷한 다수 자료의 표본(multiple sample)을 이용할 수 있을 때 적용한다(Hosking and Wallis, 1997).

하천유역에서 멀리 떨어진 지점의 강수량 관측소자료로 산정한 지점 빈도해석 확률강우량과 일부 차이가 발생할 수 있으나, 지점 빈도해석과는 달리 하천유역 내 자료기간이 짧은 강수량 관측소에서도 확률강우량을 산정할 수 있기 때문에 하천유역의 강우특성을 대변할 수 있는 장점이 있다. 빈도해석에 의해 추정된 확률 수문량은 관측자료 기간이 길어질수록 불확실성이 작아지고 신뢰도도 커지므로, 지역 빈도해석은 이러한 지점에 대한 확률수문량의 정확도를 향상시키는 목적으로 활용되는 기법이다. 지역 빈도해석은 동일한 모분포를 따르는 것으로 판단되는 모든 지점의 자료를 이용하여 빈도해석함으로써 대상 지점의 신뢰할 만한 **확률수문량**을 산정할 수 있다(환경부, 2019; 2020a).

본 소절에서는 **홍수량 산정 표준지침**(환경부, 2019)과 강우 빈도해석 프로그램 보고서(환경부, 2020a)의 주요 내용 중 지역 빈도해석 관련 일부분에 대해 설명하고자 한다. 상세한 내용은 **국가수자원관리종합정보시스템** 홈페이지(WAMIS)(환경부, 2022)와 해당 참고문헌을 참조한다.

(1) 기본개념

① 기본 가정

지역 빈도해석 기법에는 여러 가지 방법이 있으며, 이들 중 지역 빈도해석의 가장 대표적인 기법은 **홍수지수법(index flood method)**(Sveinsson et al., 2001)이다. 이 방법의 적용을 위한 기본 가정을 요약하면 다음과 같다.

1) 각 지점의 자료는 동일하게 분포하며 독립적(independent and identically distributed)이다.
2) 지점들의 확률분포 규모는 다르지만 동일한 확률분포를 따른다.
3) **지역성장곡선(regional growth curve flood)**의 수학적 형태는 올바르게 정해진다.

② 지역 빈도해석 절차

지역 빈도해석은 **그림 5.15**와 같이 '자료 수집→자료검증 수정·보완→지역구분→최적 분포형 선정→확률 수문량 추정→확률 수문량 정확성 검정'의 과정으로 이루어진다. 지역 빈도해석에 채택된 강수량 관측소 615개에 대한 최근 강우자료는 1961~2017년까지의 9~57년간 관측치가 반영되었다. 또한 지역 빈도해석 지역구분 결과와 확률강우량 산정 결과는 연구보고서·부록과 RFAHD 2020(환경부, 2020) 실행을 통해 '강수량 관측소; 지점코드 22011152, 24021138 등→강우자료; 지역번호 13, 19번⇒지점코드 22011152, 24021138 등 (클릭)'으로 확인할 수 있다.

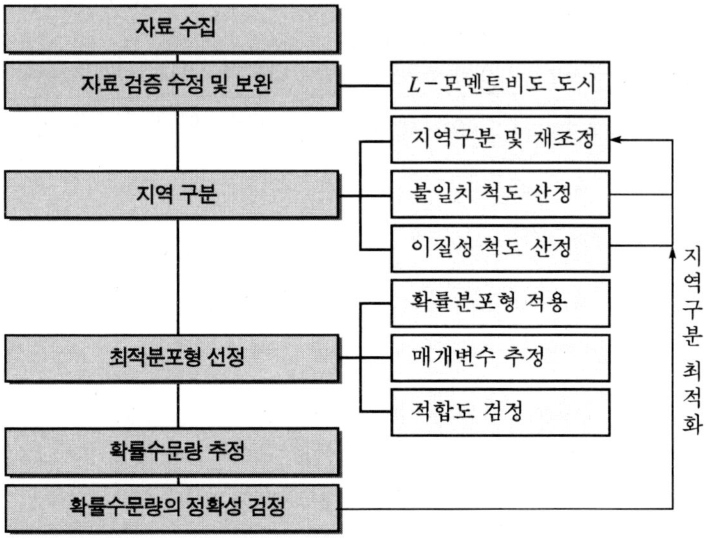

그림 5.15 지역 빈도해석 절차

③ 확률분포의 모멘트와 L-모멘트

1) 확률분포의 모멘트

확률의 분포형상은 전형적으로 분포의 모멘트(moment)로 표시해왔다. (모집단) 무작위 변수(random variable) (또는 특정 크기) X와 표본의 x_1, $x_2, \cdots, x_n$ 인 자료로부터 모멘트는 각각 모집단과 표본의 평균(mean) μ, $\bar{x}$와 같은 무작위 사상 $E(X)$와 μ의 **자연적 추정량(natural estimator)**과 같은 값으로 다음과 같이 정의한다.

$$\mu = E(X) \tag{5.56a}$$

$$\bar{x} = n^{-1} \sum_{i=1}^{n} x_i \tag{5.56b}$$

모집단과 표본의 **고차 모멘트(higher moment)** μ_r과 m_r은 다음과 같이 정의한다.

$$\mu_r = E(X-\mu)^r, \qquad r = 2, 3... \tag{5.57a}$$

$$m_r = n^{-1} \sum_{i=1}^{n} (x_i - \bar{x})^r \tag{5.57b}$$

평균은 확률분포 위치의 중앙(center)이다. 분포의 중앙에 관한 모집단과 표본의 분산(dispersion, variance) σ^2과 s^2은 다음과 같이 모집단과 표본의 표준편차(standard deviation) σ와 s로 측정되며, 이미 설명한 식 (5.6)과 같다.

모집단과 표본의 **변동계수(variation coefficient; CV)** 식 (5.7) $C_{vp} = \sigma/\mu$, $C_{vs} = s/\bar{x}$는 평균에 비례하는 분포의 분산을 표시한다. 또한 모집단과 표본의 **무차원 고차 모멘트(dimensionless higher moment)** $\mu_r/\mu_2{}^{r/2}$과 $m_r/m_2{}^{r/2}$은 특별하게 다음과 같이 모집단과 표본의 **왜곡도계수(skewness coefficient)** C_{sp}, C_{ss}와 **첨도계수(kurtosis coefficient)** C_{kp}, C_{ks}로 정의해 사용된다.

$$C_{sp} = \mu_3/\mu_2^{3/2} \tag{5.58a}$$

$$C_{ss} = \tilde{m}_3/s^3 \tag{5.58a}$$

$$C_{kp} = \mu_4/\mu_2^2 \tag{5.58b}$$

$$C_{ks} = \tilde{k}_4/s^4 + 3 \tag{5.58a}$$

여기서 $\tilde{m}_3 = \dfrac{n^2}{(n-1)(n-2)} m_3$이고, $\tilde{k}_4 = \dfrac{n^2}{(n-2)(n-3)} [\dfrac{(n+1)}{(n-1)} m_4 - 3m_2^2]$ 이다.

2) 확률분포의 L−모멘트와 순서 통계

(가) 확률분포의 L−모멘트

L−모멘트(L−moment)(법)는 확률분포의 형상(shape)을 표현하는 대안적 시스템이다. 이것은 Greenwood et al.(1979)이 **확률 가중 모멘트(probability weighted moments)법**에 의한 확률분포형의 모수추정 방법을 수정해 제안한 것이다(Hosking and Wallis, 1997).

비초과 확률함수(cumulative distribution function) $F(X)$를 갖는 무작위 변수 X의 확률모멘트(probability weighted moment)는 다음과 같은 양(quantity)으로 Greenwood et al.(1979)에 의해 정의되었다.

$$M_{p,r,s} = E[X^p \{ F(X) \}^r \{ 1 - F(x) \}^s] \tag{5.59}$$

여기서 $p, r, s = X$가 분포함수 F를 갖는 실수값 무작위 변수(real-valued random variable)라 할 때 실수(real number)이다(Hosking, 1986).

식 (5.59)에서 실제적으로 유용한 특수 경우에는 확률가중 모멘트 $\alpha_r = M_{1,0,r}$과 $\beta_r = M_{1,r,0}$이다. 분위 함수(quantile function) $x(u)$를 갖는 분포에 대한 식 (5.59)와 무작위 변수의 함수 $g(X)[=\int_0^1 g(x(u))du]$는 무작위 변수 자신과 기대치(expectation)를 가지며, 다음과 같이 쓸 수 있다.

$$\alpha_r = \int_0^1 x(u)(1-u)^r du \tag{5.60a}$$

$$\beta_r = \int_0^1 x(u)\, u^r du \tag{5.60b}$$

식 (5.60)은 다음과 같이 표시하여 사용하는 보통 모멘트(ordinary moment)의 정의와는 다르다.

$$E(X^r) = \int_0^1 \{ x(u) \}^r du \tag{5.61}$$

전통적인 모멘트는 분위함수 $x(u)$의 연속 고차 멱함수(higher power)를 갖는 반면에, 확률 가중모멘트는 u 또는 $1-u$의 연속 고차 멱함수를 갖고 다항식(polynomial)의 u^r 또는 $(1-u)^r$을 가중해 $x(u)$로 적분하게 된다.

분위함수 $x(u)$를 갖는 무작위 변수 X에 대해 다음과 같이 X의 L−모멘트로 정의할 수 있다.

$$\lambda_r = \int_0^1 x(u) P_{r-1}^* (u) du \tag{5.62}$$

여기서 $P_{r-1}^*(u)$=통계의 유일한 값 u의 $r-1$ 다항식 차수의 값[$P_r^*(u)$, $r=1,2,\cdots$ 에서 $P_r^*(1)$=1]이다.

확률가중 모멘트(β_0, β_1, …)에 관한 L-모멘트(λ_1, λ_2, …) 외 그에 대한 일반식 (λ_{r+1})은 다음과 같다.

$$\lambda_1 = \alpha_0 \ (=\beta_0) \tag{5.63a}$$

$$\lambda_2 = \alpha_0 - 2\alpha_1 \ (=2\beta_1 - \beta_0) \tag{5.63b}$$

$$\lambda_3 = \alpha_0 - 6\alpha_1 + 6\alpha_2 \ (=6\beta_2 - 6\beta_1 + \beta_0) \tag{5.63c}$$

$$\lambda_4 = \alpha_0 - 12\alpha_1 + 30\alpha_2 - 20\alpha_3 \ (=20\beta_3 - 30\beta_2 + 12\beta_1 - \beta_0) \tag{5.63d}$$

$$\lambda_{r+1} = (-1)^r \sum_{k=0}^{r} p_{r,k}^* \alpha_k = \sum_{k=0}^{r} p_{r,k}^* \beta_k \tag{5.63e}$$

규모 척도 λ_2로 고차원 L-모멘트 λ_r를 나눠 만드는 L-모멘트의 무차원화 (demensionless version)는 간편화를 위해 다음과 같이 정의한다.

$$\tau_r = \lambda_r / \lambda_2, \ r = 3, 4, \ldots \tag{5.64a}$$

여기서 τ_r=고차(r=3, 4, …)의 L-모멘트 비(L-moment ratio)이다.

또한 L-모멘트 비는 측정치 규모와는 무관하게 분포의 형상을 측정하기 위해 **변동계수(variation coefficient)** 식 (5.7)을 다음과 같이 무차원화시킨다.

$$\tau = \lambda_2 / \lambda_1 \tag{5.64b}$$

여기서 τ=L-모멘트 변동의 계수(coefficient of L-variation)를 의미하는 $L-CV$ 이다.

(나) L-모멘트와 순서 통계(order statistics)

L-모멘트에 대한 직관적 정당화(intuitive justification)는 오름차순(ascending order)으로 정렬된 표본자료에서 관측치의 선형조합(linear combination)을 고려함으로써 얻을 수 있다. 분포로부터 작성된 작은 표본으로 주어진 어떤 분포 형상의 측정을 고려할 때 표본 크기 n으로부터 k번째 작은 관측치 $X_{k:n}$으로 표시하면 **순서표본(ordered sample)**은 $X_{1:n} \le X_{2:n} \ \cdots \le X_{n:n}$으로 구성된다.

규모 1의 표본은 1개 관측치 $X_{1:1}$로 구성되고, 이 표본은 분포의 위치(location)에 관한 정보를 포함한다. 이 분포가 큰 값 쪽으로 이동된다면 $X_{1:1}$ 값 보다 큰 관측치가 기대된다.

규모 2의 표본은 2개 관측치 $X_{1:2}$, $X_{2:2}$로 구성되고, 이 표본은 분포의 규모(scale)나 분산(dispersion)에 관한 정보를 포함한다. 이 분포가 중심값 주위에 밀집된다면 두 관측치는 같이 근접하게 될 것이다. 두 분포가 넓게 분산된다면 두 관측치는 전형적으로 멀리 떨어지게 될 것이다. 그러므로, 두 관측치의 차 $X_{2:2}-X_{1:2}$는 분포의 규모 척도(scale measure)가 된다.

규모 3의 표본은 3개 관측치 $X_{1:3} \leq X_{2:3} \leq X_{3:3}$로 구성되며, 이 표본은 분포의 왜곡도(skewness)에 관한 정보를 포함한다. 이 분포가 중심값에 관해 대칭(symmetric)이라면 2개의 극치값은 전형적으로 관측지 중심으로부터 대략적으로 등거리(equidistant)에 위치할 것이다. 즉, $X_{3:3}-X_{2:3} \approx X_{2:3}-X_{1:3}$ 또는 $X_{3:3}-2X_{2:3}+X_{1:3} \approx 0$이다. 분포가 오른쪽으로 왜곡되었다면 상부 끝(upper tail)이 하류 끝(lower tail)보다 집중되어 일반적으로 $X_{3:3}-X_{2:3}$는 $X_{2:3}-X_{1:3}$보다 커지게 될 것이므로 $X_{3:3}-2X_{2:3}+X_{1:3}$은 양(positive)이 될 것이다. 마찬가지로 분포가 왼쪽으로 왜곡되었다면 $X_{3:3}-2X_{2:3}+X_{1:3}$은 일반적으로 음(negative)이 될 것이다. 따라서, 순서 표본의 중심 두 번째 차 $X_{3:3}-2X_{2:3}+X_{1:3}$은 분포의 왜곡도 척도(skewness measure)가 된다.

규모 4의 표본은 4개 관측치 $X_{1:4} \leq X_{2:4} \leq X_{3:4} \leq X_{4:4}$로 구성되며, 이 표본은 분포의 첨예도(kurtosis)에 관한 정보를 포함한다. 순서 표본의 중심 세 번째 차(central third difference) $X_{4:4}-3X_{3:4}+3X_{2:4}-X_{1:4}$를 고려하여 위와 비슷한 결과를 유도할 수 있다. 이 식은 $(X_{4:4}-X_{1:4})-3(X_{3:4}-X_{2:4})$로 쓸 수 있으므로 두 중심 값보다 표본의 두 극치값이 얼마나 더 떨어져 있는지를 가름하는 척도로 볼 수 있다. 분포가 편평한 밀도함수(flat density function)를 갖는다면 표본 값은 일반적으로 대략 공간과 같게 될 것이고, 중심 세 번째 차가 영(zero)에 가깝게 될 것이다. 분포가 중심 첨두가 높고 긴 양끝(long tails)을 갖는다면 중심 세 번째 차는 전형적으로 크게 될 것이다. 그러므로, $X_{4:4}-3X_{3:4}+3X_{2:4}-X_{1:4}$는 분포의 첨예도 척도가 된다.

L-모멘트는 표본에서 유도된 분포의 형상(shape)과 크기(scale), 위치(location에 관한 어떤 정보를 포함하는 순서 표본(ordered sample)의 선형조합(linear combination)이다. L-모멘트의 'L'은 순서 통계(order statistics)의 선형조합으로부터 L-모멘트의 구성을 강조한다.

확률분포(probability distribution)의 L-모멘트는 다음과 같이 정의한다.

$$\lambda_1 = E(X_{1:1}) \tag{5.65a}$$

$$\lambda_2 = \frac{1}{2}E(X_{2:2} - X_{1:2}) \tag{5.65b}$$

$$\lambda_3 = \frac{1}{3}E(X_{3:3} - 2X_{2:3} + X_{1:3}) \tag{5.65c}$$

$$\lambda_4 = \frac{1}{4}E(X_{4:4} - 3X_{3:4} + 3X_{2:4} - 3X_{1:4}) \tag{5.65d}$$

$$\lambda_r = r^{-1}\sum_{j=0}^{r-1}(-1)j\binom{r-1}{j}E(X_{r-j:r}) \tag{5.65e}$$

여기서 λ_1=확률분포의 형상 또는 L-모멘트의 위치(L-location)를 나타내고, λ_2= L-모멘트의 규모(L-scale)를 나타내며, λ_3=모멘트의 왜곡(skewness) 정도를 나타낸다. 또한 λ_4=첨예(kurtosis) 정도를 나타내며, λ_r=λ_1 ~ λ_4 등으로 구성되는 고차 다항식의 일반식이다.

3) L-모멘트의 특성

L-모멘트의 특성을 나타내는 대표적인 주요 용어는 다음과 같이 5가지를 들 수 있다.

(가) 확률분포의 형상 또는 L-모멘트 위치(location)인 λ_1

(나) L-모멘트 규모(scale)인 λ_2

(다) L-모멘트 변동의 계수 (coefficient of L-variation) L-CV 인 τ

(라) L-모멘트 비 τ_3인 L-왜곡도(skewness)

(마) L-모멘트 비 τ_4인 L-첨예도(kurtosis)

이들은 다음과 같은 L-모멘트의 특성을 요약하는 데 가장 유용하며, 그 중 일부를 소개한다.

(가) 존재성(existence); 확률분포의 평균(mean)이 존재한다면 L-모멘트의 모든 것이 존재한다.

(나) 유일성(uniqueness); 분포의 평균이 존재한다면 L-모멘트는 그 분포를 유일하게 정의한다. 즉, 두 분포는 같은 L-모멘트를 갖지 않는다.

㈐ 전문용어(terminology)와 그 수치(numerical value); 용어 정의와 그의 숫자 값은 다음과 같다.

㉮ λ_1=확률분포의 형상 또는 L−모멘트의 위치(L−location)를 나타내며, 그의 숫자 값은 임의 값(any value)을 취할 수 있다.

㉯ λ_2= L−모멘트의 규모(L−scale)를 나타내며, 그의 숫자 값은 0보다 크거나 같다($\lambda_2 \geq 0$).

㉰ τ= L−모멘트 변동의 계수(coefficient of L−variation)($L-CV$)를 나타내며, 그의 숫자 값은 양(positive)의 값만 취한다($0 \leq \tau < 1$).

㉱ τ_3=L−모멘트 비인 왜곡도(L−skewness)를 나타내며, L−모멘트 비는 모든 $r \geq 3$에 대해 $|\tau_r| < 1$을 만족시킨다. 그의 숫자 값은 양(positive)의 값만 취한 분포에 대해 τ로 주어진 τ_3에 대한 한계(bound)는 $2\tau - 1 \leq \tau_3 < 1$이다.

㉲ τ_4=L−모멘트 비인 첨예도(L−kurtosis)를 나타내며, 그의 숫자 값은 τ_3로 주어진 τ_4에 대한 한계(bound)는 $\frac{1}{4}(5\tau_3^2 - 1 \leq \tau_4 < 1$이다.

(2) 확률분포형·기본통계량

1) 확률분포형

지역 빈도해석 프로그램 RFAHD 2020(환경부, 2020)에 포함된 확률분포형은 다음과 같다.

㈎ **일반화 극치분포(generalized extreme value distribution, GEV)**

$$p(x) = \frac{1}{\alpha}\left[1 - \frac{\beta(x - x_0)}{\alpha}\right]^{(1/\beta)-1} e^{-[1 - \frac{\beta(x - x_0)}{\alpha}]^{1/\beta}} \tag{5.66a}$$

㈏ **대수피어슨형** III**분포(3−parameter log−normal distribution, LP3)**

$$p(x) = \frac{1}{\alpha \Gamma(\beta) x}\left[\frac{\ln x - y_0}{\alpha}\right]^{\beta - 1} e^{-\left(\frac{\ln x - y_0}{\alpha}\right)} \tag{5.66b}$$

㈐ **정규분포(normal distribution, NOR)**

$$p(x) = \frac{1}{\sigma\sqrt{2\pi}} e^{-\frac{1}{2}\left(\frac{x - \mu}{\sigma}\right)^2} \tag{5.66c}$$

㈑ Wakeby **분포(5−parameter wakeby distribution, WKB5)**

$$x = m + \alpha[1 - \{1 - F(X > x)^b\}] - c[1 - \{1 - F(X > x)^{-d}\}] \tag{5.66d}$$

(마) **일반화 Logistic 분포(generalized logistic distribution, GLO)**(신홍준 등, 2008)

$$p(x) = \frac{1}{\alpha}\left[1 - \frac{\beta(x-x_0)}{\alpha}\right]^{(1/\beta)-1}\left[1 + \left\{1 - \beta\left(\frac{x-x_0}{\alpha}\right)\right\}^{1/\beta}\right]^{-2} \tag{5.66e}$$

여기서 x_0, y_0=위치 매개변수이고, α=규모 매개변수이며, β=형상 매개변수이다. 또한 a, b, c, d, m, n=그 외의 매개변수이며, $F(X > x)$=비초과확률이다.

2) 기본 통계량

확률 분포형을 유도하는 절차 중 예비해석 단계에서 이루어지는 표 5.6의 기본 통계치(량) 산정 결과는 L-모멘트법에 의한 지역 빈도해석에 중요한 요소로 사용된다. 이전 절에서 설명한 확률분포형의 결정을 위한 예비해석으로 선행되는 기본 통계치는 표 5.6과 같이 요약할 수 있다. 즉, 평균과 표준편차, 분산, 변동계수, 왜곡도계수, 첨예도계수는 빈도해석에 중요한 요소로 사용된다.

표 5.6 기본 통계량

구분	자료	
	모집단(매개변수)	표본(통계량)
평균 (=모멘트)	$\mu = \frac{1}{N}\sum_{i=1}^{N} x_i \; [E(X) = \int_{-\infty}^{\infty} xp(x)dx]$	$\bar{x} = \frac{1}{n}\sum_{i=1}^{n} x_i$
분산 (2차 모멘트)	$\sigma^2 = \frac{1}{N}\sum_{i=1}^{N}(x_i - \mu)^2$ $E[(x-\mu)^2] = \int_{-\infty}^{\infty}(x-\mu)^2 p(x)dx]$	$s^2 = \frac{1}{n-1}\sum_{i=1}^{n}(x_i - \bar{x})^2$
변동계수	$C_{vp} = \frac{\sigma}{\mu}$	$C_{vs} = \frac{s}{\bar{x}}$
왜곡도계수 (3차 모멘트)	$C_{sp} = \frac{\frac{1}{N}\sum_{i=1}^{N}(x_i - \mu)^3}{\sigma^3}$	$C_{ss} = \frac{\frac{n}{(n-1)(n-2)}\sum_{i=1}^{n}(x_i - \bar{x})^3}{s^3}$
첨예도계수 (4차 모멘트)	$C_{kp} = \frac{\frac{1}{N}\sum_{i=1}^{N}(x_i - \mu)^4}{\sigma^4}$	$C_{ss} = \frac{\frac{n}{(n-1)(n-2)(n-3)}\sum_{i=1}^{n}(x_i - \bar{x})^4}{s^4}$
비고	• X=무작위 변수(random variable), (모집단) 특정 크기 • $E(X)$= 무작위 사상 • N=모집단 자료 수 • (1차) 모집단 모멘트$\mu = E(X)$	 • x=총 변량(total variable) • n=표본 자료 수 • 고차 모집단 모멘트 $\mu_r = E(X-\mu)^r$ (r=2, 3, …)

이는 자료분석 결과의 판단기준이 되는 **불일치 척도**(discordancy measure) · **이질성 척도**(heterogeneity measure)[=**동질성 척도**(homogeneous measure)의 반대 의미] ·**매개변수 추정**(parameter) · **적합도 척도(검정)**(good-of-fit measure) · **성장곡선**(regional growth curve) 계산에 적용된다.

(3) 자료분석·판단기준

① **불일치 척도** ; 여러 지점으로 구성된 하나의 지역에서 그 지점들이 지역과 전체적으로 일치하는지를 확인하기 위한 척도이다. 이는 각 지점자료의 L-모멘트에 의해서 측정되며, **그림 5.16**(Hosking and Wallis, 1997)과 같이 가로(장)축의 표본자료 L-모멘트 왜곡도(skewness) t_3와 세로(단)축의 표본자료 L-모멘트 변동의 계수[(coefficient of L-variation) $L-CV$) t로 나타낸다.

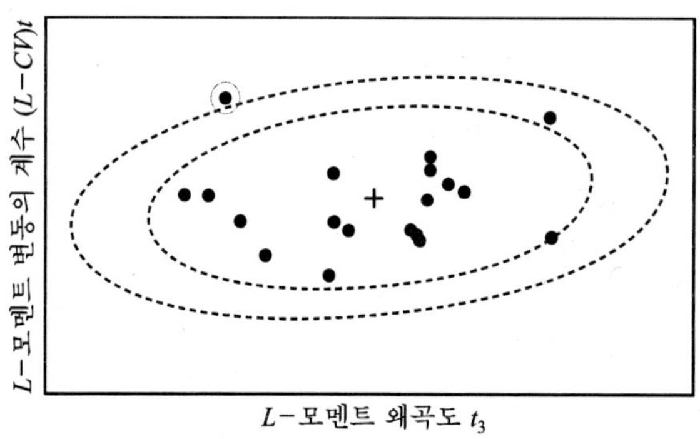

그림 5.16 불일치 척도의 개념도

그림 5.16의 '+'표시는 L-모멘트 비 변동의 계수[(coefficient of L-variation) $L-CV$) τ와 L-모멘트 비 왜곡도(skewness) τ_3의 지역평균치(group average value)를 나타낸다. 불일치 지점은 이 타원형을 벗어나서 위치하게 되고, **그림 5.16**의 19개 지점 중에서는 2번째 타원 밖에 있는 지점 '⊙'가 불일치 지점일 가능성이 높다.

한 지역에 n개 지점이 있다면 벡터 $u_i = [t^i \, t_3^i \, t_4^i]^T$ [여기서 (대괄호 밖의) T=치환(transposition) 벡터 또는 매트릭스이고, (대괄호 안의) i=지점이다]는 지점 i의 L-모멘트 비 변동의 계수 t와 L-모멘트 비 왜곡도 t_3, L-모멘트 비 첨예도 t_4를 포함하는 벡터로 가정한다. 그러면 **비가중 지역평균**(unweighted group average) 벡터 $\overline{u}$는 다음과 같이 구한다.

$$\overline{u} = n^{-1}\sum_{i=1}^{n} u_i \tag{5.67}$$

n개 지점의 벡터 u_i와 비가중 지역평균 벡터 $\overline{u}$의 공분산(convariance) 관계를 제곱합(sum of square)과 외적(cross-product)의 벡터(행렬) A로 표시하면 다음과 같다.

$$A = \sum_{i=1}^{n} (u_i - \overline{u})(u_i - \overline{u})^T \tag{5.68}$$

그러므로, 지점 i에 대한 불일치 척도는 다음과 같이 정의한다.

$$D_i = \frac{1}{3} n (u_i - \overline{u})^T A^{-1} (u_i - \overline{u}) \tag{5.69}$$

불일치 척도는 지점 수와 관련되어 식 (5.69)에 의한 D_i값이 **표 5.7**의 한계값을 초과할 때 지역 내 다른 지점들과 불일치하다고 판단한다. 예를 들어 한 지역의 11개 지점을 선정하여 불일치 척도를 계산한 결과 특정지점의 D_i 값이 2.632를 초과하면 해당 지점은 다른 지점과 불일치로 판단하여 제외 여부를 결정한다.

표 5.7 불일치 척도 기준의 한계치

지역 내 지점 수	한계치	지역 내 지점 수	한계치
5	1.333	11	2.632
6	1.648	12	2.757
7	1.917	13	2.869
8	2.140	14	2.971
9	2.329	≥15	3.000
10	2.491		

② 동질성 척도

동질성 척도는 다른 표현으로 **이질성 척도(heterogeneous measure)**와 반대의 의미지만 개념은 같다고 볼 수 있다. 지역 빈도해석에 **동질지역(homogeneous region)**이란 지형학적인 의미가 아닌 통계적 특성이 동일한 지점들의 집단을 의미한다. 그러므로, 동질성 척도는 이질성 척도(heterogeneity measure) H로 다음과 같이 정의하여 지역의 동질성을 검토하게 된다.

$$H = \frac{V - \mu_V}{\sigma_V} \tag{5.70}$$

여기서 V=지점의 L-모멘트 비 변동의 계수의 가중표준편차이고 μ_V, σ_V=각각 V의 평균과 표준편차이다.

식 (5.70)의 V는 다음과 같이 정의한다.

$$V = \left\{ \sum_{i=1}^{n} n_i (t^{(i)} - t^R)^2 / \sum_{i=1}^{n} n_i \right\} \tag{5.71}$$

여기서 $t^{(i)}$=지점 i의 (표본자료) L-모멘트 비 변동의 계수이고, t^R=지점 i의 (표본) 자료기간 n_i에 비례하여 가중평균한 지역의 L-모멘트 비 변동의 계수로 다음과 같이 구한다.

$$t^R = \sum_{i=1}^{n} n_i t^{(i)} / \sum_{i=1}^{n} n_i \tag{5.72}$$

이질성 척도에 의한 동질지역 구분기준은 Hosking and Wallis(1997)에 의하면 **표 5.8**과 같다(2020, 환경부).

표 5.8 이질성 척도에 의한 동질지역 구분기준

이질성 척도	동질지역 구분	비고
$H<1$	동질지역	
$1 \le H < 2$	이질 가능지역	
$H \ge 2$	이질지역	

다른 기준으로 V를 정의한 식 (5.72) 유형의 V_3와 V_4에 의해 유도된 이질성 척도 H_2(IH, 1999)와 H_3를 척도로 사용하는 경우가 있다. 이는 RFAHD 2020의 실행 결과를 확인하면 접할 수 있으며, 이들에 대한 상세한 내용은 강우빈도해석 프로그램 개발 보고서(환경부, 2020)를 참조한다.

③ 매개변수 추정

통계에서 일반적인 문제는 규모 n개인 무작위 표본으로부터 유한개의 미지 매개변수를 포함하는 특정 확률분포 p를 계산하는 것이다. 모멘트의 일반적인 방법과 유사한 L-모멘트의 방법은 모집단 양에 상응하는 표본 L-모멘트 첫번째 확률 p를 같게 놓고 계산하여 매개변수를 얻는다. 이는 L-모멘트의 매개변수에 대한 식을 필요로 하며, 다음 [예제 5.10][Hosking and Wallis(1997)]을 통해 설명한다.

예제 5.10

표 예5.10.1은 어떤 지역 6개 지점 $A \sim F$(미국 내)의 연최대 풍속(annual maximum windspeed)(km/h) 자료이다. 이를 이용하여 다음 사항에 답하시오.

1. Gringoten 확률도시공식에 의한 확률분포도 작성
2. 각 지점의 L-모멘트와 L-모멘트 비의 계산
3. 모멘트와 L-모멘트의 기호 요약

표 예5.10.1 6개 지점의 연최대 풍속 자료

관측소(연도)	관측자료풍속(km/h)	자료수(년)
A지역(Macon) (1950-1977)	32 32 34 37 37 38 40 40 40 42 42 42 43 44 45 45 46 48 49 50 51 51 51 53 53 58 58 60	28
B지역(Brownsville) (1943-1977)	32 33 34 34 35 36 37 37 38 38 39 39 40 40 41 41 42 42 43 43 43 44 44 46 46 48 48 49 51 53 53 53 56 63 66	35
C지역(Port Arthur) (1953-1977)	39 43 44 44 45 45 45 46 47 49 51 51 51 51 54 55 55 57 57 60 61 63 66 67 81	25
D지역(Montgomery) (1950-1977)	34 36 36 37 38 40 40 40 40 40 43 43 43 43 46 46 46 46 47 47 48 49 51 51 51 52 60 77	28
E지역(Key West) (1958-1976)	35 35 36 36 36 38 42 43 43 46 48 48 52 55 58 64 78 86 90	19
F지역(Corpus Chriti) (1943-1976)	44 44 44 44 45 45 45 45 46 46 46 47 48 48 48 48 48 49 50 50 50 51 52 55 57 58 60 60 66 67 70 71 77 128	34

[풀이]

0. 표본의 L-모멘트(sample L-moment) 계산

(1) L-모멘트 계산은 L-모멘트가 확률분포에 대해 정의되어왔으나 실제는 보통 유한개 표본(finite sample)으로부터 계산되었다. 계산은 내림차순으로 정렬된 자료의 총수 n개인 표본을 기초로 한다.

(2) 정렬된 표본(ordered sample)의 순서가 $x_{1:n} \leq x_{2:n} \leq \cdots \leq x_{n:n}$ 이라 하면 **확률가중 모멘트 추정량(probability weighted moment estimator)** β_r로 시작하는 것이 편리하다. β_r의 **무편향 추정량(unbiased estimator)** b_r은 다음과 같다(Landwehr et al., 1979).

$$b_r = n^{-1} \binom{n-1}{r}^{-1} \sum_{j=r+1}^{n} \binom{j-1}{r} x_{j:n} \qquad (예5.10.1)$$

식 (예5.10.1)은 대안적으로 다음과 같이 쓸 수 있다.

$$b_0 = n^{-1}\sum_{j=1}^{n} x_{j:n} \tag{예5.10.2a}$$

$$b_1 = n^{-1}\sum_{j=2}^{n} \frac{(j-1)}{(n-1)} x_{j:n} \tag{예5.10.2b}$$

$$b_2 = n^{-1}\sum_{j=3}^{n} \frac{(j-1)(j-2)}{(n-1(n-2)} x_{j:n} \tag{예5.10.2c}$$

식 (예5.10.1)을 일반식으로 표시하면 다음과 같다.

$$b_r = n^{-1}\sum_{j=r+1}^{n} \frac{(j-1)(j-2)...(j-r)}{(n-1(n-2)...(n-r)} x_{j:n} \tag{예5.10.2d}$$

식 (예5.10.2a～d)는 식 (5.63a)～(5.63e)와 유사하게 표본의 L-모멘트로 다음과 같이 정의한다.

$$l_1 = b_0 \tag{예5.10.3a}$$

$$l_2 = 2b_1 - b_0 \tag{예5.10.3b}$$

$$l_3 = 6b_2 - 6b_1 + b_0 \tag{예5.10.3c}$$

$$l_4 = 20b_3 - 30b_2 + 12b_1 - b_0 \tag{예5.10.3d}$$

(3) 식 (5.64a, b)와 같이 표본의 L-모멘트 비 t_r과 표본의 L-모멘트 변동계수(coefficient of L-variation) $L-CV$인 t는 다음과 같이 정의하며, 이는 추정량 특성이다.

$$t_r = l_r / l_2 \tag{예5.10.4a}$$

$$t = l_2 / l_1 \tag{예5.10.4b}$$

1. Gringoten 확률도시공식에 의한 확률분포도 작성

(1) **표 예5.10.1**의 자료는 **그림 예5.10.1**과 같이 작성한다.

① **그림 예5.10.1**의 각 그래프는 극치확률지 위에 도시하기 위해 등치화(equivalent) 작업 후 그래프를 작성한다.

② 수평축은 Gumbel 분포가 직선으로 표시되도록 변환시키고 세로축은 자료점 $x_{j:n}$이 Gringorten 도시공식 $p_{j:n} = \dfrac{j-0.44}{n+0.12}$로 계산된 확률을 $-\log(-\log p_{j:n})$로 변환시킨 수평축(Gumbel reduced variate)에 대해 작성한다.

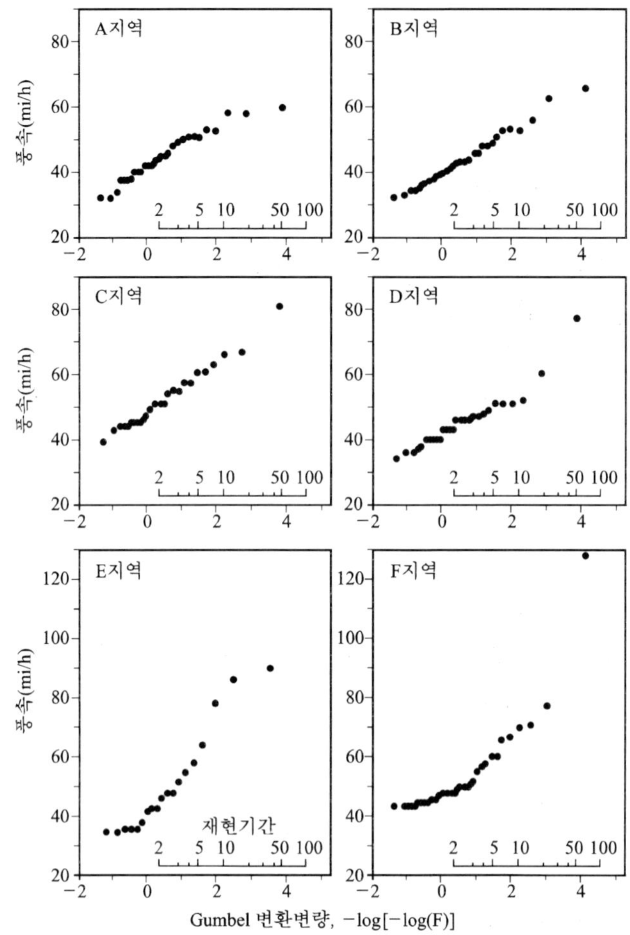

그림 예5.10.1 표 예5.10.1 풍속자료의 Gumbel 변환분포

2. 각 지점의 L-모멘트와 L-모멘트 비의 계산

(1) 표본 L-모멘트와 L-모멘트 비는 각각 **표 예5.10.2**와 같이 계산한다.

표 예5.10.2 표 예5.10.1 연최대 풍속자료의 L-모멘트 매개변수 계산

항목 / 기호 / 지점	자료수	매개변수				
	n	l_1	l_2	t	t_3	t_4
A지역(Macon)	28	45.04	4.46	0.0990	0.0406	0.0838
B지역(Brownsville)	35	43.63	4.49	0.1030	0.1937	0.1509
C지역(Port Arthur)	25	53.08	5.25	0.0989	0.2086	0.1414
D지역(Montgomery)	28	45.36	4.34	0.0958	0.2316	0.2490
E지역(Key West)	19	51.00	9.29	0.1821	0.3472	0.1245
F지역(Corpus Chriti)	34	54.47	6.70	0.1229	0.5107	0.3150

(2) **표 예5.10.2**에서 l_1, l_2와 t, t_3과 t_4는 각각 식 (예5.10.3a), (예5.10.3b)와 식 (예5.10.4b), 식 [(예5.10.3c)/(예5.10.3b)]과 식 [(예5.10.3d)/(예5.10.3b)]로 구한다.

3. 모멘트와 L-모멘트의 기호 요약
   (1) 모멘트와 L-모멘트는 확률분포의 위치(location), 규모(scale), 형상(shape)의 척도(measure)이다.
   (2) 이들 척도의 유사함과 상이함(similarity and difference)을 고려하면 기본 통계량에 대한 **표 예5.10.3**은 모멘트와 L-모멘트에 대한 이들 척도의 기호(notation)로 주어진다.

표 예5.10.3 모멘트와 L-모멘트의 기호

기호 / 기본통계량	모멘트(moment)		L-모멘트(L-moment)	
	모집단	표본	모집단	표본
위치(평균) [location(mean)]	μ	$\bar{x}$	λ_1	l_1
규모(scale)	σ	s	λ_2	l_2
변동계수 (variation coefficient) (C_v)	C_{vp}	C_{vs}	τ	t
왜곡도(skewness) (C_s)	C_{sp}	C_{ss}	τ_3	t_3
첨예도(kurtosis) (C_k)	C_{kp}	C_{ks}	τ_4	t_4

④ 적합도 검정

한 개의 표본으로부터 자료에 대한 분포의 적합성을 검사하는 데 몇 가지 방법이 사용된다. 이들 방법에는 **분위수 대조도(quantile-quantile plot, Q-Q plot)**, **카이제곱(chi-squared, χ^2)**, **Kolmogorov-Simrnov(K-S)**, 모멘트 또는 L-모멘트 통계에 기초한 검정 등이 있으며, 지점빈도해석의 적합도 검정과 같은 개념이라고 할 수 있다.

동질지역 내 각 지점별 자료계열의 L-모멘트 평균은 지역의 특성을 충분히 대표하므로 적용하려는 확률분포형의 L-모멘트가 지역 평균값들과 어느 정도 일치하는가를 검사하여 적정 확률분포형을 선정한다. 일반적으로 적합도는 자료의 L-왜곡도와 L-첨예도가 적용하려는 분포의 L-왜곡도와 L-첨예도 간의 유사 정도로 판단한다.

그러므로, 적합 GEV 분포(fitted GEV distribution)의 L-왜곡도 τ_4^{GEV}와 지역평균 L-첨예도 t_4^R간의 차이에 의한 적합도 정도를 판단한다. 이들 차이의 중요성을 평가하기 위하여 t_4^R의 **표본 변동(sampling variability)**을 비교한다. 지점이 관측치 자료와 같은 기록

기간과 GEV 확률분포를 갖는 동질지역의 반복된 모의로 얻어진 t_4^R의 표준편차를 σ_4라고 할 때 이들 간에 다음과 같은 관계를 얻을 수 있다.

$$Z^{GEV} = \frac{(t_4^R - \tau_4^{GEV})}{\sigma_4} \tag{5.73}$$

여기서 Z^{GEV}=적합성 척도로 정의하고, Z^{GEV} 값이 작다는 것은 그 지역에 대한 실제의 확률분포가 GEV와 일치한다는 것이다.

표본의 L-모멘트 t_3와 t_4는 정확하게 **무편향(unbiased)**된 자료를 취하기 쉽지 않다. 이는 기록기간 n_i가 20년보다 짧거나($n_i \leq 20$) 모집단 L-왜곡도 τ_3가 0.4보다 큰 경우($\tau_3 \geq 0.4$)의 t_3에 대해서는 매우 좋은 대략화이나 t_4에는 좋지 않을 수 있다. 이러한 문제를 해결하기 위해 t_4에 대한 편향(·의)(偏向·倚, bias)을 보완하여 다음과 같이 적합성 척도 Z^{DIST}로 사용한다.

$$Z^{DIST} = \frac{(\tau_4^{DIST} - t_4^R + B_{4})}{\sigma_4} \tag{5.74}$$

여기서 τ_4^{DIST}=적용 분포형(DIST)의 L-첨예도이다. 또한 B_4=t_4^R의 편향 값이며, σ_4=t_4^R의 표준편차로 이들은 다음과 같이 정의한다.

$$B_4 = N_{sim}^{-1} \sum_{m=1}^{N_{sim}} (t_4^m - t_4^R) \tag{5.75a}$$

$$\sigma_4 = [(N_{sim-1})^{-1} \{ \sum_{m=1}^{N_{sim}} (t_4^m - t_4^R)^2 - N_{\sim} B_4^2 \}]^{1/2} \tag{5.75b}$$

여기서 N_{sim}=N개 지점을 갖는 한개 지역 내 모의에 사용된 다수의 자료 수이고, t_4^m=지역평균 L-첨예도이다.

식 (5.74)에 의한 적합도 인정의 최소 기준은 1.64보다 작거나 같은 값($Z^{DIST} \leq 1.64$)이 추천된다(Hosking and Wallis, 1997; 환경부, 2020).

5.2.3 신뢰구간

빈도 해석을 수행한 후 실시한 방법에 대해 신뢰구간, 표준추정오차, 이상치 처리와 위험도 등을 검토함으로써 보다 실제에 가까운 설계수문량을 얻을 수 있다.

(1) 신뢰한계

빈도 해석이 수행되면 실제 자료치들은 빈도곡선상이나 주변에 위치하게 되는데, 이와 같이 실제 자료치들이 위치할 것으로 예상되는 빈도곡선을 기준으로 상하로 구간을 생각할 수 있다. **그림 5.17**과 같이 **신뢰구간(信賴區間, confidence interval)**의 **상하한계치**를 **신뢰한계**라 한다(Chow et al., 1988).

신뢰구간에 영향을 미치는 인자는 신뢰수준이 증가하면 신뢰구간의 폭은 좁아지고, 표본수가 많으면 곡선을 정의하는 통계치의 정확도가 높아지므로 표본 수가 증가하면 신뢰구간의 폭은 감소하며, 재현기간 또는 초과확률에 따라 신뢰구간의 폭은 달라진다.

신뢰수준 β는 유의수준 α의 항으로 다음과 같이 표시된다.

$$\alpha = 1 - \beta \tag{5.76a}$$

$$\beta = 1 - \alpha \tag{5.76b}$$

식 (5.76)에서 β=95%일 때 α=(1−0.95)=0.05로 5%의 유의수준을 갖는다.

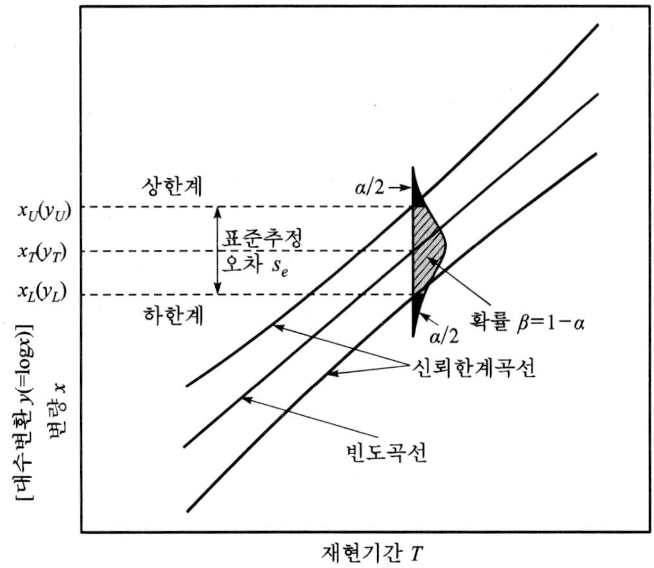

그림 5.17 빈도 해석의 신뢰구간

표준정규분포에서 **그림 5.18**과 같이 오른쪽 면적이 $\alpha/2$을 나타내는 표준화 변량(표준정규확률변수)(standardized variate) z값을 $z_{\alpha/2}$라 하면 확률은 다음과 같다.

$$P(-z_{\alpha/2} < z < z_{\alpha/2}) = 1-\alpha \tag{5.77}$$

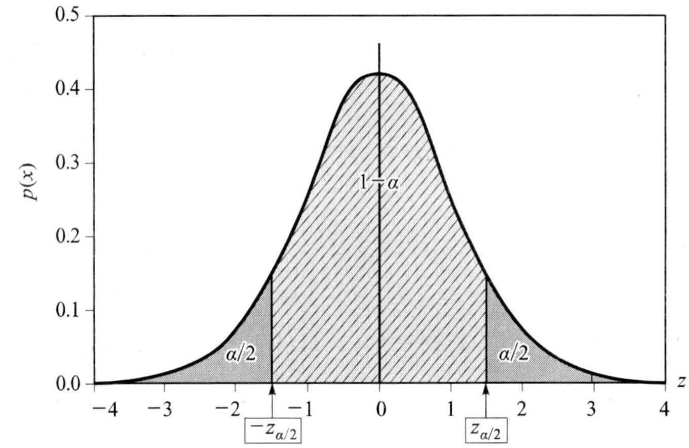

그림 5.18 표준정규분포의 표준화 변량 z

식 (5.77)에 정규확률변수 $z = \dfrac{\bar{x}-\mu}{\sigma/\sqrt{n}}$를 대입하면 다음 식을 얻는다.

$$P\left(-z_{\alpha/2} < \frac{\bar{x}-\mu}{\sigma/\sqrt{n}} < z_{\alpha/2}\right) = 1-\alpha \tag{5.78}$$

식 (5.78)의 각 항에 $\sigma/\sqrt{n}$을 곱하고, $\bar{x}$를 뺀 다음 (−1)을 곱하면 다음 식을 얻는다.

$$P\left(\bar{x}-z_{\alpha/2}\frac{\sigma}{\sqrt{n}} < \mu < \bar{x}+z_{\alpha/2}\frac{\sigma}{\sqrt{n}}\right) = 1-\alpha \tag{5.79}$$

그러므로, 분산 σ^2을 아는 모집단에서 크기 n인 확률표본을 추출하여 표본집단의 평균 $\bar{x}$를 계산하면 다음과 같은 $(1-\alpha)100\%$의 신뢰구간을 얻는다. 이는 μ의 추정값으로 $\bar{x}$가 사용될 경우는 오차가 $z_{\alpha/2}(\sigma/\sqrt{n})$을 초과하지 않는다고 $(1-\alpha)100\%$로 확신할 수 있다

$$\bar{x}-z_{\alpha/2}\frac{\sigma}{\sqrt{n}} < \mu < \bar{x}+z_{\alpha/2}\frac{\sigma}{\sqrt{n}} \tag{5.80}$$

또한 μ의 추정값으로 $\bar{x}$가 사용될 경우에 표본의 크기가 다음과 같을 때 오차는 특정한 값 e를 초과하지 않는다고 $(1-\alpha)100\%$로 확신할 수 있다(정수일 등, 1998).

$$n = (\frac{z_{\alpha/2}\,\sigma}{e})^2 \quad (5.81)$$

여기서 $z_{\alpha/2}$=오른쪽 면적이 $\alpha/2$인 표준정규분포의 정규확률변수 z값(정수일 등, 1998)이고, $(1-\alpha)100\%$=**신뢰구간(confidence interval)**[모수(참값) 포함기대(추정)구간=실제모수(parameter)(=모집단의 평균 μ와 분산 σ^2 등)를 추정하는데 몇 퍼센트의 확률로 그 신뢰구간이 실제모수를 포함하게 될 것이냐 하는 것](염준근, 1993)이다. 또한 $(1-\alpha)$=**신뢰수준(=β)(confidence level)**[확률 값으로 미지의 모수가 신뢰상한~신뢰하한 사이(신뢰구간)에 있으리라고 확신하는 확률 즉, 모수(참값)가 추정한 구간 내 포함되리라고 확신하는(신뢰할 수 있는) 확률 수준 값(차재복, 2023)≒**신뢰계수(confidence coefficient)**]이고, α= **유의수준(=1−β)(significance level)**[=통계적인 가설검정에서 사용되는 기준값 또는 귀무가설이 틀려질 유의미한 확률적 수준], n=표본의 크기, e=오차의 한계값이다.

예제 5.11

어떤 하천의 36곳에서 $3m^3$당 아연농도(단위=ppm)를 측정한 후 평균값을 구한 결과 2.6이다. 이 하천에서 측정된 아연농도의 평균값을 이용하여 '1~3항'에 답하시오. 그리고 (95% 신뢰구간 결정한) 1항의 확신을 가지고 모집단 평균 추정값이 0.05 이하의 오차를 갖는데 필요한 4항에 대해 답하시오(단, 모집단의 표준편차는 0.3이다.)(정수일 등, 1998).

1. 95% 신뢰구간의 결정
2. 99% 신뢰구간의 결정
3. 1과 2항의 결과 비교
4. 표본의 크기 계산

[풀이]

0. 모집단에 대한 표본의 평균값 $\bar{x}$=2.6이고, 신뢰구간에 따른 유의수준과 표준정규분포의 오른쪽 면적은 다음과 같이 계산한다.

(1) 신뢰구간 95% 【$(1-\alpha)100\%$→유의수준 α=5%]】 표준정규분포의 오른쪽 면적이 0.025일 때(정규확률변수 z) 표 예5.7.4(표준정규분포의 누가확률표) 【$F(z)$=0.5−0.475 =0.025→z=?】 에 의하면 $z_{\alpha/2}=z_{0.025}$=1.96이다.

(2) 신뢰구간 99% 【$(1-\alpha)100\%$→유의수준 α=1%]】 표준정규분포의 오른쪽 면적이 0.005일 때 (정규확률변수 z) 표 예5.7.4(표준정규분포의 누가확률표) 【$F(z)$=0.5−0.495 =0.005→z=?】 에 의하면 $z_{\alpha/2}=z_{0.005}$=2.575이다.

1. 95% 신뢰구간의 결정
   (1) 식 (5.80)을 이용하여 95%의 신뢰구간을 다음과 같이 결정한다.
   (2) 식 (5.80); $\bar{x}-z_{\alpha/2}\dfrac{\sigma}{\sqrt{n}}<\mu<\bar{x}+z_{\alpha/2}\dfrac{\sigma}{\sqrt{n}}$

   $\rightarrow 2.6-(1.96)(\dfrac{0.3}{\sqrt{36}})<\mu<2.6+(1.96)(\dfrac{0.3}{\sqrt{36}}) \Rightarrow 2.50<\mu<2.70$

   (3) ∴ 95%의 신뢰구간은 $2.50<\mu<2.70$ 즉, 하한계 2.50, 상한계 2.70이다.

2. 99% 신뢰구간의 결정
   (1) 식 (5.80)을 이용하여 99%의 신뢰구간을 결정한다.
   (2) 식 (5.80); $2.6-(2.575)(\dfrac{0.3}{\sqrt{36}})<\mu<2.6+(2.575)(\dfrac{0.3}{\sqrt{36}}) \Rightarrow 2.47<\mu<2.73$
   (3) ∴ 99%의 신뢰구간은 $2.47<\mu<2.73$ 즉, 하한계 2.47, 상한계 2.73이다.

3. 1과 2항의 결과 비교
   (1) 95%와 99%의 신뢰구간을 결정한 결과에서 각각 하한계값은 2.50, 2.47이고 상한계값은 2.70, 2.73이다.
   (2) 신뢰구간은 정확도를 95%→99%(=유의수준 5%⟹1%)로 높일수록 더 넓어짐(2.50⇨2.47, 2.70⇨2.73)을 알 수 있다.

4. 표본의 크기 계산
   (1) 모집단 표준편차 σ=0.3이므로 표본의 크기는 식 (5.81)을 이용해 구한다.
   (2) $n=(\dfrac{z_{\alpha/2}\,\sigma}{e})^2=[\dfrac{(1.96)(0.3)}{0.05}]^2=138.3$
   (3) ∴확률표본의 크기 n=139가 되며 이를 이용해 구한 추정값(평균) $\bar{x}$가 모집단 평균 μ로부터 0.05 이내에 있음을 확신할 수 있다.

빈도계수법에 의한 추정 수문량 식 (5.46) 또는 정규분포의 수문량 식 (5.48) $x_T=\bar{x}+s\,K_T$를 대수변환($y=\log x$)한 수문량 식 (5.51) 또는 식 (5.54) $y_T=\bar{y}+s_y K_T$의 재현기간 T를 갖는 추정 수문량에 대한 신뢰구간은 이들 빈도계수식을 변형시켜 다음과 같이 쓸 수 있다.

$$x_{TU}=\bar{x}+sK_{TU}\ (y_{TU}=\bar{y}+s_yK_{TU}) \tag{5.82a}$$

$$x_{TL}=\bar{x}+s\,K_{TL}\ (y_{TL}=\bar{y}+s_yK_{TL}) \tag{5.82b}$$

$$K_{TU} = \frac{K_T + \sqrt{K_T^2 - ab}}{a} \tag{5.82c}$$

$$K_{TL} = \frac{K_T - \sqrt{K_T^2 - ab}}{a} \tag{5.82d}$$

$$a = 1 - \frac{z_\alpha^2}{2(n-1)} \tag{5.82e}$$

$$b = K_T^2 - \frac{z_\alpha^2}{n} \tag{5.82f}$$

여기서 $x_{TU}(y_{TU})$, $x_{TL}(y_{TL})$=각각 추정 수문량 x_T(또는 y_T) 신뢰구간의 상하한계 값이고, $\bar{x}(\bar{y})$, $s(s_y)$=각각 확률분포형 변량(또는 대수변환)의 평균과 표준편차이며, K_{TU}, K_{TL}= 상하한 신뢰한계의 빈도계수이다. 또한 K_T=식 (5.46), (5.48) 또는 식 (5.51), (5.54)와 같이 정의되는 빈도계수이고, a, b=식 (5.82c, d)에 대한 계수이다. 신뢰한계 90%, 유의수준 5%에 대해 필요한 표준정규변수 z_α는 초과확률 0.05(또는 비초과확률 0.95)를 갖는데, 이에 대해 상세한 것은 [예제 5.12]에서 다룬다.

(2) 표준추정오차

회귀식이나 확률모형에 의한 추정치는 실제값과의 차이인 **편차**를 갖게 된다. 이들 편차의 제곱합을 평균하면 추정치의 **분산** s_e^2를 얻게 되고, s_e를 **표준추정오차(標準推定誤差, standard error of estimate)**라 하며, 이는 실제값에 대한 **추정치 표준편차**의 척도로 다음과 같이 구한다.

$$s_e = \left[\frac{1}{\nu}\Sigma(\hat{y_i} - y_i)^2\right]^{0.5} \tag{5.83}$$

여기서 $\hat{y}$=실제값 y의 추정치이고, ν=자유도로 $\nu = n - p$이며, n=자료수, p=회귀식의 계수 수이다.

(3) 이상치 처리

이상치(異常値, outlier)는 자료의 전체적인 경향으로부터 현저하게 벗어난 자료점으로 이를 포함하고 수정·제거하여야 할 자료의 확률분포와 이로부터 구해지는 값에 크게 특히 자료수가 작을 때 영향을 미친다. 이상치의 처리는 계측상의 문제를 제외하고는 실측 극한사상을 포함하는 것을 원칙으로 한다. 큰 이상치가 발생하는 원인은 자료의 착오, 유역조건의 변화를 들 수 있는데, 각각 이 경우에는 관측, 판독, 기록과 검정 또는 수정과정에서 발생했는지 면밀한 검토가 필요하고, 산불, 도시화와 대규모 저수지 건설 후에 이상홍수가 발생하였는지 등의 자료가 동질성인지 조사한다.

이상치를 판별할 수 있는 방법에는 크게 도해적인 방법과 Grubbs and Beck(1972)이 제안한 방법이 있다. 도해적인 방법은 원시자료를 확률지에 도시하여 나타나는 경향으로부터 현저하게 벗어나는 자료점을 찾고, 원시자료를 변수 변환하여 확률지에 도시하면 현저하게 벗어나지 않는 경우가 있다. 이때는 변수 변환한 자료에 대해 확률분포형을 결정하는 방안도 있다.

$$y_H = \bar{y} + s_y K_n \tag{5.84}$$

여기서 y_H = **고이상치 경계치**의 대수값이고, $\bar{y}$ = 연 홍수 대수값의 평균이며, s_y = 연 홍수 대수값의 표준편차, K_n = 표본수 n에 따르는 계수이다. K_n값은 정규분포하는 자료에 대한 10% 유의수준에서 이상치를 조사하는 편측검정에 사용된다.

전체적인 자료의 경향보다 작은 저이상치는 적합되는 확률분포를 왜곡시켜 홍수의 추정에 영향을 미치게 되는데, 이때의 **저이상치**를 판별하는 데 사용되는 식은 다음과 같다.

$$y_L = \bar{y} - s_y K_n \tag{5.85}$$

여기서 y_L = 저이상치 경계치의 대수값이고, **연홍수계열(年洪水系列)** 첨두의 대수치가 y_L보다 작으면 저이상치로 해석에서 제외된다.

예제 5.12

표 예5.12.1은 1945년부터 1997년까지 어떤 하천에서의 연첨두유량 자료이다. 이 자료를 이용하여 다음 사항에 답하시오.

1. 정규분포, 대수정규분포, 극치분포, 대수피어슨 III분포에 대한 재현기간 2, 5, 10, 20, 25, 50, 100년 빈도의 첨두유량
2. 대수피어슨 III분포의 추정치 90% 신뢰구간 설정

표 예5.12.1 관측소의 연최대유량 자료

연도	유량(m^3/s)	연도	유량(m^3/s)	연도	유량(m^3/s)
1945	17,500	1963	3,620	1981	1,760
1946	4,900	1964	2,250	1982	5,750
1947	9,390	1965	2,520	1983	5,480
1948	4,890	1966	4,100	1984	4,770
1949	4,790	1967	1,780	1985	6,920
1950	3,830	1968	3,040	1986	7,640
1951	4,280	1969	4,440	1987	19,200
1952	4,790	1970	3,490	1988	6,070
1953	2,610	1971	3,050	1989	3,400
1954	2,810	1972	2,220	1990	7,960
1955	8,720	1973	6,920	1991	1,700
1956	5,430	1974	11,500	1992	10,800
1957	12,200	1975	17,100	1993	12,300
1958	3,880	1976	1,560	1994	7,430
1959	6,890	1977	4,970	1995	6,450
1960	30,200	1978	1,760	1996	4,430
1961	15,400	1979	2,850	1997	7,730
1962	8,880	1980	5,870		

[풀이]

1. 각 확률분포에 대한 2, 5, 10, 20, 25, 50, 100년 빈도 첨두유량 산정 :
   (1) 도시위치는 초과확률 $P(x \geq X) = m/(n+1)$을 사용하여 표 예5.12.2ⓐ의 가장 큰 것에서 가장 작은 자료의 순서를 계산한다.
   (2) 이때 m =크기순서(등급)이고, n =관측 수(53개)이다. 가장 큰 관측치가 30,2000m^3/s이기 때문에 1/54 또는 표 예5.12.2ⓒ 초과확률 $P(x \geq X) = m/(n+1) = 0.0185$이고, 표 예5.12.2ⓓ 비초과확률 $P(x < X) = 0.9815$이다.

(3) 두 번째로 큰 값이 19,200m^3/s일 때는 2/54이거나 $P(x \geq X) = m/(n+1) = 0.0370$이며, 가장 작은 값 1,560m^3/s까지는 53/54이거나 $P(x \geq X) = m/(n+1) = 0.9815$이다. 이들 값은 **그림 예5.12**와 같이 **도시(圖示, plotting)**한다.

(4) 다양한 분포에 대한 가장 알맞은 분포형은 식 (5.47)에 의해 몇 점을 계산하여 얻을 수 있다. 또한 분석에 사용될 자료의 통계적 특성치는 **표 예5.12.2**와 같다.

표 예5.12.2 빈도 해석의 기본 통계치

(a) 기초 계산자료

ⓐ 연도	ⓑ 순위	ⓒ 유량 (m^3/s)	ⓓ 초과확률 $P(x \geq X)$	ⓔ 비초과확률 $P(x < X)$	ⓕ $(x_i - \bar{x})^2$	ⓖ $(x_i - \bar{x})^3$	ⓗ 대수변환 $y(=\ln x)$	ⓘ $(y_i - \bar{y})^2$	ⓙ $(y_i - \bar{y})^3$
1960	1	30,200	0.0185	0.9815	553,049,289	1.301E+13	10.3156	3.0541	5.3373
1987	2	19,200	0.0370	0.9630	156,675,289	1.961E+12	9.8627	1.6762	2.1701
1945	3	17,500	0.0556	0.9444	117,007,489	1.266E+12	9.7700	1.4447	1.7365
1975	4	17,100	0.0741	0.9259	108,513,889	1.130E+12	9.7468	1.3896	1.6382
1961	5	15,400	0.0926	0.9074	75,986,089	6.624E+11	9.6421	1.1537	1.2393
1993	6	12,300	0.1111	0.8889	31,550,689	1.772E+11	9.4174	0.7214	0.6127
1957	7	12,200	0.1296	0.8704	30,437,289	1.679E+11	9.4092	0.7076	0.5952
1974	8	11,500	0.1481	0.8519	23,203,489	1.118E+11	9.3501	0.6117	0.4784
1992	9	10,800	0.1667	0.8333	16,949,689	6.978E+10	9.2873	0.5174	0.3722
1947	10	9,390	0.1852	0.8148	7,327,849	1.984E+10	9.1474	0.3357	0.1945
1962	11	8,880	0.2037	0.7963	4,826,809	1.060E+10	9.0916	0.2741	0.1435
1955	12	8,720	0.2222	0.7778	4,149,369	8.452E+09	9.0734	0.2554	0.1291
1990	13	7,960	0.2407	0.7593	1,630,729	2.082E+09	8.9822	0.1715	0.0711
1997	14	7,730	0.2593	0.7407	1,096,209	1.148E+09	8.9529	0.1481	0.0570
1986	15	7,640	0.2778	0.7222	915,849	8.765E+08	8.9412	0.1392	0.0520
1994	16	7,430	0.2963	0.7037	558,009	4.168E+08	8.9133	0.1192	0.0412
1985	17	6,920	0.3148	0.6852	56,169	1.331E+07	8.8422	0.0752	0.0206
1973	18	6,920	0.3333	0.6667	56,169	1.331E+07	8.8422	0.0752	0.0206
1959	19	6,890	0.3519	0.6481	42,849	8.870E+06	8.8378	0.0728	0.0196
1995	20	6,450	0.3704	0.6296	54,289	-1.265E+07	8.7718	0.0415	0.0085
1988	21	6,070	0.3889	0.6111	375,769	-2.303E+08	8.7111	0.0205	0.0029
1980	22	5,870	0.4074	0.5926	660,969	-5.374E+08	8.6776	0.0120	0.0013
1982	23	5,750	0.4259	0.5741	870,489	-8.122E+08	8.6570	0.0079	0.0007
1983	24	5,480	0.4444	0.5556	1,447,209	-1.741E+09	8.6089	0.0017	0.0001

표 예5.12.2 빈도 해석의 기본 통계치(계속)

(a) 기초 계산자료(계속)

ⓐ 연도	ⓑ 순위	ⓒ 유량 (m^3/s)	ⓓ 초과확률 $P(x \geq X)$	ⓔ 비초과확률 $P(x < X)$	ⓕ $(x_i - \bar{x})^2$	ⓖ $(x_i - \bar{x})^3$	ⓗ 대수변환 $y(=\ln x)$	ⓘ $(y_i - \bar{y})^2$	ⓙ $(y_i - \bar{y})^3$
1956	25	5,430	0.4630	0.5370	1,570,009.	−1.967E+09	8.5997	0.0010	0.0000
1977	26	4,970	0.4815	0.5185	2,934,369	−5.027E+09	8.5112	0.0032	−0.0002
1946	27	4,900	0.5000	0.5000	3,179,089	−5.668E+09	8.4970	0.0050	−0.0004
1948	28	4,890	0.5185	0.4815	3,214,849	−5.764E+09	8.4949	0.0053	−0.0004
1949	29	4,790	0.5370	0.4630	3,583,449	−6.783E+09	8.4743	0.0088	−0.0008
1952	30	4,790	0.5556	0.4444	3,583,449	−6.783E+09	8.4743	0.0088	−0.0008
1984	31	4,770	0.5741	0.4259	3,659,569	−7.001E+09	8.4701	0.0096	−0.0009
1969	32	4,440	0.5926	0.4074	5,031,049	−1.128E+10	8.3984	0.0288	−0.0049
1996	33	4,430	0.6111	0.3889	5,076,009	−1.144E+10	8.3962	0.0295	−0.0051
1951	34	4,280	0.6296	0.3704	5,774,409	−1.388E+10	8.3617	0.0426	−0.0088
1966	35	4,100	0.6481	0.3519	6,671,889	−1.723E+10	8.3187	0.0621	−0.0155
1958	36	3,880	0.6667	0.3333	7,856,809	−2.202E+10	8.2636	0.0927	−0.0282
1950	37	3,830	0.6852	0.3148	8,139,609	−2.322E+10	8.2506	0.1007	−0.0320
1963	38	3,620	0.7037	0.2963	9,381,969	−2.874E+10	8.1942	0.1397	−0.0522
1970	39	3,490	0.7222	0.2778	10,195,249	−3.255E+10	8.1577	0.1684	−0.0691
1989	40	3,400	0.7407	0.2593	10,778,089	−3.538E+10	8.1315	0.1905	−0.0831
1971	41	3,050	0.7593	0.2407	13,198,689	−4.795E+10	8.0229	0.2971	−0.1620
1968	42	3,040	0.7778	0.2222	13,271,449	−4.835E+10	8.0196	0.3007	−0.1649
1979	43	2,850	0.7963	0.2037	14,691,889	−5.631E+10	7.9551	0.3757	−0.2303
1954	44	2,810	0.8148	0.1852	15,000,129	−5.810E+10	7.9409	0.3932	−0.2466
1953	45	2,610	0.8333	0.1667	16,589,329	−6.757E+10	7.8671	0.4913	−0.3443
1965	46	2,520	0.8519	0.1481	17,330,569	−7.215E+10	7.8320	0.5417	−0.3987
1964	47	2,250	0.8704	0.1296	19,651,489	−8.712E+10	7.7187	0.7213	−0.6126
1972	48	2,220	0.8889	0.1111	19,918,369	−8.890E+10	7.7053	0.7443	−0.6421
1967	49	1,780	0.9074	0.0926	24,039,409	−1.179E+11	7.4844	1.1743	−1.2725
1981	50	1,760	0.9259	0.0741	24,235,929	−1.193E+11	7.4731	1.1989	−1.3127
1978	51	1,760	0.9444	0.0556	24,235,929	−1.193E+11	7.4731	1.1989	−1.3127
1991	52	1,700	0.9630	0.0370	24,830,289	−1.237E+11	7.4384	1.2760	−1.4414
1976	53	1,560	0.9815	0.0185	26,245,129	−1.345E+11	7.3524	1.4776	−1.7961
합		354,220	−	−	1,481,310,397	1.722E+13	454.1289	24.1141	4.7033

표 예5.12.2 빈도 해석의 기본 통계치(계속)

(b) 계산 결과 요약

통계치	측정자료	(자연)대수변환자료
평균	$\bar{x}=\frac{1}{n}\sum_{i=1}^{n}x_i=\frac{1}{53}(354,220)=6,683\text{m}^3/\text{s}$	$\bar{y}=\frac{1}{n}\sum_{i=1}^{n}y_i=\frac{1}{53}(454.1285)=8.568\text{m}^3/\text{s}$
표준편차	$s=\sqrt{\frac{1}{n-1}\sum_{i=1}^{n}(x_i-\bar{x})^2}$ $=\sqrt{\frac{1}{52}(1,481,310,397)}$ $=5,337\text{m}^3/\text{s}$	$s_y=\sqrt{\frac{1}{n-1}\sum_{i=1}^{n}(y_i-\bar{y})^2}$ $=\sqrt{\frac{1}{52}(24.1141)}$ $=0.681\text{m}^3/\text{s}$
왜곡도계수	$C_{ss}=\frac{n\sum_{i=1}^{n}(x_i-\bar{x})^3}{(n-1)(n-2)s^3}$ $=\frac{53(1.722\times10^{13})}{(52)(51)(5,337)^3}$ $=2.263$	$C_{sy}=\frac{n}{(n-1)(n-2)s_y{}^3}\sum_{i=1}^{n}(y_i-\bar{y})^3$ $=\frac{53}{(52)(51)(0.681)^3}(4.7033)$ $=0.296$

(5) 다음 단계는 4가지 분포에 대한 다양한 재현기간의 적절한 빈도계수들을 결정하는 것이다. 빈도계수 K_T는 정규분포, 대수정규 분포의 경우에는 표준정규분포로부터 식 (5.49)으로 구하고, 대수 피어슨형 III분포와 극치분포는 각각 식 (5.53)과 식 (5.55b)로부터 구한다.

(6) **표 예5.12.1** 자료의 20년 재현기간에 대한 빈도 해석 예를 들고, 재현기간 2, 5, 10, 20, 25, 50, 100년에 대한 해석결과는 **표 예5.12.3**과 같다.

① **정규분포** : 식 (5.49), 식 (5.48b) 이용

1) $K_T=w-\frac{2.515517+0.802853w+0.010328w^2}{1+1.432788w+0.189269w^2+0.001308w^3}$

$$=2.447-\frac{2.515517+0.802853(2.447)+0.010328(2.447)^2}{1+1.432788(2.447)+0.189269(2.447)^2+0.001308(2.447)^3}$$

$≒1.645$

2) $w=[\ln(1/P^2)]^{1/2}[\leftarrow P=1/T=1/20=0.05]=[\ln(1/0.05^2)]^{1/2}=2.447$

3) $C_{vs}=\frac{s}{\bar{x}}=\frac{5,337}{6,683}=0.8285$; $\bar{x}=6,683\text{m}^3/\text{s}$, $C_{vs}=0.8285\text{m}^3/\text{s}$, $K_T=1.645$

4) $\therefore x_T=\bar{x}(1+C_{vs}K_T)=6,683(1+0.8285\times1.645)=15,462\text{m}^3/\text{s}$

② **대수정규분포** : 식 (5.49), 식 (5.51b) 이용; $\bar{y}=8.568\text{m}^3/\text{s}$, $s_y=0.681\text{m}^3/\text{s}$, $K_T=1.645$

1) $y_T=\bar{y}+s_yK_T=\bar{y}(1+C_{vy}K_T)=\left[8.568\left(1+\frac{0.681}{8.568}1.645\right)\right]=9.688$

2) $\therefore x_T=e^{(\bar{y}+s_yK_T)}[=e^{y_T}]=e^{\left(8.568\left(1+\frac{0.681}{8.568}1.645\right)\right)}=(e^{9.688}=16,123)≒16,127\text{m}^3/\text{s}$

표 예5.12.3 각 분포형별 특성치

ⓐ 재현기간 T(년)	ⓑ 비초과확률 $P(x_T < X)$	ⓒ 정규분포 K_T	ⓓ 정규분포 유량 (m³/s)	ⓔ 대수정규분포 유량 (m³/s)	ⓕ 극치1분포 K_T	ⓖ 극치1분포 유량 (m³/s)	ⓗ 대수피어슨 III분포 K_T	ⓘ 대수피어슨 III분포 유량 (m³/s)
2	0.50	0.000	6,683	5,263	-0.164	5,807	-0.049	5,090
5	0.80	0.842	11,175	9,336	0.719	10,523	0.824	9,222
10	0.90	1.282	13,523	12,597	1.305	13,646	1.309	12,831
20	0.95	1.645	15,462	16,127	1.866	16,642	1.724	17,029
25	0.96	1.751	16,027	17,338	2.044	17,592	1.848	18,526
50	0.98	2.054	17,645	21,312	2.592	20,519	2.209	23,687
100	0.99	2.326	19,100	25,659	3.137	23,425	2.542	29,719

③ **극치분포** : 식 (5.55a), 식 (5.55b) 이용; $\bar{x}=6{,}683\text{m}^3/\text{s}$, $C_{vs}=0.798\text{m}^3/\text{s}$, $K_T=1.866$

(가) $K_T = -\frac{\sqrt{6}}{\pi}\left[0.5772+\ln\left\{\ln\left(\frac{T}{T-1}\right)\right\}\right]$

(나) $\therefore x_T = \bar{x}(1+C_v K_T) = 6{,}683\left(1+\frac{5{,}337}{6{,}683}\times 1.866\right) = 16{,}642\text{m}^3/\text{s}$

④ **대수피어슨 III분포** : 식 (5.53), 식 (5.54b) 이용; $\bar{y}=8.568\text{m}^3/\text{s}$, $C_{sy}=0.296$, $s_y=0.681\text{m}^3/\text{s}$

1) $K_T = \frac{2}{C_{sy}}\left[\left\{\left(K_n - \frac{C_{sy}}{6}\right)\frac{C_{sy}}{6}+1\right\}^3 - 1\right]$

2) $\therefore x_T = e^{(\bar{y}+s_y K_T)}[=e^{y_T}] = e^{\left[(8.568\left(1+\frac{0.681}{8.568}1.724\right)\right]} = 17{,}029\text{m}^3/\text{s}$

2. **대수피어슨형 III 분포의 추정치에 대한 90% 신뢰구간 설정** :

(1) 신뢰구간의 계산은 식 (5.88)을 이용하고, 그 결과는 **표 예5.12.4**와 같으며, 이를 도시한 결과는 **그림 예5.12**와 같다.

(2) 대수변환 자료에 대한 상·하한계 값 y_{TU}, y_{TL}은 다음과 같이 구한다.

① $y_{TU} = \bar{y} + s_y K_{TU}$ (예5.12.1a)

② $y_{TL} = \bar{y} + s_y K_{TL}$ (예5.12.1b)

③ 여기서 $\bar{y}$, s_y = 대수변환자료의 평균과 표준편차이고, K_{TU}, K_{TL} = 대수변환자료의 상하한계 빈도계수이다.

표 예5.12.4 대수피어슨형 III분포의 90% 신뢰구간

ⓐ T (년)	ⓑ $P(x_T < X)$ (%)	ⓒ K_T	ⓓ b	ⓔ K_{TL}	ⓕ K_{TU}	ⓖ y_{TL}	ⓗ y_{TU}	ⓘ Q_{TL} (m³/s)	ⓙ Q_{TU} (m³/s)	ⓚ Q_T (m³/s)
2	50	-0.049	-0.048	-0.279	0.178	8.377	8.689	4349	5,941	5,090
5	80	0.824	0.627	0.579	1.112	8.962	9.325	7804	11,219	9,222
10	90	1.309	1.661	1.028	1.658	9.268	9.697	10,597	16,279	12,831
20	95	1.724	2.921	1.404	2.136	9.524	10.022	13,687	22,530	17,029
25	96	1.848	3.364	1.515	2.279	9.599	10.120	14,762	24,844	18,526
50	98	2.209	4.828	1.836	2.699	9.818	10.406	18,372	33,068	23,687
100	99	2.542	6.410	2.125	3.099	10.015	10.678	22,359	43,390	29,719

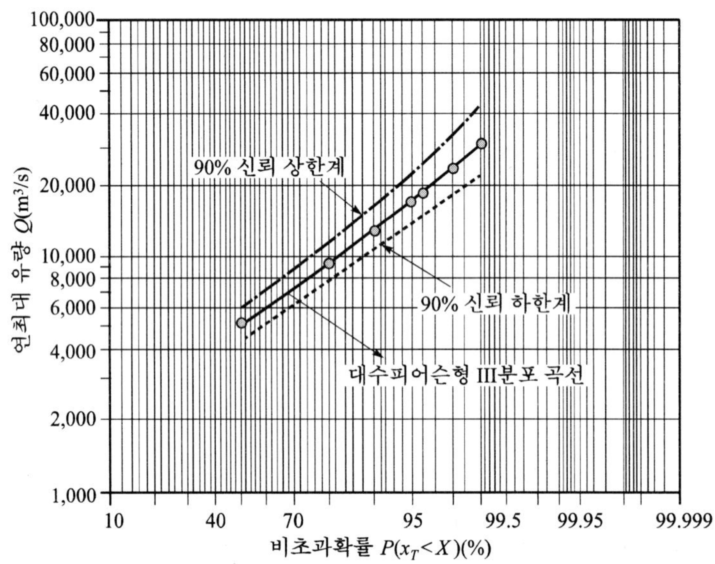

그림 예5.12 대수피어슨형 III분포의 90% 신뢰한계

(3) 식 (예5.12.1a, b)의 대수변환 상하한계 빈도계수 K_{TU}, K_{TL}은 다음과 같다.

① $$K_{TU} = \frac{K_T + \sqrt{K_T^2 - ab}}{a} \quad \text{(예5.12.2a)}$$

② $$K_{TL} = \frac{K_T - \sqrt{K_T^2 - ab}}{a} \quad \text{(예5.12.2b)}$$

③ 여기서 K_T=식 (5.44)의 빈도계수이고, a와 b는 계수로서 다음과 같다.

1) $$a = 1 - \frac{z_\alpha^2}{2(n-1)} \quad \text{(예5.12.3a)}$$

2) $b = K_T^2 - \dfrac{z_\alpha^2}{n}$ (예5.12.3b)

3) 여기서 신뢰한계 90%, 유의수준 5%에 대해 필요한 표준정규변수 z_α는 초과확률 0.05(또는 비초과확률 0.95)를 갖는다. **표 예5.7.4**에서 비초과확률 0.95에 해당하는 z_α값을 결정하면, **1.645**이다.

(4) 신뢰한계 90% 값을 산정하기 위한 계산과정은 다음과 같다.

① $a = 1 - \dfrac{z_\alpha^2}{2(n-1)} = 1 - \dfrac{1.645^2}{2(53-1)} = 0.973$

② $b = K_T^2 - \dfrac{z_\alpha^2}{n}$ [$\leftarrow K_T = 2.542$(**표 예5.12.3**; $T=$**100년**)] $= 2.542^2 - \dfrac{1.645^2}{53} = 6.410$

③ $K_{TU} = \dfrac{K_T + \sqrt{K_T^2 - ab}}{a} = \dfrac{2.542 + \sqrt{2.542^2 - 0.973(6.410)}}{0.973} = \dfrac{2.542 + 0.474}{0.973}$

$= \dfrac{3.106}{0.973} = 3.099$

④ $K_{TL} = \dfrac{K_T - \sqrt{K_T^2 - ab}}{a} = \dfrac{2.542 - \sqrt{2.542^2 - 0.973(6.410)}}{0.973} = \dfrac{2.542 - 0.474}{0.973}$

$= \dfrac{2.068}{0.973} = 2.125$

⑤ $y_{TU} = \bar{y} + s_y K_{TU} = 8.568 + 0.681(3.099) = 10.678$

⑥ $y_{TL} = \bar{y} + s_y K_{TL} = 8.568 + 0.681(2.125) = 10.015$

⑦ $\therefore\ Q_{TU} = e^{(\bar{y} + s_y K_{TU})}\,[= e^{y_{TU}}] = e^{10.678} = 43{,}390\text{m}^3/\text{s}$

⑧ $Q_{TL} = e^{(\bar{y} + s_y K_{TL})}\,[= e^{y_{TL}}] = e^{10.015} = 22{,}359\text{m}^3/\text{s}$

(5) 계산결과를 요약하면 **표 예5.12.4**와 같다.

① **표 예5.12.4**ⓐ =재현기간, **표 예5.12.4**ⓑ = 비초과확률(%), **표 예5.12.4**ⓒ = 식 (5.53)에 의한 빈도계수, **표 예5.12.4**ⓓ = 식 (예5.12.3b)

② **표 예5.12.4**ⓔ, ⓕ = 식 (예5.12.2b, a), **표 예5.12.4**ⓖ, ⓗ = 식 (예5.12.1b, a)

③ **표 예5.12.4**ⓘ = exp(**표 예5.12.4**ⓖ), **표 예5.12.4**ⓙ = exp(**표 예5.12.4**ⓗ)

④ **표 예5.12.4**ⓚ = **표 예5.12.3**ⓙ

(6) **표 예5.12.4** 대수피어슨형 III분포의 90% 신뢰한계 계산결과를 그래프로 작성【가로축; %인 **표 예5.12.4**ⓑ의 (비초과)확률분포, 세로축; 상용대수인 **표 예5.12.4**ⓐ의 재현기간에 대한 첨두 홍수량과 그 하한계, 상한계 값 **표 예5.12.4**ⓘ, ⓙ, ⓚ】하면 **그림 예5.12**와 같다.

5.3 RFAHD 응용

본 절에서는 2.3.2 RFAHD 소개에서 이미 다룬 내용 【(3) 자료입력·빈도해석 중 ①자료입력 1) 내장 강우자료 적용】은 제외하고, "2) 강우자료 생성" 부분에 대해 중점적으로 다룬다.

5.3.1 자료입력·빈도해석

(1) 자료입력

① **내장 강우자료 적용** 【2.3.2 RFAHD 소개】 참조

② **강우자료 생성 적용**

【"내 PC/문서/RFARD(Excel)"이 안 보일 때 : RFAHD 실행→'새로 만들기/파일명(ljs96)' 입력→'만들기' 클릭⇒ 강우자료→(지역도의 자료생성할 번호 지정) '1번지역' 클릭(체크) →'강우자료생성' 클릭⇒"내 PC/문서/RFARD" 위에 커서 위치/오른쪽 마우스클릭→ "RFAHD zip 압축풀기" 클릭⇨"내 PC/문서/RFARD_Excel" 생성】 ⇨이후 아래와 같이 수행한다.

1) "내 PC/문서/RFARD_Excel"의 '폴더 1(= 1)'에 커서를 위치시킨다.
2) '압축풀기' 클릭한 후 (본인의 설정에 맞게) '경로 지정'→'C:/내 PC/RFAHD2020 /RFAHD_Excel' 입력 후 ↵
3) 그림 5.19의 메뉴 '② 강우자료' 클릭→지도출현
4) 지도 우측 맨 아래의 "ⓑ'(적색 바탕) **강우자료 생성**" 클릭
5) 'C:/내 PC/RFAHD2020/RFAHD_Excel' 지정(클릭)→'파일 이름'에 "Ex_2" 입력 후 '저장' 클릭⇒'파일을 복사했습니다.'⇒'확인' 클릭⇨ 메인 메뉴의 '자료입력' 클릭
6) 'C:/RFAHD2020/RFAHD_Excel' 더블 클릭 후→" 1 ~ 26" 출현 ⇒수정 또는 보완하려는 자료집단의 해당번호(폴더)(예; 1) 지정 후 '열기' 클릭⇨ 그림 5.19 출현
7) '지역추가' 또는 '지역제거' 이용→'지역'을 수정하고, '추가' 또는 '제거' 이용⇒'지점'을 수정한 후 '자료저장'을 클릭한 후⇨나머지 과정은 '내장 강우자료 적용' 방법과 동일하게 수행한다.

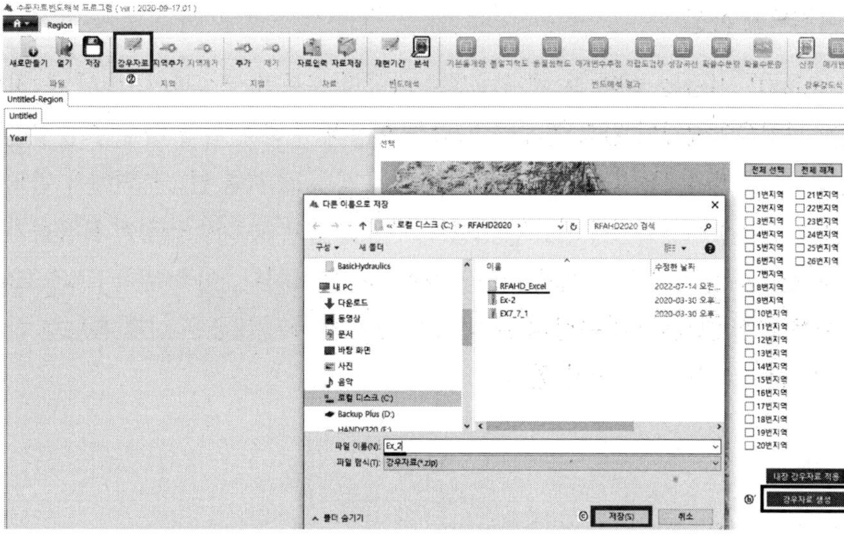

그림 5.19 강우자료 생성에 대한 분석-1

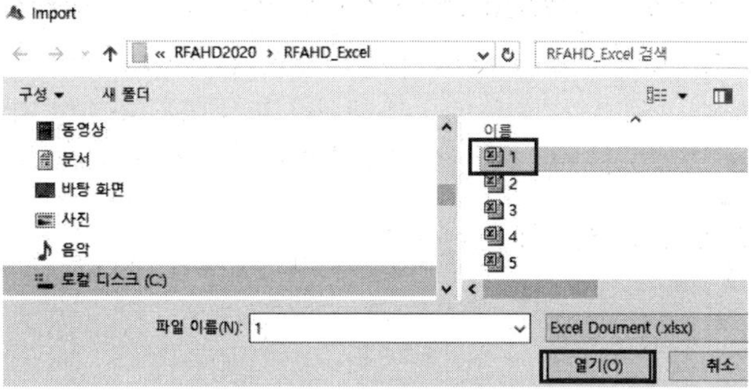

(a) 수정 또는 보완자료 지역 선정

Year	1	2	3	4	5	6	7	8	9	10	11	12	13	14	15	16
1980	32.7	37.9	42.6	45.8	47.9	49.4	54.5	62.5	72.5	76.3	79.2	81.3	82.7	83.6	84.0	84.7
1981	35.2	37.9	43.3	52.0	60.9	67.8	75.7	82.7	87.8	93.6	100.6	106.6	110.5	114.0	120.0	124.0
1982	21.1	30.9	35.5	45.3	55.8	57.3	58.2	60.1	64.1	69.0	74.0	75.5	78.8	79.8	79.9	79.9
(중간 생략)																
2008	37.5	58.9	76.2	85.7	94.4	98.2	100.0	109.9	118.9	136.9	153.9	171.9	181.9	184.8	202.9	212.9
2009	46.6	58.9	82.4	84.7	85.3	85.0	84.8	84.7	84.6	84.6	85.5	86.5	88.4	92.4	100.4	104.4
2010	29.5	32.6	39.1	44.9	50.8	52.6	54.5	54.5	58.4	65.4	69.4	74.4	78.4	83.4	86.4	89.4
2011	37.5	47.3	47.4	55.1	57.9	64.8	70.7	77.7	82.6	84.6	88.5	89.5	89.4	90.4	93.4	95.4
2012	37.5	54.7	60.8	60.2	59.9	59.7	59.6	59.5	59.4	59.4	59.3	59.3	59.3	59.3	59.3	59.2

(b) 수정(보완) 지역 출현

그림 5.20 강우자료 생성에 대한 분석-2

5.3.2 확률강우량 산정

RFAHD 2020의 실습을 위해 본 예제에서는 가상의 자료로 구성하여 [예제 5.13]과 같은 (유사) 실제 하천유역에서의 관측 강우량 자료를 이용해 구하는 확률 강우량 산정방법을 다루고자 한다. 본 소절에서는 RFAHD 2020의 응용력 향상을 위해 연습측면에서 빈도별 확률 강우량 산정부분만을 다룬다. 이 산출된 확률 강우량을 설계 홍수량 산정에 활용하기 위해서는 강우의 시간분포 등이 반영된 설계 (확률) 강우량이 필요하다. 이를 위한 HEC-HMS의 입력자료로 활용될 **설계(확률) 강우량**의 결정 과정 등이 추가된 내용은 설계 홍수량 산정과 연결하여 7.3.3에서 상세히 다루고자 한다.

예제 5.13

그림 예5.13.1(이종석, 2022b)과 같이 열공강(Study River)은 수공천(Hydraulic Stream)과 건설천(Kunseol Stream), 대학천(Daehak Stream)의 3개 지천으로 구성되어 있다. 875 km^2 의 열공강 유역은 10개의 소유역으로 분할되었고, 유역 내 6개 유역 주변에 4개의 강수량 관측소가 설치되어 있다. 표 예5.13.1의 주어진 분석 조건(가정한 자료)과 강우빈도해석 프로그램(환경부, 2020a)의 RFAHD를 사용하여 다음 사항에 답하시오.

1. 각 소유역의 100년 빈도 확률강우량 산정

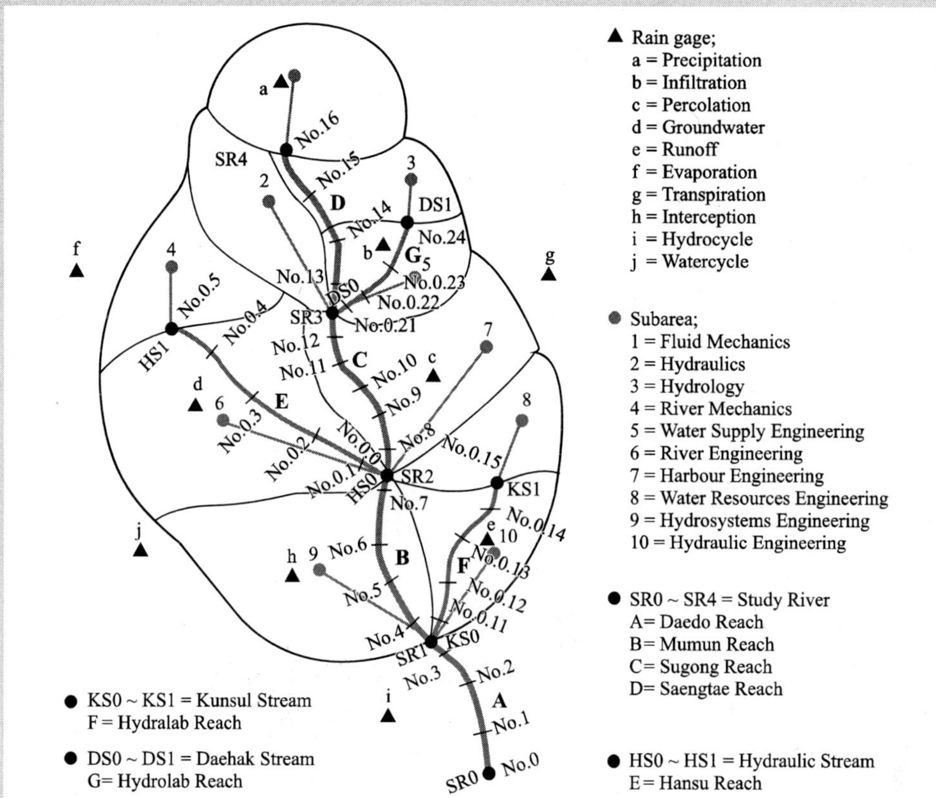

그림 예5.13.1 자연하천의 열공강(Study River) 유역도

0. 분석 조건

(1) 하천특성과 강우량 자료; 표 예5.13.1

표 예5.13.1 하천특성과 강우자료

① 하천 특성

하천 \ 구간 (매개변수)		ⓐ 기호	ⓑ 길이(m)	ⓒ 상류시점	ⓓ 측점
Study River	Saengtae	D	20,000	SR4	No. 16
	Sugong	C	25,000	SR3	No. 12
	Mumun	B	26,000	SR2	No. 8
	Daedo	A	19,000	SR1	No. 3
Hydraulic Stream	Hansu	E	30,000	HS1	No. 0.5
Kunseol Stream	Hydralab	F	24,000	KS1	No. 0.15
Daehak Stream	Hydrolab	G	18,000	DS1	No. 0.24

표 예5.13.1 하천특성과 강우자료(계속)

② 임의지속기간 강우자료(mm)(계속)

1) Precipitation 관측소

지속기간(분) / 연도	60	120	180	240	360	720	1440
1986	37.8	41.1	47.5	54.7	69.4	97.2	122.1
1987	25.4	35.4	48.1	55.8	70.0	102.8	111.1
1988	30.5	47.4	56.3	67.0	103.6	118.1	127.1
1989	19.4	29.9	30.6	36.6	48.5	68.3	105.4
1990	38.0	46.7	50.4	53.4	54.2	55.9	60.4
1991	27.1	33.5	41.1	45.8	57.7	86.5	107.9
1992	31.6	50.0	61.4	84.3	101.2	146.1	156.4
1993	53.1	82.7	83.6	85.9	88.2	90.4	97.7
1994	20.2	36.2	39.2	45.9	55.4	78.3	90.3
1995	48.8	63.8	64.4	64.9	83.4	100.4	120.9
1996	19.2	27.9	32.5	35.8	42.7	63.5	89.6
1997	38.4	53.7	56.6	65.5	89.7	142.8	151.2
1998	32.7	40.0	53.7	53.8	64.5	85.2	141.3
2000	32.7	60.0	83.2	100.7	123.6	181.8	187.6
2001	46.3	68.5	82.1	96.1	118.5	153.7	199.6
2002	29.4	36.3	51.1	57.3	60.5	64.3	76.7
2003	32.2	51.3	60.6	61.7	77.4	91.6	148.1
2004	43.5	69.5	74.9	93.1	110.6	135.6	144.0
2005	33.3	39.0	44.9	62.4	75.0	86.7	86.5
2006	13.0	21.1	29.4	35.8	47.1	91.7	106.5
2007	30.5	33.7	47.0	49.6	62.8	85.6	129.1
2008	57.6	67.9	74.9	78.7	80.5	99.6	113.6
2009	28.2	34.2	42.9	51.7	60.8	68.0	89.9
2010	15.2	24.8	34.6	42.4	57.7	91.2	142.7
2011	36.1	44.8	64.6	70.1	81.0	113.8	133.2
2012	52.5	62.1	63.0	65.5	68.9	100.7	124.6
2013	42.3	49.0	55.3	58.7	66.7	80.6	87.9
2014	40.6	56.3	57.3	61.4	81.5	98.2	156.3
2015	22.0	40.6	50.1	57.3	73.4	93.2	152.8
2016	40.6	55.8	73.3	90.5	116.5	167.2	185.4

2) Infiltration 관측소

지속기간(분) / 연도	60	120	180	240	360	720	1440
1986	30.5	53.2	68.2	77.2	80.6	81.6	87.9
1987	24.3	34.8	42.9	47.6	55.7	68.5	80.4
1988	47.4	59.5	73.9	81.3	92.2	139.5	150.2
1989	39.5	66.9	94.5	121.2	130.2	148.9	169.3
1990	68.9	104.8	112.1	120.7	136.8	141.0	186.4
1991	49.0	56.5	62.6	64.5	83.1	131.9	137.3
1992	40.9	57.2	73.7	87.2	95.6	103.3	154.9
1993	44.8	65.0	78.7	80.5	89.3	108.3	127.9
1994	36.1	60.4	75.7	83.7	94.5	161.5	192.0
1995	39.4	48.3	80.0	88.9	93.6	117.0	123.2
1996	29.2	41.5	54.4	64.3	83.7	148.2	184.6
1997	29.9	45.8	48.1	60.0	65.0	80.3	81.7
1998	36.7	61.6	69.2	79.8	94.0	120.3	126.2
2000	26.5	35.3	42.8	49.5	67.7	91.2	112.6
2001	50.2	57.4	61.5	62.9	72.6	110.3	130.6
2002	37.6	63.5	72.6	76.5	78.9	86.1	102.6
2003	39.5	59.0	77.5	85.4	94.5	108.7	143.6
2004	37.8	39.5	43.2	47.4	53.8	71.7	109.1
2005	29.9	40.3	54.5	63.2	66.7	68.3	71.5
2006	25.4	34.8	42.9	48.1	63.3	79.6	88.9
2007	31.0	39.0	51.6	67.0	83.1	90.6	119.6
2008	28.8	36.9	40.8	55.2	66.4	97.4	97.7
2009	75.6	82.7	84.6	89.4	107.4	176.3	203.0
2010	32.7	51.1	62.5	74.7	95.7	133.0	236.7
2011	40.6	53.2	54.7	58.8	72.9	111.3	196.5
2012	37.8	45.3	64.6	79.8	99.3	115.3	137.7
2013	19.2	35.3	37.2	43.5	58.8	86.1	107.5
2014	40.1	66.4	74.9	85.4	101.3	128.4	161.3
2015	39.5	52.1	54.7	58.2	60.7	67.0	80.4
2016	52.5	91.1	106.4	121.7	134.2	173.7	200.5

3) Percolation 관측소

지속기간(분) / 연도	60	120	180	240	360	720	1440
1986	21.0	28.4	36.9	50.6	61.6	62.6	64.4
1987	26.7	33.2	39.0	44.6	58.9	62.2	82.9
1988	42.0	61.1	71.2	100.9	119.6	119.6	119.6
1989	24.1	40.0	57.1	76.6	102.1	109.9	139.2
1990	107.7	126.1	137.1	164.0	195.6	208.6	221.0
1991	47.1	53.2	55.3	55.7	55.8	89.6	153.2
1992	32.6	56.0	59.8	99.0	124.0	134.0	148.0
1993	19.5	36.8	53.4	83.0	96.5	100.7	120.5
1994	25.1	39.9	58.2	75.7	99.3	100.1	135.3
1995	38.9	56.6	66.7	94.3	102.2	103.1	103.1
1996	14.4	16.6	17.2	27.9	53.8	68.4	85.8
1997	54.7	66.7	70.3	101.4	118.6	127.1	174.0
1998	116.0	123.5	125.3	127.4	129.1	129.1	129.1
2000	47.9	81.1	92.6	122.2	133.0	138.1	154.5
2001	83.9	120.1	157.0	194.5	211.6	215.6	224.5
2002	68.0	82.7	82.9	85.8	85.8	85.8	86.2
2003	63.1	89.5	93.0	110.5	154.1	164.0	172.6
2004	50.6	96.5	117.5	119.5	119.5	119.5	138.7
2005	56.9	90.6	93.1	119.2	164.2	188.9	192.8
2006	69.3	113.0	141.7	180.2	188.6	188.6	188.6
2007	57.5	81.8	109.5	179.0	265.3	328.8	445.4
2008	18.5	34.1	37.3	45.9	57.1	59.4	62.7
2009	40.1	47.7	57.8	72.6	117.4	117.5	121.4
2010	25.8	27.8	29.2	50.3	52.2	55.1	68.8
2011	27.7	40.1	54.9	86.9	96.1	96.5	96.8
2012	43.0	62.4	70.9	100.6	131.2	146.8	201.2
2013	29.6	48.8	67.5	101.5	168.6	189.7	230.6
2014	42.6	55.4	81.6	88.5	89.5	89.5	95.7
2015	27.2	42.8	51.0	72.1	109.4	119.0	131.0
2016	20.2	29.4	33.1	46.9	85.3	90.9	100.4

4) Groundwater 관측소

지속기간(분) / 연도	60	120	180	240	360	720	1440
1986	45.7	53.4	67.0	85.2	96.1	142.1	152.2
1987	45.9	51.9	54.7	55.4	55.4	60.3	77.5
1988	52.3	73.9	94.9	105.9	124.8	182.5	236.8
1989	31.7	40.6	45.8	45.8	55.8	89.6	111.1
1990	48.8	65.2	95.1	111.9	119.2	174.7	229.2
1991	40.0	45.2	48.1	48.1	48.1	50.0	67.6
1992	42.0	66.7	100.0	114.2	127.3	221.9	253.7
1993	37.8	44.4	49.6	54.1	57.7	58.5	58.5
1994	20.4	30.3	38.6	44.4	47.8	71.8	79.8
1995	37.6	50.7	74.4	85.7	85.8	111.6	114.1
1996	79.0	100.7	112.4	125.6	134.1	156.1	163.1
1997	33.5	55.1	67.0	75.8	76.7	76.7	96.3
1998	40.7	54.4	63.5	73.5	81.2	102.1	121.9
2000	40.6	57.3	62.1	62.1	70.4	121.6	142.5
2001	43.4	56.3	66.9	69.4	92.9	160.6	178.8
2002	31.1	49.9	68.5	75.8	76.4	114.7	135.9
2003	34.7	47.5	62.3	74.5	87.9	168.1	211.5
2004	31.0	36.7	49.2	61.9	68.9	123.3	176.3
2005	33.0	37.6	43.9	52.4	56.0	68.3	75.7
2006	33.6	53.4	66.8	75.5	78.9	97.5	159.3
2007	20.7	25.5	29.3	38.4	38.6	61.5	63.3
2008	30.5	44.6	54.0	59.0	63.3	90.2	153.0
2009	55.3	76.0	76.0	97.5	104.3	127.9	134.1
2010	29.0	43.6	49.0	65.9	84.3	157.1	177.6
2011	36.1	60.4	75.7	83.7	94.5	161.5	192.0
2012	39.4	48.3	80.0	88.9	93.6	117.0	123.2
2013	29.2	41.5	54.4	64.3	83.7	148.2	184.6
2014	29.9	45.8	55.1	60.0	65.0	80.3	81.7
2015	36.7	61.6	69.2	79.8	94.0	120.3	126.2
2016	26.5	35.3	42.8	49.5	67.7	91.2	112.6

5) Runoff 관측소

지속기간(분) / 연도	60	120	180	240	360	720	1440
1986	50.2	57.4	61.5	62.9	72.6	110.3	130.6
1987	37.6	63.5	72.6	76.5	78.9	86.1	102.6
1988	39.5	59.0	77.5	85.4	94.5	108.7	143.6
1989	37.8	37.5	43.2	47.4	53.8	71.7	109.1
1990	29.9	40.3	54.5	63.2	66.7	68.3	71.5
1991	25.4	34.8	42.9	48.1	63.3	79.6	88.9
1992	31.0	39.0	51.6	67.0	83.1	90.6	119.6
1993	28.8	36.9	40.8	55.2	66.4	97.4	97.7
1994	75.6	80.7	81.6	83.4	107.4	176.3	203.1
1995	32.7	51.1	62.5	74.7	95.7	133.1	236.7
1996	40.6	53.2	54.7	58.8	72.9	111.3	196.5
1997	37.8	45.3	64.6	79.8	99.3	115.3	137.7
1998	19.2	35.3	37.2	43.5	58.8	86.1	107.5
2000	40.1	66.4	74.9	85.4	101.3	128.4	161.3
2001	39.5	52.1	53.7	54.2	60.7	67.3	80.4
2002	52.5	91.1	106.4	121.7	134.2	173.7	200.5
2003	30.5	53.2	68.2	77.2	80.6	81.6	87.9
2004	24.3	34.8	42.9	47.6	55.7	68.5	80.4
2005	47.4	59.5	73.9	81.3	92.2	139.5	150.2
2006	39.5	66.9	94.5	121.2	130.2	129.9	169.3
2007	68.9	104.8	112.1	120.7	136.8	141.0	186.4
2008	49.0	56.5	62.6	64.5	83.1	131.9	137.3
2009	40.9	57.2	73.7	87.2	95.6	103.3	154.9
2010	44.8	65.0	78.7	80.5	89.3	108.3	127.9
2011	42.0	58.0	67.0	78.2	97.2	171.7	207.4
2012	24.3	38.8	44.4	52.2	57.5	78.8	90.1
2013	51.7	57.3	58.1	78.0	81.4	111.8	152.8
2014	60.1	88.1	106.5	134.5	140.4	222.5	318.1
2015	17.0	26.1	38.0	46.6	58.7	83.4	85.6
2016	50.0	81.1	102.8	108.2	114.3	173.1	183.8

6) Evaporation 관측소

지속기간(분) / 연도	60	120	180	240	360	720	1440
1986	24.8	31.6	33.1	38.5	42.5	53.4	74.4
1987	10.2	12.6	13.4	14.2	15.1	16.3	17.5
1988	26.0	42.1	50.6	69.9	80.4	116.8	138.7
1989	22.6	34.7	41.3	63.8	79.9	107.7	127.6
1990	22.6	42.1	57.8	80.0	84.7	91.6	155.8
1991	32.7	49.5	55.8	65.8	76.3	82.6	102.5
1992	33.9	43.2	51.7	65.8	77.1	84.6	109.5
1993	49.7	54.8	74.4	78.0	80.6	94.7	153.8
1994	46.3	53.7	73.3	88.1	90.9	115.8	144.7
1995	27.1	30.5	37.2	53.7	64.3	71.5	115.6
1996	51.9	63.2	63.0	64.8	72.7	78.5	81.4
1997	24.8	30.5	35.1	51.7	63.4	69.5	108.5
1998	39.5	42.1	52.7	79.0	88.5	112.8	116.6
2000	24.8	32.6	39.3	59.8	68.7	83.6	110.6
2001	31.6	33.7	37.2	52.7	73.4	89.6	100.5
2002	35.0	51.6	51.7	63.8	98.6	117.8	142.7
2003	31.6	36.9	53.7	70.9	86.4	91.6	141.7
2004	28.2	36.9	38.2	46.6	66.3	70.5	106.5
2005	33.9	56.9	77.5	127.6	135.0	155.1	199.0
2006	23.7	30.5	42.4	50.7	62.8	68.5	89.4
2007	31.6	36.9	43.4	52.7	55.1	61.4	92.5
2008	33.9	44.2	53.7	77.0	80.3	96.7	126.6
2009	106.1	198.0	194.2	190.4	202.7	205.4	232.2
2010	33.9	43.2	50.6	65.8	69.4	80.6	120.6
2011	39.5	41.1	49.6	87.1	88.5	129.9	168.8
2012	41.8	59.0	71.3	102.3	108.6	132.9	161.8
2013	23.7	32.6	41.3	62.8	71.1	83.6	120.6
2014	36.1	59.0	59.9	73.9	78.4	98.7	112.6
2015	29.9	45.8	55.1	60.0	65.0	80.3	81.7
2016	44.8	65.0	78.7	80.5	89.3	108.3	127.9

표 예5.13.1 하천특성과 강우자료(계속)

② 임의지속기간 강우자료(mm)(계속)

7) Transpiration 관측소

지속기간(분) / 연도	60	120	180	240	360	720	1440
1986	29.9	45.8	48.1	60.0	65.0	80.3	81.7
1987	36.7	61.6	69.2	79.8	94.0	120.3	126.2
1988	26.5	35.3	42.8	49.5	67.7	91.2	112.6
1989	50.2	57.4	61.5	62.9	72.6	110.3	130.6
1990	37.6	63.5	72.6	76.5	78.9	86.1	102.6
1991	47.1	53.2	55.3	55.7	55.8	89.6	153.2
1992	32.6	56.0	59.8	99.0	124.0	134.0	148.0
1993	19.5	36.8	53.4	83	96.5	100.7	120.5
1994	25.1	39.9	58.2	75.7	99.3	100.1	135.3
1995	38.9	56.6	66.7	94.3	102.2	103.1	103.1
1996	14.4	16.6	17.2	27.9	53.8	68.4	85.8
1997	31.0	36.7	49.2	61.9	68.9	123.3	176.3
1998	33.0	37.6	43.9	52.4	56.0	68.3	75.7
2000	33.6	53.4	66.8	75.5	78.9	97.5	159.3
2001	20.7	25.5	29.3	38.4	38.6	61.5	63.3
2002	30.5	44.6	54.0	59.0	63.3	90.2	153.0
2003	40.9	57.2	73.7	87.2	95.6	103.3	154.9
2004	44.8	65.0	78.7	80.5	89.3	108.3	127.9
2005	42.0	58.0	67.0	78.2	97.2	171.7	207.4
2006	24.3	38.8	44.4	52.2	57.5	78.8	90.1
2007	51.7	57.3	58.1	78.0	81.4	111.8	152.8
2008	33.9	43.2	50.6	65.8	69.4	80.6	120.6
2009	39.5	41.1	49.6	87.1	88.5	129.9	168.8
2010	41.8	59.0	71.3	102.3	108.6	132.9	161.8
2011	23.7	32.6	41.3	62.8	71.1	83.6	120.6
2012	36.1	59.0	59.9	73.9	78.4	98.7	112.6
2013	29.9	54.2	69.7	76.7	106.9	160.1	179.4
2014	52.1	57.9	71.3	82.3	93.7	134.0	192.0
2015	23.1	27.9	34.6	40.9	53.7	56.4	61.8
2016	26.5	29.5	47.5	48.6	49.1	56.9	77.9

8) Interception 관측소

지속기간(분) / 연도	60	120	180	240	360	720	1440
1986	27.7	37.4	48.0	59.3	73.4	95.7	171.9
1987	31.6	42.7	61.5	69.6	89.7	125.4	144.7
1988	17.5	24.2	28.9	35.8	47.1	73.0	85.4
1989	45.2	64.2	74.9	76.2	77.5	84.6	146.2
1990	18.6	30.5	35.1	35.3	39.0	60.9	87.4
1991	60.4	106.4	129.6	153.4	193.5	259.4	271.3
1992	45.7	66.9	85.7	96.1	96.2	105.7	130.6
1993	57.6	81.6	102.3	112.5	123.6	162.2	178.9
1994	29.9	54.2	69.7	76.7	106.9	160.1	179.4
1995	52.1	57.9	71.3	82.3	93.7	134.0	192.0
1996	23.1	27.9	34.6	40.9	53.7	56.4	61.8
1997	26.5	29.5	47.5	48.6	49.1	56.9	77.9
1998	28.8	36.9	40.8	55.2	66.4	97.4	97.7
2000	75.6	80.7	81.6	83.4	107.4	176.3	203.1
2001	32.7	51.1	62.5	74.7	95.7	133.1	236.7
2002	40.6	53.2	54.7	58.8	72.9	111.3	196.5
2003	28.8	36.9	40.8	55.2	66.4	97.4	97.7
2004	75.6	82.7	84.6	89.4	107.4	176.3	203.0
2005	32.7	51.1	62.5	74.7	95.7	133.0	236.7
2006	40.6	53.2	54.7	58.8	72.9	111.3	196.5
2007	31.6	45.3	54.7	69.4	88.1	116.8	123.6
2008	27.1	37.9	47.5	53.2	69.9	87.6	133.7
2009	37.3	50.5	51.7	54.3	56.7	71.5	90.5
2010	30.5	55.8	57.8	65.1	70.9	114.8	154.8
2011	57.6	57.9	58.9	63.5	68.8	87.6	133.7
2012	50.2	57.4	61.5	62.9	72.6	110.3	130.6
2013	37.6	63.5	72.6	76.5	78.9	86.1	102.6
2014	39.5	59.0	77.5	85.4	94.5	108.7	143.6
2015	37.8	39.5	43.2	47.4	53.8	71.7	109.1
2016	29.9	40.3	54.5	63.2	66.7	68.3	71.5

9) Hydrocycle 관측소

지속기간(분) / 연도	60	120	180	240	360	720	1440
1986	45.0	57.0	68.0	73.9	81.9	112.1	158.1
1987	52.5	73.0	74.0	75.0	92.5	104.1	149.7
1988	54.9	70.5	95.3	97.3	101.8	88.6	103.6
1989	62.0	69.5	75.0	77.0	81.0	145.8	152.3
1990	51.5	66.0	80.7	92.2	113.7	161.2	170.4
1991	31.5	47.5	63.5	80.5	111.5	121.0	134.0
1992	49.5	53.5	62.0	69.0	97.5	132.8	145.9
1993	42.5	54.5	70.5	92.3	96.8	88.8	99.3
1994	21.5	29.0	35.5	42.0	52.2	97.5	107.0
1995	37.5	44.5	64.5	67.0	78.0	105.0	124.3
1996	45.5	49.1	56.5	69.0	94.0	123.5	136.9
1997	40.6	71.1	91.1	106.1	114.1	457.4	535.5
1998	100.0	151.5	193.3	219.3	306.0	73.0	99.5
2000	43.5	48.5	54.0	59.0	67.5	132.0	165.0
2001	35.0	53.0	78.0	102.0	118.5	113.5	113.6
2002	52.0	64.0	85.3	104.3	113.0	94.8	110.6
2003	36.5	44.5	66.0	70.5	76.8	107.5	141.5
2004	48.0	54.0	73.0	86.0	94.5	123.0	149.5
2005	45.5	60.5	72.5	84.0	98.0	78.0	98.0
2006	33.0	42.0	44.5	46.5	59.5	249.5	257.0
2007	64.5	100.5	106.0	119.5	134.0	85.0	105.5
2008	35.5	54.5	66.5	68.5	79.5	119.0	205.0
2009	41.0	53.0	58.0	84.0	89.0	143.0	172.0
2010	65.5	68.0	83.5	84.0	90.0	215.0	215.5
2011	116.0	152.5	187.5	191.0	199.0	182.0	206.5
2012	64.5	69.5	77.0	84.5	101.0	117.0	117.0
2013	59.0	73.5	87.5	102.0	113.5	97.5	145.0
2014	53.0	67.0	75.0	79.0	85.5	137.5	170.5
2015	64.0	74.0	102.5	110.5	120.5	155.5	183.5
2016	52.5	58.0	69.0	85.5	110.5	119.0	129.5

10) Watercycle 관측소

지속기간(분) / 연도	60	120	180	240	360	720	1440
1986	28.8	45.8	48.1	60.0	65.0	80.3	81.7
1987	36.5	61.6	69.2	79.8	94.0	120.3	126.2
1988	26.4	35.3	42.8	49.5	67.7	91.2	112.6
1989	49.1	57.4	61.5	62.9	72.6	110.3	130.6
1990	36.5	63.5	72.6	76.5	78.9	86.1	102.6
1991	47.1	53.2	55.3	55.7	55.8	89.6	153.2
1992	32.6	56.0	59.8	99.0	124.0	134.0	148.0
1993	18.6	36.8	53.4	83.5	96.5	100.7	120.5
1994	26.2	39.9	58.2	75.7	99.3	100.1	135.3
1995	37.8	56.6	66.7	94.3	102.2	103.1	103.1
1996	14.7	16.6	17.2	27.9	53.8	68.4	85.8
1997	31.2	36.7	49.2	61.9	68.9	123.3	176.3
1998	33.3	37.6	43.9	52.4	56.0	68.3	75.7
2000	34.3	53.4	66.8	75.5	78.9	97.5	159.3
2001	21.5	25.5	29.3	38.4	38.6	61.5	63.3
2002	31.8	44.6	54.0	59.0	63.3	90.2	153.0
2003	40.9	57.2	73.7	87.2	95.6	103.3	154.9
2004	45.7	65.0	78.7	80.5	89.3	108.3	127.9
2005	43.2	58.0	67.0	78.2	97.2	171.7	207.4
2006	27.2	38.8	44.4	52.2	57.5	78.8	90.1
2007	52.8	57.3	58.1	78.0	81.4	111.8	152.8
2008	34.7	43.2	50.6	65.8	69.4	80.6	120.6
2009	39.5	41.1	49.6	87.1	88.5	129.9	168.8
2010	42.6	59.0	71.3	102.3	108.6	132.9	161.8
2011	24.5	32.6	41.3	62.8	71.1	83.6	120.6
2012	37.1	59.0	59.9	73.9	78.4	98.7	112.6
2013	30.6	54.2	69.7	76.7	106.9	160.1	179.4
2014	51.4	57.9	71.3	82.3	93.7	134.0	192.0
2015	22.7	27.9	34.6	40.9	53.7	56.4	61.8
2016	25.9	29.5	47.5	48.6	49.1	56.9	77.9

[풀이]

1. **각 소유역의 100년 빈도 확률강우량 산정**

(1) **각 소유역의 100년 빈도 확률강우량 산정** 【홍수량 산정 표준지침(환경부, 2019a), RFAHD 2020(수문자료 지역빈도해석) 적용】 ; 그림 예5.13.1(**강수량 관측소** a, b, c, d, e, h)

① 홍수량 산정표준지침(환경부, 2019a)과 RFAHD 2020(수문자료 지역빈도해석) 적용 확률 강우량 산정;

1) RFAHD의 메인 메뉴 "강우자료"를 클릭 후→**그림 예5.13.2** 지도형상의 '지역번호'를 다음과 같이 연결 후 클릭한다.
→'유역 내; a=지역15(지점=10121211), b=지역9(지점=10124080), c=지역7(지점=10041127), d=지역5(지점=10071202), e=지역24(지점=10031221), h=지역14(지점=30071226)'
(유역 외; f=2, g=17, i=25, j=18)['지역번호'와 유사한 관측기간(연수)을 갖는 '지점명'을 찾는다. 홍수량 산정표준지침(이하 '**표준지침**'으로 칭함)·부록(부록 II. 지역 빈도해석; II-3. 지역 빈도해석 Huff 4분위법 무차원누가곡선)(환경부, 2019a)】
2) '**내장 강우자료 적용**'을 클릭하면, **그림 예5.13.2**와 같이 '**내장 강우자료 적용**' 클릭→영역이 초기화됩니다. 진행하시겠습니까? '**예(Y)**' 클릭

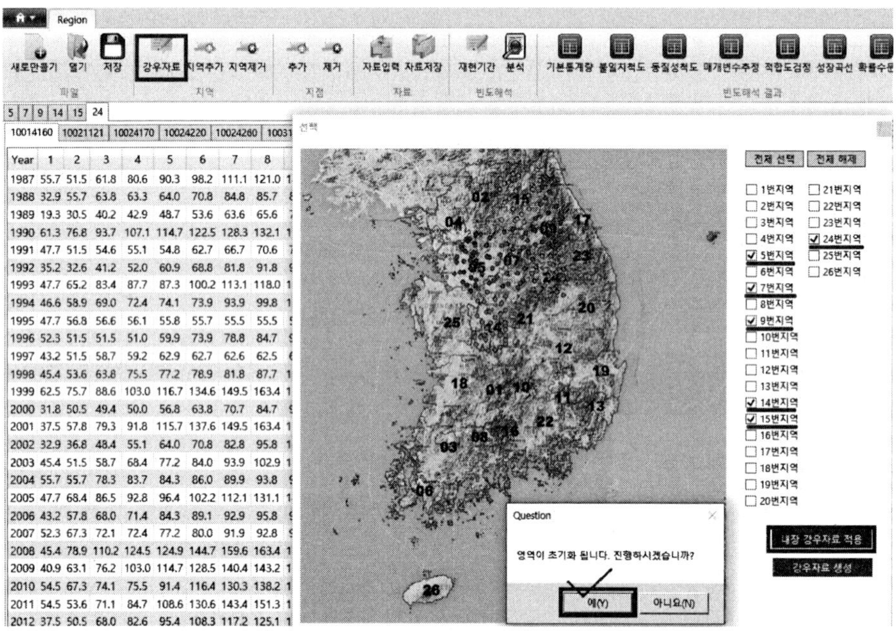

그림 예5.13.2 강우자료의 선택과 입력

3) "재현기간"을 클릭→'2, 3, …500' 또는 ' 2, 5, 10, 20…' 등 필요한 기간 선택 후 '확인' 클릭⇒"분석"을 클릭하면⇒'실행중'(약간의 시간 소요)⇒'분석 완료' 출현⇨'Close' 클릭; 계산 완료
4) '빈도해석 결과(기본통계량, …, 확률수문량)' 8개 아이콘 활성화

② 분석결과 정리(최적의 확률분포=GEV) ; **표 예5.13.2, 그림 예5.13.3**

1) 강수량 관측소별 재현기간-지속기간-확률강우량(**표 예5.13.2** 참조)

표 예5.13.2 강수량 관측소별 재현기간-지속기간-확률강우량

(a) a강수량 관측소(지역15, 지점=10121211)

지속기간(시간) / 재현기간(년)	1	2	3	4	6	12	24
2	35.0	45.9	56.3	66.9	84.5	114.9	144.0
5	45.4	60.6	75.0	89.5	113.1	155.7	200.2
10	51.9	70.3	87.7	104.3	131.4	181.6	236.9
20	57.7	79.6	100.1	118.6	148.5	205.6	271.6
50	64.9	91.6	116.3	137.0	169.8	235.4	316.0
100	70.0	100.7	128.7	150.7	185.4	257.0	348.9
200	74.8	109.8	141.3	164.4	200.4	277.7	381.3
300	77.5	115.1	148.7	172.4	209.1	289.5	400.0
500	80.8	121.7	158.1	182.4	219.7	304.1	423.4

(b) h=지역14(지점=30071226)

지속기간(시간) / 재현기간(년)	1	2	3	4	6	12	24
2	42.5	53.7	61.6	69.5	81.1	108.1	136.3
5	55.7	71.3	82.6	94.1	110.6	148.0	186.1
10	63.9	83.4	97.2	111.8	131.3	174.6	218.1
20	71.3	95.5	112.0	130.1	152.1	200.3	248.2
50	80.4	111.8	132.0	155.5	180.7	233.7	286.3
100	86.9	124.5	147.8	176.1	203.2	258.9	314.1
200	93.0	137.6	164.2	197.9	226.7	284.1	341.3
300	96.5	145.5	174.2	211.3	241.0	299.0	356.9
500	100.7	155.6	187.0	229.0	259.4	317.7	376.3

2) 확률강우량-지속기간-재현기간(PDF)(그림 예5.13.3 참조)

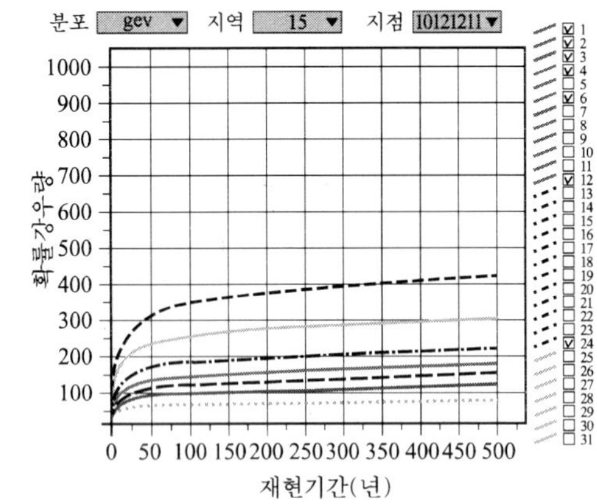

(a) a강수량 관측소(지역15, 지점=10121211)

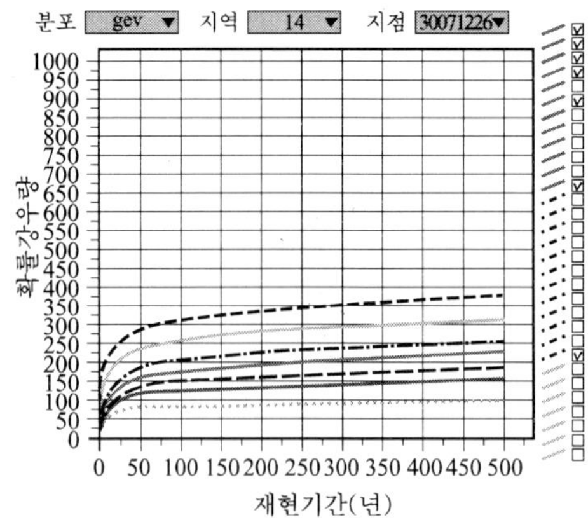

(b) h=지역14(지점=30071226)

그림 예5.13.3 확률강우량 - 지속기간 - 재현기간(PDF)

3) 강수량 관측소별 100년 빈도-매시간(24시간) 확률강우량

표 예5.13.3 강수량 관측소별 100년 빈도 - 매시간(24시간) 확률강우량

지점 \ 시간(h)	1	2	3	4	5	6	7	8	9	10	11	12	13	14	15	16	17	18	19	20	21	22	23	24
(a)	70.0	100.7	128.7	150.7	166.8	185.4	199.2	213.2	227.5	238.7	249.2	257.0	264.5	271.3	278.9	285.1	292.6	298.4	305.6	313.5	320.0	328.7	338.5	348.9
(b)	75.5	110.9	137.4	155.5	171.4	183.0	197.8	212.3	223.7	232.5	238.6	242.9	248.7	255.7	264.5	273.8	282.3	288.5	297.0	303.9	311.8	319.6	328.1	335.5
(c)	77.2	112.1	140.1	153.5	168.9	181.9	193.5	209.8	222.6	236.6	245.1	252.8	261.1	269.3	278.3	283.5	287.8	291.9	295.7	299.1	301.9	304.9	308.5	312.8
(d)	94.7	143.6	180.9	206.6	228.1	247.7	266.2	283.6	300.3	316.1	333.7	348.5	363.2	376.3	388.1	397.6	406.3	413.5	420.3	429.7	440.8	448.1	459.5	468.3
(e)	77.6	118.5	143.5	167.1	183.4	197.2	209.5	225.3	237.1	248.8	262.6	274.8	284.6	291.8	295.5	300.0	306.4	310.8	316.9	322.9	329.0	337.0	346.0	353.3
(h)	86.9	124.5	147.8	176.1	191.9	203.2	216.8	226	234.7	243.3	251.4	258.9	267.5	276.4	281.4	286	289.8	291.6	294.1	296.4	299.7	303.8	307.5	314.1
비고	(a)=a강수량 관측소(지역15, 지점=10121211), (b)=b강수량 관측소(지역9, 지점=10124080), (c)=c강수량 관측소(지역7, 지점=10041127), (d)=d강수량 관측소(지역5, 지점=10071202), (e)=e강수량 관측소(지역24, 지점=10031221) (h)=h강수량 관측소(지역14, 지점=30071226)																							

연 습 문 제

5.1 어떤 하천유역의 최근 10년간 연최소유량이 0.485m³/s, 0.451, 0.315, 0.256, 0.258, 0.322, 0.510, 0.487, 0.252, 0.174m³/s일 때 Gringorten의 확률도시공식 (5.25a)와 Weibull의 확률도시공식 (5.25b)를 이용하여 일평균 연최소 유량의 빈도 해석을 하시오.

5.2 연계열 24년 자료의 연최대유량이 694.7m³/s, 534.7, 530.4, 602.1, 695.9, 590.8, 459.5, 366.8, 756.9, 865.9, 742.0, 521.4, 418.0, 317.2, 200.2, 590.0, 484.6, 383.2, 273.3, 356.3, 596.8, 180.3, 165.5, 198.8m³/s일 때 Gringorten의 확률도시공식 (5.25a)와 Weibull의 확률도시공식 (5.25b)를 이용하여 홍수 빈도 해석을 하시오.

5.3 표 문5.3은 1945년부터 1997년까지 어떤 하천의 유량관측소에서 측정된 연첨두유량 자료이다. 이를 이용하여 다음 사항에 답하시오.

1. 대수정규 확률지를 이용한 그래프 작성
2. 정규분포와 대수정규분포, 극치분포, 대수피어슨형(log-Pearson type) III분포의 확률지를 이용한 최적분포 결정

표 문5.3 유량관측소의 연최대유량 자료

연도	유량(m³/s)	연도	유량(m³/s)	연도	유량(m³/s)
1945	17,500	1963	3,620	1981	1,760
1946	4,900	1964	2,250	1982	5,750
1947	9,390	1965	2,520	1983	5,480
1948	4,890	1966	4,100	1984	4,770
1949	4,790	1967	1,780	1985	6,920
1950	3,830	1968	3,040	1986	7,640
1951	4,280	1969	4,440	1987	19,200
1952	4,790	1970	3,490	1988	6,070
1953	2,610	1971	3,050	1989	3,400
1954	2,810	1972	2,220	1990	7,960
1955	8,720	1973	6,920	1991	1,700
1956	5,430	1974	11,500	1992	10,800
1957	12,200	1975	17,100	1993	12,300
1958	3,880	1976	1,560	1994	7,430
1959	6,890	1977	4,970	1995	6,450
1960	3,200	1978	1,760	1996	4,430
1961	15,400	1979	2,850	1997	7,730
1962	8,880	1980	5,870		

5.4 일반적으로 많이 사용하고 있는 정규분포, 대수정규분포, 극치분포, 피어슨분포와 대수피어슨분포의 확률분포 특성과 누가확률분포함수, 확률수문량 산정방법을 각각 설명하시오.

5.5 강우자료 빈도 해석의 9단계 과정을 설명하고 각 과정에서의 분석, 검토되어야 할 내용에 대해 설명하시오.

5.6 수문해석을 위한 자료계열의 구성에 대해 설명하시오.

5.7 어떤 지역의 10년간 6월 강우량이 34.9, 32.8, 59.8, 64.2, 32.7, 75.2, 44.2, 55.9, 29.8, 44.6mm로 측정되었다. 이 강우량 자료를 이용하여 다음 사항에 답하시오.

1. 평균과 표준편차, 왜곡도계수의 결정

5.8 표 문5.8은 어떤 하천 유량관측소의 99년간 관측된 첨두홍수량 자료이다. 이를 이용하여 다음 사항에 답하시오.

1. 정규분포, 대수정규분포, 대수피어슨형 III분포, 극치형 I분포(=Gumbel 분포)에 의해 20년 빈도 홍수량의 결정
2. 1항 결과의 비교분석

표 문5.8 홍수량 자료

연도	홍수량 (m^3/s)	연도	홍수량 (m^3/s)	연도	홍수량 (m^3/s)	연도	홍수량 (m^3/s)	연도	홍수량 (m^3/s)
1895	473	1915	524	1935	894	1955	850	1975	796
1896	544	1916	943	1936	626	1956	829	1976	463
1897	872	1917	1,110	1937	1,120	1957	889	1977	534
1898	657	1918	717	1938	440	1958	602	1978	618
1899	915	1919	961	1939	843	1959	403	1979	1,440
1900	535	1920	925	1940	450	1960	505	1980	406
1901	678	1921	341	1941	284	1961	488	1981	496
1902	700	1922	690	1942	460	1962	1,010	1982	429
1903	669	1923	734	1943	804	1963	638	1983	688
1904	347	1924	991	1944	550	1964	825	1984	984
1905	580	1925	792	1945	729	1965	603	1985	365
1906	470	1926	626	1946	712	1966	389	1986	421
1907	663	1927	937	1947	468	1967	699	1988	351
1908	809	1928	687	1948	841	1968	552	1989	1,050
1909	800	1929	801	1949	613	1969	294	1990	536
1910	523	1930	323	1950	871	1970	684	1991	829
1911	580	1931	431	1951	705	1971	517	1992	546
1912	672	1932	770	1952	777	1972	1,070	1993	521
1913	1,150	1933	536	1953	442	1973	586	1994	710
1914	461	1934	708	1954	206	1974	779		

5.9 어떤 유량관측소의 홍수량 자료가 1968년 134.5, 165.1, 145.1m^3/s, 1969년 202.5, 235.4, 175.6m^3/s, 1970년 210.5, 200.8m^3/s, 1971년 208.4, 203.2, 197.5m^3/s, 1972년 195.3, 206.5, 204.1m^3/s, 1973년 211.4, 210.6, 209.5m^3/s, 1974년 201.4, 199.2m^3/s, 1975년 205.3, 206.7, 198.2m^3/s로 측정되었다. 다음 사항에 답하시오.

1. 연초과치 자료계열의 결정
2. 연최대치 자료계열의 결정

5.10 표 문5.10과 같은 어떤 수위관측소에서 측정된 연최대치 홍수량 자료이다. 이 자료를 사용해 다음 사항에 답하시오.

1. 확률도시법에 의한 빈도분석의 수행
2. 100년 빈도의 홍수량 산정

표 문5.10 연최대치 홍수량 자료

465, 465, 465, 747, 455, 485, 893, 788, 648, 624, 585, 546, 629, 528, 532, 469, 445, 422, 419, 381, 747, 711, 683, 660, 447, 516, 331, 550m^3/s

5.11 표 문5.3은 1945년부터 1997년까지 어떤 하천의 유량관측소에서 측정된 연첨두유량자료이다. 다음 사항에 답하시오.

1. 문5.3; 2항의 4개 분포 확률에 대한 100년 빈도 첨두유량 추정
2. 1항의 대수피어슨형 III 분포 확률지를 이용한 최적분포형 결정

5.12 표 5.5의 확률도시공식을 소개하고, 그 특징 등에 대해 간단히 설명하시오.

5.13 표 문5.13은 어떤 유역 내 강수량 관측소의 20년간 7월의 강우량이다. 정규분포에 맞추어 빈도 해석을 실시하고, 다음 사항에 답하시오.

1. 초과확률 1%인 7월의 강우량 산정

표 문5.13 4월의 강우량 자료

52 31 51 43 44 38 31 47 40 37 34 53 49 47 41 36 34 38 37 43mm

5.14 표 문5.3은 1945년부터 1997년까지 어떤 하천의 유량관측소에서 연첨두유량 자료이다. 이를 사용하여 다음 사항에 답하시오.

1. 5.3 문 1항의 4분포에 의한 150년 빈도 첨두유량 결정
2. 대수피어슨형 III분포에 의한 추정치의 95% 신뢰구간 결정

5.15 어떤 하천의 연홍수 자료계열을 분석한 결과는 평균과 표준편차가 각각 940m^3/s, 203m^3/s로 나타났다. 또한 이 연홍수 자료계열의 자료 수는 많고, 그 분포는 Gumbel 분포라고 할 때 다음 사항에 답하시오.

1. 재현기간 500년인 홍수량의 결정

5.16 어떤 하천의 42년간 연최대 홍수량 자료는 표 문5.16과 같다. 반대수지를 이용한 홍수빈도곡선을 유도하여 다음 사항에 답하시오.

1. 재현기간 15년, 50년인 설계홍수량의 결정
2. 4,000m^3/s의 설계 홍수량에 상응하는 재현기간 결정

표 문5.16 홍수빈도곡선 유도를 위한 연최대 홍수량 자료

연도	홍수량(m^3/s)	연도	홍수량(m^3/s)	연도	홍수량(m^3/s)
1970	3,830	1984	1,262	1998	772
1971	757	1985	1,156	1999	1,566
1972	1,605	1986	1,493	2000	3,529
1973	1,492	1987	1,334	2001	828
1974	1,386	1988	1,054	2002	1,397
1975	1,523	1989	1,284	2003	677
1976	1,900	1990	1,073	2004	623
1977	1,583	1991	2,590	2005	830
1978	1,681	1992	1,600	2006	627
1979	2,780	1993	2,530	2007	2,716
1980	1,610	1994	1,800	2008	4,641
1981	1,576	1995	1,238	2009	4,973
1982	1,317	1996	1,023	2010	2,243
1983	1,868	1997	2,675	2011	1,887

5.17 어떤 하천의 42년간 연최대 홍수량 자료가 표 문5.16과 같을 때 Gumbel 극치분포를 이용하여 다음 사항에 답하시오.

1. 재현기간 100년, 150년인 홍수량의 외삽법[(graphical extrapolation) 이용]에 의한 결정

5.18 어떤 하천의 27년간 연최대 홍수량 자료가 표 문5.18과 같을 때 대수피어슨형 Ⅲ분포를 이용하여 재현기간 100년, 200년, 1,000년에 상응하는 홍수량을 다음과 같은 방법으로 구하시오.

1. 표 문5.18(Subramanya, 2013)의 대수피어슨형 Ⅲ분포 빈도계수 $K_z[=f(C_{ss}, T)]$를 사용하는 경우
2. 빈도계수법에 의한 식 (5.48)을 사용하는 경우

표 문5.18 대수피어슨형 Ⅲ분포 빈도계수 $K_z[=f(C_{ss}, T)]$

확률	0.50	0.10	0.04	0.02	0.01	0.005	0.001
왜곡도계수 C_{ss}(년) \ 재현기간	2	10	25	50	100	200	1,000
3.0	−0.396	1.180	2.278	3.152	4.051	4.970	7.250
2.5	−0.360	1.250	2.262	3.048	3.845	4.652	6.600
2.2	−0.330	1.284	2.240	2.970	3.705	4.444	6.200
2.0	−0.307	1.302	2.219	2.912	3.605	4.298	5.910
1.8	−0.282	1.318	2.193	2.848	3.499	4.147	5.660
1.6	−0.254	1.329	2.163	2.780	3.388	3.990	5.390
1.4	−0.225	1.337	2.128	2.706	3.271	3.828	5.110
1.2	−0.195	1.340	2.087	2.626	3.149	3.661	4.820
1.0	−0.164	1.340	2.043	2.542	3.022	3.489	4.540
0.9	−0.148	1.339	2.018	2.498	2.957	3.401	4.395
0.8	−0.132	1.336	1.998	2.453	2.891	3.312	4.250
0.7	−0.116	1.333	1.967	2.407	2.824	3.223	4.105
0.6	−0.099	1.328	1.939	2.359	2.755	3.132	3.960
0.5	−0.083	1.323	1.910	2.311	2.686	3.041	3.815
0.4	−0.066	1.317	1.880	2.261	2.615	2.949	3.670
0.3	−0.050	1.309	1.849	2.211	2.544	2.856	3.525
0.2	−0.033	1.301	1.818	2.159	2.472	2.763	3.380
0.1	−0.017	1.292	1.785	2.107	2.400	2.670	3.235
0.0	0.000	1.282	1.751	2.054	2.326	2.576	3.090
−0.1	0.017	1.270	1.716	2.000	2.252	2.482	2.950
−0.2	0.033	1.258	1.680	1.945	2.178	2.388	2.810
−0.3	0.050	1.245	1.643	1.890	2.104	2.294	2.675
−0.4	0.066	1.231	1.606	1.834	2.029	2.201	2.540
−0.5	0.083	1.216	1.567	1.777	1.955	2.108	2.400
−0.6	0.099	1.200	1.528	1.720	1.880	2.016	2.275
−0.7	0.116	1.183	1.488	1.663	1.806	1.926	2.150
−0.8	0.132	1.166	1.448	1.606	1.733	1.837	2.035
−0.9	0.148	1.147	1.407	1.549	1.660	1.749	1.910
−1.0	0.164	1.128	1.366	1.492	1.588	1.664	1.880
−1.4	0.225	1.041	1.198	1.270	1.318	1.351	1.465
−1.8	0.282	0.945	1.035	1.069	1.087	1.097	1.130
−2.2	0.330	0.844	0.888	0.900	0.905	0.907	0.910
−3.0	0.396	0.660	0.666	0.666	0.667	0.667	0.668

5.19 어떤 유량 관측소의 홍수량 측정자료가 1987년: 396, 397, 395, 1988년; 523, 531, 497m^3/s, 1989년; 300, 360, 362, 355m^3/s, 1990년; 405, 453, 451, 450m^3/s, 1991년; 446, 438, 439, 452m^3/s, 1992년; 398, 405, 435, 396m^3/s, 1993년; 350, 420, 489, 501m^3/s, 1994년; 439, 489, 508, 509m^3/s, 1995년; 503, 487, 456, 510m^3/s, 1996년; 388, 436, 498, 552m^3/s, 1997년; 425, 486, 499, 409m^3/s, 1998년; 532, 495, 486m^3/s 이다. 이를 사용하여 다음 사항에 답하시오.

1. 연초과치와 연최대치 자료계열의 결정
2. 빈도계수법에 의한 재현기간 50년, 100년의 설계홍수량 산정

5.20 어떤 하천의 연최대 홍수량 자료를 분석한 결과가 대수정규분포로 나타났고, 이들 자료의 빈도 해석 결과는 재현기간 100, 200년에 대해 각각 12,500, 15,000m^3/s로 나타났다. 또한 대수정규분포의 재현기간 50, 100, 200, 1,000년에 대한 빈도계수는 각각 2.054, 2.326, 2.576, 3.090일 때 다음 사항에 답하시오.

1. 재현기간 1,000년인 설계 홍수량의 결정

5.21 어떤 교량이 25년의 내용연한(expected life)을 갖고, 재현기간 100년의 홍수량에 의해 설계하였다. 다음 사항에 답하시오.

1. 위험도(risk)의 계산
2. 위험도 10%에 상응하는 재현기간의 결정

5.22 어떤 하천에서 측정된 자료 수는 충분히 많고 그 자료는 Gumbel 분포를 갖는다. 이 하천에서 측정된 연최대 홍수량 자료분석한 결과의 평균과 표준편차 값은 각각 1,000m^3/s, 500m^3/s로 나타났다. 다음 사항에 답하시오.

1. 건설 수공 구조물의 90% 신뢰성 확보와 건설 후 50년간 파괴되지 않을 설계 위험도의 계산
2. 1항에 해당하는 설계재현기간의 결정
3. 2항을 충족시킬 설계 홍수량의 결정

5.23 표 5.1과 같이 Gumbel 극치분포를 갖는 어떤 유역의 34개 연최대 홍수량 자료가 있다. 이 자료의 평균은 404.8m^3/s이고 표준편차는 27.4m^3/s일 때 다음 사항에 답하시오.

1. 재현기간 100년인 Gumbel의 환산변량(reduced variate) 계산
2. 1항의 빈도계수식을 이용한 연최대 홍수량 산정

CHAPTER

6

홍수 추적

CHAPTER

6 홍수 추적

홍수추적(洪水追跡, (flood) routing)은 하나 또는 그 이상의 수로단면에 주어진 홍수 자료를 이용하여 하천의 미지 단면에서의 홍수수문곡선을 결정하는 기법이다. 그 대상은 저수지나 유역, 하천수로구간을 중심으로 하여 이루어진다. 하천에서의 홍수 시 흐름은 임의구간을 통과하는 동안에 그 구간 내의 하천 저류량에 의해 그 크기가 얼마나 증감되며, 지속기간이 얼마나 변화하는지를 알아내는 과정이다. 유입과 유출수문곡선은 짧은 기간의 호우로부터 만들어지는 홍수류 또는 일·월 하천흐름을 나타낸다. 홍수추적은 강우분포로부터 수문곡선의 유도, 특정 지점에서 총유출량의 산정, 홍수벽과 제방의 설계표고 결정, 여수로의 크기 결정 등을 위해 필요하다.

본 장에서는 **수문·수리학적 홍수추적 방법**과 이들의 응용에 필요한 **HEC-HMS 응용**, **HEC-RAS 소개**에 대해 간단히 기술한다.

6.1 수문학적 방법

수문학적 홍수추적방법은 그림 6.1과 같이 동수역학 방정식을 풀지는 않지만, 단순한 대략해에 의해 입구에서의 기지인 유입수문곡선으로부터 수공구조물의 저류변화 영향을 고려하여 출구에서의 미지인 유출수문곡선을 얻는 것이다. 수문학적 홍수추적에서 추적과정의 세 요소는 다음과 같은 연속 방정식에 기초하여 연결된다(Eagleson, 1970).

그림 6.1의 수공 시스템은 **저수지(貯水池, reservoir)**, **하도(河道, stream channel section)**, **유역(流域, catchment, basin)** 등을 나타내고, 이들의 추적과정을 **저수지 추적**, **하도추적**, **유역추적**이라 한다.

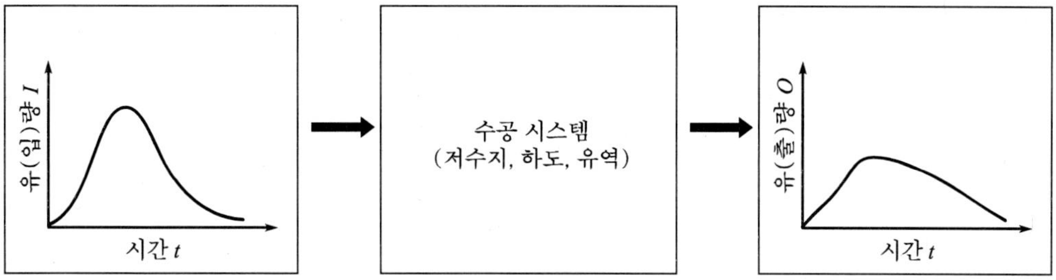

유입 수문곡선　　　　저류 영향　　　　유출 수문곡선

(a) 추적의 개념

Δt 시간 내의 유입 체적	+	Δt 시간 동안 수공 시스템 내 저류 유량의 체적변화	=	Δt 시간 내의 유입 체적
$I\Delta t$		$(\pm)\Delta S$		$O\Delta t$

(b) 유입-저류-유출의 양적 관계 추가

그림 6.1 홍수추적 개념·과정

6.1.1 기본 방정식

저수지나 하천 수로구간을 통한 홍수수문곡선의 추적은 부정류 현상이며, 이는 개수로 수리학에서 **점변 부정류(gradually varied unsteady flow)**로 분류한다. 기본 방정식으로 모든 수문학적 홍수추적에 사용되는 연속 방정식은 유입과 유출률 간의 차이는 저류의 변화율과 같다는 것으로 다음과 같이 쓴다.

$$I - O = \frac{dS}{dt} \tag{6.1}$$

여기서 I, O=각각 미소시간 Δt 동안에 수공 시스템으로의 평균 유입·유출량(m^3/s)이고, ΔS=Δt시간 동안의 저류 변화량이다. 식 (6.1)은 미소 시간간격 Δt에서 구간 내 총 유입체적과 총 유출체적은 그 구간 내 저류량의 변화와 같으므로 다음 식과 같이 쓸 수 있다.

$$\bar{I}\Delta t - \bar{O}\Delta t = \Delta S \tag{6.2}$$

여기서 $\bar{I}$, $\bar{O}$=Δt시간에서의 평균 유입량과 유출량이고, ΔS=저류량이다. $\bar{I}=(I_1+I_2)/2$, $\bar{O}=(O_1+O_2)/2$이고, $\Delta S=S_2-S_1$이며, 첨자 1과 2는 시간간격 Δt의 시점과 종점을 나타낸다.

식 (6.2)를 풀기 위해 O와 S가 보통 미지 매개변수와 관련되거나 O가 S의 항으로 정의되어야 하는데, 저수지 추적에서는 전자를 적용하고, 하도추적에서는 후자를 적용한다. 개념적으로 미분형으로 표현된 식 (6.2)는 시간의 함수로 유출량을 구할 수 있게 적분하여야 한다. 그러나 일반적으로 이 식의 항들은 직접해를 쉽게 얻을 수 없는 형태이므로 다음과 같은 수치 대략해의 항으로 쓸 수 있다.

$$\frac{(I_1+I_2)}{2}-\frac{(S_2-S_1)}{\Delta t}=\frac{(O_1+O_2)}{2} \tag{6.3a}$$

$$\frac{(I_1+I_2)}{2}-\frac{(O_1+O_2)}{2}=\frac{(S_2-S_1)}{\Delta t} \tag{6.3b}$$

$$\frac{(I_1+I_2)}{2}\Delta t-\frac{(O_1+O_2)}{2}\Delta t=(S_2-S_1) \tag{6.3c}$$

수문학적 홍수추적방법의 기본방정식인 연속방정식(=저류방정식)으로 사용되는 식 (6.3)을 풀기 위한 절차는 **저수지 추적**과 **하도추적**에 각각 분리적으로 표현된다.

시간간격 Δt는 유입·유출수문곡선이 그 시간간격에서 직선으로 가정할 수 있을 정도로 충분히 짧다고 가정하며, 더 나아가 Δt는 구간을 통과하는 홍수파의 통과시간보다 짧아야 한다.

6.1.2 저수지 추적

저수지의 홍수추적에 앞서 저수지 또는 댐에 대한 간단한 정의·개념을 소개하는 것이 홍수추적의 이해에 도움이 될 것이다. **댐설계기준**(KDS 54 00 00 : 2022) 중 **댐 설계계획**(KDS 54 10 15 : 2022)(환경부, 2022b)에 의하면, '**저수지 홍수추적**'이란 "댐 상류의 홍수 수문곡선이 저수지를 통해 여수로 또는 기타 방류시설로 방류할 때 변화하는 수문곡선을 추정하는 계산"으로 용어의 정의를 한다. 또한 '댐'이란 "하천의 흐름을 막아 그 저수를 생활 및 공업용수, 농업용수, 환경개선용수, 발전, 홍수조절, 주운(舟運), 그 밖의 용도로 이용하기 위한 높이 15m 이상의 공작물을 말하며, 여수로·보조댐, 그 밖에 댐과 일체가 되어 그 효용을 다하게 하는 시설 또는 공작물을 포함한다"라고 정의한다.

저수지의 수위는 그 목적과 기능에 따라 댐 바닥으로부터 사수위, 저수위, 홍수기 제한수위, 상시만수위, 홍수위, 최고수위 등으로 나눌 수 있으며 해발표고로 표시한다. 저수지의 목적별 수위와 용량배분은 **그림 6.2**와 같고, 더 상세한 내용은 이후 이수 교과에서 소개하며, 댐 설계계획(KDS 54 10 15 : 2022)을 참조한다.

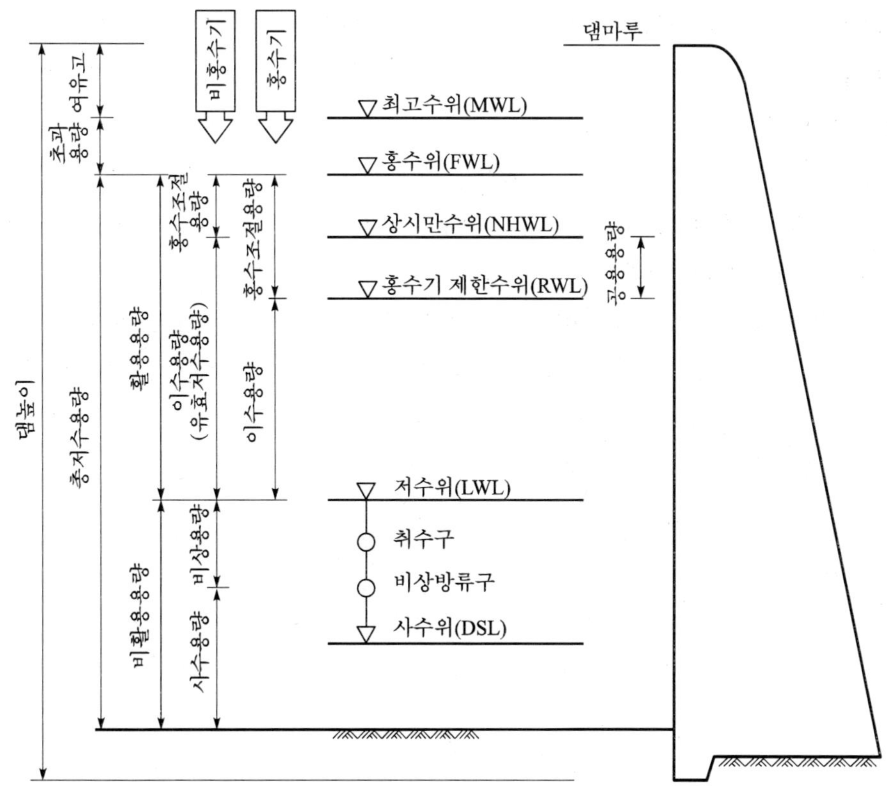

그림 6.2 저수지 목적별 수위와 용량배분

홍수파 즉, 유입수문곡선 $I(t)$는 여수로의 수문과 같은 유출량 조절 장치가 설치된 저수지로 유입된다. 유출은 저수지 표고(reservoir elevation) H_E만을 함수로 하여 $O=O(H_E)$인 관계를 갖는다. 지수지에서의 저류는 저수지 표고의 함수인 $S=S(H_E)$인 관계를 갖는다. 그 위에 저수지를 통과하는 홍수파로 인해 시간에 따른 저수지 변화에서 수표면은 $H_E=H_E(t)$이고, 시간에 따라 저류량과 유출량도 변화한다. 이는 시간에 따른 저류량, 수면고, 유출량 (S, H_E, O)을 구하는 데 필요하다. 즉, 주어진 $I=I(t)$ 에 따른 $O=O(H_E)$, $S=S(H_E)$, $H_E=H_E(t)$ 관계가 필요하다.

여수로의 유출량 조절장치가 없는(uncontrolled spillway) 경우 다음과 같이 사각형 웨어(보, weir)로 유출량을 산정한다.

$$O=\frac{2}{3}C_d L_e \sqrt{2g}\, H^{3/2} \tag{6.4}$$

여기서 H =여수로 마루 위의 월류수두이고, L_e =여수로 마루의 유효 길이(폭)이며, C_d =유량계수이다. 마찬가지로 연직수문, 여수로 수문 등의 유출형 장치에 대한 $O(H_E)$형 관계식도 유용할 수 있다.

저수지 추적을 위해 ① 저수지에 대한 저류 용량 대(對, versus) 수면 표고 ② 수면 표고 대 유출량과 저류량, 저류량 대 유출량 ③ 유입수문곡선 $I = I(t)$ ④ $t = 0$에서 S, I, O의 초기값들은 알아야 하고, 이들은 그래프나 표로 작성하여 이용한다.

저수지를 통한 홍수추적 방법은 여러 가지가 있으며, 이들은 식 (6.3)을 재정리하여 이용하는 방법이다. 수평 수면이 저수지에서 가정된 것과 같은 저수지 추적 방법을 **수평 저수지 추적(水平 貯水池 追跡, level pool routing)**이라 하며, 본 절에서는 이들 방법 중 **Puls 방법**과 **수정 Puls 방법**에 대해 기술한다.

(1) Puls 방법

저수지 추적의 경우 저류 용적은 연속적인 표고에 대해 지형도로부터 저수지 수표면적을 측정하고, 수심을 평균면적에 곱함으로써 수면표고의 함수로 표시할 수 있다. 전형적인 관계는 그림 6.3(a) 곡선과 같이 얻을 수 있다.

저수지를 통과한 유출량은 여수로 위의 수심과 저수지 내 저류수심에 좌우된다. 유량과 수면표고 사이 관계에 대한 **여수로 수위곡선(reservoir rating curve)**은 그림 6.3(b)와 같은 곡선으로 표시할 수 있다.

유출과 저류량은 수면표고의 함수 또는 수위의 함수이므로, 위 연속 방정식은 시간의 함수로 계산할 수 있는 수위로부터 아는 값의 유입량과 모르는 값의 수위 관계식이 된다. 이들 수위는 여수로 수위곡선으로부터 유출량으로 쉽게 변환시킬 수 있다. 이런 목적에서 수치형(numerical form)인 식 (6.3a)는 다음과 같이 재정리 한다.

$$(I_1 + I_2) + \left(\frac{2S_1}{\Delta t} - O_1\right) = \left(\frac{2S_2}{\Delta t} + O_2\right) \tag{6.5}$$

여기서 Δt =미소시간구간(=추적기간)이고, t_1, t_2 =시점과 종점시각이며, I_1, I_2 =시각 t_1, t_2에서의 유입량, O_1, O_2 =시각 t_1, t_2에서의 유출량, S_1, S_2 =시각 t_1, t_2에서의 저류량이다.

저수지 내로 홍수도달 바로 직전의 추적시작 시간 $t = 0$에서 $I_1 = I_2 = O_1$은 여수로 마루 표고의 저류량 값에서 같다. 식 (6.5)의 좌변은 기지값으로 우변의 $[(2S_2/\Delta t) + O_2]$의 값을 얻는 데 사용되지만, O_2와 S_2는 미지값이다. 계산의 편리를 위해 그림 6.3(a)와 그림 6.3(b)를 조합함으로써 $[(2S/\Delta t)+O]$ vs. H_E 또는 $[(2S/\Delta t)+O]$ vs. O 사이에 또 다른 관계곡선인 추적곡선 **그림 6.3(c)**를 선택한 시간 Δt에 대해 같은 그래프상에 작성한다. 기지의 $[(2S_2/\Delta t)+O_2]$ 값은 **그림 6.3(c)**를 사용하면 표고는 곡선 **그림 6.3(a), 6.3(b)**로부터 직접 구할 수 있다. 이들 값은 추적기간의 그 다음 시간단계를 위해 식 (6.5)의 좌변에 초깃값으로 사용되고, 이 계산절차가 이어지는 추적기간에 대해 반복된다.

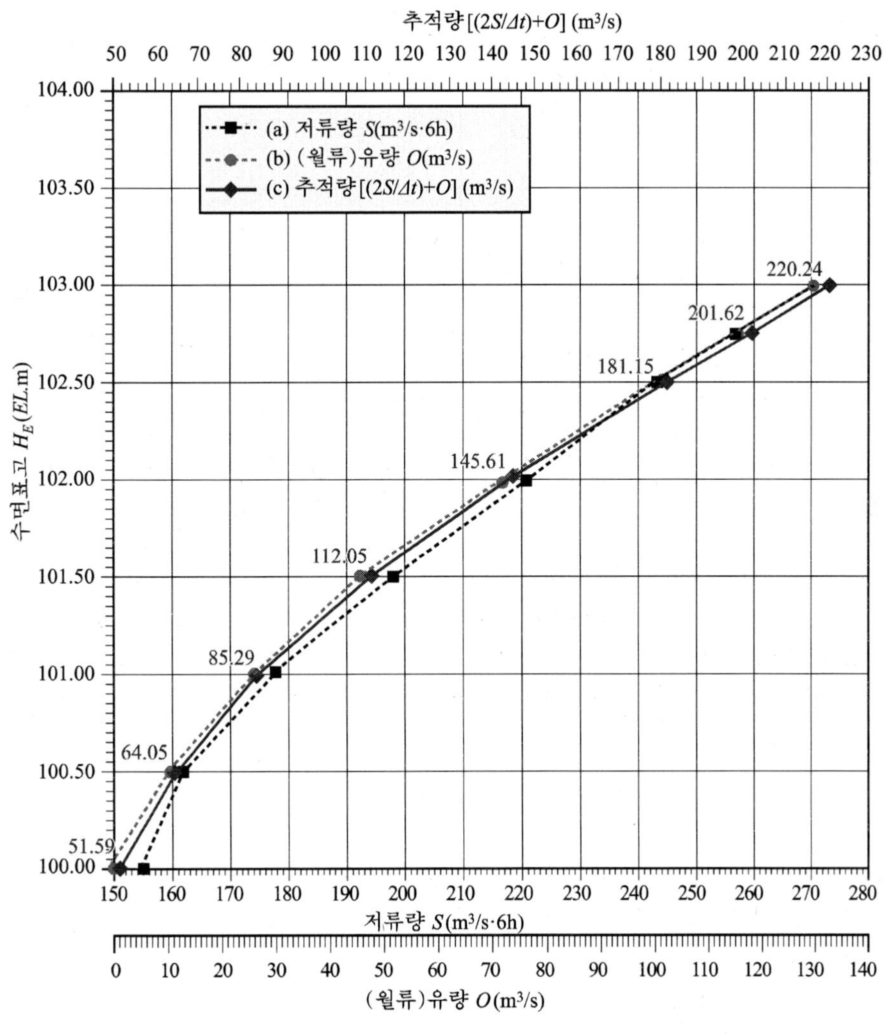

그림 6.3 Puls 방법의 저수지 추적곡선

예제 6.1

어떤 저수지를 통과하는 홍수류의 저류량 자료(storage data)[수면표고 vs. 저류량(용적)(storage volume) · 유출량]와 홍수 유입수문곡선이 표 예6.1.1, 표 예6.1.2와 같을 때 다음 사항에 답하시오【단, 여수로 마루높이(crest height) h_p =100.00m이고, 여수로 월류량은 사각형 보(웨어, weir)의 유량공식을 이용해 산정된 값이다】.

1. Puls 방법을 이용한 저수지 홍수추적 수행

표 예6.1.1 저수지의 표고별 저류·유출량 자료

표고 H_E (ELm)	저류량 S (10^6m^3)	유출량 O (m^3/s)	표고 H_E (ELm)	저류량 S (10^6m^3)	유출량 O (m^3/s)
100.00	3.350	0	102.00	4.780	72
100.50	3.510	10	102.50	5.270	100
101.00	3.850	26	102.75	5.560	116
101.50	4.290	46	103.00	5.860	130

표 예6.1.2 저수지 유입량(홍수 유입수문곡선)

시간(h)	0	6	12	18	24	30	36	42	48	54	60	66	72
유량(m^3/s)	10	20	55	80	73	58	46	36	27	20	15	13	11

[풀이]

1. Puls 방법을 이용한 저수지 홍수추적 수행

(1) Puls 방법을 이용한 저수지 홍수추적은 주어진 표 예6.1.1 저수지의 표고별 저류·유출량 자료를 이용하여 표 예6.1.3과 같이 준비한다.

① 그림 6.3을 작성하기 위해 표고별 저류량 표 예6.1.3ⓒ 값(10^6m^3)은 ($m^3/s·6h$)로 변환하여 정리한다.

② 식 (6.5)에 의한 저수지 추적을 위해 표고별 저류량과 유출량을 이용해 표 예6.1.3ⓔ 값을 유도한다.

(2) 표 예6.1.3과 같이 유도된 표고별 저류량 자료, 유출량 자료, 추적곡선 자료를 이용하여 그림 6.3의 저수지 추적관계 곡선을 다음과 같이 작성한다.

① 표고(H_E, m)별 저류량 $S(m^3/s \cdot 6h)$에 대한 관계곡선을 그림 6.3(a)와 같이 작성한다.

② 표고(H_E, m)별 유출량 $O(m^3/s)$에 대한 관계곡선을 그림 6.3(b)와 같이 작성한다.

③ 표고(H_E, m)별 저수지 추적곡선 $[(2S/\Delta t)+O](m^3/s)$에 대한 관계곡선을 그림 6.3(c)와 같이 작성한다.

(3) 홍수 유출수문곡선(out flow hydrograph)의 유도

① 그림 예6.1.1을 이용하여 표 예6.1.4ⓑ(=표 예6.1.2의 유입수문곡선)의 유입량으로부터 ⓓ

의 유출량을 수문학적 홍수추적 방법인 저류 연속 방정식 $\left[(I_1+I_2)+\left(\frac{2S_1}{\Delta t}-O_1\right)=\left(\frac{2S_2}{\Delta t}+O_2\right)\right]$을 이용하여 구한다.

② 표 예6.1.4의 계산은 그림 예6.1.1을 병용·수행함으로써 쉽게 작업할 수 있다.

표 예6.1.3 Puls 방법에 의한 저수지 추적의 관계곡선 작성자료

ⓐ 표고 H_E(m)	ⓑ 월류수두 H (ⓐ$-h_p$)(m)	ⓒ 저류량 S (m^3/s · 6h)[$10^6 m^3$]	ⓓ 유출량 O (m^3/s)	ⓔ 추적량($\frac{2S}{\Delta t}+O$)(m^3/s)
100.00	0.00	154.77[=3.35(46.2)]	0	(2×154.77)/6+0.00=51.59
100.50	100.50−100.00=0.50	162.16[=3.51(46.2)]	10	(2×162.16)/6+10.00=64.05
101.00	101.00−100.00=1.00	177.87[=3.85(46.2)]	26	(2×177.87)/6+26.00=85.29
101.50	101.50−100.00=1.50	198.19[=4.29(46.2)]	46	(2×198.19)/6+46.00=112.05
102.00	102.00−100.00=2.00	220.83[=4.78(46.2)]	72	(2×220.83)/6+72.00=145.61
102.50	102.50−100.00=2.50	243.47[=5.27(46.2)]	100	(2×243.47)/6+100.00=181.15
102.75	102.75−100.00=2.75	256.87[=5.56(46.2)]	116	(2×256.87)/6+116.00=201.62
103.00	103.00−100.00=3.00	270.73[=5.86(46.2)]	130	(2×270.73)/6+130.00=220.24

표 예6.1.4 저류 연속 방정식을 이용한 저수지 홍수추적

ⓐ 시간 (h)	ⓑ 기지값 유입량 I(m^3/s)	ⓒ I_1+I_2 (m^3/s)	ⓓ 유출량 O(m^3/s)	ⓔ 저류량 S(m^3/s · 6h)	ⓕ $\frac{2S_1}{\Delta t}-O_1$ (m^3/s)	ⓖ=ⓒ+ⓕ $\frac{2S_2}{\Delta t}+O_2$ (m^3/s)	ⓗ H_E(m)	ⓘ 저류 변화량 S(m^3/s)
홍수 도달 전	0	0	0	154.77	[2(154.77)/6]−0 =51.59	0+51.59 =51.59	100.00	0
0	10	10+20 =30	10.0	154.77	[2(154.77)/6]−10.0 =41.59	30+41.59 =71.59	$\left(\frac{2S_2}{\Delta t}+O_2\right)$ vs. H_E 71.59 vs. H_E H_E=100.70	0
6	20	20+55 =75	H_E vs O → O=? 100.70 vs. O 16.0	H_E vs S → S=? 100.70 vs. S 168.00	[2(168.0)/6]−16.0 =40.00	75+40.00 =115.00	115.00 vs. H_E 101.55	20−16.0 =4.0
12	55	55+80 =135	101.55 vs. O 48.0	101.55 vs. S 200.00	[2(200.0)/6]−48.0 =18.66	135+18.66 =153,66	153,66 vs. H_E 102.10	55−48.0 =7.0
18	80	80+73 =153	102.10 vs. O 78.3	102.10 vs. S 226.00	[2(226.0)6]−78.3 =−2.96	153−2.96 =150.04	150.04 vs. H_E 102.05	80−78.3 =1.7
24	73	131	75.6	224.00	−0.93	130.07	101.78	−2.6
30	58	104	61.0	211.00	9.33	113.33	101.48	−2.6
36	46	82	45.0	197.00	20.66	102.66	101.33	−3.0
42	36	63	38.5	191.00	25.16	88.16	101.05	−2.5
48	27	47	28.0	180.00	32.00	79.00	108.50	−1.0
54	20	35	21.0	173.50	36.83	71.83	100.75	−1.0
60	15	28	16.8	169.00	39.53	67.53	100.58	−1.8
66	13	24	14.0	164.00	40.66	64.66	100.54	−1.0
72	11	11	11.0	163.00	43.33	54.33	100.13	0.0

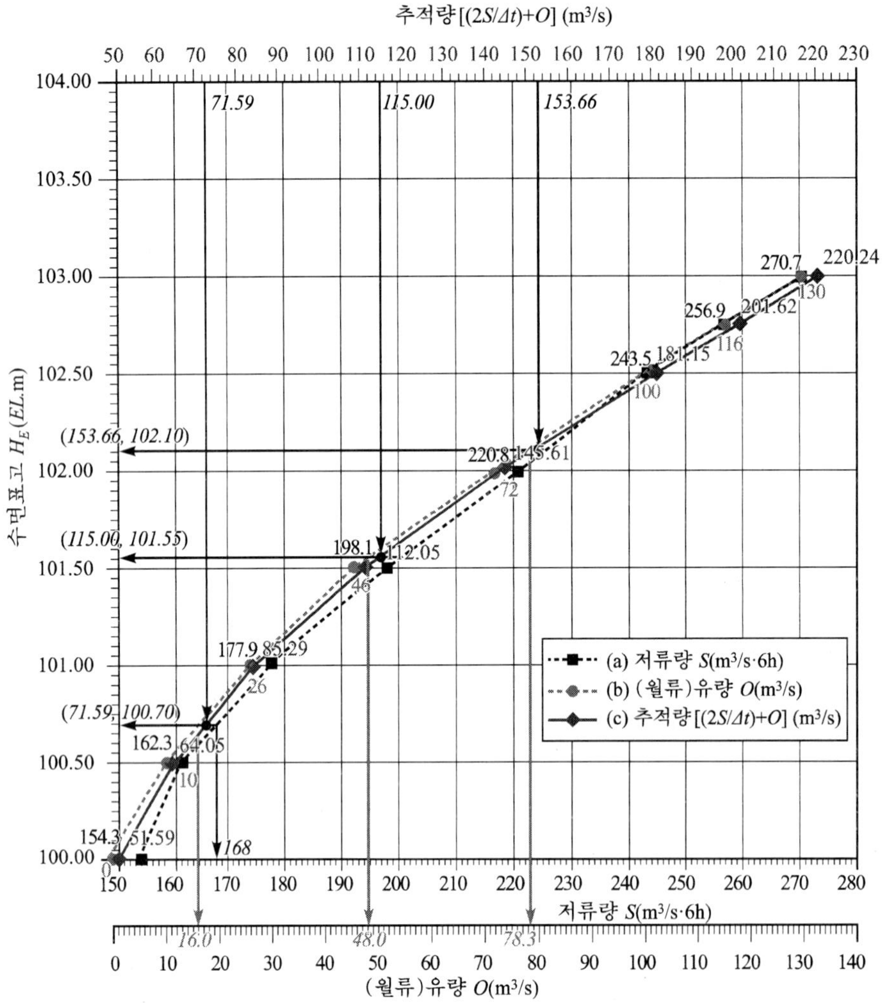

그림 예6.1.1 Puls의 저수지 홍수추적

(4) 수문학적 홍수추적 방법을 이용한 저수지 홍수추적 결과는 **표 예6.1.4**ⓓ와 같으며, 이를 유입수문곡선(ⓑ값)과 함께 도시(圖示)하여 저류량의 변화를 나타내면 **그림 예6.1.2**와 같다.

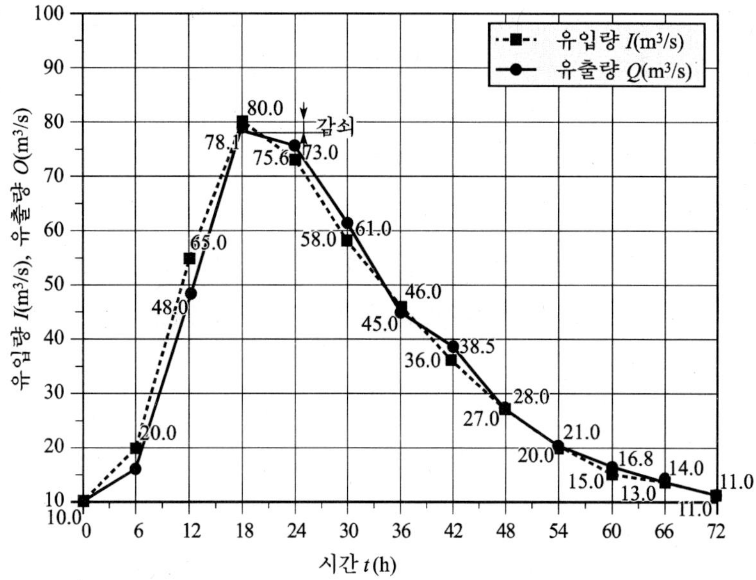

그림 예6.1.2 저수지 홍수추적 결과

(2) 수정 Puls 방법

수정 Puls 방법(modified Puls method)은 일반적으로 사용되는 **준도해법**(準圖解法, semi-graphical method)으로 식 (6.3) 또는 식 (6.5)를 다음과 같이 재정리하여 저수지 추적에 사용한다.

$$\frac{(I_1+I_2)}{2}\Delta t+\left(S_1-\frac{O_1\Delta t}{2}\right)=\left(S_2+\frac{O_2\Delta t}{2}\right) \tag{6.6a}$$

$$\overline{I}\,\Delta t+\left(S_1-\frac{O_1\Delta t}{2}\right)=\left(S_2+\frac{O_2\Delta t}{2}\right) \tag{6.6b}$$

홍수추적 시점에서 초기 저류량과 유출량은 아는 값이며, 식 (6.6)의 좌변 모든 항은 시간단계 Δt의 시점에서 아는 값이다. 그러므로, 이 시간단계 끝에서의 $[S_2+(O_2\Delta t)/2]$ 함수값은 식 (6.6)으로 계산된다. $S=S(H_E)$와 $O=O(H_E)$는 아는 값이므로 $[S+(O\Delta t)/2]_2$는 저수지 표고를 결정하는 데 사용할 수 있고 이 시간단계 끝에서의 유량을 구할 수 있다. 이 절차가 유입수문곡선 전체에 걸쳐 반복된다.

수 계산(hand computation)에서 실무적 사용을 위해 다음과 같이 준 도해법이 매우 편리하게 사용되며, 예제를 통해 실습한다.

① 아는 값의 저류량-표고와 유량-표고자료로부터 **그림 예6.2.1**과 같이 $[S+(O\Delta t)/2]$ vs 표고관계 곡선을 작성한다. 이때 Δt는 유입수문곡선 상승시간의 대략 20~40%로 임의 시간간격으로 선택한다.

② **그림 예6.2.1**과 같이 유출량-표고관계 곡선을 작성한다.

③ 추적 시점에서 저류량, 표고, 유출량은 아는 값이며, 첫 시간간격 Δt에 대한 $[[(I_1+I_2)/2]\Delta t]$와 $[S_1+(O_1\Delta t)/2]$도 아는 값이므로 식 (6.6)의 나머지 우변 $[S_2+(O_2\Delta t)/2]$를 계산한다.

④ $[S_2+(O_2\Delta t)/2]$에 상응하는 수면표고(water surface elevation)는 단계 ①의 **그림 예6.2.1**을 이용하여 산정한다.

⑤ 다음 시산단계의 시작을 위해 $[S_2+(O_2\Delta t)/2]-O_2\Delta t=[S-(O\Delta t)/2]_1$을 구한다.

⑥ 이 절차가 유입수문곡선 전체를 추적할 때까지 반복된다.

예제 6.2

표 예6.2.1의 표고, 유량, 저수량 자료와 저수지 표고 100.50m일 때 저수지로 유입된 표 예6.2.2의 홍수 유입수문곡선을 이용하여 다음 사항에 답하시오.

1. 유출수문곡선 유도
2. 저수지 표고 vs 홍수파 통과시간 곡선(time curve) 작성

표 예6.2.1 표고별 저류량-유출량 관계

표고 H_E (ELm)	저류량 S (10^6m^3)	유출량 O (m^3/s)	표고 H_E (ELm)	저류량 S (10^6m^3)	유출량 O (m^3/s)
100.00	3.350	0	102.00	4.782	72
100.50	3.510	10	102.50	5.270	100
101.00	3.850	26	102.75	5.560	116
101.50	4.285	46	103.00	5.856	130

표 예6.2.2 홍수 유입수문곡선

시간(h)	0	6	12	18	24	30	36	42	48	54	60	66	72
유량(m^3/s)	10	20	55	80	73	58	46	36	27	20	15	13	11

[풀이]

1. 유출수문곡선 유도

(1) 수정 Puls의 저수지 추적식 (6.6a), 식 (예6.2.1)을 이용하여 유입수문곡선을 유도한다.

① 수정 Puls방법; 저수지 추적

$$\underbrace{\frac{(I_1+I_2)}{2}\Delta t}_{ⓓ}+\underbrace{\left(S_1-\frac{O_1\Delta t}{2}\right)}_{ⓔ}=\underbrace{\left(S_2+\frac{O_2\Delta t}{2}\right)}_{ⓕ} \tag{6.6a}$$

② 식 (6.6a)는 다음과 같다.

$$\bar{I}\Delta t + \left(S_1-\frac{O_1\Delta t}{2}\right)=\left(S_2+\frac{O_2\Delta t}{2}\right) \tag{예6.2.1}$$

(2) 시간간격(=추적시간) Δt=6시간으로 선정하고, **표 예6.2.1**을 이용, **그림 예6.2.1**["표고 H_E −유량 O−추적곡선 $[S+(O\Delta t)/2]$"]을 작성하기 위해 **표 예6.2.3**을 준비한다.

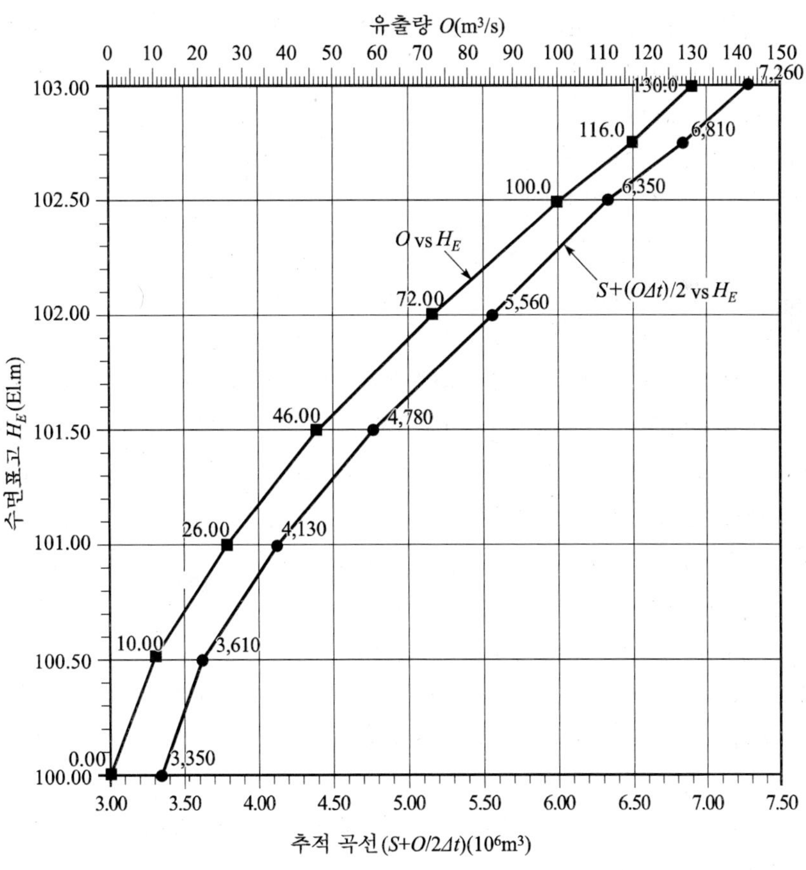

그림 예6.2.1 수정 Puls 방법의 저수지 추적곡선

표 예6.2.3 추적곡선 $[S+\frac{(O\Delta t)}{2}]$ 계산

수면고 H_E (m)	100.00	100.50	101.00	101.50	102.00	102.50	102.72	103.00
저류량 S ($10^6 m^3$)	3.350	3.510	3.850	4.285	4.782	5.270	5.560	5.856
유출량 O (m^3/s)	0.0	10.0	26.0	46.0	72.0	100.0	116.0	130.0
추적량 $\left[S+\frac{(O\Delta t)}{2}\right]$ ($10^6 m^3$)	3.350	3.510+ (10×0.0216)/2 =3.610	3.850+ (26×0.0216)/2 =4.130	4.285+ (46×0.0216)/2 =4.780	5.560	6.350	6.810	7.260

① 추적 시작 전 Δt=0h에서 표고H_E=100.00m일 때 유출량 O=0.0m³/s, 저류량 S=3.35(10⁶)m³을 얻는다.

② 추적시간 Δt(=6h)=6(60)(60)=0.0216×10⁶s이다.

(3) 제1 추적시간 Δt=6h, **표 예6.2.1**과 **표 예6.2.4**를 이용하여 계산한다.

① **표 예6.2.4ⓐ** Δt=6h; **표 예6.2.4ⓑ** I_1=10.0m³/s, I_2=20.0m³/s, S_1=3.51×10⁶m³, **표 예6.2.4ⓖ** 표고 H_E=100.50m → **표 예6.2.4ⓗ** 유출량 O=10.0m³/s ⇒ **표 예6.2.4ⓒ** 유입량 평균값 $\bar{I}=(I_1+I_2)/2=(10+20)/2=15$m³/s, **표 예6.2.4ⓓ** $\bar{I}\Delta t$=15(0.0216)=0.324×10⁶m³, **표 예6.2.4ⓔ** $[S_1-(O_1\Delta t)/2]$(=?)를 구한다.

② **표 예6.2.4ⓔ** $[S_1+(O_1\Delta t)/2]-O_1\Delta t$=[3.510+(10×0.0216)/2]−(10)(0.0216)=3.402×10⁶m³⇒[=$[S_1-(O_1\Delta t)/2]$=3.510−(10×0.0216)/2=3.402×10⁶m³를 결정한다.

③ ∴**표 예6.2.4ⓕ** $[S_2+(O_2\Delta t)/2]$=ⓓ+ⓔ=(0.324×10⁶m³)+(3.402×10⁶m³)=3.726×10⁶m³

(4) 제2 추적시간 Δt=12h; (3)항과 같은 방법으로 계산한다.

① **표 예6.2.4ⓐ** Δt=12h; **표 예6.2.4ⓑ** I_1=20.0m³/s, I_2=55.0m³/s **표 예6.2.4ⓖ** H_E=100.62m → **표 예6.2.4ⓗ** O=14.0m³/s ⇒ **표 예6.2.4ⓒ** $\bar{I}=(I_1+I_2)/2=(20+55)/2$=37.5m³/s, **표 예6.2.4ⓓ** $\bar{I}\Delta t$=37.5(0.0216)=0.81×10⁶m³,

② **표 예6.2.4ⓔ**의 $[S_1-(O_1\Delta t)/2]=[S_{(2)}+(O_{(2)}\Delta t)/2]-[O_{(2)}\Delta t]$는 "$\Delta t$직전 저류 변화량 =[$\Delta t$시간 저류 변화량]−[$\Delta t$ 시간 유출량]"으로 다음과 같이 구한다.

$[S_1-(O_1\Delta t)/2]$=3.726−(14.0×0.0216)=3.424×10⁶m³

③ **표 예6.2.4ⓕ** $[S_2+(O_2\Delta t)/2]$=ⓓ+ⓔ=(0.81×10⁶m³)+(3.424×10⁶m³)=4.234×10⁶m³를 얻는다.

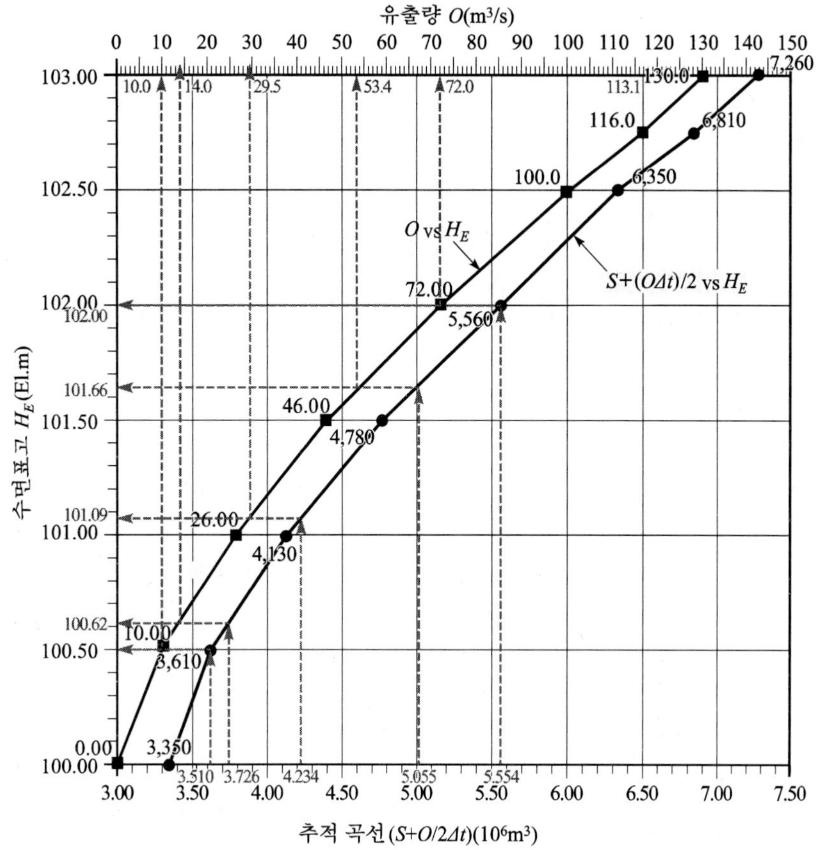

그림 예6.2.2 저수지 추적을 위한 수정 Puls 방법의 추적 과정

(5) 그림 예6.2.2의 H_E- O 곡선에서 표 예6.2.4ⓕ $[S_2+(O_2\Delta t)/2]=4.234\times10^6\text{m}^3$에 해당하는 저수지 수면고 H_E=101.09m와 유출량 O_2=29.5m^3/s를 얻는다.

① 제3추적 18시간은 (3), (4)항과 같은 방법으로 표 예6.2.4ⓕ, ⓖ, ⓗ와 같이 $[S_2+(O_2\Delta t)/2]=5.055\times10^6\text{m}^3$, H_E=101.66m, O_2=53.4m^3/s로 결정한다.

② 제4추적 24시간은 (3), (4)항과 같은 방법으로 표 예6.2.4ⓕ, ⓖ, ⓗ과 같이 $[S_2+(O_2\Delta t)/2]=5.554\times10^6\text{m}^3$, H_E=102.00m, O_2=72.0m^3/s로 결정한다.

③ 같은 방법으로 표 예6.2.4ⓕ, ⓖ, ⓗ와 같이 반복·적용한다.

(6) 위 절차로 유입수문곡선 72시간까지 반복해서 표 예6.2.4, 그림 예6.2.2와 같이 추적한다.

① 표 예6.2.4ⓐ, ⓗ와 같은 유출수문곡선을 얻는다.

② 주어진 표 예6.2.2와 표 예6.2.4ⓐ vs ⓑ, ⓐ vs ⓗ, ⓐ vs ⓖ의 유입·유출수문곡선과 홍수파 통과시간 곡선(time curve)을 동시에 작성하여 그림 예6.2.3과 같이 저수지 추적 결과 곡선을 얻는다.

표 예6.2.4 수정 Puls 방법에 의한 저수지 추적 ($\Delta t = 0.0216 \times 10^6$s)

$$\underbrace{\frac{(I_1+I_2)}{2}\Delta t}_{ⓓ} + \underbrace{\left(S_1 - \frac{O_1 \Delta t}{2}\right)}_{ⓔ} = \underbrace{\left(S_2 + \frac{O_2 \Delta t}{2}\right)}_{ⓕ} \quad (6.6a)$$

ⓐ 시간 Δt (h)	ⓑ 유입량 I (m^3/s)	ⓒ 평균유입량 $\bar{I}$(m^3/s)	ⓓ $\bar{I}\Delta t$ ($\times 10^6 m^3$)	ⓔ $((S_1 - \frac{O_1 \Delta t}{2})_1)1$ $\left[=\left(S_2 + \frac{O_2 \Delta t}{2}\right) - O_2 \Delta t\right]_{2\sim}$ ($\times 10^6 m^3$)	ⓕ $\left(S_{(2)} + \frac{O_{(2)} \Delta t}{2}\right)$ =ⓓ+ⓔ ($\times 10^6 m^3$)	ⓖ 수면고 H_E(m)	ⓗ 유출량 O (m^3/s)
0	10				3.510	100.50	10.0
		(10+20)/2=15	15(0.0216)=0.324	[3.510−(10×0.0216)/2]=3.402	ⓓ ⓔ 0.324+3.402=3.726		
6	20					100.62	14.0
		(20+55)/2=37.5	37.5(0.0216)=0.81	[3.726−(14.0×0.0216)]=3.424	0.81+3.424=4.234		
12	55					101.09	29.5
		67.5	1.458	[4.234−(29.5×0.0216)]=3.597	1.458+3.597=5.055		
18	80					101.66	53.4
		76.5	1.652	[5.055−(53.4×0.0216)]=3.902	1.652+3.902=5.554		
24	73					102.00	72.0
		65.5	1.414	[5.554−(72.0×0.0216)]=3.999	1.414+3.999=5.413		
30	58					101.91	67.5
		52.0	1.123	[5.413−(67.5×0.0216)]=3.955	1.123+3.955=5.078		
36	46					101.65	53.0
		41.0	0.885	[5.078−(53.0×0.0216)]=3.934	0.885+3.934=4.819		
42	36					101.52	47.0
		31.5	0.680	[4.819−(47.0×0.0216)]=3.804	0.680+3.804=4.484		
48	25					101.27	36.4
		23.5	0.507	[4.484−(36.4×0.0216)]=3.698	0.507+3.698=4.205		
54	20					101.07	28.5
		17.5	0.378	[4.205−(28.5×0.0216)]=3.590	0.378+3.590=3.968		
60	15					100.86	21.3
		14.0	0.302	[3.968−(21.3×0.0216)]=3.508	0.302+3.508=3.810		
66	13					100.70	16.1
		(13+11)/2=12	12(0.0216)=0.259	[3.810−(16.1×0.0216)]=4.313	0.259+4.313=3.463		
72	11					100.20	4.0

③ 그림 예6.2.3의 두 곡선(유입·유출수문곡선)을 비교하면 첨두유량의 **감쇠(減衰, peak attenuation)**와 첨두시간의 **지체(遲滯, peak lag)**[=체류시간(滯留時間, detention time)]를 구할 수 있다.

1) 감쇠는 유입량과 유출량의 첨두유량 차로 80.0−72.0=8.0m^3/s이다.

2) 체류시간은 유출량과 유입량의 첨두시간 차로 24−18=6시간(h)이다.

2. 저수지 표고 vs 홍수파 통과시간 곡선(time curve) 작성

① 저수지 표고 vs 홍수파 통과시간(t vs. H_E) 관계곡선[=시간곡선(time curve)]을 작성하면 그림 예6.2.3과 같다.

② 그림 예6.2.3과 같이 저수지의 최고수위 표고는 관측 시간 24시간 후에 102.00m로 나타났다.

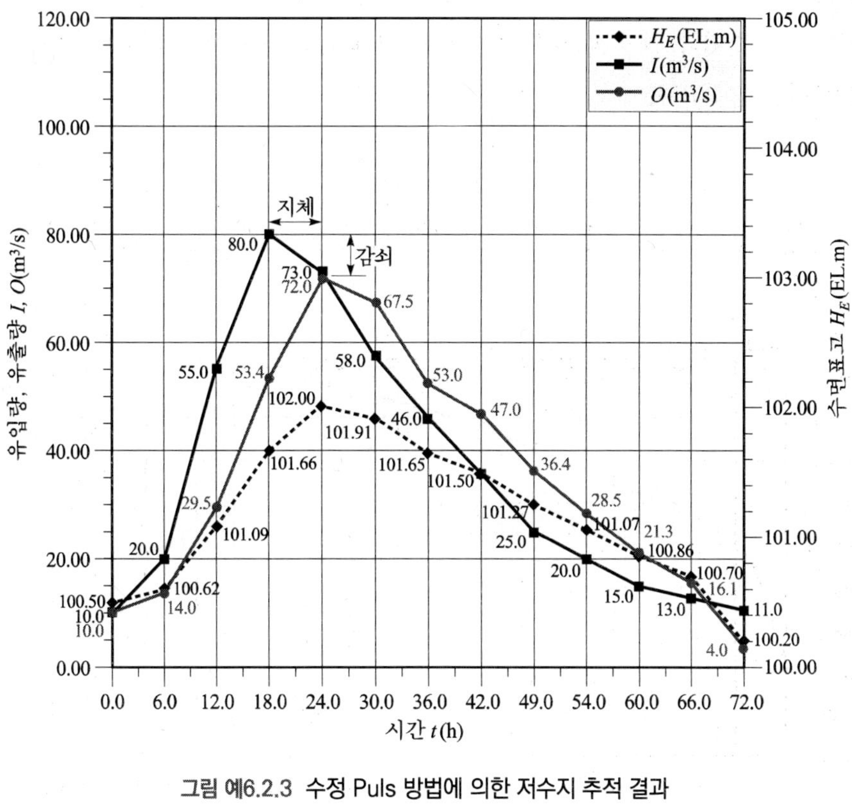

그림 예6.2.3 수정 Puls 방법에 의한 저수지 추적 결과

(3) 표고 - 용량 - 수면적 곡선

댐 또는 저수지의 저류용량을 결정할 때 기지인 유입수문곡선을 이용해 웨어 또는 오리피스를 통한 미지의 유출량을 계산하는 과정의 홍수추적이 필요하며, 이 결과에 따라 여수로의 설계홍수량이 결정된다. 유입수문곡선에 경작조건 등에 따른 사용수량과 송수 손실량 등을 포함한 통수량, 유사유입과 퇴사에 의한 사수량을 결정하여 홍수추적에 의한 설계 홍수량에 추가한다. 또한 **그림 6.4**와 같은 **저수지 표고 – 용량 – 수(표)면적 관계곡선(reservoir surface elevation – volume – water surface area curve)**을 이용하여 여수로의 길이(수문의 개수)는 웨어 또는 오리피스의 크기에 따라 결정한다. 최대 수면인 계획 홍수위로부터 댐 마루까지의 **여유고**를 결정한 후 홍수 조절량을 결정하고, 월류수두 즉, 설계수두를 결정하게 되는데, 이 때에 필요한 **그림 6.4**의 저수지 표고-용량-수(표)면적 관계곡선을 활용한다.

이들 관계는 저수지나 댐 설계부분에서 상세하게 다루게 되므로 여기서는 개념만 간단히 소개하였다(이종석, 2017).

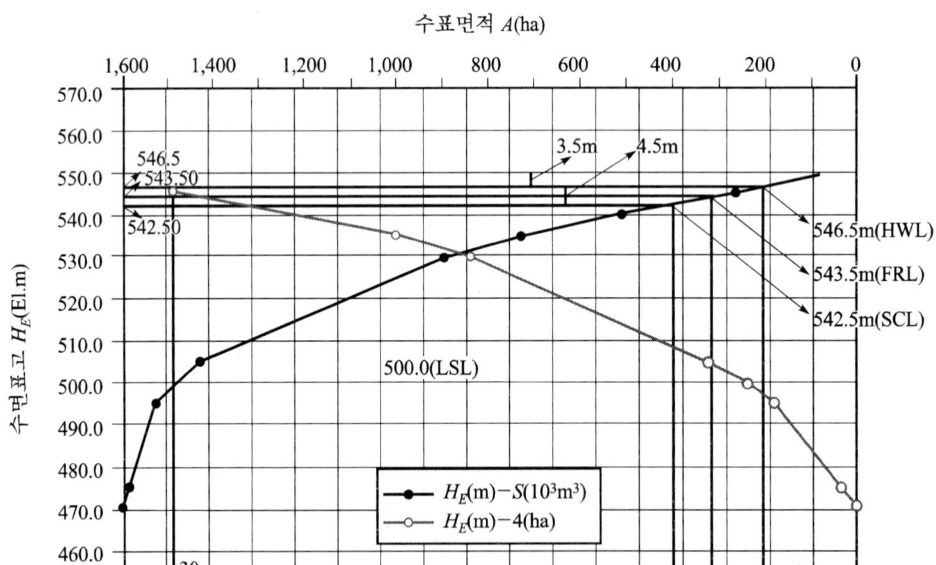

그림 6.4 저수지 표고 - 용량 - 수면적 관계곡선

6.1.3 하도추적

앞 절에서 소개한 것과 같이 저수지 추적에서 저류량(storage) S는 유출량 O의 유일한 함수 $S=f(O)$이었다. 그러나 수로(하도)추적(channel routing)에서의 저류량은 유출량과 유입량 I의 함수이므로 다른 추적방법이 필요하다. 홍수기 동안 하천 내의 흐름 상태는 수문학적 추적 개념에서 **점변 부정류(gradually varied unsteady flow)**에 속한다.

(1) 개념

그림 6.5(a)와 같은 흐름의 수로구간에서 수면은 수로바닥에 평행하지 않을 뿐만 아니라 시간에 따라서도 변화한다. 홍수류를 갖는 수로구간을 고려할 때 저류량의 총용적(total volume)은 **그림 6.5(b)**와 같이 **균일형 저류(prism storage)**와 **쐐기형 저류(wedge storage)**의 두 부류(category)로 고려할 수 있다(Chow, 1964; Chow et al., 1988).

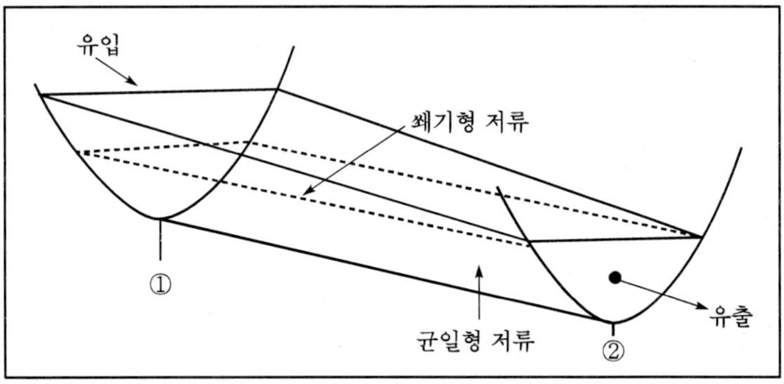

(a) 하도구간 내 홍수류

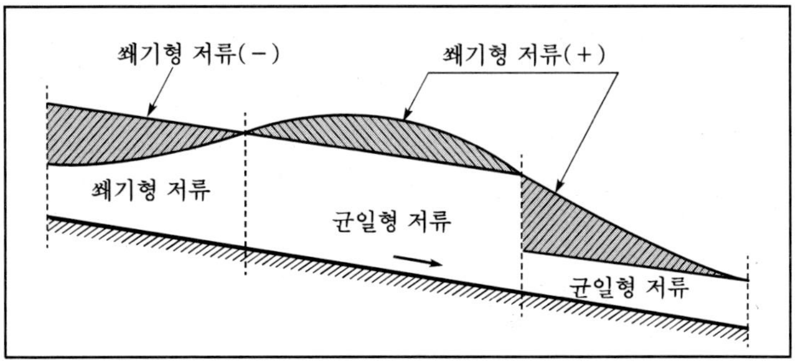

(b) 저류 구분

그림 6.5 수문학적 하도추적 개념

균일형 저류의 용적은 등류가 하류수심에서 발생될 때 존재가능하면 그 용적은 출구단면 수면에서 수로바닥에 평행하게 그려진 가상의 평면으로 형성된다.

쐐기형 저류의 용적은 실제수면분포와 균일형 저류 상부면 사이에 형성된다. 고정된 수심에서 하천구간의 하류단면의 균일형 저류는 일정한 반면에 쐐기형 저류는 홍수류가 증가하는(advancing flood) 양의 값에서 홍수류가 감소하는(receding flood) 음의 값으로 변화한다. 균일형 저류 S_P는 저수지와 비슷하며, 유출량의 함수 $S_P = f(O)$ 로 표시할 수 있다. 쐐기형 저류 S_W는 유입량의 함수 $S_W = f(I)$와 같이 표시함으로써 계산할 수 있다. 그러므로, 수로구간의 총저류량은 이들의 조합으로 다음과 같이 계산할 수 있다.

$$S = K[xI^m + (1-x)O^m] \tag{6.7}$$

여기서 K, x =상수이고, m =지수이다. 지수 m은 사각형 단면수로의 경우 0.6에서 자연형 수로의 경우 1.0까지 변하는 것으로 알려져 있다.

또한 **그림 6.5**에서 균일형 저류를 $K_1(O)$, 쐐기형 저류를 $K_2(I-O)$로 표시하면 이들의 조합은 다음과 같이 쓸 수 있다.

$$S = K_1(O) + K_2(I-O) \tag{6.8}$$

여기서 K_1, K_2 =상수이다.

(2) Muskingum 방법

선형 하도추적 방법의 일반적인 방법인 **Muskingum 방법**은 변화하는 유량-저류량 관계에 기초한 수문학적 추적방법에 사용된다. 이 방법은 **그림 6.5**와 같이 균일형 저류와 쐐기형 저류의 조합에 의한 하천 수로 내 홍수류의 저류용적 모형이다.

Muskingum 방법은 식 (6.8)의 $K_1(O)$와 $K_2(I-O)$를 두 직선함수[$K_1(O) = KO$, $K_2(I-O) = b(I-O)$]로 가정하여 McCarthy가 미국의 Ohio 주 Muskingum 보존지역의 홍수조절계획 수립 시 다음과 같이 유도하였다.

$$S = bI + (K-b)O = K\left[\frac{b}{K}I + \left(1 - \frac{b}{K}\right)O\right] \tag{6.9}$$

식 (6.9)에서 $x = b/K$라 하면 다음 식을 얻는다.

$$S = K[xI + (1-x)O] \tag{6.10}$$

여기서 K=하도구간의 시간상수(time constant) 또는 저류상수(storage coefficient), 시간 차원[T]으로 홍수파의 구간 통과시간을 표시하고, x=하도의 총저류량에 기여하는 유입량과 유출량의 상대적 중요성을 대표하는 무차원 가중계수(dimensionless weighting factor)로 한계값=0~0.5, 전형적인 값=0.2~0.4를 갖는다.

식 (6.10)의 S_1과 S_2를 저류 방정식 (6.3c)에 대입하고 정리하면 다음 식을 얻는다.

$$\frac{(I_1+I_2)}{2}\Delta t-\frac{(O_1+O_2)}{2}\Delta t=K[xI_2+(1-x)O_2]-K[xI_1+(1-x)O_1] \quad (6.11)$$

식 (6.11)을 미지의 유출량 O_2에 관해 정리하면 다음 식을 얻는다.

$$O_2(-0.5\Delta t-K+Kx)$$
$$=I_1[-Kx-0.5\Delta t]+I_2[Kx-0.5\Delta t]+O_1[-K+Kx+0.5\Delta t] \quad (6.12a)$$

$$O_2=C_1I_1+C_2I_2+C_3O_1 \quad (6.12b)$$

여기서 C_1, C_2, C_3=각각 가중계수로 다음과 같이 정의한다.

$$C_1=\frac{\Delta t+2Kx}{\Delta t+2K-2Kx} \quad (6.13a)$$

$$C_2=\frac{\Delta t-2Kx}{\Delta t+2K-2Kx} \quad (6.13b)$$

$$C_3=1-C_1-C_2 \quad (6.13c)$$

$$C_3=\frac{-\Delta t+2K-2Kx}{\Delta t+2K-2Kx} \quad (6.13d)$$

추적상수인 저류상수 K와 가중상수(또는 가중계수) x값의 결정은 추적하고자 하는 하도구간의 유입 및 유출수문곡선의 관측자료를 사용하여 시행착오법으로 계산한다.

임의 하천 수로구간의 측정치 유입량과 유출량 자료가 있는 경우에 저류상수 K는 소개될 [예제 6.3]과 같이 가중유량(분모)에 대한 저류량(분자)의 비로 구할 수 있으며 이는 다음 식을 이용하여 구할 수도 있다.

$$K=\frac{0.5\Delta t[(I_{j+1}+I_j)-(O_{j+1}+O_j)]}{x[(I_{j+1}-I_j)+(1-x)(O_{j+1}-O_j)]} \quad (6.14)$$

예제 6.3

표 예6.3.1은 어떤 하천구간에서 측정된 유입과 유출 홍수수문곡선이다. 이를 이용해 이 구간에서 다음 사항에 답하시오.

1. Muskingum 방법에 의해 저류상수 K와 가중상수 x 유도

표 예6.3.1 수문곡선 자료

시간 t(h)	0	12	24	36	48	60	72	84	96	108	120	132
유입량I(m^3/s)	22	35	103	109	86	59	39	28	22	20	19	18
유출량O(m^3/s)	22	21	34	55	75	85	80	64	44	30	22	20

[풀이]

1. Muskingum 방법에 의해 저류상수 K와 가중상수 x 유도

(1) Muskingum 방법의 적용은 표 예6.3.2와 같이 계산하였다.

(2) 그림 예6.3.1에서와 같이 $\Delta t=12$시간과 $x=0.3$, 0.4를 사용하여 K를 구한다.

표 예6.3.2 Muskingum 방법의 저류상수 K와 가중계수 x계산

ⓐ 시간 t(h)	ⓑ 유입량 I(m^3/s)	ⓒ 유출량 O(m^3/s)	ⓓ 지류량 (유입-유출)량 $I-O$(m^3/s)	ⓔ 누가 저류량 S (m^3/s h)	ⓕ $x=0.30$ 가중유량 $0.3I+0.7O$ (m^3/s)	ⓖ $x=0.40$ 가중유량 $0.4I+0.6O$ (m^3/s)
0	22	22	0	0	22	22
12	35	21	14	168	25	27
24	103	34	69	996	55	62
36	109	55	54	1,644	71	77
48	86	75	11	1,776	78	79
60	59	85	−26	1,464	77	75
72	39	80	−41	972	68	64
84	28	64	−36	540	53	50
96	22	44	−22	276	37	35
108	20	30	−10	156	27	26
120	19	22	−3	120	21	21
132	18	20	−2	96	19	19

(3) S vs. $[xI+(1-x)O]$의 관계 그래프를 작성하면 그림 예6.3.1(b)와 같이 $x=0.4$일 때가 환형관계의 중점을 지나는 직선에 가깝게 나타났다.

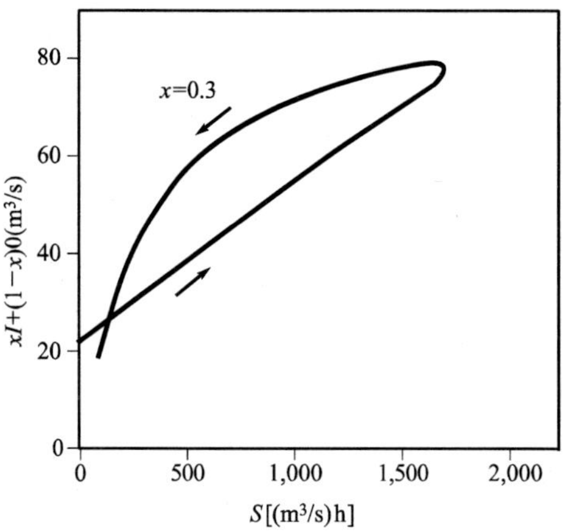

(a) $x=0.3$

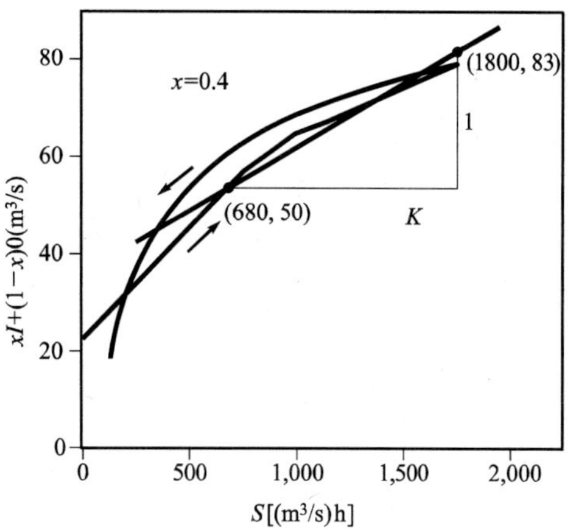

(b) $x=0.4$

그림 예6.3.1 저류상수 K와 가중상수 x의 결정

① 이때 직선의 기울기 $1:K=xI+(1-x)O:S$를 구하면 다음과 같다.

② $\therefore\ K=\dfrac{S}{xI+(1-x)0}=\dfrac{1{,}800-680}{83-50}=\dfrac{1{,}120}{33}=34\text{h}$이다.

(4) 추적에 필요한 가중계수인 식 (6.13)의 계산은 다음과 같다.

① 식 (6.13a) : $C_1=\dfrac{\Delta t+2Kx}{\Delta t+2K-2Kx}=\dfrac{12+2\times34\times0.4}{12+2\times34-2\times34\times0.4}=\dfrac{39.2}{52.8}=0.74$

② 식 (6.13b) : $C_2=\dfrac{\Delta t-2Kx}{\Delta t+2K-2Kx}=\dfrac{12-2\times34\times0.4}{12+2\times34-2\times34\times0.4}=\dfrac{-15.2}{52.8}=-0.29$

③ 식 (6.13c) : $C_3=1-C_1-C_2=1-0.74-(-0.29)=0.55$

④ 또는 식 (6.13d) : $C_3=\dfrac{-\Delta t+2K-2Kx}{\Delta t+2K-2Kx}=\dfrac{-12+2\times34-2\times34\times0.4}{12+2\times34-2\times34\times0.4}=\dfrac{28.8}{52.8}=0.55$

(5) 그러므로, 식 (6.12b)를 다음과 같이 유도한다.

① $\therefore\ O_2=C_1I_1+C_2I_2+C_3O_1=0.74I_1-0.29I_2+0.55O_1$ (예6.3)

② 유도된 추적식 (예6.3)을 이용하여 미지의 유출수문곡선을 구하면 **표 예6.3.3ⓓ**와 같다.

표 예6.3.3 Muskingum 방법의 K와 x계산

ⓐ t (h)	0	12	24	36	48	60	72	84	96	108	120	132
ⓑ I (m³/s)	22	35	103	109	86	59	39	28	22	20	19	18
ⓒ O_{meas} (m³/s)	22	18	6	48	82	92	83	66	51	39	31	26
ⓓ O_{calc} (m³/s)	22.0	18.2	6.1	47.9	82.1	91.7	82.8	66.3	50.8	38.4	30.4	25.6

5. 이들 추적 결과로 얻어지는 **표 예6.3.3ⓓ** 의 유출(계산) 수문곡선은 **그림 예6.3.2**와 같다.

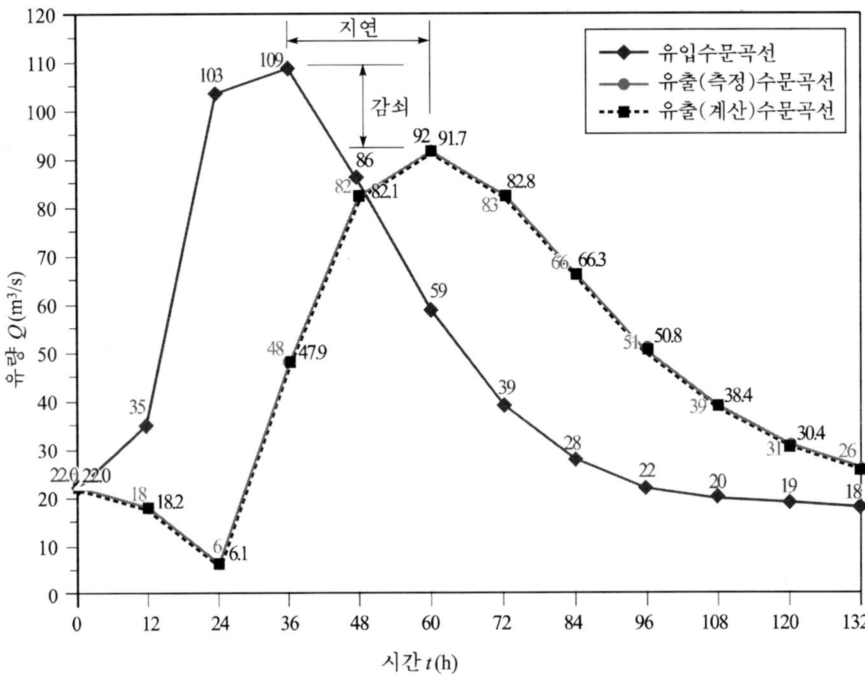

그림 예6.3.2 홍수추적 결과로 얻은 유출(계산)수문곡선

예제 6.4

어떤 하천구간에서 측정된 표 예6.4.1의 유입 · 유출수문곡선 자료를 이용해 다음 사항에 답하시오.

1. 저류상수 K와 가중상수 x의 유도

표 예6.4.1 유입·유출수문곡선 자료

시간(h)	0	6	12	18	24	30	36	42
유입량I(m^3/s)	22	23	35	71	103	111	109	100
유출량O(m^3/s)	22	21	21	26	34	44	55	66
시간(h)	48	54	60	66	72	78	84	90
유입량I(m^3/s)	86	71	59	47	39	32	28	24
유출량O(m^3/s)	75	82	85	84	80	73	64	54
시간(h)	96	102	108	114	120	126		
유입량I(m^3/s)	22	21	20	19	19	18		
유출량O(m^3/s)	44	36	30	25	22	19		

[풀이]

1. 저류상수 K와 가중상수 x의 유도

(1) **표 예6.4.2ⓐ~ⓒ** : 과거의 관측치 홍수 유입·유출수문곡선으로 추적기간=6시간 단위(=1/4일)이다.

(2) **표 예6.4.2ⓓ** : $(I-O)$의 증감 변화를 나타낸다.

(3) **표 예6.4.2ⓔ** : 인접 추적시간 동안 구간에 생기는 저류량의 평균치(=평균 저류량) $\overline{S}$산정:

① $t=6\mathrm{h}$: $(I-O)=2(\mathrm{m^3/s})$, $t=12\mathrm{h}$; $(I-O)=14(\mathrm{m^3/s})$의 경우 $t=6\sim12\mathrm{h}$ 동안 평균 저류량 $\overline{S}$는 다음과 같이 구한다.

② $\therefore\ \overline{S}=1/2(2+14)\times6[=(1/4)\mathrm{d}]\mathrm{m^3/s\cdot h}=8[(1/4)\mathrm{m^3/s\cdot day}]$이다.

(4) **표 예6.4.2ⓕ**의 $[(1/4)\mathrm{m^3/s\cdot day}]$: 추적기간 $\Delta t=6\mathrm{h}=(1/4)\mathrm{day}$의 누가평균 저류량 $\Sigma\overline{S}$이다.

(5) **표 예6.4.2ⓖ~ⓘ** : $x=0.20$에 대해 $S=K[xI+(1-x)O]$에서 가중유량은 다음과 같이 구한다.

① $\therefore\ xI+(1-x)O=0.20I+0.80O$이다.

(6) **표 예6.4.2ⓙ~ⓛ** : $x=0.25$에 대해 $S=K[xI+(1-x)O]$에서 가중유량은 다음과 같이 구한다.

① $\therefore\ xI+(1-x)O=0.25I+0.75O$이다.

(7) **표 예6.4.2ⓜ~ⓞ** : $x=0.30$에 대해 $S=K[xI+(1-x)O]$에서 가중유량은 다음과 같이 구한다.

① $\therefore\ xI+(1-x)O=0.30I+0.70O$이다.

(8) **표 예6.4.2ⓘ, ⓛ, ⓞ**와 ⓕ를 이용해 다음과 같이 그래프를 작성한다.

① 가로축 : 가중(치) 유량$=[xI+(1-x)O](\mathrm{m^3/s})=$ⓘ, ⓛ, ⓞ값을 위치시킨다.

② 세로축 : 저류량$=S[(1/4)(\mathrm{m^3/s\cdot day})]=$ⓕ값을 위치시킨다.

(9) $x=0.25$일 때의 관계(loop)가 직선에 가장 잘 맞으므로 이를 x값으로 결정한다.

(10) 그러므로, 저류상수 $K=S/[xI+(1-x)O]$

$[\leftarrow 1:K=xI+(1-x)O:S]=S/(0.25I+0.75O)$으로 구한다.

① 이때 저류량 $S=240[(1/4)(\mathrm{m^3/s\cdot day})=60(\mathrm{m^3/s\cdot day})]$이고, 가중유량 $0.25I+0.75O=40\mathrm{m^3/s}$이다.

② 비례식 $1:K=xI+(1-x)O:S$를 이용한다.

③ $\therefore\ K=\dfrac{S}{xI+(1-x)O}=60/40=1.5\mathrm{day}$이다[$\therefore\ x=0.25,\ K=1.50\mathrm{day}$(일, 日)].

표 예6.4.2 관측치의 수문곡선

ⓐ 시간 t (h)	ⓑ 유입 I (m³/s)	ⓒ 유출 O (m³/s)	ⓓ 저류 S $(I-O)$ (m³/s)	ⓔ 평균 저류량 $\overline{S}$ [(1/4) m³/s·d]	ⓕ 누가평균 저류량 $\Sigma\overline{S}$ [(1/4) m³/s·d]	가중상수 x[가중유량; $xI+(1-x)O$=ⓘ, ⓛ, ⓞ] $x=0.20$ ⓖ $0.20I$	ⓗ $0.80O$	ⓘ (=ⓖ+ⓗ) $(0.20I+0.80O)$	$x=0.25$ ⓙ $0.25I$	ⓚ $0.75O$	ⓛ (=ⓙ+ⓚ) $(0.25I+0.75O)$	$x=0.30$ ⓜ $0.30I$	ⓝ $0.70O$	ⓞ (=ⓜ+ⓝ) $(0.30I+0.70O)$
0	22	22	0	0	0	0.2×22 =4	0.8×22 =17	4+17 =21	0.25× 22=5	0.75× 22=16	5+16 =21	0.30× 22=7	0.70× 22=15	7+15 =22
6	23	21	2	(0+2)/2 =1	1	0.2×23 =5	0.8×21 =17	5+17 =22	0.25× 23=6	0.75× 21=16	6+16 =22	0.30× 23=7	0.70× 21=15	7+15 =22
12	35	21	14	(2+14)/2 =8	1+8=9	0.2×35 =7	0.8×21 =17	7+17 =24	0.25× 35=9	0.75× 21=16	9+16 =25	0.30× 35=10	0.70× 21=15	10+15 =25
18	71	26	45	29	29+9 =38	0.2×71 =14	0.8×26 =21	14+21 =35	0.25× 71=18	0.75× 26=19	18+19 =37	0.30× 71=21	0.70× 26=18	21+18 =397
24	103	34	69	57	95	20	27	47	26	25	51	31	24	55
30	111	44	67	68	163	22	35	57	28	33	61	33	31	64
36	109	55	54	60	223	22	44	66	27	41	68	33	38	68
42	100	66	34	44	267	20	53	73	25	49	74	30	46	76
48	86	75	11	22	289	17	60	77	21	56	77	26	52	78
54	71	82	−11	0	289	14	66	80	18	61	79	21	57	78
60	59	85	−26	−18	289−18 =271	12	68	80	15	64	79	18	59	77
66	47	84	−37	−31	240	9	67	76	12	63	75	14	59	73
72	39	80	−41	−39	201	8	64	72	10	60	70	11	56	67
78	32	73	−41	−41	160	6	58	64	8	55	63	10	51	61
84	28	64	−36	−38	122	6	51	57	7	48	55	8	45	53
90	24	54	−30	−33	89	5	43	48	6	40	46	7	38	45
96	22	44	−22	−26	63	4	35	39	5	33	38	7	31	38
102	21	36	−15	−18	45	4	29	33	5	27	32	6	25	31
108	20	30	−10	−12	33	4	24	28	5	22	27	6	21	27
114	19	25	−6	−8	25	4	20	24	5	19	24	6	17	23
120	19	22	−3	−4	21	4	18	22	5	16	21	6	15	21
126	18	19	−1	−2	19	4	15	19	4	14	18	5	13	18

(11) 이상의 결과를 그래프로 작성하여 표시하면 **그림 예6.4**와 같다.

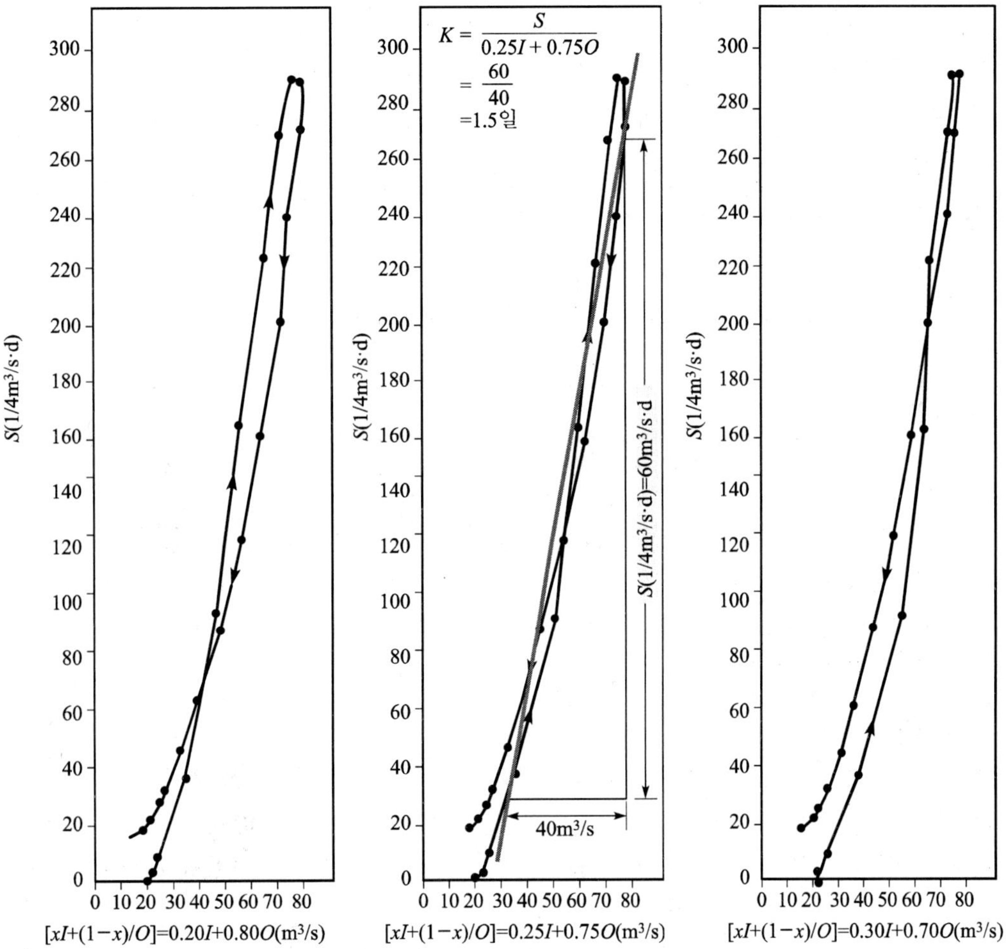

(a) $x = 0.20$ (b) $x = 0.25$ (c) $x = 0.30$

그림 예6.4 관측자료를 이용한 저류상수와 가중상수 결정

예제 6.5

[예제 6.4]에서와 같이 관측된 수문곡선으로부터 가중상수 $x=0.25$, 저류상수 $K=$ 1.5day를 얻었다. 이를 사용하여 표 예6.5ⓐ, ⓑ에 표시된 유입수문곡선을 이용, 다음 사항에 답하시오.

1. 유출수문곡선의 유도

[풀이]

1. 유출수문곡선의 유도

(1) 추적시간의 검토 : $\Delta t > 2Kx = 2\times1.5\times0.25 = 0.75\text{day} = 18\text{h}$ 이상으로 하면 되므로 $\Delta t = 24\text{h} = 1\text{day}$(일, 日)로 선정한다.

(2) 식 (6.13)의 계수값 계산 :

① 식 (6.13a) : $C_1 = \dfrac{\Delta t + 2Kx}{\Delta t + 2K - 2Kx} = \dfrac{1+2\times1.5\times0.25}{1+2\times1.5-2\times1.5\times0.25} = \dfrac{1.75}{3.25} = 0.538$

② 식 (6.13b) : $C_2 = \dfrac{\Delta t - 2Kx}{\Delta t + 2K - 2Kx} = \dfrac{1-2\times1.5\times0.25}{1+2\times1.5-2\times1.5\times0.25} = \dfrac{0.25}{3.25} = 0.077$

③ 식 (6.13c) : $C_3 = 1 - C_1 - C_2 = 1 - 0.538 - 0.077 = 0.385$

(3) 미지의 유출량을 식 (6.12b)를 이용해 계산하면 표 예6.5ⓕ와 같다.

① 식 (6.12b) : $O_2 = C_1 I_1 + C_2 I_2 + C_3 O_1 = 0.538 I_1 + 0.077 I_2 + 0.385 O_1$

표 예6.5 유출수문곡선의 유도

ⓐ 시간 t (day)	ⓑ 유입량 I(m^3/s)	ⓒ $0.077 I_2$	ⓓ $0.538 I_1$	ⓔ $0.385 O_1$	ⓕ [=ⓒ+ⓓ+ⓔ] 유출량 O(m^3/s)	ⓖ 저류량 S $(I-O)$(m^3/s)
0	31	0	0	0	31	31−31=0
1	50	0.077×50 =3.850	0.538×31 =16.678	0.385×31 =11.935	3.850+16.3678+11.935 =32.463	50−32.463 =17.537
2	86	0.077×86 =6.622	0.538×50 =26.900	0.385×32.463 =12.498	46.020	39.98
3	123	9.471	46.268	17.718	73.457	49.543
4	145	11.165	66.174	28.281	105.620	39.380
5	150	11.550	78.010	40.664	130.224	19.776
6	144	11.088	80.700	50.136	141.924	2.076
7	128	9.856	77.472	54.641	141.969	−13.969
8	113	8.701	66.864	54.658	130.223	−17.223
9	95	7.315	66.794	50.136	118.245	−23.245

표 예6.5 유출수문곡선의 유도(계속)

ⓐ 시간 t (day)	ⓑ 유입량 I(m³/s)	ⓒ $0.077I_2$	ⓓ $0.538I_1$	ⓔ $0.385O_1$	ⓕ [=ⓒ+ⓓ+ⓔ] 유출량 O(m³/s)	ⓖ 저류량 S $(I-O)$(m³/s)
10	79	0.077×79 =6.083	0.538×95 =51.111	0.385×118.245 =45.524	6.083+51.111+45.524 =102.718	79−102.718 =−23.718
11	65	5.005	42.502	39.546	87.053	−22.053
12	55	4.235	34.970	33.515	72.720	−17.720
13	46	3.542	29.590	27.997	61.129	−15.129
14	40	3.080	24.748	23.535	51.363	−11.363
15	35	2.695	21.520	19.775	43.990	−8.990
16	31	2.387	18.830	16.936	38.153	−7.153
17	27	2.079	16.678	14.689	33.446	−6.446

(4) **표 예6.5**ⓑ의 유입량에 의한 유입수문곡선과 **표 예6.5**ⓕ에 의한 유출수문곡선을 동일 시간축으로 하여 수문곡선을 작성하면 **그림 예6.5**를 얻는다.

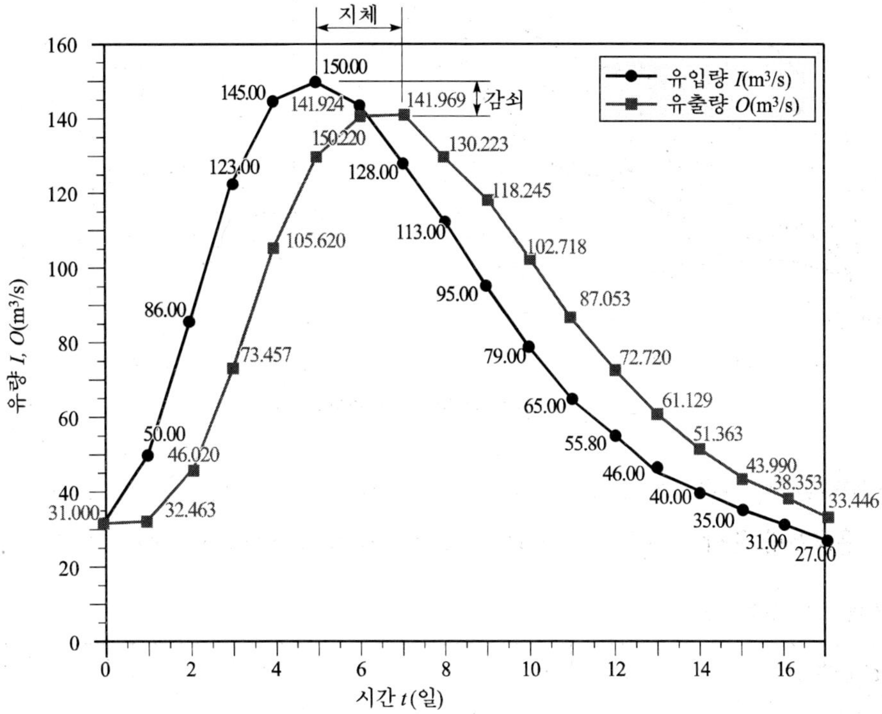

그림 예6.5 하도추적 결과

6.1.4 유역추적

그림 6.1과 같은 수공 시스템 중 유역의 홍수추적은 **판형(板形) 흐름**(sheet form flow)의 얕은 수심(shallow flow depth)에 대한 홍수추적이다. 이러한 흐름의 추적방법에는 **시간-면적법**, **선형 저수지법**, **Clack 법** 등이 있다(Clack, 1945; Subramanya, 2013).

(1) 시간 - 면적법

시간 - 면적법(時間 - 面積法, time - area method)은 유역 출구점까지의 **도달시간 - 누가면적**(到達時間 - 累加面積, concentration time - cumulative area)을 이용하여 불투수성 소유역 내 집중호우에 의한 유출수문곡선을 유도하는 방법이다.

이 방법은 그림 6.6(a)와 같이 전체 유역을 도달시간이 같은 점을 연결한 **등시간선**(等時間線, isochrones)으로 몇 개의 소유역으로 나누고, 그 소유역의 면적을 결정해 그림 6.5(b)와 같이 **시간 - 면적곡선**을 작성한다.

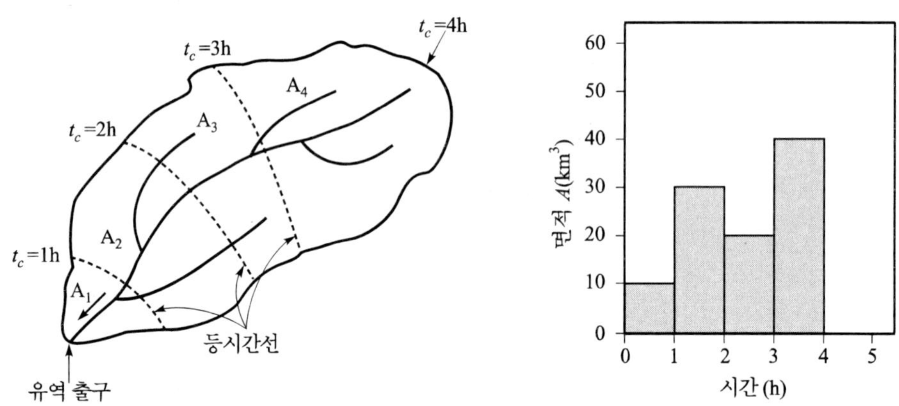

(a) 등시간선 (b) 면적 주상도

그림 6.6 등시간선과 시간 - 면적 주상도

유출수문곡선을 도출하기 위해 이 유역의 관측 강우자료 표 6.1을 기준으로 하여 그림 6.7과 같은 **유효우량 주상도**(有效雨量 柱狀圖, effective rainfall hyetograph)를 작성한다.

표 6.1 지속기간별 유효우량

강우시간구간(h)	0~1	1~2	2~3	3~4	4~5	5~6
지속기간(h)	1	1	1	1	1	1
유효우량(cm/h)	0.5	1.0	2.0	1.5	1.0	0.5

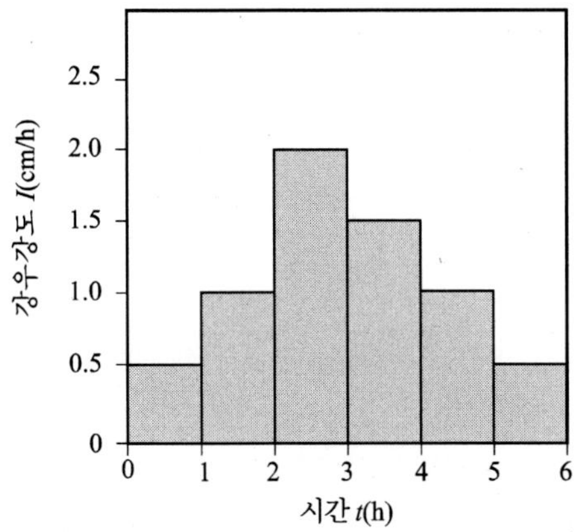

그림 6.7 유효우량 주상도

시간-면적법에 의한 유역 홍수추적의 예는 [예제 6.6]을 통해 쉽게 이해할 수 있다.

예제 6.6

그림 6.5, 6.6의 자료(표 예6.6ⓐ~ⓗ)를 이용하여 다음 사항에 답하시오.

1. 시간-면적법에 의한 유출수문곡선 유도

[풀이]

1. 시간-면적법에 의한 유출수문곡선 유도
   (1) **표 예6.6ⓐ** 값은 **그림 6.5(b)** 면적 주상도의 $t=0\sim1$시간 → 면적=10km², $t=1\sim2$시간 → 면적=20km²를 각각 나타낸다.
   (2) 단위도의 경우와 같이 시간-면적주상도와 유효우량 주상도를 순차적으로 곱해 1시간씩 지연시켜 그 종거 합을 유출량으로 구하면 **표 예6.6ⓘ**와 같은 값을 얻으며 이를 m³/s 단위 [**표 예6.6ⓙ**=ⓘ×2.778] 환산하면 **표 예6.6ⓙ**와 같다. 즉, 유출 또는 유출(유입)률(량) O 또는 I(m³/s)는 다음과 같다.

$$O=\frac{A\times10^4}{\Delta t_c(\mathrm{h})(3{,}600\mathrm{s/h})}(\mathrm{or}\ I)=2.778\frac{A(\mathrm{km}^2)}{\Delta t_c(\mathrm{h})}(\mathrm{m^3/s}) \qquad (예6.6.1)$$

   (3) **표 예6.6ⓒ** 유효우량 또는 유효우량 증분 0.5cm/h에 의한 부분유출(partial flow)은 **표 예6.6ⓑ**×0.5cm/h로 얻는다.
   (4) 같은 요령으로 **표 예6.6ⓓ**[~ⓗ]도 1.0(…0.5)cm/h에 의한 부분유출은 **표 예6.6ⓑ**×유효우량 [ⓑ×1.0(…0.5)cm/h]으로 각각 얻는다.
   (5) **표 예6.6ⓘ**는 ⓒ~ⓗ의 종거값을 합한 값이다.
   (6) **표 6.6ⓐ**는 **기저시간** t_b(=10h)이고, 이는 **도달시간** t_c(=4h)와 (유효) **강우지속기간** t_r(=

6h)의 합이다. 즉, 이들 간에는 다음 관계가 성립된다.

$$t_b = t_c + t_r \qquad (\text{예}6.6.2)$$

(7) 본 예제의 경우 유역면적 100km², 총 유효우량 6.5cm에 의한 유출 총량 O_i =650km²·cm/h(=100×6.5)[O_j =650×2.778=1805.7m³/s]이다.

표 예6.6 시간 - 면적법에 의한 유역추적

ⓐ 시간 (h)	ⓑ 면적 종거 (km²)	ⓒ 0.5cm/h	ⓓ 1.0cm/h	ⓔ 2.0cm/h	ⓕ 1.5cm/h	ⓖ 1.0cm/h	ⓗ 0.5cm/h	ⓘ 유출량 O_i [ⓒ+(ⓓ~ⓗ)] (km²cm/h)	ⓙ 유출량 O_j [ⓘ×2.778] (m³/s)
		ⓑ×유효우량(ⓒ~ⓗ)[부분(가중)유량(km²cm/h)]							
0	0	0	0	0	0	0	0	0	0.0
1	10	5 (=10×0.5)	0	0	0	0	0	5	13.7 (=5×2.778)
2	30	15 (=30×0.5)	10 (=10×1.0)	0	0	0	0	25 (=15+10)	69.4 (=25×2.778)
3	20	10 (=20×0.5)	30 (=30×1.0)	20	0	0	0	60 (=10+30+20)	166.7 (=60×2.778)
4	40	20 (=40×0.5)	20 (=20×1.0)	60	15	0	0	115	319.4
5		0	40 (=40×1.0)	40	45	10	0	135	375.0
6			0	80	30	30	5	145	402.8
7				0	60	20	15	95 (=60+20+15)	263.9
8					0	40	10	50	138.9
9						0	20	20	55.6
10							0	0	0.0
합	100							650	1,805.7

(2) 선형 저수지법

선형 저수지 유역추적방법(linear reservoir method)은 유입수문곡선에 대해 변형이 나타나는 과정으로 계산된다. 즉, 선형저수지를 통해 추적된 수문곡선의 첨두점은 약간 낮아지고, 그 시간은 증가 되는 등의 변형이 수반된다. 그 변형의 크기는 **시간간격**(time interval) Δt와 **저류상수**(storage constant) K의 상대적인 값에 따라 다르다. $\Delta t/K$의 값은 2와 같거나 작은 값이 유입수문곡선 변화에 사용되는데, 이 값이 2보다 훨씬 작은 경우 곡선의 변화는 더 커진다. 그러므로, 이 방법에서 $\Delta t/K$의 값은 2보다 큰 값은 수문곡선에 음의 확산(negative diffusion)을 초래하게 되어 사용하지 않는다.

[예제 6.6]에서 얻은 수문곡선을 유입수문곡선으로 하여 선형저수지 추적법에 의한 유출수문곡선은 다음과 같은 방법으로 유도할 수 있다.

주어진 유입수문곡선으로 유출수문곡선은 **시간간격**(time interval) Δt와 **저류상수**(storage constant, storage coefficient) K를 이용해 다음 식으로 추적한다.

$$O_2 = C_0 I_2 + C_1 I_1 + C_2 O_1 \tag{6.15a}$$

$$C_0 = \frac{\Delta t/K}{2+(\Delta t/K)} \tag{6.15b}$$

$$C_1 = C_0 \tag{6.15c}$$

$$C_2 = \frac{2-(\Delta t/K)}{2+(\Delta t/K)} \tag{6.15d}$$

식 (6.15)에 의한 선형 저수지법을 이용한 유역추적은 [예제 6.7]과 같이 계산된다(Ponce, 1989).

예제 6.7

표 예6.6ⓘ의 유출수문곡선(=표 예6.7ⓐ, ⓑ; 유입수문곡선)과 식 (6.15)를 이용하여 다음 사항에 답하시오.

1. 선형 저수지법에 의한 유역추적

[풀이]

1. 선형 저수지법에 의한 유역추적
   (1) 식 (6.15)에 의한 가중계수 값은 Δt=1h, K=2h【∵수식의 불능 상태 방지, $\Delta t/K$<2인 조건 필요(← Δt=1h, K=2h); $\Delta t/K$=1/2=0.5(<2)】를 이용해 구한다.

$$O_2 = C_0 I_2 + C_1 I_1 + C_2 O_1 = 0.2 I_2 + 0.2 I_1 + 0.6 O_1 = 0.4 I_1 + 0.6 O_1 \tag{예6.7a}$$

$$C_0 = \frac{\Delta t/K}{2+(\Delta t/K)} = \frac{1/2}{2+(1/2)} = 0.2 \tag{예6.7b}$$

$$C_1 = C_0 = 0.2 \tag{예6.7c}$$

$$C_2 = \frac{2-(\Delta t/K)}{2+(\Delta t/K)} = \frac{2-(1/2)}{2+(1/2)} = 0.6 \tag{예6.7d}$$

   (2) 식 (예6.7)에 의한 유역추적곡선은 **표 예6.7**과 같다.

표 예6.7 선형 저수지법에 의한 유역추적

ⓐ 시간 (h)	ⓑ 면적 종거 (km^2)	ⓒ 식 (예6.7a) : 부분(가중)유출량 [ⓑ×ⓒ(~ⓓ)] (km^2cm/h)	ⓓ	ⓔ 유출량 O_2	ⓕ
		$0.4I_1$	$0.6O_1$	$O_e(km^2cm/h)$	$O_f(m^3/s)$
0	0	0	0	0	0
1	5	2 (=0.4×5)	0 (=0.6×0)	2.00 (=2+0)	5.556 (=2.778×2)
2	25	10 (=0.4×25)	1.20 (=0.6×2)	11.20 (=10+1.2)	31.114 (=2.778×11.2)
3	60	24 (=0.4×60)	6.72 (=0.6×11.2)	30.72 (=24+6.72)	85.340 (=2.778×30.72)
4	115	46 (=0.4×115)	18.43 (=0.6×30.72)	64.43 (=46+18.43)	178.992 (2.778×64.43)
5	135	54	38.66	92.66	257.407
6	**145**	**58**	**55.60**	**113.60**	**315.568**
7	95	38	68.16	106.16	294.905
8	50	20	63.69	83.69	232.503
9	20	8	50.22	58.22	161.726
10	0	0	34.93	34.93	97.035
11	0	0	20.96	20.96	58.221
12	0	0	12.57	12.57	34.933
13	0	0	7.54	7.54	20.960
14	0	0	4.53	4.53	12.576
15	0	0	2.72	2.72	7.545
16	0	0	1.63	1.63	4.527
17	0	0	0.98	0.98	2.716
18	0	0	0.59	0.59	1.630
19	0	0	0.35	0.35	0.978
20	0	0	0.21	0.21	0.587
21	0	0	0.13	0.13	0.352
22	0	0	0.08	0.08	0.211
23	0	0	0.05	0.05	0.127
24	0	0	0.03	0.03	0.076
25	0	0	0.02	0.02	0.046
26	0	0	0.01	0.01	0.027
합	650	-	-	649.99 ≒650.00	1,805.659 ≒1,805

(3) 시간-면적법의 표 예6.6ⓘ O_i와 선형 저수지법의 표 예6.7ⓕ O_f값에 대한 비교 결과는 그림 예6.7과 같다.

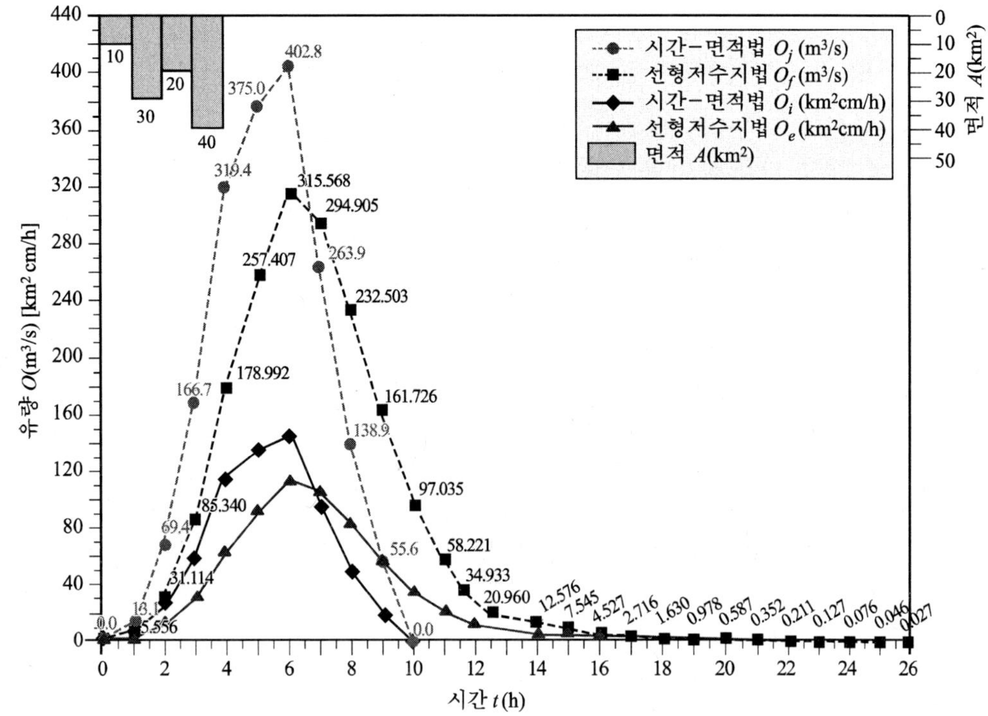

그림 예6.7 시간-면적법과 선형 저수지법의 비교

(4) **그림 예6.7**과 같이 첨두유량(peak flow)은 시간-면적법의 경우 **표 예6.6**① 유출수문곡선에서 $t=6$시간일 때 유출량 $O_i=145\text{km}^2\text{cm/h}$이고, 선형 저수지법의 경우 **표 예6.7**ⓕ의 $t=6$시간일 때 $O_e=113.60\text{km}^2\text{cm/h}$로 감소되었다.

(5) 기저시간은 시간-면적법의 경우 10시간이고, 선형 저수지법의 경우 26시간으로 후자의 경우가 16시간 증가하는 것으로 나타났다.

(3) Clark 방법

앞에서 유도된 (이동)**시간-면적주상도법(travel time-area histogram method)**으로도 불리는 **Clark 유역추적 방법**(1945)은 유역 전반에 걸쳐 순간의 초과강우(instantaneous rainfall excess)로 인한 **순간단위유량도(instantaneous unit graph, *IUH*)**를 유도하는 것이다. 이 방법은 강우에 의한 **유수 전이(流水 轉移, flow translation)**와 유역 저류효과에 의한 **유출량 저감(流出量 低減, runoff discharge attenuation)**을 가정한 자연하천 유역의 홍수추적에 적합하다.

① 추적방법

유역 출구점에 선형저수지가 존재하는 것으로 가정하고, 이 저수지의 저류량-유출량(storage-runoff discharge) 관계를 선형성(線形性, linearity) $S = K(O)$를 적용하여 식(6.3c)에 대입하면 다음 식을 유도할 수 있다.

$$\frac{(I_1 + I_2)}{2}\Delta t - \frac{(O_1 + O_2)}{2}\Delta t = K(O_2 - O_1) \tag{6.16}$$

■ 식 (6.16)에서 식 (6.17) 유도;

• 식(6.16) 변형, 전개; $(I_1 + I_2)\Delta t - (O_1 + O_2)\Delta t = 2K(O_2 - O_1)$,

$$I_1\Delta t + I_2\Delta t - O_1\Delta t + O_2\Delta t = 2KO_2 - 2KO_1$$

• 유입 I, 유출 O항으로 정리; $I_1\Delta t + I_2\Delta t + O_1(2K - \Delta t) - O_2(2K + \Delta t) = 0$

• 미지의 O_2항으로 정리;

$$O_2 = \frac{I_1\Delta t + I_2\Delta t + O_1(2K - \Delta t)}{2K + \Delta t}(\leftarrow \times \frac{1/K}{1/K})$$

$$= \frac{I_1(\Delta t/K) + I_2(\Delta t' K) + O_1(2 - \Delta t/K)}{2 + \Delta t/K}$$

$$= I_1(\frac{\Delta t/K}{2 + \Delta t/K}) + I_2(\frac{\Delta t/K}{2 + \Delta t/K}) + O_1(\frac{2 - \Delta t/K}{2 + \Delta t/K})$$ [←각 항 ( )를 계수로 정리]

$$= C_0 I_2 + C_1 I_1 + C_2 O_1 (\leftarrow C_0 = C_1)$$

■ 식 (6.17) 유도; $\therefore O_2 = 2C_1 I_1 + C_2 O_1$

$$O_2 = C_0 I_2 + C_1 I_1 + C_2 O_1 = 2C_1 I_1 + C_2 O_1 \tag{6.17}$$

여기서 계수 C_0, C_1, C_2는 가중계수의 개념으로 그 합은 1.0이며, 다음과 같이 구한다.

$$C_0 = \frac{\Delta t/K}{2 + (\Delta t/K)} \tag{6.18a}$$

$$C_1 = C_0 \tag{6.18b}$$

$$C_2 = \frac{2 - (\Delta t/K)}{2 + (\Delta t/K)} \tag{6.18c}$$

② **계측유역**

Clark의 추적방법은 식 (6.18)에 포함된 유역의 저류상수 K와 유역의 지체시간을 등분 시간구간으로 분할한 추적기간 Δt 값의 결정이 중요하다. 호우사상별 강우량-유출량 자료가 있는 계측유역의 홍수추적은 선형저수지의 저류 방정식을 이용하여 결정할 수 있다.

Nash의 선형저수지 개념에 의하면, 동일한 조건인 n개의 저수지로 구성된 유역에서 제1저수지가 1cm의 유효우량에 의해 만수되어 제2저수지로 유출되고, 제2저수지가 제3저수지로 유출되어 마지막 n번 저수지로 유출되는 경우 유출량은 저류-유출 선형 관계식 $S = K(O)$를 저류 방정식 (6.1)에 대입하면 저류상수와 관련된 다음 관계식을 얻는다.

$$I - O = K\frac{dO}{dt} \tag{6.19}$$

식 (6.19)의 저류상수 K는 **그림 6.8**과 같이 수문곡선에서 강우로 인한 직접유출이 끝나는 감소부 변곡점을 이용하여 유도할 수 있다. 지표면 유출이 끝난 이 시점은 유입량 $I=0$으로 식 (6.19)는 저류상수에 관해 다음과 같이 쓸 수 있다.

$$K = \frac{-O_i}{(dO/dt)_i} \tag{6.20}$$

식 (6.20)으로부터 K는 실측수문곡선의 변곡점에서의 직접유출량 O_i을 그 점에서 수문곡선에 그은 접선의 기울기 $(dO/dt)_i$로 나눠 구한다.

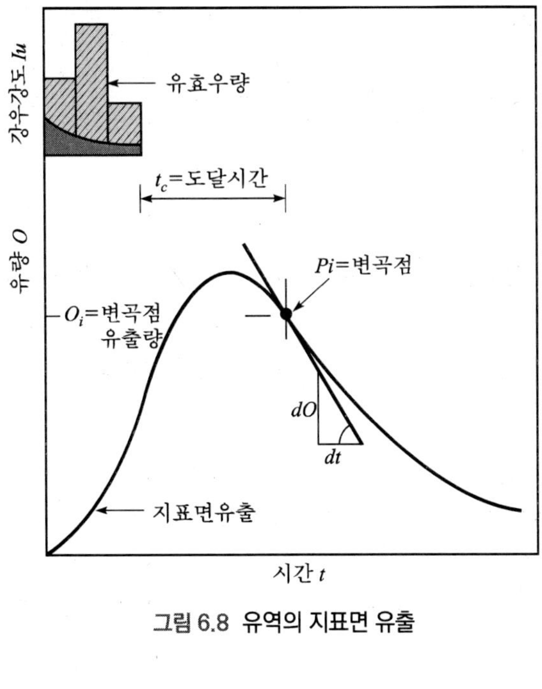

그림 6.8 유역의 지표면 유출

③ 미계측유역

미계측유역 내 저류상수는 유역 내 주수로 길이, 하천 평균경사, 유역면적, 유역형상 등의 영향을 받을 것이므로 이들 인자들을 포함해 유도된 경험공식이 사용되고 있다. 이들 경험공식에는 **표 6.2**와 같이 Clark 공식, Linsley 공식, Russel 공식, Sabol 공식, Peters 공식 등이 있다.

표 6.2 저류상수의 산정식

공식명	수식	기호설명	식 번호
Clark	$K=\dfrac{cL}{\sqrt{S}}$	K=유역 저류상수(h) L=주수로 길이(km) S=하천 평균경사(%)	(6.21a)
Linsley	$K=\dfrac{bL\sqrt{A}}{\sqrt{S}}$	A=유역면적(km^2) b=상수(0.01-0.03)	(6.21b)
Russel	$K=\alpha t_c$	t_c=유역 집중시간(h) α=상수 : · 도시지역=1.1-2.1, · 자연하천유역=1.5-2.8, · 삼림지역=8.0-12.0	(6.21c)
Sabol	$K=\dfrac{t_c}{1.46-0.0867(L^2/A)}$	L^2/A=유역 형상계수	(6.21d)
Peters	$\dfrac{K}{t_c+K}=M$	M=하천평균경사에 따른 상수 : · 경사 크고, 저류능 적은 하천상류 유역=0.4 · 경사 보통, 저류능 보통 유역=0.5 · 경사 완만, 저류능 큰 유역=0.6이상	(6.21e)

예제 6.8

표 예6.6ⓑ의 시간-면적종거(km^2) 관계곡선과 저류상수 2시간을 이용하여 다음 사항에 답하시오.

1. Clark 방법에 의해 지속기간 2시간의 단위도 이용 유역추적

[풀이]

1. Clark 방법에 의해 지속기간 2시간의 단위도 이용 유역추적

(1) 식 (6.17)을 이용하여 $I_2=I_1$인 추적식을 유도한다.

$$O_2=2C_1I_1+C_2O_1 \qquad \text{(예6.8.1)}$$

(2) 추적 시간 Δt=1시간으로 단위도 지속기간 t_u=2시간과 같지 않은 경우로 저류상수와 추

적시간을 이용해 가중계수 식 (6.15b~d)를 구하면 $C_0 = C_1 = 0.2$, $C_2 = 0.6$을 얻는다.

(3) 식 (예6.8.1)에 $C_0 = C_1 = 0.2$, $C_2 = 0.6$을 대입하면 다음 식을 얻는다.

$$O_2 = 0.4I_1 + 0.6O_1 \qquad \text{(예6.8.2)}$$

(4) 유효우량 1cm 의 지속기간 2시간인 단위도의 강우강도 I_u=0.5cm/h이므로 이에 대한 중첩과정 **표 예6.8**ⓒ, ⓓ를 통해 2시간 단위도의 종거를 유도한다.

(5) 식 (예6.8.2)에 의한 유출량은 **표 예6.8**ⓕ, ⓖ의 합인 **표 예6.8**ⓗ을 얻고 이를 m^3/s 단위 [$1km^2cm/h$의 유출량을 $2.778 \times (1km^2cm/h)m^3/s$]로 변환하면 **표 예6.8**ⓘ와 같다.

표 예6.8 Clark 법에 의한 유역추적

ⓐ	ⓑ	ⓒ	ⓓ	ⓔ	ⓕ	ⓖ	ⓗ(=ⓕ+ⓖ)	ⓘ
시간 (h)	면적 종거 A (km^2)	ⓑ×I_{ui} (=$A I_{ui}$)(km^2cm/h)		[=ⓒ+ⓓ] 종거 합 (km^2cm/h)	식 (예6.8.2): 부분(가중)유량(km^2cm/h)		유출량 O_2	
		A(0.5cm/h)	A(0.5cm/h)		$0.4I_1$	$0.6O_1$	(km^2cm/h)	(m^3/s)
0	0	0	0	0	0	0	0	0
1	10	5 (=0.5×10)	0	5 (=5+0)	2 (=0.4×5)	0 (=0.6×0)	2.000 (=2+0)	5.557
2	30	15 (=0.5×30)	5 (=0.5×10)	20 (=15+5)	8 (=0.4×20)	1.20 (=0.6×2)	9.200 (=8+1.2)	25.558
3	20	10 (=0.5×20)	15 5(=0.5×30)	25 (=10+15)	10 (=0.4×25)	5.52 (=0.6×9.2)	15.520 (=10+5.52)	43.114
4	40	20	10	30	12	9.312	21.312	59.204
5	0	0	20	20	8	12.787	20.787	57.746
6	0	0	0	0	0	12.472	12.472	34.647
7	0	0	0	0	0	7.483	7.483	20.788
8	0	0	0	0	0	4.490	4.490	12.473
9	0	0	0	0	0	2.694	2.694	7.483
10	0	0	0	0	0	1.616	1.616	4.489
11	0	0	0	0	0	0.970	0.970	2.694
12	0	0	0	0	0	0.582	0.582	1.616
13	0	0	0	0	0	0.349	0.349	0.969
14	0	0	0	0	0	0.209	0.209	0.580
15	0	0	0	0	0	0.126	0.126	0.350
16	0	0	0	0	0	0.075	0.075	0.208
17	0	0	0	0	0	0.045	0.045	0.125
18	0	0	0	0	0	0.027	0.027	0.083
19	0	0	0	0	0	0.016	0.016	0.075
20	0	0	0	0	0	0.010	0.010	0.027
21	0	0	0	0	0	0.006	0.006	0.016
22	0	0	0	0	0	0.004	0.004	0.011
합	100	-	-	-	-	0.000	99.993 ≒100.000	277.813 ≒277.8

(6) 선형저수지 추적법인 Clark 방법은 질량보존이 정확하게 이루어진다. 표 예6.8ⓑ 면적 주상도에 의한 유역면적은 100km²이고, 유효유량 1cm에 의한 총유량의 체적은 100km²cm이다. 또한 표 예6.8ⓗ 수문곡선 종거합 100km²cm/h는 추적시간 Δt=1시간의 적분치가 100km²cm로 주어질 때에 해당되는 값이다.

(7) 이상의 결과는 그림 예6.7과 같이 가로축에 표 예6.8ⓐ를 취하고, 좌측 세로축에 표 예6.8ⓗ, ⓘ를, 우측 세로축에는 표 예6.8ⓑ를 취해 관계 그래프를 작성할 수 있다.

예제 6.9

유역면적이 110km²이고, 도달시간이 18시간이며, 저류상수가 12시간인 배수유역이 있다. 또한 이 배수유역은 표 예6.9.1과 같은 **등시간-면적분포**(inter-isochrone area distribution)를 가질 때 다음 사항에 답하시오.

1. Clark의 순간단위도 결정

표 예6.9.1 등시간선-면적곡선

이동시간 t(h)	0~2	2~4	4~6	6~8	8~10	10~12	12~14	14~16	16~18
면적 종거A(km²)	3	9	20	22	18	16	10	8	4

[풀이]

1. Clark의 순간단위도 결정

(1) 주어진 도달시간 t_c=18시간, 저류상수=12h, 추적 시간간격 Δt=2h을 이용한다.

① 식 (6.18)의 가중계수를 이용하여 식 (6.17)의 추적식을 유도한다.

② $C_1 = \dfrac{\Delta t/K}{2+(\Delta t/K)} = \dfrac{2/12}{2+(2/12)} = \dfrac{0.167}{2.167} = 0.077(=C_0)$

③ $C_2 = \dfrac{2-(\Delta t/K)}{2+(\Delta t/K)} = \dfrac{2-2/12}{2+(2/12)} = \dfrac{1.833}{2.167} = 0.846$

④ ∴추적식 $O_2 = 2C_1I_1 + C_2O_1 = 2(0.077)I_2 + (0.846)O_1 = 0.154I_1 + 0.846O_1$이다.

(2) t=0h에서 $I_1=I_2$, $O_1=0$이므로 $I_1 = 2.78A/2 = 1.39A\,\mathrm{m^3/s}$이다.

① 이들 자료를 이용해서 단위도를 유도하면 표 예6.9.2ⓕ와 같다.

(3) 이상의 결과는 그림 예6.9와 같이 가로축에 표 예6.9ⓐ를 취하고, 좌측 세로축에 표 예6.8ⓒ, ⓕ를, 우측 세로축에는 표 예6.8ⓑ를 취해 관계 그래프를 작성한다.

표 예6.9.2 등시간 - 면적곡선을 이용한 Clark 순간단위도 유도

ⓐ	ⓑ	ⓒ	ⓓ	ⓔ	ⓕ
시간 t(h)	면적종거 A (km^2)	유입수문곡선 $I(\mathrm{m}^3/\mathrm{s})$	부분(가중)유량(m^3/s)		2h - IUH 종거 (m^3/s)
			$0.154I_1$	$0.846O_1$	
0	0	0.000	0.000	0.000	0.000
2	3	4.170 [=1.39(3)]	0.642 [=0.154(4.170)]	0.000 [=0.846(0.000)]	0.642
4	9	12.510 [=1.39(9)]	1.927 [=0.154(12.510)]	0.543 [=0.846(0.642)]	2.470
6	20	27.800	4.281 [=0.154(27.800)]	2.089 [=0.846(2.470)]	6.371
8	22	30.580	4.709	5.390	10.099
10	18	25.020	3.853	8.544	12.397
12	16	22.240	3.425	10.488	13.913
14	10	13.900	2.141	11.770	13.911
16	8	11.120	1.712	11.768	13.481
18	4	5.560	0.856	11.405	12.261
20	0	0.000	0.000	10.373	10.373
22				8.775	8.775
24				7.424	7.424
26				6.281	6.281
28				5.314	5.314
30				4.495	4.495
32				3.803	3.803
34				3.217	3.217
36				2.722	2.722
38				2.303	2.303
40				1.948	1.948
42				1.648	1.648
44				1.394	1.394
46				1.180	1.180
48				0.998	0.998
50				0.844	0.844
52				0.714	0.714
54				0.604	0.604
56				0.511	0.511
58				0.432	0.432
60				0.366	0.366
비고	• $I_i = 2.78A/2 = 1.39A\ \mathrm{m}^3/\mathrm{s}$ • A=등시간선 - 면적분포				

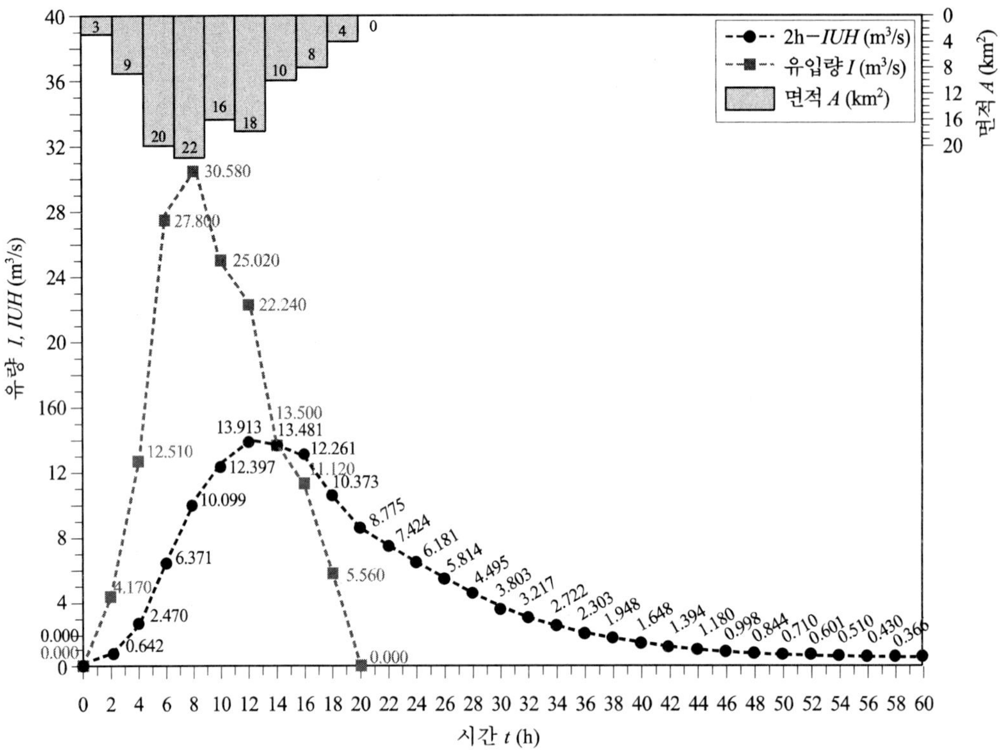

그림 예6.9 Clark의 순간단위도 결정

(4) 순간 단위도

유역 내에는 유효우량의 지속기간 크기에 따라 단위도 형상이 다른 여러 개의 단위도가 존재할 수 있다. 또한 지속기간이 영(zero)에 근접하는 제한적인 경우도 있는데 이를 순간단위도(instantaneous unit hydrograph, IUH)라 한다. 지속기간이 영인 **순간 단위도**는 1cm 초과 강우량의 순간 강우(instantaneous precipitation)에 의해 유역으로부터 지표면 유출을 나타내는 개념적 가상의 단위도이다.

순간 단위도의 유리한 점은 유효우량의 지속기간과 무관하고, 임의 지속기간을 갖는 단위도 보다 적은 수의 매개변수를 갖는다는 것이다. 이 같은 사실과 *IUH* 정의는 한 유역 내 **초과강우-유출관계(rainfall excess-runoff relationship)**의 이론적 해석을 아주 적합하게 해준다. 강우특성에 무관함을 갖는 주어진 유역에 대한 *IUH*는 유역 저류특성(catchment storage characteristics)을 나타낸다.

S−곡선은 유효우량 지속기간 t_{u1}인 $t_{u1}-UH$(t_{u1}-h 단위도)로부터 유도되는데, 이를 S_1으로 정의할 때 초과강우 강도 $I_{u1}=1/t_{u1}$(mm/h)이다. 이와 다른 초과강우 강도 $I_{u2}=1/t_{u2}$일 때의 S−곡선은 S_2로 정의한다. 이때 S_2가 시간간격 dt에 의해 S_1에서 분리되고 종거는 두 값의 차(S_2-S_1)라고 하면 지속기간 dt의 초과강우에 의한 직접유출수문곡선과 크기 $I_u dt = dt/t_u$h를 구할 수 있다. dt-h의 단위도는 $I_u dt$로 직접유출수문곡선을 나눔으로써 구할 수 있으므로 dt-h인 단위도는 $(S_2-S_1)/(I_u\,dt)$와 같은 종거를 가질 것이다. dt를 더 작게 한다면 즉, $dt \rightarrow 0$이면 순간 단위도가 유도될 것이다. 그래서 IUH에 대한 임의 시간의 종거는 다음과 같이 구할 수 있다.

$$u(t) = \lim_{dt \rightarrow 0}\left(\frac{S_2-S_1}{I_u\,dt}\right) = \frac{1}{t}\frac{dS}{dt} \tag{6.22}$$

식 (6.22)에서 I_u=1이라면 다음과 같이 쓸 수 있다.

$$u(t) = \frac{dS'}{dt} \tag{6.23}$$

여기서 S'=강우강도 1mm/h인 S-곡선을 나타낸다. 그러므로, 임의 시간 t에서의 순간단위도 종거는 그 상응시간에서의 1mm/h 강우강도인 S-곡선의 기울기이다. 즉, S-곡선은 지속기간 1h인 단위도로부터 유도된다. 식 (6.22)는 대략적인 순간단위도 유도에 사용할 수 있다.

순간단위도는 조화해석(harmonic analysis), Laplace 변환(transform), 개념적 모형(conceptual model) 등 여러 방법으로 유도할 수 있는데, 상세한 것은 Chow(ed.)(1964)를 참고한다. 본 소절에서는 다음 [예제 6.10]을 통해 순간 단위도에서 t_u-UH를 유도하는 절차 등에 대해 설명한다.

예제 6.10

표 예6.10은 어떤 유역의 순간 단위도 종거이다. 4시간의 호우는 50mm의 유효우량을 가질 때 다음 사항에 답하시오.

1. 직접유출수문곡선 유도
2. 이들 유도과정에 대한 그래프(수문곡선) 작성

표 예6.10 순간단위도의 종거

시간(h)	0	1	2	3	4	5	6	7	8	9	10	11	12
순간단위도 종거(m^3/s)	0	8	35	50	47	40	31	23	16	10	6	3	0

[풀이]

1. 직접유출수문곡선 유도
   (1) 순간 단위도를 이용한 직접유출수문곡서의 유도는 1h-S곡선을 이용하여 다음과 같이 유도한다.
   ① 주어진 값은 표 예6.10ⓐ, ⓑ와 같이 정리한 후 1h-S곡선을 유도한다.
   1) 표 예6.10ⓒ와 같이 순간단위도를 1시간 지체시킨다.
   2) 1h-UH종거는 표 예6.10ⓓ와 같이 표 예6.10(ⓑ+ⓒ)/2]로 구한 평균값으로 결정한다.
   3) 표 예6.10ⓕ인 1시간 S-곡선(=S_1-곡선)은 표 예6.10ⓔ가산치를 구하고 이를 표 예6.10ⓓ에 합해 유도한다.
   ② 유도된 표 예6.10ⓕ의 S_1-곡선을 이용하여 4시간 단위도를 유도한다.
   1) 표 예6.10ⓕ의 S_1-곡선을 4시간 지체시켜 S_4곡선을 표 예6.10ⓖ와 같이 유도한다.
   2) 표 예6.10ⓗ와 같이 (S_1-S_4) 차 곡선을 유도한다.
   3) 표 예6.10ⓘ와 같이 4h-UH종거[=ⓗ×t_1/t_2(=1/4)](=ⓗ×0.25)을 취해 4시간 단위도(종거)를 유도한다.
   ③ 유도된 표 예6.10ⓘ의 4시간 단위도(종거)에 유효우량 5cm를 곱해 표 예6.10ⓙ와 같이 직접유출수문곡선을 유도한다.

표 예6.10 순간단위도에서 직접유출수문곡선의 유도

ⓐ 시간 t (h)	ⓑ IUH 종거 $u(t)$ (m^3/s)	ⓒ IUH 종거 $u(t)$ 1h지체	ⓓ(=ⓑ+ⓒ)/2 1h-UH 종거 (m^3/s)	ⓔ S_1-곡선 가산치 (m^3/s)	ⓕ(=ⓓ+ⓔ) S_1-곡선 종거 (m^3/s)	ⓖ S_4-곡선 [S_1-곡선 4h 지체] (m^3/s)	ⓗ(=ⓕ-ⓖ) (S_1-S_4) 차곡선 (m^3/s)	ⓘ(=ⓗ/4) 4h-UH 종거 [=ⓗ×t_1/t_2(=1/4)](=ⓗ×0.25) (m^3/s)	ⓙ(=ⓘ×5) $\overline{R}$(=5cm)-DRH [ⓘ×5cm] (m^3/s)
0	0		0.0	0.0	0.0		0.00	0.00	0.00
1	8	0	(8+0)/2=4.0	0.00	(4+0)=4.0		4.00	1.00	5.00
2	35	8	(35+8)/2=21.5	4.00	25.5		25.50	6.38	31.88
3	50	35	42.5	25.50	68.0		68.00	17.00	85.00
4	47	50	48.5	68.00	116.5	0.0	116.50	29.13	145.63
5	40	47	(40+47)/2= 43.5	116.50	(43.5+116.5)= 160.0	4.0	160.0−4.0= 156.00	156.0/4= 39.00	39.0×5= 195.00
6	31	40	35.5	160.00	(35.5+160.0)= 195.5	25.5	195.5−25.5= 170.00	170.0/4 = 42.50	42.5×5= 212.50
7	23	31	27.0	195.50	222.5	68.0	154.50	38.63	193.13
8	15	23	19.0	222.50	241.5	116.5	125.00	31.25	156.25
9	10	15	12.5	241.50	254.0	160.0	94.00	23.50	117.50
10	6	10	(6+10)/2= 8.0	254.00	(8.0+254.00)= 262.00	195.5	66.50	16.63	83.13
11	3	6	4.5	262.00	266.5	222.5	44.00	11.00	55.00
12	0	3	1.5	266.50	268.0	241.5	26.50	6.63	33.13
13		0	0.0	268.00	268.0	254.0	14.00	3.50	17.50
14			0.0	268.00	268.0	262.0	6.00	1.50	7.50
15			0.0	268.00	268.0	266.5	1.50	0.38	1.88
16			0.0	268.00	268.0	268.0	0.00	0.00	0.00

2. 이들 유도과정에 대한 그래프(수문곡선) 작성

(1) 1시간 순간단위도 1h-IUH로부터 4시간 직접유출수문곡선(종거) 4h-UH(=4h-DRH)의 유도과정은 **그림 예6.10**과 같다.

① 1시간 순간단위도(1h-IUH)는 **표 예6.10**ⓓ, **그림 예6.10**(d)와 같다.

② 1시간 단위도로부터 유도된 1시간 S곡선 (종거)(S_1-곡선)은 **표 예6.10**ⓕ, **그림 예6.10**(f)와 같다.

③ 1시간 $S(=S_1)$-곡선으로부터 유도된 4시간 단위도(종거) (4h-IUH)는 **표 예6.10**ⓘ, **그림 예6.10**(i)와 같다.

④ 4시간 단위도(종거)를 이용해 유효우량 $\overline{R}$=5cm에 의한 직접유출수문곡선 [$\overline{R}$(5cm)-DRH]은 **표 예6.10**ⓙ, **그림 예6.10**(j)와 같다.

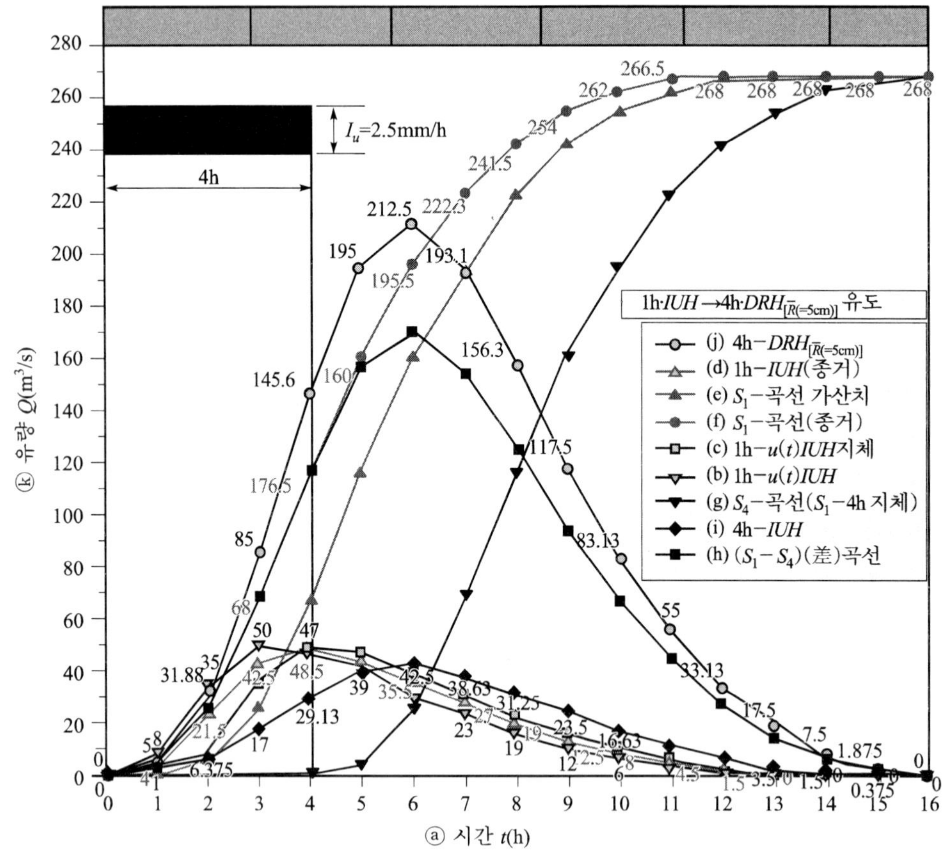

그림 예6.10 순간단위도를 이용한 직접유출수문곡선의 유도

(5) 대규모 유역분할

대규모 자연하천 유역의 설계홍수량을 산정하기 위해서는 **그림 6.9**와 같이 하천유역을 몇 개의 소유역으로 적절히 분할하고, 분할된 소유역별로 설계 홍수수문곡선을 계산하며, 홍수추적에 의해 설계기준 지점의 설계 홍수수문곡선을 합성하는 절차에 따른다.

이는 대규모 자연하천 유역은 유역의 강우 및 유출특성이 유역전체에 걸쳐 공간적으로 크게 변화하므로 단일 유역으로 해석할 수 없기 때문이며, 유역특성이 비교적 균일한 여러 개 중소유역과 하도구간으로 나누어 개개 유역으로부터 유출을 계산하고 하도구간을 통하여 하도 홍수추적, 저수지를 만나면 저수지 홍수추적을 실시하여 본류 유역 출구지점의 홍수유출을 계산한다.

① 유역·하도 분할

대규모 유역으로부터의 홍수유출계산은 중규모 유역으로부터의 유출계산과 이의 하류로 홍수추적에 의해 이루어지므로 **그림 6.9**와 같이 중규모 유역, 하도 구간으로의 분할과 다음 사항을 고려하는 것이 필요하다.

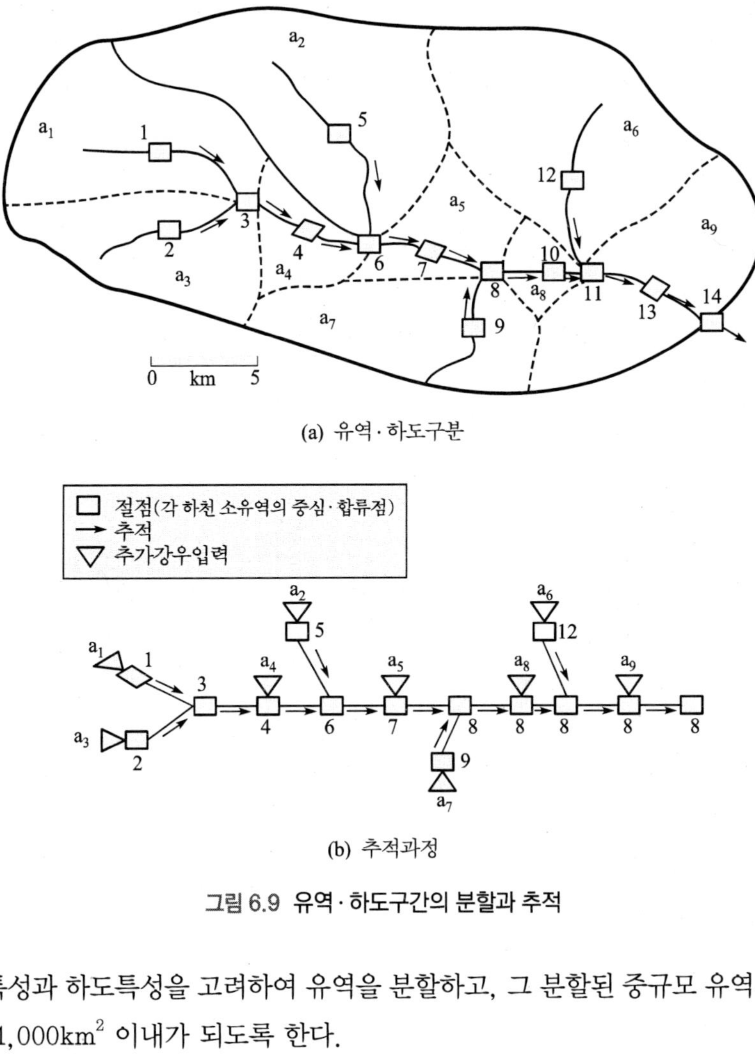

(a) 유역·하도구분

(b) 추적과정

그림 6.9 유역·하도구간의 분할과 추적

1) 지형특성과 하도특성을 고려하여 유역을 분할하고, 그 분할된 중규모 유역의 면적이 가급적 1,000km^2 이내가 되도록 한다.
2) 주요 지류와 본류의 합류점이 분할된 유역의 출구점이 되도록 하고, 이미 건설된 수공구조물과 계획 댐 지점을 출구점이 되도록 한다.
3) 홍수예경보를 목적으로 할 경우에는 강수량 관측소의 분포를 고려하여 본류와 지류상의 수위관측소가 가급적 분할유역의 출구점이 되도록 한다.

② **유역별 유출계산 절차**

지류 또는 본류상의 중규모 유역 분할 지점에서의 홍수유출은 상류에서 하류 방향으로 분할유역 출구지점에 대한 유출계산, 하도구간 또는 저수지를 통한 홍수추적, 유입지천 유역으로부터의 홍수유출과의 중첩, 합성 등의 과정을 반복하면서 축차적으로 대상유역의 출구 지점까지 계산한다. 대하천 지점의 지류 또는 본류지점에서의 홍수유출계산은 **그림 6.9**의 모식도에 표시된 바와 같이 분할된 유역과 하도, 저수지 등을 고려하여 상류로부터 하류 방향으로 유출계산을 수행한다.

1) **그림 6.9**와 같이 상류부의 분할유역 [1], [2]로부터의 유출계산을 단위도법 등의 적절한 방법으로 계산한 후 합성한다.
2) 이를 자연하도 [3]을 통해 홍수추적한 후 분할유역 a_4의 입력과 [4]의 하도추적, [5]의 유역추적을 합성해 [6]의 유출수문곡선을 얻는다.
3) 같은 방법으로 분할유역 a_9의 입력과 [13]의 하도추적을 통해 출구점 [14]의 설계홍수량을 결정한다.

(5) 중규모 유역 유출계산

분할된 중규모 유역별 홍수유출은 실측 또는 계획 강우에 강우-유출관계 모형을 적용하여 각각 계산한다. **그림 6.9**와 같이 분할된 중규모 유역별 홍수유출계산은 분할된 유역의 유출계산에 적합한 단위유량도법, 합성단위도법, 유역홍수추적법 등의 선형방법이나 기타 비선형 방법을 사용하여 각각 계산한다.

6.1.5 수문 모의

수문현상의 **모형화기법**(模型化技法, modeling technique)은 **원형계**(原型系, prototype system)의 거동을 쉽게 해석하기 위해 여러 가지 가정사항과 공식, 절차 등을 도구로 하는 분석기법으로 크게 확정론적 모형화기법, 확률론적 모형화기법, 추계학적 모형화기법으로 나눈다.

확정론적(確定論的) **모형화기법**(deterministic hydrologic simulation model)은 물의 순환을 지배하는 자연계의 물리적인 과정을 수학적으로 서술하여 한 유역의 강우-유출관계의 확정성을 전제로 해서 자연현상을 수학적으로 모의하는 모형이다. 물 순환과정을 침투, 지표하유출, 지하수 유출 등 지하흐름 과정변수의 공간적 변화 유무에 따라 **총괄 모형**(lumped model)과 **분할 모형**(distributed model)으로 나눈다. 전자는 유역을 동질의 배수면적으로 보아 균일한 강우조건에 있다고 가정하여 과정변수가 공간적으로 변화하지 않는다는 개념의 모형이다. 후자는 넓은 유역면적을 작은 면적의 여러 개 소구역으로 분할하여 유역특성인자, 수문과정변수의 중간적 변화를 고려해 개개 소유역별로 모의한 후 유역전체에 대해 합성함으로써 전 유역의 수학적 반응을 파악하는 개념의 모형이다.

확률론적(確率論的) 모형화기법(probabilistic method of hydroloic analysis)은 수문량을 확률 통계학적으로 분석하여 관측된 현상의 특성을 구명하고 장래에 발생될 양상을 예측하는 수문자료의 분석절차이다. 1.1.2에서도 언급하였듯이 수문현상을 해석하는 접근 방법이 현재까지는 이 방법에 따르고 있으며, 강우, 홍수와 갈수 등의 수문현상에 대한 발생빈도를 확률적으로 예측하는 것을 **빈도 해석(頻度解析, frequency analysis)**이라 하며, 이에 대해서는 5.2에서 다루었다.

추계학적(推計學的) 모형화기법(stochastic generation technique)은 무작위(random) 또는 통계학적 개념의 추계학적(stochastic)으로 발생되는 비교적 단기간의 관측 수문자료를 장기간의 대표성 수문자료로 통계적 특성을 유지하도록 인위적으로 발생시켜 수자원 시스템의 설계·기준 등에 활용하는 기법이다.

"**추계학적(推計學的, stochastic)**"이란 "임의의, 무작위(無作爲, random)"와 동의어로 수문학에서는 부분적으로 '임의로 발생하는 수문시계열(hydrologic time series)'로 사용되었다. 이는 수문학의 정의에서 수문현상과 수문분석을 위한 **확정론적 접근방법**(deterministic approach method)과 **확률론적 접근방법** 간의 중간적 역할의 개념임을 이미 설명한 바 있다. 이 방법은 관측 수문자료의 짧은 기간을 자료의 동질성 가정하에 비교적 긴 기간의 자료로 확장·발생시켜 이 계열자료가 가정과 같이 장래에도 발생된다는 가정하에 모의 발생시켜 장기간의 자료로 활용하고자 하는 방법이다.

본 절에서는 추계학적 유량자료의 모의발생방법에 대해 간단하게 기술하고자 한다.

(1) 상관기법

단기간의 자료 확장을 위한 가장 일반적인 **상관기법**(correlation technique)은 강우-유출 관계, 두 개 하천자료의 상관관계, 유량-지속기간 곡선의 비교를 들 수 있다. 이들 방법은 하천수위관측소 기록의 결함을 보완하는 데 적용할 수 있다.

수로단면의 수리학적 형상과 배수유역 자료, 기상학적 실용화하기 위해 **다상관기법**(multiple correlation technique)이 미계측 지역에 대한 일반화된 관계식을 유도하는 데 사용되어 왔다.

(2) 합성기법

수자원 계획의 배경에서 만나게 되는 매우 일반적인 어려움은 유량자료의 불충분이다. 기록을 통해 알고 있는 유용한 유량자료는 일반적으로 25년보다 자주 아주 짧다. 이들 자료는 50년에서 100년까지의 **계획 경제주기(economic life of project)**를 담보하지는 못한다. 같은 유량의 연속이 100년 기간 내 반복되리라는 것은 쉽지 않다. **역사적 기록(historical record)**에 기초해 설계된 시스템은 그 시스템이 겪게 되는 미지의 연속된 유량에 대해 불충분한 현재의 위험에 직면하게 된다. 게다가 단순히 짧은 계열로 구성되는 역사적 기록은 연속되는 큰 유량뿐만 아니라 적은 유량도 담보하지 못한다. 시스템의 안정성은 역사적 기록만을 가지고 불가능한 이들 조건하에 평가받게 된다. 통계적인 면에서 역사적 기록은 자연적 하천흐름 과정인 모집단으로부터 생기는 표본이다. 만약에 이 과정이 변화되지 않는 것이라 생각한다면 즉, 계열의 통계적 특성이 시간에 다라 변화되지 않는다면 그와 같은 표본을 나타내는 많은 계열들은 통계적 역사적인 기록과 유사하게 될 것이라고 공식화할 수 있을 것이다. 이것이 **합성기법(synthetic technique)**의 기초적 개념이다. 그러므로, 유량의 확장은 역사적 기록도 장래 흐름의 예측도 아니라 하천 내 비슷한 흐름의 전형적인 것이다.

(3) 자기회귀모형

자기회귀모형(autoregressive model) 또는 Markov **과정(Markov process)**은 확률과정 중에서 시스템의 미래상태가 현재의 상태만 주어지면 과거의 역사와는 무관하게 결정되는 성질(Markov 특성)을 가지는 확률과정이다. Markov 과정이 1회에서 1개 사상(=하천 흐름)의 값이 이전 주기(계열 또는 자기상관이 시계열 내 존재)에서의 사상값과 상관관계를 갖는다고 생각한다. 1계(first-order) Markov 과정에서 이들 상관관계는 그 사상의 두 연속 값 내에 존재한다. **합성 수문학(synthetic hydrology)**에서 고전적 접근방법으로 구성되는 1계 Markov 모형은 1회 주기 내 변수 x의 값은 이전 주기 내 x의 값에 무작위 성분을 합하는 것에 좌우된다고 설명한다. 그러므로, 하천에 대한 합성 흐름(유량)은 다음과 같이 두 부분으로 구성되는 각각의 수의 연속으로 표시한다.

$$x_i = d_i + e_i \tag{6.24}$$

여기서 $x_i = i$번째 시간(어떤 시계열의 i번째 수)에서의 흐름(유량 $[L^3T^{-1}]$)이고, $d_i = i$번째 시간에서의 **확정론적 부분(deterministic part)**이며, $e_i = i$번째 시간에서의 **무작위 부분(random part)**이다.

x_i의 값은 이들이 **역사적 계열(historical series)**과 비슷한 통계적 특성(평균, 편차, 왜곡도) 과정과 빈도분포에 속한다는 것을 확보함으로써 역사적 자료와 연결시켰다.

일반적인 합성자료의 Markov 과정은 역사적 기록의 해석으로부터 **통계적 매개 변수 결정(determining statistical parameter)**, 역사적 자료의 빈도분포 최적형 확인(identifying frequency distribution), 통계적 특성과 같은 분포의 무작위 수 발생(generating random number), 무작위 부분을 조합하고 지속성(이전 흐름의 영향)을 고려하는 확정론적 부분의 구성으로 이루어져 있다.

① 통계적 매개변수

합성 이론에서 역사적 자료의 중요한 통계적 매개변수는 5.1 **확률 · 통계**에서 설명한 평균 (유량)(mean flow) $\overline{x}$, 분산(variance) s^2 또는 표준편차(standard deviation) s, 왜곡도계수(coefficient of skewness) C_{ss}, **계열상관계수(lag serial correlation coefficient)** r_k 등 다음의 4가지이다.

$$\overline{x}=\frac{1}{n}\sum_{i=1}^{n}x_i \tag{6.25a}$$

$$s^2=\frac{1}{n-1}\sum_{i=1}^{n}(x_i-\overline{x})^2 \tag{6.25b}$$

$$s=\sqrt{\frac{1}{n-1}\sum_{i=1}^{n}(x_i-\overline{x})^2} \tag{6.25c}$$

$$C_{ss}=\frac{n\sum_{i=1}^{n}(x_i-\overline{x})^3}{(n-1)(n-2)s^3} \tag{6.25d}$$

$$r_k=\frac{\sum_{i=1}^{n-k}(x_i-\overline{x})(x_{i+k}-\overline{x})}{(n-k)s^2} \tag{6.25e}$$

여기서 $r_k=k(k=1,\ 2,\ \cdots$로 표시)차 계열상관계수[현재 유량이 이전 유량에 의해서만 영향을 받는 직전 유량을 나타내는 1차, 2차 …계열상관계수(lag 1, 2, … serial correlation coefficient)]로 유량자료계열의 수문학적 지속성을 판정하는 척도이고, $\overline{x}$ =관측치 유량의 평균값이며, s^2 =분산(variance) 또는 s =표준편차(standard deviation)이다.

하천유량 모의발생은 어떤 기간 동안에 관측된 자료계열이 장래에도 연속하여 발생된다는 가정하에 유도되는 **단순반복 연장방법**(simple repetitive extension method), 자료계열 형성 개개 유량은 특정 이론확률분포에 따라 분포되며, 각각 독립적으로 발생된다는 가정하에 유도되는 **무작위 발생방법**(random generation method), 자료계열 형성 개개 유량은 서로 의존적으로 앞에 발생된 값이 뒤 발생 값에 영향을 미친다는 가정하에 유도되는 **자기회귀 발생방법**(autoregressive generation method)이다.

② **단순반복 연장방법**

단 기간인 하천 유량을 장기간의 유량자료로 확충하는 가장 간단한 방법으로 저수지로의 유입 장래 유량은 기록이 짧은 과거 관측 유입유량과 저수지 수면 연한까지 계속 반복된다는 가정하에 구하는 방법이다.

③ **무작위 발생방법**

관측 유량자료계열이 수문학적 지속성을 갖지 않을 경우에 유량자료계열의 모의 발생방법으로 우선 관측유량계열의 적정 확률분포형의 설정이필요하다. 이후 빈도 해석 절차와 같이 확률분포형의 가정, 확률분포의 매개변수 결정, 이론적 확률밀도함수 산정, 매개변수 검정법 도입, 관측자료와 상대도수분포의 비교분석을 통해 적정확률분포의 결정, 이 분포의 난수(random number)를 발생시켜 매개변수를 사용해 유량계열로 환산하는 절차로 이루어진다. 평균 0, 표준편차 1인 **표준정규 무작위분포**(standard normal random distribution)의 **난수표**(random number table)는 표 6.3(Firing and Jackson, 1971)과 같다.

표 6.3 표준정규 무작위분포의 난수표

	0	1	2	3	4	5	6	7	8	9
0	−0.523	0.611	−0.359	−0.393	0.084	−0.931	−0.027	0.798	1.672	−1.077
1	−1.536	−0.454	0.071	−2.129	1.525	0.261	2.319	0.972	0.767	−2.849
2	−0.121	0.968	−1.743	0.581	−0.711	−0.060	−0.482	−0.746	−0.747	1.254
3	−0.542	−0.807	0.168	0.839	−0.756	−0.453	−1.912	0.766	−0.890	0.205
4	0.131	−0.859	−1.096	−0.785	0.310	1.314	−0.231	0.029	1.819	−1.602
5	−0.234	0.551	0.743	−0.900	0.435	−2.999	0.212	0.869	−0.716	−0.410
6	−1.010	1.347	0.230	0.009	−1.495	2.145	−1.033	0.729	0.309	0.920
7	0.273	−0.885	−0.016	0.775	−1.740	0.353	−1.519	0.958	−0.448	2.185
8	−0.102	−1.111	−0.585	1.461	−0.307	1.489	−0.196	0.506	−0.662	−1.175

표 6.3 표준정규 무작위분포의 난수표(계속)

	0	1	2	3	4	5	6	7	8	9
9	0.368	−0.710	0.407	0.066	−0.617	−0.580	0.107	−2.247	1.616	−1.060
10	−1.762	1.382	1.142	−2.056	−0.400	−1.701	−0.914	−1.000	−0.172	0.903
11	0.306	−0.607	−0.324	1.171	1.016	−1.829	1.723	−0.513	−0.657	2.011
12	−0.465	−1.214	−0.174	0.894	0.245	−0.987	−1.155	0.592	−0.411	−0.109
13	−0.004	−0.029	−0.633	0.004	−0.603	1.104	−0.655	1.191	0.938	−0.805
14	0.593	0.252	−0.541	0.318	1.268	1.972	0.875	−1.030	−1.175	0.445
15	0.233	0.430	−0.331	−1.272	−0.289	−0.060	−0.754	0.789	0.546	0.687
16	0.571	−0.215	−1.090	0.610	−0.810	−0.364	−1.282	0.010	0.586	0.926
17	0.370	0.976	1.017	1.106	0.441	−2.376	0.793	0.016	−0.704	0.146
18	−0.009	−1.285	−0.346	−0.323	0.609	−0.373	0.078	−1.034	0.153	0.997
19	0.416	−0.131	0.668	0.662	−1.835	1.646	0.197	0.131	0.783	0.076

④ 자기회귀 발생방법

자기회귀 발생방법은 관측유량 자료계열이 수문학적 지속성을 가질 경우에 유량자료를 모의 발생시키는 방법으로 하천유량계열의 모의발생에 널리 사용되고 있으며, 이를 **Markov 모형**이라고도 한다(Gupta, 2017; 이종석, 2018b; 이종석과 김치곤, 2019).

예제 6.11

어떤 유역을 흐르는 하천의 최대 연유량(maximum annual flow) 자료가 표 예6.11.1과 같이 측정되었다. 또한 이 자료는 과거 기록과 비슷한 합성 연 계열자료의 정규분포로 가정한다고 할 때 다음 사항에 답하시오.

1. 기본적 통계변수(statistical parameter)(평균, 표준편차, 왜곡도계수)의 산정
2. 1, 2차 계열상관계수의 계산
3. Markov 모형에 의한 최대 연유량 자료 계산

표 예6.11.1 대상하천의 최대 연유량 자료

자료순서	1	2	3	4	5	6	7	8	9	10	11
연유량	472	414	567	396	642	479	496	531	812	897	492
자료순서	12	13	14	15	16	17	18	19	20	21	
연유량	626	605	774	1,172	752	842	670	727	755	590	

[풀이]

1. 기본적 통계변수(statistical parameter)(평균, 표준편차, 왜곡도계수)의 산정

(1) **표 예6.11.2**를 이용하여 최대 연유량의 평균은 식 (6.25a)에 의해 다음과 같이 구한다.

① 평균; $\bar{x}=\dfrac{1}{n}\sum_{i=1}^{n}x_i=\dfrac{1}{21}\sum_{i=1}^{21}\dfrac{13,711}{21}=653\text{m}^3/\text{s}$

표 예6.11.2 어떤 하천의 연유량 자료와 기본적 통계변수 계산

ⓐ i	ⓑ 연유량 x_i (m^3/s)	ⓒ $(x_i-\bar{x})$	ⓓ $(x_i-\bar{x})^2$	ⓔ $(x_i-\bar{x})^3$ ($\times 10^4$)	ⓕ $(x_i-\bar{x})\cdot(x_{i+1}-\bar{x})$ ($\times 10^2$)	ⓖ $(x_i-\bar{x})\cdot(x_{i+2}-\bar{x})$ ($\times 10^2$)
1	472	-181	32.761	-593	432.6	155.7
2	414	-239	57.121	-1365	205.5	614.2
3	567	-86	7,396	-63.6	221	9.5
4	396	-257	66,049	-1,697.5	28.3	447.2
5	642	-11	121	-0.1	19.1	17.3
6	479	-174	30,276	-526.8	273.2	212.3
7	496	-157	24,649	-387	191.5	-249.6
8	531	-122	14,884	-181.6	-194	-297.7
9	812	159	25,281	402	388	-256.0
10	897	244	59,536	1,452.7	-392.8	-65.9
11	492	-161	25,921	-417.3	43.5	77.3
12	626	-27	729	-2.0	13	-32.7
13	605	-48	2,304	-11.0	-58	-249.1
14	774	121	14,641	177.2	628	119.8
15	1,172	519	269,361	13,980	513.8	980.9
16	752	99	9,801	97	187	16.8
17	842	189	35,721	675	32.1	139.9
18	670	17	298	0.5	12.6	17.3
19	727	74	5,476	40.5	75.5	-46.6
20	755	102	10,404	106	-64.3	-
21	590	-63	3,969	-25	-	-
합	13,711	-	696,690	$11,661\times 10^4$	$2,555.6\times 10^2$	$1,610\times 10^2$

(2) **표 예6.11.2**를 이용하여 표준편차의 계산을 위해 먼저 분산을 구한다.

① 분산(variance) s^2의 산정식 (6.25b) 또는 표준편차 s를 식 (6.25c)에 의해 구한다.

② 분산 계산; $s^2=\dfrac{1}{n-1}\sum_{i=1}^{n}(x_i\_\bar{x})^2=\dfrac{696,690}{20}=34,834.5$

③ 표준편차 계산; $s=\sqrt{\frac{1}{n-1}\sum_{i=1}^{n}(x_i-\bar{x})^2}=\sqrt{\frac{1}{20}(696{,}690)}=\sqrt{34{,}834.5}=186.6\text{m}^3/\text{s}$

(3) **표 예6.11.2**를 이용하여 왜곡도계수(skewness coefficient)를 식 (6.25c)에 의해 구한다.

① 왜곡도계수; $C_{ss}=\frac{n\sum_{i=1}^{n}(x_i-\bar{x})^3}{(n-1)(n-2)s^3}=\frac{21(11{,}661\times10^4)}{20(19)(186.6)^3}\fallingdotseq 0.993=1.0$

② 왜곡도계수 1로 자료는 왜곡되지 않았다.

2. 1, 2차 계열상관계수의 계산

(1) 1항에서 구한 기본적 통계변수를 이용해 **계열상관계수(lag 2 serial correlation coefficient)**를 다음과 같이 구한다.

① 1차 계열상관계수(lag 1 serial correlation coefficient)를 식 (6.25e)에 의해 구한다.

1) $r_k=\frac{\sum_{i=1}^{n-k}(x_i-\bar{x})(x_{i+k}-\bar{x})}{(n-k)s^2}$ $(\leftarrow k=1)$

2) $r_1=\frac{\sum_{i=1}^{21-1}(x_i-\bar{x})(x_{i+1}-\bar{x})}{(20)s^2}=\frac{2{,}555.6\times10^2}{(20)(186.6)^2}=\mathbf{0.37}$

② 2차 계열상관계수(lag 2 serial correlation coefficient)를 식 (6.25e)에 의해 구한다.

1) $r_2=\frac{\sum_{i=1}^{21-2}(x_i-\bar{x})(x_{i+2}-\bar{x})}{(19)s^2}=\frac{1{,}610\times10^2}{19(186.6)^2}=\mathbf{0.24}$

3. Markov 모형에 의한 최대 연유량 자료 계산

(1) 1항의 기본적 통계변수 $\bar{x}=\mathbf{653m^3/s}$, $s=\mathbf{186.6m^3/s}$, $r_1=\mathbf{0.37}$을 사용한다.

(2) 표준정규분포에 대해 **표 6.3**을 사용하여 무작위 변량(random variate) t_i를 결정한다.

(3) **Markov 모형**(자기회귀 발생방법)에 의한 i번째 유량 x_i는 다음과 같이 구한다.

$x_i=$ **결정론적 값(deterministic) + 무작위 값(random)** (예6.11a)

$x_i=[\bar{x}+r_1(x_{i-1}-\bar{x})]+[t_i s\sqrt{1-r_1^2}]$ (예6.11b)

① 식 (예6.11)을 사용하여 x_i값들을 순차적으로 결정하고, $x_{i-1}=\bar{x}$로 시작하며, x_i값에 대한 연유량 계산 예는 **표 6.11.3ⓑ**로부터 시작해 **표 6.11.3ⓗ**와 같이 계산한다.

② 이때 **표 6.11.3ⓕ** 의 t_i값은 **표 6.3**에서 (무작위로) 0.131, −0.859, −1.096, ⋯, −0.234 순으로 사용한다.

표 예6.11.3 제1차 Markov 모형에 의한 최대 연유량 계산

ⓐ i	ⓑ x_{i-1}	ⓒ $x_{i-1}-\bar{x}$	ⓓ (= r_1 ×ⓒ) $r_1(x_{i-1}-\bar{x})$	ⓔ (= $\bar{x}$ +ⓓ) $\bar{x}+r_1(x_{i-1}-\bar{x})$	ⓕ t_i (표 6.3)	ⓖ $t_i s\sqrt{1-r_1^2}$	ⓗ (=ⓔ+ⓖ) x_i
1	653.0 (= $\bar{x}$)	653−653 =0.0	0.37(0)=0.0	653+0=653	0.131	$0.131(186.6)[1-(0.37)^2]^{1/2}$ =22.7	653+22.7 =675.7
2	675.7	22.7 (=675.7−653)	8.4 (=0.37×2.7)	661.4 (=653+8.4)	−0.859	−148.9 $(=-0.859(186.6)[1-(0.37)^2]^{1/2})$	512.5 (=661.4−148.9)
3	512.5	−140.5	−52.0	601.0	−1.096	−190.0	411.0
4	411.0	−242.0	−89.5	563.5	−0.785	−136.1	427.4
5	427.4	−225.6	−83.5	569.5	0.310	53.7	623.2
6	623.2	−29.8	−11.0	642.0	1.314	227.8	869.8
7	869.8	216.8	80.2	733.2	−0.231	−40.0	693.2
8	693.2	40.2	14.9	667.9	0.029	5.0	672.9
9	672.9	19.9	7.4	660.4	1.819	315.3	975.7
10	975.7	322.7	119.4	772.4	−1.602	−277.7	494.7
11	494.7	−158.3	−58.6	594.4	−0.234	−40.6	553.8
12							
⋮							
비고	· ⓕ t_i; 표 6.3에서 무작위 선정; 0.131, −0.859, −1.096, ⋯, −0.234 순 사용 · ⓗ=ⓔ+ⓖ						

예제 6.12

[예제 6.11]을 이용하고, 표준정규분포의 난수표 무작위변수 t_i=0.031, −0.859, −1.096 순으로 선정하여 다음 사항에 답하시오.

1. 자기회귀발생−이동평균(autoregressive−moving average, ARMA) 모형에 의한 풀이

[풀이]

1. 자기회귀발생−이동평균(autoregressive−moving average, ARMA) 모형에 의한 풀이
   (1) [예제 6.11]에서 얻어진 값을 이용한다. $\bar{x}$ =**653m³/s** , s =**186.6m³/s** , r_1 =**0.37**, r_2 = 0.24 사용
   (2) **자기회귀발생−이동평균(autoregressive−moving average, ARMA)** 모형인 ARMA(1,1)을 사용하고, 표준정규분포 난수값 표 6.3의 무작위 변량(random variate) t_i 결정하여 빈도 해석의 수문량과 같은 a_i값을 다음과 같이 구한다.

$$a_i=\phi_{1,1}a_{i-1}+n_i-\theta_{1,1}n_{i-1} \quad \text{(예6.12.1a)}$$

$$a_i=\phi_{1,1}a_{i-1}+s_e(t_i-\theta_{1,1}t_{i-1}) \quad \text{(예6.12.1b)}$$

(3) 식 (예6.12)를 다음 식을 이용해 산정한 후 빈도계수식 형의 $x_i = \bar{x} + s\,a_i$로 유량자료로 변환시킨다.

$$\phi_{1,1} = \frac{r_2}{r_1} \qquad \text{(예6.12.2a)}$$

$$r_1 = \frac{(1-\phi_{1,1}\theta_{1,1})(\phi_{1,1}-\theta_{1,1})}{1+\theta_{1,1}^2-2\phi_{1,1}\theta_{1,1}} \qquad \text{(예6.12.2b)}$$

$$s_e^2 = \frac{1-\phi_{1,1}^2}{1+\theta_{1,1}^2-2\phi_{1,1}\theta_{1,1}} \qquad \text{(예6.12.2c)}$$

여기서 $\phi_{1,1}$ =계열상관계수의 비이고, s_e^2 =무작위 변량 가중치 $\theta_{1,1}$로 구성되는 무차원 무작위 변량 값이다.

(4) 식 (예6.12.2)를 이용해 자료계열의 통계값을 계산한다.

① 식 (예6.12.2a) 이용 $\phi_{1,1}$ 계산; $\phi_{1,1} = \frac{r_2}{r_1} = \frac{0.24}{0.37} = 0.65$

② 식 (예6.12.2b) 이용 $\phi_{1,1}$, r_1을 계수로 갖는 변수 $\theta_{1,1}$의 2차 방정식 유도·계산;

$$0.37 = \frac{(1-0.65\theta_{1,1})(0.65-\theta_{1,1})}{1+\theta_{1,1}^2-2(0.65)\theta_{1,1}} \Rightarrow \mathbf{0.28\theta_{1,1}^2 + 0.9415\theta_{1,1} - 0.28 = 0}$$

$$\theta_{1,1} = \frac{-b+\sqrt{b^2-4ac}}{2a} = \frac{-0.9415+\sqrt{0.9145^2-4(-0.28)(-0.28)}}{2(-0.28)}$$

$$= \frac{-(0.9415)\pm 0.7568}{-0.56} = 0.33$$

(5) 식 (예6.12.2c) 이용 s_e^2 계산;

$$s_e^2 = \frac{1-\phi_{1,1}^2}{1+\theta_{1,1}^2-2\phi_{1,1}\theta_{1,1}} = \frac{1-0.65^2}{1+0.33^2-2(0.65)(0.33)} = 0.85 \quad \therefore s_e = \mathbf{0.92}$$

(6) t_i값은 표준정규분포의 난수표 **표 6.3**의 무작위 값으로 0.031, −0.859, −1.096, …(**표 6.3**에서 임의 값 무작위 선정 후⇒ 연속 되는 값 사용)을 사용하고, 각 단계 (i)에서 t와 a는 이전 단계값 t_{i-1}과 a_{i-1}가 사용된다.

$$a_i = \phi_{1,1}\,a_{i-1} + s_e(t_i - \theta_{1,1}t_{i-1}) \qquad \text{(예6.12.3)}$$

⇨ $a_1 = \phi_{1,1}\,a_0 + s_e(t_1-\theta_{1,1}t_0) = 0.65(0) + 0.92[(0.131-0.33(0))] = \mathbf{0.121}$

$a_2 = \phi_{1,1}\,a_1 + s_e(t_2-\theta_{1,1}t_1) = 0.65(0.121) + 0.92(-0.859-0.33\times 1.131) = \mathbf{-0.75}$

$a_3 = \phi_{1,1}\,a_2 + s_e(t_3-\theta_{1,1}t_2) = 0.65(0.75) + 0.92[-1.096-0.33\times(-0.859)] = \mathbf{-1.24}$

$a_4 = \phi_{1,1}\,a_3 + s_e(t_4-\theta_{1,1}t_3) = 0.65(1.24) + 0.92[-0.785-0.33\times(-1.096)] = \mathbf{0.41}$

(7) 식 (예6.12.3)을 이용해 빈도계수식 형의 다음 식으로 계산한다.

$$x_i = \bar{x} + s\,a_i \qquad \text{(예6.12.4)}$$

⇨ $x_1 = 653 + (186.6)(0.121) = 676\text{m}^3/\text{s}$ $\qquad x_2 = 653 + (186.6)(-0.75) = 513\text{m}^3/\text{s}$

$x_3 = 653 + (186.6)(-1.24) = 422\text{m}^3/\text{s}$ $\qquad x_4 = 653 + (186.6)(0.41) = 729\text{m}^3/\text{s}$

6.2 HEC-HMS 응용

4.3 HEC-HMS 소개에서 다룬 기초적인 내용을 토대로 하여 실무 적용 능력을 갖게 하고자 간단한 실습 예제를 다뤘다. 본 절에서는 [예제 6.13]의 실습을 통해 HEC-HMS(v4.8)(USACE, 2022a; b; c)에 대한 운용체계를 익히고 수공 실무 활용성과 수문학적 식견을 조금 더 높일 수 있을 것이다. 이는 수공 기술자로 발전할 수 있는 작은 계기가 될 수 있을 것이며, 나아가 숙련된 기술자로서 업무에 능숙하게 활용하기 위해서는 많은 실제 문제들을 직접 경험하는 것이 필요하다.

예제 6.13

그림 예6.13.1과 같은 유역 내 소유역(Hankook, Daehan, Minkook) 3개와 3개의 강수량 관측소(Hankang, Gumkang, Sumkang)로부터 측정된 35년간 연최대치 우량자료를 이용하여 **지역 빈도 해석(regional frequency analysis)**을 실시하였다. 그 결과로 얻은 100년 빈도의 지속기간 24시간 누가우량은 표 예6.13.1과 같이 나타났다. 또한 유역의 물리적 특성 분석으로 얻은 소유역과 수로구간(하도)의 홍수추적을 위한 기본자료는 표 예6.13.2~6과 같이 결정하였다. 출구점(outlet; Daemun)의 2017년 8월 1일 00:00~8월 3일 10:00까지 유출 관련 자료와 HEC-HMS(v4.8)을 이용하여 다음 사항에 답하시오.

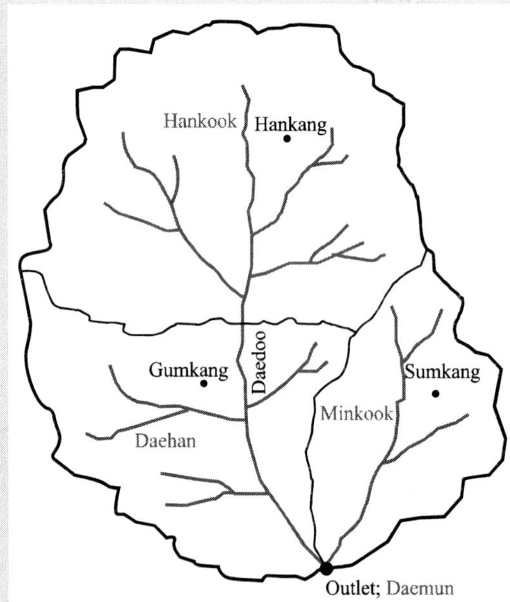

그림 예6.13.1 유역도

1. Hankook 소유역 1시간 단위의 유역추적 결과
2. Daedoo 수로구간 1시간 단위의 하도추적 결과
3. Daemun 출구점 1시간 단위의 총유출수문곡선 유도

표 예6.13.1 소유역 - 강수량 관측소별 100년 빈도 지속기간 24시간 누가우량 자료

ⓐ Hankook - Hankang Time(ddMMMYYYY, HH:mm), PPT(MM)		ⓑ Daehan - Gumkang Time(ddMMMYYYY, HH:mm), PPT(MM)		ⓒ Minkook - Sumkang Time(ddMMMYYYY, HH:mm), PPT(MM)	
a)	b)	a)	b)	a)	b)
01Aug2017, 00:00	0.0	01Aug2017, 00:00	0.0	01Aug2017, 00:00	0.0
01Aug2017, 01:00	7.5	01Aug2017, 01:00	7.6	01Aug2017, 01:00	7.3
01Aug2017, 02:00	11.2	01Aug2017, 02:00	11.5	01Aug2017, 02:00	11.0
01Aug2017, 03:00	15.4	01Aug2017, 03:00	15.8	01Aug2017, 03:00	15.1
01Aug2017, 04:00	22.3	01Aug2017, 04:00	22.9	01Aug2017, 04:00	21.9
01Aug2017, 05:00	33.1	01Aug2017, 05:00	34.0	01Aug2017, 05:00	32.5
01Aug2017, 06:00	47.8	01Aug2017, 06:00	49.1	01Aug2017, 06:00	46.9
01Aug2017, 07:00	65.8	01Aug2017, 07:00	67.5	01Aug2017, 07:00	64.6
01Aug2017, 08:00	86.2	01Aug2017, 08:00	88.5	01Aug2017, 08:00	84.6
01Aug2017, 09:00	107.7	01Aug2017, 09:00	110.6	01Aug2017, 09:00	105.8
01Aug2017, 10:00	129.1	01Aug2017, 10:00	132.6	01Aug2017, 10:00	126.8
01Aug2017, 11:00	149.3	01Aug2017, 11:00	153.3	01Aug2017, 11:00	146.6
01Aug2017, 12:00	167.4	01Aug2017, 12:00	171.9	01Aug2017, 12:00	164.4
01Aug2017, 13:00	182.9	01Aug2017, 13:00	187.7	01Aug2017, 13:00	179.6
01Aug2017, 14:00	195.4	01Aug2017, 14:00	200.6	01Aug2017, 14:00	191.9
01Aug2017, 15:00	205.2	01Aug2017, 15:00	210.5	01Aug2017, 15:00	201.4
01Aug2017, 16:00	212.5	01Aug2017, 16:00	218.1	01Aug2017, 16:00	206.6
01Aug2017, 17:00	218.1	01Aug2017, 17:00	223.8	01Aug2017, 17:00	214.1
01Aug2017, 18:00	222.7	01Aug2017, 18:00	228.5	01Aug2017, 18:00	218.6
01Aug2017, 19:00	227.1	01Aug2017, 19:00	233.0	01Aug2017, 19:00	222.9
01Aug2017, 20:00	231.9	01Aug2017, 20:00	237.9	01Aug2017, 20:00	227.6
01Aug2017, 21:00	237.1	01Aug2017, 21:00	243.3	01Aug2017, 21:00	232.6
01Aug2017, 22:00	242.4	01Aug2017, 22:00	248.7	01Aug2017, 22:00	238.0
01Aug2017, 23:00	246.2	01Aug2017, 23:00	252.6	01Aug2017, 23:00	241.7
02Aug2017, 00:00	246.2	02Aug2017, 00:00	252.6	02Aug2017, 00:00	241.7

표 예6.13.2 유역모델(Basin Models) - 소유역(Subbasin)(유역추적)의 수문자료

소유역(Subbasin)		한국 (Hankook)	대한 (Daehan)	민국 (Minkook)
소유역 면적(Area)(km^2)		234.5	198.7	157.8
손실 계산(Loss Method) 유출곡선지수(SCS *CN*)	유출곡선지수(Curve Number)	70.0	73.0	74.0
	불투수성(Impervious)(%)	0.0	0.0	0.0
직접유출량(Transform) [Clark 단위도(UH)]	도달시간(Concentration Time)(h)	2.5	1.7	1.9
	저류계수(Storage Coefficient)(h)	1.9	1.5	1.6
기저유량(Baseflow) [Recession]	초기유량(Initial Discharge)(m^3/s)	0.5	0.5	0.5
	감수상수(Recession constant)	0.2	0.2	0.2
	첨두량과 비(Ratio)	0.1	0.1	0.1
옵션(Options)		–	–	–

표 예6.13.3 유역모델(Basin Models) - 수로구간(Reach)(하도추적) 자료

수로구간(Reach)	Daedoo		
추적방법(Routing)	Muskingum	저류상수(Storage Constant) K	2.2
		가중상수(Weighting Constant) x	0.2
	하류구간(Subreaches) 수		1
옵션(Options)	–		

표 예6.13.4 유역모델(Basin Models)-합류점(Junction) 자료

합류(Junction)	시점(소유역+수로구간)	Jungmun
	종점(출구)(Outlet)	Daemun
옵션(Options)	–	

표 예6.13.5 기상모델(Meteorologic Models) 자료

기상모델	천기(Chunki)			
천기(Chunki)	단위(Unit System)	Metric		
	강수(Precipitation)	특정 우량 주상도(Specific Hyetograph)		
	증발(Evapotranspiration)	None		
	융설(Snowmelt)	None		
유역(Basins)	유역모델(Basin Model)	Example6_13		
	포함된 소구역((Include Subbains)	YES		
옵션(Options)	Tota Override	No		
특정 우량 주상도 (Specific Hyetograph)	소유역명(Subbasin Name)	Hankook	Daehan	Minkook
	관측소(Gage)	Hankang	Gumkang	Sumkang

표 예6.13.6 통제내역(Control Specifications)

통제내역 (Control Specifications)	100년(빈도)(100yr)	
100년(100yr)	(추적)시작일[Start Date(ddMMMYYYY)]	01Aug2017
	(추적)시작시각[Start Time(HH:mm)]	00:00
	(추적)종료일[End Date(ddMMMYYYY)]	03Aug2017
	(추적)종료시각[End Time(HH:mm)]	10:00
	(추적)시간간격(Time Interval)	1Hour

표 예6.13.7 시계열자료(Time - Series Data)

시계열자료 (Time - Series Data)	강수량 관측소(Precipitation Gages)			
강수량 관측소 (Precipitation Gages)	관측소	시계열자료		
	Hankang	Time - Series Gage	Data Source	Manual Entry
			Units	Cumulative Millimeters
			Time Interval	1Hour
		Time Window (01Aug2017,00:00 ~02Aug2017)	Start Date(ddMMMYYYY)	01Aug2017
			Start Time(HH:mm)	00:00
			End Date(ddMMMYYYY)	02Aug2017
			End Time(HH:mm)	00:00
		Table	표 예6.13.1ⓐ	–
		Graph	표 예6.13.1ⓐ 입력→생성	–
	Gumkang	Time - Series Gage	Data Source	Manual Entry
			Units	Cumulative Millimeters
			Time Interval	1Hour
		Time Window (01Aug2017,00:00 ~02Aug2017)	Start Date(ddMMMYYYY)	01Aug2017
			Start Time(HH:mm)	00:00
			End Date(ddMMMYYYY)	02Aug2017
			End Time(HH:mm)	00:00
		Table	표 예6.13.1ⓑ	–
		Graph	표 예6.13.1ⓑ 입력→생성	–
	Sumkang	Time - Series Gage	Data Source	Manual Entry
			Units	Cumulative Millimeters
			Time Interval	1Hour
		Time Window (01Aug2017,00:00 ~02Aug2017)	Start Date(ddMMMYYYY)	01Aug2017
			Start Time(HH:mm)	00:00
			End Date(ddMMMYYYY)	02Aug2017
			End Time(HH:mm)	00:00
		Table	표 예6.13.1ⓒ	–
		Graph	표 예6.13.1ⓒ 입력→생성	–

[풀이]

01. 계산 실행의 완료 화면

(1) 본 예제의 '4.3.2 HEC-HMS 과제 전개' 절차에 의한 계산 실행의 완료 결과는 그림 예6.13.2와 같다.

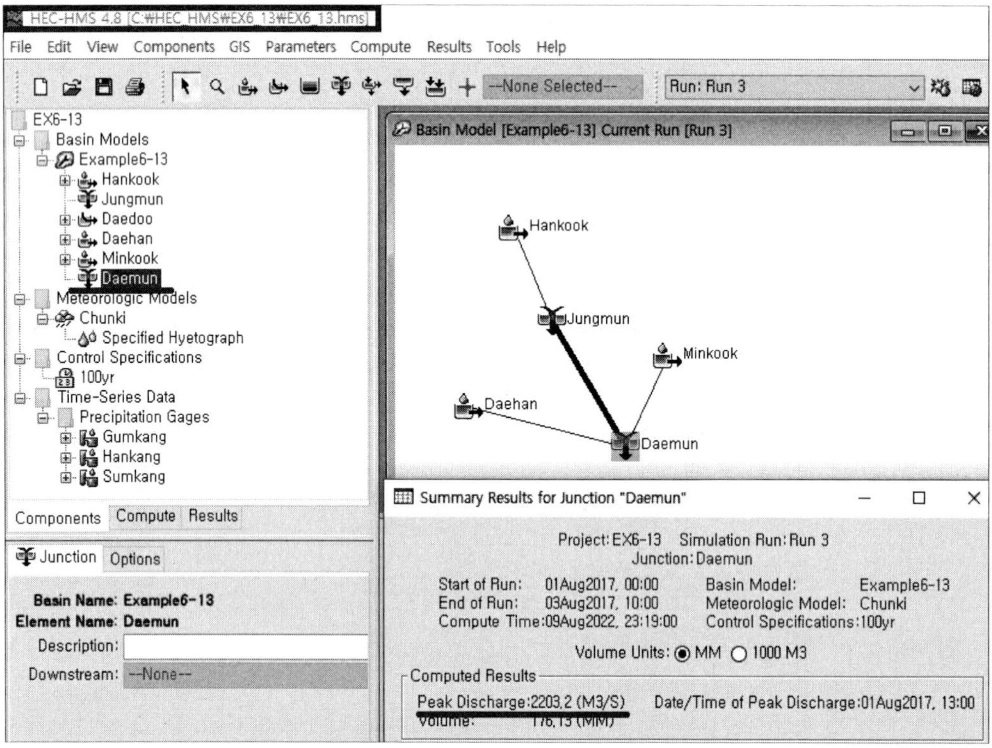

그림 예6.13.2 HEC-HMS(v4.8) 계산 실행의 완료 결과

02. HEC-HMS(v4.8)를 이용한 (1시간 단위의) 수문모형 유도(절차)

(1) [풀이](설명) 순서는 다음과 같다.

① **새 과제 만들기**(File→New⇒Create a New Project)

② **유역모델 만들기**(Components→Basin Model Manager⇒Create A New Basin Model)

③ **기상모델 작성**(Components→Meteorologic Model Manager⇒Create A New Meteorologic Model)

④ **통제내역 정의**(Components→Control Specifications Manager⇒Create A New Control Specifications)

⑤ **시계열자료 구성**(Components→Time-Series Data Manager⇒Create A New Time-Series Data) 또는 **대응자료 구성**(Components→Paired Data Manager⇒Create A

Paired Data)

⑥ **계산 수행**[(유역탐색기 Compute→Create Compute⇒Simulation Run⇒Next…⇨ Finish⇨Simulation Runs⇨Run i⇨Compute(100% Finished; Close)]

⑦ **결과 확인**(유역탐색기 Components 클릭→Basin Model 수문요소 클릭⇒Results⇨ Gobal Summary Table 등 확인)

(2) **새 과제 만들기**(File→New⇒Create a New Project)

⓪ 과제 옵션(Tools→Program Settings) 만들기 : 그림 예6.13.3 새 과제(과제 옵션) 만들기-1

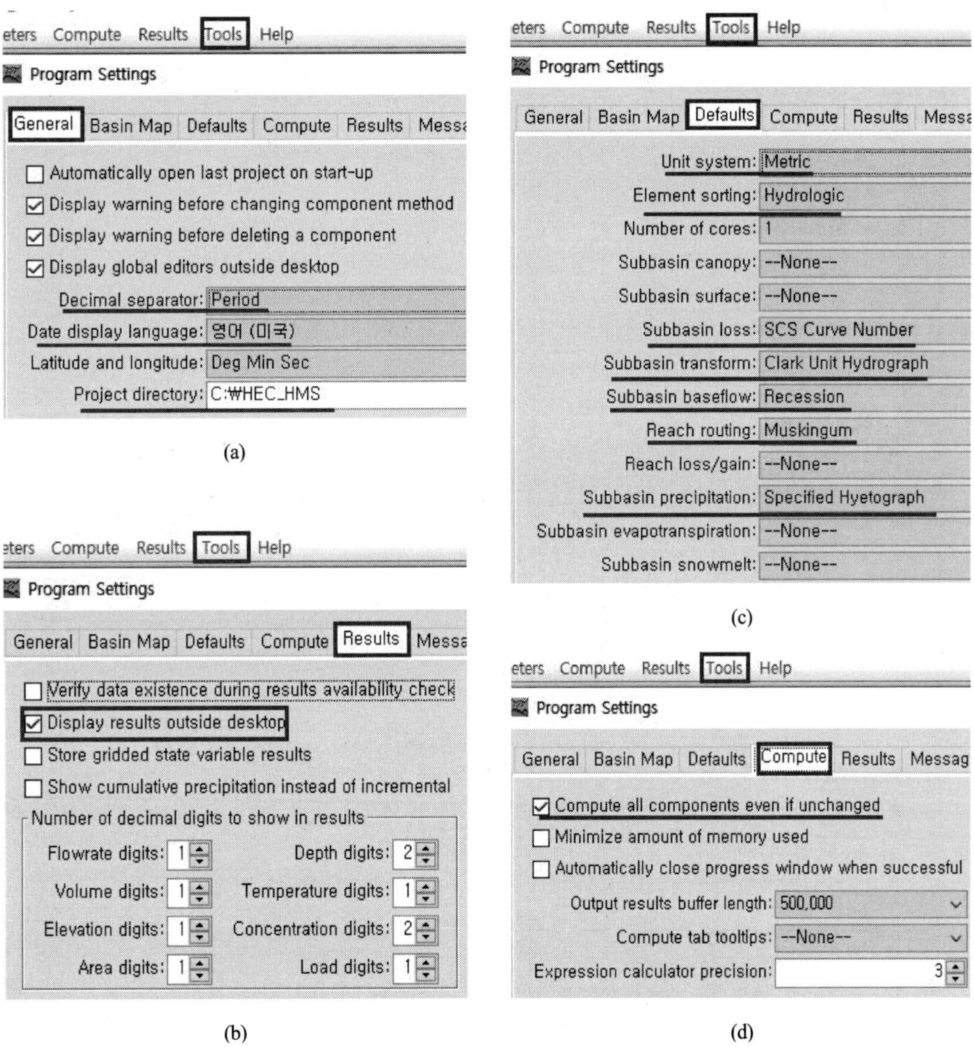

그림 예6.13.3 새 과제(과제 옵션) 만들기-1

1) 그림 예6.13.3(a) : General→Decimal separator; 'Period', Data display language; '영어(미국)', Project directory; 'C://HEC_HMS'
2) 그림 예6.13.3(b) : Results→Flowrate digits; '1', …, Depth digits; '2', …
3) 그림 예6.13.3(c) : Defaults→Unit system; 'Metric', …, Subbasin precipitation; 'Specified Hyetograph,…
4) 그림 예6.13.3(d) : Compute→ …, Expression calculator precision; '3'

① 새 과제(Project) 만들기(File → New …) : 그림 예6.13.4 새 과제(과제 이름) 만들기-2

1) 그림 예6.13.4(a) : 주메뉴→ File → 'New…' 클릭
2) 그림 예6.13.4(b) : 과제 이름(Name), 설명(Description), 저장 위치(Location) 입력 기본 단위계(Default Unit System) → Metric 클릭
3) 그림 예6.13.4(c) : Name →' EX6_13' 입력, Location →'C://HEC_HMS'[사용자 폴더(영어명)] 입력→Create 클릭
4) 그림 예6.13.4(d) : 새 과제 이름 생성→수행 완료

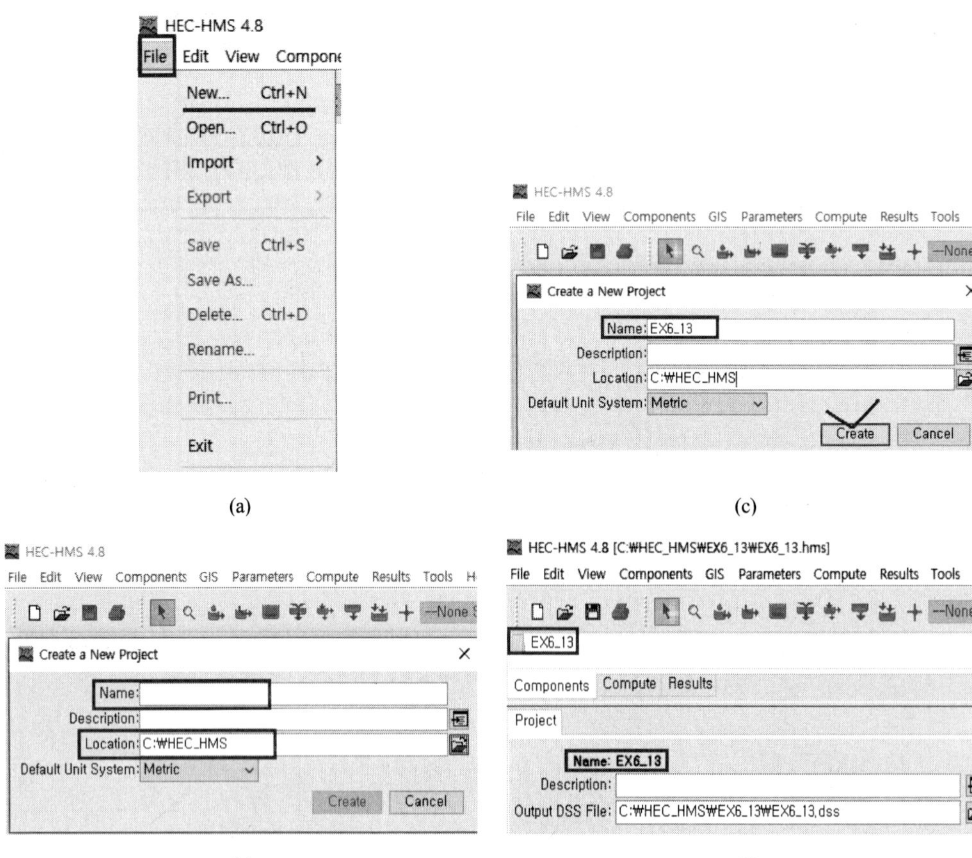

(a) (c) (b) (d)

그림 예6.13.4 새 과제(과제 이름) 만들기-2

(3) **유역모델 만들기**(Components→Basin Model Manager⇒Create A New Basin Model)

① 유역모델(Basin Model) 만들기(Components→Basin Model Manager) : 그림 예6.13.5 유역모델(모델 이름) 구성-1

1) 그림 예6.13.5(a) : 주메뉴→Components→Basin Model Manager 클릭→New 클릭

2) 그림 예6.13.5(b) : 이름(Name)→'Example6_13' 입력→Create 클릭

3) 그림 예6.13.5(c) : 유역모델 이름 생성→수행 완료(⇒⊞ Basin Models 의 '+' 클릭)

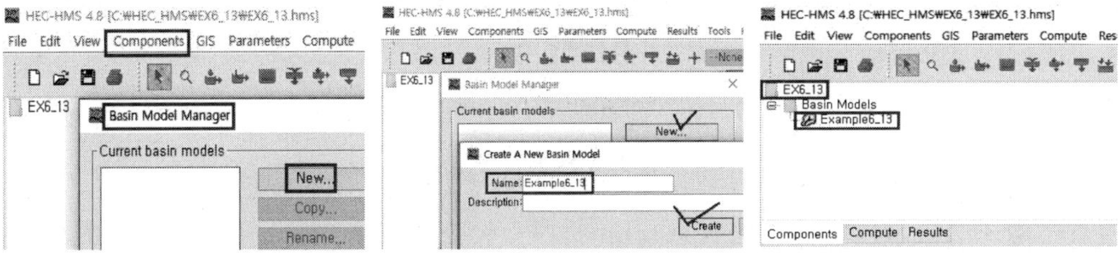

(a) (b) (c)

그림 예6.13.5 유역모델(모델 이름) 만들기 - 1

② 유역모델(Basin Model) 만들기 : 그림 예6.13.6 유역모델(소유역요소) 만들기-2

1) 그림 예6.13.6(a) : Basin Models/Example_6_13 클릭→소유역(Subbasin) 버튼 키를 누른 후 '+'자(커서)를 작업창의 적당 위치에 놓고 클릭한다.

2) 그림 예6.13.6(b) : 소유역(Subbasin)→이름(Name)→'Hankook' 입력→Create 클릭

3) 그림 예6.13.6(c) : Hankook 소유역 생성→수행 완료(⇒유역 탐색기의 'Hankook' 클릭)

4) 나머지 'Daehan, Minkoo' 개의 소유역도 같은 요령으로 작성한다.

5) 유역모델 작업 버튼키 누른 후 나타나는 '+'(커서)가 안보일 때는 '↖'를 클릭한다.

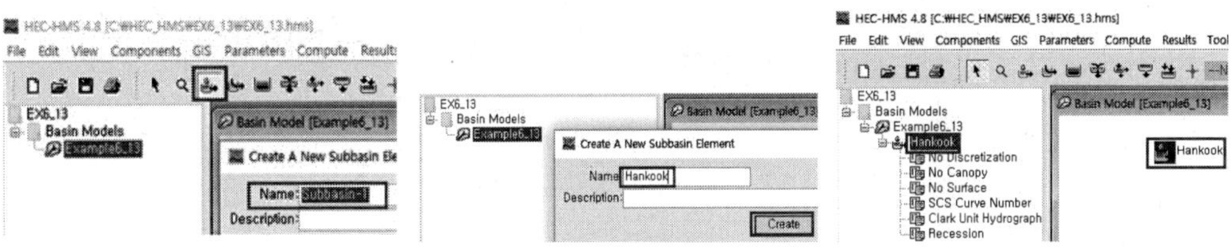

(a) (b) (c)

그림 예6.13.6 유역모델(소유역요소) 만들기 - 2

③ 유역모델(Basin Model) 만들기 : 그림 예6.13.7 유역모델(수로구간 요소) 만들기-3

1) 그림 예6.13.7(a) : 수로구간(Reach) 버튼 키 누른 후 '+'자(커서)를 작업창의 적당 위치에 놓고 오른쪽 마우스 버튼을 누른 후 일정 길이만큼 당겨 위치시킨 후 왼쪽 마우스 클릭

2) 그림 예6.13.7(b) : Create A New Reach Element : Name→'Daedoo' 입력⇒Create 클릭

3) 그림 예6.13.7(c) : Daedoo 수로구간 생성→수행 완료(⇒유역 탐색기의 'Daedoo' 클릭)

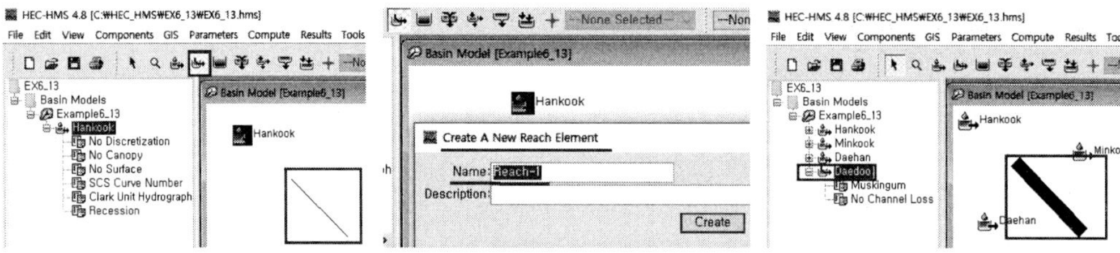

(a) (b) (c)

그림 예6.13.7 **유역모델(수로구간 요소) 만들기-3**

④ 유역모델(Basin Model) 만들기 : 그림 예6.13.8 유역모델(합류점 요소) 만들기-4

1) 그림 예6.13.8(a) : 합류점(Junction) 버튼 키를 누른 후 '+'자(커서)를 작업창의 두 요소 연결점(Hankook+Daedoo)에 놓고 클릭한다.

2) 그림 예6.13.8(b) : Create A New Reach Element : Name→'Jungmun' 입력⇒ Create 클릭

3) 그림 예6.13.8(c) : Jungmun 합류점 생성→수행 완료(⇒유역 탐색기의 'Jungmun' 클릭)

4) 종점인 출구점(Outlet) Daemun의 합류점 요소도 위와 같은 방법으로 작성한다.

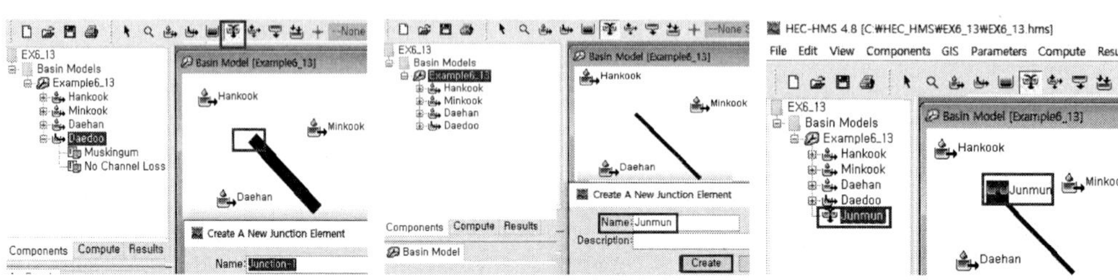

(a) (b) (c)

그림 예6.13.8 **유역모델(합류점 요소) 만들기-4**

⑤ 유역모델(Basin Model) 만들기 : 그림 예6.13.9 유역모델(각 수문요소의 연결) 만들기-5

1) 그림 예6.13.9(a) : (각) 시점(상류)의 연결시킬 요소(Element; Hankook) 위에 마우스를 올려놓는다.→오른쪽 마우스 버튼 클릭하면→'Connect Downstream'이 나타난다.

2) 그림 예6.13.9(b) : 왼쪽 마우스 버튼으로 Connect Downstream을 클릭한 후→'+' 커서가 나타나면 연결시키려는 하류 요소(Jungmun) 위에 놓고 인쪽 마우스 클릭하면 '연결선'이 나타난다.

3) 그림 예6.13.9(c) : 각 수문요소의 연결선 생성→수행 완료(⇒유역 탐색기의 연결선 클릭)

4) 나머지 'Jungmun→Daedoo', 'Daedoo→Daemun', 'Daehan→Daemun', 'Minkook →Daemun'을 같은 방법으로 연결시킴으로써 유역모델은 하나로 결합된다.

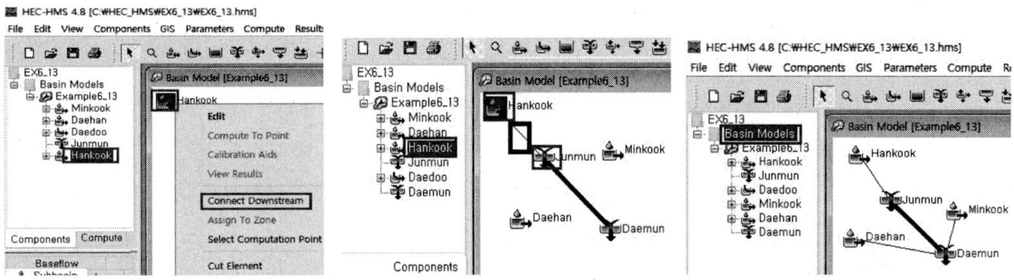

(a) (b) (c)

그림 예6.13.9 유역모델(각 수문요소의 연결) 만들기 - 5

⑥ 유역모델(Basin Model) 만들기 : 그림 예6.13.10 유역모델 (소유역요소의 자료입력) 만들기-6

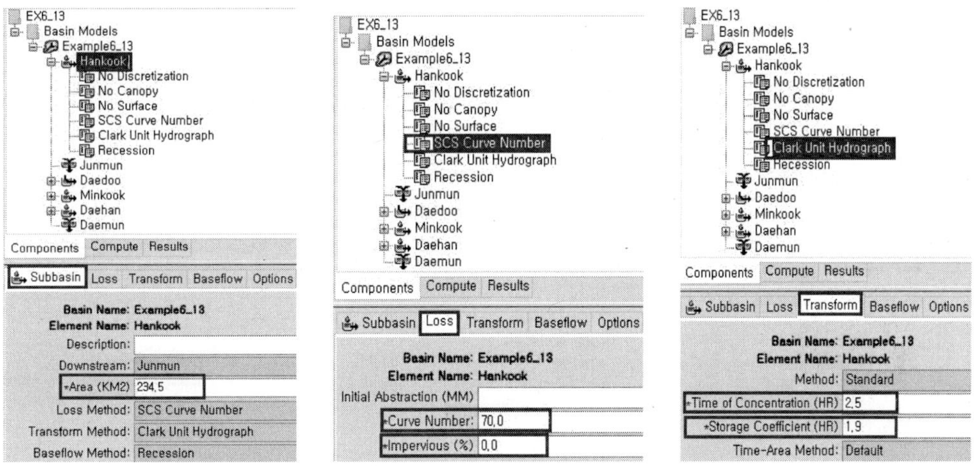

(a) (b) (c)

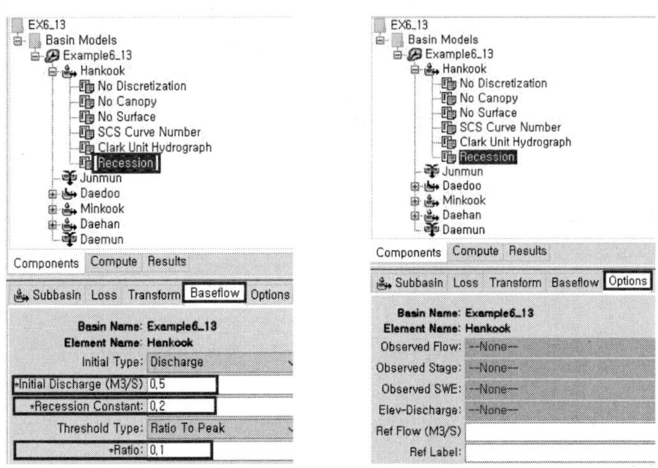

(d) (e)

그림 예6.13.10 유역모델 (소유역요소의 자료입력) 만들기-6

1) 그림 예6.13.10(a) : 소유역(Subbasin) 자료입력→소유역 Hankook(Daehan, Minkook 동일)→유역면적(Area) '234.5' (유출곡선지수, 합성단위도, 지체시간 등) 입력
2) 그림 예6.13.10(b) : 손실(Loss)→유출곡선지수(Cuirve Number) '70.0', 불투수성(Impervious) '0.0' 입력
3) 그림 예6.13.10(c) : 단위도 변환(Transfrom)→지체시간(Time of Concentration) '2.5', 저류상수(Storage Coefficient) '1.9' 입력
4) 그림 예6.13.10(d) : 기저유량(Baseflow)→초기유량(Initial Discharge) '0.5', 감수상수(Recession Constant) '0.2', 첨두량과 비(Ratio) '0.1' 입력
5) 그림 예6.13.10(e) : 옵션(Options)(없음)

⑦ 유역모델(Basin Model) 만들기 : 그림 예6.13.11유역모델(수로구간 요소 자료입력) 만들기-7

1) 그림 예6.13.11(a) : 수로구간(Reach) 자료입력→Daedoo 구간→추적방법(Routing method); Muskingum
2) 그림 예6.13.11(b) : 추적(Routing)→저류 상수(Muskingum K) '2.2', 가중상수(Muskingum x) '0.3' 입력, 하류구간(Subreaches) 수 '1' 선택
3) 그림 예6.13.11(c) : 옵션(Options)(없음)

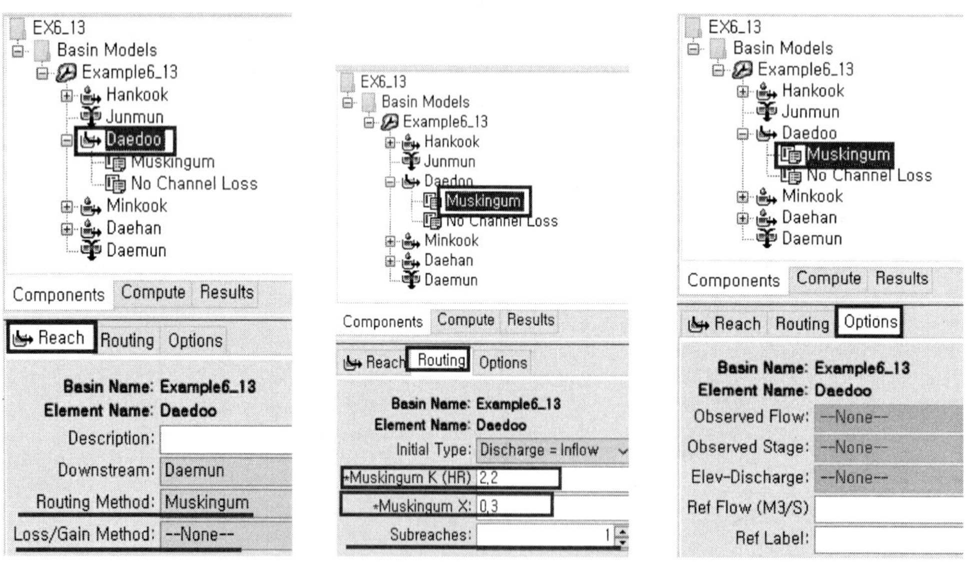

(a) (b) (c)

그림 예6.13.11 유역모델(수로구간 요소 자료입력) 만들기-7

4) 합류점 요소(Junction)인 'Jungmun, Daemun'의 입력자료는 없으며 흐름의 상·하류방향 만을 결정한다.

(4) **기상모델 작성**(Components→Meteorologic Model Manager⇒Create A New Meteorologic Model)

① 기상모델(Meteorologic Model) 작성(Components→Meteorologic Model Manager) : **그림 예6.13.12** 기상모델(모델 이름) 작성-1

1) **그림 예6.13.12(a)** : 주 메뉴→Components→Meteorologic Model Manager 버튼 클릭→New… 생성

2) **그림 예6.13.12(b)** : New… 클릭→Name에 'Chunki' 입력→Create 클릭

3) **그림 예6.13.12(c)** : Meteorology Models 생성→수행 완료 (⇒⊞ Meteorologic Models의 '+' 클릭)

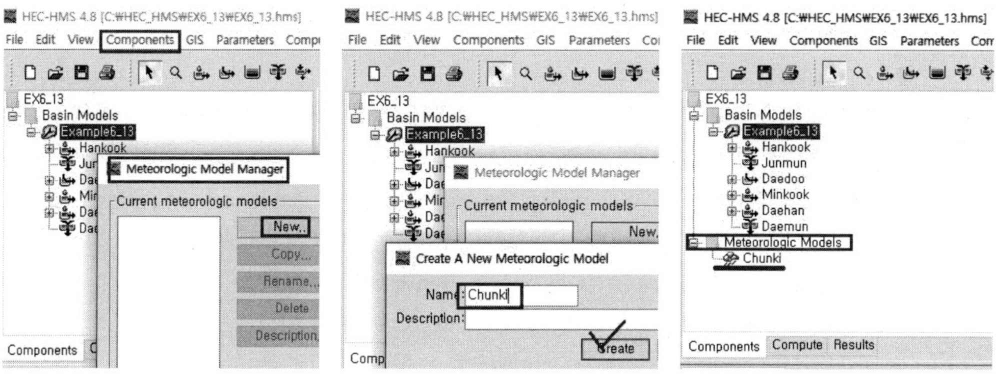

(a) (b) (c)

그림 예6.13.12 기상모델(모델 이름) 작성-1

② 기상모델(Meteorologic Model) 작성 : **그림 예6.13.13** 기상모델(소유역-강수량 관측소 연결) 작성-2

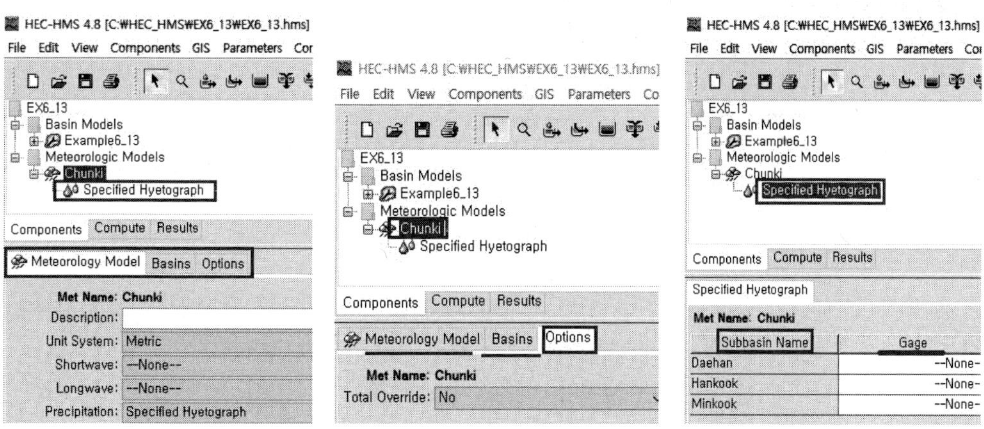

(a) (b) (c)

그림 예6.13.13 기상모델(소유역-강수량 관측소 연결) 작성-2

1) 그림 예6.13.13(a) : 기상모델명 'Chunki' 클릭→유역 탐색기에 Specified Hyetograph 생성→요소 편집기에 'Meteorogy Model, Basin, Options' 생성
2) 그림 예6.13.13(b) : Chunki→요소 편집기 Basin→Include Subbasins에 'Yes' 선택, Options→Total Override 'No' 선택
3) 그림 예6.13.13(c) : 기상모델 생성→수행 완료(⇒Specified Hyetograph 클릭)
4) 그림 예6.13.13(c)의 Subbasin Name; 'Hankook, Daehan, Minkook'→Gage ; 'None'은 시계열자료(Time-Series Data) 구성 후 【Hankook→Hankang', 'Daehan→Gumkang', Minkook→Sumkang'과 같이 '소유역(Subbasin)-강수량 관측소(Gage)' 연결】 연결

(5) **통제내역 정의**(Components→Control Specifications Manager⇒Create A New Control Specifications)

① 통제내역(Control Specified) 정의(Components→Control Specified Manager) : 그림 예6.13.14 통제내역(내역 이름) 정의-1

1) 그림 예6.13.14(a) : Components→Control Specified Manager 클릭→'New…' 생성
2) 그림 예6.13.14(b) : New 클릭→Name; '100yr' 입력→Create A New Control Specification : Name→100yr 입력→Create 클릭
3) 그림 예6.13.14(c) : Control Specifications 생성→수행 완료 (⇒ ⊞ Control Specifications 의 '+' 클릭)

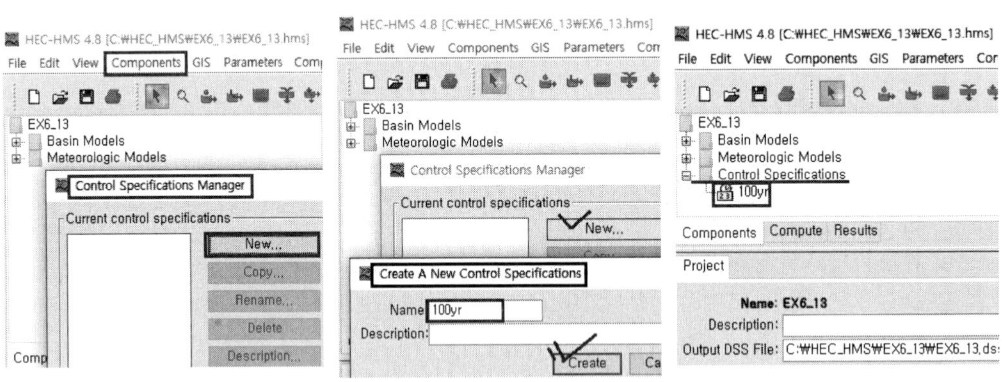

(a) (b) (c)

그림 예6.13.14 통제내역(내역 이름) 정의 - 1

② 통제내역(Control Specified) 정의 : 그림 예6.13.15 통제내역(추적일정) 정의-2

1) 그림 예6.13.15(a) : 통제내역 이름 '100yr' 클릭→요소편집기에 Control Specifications 출현
2) 그림 예6.13.15(b) : 요소편집기의 Control Specifications에 추적일정, 강우시간 입

력→Start Date(ddMMMYYYY) : '01Aug2017', Start Time(HH:mm) : '00:00'→ End Date(ddMMMYYYY) : '03Aug2017', End Time(HH:mm) : '10:00' 입력→ Time Interval : '1 Hour' 선택

3) **그림 예6.13.15(c)** : Control Specifications 입력자료 생성→수행 완료(⇒유역탐색기의 'Control Specifications→ 100yr ' 클릭)

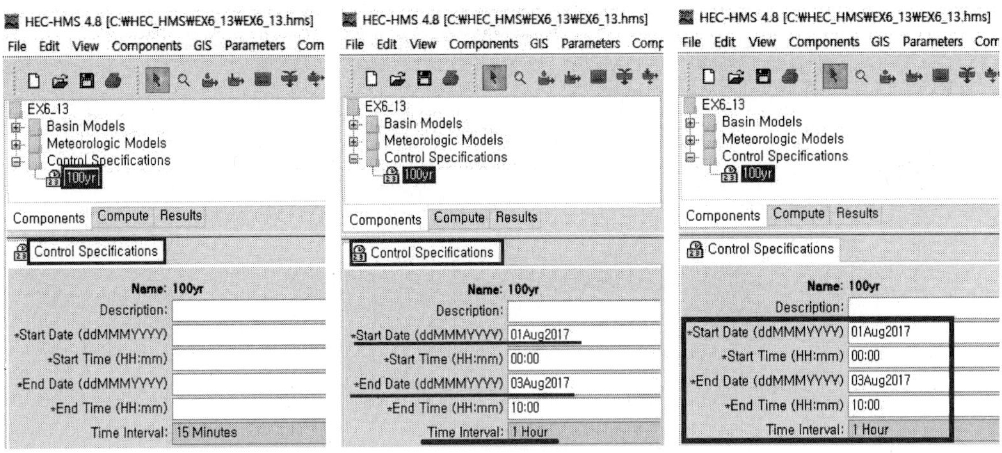

(a) (b) (c)

그림 예6.13.15 통제내역(추적일정) 정의 - 2

(6) **시계열자료 구성**(Components→Time-Series Data Manager⇒Create A New Time-Series Data) 또는 대응자료 구성(Components→Paired Data Manager⇒Create A Paired Data)

ⓞ **【**과제 수행을 위해서는 앞에서 설명한 ['Basin Models, Meteorologic Models, Control Specifications'+'Time-Series Data'인 4개 폴더 또는 'Paired Data Manager'를 추가한 5개 폴더의 구성이 완료되어야 한다. 본 예제는 시계열자료(Time-Series Data)를 포함한 4개 폴더로 구성하여 수행한다.**】**

① 시계열자료(Time-Series Data) 구성(Components→Time-Series Data Manager) : **그림 예6.13.16** 시계열자료(강수량 관측소 이름) 입력-1

1) **그림 예6.13.16(a)** : Components→Time-Series Data Manager 클릭→Data Type : Precipitation Gages⇒New 클릭

2) **그림 예6.13.16(b)** : Name→'Hankang'⇒ Create 클릭; 'Gumkang, Sumkang' 순 같은 방법으로 입력

3) **그림 예6.13.16(c)** : 강수량 관측소(Precipitation Gages) 생성→수행 완료

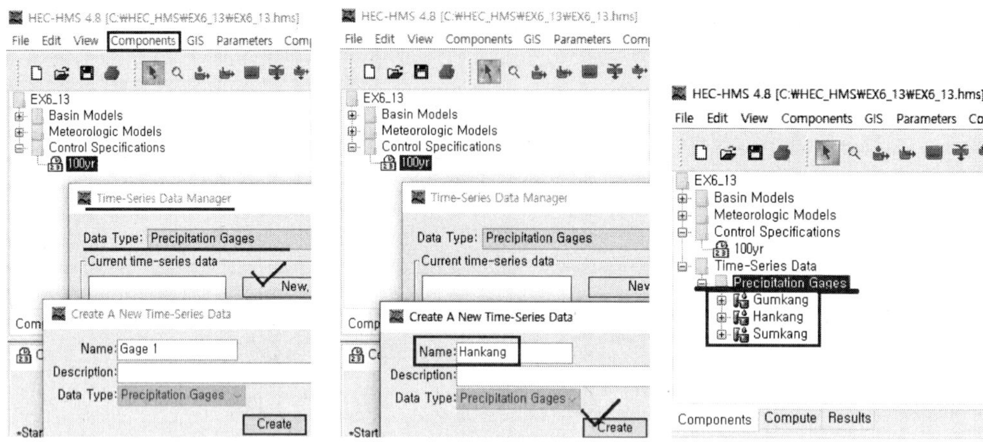

(a) (b) (c)

그림 예6.13.16 시계열자료(강수량 관측소 이름) 입력 - 1

② 시계열자료(Time-Series Data) 구성 : 그림 예6.13.17 시계열자료(강우시간) 입력-2

1) 그림 예6.13.17(a) : ⊞ Gumkang 의 '+' 클릭→'Gumkang' 강수량 관측소 클릭→요소편집기에 'Time-Series Gage' 출현

2) 그림 예6.13.17(b) :

㈎ 요소편집기의 'Time-Series Gage'에 필요자료 확인→수정 입력 또는 교체 선택

㉮ Data Source : 'Manual Entry' ㉯ Units : 'Cumulative Millimeters'

㉰ Time Interval : '1Hour' 입력

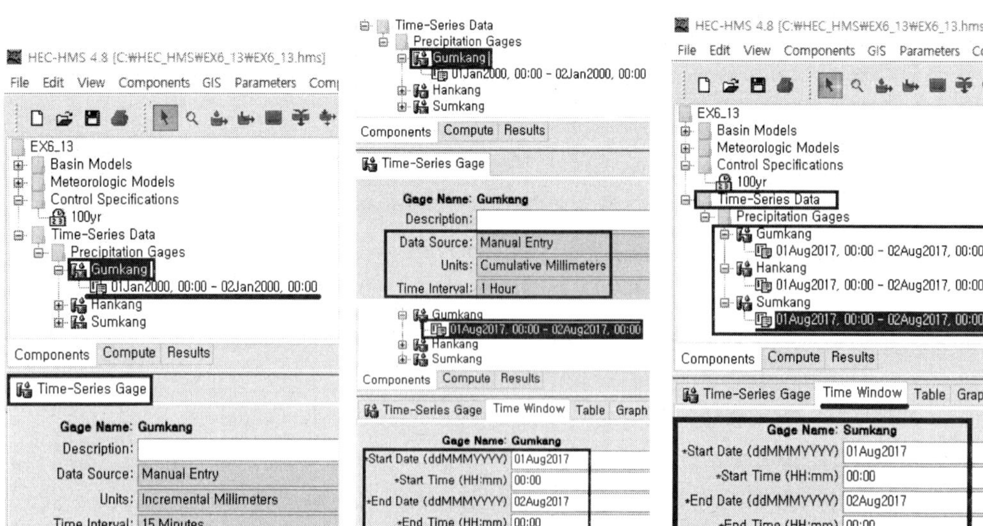

(a) (b) (c)

그림 예6.13.17 시계열자료(강우시간) 입력 - 2

㈏ 유역탐색기의 '강우시간' 확인→'Control Specifications'의 입력자료와 다를 때 수정

㉮ 강우시간 '01Jan2000, 00:00−02Jan2000, 00:00'을→'01Aug2017, 00:00−02Aug2017, 00:00'으로 수정

㉯ 강우시간 수정; Start Date(ddMMMYYYY) : '01Aug2017', Start Time(HH:mm) : '00:00'→ End Date(ddMMMYYYY) : '02Aug2017', End Time(HH:mm) : '00:00' 입력→저장

㉰ 정상일 때→'강우시간'을 클릭하면 요소편집기에 'Time Window' 출현

㈐ 'Hankang', 'Sumkang' 강수량 관측소의 경우도 '②−1)~2)−㉰'와 같은 방법으로 한다.

3) **그림 예6.13.17(c)** : 우량자료 입력용 'Time Window' 생성→수행 완료

③ 시계열자료(Time−Series Data) 입력 : **그림 예6.13.18**시계열자료(우량자료) 입력−3

1) **그림 예6.13.18(a)** : 유역탐색기의 '강우시간(01Aug2017, 00:00−02Aug2017, 00:00)'을 클릭→요소편집기의 'Table' 클릭→**그림 예6.13.18**: 지속기간 24시간인 1시간 단위 확률강우량 자료(Gumkang) "**표 예6.13.1**ⓑ" 입력 【'ⓐ Hankang, ⓒ Sumkang' 동일 방법 적용】

2) **그림 예6.13.18(b)** : 'Graph' 클릭 →수행 완료(그래프 완성, 우량자료 입력 결과 확인)

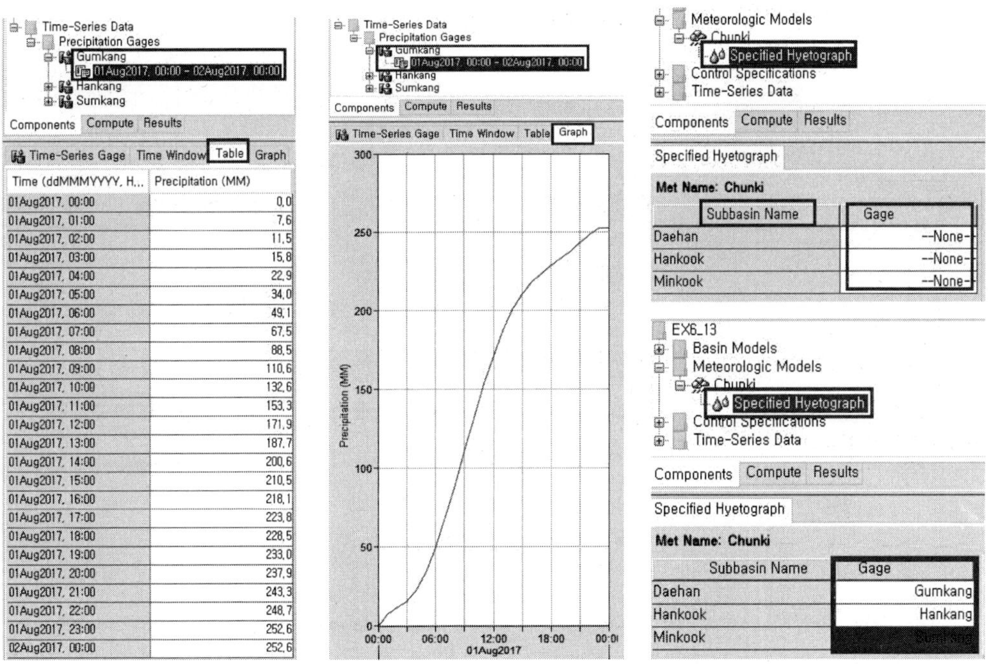

(a) (b) (c)

그림 예6.13.18 시계열자료(우량자료) 입력−3

3) **그림 예6.13.18(c)** ; "(4)-②-4)"에서 설명한 기상모델의 소유역(Subbasin)-강수량 관측소(Gage) 연결

(가) **【그림 예6.13.18(c) Subbasin Name】** ; 'Hankook, Daehan, Minkook'에→Gage 연결

(나) 'Hankook→Hankang', 'Daehan→Gumkang', Minkook→Sumkang'과 같이 '소유역-강수량 관측소' 연결

(다) 소유역-강수량 관측소 연결 결과 확인

(7) **계산 수행** 【유역탐색기 Compute→Create Compute⇒Simulation Run⇒Next··⇨Finish ⇨Simulation Runs⇨Run i(Run 3)⇨Compute(100% Finished; 청색), Close)】

① 계산(Compute) 수행(Compute→Simulation Run) : **그림 예6.13.19** 마무리 과제-1

1) **그림 예6.13.19(a)** : 유역탐색기 Compute 클릭→주메뉴 'Compute'→Create Compute →'Simulation Run' 클릭→ (모의 실행) Name : 'Run 3' 선택→'Next' 출현

2) **그림 예6.13.19(b)** : 'Next' 클릭→ 유역모델 'Example6_13' 모의 출현, 'Next' 클릭→ 기상모델 'Chunki' 모의 출현, 'Next' 클릭→통제내역 '100yr' 출현, 'Finish' 클릭 →(계산 수행준비 완료 아이콘) Run 3 출현

3) **그림 예6.13.19(c)** : Run 3 위에 마우스 놓고 마우스 '오른쪽' 버튼 클릭→ 'Compute' 출현 후→이를 클릭→(청색) 줄 위에 '100% ' 출현' →그 아래 'Finished' (정상 실행 표시), 'Close' 출현(계산 완료)

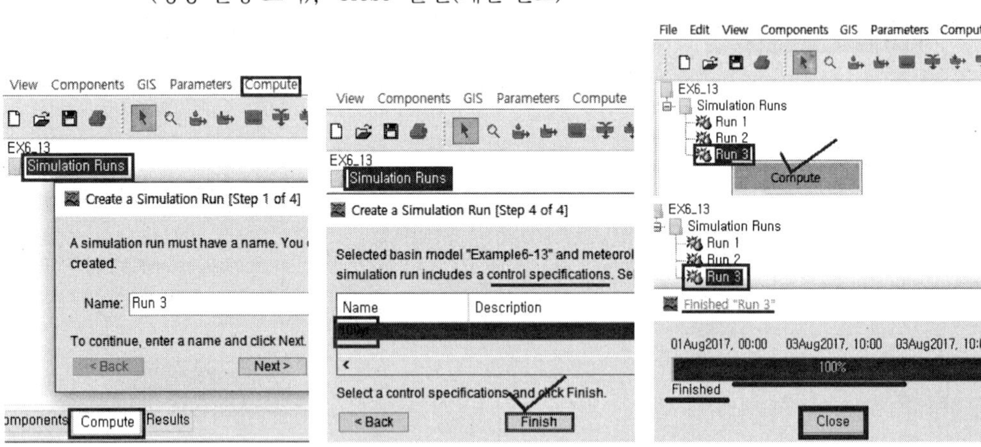

(a) (b) (c)

그림 예6.13.19 과제의 마무리 - 1

(8) **결과 확인**(유역탐색기 Components 클릭→Basin Model 수문요소 클릭⇒Results⇨ Gobal Summary Table 등 확인)

⓪ **그림 예6.13.19(c)** : 'Close' 클릭→본 예제에 대한 답(계산 결과)을 확인할 수 있다.

03. HEC-HMS(v4.8)를 이용한 (1시간 단위의) 수문모형 유도(결과)

1. Hankook 소유역 1시간 단위의 유역추적 결과

(1) 1시간 단위의 Hankook 소유역에 대한 유역추적 결과는 **그림 예6.13.20**과 같다.

① **그림 예6.13.20(a)**는 소유역 Hankook의 유역추적 결과를 '요소그래프 (Element Graph)'로 나타낸 것이다.

② **그림 예6.13.20(b)**는 소유역 Hankook의 유역추적 결과를 '요소 요약표 (Element Summary Table)'로 표시한 것이다.

③ **그림 예6.13.20(c)**는 소유역 Hankook의 유역추적 결과를 '요소 시계열표 (Element Time-Series Table)'로 표시한 것이다.

(2) 1시간 단위의 Hankook 소유역에 대한 유역추적 결과는 2017년 8월 1일 13:00에 Q_{100} =928.0m^3/s로 나타났다.

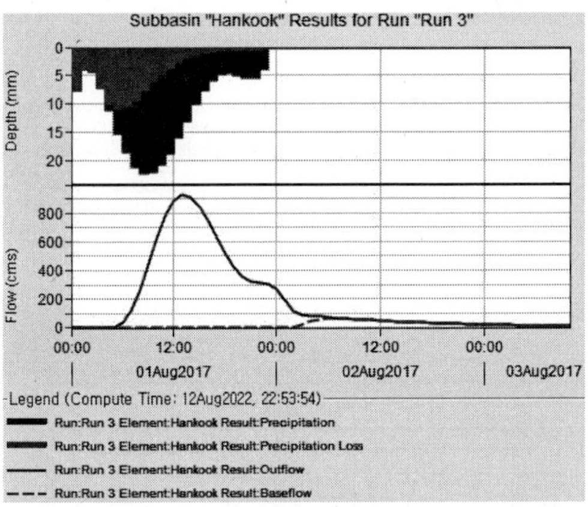

(a) 요소그래프

Project: EX6-13 Simulation Run: Run 3
Subbasin: Hankook

Start of Run: 01Aug2017, 00:00 Basin Model: Example6-13
End of Run: 03Aug2017, 10:00 Meteorologic Model: Chunki
Compute Time: 12Aug2022, 22:53:54 Control Specifications: 100yr

Volume Units: ◉ MM ○ 1000 M3

Computed Results

Peak Discharge:	928,0 (M3/S)	Date/Time of Peak Discharge:	01Aug2017, 13:00
Precipitation Volume:	252,60 (MM)	Direct Runoff Volume:	156,86 (MM)
Loss Volume:	95,74 (MM)	Baseflow Volume:	16,29 (MM)
Excess Volume:	156,86 (MM)	Discharge Volume:	173,15 (MM)

(b) 요소 요약표

Project: EX6-13 Simulation Run: Run 3
Subbasin: Hankook

Start of Run: 01Aug2017, 00:00 Basin Model: Example6-13
End of Run: 03Aug2017, 10:00 Meteorologic Model: Chunki
Compute Time: 12Aug2022, 22:53:54 Control Specifications: 100yr

Date	Time	Precip (MM)	Loss (MM)	Excess (MM)	Direct Flow (M3/S)	Baseflow (M3/S)	Total Flow (M3/S)
01Aug2017	00:00				0,0	0,5	0,5
01Aug2017	01:00	7,60	7,60	0,00	0,0	0,5	0,5
01Aug2017	02:00	3,90	3,90	0,00	0,0	0,4	0,4
01Aug2017	03:00	4,30	4,30	0,00	0,0	0,4	0,4
01Aug2017	04:00	7,10	7,09	0,01	0,1	0,4	0,4
01Aug2017	05:00	11,10	9,88	1,22	6,1	0,4	6,5
01Aug2017	06:00	15,10	10,85	4,25	38,9	0,3	39,3
01Aug2017	07:00	18,40	10,36	8,04	123,2	0,3	123,5
01Aug2017	08:00	21,00	9,17	11,83	264,4	0,3	264,7
01Aug2017	09:00	22,10	7,54	14,56	443,5	0,3	443,8
01Aug2017	10:00	22,00	6,00	16,00	627,1	0,3	627,4
01Aug2017	11:00	20,70	4,64	16,06	782,0	0,2	782,2
01Aug2017	12:00	18,60	3,54	15,06	885,5	0,2	885,7
01Aug2017	13:00	15,80	2,63	13,17	927,8	0,2	928,0
01Aug2017	14:00	12,90	1,93	10,97	910,6	0,2	910,8
01Aug2017	15:00	9,90	1,37	8,53	844,3	0,2	844,5
01Aug2017	16:00	7,60	0,99	6,61	744,7	0,2	744,9
01Aug2017	17:00	5,70	0,71	4,99	630,7	0,2	630,9
01Aug2017	18:00	4,70	0,57	4,13	519,5	0,1	519,6
01Aug2017	19:00	4,50	0,53	3,97	425,8	0,1	425,9
01Aug2017	20:00	4,90	0,56	4,34	360,4	0,1	360,5
01Aug2017	21:00	5,40	0,60	4,80	325,8	0,1	325,9
01Aug2017	22:00	5,40	0,58	4,82	314,0	0,1	314,1
01Aug2017	23:00	3,90	0,41	3,49	305,6	0,1	305,7
02Aug2017	00:00	0,00	0,00	0,00	268,9	0,1	269,0
02Aug2017	01:00	0,00	0,00	0,00	194,5	0,1	194,6
02Aug2017	02:00	0,00	0,00	0,00	118,5	0,1	118,5
02Aug2017	03:00	0,00	0,00	0,00	68,3	21,5	89,8
02Aug2017	04:00	0,00	0,00	0,00	39,2	44,8	84,0
02Aug2017	05:00	0,00	0,00	0,00	22,4	56,1	78,5
02Aug2017	06:00	0,00	0,00	0,00	12,7	60,8	73,5
02Aug2017	07:00	0,00	0,00	0,00	7,0	61,6	68,7

(c) 요소 시계열표

그림 예6.13.20 Hankook 소유역의 유역추적 결과

2. Daedoo 수로구간 1시간 단위의 하도추적 결과

(1) 1시간 단위의 Daedoo 수로구간에 대한 하도추적 결과는 **그림 예6.13.21**과 같다.

① **그림 예6.13.21(a)**는 수로구간 Daedoo의 하도추적 결과를 '요소그래프 (Element Graph)'로 나타낸 것이다.

② **그림 예6.13.21(b)**는 수로구간 Daedoo의 하도추적 결과를 '요소 요약표 (Element Summary Table)'로 표시한 것이다.

③ **그림 예6.13.21(c)**는 수로구간 Daedoo의 하도추적 결과를 '요소 시계열표 (Element Time-Series Table)'로 표시한 것이다.

(2) 1시간 단위의 Daedoo 수로구간에 대한 하도추적 결과는 2017년 8월 1일 13:00에 유입량 Q_{in100}=928.0m^3/s이 최대이고, 2017년 8월 1일 13:00에 유출량 Q_{out100}=855.4m^3/s가 최대인 것으로 나타났다.

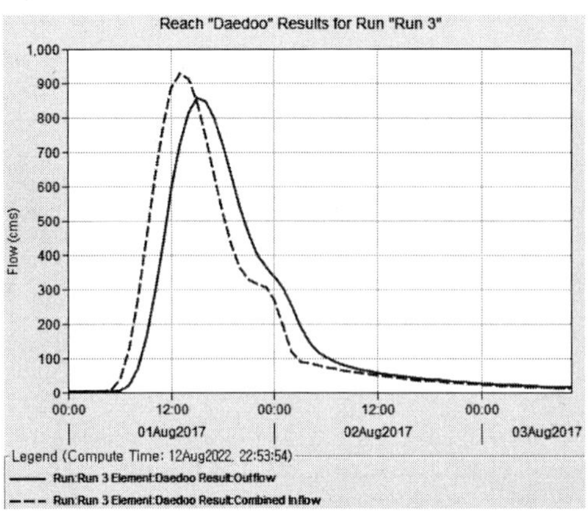

(a) 요소그래프

Project: EX6-13 Simulation Run: Run 3
Reach: Daedoo

Start of Run:	01Aug2017, 00:00	Basin Model:	Example6-13
End of Run:	03Aug2017, 10:00	Meteorologic Model:	Chunki
Compute Time:	12Aug2022, 22:53:54	Control Specifications:	100yr

Volume Units: ◉ MM ○ 1000 M3

Computed Results

Peak Inflow:	928.0 (M3/S)	Date/Time of Peak Inflow	01Aug2017, 13:00
Peak Discharge:	855.4 (M3/S)	Date/Time of Peak Discharge:	01Aug2017, 15:00
Inflow Volume:	173.15 (MM)	Discharge Volume:	172.74 (MM)

(b) 요소 요약표

Project: EX6-13 Simulation Run: Run 3
Reach: Daedoo

Start of Run:	01Aug2017, 00:00	Basin Model:	Example6-13
End of Run:	03Aug2017, 10:00	Meteorologic Model:	Chunki
Compute Time:	12Aug2022, 22:53:54	Control Specifications:	100yr

Date	Time	Inflow (M3/S)	Outflow (M3/S)
01Aug2017	06:00	39.3	4.1
01Aug2017	07:00	123.5	21.9
01Aug2017	08:00	264.7	70.6
01Aug2017	09:00	443.8	161.2
01Aug2017	10:00	627.4	291.1
01Aug2017	11:00	782.2	444.0
01Aug2017	12:00	885.7	596.4
01Aug2017	13:00	928.0	725.5
01Aug2017	14:00	910.8	814.7
01Aug2017	15:00	844.5	855.4
01Aug2017	16:00	744.9	847.9
01Aug2017	17:00	630.9	799.3
01Aug2017	18:00	519.6	721.8
01Aug2017	19:00	425.9	629.9
01Aug2017	20:00	360.5	537.9
01Aug2017	21:00	325.9	458.5
01Aug2017	22:00	314.1	399.5
01Aug2017	23:00	305.7	361.5
02Aug2017	00:00	269.0	335.8
02Aug2017	01:00	194.6	304.3
02Aug2017	02:00	118.5	253.7
02Aug2017	03:00	89.8	193.1
02Aug2017	04:00	84.0	147.3
02Aug2017	05:00	78.5	119.1
02Aug2017	06:00	73.5	101.0
02Aug2017	07:00	68.7	88.7
02Aug2017	08:00	64.2	79.7

(c) 요소 시계열표

그림 예6.13.21 Daedoo 수로구간의 하도추적 결과

3. Daemun 출구점 1시간 단위의 총유출수문곡선 유도

(1) 1시간 단위의 Daemun 출구점에 대한 하도추적 결과는 그림 예6.13.22와 같다.

① 그림 예6.13.22(a)는 출구점 Daemun의 총유출수문곡선 유도 결과를 '요소그래프 (Element Graph)'로 나타낸 것이다.

② 그림 예6.13.22(b)는 출구점 Daemun의 총유출수문곡선 유도 결과를 '요소 요약표 (Element Summary Table)'로 표시한 것이다.

③ 그림 예6.13.22(c)는 출구점 Daemun의 총유출수문곡선 유도 결과를 '요소 시계열표 (Element Time-Series Table)'로 표시한 것이다.

(2) 1시간 단위의 Daemun 출구점에 대한 총유출수문곡선 유도 결과는 2017년 8월 1일 13:00에 유출량 $Q_{max\,100}$=2,203.2m^3/s가 최대인 것으로 나타났다.

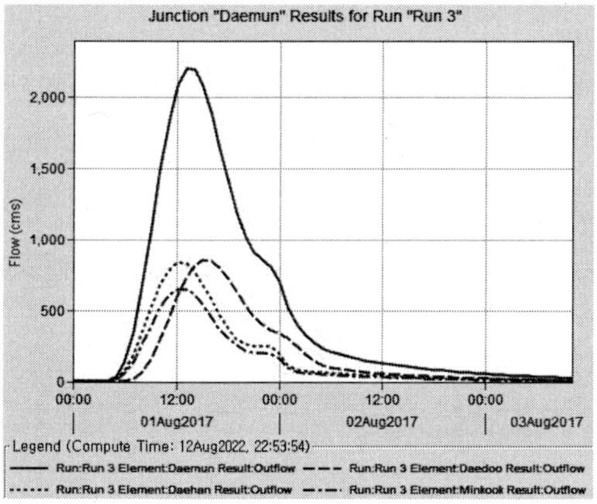

(a) 요소그래프

Project:EX6-13 Simulation Run:Run 3
Junction:Daemun

Start of Run: 01Aug2017, 00:00 Basin Model: Example6-13
End of Run: 03Aug2017, 10:00 Meteorologic Model: Chunki
Compute Time:12Aug2022, 22:53:54 Control Specifications:100yr

Volume Units: ◉ MM ○ 1000 M3

Computed Results
Peak Discharge:2203,2 (M3/S) Date/Time of Peak Discharge:01Aug2017, 13:00
Volume: 176,13 (MM)

(b) 요소 요약표

Project:EX6-13 Simulation Run:Run 3
Junction:Daemun

Start of Run: 01Aug2017, 00:00 Basin Model: Example6-13
End of Run: 03Aug2017, 10:00 Meteorologic Model: Chunki
Compute Time:12Aug2022, 22:53:54 Control Specifications:100yr

Date	Time	Inflow from D... (M3/S)	Inflow from D... (M3/S)	Inflow from M... (M3/S)	Outflow (M3/S)
01Aug2017	00:00	0,5	0,5	0,5	1,5
01Aug2017	01:00	0,5	0,5	0,5	1,4
01Aug2017	02:00	0,5	0,4	0,4	1,4
01Aug2017	03:00	0,5	0,4	0,4	1,3
01Aug2017	04:00	0,4	1,5	1,4	3,3
01Aug2017	05:00	0,6	18,0	13,4	32,0
01Aug2017	06:00	4,1	77,2	56,4	137,7
01Aug2017	07:00	21,9	193,2	142,3	357,4
01Aug2017	08:00	70,6	353,1	263,2	686,9
01Aug2017	09:00	161,2	526,1	397,1	1084,4
01Aug2017	10:00	291,1	678,4	518,0	1487,6
01Aug2017	11:00	444,0	785,3	605,5	1834,8
01Aug2017	12:00	596,4	834,9	649,6	2081,0
01Aug2017	13:00	725,5	827,6	650,0	2203,2
01Aug2017	14:00	814,7	771,4	612,0	2198,1
01Aug2017	15:00	855,4	680,6	544,9	2081,0
01Aug2017	16:00	847,9	572,3	452,1	1872,4
01Aug2017	17:00	799,3	463,3	363,9	1626,4
01Aug2017	18:00	721,8	369,0	305,9	1396,7
01Aug2017	19:00	629,9	300,4	256,4	1186,7
01Aug2017	20:00	537,9	262,5	217,9	1018,3
01Aug2017	21:00	458,5	251,3	202,4	912,2
01Aug2017	22:00	399,5	254,0	201,3	854,9
01Aug2017	23:00	361,5	247,3	197,6	806,4
02Aug2017	00:00	335,8	195,8	162,2	693,9
02Aug2017	01:00	304,3	115,2	100,8	520,3
02Aug2017	02:00	253,7	81,0	63,9	398,6
02Aug2017	03:00	193,1	75,7	59,7	328,6
02Aug2017	04:00	147,3	70,8	55,9	274,0
02Aug2017	05:00	119,1	66,2	52,2	237,6

(c) 요소 시계열표

그림 예6.13.22 Daemun 출구점의 총유출수문곡선 유도 결과

6.3 수리학적 방법

수리학적 홍수추적은 시공간적으로 짧은 시간 동안에 짧은 수로구간에서 급한 흐름의 변화를 추적하기 위한 방법이며, 6.1절에서의 저류 방정식만으로 문제 해결이 곤란할 때 사용하는 방법이다. 이는 하구부 삼각주(delta)의 복잡한 흐름, 배수의 영향과 변동성이 심한 수로구간, 댐 파괴 시 홍수의 하류 전파 추적, 가능 최대 강수량 등에 의한 비정상적 과대류의 홍수추적에 사용된다.

수리학적 홍수추적은 **부정부등류(不定不等流, unsteady nonuniform flow)**인 홍수류를 지배하는 연속 방정식과 운동량 방정식을 연립하여 초기조건과 경계조건을 이용해 편미분 방정식을 풀어 미지점의 유출량을 추적하는 방법이다. 이들 편미분 방정식인 연속·운동량 방정식은 **해석적 방법(解釋的 方法, analytical solution)**으로는 해를 얻기 쉽지 않으므로 컴퓨터를 이용한 **수치해법(數値解法, numerical method)**이 널리 이용되고 있으며, **도식적 방법(圖式的 方法, graphical method)**도 있다. 후술하겠지만 수치해법은 쌍곡선형 편미분 방정식을 **유한차분법(有限差分法, finite difference scheme)**을 이용하여 개략해를 구하는 방법으로 **양해법(陽解法, explicit scheme)**과 **음해법(陰解法, implicit scheme)**, **특성곡선법(特性曲線法, characteristic curve method)**이 있다.

6.3.1 지배 방정식

유역 내 지표면과 하천수로를 통과하는 물의 흐름은 유역 전체를 통해 유량과 유속, 수심이 공간적으로 변화하기 때문에 **분할 과정(distributed process)**이다. 유로 내 중요한 위치에서의 수위와 유량의 계산은 **분할흐름 추적 모형(distributed flow routing model)**을 사용하여 얻을 수 있다. 모형의 이러한 형식은 **총괄 모형(lumped model)**에서와 같이 시간만의 함수가 아니라 시간과 공간의 함수로서 수위와 유량을 계산해야 되기 때문에 1차원 흐름에 대한 Saint Venant 방정식인 편미분 방정식에 기초한다. 1871년 Barré de Saint-Venant (1871a; b)에 의해 처음 개발된 이 방정식은 시간과 공간이 유역 내 위치에 따라 변화하는 곳에 적용할 수 있고, 개수로 1차원 부정류의 지배 방정식이다(Julien, 2002).

Saint-Venant **방정식**을 유도하기 위해서는 '흐름은 수심과 유속이 흐름방향으로만 변화하는 1차원이고(유속 일정), 수면이 흐름 축에 수직인 임의단면을 횡단하여 수평이며, 정수압 분포(연직방향 가속도 무시)하여 점진적으로 변화된다'고 가정한다.

(1) 연속 방정식

통제체적(統制體積, control volume)을 통과하는 밀도가 변화하는 부정류에 대한 연속 방정식은 다음과 같이 쓸 수 있다(Chow, 1959; 1964).

$$\frac{d}{dt}\iiint_{C.V}\rho d\forall + \iint_{C.S}\rho \boldsymbol{V}\cdot d\boldsymbol{A}=0 \tag{6.26}$$

여기서 $\boldsymbol{V}$ =속도벡터이고, $d\boldsymbol{A}$ =수직인 면적벡터이며, $C\cdot V$ =**통제체적**(control volume), $C\cdot S$ =**통제표면**(統制表面, control surface), $d\forall$ =미소유체의 체적이다.

그림 6.10, 6.11과 같이 수로의 미소구간길이 dx인 통제체적을 고려할 때 통제체적으로의 유입량은 수로의 상류 끝(유입부)에서 통제표면으로 유입되는 유량 Q와 수로의 측면을 따라 **분지유량**(分枝流量, distributed flow)의 통제체적에 유입되는 측방유입량 q의 합이다. q의 크기는 수로의 단위길이당 유량이므로 측방유입률은 $q\,dx$이고, 질량유입률은 다음 식과 같이 주어진다.

$$\iint_{\text{inlet}}\rho \boldsymbol{V}\cdot d\boldsymbol{A}=-\rho(Q+q\,dx) \tag{6.27}$$

식 (6.27)의 값은 유입이 Reynolds **이송이론**(移送理論)에서 음으로 고려되기 때문에 음의 값을 갖는다.

수로의 하류끝(유출부) 통제표면에서 질량유출은 다음 식과 같다.

$$\iint_{\text{outlet}}\rho \boldsymbol{V}\cdot d\boldsymbol{A}=\rho\left(Q+\frac{\partial Q}{\partial x}dx\right) \tag{6.28}$$

여기서 $\partial Q/\partial x$ =거리에 따른 수로 내 유량의 변화율이고, A =평균 유수단면적이며, 이 수로 요소의 체적 $=A\,dx$이므로 통제체적 내 저류된 질량의 변화율은 다음과 같이 쓸 수 있다.

$$\frac{d}{dt}\iiint_{C.V}\rho d\forall=\frac{\partial(\rho A\,dx)}{\partial t} \tag{6.29}$$

여기서 편도함수는 **그림 6.12**와 같이 통제체적이 변화하는 수위에 의해 크기가 고정되는 것으로 정의하는 데 사용된다. 통제체적으로부터 질량의 순 유출량은 식 (6.26)에 식 (6.27)과 (6.29)를 대입함으로써 다음과 같이 구할 수 있다.

$$\frac{\partial(\rho A\,dx)}{\partial t}-\rho(Q+q\,dx)+\rho\left(Q+\frac{\partial Q}{\partial x}dx\right)=0 \tag{6.30}$$

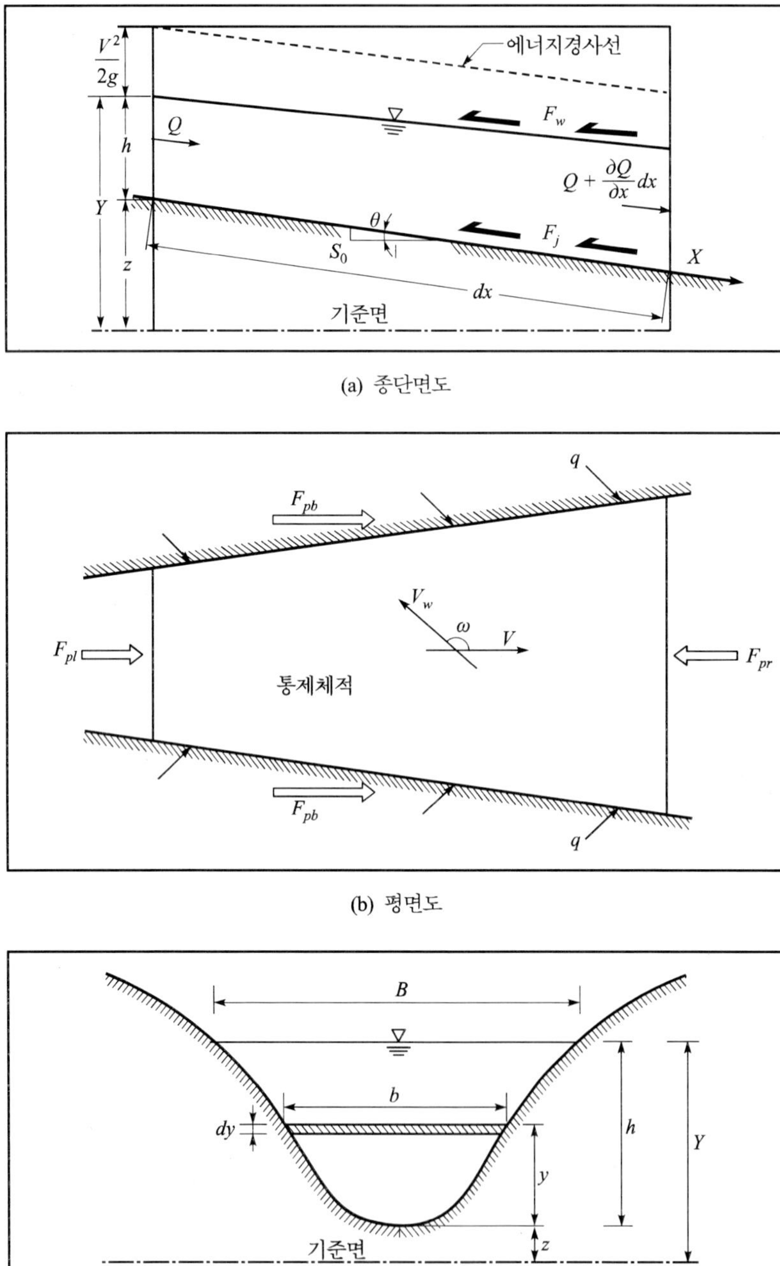

(a) 종단면도

(b) 평면도

(c) 횡단면도

그림 6.10 부정부등류의 통제체적

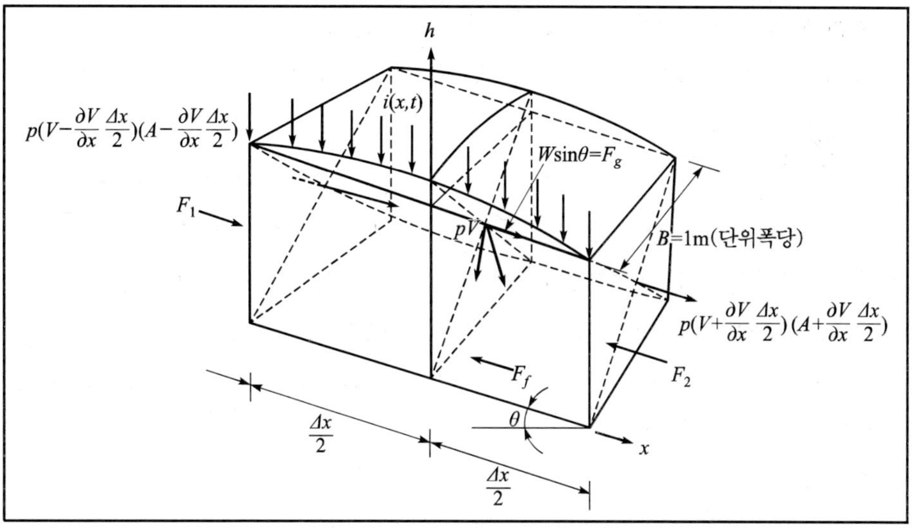

그림 6.11 통제체적 내 질량 유출입

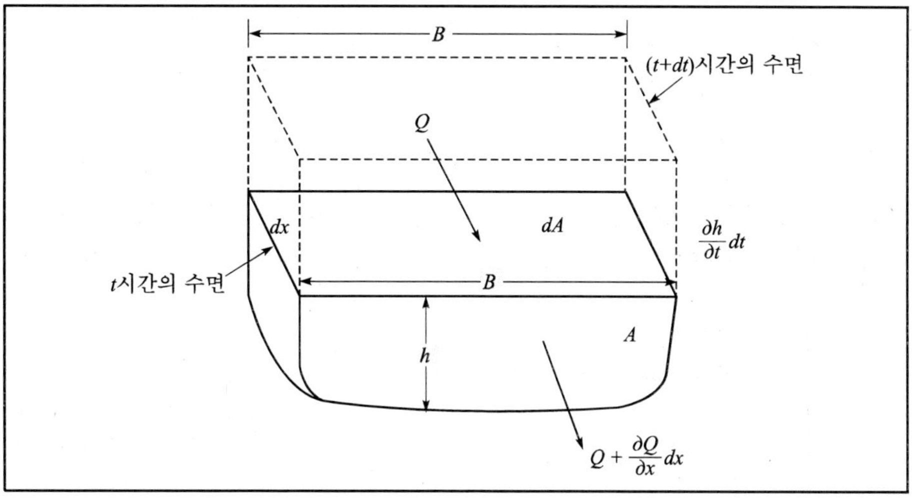

그림 6.12 미소시간 내 수면변화

밀도 ρ가 일정하다고 가정하면, 식 (6.30)은 ρdx로 나누고 단순화시키면 다음 식과 같은 연속 방정식의 보존형을 얻을 수 있다.

$$\frac{\partial Q}{\partial x}+\frac{\partial A}{\partial t}-q=0 \tag{6.31}$$

식 (6.31)은 임의 형상의 수로단면에 적용할 수 있으며, 하상경사가 일정하고, 단면형상이 수로구간에서 변하지 않는 **균일수로(均一水路, prismatic channel)**, 이들 모두가 변하는 **비균**

일수로(nonprismatic channel)에 모두에 적용할 수 있다.

식 (6.31)에서 측면 유입량 q가 영(zero) 인 경우의 연속 방정식은 다음과 같다.

$$\frac{\partial Q}{\partial x}+\frac{\partial A}{\partial t}=0 \tag{6.32}$$

식 (6.32)는 Saint-Venant 방정식 중의 하나인 (보존형)연속 방정식으로 이를 풀기 위한 몇 가지 방법에서 유량 Q와 단면적 A 대신에 평균유속 V와 수심 h가 사용되는 **질량 비보존형(質量 非保存型, nonconservation form)** 연속 방정식이 사용된다. 이 형의 연속 방정식은 다음과 같이 측방유입을 무시하고, 수로사이 흐름의 단위폭에 대해 수심 평균유속을 적용하면 다음과 같이 유도할 수 있다.

$$\frac{\partial (hV)}{\partial x}+\frac{\partial h}{\partial t}=0 \tag{6.33}$$

식 (6.33)은 첫째 항의 곱의 미분을 정리하면 다음 식을 얻을 수 있다.

$$V\frac{\partial h}{\partial x}+h\frac{\partial V}{\partial x}+\frac{\partial h}{\partial t}=0 \tag{6.34}$$

(2) 에너지 방정식

Newton의 운동 제2법칙에 따르면 **그림 6.13**의 유체요소에 작용하는 순 힘(net force) F는 질량 m에 가속도 α를 곱한 것과 같으며, 이들 관계를 이용하여 다음 식을 유도한다.

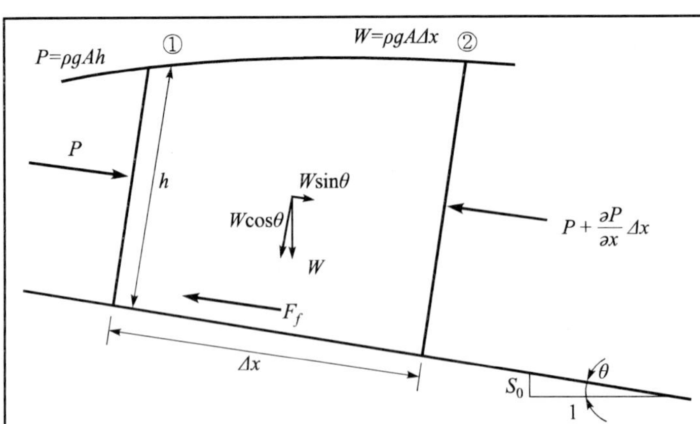

그림 6.13 통제체적 내의 에너지와 운동량 방정식 관계

① 흐름방향 x에 대한 가속도와 질량×가속도 항은 다음과 같다.

$$\alpha = \frac{\partial v}{\partial t} = \frac{\partial s}{\partial t}\frac{\partial u}{\partial x} = u\frac{\partial u}{\partial x} = \frac{1}{2}\frac{\partial u^2}{\partial x} \tag{6.35a}$$

$$m\alpha = \frac{1}{2}\frac{W}{g}\frac{\partial u^2}{\partial x} \tag{6.35b}$$

② **그림 6.13**의 압력 p관계에서 x방향의 순 압력 힘(=전수압)(net pressure force)은 다음과 같다.

$$-\frac{\partial p}{\partial x}\Delta A \Delta x = -\frac{W}{\gamma}\frac{\partial p}{\partial x} \tag{6.36}$$

③ 중력(=유체 무게)(gravitational force) W는 흐름방향 유체요소의 무게[=표고의 감소 의미(−)]로 다음과 같이 계산한다.

$$W\sin\theta\left(\text{또는} - W\frac{\partial z}{\partial x}\right) \tag{6.37}$$

④ 유체 요소 간에 작용하는 이 외의 내력(other internal force)은 유체의 무게 W에 요소 내 총 수두(total pressure head) H의 거리에 대한 비(=경사, slope) $\partial H/\partial x$와의 곱 $W(\partial H/\partial x)$으로 식 (6.37)과 비슷한 형태로 에너지 경사를 다음과 같이 쓴다.

$$W\frac{\partial H}{\partial x} \tag{6.38}$$

이상과 같이 식 (6.36)~(6.38)을 식 (6.35)와 같게 놓고 정리하면 다음 식을 얻을 수 있다.

$$\frac{1}{2}\frac{W}{g}\frac{\partial u^2}{\partial x} = -\frac{W}{\gamma}\frac{\partial p}{\partial x} - W\frac{\partial z}{\partial x} - W\frac{\partial H}{\partial x} \tag{6.39}$$

식 (6.39)를 한 개의 유선에 대한 값$(W/\partial x)$으로 각 항을 나누고 단위중량당의 에너지(energy per unit weight)인 길이 차원$[L]$의 전미분 항으로 단순화시키면 다음 식을 얻을 수 있다.

$$\frac{1}{2g}du^2 + \frac{1}{\gamma}dp + dz + H = 0 \tag{6.40}$$

식 (6.40)은 적분형으로 정리하면 다음과 같이 표시할 수 있다.

$$\frac{u^2}{2g} + \frac{p}{\gamma} + z + H = constant \tag{6.41}$$

식 (6.41)에 두 단면 사이 에너지의 내부 손실 $h_f = H_2 - H_1$을 포함시키면 다음 식과 에너지 방정식의 일반형으로 쓸 수 있다.

$$\frac{u_1^2}{2g}+\frac{p_1}{\gamma}+z_1=\frac{u_2^2}{2g}+\frac{p_2}{\gamma}+z_2+h_f \tag{6.42}$$

(이상 유체) Bernoulli **방정식**에서 에너지 손실 항 h_f는 무시되며, (실제 유체에 대한) **수정** Bernoulli **방정식**에서는 고려된다.

개수로 흐름의 $p=\gamma h$는 각각 p_1/γ와 p_2/γ의 압력 항으로 바꿔 쓴다. 개수로 흐름에서 에너지 표시의 다양한 형은 **그림 6.14**와 같이 수심 평균유속을 사용하여 나타낸다.

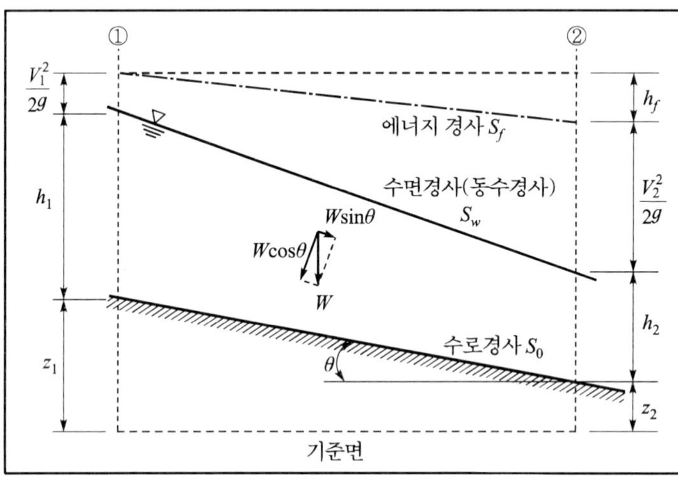

그림 6.14 개수로 에너지 표시의 다양한 형

(3) 운동량 방정식

운동량 방정식은 Reynolds의 이송이론 형으로 표현된 Newton의 운동 제2법칙으로부터 다음과 같이 유도할 수 있다.

$$\sum F=\frac{d}{dt}\iiint_{C.V}\rho d\forall+\iint_{C.S}\boldsymbol{V}\rho\boldsymbol{V}\cdot d\boldsymbol{A} \tag{6.43}$$

① 힘의 합

통제체적 내 작용하는 힘은 다음과 같이 5가지가 있다.

$$\sum F=F_g+F_f+F_e+F_w+F_p \tag{6.44}$$

여기서 F_g =통제체적 내 물의 무게에 의한 흐름방향성분인 **중력(gravity force)**이고, F_f =통제체적의 양측면과 하상을 따르는 **마찰력(friction force)**이며, F_e =수로단면의 급격한 변화로 만들어지는 **급축소·급확대력(急縮小·急擴大力contraction and expansion force)**, F_w =수면 위의 바람에 의한 **전단력(shear force)**, F_p =그림 6.10(b)에서와 같은 **비평형 전수압(unbalanced pressure force)**이다.

이들 5가지 각각의 힘은 다음과 같이 계산된다.

1) 통제체적 내 유체의 체적은 $A\,dx$ 이고 그 무게는 $\rho gAdx$ 이다. 수로경사 θ가 작은 값(보통 1/10≒6°)이라면 $S_o \fallingdotseq \sin\theta$ 이며, 중력은 다음과 같이 계산한다.

$$F_g = \rho gAdx\sin\theta \fallingdotseq \rho gAS_o dx \tag{6.45}$$

여기서 수로경사 $S_0 =-\partial z/\partial x$ 이다.

2) 통제체적의 바닥과 양측면을 따르는 전단응력에 만들어지는 마찰력 $F_f =-\tau_o P\,dx$ 이며, 전단응력 $\tau_0 = \gamma R_n S_f = \rho g(A/P)S_f$ 와의 관계로 표시하면 다음과 같이 쓸 수 있다.

$$F_f =-\rho gAS_f dx \tag{6.46}$$

여기서 S_f =마찰경사로 Manning 공식과 같은 저항공식으로 구한다.

3) 수로의 급축소 또는 급확대는 **와류 운동(渦流 運動, eddy motion)**을 통해 에너지 손실을 일으킨다. 이러한 에너지 손실은 관수로의 경우와 비슷하고, **와손실(渦損失, eddy loss)**의 크기는 손실을 일으키는 수로길이를 통과하는 속도수두 $V^2/2g = (Q/A)^2/2g$ 의 변화와 관련된다. 이들 와손실을 일으키는 **항력(抗力, drag force)**은 다음 식과 같다.

$$F_e =-\rho gAS_e dx \tag{6.47}$$

여기서 S_e =와손실 경사로 다음과 같이 정의한다.

$$S_e = \frac{K_e}{2g}\frac{\partial(Q/A)^2}{\partial x} \tag{6.48}$$

여기서 K_e =무차원인 확대 또는 축소손실계수로 수로가 확장될 때 **음(negative)**이고, 수축 시 **양(positive)**의 값을 갖는다.

4) 바람에 의한 전단력은 자유수면 위에서 바람의 마찰저항에 의해 생기며 다음 식으로 쓸 수 있다.

$$F_w = \tau_w B dx \tag{6.49}$$

여기서 τ_w =바람전단응력(wind shear stress)이고, 유체에 대한 경계전단응력은 일반적으로 다음과 같이 쓴다.

$$\tau_w = \frac{-\rho C_f |V_r| V_r}{2} \tag{6.50}$$

여기서 V_r =경계에서 유체의 상대속도이고, $|V_r| V_r = \tau_w$가 V_r의 방향에 대해 양으로 작용하는 것을 뜻하며, C_f =전단응력계수이다. **그림 6.10(b)**와 같이 평균유속은 Q/A이고, 풍속은 유속에 대해 w 각도의 방향에서 V_w이고, 공기에 대한 상대 유속은 다음과 같이 쓸 수 있다.

$$V_r = \frac{Q}{A} - V_w \cos\omega \tag{6.51}$$

따라서, 바람 전단력은 다음 식과 같이 쓸 수 있다.

$$F_w = \frac{-\rho C_f |V_r| V_r B dx}{2} = - W_f B \rho dx \tag{6.52}$$

여기서 $W_f = (C_f |V_r| V_r)/2$ =**바람 전단계수(wind shear factor)**이다.

5) **그림 6.10(b)**, **그림 6.15**와 같이 비평형전수압은 통제체적 내 좌측에 작용하는 정수역학적 힘(hydrostatic force)(=정수압)의 합력은 F_{pl}이고, 우측에 작용하는 정수압의 합력(=전수압)은 F_{pr}이며, 제방에 작용하는 전수압은 F_{pb}이므로 통제체적 내 작용된 **전수압**은 다음과 같다.

$$F_p = F_{pl} - F_{pr} + F_{pb} \tag{6.53}$$

그림 6.10(c)와 같이 기준면으로부터 임의 표고 y에서 미소두께 dy인 유체요소는 수심 $y - dy$인 수심을 가지므로 요소의 정수압은 $\rho g(h-y)$이고, 전수압은 $\rho g(h-y) b\, dy$이며, b =임의(요소) 횡단면의 수면 폭이다. 그러므로, 통제체적의 좌측(유입부)에 대한 전체 전수압은 다음과 같다.

$$F_{pl} = \int_0^h \rho g (h-y) b dy \tag{6.54}$$

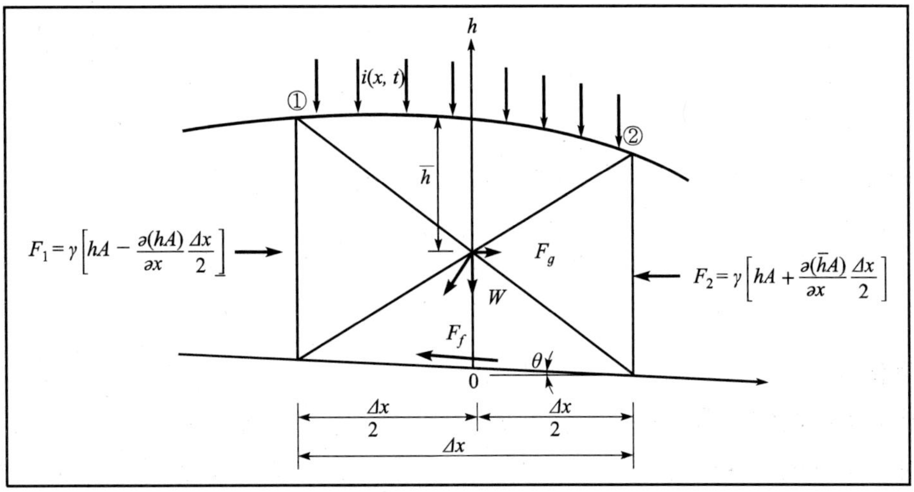

그림 6.15 통제체적 내 운동량 유출입

마찬가지로 통제체적의 우측(유출부)에 대한 전체 전수압은 다음과 같다.

$$F_{pr} = \left(F_{pl} + \frac{\partial F_{pl}}{\partial x}dx\right) \tag{6.55}$$

여기서 $\partial F_{pl}/\partial x$ = 적분의 미분에 대한 Leinbnitz **법칙**을 사용하여 다음과 같이 결정한다.

$$\begin{aligned}\frac{\partial F_{pl}}{\partial x} &= \int_0^h \rho g \frac{\partial h}{\partial x} b dy + \int_0^h \rho g (h-y) \frac{\partial b}{\partial x} dy \\ &= \rho g A \frac{\partial h}{\partial x} + \int_0^h \rho g (h-y) \frac{\partial b}{\partial x} dy\end{aligned} \tag{6.56}$$

여기서 $A = \int_0^h b\,dy$이고, 요소길이 dx를 통한 제방에 의한 힘은 수로 폭의 변화율 $\partial b/\partial x$와 다음과 같이 관련된다.

$$F_{pb} = \left[\int_0^h \rho g (h-y) \frac{\partial b}{\partial x} dy\right] dx \tag{6.57}$$

식 (6.53)에 식 (6.55)를 대입하고 정리하면 다음 식을 얻는다.

$$F_p = F_{pl} - \left(F_{pl} + \frac{\partial F_{pl}}{\partial x}dx\right) + F_{pb} = -\frac{\partial F_{pl}}{\partial x}dx + F_{pb} \tag{6.58}$$

식 (6.58)에 식 (6.56)과 (6.57)을 대입하고 간단하게 정리하면 다음 식을 얻는다.

$$F_p = -\rho g A \frac{\partial h}{\partial x} dx \tag{6.59}$$

이상과 같이 식 (6.44)에 포함된 5개 힘의 합은 식 (6.45), (6.46), (6.47), (6.52)와 식 (6.59)를 대입하여 정리하면 다음 식을 얻는다.

$$\sum F = \rho g A S_o dx - \rho g A S_f dx - \rho g A S_e dx - W_f B \rho dx - \rho g A \frac{\partial h}{\partial x} dx \tag{6.60}$$

② **운동량**

식 (6.43) 우변 두 항의 운동량은 통제체적 내 운동량의 저류량(momentum storage) 변화율과 통제표면을 횡단하는 운동량의 순유출률(net momentum outflow)을 각각 나타낸다.

통제표면에 대한 질량유입률(mass inflow rate)인 식 (6.27)$[=-\rho(Q+qdx)]$은 하천유입과 측방유입을 나타낸다. 이 등치의 운동량은 그들의 대표유속에 두 질량유입률을 곱해 계산하고 운동량 보정계수 β를 곱해 다음과 같이 구한다.

$$\iint_{\text{inlet}} V\rho \mathbf{V} \cdot d\mathbf{A} = -\rho(\beta VQ + \beta V_x q dx) \tag{6.61}$$

여기서 $\rho\beta VQ$=수로의 상류 끝에서 유입되는 운동량이고, $\rho\beta V_x q dx = x$방향의 속도 V_x인 측방유입을 갖는 **주수로(主水路, main channel)**로 유입되는 운동량이다. **운동량 보정계수**는 직선 균일수로인 1.01에서부터 **홍수터(flood plain)**를 갖는 하곡(river valley)의 1.33까지 분포한다(Chow, 1959 : Henderson, 1966).

통제표면을 통해 유출하는 운동량은 다음 식과 같다.

$$\iint_{\text{outlet}} V\rho \mathbf{V} \cdot d\mathbf{A} = -\rho\left[\beta VQ + \frac{\partial(\beta VQ)}{\partial x} dx\right] \tag{6.62}$$

통제표면을 횡단하는 운동량의 **순 유출률**은 식 (6.61)과 식 (6.62)의 합으로 다음과 같다.

$$\begin{aligned}\iint_{\text{C.S}} V\rho \mathbf{V} \cdot d\mathbf{A} &= -\rho(\beta VQ + \beta V_x q dx) + \rho\left[\beta VQ + \frac{\partial(\beta VQ)}{\partial x} dx\right] \\ &= -\rho\left[\beta v_x q - \frac{\partial(\beta VQ)}{\partial x}\right] dx\end{aligned} \tag{6.63}$$

통제체적 내 저류된 운동량(momentum storage)의 시간변화율은 요소수로구간의 체적이 $A\,dx$이고, 운동량이 $\rho A\,dx\,V$ 또는 $\rho Q dx$라는 것을 사용하면 다음과 같이 구할 수 있다.

$$\frac{d}{dt}\iiint_{\mathrm{C.V}} V\rho \, d\forall = \rho\frac{\partial Q}{\partial t}dx \tag{6.64}$$

운동량 방정식 (6.43)에 운동량 항의 식 (6.64)와 (6.63)을 대입하고 식 (6.60)과 같게 놓으면 다음 식을 얻는다.

$$\begin{aligned}&\rho g A S_o dx - \rho g A S_f dx - \rho g A S_e dx - W_f B\rho dx - \rho g A\frac{\partial h}{\partial x}dx \\ &= -\rho\left[\beta v_x q - \frac{\partial(\beta V Q)}{\partial x}\right]dx + \rho\frac{\partial Q}{\partial t}dx\end{aligned} \tag{6.65}$$

식 (6.65)를 ρdx로 나누고, V를 Q/A로 바꾼 후 운동량 방정식의 보존형으로 정리하면 다음과 같다.

$$\frac{\partial Q}{\partial t} + \frac{\partial(\beta Q^2/A)}{\partial x} + gA\left(\frac{\partial h}{\partial x} - S_o + S_f + S_e\right) - \beta q v_x + W_f B = 0 \tag{6.66}$$

식 (6.66)의 수심 h는 **그림 6.10(a)**와 같이 기준면으로부터 하상의 표고 z를 이용해 수면고 $Y(=h+z)$로 표시할 수 있다. 수로의 흐름 방향길이 x에 관해 수면고 Y를 미분함수로 표시하면 다음 식을 얻는다.

$$\frac{\partial Y}{\partial x} = \frac{\partial h}{\partial x} + \frac{\partial z}{\partial x} \tag{6.67}$$

식 (6.67)의 $\partial z/\partial x = -S_o$이므로 다음과 같이 쓸 수 있다.

$$\frac{\partial Y}{\partial x} = \frac{\partial h}{\partial x} - S_o \tag{6.68}$$

운동량 방정식은 식 (6.66)에 식 (6.68)을 사용하여 Y항으로 다음과 같이 쓸 수 있다.

$$\frac{\partial Q}{\partial t} + \frac{\partial(\beta Q^2/A)}{\partial x} + gA\left(\frac{\partial Y}{\partial x} + S_f + S_e\right) - \beta q v_x + W_f B = 0 \tag{6.69}$$

식 (6.69)를 단면적으로 나누고, 와손실과 바람에 의한 전단영향, 측방의 유입을 무시하며, 운동량보정계수 β를 1로 가정하면 다음 식을 얻는다.

$$\frac{1}{A}\frac{\partial Q}{\partial t} + \frac{1}{A}\frac{\partial}{\partial x}\left(\frac{Q^2}{A}\right) + g\frac{\partial h}{\partial x} - g(S_o - S_f) = 0 \tag{6.70}$$

식 (6.70)을 단위폭당의 사각형 수로에 (수심 평균유속을) 적용하면 다음 식을 얻는다.

$$\frac{\partial V}{\partial t} + V\frac{\partial V}{\partial x} + g\frac{\partial h}{\partial x} - g(S_o - S_f) = 0 \tag{6.71}$$

Saint-Venant 방정식인 연속 방정식 (6.31) [또는 식 (6.32)]과 운동량 방정식 (6.70) [또는 식 (6.71)]은 개수로 내 **부정류 1차원 지배방정식**이다.

수로를 통해 흐름이 통과될 때 에너지의 손실률을 나타내는 식 (6.69)의 S_f와 S_e의 사용은 흐름을 표현하는데 에너지와 운동량 항목 간에 밀접한 관계를 나타낸다. Strekoff et al.(1980)는 **Saint-Venant 방정식**에 대한 운동량 방정식은 Newton의 운동 제2법칙을 사용하기보다는 에너지 원리로부터 유도되었음을 제안했다(Chow, 1959; Chow et al., 1988; Graf, 1998; Julien, 2002; 2018; 2022; 우효섭, 2007; 이종석, 2018a).

이상에서 유도한 연속방정식과 운동량 방정식은 **표 6.4**와 같이 정리할 수 있다.

표 6.4 Saint-Venant 방정식의 구분

구분		방정식	비고
연속 방정식	보존형	$\frac{\partial Q}{\partial x}+\frac{\partial A}{\partial t}=q$	(6.31)
		$\frac{\partial Q}{\partial x}+\frac{\partial A}{\partial t}=0$	(6.32)
	비보존형	$\frac{\partial (hV)}{\partial x}+\frac{\partial h}{\partial t}=0$	(6.33)
		$V\frac{\partial h}{\partial x}+h\frac{\partial V}{\partial x}+\frac{\partial h}{\partial t}=0$	(6.34)
운동량 방정식	보존형	$\frac{1}{A}\frac{\partial Q}{\partial t}+\frac{1}{A}\frac{\partial}{\partial x}\left(\frac{Q^2}{A}\right)+g\frac{\partial h}{\partial x}-g(S_o-S_f)=0$ 국부가속도항 이송가속도항 압력항 중력항 마찰력항	(6.70)
	비보존형	$\frac{\partial V}{\partial t}+V\frac{\partial V}{\partial x}+g\frac{\partial h}{\partial x}-g(S_o-S_f)=0$ ① ② ③ ④ ⑤ 운동파 방정식; 정류, 등류(운동파 모형) 확산파 방정식; 정류, 부등류 (확산파 모형) 동역학적 파 방정식; 부정류, 부등류(동역학적 파모형)	(6.71)

6.3.2 운동파 추적

파는 수위 또는 유량의 변화와 같이 흐름의 한 변화이고, 파속도(wave celerity)는 수로를 따라 이동하는 이 같은 변화를 갖는 속도이다. 이러한 파속은 고려하는 파의 형태에 따라 다르며, 유속(water velocity, flow velocity)과는 아주 다르다. 운동파는 운동량 방정식에서 가속도와 압력항이 무시되므로 파운동(wave motion)은 연속 방정식으로 대개 표시된다. 따라서, **운동학적(運動學的, kinematic)**이란 질량과 힘의 영향이 배제된 운동을 연구하는 **운동학(kinematics)**을 적용할 수 있고, **동역학적(動力學的, dynamic)**이란 이들 질량과 힘을 고려하여 운동을 연구하는 **동역학(dynamics)**이 적용된다.

(1) 개념

운동파 모형은 **표 6.4**의 Saint-Venant 방정식인 보존형 연속방정식과 비보존형 운동량 방정식의 마지막 2개 항을 고려한 모형으로 다음 식과 같이 정의한다.

$$\frac{\partial Q}{\partial x} + \frac{\partial A}{\partial t} = q \tag{6.31}$$

$$S_o = S_f \tag{6.72}$$

여기서 q=수로의 단위길이당 순 측면 유입량이다.

운동파 방정식은 다음 형태로 변형시켜 쓸 수 있다.

$$Q = \alpha A^{\beta} \tag{6.73}$$

이들 운동파 방정식을 $S_o = S_f$, $R_h = A/P$인 Manning 공식으로 표시하면 다음과 같다.

$$Q = \frac{S_o^{1/2}}{nP^{2/3}} A^{5/3} \tag{6.74}$$

여기서 식 (6.73)과 (6.74)의 관계는 $\alpha = [(S_o^{1/2}/nP^{2/3})]$ 이고, β=5/3≒1.667이다.

식 (6.73)을 미분하면 다음 식과 같다.

$$\partial Q = \alpha\beta A^{\beta-1} \partial A \tag{6.75a}$$

$$\partial Q = \alpha\beta\left(\frac{A^{\beta}}{A}\right)\partial A \tag{6.75b}$$

식 (6.75b)에 식 (6.73)의 αA^{β}에 대한 Q를 대입하면 다음 식을 얻는다.

$$\begin{aligned}\partial Q &= \alpha\beta\left(\frac{A^{\beta}}{A}\right)\partial A[\leftarrow \text{우변 } \alpha A^{\beta} = Q] = \beta\left(\frac{Q}{A}\right)\partial A\left(\leftarrow \frac{Q}{A} = v\right) \\ &= \beta v \partial A(\leftarrow \beta v = c) = \boldsymbol{c\partial A}\end{aligned} \tag{6.76}$$

여기서 v=유속(flow velocity)이고, c=파속[wave speed(celerity)]이다. β>1이므로 파속은 유속보다 크다($c > v$).

식 (6.76)에서 ∂A를 식 (6.31)의 ∂A에 대입하고 정리하면 다음 식을 얻는다.

$$\frac{\partial Q}{\partial x}+\frac{1}{c}\frac{\partial Q}{\partial t}=q \tag{6.77}$$

식 (6.77)을 **유량**에 대한 **운동파 방정식(kinematic flow equation)**이라 한다.

식 (6.76)에서 ∂Q를 식 (6.31)의 ∂Q에 대입하고 정리하면 다음 식을 얻는다.

$$\frac{\partial A}{\partial t}+c\frac{\partial A}{\partial x}=q \tag{6.78}$$

식 (6.78)을 **단면적**에 대한 **운동파 방정식(kinematic flow equation)**이라 한다.

(2) 해석

운동파 방정식 (6.31), (6.73) 또는 식 (6.69)의 조합은 유한 차분법, 유한요소법이나 특성치 방법에 의해 풀 수 있다. 선형 1계 편미분 방정식을 풀기 위해 Monge(1809), Riemann(1860)의 방법을 적용하고, 다음 형의 전미분을 유도하여 편미분 방정식으로 변환할 수 있다.

$$F=\frac{\partial f}{\partial t}+c\frac{\partial f}{\partial x} \tag{6.79}$$

운동파 방정식 식 (6.78)은 식 (6.79)의 형식으로 다음 절차에 의해 쉽게 풀 수 있다.

식 (6.78)의 정의에 의해 $\dfrac{dx}{dt}$와 c의 관계는 다음과 같이 정리할 수 있다.

$$\frac{dx}{dt}=c \tag{6.80}$$

그러므로, 식 (6.78)은 다음과 같이 쓸 수 있다.

$$\frac{\partial A}{\partial t}+\frac{dx}{dt}\frac{\partial A}{\partial x}=q \tag{6.81}$$

식 (6.81)에서 $\dfrac{dA}{dt}=\dfrac{\partial A}{\partial t}+\dfrac{dx}{dt}\dfrac{\partial A}{\partial x}$이므로 식 (6.81)의 우변은 다음 식과 같이 전미분으로 쓸 수 있다.

$$\frac{dA}{dt}=q \tag{6.82}$$

이상의 과정을 정리하면, 운동파 방정식은 ① 특성방향과 관계될 수 있는 식 (6.80)을 이용해 방향을 구하고, ② 주어진 초기조건과 경계조건을 이용하여 함수 A에 대해 식 (6.82)를 풀이한다.

예제 6.15

초기조건 $t = 0$에서 x =1m, u =2m/s일 때 다음 사항에 답하시오.

$$\frac{\partial u}{\partial t} + 0.2x\frac{\partial u}{\partial x} = 3 \quad \text{(예6.15.1)}$$

1. 방정식의 특성곡선과 그 해의 유도

[풀이]

1. 방정식의 특성곡선과 그 해의 유도

(1) 식 (6.80)에서 $\frac{dx}{dt}=0.2x$를 얻는다.

(2) $\frac{dx}{dt}=0.2x$를 변수 분리하여 적분하면 다음 식을 얻는다.

$$\ln x = 0.2t + C \quad \text{(예6.15.2)}$$

(3) 식 (예6.15.2)의 적분상수 C를 초기조건; $t=0$, $x=1\text{m}$를 이용하여 결정한다.

$\ln 1 = 0.2(0) + C \Rightarrow C = 0$

$$\ln x = 0.2t \quad \text{(예6.15.3)}$$

(4) 식 (예6.15.3)을 지수함수형으로 변형시키면 다음 식을 얻는다.

$$\therefore x = e^{0.2t} \quad \text{(예6.15.4)}$$

(5) 식 (예6.15.4)를 이용하여 **표 예6.15**를 통해 특성곡선을 유도한다.

표 예6.15 특성곡선 결정

t(s)(선택)	x(m)	t(s)(선택)	x(m)
0	1.00	3	1.82
1	1.22	4	2.23
2	1.49	5	2.72

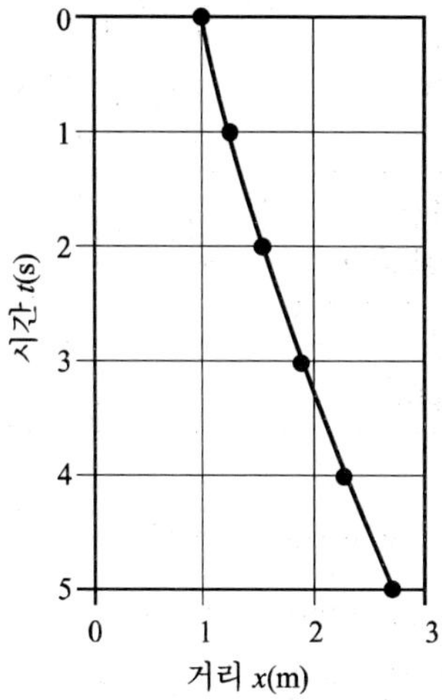

그림 예6.6.15 방정식에 대한 특성곡선

(6) **표 예6.15**를 이용해 작성된 특성곡선은 **그림 예6.15**와 같다.

(7) 식 (6.81)을 이용해 식 (6.82)와 같이 $\frac{dA}{dt}=q$를 정리하면 다음 식을 얻는다.

① $\frac{du}{dt}\frac{\partial u}{\partial t}+\frac{dx}{dt}\frac{\partial u}{\partial x}=q$

② $\frac{du}{dt}=3$ (예6.15.5)

(8) 식 (예6.15.5)를 변수 분리하여 $du=3dt$ 를 적분하면 다음 식을 얻는다.

$$u = 3t + C \quad \text{(예6.15.6)}$$

(9) 식 (예6.15.6)에 초기조건($t=0$, $u=2\text{m/s}$)을 대입하고 정리하면, $2=3(0)+C \Rightarrow C=2$이다. 이를 식 (예6.15.6)에 대입하면 다음 식을 얻는다.

① ∴ 속도 $u=3t+2$이다.

6.3.3 수치해 추적

다양한 양상의 자연계 수로 내 흐름문제는 **물리적 현상(物理的 現象, physical process)**을 적절하게 표현하는 **수학적 모형(數學的 模型, mathematical model)**에 의해 해결할 수 있다. 이는 주로 하천흐름을 지배하는 방정식을 편미분 방정식으로 유도하고, 경험식과 적절한 경계조건을 적용하며, 전자계산기를 활용한 수치해법을 통해 풀어냄으로써 가능해졌다.

(1) 개념

하천 수로에서 흐름을 표현하는 몇 가지 (지배) 미분 방적식은 **표 6.5**와 같이 시·공간적 변수, 두 공간적 변수를 독립변수로 하는 편미분 방정식으로 유도되는데, 이는 질량·운동량 보존 방정식의 단순화 형태이다.

표 6.5 미분 방정식의 예

식의 형식	방정식		비고
쌍곡선 (hyperbolic)	$\dfrac{\partial \phi}{\partial t}+u\dfrac{\partial \phi}{\partial x}=0$	(6.83a)	이송(移送, advection)($u=$상수)
	$\dfrac{\partial^2 \phi}{\partial t^2}=c^2\dfrac{\partial^2 \phi}{\partial x^2}$	(6.83b)	홍수파의 진행($c^2=$상수)
포물선 (parabolic)	$\dfrac{\partial \phi}{\partial t}=k_d\dfrac{\partial^2 \phi}{\partial x^2}$	(6.84)	확산(擴散, diffusion), 분산(分散, dispersion) ($k_d=$상수)
타원 (elliptic)	$\dfrac{\partial^2 \phi}{\partial t^2}+\dfrac{\partial^2 \phi}{\partial y^2}=0$	(6.85)	유선망(流線網, flow net)

미분 방정식의 형식에 따라 **유한차분법(有限差分法, finite-difference method)**의 연산방식(algorithms)을 이용해 풀 수 있는데, 수공학에서 주로 사용되고 있는 **수치해법**에 대해 간단하게 개념적인 이해를 돕고자 한다.

그림 6.16(a)는 **격자(grid)**에서 수심 h가 공간 x와 시간 t에서 정의되는 함수 $h(x, t)$일 때 x-t평면으로 그 변화를 나타내고 있다. 또한 **그림 6.16(b)** 수치해법을 표시하고 있는데, $\Delta x=x$축의 **격자간격(grid spacing)**이고, $\Delta t=t$축의 **시간간격(time interval)**이며, 변수 h_j^k값

[아래 첨자 j=공간적 위치, 위 첨자 k=시간적 위치 표시]은 j번째 공간 격자점과 k번째 시간 격자점에서의 수심값을 나타낸다. **기지(旣知, known)** 시간·공간단계에서 h의 변수값은 h^k, h_j에서 아는 값을 의미하며, **미지(未知, unknown)** 시간·공간단계에서 h의 변수값은 h^{k+1}, h_{j+1}에서 미지의 종속변수를 계산하려는 값을 의미한다. 시간 $t=0$인 조건을 **초기조건(初期條件, initial condition)**이라 하고, 수로 끝(channel end)의 조건을 **종(終)조건(end condition)**이라 하며, 임의 점의 조건을 **경계조건(境界條件, boundary condition)**이라 한다.

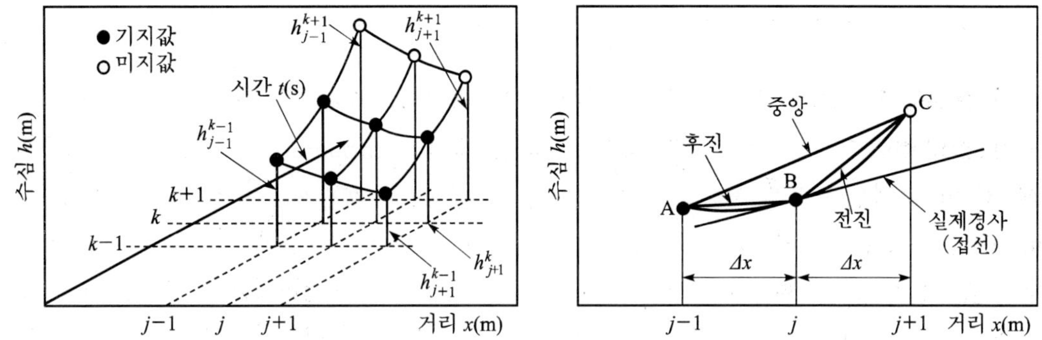

(a) 격자 (b) 수치기법

그림 6.16 수치해의 격자망

(2) 해석

유한차분법은 다음과 같이 h_j^k의 함수로 쓰인 변수 h_{j+1}^k의 Taylor **급수전개**에 기초한다.

$$h_{j+1}^k = h_j^k + \Delta x\left(\frac{\partial h}{\partial x}\right)_j^k + \frac{\Delta x^2}{2!}\left(\frac{\partial^2 h}{\partial x^2}\right)_j^k + \frac{\Delta x^3}{3!}\left(\frac{\partial^3 h}{\partial x^3}\right)_j^k + 0(\Delta x^4) \qquad (6.86)$$

여기서 도함수 $(\partial h/\partial x)_j^k$=격자점 j와 시간단계 k에서 계산되고, $0(\Delta x^m)=m$차 항을 나타낸다.

식 (6.86)과 Taylor 급수를 h_j^k로부터 h_{j-1}^k을 전개하면 다음과 같다.

$$h_{j-1}^k = h_j^k - \Delta x\left(\frac{\partial h}{\partial x}\right)_j^k + \frac{\Delta x^2}{2!}\left(\frac{\partial^2 h}{\partial x^2}\right)_j^k - \frac{\Delta x^3}{3!}\left(\frac{\partial^3 h}{\partial x^3}\right) + 0(\Delta x^4) \qquad (6.87)$$

식 (6.86)과 식 (6.87)을 도함수의 항으로 각각 정리하고 Δx로 나누어 다시 정리하면 다음 식을 얻을 수 있다(Julien, 2002).

$$\left(\frac{\partial h}{\partial x}\right)_j^k = \frac{h_{j+1}^k - h_j^k}{\Delta x} - \frac{\Delta x}{2!}\left(\frac{\partial^2 h}{\partial x^2}\right)_j^k - \frac{\Delta x^2}{3!}\left(\frac{\partial^3 h}{\partial x^3}\right)_j^k + 0(\Delta x^3)$$
$$\cong \frac{h_{j+1}^k - h_j^k}{\Delta x} + 0(\Delta x) \tag{6.88a}$$

$$\left(\frac{\partial h}{\partial x}\right)_j^k = \frac{h_j^k - h_{j-1}^k}{\Delta x} + \frac{\Delta x}{2!}\left(\frac{\partial^2 h}{\partial x^2}\right)_j^k - \frac{\Delta x^2}{3!}\left(\frac{\partial^3 h}{\partial x^3}\right)_j^k + 0(\Delta x^3)$$
$$\cong \frac{h_j^k - h_{j-1}^k}{\Delta x} + 0(\Delta x) \tag{6.88b}$$

식 (6.88a)의 편도함수의 1차 대략해는 **전진차분법(前進差分法, forward difference method)**의 형태로 쓰인 것이고, 1차 **절단오차(切斷誤差, truncation error)** $0(\Delta x)$는 Δx가 영에 접근할 때 매우 작게 될 것이다. 마찬가지로, 식 (6.88b)는 **후진차분법(後進差分法, forward difference method)**과 절단오차 $0(\Delta x)$가 포함된다. 절단오차는 고차도함수에서도 연속적으로 Δx가 영(零, zero)에 접근하는 것과 같이 영에 접근하므로 전진·후진차분법은 1차 대략해이다.

중앙유한차분 대략해(central finite-difference approximation)는 식 (6.88a, b)를 합한 것의 반을 취해 2차 대략해로 다음과 같이 쓸 수 있다.

$$\left(\frac{\partial h}{\partial x}\right)^k = \frac{h_{j+1}^k - h_{j-1}^k}{2\Delta x} + O(\Delta x^2) \tag{6.89}$$

그림 6.16(b)에서 이들 각 방법에 대한 기하하적 표현의 기울기로 ① **실제기울기**는 점 B에서의 함수에 대한 접선이나, ② **전진차분법**은 곡선 BC의 **할선(割線, secant)**을 기울기로 사용하고, ③ **후진차분법**은 곡선 AB의 기울기를 사용하며, ④ **중앙차분법**은 곡선 AC의 기울기를 각각 사용한다. Δx가 0에 접근할 때 ②, ③, ④의 방법 모두 정확하나, 식 (6.89)와 같이 2차 대략해에서는 ④의 방법이 더 정확하다.

또한 수치해법을 양해법과 음해법으로 세분하는데, **양해법(陽解法, explicit method)**은 기지단계인 k의 편도함수를 구하는 방법이고, **음해법(陰解法, implicit method)**은 미지단계인 $k+1$의 편도함수를 구하는 방법으로 그 예는 **표 6.6**과 같다.

표 6.6 양해법과 음해법의 비교

수치방법	양해법	음해법
후진차분법	$\frac{\partial h}{\partial x} \simeq \frac{h_j^k - h_{j-1}^k}{\Delta x}$	$\frac{\partial h}{\partial x} \simeq \frac{h_j^{k+1} - h_{j-1}^{k+1}}{\Delta x}$
전진차분법	$\frac{\partial h}{\partial x} \simeq \frac{h_{j+1}^k - h_j^k}{\Delta x}$	$\frac{\partial h}{\partial x} \simeq \frac{h_{j+1}^{k+1} - h_j^{k+1}}{\Delta x}$
중앙차분법	$\frac{\partial h}{\partial x} \simeq \frac{h_{j+1}^k - h_{j-1}^k}{2\Delta x}$	$\frac{\partial h}{\partial x} \simeq \frac{h_{j+1}^{k+1} - h_{j-1}^{k+1}}{2\Delta x}$
비고	• 격점(j, k)에서의 공간편도함수 $\frac{\partial h}{\partial x}$ 계산 비교	

(3) 특성

수치해의 중요한 4가지 특성은 **일관성(一貫性, consistency)**, **안정성(安定性, stability)**, **수렴도(收斂度, convergence)**, **정확도(正確度, accuracy)**이다. 수리학적 홍수추적 시 파의 전파 문제나 **이송 방정식(移送 方程式, advection equation)**의 다음 형이 이들 특성을 설명하는 데 사용된다.

$$\frac{\partial h}{\partial t} + c\frac{\partial h}{\partial x} = 0 \tag{6.90}$$

여기서 c = **파속(波速, celerity)**이다.

식 (6.90)은 **시간(time)**에는 **전진차분법(forward difference method)**을 **공간(space)**에는 **후진차분법(forward difference method)**(=FTBS)을 적용하는 다음 식으로 간략화한다.

$$\frac{h_j^{k+1} - h_j^k}{\Delta t} + c\frac{h_j^k - h_{j-1}^k}{\Delta x} = 0 \tag{6.91}$$

식 (6.91)은 기지 단계 k에서 수심의 함수로서 미지 단계 $k+1$에서의 수심을 구하기 위해 정리하면 다음 식을 얻는다.

$$h_j^{k+1} = h_j^k - c\frac{\Delta t}{\Delta x}(h_j^k - h_{j-1}^k) \tag{6.92a}$$

$$h_j^{k+1} = C_c\ h_{j-1}^k + (1 - C_c)h_j^k \tag{6.92b}$$

여기서 $C_c = (c\Delta t/\Delta x)$ = Courant **수**이다.

Courant-Friedrich-Levy(CFL)의 수치해에 대한 안정조건은 다음과 같이 해석적인 해 또는 실제의 파속 c가 수치해의 파속 $(\Delta x/\Delta t)$보다 작아야만 안정성을 갖는다(Julien, 2002).

$$C_c = \frac{c}{(\Delta x/\Delta t)} \leq 1 \tag{6.93}$$

그러므로, 격자크기 Δx가 결정되면 시간 증분 Δt는 다음과 같이 특정된 안정성을 만족한다.

$$\Delta t < (\Delta x/c) \tag{6.94}$$

CFL **조건**의 물리적 의미는 수치시간단계 Δt는 특성시간단계 $\Delta x/c$를 초과하지 않아야 한다는 것이다.

예제 6.16

일정한 파속 c=2m/s인 파동이 표 예6.16.1과 같은 초기조건을 가질 때 식 (6.91)인 시간 전진차분법과 식 (6.92b)인 공간 후진차분법(FTBS)을 적용한다. 그림 예6.16.1과 Courant 수 C_C=0.5, 1.0, 2.0이고, 추적거리 Δx=1,000m, 2,000m일 때 다음 사항에 답하시오.

1. 홍수파의 추적(wave routing) 결과 비교

표 예6.16.1 초기조건

거리(km)	0	1	2	3	4	5	6	7	8	9	10
초기수심(m)	0	0.25	0.5	0.75	1	0.5	0	0	0	0	0

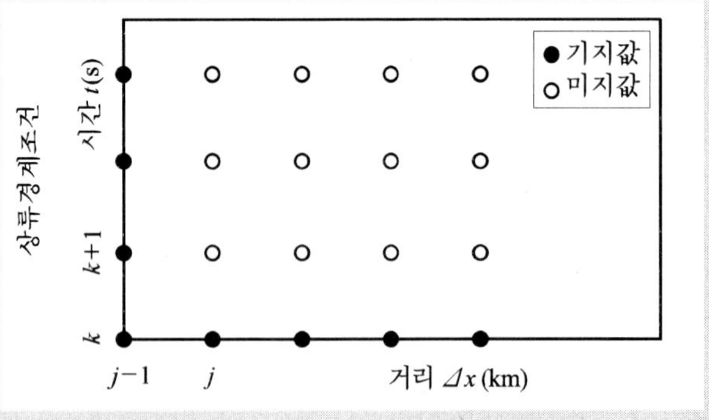

그림 예6.16.1 초기조건과 경계조건

[풀이]

1. 홍수파의 추적(wave routing) 결과 비교

(1) 식 (6.91)과 (6.92b)를 이용해 차분식을 유도한다.

$$\frac{h_j^{k+1}-h_j^k}{\Delta t}+c\frac{h_j^k-h_{j-1}^k}{\Delta x}=0 \tag{6.91}$$

$$h_i^{k+1}=C_c h_{i-1}^k+(1-C_c)h_i^k \tag{6.92b}$$

(2) $\Delta x=2{,}000\text{m}$일 때 (1) $C_c=0.5$, (2) $C_c=1.0$, (3) $C_c=2.0$의 비교

① $C_c=0.5$일 때 $\Delta t=\dfrac{C_c\Delta x}{c}=\dfrac{0.5\times 2{,}000}{2}=500s$로 하여 식 (예6.16.1)로 계산하며, 그 계산 결과는 그림 예6.16.2와 같다.

$$h_j^{k+1}=C_c h_{j-1}^k+(1-C_c)h_j^k=0.5h_{j-1}^k+(1-0.5)h_j^k$$
$$=0.5h_{j-1}^k+0.5h_j^k \tag{예6.16.1}$$

추적시간 Δt(s) \ 추적거리 Δx(km)	0	2	4	6	8	10	12 (경계조건)
초기조건 (2,000)	0	0.03125	0.1875	0.4375	0.5	0.28125	0.0625
1,500	0	0.0625	0.03125	0.05625	0.4375	0.125	0
1,000	0	0.5×0 +0.5×0.25 =0.125	0.5×0.25 +0.5×0.75 =0.5	0.5×0.75 +0.5×0.5 =0.625	0.5×0.5 +0.5×0 =0.025	0	0
500	0	0.5×0 +0.5×0.5 =0.25	0.5×0.5 +0.5×1.0 =0.75	0.5×1 +0.5×0 =0.5	0.5×0 +0.5×0 =0	0	0
0	0	0.5	1.0	0	0	0	0

그림 예6.16.2 Δx = 2,000m, C_c = 0.5의 비교

② $C_c=2.0$ 일 때 $\Delta t=\dfrac{C_c\Delta x}{c}=\dfrac{2.2\times 2{,}000}{2}=2{,}000s$로 하여 식 (예6.16.2)로 계산하며, 그 계산 결과는 그림 예6.16.3과 같다.

$$h_i^{k+1}=2h_{j-1}^k+(1-2)h_j^k=2h_{j-i}^k-h_j^k \tag{예6.16.2}$$

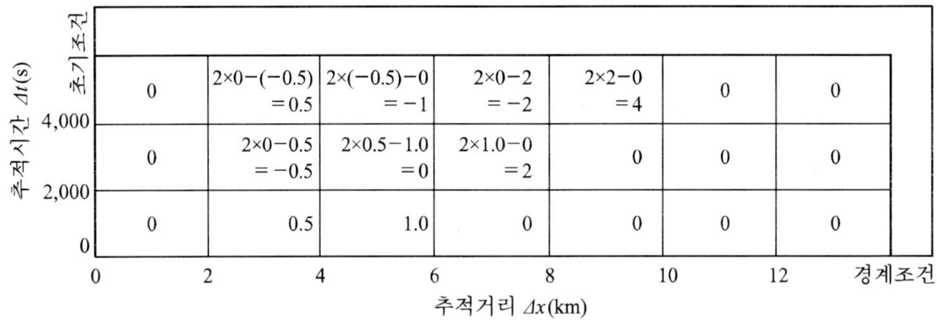

그림 예6.16.3 Δx = 2,000m, C_c = 2.0의 비교

③ C_c=1.0일 때 $\Delta t = \dfrac{C_c \Delta x}{c} = \dfrac{1.0 \times 2{,}000}{2} = 1{,}000s$로 하여 식 (예6.16.3)으로 계산하며, 그 계산 결과는 그림 예6.16.4와 같다.

$$h_i^{k+1} = h_{j-1}^k + (1-1)h_j^k = h_{j-1}^k \qquad \text{(예6.16.3)}$$

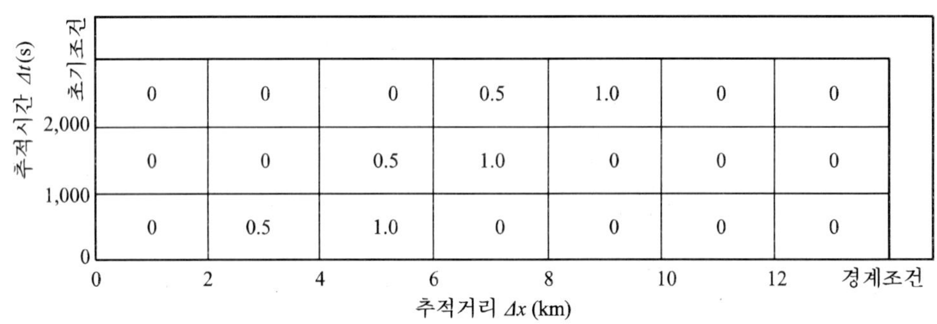

그림 예6.16.4 Δx = 2,000m, C_c = 1.0의 비교

(3) Δx=1,000m일 때 (1) C_c=0.5 ,(2) C_c=2.0 의 비교

① C_c=0.5 일 때 $\Delta t = \dfrac{C_c \Delta x}{c} = \dfrac{0.5 \times 1{,}000}{2} = 250$s로 하여 식 (예6.16.4)로 계산하며, 그 계산 결과는 그림 예6.16.5와 같다.

$$h_i^{k+1} = C_c h_{j-1}^k + (1-C_c)h_j^k = 0.5h_{j-1}^k + (1-0.5)h_j^k$$
$$= 0.5h_{j-1}^k + 0.5h_j^k \qquad \text{(예6.16.4)}$$

② C_c=2.0일 때 $\Delta t = \dfrac{C_c \Delta x}{c} = \dfrac{2 \times 1{,}000}{2} = 1{,}000$s로 하여 식 (예6.16.5)로 계산하며, 그 계산 결과는 그림 예6.16.6과 같다.

$$h_i^{k+1} = C_c h_{j-1}^k + (1-C_c)h_j^k = 2h_{j-1}^k + (1-2)h_j^k = 2h_{j-1}^k - h_j^k \qquad \text{(예6.16.5)}$$

추적시간 Δt (s) \ 추적거리 Δx (km)	0–1	1–2	2–3	3–4	4–5	5–6	6–7	7–8	8–9	9–10	10–경계조건
초기조건											
2000	0	0.001	0.009	0.05	0.145	0.29	0.46	0.61	0.61	0.45	0.24
1,750	0	0.002	0.016	0.070	0.20	0.39	0.57	0.655	0.56	0.344	0.14
1,500	0	0.004	0.031	0.127	0.28	0.49	0.655	0.655	0.468	0.22	0.06
1,250	0	0.008	0.0547	0.18	0.383	0.6	0.71	0.6	0.336	0.11	0.01
1,000	0	0.016	0.094	0.266	0.5	0.7	0.72	0.484	0.19	0.03	0
750	0	0.5×0 +0.5× 0.0625 =0.03125	0.5× 0.0625+ 0.5×0.25 =0.156	0.5×0.25 +0.5×0.5 =0.35	0.5×0.5 +0.5 ×0.75 =0.625	0.5×0.75 +0.5 ×0.801 =0.78	0.5×0.81 +0.5×0.5 =0.655	0.5×0.5 +0.5 ×0.125 =0.31	0.5×0.125 +0.5×0 =0.06	0	0
500	0	0.5×0 +0.5× 0.0125 =0.0625	0.5×0.125 +0.5 ×0.375 =0.25	0.5×0.375 +0.5 ×0.625 =0.50	0.5×0.625 +0.5 ×0.875 =0.75	0.5×0.875 +0.5×0.75 =0.81	0.5×0.75 +0.5×0.25 =0.5	0.5×0.25 +0.5×0 =0.125	0.5×0 +0.5×0 =0	0	0
250	0	0.5×0 +0.5 ×0.25 =0.125	0.5×0.25 +0.5×0.5 =0.375	0.5×0.5 +0.5×0.75 =0.625	0.5×0.75 +0.5×1.0 =0.875	0.5×1.0 +0.5×0.5 =0.75	0.5×0.5 +0.5×0 =0.25	0.5×0 +0.5×0 =0	0	0	0
0	0	0.25	0.5	0.75	1.0	0.5	0	0	0	0	0

그림 예6.16.5 $\Delta x = 1{,}000\text{m}$, $C_c = 0.5$의 비교

추적시간 Δt (s) \ 추적거리 Δx (km)	0–1	1–2	2–3	3–4	4–5	5–6	6–7	7–8	8–9	9–10	10–경계조건
초기조건											
4,000	0	0.25	−1.5	2.75	−1.0	−1.5	4	−8	0	8	0
3,000	0	−0.25	1	−0.75	−0.5	0.5	−3	2	4	0	0
2,000	0	0.25	−0.5	−0.25	0	−0.5	2.0	2	0	0	0
1,000	0	−0.25	0	0.25	0.5	1.5	1.0	0	0	0	0
0	0	0.25	0	0.75	1.0	0.5	0	0	0	0	0

그림 예6.16.6 $\Delta x = 1{,}000\text{m}$, $C_c = 2.0$의 비교

(4) **FTBS의 안정성 검토**

① Δx =2,000m에서 C_c=0.5일 때 Δt=500s, C_c=1.0일 때 Δt=1,000s, C_c=2.0일 때 Δt=2,000s의 안정성(stability) 검토 결과는 **표 예6.16.2**와 같이 C_c=1.0일 때 정상적으로 전파된다.

표 예6.16.2 C_c = 1.0일 때 Δx와 Δt의 안정성 비교

Δx(km) / Δt(s)	0	2	4	6	8	10	12
0	0	**0.5**	1.0	0	0	0	0
1,000	0	0	**0.5**	**1.0**	0	0	0
2,000	0	0	0	**0.5**	**1.0**	0	0

② **표 예6.16.3**과 같이 C_c=0.5일 때 첨두 파고는 C_c=1.0일 때의 반으로 감소되었다(t= 2,000s, L=8km에서 $h_{\max}$=0.5m).

표 예6.16.3 C_c = 0.5일 때 Δx와 Δt의 안정성 비교

Δx(km) / Δt(s)	0	2	4	6	8	10	12
0	0	0.5	1.0	0	0	0	0
500	0	0.25	0.75	0.5	0	0	0
1,000	0	0.125	0.5	0.625	0.25	0	0
1,500	0	0.0625	0.3125	0.5625	0.4375	0.125	0
2,000	0	0.03125	0.1875	0.4375	**0.5**	0.28125	0.0625

③ **표 예6.16.4**와 같이C_c=2.0일 때 첨두 파고는 C_c=1.0일 때의 2배로 증가되었다(t= 2,000s, L=6km에서 $h_{\max}$=2.0m).

표 예6.16.4 C_c = 2.0일 때 Δx와 Δt의 안정성 비교

Δx(km) / Δt(s)	0	2	4	6	8	10	12
0	0	0.5	1.0	0	0	0	0
1,000	0	−0.5	0	2	0	0	0
2,000	0	0.5	−1.0	−2	4	0	0

(5) **FTBS의 수렴도(convergence) 검토**

① 수렴도(convergence) 검토 결과는 $\Delta x = 1,000$m일 때 $C_c = 0.50$, $t = 2,000$s의 경우 $L = 7$km 또는 8km에서 $h_{\max} = 0.61$m, $\Delta x = 2,000$m일 때 $C_c = 0.50$, $t = 2,000$s의 경우 $L = 8$km에서 $h_{\max} = 0.50$m, 초기치 $h_{\max} = 1.0$m($L = 4$km에서) $\Delta x = 1,000$m로 했을 때 더 근접하였다.

② 이는 계산거리 Δx를 짧게 할 때 다음과 같이 수렴도가 약간 좋아지는 것으로 나타났다.

1) $C_c = 2.0$일 때 $t = 2,000$s에서 $\Delta x = 1,000$m 시 $h_{\max} = 2.0$m($L = 6$km 또는 7km) 발생

2) $C_c = 2.0$일 때 $t = 2,000$s에서 $\Delta x = 2,000$m 시 $h_{\max} = 2.0$m($L = 6$km) 발생

3) $C_c = 2.0$일 때 $t = 4,000$s에서 $\Delta x = 1,000$m 시 $h_{\max} = 8.0$m($L = 8$km) 발생

4) $C_c = 2.0$일 때 $t = 4,000$s에서 $\Delta x = 2,000$m 시 $h_{\max} = 4.0$m($L = 8$km) 발생

(6) Δx와 Δt를 짧고 작게 하는 것은 수렴도를 개선하는 데 필수적인 것은 아니고, 일관된 수치기법이 안정적일 때만 수렴될 수 있다.

(7) 이상에서 비교 검토한 결과 중 그림 예6.16.5의 $\Delta x = 1,000$m, $\Delta t = 250$s일 때 파의 개략적인 전파 양상은 그림 예6.16.7과 같이 안정성과 수렴도가 좋은 것으로 나타났다.

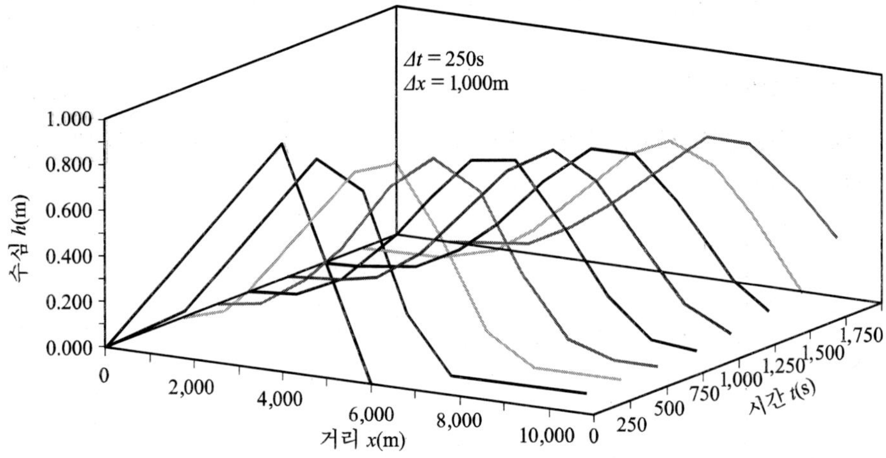

그림 예6.16.7 $\Delta x = 1,000$m, $\Delta t = 250$s에서 파의 전파 양상

(4) 운동파 하도추적

운동파 이론에 의한 하도추적은 식 (6.77) 또는 식 (6.78)을 이용하여 수행할 수 있다. 하도 구간으로 유입되는 측면 유입이 없다면 q는 영이다. 식 (6.82)에 의해 dA/dt(와 dQ/dt)는 영이고, 적분을 통한 A 또는 Q는 상수이다. **해석적 해(analytical solution)**는 단순한 경우에만 다루기 쉽고, 실제 하천 흐름문제에 대해서는 **수치적 방법(numerical method)**이 운동파 방정식을 풀이하는 데 사용된다.

수치적 방법에는 **그림 6.17**과 같이 x-t 평면 내 한 셀(cell)에 대한 유한차분 사각격자를 이용한다. 셀 내 임의의 점 P에서 도함수 $\partial Q/\partial t$와 $\partial Q/\partial x$는 격점 위 Q의 4개 이웃하는 값의 항으로 표시된다. 파속인 변수 c도 격점 위 4개의 이웃하는 값에 의해 공간과 시간의 항으로 표시할 수 있으며, 선형 방정식에서 c는 상수로 가정한다. **그림 6.17**에서 a, b는 공간과 시간방향의 **가중계수(weighting factor)**이고, **수치형(numerical form)**의 도함수는 다음과 같이 쓸 수 있다.

$$\frac{\partial Q}{\partial x}=\frac{\Delta Q}{\Delta x}=\frac{1}{\Delta x}[(1-b)(Q_{j+1}^{k+1}-Q_j^{k+1})+b(Q_{j+1}^{k}-Q_j^{k})] \tag{6.95a}$$

$$\frac{\partial Q}{\partial t}=\frac{\Delta Q}{\Delta t}=\frac{1}{\Delta x}[(1-a)(Q_{j+1}^{k+1}-Q_{j+1}^{k})+a(Q_j^{k+1}-Q_j^{k})] \tag{6.95b}$$

여기서 'Q_{j+1}^{k+1} =점 4의 값'은 모르는 값이고, 점 1, 2, 3의 값은 아는 값이다. 계산은 x나 t 방향으로 진행하며, **수치 확산(numerical diffusion)**의 요구 수준은 a, b값의 적절한 선택으로 이루어진다.

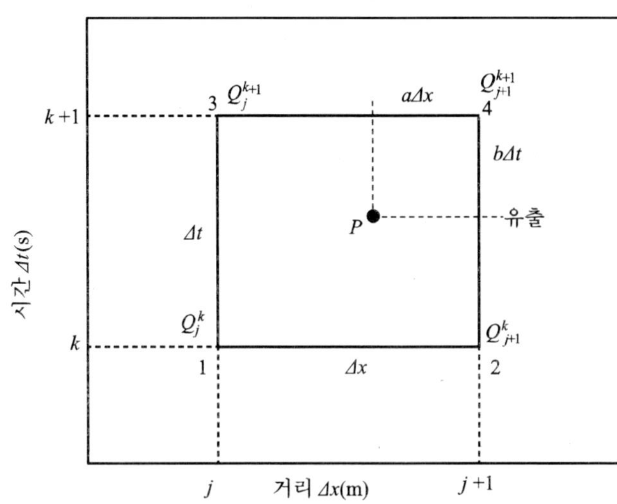

그림 6.17 셀(cell)의 유한차분 격자

(5) Muskingum-Cunge 방법

하천 수로구간에 대한 평균상수 값이 되도록 파속 c를 취하고, 시간도함수의 중앙값($b=0.5$)과 유량에 대한 운동파 방정식 (6.77)에 식 (6.95a), (6.95b)를 대입함으로써 운동파 방정식은 유한 차분형으로 다음과 같이 쓸 수 있다.

$$\frac{1}{\Delta x}[(1-b)(Q_{j+1}^{k+1}-Q_j^{k+1})+b(Q_{j+1}^{k}-Q_j^{k})] + \frac{1}{c}\frac{1}{\Delta t}[(1-a)(Q_{j+1}^{k+1}-Q_{j+1}^{k})+a(Q_j^{k+1}-Q_j^{k})]=q \tag{6.96}$$

식 (6.96)에 b=0.5(중앙값) 대입, 정리하면 다음 식을 얻는다.

$$\frac{1}{2\Delta x}[Q_{j+1}^{k}-Q_j^{k}+Q_{j+1}^{k+1}-Q_j^{k+1}]+\frac{1}{c\Delta t}[(1-a)(Q_{j+1}^{k+1}-Q_{j+1}^{k})+a(Q_j^{k+1}-Q_j^{k})]=q \tag{6.97}$$

식 (6.97)을 Q_{j+1}^{k+1}에 관해 정리하면 다음과 같다.

$$Q_{j+1}^{k+1}=C_0Q_j^{k+1}+C_1Q_j^{k}+C_2Q_{j+1}^{k}+C_3 \tag{6.98}$$

여기서 아래 첨자(subscript) j=아는 구간으로의 유입이고, $j+1$=미지 구간의 유출을 나타낸다. 또한 위 첨자(superscript) k=기준(아는) 시간(reference time)을 나타내고, $k+1$=미지(다음) 단계의 시간을 나타내며, **홍수파 이동시간(flood wave travel time)** K와 **추적계수(routing coefficients)** C_0, C_1, C_2, C_3는 다음과 같이 정의한다.

$$K=\frac{\Delta x}{c} \tag{6.99a}$$

$$C_0=\frac{0.5\Delta t-aK}{K(1-a)+0.5\Delta t} \tag{6.99b}$$

$$C_1=\frac{0.5\Delta t+aK}{K(1-a)+0.5\Delta t} \tag{6.99c}$$

$$C_2=\frac{K(1-a)-0.5\Delta t}{K(1-a)+0.5\Delta t} \tag{6.99d}$$

$$C_3=\frac{q\Delta t\Delta x}{K(1-a)+0.5\Delta t} \tag{6.99e}$$

측면 유입량 q=0일 때 식 (6.99e)의 C_3=0이므로 식 (6.98)은 Muskingum 식의 형태로 다

음과 같이 계산할 수도 있다.

$$O_2 = C_0 I_2 + C_1 I_1 + C_2 O_1 \tag{6.100}$$

식 (6.99b)~(6.99d), 식 (6.100)에서 C_1, C_2의 음(negative) 값은 정확도에 불리한 영향을 미치지 않으나 C_0의 음 값은 피해야 한다.

Cunge(1969)은 매개변수 a가 다음과 같이 선택될 때 **수치적 확산**은 **수리적 확산(hydraulic diffusion)**과 일치하였음을 제안하였다.

$$a = \frac{1}{2}\left(1 - \frac{Q}{BS_0 c \Delta x}\right) \tag{6.101}$$

여기서 Q=수로 유량의 대푯값(첨두 유량)이고, B=수로 폭이며, S_0=수로경사, c=파속이다.

홍수추적은 ① 전체 분석 기간 동안 c값이 일정하거나 ② 매개변수 a, K와 C_0, C_1, C_2가 각 시간단계에서 계산 시 c값이 변화됨에 따라 이루어진다. 유출수문곡선의 적절한 분석을 위해서 Δt와 Δx는 매우 크지 말아야 한다.

예제 6.17

유입수문곡선이 표 예6.17.1과 같고, 측면으로의 유입량은 무시한다. 첨두유량은 19.25m^3/s이고, 이 유량이 흐를 때 유수단면적은 8.80m^{2}이며, 수로폭은 6.0m, 수로경사는 0.0001이다. 또한 하천구간의 길이는 40km이고, 추적시간은 12시간이다. 다음 사항에 답하시오.

1. Muskingum-Cunge 방법에 의해 홍수추적 수행

표 예6.17.1 유입수문곡선과 유출수문곡선

시간(h)	0	12	24	36	48	60	72	84	96	108	120
유입량(m^3/s)	1.50	2.83	8.49	19.25	14.16	11.32	8.77	6.51	5.09	2.83	1.41

[풀이]

1. Muskingum-Cunge 방법에 의해 홍수추적 수행

(1) 식 (6.101)에 의한 매개변수 a와 저류상수 K를 산정한다.

① 매개변수 a를 계산하기 위하여 다음 값을 계산한다(측면 유입량 q=0).

1) 미소거리와 시간; Δx=40km=40,000m, Δt=12h

2) 유속과 파속 ; $V=\dfrac{Q_p}{A}=\dfrac{19.25}{8.80}=2.18\text{m/s}$, $c=\beta V=(5/3)(2.18)=3.63\text{m/s}$,

수로 폭; $B=6.0\text{m}$

② 매개변수 계산;

1) $a=\dfrac{1}{2}\left(1-\dfrac{Q}{BS_0c\Delta x}\right)=\dfrac{1}{2}\left[1-\dfrac{19.25}{6(0.0001)(3.63)(40{,}000)}\right]=0.39$

2) $K=\dfrac{\Delta x}{c}=\dfrac{40{,}000}{3.63}=1{,}101{,}928\text{s}=3.06\text{h}$

(2) 식 (6.99b~c)를 이용하여 가중계수를 산정한다.

① $C_0=\dfrac{0.5\Delta t-aK}{K(1-a)+0.5\Delta t}=\dfrac{0.5(12)-0.39(3.06)}{3.06(1-0.39)+0.5(12)}=\dfrac{4.806}{7.866}=0.61$

② $C_1=\dfrac{0.5\Delta t+aK}{K(1-a)+0.5\Delta t}=\dfrac{0.5(12)+0.39(3.06)}{3.06(1-0.39)+0.5(12)}=\dfrac{7.193}{7.866}=0.91$

③ $C_2=\dfrac{K(1-a)-0.5\Delta t}{K(1-a)+0.5\Delta t}=\dfrac{3.06(1-0.39)-0.5(12)}{3.06(1-0.39)+0.5(12)}=\dfrac{-4.133}{7.866}=-0.52$

④ 측면 유입량 q=0이므로 가중계수는 다음과 같다.

⑤ $\therefore\ C_0+C_1+C_2=0.61+0.91-0.52=1$

(3) ∴ 다음과 같이 Muskingum 식 형태의 식 (6.100)으로 계산할 수 있으며 그 결과는 **표 예 6.17.2ⓕ**와 같다.

$$O_2=C_0I_2+C_1I_1+C_2O_1=0.61I_2+0.91I_1-0.52O_1 \qquad (\text{예}6.17)$$

표 예6.17.2 유입수문곡선과 유출수문곡선

ⓐ 시간 (h)	ⓑ 유입량 I (m³/s)	ⓒ C_0I_2=0.61I_2	ⓓ C_1I_1=0.91I_1	ⓔ C_2O_1=−0.52O_1	ⓕ 유출량 O_2 (m³/s)
0	1.50	0	0	0	1.50
12	2.83	0.61(2.83)=1.72	0.91(1.50)=1.36	−0.52(1.50)=−0.78	1.72+1.36 −0.78=2.30
24	8.49	0.61(8.49)=5.17	0.91(2.83)=2.57	−0.52(2.3)=−1.19	5.17+2.57 −1.19=6.55
36	19.25	0.61(19.25) =11.74	0.91(8.49)=7.72	−0.52(6.55)=−3.40	11.74+7.72 −3.40=16.06
48	14.16	8.63	17.51	−8.35	17.79
60	11.32	6.90	12.88	−9.25	10.53
72	8.77	5.34	10.30	−5.47	10.17
84	6.51	3.97	7.98	−5.28	6.67
96	5.09	3.10	5.92	−3.46	5.56
108	2.83	1.72	4.63	−2.89	3.46
120	1.41	0.86	2.57	−1.79	1.64

(4) 유입량 표 예6.17.2ⓑ와 유출량 표 예6.17.2ⓕ의 관계곡선은 그림 예6.17과 같이 작성한다.

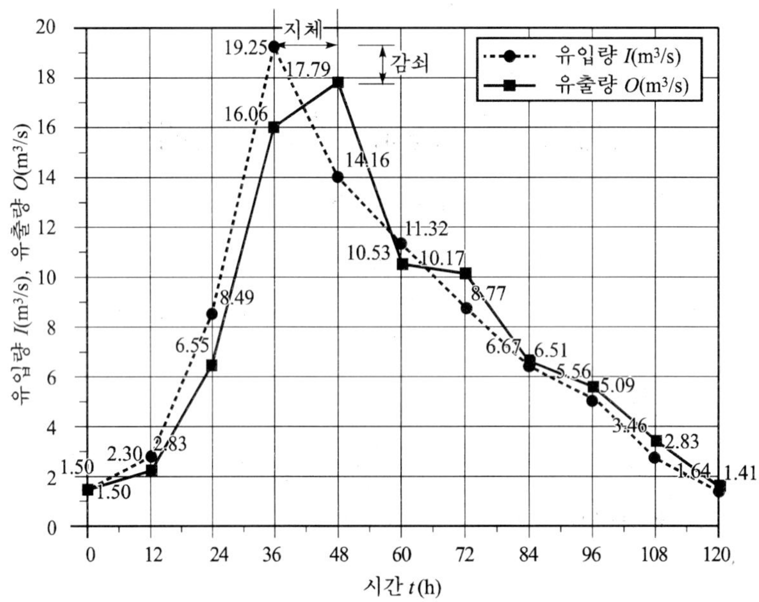

그림 예6.17 Muskingum-Cunge 방법에 의한 홍수추적 결과

측면 유입(량)이 없는 경우, 계산적으로 Muskingum 방법과 Muskingum-Cunge 방법은 동일하다. 후자가 유리하다는 것은 하천 특성에 기초하여 K, a, Δt, Δx의 매개변수 선정에서 유리하다는 것이다. 시간의 초깃값이 Δt라면 길이 Δx는 다음 식의 $\Delta x/(c\Delta t)$를 이용해 구할 수 있다.

$$Y = 1.322X^{0.347} \tag{6.102a}$$

$$\frac{\Delta x}{c\Delta t} = 1.322\,a^{0.347} \tag{6.102b}$$

여기서 $Y = \Delta x/(c\Delta t)$이고, $\Delta x/(c\Delta t)$는 매개변수 a가 $0.01 < a \leq 0.423(R^2 = 0.995)$일 때 개략적인 값을 구하는 데 적용할 수 있다.

예제 6.18

어떤 하천의 상류 기지점에서 수문곡선이 표 예6.18.1과 같다. 추적 수로 구간길이는 18km이다. Muskingum-Cunge의 방법에 의해 Δx =6km인 추적구간을 사용하여 다음 사항에 답하시오【단, 파속 c =2m/s이고, 수로 폭 B =25.3m이며, 수평경사 S_0 =0.001, 측면유입량 q =0이다. 추적기간은 24시간, 유출량($\mathrm{m^3/s}$)=소수 3자리 이하 버림 계산】

1. 하류구간의 미지 수문곡선 결정
2. 추적 결과의 수문곡선 작성

표 예6.18.1 상류부 기지점의 수문곡선

시간(h)	유량(m³/s)	시간(h)	유량(m³/s)	시간(h)	유량(m³/s)
0	10.0	7	134.5	14	59.0
1	12.0	8	147.0	15	45.0
2	18.0	9	150.0	16	33.0
3	28.5	10	146.0	17	24.0
4	50.0	11	129.0	18	17.0
5	78.0	12	105.0	19	12.0
6	107.0	13	78.0	20	10.0

[풀이]

1. 하류구간의 미지 수문곡선 결정

(1) 저류상수 계산 : 식 (6.99a) 이용

① $K=\dfrac{\Delta x}{c}=\dfrac{6\mathrm{km}\cdot 1{,}000(\mathrm{m/km})}{2\mathrm{m/s}}=3{,}000\mathrm{s}=50$분

(2) 매개변수 계산 : 식 (6.101) 이용

① $a=\dfrac{1}{2}-\dfrac{Q_p}{2BS_o c\Delta x}(\leftarrow Q_p=150\mathrm{m^3/s})=\dfrac{1}{2}-\dfrac{150\,\mathrm{m^3/s}}{2(25.3)(0.001)(2)(6{,}000)\mathrm{m^3/s}}=0.253$

(3) 측방유입이 없다면 $q=0$이므로 Δt는 $a=0.253$일 때 식 (6.102)에 의한 $\Delta x/(c\Delta t)\leq 0.82$인 값을 취해 다음과 같이 계산한다.

① $\Delta t>\Delta x/(c\times 0.82)$에서 미소시간 Δt 값을 결정한다.

② $\Delta t>\dfrac{6\mathrm{km}\times 1{,}000\mathrm{m/km}}{2\mathrm{m/s}\times 0.82}=3{,}658\mathrm{s}$로 $\Delta t>3{,}680s$에서 $\Delta t=7{,}200\mathrm{s}$ (=120min=2h)를 사용한다.

(4) 식 (6.99b~e)와 $a=0.253$, $\Delta t=120$분, $K=50$분을 이용하여 다음과 같이 가중계수를 구한다.

① $C_0 = \dfrac{0.5\Delta t - aK}{K(1-a)+0.5\Delta t} = \dfrac{0.5(120)-0.253(50)}{50(1-0.253)+0.5(120)} = \dfrac{47.35}{97.35} = 0.486$

② $C_1 = \dfrac{0.5\Delta t + aK}{K(1-a)+0.5\Delta t} = \dfrac{0.5(120)+0.253(50)}{50(1-0.253)+0.5(120)} = \dfrac{72.65}{97.35} = 0.746$

③ $C_2 = \dfrac{K(1-a)-0.5\Delta t}{K(1-a)+0.5\Delta t} = \dfrac{50(1-0.253)-0.5(120)}{50(1-0.253)+0.5(120)} = \dfrac{-22.65}{97.35} = -0.232$

④ $C_3 = \dfrac{q\Delta t\Delta x}{K(1-x)+(\Delta t/2)} = 0(\because q=0)$

⑤ $\sum C_i = 0.486+0.746-0.232=1.0$

(5) 1(4)④항으로부터 식 (6.98)은 C_3=0인 다음 식을 얻는다.

① $Q_{j+1}^{k+1} = C_0 Q_j^{k+1} + C_1 Q_j^k + C_2 Q_{j+1}^k$ (예6.18)

② 식 (예6.18)을 이용하여 $k=1(\Delta t=2$시간)과 $j=0(\Delta x=0)$에 대한 유입수문곡선 **표 예 6.18.2**ⓐ, ⓑ로부터 하도의 홍수추적을 수행한다.

표 예6.18.2 Muskingum-Cunge 방법에 의한 계산결과

ⓐ $k\Delta t$ (h)	$j\Delta x$			
	ⓑ $j=0$ $\sum\Delta x$=0km	ⓒ $j=1$ $\sum\Delta x$=6km	ⓓ $j=2$ $\sum\Delta x$=12km	ⓔ $j=3$, $\sum\Delta x$=18km
0	10.00	10.00	10.00	10.00
2	18.00	13.88	11.88	10.91
4	50.00	34.50	24.36	18.16
6	107.00	81.29	59.59	42.91
8	147.00	132.40	111.16	88.52
10	146.00	149.90	145.83	133.26
12	105.00	125.16	138.82	145.33
14	59.00	77.96	99.05	117.97
16	33.00	41.96	55.57	73.52
18	17.00	23.14	29.65	38.80
20	10.00	12.17	16.29	21.03
22	10.00	9.49	9.91	12.08
24	10.00	10.11	9.69	9.29

③ 또한 $j=k=0(\Delta x=\Delta t=0)$일 때 유입량은 10m^3/s가 초기치로 사용된다[$\because$초기치; Q_0^0 $(=I_1)=Q_0^1(=I_2)=Q_1^0(=O_1)$].

(6) $j=1$(6km지점)의 유출수문곡선 유도; $Q_{j+1}^{k+1} = C_0 Q_j^{k+1} + C_1 Q_j^k + C_2 Q_{j+1}^k$ 이용

① $j=1,\ k=0;\ Q_1^1(=I_1^1)=18\text{m}^3/\text{s},\ Q_1^0(=I_1^0)=10\text{m}^3/\text{s},\ Q_2^0(=O_1^0)=10\text{m}^3/\text{s} \rightarrow Q_2^1=?$

$Q_2^1 = C_0 Q_1^1 + C_1 Q_1^0 + C_2 Q_2^0 = 0.486(18)+0.746(10)-0.232(10)=13.88\text{m}^3/\text{s}$

② $j=1,\ k=1;\ Q_1^2=50\text{m}^3/\text{s},\ Q_1^1=18\text{m}^3/\text{s},\ Q_2^1=13.88\text{m}^3/\text{s} \rightarrow Q_2^2=?$

$Q_2^2 = C_0 Q_1^2 + C_1 Q_1^1 + C_2 Q_2^1 = 0.486(50) + 0.746(18) - 0.232(13.88) = 34.50\text{m}^3/\text{s}$

③ $j=1,\ k=2;\ \ Q_1^3 = 107\text{m}^3/\text{s},\ Q_1^2 = 50\text{m}^3/\text{s},\ Q_2^2 = 34.50\text{m}^3/\text{s} \rightarrow Q_2^3 = ?$

$Q_2^3 = C_0 Q_1^3 + C_1 Q_1^2 + C_2 Q_2^2 = 0.486(107) + 0.746(50) - 0.232(34.50) = 81.29\text{m}^3/\text{s}$

④ 계산 결과는 **표 예6.18.2ⓒ**와 같다.

(7) $j=2$(12km 지점)의 유출수문곡선 유도; $Q_{j+1}^{k+1} = C_0 Q_j^{k+1} + C_1 Q_j^k + C_2 Q_{j+1}^k$ 이용

① $j=2,\ k=0;\ Q_2^1(=I_2^1) = 13.88\text{m}^3/\text{s},\ Q_2^0(=I_2^0) = 10\text{m}^3/\text{s},\ \ Q_3^0(=O_2^0) = 10\text{m}^3/\text{s} \rightarrow Q_3^1 = ?$

$Q_3^1 = C_0 Q_2^1 + C_1 Q_2^0 + C_2 Q_3^0 = 0.486(13.88) + 0.746(10) - 0.232(10) = 11.88\text{m}^3/\text{s}$

② $j=2,\ k=1;\ \ Q_2^2 = 34.50\text{m}^3/\text{s},\ Q_2^1 = 13.88\text{m}^3/\text{s},\ Q_3^1 = 11.88\text{m}^3/\text{s} \rightarrow Q_3^2 = ?$

$Q_3^2 = C_0 Q_2^2 + C_1 Q_2^1 + C_2 Q_3^1 = 0.486(34.50) + 0.746(13.88) - 0.232(11.88) = 24.36\text{m}^3/\text{s}$

③ $j=2,\ k=2;\ \ Q_2^3 = 81.29\text{m}^3/\text{s},\ Q_2^2 = 34.50\text{m}^3/\text{s},\ Q_3^2 = 24.36\text{m}^3/\text{s} \rightarrow Q_3^3 = ?$

$Q_3^3 = C_0 Q_2^3 + C_1 Q_2^2 + C_2 Q_3^2 = 0.486(81.29) + 0.746(34.50) - 0.232(24.36) = 59.59\text{m}^3/\text{s}$

④ 계산 결과는 **표 예6.18.2ⓓ**와 같다.

(8) $j=3$(18km 지점)의 유출수문곡선도 위와 같은 방법으로 유도하면 **표 예6.18.2ⓔ**와 같다.

2. 추적 결과의 수문곡선 작성

(1) 추적 결과의 수문곡선을 작성하면 **그림 예6.18**과 같다.

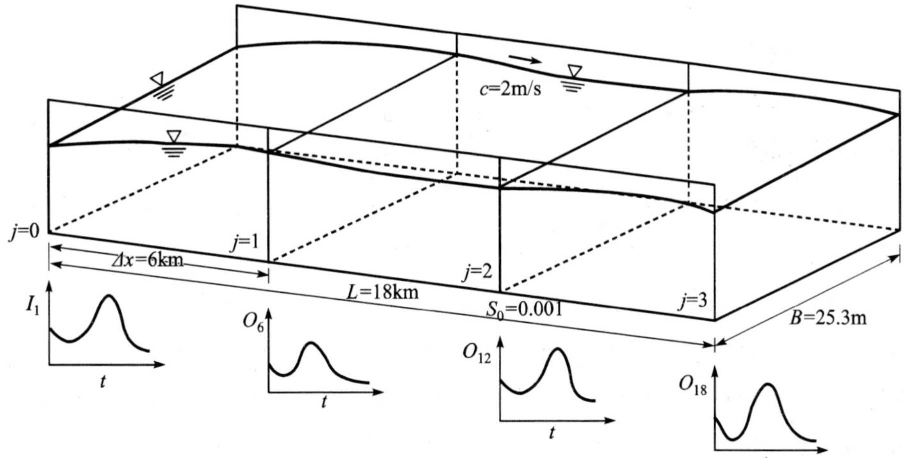

(a) 개념도

그림 예6.18 Muskingum-Cunge 방법에 의한 하도추적 결과

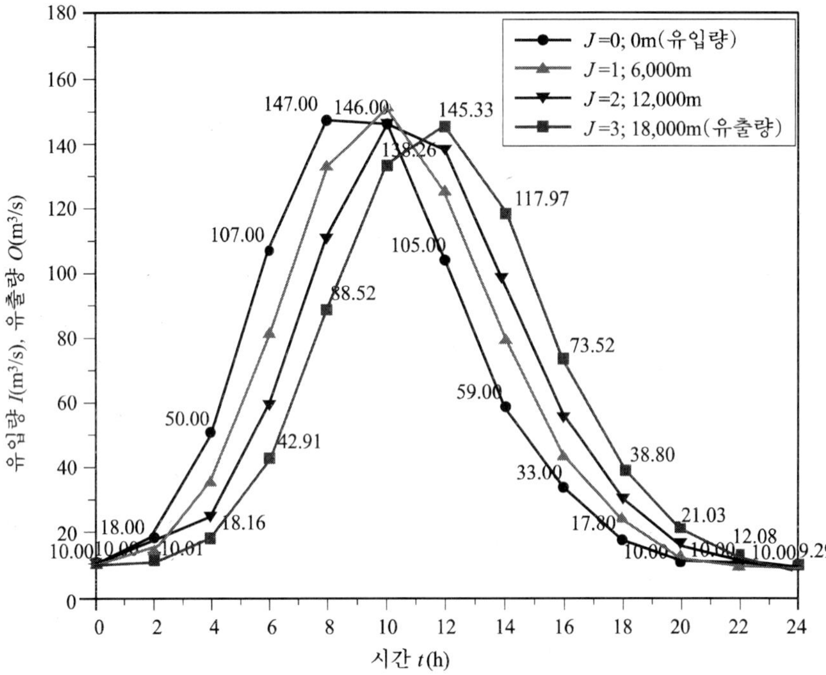

(b) 지점별 추적 곡선

그림 예6.18 Muskingum-Cunge 방법에 의한 하도추적 결과(계속)

(6) 수리학적 유역추적

수리학적 유역추적에는 **운동파(kinematic wave)**와 **확산파(diffusion wave)**에 기초한 두 가지 방법이 있는데(Ponce, 2014), 본 소절에서는 운동파 방법에 대해 소개하고자 한다. 운동파를 사용한 수리학적 유역추적은 1965년 Wooding(1965a; b; 1966)에 의해 도입되었으며, 이후 이 운동파 접근방법은 **확정적 유역모의(deterministic catchment modeling)**에 널리 사용되어왔다. 이 접근방법은 매개변수의 일정 값을 갖느냐와 공간적 변화를 허용하느냐에 따라 집중(=총괄)형 모형(lumped model) 또는 분포(=분할)형 모형(distributed model)으로 구분할 수 있다. **해석적 해(analytical solution)**는 전자에 적합한 방법인 반면에, **수치적 해(numerical solution)**는 후자에 적합한 방법이다.

Wooding(1965a)은 유역-하도(catchment-stream) 문제를 물리적으로 표현하기 위해 **그림 6.18**과 같이 일정한 측면경사를 갖는 2개의 사각형 유역으로부터 시작된 유출이 중앙의 하도를 통과하여 유역출구로 배출되도록 구성된 '**펼친 책 모양(open-book geometric)**'의 유역형상을 사용하였다.

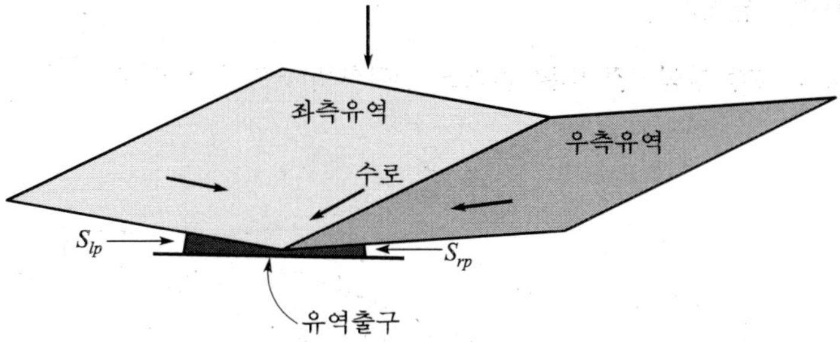

그림 6.18 펼친 책 모양의 유역형상

Wooding은 그의 방법을 공식화하기 위해 특성 방법과 운동파의 해석적 해를 사용하였다. 운동파의 적용성에 대한 기준은 지표면 흐름(overland flow)에 대한 Woolhiser and Liggett(1967)의 연구와 하도 흐름(stream channel flow)에 대한 Ponce et al.(1978)의 연구 결과로 마련되었다. 운동파에 의한 유역추적은 해석적 또는 수치적, 집중모형 또는 분포모형, 선형 또는 비선형, 한 개의 유역(single plane) 또는 두 개의 유역(two-plane) 또는 계단형(階段形) 유역(cascade of planes) 등 다양한 방법으로 접근할 수 있다(Kibler and Woolhiser, 1970; USACE, 1990).

운동 파 모형에 의한 수리학적 유역추적 과정의 자세한 내용은 두 개 유역(two-plane)을 갖는 유한차분 수치모형으로 풀이하는 [예제 6.19]를 통해 소개한다.

예제 6.19

그림 예6.19.1과 같이 길이 200m, 폭 100m인 서로 이웃하는 사각형 유역의 양측 면에 강우강도 9cm/h인 비가 20분간 내려 0.0417m/s의 평균속도로 중앙의 하천구간으로 배수된다. 또한 중앙의 하천구간에서는 평균유속 0.3m/s로 길이 200m를 통해 유역출구로 유출된다. 다음 사항에 답하시오.

1. 운동파법을 적용한 추적시간 10분 간격의 수리학적 유역추적 수행

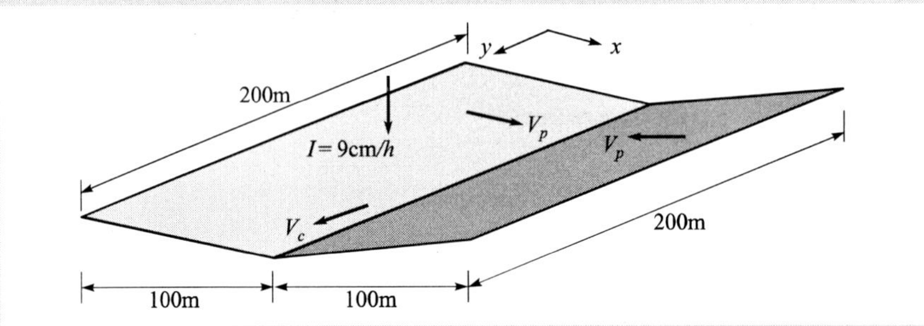

그림 예6.19.1 선형 운동파법을 적용한 2개 유역의 수리학적 추적

[풀이]

01. 주어진 자료를 다음과 같이 정리한다.

(1) 강우강도 I=9cm/h이고, 지속기간 t_r=20min이며, 좌우측면 유역의 길이=200m, 중앙수로의 길이=200m, 좌우측면의 유역 폭= 100m, 좌우측면 유역의 평균유출속도 V_P= 0.0417m/s, 중앙수로의 평균유출속도 V_c=0.3m/s이다.

02. 흐름 매개변수 계산;

(1) 선형 모형이므로 우선 필요한 추적 매개변수와 계수에 대한 기본적인 계산을 위한 흐름 매개변수를 계산한다.

(2) 양 측면 각 유역 중간길이(midlength)의 단위폭당 유량 q_p 계산=단위폭당(기여) 유역면적 (50m × 1m)×유효강우강도(9cm/h × 0.01m/cm);

$$q_p = \text{단위폭당(기여) 유역면적} \times \text{유효강우강도}$$

$$= (50\text{m} \times 1\text{m}) \times \frac{(9\text{cm/h} \times 0.01\text{m/cm})}{3{,}600\text{s/h}} = 0.00125\text{m}^2/\text{s}$$

(3) 측면 내 평균 유속 V_p에 대한 평균수심 d_p계산=양 측면 각 유역 길이 반의 단위폭당 유량 q_p/측면 내 평균 유속 V_p;

$$d_p = \frac{q_p}{V_p} = \frac{0.00125}{0.0417} = 0.03\text{m}$$

(4) 측면 내 흐름이 층류라 가정하고 유량–수심 관계지수(discharge–depth rating exponent) β_p=3.0

【운동파 모형; $Q=\alpha A^{\beta}$←{$=\frac{1}{n}AR_h^{2/3}S_0^{1/2}$ {←$R_h=A/P=(S_o^{1/2}/nP^{2/3})A^{5/3}$}⇒ $\alpha=S_o^{1/2}/nP^{2/3}$, β=5/3)} $\partial Q=\alpha\beta(A^{\beta}/A)\partial A$(← 우변 $\alpha A^{\beta}=Q$) $=\beta(Q/A)\partial A$(←$Q/A=v$)$=\beta v\partial A$ 【←$\beta v=c$】$=c\,\partial A$】 이므로 파속 c_p는 다음과 같이 계산한다(이종석, 2018b).

$c_p=\beta_p V_p$=3.0(0.0417)=0.125m/s

(5) 하도 중앙에서 유역 중간길이의 총유량 Q_c 계산=(기여) 유역(2개)면적 [2×(100m × 100m)] ×유효강우강도(9cm/h × 0.01m/cm);

$$Q_c=2(100\text{m}\times100\text{m})\times\frac{(9\text{cm/h}\times0.01\text{m/cm})}{3{,}600\text{s/h}}=0.5\text{m}^3/\text{s}$$

(6) 수면폭 B=5m로 가정하고, 하도의 단위폭당 유량 q_c를 다음과 같이 계산한다.

$$q_c=\frac{Q_c}{B}=\frac{0.5}{5}=0.1\text{m}^2/\text{s}$$

(7) 하도 내 평균유속 V_c=0.30m/s이므로 하도 내(중간 길이에서의) 평균수심 d_c는 단위폭당 유량 q_c를 평균유속 V_c로 나눠 다음과 같이 계산한다.

$$d_c=\frac{q_c}{V_c}==\frac{0.1}{0.3}=0.333\text{m}$$

(8) 광폭 사각형 단면수로이고 흐름이 Manning 마찰이 난류조건이라 가정하면, **유량–단면적 관계지수(discharge–area rating exponent)** β_c=1.67이므로 하도 내 파속은 다음과 같이 계산할 수 있다.

$c_c=\beta_c V_c$=1.67(0.3)=0.50m/s

(9) 도달시간 t_c는 하도까지의 유입시간 t_i와 하도 내의 유하시간 t_f를 합한 값으로 다음과 같이 구한다.

1) $t_c=t_i+t_f=\frac{100\text{m}}{0.125\text{m/s}}+\frac{200\text{m}}{0.5\text{m/s}}$=800+400=1,200s

2) 그러므로, 도달시간 t_c(=1,200s =20min)는 강우지속기간 t_r(=20min)과 같은데 이는 유역출구에서의 도달시간임이 확인할 수 있다.

(10) (하도 내) 최대 가능(=평형) 첨두유량 Q_c 계산=(기여) 유역(2개)면적 [2×(100m × 100m)] ×유효강우강도(9cm/h × 0.01m/cm);

$$Q_c=2(200\text{m}\times100\text{m})\times\frac{(9\text{cm/h}\times0.01\text{m/cm})}{3{,}600\text{s/h}}=1.0\text{m}^3/\text{s} \qquad (예6.19.1)$$

(11) 그러므로, 유출의 총용적은 다음과 같이 계산한다.

$$Q_c=2(200\text{m}\times100\text{m})\times\frac{(9\text{cm/h}\times20\text{min})(0.01\text{m/cm})}{60\text{min/h}}=1{,}200\text{m}^3$$

03. 격자 구성;

(1) 간략한 계산을 위해 격자구성(discrete interval)은 유역 내의 거리크기(space interval) Δx=100m로 이는 유역 내 1개의 공간 증분에 대한 크기이다. 컴퓨터를 사용하는 실제 응용에 있어서는 Δx의 보다 작은 값이 적용될 것이다. 시간 간격 Δt=10min으로 하였는데 이는 강우지속기간 t_r=20min이기 때문에 선정된 값이다.

(2) 위의 값을 고려하여 유역 내 계산의 안정성 확보를 위한 Courant 수를 다음 식을 이용해 검토한다.

$$C_p = c_p(\frac{\Delta t}{\Delta x}) = 0.125(\text{m/s})(\frac{10\text{min} \times 60\text{s/min}}{100\text{m}})=0.75(<1)$$

⇒ $C_p \leq 1$; 시간-전진(forward-time) 차분법, 공간-후진(backward-space) 차분법 사용⇨안정조건 확보

(3) 같은 방법으로 하도 내의 거리크기 Δy=200m로 이는 유역 내 1개의 공간 증분에 대한 크기이다. 컴퓨터를 사용하는 실제 응용에 있어서는 Δx의 보다 작은 값이 적용될 것이다. 시간 간격 Δt=10min으로 하여 하도 내 계산의 안정성 확보를 위한 Courant 수를 다음 식을 이용해 검토한다.

$$C_c = c(\frac{\Delta t}{\Delta x}) = 0.5(\text{m/s})(\frac{10\text{min} \times 60\text{s/min}}{200\text{m}})=1.5(>1)$$

⇒$C_p \geq 1$; 공간-전진(forward-space) 차분법, 시간-후진(backward-time) 차분법 사용⇨안정조건 확보

04. 추적기법 선택;

(1) **추적기법(routing scheme)**의 선택은 1차 또는 2차 기법 등 아주 여러 가지 방법을 선택해 사용할 수 있다. 실제에 있어 1차 기법이 2차 기법 보다 더 안정성이 확보되기 때문에 유리하다는 것이 이들 두 기법의 비교에서 알 수 있다.

(2) 본 예제에서는 Courant 수[$=C_c = c(\frac{\Delta t}{\Delta x})$] $C_c \leq 1$의 경우에는 공간-전진(forward-space) 차분법, 시간-후진(backward-time) 차분법을 사용하여 안정성을 확보하고, C_c >1의 경우에는 공간-전진(forward-space) 차분법, 시간-후진(backward-time) 차분법을 사용하여 안정성을 확보한다.

(3) **그림 예6.19.2(a)**와 같이 선형기법의 시간-전진(forward-time), 공간-후진(backward-space)의 측면 흐름 q이 존재하는 경우에는 연속방정식 (6.31)이 필요하다.

식 (6.31) $\frac{\partial Q}{\partial x} + \frac{\partial A}{\partial t} - q = 0[\rightarrow \frac{\partial Q}{\partial x} + \frac{\partial A}{\partial t} = q]$에 운동파 기법을 적용하여 **유량 운동파 방정식**으로 유도하면 다음 식을 얻을 수 있다.

$$\frac{\partial Q}{\partial t} + (\beta V)\frac{\partial Q}{\partial x} = (\beta V)q \qquad (예6.19.2)$$

식 (예6.19.2)를 차분형으로 표시하면 다음과 같다.

$$Q_{j+1}^{k+1} = C_1 Q_j^k + C_2 Q_{j+1}^k + C_3 Q_L \quad (\text{예}6.19.3a)$$

$$C_1 = C_c \quad (\text{예}6.19.3b)$$

$$C_2 = 1 - C_c \quad (\text{예}6.19.3c)$$

$$C_3 = C_c \quad (\text{예}6.19.3d)$$

여기서 $C_c = \beta V(\Delta t/\Delta s)$=Courant 수(number)이고, Δs=유역의 거리 Δx와 수로의 거리 Δy의 크기이며, q=단위길이당 측면유입량($m^3/s/m$)[양(+)=측면 유입=지류유입, 음(-)=측면 유출=수로 침투손실], Q_L=측면유입량(m^3/s)이다.

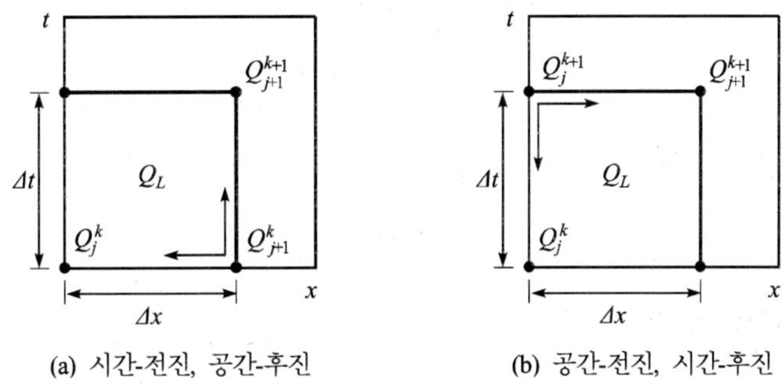

그림 예6.19.2 측면유입을 갖는 운동파 방정식 1차 기법의 공간 - 시간격자

(4) **그림 예6.19.2(b)**와 같이 선형기법의 **공간-전진(forward-space), 시간-후진(backward-time)**의 측면 흐름이 존재하는 경우에는 식 (예6.19.2)를 적용하여 다음의 차분형을 얻는다.

$$Q_{j+1}^{k+1} = C_0 Q_j^{k+1} + C_1 Q_j^k + C_3 Q_L \quad (\text{예}6.19.4a)$$

$$C_0 = (C_c - 1)/C_c \quad (\text{예}6.19.4b)$$

$$C_1 = 1/C_c \quad (\text{예}6.19.4c)$$

$$C_3 = 1 \quad (\text{예}6.19.4d)$$

여기서 식 (예6.19.4)의 기호 정의는 계수 C_0, C_1, C_3 이외에는 식 (예6.19.3)과 같다.

1. 운동파법을 적용한 추적시간 10분 간격의 수리학적 유역추적 수행

(1) 운동파법에 의한 유역추적 수행; **표 예6.19.1**은 다음과 같이 구분하여 추적한다.

① 유역추적에는 시간-전진(forward-time)·공간-후진(backward-space) 차분법의 식 (예6.19.3a)를 사용한다.

$$Q_{j+1}^{k+1} = C_1 Q_j^k + C_2 Q_{j+1}^k + C_3 Q_L \quad (\text{예}6.19.3a)$$

$C_1 = C_c$ [$\leftarrow C_c = \beta V(\Delta t/\Delta s)$ ($\leftarrow \beta$=3.0, V=0.0417m/s, Δt=10min, $\Delta s = \Delta x$=100m)

=3.0×0.0417{(10×60)/100}=0.75,

$C_2 = 1 - C_c$ =1−0.75=0.25, $C_3 = C_c$ =0.75

표 예6.19.1 운동파법에 의한 2개 측면의 유역추적

ⓐ	ⓑ	ⓒ	ⓓ	ⓔ	ⓕ	ⓖ
시간	유역추적(m^3/s)			하도추적(m^3/s)		
(min)	Q_{Lp}	I_p	O_p	Q_{Lc}	I_c	O_c
0		0	0		0	0
	0.5			0.3750 =[(0+0.3750)/2]2		
10		0	0.3750 =0.75(0)+0.25(0)+0.75(0.5)		0	0.3750 =0.33(0)+0.67(0)+1.00(0.3750)
	0.5			0.8437 =[(0.3750+0.4687)/2]2		
20		0	0.4687 =0.75(0)+0.25(0.3750)+0.75(0.5)		0	0.8437 =0.33(0)+0.67(0)+1.00(0.8437)
	0			0.5859 =[(0.4687+0.1172)/2]2		
30		0	0.1172 =0.75(0)+0.25(0.4687)+0.75(0)		0	0.5859 =0.33(0)+0.67(0)+1.00(0.5859)
	0			0.1465		
40		0	0.0293		0	0.1465
	0			0.0366		
50		0	0.0073		0	0.0366
	0			0.0091		
60		0	0.0018		0	0.0091
	0			0.0023		
70		0	0.0005		0	0.0023
	0			0.0006		
80		0	0.0001		0	0.0006
	0			0.0001		
90		0	0		0	0.0001
합	1.0		0.9999≒1m^3/s (각 측면 유출 용적) ($1m^3/s \times 10min \times 60s/m = 600m^3$)			1.9998≒2m^3/s (총 유출 용적) ($2m^3/s \times 10min \times 60s/m = 1{,}200m^3$)
비고	• ⓑ~ⓓ=측면(유역)추적; ⓑ=각 측면 유입량 $Q_{Lp} = (200m \times 100m) \times \frac{(9cm/h \times 20min)(0.01m/cm)}{60min/h} = 0.5m^3/s$ ⓒ=측면 상류 유입량 ⓓ=식 (예6.19.5)에 의한 계산값 • ⓔ~ⓖ=하도추적; ⓔ=각 측면 평균유입량 ⓓ의 2배인 하도까지의 측면 평균유입량 ⓕ=하도까지의 상류 유입량 ⓖ=식 (예6.19.6)에 의한 계산값(=유역의 유출수문곡선)					

$\therefore Q_{j+1}^{k+1} = 0.75\, Q_j^k + 0.25\, Q_{j+1}^k + 0.75 Q_L$ (예6.19.5)

t=10min; $Q_2^2 = 0.75(0) + 0.25(0) + 0.75(0.5) = 0.3750\text{m}^3/\text{s}$

t=20min; $Q_3^3 = 0.75(0) + 0.25(0.375) + 0.75(0.5) = 0.4687\text{m}^3/\text{s}$

t=30min; $Q_4^4 = 0.75(0) + 0.25(0.4687) + 0.75(0) = 0.1172\text{m}^3/\text{s}$

......

t=80min; $Q_9^9 = 0.75(0) + 0.25(0.0005) + 0.75(0) = 0.0001\text{m}^3/\text{s}$

t=90min; $Q_{10}^{10} = 0.75(0) + 0.25(0.0001) + 0.75(0) = 0.000025 \fallingdotseq 0\text{m}^3/\text{s}$

② 하도추적에는 공간-전진(forward-in-space)·시간-후진(backward-in-time) 차분법의 식 (예6.19.4a)를 사용한다.

$Q_{j+1}^{k+1} = C_0\, Q_j^{k+1} + C_1\, Q_j^k + C_3 Q_L$ (예6.19.4a)

$C_0 = (C_c - 1)/C_c\, [\leftarrow C_c = \beta\, V(\Delta t/\Delta s)\, (\leftarrow \beta = 1.67,\ V = 0.3\text{m/s},\ \Delta t = 10\text{min},$
$\Delta s = \Delta y = 200\text{m} = 1.67 \times 0.3\{(10 \times 60)/200\} = 1.50] = (1.50 - 1)/1.50 = 0.33,$
$C_1 = 1/C_c\, (\leftarrow 1.50) = 1/1.50 = 0.67,\ C_3 = 1$

$Q_{j+1}^{k+1} = 0.33\, Q_j^{k+1} + 0.67\, Q_j^k + 1 Q_L$ (예6.19.6)

t=10min ; $Q_2^2 = 0.33(0) + 0.67(0) + 1(0.3750) = 0.3750\text{m}^3/\text{s}$

t=20min ; $Q_3^3 = 0.33(0) + 0.67(0) + 1(0.8437) = 0.8437\text{m}^3/\text{s}$

t=30min ; $Q_4^4 = 0.33(0) + 0.67(0) + 1(0.5859) = 0.5859\text{m}^3/\text{s}$

......

t=80min; $Q_8^8 = 0.33(0) + 0.67(0) + 1(0.0006) = 0.0006\text{m}^3/\text{s}$

t=90min; $Q_8^8 = 0.33(0) + 0.67(0) + 1(0.0001) = 0.0001\text{m}^3/\text{s}$

(2) 추적 결과 검토;

① 본 예제는 측면유역의 폭 Δx=100m, 측면유역의 길이와 하도길이 Δy=200m, 추적시간 Δt=600s인 격자크기로 추적하였을 때 첨두유량 Q_p=0.8437m^3/s가 추적시간 20 min에서 발생되었다. 이 값은 식 (예6.19.1)에 의한 첨두유량 1m^3/s보다 작은 값이다. 이 차이의 주요원은 수치해에 사용하는 격자의 크기 여부에 달려있고, 그 다음은 1과 다른 값을 갖는 Courant 수가 측면유역과 하도의 추적에 적용되었기 때문일 것이다.

② **표 예6.19.2**는 격자 크기를 작게 하여 Courant 수가 측면 유역과 하도추적 모두에서 1에 가까운 값이 되도록 조정하여 적용하였을 때의 풀이 결과를 나타낸 것이다.

③ 유역추적의 수리학적 방법에서 운동파법에 의한 수치해는 격자의 크기에 좌우된다. 가능한 한 Courant 수가 1에 근접하는 값을 갖도록 격자 크기를 조정하는 것이 보다 더 정확한 추정값을 확보할 수 있다.

표 예6.19.2 운동파법의 격자크기에 따른 정확도 비교

증분 수	측면유역의 폭 Δx(m)	측면유역 · 하도길이 Δy(m)	추적시간 Δt(s)	첨두유량 $Q_p(\mathrm{m^3/s})$
1	100	200	600	0.8437
2	50	100	300	0.9063
4	25	50	150	0.9490
8	12.5	25	75	0.9776
16	6.25	12.5	37.5	0.9899

6.3.4 HEC - RAS 소개

(1) HEC - RAS 개관

그림 6.19와 같이 HEC-RAS(hydrologic engineering center-river analysis system) 모형(v5.0)은 미육군공병단 【U.S. army corps of engineers hydrologic engineering center ;

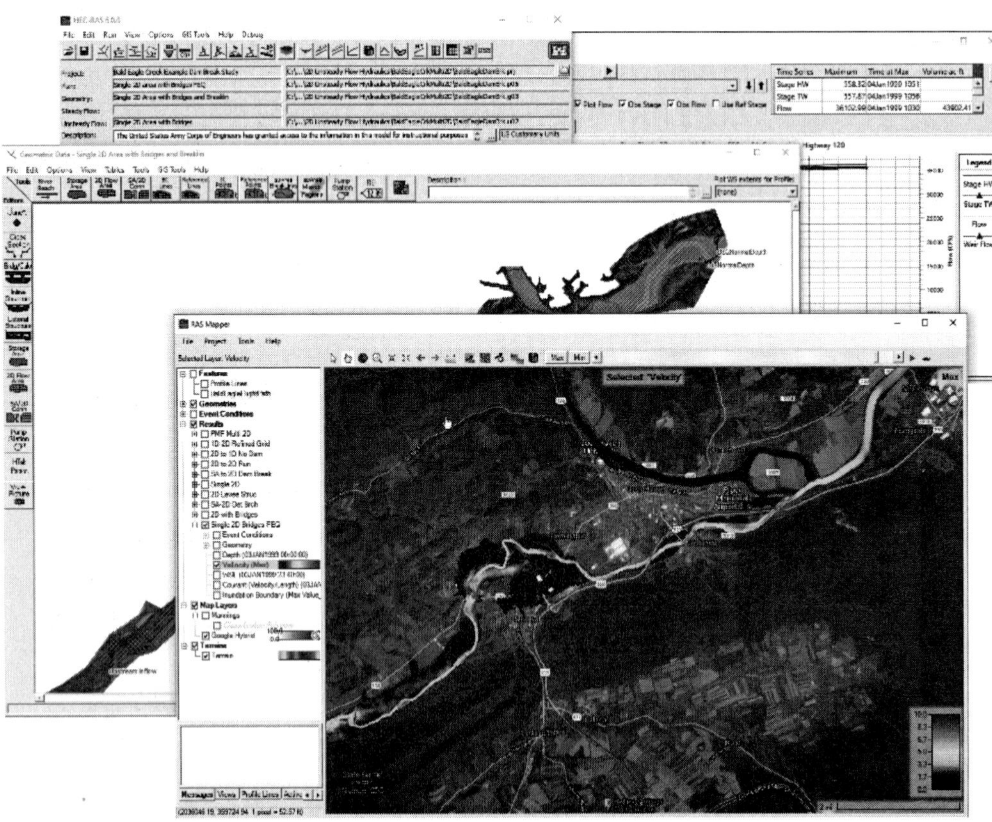

그림 6.19 HEC-RAS 홈페이지

http://www.hec.usace.army.mil/software/hec-ras/)(2022.11.02.17:03 검색)(USACE, 2022)】에서 2016년 2월에 각각 발표한 다중작업환경(multi-tasking environment)의 대화식으로 사용하기 위해 고안된 소프트웨어 통합시스템(integrated system of software)이다.

HEC-RAS 시스템은 **분석구성요소(analysis components)**, 자료저장과 관리 성능, 그래프와 출력기능을 분리하여 사용자가 그래픽을 통해 컴퓨터와 정보를 교환하는 **작업환경(graphical user interface, GUI)**으로 구성되었다. 또한 HEC-RAS 시스템은 v5.0의 경우, ① **정상류 수면곡선 계산(steady flow water surface profile computations)**, ② **1차원** 또는 **2차원 부정류 모의(1D and/or 2D unsteady flow simulation)**, ③ **준부정류** 또는 **완전 부정류 이동상 유상이송 계산(quasi unsteady or fully unsteady flow movable boundary sediment transport computations)**, ④ **수질분석(water quality analysis)** 4가지 **하천분석요소(river analysis components)**로 구성되었다. 이 외에도 **상세 2차원 수로모의(detailed 2D channel modeling)**를 비롯해 상세 2차원 수로와 홍수터 모의(detailed 2D channel and floodplain modeling) 등의 다양한 분석요소가 추가되었다.

(2) HEC-RAS 시작

HEC-RAS 설치 프로그램(v5.0)을 앞서 소개한 홈페이지(USACE, 2022)에서 내려받아 컴퓨터의 설치 완료한다. HEC-RAS를 시작하기 위해서는 시작메뉴에서 프로그램을 불러오거나 바탕 화면의 단축 아이콘 을 더블클릭 한다. 컴퓨터에 HEC-RAS 단축 아이콘을 만들지 않았다면 시작메뉴의 프로그램에서 HEC를 선택하고 HEC-RAS를 클릭한다.

HEC-RAS를 처음 시작하면 그림 6.20과 같이 어떤 과제파일도 창에 나열되지 않은 상태의 HEC-RAS 창(main window)을 볼 수 있다.

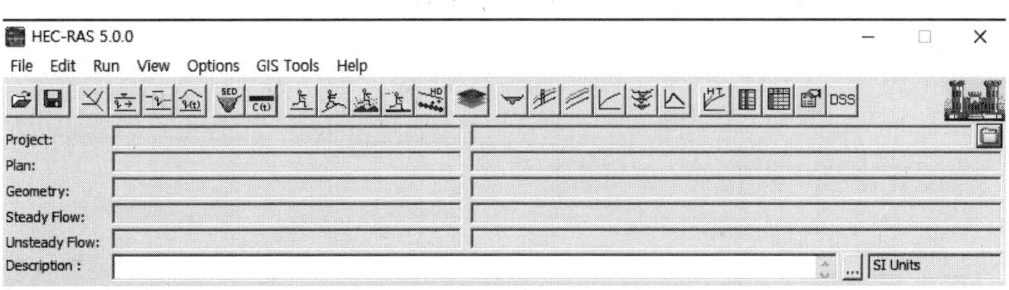

그림 6.20 HEC-RAS(v5.0) 창

그림 6.20 맨 위의 HEC-RAS 메뉴 바(menu bar)에는 다음과 같이 7개의 주요 메뉴가 있다.

1) **파일**

파일(File) 메뉴는 파일관리에 사용되며, 파일메뉴 아래 포함되어 있는 옵션들은 여러 가지가 있다. 새 과제, 과제 열기, 과제 저장하기, 다른 이름으로 저장하기, 새 이름 붙이기, 과제 지우기, HEC-2 자료 불러오기, HEC-RAS 자료 가져오기, GIS 자료 가져가기, 보고서 생성하기, 나가기 등 을 포함한다. 또한 최근에 열었던 과제들은 파일메뉴 아래에 나열될 것인데, 이것은 사용자가 가장 최근에 수행한 과제를 빨리 열 수 있도록 하기 위한 것이다

2) **편집**

편집(Edit) 메뉴는 옵션은 자료를 입력하고 편집하는 데 사용되며, 자료로는 지형 자료, 정상류 자료, 준-부정류 자료, 부정류 자료, 유사 자료. 수질 자료의 여섯 가지로 분류한다.

3) **실행**

실행(Run) 메뉴는 수리계산을 실행하기 위해 필요하다. 이 메뉴항목 아래에 포함되어 있는 것은 정상류 분석, 부정류 분석, 유사 분석, 수질 분석, 수리 설계 기능이며, 이들은 복합적으로 실행한다.

4) **보기**

보기(View) 메뉴는 결과를 그림과 그래프, 표로 제공하는 도구들을 포함하고 있다. 보기메뉴에는 횡단면, 수면곡선, 수위-유량관계곡선, X-Y-Z 도표, 합 오차, 경고, 참고, DSS 데이터, 부정류 영역 도표, 부정류 시계열 도표, 수질영역 도표, 수질 시계열 도표, 유사영역 도표, 유사 시계열도표 등이 포함되어 있다.

5) **선택**

선택(Option) 메뉴는 사용자로 하여금 프로그램 설치 옵션, 기본 변수, 기본 단위계 설정할 수 있고 과제단위계를 변경할 수 있다.

6) **공간 정보 시스템 도구**

이 메뉴(GIS Tools)는 사용자로 하여금 다른 여러 지형도 계획자(mapping layers)와 함께 홍수의 동영상화 수행, 범람 지형의 표시 등 HEC-RAS에 사용되는 지형모델(terrian model)을 만들 수 있는 지도 작성 도구(mapper tools)이다.

7) 도움

도움(Help) 메뉴는 사용자가 HEC-RAS에 대한 온라인 도움(사용자 매뉴얼, 수리학 참고문헌 매뉴얼, 적용 가이드, 추가 정보)과, 예제 과제의 설치, 도움말 메뉴 이용방법, HEC-RAS 웹 페이지 가기, Manning 조도계수 n값 산정 온라인 가이드 가기, 사용 성명서의 기간과 조건을 볼 수 있다. HEC-RAS의 현재 버전(5.0)에 대한 정보도 볼 수 있다.

그림 6.21과 같이 메뉴 바(menu bar)의 바로 아래에는 HEC-RAS가 수행할 수 있는 주요 기능들이 누름단추(버튼 바 : button bar)를 이용하여 필요한 과제를 할 수 있는데, 이들 버튼 바의 기능은 **표 6.7**과 같다.

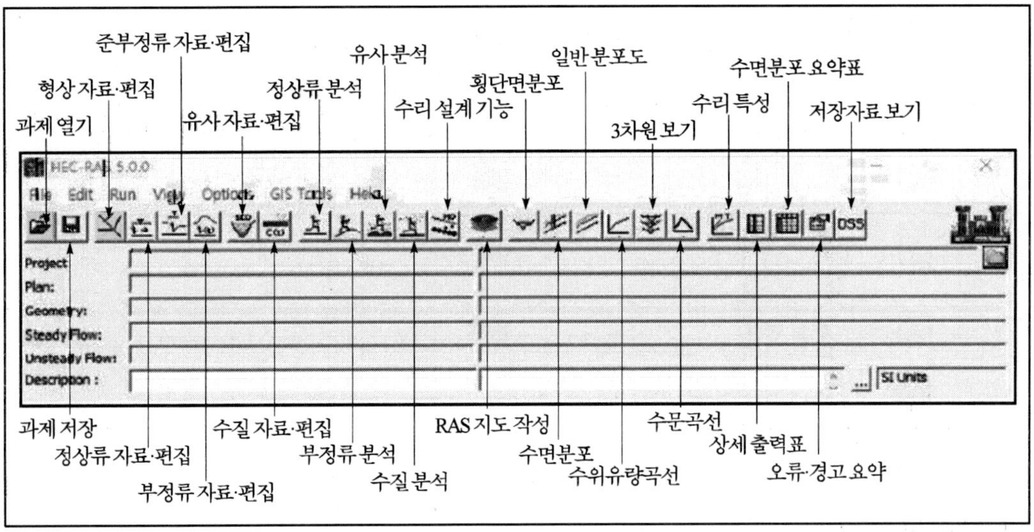

그림 6.21 HEC - RAS 창의 메뉴 · 버튼 바 기능

또한 HEC-RAS 창에는 **그림 6.21**과 같은 메뉴 바가 있으며, 이 바(bar)는 HEC-RAS 메뉴에서 빈번하게 사용되는 기능들을 빠르게 수행할 수 있도록 해준다.

표 6.7 HEC - RAS 주요 기능 버튼 바

표식	기능	표식	기능
	과제 열기 (기본 과제 열기)		수리 설계 기능 (수리학적 설계 계산 수행)
	과제 저장 (기존 과제 저장)		횡단면분포 (횡단면 도면보기)
	형상 자료 · 편집 (형상자료의 편집, 입력)		수면분포 (수면분포 도면보기)

표 6.7 HEC - RAS 주요 기능 버튼 바(계속)

표식	기능	표식	기능
	정상류 자료·편집 (정상류 자료의 편집, 입력)		일반 분포도 (수로 흐름방향의 계산변수 보기)
	준부정류 자료·편집 (준부정류 자료 편집, 입력)		수위 - 유량곡선 (계산된 수위 - 유량관계곡선 보기)
	부정류 자료·편집 (부정류 자료의 편집, 입력)		3차원 보기 (3차원 여러 개 횡단면 도면보기)
	유사 자료·편집 (유사 자료의 편집, 입력)		수문곡선 (수위-유량수문곡선 보기)
	수질 자료·편집 (수질 자료의 편집, 입력)		수리 특성 (수리학적 특성치의 도면과 표)
	정상류 분석 (정상류 모의 수행)		상세 출력표 (횡단면·교량·암거 등 상세한 출력보기)
	부정류 분석 (부정류 모의 수행)		수면분포 요약표 (여러 지점의 분포요약 출력보기)
	유사 분석 (유사이송 분석 수행)		오류·경고 요약 (오류·주의·경고 요약)
	수질 분석		저장자료 보기 (DSS로 저장된 자료 보기)
	RAS 지도 작성		

(3) 수리모형 실행

HEC-RAS의 **수리모형(hydraulic model)** 전개는 주요 5단계로 다음과 같이 이루어진다.

1) 새 과제(new project)의 시작
2) **형상자료(形狀資料, geometric data)**의 입력
3) 흐름자료와 경계조건(flow data and boundary conditions)의 입력
4) **수리계산(水理 計算, hydraulic calculations)**의 수행
5) 결과 보기와 출력(viewing and printing results)의 확인

이들 수리모형의 전개절차에 대한 단계별 내용은 1차적으로 간단한 예제를 접함으로써 이해하고, 복잡한 문제의 해결이나 상세한 응용 사례는 사용자 매뉴얼(User manual)(USACE, 2008a; 2016a)과 응용 지침(Application Guide)(USACE, 2008b; 2016b), 수리문헌 매뉴얼(Hydraulic Reference Manual)(USACE, 2008c; 2016c)을 참조하여 실제문제를 통해 실습

하여 응용력을 키우는 것이 필요하다.

(4) 기본이론

1) 표준축차법

표준축차법은 특정 유량 조건 하에 알고 있는 지배단면의 수심으로부터 다른 단면의 임의 수로구간 떨어진 수심을 에너지 방정식을 이용하여 축차적으로 결정하여 점변류에 대한 수면곡선을 완성하는 방법이다. 표준축차법은 자연하천단면과 같은 임의 단면형에도 적용할 수 있으며 수면곡선의 계산을 위해서는 구간별 횡단·종단면의 측량이 필요하다. 지배단면에서의 수면표고를 알고, 길이 Δx만큼 떨어진 단면에서의 수면표고를 에너지 관계를 고려하여 **시행착오법(trial and error method)**으로 수면곡선을 축차적으로 계산해 연결한다(Chow, 1959).

그림 6.22와 같이 단면 1과 2에서 흐름에 의한 총에너지를 같다고 가정하면 다음과 같이 쓸 수 있다.

$$z_1 + h_1 + \alpha_1 \frac{V_1^2}{2g} = z_2 + h_2 + \alpha_2 \frac{V_2^2}{2g} + h_f + h_e \tag{6.103}$$

여기서 h_1, h_2 =단면 1과 2에서 수심(m)이고, α_1, α_2 =단면 1과 2에서 에너지 보정계수이며, V_1, V_2 =단면 1과 2에서 평균유속(m/s)이다. 또한 Δx =단면 1과 2 사이의 길이이고, h_e =**와류손실(渦流損失, eddy loss)**이며, h_f =마찰손실 $h_f = S_f \Delta x = 1/2\,(S_{f_1} + S_{f_2})\Delta x$ 이다. 단면 1과 2에서의 단위무게의 물이 가지는 에너지인 총수두 H_1과 H_2는 다음 식과 같다.

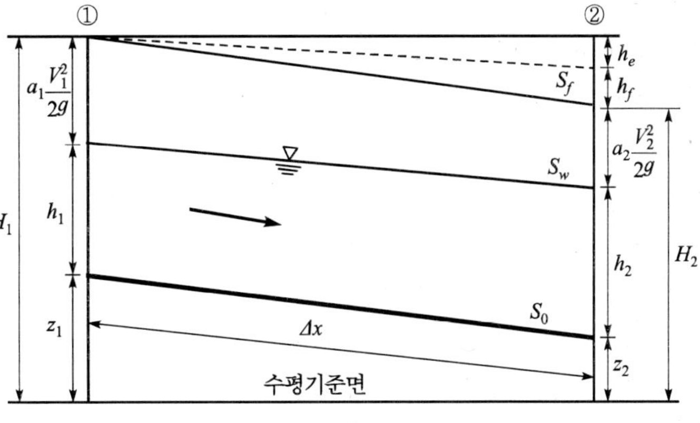

그림 6.22 표준 축차법의 단면 정의

$$H_1 = z_1 + h_1 + \alpha_1 \frac{V_1^2}{2g} \tag{6.104a}$$

$$H_2 = z_2 + h_2 + \alpha_2 \frac{V_2^2}{2g} \tag{6.104b}$$

식 (6.104b)를 식 (6.103)에 대입하면 표준 축차법의 기본식은 다음과 같이 정리할 수 있다.

$$H_1 = H_2 + h_f + h_e \tag{6.105}$$

두 횡단면 간의 에너지 손실수두는 마찰손실과 수축 혹은 확장손실로 구성된다. 에너지 손실 수두 방정식은 다음과 같다.

$$h_e = \Delta x \overline{S}_f + C \left| \frac{\alpha_1 V_1^2}{2g} - \frac{\alpha_2 V_2^2}{2g} \right| \tag{6.106}$$

여기서 Δx =미소 수로 구간길이이고, $\overline{S}_f$ =두 횡단면간의 평균 마찰경사이며, C=확장 또는 수축 손실계수이다.

그러므로, 구간길이 Δx는 다음과 같이 계산된다.

$$\Delta x = \frac{L_{lob}\overline{Q}_{lob} + L_{ch}\overline{Q}_{ch} + L_{rob}\overline{Q}_{rob}}{\overline{Q}_{lob} + \overline{Q}_{ch} + \overline{Q}_{rob}} \tag{6.107}$$

여기서 L_{lob}, L_{ch}, L_{rob} =좌측제방, 주수로와 우측제방에서의 흐름에 대한 구간길이이고, $\overline{Q}_{lob}$, $\overline{Q}_{ch}$, $\overline{Q}_{rob}$ =두 횡단면 사이의 좌측제방, 주수로와 우측제방에 대한 구간 양단에서의 산술평균 유량이다.

계산 유량이 총 유량의 1%이내 될 때까지 수심을 조정·반복하여 약 0.003m(=3mm)일 때 계산을 종료한다.

2) 에너지 보정계수

에너지 보정계수 α는 3개의 흐름요소(좌측수로, 주수로, 우측수로)에 대한 각각의 통수능을 이용하여 다음 식으로 계산한다.

$$\alpha = (A_t)^2 \left[\frac{\dfrac{(K_{lob})^3}{(A_{lob})^2} + \dfrac{(K_{ch})^3}{(A_{ch})^2} + \dfrac{(K_{rob})^3}{(A_{rob})^2}}{(K_t)^3} \right] \tag{6.108}$$

여기서 A_t =총 유수 단면적이고, A_{lob}, A_{ch}, A_{rob} =각각 좌측제방, 주수로와 우측제방의 유수 단면적이다. 또한 K_t =총통수능이고, K_{lob}, K_{ch}, K_{rob} =각각 좌측제방, 주수로와 우측제방의 통수능이다.

3) 마찰손실

HEC-RAS 모형에서 마찰손실은 $\overline{S}_f$와 수로구간 길이 L의 곱으로 계산되며 여기서 $\overline{S}_f$는 구간 대표 마찰경사이다. HEC-RAS 모형에서 $\overline{S}_f$를 계산할 때 이용되는 공식은 각각 평균통수능 공식, 평균마찰경사 공식, 기하평균 마찰경사 공식, 조화평균 마찰공식으로 부르며, 이들은 각각 다음 식과 같다.

$$\overline{S}_f = \left[\frac{Q_1 + Q_2}{K_1 + K_2}\right]^2 \qquad (6.109a)$$

$$\overline{S}_f = \frac{S_{f1} + S_{f2}}{2} \qquad (6.109b)$$

$$\overline{S}_f = \sqrt{S_{f1} S_{f2}} \qquad (6.109c)$$

$$\overline{S}_f = \frac{2S_{f1} S_{f2}}{S_{f1} + S_{f2}} \qquad (6.109d)$$

여기서 $\overline{S}_{f1}$, $\overline{S}_{f2}$ =단면 1과 2의 에너지 경사이다.

이들 공식 중 HEC-RAS 모형에서 사용하는 기본공식은 평균 통수능 공식이며, 입력자료에서 다른 공식을 설정하지 않으면 식 (6.109a)가 자동적으로 이용된다.

연 습 문 제

6.1 저수지를 통과하는 저류량 자료(storage data)[수면표고 vs. 저류용적(storage volume)]이 표 문6.1.1과 같을 때 표 문6.1.2와 같은 유입수문곡선(inflow hydrograph)을 추적하시오. 여수로(spillway) 마루높이(crest height) 15.24m이고, 여수로의 폭 10.66m이며, 여수로 유량은 $Q = 3LH^{1.5}$과 같다.

표 문6.1.1 저류량 자료

표고(m)	15.24	15.39	15.54	15.69	15.84	16.00	16.15	16.30
저류용적(×$10^3 m^3$)	284.90	304.60	341.60	386.00	435.40	493.30	557.50	627.80

표 문6.1.2 유입수문곡선

표고(m)	0	0.5	1.0	1.5	2.0	2.5	3.0	3.5	4.0
저류용적(×$10^3 m^3$)	0	1.98	5.23	10.18	13.58	8.49	4.66	2.26	0

6.2 Muskingum 방법의 식 (6.12b)에 대한 기본개념을 설명하고, 그림을 그려 식의 유도과정을 정리하시오.

6.3 Muskingum 방법에 의한 하도추적에서 저류상수를 결정하는 방법에 대해 설명하시오.

6.4 표 문6.4와 같은 어떤 하도구간으로부터 얻은 홍수유입 및 유출수문곡선으로부터 하천구간 내의 저류량을 구하고, 저류량과 유출량의 관계를 표시하는 곡선을 작성하시오.

표 문6.4 하도구간 추적 자료

일시	유입량(m^3/s)	유출량(m^3/s)	일시	유입량(m^3/s)	유출량(m^3/s)
8.3 24:00	1.18	1.18	8.8 24:00	9.60	17.22
8.4 12:00	1.05	1.17	8.9 12:00	7.35	11.82
24:00	1.11	1.11	24:00	5.76	9.21
8.5 12:00	3.75	1.56	8.10 12:00	4.32	7.05
24:00	7.20	3.90	24:00	3.54	5.40
8.6 12:00	17.55	8.61	8.11 12:00	2.85	4.26
24:00	21.66	14.16	24:00	2.40	3.42
8.7 12:00	22.20	18.72	8.12 12:00	2.01	2.79
24:00	20.19	20.27	24:00	1.28	2.21
8.8 12:00	13.68	18.84			

6.5 홍수류 해석의 기본 방정식과 이를 풀이하기 위한 수치해석 방법에 대해 간단히 설명하시오.

6.6 연속 방정식 (6.31)과 운동량 방정식 (6.70)을 각각 유도하시오.

6.7 100m인 사각형 수로는 Manning 조도계수=0.030($L^{-1/3}T$), 수로경사=0.1%를 갖는다. 유량 q=500m^3/s인 수로의 임의 점에서의 유속 V, 운동학적 파와 동역학적 파의 속도 C_k와 C_d, 동역학적 파의 전파속도 $V \pm C_d$를 각각 구하시오.

6.8 수치해 기법 중 전진차분법과 후진차분법, 중앙차분법에 대해 설명하시오.

6.9 일정한 파속 3m/s인 파동을 식 (6.91)인 시간 전진차분법과 식 (6.92b)인 공간 후진차분법 (FTBS), 그림 예6.16.1을 이용해 Courant 수 C_C=0.5, 1.0, 1.5, 2.0일 때 추적거리 Δx =500m, 1,000m, 2,000m, 3,000m에서의 결과를 각각 비교하시오.

6.10 어떤 하천의 상류 기지점에서 수문곡선이 표 문6.10과 같으며, 추적수로 구간길이는 24km이다. Muskingum-Cunge의 방법에 의해 Δx =8km인 추적구간을 사용하여 하류구간에서의 미지의 수문곡선을 결정하시오.

표 문6.10 상류부 기지점의 수문곡선

시간(h)	유량 (m^3/s)	시간(h)	유량(m^3/s)	시간(h)	유량(m^3/s)
0	15.0	7	150.5	14	89.0
1	18.0	8	167.0	15	65.0
2	20.0	9	180.0	16	53.0
3	35.5	10	176.0	17	44.0
4	60.0	11	159.0	18	27.0
5	95.0	12	135.0	19	18.0
6	138.0	13	118.0	20	15.0

6.11 Saint-Venant 방정식은 보존형과 비보존형으로 구분하는데, 이를 연속 방정식과 운동량 방정식에 대해 설명하고, 흐름의 상태에 따라 고려하는 항을 들어 각각 유도하시오.

6.12 어떤 하천의 수로구간에서 표 문6.12와 같은 유입·유출수문곡선을 얻었다. Muskingum 방법의 하도추적에 필요한 저류상수와 가중계수를 결정하시오.

표 문6.12 하도추적을 위한 유입·유출수문곡선

시간(h)	0	6	12	18	24	30
유입량(m^3/s)	5	20	50	50	32	22
유출량(m^3/s)	5	6	12	29	38	35
시간(h)	36	42	48	54	60	66
유입량(m^3/s)	15	10	7	5	5	5
유출량(m^3/s)	29	23	17	13	9	7

6.13 어떤 하천의 수로구간에서 저류상수 12시간, 가중상수 0.2를 갖는 표 문6.13과 같은 유입수문곡선을 이용하여 홍수추적(유출수문곡선을 유도)을 수행하시오.

표 문6.13 유입수문곡선

시간(h)	0	6	12	18	24
유입량(m^3/s)	10	20	50	60	55
시간(h)	30	36	42	48	52
유입량(m^3/s)	45	35	27	20	15

6.14 면적이 110km^2이고, 도달시간이 18시간이며, 저류상수 12시간인 어떤 유역의 등시간-면적 분포가 표 문예6.14와 같다. 이들 자료를 이용하여 순간단위도(IUH)를 유도하시오.

표 문6.14 유입수문곡선

등시간선(h)	0~2	2~4	4~6	6~8	8~10	10~12	12~14	14~16	16~18
등시간면적(km^2)	3	9	20	22	16	18	10	8	4

6.15 어떤 유역을 흐르는 하천의 연유량(annual flow) 자료에서 평균값과 표준편차를 각각 40.7m^3/s, 9.58m^3/s로 결정하고, 계열상관계수는 0.56, 0.45로 계산되었다. 자기회귀발생-이동평균모형[ARMA(1,1) 모형]의 매개변수 초기집합(initial set)을 구하고, 표준정규분포의 난수표값 1.123, −0.821, −0.342를 사용하여 하천유량 3개 추가값을 구하시오.

6.16 폭이 6.0m이고, 유수단면적이 9m^2, 수로경사가 0.0001인 하천의 하폭에서 최대유량 19.2m^3/s가 흐른다. 이 구간의 유입수문곡선이 표 문6.16과 같을 때 추적시간은 12시간, 추적구간길이 4,000m를 적용해 Muskingum-Cunge 방법을 이용하여 하도추적을 수행하시오.

표 문6.16 하도추적을 위한 유입수문곡선

시간(h)	0	12	24	36	48	60
유입량(m^3/s)	2.8	2.8	8.5	19.2	14.1	11.3
시간(h)	72	84	96	108	120	
유입량(m^3/s)	8.9	6.6	5.4	2.7	2.0	

6.17 어떤 균일수로(prismatic channel)의 길이가 2,500m이고, 수로경사 0.0009, Manning 조도계수 0.03인 그림 문6.17(Hann et al., 1981)과 같다. 이 수로의 측면유입(lateral inflow)은 없고, 3시간 기저시간에 1시간의 첨두시간을 갖는 유입 유량은 360m^3/s이다. 저류추적과정(storage routing procedure)을 사용하여 유출수문곡선을 유도하시오.

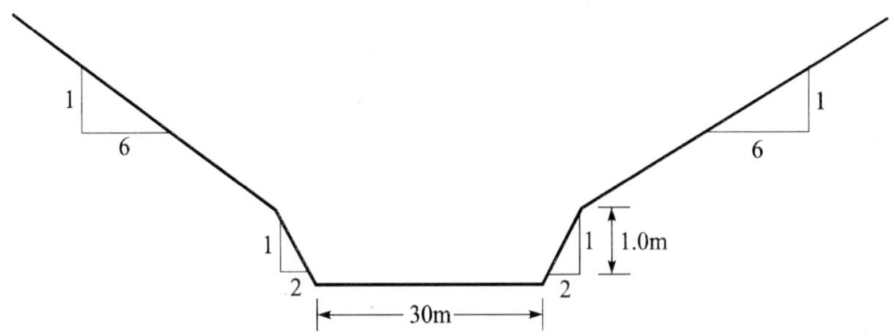

그림 문6.17 저류추적을 위한 수로단면 형상

6.18 문 6.17을 Muskingum-Cunge 방법을 이용하여 추적하시오.

6.19 HEC-HMS(v3.4 또는 4.8)을 사용하여 그림 문6.19와 같은 유역에서 조사·관측된 표 문6.19.1~3의 자료가 있다. 또한 DAD 해석결과로 얻은 100년 빈도 설계 강우량 표 문6.19.4의 자료를 활용해 출구점(outlet) 유출수문곡선과 계획 홍수량을 결정하시오【단, 본 문제는 국토교통부(2012)와 환경부(2019)의 (설계) 홍수량 산정 (요령) 지침을 적용하지 않는다. 유역추적은 Snyder의 합성단위도법($C_p=0.25$, $C_t=0.38$)을, 저수지 추적은 수평저수지 추적법(level pool routing)을, 하도추적은 Muskingum 법을 각각 적용하여 계산】.

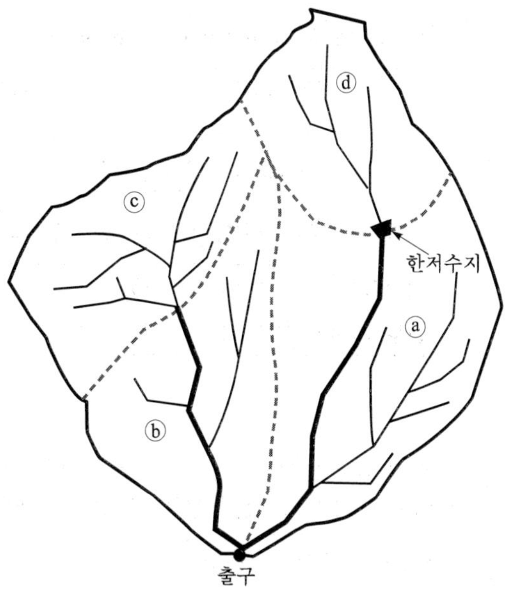

그림 문6.19 유역도

표 문6.19.1 소유역의 구분과 특성

기호	이름	면적(km^2)	본류길이(km)	도심-출구간 거리(km)	유출곡선지수
ⓐ	한(Han)	4.15	4.35	2.84	72
ⓑ	낙(Nak)	5.62	5.13	2.92	78
ⓒ	금(Geum)	2.58	2.72	2.72	80
ⓓ	섬(Sum)	2.21	2.04	2.04	74

표 문6.19.2 수평 저수지 추적법에 의한 변수

(a) 유출량

비상방류시설(low-level outlet)	
지름(m)	1.50
유수단면적(m^2)	211.50
오리피스계수	0.71
중심선 표고(*EL*m)	119.20
월류형 여수로	
길이(m)	9.0
웨어계수	2.86
마루 표고(*EL*m)	122.50

(b) 저류 용량

표고(*EL*m)	저류용량(m^3)
118.40	0.0
120.20	7,398.0
121.50	14,796.0
122.30	22,194.0
122.50	28,359.0
123.70	36,990.0

표 문6.19.3 Muskingum 법에 의한 하도추적 변수

구간 이름	저류상수 K(h)	가중상수 x
한 구간(Han Reach)	0.5	0.2
낙 구간(Nak Reach)	0.8	0.2

표 문6.19.4 DAD 해석결과 100년 빈도 설계강우량

지속기간	5분	15분	1시간	2시간	3시간	6시간	12시간	24시간
강우량(mm)	9.5	18.7	33.1	43.2	53.3	76.4	127.0	177.8

6.20 문 6.19의 조건 중 일부가 표 문6.20과 같이 도시화로 조건이 변경되었을 때 출구점(outlet)의 유출수문곡선을 유도하고, 계획 홍수량을 결정하여 두 경우를 비교하시오.

표 문6.20 도시화 후 변화된 조건

소유역	변수 기호	변화된 값	구간	변수 기호	변화된 값
a 소유역 [한(Han)]	C_p	0.50	한 구간 (Han Reach)	K	0.4h
	C_t	0.19		x	0.3
	CN	84			

CHAPTER

7

설계 응용

CHAPTER 7 설계 응용

1.1.2에서 수문학의 역할에 관해 설명하였던 것처럼 여러 가지 수문기법을 적용하여 최대 수문량을 결정하고 이에 대한 경제성 검토를 토대로 한 **최적 재현기간**의 설계홍수량 결정은 우리 수공기술자들이 해야 할 중요한 일이다. 이런 측면에서 본 장에서는 **수공 구조물**을 구분하고, 이들 구조물의 재현기간에 따른 **하천설계기준**(KDS 51 00 00 : 2018)의 중분류 하천설계 계획(KDS 51 14 00 : 2018) 중 소분류 **설계 수문량**(KDS 51 14 10 : 2018)(국토교통부, 2018b)의 결정방법에 대해 배수시설물을 중심으로 기술하고자 한다. 또한 설계홍수량과 치수사업에 대한 **경제성 분석**, 수공기술자로서 실무에서 접하는 설계홍수량 산정 요령(국토해양부, 2012), 홍수량 산정 표준지침(환경부, 2019)을 중심으로 **설계 홍수량·계획 홍수량 산정**에 대해 다루고자 한다.

7.1 구조물·수문량

수공 구조물은 설계 홍수량이나 유역면적의 크기에 따라 구분하지만, 본 절에서는 설계빈도의 크기에 따라 구분하고 이들의 특성을 간단히 기술한다. 또한 노면배수, 횡단배수 등을 중심으로 한 배수시설[도로설계기준(KDS 44 00 00 : 2023), 도로배수시설(KDS 44 40 00 : 2023)(국토교통부, 2023)]과 우수거의 설계유량 결정, 저수지의 용량 결정 등 수문량 설계·결정에 대해 설명한다.

7.1.1 수공 구조물

수공 구조물은 **설계빈도**(**設計頻度, design frequency**)의 크기에 따라 **그림 7.1**, **표 7.1**과 같이 대규모·중규모·소규모 구조물로 구분한다.

(1) 소규모 수공구조물

소규모 수공구조물(**minor structures**)은 파괴되어도 거의 사람에게는 피해가 없다. 그 피해액은 구조물을 대체하거나 수리비용 정도인 경우로 배수구, 도시 우수관거, 공항배수시설, 도로암거, 도시 우수 저류지, 소하천 제방, 소규모 댐의 여수로와 부속시설 등이 이에 해당된다.

(2) 중규모 수공구조물

중규모 수공구조물(intermediate structures)은 파괴되었을 때 약간의 사람에게는 피해가 있을 수 있다. 그 피해액은 구조물 관리자나 소유자의 재정 능력 내에 있는 경우로 수력발전 시설, 관개용 수로, 중규모 댐과 저수지, 도시 홍수조절지, 철도, 암거 등이 이에 해당된다.

(3) 대규모 수공구조물

대규모 수공구조물(major structures)은 대대적으로 파괴되었을 때 사람에게 막대한 피해를 줄 수 있고, 광범위한 피해가 초래될 수 있다. 그 피해액은 막대할 것으로 추정되며, 이에 해당하는 수공구조물은 대규모 다목적댐이나 조정지, 대하천 제방, 여수로, 대규모 관개수로, 하구언 등이 있다.

(4) 설계 빈도

그림 7.1과 같이 수공구조물의 크기를 고려하여 빈도를 설정하거나 설계빈도 이상에 대해서는 과거에 발생한 수문사상을 이용하여 수문 기상학적으로 가능한 최대치인 **추정한계치(推定 限界値, estimated limiting value, ELV)**에 의해 구분할 수 있다(Chow, 1998).

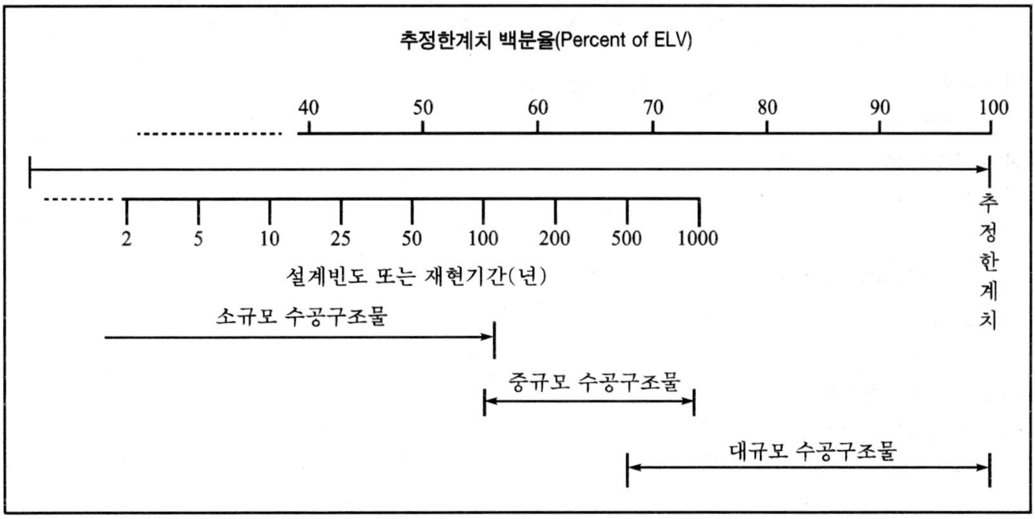

그림 7.1 수공 구조물별 설계빈도

설계 수문량[하천설계기준(KDS 51 00 00), 설계수문량(KDS 51 14 10 : 2018)(국토교통부, 2022c)]을 결정하기 위한 **설계빈도**는 주로 구조물의 위치와 여건, 경제적 상황에 따라 다양하게 변한다. 그러므로, 일률적으로 결정할 수 없으나, **표 7.1**과 같이 구조물별 설계빈도에 따라 구분할 수 있다(한국수자원학회, 2009).

표 7.1 수공 구조물의 설계빈도

구조물 종류		설계빈도(년)	설계확률	추정한계치
농업용 배수시설	암거	5~50	0.20~0.02	-
	배수구	5~50	0.20~0.02	-
도시배수시설	소도시 우수거	5~25	0.20~0.04	-
	대도시 우수거	25~50	0.04~0.02	-
	유수지와 빗물 펌프장	10~20	0.10~0.05	-
홍수방어(조절)용	저수지	50~SPF	0.02~SPF	-
	여수로	PMF	PMF	-
	제방	10~SPF	0.10~SPF	-
	하도	5~SPF	0.20~SPF	-
배수시설	배수시설	2~50	0.50~0.02	-
	배수로	20 이상	0.05 이하	-
	방수로	20 이상	0.05 이하	-
	배수제	20 이상	0.05 이하	-
	배수문	20 이상	0.05 이하	-
	배수펌프	20 이상	0.05 이하	-
	유수지와 저류지	20 이상	0.05 이하	-
하천제방	국가하천	100~200	0.01~0.005	-
	지방 2급 하천	50~200	0.02~0.005	-
파괴 시 인명피해가 없을 댐 (위험도 낮음)	소규모 댐	50~100	0.02~0.01	-
	중규모 댐	100 이상	0.01 이하	-
	대규모 댐	-	-	50~100%
파괴 시 인명피해 가능할 댐 (위험도 중간)	소규모 댐	100 이상	0.01 이하	50%
	중규모 댐	-	-	50~100%
	대규모 댐	-	-	100%
파괴 시 인명피해가 상당할 댐 (위험도 높음)	소규모 댐	-	-	50~100%
	중규모 댐	-	-	100%
	대규모 댐	-	-	100%

7.1.2 배수 시설

도로설계기준(KDS 44 00 00 : 2023)의 중분류에는 도로배수시설(KDS 44 40 00)이 있다. 또한 소분류에는 노면배수(KDS 44 40 05), 지하배수(KDS 44 40 10), 횡단배수(KDS 44 40 15, 도심지도로배수(KDS 44 40 20), 수로이설(KDS 44 40 25), 산지부 도로 배수(KDS 44 40 30)가 있다(국토교통부, 2023).

이중 본 소절에서는 노면배수(KDS 44 40 05), 횡단배수(KDS 44 40 15), 산지부 도로 배수(KDS 44 40 30)에 대해 다룬다.

(1) 배수 설계

도로배수시설(KDS 44 40 00)(국토교통부, 2023) 설계기준은 다음과 같다.

---

1. 일반사항

1.1 배수시설의 목적

(1) 도로의 배수시설은 표면수의 침투나 지하수 유입에 따른 지반지지력 약화, 비탈면의 유실방지와 포장파손을 방지하고, 노면배수 불량으로 발생될 수 있는 미끄러짐에 의한 교통사고를 방지하는 등의 도로기능유지와 교통안전에 매우 중요한 요소이다.

(2) 그러므로, 신속한 노면배수와 침투수의 차단, 침투된 물의 지하배수, 도로 인접지로부터의 배수처리를 적절하게 하여야 한다.

(3) 도로의 모든 구간에 대해 배수가 원활하게 이루어질 수 있도록 배수의 형태, 적용 설계빈도, 배수방법, 규격산정 방법 등 배수계통을 고려하여 배수설계를 하여야 한다.

(4) 배수시설을 설계함에 있어서는 현지의 상황, 특히 지형 · 기상 · 지질 · 이상기후 등의 조건을 충분히 고려하여야 하며, 공용기간 중의 청소 · 보수 · 점검 등 유지관리측면도 고려하여야 한다.

1.2 적용범위 ; 이 기준은 도로의 신설, 개량 및 확장공사의 도로배수시설에 적용한다.

1.3 시설물의 구성 ; 도로배수시설은 대상구역별로 다음과 같이 구분된다.

1.3.1 노면 배수

(1) 주로 노면에 내린 우수를 원활히 처리하기 위하여 설치한다.

(2) 노면의 배수를 신속히 처리하여 비가 내릴 때의 교통안전을 도모하기 위하여 설치한다.

(3) 노면 배수시설; ① 측구(L형 측구, U형 측구, J형 측구 등) ② 흙쌓기부 다이크 ③ 집수정(L형 측구 하단, 중분대 집수정 등) ④ 배수관(종배수관, 중분대 배수관 등) ⑤ 배수구(우수받이, 맨홀 등)

1.3.2 비탈면 배수

(1) 도로 비탈면에 내린 우수와 비탈면으로 유입되는 우수(노면 배수, 도로 인접지 우수 등)를 배수처리하기 위하여 설치한다.

(2) 흙쌓기부와 땅깎기부 비탈면 및 비탈면 끝에 설치되는 배수시설로서, 우수를 기존 배수로 또는 하천으로 배수하기 위하여 설치한다.

(3) 비탈면 배수시설

① 지표수배수시설(산마루 배수구, 비탈어깨배수구, 소단 배수구, 종배수구, 비탈끝 배수구 등)

② 지하수배수시설(암거, 수평배수층, 돌망태배수공, 수평배수공, 수직배수공(집수정) 등)

1.3.3 지하 배수

(1) 지하수위가 높아져 노상, 노체 등에 유입되는 침투수로 인한 지지력 약화, 포장 파손 등을 방지하기 위하여 설치한다.

(2) 지하수위를 낮추고, 침투수를 배수하기 위하여 설치한다.

(3) 지하 배수시설; ① 맹암거 ② 유공배수관 ③ 배수층 등

1.3.4 횡단 배수

(1) 도로 인접지역에 내린 우수 등을 배수할 목적으로 도로를 횡단하는 소하천, 수로 등을 위하여 설치한다.

(2) 소하천 및 수로 상류지역의 유역면적을 정확히 파악하고, 장래개발계획 등을 반영하여 도로 인접지역의 호우피해예방과 도로의 기능보전을 위하여 설치하며, 충분한 통수 단면을 확보하여야 한다.

(3) 횡단 배수시설; ① **구형관**(box culvert) ② **원형관**(circular pipe)

1.3.5 구조물 배수

(1) 구조물 배수를 원활하게 하기 위하여 설치한다.

(2) 구조물 배수시설; 암거, 터널, 교량 등의 배수시설

1.3.6 도로 인접지 배수

(1) 도로의 보전, 교통안전을 위하여 도로 인접지의 배수구역에 내린 빗물을 배수하기 위하여 설치한다.

(2) 도로 인접지 배수시설; ① 산마루 측구 ② 집수정 ③ 배수구 ④ 맨홀 등

1.3.7 측도 배수

(1) 공사용 도로, 부체도로, 접속도로 등에는 **그림 7.2**와 같이 노면과 비탈면, 측도에 접하여 있는 배수구역의 배수를 위하여 배수시설을 설치한다.

(2) 측도 배수시설; ① 집수정 ② 배수구 ③ 배수관 등

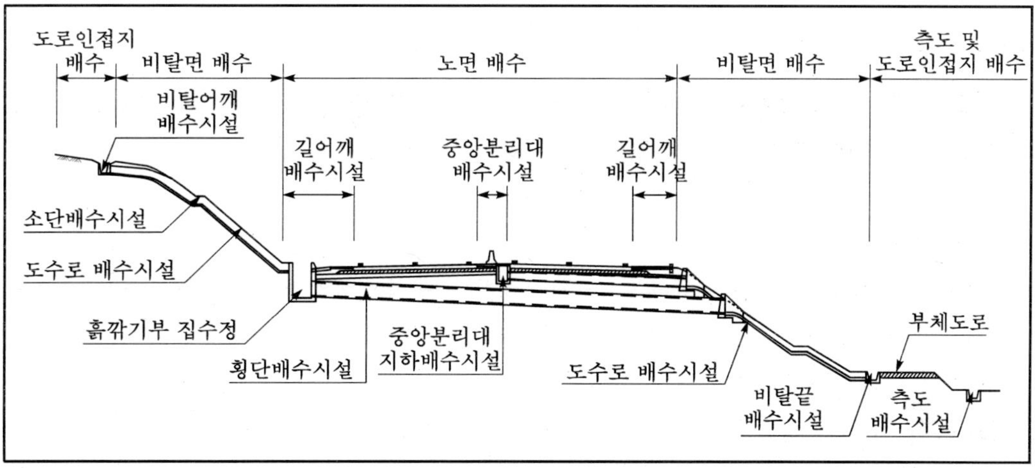

그림 7.2 배수시설의 명칭과 구분

1.4 설계 고려사항

(1) 유량을 통과시키기 위하여 충분한 통수단면을 가져야 한다.

(2) 청소 및 보수가 용이한 구조물이어야 한다.

(3) 내구성 및 안전성을 가져야 한다.

(4) 민원의 소지가 없는 우수한 시설이 되어야 한다.

(5) 환경친화적인 구조물로 계획되어야 한다.

(6) 지형여건에 맞는 시설 규모와 계획을 수립하여야 한다.

2. 조사 및 계획

2.1 개요

(1) 배수구조물 통수단면 결정은 계획홍수량과 통수유량에 의하여 결정되며, 기존 수로와 하천유역 특성을 종합적으로 분석하여 산정한다.

(2) 계획홍수량 추정방법은 유역면적에 따라 합리식과 합성단위유량도법으로 구분하여 적용한다.

(3) 강우강도는 배수시설의 중요도·경제성 등을 고려하여 설계빈도를 정하고, 유로길이와 유로경사를 고려한 강우도달시간을 정하여 IDF(Intensity-Duration-Frequency) 곡선을 사용하여 결정한다.

2.2 유역면적

배수시설 설치지점의 유역면적은 상류유역 전체를 포함하는 적정한 축척의 지형도와 현장조사를 통하여 계획을 하고, 충분한 검토를 한 후 결정한다.

2.3 설계빈도

(1) 설계빈도는 배수시설의 중요도, 설계유량 이상의 유출량이 발생하였을 때의 위험도·경제성 등을 고려하여 정하며, 구조물별 설계빈도의 적용은 **표 7.2**와 같다. 단, 중요한 배수시설물은 관계기관, 발주기관과 협의 후 설계빈도를 결정하여야 한다.

(2) 특히, 하천을 횡단하거나 하천구역을 일부라도 점유하게 되는 구조물은 해당 하천의 하천기본계획이 수립된 경우 계획빈도를 따르며, 미수립된 경우는 하천 관련 기관과 협의 결정하거나 하천설계기준에 따라 적용한다.

2.4 강우도달시간

(1) 강우(홍수)도달시간은 배수구역(집수구역)에서 가장 멀리 떨어진 지점으로부터 홍수량 산정지점까지 강우가 도달하는 시간을 의미하며, 강우지속시간이라고도 한다.

(2) 강우도달시간은 유입시간과 유하시간의 합으로 표시되며, 유입시간은 배수구역의 가장 먼 지점에서 배수공 최상단류까지 강우가 유입되는 시간을 의미하고, 유하시간은 강우가 배수시설물이나 하천을 유하하는 데 걸리는 시간을 의미한다.

(3) 강우도달시간은 배수시설물, 지표면의 상태에 따라 유입과 유하시간으로 구분하여 산정한다.

(4) 최소 강우도달시간은 5분(0.083h)을 적용한다.

표 7.2 설계빈도

구분		설계빈도	적용위치와 적용 방법	비고
교량	국가하천 주요구간 국가하천 지방하천 농경지 하천 제방 도시 하천 제방	200년 이상 100~200년 50~200년 50~100년 50~200년	• 기수립된 하천기본계획시의 기준과 비교 • 하천관련 기관의 계획에 따라 결정 • 하천이설 또는 교각 설치에 따른 수리영향 검토할 때	
본선 횡단암거 및 배수관 (도시지역) (산지부)		30년 (50년) 50년 이상	• 일반구간 • 도심지, 도시계획구간 • 국지성 집중호우가 빈번히 발생하는 경우로 조사된 경우	
노면과 흙쌓기 비탈면 배수시설		10년 산지 : 20년	• 길어깨 및 중분대 등 노면 배수시설 • 흙쌓기부 도수로, 땅깎기흙쌓기경계부 측구 등	
측도와 도로 인접지 배수시설 땅깎기 비탈면 배수시설		10년 산지 : 20년	• 산마루 측구, 땅깎기부 도수로, 소단 측구 • 흙쌓기 비탈끝 배수시설, 수로이설	
집수정 등 배수구조물 간 접속부		접속하는 시설물 중 빈도가 큰 값 적용		

2.5 강우강도

(1) 노면배수 시설물 및 일반 배수구조물의 유출량 산출에 사용되는 강우강도표는 국토교통부에서 제시한 한국확률강우량도를 토대로 **강우강도-지속시간-발생빈도(IDF) 곡선**을 작성하여 사용한다.

(2) 한국확률강우량도의 지역별 확률강우량을 적용하고, 관측소가 없는 지역은 최인접 관측소의 확률강우량을 사용하되, 계획대상지점의 확률강우량을 이용하여 강우강도-지속시간-발생빈도(IDF) 곡선을 작성하여 최인접 관측소의 확률강우량과 비교 후 큰 값을 적용한다.

(3) 단, 중요한 배수시설물은 관계부서 및 발주기관과 협의 후 설계강우강도를 정하여야 한다.

2.6 계획홍수량

2.6.1 계획홍수량의 추정 방법

계획홍수량의 추정 방법은 유역면적에 따라 아래와 같이 구분하여 적용한다.

(1) 유역면적이 4.0km^2 미만일 때: 합리식

(2) 유역면적이 4.0km^2 이상일 때: 단위유량도법 또는 합성단위유량도법

2.6.2 합리식

합리식(Rational Method)은 강우유출과 직접 연관을 가지며, 유역면적이 4.0km^2 미만일 때 사용되고, 다음 식으로 표시된다.

$$Q_d = \frac{1}{3.6} CIA \tag{7.1}$$

여기서 Q_d=유역출구에서의 첨두유량(m^3/s)이고, C=표 7.3과 같은 유출계수이며, I=강우강도(mm/h), A=유역면적(km^2)이다.

표 7.3 합리식의 유출계수

유역면적의 상태	C값	유역면적의 상태	C값
포장면	0.9	도시지역	0.7
가파른 산지와 법면	0.8	잡지	0.6
가파른 계곡 경작지	0.8	경작하는 평작지	0.5
논	0.8	경작하는 평계곡	0.6
완만한 산지	0.7	수림	0.3
완만한 경작지	0.7	밀림수림과 덤불숲	0.2

2.6.3 단위유량도법

유역면적이 4.0km^2 초과하는 중규모 유역에서 적용하며, 유역의 강우량 및 유출량 자료가 다수 존재하여야 하고, 관측된 유출량 자료를 바탕으로 한 유역의 대표 단위(유량)도가 존재하거나 합성단위(유량)도를 적용할 수 있는 경우에 사용한다.

2.6.4 합성단위유량도법

유역면적이 4.0km^2 초과하는 중규모 유역에서 관측된 대표 단위(유량)도를 사용하지 못할 경우, 합성단위(유량)도법을 이용하여 계획홍수량을 산정한다. 계획홍수량을 산정할 때 여러 가지 합성단위(유량)도법에 의한 유출량 산정결과를 비교하여 유역특성에 맞는 최적의 방법을 선택하도록 한다. 단위(유량)도법에 의한 계획홍수량은 유역에 최대의 홍수를 발생시키는 강우지속시간인 임계지속시간에 대한 홍수량으로 채택한다.

합성단위유량도법에는 다음과 같은 방법이 있다.

(1) Snyder 합성단위유량도법

(2) NRCS(Natural Resources Conservation Service) 무차원 수문곡선법

(3) Nakayasu 무차원수문곡선법

(4) Clark의 유역홍수추적법

(5) Nash 단위도법

2.6.5 기타

이 기준 이외의 하천의 수문조사와 분석 등은 하천설계기준 에 따르며, 설계홍수량 산정요령을 참조한다.

2.7 소요 통수단면

2.7.1 개요

(1) 홍수 흐름은 수로단면을 채우고 흐르는 관수로의 흐름과 자유수면을 갖는 개수로의 흐름으로 구분할 수 있다.

(2) 도로 배수시설은 단면 형상에 관계없이 자유수면이 존재하는 개수로의 상태가 일반적이며, 통수단면을 설계할 때에는 유지관리의 효율성 · 퇴적의 정도 등을 고려하여 충분한 단면을 갖도록 산정한다.

2.7.2 평균유속

개수로의 평균 유속은 매닝(Manning)공식을 사용하여 산정한다.

$$V = \frac{1}{n} R^{2/3} S_0^{1/2} \tag{7.2}$$

여기서 V=평균유속 (m/s)이고, n=**표 7.4**의 매닝(Manning) 조도계수이며, R=동수반경(m), S_0=수로경사(m/m)이다.

2.7.3 소요 통수단면

개수로의 소요 통수단면은 매닝(Manning)공식을 사용하여 산정한다.

$$Q_i = A\,V = A\,\frac{1}{n} R^{2/3} S^{1/2} \tag{7.3}$$

여기서 Q_i=통수유량(m^3/s)이고, A=통수단면적(m^2)이다.

표 7.4 Manning 조도계수

수로상태			n값	
			양호	보통
폐수로 암거·관로(closed conduit)		콘크리트 파이프	0.013	0.015
		강관	0.011	-
		콘크리트 수로	0.015	0.017
개수로	콘크리트수로	바닥에 자갈 산재	0.015	0.017
		양호한 단면	0.016	0.019
	아스팔트수로	매끈함	0.013	-
		거칠음	0.016	-

표 7.4 Manning 조도계수(계속)

수로상태			n값	
			양호	보통
도로 배수 시설	콘크리트수로	매끈한 표면 처리	0.013	
		거친 표면 처리	0.015	
	아스팔트수로	매끈한 표면 처리	0.013	
		거친 표면 처리	0.016	
	콘크리트포장수로	미장마감	0.014	
비고	• **암거·관로**(closed conduit)(한국수자원학회, 1991) • **암거**(culvert); 고속도로, 철도 또는 제방 밑에 물의 배수 또는 사람이나 소규모 차량의 횡단을 위하여 설치되는 비교적 짧은 거리의 유개수로(有蓋水路) 또는 통로(대한토목학회, 1998) • **폐수로**(KDS 44 40 00 : 2023)(국토교통부, 2023)			

2.7.4 경제적인 수로 단면

(1) Manning의 유량공식은 $Q = KS_0^{1/2}$로 표현할 수 있는데 여기서 K=통수단면의 형상과 조도계수에만 관계되는 식으로 수로의 **통수능(conveyance)**이라 한다.

(2) 통수능은 **표 7.5**와 같이 수로의 윤변이 작을수록 커지며, 통수능이 커질수록 처리할 수 있는 유량은 커지게 되어 수리적으로 가장 유리한 단면 즉, 경제적인 수로단면이 된다.

표 7.5 경제적인 수로단면

구분	단면도	경제적인 단면의 조건
직사각형 수로	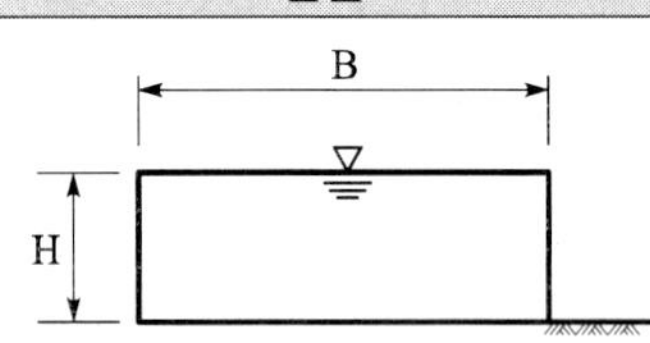	$B = 2H$
사다리형 수로	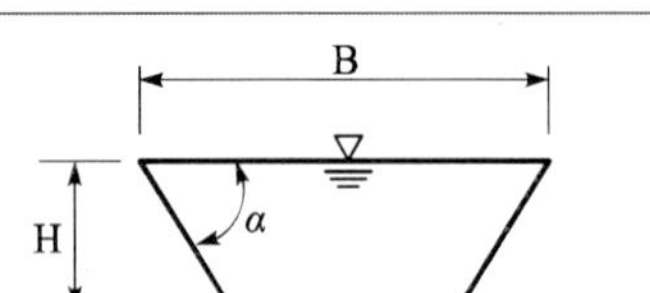	α=60° $B = \frac{2}{3}\sqrt{3}\,H$
원형수로	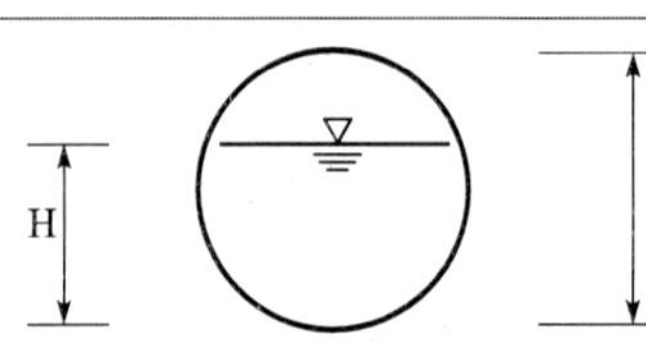	$H = 0.94D$

3. 재료; 내용 없음.

4. 설계; 내용 없음.

① 노면배수

노면배수(KDS 44 40 05) 설계기준은 다음과 같다.

1. 일반사항

(1) 노면 배수는 도로 노면의 우수를 원활히 처리하기 위하여 설치하며, 배수시설의 종류는 측구·땅깎기부 집수정·중앙분리대 배수시설로 구분한다.

(2) 강우강도의 설계빈도는 10년(산지부 20년)으로 정하여 규격과 설치간격을 결정한다.

2. 조사 및 계획; 내용 없음.

3. 재료; 내용 없음.

4. 설계

4.1 노면 측구

측구의 형상과 구조는 도로의 종류, 지형, 배수의 목적, 배수량, 경제성 등 여러 가지 요소에 따라서 선정하여야 한다.

4.1.1 L형 측구

(1) 개요

① 노면 및 땅깎기 비탈면의 배수와 도로 보호의 목적으로 설치한다.

② L형 측구의 형식은 지형여건과 측구 연장 등에 따라 시공성과 미관을 고려하여 적절한 형식을 선정하여야 한다.

③ L형 측구만으로 배수량이 과다할 때, L형 측구 밑으로 종방향 배수관이나 U형측구를 설치하는 방법으로 배수처리한다.

④ 땅깎기부의 짧은 구간에서 여러 형식이 적용되는 경우 비탈면안정성과 시공성을 고려하여 가급적 동일한 형식의 L형 측구를 적용한다.

⑤ 짧은 구간에서 땅깎기부와 흙쌓기부가 연속될 경우 다이크 설치 후 가드레일 설치 또는 L형 측구 연속설치 등을 비교 검토 후 적용한다.

(2) 규격결정; 설계빈도: 10년(산지부 20년)

4.1.2 U형 측구

(1) 개요; 인터체인지나 분리차로, 녹지대와 부체도로에 지형여건을 고려하여 적절한 형식으로 설치한다.

(2) 규격 결정; 설계빈도: 10년(산지부 20년)

4.1.3 흙쌓기부 다이크

(1) 노면에 내린 우수가 흙쌓기 비탈면으로 흘러들어 비탈면이 유실되는 것을 방지하기 위하여 설치한다.

(2) 노면에 내린 우수를 배수하기 위한 시설로서, 길어깨와 연석으로 구성되는 삼각형 단면 또는 길어깨 측구를 통하여 흙쌓기부 도수로나 우수받이 등을 이용하여 배수 처리한다.

(3) 길어깨를 통수단면으로 사용할 경우의 통수폭은 길어깨 폭원(측대 포함)으로 한다.

4.2 땅깎기부 집수정

4.2.1 개요

(1) 땅깎기부에서는 길어깨에 흐르는 물을 배수하기 위하여 집수정을 설치한다.

(2) 유량이 길어깨의 허용통수량과 같게 되는 곳, 땅깎기부의 비탈면 도수로 또는 종단 배수관과 연결되는 곳, 지하배수관 또는 종단배수관의 단면이 변화하는 곳, 종단상 최저오목부의 L형 측구 후단 및 하단에 설치한다.

(3) 배수관 또는 지하에 매설한 배수로에 연결된 집수정의 간격은 유지관리 및 시공성을 고려하여 5~50m로 한다.

4.2.2 집수정 간격 결정

(1) 설계빈도: 10년(산지부 20년)

(2) 집수정 간격

① 초기 집수정 설치 위치

$$S = \frac{3.6 \times 10^6 \times Q}{I(C_1 W_1 + C_2 W_2)} \tag{7.4}$$

여기서 S=집수정 간격(m)이고, C_1=유출계수(포장부, 0.9)이며, C_2=유출계수(절개부, 0.8)이며, I=강우강도(mm/h)이다. 또한 Q=허용 통수량(m^3/s)이고, W_1=포장부 집수폭(m)이며, W_2=절개부 집수폭(m)이다.

② 집수정 간격

$$S_i = \frac{3.6\times10^6\times Q_i}{I(C_1W_1+C_2W_2)} \tag{7.5}$$

여기서 $Q=Q_i+Q_b$ 이고, Q=길어깨에 집수되는 총유량이며, Q_i=집수정으로 유출되는 유량($Q_{intercepted}$), Q_b=집수정으로 유출되지 않고 종방향으로 흐르는 유량(Q_{bypass}), S_i=집수정 간격(m)이다.

4.3 중앙분리대 배수

4.3.1 개요

(1) 곡선부 편경사 설치구간에서 노면의 빗물을 중앙분리대 측에서 처리하는 경우에 설치한다.

(2) 중앙분리대의 구조가 방호벽일 경우 배수시설은 집수정과 종배수관, 횡배수관을 설치하여 노면수를 배수한다.

(3) 집수 폭은 중앙분리대의 방호벽 하단부부터 중앙부 길어깨 폭원(측대 포함)으로 한다.

(4) 집수정의 간격은 가능한 한 등간격으로 배치하고, 동일구간에서 집수정의 간격을 달리할 경우는 너무 심한 변화가 발생되지 않게 한다. 또한 집수정과 집수정의 표준최대 간격은 30m, 최소간격은 5m로 하며, 수리계산을 실시하여 설치 간격을 결정한다.

(5) 종배수관 및 횡배수관의 안지름은 450mm 이상으로 한다.

4.3.2 집수정 간격 결정

(1) 설계빈도: 10년(산지부 20년)

(2) 초기 집수정 설치 위치

$$S=\frac{3.6\times10^6\times Q}{C\times I\times W} \tag{7.6}$$

여기서 S=집수정 간격(m)이고, C=유출계수(0.9)이며, I=강우강도(mm/h), Q=측대의 허용 통수량(m^3/s), W=집수폭(m)이다.

(2) 집수정 간격

$$S_i=\frac{3.6\times10^6\times Q_i}{C\times I\times W} \tag{7.7}$$

여기서 Q_i=집수정으로 유출되는 유량($Q_{intercepted}$)이고, C=유출계수이며, I=강우강도(mm/h), W=집수폭(m)이다.

4.3.3 종배수관 최대연장

(1) 설계빈도 : 10년(산지부 20년)

(2) 종배수관의 최대연장은 청소와 관 막힘을 고려하여 300～500m로 제한하여 횡배수 처리한다.

② 횡단배수

횡단배수(KDS 44 40 15) 설계기준은 다음과 같다.

1. 일반사항

1.1 해석과 설계원칙

(1) 횡단 배수시설은 도로를 횡단하는 수로와 소하천을 위한 시설로, 원형관(배수관)·구형관(암거)·아치형·교량 등의 배수구조물을 의미한다.

(2) 횡단배수시설은 도로 본체의 보존과 도로 인접지의 호우에 대한 피해를 방지하기 위하여 설치한다.

(3) 설계빈도는 일반적으로 30년으로 하고, 도시계획 구간에서는 50년으로 정한다.

1.2 설계 고려사항

(1) 암거와 배수관은 기존 수로의 단절이나 도로건설에 따른 유수의 차단을 방지하기 위하여 기존 수로부에 설치한다.

(2) 암거 및 배수관은 도로를 횡단하는 소하천 또는 수로를 위한 시설로서, 도로 본체를 보존하고, 도로 인접지의 호우에 대한 피해를 적절히 방지하는 데 중요한 비중을 차지한다.

(3) 암거와 배수관은 수문분석에 의하여 결정되는 계획 홍수량을 시설물 상류부의 수위보다 과다하게 상승시키지 않은 상태에서 안전하게 하류로 유출시킬 수 있는 가장 경제적인 단면과 경사를 결정하여 설치한다.

(4) 설계에서는 암거 및 배수관 단면의 최적크기, 경사, 유입부의 모양선택 및 출구부 감쇄공의 필요성 여부 등을 결정한다.

① 암거와 배수관은 토사퇴적·침전에 의한 단면의 축소 등을 고려하여 20%의 단면적의 여유를 두어야 한다.

② 암거와 배수관의 경사는 자연경사로 하되 0.5%보다 완만하지 않게 한다(단, 용수로 최소경사 0.2%).

③ 수리계산 절차는 도로배수시설 설치와 관리지침을 참조한다.

④ 암거와 배수관의 최고수위는 포장층보다 낮아야 한다.

⑤ 사각 15° 이상인 암거는 사각부 보강철근을 추가한다.

⑥ 횡단배수관의 경우 침전과 유지관리를 고려하여서 최소 관경을 1,000mm 이상으로 한다.

⑦ 암거구조물의 경사 S=25%(경사각 θ=14°) 이상인 경우에는 미끄럼방지 전단키를 설치하여야 한다.

⑧ 암거는 암거표준도를 사용하되 필요에 따라 구조 검토 후 적용한다.

(5) 암거가 포장층 내에 있을 경우 부등침하 방지 및 시공성을 고려하여 접속슬래브 설치 등의 포장층 보강을 하여야 한다.

(6) 배수구조물의 침식을 방지하기 위하여 유속이 0.6~2.5m/s의 범위가 되도록 설계하는 것이 좋으나, 한쪽깎기 · 한쪽쌓기 · 비탈면 지역으로 지형상 부득이하여 유속이 2.5m/s 이상의 경우에는 유출부에 수로보호공, 차수벽 등을 설치하여야 한다.

(7) 암거와 배수관이 설치되는 지점의 수로 형상과 규격은 그 전후의 기존수로와 단면의 크기 형상이 다를 때는 입구, 출구에서 급하게 변화하지 않도록 서서히 변화시켜서 물의 흐름을 원활히 유도하도록 한다. 또한 단면이 갑자기 좁아져 난류가 일어나지 않도록 주의한다.

(8) 배수구조물 설치지점이 야생동물의 왕래가 예상되는 경우에는 구조물 내부의 외측에 야생동물 통행이 용이한 구조를 갖도록 한다.

2. 조사 및 계획; 내용 없음.

3. 재료; 내용 없음.

4. 설계

4.1 횡단 배수구조물의 규격 결정

(1) 횡단 배수구조물의 규격 결정을 위하여 수행되는 수리계산은 수문분석에 의하여 결정되는 계획홍수량이 도로에 범람 없이 즉, **암거상류부수위(head water level, HWL)**를 과다하게 상승시키지 않은 상태에서 안전하게 하류로 소통시킬 수 있는 가장 경제적인 암거의 단면과 매설 경사를 결정하여야 한다.

(2) 도로암거에서 발생할 수 있는 흐름은 **표 7.8**과 같이 8가지 흐름이 가능하다. 따라서, 제시된 8가지 유형 중 현장여건에 맞는 유형을 찾아내어 해당 유형에서 발생된 **상류부** 수심(HW)을 구하고 해당 지점의 **허용상류수심(AHW)**과의 비교를 통하여 홍수위의 도로 월류 여부를 판단하여야 한다.

(3) 수리계산과정은 일차적으로 개수로 또는 관수로 흐름을 결정한 다음 개수로의 흐름으로 설계한다면 개수로의 이론에 따라 등류수심(h_n)과 한계수심(h_c) 그리고 도수의 여부 등에 따른 지배단면별 **상류부** 수두(HW)를 구하는 과정으로 설계하고, 관수로 흐름의 중요 요인인 위치수두(H)와 연장, 경사의 관계에 따라 **상류부** 수두(HW)를 구하는 과정으로 설계한다.

③ 산지부 도로 배수

산지부 도로 배수(KDS 44 40 30) 설계기준은 다음과 같다.

1. 일반사항

(1) 산지부 도로 배수시설은 지형 · 지질, 기상 조건, 산사태 및 토석류 등을 고려하여 도로 피해가 발생하지 않도록 계획한다.

(2) 산지부 도로 배수시설은 표면수의 침투 또는 지하수 유입에 의한 지반 지지력 약화와 비탈면의 유실, 그리고 도로포장 파손 등을 방지하고, 노면배수 불량으로 미끄러짐에 의한 사고를 방지하는 등의 도로 기능을 유지하도록 한다.

2. 조사 · 계획

2.1 조사

2.1.1 산지부 도로 배수시설의 조사

(1) 산지부 도로 배수시설의 효율적인 설계를 위하여 토질조사와 지질도, 홍수위, 항공사진촬영, 유량기록표와 현지답사를 통한 비탈면의 변동자료, 붕괴지형의 파악, 토석류 발생 위치 등에 대한 현지조사를 실시한다.

(2) 산지부 배수시설은 일반도로 배수시설과 함께 산사태와 토석류, 토사퇴적 등에 대하여 사전조사를 실시한다. 조사결과 문제점이 예상되는 경우, 도로계획 및 조사위치 선정단계에서 관계기관, 발주처와 협의하여 배수계획을 수립한다.

2.2 계획

2.2.1 산지부 도로 배수시설의 계획

(1) 산지부 도로 배수시설 계획은 지형적인 여건으로 인하여 대규모 땅깎기 비탈면이나 대규모 흙쌓기 비탈면 등이 발생되므로 주변의 지형적인 요소와 토질상태 등을 고려하여 비가 내릴 때 배수시설물로 유입되는 토석류와 부유물 등이 배수시설물에

영향을 미치지 않도록 계획하며, 세부내용은 수해예방을 위한 산악지 도로설계매뉴얼을 참조한다.

(2) 산지부 도로 배수시설은 산사태와 토석류 등에 의한 토사 유입 또는 부유물 등으로 통수단면이 축소 될 수 있으므로, 주변 지형 · 지질을 고려하여 일반 도로의 설치규격보다 큰 것을 설치하여 도로의 피해를 최소화한다.

(3) 산지부 도로배수 계획은 각종 재해와 개발 등으로 인하여 지형이 지형도와 다른 경우가 많으므로 항공 사진촬영을 실시하여 지형도와 달라진 위치를 파악하고, 시공 중 배수처리에도 주의를 요한다.

(4) 산지부 도로배수시설에 유입되는 토석류 및 부유물 등은 횡단배수시설의 유입부 및 배수시설의 우수 흐름에 방해가 되므로 토석류와 부유물의 발생 지점 등을 고려하여 토사퇴적이 최소화 되도록 하여야 한다.

(5) 산지부 도로의 비탈면 배수는 땅깎기부와 흙쌓기부 비탈면 또는 비탈면 끝에 설치되는 배수시설로서, 우수를 기존 배수로 또는 하천으로 배수시킬 경우 배수시설의 유출부에서 우수의 정체가 일어나지 않도록 한다.

(6) 산지부 도로의 지하배수는 우수가 비탈면과 측구 사이로 침투되어 지반 지지력이 약화되거나 포장체 파손 등이 발생될 수 있으므로 맹암거, 유공배수관의 지하배수시설을 일반도로에서 설치되는 규격보다 크게 설치한다.

(7) 산지부 도로의 횡단배수는 도로 인접지역에 내린 우수 등을 배수할 목적으로 설치한다. 따라서, 소하천 및 수로, 산지 계곡부 등 상류지역의 유역면적, 토석류 발생, 장래개발계획 등을 고려하여 도로 인접지역의 호우 피해예방과 도로의 기능 보전을 위하여 충분한 통수 단면을 확보한다.

(8) 산지부 도로의 측도와 인접지 배수시설은 주변지형의 경사와 설치 여건 등이 어렵거나 열악할 수 있으므로 주변의 지형적인 여건 등을 고려하여 도로를 설계할 때 함께 정비 또는 개선한다.

3. 재료; 내용 없음.

4. 설계

4.1 산지부 도로 배수시설의 수리 수문

4.1.1 산지부 도로 배수시설의 설계빈도

(1) 산지부 도로 배수시설의 주요 설계빈도는 지형 · 지질 그리고 기상조건, 산사태, 토

석류와 부유물 등의 특성을 고려하여 설계빈도를 적용한다. 단, 집중호우 등에 의한 재해발생지역으로 홍수위 흔적, 산사태, 토석류 피해규모 등을 고려하여 발주처와 관계기관의 협의를 통하여 설계빈도를 상향 조정하여 적용할 수 있다.

① 암거 및 배수관; 50년　　　② 노면과 비탈면 배수; 20년

③ 측도와 도로 인접지 배수; 20년

4.1.2 설계홍수량 산정

(1) 설계홍수량은 유역특성을 고려하여 산정하며, 집중호우 발생지역·재해예상지역 등은 관계기관 등과의 협의 후 결정한다.

(2) 산지부를 통과하는 도로는 주변 여건과 토질 상태 등을 고려한 토석류의 유입이 우려되는 지점인지를 사전조사를 실시하고, 토석류가 발생한 지점은 토석류에 의하여 증가되는 홍수량을 산정하여 이를 설계홍수량으로 산정한다.

4.2 산지부 도로 노면배수시설

(1) 흙쌓기와 땅깎기가 함께하는 구간을 설계할 때 흙쌓기 구간에서 노면수의 유입으로 흙쌓기부의 유실이 우려되는 지역은 땅깎기부의 L형 측구와 함께 U형 측구를 설치하거나, 땅깎기 면을 보강하고, 측구를 설치하여 노면수의 유입을 최대한 억제시켜 포장체로의 유입을 막는다.

(2) 땅깎기·흙쌓기 경계부의 배수시설을 확대하여 산지부 땅깎기부 비탈면에서 유입되는 유량을 효율적으로 배제하며, 땅깎기·흙쌓기 경계부의 맹암거는 확대 시공하여 땅깎기부 비탈면에서 유입되는 유량을 처리할 수 있는 대책을 수립한다.

(3) 흙쌓기부 도수로를 설치할 때 설치 간격을 계산하여 설치하며, 노면수의 유입에 대한 배수의 효율을 높인다.

(4) 산지부 도로의 땅깎기부 집수정 설치간격은 나뭇잎 또는 부유물 등으로 인한 그레이팅의 효율 저하를 고려하여 결정한다.

(5) 땅깎기부와 흙쌓기부 노면배수시설을 설계할 때 비탈면의 우수가 유입되는 지점은 도수 방지턱을 설치하여 노면수의 도로 유입을 최소화한다.

4.3 지하배수시설

(1) 지하배수시설은 노면수의 지하수위를 저하시켜 포장체의 지지력을 확보하고, 도로에 근접한 비탈면, 옹벽 등의 손상을 방지하기 위하여 설치한다.

(2) 지하배수시설은 불투수층 상부에서 침투수의 차단, 지하수위 억제, 다른 배수시설로

부터 유입되는 유수 집수의 기능을 종합적으로 수행할 때 그 기능이 발휘된다.

(3) 산지부 도로에 설치되는 지하 배수시설은 유입되는 지하수와 침투수를 차단하여 도로의 흙쌓기부 및 땅깎기부의 지반붕괴를 최소화 할 수 있는 시설로서, 기존의 일반도로보다 용량을 확대하여 적용한다.

(4) 지표면으로부터 투수계수가 상이한 지층의 경계부 및 용수 발생지점에 수평배수공을 설치하며, 현장여건 등을 고려하여 설치한다.

4.4 계곡 하천 수충부

(1) 산지부에 계곡을 따라 도로가 건설되는 경우 지형 특성상 하천의 수충부는 유속이 빠르고 수심이 깊은 것이 특징이다. 이러한 곳은 홍수위를 고려하여 도로의 유실을 방지하도록 수로 보호공 등의 보호대책을 적용한다.

(2) 보호대책은 하천의 유속에 의해 침식되지 않도록 하고, 옹벽 등의 기초는 가능하면 기반암에 설치하며, 세굴을 검토한다. 단, 기반암에 설치하지 못할 경우, 옹벽 기초에 세굴방지시설을 보완하여 설치한다.

(3) 설계 홍수위를 기준으로 횡배수관 등의 도로 배수구조물을 설치하며, 하천만곡부를 통과할 때 수리특성상 비탈면 세굴의 우려가 높은 구간은 교량 등 구조물 처리 방안을 검토한다.

4.5 산지부 도로의 횡단배수시설

(1) 도로 횡단배수시설의 암거 단면은 원형관 또는 박스 형태로, 암거의 크기, 경사, 유·출입부의 수심 조건 등에 따라 유입부 조절 또는 유출부 조절을 받는 흐름의 특성을 갖는다.

(2) 산지부에 설치되는 횡단배수시설은 일반구간에 비하여 토석류 또는 부유물의 유입을 고려하여 그 용량을 결정한다.

(3) 기존 도로 유실 등의 기록이 있는 구간에 설치되는 횡단배수 암거의 규격은 지형적인 여건을 고려하여 관계기관 및 발주처와 협의하고 규격을 확대하여 설치한다.

(4) 대량의 토석류와 부유물 등이 예상되는 지역은 관계기관과 발주처의 협의에 따라 도로부지 내에 필요한 차단시설을 설치할 수 있으며, 도로 부지 외의 지역은 산림청 등 관계기관이 설치하도록 협의한다.

(5) 산지부 도로의 횡배수관이 하천과 저수지 등으로 우수를 배제시킬 경우, 해당 수리구조물의 계획 홍수위를 기준으로 횡단배수시설을 설치하여 우수의 흐름을 원활히 한다.

(2) 암거

암거(culvert)는 강수로 인해 발생되는 어떤 유역 내의 유출량이 도로 건설이나 사업지구 개발 계획 등의 불가피한 시행으로 가로 막히게 될 때 이를 안전하게 통수시켜 배제하기 위한 수리시설(물)이다. 설치지점의 여건이 가능하다면 횡단시설물의 잠수에 의한 세굴·침식 등의 영향 없이 안전 배수를 위해 충분한 통수 단면을 확보할 수 있도록 설계하는 것이 필요하다.

암거 설치 시 유송잡물로 인한 암거 등 도로배수시설 손상으로 주변피해의 우려가 있다고 판단되는 경우 교량과 같은 형식으로 유송잡물을 통과시킬 수 있도록 해야 한다. 이들 간의 장단점 비교는 **그림 7.3**(한국수자원학회, 1991; 대한토목학회, 1998)을 참조하여 **표 7.6**과 같이 수행한다.

계곡부와 산지부 등에 위치한 암거 등의 횡단배수시설은 수로의 상류로부터 발생되는 나무류, 토석류 등 유송잡물이 원활히 빠져나가게 하기 위하여 유입구의 폭을 가능한 수로 폭과 일치하도록 한다.

표 7.6 암거와 교량의 장단점 비교

암거	장점	미관상 도로노선의 끊임이 없다. 도로주변을 이용할 수 있다. 도로의 확장이 가능하다. 교량과 비교하여 구조적 유지보수가 적게 요구된다. 용량을 추가적으로 증가시킬 수 있다. 교량과 비교하여 시공이 쉽다. 교량과 비교하여 세굴을 보다 쉽게 예측하고 제어할 수 있다.
	단점	주기적인 청소가 필요하다. 유송잡물에 의한 막힘이 발생할 수 있다. 침식과 유출부의 세굴 위험이 있다. 부식과 마모, 균열의 위험이 있다. 부력과 침투, 파이핑에 의해 파괴될 위험이 있다.
교량	장점	유송잡물에 의한 막힘 현상을 방지할 수 있다. 홍수위를 넘지 않는 한 통수능력을 증가할 수 있다. 유로가 유동적이다. 수리적 환경과 습지에 대한 영향을 적게 받는다. 확장 시 수리용량에 영향을 미치지 않는다.
	단점	암거와 비교하여 더 많은 구조적 유지를 필요로 한다. 교대 등의 구조물이 세굴에 의하여 파괴될 수 있다. 얼음에 의하여 구조물이 영향 받기 쉽다. 주기적인 상판 배수시설의 유지보수가 필요하다.

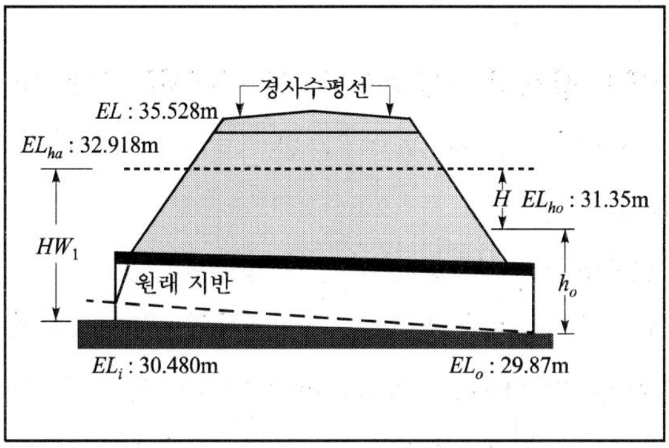

ⓐ 종단 상세

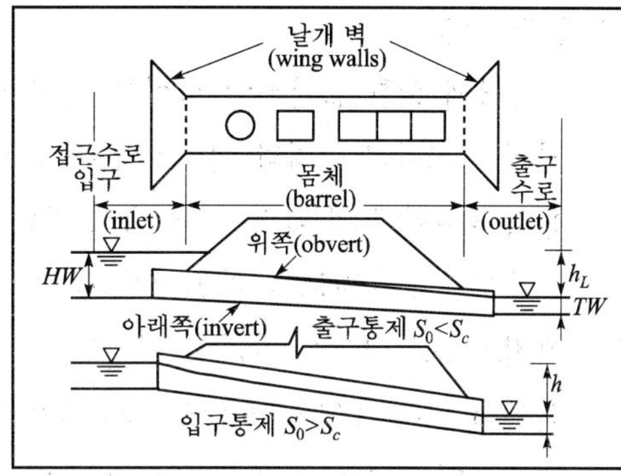

ⓑ 주요부 명칭

(a) 암거 단면의 정의

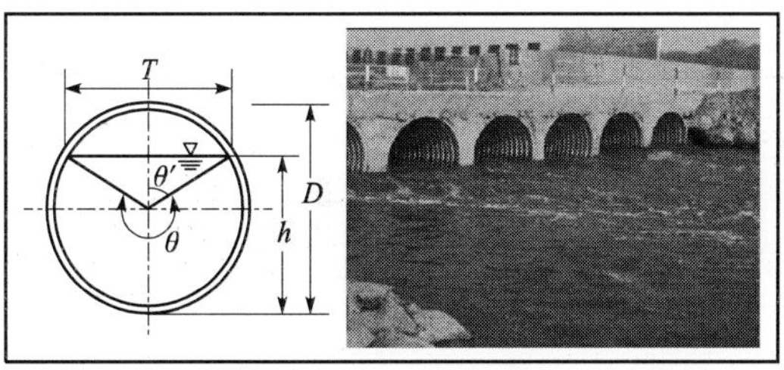

ⓐ 원형 암거(pipe culvert)

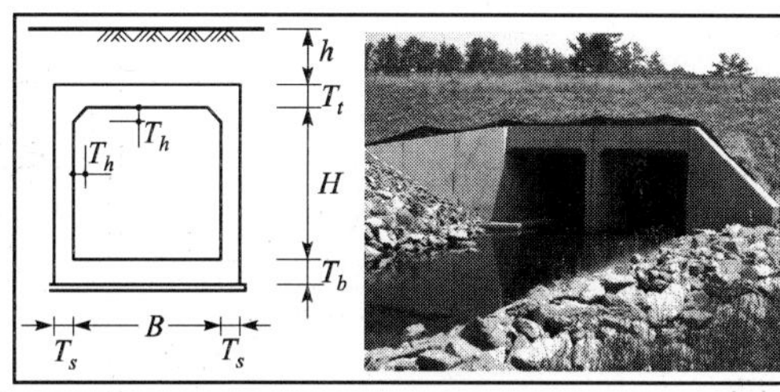

ⓑ 사각형 암거(box culvert)

(b) 암거 단면의 형상

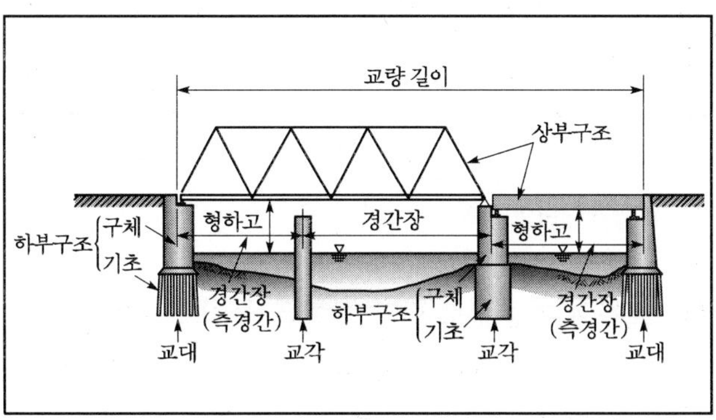

ⓐ 종단 상세

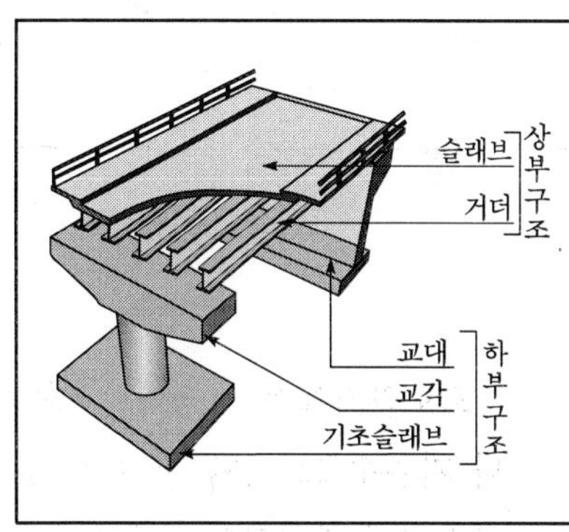

ⓑ 연직 구조

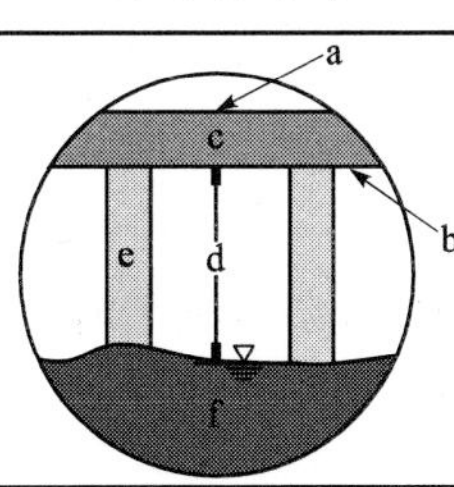

ⓒ-a=상현(上弦, high chord)
ⓒ-b=하현(low chord)
ⓒ-c=상판(上板, bridge deck)
ⓒ-d=형하고(桁下高, clearhead, waterway opening)(=형하공간)
ⓒ-e=교각(pier
ⓒ-f=하천(또는 바다)

ⓒ 주요부 명칭

(c) 교량 단면의 정의

그림 7.3 암거·교량 단면의 정의와 형상

1) **암거 구분**

암거에 관한 일반적인 사항은 이미 앞에서 상세히 설명하였다. 본 절에서는 주로 암거의 수리학적 고려와 설치될 암거 전후 단면의 기존 수로를 고려한 **그림 7.6** 절차에 의한 설계홍수량의 결정 등에 대해 기술하고자 한다.

일정한 강우강도를 가진 홍수량이 기존수로의 단면을 통과하여 일정한 접근수두를 가지고 도로암거를 만났을 때, **그림 7.4**의 입구부와 출구부 ①~② 사이의 에너지 방정식에서 나온 HW가 설계 시 사용되는 **상류부 수두(head water level)**이다. 따라서, 기존수로의 단면에서 홍수위에 의해 생성되는 수위로 도로암거 유입부의 잠수 여부를 판단한다.

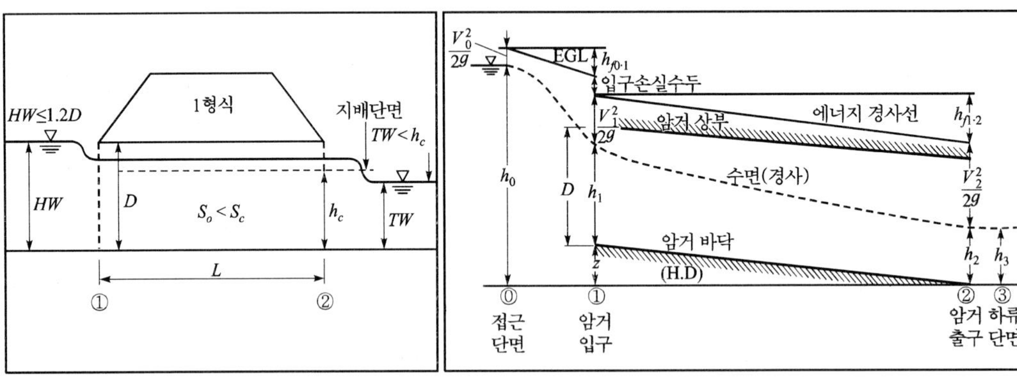

(a) 주요 기호 (b) 주요 명칭

그림 7.4 암거 단면의 정의

도로암거에서 사용되는 개수로의 흐름은 기존수로 단면을 흐른 물이 도로암거를 지나 기존수로로 흘러간다는 연속류의 가정이다. 그러므로, 일정한 홍수위가 형성된 기존수로라 할지라도 기존수로(자연수로)의 단면 형상과 크기에 따라 유입부와 유출부가 잠수될 수도, 잠수되지 않을 수도 있다는 것이다.

2) **암거 흐름구분**

일반적으로 도로의 배수시설로 설치되는 상자형(box)과 관(pipe) 내의 흐름은 **그림 7.5(a), (b)**와 같이 크게 제I등급(class-I)(부분관류, 출구지배단면), 제II등급(class-II)(만관류, 출구지배단면)의 두 가지로 분류할 수 있다.

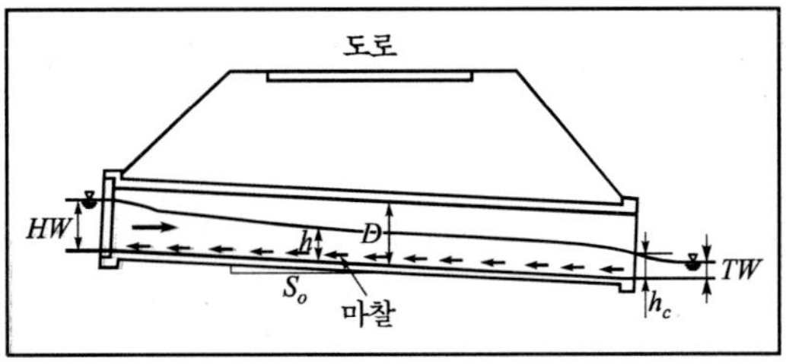

(a) 제1등급

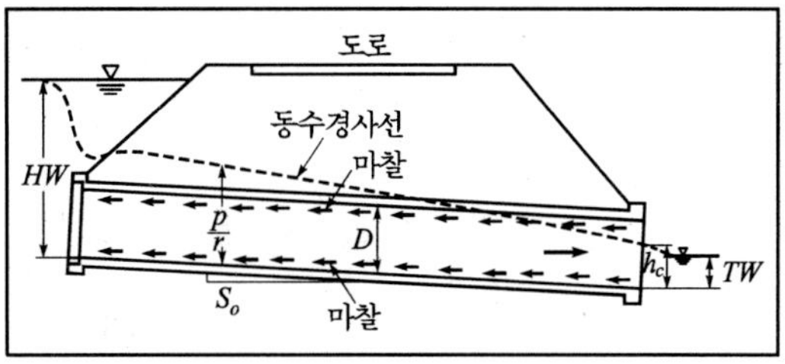

(b) 제2등급

그림 7.5 흐름 형식 구분

도로배수시설로 사용되는 암거의 흐름은 **표 7.7**과 같이 **상류부 수두**(HW)와 암거 깊이 또는 지름의 1.2배 크기를 기준으로 구분한다.

표 7.7 암거 흐름구분

제I등급	HW≤1.2D	암거의 유입부와 유출부가 잠수되지 않은 상태, 개수로의 흐름
제II등급	① HW>1.2D, TW<D	암거의 유입부는 잠수된 상태, 암거의 유출부는 잠수되지 않은 상태, 웨어의 수리특성(개수로의 흐름)
	② HW>1.2D, TW>D	암거의 유입부는 잠수된 상태, 암거의 유출부도 잠수된 상태, 관수로의 수리특성

제I등급에서 나타난 **상류부 수두**(HW)와 **하류부 수두**(TW)가 잠수되지 않은 흐름과 제II등급의 ①처럼 HW는 잠수되었지만 TW가 잠수되지 않아 자유수면을 갖는 흐름을 개수로 흐름으로 구분한다. 제II등급의 ②처럼 HW와 TW가 모두 설치될 관경보다 커서 잠수되어 자유수면을 갖지 않는 흐름을 관수로 흐름이라 한다. 도로암거의 수리 현상에 따라 개수로의 일반사항으로 암거를 해석해야 할 때도 있고, 관수로의 흐름(오리피스)으로 도로암거를 해석할 수도 있다.

이러한 특성을 고려한다면 일반적으로 산지부에서 유출되는 유량을 기존수로로 방류시킬 경우에는 제I등급, 제II등급 ①과 같이 개수로의 흐름을 유지하는 것이 적합하고 산지부 또는 유입부의 상황이 유량은 많으나 지형적인 요건으로 인해 큰 규격의 관을 설치하지 못하고, 저수지 혹은 수위가 높은 상태로 방류시킨다면 제II등급 ②와 같이 관수로의 흐름까지 감안하여 설계할 수 있다. 그러나 도로배수의 경우는 우수의 완전배제를 원칙으로 하고 있으므로, 가급적 관수로의 흐름은 피하는 것이 바람직하다.

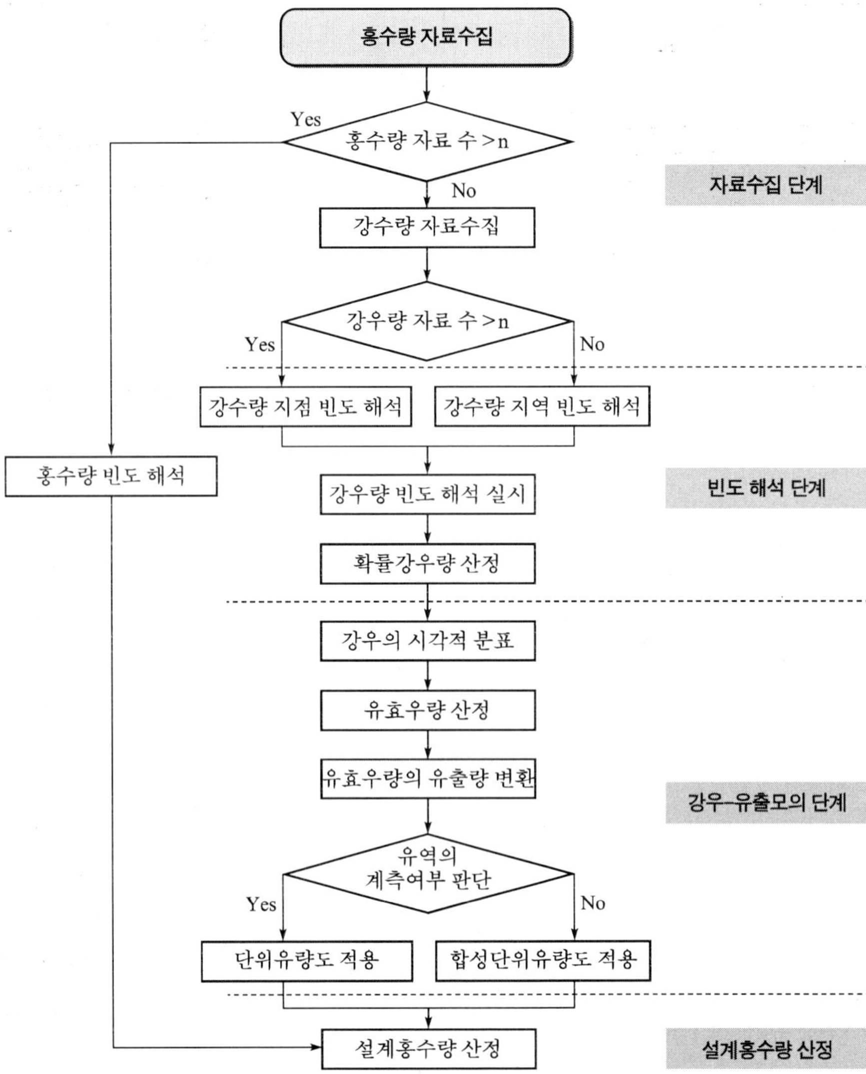

그림 7.6 도로배수시설의 설계홍수량 산정

3) 암거 흐름형식

암거의 흐름조건은 표 7.8과 같이 8가지 유형【제1~8형식은 표 7.7의 Ⅰ, Ⅱ등급에 의한 구분으로는 Ⅰ등급=제1~4형식, Ⅱ등급=제5~8형식으로 표 7.8의 수리조건에 표시한 것과 같이 구분하기도 한다.】이 가능하며 각각의 흐름에 대한 수리특성을 갖는다. 도로암거의 수리설계는 수문분석에 의해 결정되는 계획홍수량을 도로나 철도의 범람 없이 암거 **상류부 수두**(HW)를 과다하게 상승시키지 않은 상태에서 안전하게 하류로 소통시킬 수 있는 가장 경제적인 암거의 단면과 매설 경사를 결정하는 것이라 할 수 있다. 이러한 조건으로 도로암거에서 발생 가능한 흐름은 8가지이고, 지형과 현장여건에 적합한 유형을 찾아 해당유형에서 발생된 HW를 구하며, 해당 지점의 **허용상류 수두(AHW)**와 비교하여 홍수위와 도로 또는 철도의 월류 여부를 판단하여야 한다.

표 7.8 암거 흐름의 8가지 종류

구분	흐름 상태	수리 조건
제1형식	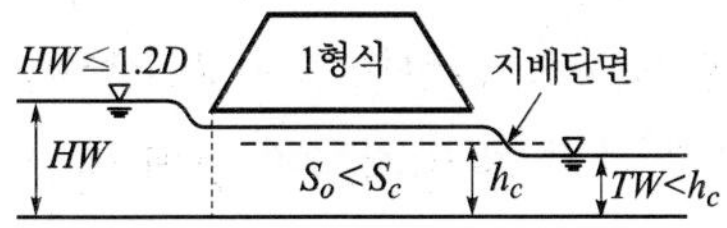	상류 흐름 : $HW \le 1.2D$(제I등급), $S_o < S_c$, $T_w < h_c$ h_n : 암거 내 등류수심, S_0 : 암거의 경사 S_c : 암거의 한계경사
제2형식	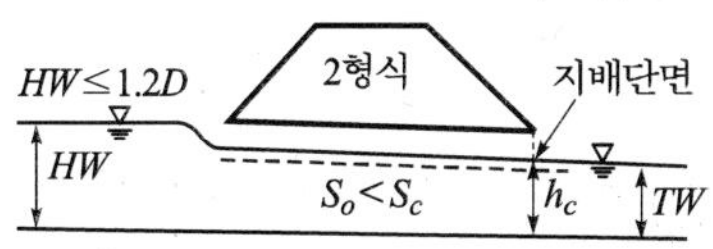	상류 흐름 : $HW \le 1.2D$(제I등급), $S_o < S_c$, $h_c \le TW < D$ h_n : 암거 내 등류수심, TW : 하류부 수두 h_c : 한계수심
제3형식	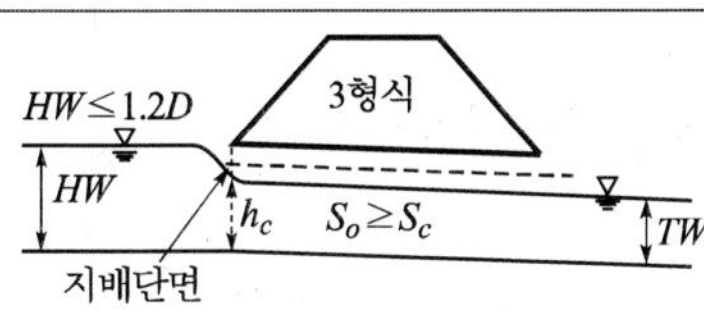	사류 흐름 : $HW \le 1.2D$(제I등급), $S_o \ge S_c$, $TW \le h_c < D$ h_n : 암거 내 등류수심, h_c : 한계수심
제4형식	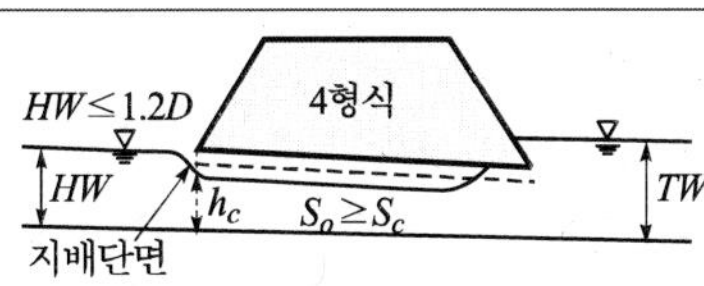	사류 → 상류(도수 발생) : $HW \le 1.2D$(제I등급), $S_o \ge S_c$, $TW > h_c$ h_n : 암거 내 등류수심, h_c : 한계수심
제5형식	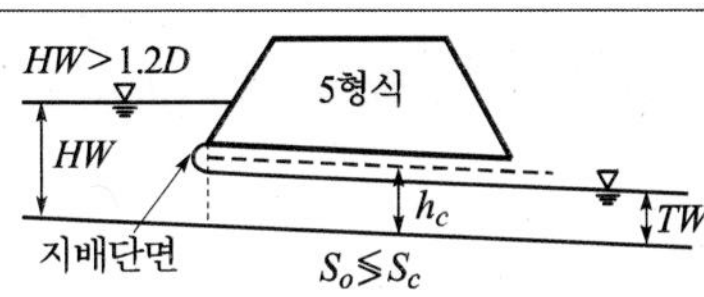	사류 흐름 : $HW \ge 1.2D$(제II등급), $S_o > S_c$, $S_o < S_c$, $TW < h_c$, $h_n < h_c$ h_n : 암거 내 등류수심, h_c : 한계수심
제6형식	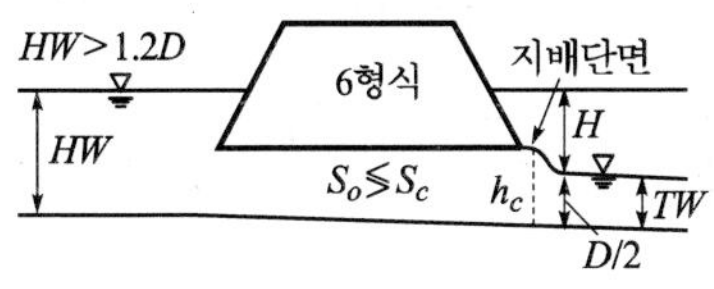	관수로 흐름 : $HW \ge 1.2D$(제II등급), $S_o > S_c$, $S_o < S_c$, $TW < D$, $h_n > D$ h_n : 암거 내 등류수심, h_c : 한계수심
제7형식	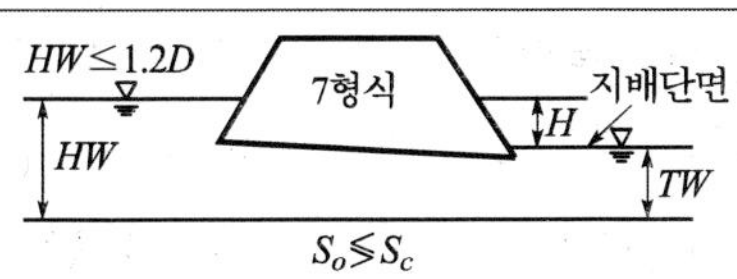	관수로 흐름 : $HW \ge 1.2D$(제II등급), $S_o > S_c$, $S_o < S_c$, $TW > D$ h_n : 암거 내 등류수심, h_c : 한계수심
제8형식	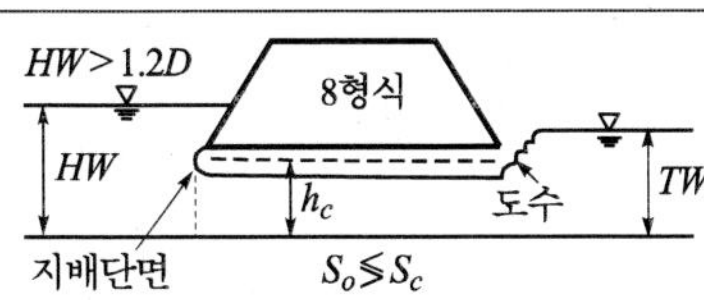	사류 → 상류(도수 발생) : $HW \ge 1.2D$(제II등급), $S_o > S_c$, $S_o < S_c$, $TW > D$ h_n : 암거 내 등류수심, h_c : 한계수심

(3) 우수거

합리식을 이용한 우수거의 설계는 [예제 4.3~4]에서 이미 소개하였으며, 본 절에서는 간단한 도시유역의 우수망 설계 예를 다루고자 한다.

① 도시 우수거

우수거(雨水渠, storm sewer) 시스템의 설계를 진행하기 위해서는 고려할 수 있는 많은 자료를 준비해야 한다. 우수거 설계를 위한 필요 자료의 간략한 **점검표(點檢表, check list)**는 표 7.9와 같으며, 관과 펌프 생산에 관한 여러 가지 관련 자료와 설계 대상지역의 장래 발전계획 등에 대한 자료를 알아야 한다(Mays, 2005).

표 7.9 우수거 설계자료의 간략한 점검표

항목	내용
1	지역 우수 배제 기준과 설계규격
2	새로운 시스템이 위치하게 될 소유역의 지형도(map)나 적절한 지세도
3	설계 지역의 상세한 지세도(topographic map)
4	설계 유역의 상하류에 위치된 기존 우수거와 수로의 형식, 크기, 위치
5	모든 기존 및 제안설비의 형식, 깊이(depth), 위치(location)
6	새 시스템에 대한 물리적 제한 표지 등 모든 항목의 표고, 관개 배수거(irrigation and drainage ditches)의 경사, 거리 교차 표고, 거리 횡단 형식, 기존 및 계획된 거리 형상과 분포를 포함하는 설계지역의 도면
7	적절한 관의 재료와 강도 등급 선정에 도움이 되는 토질 주상도(soil boring), 토질의 역학적·화학적 특성
8	계절별 지하수위
9	지역적으로 요구되는 설계재현기간에 대한 강우강도-지속기간-재현기간(IDF) 관계와 설계 강우 자료
10	지역적 관할권에 의해 채택된 우수거 관 재료의 형식에 대한 관 매각인(pipe vendor)의 자료

도시유역에서 배수면적은 보통 실제적으로 다른 표면특성의 소유역(subarea)으로 구성된다. 결과적으로 종합분석은 다양한 표면특성을 계산하는 데 필요하다. 소유역의 면적은 A_j로 나타내고, 각 소유역에 대한 유출계수는 C_j로 나타내면 합리식에 의한 첨두 유출량은 다음 형태의 식을 사용하여 계산할 수 있다.

$$Q = kI\sum_{j=1}^{n} C_j A_j \tag{7.8}$$

여기서 n = 우수거에 의해 배제되는 소유역의 수이고, k = 단위환산계수이며, C = 유출계수로 **표 7.10**과 같다.

강우강도 I는 특정 배수유역이나 소유역에 대해 고려된 평균강우강도이다. 강우강도는 재현기간의 설계빈도와 설계강우 지속기간에 기초하여 선택한다. 설계지속기간은 설계대상인 배수면적에 대한 도달시간과 같다. 재현기간의 빈도는 설계매개변수로 설계자에 의해 선정되거나 설계기준에 제시된 통계적인 변수이다.

표 7.10 재현기간별 유출계수

표면 특성				재현기간(년)						
				2	5	10	25	50	100	500
개발지	아스팔트			0.73	0.77	0.81	0.86	0.90	0.95	1.00
	콘크리트, 지붕			075	0.80	0.83	0.88	0.92	0.97	1.00
	잔디지역(잔디밭, 공원)	빈약(50% 미만)	평지(0~2%)	0.32	0.34	0.37	0.40	0.44	0.47	0.58
			중간(2~7%)	0.37	0.40	0.43	0.46	0.49	0.53	0.61
			경사지(7% 이상)	0.40	0.43	0.45	0.49	0.52	0.55	0.62
		보통(50~75% 미만)	평지(0~2%)	0.25	0.28	0.30	0.34	0.37	0.41	0.53
			중간(2~7%)	0.33	0.36	0.38	0.42	0.45	0.49	0.58
			경사지(7% 이상)	0.37	0.40	0.42	0.46	0.49	0.53	0.60
		풍부(75% 미만)	평지(0~2%)	0.21	0.23	0.25	0.29	0.32	0.36	0.49
			중간(2~7%)	0.29	0.32	0.35	0.39	0.42	0.46	0.56
			경사지(7% 이상)	0.34	0.37	0.40	0.44	0.47	0.51	0.58
미개발지	농경지		평지(0~2%)	0.31	0.34	0.36	0.40	0.43	0.47	0.57
			중간(2~7%)	0.35	0.38	0.41	0.44	0.48	0.51	0.60
			경사지(7% 이상)	0.39	0.42	0.44	0.48	0.51	0.54	0.61
	목초지, 줄 식재		평지(0~2%)	0.25	0.28	0.30	0.34	0.37	0.41	0.53
			중간(2~7%)	0.33	0.36	0.38	0.42	0.45	0.49	0.58
			경사지(7% 이상)	0.37	0.40	0.42	0.46	0.49	0.53	0.60
	산림, 삼림지		평지(0~2%)	0.20	0.25	0.28	0.31	0.35	0.39	0.48
			중간(2~7%)	0.31	0.34	0.36	0.40	0.43	0.47	0.56
			경사지(7% 이상)	0.35	0.39	0.41	0.45	0.48	0.52	0.58

합리식에 사용되는 **도달시간(concentration time)** t_c는 유역시점으로부터 대상 출구지점까지의 첨두유출과 관계되는 시간 즉, 유역의 가장 먼 지점으로부터 출구점까지 유출하는 데 소요되는 시간이다. 시산절차는 도달시간의 한계값을 결정하는 데 사용할 수 있다. 우수 배수계 내 임의 점에 대한 도달시간은 유역에 연결된 상류 하수거 내 **유입시간(inlet time)** t_0와 **유하시간(flow time)** t_f의 합으로 다음과 같이 구한다.

$$t_c = t_0 + t_f \tag{7.9}$$

여기서 유하시간(flow time) t_f는 다음과 같이 구한다.

$$t_f = \Sigma \frac{L_j}{V_j} \tag{7.10}$$

여기서 L_j = 흐름경로를 따르는 j번째 관의 길이이고, V_j = 관내의 평균유속이다. 또한 t_0 =유입시간으로 배수유역 입구 우수거에 도달하는 데 유역 내 물의 지표유하에 걸리는 최대시간이고, t_f=유하시간으로 암거구간 내 시점에서 종점까지 도달하는 데 소요되는 시간이다.

합리식에서 각 우수거는 우수거를 흐르는 시간 계산을 제외하고 개별적이고 독립적으로 설계되며, 같은 강우강도 I가 우수거로 배제되는 면적에 대해 반복적으로 적용된다. 주어진 우수거에 대해 이 우수거에 의해 배제된 모든 다른 면적은 동일한 강우강도 I를 갖는다. 그러므로, 하류 우수거를 향해 설계가 진행되므로 배수면적은 증가되고, 보통 도달시간은 이에 따라 증가된다. 순차적으로 증가되는 도달시간 t_c는 우수거에 의해 배수된 전체 면적에 적용되는 강우강도 I는 감소하게 된다.

유입시간 즉, 상류에 우수거가 없는 경우에 대한 도달시간은 **표 4.3, 4.4**에 제시된 여러 방법 중의 하나를 선택해 계산할 수 있다. 배수면적 내 흐름의 여러 경로를 추적한 도달시간 중에서 가장 긴 시간이 사용된 도달시간의 한계값이다(한국수자원학회, 2000; 건설교통부, 2005).

예제 7.1

그림 예7.1과 같은 배수유역 면적 80.731km^{2}의 물리적 특성은 표 예7.1.1과 같다. 각 소유역은 직접적으로 배수되는 맨홀의 번호로 표시하고, 우수관은 각 관 상류 맨홀의 번호로 표시하였다. Manning 조도계수는 모든 관에 동일하게 0.014를 사용하고, 강우강도는 이 유역에서 측정된 강우지속기간(t_d)의 강우자료로부터 유도된 식 (예7.1.1)을 이용하여 다음 사항에 답하시오.

1. 각 소유역 우수거의 합리식에 의한 설계

$$I = \frac{2{,}987}{25 + t_d} \qquad \text{(예7.1.1)}$$

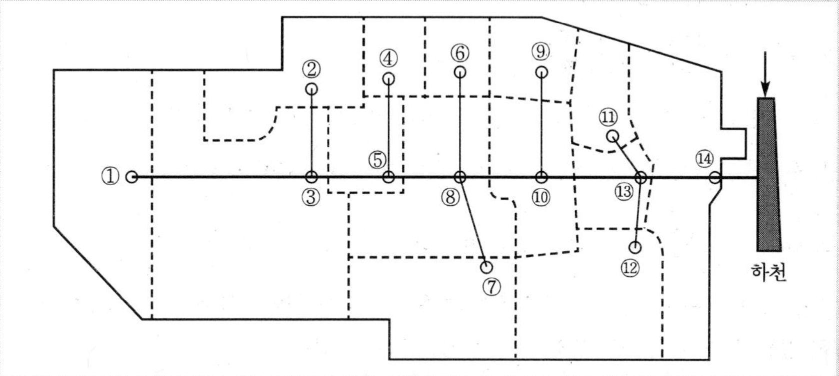

그림 예7.1 배수유역도

표 예7.1.1 배수유역의 특성

특성 / 유역번호	맨홀 지반고 EL(m)	유역면적 A(km^2)	유출계수 C	유입시간 t_0(분)
①	222.83	8.903	0.65	11.0
②	221.12	4.856	0.80	9.2
③	220.75	15.783	0.70	13.7
④	220.40	1.821	0.80	5.2
⑤	220.21	2.832	0.70	8.7
⑥	220.50	2.428	0.85	5.9
⑦	220.03	6.879	0.65	11.8
⑧	219.71	8.094	0.75	9.5
⑨	219.41	2.630	0.85	6.2
⑩	219.81	5.058	0.70	10.3
⑪	219.18	2.832	0.65	11.8
⑫	220.06	6.879	0.55	17.6
⑬	218.89	2.428	0.75	7.3
⑭	218.05	9.308	0.70	14.5

[풀이]

1. 각 소유역 우수거의 합리식에 의한 설계

(1) [예제 4.3~4]에서 이미 다룬 주차장 내 배수시설인 우수거의 설계 홍수량 산정 예를 참조한다.

(2) **표 예7.1.1**과 같이 조사된 기초자료를 사용하여 **표 예7.1.2**ⓗ~ⓢ까지 순서대로 계산한다.

(3) 강우강도 **표 예7.1.2**ⓝ : **표 예7.1.2**ⓜ에 주어진 강우지속기간(t_d)을 식 (예7.1.1)에 대입하여 다음과 같이 구한다.

① $I_{①} = \dfrac{2{,}987}{25+t_d} = \dfrac{2{,}987}{25+11} = 82.9\,\text{mm/h}$

② $I_{③-1} = \dfrac{2{,}987}{25+t_d} = \dfrac{2{,}987}{25+13.7} = 77.1\,\text{mm/h}$

(4) 설계우량 **표 예7.1.2**ⓞ : 합리식 (7.8)을 이용하여 다음과 같이 계산한다.

① $Q_{①} = \dfrac{1}{3.6}CIA = 0.2778\,CIA = 0.2778(82.9)(0.0057869) = 0.1332\,\text{m}^3/\text{s}$

② $Q_{③-1} = kI\sum_{j=1}^{n} C_j A_j = 0.2778(77.1)(0.0207198) = 0.4337\,\text{m}^3/\text{s}$

(5) **그림 예7.1**⑬ 우수거 상류에 설치된 12개 우수관의 설계를 위해 계산된 기본값은 **표 예7.1.2**와 같으며, 이들 전체에 대한 유도 절차는 다음과 같다.

(6) 관의 지름 결정 **표 예7.1.2**ⓟ는 Manning 공식 또는 Darcy-Weisbach 공식을 이용하여 계산된 설계 유량 **표 예7.1.2**ⓞ에 원형관로의 형상특성(단면적 $A=\pi D^2/4$, 동수반경 $R_h = A/P = D/4$)과 수로경사($S_f \fallingdotseq S_0$)를 대입하여 지름에 관해 풀면 각각 식 (예7.1.2c) 또는 식 (예7.1.2e)로 구한다.

① $Q = \dfrac{1}{n}AR_h^{2/3}S_f^{1/2}$ (예7.1.2a)

② $Q = \dfrac{1}{n}\left(\dfrac{\pi D^2}{4}\right)\left(\dfrac{D}{4}\right)^{2/3}S_0^{1/2} = \dfrac{0.311}{n}D^{8/3}S_0^{1/2}$ (예7.1.2b)

③ $D = \left(\dfrac{3.21nQ}{S_0^{1/2}}\right)^{3/8}$ (예7.1.2c)

④ $Q = A\left(\dfrac{8g}{f}R_h S_f\right)^{1/2}$ (예7.1.2d)

⑤ $D = \left(\dfrac{0.811fQ}{gS_0}\right)^{1/5}$ (예7.1.2e)

(7) 우수거 ③-1(⑤-1, ⑧-1 동일)의 관 지름 결정 **표 예7.1.2**ⓟ에서 수로경사는 가중 평균치를 사용하여 다음과 같이 계산한다.

① $S_{0m} = \sum_{i=1}^{n} S_{0i}A_i / \sum_{i=1}^{n} A_i = \dfrac{S_{01}A_1 + S_{02}A_2 + S_{03}A_3}{A_1 + A_2 + A_3}$ (예7.1.3a)

② $S_{0m(③-1)} = \dfrac{S_{01}A_1 + S_{02}A_2 + S_{03}A_3}{A_1 + A_2 + A_3}$ (예7.1.3b)

$$= \frac{0.020 \times 8.903 + 0.0041 \times 4.856 + 0.0245 \times 15.783}{8.903 + 4.856 + 15.783}$$

$$= \frac{0.58465}{29.542} = 0.0197$$

(8) 유속계산 **표 예7.1.2ⓡ**은 다음 식과 같이 연속 방정식에 의해 구한다.

$$V = \frac{4Q_p}{\pi D^2} \qquad \text{(예7.1.4)}$$

(9) 우수거 내 흐름시간 **표 예7.1.2ⓢ**는 **표 예7.1.2ⓑ**/**표 예7.1.2ⓡ**($=L/V$)로 구한다.

① **표 예7.1.2③** 우수거 : 우수거의 흐름은 경계로부터 **표 예7.1.2③** 우수거까지 54m를 1.82m/s에 흐르므로 흐름시간은 54m/(1.82m/s×60s/분)(=**표 예7.1.2ⓑ**/**표 예7.1.2ⓡ**) =0.49분 소요된다.

② **표 예7.1.2⑤** 우수거 : **표 예7.1.2③** 우수거로부터 **표 예7.1.2⑤**번까지 48m를 1.71m/s에 흐르므로 흐름시간은 48m/(1.71m/s×60s/분)=0.46분 소요된다.

③ **표 예7.1.2⑧** 우수거 : **표 예7.1.2⑤** 우수거로부터 **표 예7.1.2⑧**번까지 55m를 2.21m/s에 흐르므로 흐름시간은 55m/(2.21m/s×60s/분)=0.41분 소요된다.

④ **표 예7.1.2⑩** 우수거 : **표 예7.1.2⑧** 우수거로부터 **표 예7.1.2⑩**번까지 70m를 1.21m/s에 흐르므로 흐름시간은 70m/(1.21m/s×60s/분)=0.96분 소요된다.

표 예7.1.2 합리식에 의한 우수거 설계

ⓐ	ⓑ	ⓒ	ⓓ	ⓔ	ⓕ	ⓖ	ⓗ	ⓘ	ⓙ	ⓚ	ⓛ	ⓜ	ⓝ	ⓞ [=0.2778 ⓘ×ⓝ]	ⓟ	ⓠ	ⓡ	ⓢ
우수거명	길이 L (m)	경사 $S\times10^{-2}$	총면적 (km²) ×10⁻³	소유역					유입시간 t_0 (분)	상류 우수거 유입시간 (분)	도달시간 t_c (분)	강우지속기간 t_d(분)	강우강도 I (mm/h)	설계유량 Q_p (m³/s)	계산지름 D_r (m)	사용지름 D_n (m)	유속 V (m/s)	우수거 유하시간 t(분)
				유역명	면적 (km²) $\times10^{-3}$	유출계수 C	CA $\times10^{-3}$	ΣCA $\times10^{-3}$										
①	119	2.00	8.903	①	8.903	0.65	5.7869	5.7869	11.0	–	11.0	11.0	82.9	0.1332	0.30	0.35	1.38	1.43
②	56	0.41	4.856	②	4.856	0.80	3.8848	3.8848	9.2	–	9.2	9.2	87.3	0.0942	0.36	0.40	0.75	1.24
③	54	2.45		③	15.783	0.70	11.0481		13.7	–	13.7							
				①	15.759		19.6717		11.0	1.4	12.4							
				②					9.2	1.3	10.5							
(③-1)		(0.0197)	29.542					20.7198				13.7	77.1	0.4337	0.47	0.55	1.82	0.49
④	61	1.80	1.821	④	1.821	0.80	2.621	2.621	5.2	–	5.2	5.2	98.9	0.0720	0.24	0.30	1.01	1.00
⑤	48	1.04		⑤	2.832	0.70	3.532		8.7	–	8.7							
					1.821		2.621		13.7	0.4	14.1							
				④					5.2	1.0	6.2							
(⑤-1)		(0.0133)	34.195					37.845				14.1	76.3	0.5695	0.56	0.65	1.71	0.46
⑥	64	1.75	2.428	⑥	2.428	0.85	3.278	3.278	5.9	–	5.9	5.9	96.6	0.0879	0.26	0.30	1.24	0.53
⑦	40	3.00	6.879	⑦	6.879	0.65	7.529	7.529	11.8	–	11.8	11.8	81.1	0.1696	0.30	0.35	1.76	0.37
⑧	55	0.41		⑧	8.094	0.75	8.844		9.5	–	9.5							
					[9.307		10.807		14.1	0.4	14.5							
				⑦					11.8	0.4	12.2							
(⑧-1)		(0.0161)	51.596					57.496				14.5	75.6	0.9770	0.67	0.75	2.21	0.41
⑨	61	0.26	2.630	⑨	2.630	0.85	3.480	3.480	6.2	–	6.2	6.2	95.7	0.0925	0.39	0.45	0.58	1.75
⑩	70	0.28	5.058	⑩	5.058	0.70	5.758		10.3	–	10.3							
					[2.63]		(3.48)		14.5	0.7	15.2							
(⑩-1)		(0.0027)	59.284					66.734				15.2	74.3	1.1509	0.99	1.10	1.21	0.96
⑪	21	2.50	2.630	⑪	2.832	0.65	3.482	3.482	11.8	–	11.8	11.8	81.1	0.0784	0.24	0.30	1.10	0.31
⑫	40	0.60	5.058	⑫	6.879	0.55	7.429	7.429	17.6	–	17.6	17.6	70.1	0.1446	0.39	0.45	0.90	0.74

② 위험도 기준 우수거 설계

우수거의 불확실 요소에 대한 공학적 문제 해결은 그 문제의 수리·수문학적 양상으로부터 이끌어낼 수 있다. 그 핵심 문제는 호우로 발생된 지표면 유출의 누가량에 대한 제시된 우수거 설계의 역량이다. 안전계수 S_F가 설계빈도의 선택에서 전형적임에도 불구하고, 우수거 용량 Q_c와 유출량 Q_l 간의 관계식 $Q_c = S_F Q_l$가 고려된다. **위험도-신뢰성 해석**(risk-reliability analysis)을 통해 파괴의 확률 $P(Q_l > Q_c)$는 선택된 빈도와 안전계수에 관해 계산할 수 있다. 각 재현기간에 상응하는 위험도와 안전계수는 각 재현기간에 대한 위험도-안전계수 관계식을 유도하기 위해 도식화할 수 있으며, 그 절차는 다음과 같다.

1) 재현기간 T를 선정한다.
2) 합리식과 같은 강우-유출모형을 사용하여 평균 지표면 유출량 $\overline{Q_l}$인 우수거의 평균 부하량과 그에 대한 **변동계수**(variation coefficient) Ω_{Q_l}(=표준편차 s/평균 $\overline{x}$)을 각각 다음 식으로 구한다.

$$\overline{Q_l} = \overline{C}\,\overline{I}\,\overline{A} \tag{7.11a}$$

$$\Omega_{Q_l}^2 = \Omega_C^2 + \Omega_I^2 + \Omega_A^2 \tag{7.11b}$$

여기서 $\overline{C}$=평균유출계수이고, $\overline{I}$=평균강우강도이며, $\overline{A}$=평균유역면적이다. 또한 Ω_C, Ω_I, Ω_A=각각 유출계수, 강우강도, 유역면적의 변동계수이다.

3) 관의 지름 D를 선정한 후 수정형 Manning 공식에 의해 우수거의 평균용량 $\overline{Q_c}$와 Ω_C의 변동계수인 Ω_{Q_C}를 각각 다음과 같이 계산한다.

$$\overline{Q_c} = \frac{0.311}{\overline{n}} D^{8/3} \overline{S}_0^{1/2} (\text{m}^3/\text{s}) \tag{7.12a}$$

$$\Omega_{Q_c}^2 = \Omega_n^2 + \frac{1}{4}\Omega_{S_0}^2 + \left(\frac{8}{3}\right)^2 \Omega_D^2 \tag{7.12b}$$

여기서 $\overline{n}$=평균조도계수이고, $\overline{S}_0$=평균우수거경사이며, D=우수거의 지름이다. 또한 Ω_n, Ω_D, Ω_{S_0}=각각 조도계수 n, 우수거의 지름 D, 우수거 경사 S_0의 변동계수이다.

4) 위험도 R_{is}와 안전계수 S_F[=신뢰도 $R_{el} = P(S_F > 1$, P=초과확률)]를 구한다.

5) 다른 크기의 지름에 대해 단계 3)부터 반복한다.

6) 다른 크기의 강우지속기간에 대해 단계 2)부터 반복한다.

7) 고려하고 있는 각 재현기간에 대해 단계 1)부터 시작한다.

예제 7.2

표 예7.2.1의 자료는 우수거 설계를 위한 변수들의 부하와 용량(loading and capacity) 값의 범위이다. 이들 매개변수의 변환계수를 결정하고, 다음 사항에 답하시오.

1. 우수거의 용량초과에 따른 위험도 R_{is}(risk) 계산

표 예7.2.1 매개변수별 범위

매개변수	범위	평균	매개변수	범위	평균
유출계수 C	0.70~0.80	0.75	조도계수 n	0.0145~0.0155	0.015
강우강도 I(mm/h)	182.8~198.1	190.4	관의 지름 D(m)	1.511~1.536	1.523
유역면적 A(km^2)	0.0481~0.0489	0.0485	관로경사 S_0	0.0009~0.0011	0.001

[풀이]

1. 우수거의 용량초과에 따른 **위험도** R_{is}(risk) 계산

(1) **부하** Q_l과 **용량** Q_c의 변환계수 결정

① 부하 Q_l은 합리식 (7.11a)를 사용하여 계산하고, 용량 Q_c는 Manning 공식 (7.12a)을 이용하여 계산하며, Q_l과 Q_c의 변동계수는 각각 식 (7.11b), (7.12b)를 사용하여 결정한다(Mays, 2005).

② 모든 무작위 매개변수는 균등분포 한다고 가정함으로써 각 매개변수의 평균(mean) $\bar{x}$과 표준편차(standard deviation) s는 하한계값 a와 상한계값 b에 대해 $\bar{x}=(a+b)/2$, $s=\sqrt{(b-a)^2/12}$로 계산하고, 변동계수 Ω는 다음 식으로 구한다.

$$\Omega\left(=\frac{s}{\bar{x}}\right)=\frac{\sqrt{(b-a)^2/12}}{(a+b)/2}=\frac{1}{\sqrt{3}}\left(\frac{b-a}{a+b}\right)=(0.5773)\left(\frac{b-a}{a+b}\right) \quad \text{(예7.2.1)}$$

③ 평균 $\bar{x}$와 표준편차 s를 이용하여 매개변수의 변동계수 Ω는 식 (예7.2.1)에 의해 표 예 7.2.2와 같이 계산한다.

표 예7.2.2 매개변수의 변동계수 계산

변동계수 / 매개변수	ⓐ 평균 $\bar{x}$	ⓑ 표준편차 s	ⓒ(=ⓑ/ⓐ) 변동계수 Ω
유출계수 C	$\left(\frac{0.70+0.80}{2}=\right)0.75$	$\left[\sqrt{\frac{(0.8-0.7)^2}{12}}=\right]$ 0.02887	$(\frac{0.02887}{0.75}=)0.03849$
강우강도 I (mm/h)	$\left(\frac{182.8+198.1}{2}=\right)190.45$	$\left[\sqrt{\frac{(198.1-182.8)^2}{12}}=\right]$ 4.41673	$(\frac{4.41673}{190.45}=)0.02319$
유역면적 $A(\text{km}^2)$	0.0485	0.00023	0.00476
조도계수 n	0.0150	0.00029	0.01925
관의 지름 D(m)	1.5235	0.00722	0.00474
우수거 경사 S_0	0.0010	0.00006	0.05774

④ 부하 Q_l과 용량 Q_c의 변동계수 Ω_{Q_l}와 Ω_{Q_c}는 각각 다음과 같이 구한다.

$$\Omega_{Q_l}^2=\Omega_C^2+\Omega_I^2+\Omega_A^2[\rightarrow\ \Omega_{Q_l}=\sqrt{\Omega_C^2+\Omega_I^2+\Omega_A^2}\ ] \quad \text{(예7.2.2a)}$$

$$\Omega_{Q_c}^2=\Omega_n^2+\frac{1}{4}\Omega_{S_0}^2+(\frac{8}{3})^2\Omega_D^2[\rightarrow\ \Omega_{Q_c}=\sqrt{\Omega_n^2+\frac{1}{4}\Omega_{S_0}^2+(\frac{8}{3})^2\Omega_D^2}\ ] \quad \text{(예7.2.2b)}$$

⑤ 그러므로, 변동계수 Ω_{Q_l}와 Ω_{Q_c}는 각각 식 (예7.2.2a), (예7.2.2b)로 구하면 다음 값을 얻는다.

$$\Omega_{Q_l}=\sqrt{\Omega_C^2+\Omega_I^2+\Omega_A^2}=\sqrt{(0.03849)^2+(0.02319)^2+(0.00476)^2}=0.04519$$

$$\Omega_{Q_c}=\sqrt{\Omega_n^2+\frac{1}{4}\Omega_{S_0}^2+(\frac{8}{3})^2\Omega_D^2}$$

$$=\sqrt{(0.01925)^2+\frac{1}{4}(0.05774)^2+(\frac{8}{3})^2(0.00474)^2}=0.03555$$

(2) 용량초과에 따른 위험도 산정

① 신뢰도와 위험도

㈎ 수리학적 요소나 시스템의 **위험도(risk)** R_{is}는 저항(resistance) r_{es}을 초과하는 부하(loading) l_{oa}의 (초과)확률 $P(X)\,[R_{is}=P(x_T\geq X)=P(l_{oa}\geq r_{es})]$ 즉, **파괴확률(failure probability)**로 정의하면 **신뢰도(reliability)** $R_{el}[=P(x_T<X)]=1-R_{is}$ $[\leftarrow R_{is}=P(x_T\geq X)]=1-P(x_T\geq X)$이므로 다음 식과 같이 표시한다.

$$R_{el}[=P(l_{oa}<r_{es})]=1-P(l_{oa}\geq r_{es}) \quad \text{(예7.2.3a)}$$

$$R_{el}=P(r_{es}>l_{oa})=P(r_{es}-l_{oa}>0) \quad \text{(예7.2.3b)}$$

여기서 $P(l_{oa}\geq r_{es})$ =파괴 확률이고, $P(l_{oa}<r_{es})$ =신뢰도이며, r_{es} =저항(resistance), l_{oa} =부하(loading)이다.

(나) 식 (예7.2.3a)와 같이 신뢰도 R_{el}와 위험도 R_{is}사이에는 다음과 같은 관계를 갖는다.

$$R_{el} = 1 - R_{is} \quad \text{(예7.2.4)}$$

(다) 위험도와 신뢰도의 계산은 **부하-저항 간섭(loading-resistance interference)**으로 수행할 수 있다. 이들 부하와 저항에 대한 확률분포는 **그림 예7.2**와 같이 나타낼 수 있고, 신뢰도는 저항이 부하의 모든 가능한 값보다 큰 확률을 갖는다는 것이다.

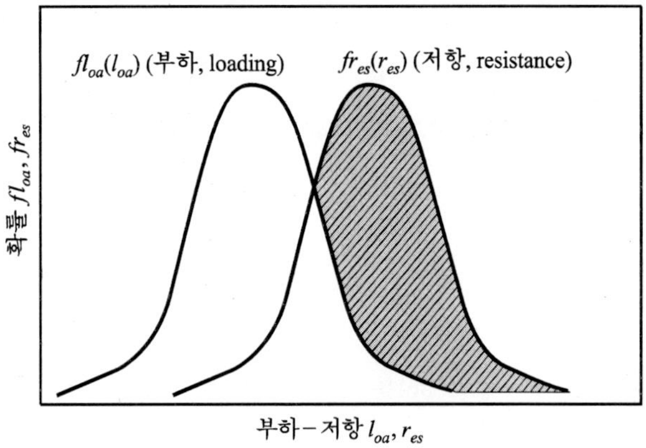

그림 예7.2 부하-저항과 확률의 간섭 해석

② 안전한계 이용 신뢰도 계산

(가) **안전한계(安全限界, safety margin)** S_M은 계획용량(project capacity)(=저항) r_{es}과 설계부하로 계산된 값 l_{oa} 간의 차이(=$r_{es} - l_{oa}$)로 정의한다. 신뢰도는 $r_{es} > l_{oa}$인 확률과 같은 동치(同値, equivalent)로 다음과 같은 식으로 표시한다.

$$R_{el} = P_{ro}(r_{es} - l_{oa} > 0) = P_{ro}(S_M > 0) \quad \text{(예7.2.5)}$$

(나) 만약 r_{es}과 l_{oa}이 무작위 독립변수라면 안전한계 S_M의 평균과 분산은 각각 다음과 같이 구한다.

$$\mu_{S_M} = \mu_{r_{es}} - \mu_{l_{oa}} \quad \text{(예7.2.6a)}$$

$$\sigma^2_{S_M} = \sigma^2_{r_{es}} - \sigma^2_{l_{oa}} \quad \text{(예7.2.6b)}$$

(다) 안전한계가 정규분포를 갖는다면 이때의 **변량(變量, variate)** 즉, 표준정규변량(standard normal variate) v_{ar}는 다음과 같이 구한다.

$$v_{ar} = \frac{S_M - \mu_{S_M}}{\sigma_{S_M}} \quad \text{(예7.2.7)}$$

(라) 식 (예7.2.5)에서 부등식(inequality)의 양변으로부터 μ_{S_M}을 빼고, σ_{S_M}으로 양변을 나누면 다음 식의 신뢰도 R_{el}을 얻을 수 있다.

$$R_{el} = P_{ro}\left(v_{ar} > \frac{\mu_{S_M}}{\sigma_{S_M}}\right) = \psi\left(\frac{\mu_{S_M}}{\sigma_{S_M}}\right) \quad \text{(예7.2.8)}$$

③ 안전한계의 평균과 분산 계산

㈎ 안전한계 S_M의 평균 μ_{S_M}과 분산 σ_{S_M}은 식 (예7.2.6a)와 (예7.2.6b)로부터 다음과 같이 구한다.

$$\mu_{S_M} = \mu_{Q_c} - \mu_{Q_l} \qquad (예7.2.9a)$$

$$\sigma^2_{S_M} = \sigma^2_{Q_c} + \sigma^2_{Q_l} \qquad (예7.2.9b)$$

여기서 μ_{Q_c}와 σ_{Q_c}, μ_{Q_l}와 σ_{Q_l}은 각각 다음과 같다【1(1)⑤항에서 구한 부하와 용량의 변동계수 이용 ; Ω_{Q_l}=0.04519, Ω_{Q_c}=0.03555】.

$$\mu_{Q_l} = k\overline{C}\overline{I}\overline{A} = 0.2778(0.75)(190.45)(0.0485) = 1.923\,\mathrm{m^3/s}$$

$$\sigma_{Q_l} = \mu_{Q_l}\,\Omega_{Q_l} = (1.923)(0.04519) = 0.0869\,\mathrm{m^3/s}$$

$$\mu_{Q_c} = \frac{0.311}{\overline{n}}(\overline{D})^{8/3}(\overline{S}_0)^{1/2} = \left(\frac{0.311}{0.015}\right)(1.5235)^{8/3}(0.0010)^{1/2} = 2.0148\,\mathrm{m^3/s}$$

$$\sigma_{Q_c} = \mu_{Q_c}\,\Omega_{Q_c} = (2.0148)(0.03555) = 0.0716\,\mathrm{m^3/s}$$

㈏ 식 (예7.2.9a)와 (예7.2.9b)를 이용하여 안전한계 S_M의 평균 μ_{S_M}과 분산 σ_{S_M}을 다음과 같이 구한다.

$$\mu_{S_M} = \mu_{Q_c} - \mu_{Q_l} = 2.0148 - 1.9244 = 0.0904$$

$$\sigma^2_{S_M} = \sigma^2_{Q_c} + \sigma^2_{Q_l} \Rightarrow \sigma_{S_M} = \sqrt{\sigma^2_{Q_c} + \sigma^2_{Q_l}} = \sqrt{0.0716^2 + 0.0869^2} = 0.1125$$

④ 위험도 계산

㈎ 위험도 R_{is}는 안전한계보다 작은 발생확률과 같은 의미이므로 이들 관계는 다음과 같이 쓴다.

$$R_{is} = P_{ro}[S_M < 0] = P_{ro}\left(v_{ar} < \frac{0-\mu_{S_M}}{\sigma_{S_M}}\right) \qquad (예7.2.10)$$

㈏ 식 (예7.2.10)을 적용해 위험도 R_{is}를 구하면 다음 값을 얻는다.

$$R_{is} = P_{ro}\left(v_{ar} < \frac{0-\mu_{S_M}}{\sigma_{S_M}}\right) = P_{ro}[v_{ar} < \frac{0-0.0904}{0.1125} = -0.803(\fallingdotseq -0.80)$$

$$【= P_{ro}[v_{ar}(=z)]】$$

$$= P_{ro}[z < -0.80]$$

㈐ 표준정규분포의 누가확률(이종석, 2014) **표 예5.7.4**를 이용하여 $z < -0.80$일 때

$P_{ro}(z) = P(-0.80)$=(0.50−0.2881)=0.2119 ∴ P_{ro}=0.2119

∴위험도 $R_{is}(=P_{ro})$=0.2119(=21.19%)

㈑ $P_{ro} = 1/T$ → ∴재현기간 $T = 1/P_{ro}$=1/0.2119=4.719≒5년

(3) 안전계수

7.1.2(2)② **위험도 기준 우수거 설계**에서 언급한 '용량초과에 따른 위험도 산정'과 같은 수문학적 불확실성 외에 **수자원 개발 과업(water resource development project)**은 다른 불확실성을 많이 갖게 될 것이다. 이것들은 구조적, 축조적, 작동과 환경적인 발생뿐만 아니라 경제적, 사회 정책적 요인과 같은 비기술적 고려에서 발생하게 될 것이다. 그와 같은 어떤 수자원 개발계획은 다음과 같이 주어진 수문학적 매개변수 M에 대해 안전계수 S_{FM}을 갖게 될 것이다.

$$S_{FM} = \frac{C_{AM}}{C_{HM}} \tag{7.13}$$

여기서 C_{HM}=수문학적 고려만으로 얻은 매개변수 M값이고, C_{AM}=과제설계에 채택된 매개변수 M의 실제값이며, M=매개변수로 홍수량의 크기, 최대 하천수위, 저수지 용량과 여유고(free board)등을 포함한다.

식 (7.13)에서 두 항의 차($C_{AM}-C_{HM}$)를 **안전 여유(安全 餘裕, safety margin)**로 부른다. 위험도와 신뢰도, 안전계수 개념은 신뢰성에 기초한 설계 **신흥분야(新興分野, emerging field)**의 기본(구성)요소(building block)를 형성한다.

예제 7.3

어떤 하천 유량관측소에서 측정된 1960~1981까지 연최대치 홍수량 자료의 평균값은 29,600$\mathrm{m^3/s}$ 이고, 표준편차는 14,860$\mathrm{m^3/s}$ 이다. 이 하천 수로구간 부근에 기대수명(expected life)이 50년이고, 위험도(risk) 10%인 교량의 건설을 위한 설계가 제안되었다. 다음 사항에 답하시오.

1. Gumbel 확률분포에 의한 교량 설계를 위한 홍수량의 결정
2. 채택된 실제 홍수량이 125,000$\mathrm{m^3/s}$ 일 때 안전계수와 안전 여유의 산정

[풀이]

1. Gumbel 확률분포에 의한 교량 설계를 위한 홍수량의 결정
   (1) 위험도 R=0.10, 기대수명 또는 **생명주기(life period)** n=50년 일 때의 설계홍수량 산정
      ① 재현기간 T를 $R=1-(1-\frac{1}{T})^n$을 이용해 산정한다.
      ② $0.10=1-(1-\frac{1}{T})^{50}$=0.9978이므로 T=475년을 얻는다.

③ Gumbel 확률분포의 실측년한은 1960년~1981년까지 32년간 자료이다.

1) 변환자료의 평균값 $\overline{y}_n$과 그 표준편차 값 s_n을 **표 5.3**, **표 5.4**를 이용해 결정한다.

2) ∴ **표 5.3**에서 $\overline{y}_n$=0.5380이고, **표 5.4**에서 s_n=1.1193이다.

3) 식 (5.40a)에서 $y_T=-[\ln\cdot\ln\dfrac{T}{1-T}]=-[\ln\cdot\ln\dfrac{475}{1-475}]$=6.16226

4) 식 (5.42b)에서 $K=\dfrac{y_T-\overline{y}_n}{s_n}=\dfrac{6.16226-0.5380}{1.1193}$=5.0248

④ 표본자료 수 n=32년 자료와 식 (5.42)를 이용하여 **빈도계수법**에 의한 수문량을 산정한다.

1) $x_T=\overline{x}+Ks$ (예7.3.1)

2) ∴ $x_T=\overline{x}+Ks==29{,}600+5.0248\times 14{,}860$ =104,268≒105,000m^3/s

3) 수문학적 설계 홍수량은 105,000m^3/s이다.

2. 채택된 실제 홍수량이 125,000m^3/s일 때 안전계수와 안전 여유의 산정

(1) 설계에서 채택된 실제 첨두 홍수량의 크기 125,000m^3/s

(2) 1(1)④3)항에서 구한 수문학적 설계 홍수량은 105,000m^3/s이다.

(3) 식 (7.12)를 이용, $S_{FM}=\dfrac{C_{AM}}{C_{HM}}$로 안전계수를 산정한다.

(4) ∴ 안전계수 $S_{FM}=\dfrac{C_{AM}}{C_{HM}}=\dfrac{125{,}000}{105{,}000}$=1.19이다.

(5) 안전 여유(량)=125,000−105,000=20,000m^3/s이다.

(5) 저수지 용량 결정

댐과 저수지의 저류 용량 결정은 연대순으로 표시된 시간(time plotted in chronological order)에 대한 누가유량(용적)(cumulative discharge volume) 관계 그래프인 **유량누가곡선** **(流量累加曲線, flow-mass curve)**을 이용한다. 임의 시간 t에서 유량누가곡선의 종거 ∀는 다음과 같이 계산된다.

$$\forall=\int_{t_0}^{t}Q\,dt \tag{7.14}$$

여기서 t_0=유량누가곡선의 시점 시간이고, Q=유량이다. (유입)수문곡선은 t vs. Q로 작성되기 때문에 유량누가곡선은 수문곡선의 누가(적분)곡선임을 쉽게 알 수 있다. **그림 7.7**의 전형적인 유량누가곡선은 처음 사용해 제시한 Ripple(1882)이후 **Ripple 곡선**으로 불리고 있

으며, 가로축에 연대순의 시간(month)에 대한 세로축의 용적단위($10^6 m^3$ 또는 $m^3/s \cdot d$, $ha \cdot m$)를 사용한다.

임의 점에서 유량누가곡선의 기울기는 그 순간에서의 유량($= d\forall / dt$)을 나타낸다. 두 점 M과 N이 직선으로 연결되었다면 이 선의 기울기는 적절한 저류량의 저수지를 활용할 때 시간 t_m과 t_n 사이에 유지될 수 있는 평균유량을 나타낸다. 그러므로, 유량누가곡선의 시점과 종점이 만나는 AB선의 기울기는 표시된 그래프의 전 기간에 걸친 평균유량을 나타낸다.

하천에서 유입되는 저수지는 **그림 7.7**(Subramanya, 2013)과 같은 유량누가곡선으로 표시된다고 하자. 저수지가 건조기의 시작점에서 만수된다고 할 때 즉, 유입량이 유출량(수요량)보다 적은 저수지라고 가정하면, 저류량으로부터 강하되는 최대량은 공급량과 건조기 시점에서의 수요량 간의 누가 차(cumulative difference)와 같다. 그러므로, 필요한 저류량은 다음과 같이 구한다(Gupta, 2017).

$$S = M_{ax}[\sum \forall_D - \sum \forall_S] \quad (7.15)$$

여기서 $\forall_D$ =수요량이고, $\forall_S$ =공급량(용적)이다. S =임의 건조기에 최대 누가효율인 저류량으로, 유량누가곡선의 수요량과 공급량 간 종거의 최대 차이로 계산한다. 최소 저류 용적(minimum storage volume)은 여러 건조기간의 저류량 S중 가장 큰 값으로 한다.

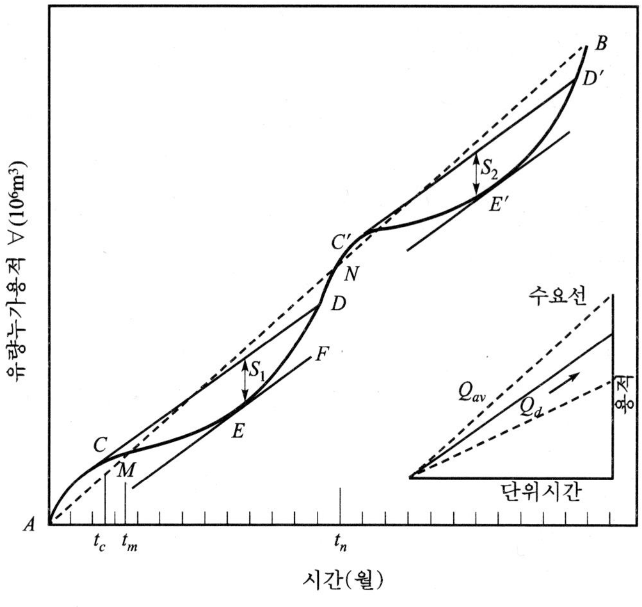

그림 7.7 유량누가곡선

그림 7.7과 같이 마루(ridge) 위의 높은 점 C 또는 C'에서 유량누가곡선에 대해 그려진 접선 기울기 Q는 직선 CD의 기울기로 정의한다. 이는 저수지로부터 수요량 Q_d의 일정율을 나타내며, **수요선**(demand line)이라 부른다.

만약에 저수지가 그림 7.7 C로부터 E까지 시간 t_c인 C에서 만수된다면 수요량은 유량누가곡선의 경사가 수요선 CD보다 작게 되어 공급량보다 크게 된다. 그러므로, 저수지는 고갈될 것이고, 최저 용량은 E에 이르게 된다. 그림 7.7 E에서 유량누가곡선에 대해 접선이고, 수요선 CD와 그에 평행선 EF간의 종거 차는 저수지가 만수였던 그 시간에서 수요량과 만나는 저류량 만큼 필요한 저수 용적을 나타낸다. 만약 큰 시간 기간(period)에 대한 유량자료를 이용할 수 있다면 수요선은 그림 7.7의 $C'D'$와 같이 여러 개의 다른 마루에서의 접선을 그려서 얻어지는 저류량 중의 가장 큰 값을 저수지에서 필요한 최소 저류용량으로 결정한다. 유량누가곡선의 사용에 관한 다음 예제를 통해 최소 저류량의 결정에 대해 설명한다.

예제 7.4

어느 유역의 1년간 하천 해당 구간으로 유입되는 월평균 유량은 표 예7.4.1과 같다. 이 구간에 45m^3/s의 수요량(율)을 유지하기 위한 저수 구조물을 건설하려고 할 때 다음 사항에 답하시오.

1. 저수 구조물의 필요 최소 저류량 결정

표 예7.4.1 해당 구간의 유량자료

월	1	2	3	4	5	6	7	8	9	10	11	12
평균유량 (m^3/s)	62	47	36	25	15	23	52	81	104	92	83	71

[풀이]

1. 저수 구조물의 필요 최소 저류량 결정
   (1) 주어진 표 예7.4.1의 유량자료를 이용하여 표 예7.4.2와 같이 월유량용적과 누가유량용적을 계산한다.
      ① 월 유량은 해당 월의 한 달간 실제 일수를 곱해 계산하며, 1일의 m^3/s·d 단위 용적은 8.64×10^4m^{3}이다.

표 예7.4.2 유량누가곡선의 계산

월	평균유량 (m^3/s)	월유량(용적) ($m^3/s \cdot d$)	누가용적 ($m^3/s \cdot d$)	월	평균유량 (m^3/s)	월유량(용적) ($m^3/s \cdot d$)	누가용적 ($m^3/s \cdot d$)
1	62	1,922	1,922	7	52	1,612	7,871
2	47	1,316	3,238	8	81	2,511	10,382
3	36	1,116	4,354	9	104	3,120	13,502
4	25	750	5,104	10	92	2,852	16,354
5	15	465	5,569	11	83	2,490	18,844
6	23	690	6,259	12	71	2,201	21,045

(2) **표 예7.4.2**의 자료를 이용하여 유량누가곡선을 **그림 예7.4**와 같이 작성한다.

① **그림 예7.4**에서 12개월의 월(month)별 일수는 평균 30.4일로 가정한다.

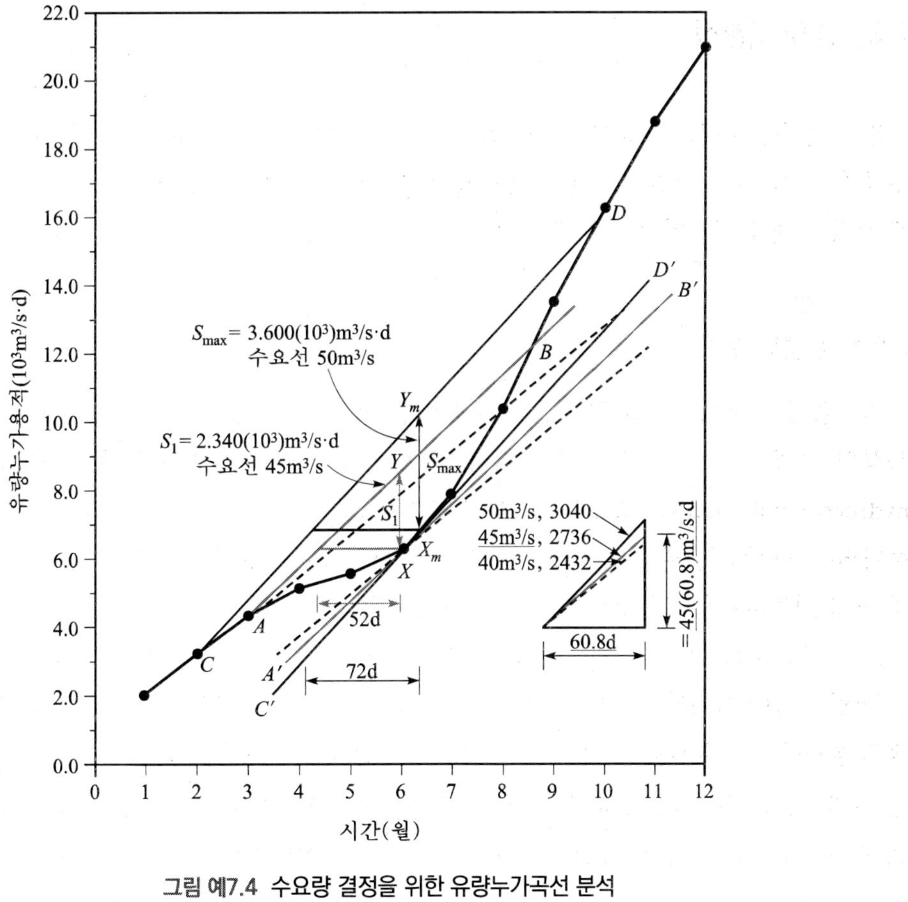

그림 예7.4 수요량 결정을 위한 유량누가곡선 분석

(3) **그림 예7.4**와 같이 수요량은 45m^3/s이고, 이 기울기의 수요선(demand line) AB는 유량누가곡선의 둥근언덕(hump) 모양의 시점에서 접선을 그린다.

① AB선에 평행한 직선 $A'B'$는 골짜기(valley) 모양의 X점에 대한 접선이다.

② 이 두 평행선 $AB \parallel A'B'$ 사이의 수직거리 S_1이 수요량을 유지하기 위해 필요한 **최소 저류량(minimum storage)**이다.

③ ∴ 수요선(량) 45m^3/s에 의한 52일간의 저류용적 S_1은 2,340m^3/s·d 또는 202.17×10^{6}m^3 (∵=2,340m^3/s×8.64×10^{4}s)이다.

(4) 유량누가곡선 분석에 의한 최대 저류량 $S_{\max}$=3,600m^3/s·d 또는 311.04×10^{6}m^3 (∵=3,600m^3/s×8.64×10^{4}s)이다.

7.2 경제성 분석

본 절에서는 대규모 수공구조물의 설계 시 최적설계 홍수량의 결정을 위해 수행하게 되는 수경제 분석과 치수사업의 적절성 평가를 통해 사업의 우선순위를 결정하기 위한 치수 경제성 분석에 대해 간단히 소개하고자 한다.

7.2.1 수경제 분석

최적설계 재현기간은 수문사상의 확률적 특성과 그 피해가 그것들의 발생이 수문학적 사상의 발생 가능한 범위 이상에 대해 알 수 있는 결과이라면 **수경제 분석(水經濟 分析, hydroeconomic analysis)**으로 결정할 수 있다. 설계재현기간이 증가함에 따라 건설비용은 증가되나, 예상되는 피해는 넉넉한 예방 여유 때문에 감소된다. 일 년을 기본으로 건설비용과 예상 피해비용을 합함으로써 최소총비용을 갖는 설계재현기간이 구해진다.

그림 7.8(a)(Chow, 1964; Chow et al., 1988; 이재수, 2006)는 특정 재현기간의 홍수와 같은 어떤 사상이 발생되었을 때 갖는 결과에 따른 피해를 나타낸다. 만약 설계 사상의 크기(결정된 설계량=기준치)가 X라면 구조물의 발생 수문량 $x_T < X$인 모든 사상에 대해 피해를 막을 수 있다. 그러나 $x_T \geq X$ 인 사상에 대해서는 피해를 막을 수가 없다. 그러므로, 예상년 피해 비용은 크기 x_T인 사상이 어떤 주어진 기간(연) 내에 발생될 것이라는 확률의 곱 $f(x)dx$를 취해 구할 수 있을 것이다. 따라서, 그로 인한 (예상)피해액의 크기 $D(x)$는 발생

사상에서 비롯되므로 설계 사상의 크기 $x_T \geq X$에 대해 적분하면 다음과 같이 예상 연비용(D_T)을 구할 수 있다.

$$D_T = \int_{x_T}^{\infty} D(x) f(x) dx \tag{7.16}$$

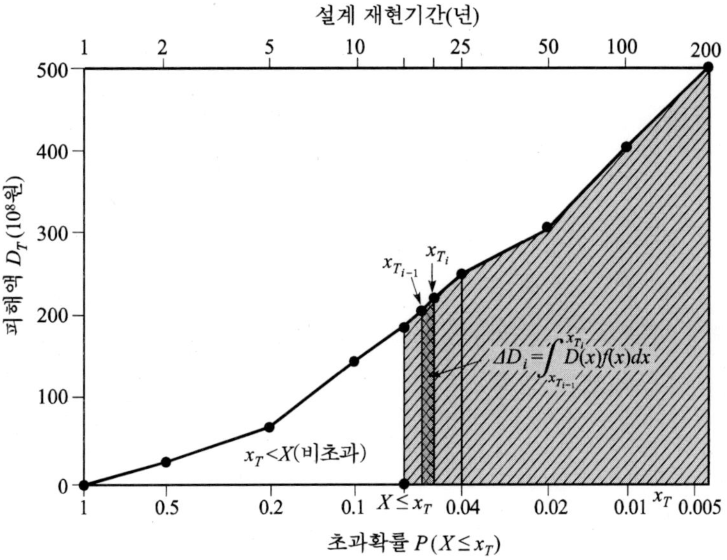

(a) 재현기간별 피해액

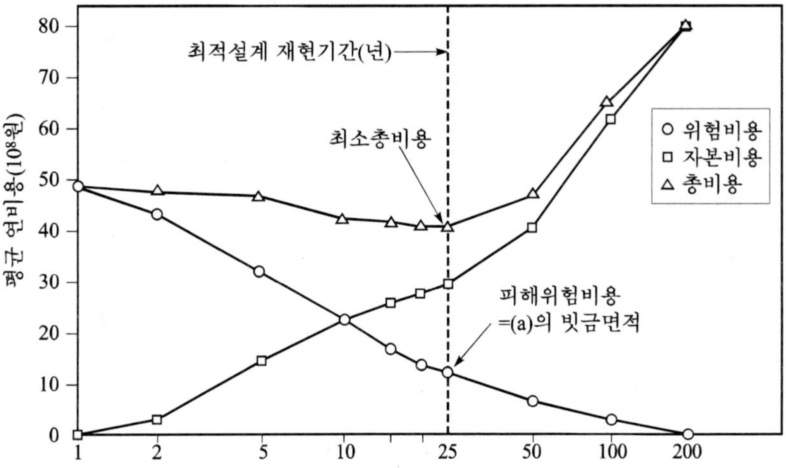

(b) 최적 설계재현기간 결정

그림 7.8 수경제 분석

여기서 식 (7.16)은 그림 7.8(a)의 빗금 친 면적과 같다.

식 (7.16)의 적분은 각 구간의 사상에 대해 예상 연피해액을 계산하고, $x_T > X$의 범위로 구간을 나눔으로써 구해진다. $x_{T_{i-1}} \le x_T \le x_{T_i}$ 구간에 대해 다음과 같이 계산된다.

$$\Delta D_i = \int_{x_{T_{i-1}}}^{x_{Ti}} D(x) f(x) dx \tag{7.17}$$

식 (7.17)은 다음과 같이 대략치로 계산할 수 있다.

$$\begin{aligned}\Delta D_i &= \left[\frac{D(x_{T_{i-1}}) + D(x_{T_i})}{2}\right] \int_{x_{T_{i-1}}}^{x_{Ti}} f(x) dx \\ &= \frac{D(x_{T_{i-1}}) + D(x_{T_i})}{2} \quad [P(x_T \le x_{Ti}) - P(x_T \le x_{Ti-1})]\end{aligned} \tag{7.18}$$

식 (7.18) 대괄호의 값은 X보다 큰 값의 초과확률 $[P(x_T \le x_{T_i}) - P(x_T \le x_{T_{i-1}})]$이므로 이는 초과확률=(1−비초과확률)인 관계식$\{[1 - P(x_T \le x_{T_i})] - [(1 - P(x_T \le x_{T_{i-1}})]\}$으로 정리하면 $[P(x_T \le x_{T_{i-1}}) - P(x_T \le x_{T_i})]$가 되므로 다음과 같이 쓸 수 있다.

$$\Delta D_i = \frac{D(x_{T_{i-1}}) + D(x_{T_i})}{2} \quad [P(x_T \le x_{T_{i-1}}) - P(x_T \le x_{T_i})] \tag{7.19}$$

그러므로, 재현기간 T년으로 설계된 구조물에 대한 연예상 피해액은 다음 식으로 구할 수 있다.

$$D_T = \sum_{i=1}^{\infty} \left[\frac{D(x_{T_{i-1}}) + D(x_{T_i})}{2}\right] \quad [P(x_T \le x_{T_{i-1}}) - P(x_T \le x_{T_i})] \tag{7.20}$$

식 (7.20)으로 계산된 D_T를 구조물의 연평균자본비용에 합산함으로써 총비용이 계산되며, 최적설계재현기간은 최소총비용을 갖는 값으로 결정된다.

예제 7.5

어떤 지역에 다양한 재현기간의 사상에 대해 피해액과 그 사상을 통제하기 위해 설계된 구조물의 연 건설비용은 각각 표 예7.5ⓓ, ⑨와 같다. 다음 사항에 답하시오【단, 비용의 구성비율(%) · 수경제 분석에 필요한 금액(10^8원)=소수 3자리 이하 버림, 초과확률=소수 4자리 이하 버림 계산】.

1. 수경제 분석에 의한 최적 설계 재현기간 결정
2. 구조물이 건설되지 않았을 때의 예상피해 총액과 최적설계의 총비용 산정
3. 총비용의 구성비율 계산
4. 수경제 분석 결과의 그래프 작성

[풀이]

1. 수경제 분석에 의한 최적 설계 재현기간 결정

(1) 표 예7.5ⓑ에 주어진 각 재현기간에 대한 연초과확률은 $P(x_T \geq X) = 1/T$이다.

① 이에 상응하는 증분예상 피해액 ΔD_i는 식 (7.18)로 다음과 같이 구한다.

$$\Delta D_1 = \frac{D(x_{T_1}) + D(x_{T_2})}{2} \quad [P(x_T \leq x_{T_1}) - P(x_T \leq x_{T_2})] \qquad \text{(예7.5)}$$

$$= \left(\frac{0 + 200.00}{2}\right)(1.0 - 0.5) = 50.00 \text{ 백만 원/년}$$

표 예7.5 수경제 분석에 의한 최적설계재현기간 결정

ⓐ 증분 i	ⓑ 재현 기간 T(년)	ⓒ 연초과확률 $P(x_T \geq X)$	ⓓ 피해액 (10^8 원) (조사액)	ⓔ 증분예상피해액 (10^8 원/년) ΔD_i	ⓕ 피해위험 비용 i (10^8 원/년)	ⓖ 자본(건설)비용 (10^8 원/년) (설계액)	ⓗ 총비용 (10^8 원/년) [=ⓕ+ⓖ]
	1	1.000	0	0	491.10	0	491.10
1	2	1/2=0.500	200.00	$\Delta D_1 = \frac{D(x_{T_0}) + D(x_{T_1})}{2} \cdot$ $[P(x_T \leq x_{T0}) - P(x_T \leq x_{T_1})]$ $= (\frac{0 + 200.00}{2})(1.000 - 0.500)$ =50.00	(491.10−50.00) =441.10	30.00	(441.10+30.00) =471.10
2	5	1/5=0.200	600.00	$[\Delta D_2 = \frac{D(x_1) + D(x_2)}{2} \cdot$ $[P(x \leq x_1) - P(x \leq x_2)]$ $= (\frac{200.00 + 600.00}{2})(0.500 - 0.200)$ =120.00	(441.10−120.00) =321.10	140.00	(321.10+140.00) =461.10
3	10	0.100	1,400.00	100.00	221.10	230.00	451.10
4	15	0.067	1,770.00	52.30	168.80	250.00	418.80
5	20	0.050	2,130.00	$(\frac{1,770.00 + 2,130.00}{2})(0.067 - 0.050)$ =33.15	135.65	270.00	405.65
6	25	0.040	2,500.00	23.15	112.50	290.00	402.50
7	50	0.020	3,000.00	55.00	57.50	400.00	457.50
8	100	0.010	4,000.00	35.00	22.50	600.00	622.50
9	200	0.005	5,000.00	22.50	0	800.00	800.00
합	• 연예상 피해액 = 491.10(10^8)원			491.10			

② 예를 들면, $T=1$년과 $T=2$년 사이의 구간 $i=1$에 대해 계산하면 다음과 같으며, 그 결과는 **표 예7.5ⓔ**에 표시하였다.

(2) **표 예7.5ⓗ**, **그림 예7.5(b)**와 같이 최소총비용을 갖는 **최적설계재현기간(最適設計再現期間, optimum design return period)**은 25년이다.

2. 구조물이 건설되지 않았을 때의 예상피해 총액과 최적설계의 총비용 산정

(1) 만약에 구조물이 건설되지 않는다면 이들 증분비용을 합한 값이 연예상 피해액은 **표 예7.5ⓔ**와 같이 491.10×10^8원/년이 된다.

① 이것은 일정 경제조건이라 가정하면 수년간에 걸친 홍수피해의 **평균 연비용(average annual cost, A_{AC})**을 나타내며, 이 금액은 구조물이 없을 때에 해당하는 **피해위험 비용(damage risk cost)**이다.

② 피해위험 비용은 조절구조물이 커짐에 따라 설계재현 기간이 줄어든다.

(가) 이는 재현기간 $T=2$년일 때 재해위험 비용이 $491.10-\Delta D_1=491.10-50.00=441.10\times 10^8$원/년이 된다.

(2) **피해 위험비용(damage cost, D_C)**의 액수와 **표 예7.5ⓖ**의 **자본비용(capital cost)** 또는 **건설비용(construction cost, C_C)**은 **표 예7.5ⓗ**의 **총비용(total cost, T_C)** 형태로 추가되는데, 이들 세 가지 비용은 **그림 7.5**와 같이 나타난다.

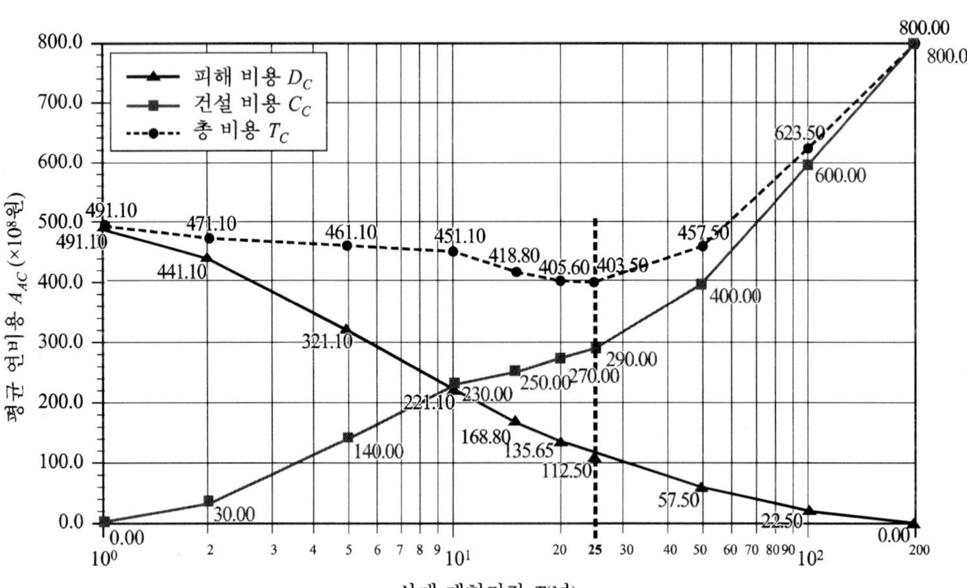

그림 예7.5 수경제 분석 결과

3. 총비용의 구성비율 계산

(1) **표 예7.5ⓗ**, **그림 7.5**와 같이 최소총비용을 갖는 **최적설계재현기간** 25년의 총비용은 402.50 $\times 10^8$ 원/년이다.

① 이 금액의 [(290.00$\times 10^8$/402.50$\times 10^8$)(100)=] 72%인 290.00$\times 10^8$ 원/년은 자본비용이다.

② 나머지 금액의 [(112.50$\times 10^8$)/402.50$\times 10^8$)(100)=] 28%인 112.50$\times 10^8$ 원/년은 피해위험 비용이다.

4. 수경제 분석 결과 그래프 작성

(1) 분석 결과를 그래프로 작성하면 **그림 예7.5**와 같다.

예제 7.6

어떤 유역에 홍수조절용 수공구조물의 건설 여부를 결정하고자 한다. 설계자는 표 예7.6.1과 같이 1987년부터 1998년까지의 홍수량 자료를 조사하고, 재현기간별 발생 홍수에 의한 예상 피해액과 홍수조절 수공구조물의 건설비용을 추산하여 표 1.2를 얻었다. 표 예7.6.1, 표 예7.6.2와 표 예7.6.3의 표준정규분포 누가확률 자료를 이용하여 다음 사항에 답하시오【단, 비용의 구성비율(%)=소수 2자리 이하 버림, 유량(m^3/s)·평균·표준편차=소수 3자리 이하 버림, 초과확률·수경제 분석에 필요한 금액(10^8 원)·누가확률·표준정규분포 변수 z값=소수 4자리 이하 버림 계산】.

1. 수경제 분석에 의한 최적설계재현기간 결정
2. 예상피해 총액과 최적설계의 총비용 산정
3. 총비용의 구성비율 계산
4. 연초과치와 연최대치 자료계열 결정
5. 빈도계수법에 의한 최적 설계홍수량 산정
6. 수경제 분석 결과의 그래프 작성(그림 예7.6.1 이용)

표 예7.6.1 관측 홍수량 자료

1987년: 396, 397, 395	1988년; 523, 531, 497m^3/s
1989년; 300, 360, 362, 355m^3/s	1990년; 405, 453, 451, 450m^3/s
1991년; 446, 438, 439, 452m^3/s	1992년; 398, 405, 435, 396m^3/s
1993년; 350, 420, 489, 501m^3/s	1994년; 439, 489, 508, 509m^3/s
1995년; 503, 487, 456, 510m^3/s	1996년; 388, 436, 498, 552m^3/s
1997년; 425, 486, 499, 409m^3/s	1998년; 532, 495, 486m^3/s

표 예7.6.2 재현기간별 예상 피해액과 구조물 건설비용

재현기간(년)	1	5	15	30	50	80	120	180	250
예상피해액(×10^8원)	0	220.0	330.0	578.0	776.0	928.0	1,250.0	1,459.0	1,655.0
건설비용(×10^8원)	0	81.5	110.3	123.8	131.9	143.7	179.6	225.1	265.2

표 예7.6.3 표준정규분포 변수 z값에 대한 누가확률

z	0.00	0.01	0.02	0.03	0.04	0.05	0.06	0.07	0.08
	중 간 생 략								
1.9	0.4713	0.4719	0.4726	0.4732	0.4738	0.4744	0.4750	0.4756	0.4762
2.0	0.4772	0.4778	0.4783	0.4788	0.4793	0.4798	0.4803	0.4808	0.4812
2.1	0.4821	0.4826	0.4830	0.4834	0.4838	0.4842	0.4846	0.4850	0.4854

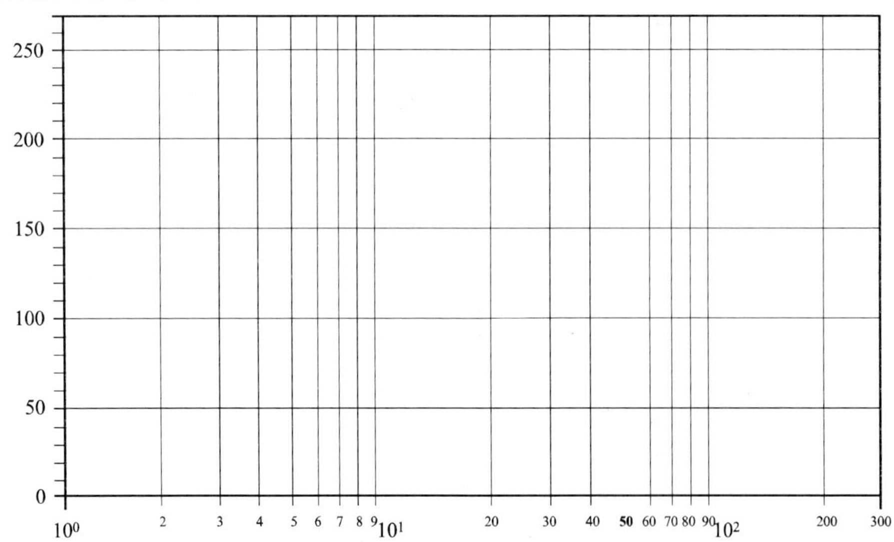

그림 예7.6.1

[풀이]

1. 수경제 분석에 의한 최적설계재현기간 결정; **표 예7.6.4**

   (1) 재현기간 T=5년에 대한 증분 예상 피해액을 계산한다.

   ① 증분예상피해액 **표 예7.6.4**ⓔ 계산; $\Delta D_2 = (\frac{220+330}{2})(0.2-0.066)$ =36.850(10^8원/년)

   ② 피해 위험비용 **표 예7.6.4**ⓕ=(165.425−88.00)=77.425(10^8원/년)

   ③ 총비용 **표 예7.6.4**ⓗ=피해 위험비용 ⓕ +지본비용 ⓖ=77.425+81.500=158.925

(2) 재현기간 T=15년에 대한 증분 예상 피해액을 계산한다.

① 증분예상피해액 **표 예7.6.4**ⓔ 계산; $\Delta D_3 = (\frac{330+578}{2})(0.066-0.033)$ =14.982(10^8원/년)

② 피해 위험비용 **표 예7.6.4**ⓕ=(7.425−36.850)=40.575(10^8원/년)

③ 총비용 **표 예7.6.4**ⓗ=피해 위험비용 ⓕ +자본비용 ⓖ=40.575+110.300=15150.875(10^8원/년)

(3) 같은 방법으로 재현기간 증분 8회의 T=250년에 대한 총비용을 계산한다.

① 이들값 중 최소인 146.692(10^8원/년)에 해당하는 재현기간 T=50년을 최적 설계재현기간으로 결정한다.

표 예7.6.4 최적 설계재현기간 결정을 위한 수경제 분석

ⓐ 증분 i	ⓑ 재현 기간 T(년)	ⓒ 연초과확률 P $(x_T \geq X)$	ⓓ 피해액 (10^8원) (조사액)	ⓔ 증분예상피해액 (10^8원/년) ΔD_i	ⓕ 피해위험비용 i (10^8원/년)	ⓖ 자본(건설) 비용 (10^8원/년) (설계액)	ⓗ 총비용 (10^8원/년) [=ⓕ+ⓖ]
	1	1.000	0.000	0.000	165.425	0.000	165.425
1	5	0.200	220.000	88.000	77.425	81.500	158.925
2	15	0.066	330.000	36.850	40.575	110.300	150.875
3	30	0.033	578.000	14.982	25.593	123.800	149.393
4	50	0.020	776.000	8.801	16.792	131.900	148.692
5	80	0.012	928.000	6.816	9.976	143.700	153.676
6	120	0.008	1,250.000	4.356	5.620	179.600	185.220
7	180	0.005	1,459.000	4.063	1.557	225.100	226.657
8	250	0.004	1,655.000	1.557	0.000	265.200	265.200
합	예상 피해액= 165.425×10^8원			165.425			

2. 예상피해 총액과 최적설계의 총비용 산정

(1) 예상피해 총액은 **표 예7.6.4**ⓔ와 같이 165.425× 10^8원이다.

(2) 최적설계의 총비용은 **표 예7.6.4**ⓗ와 같이 148.692× 10^8원이다.

(3) ∴ 총비용=148.692×10^8원=건설(자본)비용(131.9×10^8원)+피해(위험)비용(16.792×10^8원)

3. 총비용의 구성비율 계산

(1) 건설자본비용(131.9×10^8/148.692×10^8=0.887)은 88.7%이다.

(2) 피해비용(16.792×10^8/148.692×10^8=0.113)은 11.3%이다.

4. 연초과치와 연최대치 자료계열 결정;

(1) 연초과치와 연최대치 자료계열은 각각 표 예7.6.5ⓑ, ⓒ와 같다.

표 예7.6.5 연초과치와 연최대치 자료분석

ⓐ 자료 순서	ⓑ 연초과치 자료계열(m^3/s)	ⓒ 연최대치 자료계열(m^3/s)	ⓓ $(x-\bar{x})^2$
1	552	552	5,513.06
2	532	532	2,943.06
3	531	531	2,835.56
4	523	510	1,040.06
5	510	509	976.56
6	509	501	540.56
7	508	499	451.56
8	503	453	612.56
9	501	452	663.06
10	499	435	1,827.56
11	498	397	6,520.56
12	497	362	13,398.06
합	-	5,733	37,322.22

5. 빈도계수법에 의한 최적 설계홍수량 산정

(1) 빈도계수법에 의한 수문량 $x_T = \bar{x} + sK_T(\leftarrow K_T = z_T) = \bar{x} + s\,z_T$ 적용

① 여기서 $\bar{x}$=평균값이고, s=표준편차이며, K_T=빈도계수이다.

② 빈도계수 K_T는 표준정규분포의 정규확률변수값 z_T로 쓸 수 있다.

(2) 빈도계수법 적용을 위한 통계기본값 결정

① 평균값 결정 : $\bar{x} = \frac{1}{n}\sum_{i=1}^{n} x_i = \frac{1}{12}(5,733) = 477.75\text{m}^3/\text{s}$

② 표준편차 : $s = \sqrt{\frac{1}{(n-1)}\sum_{i=1}^{n}(x_i - \bar{x})^2} = \sqrt{\frac{37,322.22}{(12-1)}} = 58.24\text{m}^3/\text{s}$

(3) 1(3)①항에서 결정된 최적 재현기간 T=50년에 대한 빈도계수 결정

① 누가확률(=비초과확률)=$1 - \frac{1}{T} = 1 - \frac{1}{50} = 1 - 0.02 = 0.98[=F(z)] = (0.5) + 0.480$

② 누가확률 $F(z) = 0.480$에 해당하는 z값 결정은 표 예7.6.3을 이용한다.

③ 즉, 보간법으로 다음과 같이 결정한다.

<table>
<tr>
<td>
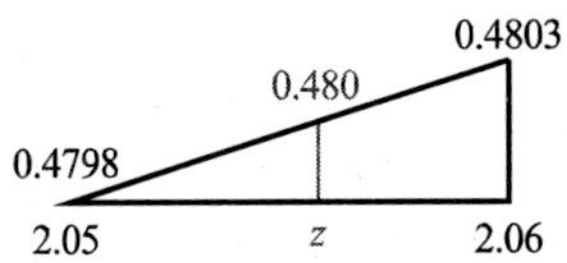

• $F(z)=0.480$
$\rightarrow z=2.05+\Delta z \Rightarrow \Delta z=?$
</td>
<td>
• $2.05<2.05+\Delta z<2.06$; $\Delta z=?$
$2.05 : 0.4798 \rightarrow 0.480 : (2.05+\Delta z) \Rightarrow 2.06 : 0.4803$
$(2.06-2.05):(0.4803-0.4798)=\Delta z:(0.480-0.4798)$
$\Rightarrow 0.01:0.0005=\Delta z:0.0002 \Rightarrow \Delta z=\dfrac{0.01\times0.0002}{0.0005}=0.004$
$\therefore z=2.05+0.004=2.054$
</td>
</tr>
</table>

④ ∴ 정규확률변수값 $z(=z_T)$=**2.054**이다.

(4) 빈도계수법에 의한 설계 홍수량(수문량) 결정

① 설계 홍수량 $x_T=\bar{x}+sK_T(\leftarrow K_T=z_T)=\bar{x}+s\,z_T=477.75+58.24(2.054)=597.97\text{m}^3/\text{s}$ 이다.

② ∴ 재현기간 T=50년에 대한 최적 설계홍수량 Q_{50}=**597.37**m^3/s이다.

6. 수경제 분석 결과의 그래프 작성

(1) 주어진 **그림 예7.6.1**의 가로축 대수 눈금, 세로축 산술값의 반대수지를 이용한다.

(2) 계산 결과는 **그림 예7.6.2**와 같이 그래프를 작성한다.

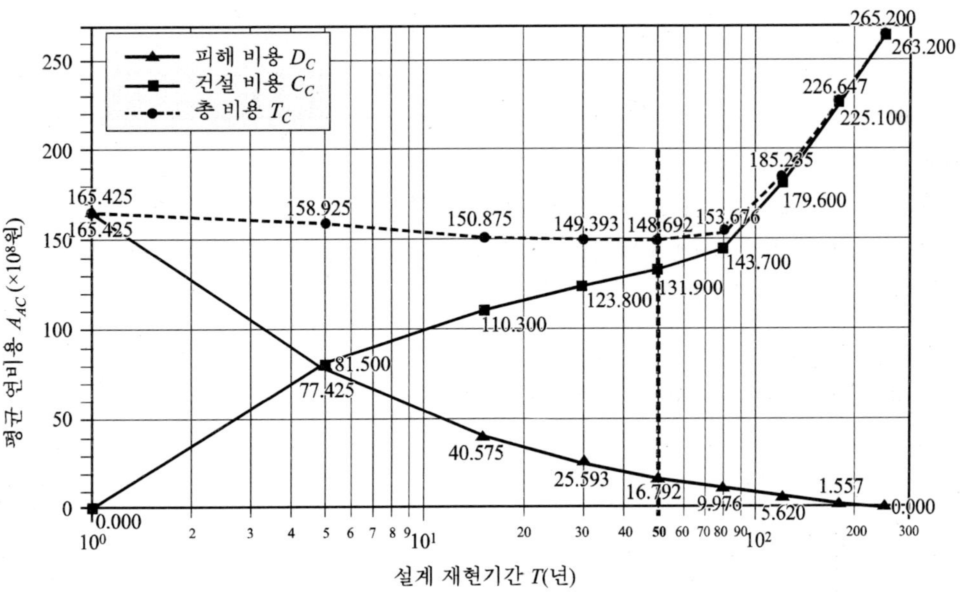

그림 예7.6.2 수경제 분석 결과

예제 7.7

표 예7.7.1은 홍수피해를 경감시키기 위한 방법으로 피해액과 빈도관계 자료를 이용하여 **피해 빈도 관계식**(damage–frequency relationship)을 이용한 **홍수조절 대안**(flood–control alternatives)이다. 다음 사항에 답하시오.

1. 홍수조절 대안의 우선순위 결정

표 예7.7.1 피해액과 빈도관계

초과확률(%)	피해액 (단위 : 10^8원)				
	현재 조건 D_0	제방 축조 D_1	상류 (分)류 D_2	수로 보수 D_3	저류지 축조 D_4
(1/5년=)20	0	0	0	0	0
10	6	0	0	0	0
7	10	0	0	0	0
5	13	13	2	4	3
2	22	22	10	12	10
1	30	30	20	18	12
0.5	40	40	30	27	21
0.2	50	50	43	40	35
0.1	54	54	47	43	45
(1/2,000년=)0.05	57	57	55	50	56

[풀이]

1. 홍수조절 대안의 우선순위 결정
   (1) 각 대안별 연(평균)예상 피해비용(annual expected damage cost)은 다음 관계로부터 표 예7.7.2와 같이 계산한다.

   (2) 평균연예상 피해비용(손실액-빈도) 관계곡선 그림 예7.7(e)와 식 (예7.8.2)의 유도;
   ① 평균연예상 피해비용은 다음과 같은 방법으로 유도할 수 있다.

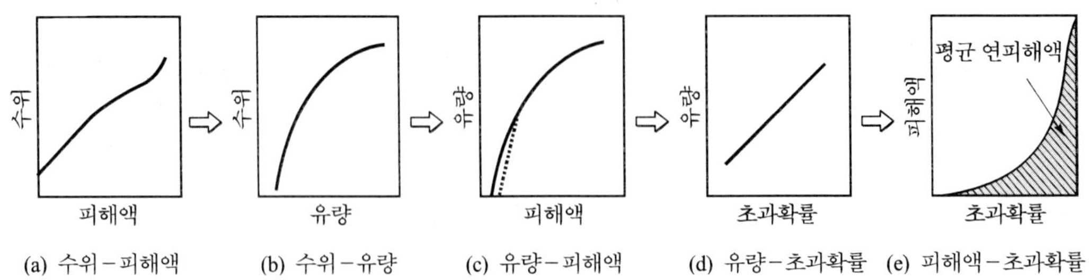

(a) 수위－피해액 (b) 수위－유량 (c) 유량－피해액 (d) 유량－초과확률 (e) 피해액－초과확률

그림 예7.7 손실액－빈도 관계곡선의 유도과정

(가) **그림 예7.7(a)**의 수위-피해액(stage-damage) 관계

(나) **그림 예7.7(b)**의 수위-유량(stage-discharge) 관계

(다) **그림 예7.7(c)**의 유량-피해액(discharge-damage) 관계

(라) **그림 예7.7(d)**의 유량-빈도(=초과확률)(discharge-frequency) 관계

(마) **그림 예7.7(e)**의 손실액-빈도(=초과확률)(damage-frequency) 관계

② 본 예제에서는 손실액-빈도(=초과확률)의 관계를 적용하여 풀이한다.

③ **그림 예7.7(e)** 손실액-빈도곡선을 이용하여 연(평균)예상 피해비용은 그 곡선 아래의 면적을 적분함으로써 다음 식과 같이 계산할 수 있다.

$$E(D) = \int_{q_c}^{\infty} D(q_d) f(q_d) dq_d = \int_{q_c}^{\infty} D(q_d) dF(q_d) \qquad (예7.7.1)$$

(가) 여기서 q_c=손해액-유량관계의 임의 유량 q_d에 대한 홍수피해액 $D(q_d)$가 발생되는 피해액을 벗어나는 한계유량값이다.

(나) $f(q_d)$=임의 유량 q_d의 **확률밀도함수(probability density function, PDF)**이다.

(다) $F(q_d)$=임의 유량 q_d의 **누적분포함수(cumulative distribution function, CDF)**이다.

(3) 연(평균)예상 피해비용 $E(D)$의 계산식 (예7.7.2) 유도

① 식 (예7.7.1)에 의한 연(평균)예상 피해비용 $E(D)$의 계산은 손해액 함수와 확률분포함수의 복잡성 때문에 수치적분을 사용하여 이루어진다.

② 그러므로, **그림 예7.7(e)** 곡선 아래의 빗금 친 부분의 면적은 **사다리꼴법칙(trapezoidal rule)**을 이용해 수치적으로 다음과 같이 대략화할 수 있다.

$$E(D) = \sum_{i=1}^{n} \frac{[D(q_i) + D(q_{i-1})]}{2} [F(q_{i-1}) - F(q_i)] \qquad (예7.7.2)$$

(가) 여기서 $E(D)$는 $q_c = q_1 \leq q_2 \leq \ldots \leq q_n < \infty$에서 구할 수 있고, q_i는 (q, ∞) 간격으로 차분화한 유량(discretized discharge) 값이다.

(4) 연(평균)예상 피해비용 $E(D)$의 계산 : **표 예7.7.2**와 같이 대안별 $\Sigma \Delta F \cdot \Delta D$값의 계산

① $F(q_i)$ 계산 : 각 빈도(T년)별 홍수량 q_d에 대한 생기확률[$F(q_i) = 1/T$]을 구한다.

② $\Delta F = F(q_{i-1}) - F(q_i)$ 계산 : 1(4)①항의 $(i-1)$번째 생기확률에서 (i)번째 생기확률을 뺀다.

③ $D(q_i)$ 계산 : 각 대안별로 홍수량 q_d에 따른 예상 손실액 $D(q_i)$는 현재 조건에 의한 손해액 D_0에서 비교 대안에 대한 손실액 $D_{①\sim④}$를 뺀다.

④ $\Delta F \cdot \Delta D$ 계산 : 각 대안의 생기확률별 평균손실액 $\Delta D[= D\{(q_{i-1}) + D(q_i)\}/2]$를 구해 1(4)②항에서 구한 ΔF를 곱한다.

⑤ 최종적으로 각 대안 생기빈도별로 구한 $\Delta F \times \Delta D$의 합 중에서 최대인 값을 추천 안으로 선정한다.

(5) **표 예7.7.2**와 같이 대안별 $\Sigma(\Delta F \times \Delta D)$ 최댓값인 1.375×10^8원의 '① 저류지 축조'를 최종 안으로 선정한다.

표 예7.7.2 각 대안별 연예상 피해비용 계산

(a) $F=\frac{1}{T}$	(b) ΔF	(c) $D(q_i)=D_0-D_i$=피해 저감액(10^8원)						(d) 연 예상피해 저감액[$E(D)=\Sigma(\Delta D\Delta F)\ 10^8$원]							
		ⓐ	ⓑ		ⓒ	ⓓ	ⓔ	ⓕ 제방 축조 D_1		ⓖ 上流 分流 D_2		ⓗ 수로보수 D_3		ⓘ 저류지축조 D_4	
초과 확률 $F(q_i)$	$F(q_{i-1})-F(q_i)$	D_0	D_0-D_1	D_1	D_0-D_2	D_0-D_3	D_0-D_4	$\Delta D=\frac{D(q_i)+D(q_{i-1})}{2}$	(b)×ⓑ $\Delta F\Delta D$	ΔD	(b)×ⓒ $\Delta F\cdot\Delta D$	ΔD	(b)×ⓓ $\Delta F\cdot\Delta D$	ΔD	(b)×ⓔ $\Delta F\cdot\Delta D$
0.2 (=1/5)	-	0	0	0	0	0	0	-	-	-	-	-	-	-	-
0.1 (=1/10)	0.2-0.1 =0.1	6	6 (=6-0)	0	6 (=6-0)	6 (=6-0)	6 (=6-0)	3 [=(0+6)/2]	0.3 (=0.1×3)	3 [=(0+6)/2]	0.3 (=0.1×0.3)	3	0.3	3	0.30
0.07	0.1-0.07 =0.03	10	10 (=10-0)	0	10 (=10-0)	10 (=10-0)	10 (=10-0)	8 [=(6+10)/2]	0.24 (=0.03×8)	8 [=(6+10)/2]	0.24 (=0.03×8)	8	0.24	8	0.24
0.05	0.07-0.05 =0.02	13	0 (=13-13)	13	9 (13-2=11)	9 (13-4=9)	10 (13-3=10)	5 [=(10+0)/2]	0.1 (=0.02×5)	9.5 [=(10+9)/2]	0.19 (=0.05×9.5)	8.5	0.17	10	0.20
0.02 (=1/50)	0.05-0.20 =0.03	22	0 (=22-22)	22	12 (22-10=12)	10 (22-12=10)	12 (22-10=12)	0	0	10 [=(9+11)/2]	0.3 (=0.03×10)	8	0.24	11	0.33
0.01	0.01	30	0 (=30-30)	30	10	12	18	0	0	10.5	0.105	10.5	0.105	15	0.15
0.005	0.005	40	0	40	10	13	19	0	0	10	0.05	12.5	0.0625	18.5	0.0925
0.002	0.003	50	0	50	7	7	15	0	0	8.5	0.0255	11.5	0.0345	17	0.051
0.001	0.001	54	0	54	5 (54-47=7)	10 (54-43=11)	9 (54-47=7)	0	0	6	0.006	9.5	0.0095	12	0.012
0.0005	0.0005	57	0	57	2	7	1	0	0	3.5	0.0175	8	0.0004	5	0.0025
$E(D)$									0.6400		1.1218		1.1619		1.3750
비고	연 예상피해 저감액(10^8원); $E(D)=\Sigma(\Delta D\Delta F)$														

7.2.2 치수 경제성 분석

본 절에서는 건설교통부(2004)의 치수사업 경제성 분석 방법 연구(다차원 홍수피해 산정 방법)에 의해 실시되는 하천치수 경제조사(건설교통부·한국건설교통기술평가원, 2005)에 관한 소개를 위하여 경제성 평가, 하천치수 경제성 분석에 대한 정의와 절차에 대해 간단히 소개하고자 한다.

(1) 정의

경제의 기본원칙이란 최소비용으로 최대의 효과를 거둘 수 있는 것을 선택하는 것으로서 보다 쉽게 말하면 저비용 고효율이라고 할 수 있다. 이는 동일한 비용에서는 최대효과의 원칙이 선택 목표가 될 것이고, 동일한 효과라면 최소비용의 원칙이 기본이 될 것이다. 이들 원칙이 경제원칙의 기본이며, 희소한 자원의 배분에 관한 선택의 적정성 여부 즉, 효율성(efficiency)을 판가름하는 기본적인 기준이 된다.

경제성 평가(economic evaluation)는 계획하고 있는 사업의 경제적 효율성을 분석하여 투자의 타당성을 검토하는 것을 말한다. 재원은 한정되어 있고 투자사업의 대안은 다양하므로 후보사업의 비용과 효과를 분석하여 투자의 최적화를 기하고 우선순위를 정할 필요가 있기 때문에 정부의 정책결정에 기준이 될 수 있는 객관적인 평가기법이 필요하다. 경제성 평가는 타당성 조사를 통하여 어느 투자대안이 기술적으로 가능한가, 경제적·사회적으로 어느 정도의 효율성을 갖고 있는가, 재무적으로는 채산이 맞는가 등에 대해 종합적으로 검토하게 된다. 이를 위해 투자사업으로 인해 발생하는 각종 편익과 비용의 총계를 산정하여 분석하는 경제성 분석 방법을 사용하게 된다. 결국 경제성 분석은 사업의 경제성을 평가하기 위한 분석기법이라 할 수 있다(심명필, 2000~2003).

경제성 분석(economic analysis)이란 사업계획의 입안 과정이나 입안 후에 사회적 후생의 극대화 측면에서 경제적 타당성을 분석, 평가하는 것을 말하며 수자원사업에 대한 경제성 분석을 위해 일반적으로 **편익·비용분석**(benefit cost analysis, BCA) 또는 **비용·편익분석**(CBA)이 사용되고 있다. 이 방법은 1936년 미국 홍수방지법의 편익·비용분석 개념을 미국 공병단에서 홍수투자방지분석에 응용하였던 것이 효시라고 할 수 있다. 이후 1950년 미국에서는 편익·비용분석의 지침서인 Green Book을 완성함으로써 공공투자사업의 결정 과정에 있어서 경제성 분석의 근거를 마련하였다. 1960년대부터는 미국뿐만 아니라 세계 각국에서 그 적용범위가 점차 확대되어 수자원, 항만, 철도, 도시재개발사업, 각종 농업투자계획, 교육투자계획, 공해방지투자 등 광범위한 공공투자계획의 평가에 쓰이고 있다.

(2) 절차

하천 치수사업을 통해 홍수피해를 줄이기 위한 치수대책은 여러 가지가 있으나 국가의 재원은 한정되어 있으므로 투자규모를 최적화하고 사업의 타당성과 우선순위를 정하는 객관적인 기준이 필요하다. 이를 위하여 치수사업에 의한 효과를 나타내는 편익과 사업시행 및 유지관리 비용을 평가하고 분석하는 것을 치수 경제성 분석이라 할 수 있다. 치수사업의 경제성 분석은 제1단계 유량규모별 침수구역도 작성, 제2단계 유량규모별 피해액 산정(**다차원 홍수피해액 산정**(multi-dimensional flood damage analysis, MD-FDA)), 제3단계 연평균 피해경감액 산정, 제4단계 편익과 비용 산정, 제5단계 치수사업의 경제성 분석지표 산정, 제6단계 대안 선정과 투자우선순위 결정 순으로 이루어진다. 여기서 NPV는 **순현가**(**純現價**, net present value)이고, B/C 비는 **편익-비용비**(benefit-cost ratio)이며, IRR은 **내부 수익률**(internal rate of return)이다.

또한 치수 경제성 분석이란 홍수피해 대상지역에서 치수사업의 실시 유무에 따른 예상 홍수 피해액을 산출하여 그 차이를 편익으로 하고, 산정한 사업비를 비용으로 하여 비교하는 경제성 분석이다. 홍수조절편익 산정을 위한 경제성 분석모형의 기본요소와 결과의 관계를 나타낸 것이다(한국수자원공사, 1998). 공학적 분석요소는 빈도별 홍수수문곡선, 저수지운영 모의자료, 하도의 홍수추적자료, 수위－유량곡선, 빈도－유량곡선, 홍수범람지역의 침수심, 침수피해 상황, 퇴사 준설량의 추정자료, 수로개선비용 등이 있으며, 경제적 요소로는 홍수범람지역의 자산가치, 수위－피해곡선, 홍수에 대한 간접 손실요소 등이 있다.

일반적으로 치수사업의 편익은 크게 직접편익과 간접편익으로 나눌 수 있다. 직접편익은 치수사업에 의해 대상지역의 수해피해가 감소되는 사회 · 경제적 효과를 말하며 건물, 내용자산, 농경지, 농작물, 산업자산 등의 피해감소액과 제방, 하도, 도로, 교량, 철도 등의 공공시설물 피해복구비용 감소액이 여기에 속한다. 간접편익은 홍수피해지역의 각종 생산 활동과 생활불편에 따른 영업, 교통, 통신 등 서비스상의 손실감소와 대피, 복구에 소요되는 비용 절감을 뜻한다. 아울러 치수사업 실시로 인해 증대가 예상되는 사회·경제활동 이익 즉, 자산이용 고도화편익과 지가상승액 등도 간접편익에 포함될 수 있다.

국내의 하천치수사업에 대한 치수 경제성 분석에 대한 절차를 나타내고 있다. 그러나 실제 치수 경제성 분석을 실시하는 절차와는 차이가 있으며, 차이점의 주된 원인은 수위－피해곡선이 작성되어 있지 않기 때문이다(건설교통부, 2001).

7.3 설계 홍수량

본 절은 국토해양부(2012)와 환경부(2019)의 설계홍수량 산정요령과 홍수량 산정 표준지침에서 제시한 홍수량 산정방법 채택과 유역추적 매개변수 산정에 대해 중점적으로 다룬다. 이들 지침에 의한 홍수수문곡선의 유도 과정을 통해 수공 실무적인 설계 홍수량 산정의 응용력 향상에 기여하고자 한다.

7.3.1 산정방법 · 매개변수

(1) 홍수량 산정방법 채택

본 산정요령에서는 설계강우-유출관계 분석 방법에 의한 설계홍수량 산정방법을 채택하였으며, 이 방법에서는 설계강우를 우선 결정하고 유역의 대표단위도를 적용하여 직접유출수문곡선을 계산한 후 기저유량을 더하여 설계홍수수문곡선을 결정하는 것이 원칙이다.

유역의 대표단위도는 다수의 호우 사상별 강우-유출 자료로부터 유도될 수 있으나, 실무에서는 자료의 제약 때문에 관측자료로부터 단위도 유도가 곤란하므로 대부분의 경우 미계측 유역에 적용하는 합성단위도 방법을 사용하고 있다. 국내 실무에서 사용되고 있는 합성단위도 방법에는 Clark, NRCS, Snyder, Nakayasu(中安) 단위도법 등이 있다. 이 중 Clark, NRCS, Snyder 단위도법은 미국에서 개발된 방법으로 미국육군공병단의 수문공학연구소(Hydrologic Engineering Center, HEC)에서 개발한 HEC-1(혹은 HEC-HMS) 프로그램에 홍수량 산정 알고리즘이 내장되어 있으며, Nakayasu 종합단위도법은 단위도 개념을 도입하여 일본에서 개발된 방법이다.

상기 4가지 단위도법 중 **NRCS 단위도법**은 미국 내 여러 농경유역에서 개발된 단위도를 무차원화한 합성단위도를 사용한다. Snyder 단위도법은 미국 Appalachia 산맥 지역의 유역들에서 개발된 단위도의 매개변수를 유역특성인자의 항으로 표시하여 단위도를 합성하는 방법이며, Nakayasu 종합단위도법은 일본의 다수유역의 강우-유출 자료를 분석하여 유도한 합성단위법이다. 이들 세 가지 방법은 모두 단위도가 유도된 유역의 지역성을 많이 가지고 있기 때문에 우리나라 유역에서의 적용성에 대한 신뢰도가 문제로 여겨져 왔다. **Clark 단위도법**은 순간단위도 원리를 이용한 유역추적방법으로 유역의 도달시간과 유역의 저류능을 대표하는 유역저류상수 등 2개의 매개변수 결정만으로 단위도를 합성할 수 있을 뿐 아니라 다른 3가지 방법과는 달리 지역성을 가지지 않는 비교적 객관적인 방법이라 할 수 있다.

국내에서는 2000년대 이후 수문실무에서 상기 4가지 방법으로 산정한 홍수량을 비교하여 최적치를 채택하여 왔으나, 대부분의 경우 Clark 단위도법으로 산정된 홍수량을 채택해왔다. 따라서, 본 산정요령에서는 여러 가지 방법으로 산정한 홍수량의 비교·평가에서 오는 번잡함을 피하고, 일관성과 객관성이 대체로 입증되어 온 Clark 단위도법을 홍수량 산정방법으로 채택한다.

(2) 경험적 매개변수 산정

유역추적을 위한 Clark 단위도법은 도달시간 t_c와 유역저류상수 K의 두 변수를 매개변수로 하는 단위도법이다. 이들 매개변수의 결정은 미 계측유역에는 경험공식을 적용하여 산정하고, 계측유역에는 매개변수 검정(calibration)을 통한 결과를 이용할 수 있으나 검정은 아직까지 실제 적용 시 신뢰도가 높지 않은 실정임을 감안하는 것이 필요하다.

① 도달시간

1) 정의

도달시간(travel time) 혹은 **집중시간**(time of concentration)은 유역의 가장 먼 지점(최원점)에서 하도의 출구점까지 표면류 흐름(overland flow)의 유하시간과 하도시점에서 하도종점까지의 하도흐름의 유하시간의 합으로 정의되며, 표면류 흐름의 유하시간과 하도흐름의 유하시간은 산정방법을 달리 적용하는 것이 원칙이다.

그러나 실무에서는 유역의 최원점에서 하도시점까지 표면류 흐름의 유하시간을 무시할 수는 없지만 중규모 이상 하천유역의 경우 전체 도달시간에서 차지하는 비중이 작은 점, 하도시점이 지도축척에 따라 달라지는 문제점 등을 감안하여 유역의 최원점에서 하도종점까지의 유하시간을 동일한 방법을 적용하여 산정하고 있는 경우가 많다.

이에 따라 도달시간은 유역의 최원점에서 하도종점까지의 유하시간을 동일한 방법으로 산정하는 방식을 채택하는 것이 바람직하며, 이와 같은 방식을 적용할 경우 구간을 적절히 구분하여 처리할 필요가 있다.

2) 경사 산정·구간 분할

하천경사 산정방법은 단순경사와 **등가경사**(equivalent slope) 중 등가경사 방법을 채택하는 것을 원칙으로 한다.

도달시간 산정을 위한 구간 분할 시에는 유역 최원점에서 유역 출구점까지 종단도를 그린 후 유역의 경사 변화를 반영할 수 있도록 고려하면서 경사가 유사한 구간을 하나의 구간으로 구분하는 것으로 적절한 개소수로 분할하되, 추가적으로 홍수량 산정에서 고려하는 지류 합류점 및 주요 구조물 지점 등을 고려하여야 한다.

이와 같이 구간을 분할한 후 구간별 도달시간의 합으로 전체 도달시간을 산정하는 방법과 전체 등가경사를 계산한 후 전체 구간에 대한 도달시간을 동시에 산정하는 방법이 있다.

두 가지 방법 중에서 구간별 도달시간을 합하여 산정하는 방법이 물리적으로 보다 타당성 있는 방법이며, 이 방법의 경우 구간을 적절하게 분할하는 것이 중요하다.

3) 기존 공식 검토

자연하천 유역의 도달시간 산정에는 표 7.11과 같이 외국에서 개발된 **Kirpich 공식**, **Rziha 공식**, **Kraven 공식**(I), **Kraven 공식**(II) 등의 경험공식을 주로 사용하고 있다.

기존 도달시간 경험공식을 대상유역에 적용하여 보면 대부분 산정 결과의 차이가 매우 크게 나타나지만 적절한 채택 기준은 아직까지 제시되지 않고 있으므로, 유속을 토대로 도달시간을 산정하는 Kraven(II) 공식이 가장 많이 사용되고 있다.

표 7.11 도달시간 산정공식

공식명	수식	적용범위	식 번호
Kirpich	$t_c = 3.976\ \frac{L^{0.77}}{S^{0.385}}$	농경지 소유역	(7.21a)
Rziha	$t_c = 0.833\ \frac{L}{S^{0.6}}$	자연하천의 상류부($S \geq 1/200$)	(7.21b)
Kraven(I)	$t_c = 0.444\ \frac{L}{S^{0.515}}$	자연하천의 하류부($S < 1/200$)	(7.21c)
Kraven(II)	$t_c = 16.667 \frac{L}{V}$	자연하천의 경사별 유속 $-S<1/200$: $V=2.1$ m/s $-1/200 \leq S \leq 1/100$: $V=3.0$ m/s $-S>1/100$: $V=3.5$ m/s	(7.21d)
기호설명	t_c=도달시간(min), L=유로연장(km), S=평균경사, V=평균유속(m/s)		

4) 신규 공식

현재 실무에서 가장 많이 사용되고 있는 Kraven(II) 공식의 경우 경사구간별 유속을 제시하고 있으므로 유속의 불연속이 발생하게 되며, 경사가 매우 완만한 구간과 경사가 매우 급한 구간에는 적용하기 곤란한 문제점 등을 가지고 있다.

이를 보완하기 위하여 급경사부의 유속은 기존 소하천정비종합계획 내용을 참조하고 완경사부의 유속은 국토해양부(2008)에서 제시하고 있는 수정 Kraven(II) 공식의 결과 등을 참조하여 급경사부와 완경사부 유속을 보완하여 연속형 Kraven 공식으로 제안하였다.

연속형 Kraven 공식 형태는 Kraven 공식(II)과 동일하며 단지 경사구간별 유속을 급경사부와 완경사부로 나누어서 나타낸 결과는 **그림 7.9**와 같고, 평균유속 V를 하도경사 S의 항으로 표시한 회귀식은 **표 7.12**와 같다.

표 7.12 연속형 Kraven 공식

공식명	수식	적용범위	식 번호
연속형 Kraven	$V = 4.592 - \frac{0.01194}{S}$	급경사부($S>3/400$) : $V_{max}=4.5$ m/s	(7.22a)
	$V = 35{,}151.515\,S^2 - 79.3939\,S + 1.61818$	완경사부($S \leq 3/400$) : $V_{min}=1.6$ m/s	(7.22b)
기호설명	V=평균유속, V_{max}=최대유속, V_{min}=최소유속, S=하도(하천) 경사		

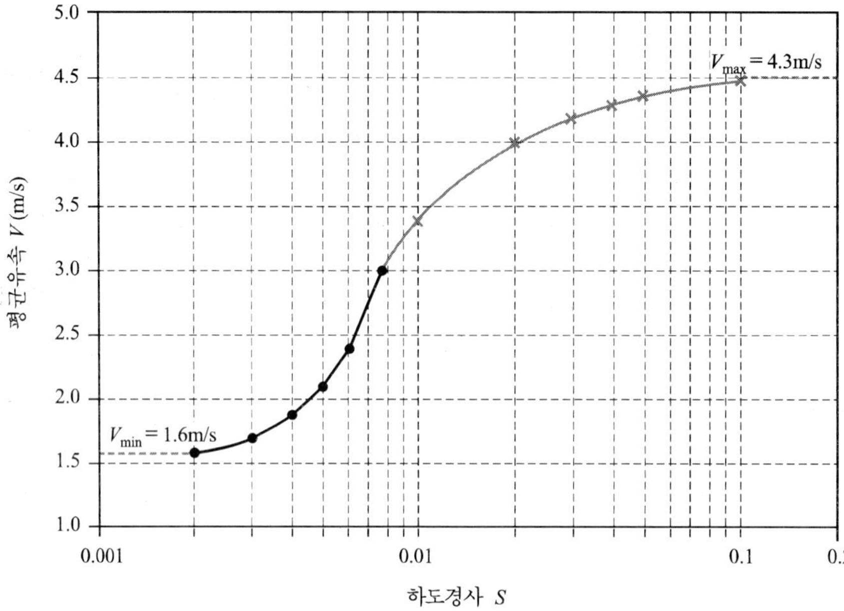

그림 7.9 연속형 Kraven 공식 유도에 필요한 경사구간별 유속분포

② 유역 저류상수

Clark 단위도법의 유역저류상수를 산정하기 위한 경험공식은 표 7.13과 같이 과거에는 Russel 공식의 형태를 채택하여 왔으나 최근에는 Sabol 공식을 많이 채택하고 있다.

표 7.13 Clark 추적법의 유역저류상수 산정 경험공식

공식명	수식	적용범위	식 번호
Russel	$K = \alpha t_c$	α = 도시지역 : 1.1~2.1, α = 자연지역 : 1.5~2.8, α = 산림지역 : 8.0~12.0	(7.23a)
Sabol	$K = \dfrac{t_c}{1.46 - 0.0867\,(L^2/A)}$		(7.23b)
기호설명	K = 유역저류상수(h), α = 상수, t_c = 도달시간(h), L = 유로연장(km), A = 유역면적(km^2)		

Russel 공식은 유역규모 및 유역형상을 고려하지 못하며 계수 α의 결정이 임의적인 문제점을 지니고 있으며, α값을 원래 공식에서 제시되는 범위와는 달리 통상 0.8~1.2 범위를 적용하며, 일반적으로 1.0을 채택하고 있으나 그 근거가 미약한 실정이다.

Sabol 공식은 유역규모를 고려하지 못하는 문제점은 동일하지만 유역형상을 형상계수의 역수 형태로 고려하므로 Russel 공식보다 합리적이라 할 수 있어서 Sabol 공식을 유역

저류상수 산정방법으로 채택하였다.

(3) 강우 - 유출모형 검정 매개변수 결정

계측유역의 경우에는 실측 홍수수문곡선과 단위도의 매개변수를 조정하여 산정된 홍수수문곡선을 비교하여 첨두홍수량, 수문곡선의 형상, 홍수유출총량 등이 유사하게 되도록 하는 과정인 검정(calibration)을 통하여 매개변수를 결정할 수 있다.

국내에서 강우-유출 기록이 있는 수위관측소 지점에서 HEC-1 프로그램 등에 의해 검정을 통한 매개변수 결정을 검토한 결과를 종합하여 보면 검정의 신뢰도가 높지 못할 뿐 아니라 검증 결과도 만족스럽지 못한 경우가 대부분이며, 이는 수위관측소 지점에서의 호우사상별 강우-유출 자료의 신뢰도가 떨어지기 때문인 것으로 추정된다.

따라서, 계측유역이라 하더라도 검정에 의한 매개변수 산정 결과의 신뢰도를 확보하기 어려운 것이 현재의 실정임을 주지할 필요가 있다.

7.3.2 홍수수문곡선 유도

(1) 소유역별 유도

① 유효우량주상도 작성

대상유역의 설계강우를 시간분포시켜 총우량주상도를 작성한 후 유역의 평균유출곡선지수(CN)를 사용하여 NRCS 방법에 의해 강우시간 구간별 유효우량을 산정하여 유효우량주상도를 작성한다.

② 시간 - 면적곡선 작성

도달시간 산정결과를 토대로 하여 직접 작성하는 방법과 유역형상에 따른 합성 시간-면적곡선을 이용하는 방법이 있으며, 직접 작성 방법은 번거롭기는 하지만 유역특성을 보다 정확하게 반영할 수 있는 장점이 있다.

합성 시간-면적곡선 방법에서는 시간-면적곡선을 일반적인 타원형 유역형상에서 유도된 다음과 같은 식으로 표시되는 합성 시간-면적곡선의 형태로 표시한다.

$$AI = 1.414\,T^{1.5}\ (0.0 \le T < 0.5) \tag{7.24a}$$

$$1 - AI = 1.414(1-T)^{1.5}\ (0.5 \le T \le 1.0) \tag{7.24b}$$

여기서 AI=총유역면적에 대한 누가면적비이고, T=도달시간에 대한 시간비이다.

합성 시간-면적곡선 방법을 적용하면 번거로운 구적 작업이 필요 없게 되는 장점과 직접 작성 방법과 합성 방법의 결과 비교에서 차이가 크지 않은 경우가 많은 점 및 도달시간 산정의 불확실성 등을 종합적으로 고려한다면 일반적인 유역형상의 경우에는 합성 시간-면적곡선 방법을 사용하는 것이 가능할 것으로 판단된다.

하지만 유역형상이 일반적인 타원형 유역형상이 아닌 경우에는 합성 시간-면적곡선 방법의 사용을 지양하고 직접 시간-면적곡선을 작성하여 사용하여야 한다.

③ 직접유출수문곡선 유도

유역에 내린 유효우량의 시간적 분포를 표시하는 유효우량주상도와 유효우량으로 인한 직접 유출의 전이를 고려해주는 시간-면적곡선을 사용하면 유역 출구로 전이되는 직접 유입수문곡선을 유도할 수 있다.

이와 같은 유입수문곡선을 유역 출구에 있는 가상의 선형저수지를 통해 홍수추적하여 직접유출수문곡선을 유도한다.

④ 기저유량 결정

기저유량은 첨두홍수량에 미치는 영향이 상대적으로 미미하므로 중요시되지 않고 있으나, 유출총량에는 어느 정도 영향을 미치게 되므로 저류구조물의 설계 시에는 고려하는 것이 필요하다.

현재 기저유량 결정에는 유량관측자료가 있을 경우 연도별 풍수기(6~9월) 최대유량이 발생하는 월의 일최저 유량의 평균 등을 채택하고 있다. 기존 사례를 들면 송리원 다목적댐(건설교통부·한국수자원공사, 2004)에서는 상기 방법을 적용한 결과 $0.041m^3/s/km^2$로 산정되고 있고, 영월다목적댐(건설교통부·한국수자원공사, 1997)에서는 $0.017m^3/s/km^2$으로 산정된 바 있다.

미계측유역인 경우 유역의 특성이 유사하다고 판단되는 인근 유역 자료를 활용하여 산정하는 방법이 현재로선 최선의 방법이며, 기저유량에 대한 구체적인 연구는 아직 미흡한 실정으로 향후 연구과제 등에서 유역의 토양특성, 유출특성을 고려한 기저유량 산정방법을 개발할 필요가 있다.

⑤ 홍수수문곡선 결정

직접유출수문곡선은 해당 강우의 유효우량 만에 의한 것이므로 여기에 기저유량을 더하여 **홍수수문곡선(total flood hydrograph)**을 결정한다.

(2) 저수지·하도 홍수추적

하도의 저류효과를 무시할 수 없어서 전체 유역을 여러 개의 소유역과 하도로 분할할 경우 개개 소유역에 대하여 Clark 유역추적법으로 유도한 홍수수문곡선은 저수지가 있을 경우는 저수지 추적, 하도로 유출될 때에는 하도추적을 하류방향으로 하게 되며, 이 과정에서 측방 유입은 본류의 홍수수문곡선과 합성하게 된다.

① 저수지 홍수추적

저수지 홍수추적(reservoir flood routing)은 저수지로 들어오는 유입수문곡선을 저수지에서 나가는 유출수문곡선으로 전환시키는 절차로, 수문에 의해 조절되지 않는 단순저수지의 홍수추적을 위하여 수집하여야 하는 자료는 표고별 저류량곡선과 표고별 유출량곡선 등이다. 일반적으로 **Puls 방법** 또는 저류지시법(storage indication method)으로 불리는 방법을 적용한다.

한편, Puls 방법처럼 수면이 수평(level pool)이라는 가정을 토대로 하는 저수지 홍수추적에서 유출수문곡선의 첨두는 반드시 유입수문곡선의 감수곡선 상에 위치하게 되며 저수지 홍수추적 결과에서 이를 확인하는 것이 필요하다.

② 하도 홍수추적

하도 홍수추적(channel flood routing)은 어떤 하도구간으로 들어오는 유입수문곡선을 하도구간에서 나가는 유출수문곡선으로 전환시키는 절차이다.

하도 홍수추적 방법에는 **Muskingum 방법**과 **Muskingum-Cunge 방법**이 있으나 두 방법 모두 하도 홍수추적에 따른 첨두홍수량 저감이 미미하므로 일반적으로 Muskingum 방법을 주로 사용하며, Muskingum 방법의 매개변수는 하도저류상수 K와 가중계수 x이다.

Muskingum 방법의 하도저류상수 K 값으로 추적구간의 홍수파(flood wave) 통과시간을 주로 사용하며, 자연하천의 홍수파 통과시간은 하도의 유하시간의 2/3를 적용한다. 홍수의 저류효과(attenuation) 정도를 결정하는 무차원 가중계수 x값은 0~0.5의 범위를 가지며, x값은 민감도가 낮으므로 중간값인 0.2를 채택하면 무난하다.

한편, 홍수추적 구간이 길어서 K 값이 상대적으로 커서 $2Kx < \Delta t$ 조건을 만족시키기 어려운 경우 전체 추적구간을 소구간으로 나누어야 한다. 이때 각 소구간의 홍수파의 통과시간을 홍수추적의 시간간격과 같은 것으로 가정하기 위하여 다음과 같이 추적구간 수를 결정하여야 하며, 저류효과는 추적구간 수가 많아질수록 적어진다.

$$N_{RS} = \frac{K}{\Delta t} \tag{7.25}$$

여기서 N_{RS}=추적구간의 수(number of routing steps), 버림 조건으로 계산된 정수(integer)로 최소 1 이상이고, K=하도저류상수이며, Δt=계산시간 간격이다.

Muskingum 방법은 가장 간단한 하도 홍수추적 방법이나 배수영향을 고려할 수 없다는 점과 홍수터를 모의할 수 없는 등의 단점을 지니고 있다.

(3) 소유역 분할 홍수수문곡선 유도

① 소유역 분할의 홍수량 증가 관계

홍수량 산정 시 상류부 홍수량 산정지점부터 하류부 홍수량 산정지점으로 홍수량을 산정하여 내려오면서 홍수량 산정지점의 상류유역을 처리하는 방법은 상류유역을 1개의 단일유역으로 처리하는 하도추적 제외 방법과 소유역별 자체유역 홍수량을 산정하고 이를 하도추적 및 합성을 통하여 산정하는 하도추적 포함 방법으로 대별된다.

하도추적 포함 방법을 적용할 경우 홍수량이 커지게 되며 이의 원인은 소유역 분할로 홍수량 산정 대상유역의 면적이 작아지면 홍수도달시간이 짧아져서 단위도 종거의 첨두치 증가로 인해 첨두홍수량은 크게 증가되는 반면 하도의 저류효과로 인한 홍수량의 감소는 매우 작기 때문이다.

분석 대상유역의 면적이 비교적 클 경우에도 과거에는 하도추적 제외 방법이 많이 적용되었으나 최근에는 하도추적 포함 방법을 주로 적용하고 있으며, 현재 홍수량 산정에서 가장 편차를 많이 유발시키는 것이 하도추적을 포함하는 방법 적용 시 소유역 분할에 따라 홍수량이 증가되는 것을 임의적으로 조정하는 것이다.

현재 실무에서는 하도추적 포함 방법 적용 시 홍수량이 증가되는 부분을 조정하기 위하여 Clark 단위도법 적용 시 홍수량이 주관적인 판단이나 기존 고시된 홍수량보다 크게 나오는 조건 등을 고려하여 산정된 유역저류상수를 임의 조정하고 있으므로 이 부분의 개선이 가장 필요하다.

② 소유역 분할의 홍수량 증가 해소 관계

1) 단위도 적용 소유역 분할 기준

소유역 분할 기준은 단위도 적용에 적절한 유역면적 규모와 관련이 크므로, 유역규모에 따른 유출특성을 캐나다(NRCC, 1989)의 예를 토대로 정리하면 **표 7.14**와 같다.

표 7.14 유역규모에 따른 유출특성

구분	소규모 유역	중규모 유역	대규모 유역
설계강우 지속기간동안 강우강도	일정	변화	변화
강우의 공간분포	균일	균일	변화
유출형태	표면류 흐름이 지배적	표면류 흐름과 하도 흐름으로 구성	하도흐름이 지배적
하도저류효과	무시	무시	고려
유역면적	25km² 미만	25~250km² 미만	250km² 이상
홍수량 산정방법	하도추적 제외 방법		하도추적 포함 방법

2) 하도추적 제외 홍수량 산정

대상 유역면적이 약 250km² 미만인 경우는 **표 7.14**와 같이 하도저류효과를 무시할 수 있기 때문에 대상 하천의 모든 홍수량 산정지점에 대하여 하도추적 제외방법을 적용하여 설계홍수량을 산정하는 것으로 한다. 따라서, 소유역의 분할이 필요 없고 홍수량 산정지점의 상류유역을 1개의 단일유역으로 취급하여 홍수량을 산정한다.

3) 하도추적 포함 홍수량 산정

대상 유역면적이 약 250km² 이상인 경우는 **표 7.14**에서 보는 바와 같이 하도저류효과를 고려해야 하므로 하도추적 포함방법을 적용해야 한다. 따라서, **그림 7.10**에서 제시하고 있는 바와 같이 홍수량 산정지점(P-I-1, P-I-2, …, P-III-2 등)을 기준으로 여러 개의 소유역으로 분할하여 상류에서 하류 방향으로 유역추적과 하도추적을 반복하여 홍수량을 산정하게 된다.

하도추적 포함방법을 적용할 경우 분할된 소유역의 홍수도달시간이 짧아서 단위도의 종거가 커지기 때문에 첨두홍수량이 커지지만 하도의 저류능력이 작아서 첨두홍수량의 감소는 미미하므로 하류로 내려가면서 이 영향이 누적되어 홍수량이 정도 이상으로 커지는 문제가 발생한다. 이러한 문제점을 해소하기 위해 다음과 같은 하도추적 방법을 적용하는 것으로 한다.

㉮ **그림 7.10**에서와 같이 분석 대상유역의 홍수량 산정지점(P-I-1, P-I-2, …, P-III-2 등) 기준으로 여러 개의 소유역(A-I-1, A-I-2, …, A-III-2 등)으로 분할하기 이전에 전체 대상유역을 상류로부터 하류 방향으로 유역면적이 약 250km² 미만인 몇 개의 중규모 유역(A-I, A-II, A-III 등)으로 분할하고 최상류 중규모 유역의 홍수량을 유역추적 제외방법으로 산정한 후, 이를 직하류 구간에 대한 하도추적 대상 홍수량으로

채택한다.

㉯ 하류 방향으로의 하도추적은 홍수량 산정지점 구간별로 순차적으로 시행하는 것이 아니라 분할된 직상류의 중규모 유역 홍수량을 홍수량 산정지점별 해당 하도구간에 대하여 한꺼번에 실시한다.

㉰ 하도추적 후 합성되는 자체 소유역의 홍수량은 홍수량 산정지점별로 직상류 중규모 유역 출구지점에서 홍수량 산정지점까지의 면적에 대하여 한꺼번에 산정한다.

㉱ 만약 대상 하천수계 내에 홍수조절용량을 가진 댐이 위치하고 있을 경우에는 댐지점을 기준으로 하여 저수지 홍수추적을 실시하고 댐 직하류부터 하도추적을 계속해야 한다.

4) 이상에서 설명한 하도추적 포함방법에 의한 홍수량 산정절차를 **그림 7.10**과 같은 유역을 대상으로 정리하면 다음과 같다.

㉮ 홍수량 산정지점을 고려하여 상류유역으로부터 단위도의 적용 상한계인 250km^2 이하인 3개의 중규모 유역 I(240km^2), 유역 II(230km^2), 유역 III(130km^2)으로 적절하게 분할한다.

㉯ 중규모 유역 I의 경우 홍수량 산정지점 P-I-1 지점과 P-I-2 지점, P-I-3 지점 모두 하도추적 제외 방법으로 홍수량을 산정한다.

㉰ 중규모 유역 II의 경우 홍수량 산정지점 P-II-1 지점은 중규모 유역 I의 홍수량인 P-I-3 지점의 홍수량을 L-II-1 구간에 대한 하도추적을 실시하고 여기에 A-II-1 소유역의 자체홍수량과 합성하여 산정한다. 홍수량 산정지점 P-II-2 지점은 P-I-3 지점의 홍수량을 L-II-1 구간과 L-II-2 구간을 합한 하나의 구간에 대해 하도추적을 실시하고 여기에 A-II-1 소유역과 A-II-2 소유역을 합한 하나의 유역에 대한 자체홍수량과 합성하여 산정한다. 홍수량 산정지점 P-II-3 지점은 P-I-3 지점의 홍수량을 L-II-1 구간, L-II-2 구간, L-II-3 구간을 합한 하나의 구간에 대해 하도추적을 실시하고 여기에 A-II-1 소유역, A-II-2 소유역, A-II-3 소유역을 합한 하나의 유역에 대한 자체홍수량과 합성하여 산정한다.

㉱ 중규모 유역 III의 경우 홍수량 산정지점 P-III-1 지점은 중규모 유역 II의 홍수량인 P-II-3 지점의 홍수량을 L-III-1 구간에 대한 하도추적을 실시하고 여기에 A-III-1 소유역의 자체홍수량과 합성하여 산정한다. 홍수량 산정지점 P-III-2 지점은 P-II-3 지점의 홍수량을 L-III-1 구간과 L-III-2 구간을 합한 하나의 구간에 대해 하도추적을 실시하고 여기에 A-III-1 소유역과 A-III-2 소유역을 합한 하나의 유역에 대한 자체홍수량과 합성하여 산정한다.

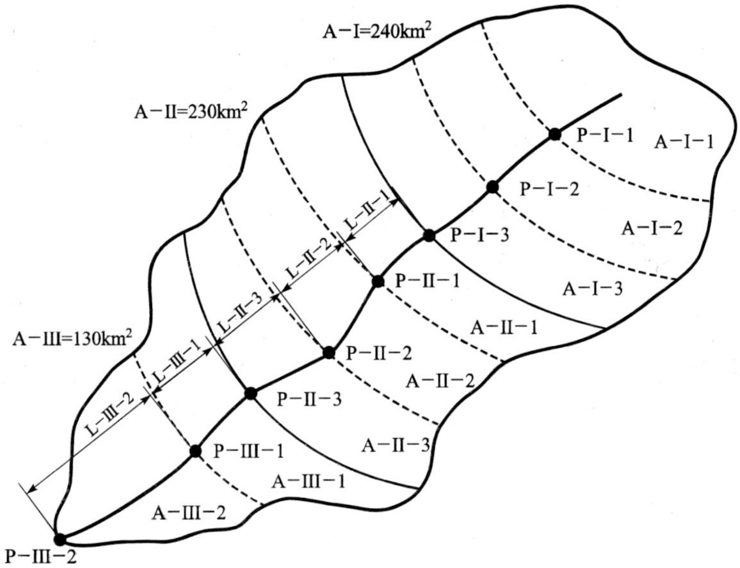

그림 7.10 단위도 적용 상한계 초과 시 홍수량 산정

(4) 임계지속기간 적용방법

임계지속기간은 하천과 같은 비저류구조물은 첨두홍수량이 최대이고, 댐과 같은 저류구조물은 저류용량(첨두저수위, 첨두방류량)이 최대가 되는 강우지속기간이며, 유역의 규모에 따라 1시간 단위 또는 10분 단위의 임계지속기간을 홍수량 산정지점에 대하여 결정하여 홍수량을 계산한다.

예제 7.8

국토해양부(2012)와 환경부(2019)의 설계 홍수량 산정지침과 홍수량 산정 표준지침에 의해 그림 7.10 유역도를 이용하여 다음 사항에 답하시오.

1. **Clark 합성단위도**(이하 'Clark UH'로 부름) 방법과 **NRCS 삼각형 합성단위도 방법**(이하 'NRCS UH'로 부름)에 의한 설계 홍수량의 산정 절차
2. HEC-HMS(v4.8)를 이용한 홍수추적

[풀이]

0. 설계 홍수량 산정을 방법(Clark UH, NRCS UH)에 따른 절차와 HEC-HMS(v4.8)을 이용한 홍수추적은 그림 예7.8.1과 같은 순서로 수행한다.

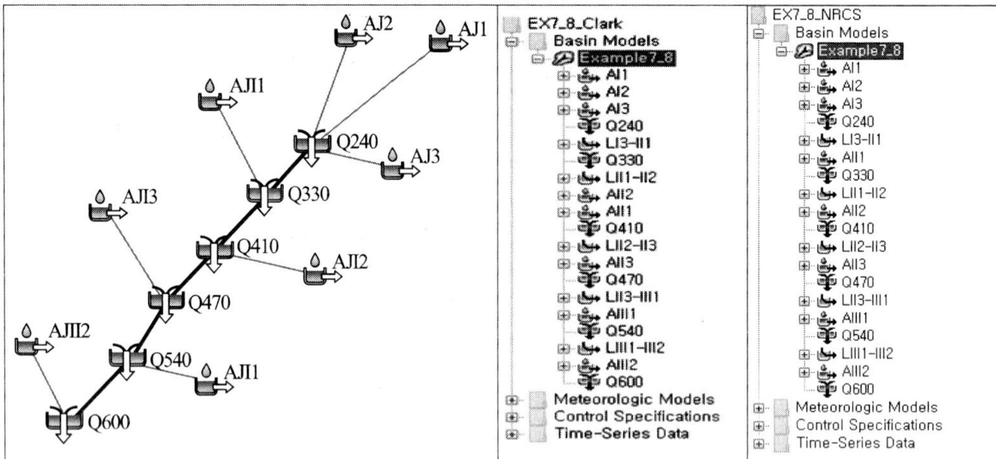

(a) 산정 절차　(b) Clark 방법　(c) NRCS 방법

그림 예7.8.1 홍수량 산정 절차

1. Clark UH와 NRCS UH에 의한 설계 홍수량의 산정 절차
   (1) 각 유역의 유출(홍수)량 산정은 그림 예7.8.1에 의한 산정 순서에 따른다.
   (2) I유역(A=240km^2)[유역추적←하도추적 제외($\because A_{\mathrm{I}}$ <250km^2)]
      ① 3개 소구역으로 분할한다($A_{\mathrm{I}1}$=90km^2, $A_{\mathrm{I}2}$=80km^2, $A_{\mathrm{I}3}$=70km^{2}로 각각 가정).
      ② Clark UH와 NRCS UH에 의한 설계 홍수량의 산정방법은 표 예7.8.1과 같다.

표 예7.8.1 설계 홍수량의 산정 방법

(가) Clark UH	• $O_2 = 2C_0 I_2 + C_2 O_1$ 【$C_0 = (\Delta t/K)/[2+(\Delta t/K)],\ C_2 = [2-(\Delta t/K)]/[2+(\Delta t/K)]$】 • 주요 매개변수(HEC-HMS); t_c=도달시간, K=저류상수
(나) NRCS UH	• Q=2.08(A/T_p) 【$T_p = t_u/2 + t_l = t_u/2 + 0.6t_c$】 • 주요 매개변수(HEC-HMS); t_l=지체시간
유역추적 ; 유출량 $Q_{\mathrm{I}_i 1_i}$ 산정[합성 단위도(UH) 이용]	

③ $Q_{P\mathrm{I}1}(=Q_{\mathrm{I}1})$[←Clark UH 이용] 소구역 $A_{\mathrm{I}1}$ 유출량 산정 $Q_{\mathrm{I}1}$

④ $Q_{\mathrm{I}1}=2C_0 Q_{I_2} + C_2 Q_{O_1}\left[C_0 = \dfrac{\Delta t/K}{2+(\Delta t/K)},\ C_2 = \dfrac{2-(\Delta t/K)}{2+(\Delta t/K)}\right]$

⑤ $Q_{P\mathrm{I}2}(=Q_{\mathrm{I}2})$[←NRCS UH 이용] 소구역 $A_{\mathrm{I}2}$ 유출량 산정 $Q_{\mathrm{I}2}$

⑥ $Q_{\mathrm{I}2}=2.08(A_{\mathrm{I}2}/T_{p\mathrm{I}2})(T_{p\mathrm{I}3}=\dfrac{t_{u\mathrm{I}2}}{2}+t_{l\mathrm{I}2})$

⑦ $Q_{P\mathrm{I}3}(=Q_{\mathrm{I}3})$← 합성단위도 등 적용; 소구역 $A_{\mathrm{I}3}$ 유출량 산정

⑧ Q_{I3}=(가) Clark UH 또는 (나) NRCS UH

⑨ I유역 유출량[$Q_{PI(240)}$⇨ ∴ $Q_{240} = Q_{I1} + Q_{I2} + Q_{I3}$[합성(=중첩)]

(3) II유역(A_{II}=230km²)→$A_{I-II} = A_I + A_{II}$=240+230=470km²

[하도추적 포함(∵470 > 250km²)]

① 1(2)①~⑨항과 같은 방법으로 '하도추적+유역추적'의 결과를 합성하여 추적한다.

② 3개의 소구역으로 분할(A_{II1}=90km², A_{II2}=80km², A_{II3}=60km²)한다.

③ $Q_{PI-II1}[=Q_{(240+A_{II1})}] = Q_{PAI(240)_{L(PI3-II1)}} + Q_{AII1}$

(가) $Q_{PAI(240)_{L(PI3-II1)}}$=소구역($A_{PI3}$~)$A_{II1}$까지 하도추적

(나) $Q_{AII1}=2.08(A_{II1}/T_{pII1})$=소구역 II1 유역추적

④ $Q_{PI-II2}[=Q_{(240+A_{II2})}] = Q_{PAI2(240)_{L(PI3-II2)}} + Q_{AII2}$

(가) $Q_{PAI(240)_{L(PI3-II2)}}$=소유역($A_{PI3}$~)$A_{II2}$까지 하도추적

(나) $Q_{AII2}=2.08(A_{II2}/T_{pII2})$=소구역 II2 유역추적

⑤ $Q_{PI-II3}[=Q_{(240+A_{II3})}] = Q_{PAI(240)_{L(PI3-II3)}} + Q_{AII3}$

(가) $Q_{PAI(240)_{L(PI3-II3)}}$=소구역($A_{PI3}$~)$A_{II3}$까지 하도추적

(나) $Q_{AII3}=2.08(A_{II2}/T_{pII2})$=소구역 II3 유역추적

⑥ II유역 유출량 [$=Q_{(240+230)} = Q_{(470)}$]

(가) II유역 유출량은 1(2)⑨항과 같이 $Q_{(470)} = Q_{(240+A_{II1})} + Q_{(240+A_{II2})} + Q_{(240+A_{II3})}$의 합성 (=중첩)으로 추적한다.

(4) III유역 (A=$A_I + A_{II} + A_{II}$=240+230+130=600km²)

[하도추적 포함(∵600 > 250km²)]

① 1(2)①~⑨항과 같은 방법으로 '하도추적+유역추적'의 결과를 합성하여 추적한다.

② 2개의 소구역 A_{III1}=70km², A_{III2}=60km²으로 분할한다.

(가) $Q_{PII-III1}[=Q_{(470+A_{III1})}] = Q_{PAII(470)_{L(PII3-III1)}} + Q_{AIII1}$

(나) $Q_{PAII(470)_{L(PII3-III1)}}$=소구역($A_{PII3}$~)$A_{III1}$까지 하도추적

(다) $Q_{AIII1}=2.08(A_{III1}/T_{pIII1})$=소유역 III1 유역추적

③ $Q_{PII-III2}[=Q_{(470+A_{III2})}] = Q_{PAII2(470)_{L(PII3-III2)}} + Q_{AIII2}$

(가) $Q_{PAII(470)_{L(PII3-III2)}}$=소유역($A_{PII3}$~)$A_{III2}$까지 하도추적

(나) $Q_{AII2}=2.08(A_{III2}/T_{pIII2})$=소구역 III2 유역추적

④ III유역 유출량[$=Q_{(470+130)} = Q_{(600)}$]은 다음과 같이 얻는다.;

(가) ∴ III유역 유출량 $Q_{(600)} = Q_{(470+A_{III1})} + Q_{(470+A_{III2})}$이 합성(=중첩)으로 추적한다.

2. HEC-HMS(v4.8)을 이용한 홍수추적

(1) 본 예제에서는 HEC-HMS(v4.8)에 의한 Clark UH의 적용 절차를 중심으로 한 수행 결과

를 주요 요소에 대해 총괄표(Global Summary Table)와 요약표(Element Summary Table), 그래프(Element Graph), 시계열자료(Element Time-Series Table)로 간단히 소개한다.

① 입력자료 등의 상세한 내용은 [연습문제 7.18]에 소개하고, 필요에 따라 과제 등으로 실습할 수 있도록 한다. 그리고, 본 예제에서는 대표적으로 유역추적의 예로 A_{I} 유역, 하도추적 예는 A_{III} 유역의 출구(점) $Q_{540} \sim Q_{600}$구간 자료를 제시한다.

② 소구역 $A_{\mathrm{I}\,1}$=90km^{2}과 $A_{\mathrm{I}\,2}$=80km^2 $A_{\mathrm{I}\,3}$=70km^{2}인 A_{I} 유역의 유역추적 결과에 대한 총괄표, 요약표, 그래프, 시계열자료는 각각 그림 예7.8.2~5와 같다.

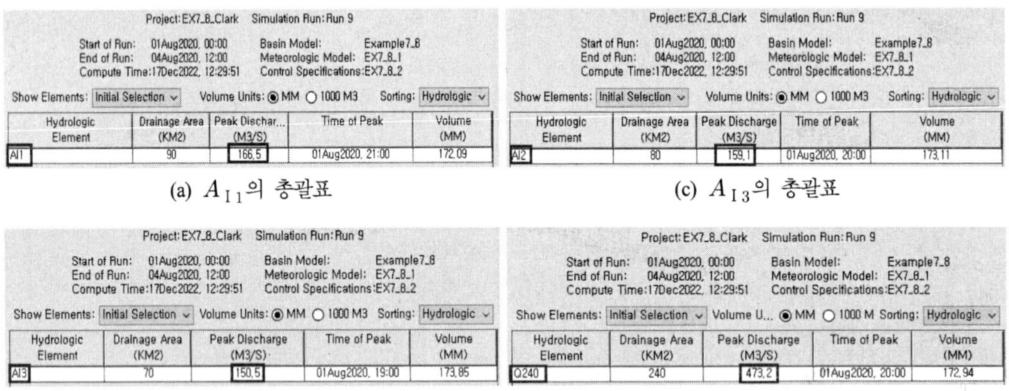

(a) $A_{\mathrm{I}\,1}$의 총괄표 (c) $A_{\mathrm{I}\,3}$의 총괄표

(b) $A_{\mathrm{I}\,2}$의 총괄표 (d) Q_{240}의 총괄표

그림 예7.8.2 유역 A_{I} 의 유역추적 총괄표

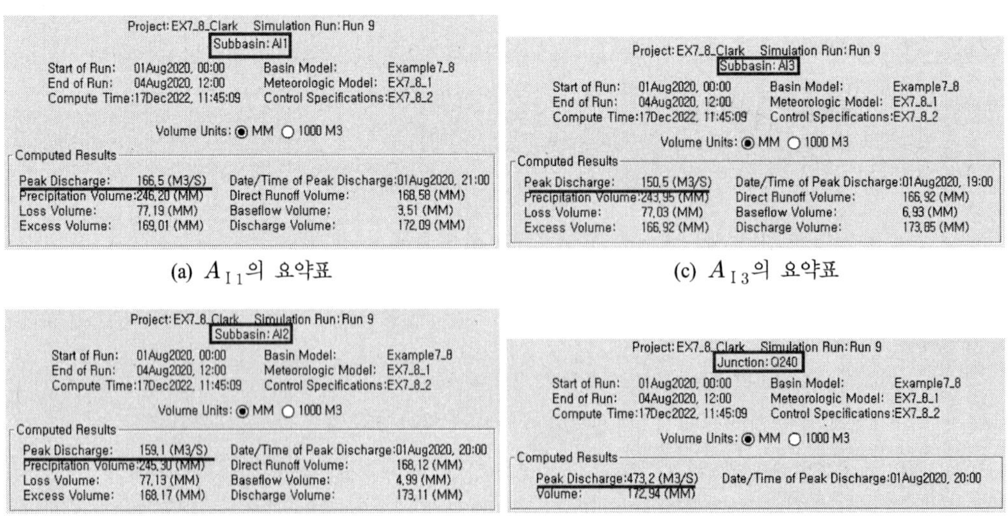

(a) $A_{\mathrm{I}\,1}$의 요약표 (c) $A_{\mathrm{I}\,3}$의 요약표

(b) $A_{\mathrm{I}\,2}$의 요약표 (d) Q_{240}의 요약표

그림 예7.8.3 유역 A_{I} 의 유역추적 요약표

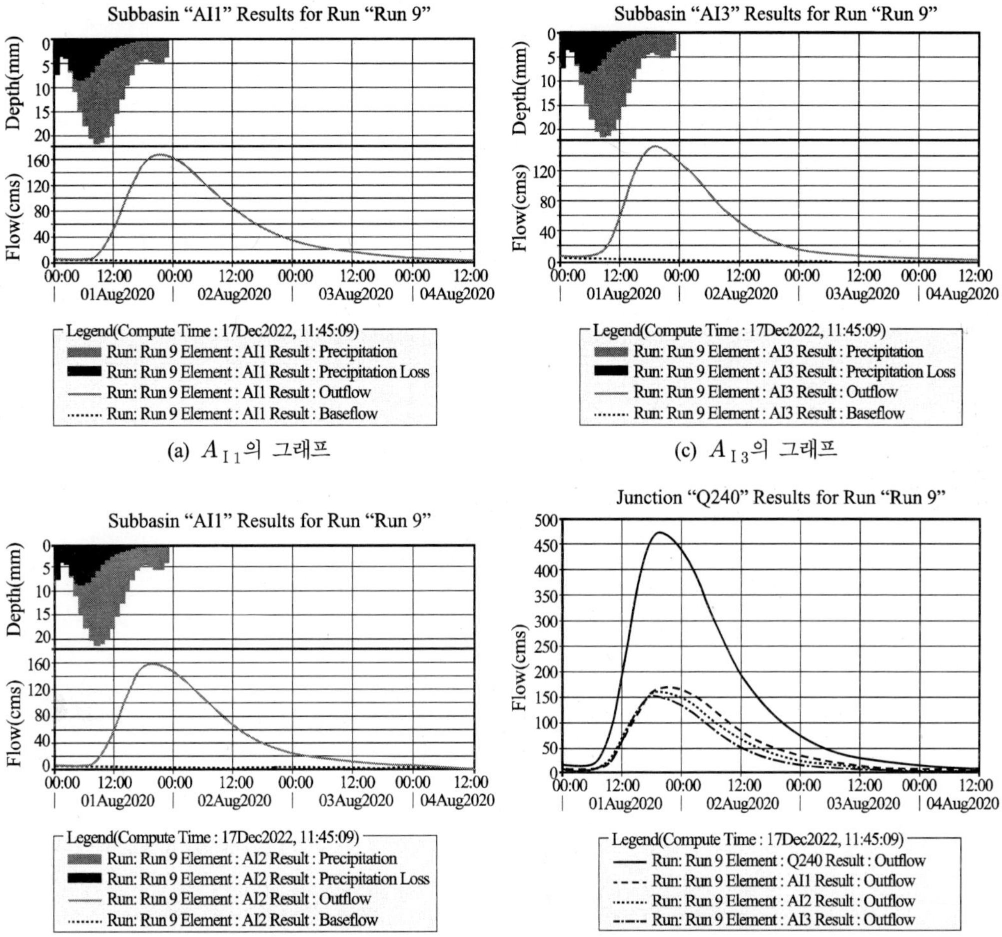

(a) A_{I1}의 그래프

(b) A_{I2}의 그래프

(c) A_{I3}의 그래프

(d) Q_{240}의 그래프(합성)

그림 예7.8.4 유역 A_I 의 유역추적 그래프

Project:EX7_8_Clark Simulation Run:Run 9
Junction Q240

Start of Run: 01Aug2020, 00:00 Basin Model: Example7_8
End of Run: 04Aug2020, 12:00 Meteorologic Model: EX7_8_1
Compute Time:17Dec2022, 12:29:51 Control Specifications:EX7_8_2

Date	Time	Inflow from AI1 (M3/S)	Inflow from AI2 (M3/S)	Inflow from AI3 (M3/S)	Outflow (M3/S)
01Aug2020	00:00	5,0	5,0	5,0	15,0
01Aug2020	01:00	4,7	4,7	4,7	14,1
01Aug2020	02:00	4,4	4,4	4,4	13,2
01Aug2020	03:00	4,2	4,2	4,2	12,5
01Aug2020	04:00	4,0	4,0	4,0	12,0
01Aug2020	05:00	4,0	4,0	4,1	12,1
01Aug2020	06:00	4,5	4,7	4,9	14,0
01Aug2020	07:00	6,1	6,6	7,2	19,8
01Aug2020	08:00	9,5	10,6	12,0	32,2
01Aug2020	09:00	15,6	17,7	20,3	53,6
01Aug2020	10:00	24,9	28,3	32,5	85,7
01Aug2020	11:00	37,6	42,7	48,4	128,7
01Aug2020	12:00	53,6	60,1	67,0	180,7
01Aug2020	13:00	71,9	79,5	86,8	238,3
01Aug2020	14:00	91,5	99,3	105,9	296,8
01Aug2020	15:00	110,9	117,8	122,6	351,3
01Aug2020	16:00	128,5	133,6	135,8	397,9
01Aug2020	17:00	143,2	145,8	144,7	433,8
01Aug2020	18:00	154,4	154,0	149,5	457,8
01Aug2020	19:00	161,7	158,2	150,5	470,4
01Aug2020	20:00	165,5	159,1	148,6	473,2
01Aug2020	21:00	166,5	157,6	144,9	469,0
01Aug2020	22:00	165,4	154,6	140,3	460,3
01Aug2020	23:00	163,0	150,8	135,6	449,3
03Aug2020	04:00	24,4	17,1	11,9	53,4
03Aug2020	05:00	22,6	15,7	11,2	49,6
03Aug2020	06:00	21,0	14,7	10,4	46,2
03Aug2020	07:00	19,5	13,8	9,8	43,1
03Aug2020	08:00	18,1	12,9	9,1	40,1
03Aug2020	09:00	16,8	12,0	8,5	37,4
03Aug2020	10:00	15,7	11,3	8,0	35,0
03Aug2020	11:00	14,7	10,5	7,5	32,7
03Aug2020	12:00	13,8	9,8	7,0	30,6
03Aug2020	13:00	12,9	9,2	6,5	28,6
03Aug2020	14:00	12,0	8,6	6,1	26,7
03Aug2020	15:00	11,3	8,1	5,7	25,0
03Aug2020	16:00	10,5	7,5	5,3	23,4
03Aug2020	17:00	9,8	7,0	5,0	21,9
03Aug2020	18:00	9,2	6,6	4,7	20,5
03Aug2020	19:00	8,6	6,2	4,4	19,1
03Aug2020	20:00	8,0	5,8	4,1	17,9
03Aug2020	21:00	7,5	5,4	3,8	16,7
03Aug2020	22:00	7,0	5,0	3,6	15,6
03Aug2020	23:00	6,6	4,7	3,3	14,6
04Aug2020	00:00	6,2	4,4	3,1	13,7
04Aug2020	01:00	5,8	4,1	2,9	12,8
04Aug2020	02:00	5,4	3,9	2,7	12,0
04Aug2020	03:00	5,0	3,6	2,6	11,2
04Aug2020	04:00	4,7	3,4	2,4	10,5
04Aug2020	05:00	4,4	3,1	2,2	9,8
04Aug2020	06:00	4,1	2,9	2,1	9,1
04Aug2020	07:00	3,8	2,8	2,0	8,6
04Aug2020	08:00	3,6	2,6	1,8	8,0
04Aug2020	09:00	3,4	2,4	1,7	7,5
04Aug2020	10:00	3,1	2,3	1,6	7,0
04Aug2020	11:00	2,9	2,1	1,5	6,5
04Aug2020	12:00	2,8	2,0	1,4	6,1

--중간 생략--

그림 예7.8.5 A_{I} 유역추적 결과 Q_{240}의 시계열표

(2) 2(1)①항에서 언급한 것과 같이 Ⅲ유역 출구의 설계 홍수량 산정은 소구역 $A_{\text{III}2}$=60km^2 유역추적과 $L_{\text{III}1 \sim \text{III}2}(=Q_{450} \sim Q_{600})$ 구간 하도추적의 합성으로 산정된다.

① HEC-HMS(v4.8)에 의한 $L_{\text{III}1 \sim \text{III}2}(=Q_{450} \sim Q_{600})$ 구간의 하도추적과 출구(점) Q_{600} 유출량 산정 결과의 총괄표, 요약표, 그래프, 시계열자료는 각각 그림 예7.8.6~9와 같다.

Project:EX7_8_Clark Simulation Run:Run 9

Start of Run: 01Aug2020, 00:00 Basin Model: Example7_8
End of Run: 04Aug2020, 12:00 Meteorologic Model: EX7_8_1
Compute Time:17Dec2022, 12:29:51 Control Specifications:EX7_8_2

Show Elements: Initial Selection Volume ... ◉ MM ○ 1000 M Sorting: Hydrologic

Hydrologic Element	Drainage Area (KM2)	Peak Discharge (M3/S)	Time of Peak	Volume (MM)
LIII1-III2	540	716,8	02Aug2020, 12:00	180,02

(a) $L_{\text{III}1 \sim \text{III}2}$의 총괄표

Project:EX7_8_Clark Simulation Run:Run 9

Start of Run: 01Aug2020, 00:00 Basin Model: Example7_8
End of Run: 04Aug2020, 12:00 Meteorologic Model: EX7_8_1
Compute Time:DATA CHANGED, RECOMPUTE Control Specifications:EX7_8_2

Show Elements: Initial Selection Volum... ◉ MM ○ 1000 Sorting: Hydrologic

Hydrologic Element	Drainage Area (KM2)	Peak Discharge (M3/S)	Time of Peak	Volume (MM)
Q600	600	731,2	02Aug2020, 12:00	182,35

(b) Q_{600}의 총괄표

그림 예7.8.6 구간 $L_{\text{III}1 \sim \text{III}2}$ 하도추적과 출구 Q_{600} 홍수추적의 총괄표

Project:EX7_8_Clark Simulation Run:Run 9
Reach:LIII1-III2

Start of Run: 01Aug2020, 00:00 Basin Model: Example7_8
End of Run: 04Aug2020, 12:00 Meteorologic Model: EX7_8_1
Compute Time:DATA CHANGED, RECOMPUTE Control Specifications:EX7_8_2

Volume Units: ◉ MM ○ 1000 M3

Computed Results
Peak Inflow: 721,9 (M3/S) Date/Time of Peak Inflow 02Aug2020, 11:00
Peak Discharge:716,8 (M3/S) Date/Time of Peak Discharge:02Aug2020, 12:00
Inflow Volume: 179,98 (MM) Discharge Volume: 180.02 (MM)

(a) $L_{\text{III}1 \sim \text{III}2}$의 요약표

Project:EX7_8_Clark Simulation Run:Run 9
Junction:Q600

Start of Run: 01Aug2020, 00:00 Basin Model: Example7_8
End of Run: 04Aug2020, 12:00 Meteorologic Model: EX7_8_1
Compute Time:DATA CHANGED, RECOMPUTE Control Specifications:EX7_8_2

Volume Units: ◉ MM ○ 1000 M3

Computed Results
Peak Discharge:731,2 (M3/S) Date/Time of Peak Discharge:02Aug2020, 12:00
Volume: 182,35 (MM)

(b) Q_{600}의 요약표

그림 예7.8.7 $L_{\text{III}1 \sim \text{III}2}$ 하도추적과 출구 Q_{600} 홍수추적의 요약표

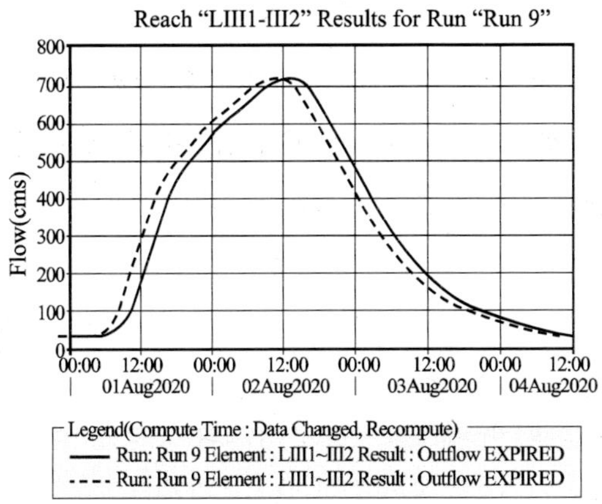

(a) $L_{\text{III}1 \sim \text{III}2}$의 그래프

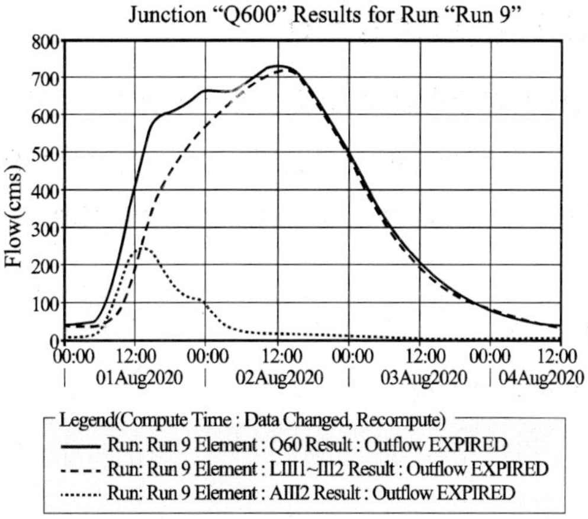

(c) Q_{600}의 그래프

그림 예7.8.8 유역 $L_{\text{III}1 \sim \text{III}2}$ 하도추적과 출구 Q_{600} 홍수추적의 그래프

Project: EX7_8_Clark Simulation Run: Run 9
Junction: Q600

Start of Run: 01Aug2020, 00:00 Basin Model: Example7_8
End of Run: 04Aug2020, 12:00 Meteorologic Model: EX7_8_1
Compute Time: DATA CHANGED, RECOMPUTE Control Specifications: EX7_8_2

Date	Time	Inflow from LIII1-III2 (M3/S)	Inflow from AIII2 (M3/S)	Outflow (M3/S)
01Aug2020	00:00	35.0	5.0	40.0
01Aug2020	01:00	35.0	4.9	39.9
01Aug2020	02:00	34.9	5.0	39.9
01Aug2020	03:00	34.8	5.1	39.9
01Aug2020	04:00	34.7	5.6	40.3
01Aug2020	05:00	34.8	10.5	45.3
--중간 생략--				
01Aug2020	20:00	493.5	122.5	616.1
01Aug2020	21:00	512.3	114.9	627.2
01Aug2020	22:00	531.2	112.8	644.0
01Aug2020	23:00	551.0	104.4	655.4
02Aug2020	00:00	570.9	89.0	659.9
02Aug2020	01:00	588.9	72.4	661.3
02Aug2020	02:00	604.4	54.0	658.4
02Aug2020	03:00	618.0	38.3	656.3
02Aug2020	04:00	630.3	27.1	657.4
02Aug2020	05:00	642.6	22.9	665.5
02Aug2020	06:00	655.5	21.5	677.0
02Aug2020	07:00	668.8	20.1	688.9
02Aug2020	08:00	681.7	18.8	700.5
02Aug2020	09:00	693.6	17.6	711.1
02Aug2020	10:00	704.5	16.4	720.9
02Aug2020	11:00	712.7	15.3	728.0
02Aug2020	12:00	716.8	14.4	731.2
02Aug2020	13:00	716.2	13.4	729.6
--중간 생략--				
03Aug2020	07:00	281.4	4.0	285.3
03Aug2020	08:00	259.6	3.7	263.4
03Aug2020	09:00	239.5	3.5	243.0
03Aug2020	10:00	220.9	3.3	224.2
03Aug2020	11:00	203.8	3.1	206.9
03Aug2020	12:00	188.1	2.9	190.9
03Aug2020	13:00	173.6	2.7	176.2
03Aug2020	14:00	160.3	2.5	162.8
03Aug2020	15:00	148.0	2.3	150.4
03Aug2020	16:00	136.8	2.2	139.0
03Aug2020	17:00	126.5	2.0	128.5
03Aug2020	18:00	117.0	1.9	118.9
03Aug2020	19:00	108.2	1.8	110.0
03Aug2020	20:00	100.2	1.7	101.9
03Aug2020	21:00	92.9	1.6	94.4
03Aug2020	22:00	86.1	1.5	87.6
03Aug2020	23:00	79.9	1.4	81.3
04Aug2020	00:00	74.2	1.3	75.5
04Aug2020	01:00	69.0	1.2	70.2
04Aug2020	02:00	64.2	1.1	65.3
04Aug2020	03:00	59.8	1.0	60.8
04Aug2020	04:00	55.7	1.0	56.6
04Aug2020	05:00	51.9	0.9	52.8
04Aug2020	06:00	48.4	0.9	49.3
04Aug2020	07:00	45.2	0.8	46.0
04Aug2020	08:00	42.2	0.7	42.9
04Aug2020	09:00	39.4	0.7	40.1
04Aug2020	10:00	36.8	0.7	37.5
04Aug2020	11:00	34.4	0.6	35.0
04Aug2020	12:00	32.2	0.6	32.7

그림 예7.8.9 홍수추적 결과 Q_{600}의 시계열표

7.3.3 설계 홍수량 산정

설계 홍수량은 홍수특성과 홍수빈도, 홍수피해 가능성, 사회·경제적 요인을 함께 고려한 후 최종적으로 어떤 수공구조물의 설계기준으로 채택하는 첨두유량이나 첨두수위, 설계 홍수량에 따른 **유량수문곡선**을 말하며, **기본 홍수량**과 **계획 홍수량**으로 대별된다.

(1) 기본·계획 홍수량

① 기본 홍수량

기본 홍수량은 어떤 하천이나 유역에서 인위적인 유역개발이나 유량조절 시스템에 의해 조절되지 않은 자연상태에서 흘러내려오는 홍수 중에서 홍수조절이나 유역개발의 기본이 되는 홍수이다. 이는 대상지역의 기준점이나 계획시설에 따라 결정하고, 과거에 실측한 홍수량자료를 이용하여 빈도 해석을 하거나 실측강우 또는 설계강우에서 계산한 홍수수문곡선 또는 수문 경제-위험도 분석으로 산정한 홍수량 중에서 홍수 조절계획의 기본이 되는 홍수량을 말한다.

② 계획 홍수량

계획 홍수량은 하천유역 개발계획, 홍수방어(조절)계획, 이수계획, 내수배제계획 및 하천환경관리계획에 맞추어 이미 산정된 기본홍수를 종합적으로 분석하여 합리적으로 배분하거나 조절할 수 있도록 계획기준점이나 하천시설지침, 지류와 분류·합류점 등에서 하천개발계획을 위해 책정된 홍수량이다. 이는 근본적으로 관련계획과 유역개발계획이 서로 조화를 이루고, 유역전체를 통해 일관성 있게 책정하는 것이 중요하며, 하도홍수소통과 홍수조절용 댐의 방류시설계획에서 그 지점의 홍수량이 제일 중요하다. 다만 홍수조절용 댐의 홍수조절용량 결정은 홍수량뿐만 아니라 댐의 방류능력, 댐의 조작규정 등이 직접적으로 영향을 미치므로 홍수량을 조절할 수 있는 능력과 기본홍수에서 책정되는 계획홍수량 등을 종합적으로 검토하여 계획하여야 한다.

(2) 계획 홍수량 산정

결정된 설계강우를 사용하여 강우-유출관계를 나타내는 홍수수문곡선으로부터 설계홍수량을 산정하는 경우, 설계홍수량을 추정하는 방법에는 두 가지가 있다. 그 첫째는 어떤 수공구조물을 설계하거나 하도계획, 내수처리계획과 홍수방어계획 등을 수립할 때 충분히 관측된 홍수량 자료가 있을 때는 간단히 순간최대홍수량을 **그림 5.13**과 같이 9단계 빈도 해석 과정에 의하여 해당지점의 계획홍수량을 산정한다. 또 하나는 기준에 따라 이미 결정한 설계강우를 가지고 강우-유출관계를 나타내는 적당한 홍수유출모형을 이용해서 **홍수수문곡선**을 계산하는 방법이다.

이들 모형은 도시지역 **소규모 배수구역**에 대한 설계홍수량을 산정할 경우에는 합리식 또는 수정합리식, 영국도로연구소(BRRL) 방법, SWMM 모형, ILLUDAS 모형 등이 사용된다. **중소규모 자연하천유역**의 설계홍수량은 단위유량도법, Snyder의 합성단위 유량도법, NRCS 합성단위유량도법, 나까야스(中安)의 합성(종합) 단위도법 등을 적용할 수 있다. **대규모 하천유역**의 설계홍수량은 1차적으로 하천유역을 적절히 분할하고, 그 분할된 소유역별로 설계홍수 수문곡선을 계산하며, 이들 결과를 기초로 홍수추적에 의해 설계기준지점의 설계홍수 수문곡선을 합성하여 산정한다.

대규모 자연하천 유역은 유역의 강우 및 유출특성이 유역전체에 걸쳐 공간적으로 크게 변화하기 때문에 단일유역으로 해석할 수 없으므로 유역특성이 비교적 균일한 여러 개 중소유역과 하도구간으로 나누어 개개 유역으로부터 유출계산을 수행한다. 또한 하도구간에 대해서는 하도홍수추적, 저수지에 대해서는 저수지 홍수추적을 실시하고, 본류유역 출구지점의 홍수유출량을 계산하는데, 본 절에서는 이들 계산방법과 절차에 대해 다음과 같이 기술한다.

① 수정 합리식

수정 합리식은 현재 수공업무에 많이 활용되지 않은 방법이지만, 빈도 해석 결과로 얻은 어떤 지속기간을 갖는 확률 강우량으로부터 계획 홍수량을 산정하기 위한 방법의 설명 예이다. 이 공식은 합리식에 설계강우강도를 **Mononobe형 공식**을 사용하여 다음 식과 같이 구한다.

$$I_T = \frac{R_t^T}{t_t}\left(\frac{t_t}{t_c}\right)^{2/3} \tag{7.26}$$

여기서 R_t^T =재현기간 T년 빈도의 유역 내 지속기간 t시간 최대우량(mm)이다. 이 경우 R_{24}^T =지속기간 t=24시간 확률강우량(mm) 사용 시 $I_T = T$년 빈도의 확률강우강도(mm/h)이고, t_c =유역의 홍수도달시간(h)이다. 하천 상류의 수로경사 $S \geq 1/200$일 때 **Rziha 공식**(7.21b), 중하류 수로경사가 $S < 1/200$)일 때 **Kraven 공식**(I) (7.21c)와 **표 7.15**의 평균유출계수를 사용한다.

$$t_c = 0.833(L/S^{0.6}) \tag{7.27a}$$

$$t_c = 0.444(L/S^{0.515}) \tag{7.27b}$$

표 7.15 수정합리식의 평균유출계수 값

유출계수 / 유역	평균유출계수	유출계수 / 유역	평균유출계수
급경사 산지	0.75~0.90	산지하천	0.75~0.85
기복이 있는 토지와 수림(樹林)	0.50~0.75	평지하천	0.45~0.75
평탄한 전지(田地)	0.45~0.60	유역 반 이상 평지 대하천	0.50~0.75
관개중의 답지(畓地)	0.70~0.80		

② **단위도법**

단위(유량)도법은 구조물의 중요도에 따라 선택한 설계우량을 그림 7.11과 같이 시간분포형에 맞추어 분포시킨 후 유역의 **대표단위도** 또는 **합성단위도**를 적용하여 설계홍수수문곡선을 얻어 **첨두 설계홍수량**을 **결정**한다.

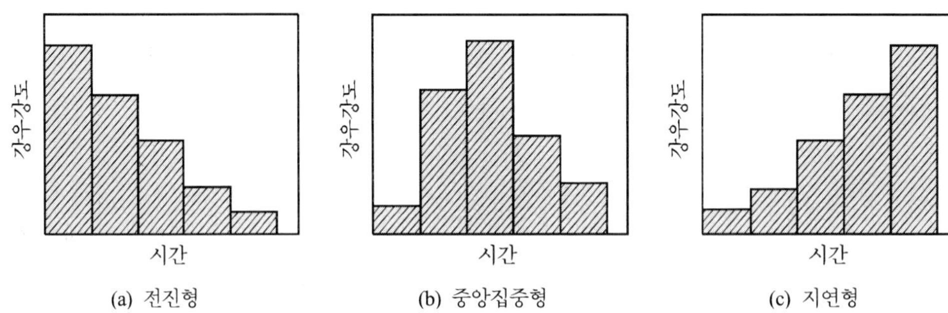

그림 7.11 총우량의 시간적 분포형

1) 설계빈도 선택

설계빈도는 표 7.16에 의해 설계재현기간을 선택한다.

표 7.16 소규모 수공구조물의 설계재현기간

구조물 종류	설계기간(年)	설계빈도
고속도로 배수용 암거	10~50	0.10~0.02
비행장배수시설	5	0.20
도시우수거	2~10	0.50~0.10
배수구	5~50	0.20~0.02

2) 설계강우량 결정

유역의 도달시간인 설계강우의 지속기간계산은 IDF(intensity-duration-frequency) 관계곡선 또는 강우도식을 이용함으로써 설계강우 또는 확률강우량을 결정한다.

3) 설계우량주상도 작성

설계강우량의 시간적 분포양상을 결정하여야 하는데, 이는 설계지역의 과거호우자료로부터 호우지속기간 동안의 총강우량이 시간적으로 어떻게 분포되었는가를 통계학적으로 분석함으로써 그 지역에 적합한 모형을 설계조건에 따라 결정할 수 있다.

설계하고자 하는 소규모 수공구조물의 중요성에 따라 적절한 생기확률을 선택하여 설계강우 지속기간에 대한 우량주상도를 얻는다. 그 후 **그림 7.11(a)**와 같이 첨두 홍수량이 큰 전진형(前進型, advanced type) 강우분포와 **그림 7.11(b)**의 중앙집중형(centered type), **그림 7.11(c)**의 지연형(delayed type) 분포를 얻는다.

4) 설계우량주상도의 시간적 분포

ⓐ 한강유역 분포

그림 7.12는 한강유역의 예로 유역의 실측우량자료를 빈도 해석하여 생기확률을 부여한 후 유사생기확률을 가진 호우별로 무차원 분포곡선을 작성한 총우량의 시간적 분포형을 결정하는 것이다. **표 7.17**은 한강홍수 통제소의 과거 태풍, 저기압성 호우의 시간분포를 분석하여 얻은 8개 분포형 중 최대유출을 발생시킬 3개의 전진형 강우분포형을 표시한 것이고, **그림 7.12**는 이들 3개 분포형의 **강우시간 누가백분률** $[(t_i/t_t^T)\times100]$ %별로 **강우량 누가백분률**$[(R_{t_i}/R_t^T)\times100]$ %를 표시한 것이다.

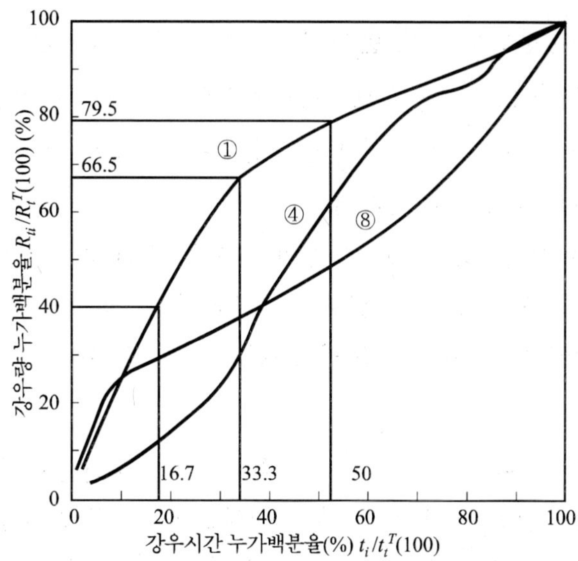

그림 7.12 한강유역의 시간적 분포곡선 $R_{t_i}/R_t^T(100)$(%)

표 7.17 한강유역 시간적 분포

분포형 \ $t_i/t_t^T(100)$ (%)	0	10	20	30	40	50	60	70	80	90	100
①	0	27	45	62	73	77	82	85	90	96	100
④	0	6	14	25	47	60	73	83	92	97	100
⑧	0	24	31	36	44	46	54	60	72	87	100

ⓑ **과거 방법**

과거에 우리나라에서 사용한 방법의 예로 Mononobe (확률) 강우강도공식은 I_t^T에 강우지속기간 t를 곱하여 구한 총우량 R_t^T를 i시간구간 t_i별로 분포시키는 방법에 의하면, $R_{t_i} = [(R_t^T/t_t^T)(t_t^T/t_i)^{2/3}(t_i)]$로 구한다. $\Delta t_i = t_{i+1} - t_i$까지 분포시킬 누가우량의 크기 $R_{\Delta t_i} = R_{t_{i+1}} - R_{t_i}$로 구하며, 이를 시간구간 Δt_i별 우량을 전진형·중앙형·지연형으로 재배치하여 설계 우량주상도를 유도하고, NRCS 방법을 이용하여 유효우량을 산정한다. 여기에 기 유도된 유역의 대표단위도를 이용해 기저유량을 추가 합성하여 총유출수문곡선을 유도한다.

이때 강우지속기간 누가백분률 【$(t_i/t_t^T)\times100(\%)$; 이는 재현기간 T년 빈도의 강우지속기간 t(h)인 시간 t_t^T(h)에 대한 임의 강우 지속기간 (h) t_i의 무차원 시간 백분율】에 대한 강우량 누가백분률 【$(R_{t_i}/R_t^T)\times100(\%)$; 이는 재현기간 T년 빈도의 강우 지속기간 t(h)인 강우량 R_t^T(mm)에 대한 임의 강우 지속기간 t_i(h)의 누가강우량 R_{t_i}(mm)의 무차원 강우량 백분율】의 관계를 이용하여 임의 강우 지속기간 t_i(h)의 누가강우량 R_{t_i}(mm)를 구한다.

이렇게 하여 산정된 시간분포 우량은 배치방법에 따라 동일한 총우량일지라도 계산되는 수문곡선의 모양과 첨두홍수량의 크기가 달라지는데, 위에서 언급한 바와 같이 **중앙집중형**의 경우가 가장 큰 설계홍수량을 갖는다.

ⓒ **Huff 방법**

Huff 방법(1967)은 미국 Illinois 주에 위치한 유역면적 약 1,035km^2(400mi^2)의 다양한 하천유역에서 발생된 호우에 대해 호우기간 중에 내린 총우량의 시간적 분포를 분석하여 강우의 시간적 분포모형을 제시하였다.(윤용남, 2012) 그는 총 강우지속기간 중 강우 시점 1/4구간에서 발생된 가장 큰 강우량을 1분위 호우(first quartile storm), 2/4구간의 경우를 2분위 호우, 3/4·4/4구간의 경우를 각각 3·4 분위 호우(third and fourth quartile storm)로 구분하였다.

우리나라에서는 무강우가 6시간 이하 연속될 때를 하나의 호우로 정의하여 전국 시우량 자료를 대상으로 1961~1987년까지 관측된 27년간 자료, 1993년까지 23년간 자료, 1998년까지 38년간 자료의 분석기간을 변화시켜 분석하였다. 이를 통해 무차원 지속기간별 강우량비를 Weibull **확률 도시위치공식(確率圖示位置公式, probability plotting position formula)**을 이용하여 10% 구간의 9개 초과확률 분포곡선을 분위별로 제시하였다. 그중 서울지점을 대상으로 하여 관측기록연한 변화에 따른 구간별 우량주상도의 영향 분석 결과는 **그림 7.13**, **표 7.18~19**와 같다(건설교통부, 2000e). 여기서 중(重)호우는 **표 7.18**과 같이 지속기간구간별 평균강우강도 이상의 호우를 말하고, 경(輕)호우는 그 이하의 호우를 말한다.

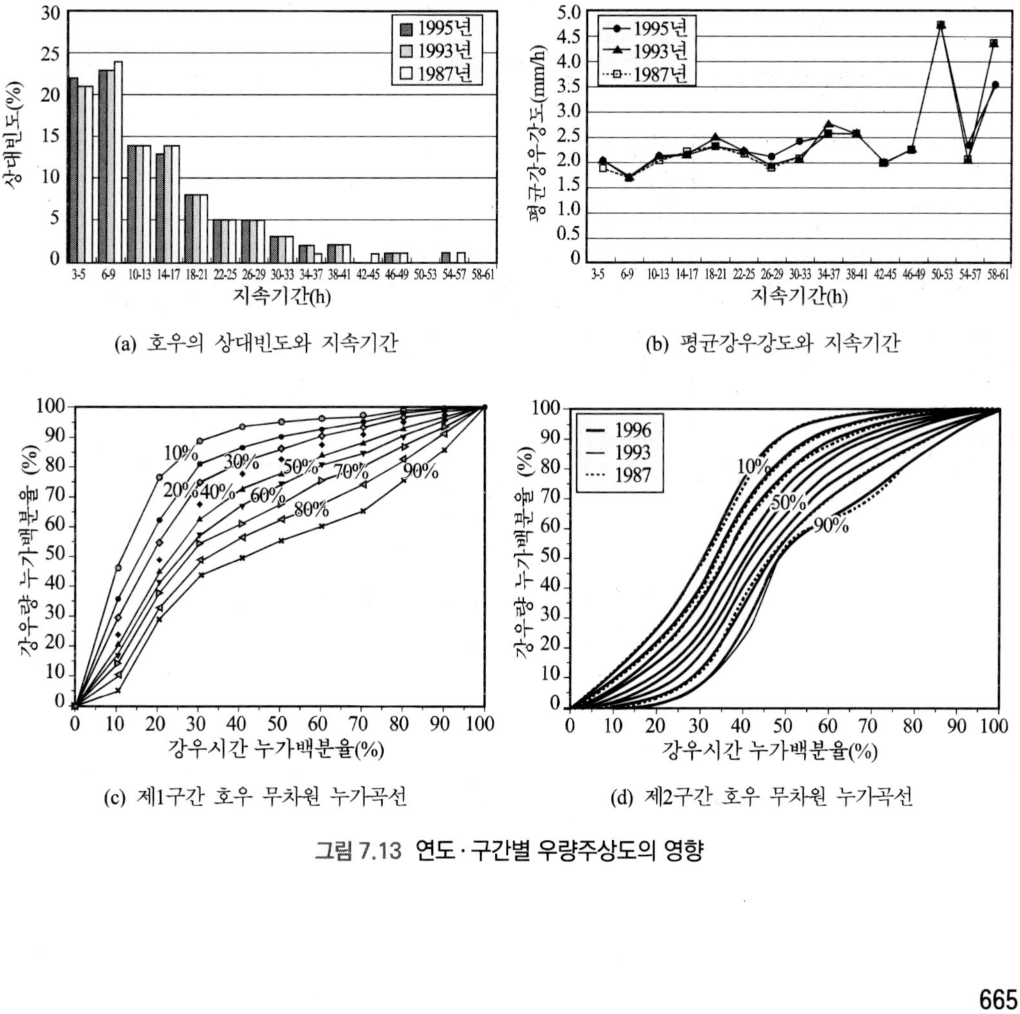

(a) 호우의 상대빈도와 지속기간

(b) 평균강우강도와 지속기간

(c) 제1구간 호우 무차원 누가곡선

(d) 제2구간 호우 무차원 누가곡선

그림 7.13 연도·구간별 우량주상도의 영향

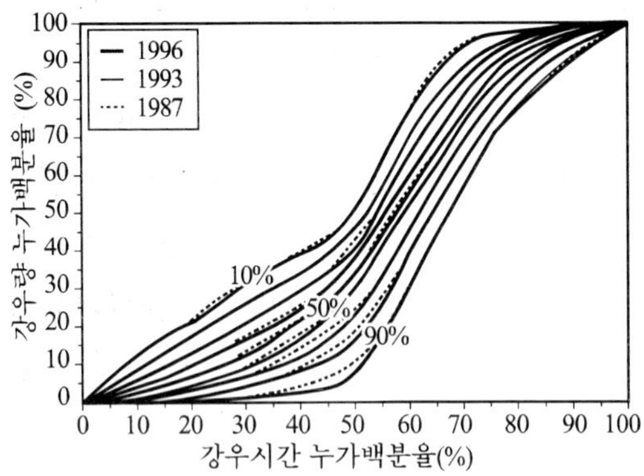

(e) 제3구간 호우 무차원 누가곡선

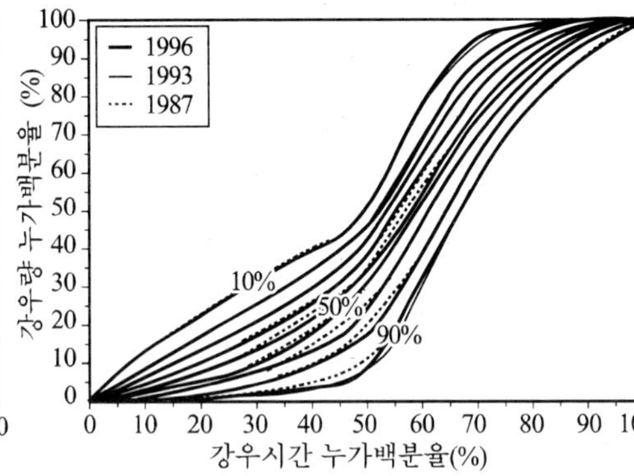

(f) 제4구간 호우 무차원 누가곡선

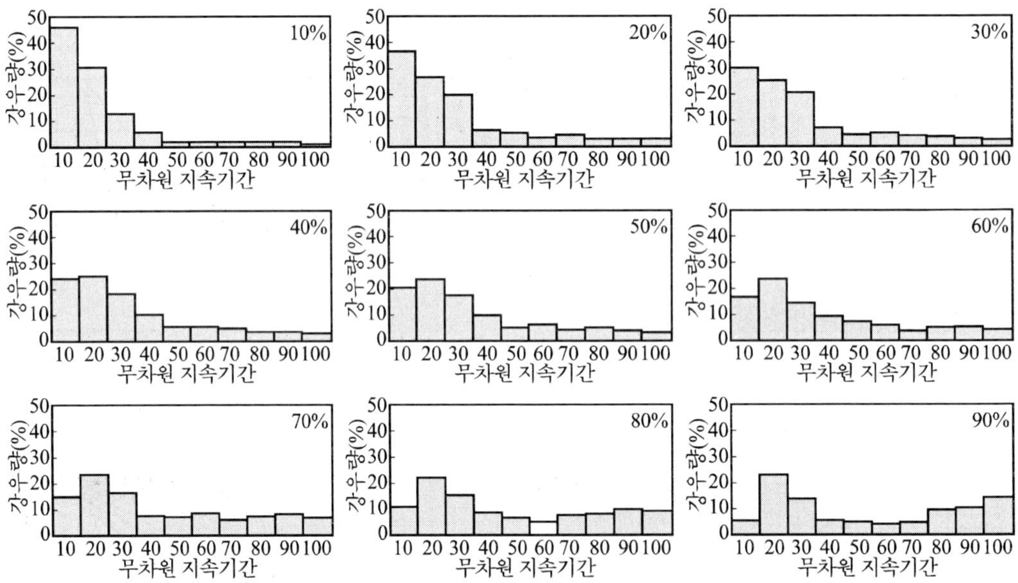

(g) 제1구간 무차원 우량주상도

그림 7.13 연도 · 구간별 우량주상도의 영향(계속)

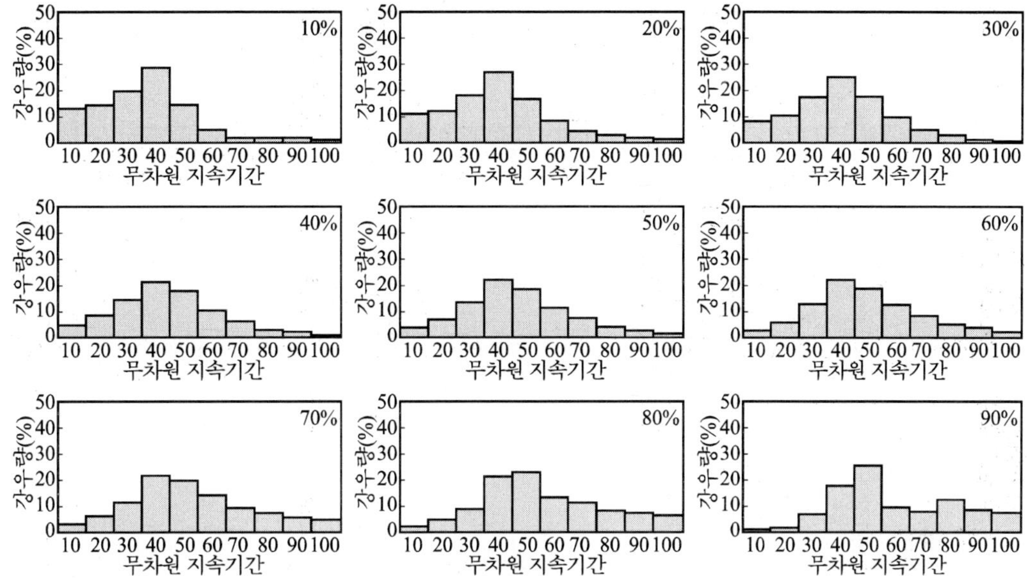

(h) 제2구간 무차원 우량주상도

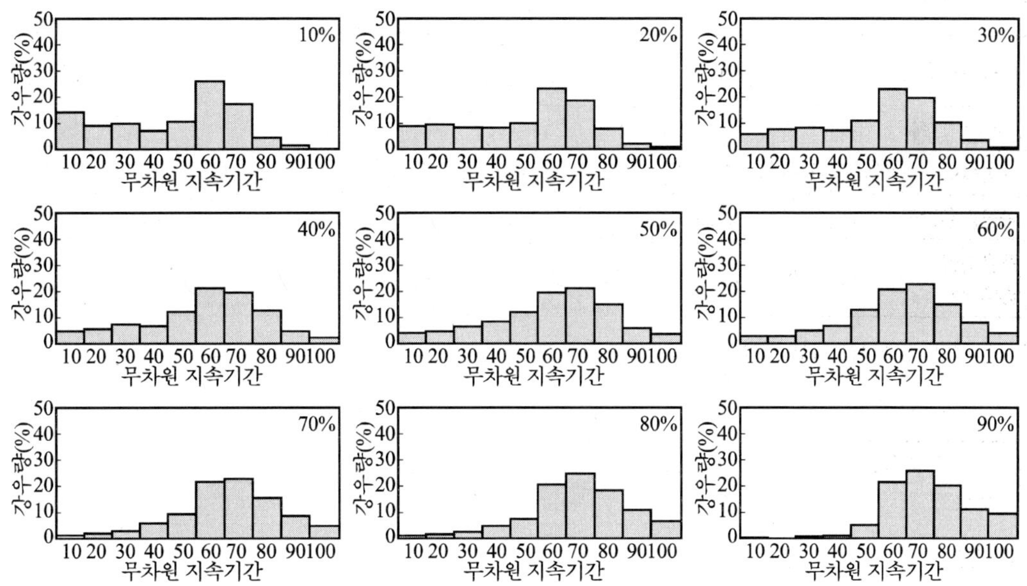

(i) 제3구간 무차원 우량주상도

그림 7.13 연도·구간별 우량주상도의 영향(계속)

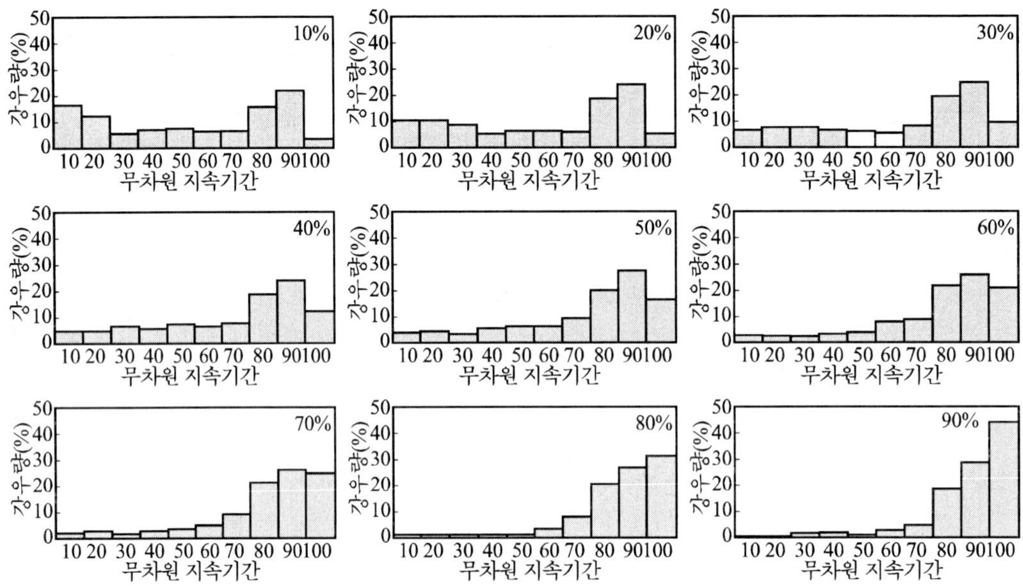

(h) 제2구간 무차원 우량주상도

그림 7.13 연도·구간별 우량주상도의 영향(계속)

표 7.18 강우자료

지속기간구간	3 ~6	6 ~10	10 ~14	14 ~18	18 ~22	22 ~26	26 ~30	30 ~34	34 ~38	38 ~42	42 ~46	46 ~50	50 ~54	54 ~58	58 ~62
호우 수	236	251	155	143	87	56	52	34	22	22	4	13	2	6	3
상대빈도	0.22	0.23	0.14	0.13	0.08	0.05	0.05	0.03	0.02	0.02	0.00	0.01	0.00	0.01	0.00
평균강우강도	2.04	1.69	2.11	2.19	251	2.24	2.13	2.42	2.59	2.58	2.00	2.25	4.71	2.31	3.52
평균이상 호우 수	73	78	55	51	34	22	18	14	11	6	2	6	1	3	2

비고 : 38년간 6시간 이상 지속기간인 호우; 1,093개

표 7.19 각 4분위 구간 수

지속기간	제1구간	제2구간	제3구간	제4구간	총계(%)
총계	331(0.30)	289(0.27)	274(0.25)	199(0.18)	1,093(100)
~6h	113(0.36)	73(0.23)	75(0.24)	55(0.17)	316
7~12h	99(0.34)	74(0.25)	54(0.18)	65(0.22)	292
13~18h	51(0.25)	58(0.28)	66(0.32)	30(0.15)	205
19~24h	21(0.22)	26(0.27)	34(0.35)	16(0.16)	97
25h~	47(0.26)	58(0.32)	45(0.25)	33(0.18)	183

표 7.19 각 4분위 구간 수(계속)

지속기간	제1구간	제2구간	제3구간	제4구간	총계(%)
평균 이상 호우 수	91(0.23)	128(0.33)	114(0.29)	55(0.14)	388
평균 미만 호우 수	240(0.34)	161(0.23)	160(0.23)	144(0.20)	705

비고 : 평균강우강도=2.09mm/h

제2구간 4분위 호우의 강우시간(지속기간) 누가백분율(%)에 대한 강우량 누가백분율(%) 관계곡선은 **그림 7.14**와 같이 6차 다항식 회귀(polynomial regression of order 6)에 의해 방정식을 유도할 수 있으며, 매끈한 곡선은 이에 대한 평활 곡선(平滑 曲線, smoothing spline)이다.

$$P = a + bt + ct^2 + dt^3 + et^4 + ft^5 + gt^6 \tag{7.28}$$

여기서 P=강우량이고, t=강우지속기간이며, a, b, c, ……, g=각각 상수이다.

Huff 방법을 이용해 우리나라 전 지역을 대상으로 분석한 결과, 중호우에는 제2구간 호우가 지배적이고, 지속기간이 12시간 이하일 때 제1구간 호우, 그 이상의 지속기간인 경우 제2, 3구간이 지배적인 것으로 나타났으며, 설계홍수량 산정요령(국토해양부, 2012)에서는 3분위 분포 적용을 원칙으로 하고 있다.

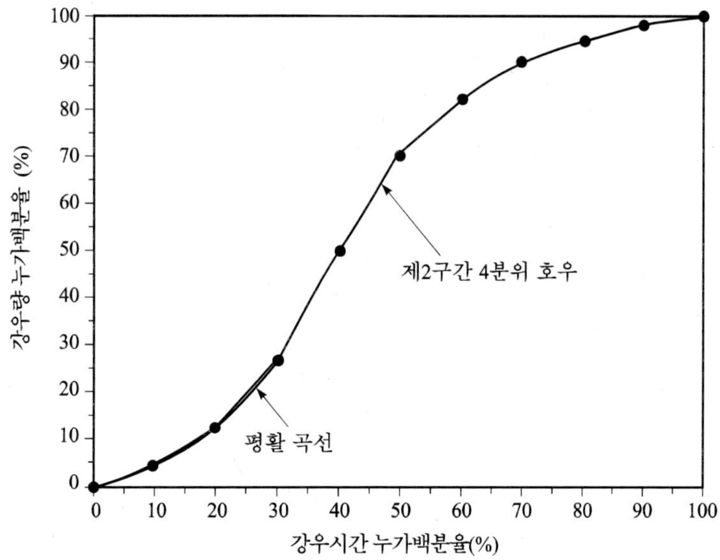

그림 7.14 제2구간 4분위 호우에 대한 무차원 누가곡선

4) 설계유효우량 산정

설계확률 강수량으로부터 설계유효우량의 계산은 NRCS **유효우량 산정법**을 이용한다. Mononobe 공식에 의한 중앙집중형 또는 Huff 분포에 의한 총우량주상도의 매시간구간까지의 누가우량 산정하고, NRCS의 유효우량공식 (7.29)로 매시간구간까지의 누가유효우량 계산하며, 매시간구간까지의 누가유효우량에서 전시간구간까지의 누가유효우량을 빼면 시간구간별 유효우량이 구해지므로 설계유효우량 주상도를 작성할 수 있다.

$$\overline{R}=\frac{(P-0.2S)^2}{P+0.8S} \tag{7.29}$$

5) 단위유량도 작성

설계유역의 강우-유출자료가 있을 경우에는 **대표단위유량도**를 직접유도하여 구하고, 유출량관측자료가 없는 수문자료의 미계측유역에서는 합성단위도법에 의해 단위도를 유도하면 된다.

6) 설계수문곡선 작성

4)에서 얻은 설계유효우량 주상도에 5)에서 얻은 단위유량도를 적용하여 직접유출수문곡선을 구하고, 설계지점의 기저유량을 추정 가산하여 설계홍수수문곡선을 합성하면 이 수문곡선상의 첨두유량이 설계홍수량이 되는 것이다.

예제 7.9

[예제 5.13]에서 구한 표 예5.13의 강수량 관측소별 100년 빈도-매시간(24시간) 확률강우량을 사용하여 다음 사항에 답하시오.

1. Huff 무차원곡선 이용(시간분포=3분위) (100년-24시간) 누가확률강우량 산정, 우량주상도 작성
2. 강우강도식의 유도

표 예5.13 강수량 관측소별 100년 빈도-매시간(24시간) 확률강우량

시간 지점	1	2	3	4	5	6	7	8	9	10	11	12	13	14	15	16	17	18	19	20	21	22	23	24
(a)	70.0	100.7	128.7	150.7	166.8	185.4	199.2	213.2	227.5	238.7	249.2	257.0	264.5	271.3	278.9	285.1	292.6	298.4	305.6	313.5	320.0	328.7	338.5	348.9
(b)	75.5	110.9	137.4	155.5	171.4	183.0	197.8	212.3	223.7	232.5	238.6	242.9	248.7	255.7	264.5	273.8	282.3	288.5	297.0	303.9	311.8	319.6	328.1	335.5
(c)	77.2	112.1	140.1	153.5	168.9	181.9	193.5	209.8	222.6	236.6	245.1	252.8	261.1	269.3	278.3	283.5	287.8	291.9	295.7	299.1	301.9	304.9	308.5	312.8
(d)	94.7	143.6	180.9	206.6	228.1	247.7	266.2	283.6	300.3	316.1	333.7	348.5	363.2	376.3	388.1	397.6	406.3	413.5	420.3	429.7	440.8	448.1	459.5	468.3
(e)	77.6	118.5	143.5	167.1	183.4	197.2	209.5	225.3	237.1	248.8	262.6	274.8	284.6	291.8	295.5	300.0	306.4	310.8	316.9	322.9	329.0	337.0	346.0	353.3
(h)	86.9	124.5	147.8	176.1	191.9	203.2	216.8	226	234.7	243.3	251.4	258.9	267.5	276.4	281.4	286	289.8	291.6	294.1	296.4	299.7	303.8	307.5	314.1
비고	(a)=a강수량 관측소(지역15, 지점=10121211), (b)=b강수량 관측소(지역9, 지점=10124080), (c)=c강수량 관측소(지역7, 지점=10041127), (d)=d강수량 관측소(지역5, 지점=10071202), (e)=e강수량 관측소(지역24, 지점=10031221) (h)=h강수량 관측소(지역14, 지점=30071226)																							

[풀이]

1. Huff 무차원곡선 이용(시간분포=3분위) (100년-24시간) 누가확률강우량 산정, 우량주상도 작성
   (1) Huff 무차원곡선 이용(시간분포=3분위) (100년-24시간) 누가확률강우량 산정, 우량주상도 작성
      ① **표준지침** **【**II-3. 지역 빈도해석 Huff 4분위법 무차원누가곡선[지속기간 (누가)백분율-강우량(누가)백분률(이하 '**Huff 무차원곡선**'으로 칭함)]**】** 의 **Huff 무차원곡선** 표 예 7.9.1 이용

표 예7.9.1 (군집)지역별 Huff 무차원곡선(3분위 중 50% 초과확률값) 이용

(a) 지역별 Huff 무차원곡선

(t_i/t_t^T) 100 (%) / 지역	0	10	20	30	40	50	60	70	80	90	100
(a)	0.0	2.8	10.8	18.0	27.5	36.1	53.0	76.0	89.8	95.9	100.0
(b)	0.0	2.9	8.1	14.6	23.9	38.6	52.8	70.8	88.6	95.6	100.0
(c)	0.0	2.5	8.3	13.0	21.0	33.3	56.0	75.4	90.5	96.6	100.0
(d)	0.0	2.0	7.3	12.1	21.0	31.6	51.5	76.9	92.0	97.8	100.0
(e)	0.0	2.0	7.3	13.6	22.0	34.7	51.5	73.5	87.3	95.9	100.0
(h)	0.0	2.0	6.4	13.7	20.7	33.9	51.3	74.4	89.3	96.0	100.0
비고	(a) =a강수량 관측소(지역15, 지점=10121211), (b) =b강수량 관측소(지역9, 지점=10124080), (c) =c강수량 관측소(지역7, 지점=10041127), (d) =d강수량 관측소(지역5, 지점=10071202), (e) =e강수량 관측소(지역24, 지점=10031221), (h) =h우량관측소(지역14, 지점=30071226)										

(b) 무차원 지속기간(t_i/t_t^T) 백분률별 누가우량(R_{t_i})

(R_{t_i}/R_t^T) 100(%) / (t_i/t_t^T) 100(%)	(a)		(b)		(c)		(d)		(e)		(h)	
	3분위 (%)	R_{t_i} (mm)	3분위 (%)	R_{t_i} (mm)	3분위 (%)	R_{t_i} (mm)	3분위 (%)	R_{t_i} (mm)	3분위 (%)	R_{t_i} (mm)	3분위 (%)	R_{t_i} (mm)
0	0.0	0.0	0.0	0.0	0.0	0.0	0.0	0.0	0.0	0.0	0.0	0.0
10	2.8	3.5	2.9	33.6	2.5	31.3	2.0	46.8	2.0	35.3	2.0	31.4
20	10.8	69.8	8.1	67.1	8.3	62.6	7.3	93.7	7.3	70.7	6.4	62.8
30	18.0	104.7	14.6	100.7	13.0	93.8	12.1	140.5	13.6	106.0	13.7	94.2
40	27.5	139.6	23.9	134.2	21.0	125.1	21.0	187.3	22.0	141.3	20.7	125.6
50	36.1	174.5	38.6	167.8	33.3	156.4	31.6	234.2	34.7	176.7	33.9	157.1
60	53.0	209.3	52.8	201.3	56.0	187.7	51.5	281.0	51.5	212.0	51.3	188.5
70	76.0	244.2	70.8	234.9	75.4	219.0	76.9	327.8	73.5	247.3	74.4	219.9
80	89.8	279.1	88.6	268.4	90.5	250.2	92.0	374.6	87.3	282.6	89.3	251.3
90	95.9	314.0	95.6	302.0	96.6	281.5	97.8	421.5	95.9	318.0	96.0	282.7
100	100.0	348.9	100.0	335.5	100.0	312.8	100.0	468.3	100.0	353.3	100.0	314.1

② 24시간 누가확률 강우량·우량주상도와 Huff 3분위 분포곡선·무차원 다항식 유도

가) **표 예7.9.1**을 이용해 **그림 예7.9.1**로부터 Huff 3분위 분포곡선·무차원 다항식 **표 예7.9.2** 유도

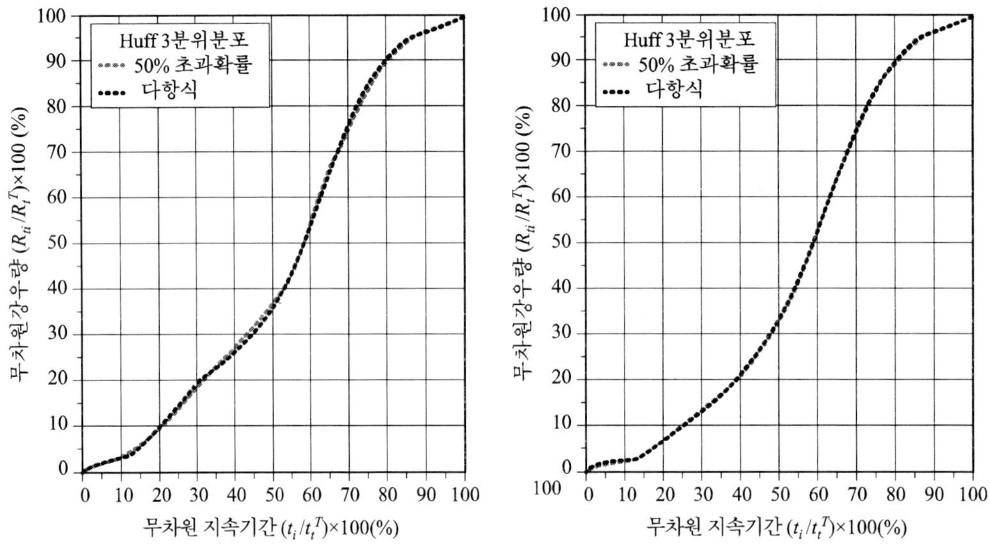

(a) ⓐ=a강수량 관측소(지역15, 지점=10121211) (b) ⓗ=h강수량 관측소(지역14, 지점=30071226)

그림 예7.9.1 Huff 3분위 분포곡선·무차원 다항식 유도

표 예7.9.2 Huff 3분위 분포곡선·무차원 다항식 유도와 24시간 누가확률 강우량 산정

(a) Huff 3분위 분포곡선·무차원 다항식 유도

관측소 \ 내용	다항식의 계수	다항식
ⓐ=a강수량 관측소	C_0=−0.02402628332 C_1=1.028058076 C_2=−0.2009368178 C_3=0.01934001619 C_4=−0.0008053764674 C_5=1.732951066E−005 C_6=−1.994243421E−007 C_7=1.164716325E−009 C_8=−2.713815789E−012	$y_{t_i}=-0.02402628332+1.028058076x_{t_i}-0.2009368178x_{t_i}^2$ $+0.01934001619x_{t_i}^3-0.0008053764674x_{t_i}^4$ $+(1.732951066E-005)x_{t_i}^5-(1.994243421E-007)x_{t_i}^6$ $+(1.164716325E-009)x_{t_i}^7-(2.713815789E-012)x_{t_i}^8$

표 예7.9.2 Huff 3분위 분포곡선·무차원 다항식 유도와 24시간 누가확률 강우량 산정(계속)

(a) Huff 3분위 분포곡선·무차원 다항식 유도(계속)

관측소 \ 내용	다항식의 계수	다항식
(h)=h강수량 관측소	C_0=-0.01102643488 C_1=0.5984689323 C_2=-0.1136499443 C_3=0.01140006557 C_4=-0.0004903237928 C_5=1.10368851E-005 C_6=-1.33057813E-007 C_7=8.132617082E-010 C_8=-1.982821637E-012	y_{ti}=-0.01102643488+0.5984689323x_{t_i}-0.1136499443$x_{t_i}^2$ +0.01140006557$x_{t_i}^3$-0.0004903237928$x_{t_i}^4$ +(1.10368851E-005)$x_{t_i}^7$-(1.10368851E-005)$x_{t_i}^6$ +(8.132617082E-010)$x_{t_i}^7$-(1.982821637E-012)$x_{t_i}^8$
비고	• 다항식 $y_{t_i}=C_0+C_1\,x_{t_i}+, \cdots, +C_n\,x_{t_i}^n$ • x_{t_i}=(임의)지속기간(t_i)/누가지속기간(t_t^T) 백분율=(t_i/t_t^T)100(%) • y_{t_i}=(임의시간)강우량(R_{t_i})/누가강우량(R_t^T) 백분률=(R_{t_i}/R_t^T)100(%)	

(b) 강수량 관측소별 Huff 3분위 분포의 24시간 누가확률강우량

시간 \ 관측소		(a)=a강수량 관측소 (지역15, 지점=10121211)			((b)=b강수량 관측소 (지역9, 지점=10124080)			(c)=c강수량 관측소 (지역7, 지점=10041127)			(d)=d강수량 관측소 (지역5, 지점=10071202			(e)=e강수량 관측소 (지역24, 지점=10031221)			(h)=h강수량 관측소 (지역14, 지점=0071226)		
t_i (h)	t_i/t_t^T 100(%)	R_{t_i}/R_t^T 100(%)	R_{t_i}	I_t	R_{t_i}/R_t^T 100(%)	R_{t_i}	I_t	R_{t_i}/R_t^T 100(%)	R_{t_i}	I_t	R_{t_i}/R_t^T 100(%)	R_{t_i}	I_t	R_{t_i}/R_t^T 100(%)	R_{t_i}	I_t	R_{t_i}/R_t^T 100(%)	R_{t_i}	I_t
0	0.00	0.0	0.0	0.0	0.0	0.0	0.0	0.0	0.0	0.0	0.0	0.0	0.0	0.0	0.0	0.0	0.0	0.0	0.0
1	4.17	1.9	6.8	6.8	0.5	1.8	1.8	0.3	0.8	0.8	1.8	8.5	8.5	1.2	4.2	4.2	1.7	5.4	5.4
2	8.33	2.5	8.8	2.0	2.0	6.6	4.9	1.7	5.3	4.5	2.0	9.3	0.8	1.7	6.1	1.8	1.8	5.8	0.4
3	12.50	4.1	14.4	5.6	4.0	13.3	6.6	3.9	12.2	6.9	2.8	13.0	3.7	2.9	10.3	4.2	2.6	8.1	2.3
4	16.67	7.1	24.8	10.4	6.2	20.8	7.6	6.3	19.8	7.7	4.6	21.8	8.7	5.0	17.5	7.3	4.4	13.7	5.7
5	20.83	10.9	38.2	13.4	8.7	29.0	8.2	8.7	27.2	7.3	7.2	33.9	12.1	7.6	26.8	9.3	7.0	21.9	8.2
6	25.00	14.9	52.1	13.9	11.3	37.9	8.9	10.8	33.8	6.6	10.0	47.0	13.1	10.5	37.0	10.2	10.0	31.3	9.3
7	29.17	18.6	64.7	12.7	14.2	47.8	9.9	12.8	40.2	6.4	12.7	59.5	12.6	13.4	47.3	10.3	12.9	40.7	9.4
8	33.33	21.7	75.7	11.0	17.6	59.1	11.3	15.1	47.3	7.1	15.3	71.6	12.0	16.4	57.9	10.6	15.9	50.0	9.3
9	37.50	24.6	85.7	10.0	21.5	72.1	13.1	18.1	56.6	9.3	18.0	84.4	12.8	19.7	69.4	11.6	19.1	59.8	9.9
10	41.67	27.6	96.3	10.6	26.0	87.4	15.2	22.1	69.2	12.6	21.4	100.1	15.7	23.5	83.1	13.7	22.7	71.4	11.5
11	45.83	31.4	109.5	13.2	31.3	104.9	17.6	27.5	86.0	16.8	25.9	121.1	21.0	28.3	100.0	16.9	27.3	85.8	14.4
12	50.00	36.3	126.8	17.3	37.2	124.8	19.9	34.3	107.3	21.3	31.8	149.0	27.9	34.2	120.7	20.8	33.1	104.0	18.3
13	54.17	42.7	148.9	22.2	43.8	146.9	22.1	42.3	132.5	25.2	39.4	184.4	35.4	41.2	145.5	24.7	40.3	126.5	22.4
14	58.33	50.4	175.8	26.9	50.9	170.7	23.8	51.3	160.4	28.0	48.3	226.4	42.0	49.1	173.6	28.1	48.6	152.5	26.1
15	62.50	59.1	206.1	30.3	58.3	195.5	24.9	60.6	189.4	29.0	58.2	272.8	46.4	57.6	203.6	30.0	57.6	181.0	28.5
16	66.67	68.1	237.5	31.4	65.8	220.7	25.1	69.5	217.5	28.1	68.3	320.0	47.3	66.2	233.7	30.1	66.8	209.9	28.9
17	70.83	76.6	267.4	29.8	73.1	245.1	24.5	77.6	242.7	25.2	77.8	364.1	44.1	74.2	262.0	28.3	75.5	237.1	27.1
18	75.00	84.0	293.0	25.6	79.9	268.0	22.8	84.3	263.6	20.9	85.7	401.4	37.3	81.1	286.6	24.7	82.9	260.4	23.3
19	79.17	89.5	312.3	19.4	85.9	288.2	20.2	89.4	279.6	16.0	91.6	429.1	27.7	86.8	306.6	20.0	88.6	278.4	18.0
20	83.33	93.1	324.8	12.5	90.9	305.0	16.8	93.0	290.9	11.3	95.3	446.4	17.3	91.1	321.8	15.2	92.6	290.7	12.3
21	87.50	95.0	331.6	6.8	94.8	317.9	12.9	95.5	298.7	7.8	97.1	454.9	8.5	94.2	333.0	11.2	95.0	298.3	7.6
22	91.67	96.1	335.4	3.8	97.4	326.7	8.8	97.4	304.6	5.9	97.9	458.3	3.3	96.7	341.6	8.7	96.5	303.1	4.8
23	95.83	97.5	340.1	4.7	99.0	332.0	5.3	99.0	309.7	5.1	98.5	461.4	3.2	98.7	348.8	7.2	98.0	307.8	4.7
24	100.00	100.0	348.9	8.8	100.0	335.5	3.5	100.0	312.8	3.1	100.0	468.3	6.9	100.0	353.4	4.6	100.0	314.1	6.3

③ 표 예7.9.2와 같이 Huff 3분위 분포곡선·무차원 다항식 유도와 24시간 누가확률 강우량 산정이 바로 강우의 시간분포 등을 반영하여 산정된 HEC-HMS의 입력자료로 활용되어 설계 홍수량을 산정하게 된다.

2. 강우강도식의 유도

① (a)와 (h) 관측소의 강우강도식 유도

㈎ "강우강도식" 유도→"산정" 버튼 클릭⇒강우강도식을 산정하시겠습니까?⇒"예(Y)" 클릭 ⇒잠시 계산 시간 소요 후 '산정완료' 출현 ⇨"Close" 클릭; 다음의 전대수다항식형(강우강도식) 유도

㈏ 유도된 관측소별 강우강도 계수값 중 해당 관측소 (a)와 (h) 관측소의 값은 표 예7.9.3과 같다.

표 예7.9.3 강우강도식(전대수다항식형) 유도

(a) a강수량 관측소(지역15, 지점=10121211)

재현기간	a	b	c	d	e	f	g	결정계수
2	3.557	−0.728	0.124	0.103	−0.095	0.024	−0.002	0.999958
5	3.817	−0.760	0.267	−0.021	−0.051	0.017	−0.002	0.999913
10	3.950	−0.757	0.328	−0.084	−0.028	0.014	−0.002	0.999836
20	4.057	−0.742	0.371	−0.135	−0.010	0.012	−0.002	0.999704
50	4.174	−0.713	0.409	−0.191	0.009	0.010	−0.002	0.999414
100	4.250	−0.686	0.428	−0.226	0.021	0.010	−0.002	0.999080
200	4.316	−0.654	0.441	−0.255	0.031	0.009	−0.002	0.998621
300	4.352	−0.635	0.445	−0.271	0.036	0.009	−0.002	0.998284
500	4.393	−0.609	0.449	−0.288	0.041	0.009	−0.002	0.997777

(b) h강수량 관측소(지역14, 지점=30071226)

재현기간	a	b	c	d	e	f	g	결정계수
2	3.749	−0.751	0.217	−0.200	0.099	−0.024	0.002	0.999923
5	4.020	−0.708	0.119	−0.070	0.029	−0.007	0.001	0.999912
10	4.158	−0.691	0.136	−0.070	0.017	−0.002	0	0.999854
20	4.268	−0.680	0.187	−0.107	0.021	−0.001	0	0.999736
50	4.389	−0.670	0.290	−0.191	0.042	−0.001	0	0.999474
100	4.467	−0.666	0.387	−0.274	0.065	−0.003	0	0.999186
200	4.535	−0.665	0.496	−0.371	0.094	−0.006	0	0.998816
300	4.572	−0.665	0.565	−0.432	0.113	−0.009	0	0.998562
500	4.615	−0.667	0.657	−0.514	0.139	−0.012	0	0.998200

㈐ 유도된 **표 예7.9.3**의 재현기간별 계수값을 다음 일반식에 대입하면 강우강도식 얻을 수 있다.

㈑ $\therefore \ln I = a + b\ln(t_h) + c[\ln(t_h)]^2 + d[\ln(t_h)]^3 + e[\ln(t_h)]^4 + f[\ln(t_h)]^5 + g[\ln(t_h)]^6$ (예7.9.1)

여기서 t_h=강우지속기간(h)이고, a, b, c, d, e, f, n=회귀상수이다.

㉮ 재현기간 100년 a강수량 관측소의 강우강도식은 다음과 같다.

$$\therefore \ln I = 4.250 - 0.686\ln t_h + 0.428(\ln t_h)^2 - 0.226(\ln t_h)^3 + 0.021(\ln t_h)^4 + 0.01(\ln t_h)^5 - 0.002(\ln t_h)^6 \quad (예7.9.2)$$

㉯ 재현기간 100년 h강수량 관측소의 강우강도식은 다음과 같다.

$$\therefore \ln I = 4.467 - 0.666(\ln t_h) + 0.387(\ln t_h)^2 - 0.274(\ln t_h)^3 + 0.065(\ln t_h)^4 - 0.003(\ln t_h)^5 \quad (예7.9.3)$$

예제 7.10

어떤 유역의 면적은 29.8km^{2}이고, 유로길이는 12.5km이며, 평균경사는 1/525이다. 이 유역의 재현기간은 100년인 24시간 우량은 307mm로 추정되었고, 유도된 지속기간 0.5h(30분)인 단위도의 종거는 표 예7.10.1과 같다. 기저유량이 5m^3/s로 일정할 때 다음 사항에 답하시오.

1. 단위유량도법으로 100년 빈도 계획홍수량 산정

표 예7.10.1 유역의 0.5h(30분) 대표단위유량도

시간(h)	단위도종거(m^3/s)	시간(h)	단위도종거(m^3/s)	시간(h)	단위도종거(m^3/s)
0	0.0	5.5	9.6	11.0	1.5
0.5	0.5	6.0	8.1	11.5	1.3
1.0	2.4	6.5	6.9	12.0	1.1
1.5	6.6	7.0	5.8	12.5	0.9
2.0	13.1	7.5	4.9	13.0	0.8
2.5	18.7	8.0	4.1	13.5	0.7
3.0	20.6	8.5	3.5	14.0	0.6
3.5	18.9	9.0	3.0	14.5	0.5
4.0	16.0	9.5	2.5	15.0	0.4
4.5	13.5	10.0	2.1	15.5	0.3
5.0	11.4	10.5	1.8	16.0	0.0

[풀이]

1. **단위유량도법**으로 100년 빈도 계획홍수량 산정

(1) 빈도 확률 강우량의 결정;

① 본 유역의 홍수도달시간 $t_c = 2.33$h인 소유역으로 인근의 인천지방 **IDF** 관계곡선을 이용하여 확률강우량을 결정한다.

② 인천지방 **IDF** 관계곡선; 재현기간=100년, 지속기간=2.5시간, 강우강도 $I_{100}=72.0$mm/h 이용한다.

③ 100년 빈도강우량 $R_{2.5}^{100} = I_{100} \times t_c = 72.0 \times 2.5 = 180.0$mm로 가정한다[면적우량 환산계수 곱한 값(∵ 유역면적 25.9km^2 이상 시 면적확률강우량 적용←∴면적우량 환산계수 곱함)]

(2) 강우 시간분포형 결정;

① 설계우량주상도 작성 위한 시간분포형 분석→Mononobe 분포형의 식 (7.26) 이용

② $\therefore R_{t_i} = \frac{R_t^T}{t_t^T}\left(\frac{t_t^T}{t_i}\right)^{2/3}$ t_i를 적용하여 $\Delta t_i = 0.5$h 누가시간에 대한 우량을 2.5h까지 총우량 $R_{2.5}^{100}$=180mm를 5개의 t_i구간 누가우량 ΣR_{t_i}로 분할한다.

■ 5개 구간 누가우량 ΣR_{t_i} 계산; $R_{t_i} = \frac{180}{2.5}\left(\frac{2.5}{t_i}\right)^{2/3}(t_i)$;

제1구간; $\Sigma R_{0.5}$ =105.26mm$\left[=\frac{180}{2.5}\left(\frac{2.5}{0.5}\right)^{2/3}(0.5)\right]$, 제2구간; $\Sigma R_{1.0} = 132.63$mm,

제3구간; $\Sigma R_{1.5} = 151.82$mm, 제4구간; $\Sigma R_{2.0}$ =167.10mm$\left[=\frac{180}{2.5}\left(\frac{2.5}{2.0}\right)^{2/3}(2.0)\right]$,

제5구간; $\Sigma R_{2.5}$ =180.00mm(누가우량)

---

③ 시간구간 (0.5h) 우량의 계산;

• 시간구간(0.5h간격) 누가우량 R_{t_i};

$R_{0\sim0.5} = 105.26$mm, $R_{0.5\sim1.0} = 132.63-105.26=27.37$mm,

$R_{1.0\sim1.5} = 151.82-132.63=19.19$mm, $R_{1.5\sim2.0} = 167.10-151.82=15.28$mm,

$R_{2.0-2.5} = 12.90$mm

---

④ 계산된 0.5시간 구간별 우량은 **그림 예7.10.1**과 같이 **전진형, 중앙집중형** 등의 시간분포로 배치시킨다.

(3) **유효우량 산정**

① NRCS 방법에 의한 유효우량의 산정은 유역의 토양－피복형과 AMC 조건에 따라 유출곡선지수 CN 결정←본 유역은 AMC-III 조건하에 CN=80으로 가정하고 다음 식을 이용하여 구한다.

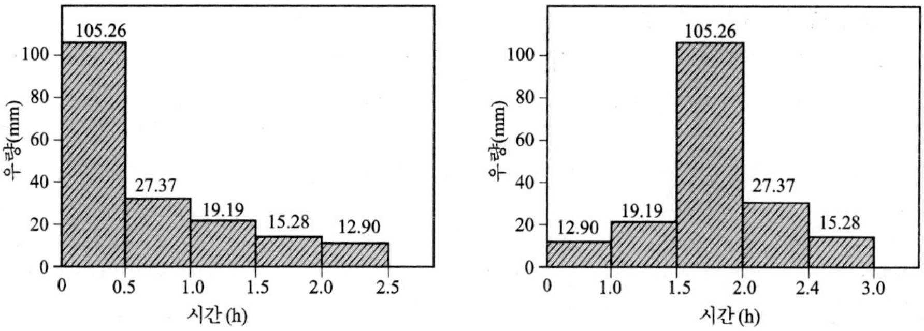

(a) 전진형 (b) 중앙집중형

그림 예7.10.1 총강우량의 시간적 분포

② $\overline{R} = [(P-0.2S)^2/P+0.8S]$ (에서 $S=[(25{,}400/CN)-254)]$

$= [(25,400/80)-254] = 63.5\text{mm}) = [(P-0.2\times 63.5)^2/P+0.8\times 63.5]$ (예7.10)

$=[(P-12.7)^2/P+50.8]$

③ 식 (예7.10)에 의한 그림 예7.10의 0.5시간 단위 누가우량별 누가유효우량을 식 (예7.10)로 계산하면 **표 예7.10.2**, **표 예7.10.3**과 같다.

표 예7.10.2 전진형의 시간구간별 유효우량계산

시간구간 t_i(h) (시간분포 우량 ; mm)	0~0.5 (105.26)	0.5~1.0 (27.37)	1.0~1.5 (19.19)	1.5~2.0 (15.28)	2.0~2.5 (12.90)
누가우량 ΣR_{t_i}(mm)	105.26	132.63 (=105.26+27.37)	151.82	167.10 (=151.82+15.28)	180.00
누가 유효우량 $\Sigma \overline{R}_{t_i}$(mm)	54.90= $[\frac{(105.26-12.7)^2}{105.26+50.8}]$	78.41	95.52= $[\frac{(151.82-12.7)^2}{151.82+50.8}]$	109.41	121.27
시간구간 유효우량 $\overline{R}_{t_i}$(mm)	54.90 (=5.490cm)	23.51(=2.351cm) (=78.41−54.90)	17.11 (=1.711cm)	13.89(=1.389cm) (=109.41−95.52)	11.86 (=1.186cm)

표 예7.10.3 중앙집중형의 시간구간별 유효우량계산

시간구간 t_i(h) (시간분포 우량 ; mm)	0~0.5 (12.90)	0.5~1.0 (19.19)	1.0~1.5 (105.26)	1.5~2.0 (27.37)	2.0~2.5 (15.28)
누가우량 ΣR_{t_i}(mm)	12.90	32.09	137.35 (=32.09+105.26)	164.72 (=137.35+27.37)	180.00
누가유효우량 $\Sigma \overline{R}_{t_i}$(mm)	0= $[\frac{(12.90-12.7)^2}{12.90+50.8}]$	4.54	82.58= $[\frac{(137.35-12.7)^2}{137.35+50.8}]$	107.23	121.27
시간구간 유효우량 $\overline{R}_{t_i}$(mm)	0 (=0.000cm)	4.54 (=0.454cm)	78.04(=7.804cm) (=82.58−4.54)	24.65(=2.465cm) (=107.23−82.58)	14.04 (=1.404cm)

(4) **설계 총유출수문곡선 유도**

① 표 예7.10.2와 표 예7.10.3에 계산된 시간구간별 유효우량을 표 예7.10.1의 0.5시간 단위 유량도에 적용하여 계산한 설계홍수 수문곡선은 표 예7.10.4, 표 예7.10.5와 같다.

표 예7.10.4 전진형의 설계홍수수문곡선 합성

시간 (h)	U.G (m^3/s)	U.G × 5.490	U.G × 2.351	U.G × 1.711	U.G × 1.389	U.G × 1.186	기저유량 (m^3/s)	총유량 (m^3/s)
0.0	0.00	0.00	0.00	0.00	0.00	0.00	5	5.00
0.5	0.50	2.74	0.00	0.00	0.00	0.00	5	7.74
1.0	2.40	13.18	1.18	0.00	0.00	0.00	5	19.36
1.5	6.60	36.23	5.64	0.86	0.00	0.00	5	47.73
2.0	13.10	71.92	15.52	4.11	0.69	0.00	5	97.24
2.5	18.70	102.66	30.80	11.29	3.33	0.59	5	153.67
3.0	20.60	113.09	43.96	22.41	9.17	2.85	5	196.48
3.5	18.90	103.76	48.43	32.00	18.20	7.83	5	215.22
4.0	16.00	87.84	44.43	35.25	25.97	15.54	5	214.03
4.5	13.50	74.12	37.62	32.34	28.61	22.18	5	199.87
5.0	11.40	62.59	31.74	27.38	26.25	24.43	5	177.39
5.5	9.60	52.70	26.80	23.10	22.22	22.42	5	152.24
6.0	8.10	44.47	22.57	19.51	18.75	18.98	5	129.28
6.5	6.90	37.88	19.04	16.43	15.83	16.01	5	110.19
7.0	5.80	31.84	16.22	13.86	13.33	13.52	5	93.77
7.5	4.90	26.90	13.64	11.81	11.25	11.39	5	79.99
8.0	4.10	22.51	11.52	9.92	9.58	9.61	5	68.14
8.5	3.50	19.22	9.64	8.38	8.06	8.18	5	58.48
9.0	3.00	16.47	8.23	7.02	6.81	6.88	5	50.41
9.5	2.50	13.73	7.05	5.99	5.69	5.81	5	43.27
10.0	2.10	11.53	5.88	5.13	4.86	4.86	5	37.26
10.5	1.80	9.88	4.94	4.28	4.17	4.15	5	32.42
11.0	1.50	8.24	4.23	3.59	3.47	3.56	5	28.09
11.5	1.30	7.14	3.53	3.08	2.92	2.97	5	24.64
12.0	1.10	6.04	3.06	2.57	2.50	2.49	5	21.66
12.5	0.90	4.94	2.59	2.22	2.08	2.13	5	18.96
13.0	0.80	4.39	2.12	1.88	1.81	1.78	5	16.98
13.5	0.70	3.84	1.88	1.54	1.53	1.54	5	15.33
14.0	0.60	3.29	1.65	1.37	1.25	1.30	5	13.86
14.5	0.50	2.75	1.41	1.20	1.11	1.07	5	12.54
15.5	0.40	2.20	1.18	1.03	0.97	0.95	5	11.33
15.5	0.30	1.65	0.94	0.86	0.83	0.83	5	10.11
16.0	0.30	1.65	0.71	0.68	0.69	0.71	5	9.44
16.5	0.20	1.10	0.71	0.51	0.56	0.59	5	8.47
17.0	0.00	0.00	0.47	0.51	0.42	0.47	5	6.87
17.5	0.00	0.00	0.00	0.34	0.42	0.36	5	6.12
18.0	0.00	0.00	0.00	0.00	0.28	0.36	5	5.64
18.5	0.00	0.00	0.00	0.00	0.00	0.24	5	5.24
19.0	0.00	0.00	0.00	0.00	0.00	0.00	5	5.00

표 예7.10.5 중앙집중형의 설계홍수수문곡선 합성

시간 (h)	U.G (m^3/s)	U.G × 0.0	U.G × 0.454	U.G × 7.804	U.G × 2.465	U.G × 1.404	기저유량 (m^3/s)	총유량 (m^3/s)
0.0	0.00	0.00	0.00	0.00	0.00	0.00	5	5.00
0.5	0.50	0.00	0.00	0.00	0.00	0.00	5	5.00
1.0	2.40	0.00	0.23	0.00	0.00	0.00	5	5.23
1.5	6.60	0.00	1.09	3.90	0.00	0.00	5	9.99
2.0	13.10	0.00	3.00	18.73	1.23	0.00	5	27.96
2.5	18.70	0.00	5.95	51.51	5.92	0.70	5	69.08
3.0	20.60	0.00	8.49	102.23	16.27	3.37	5	135.36
3.5	18.90	0.00	9.35	145.93	32.29	9.27	5	201.84
4.0	16.00	0.00	8.58	160.76	46.10	18.39	5	238.83
4.5	13.50	0.00	7.26	147.50	50.78	26.25	5	236.79
5.0	11.40	0.00	6.13	124.86	46.59	28.92	5	211.50
5.5	9.60	0.00	5.18	105.35	39.44	26.53	5	181.50
6.0	8.10	0.00	4.36	88.97	33.28	22.46	5	154.07
6.5	6.90	0.00	3.68	74.92	28.10	18.95	5	130.65
7.0	5.80	0.00	3.13	63.21	23.66	16.00	5	111.00
7.5	4.90	0.00	2.63	53.85	19.97	13.48	5	94.93
8.0	4.10	0.00	2.22	45.26	17.01	11.37	5	80.86
8.5	3.50	0.00	1.86	38.24	14.30	9.69	5	69.09
9.0	3.00	0.00	1.59	32.00	12.08	8.14	5	58.81
9.5	2.50	0.00	1.36	27.31	10.11	6.88	5	50.66
10.0	2.10	0.00	1.14	23.41	8.63	5.76	5	43.94
10.5	1.80	0.00	0.95	19.51	7.39	4.91	5	37.76
11.0	1.50	0.00	0.82	16.39	6.16	4.21	5	32.58
11.5	1.30	0.00	0.68	14.05	5.18	3.51	5	28.42
12.0	1.10	0.00	0.59	11.71	4.44	2.95	5	24.69
12.5	0.90	0.00	0.50	10.15	3.70	2.53	5	21.88
13.0	0.80	0.00	0.41	8.58	3.20	2.11	5	19.30
13.5	0.70	0.00	0.36	7.02	2.71	1.83	5	16.92
14.0	0.60	0.00	0.32	6.24	2.22	1.54	5	15.32
14.5	0.50	0.00	0.27	5.46	1.97	1.26	5	13.96
15.5	0.40	0.00	0.23	4.68	1.94	1.12	5	12.97
15.5	0.30	0.00	0.18	3.90	1.48	0.98	5	11.54
16.0	0.30	0.00	0.14	3.12	1.23	0.84	5	10.33
16.5	0.20	0.00	0.14	2.34	0.99	0.70	5	9.17
17.0	0.00	0.00	0.09	2.34	0.74	0.56	5	8.73
17.5	0.00	0.00	0.00	1.56	0.74	0.42	5	7.72
18.0	0.00	0.00	0.00	0.00	0.49	0.42	5	5.91
18.5	0.00	0.00	0.00	0.00	0.00	0.28	5	5.28
19.0	0.00	0.00	0.00	0.00	0.00	0.00	5	5.00

② 총강우량의 시간적 분포가 **표 예7.10.2**와 같이 전진형일 때의 계획홍수량은 **표 예7.10.4**에서와 같이 215.22m^3/s이고, **표 예7.10.3**의 중앙집중형일 때는 **표 예7.10.5**와 같이 238.83m^3/s로 나타났다. 이는 NRCS의 방법에 의한 유효우량 산정공식은 초기의 강우량이 크면 손실우량도 크게 계산되기 때문이다.

③ **표 예7.10.4**와 **예7.10.5**의 관계를 합성시켜 설계홍수 수문곡선을 유도하면 **그림 예7.10.2**와 같은 결과를 얻는다.

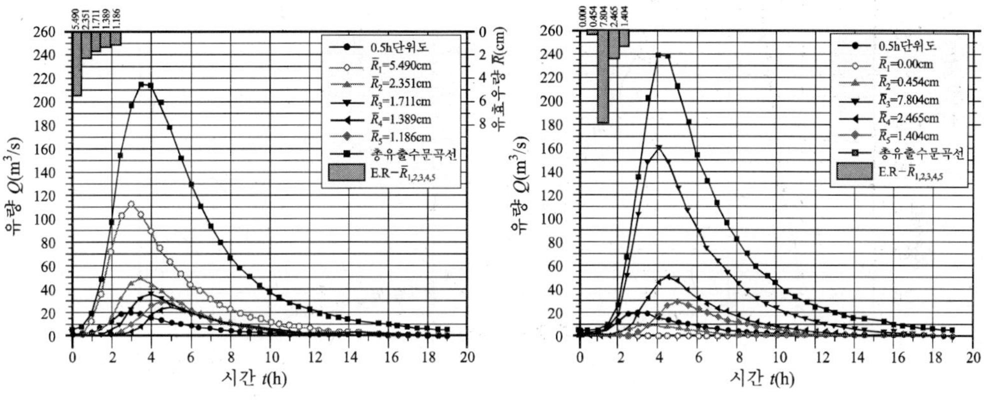

그림 예7.10.2 설계홍수수문곡선 합성

④ 이들 결과의 확연한 비교를 위해 하나의 관계곡선으로 작성하면 **그림 예7.10.3**과 같은 결과를 얻는다.

(5) **계획 홍수량의 결정**

따라서, **단위도법**에 의한 100년 빈도 **계획홍수량**은 238.83≒240m^3/s로 결정한다.

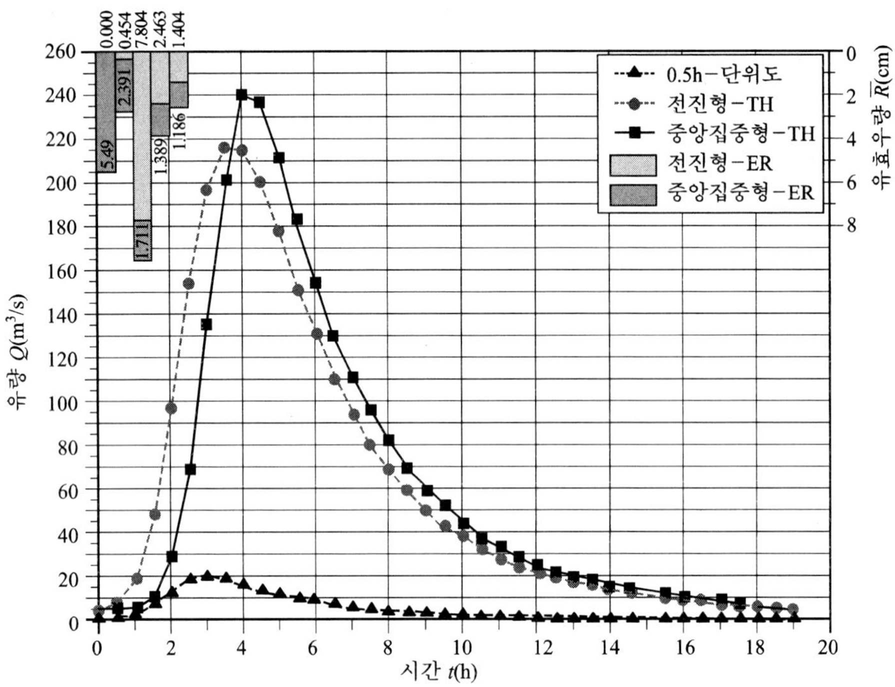

그림 예7.10.3 강우시간의 분포에 따른 첨두 홍수량 비교

예제 7.11

한강유역의 어떤 하천 하류부에 사력댐(계획홍수량의 120% 적용) 건설을 위한 200년 빈도인 24시간 강우량은 빈도 해석에 의해 328.7mm로 계산되었다. 댐 유역의 4시간 대표 단위도가 표 예7.11.1과 같다. 이 유역의 (강우)지속시간 누가백분율에 대한 강우량 누가백분율은 표 예7.11.2와 같으며, 평균유출곡선지수는 80이며, 기저유량은 30m^3/s이다. 저수지 저류효과에 의해 유입 첨두유량은 40% 감소된다고 할 때 다음 사항에 답하시오【단, 유효우량(cm) · 강우량(mm) · 유(출)량(m^3/s)=소수 3자리 이하 버림 하여 계산】.

1. NRCS UH에 의한 유효우량의 산정
2. 홍수 유입수문곡선의 유도
3. 댐 여수로의 설계 홍수량 산정
4. 유효우량을 포함한 홍수 유입수문곡선의 작성

표 예7.11.1 4시간 대표 단위도

시간(h)	단위도종거(m^3/s)	시간(h)	단위도종거(m^3/s)	시간(h)	단위도종거(m^3/s)
0	0	16	183	32	30
4	14	20	128	36	21
8	72	24	87	40	10
12	190	28	53	44	0

표 예7.11.2 강우시간(지속기간)과 강우량 누가백분율

시간구간 t_i(h)	0~4	4~8	8~12	12~16	16~20	20~24
강우시간 누가백분율 $[t_i/t_{24}^{200}(100)]$(%)	16.7	33.3	50.0	66.7	83.3	100
강우량누가백분율 $[R_{t_i}/R_{24}^{200}(100)]$(%)	34.5	56.4	78.6	83.2	91.7	100

[풀이]

1. NRCS UH에 의한 유효우량의 산정

(1) 강우시간(지속기간)·강우량백분율을 이용해 시간구간 누가우량은 다음 식을 이용하여 표 예7.11.3과 같이 구하고, 이를 사용해 시간구간 누가우량을 구한다.

① $S = \dfrac{25,400}{CN} - 254 = \dfrac{25,400}{80} - 254 = 63.50\text{mm}$ (예7.11a)

② $\overline{R} = \dfrac{(P-0.2S)^2}{P+0.8S} = \dfrac{(P-0.2\times 63.5)^2}{P+0.8\times 63.5} = \dfrac{(P-12.7)^2}{P+50.8}$ (예7.11b)

표 예7.11.3 시간구간 유효우량의 산정

ⓐ 시간구간 t_i(h)	0~4	4~8	8~12	12~16	16~20	20~24
ⓑ 강우시간 누가백분율 $[t_i/t_{24}^{200}(100)](\%)(=x\%)$	16.7	33.3	50.0	66.7	83.3	100
ⓒ 강우량누가백분율 $[R_{t_i}/R_{24}^{200}(100)](\%)(=y\%)$	34.5	56.4	78.6	83.2	91.7	100
ⓓ 누가우량 ΣR_{t_i}(mm)	0.345×328.7 =113.40	0.564×328.7 =185.38	258.35	273.47	301.41	328.70
ⓔ 누가유효우량 $\Sigma\overline{R}_{t_i}$(mm)	$\dfrac{(113.40-12.7)^2}{113.40+50.8}$ **=61.75**	126.25	195.19	$\dfrac{(273.47-12.7)^2}{273.47+50.8}$ **=209.70**	236.65	263.12
ⓕ 시간구간 유효우량 $\overline{R}_{t_i}$(cm)	**61.75** (=6.17cm)	64.5(=6.45) (=126.25−61.75)	68.94 (=6.89)	14.51(=1.45) (=209.70−195.19)	26.95 (=2.69)	26.47 (=2.64)

③ 강우시간(지속기간) 누가백분율(%)과 강우량 누가백분율(%) 관계

㈎ 강우시간 누가백분율(%)에서 임의 지속기간 t_i는 다음과 같이 계산한다(표 예7.11.3ⓑ 참조).

㉮ 임의 지속기간 t_i 계산; $[t_i/t_{24}^{200}(100)]\%(=x\%)=33.3\%$ $(\leftarrow t_{24}^{200}=24\text{h})\rightarrow(t_i/24)(100)$ $=33.3(\%)$

㉯ $\therefore t_i=33.3(0.01)(24)]=8$시간

㈏ 강우량 누가백분율(%)에서 임의 시간 t_i(=8시간)의 누가 강우량 ΣR_{t_i}는 다음과 같이 계산한다.

㉮ 임의 시간 t_i=8시간의 누가 강우량 ΣR_{t_i} 계산; $[R_{t_i}/R_{24}^{200}(100)](\%)(=y\%)=56.4\%$ $(\leftarrow R_{24}^{200}=328.7\text{mm})\rightarrow(R_{t_i}/328.7)(100)=56.4(\%)$

㉯ $\therefore\ \Sigma R_{t_i}=56.4(0.01)(328.7)=185.38\text{mm}$(표 예7.11.3ⓓ 참조)

(2) 시간구간 유효우량의 산정

① 누가우량 ΣR_{t_i}에 대한 유효우량 $\Sigma \overline{R}_{t_i}$의 계산은 식 (예7.11b)를 이용한다.

㈎ $\therefore\ \Sigma \overline{R}_{t_i}=\dfrac{(P-12.7)^2}{P+50.8}[\leftarrow P(=\Sigma R_{t_i})185.38\text{mm}]=\dfrac{(185.38-12.7)^2}{185.38+50.8}=126.25\text{mm}$

㈏ $\therefore\ \Sigma \overline{R}_{t_i}=126.25\text{mm}$(표 예7.11.3ⓔ 참조)

② 시간구간 유효우량 $\overline{R}_{t_i}$(cm) 계산은 표 예7.11.3ⓕ를 참조한다.

㈎ 시간구간 t_i=4~8시간 유효우량은 해당 누가유효우량에서 이전 시간구간까지의 누가유효우량을 제외하여 다음과 같이 구한다.

㈏ $\therefore \overline{R}_{4-8}=\Sigma\overline{R}_8-\Sigma\overline{R}_4=126.25-61.75=64.5\text{mm}(=6.45\text{cm})$

2. 홍수 유입수문곡선의 유도

(1) 표 예7.11.1의 대표단위도를 이용해 표 예7.11.4의 총 유입수문곡선의 유도한다.

(2) 이는 표 11.7.3에서 구한 유효우량을 표 예7.11.1의 대표단위도 종거에 (해당 지속기간을 지체시켜) 곱하고, 기저유량을 더하는 중첩 과정을 통해 표 예7.11.4의 총 유입량을 구한다.

3. 댐 여수로의 설계 홍수량 산정

(1) 사력댐의 계획홍수량=200년 빈도 첨두(최대 유입량) 홍수량의 120%

① 표 예7.11.4; 최댓값 총유입량$=3,451.27\text{m}^3/\text{s}$ 결정

② $Q_p=3,451.27\times1.2=4,141.524\fallingdotseq4,141.52\text{m}^3/\text{s}$ 결정 $\therefore Q_p=4,141.52\text{m}^3/\text{s}$

(2) 댐 여수로 설계홍수량 결정→사력댐 **계획 홍수량의** 60%로 결정

① Q_D= 4,141.52×0.6=2,484.91m³/s 결정

② ∴ Q_D=2,485m³/s

표 예7.11.4 총 유입수문곡선의 유도

시간 (h)	단위도종거 (m³/s)	UH×6.17	UH×6.45	UH×6.89	UH×1.45	UH×2.69	UH×2.64	기저유량 (m³/s)	총유입량 (m³/s)
0	0	0	0	0	0	0	0	30	30.00
4	14	86.38	0	0	0	0	0	30	116.38
8	72	444.24	90.30	0	0	0	0	30	564.54
12	190	1172.30	464.40	96.46	0	0	0	30	1,763.16
16	183	1129.11	1225.50	496.08	20.30	0	0	30	2,900.99
20	128	789.76	1180.35	1309.10	104.40	37.66	0	30	3,451.27
24	87	536.79	825.60	1260.87	275.50	193.68	36.96	30	3,159.40
28	53	327.01	561.15	881.92	265.35	511.10	190.08	30	2,766.61
32	30	185.10	341.85	599.43	185.60	492.27	501.60	30	2,335.85
36	21	129.57	193.50	365.17	126.15	344.32	483.12	30	1,671.83
40	10	61.70	135.45	206.70	76.85	234.03	337.92	30	1,082.65
44	0	0	64.50	144.69	43.50	142.57	229.68	30	654.94
48			0	68.90	30.45	80.70	139.92	30	349.97
52				0	14.50	56.49	79.20	30	180.19
56					0	26.90	55.44	30	112.34
60						0	26.40	30	56.40
64							0	30	30.00

4. 유효우량을 포함한 홍수 유입수문곡선의 작성

(1) **표 예11.7.4**의 유효우량 주상도와 홍수 유입수문곡선의 적성결과는 **그림 예11.7**과 같다.

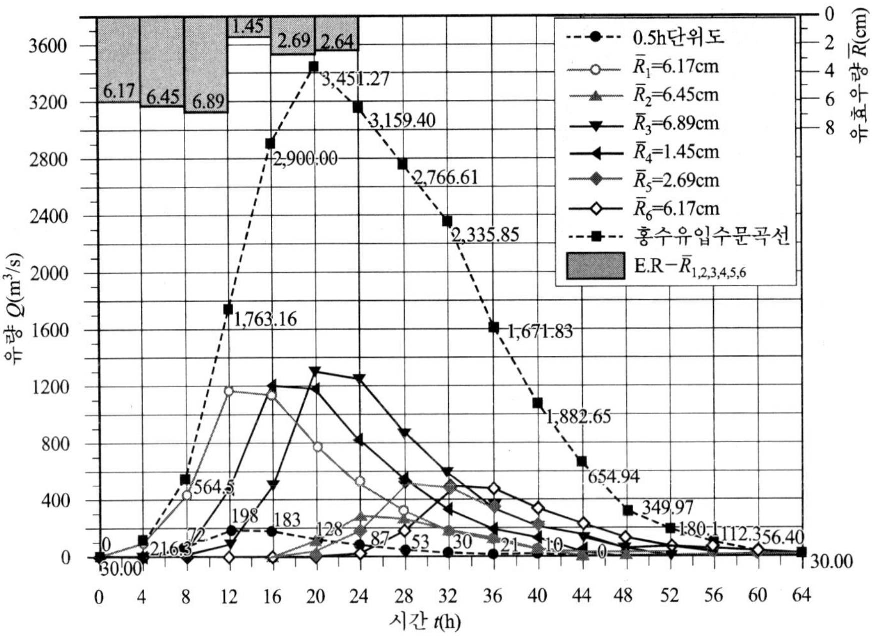

그림 예11.7 유효우량 주상도와 홍수 유입수문곡선

예제 7.12

어떤 하천의 하류구간에 사력댐 건설을 위한 200년 빈도 24시간 강우량이 빈도해석에 의해 426mm로 결정되었으며, 이 댐 유역의 유출수문곡선을 분석한 결과 4시간 대표 단위도는 표 예7.12.1과 같이 유도되었다. 시간구간(지속기간) 임의비율의 누가백분률에 대한 강우량 누가백분률과 Huff (4분위법) 3분위분포의 지속기간 누가백분률에 대한 강우량 누가백분률은 각각 표 예7.12.2, 예7.12.3과 같다. 평균유출곡선지수는 85이고, 기저유량이 20.0m^3/s일 때 NRCS의 유효우량 산정방법을 이용하여 다음 사항에 답하시오【단, 지속기간 · 강우량 누가백분률(%), 강우량(mm)=소수점 이하 버림, 유효우량(cm) · 유(출)량(m^3/s)=소수 2자리 이하 버림 계산】.

1. 표 예7.12.2를 이용한 다음 사항
   (1) 지속기간 임의비율의 누가백분률에 대한 강우량 누가백분률 관계도 작성(그림 예7.12.1 이용)
   (2) 표 예7.12.2와 1(1)항의 작성 결과 그래프를 이용한 시간구간 유효우량 산정
   (3) 1(2)항의 결과를 적용하여 표를 만들어 ① 유효우량 계산 ② 총수문곡선 종거 계산하고, 그 결과는 그림 예7.12.2를 이용하여 ③ 유효우량 주상도 작성 ④ 총유출수문곡선 작성

(4) 첨두유량의 120%인 댐 계획홍수량 결정

(5) 댐 계획홍수량의 35% 감소된 댐 여수로 설계 홍수량 결정

2. 표 예7.12.3을 이용한 다음 사항

(1) Huff 법 3분위분포의 지속기간 누가백분률과 강우량 누가백분률 관계도 작성(그림 예 7.12.1 이용)

(2) 1(1)①항과 2(1)①항 사례의 결과 비교

(3) 1(2)~(5)항과 같은 방법을 적용한 해당 값의 산정 · 작성

3. 1항과 2항의 결과 비교 · 정리

(1) 1(4), (5)항과 2(3)항 결과[로 얻는 2(4), (5)항]의 결과 비교와 그래프 작성

표 예7.12.1 4시간 대표 단위도

시간(h)	단위도종거(m^3/s)	시간(h)	단위도종거(m^3/s)	시간(h)	단위도종거(m^3/s)
0	0	12	196	24	88
4	15	16	213	28	41
8	74	20	187	32	0

표 예7.11.2 강우시간(지속기간)과 강우량 누가백분율

시간구간 t_i(h)	0~4	4~8	8~12	12~16	16~20	20~24
지속기간 누가백분률 $[t_i/t_{24}^{200}$(100)](%)	16	33	50	66	83	100
강우량 누가백분률 $[R_{t_i}/R_{24}^{200}$(100)](%)	33	55	77	85	93	100

표 예7.12.3 Huff 법 3분위분포의 지속기간 누가백분률과 강우량 누가백분률 관계

지속시간 누가백분률 $[t_i/t_{24}^{200}$(100)](%)	0	10	20	30	40	50	60	70	80	90	100
강우량 누가백분률 $[R_{t_i}/R_{24}^{200}$(100)](%)	0	4	10	20	27	36	53	76	89	96	100

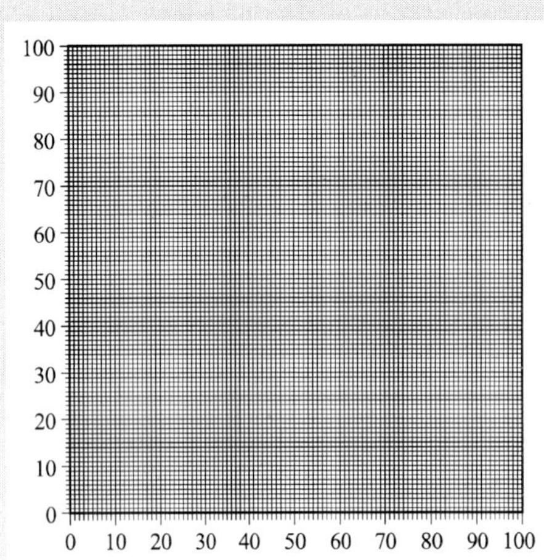

그림 예7.12.1 지속기간 누가백분률 vs. 강우량 누가백분률 관계도 작성

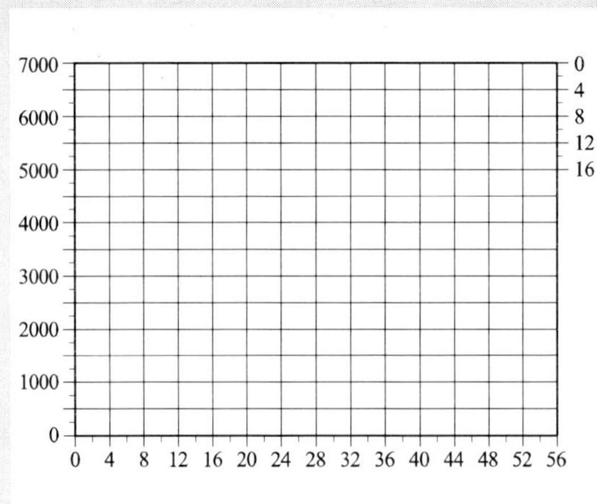

그림 예7.12.2 유효우량 주상도와 총유출수문곡선 작성

[풀이]

1. 표 예7.12.2를 이용한 다음 사항

   (1) 지속기간 임의비율의 누가백분률에 대한 강우량 누가백분률 관계도 작성(그림 예7.12.1 이용)

   ① 그림 예7.12.1을 이용한 표 예7.12.2의 지속기간 임의비율의 누가백분율 vs. 강우량 누가백분률 관계도를 작성한다.

   ② 1(1)①항의 관계도 작성 결과는 그림 예7.12.3(a)와 같다.

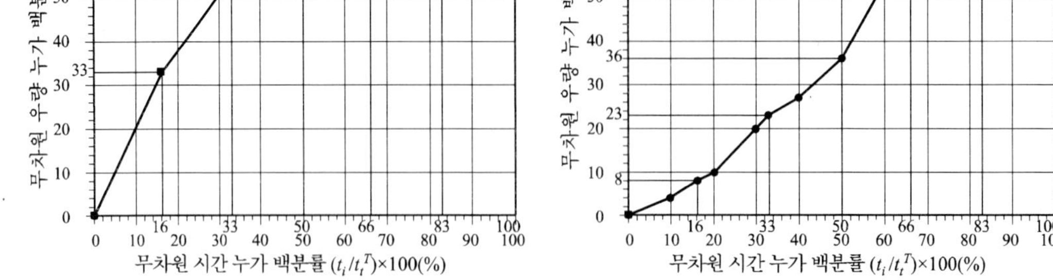

(a) 임의 비율분포 (b) Huff 법 3분위분포

그림 예7.12.3 지속기간 백분률 vs. 강우량 누가백분률 관계도

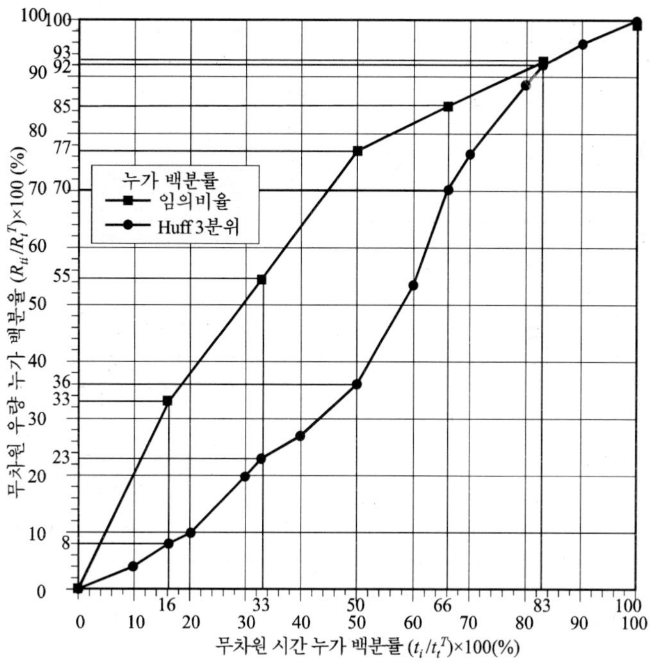

그림 예7.12.4 그림 예7.12.3의 지속기간·강우량 백분률 사례 비교

(2) **표 7.12.2**와 1(1)항의 작성 결과 그래프를 이용한 시간구간 유효우량 산정

① 잠재 최대 침투량 $S=\dfrac{25,400}{CN}-254$ (예7.12.1a)

② 유효우량 $\overline{R}=\dfrac{(P-0.2S)^2}{P+0.8S}$ (예7.12.1b)

③ 식 (예7.12.1a), (예7.12.1b)를 이용하여 유효우량 산정식을 얻는다.

④ $S=\dfrac{25,400}{CN}-254=\dfrac{25,400}{85}-254=44.8\text{mm}$

$\overline{R}=\dfrac{(P-0.2S)^2}{P+0.8S}=\dfrac{(P-0.2\times44.8)^2}{P+0.8\times44.8}=\dfrac{(P-8.9)^2}{P+35.8}$ (예7.12.1c)

⑤ 유효우량 산정은 식 (예7.12.1a), (예7.12.1b)로부터 유도된 식 (예7.12.1c)를 이용해 구한다.

⑥ 식 (예7.12.1c)에 의한 시간구간 유효우량의 계산 결과는 **표 예7.12.4ⓕ**와 같고, 그 예의 일부는 다음과 같다.

1) 지속기간(=시간구간) 0~4시의 유효우량 ;

$\overline{R}_{0\sim4}=\dfrac{(P-8.9)^2}{P+35.8}=\dfrac{(141-8.9)^2}{(141+35.8)}=99\text{mm}=9.9\text{cm}$

표 예7.12.4 시간구간 유효우량의 산정

ⓐ 시간구간(지속기간) t_i(h)	0~4	4~8	8~12	12~16	16~20	20~24
ⓑ 지속기간 누가백분율 t_i/t_{24}^{200}(100)(%)	16	33	50	66	83	100
ⓒ 강우량 누가백분율 R_{t_i}/R_{24}^{200}(100)(%)	33	55	77	85	93	100
ⓓ 누가우량 ΣR_{t_i}(mm)	0.33×426= 141	0.55×426= 234	0.77×426= 328	362	396	426
ⓔ 누가유효우량 $\Sigma \overline{R}_{t_i}$(mm)	99	188	280	313	347	377
ⓕ 시간구간 유효우량 $\overline{R}_{t_i}$(cm)	(97mm) 9.9	(187−98=89mm) 8.9	(279−187=92mm) 9.2	(34mm) 3.4	(34mm) 3.4	(29mm) 3.0

2) 지속기간 8~12시의 시간구간 유효우량 계산 ;

(가) 표 예7.12.4ⓔ의 8~12시까지 누가유효우량

$$\Sigma\overline{R}_{8\sim12}=\frac{(328-8.9)^2}{(328+35.8)}=280\text{mm}=28\text{cm}$$

(나) 표 예7.12.4ⓕ의 8~12시까지 시간구간 유효우량 $\overline{R}_{8\sim12}$=280−188=92mm=9.2cm

⑦ 이들 계산 결과를 정리하면 각 시간구간의 유효우량은 표 예7.12.4ⓕ와 같다.

(3) 1(2)항의 결과를 적용하여 표를 만들어 ① 유효우량 계산 ② 총수문곡선 종거 계산하고, 그 결과는 그림 7.12.2를 이용하여 ③ 유효우량 주상도 작성 ④ 총유출수문곡선 작성

① 표 예7.12.4ⓕ의 유효우량을 표 예7.12.1의 단위도 종거에 지속기간별로 해당 시간 지체 후 곱한다.

② 1(3)①항의 결과는 표 예7.12.5ⓒ~ⓗ와 같이 계산한 후 기저유량인 표 예7.12.5ⓘ를 더해 (중첩시켜) 표 예7.12.5ⓙ의 총유출수문곡선을 유도한다.

③ 유도된 유효우량과 총유출량은 그림 예7.12.4(a)와 같이 작성함으로써 총유출수문곡선이 유도된다.

(4) 첨두유량의 120%인 댐 계획홍수량 결정

① 표 예7.12.5ⓙ에서 첨두 유출량은 5,872.8m^3/s이다.

② 댐 계획홍수량은 첨두 유출량의 120%로 결정하기로 하였으므로 5,835.4×1.2 =7,047.3m^3/s 이다.

(5) 댐 계획홍수량의 35% 감소된 댐 여수로 설계 홍수량 결정

① 댐 여수로의 설계 홍수량은 댐 계획홍수량의 35% 감소된 값으로 결정한다.

② ∴ 댐 여수로의 설계 홍수량은 7,047.3×65=4,580.7m^3/s이다.

표 예7.12.5 유효우량과 총 유출수문곡선의 유도

ⓐ 시간 (h)	ⓑ 종거 (m^3/s)	ⓒ UH×9.9	ⓓ UH×8.9	ⓔ UH×9.2	ⓕ UH×3.4	ⓖ UH×3.4	ⓗ UH×3.0	ⓘ 기저유량 (m^3/s)	ⓙ 총유출량 (m^3/s)
0	0	0						20.0	20.0
4	15	148.5	0					20.0	168.5
8	74	732.6	134	0.0				20.0	886.1
12	196	1,940.4	659	138.0	0			20.0	2,757.0
16	213	2,108.7	1,744	680.8	51	0		20.0	4,604.9
20	**187**	**1,851.3**	**1,896**	**1,803.2**	**251.6**	**51**	**0.0**	**20.0**	**5,872.8**
24	88	871.2	1,664	1,959.6	666.4	251.6	45.0	20.0	5,478.1
28	41	405.9	783	1,720.4	724.2	666.4	222.0	20.0	4,542.1
32	0	0	365	809.6	635.8	724.2	588.0	20.0	3,142.5
36			0	377.2	299.2	635.8	639.0	20.0	1,971.2
40				0.0	139.4	299.2	561.0	20.0	1,019.6
44					0	139.4	264.0	20.0	423.4
48						0	123.0	20.0	143.0
52							0.0	20.0	20.0

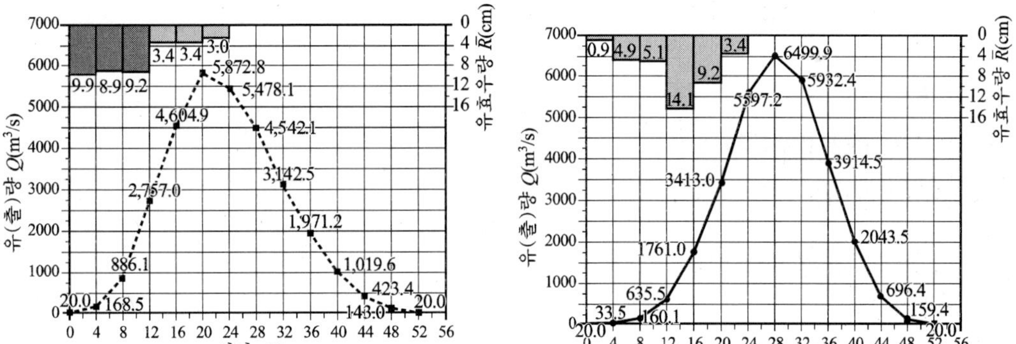

(a) 임의 비율분포 (b) Huff 법 3분위 분포

그림 예7.12.4 지속기간 누가백분률 vs. 강우량 누가백분률 관계도

2. 표 예7.12.3을 이용한 다음 사항

(1) Huff 법 3분위분포의 지속기간 누가백분률과 강우량 누가백분률 관계도 작성(그림 예7.12.1 이용)

① 그림 예7.12.1을 이용한 표 예7.12.3의 Huff 법 3분위분포의 지속기간 누가백분률 vs. 강우량 누가백분률 관계도를 작성한다.

② 2(1)①항의 관계도 작성 비교 결과는 그림 예7.12.3(b)와 같다.

(2) 1(1)①항과 2(1)①항 사례 결과의 비교

① 지속기간·강우량 누가백분률 분포의 상이에 따른 총유출량의 크기변화는 **표 예7.12.5**와 **예7.12.6**, **그림 예7.12.4**와 **예7.12.5**의 결과 비교에서 확인할 수 있다.

② 이들 결과에서 첨두유량은 임의비율의 경우 5,872.8m^3/s, Huff 법의 경우 6,499.9m^3/s로 나타났다.

③ 따라서, 강우량의 시간분포는 유출량에 미치는 영향이 아주 크다는 것을 알 수 있다.

(3) 1(2)~(5)항과 같은 방법을 적용한 해당 값의 산정·작성

① 식 (예7.12.1c)에 의한 시간구간 유효우량의 계산 결과는 **표 예7.12.6**ⓕ와 같다.

(4) (2)항의 결과를 적용하여 표를 만들어 ① 유효우량 계산 ② 총수문곡선 종거 계산하고, 그 결과는 **그림 7.12.2**를 이용하여 ③ 유효우량 주상도 작성 ④ 총유출수문곡선 작성

① **표 예7.12.6**ⓕ의 유효우량을 **표 예7.12.1**의 단위도 종거에 지속기간별로 (해당시간) 지체 후 곱한다.

② 위 ①의 결과는 **표 예7.12.7**ⓒ~ⓗ와 같이 계산한 후 기저유량인 **표 예7.12.7**ⓘ를 더해(중첩시켜) **표 예7.12.7**ⓙ의 총유출수문곡선을 유도한다.

③ 유도된 유효우량과 총유출량은 **그림 예7.12.4(b)**와 같이 작성함으로써 총유출수문곡선이 유도된다.

(5) 첨두유량의 120%인 댐 계획홍수량 결정

① **표 예7.12.7**ⓙ에서 첨두 유출량은 **6,499.9**m^3/s이다.

② 댐 계획홍수량은 첨두 유출량의 120%로 결정하기로 하였으므로 **6,499.9**×1.2=**7,799.8**m^3/s이다.

표 예7.12.6 시간구간 유효우량의 산정

ⓐ 시간구간(지속기간) t_i(h)	0~4	4~8	8~12	12~16	16~20	20~24
ⓑ 지속기간 누가백분율 t_i/t_{24}^{200}(100)(%)	16	33	50	66	83	100
ⓒ 강우량 누가백분율 R_{t_i}/R_{24}^{200}(100)(%)	8	23	36	70	92	100
ⓓ 누가우량 ΣR_{t_i}(mm)	0.08×426= 34	0.23×426= 97	0.36×426= 153	298	391	426
ⓔ 누가유효우량 $\Sigma \overline{R}_{t_i}$(mm)	9	58	109	250	342	376
ⓕ 시간구간 유효우량 $\overline{R}_{t_i}$(cm)	(9mm) 0.9	(58−9=49mm) 4.9	(109−58=51mm) 5.1	(141mm) 14.1	(92mm) 9.2	(34mm) 3.4

표 예7.12.7 총 유출수문곡선의 유도

ⓐ 시간 (h)	ⓑ 종거 (m^3/s)	ⓒ UH×0.9	ⓓ UH×4.9	ⓔ UH×5.1	ⓕ UH×14.1	ⓖ UH×9.2	ⓗ UH×3.4	ⓘ 기저유량 (m^3/s)	ⓙ 총유출량 (m^3/s)
0	0	0.0	-	-	-	-	-	20.0	20.0
4	15	13.5	0.0	-	-	-	-	20.0	33.5
8	74	66.6	73.5	0.0	-	-	-	20.0	160.1
12	196	176.4	362.6	76.5	0.0	-	-	20.0	635.5
16	213	191.7	960.4	377.4	211.5	0.0	-	20.0	1,761.0
20	187	168.3	1,043.7	999.6	1,043.4	138.0	0.0	20.0	3,413.0
24	88	79.2	916.3	1,086.3	2,763.6	680.8	51.0	20.0	5,597.2
28	**41**	**36.9**	**431.2**	**953.7**	**3,003.3**	**1,803.2**	**251.6**	**20.0**	**6,499.9**
32	0	0.0	200.9	448.8	2,636.7	1,959.6	666.4	20.0	5,932.4
36			0.0	209.1	1,240.8	1,720.4	724.2	20.0	3,914.5
40				0.0	578.1	809.6	635.8	20.0	2,043.5
44					0.0	377.2	299.2	20.0	696.4
48						0.0	139.4	20.0	159.4
52							0.0	20.0	20.0

(6) 댐 계획홍수량의 35% 감소된 댐 여수로 설계 홍수량 결정

① 여수로의 설계 홍수량은 계획홍수량의 35% 감소된 값으로 **7,799.8**×0.65=**5,069.8**m^3/s 이다.

3. 1항과 2항의 결과 비교·정리

(1) 1(4), (5)항과 2(3)항 결과[로 얻는 2(4), (5)항]의 결과 비교와 그래프 작성

① 1항 (4), (5)번의 결과 비교·정리;

1) 댐 계획홍수량 $Q_{(o-p)dam}$와 여수로 설계 홍수량 $Q_{(o-p)spillway}$는 다음과 같이 결정되었다.

2) ∴ $Q_{(o-p)dam}$=7,047.3m^3/s이고, $Q_{(o-p)spillway}$=4,580.7m^3/s이다.

② 2항 (5), (6)번의 결과 비교;

1) 댐 계획홍수량 $Q_{(H-3)dam}$과 여수로 설계 홍수량 $Q_{(H-3)spillway}$는 다음과 같이 결정되었다.

2) ∴ $Q_{(H-3)dam}$=**7,799.8**m^3/s이고, $Q_{(H-3)spillway}$=**5,069.8**m^3/s이다.

(2) 1항과 2항의 (4), (5)번 결과 그래프 작성

① 지속기간 임의비율 누가백분율에 대한 강우량 누가백분율과 Huff 법의 3분위 분포 중 50% 초과확률에 대한 유효우량과 총유출수문곡선은 **그림 예7.12.5**와 같이 유도되었다.

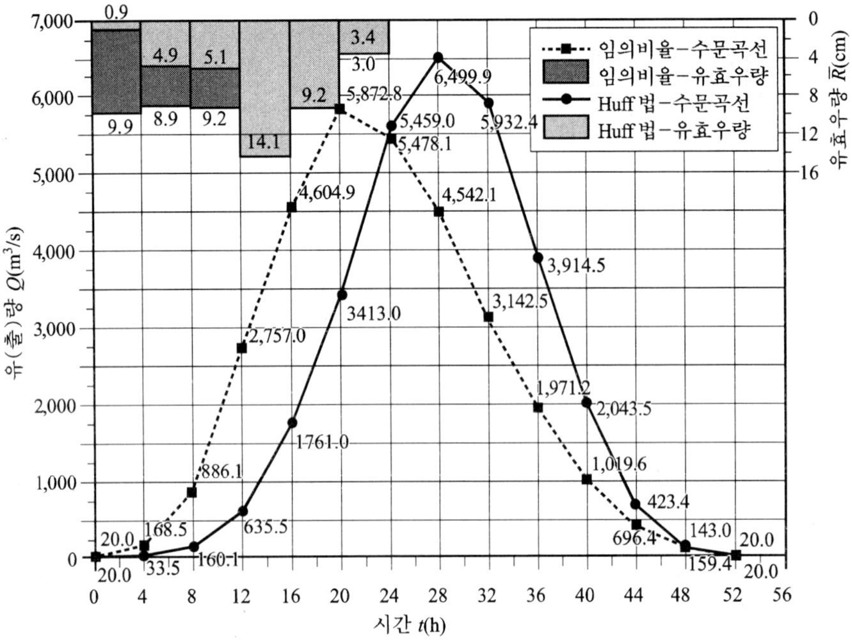

그림 예7.12.5 임의 비율분포와 Huff 법 3분위분포의 총유출수문곡선 비교

예제 7.13

그림 7.10(국토해양부, 2012)의 A -I-1 소유역에 대해 그림 예7.13.2(a)와 같이 지속기간 6시간인 NRCS UH를 적용한 결과, 첨두시간 18시에서 첨두유량 $60\text{m}^3/\text{s}$, 기저시간 54시간이 유도되었다. NRCS UH를 이용하여 기저유량이 $15\text{m}^3/\text{s}$인 어떤 시기의 처음 6시간에 2.5cm, 그 다음 6시간에 3.5cm의 초과 강우가 생겼을 때 다음 사항에 답하시오.

1. 홍수수문곡선의 유도
2. 첨두 홍수량의 결정

[풀이]

0. 제4장의 4.2.4(4)에서 간단히 소개한 것과 같이 소구역 유출량 산정은 NRCS UH를 이용할 수 있다.

   (1) NRCS UH는 **그림 예7.13.2**와 같이 간단하게 유도할 수 있다.

   (2) **그림 예7.13.2(a)**의 NRCS UH는 다음 식과 같이 첨두시간 T_p와 첨두유량 Q_p를 이용해 소유역의 유출량을 간단히 구하는 방법이다.

$$Q_p = 2.08\frac{A}{T_p} \qquad \text{(예7.13.1a)}$$

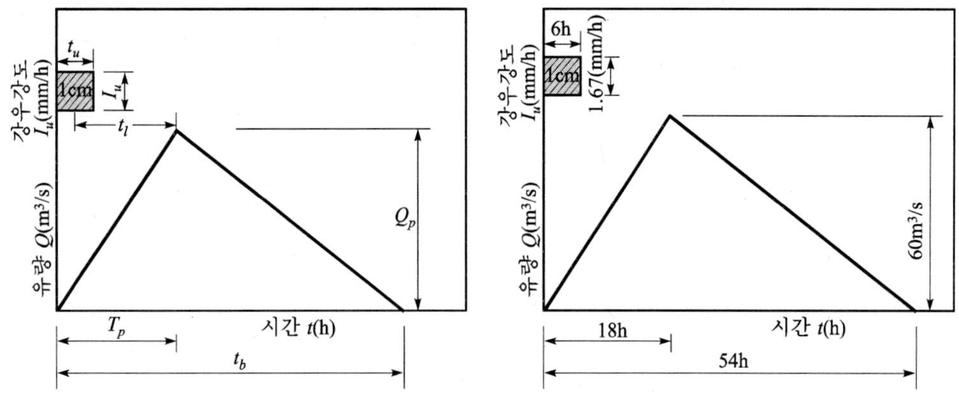

그림 예7.13.2 NRCS UH 응용

$$T_p = \frac{t_{u1}}{2} + t_l = \frac{t_{u1}}{2} + 0.6t_c \qquad (\text{예}7.13.1b)$$

여기서 T_p=첨두시간(h)이고, Q_p=첨두유량(m^3/s)이며, A=유역면적(km^2), t_l=지체시간(=$0.6t_c$), t_c=도달시간, $t_b(=2.67T_p)$=기저시간이다.

1. 홍수수문곡선의 유도
   (1) I유역[유역추적←하도추적 제외(∵$A<250km^2$)]
      ① $Q_{PI1}=Q_{AI1}$←합성단위도 등 적용; 소구역 유출량 산정 Q_{AI1}⇐NRCS UH **이용**
      ② NRCS UH의 유도 결과; 그림 예7.13.2(b), 표 예7.13

표 예7.13 NRCS UH에서 유도된 홍수유출수문곡선

ⓐ 시간(h)	ⓑ 6시간 단위도 종거(m^3/s)	ⓒ 2.5×(6UH) (m^3/s)	ⓓ 3.5×(6UH) (m^3/s)	ⓔ 기저유량 (m^3/s)	ⓕ 홍수수문곡선 (m^3/s)
0	0	0	0	15	15
6	20	50	0	15	65
12	40	100	70	15	185
18	60	150	140	15	305
24	50	125	210	15	350
30	40	100	175	15	290
36	30	75	140	15	230
42	20	50	105	15	170
48	10	25	70	15	110
54	0	0	35	15	50
60			0	15	15

㈎ 추적시간 **표 예7.13ⓐ** 유도; **그림 예7.13.3** 이용, 기저시간 54시간을 6시간 단위로 추적(나눠)해 단위도 종거[비례식으로 계산; 18:60=6:$x \rightarrow x$=20m^3/s, 30h⇒(54−30):x=36:60→:x=40m^3/s] **표 예7.13ⓑ** 산정

㈏ 초과우량 2.5cm, 3.5cm에 대한 직접유출수문곡선 **표 예7.13ⓒ, ⓓ** 유도

㈐ 기저유량 **표예7.13ⓔ**를 ⓒ, ⓓ에 더해 총유츌수문곡선 **표 예7.13ⓕ** 유도

2. 첨두 홍수량의 결정

(1) **표 예7.13**과 같이 첨두 홍수량=350m^3/s로 결정한다.

예제 7.14

유역면적이 작은 어떤 도외 지역에 기저시간 18시간인 2시간 NRCS UH의 첨두유량 6.0m^3/s는 강우시작 6시간 후에 발생되었다. 이 지역이 도시화됨에 따라 평균침투지수(infiltration index)가 10mm/h에서 5mm/h로 감소되었고, 기저시간은 12시간으로 줄었다. 이 지역에 강우시작 4시간 후에 16.0m^3/s의 첨두유량에 도달하는 설계 강우(design storm)는 2시간 간격의 연속된 2개의 강우강도가 25mm/h, 20mm/h이다. 다음 사항에 답하시오.

1. 도시화로 인한 첨두유출량의 증가율 계산
2. 도시화로 인한 직접유출 용적의 증가율 계산
3. 도시화 전 · 후의 단위도와 총직접유출수문곡선 작성

[풀이]

1. 도시화로 인한 첨두유출량의 증가율 계산

(1) 도시화로 인한 첨두유출량(m^3/s)의 증가율(%) 계산

① 우선 주어진 조건을 이용해 단위도를 작성하고 분석한다.

1) 도시화 전·후의 기저시간, 첨두유량을 결정하여 단위도를 작성한다

㈎ 도시화 전의 단위도는 첨두시간 t_p=6시간이고, 기저시간 t_b=18시간이며, 첨두유량 Q_p=6.0m^3/s를 이용해 **그림 예7.14.1**(b)와 같이 단위도를 작성한다.

㈏ 도시화 후의 단위도는 첨두시간 t_p=4시간이고, 기저시간 t_b=12시간이며, 첨두유량 Q_p=16.0m^3/s를 이용해 **그림 예7.14.1**(g)와 같이 단위도를 작성한다.

② 도시화 전·후의 단위도 종거·유효우량 산정

1) 도시화 전·후의 단위도 종거(m^3/s)는 각각 **표 예7.14.1ⓑ, ⓖ**와 **그림 예7.14**(b), (g)와 같다.

2) 도시화 전·후의 유효우량 산정

㈎ 도시화 전의 유효우량 계산

㉮ $\overline{R}_{(c)} = (P_1 - F_1)[=(I_1 - \phi_1)\text{mm/h}]t_r = (\dfrac{25-10}{h})\times 2\text{h} = 3\text{cm}$; **표 예7.14.1ⓒ**

㉯ $\overline{R}_{(d)}=(P_2-F_2)[=(I_2-\phi_2)\text{mm/h}]t_r=(\frac{20-10}{h})\times 2\text{h}=2\text{cm}$; **표 예7.14.1ⓓ**

㉰ 이들 결과는 **그림 예7.14**(c), (d)와 같다.

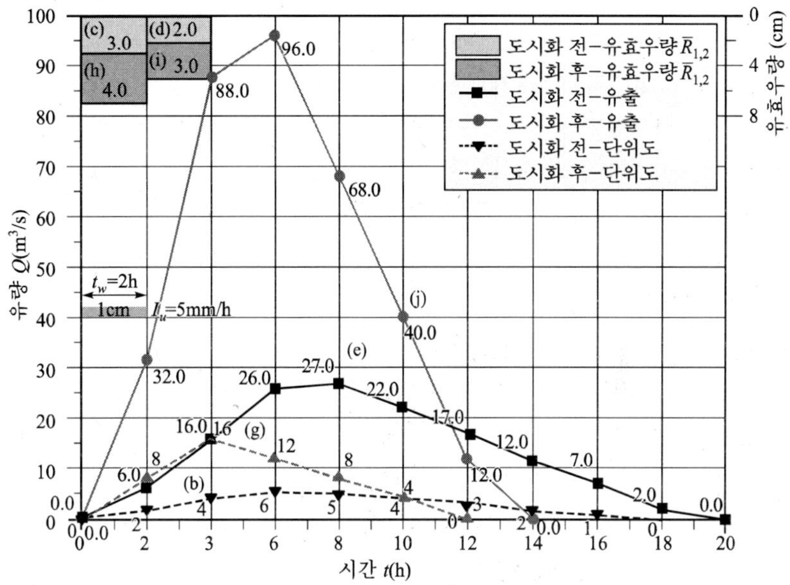

그림 예7.14 도시화 전·후 NRCS UH와 직접유출 수문곡선

표 예7.14.1 도시화 전·후의 직접유출수문곡선 유도

(a) 도시화 전					(b) 도시화 후				
ⓐ 시간 (h)	ⓑ 종거 (m³/s)	ⓒ $\overline{R}_1=3.0$ (cm)	ⓓ $\overline{R}_2=2.0$ (cm)	ⓔ Q_{di} (m³/s)	ⓕ 시간 (h)	ⓖ 종거 (m³/s)	ⓗ $\overline{R}_1=4.0$ (cm)	ⓘ $\overline{R}_2=3.0$ (cm)	ⓙ Q_{di} (m³/s)
0	0	0	-	0	0	0	0	-	0
2	2	6	0	6	2	8	32	0	32
4	4	12	4	16	4	16	64	24	88
6	6	18	8	26	6	12	48	48	**96**
8	5	15	12	**27**	8	8	32	36	68
10	4	12	10	22	10	4	16	24	40
12	3	9	8	17	12	0	0	12	12
14	2	6	6	12	14			0	0
16	1	3	4	7	합				336
18	0	0	2	2					
20			0	0					
합				135					

㈏ 도시화 후의 유효우량 계산

㉮ $\overline{R}_{(h)}=(P_1-F_1)[=(I_1-\phi_1)\text{mm/h}]t_r=\left(\dfrac{25-5}{h}\right)\times 2\text{h}=4\text{cm}$; **표 예7.14.1ⓗ**

㉯ $\overline{R}_{(i)}=(P_2-F_2)[=(I_2-\phi_2)\text{mm/h}]t_r=\left(\dfrac{20-5}{h}\right)\times 2\text{h}=3\text{cm}$; **표 예7.14.1ⓘ**

㉰ 이들 결과는 **그림 예7.14(h), (i)**와 같다.

(2) 도시화 전·후의 첨두유출량(m^3/s) 계산

① 도시화 전·후의 직접유출수문곡선은 **표 예7.14.1ⓔ, ⓙ**와 **그림 예7.14(e), (j)**와 같이 유도한다.

② 첨두유량의 증가량(율)을 계산한다.

1) 유도된 **표 예7.14.1ⓔ, ⓙ**의 직접유출 수문곡선을 이용한다.

2) **표 예7.14.2**와 같이 도시화 전·후의 첨두량을 비교하고 증가율을 계산한다.

(3) 도시화로 인한 첨두유출량(m^3/s)의 증가율(%) 계산

표 예7.14.2 도시화로 인한 첨두유량과 증가율 계산

내용	도시화 전	도시화 후
첨두유량(m^3/s)	27	96
첨두유량 증가율(%)	$\dfrac{96-27}{27}(100)=255$	

① ∴ 도시화로 인한 첨두유량의 증가율은 255%이다.

2. 도시화로 인한 직접유출 용적의 증가율 계산

(1) 도시화로 인한 직접유출 용적(m^3)은 **표 예7.14.1**을 이용하여 계산한다.

① 도시화 전·후의 직접유출 용적 비교와 그 증가율은 **표 예7.14.3**과 같다.

표 예7.14.3 도시화로 인한 직접유출 용적과 증가율 계산

내용	도시화 전	도시화 후
총직접유출 용적(m^3)	$135\text{m}^3/\text{s}\times 2\text{h}[(60\times 60)\text{s/h}]$ $=972{,}000$	$336\text{m}^3/\text{s}\times 2\text{h}[(60\times 60)\text{s/h}]$ $=2{,}419{,}200$
직접유출 용적 증가량(m^3)	$2{,}419{,}200-972000=1{,}447{,}200$	
직접유출 용적 증가율(%)	$\dfrac{1{,}447{,}200}{972{,}000}(100)=148$	

② ∴ 도시화로 인한 직접유출 용적의 증가율은 148%이다.

3. 도시화 전·후의 단위도와 총직접유출수문곡선 작성

(1) 도시화 전·후의 단위도 계산과 그래프 작성

① 도시화 전의 단위도 종거는 **표 예7.14.1ⓑ**와 같고, 그래프는 **그림 예7.147(b)**와 같이 작성한다.

② 도시화 후의 단위도 종거는 **표 예7.14.1ⓕ**와 같고, 그래프는 **그림 예7.14(g)**와 같이 작성한다.

(2) 도시화 전·후의 총직접유출수문곡선 작성

① 도시화 전의 총직접유출수문곡선은 **표 예7.14.1ⓔ**와 같고, 그래프는 **그림 예7.14(e)**와 같다.

② 도시화 후의 총직접유출수문곡선은 **표 예7.14.1ⓙ**와 같고, 그래프는 **그림 예7.14(j)**와 같다.

예제 7.15

교재의 위쪽을 상류로 하는 2개 유역 중 상류 유역은 가로 26km×세로 9km이고, 하류 유역은 그 하단 가로선에서 세로 8km로 구성되어 있다. 2018년 8월 10일 00:00~03:00, 03:00~06:00까지 호우가 상류 유역에 80mm, 90mm, 하류유역에 90mm, 80mm 발생되었다. 이 2개 유역의 기저유량은 5m^3/s이고, 유출곡선지수는 75이며, 저류상수는 4시간, 가중상수는 0.2이다. 또한 3시간 지속기간인 NRCS UH의 첨두시간은 9시간이고, 첨두유량은 30m^3/s이며, 기저시간은 27시간이다. 설계홍수량 산정요령(국토해양부, 2012)과 홍수량 산정 표준지침(환경부, 2019)을 적용하여 상하류 유역 경계(가로)선의 중앙점과 하류 경계선의 중앙 출구(점)에 대해 다음 사항에 답하시오【단, 유역추적= NRCS UH 적용, 하도추적=Muskingum 방법 적용, 유량(m^3/s)=소수 2자리 이하 버림, 유효우량(cm)=소수 3자리 이하 버림, Muskingum 방법의 가중계수=소수 2자리인 계수의 합이 1.00이 되도록 소수 3자리에서 각각 반올림 또는 버림하여 계산】.

1. 주어진 조건의 유역도 작성(스케치)
2. 단위도의 유도
3. 유효우량의 산정
4. 출구점의 설계홍수량 결정
5. 2018.08.10., 00:00~08.11., 24:00까지 출구(점)의 유효우량 주상도와 총유출수문곡선 작성

[풀이]

1. 주어진 조건의 유역도 작성(스케치)

(1) 주어진 조건에 맞게 유역도를 작성 (스케치)하면 **그림 예7.15.1**과 같다.

(2) **그림 예7.15.1**에서 상류유역; $A_{\text{I-1}}$= 가로 26km×세로 9km =234km^2 <250km^2(←하도추적 제외)

① ∴ NRCS UH 유도 ⇨$Q_{\text{I-1}}(=Q_{A\text{I-1}})$ 추적 결과는 **표 예7.15.1**과 같다.

(3) **그림 예7.15.1**에서 하류유역; $A_{\text{II-1}}$가로 26km×세로 8km =208km^2 <250km^2(←하도추적 제외)

① ∴ NRCS UH 유도 ⇨ $Q_{A\text{II-1}}(=Q_{(208)})$ 추적 결과는 **표 예7.15.2**와 같다.

(4) **그림 예7.15.1**에서 출구점; 유역면적 (234+208=) 442km^2 >250km^2←하도추적 포함)

① ∴하도추적(Muskingum 방법) 추가 ⇨ Q_{442} 추적 결과는 **표 예7.15.3**과 같다.

② $A_{\text{II-1}}$ 유역의 출구 Q_{II1} 유출량은 소구역 추적 $Q_{\text{II-1}}(=Q_{(208)})$+하도추적 $Q_{L(\text{I1}\sim\text{II1})}$[=$Q_{L234}$]을 합성(=중첩)한다.

③ 그 결과는 **표 예7.15.4**와 같다.

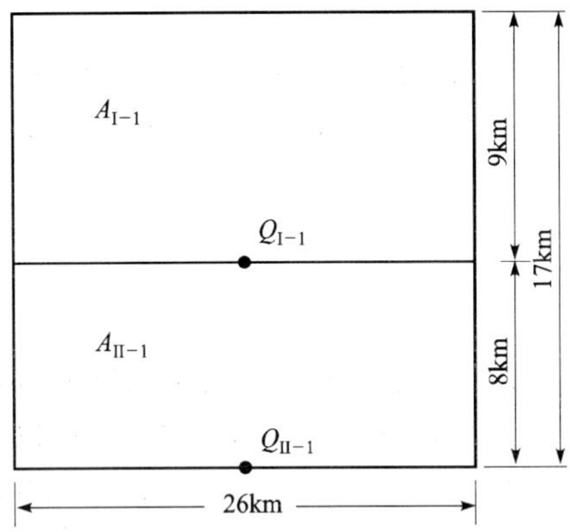

그림 예7.15.1 유역도 작성(스케치)

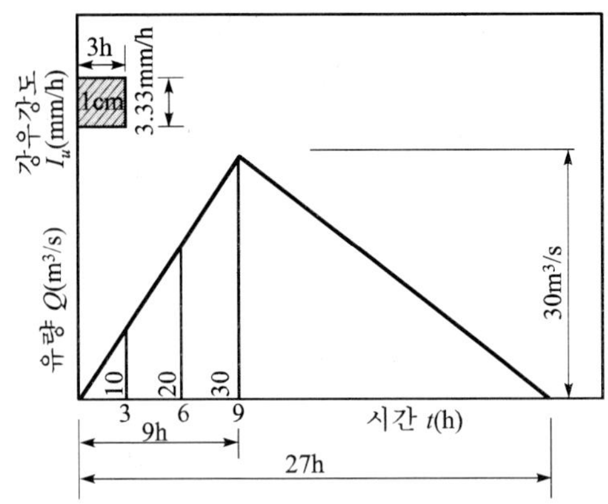

그림 예7.15.2 3h NRCS UH의 유도 결과

2. 단위도의 유도

(1) 첨두시간=9시간, 유량=30m^3/s, 기저시간=27시간, 지속기간=3시간인 NRCS UH를 유도한다.

(2) NRCS UH 유도 결과는 **그림 예7.15.2**와 같다.

(3) Q_p=30m^3/s, T_p=9h, t_b=27h, t_u=3h일 때 **그림 예7.15.2**를 이용해 **표 예7.15.1**과 같이 단위도의 종거를 구한다.

표 예7.15.1 3시간 단위도의 종거 유도

시간(h)	0	3	6	9	12	15	18	21	24	27
단위종거(m^3/s)	0	10	20	30	25	20	15	10	5	0

3. 유효우량의 산정

(1) 상류유역; 가로 26km×세로 9km =234km^2 <250km^2(←하도추적 제외); **표 예7.15.1**

(2) 유효우량 산정; NRCS의 유출곡선지수 이용;

(3) $\overline{R}=\dfrac{(P-0.2S)^2}{P+0.8S}\left[\leftarrow S=\dfrac{25400}{CN}-254=\dfrac{25400}{75}-254=84.6\text{mm}\right]$

$$=\frac{(P-0.2\times 84.6)^2}{P+0.8\times 84.6}=\frac{(P-16.92)^2}{P+67.68}$$

(가) P_1=80mm; $\overline{R}_{\text{I}}=\dfrac{(P_1-16.92)^2}{P_1+67.68}=\dfrac{(80-16.92)^2}{80+67.68}$=26.94mm=2.69cm

(나) P_2=90mm; $\overline{R}_{\text{I}}=\dfrac{(P_2-16.92)^2}{P_2+67.68}=\dfrac{(90-16.92)^2}{90+67.68}$=33.87mm=3.38cm

4. 출구점의 설계홍수량 결정

① NRCS UH에 의한 유역추적 수행 결과는 **표 예7.15.2**와 같다.

② 하류유역; 가로 26km×세로 8km =208km^2 <250km^2(←하도추적 제외) ∴ NRCS UH 유도 결과는 표 예7.15.3과 같다.

㈎ Q_p=30m^3/s, T_p=9h, t_b=27h, t_u=3h⇒단위도 종거 계산

㈏ P_1=90mm; $\overline{R}_I = \dfrac{(P_1-16.92)^2}{P_1+67.68} = \dfrac{(90-16.92)^2}{90+67.68}$ =33.87mm=3.38cm

㈐ P_2=80mm; $\overline{R}_I = \dfrac{(P_2-16.92)^2}{P_2+67.68} = \dfrac{(80-16.92)^2}{80+67.68}$ =26.90mm=2.69cm

표 예7.15.2 NRCS 삼각형 합성단위도로부터 유도된 Q_{234}점의 홍수유출수문곡선

ⓐ 시간 (h)	ⓑ 3시간 단위도 종거(m^3/s)	ⓒ 2.69×(3UH) (m^3/s)	ⓓ 3.38×(3UH) (m^3/s)	ⓔ 기저유량 (m^3/s)	ⓕ 홍수유출수문곡선 (m^3/s)
0	0	0.0		5	5.0
3	10	26.9	0	5	31.9
6	20	53.8	33.8	5	92.6
9	30	80.7	67.6	5	153.3
12	25	67.2	101.4	5	173.6
15	20	53.8	84.5	5	143.3
18	15	40.3	67.6	5	112.9
21	10	26.9	50.7	5	82.6
24	5	13.4	33.8	5	52.2
27	0	0.0	16.9	5	21.9
30			0	5	5.0

표 예7.15.3 NRCS UH로부터 유도된 Q_{208}점의 홍수유출수문곡선

ⓐ 시간 (h)	ⓑ 3시간 단위도 종거(m^3/s)	ⓒ 3.38×(3UH) (m^3/s)	ⓓ 2.69×(3UH) (m^3/s)	ⓔ 기저유량 (m^3/s)	ⓕ 홍수유출수문곡선 (m^3/s)
0	0	0.0	0.0	5	5.0
3	10	33.8	0.0	5	38.8
6	20	67.6	26.9	5	99.5
9	30	101.4	53.8	5	160.2
12	25	84.5	80.7	5	170.2
15	20	67.6	67.3	5	139.9
18	15	50.7	53.8	5	109.5
21	10	33.8	40.4	5	79.2
24	5	16.9	26.9	5	48.8
27	0	0.0	13.5	5	18.5
30			0.0	5	5.0

③ Muskingum 방법에 의한 하도추적은 **표 예7.15.4**와 같다.

(가) 하류유역 출구까지 유역면적이 250km^{2}보다 크기 (234+208=442km^2) 때문에 하도추적에 의해 유출량 산정

(나) Q_{L234}의 Muskingum에 의한 하도추적; Δt=3h, K=4h, x=0.2

【$2Kx$[=2(4)(0.2)=1.6h] < Δt=3h】

(다) $O_2 = C_1 I_1 + C_2 I_2 + C_3 O_1 = 0.49 I_1 + 0.15 I_2 + 0.36 O_1$

㉮ $C_1 = \dfrac{\Delta t + 2Kx}{\Delta t + 2K - 2Kx} = \dfrac{3+2(4)(0.2)}{3+2(4)-2(4)(0.2)} = \dfrac{4.6}{9.4} = 0.49$

㉯ $C_2 = \dfrac{\Delta t - 2Kx}{\Delta t + 2K - 2Kx} = \dfrac{3-2(4)(0.2)}{3+2(4)-2(4)(0.2)} = \dfrac{1.4}{9.4} = 0.15$

㉰ $C_3 = \dfrac{-\Delta t + 2K - 2Kx}{\Delta t + 2K - 2Kx} = \dfrac{-3+2(4)-2(4)(0.2)}{4+2(4)-2(4)(0.2)} = \dfrac{1.8}{9.4} = 0.36$

④ 출구점($Q_{\text{II-1}}$)의 설계홍수량 $Q_{442}(=Q_{L234}+Q_{208})$로 결정하며, 그 결과는 **표 예7.15.5**와 같다.

5. 2018.08.10., 00:00~08.11., 24:00까지 출구(점)의 유효우량 주상도와 총유출수문곡선

(1) **표 예7.15.5**의 결과를 그래프로 작성하면 **그림 예7.15.3**을 얻는다.

(2) 첨두 홍수량은 314.2m^3/s이다.

표 예7.15.4 상류유역에서 하류유역으로 유출된 Q_{L234} 하도추적 유출수문곡선

ⓐ 시간(h)		ⓑ I(m^3/s)	ⓒ $0.15I_2$	ⓓ $0.49I_1$	ⓔ $0.36O_1$	ⓕ O_2(=ⓒ+ⓓ+ⓔ)
2018.08.10., 00:00	0	5.0	0.0	0.0	0.0	5.0
03:00	3	31.9	4.7	2.4	1.8	8.9
06:00	6	92.6	13.8	15.6	3.7	33.1
09:00	9	153.3	22.9	45.3	14.7	82.9
12:00	12	173.6	26.0	75.1	34.9	136.0
15:00	15	143.3	21.4	97.3	55.6	174.3
18:00	18	112.9	16.9	85.0	63.9	165.8
21:00	21	82.6	12.3	55.3	58.7	126.3
08.11., 24:00	24	52.2	7.8	40.4	48.7	96.9
03:00	27	21.9	3.2	25.5	36.9	65.6
06:00	30	5.0	0.7	10.7	24.5	35.9
09:00	33			2.4	12.9	15.3
12:00	36			0.0	5.5	5.5
15:00	39			0.0	1.9	1.9
18:00	42			0.0	0.6	0.6
21:00	45			0.0	0.2	0.2
24:00	48				0.0	0.0

표 예7.15.5 출구점의 설계홍수량[$Q_{442} = Q_{L234} + Q_{208}$] 계산

ⓐ 시간(h)		ⓑ Q_{L234}	ⓒ Q_{208}	ⓓ Q_{442}[=ⓑ+ⓒ]
2018.08.10., 00:00	0	5.0	5.0	10.0
03:00	3	8.9	38.8	47.7
06:00	6	33.1	99.5	132.6
09:00	9	82.9	160.2	243.1
12:00	12	136.0	170.2	306.2
15:00	15	174.3	139.9	314.2
18:00	18	165.8	109.5	275.3
21:00	21	126.3	79.2	205.5
08.11., 24:00	24	96.9	48.8	145.7
03:00	27	65.6	18.5	84.1
06:00	30	35.9	5.0	40.9
09:00	33	15.3	0.0	15.3
12:00	36	5.5	0.0	5.5
15:00	39	1.9	0.0	1.9
18:00	42	0.6	0.0	0.6
21:00	45	0.2	0.0	0.2
24:00	48	0.0	0.0	0.0

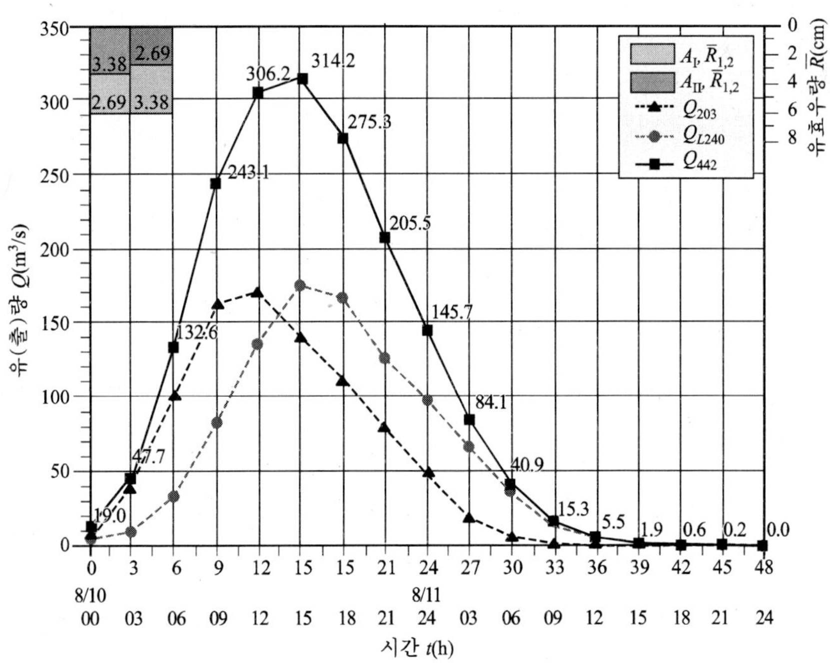

그림 예7.15.3 출구(점) Q_{442}의 유효우량주상도와 총유출수문곡선

예제 7.16

표 예7.16.1, 그림 예7.16.1 유역; 2019.08.01., 00:00~04:00, 04:00~08:00까지 호우가 각각 I 유역에 60mm, 80mm, II 유역에 70mm, 90mm 발생되었다. 이 2개 유역의 기저유량은 5m^3/s, 유출곡선지수는 75이며, 저류상수는 8시간, 가중상수는 0.2이다. 유효우량의 지속기간 4시간인 NRCS UH를 적용하고, 첨두시간 16시간이며, 기저시간 36시간을 이용하여 다음 사항에 답하시오【단, 유역추적=NRCS UH, 하도추적=Muskingum 방법 사용, 단위도 종거(m^3/s)=소수 이하 버림(정수), 유(출)량(m^3/s)=소수 2자리 이하, 유효우량(cm)·Muskingum 방법 가중계수=소수 2자리인 계수의 합이 1.00이 되도록 소수 3자리에서 각각 반올림 또는 버림하여 계산】.

1. NRCS UH (종거) 유도
2. 표를 이용하여 Q_{PI2}, Q_{PII1}의 총유출수문곡선 종거 유도와 최대 유량 결정
3. 2019.08.01.00:00~08.04.08:00까지 출구점의 유효우량 주상도와 총유출수문곡선 작성

표 예7.16.1 유역에 대한 수문자료

유역기호		홍수량 산정 지점기호	표고(Elevation)		Muskingum 방법의 유출량 산정식과 가중계수
분할유역	소유역		위치	고도(m)	
I	1	Q_{PI1}	a	212	$O_2 = C_1 I_1 + C_2 I_2 + C_3 O_1$ $C_1 = \dfrac{\Delta t + 2Kx}{\Delta t + 2K - 2Kx}$ $C_2 = \dfrac{\Delta t - 2Kx}{\Delta t + 2K - 2Kx}$ $C_3 = \dfrac{-\Delta t + 2K - 2Kx}{\Delta t + 2K - 2Kx}$
	2	Q_{PI2}	b		
II	1	Q_{PII1}	c	100	
			d		

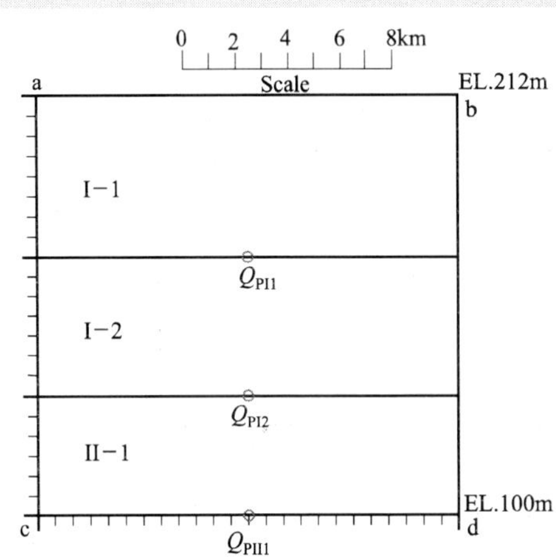

그림 예7.16.1 유역도

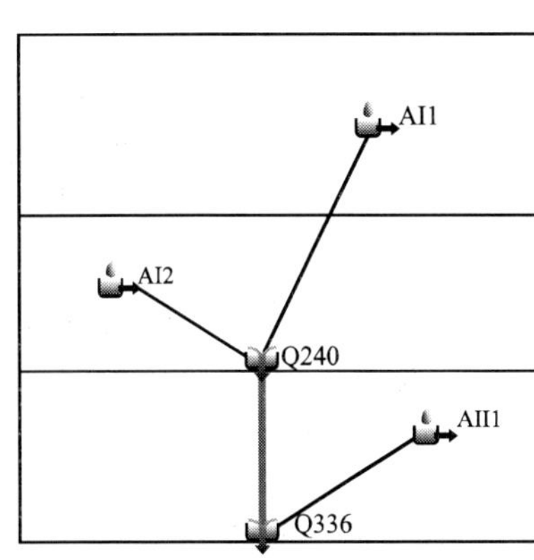

그림 예7.16.2 홍수추적의 수행 절차

[풀이]

0. 홍수추적 수행 절차

(1) 홍수추적 수행 절차는 **그림 예7.16.2**와 같다.

(2) 유역추적에는 NRCS UH를 적용하고, 하도추적에는 Muskingum 방법을 적용한다.

1. NRCS UH(종거) 유도; **그림 예7.16.2, 표 예7.16.2**

(1) NRCS UH 유도에는 **그림 예7.16.2, 표 예7.16.2**를 이용한다.

(2) 각 유역(Ⅰ, Ⅱ)·소구역(Ⅰ-1, Ⅰ-2, Ⅱ-1) 구분과 면적 계산

① 1개=중유역, 3개=소구역→면적 계산;

(가) $A_{I1}=B_{I1}L=8(16)=128\text{km}^2(<250\text{km}^2$; 하도추적 제외)⇒유역추적 Q_{AI1}

(나) $A_{I2}=B_{I2}L=7(16)=112\text{km}^2(<250\text{km}^2$; 하도추적 제외)⇒유역추적 Q_{AI2}

(다) $A_{II1}=B_{II1}L=6(16)=96\text{km}^2(<250\text{km}^2$; 하도추적 제외)⇒유역추적 $Q_{A\,II1}$

(3) $Q_{PI2}=Q_{AI1}+Q_{AI2}=Q_{240}(=128+112=240<250\text{km}^2)$⇨유역추적 Q_{240}

(4) $Q_{PII1}=$유역추적$[Q_{A\,II1}]+$하도추적$[Q_{240(LI\sim II)}=Q_{L240}](\because 128+112+96=336>250\text{km}^2)$

① $Q_{PII1}=Q_{336}$; T_p=16h, t_b=36h⇒Q_p=?

② 단위도 첨두유량 $Q_p=2.08\dfrac{A}{T_p}$

(가) $Q_{u(A\,I1)}=2.08(A_{I1}/T_p)=2.08(128/16)=16.64≒16\text{m}^3/\text{s}$

(나) $Q_{u(A\,I2)}=2.08(A_{I2}/T_p)=2.08(112/16)=14.56≒14\text{m}^3/\text{s}$

(다) $Q_{u(A\,II1)}=2.08(A_{II1}/T_p)=2.08(96/16)=12.48≒12\text{m}^3/\text{s}$

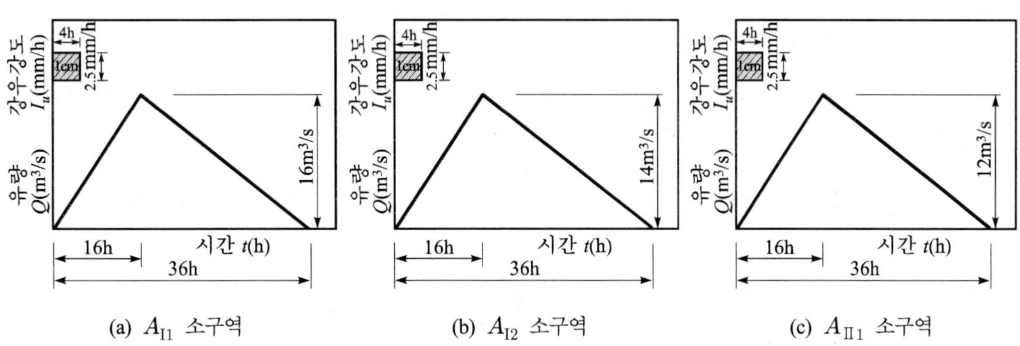

그림 예7.16.2 유역별 4h-NRCS UH 유도

③ 각 소구역에 적용할 3개 NRCS UH의 유도 결과는 **표 예7.16.2**와 같이 유도한다.

표 예7.16.2 유역별 4h-NRCS UH 종거

ⓐ 시간(h)	ⓑ $Q_{pu\,I\,1}$=16m³/s	ⓒ $Q_{pu\,I\,2}$=14m³/s	ⓓ $Q_{pu\,II\,1}$=12m³/s
0	0	0	0
4	4	3	3
8	8	7	6
12	12	10	9
16	16	14	12
20	12	11	9
24	9	8	7
28	6	5	4
32	3	2	2
36	0	0	0

2. 표를 이용하여, Q_{PI2}, Q_{PII1}의 총유출수문곡선 종거유도·최대 유량 결정

(1) Q_{PI2}의 수문곡선 종거 유도와 최대 유량 결정

① Q_{AI}의 유역추적에 의한 유출량 계산

(가) 표 예7.16.2ⓑ의 단위도 종거를 이용하여 홍수수문곡선을 표 예7.16.3과 같이 유도한다.

(나) Q_{AI1} 유역추적; 표 예7.16.2ⓑ의 단위도 종거를 이용하여 표 예7.16.3ⓕ를 유도한다.

(다) I 유역의 유효우량 산정은 2021.08.01., 00:00~04:00, 04:00~08:00까지 내린 호우 60mm, 80mm의 연속 강우에 의한다.

(라) NRCS UH를 적용하여 표 예7.16.3ⓒ, ⓓ와 같이 유도한다.

㉮ $\overline{R}_{I1} = \dfrac{(P-0.2S)^2}{P+0.8S}\left[\leftarrow S = \dfrac{25{,}400}{CN} - 254 = \dfrac{25{,}400}{75} - 254 = 84.6\text{mm}\right]$

$$= \frac{(P-0.2\times 84.6)^2}{P+0.8\times 84.6} = \frac{(P-16.92)^2}{P+67.68}$$

㉯ $P_1 = 60\text{mm};\ \overline{R}_{I1,1} = \dfrac{(P_1-16.92)^2}{P_1+67.68} = \dfrac{(60-16.92)^2}{60+67.68} = 14.5\text{mm} = 1.45\text{cm}$

㉰ $P_2 = 80\text{mm};\ \overline{R}_{I1,2} = \dfrac{(P_2-16.92)^2}{P_2+67.68} = \dfrac{(80-16.92)^2}{80+67.68} = 26.9\text{mm} = 2.69\text{cm}$

㉱ 각 시간별 유효유량은 $\overline{R}_{I1,1}$=1.45cm이고, $\overline{R}_{I1,2}$=2.69cm이며, 이를 이용해 유도된 홍수수문곡선 종거는 표 예7.16.3ⓕ와 같다.

표 예7.16.3 Q_{AI1} 홍수유출수문곡선 유도

ⓐ 시간(h)	ⓑ 4시간 단위도 종거(m^3/s)	ⓒ 1.45×(4 UH) (m^3/s)	ⓓ 2.69×(4 UH) (m^3/s)	ⓔ 기저유량 (m^3/s)	ⓕ 홍수수문곡선 (m^3/s)
0	0	0.0	0	5	5.0
4	4	5.8	0.0	5	10.8
8	8	11.6	10.8	5	27.4
12	12	17.4	21.5	5	43.9
16	16	23.2	32.3	5	60.5
20	12	17.4	43.0	5	65.4
24	9	13.1	32.3	5	50.4
28	6	8.7	24.2	5	37.9
32	3	4.4	16.1	5	25.5
36	0	0.0	8.1	5	13.1
40			0.0	5	5.0

② Q_{AI2}의 유역추적에 의한 유출량 계산

(가) 표 예7.16.2ⓒ의 단위도 종거를 이용하여 홍수유출수문곡선을 표 예7.16.4ⓕ와 같이 유도한다.

㉮ 유효우량 산정; NRCS UH 적용 2(1)항과 같이 계산하여 표 예7.16.4ⓒ, ⓓ를 유도한다.

㉯ 유효우량은 2(1)①항에서 유도한 $\overline{R}_{I\,1,1}$=1.45cm, $\overline{R}_{I\,1,2}$=2.69cm를 표 예7.16.4 ⓒ, ⓓ와 같이 적용하여 표 예7.16.4ⓕ를 유도한다.

표 예7.16.4 Q_{AI2} 홍수유출수문곡선 유도

ⓐ 시간 (h)	ⓑ 4시간 단위도 종거(m^3/s)	ⓒ 1.45×(4 UH) (m^3/s)	ⓓ 2.69×(4 UH) (m^3/s)	ⓔ 기저유량 (m^3/s)	ⓕ 홍수유출수문곡선 (m^3/s)
0	0	0.0	0	5	5.0
4	3	4.4	0.0	5	9.4
8	7	10.2	8.1	5	23.3
12	10	14.5	18.8	5	38.3
16	14	20.3	26.9	5	52.2
20	11	16.0	37.7	5	58.7
24	8	11.6	29.6	5	46.2
28	5	7.3	21.5	5	33.8
32	2	2.9	13.5	5	21.4
36	0	0.0	5.4	5	10.4
40			0.0	5	5.0

③ 유역추적에 의한 유출량 $Q_{AI}(=Q_{AI1}+Q_{AI2})(Q_{PI2}=Q_{240})$[합성(=중첩)]의 계산

㈎ **표 예7.16.5**와 같이 ⓑ Q_{AI1}의 종거와 ⓒ의 종거를 중첩(합성)시켜 **표 예7.16.5**ⓓ의 $Q_{PI2}(=Q_{240})$을 얻는다.

㈏ ∴ $Q_{AI}(Q_{PI2}=Q_{240})$의 홍수유출수문곡선 종거는 **표 예7.16.5**ⓓ와 같이 유도한다.

표 예7.16.5 $Q_{PI2}(=Q_{240})$의 홍수유출수문곡선 유도

ⓐ 시간(h)	ⓑ Q_{AI1}(m³/s)	ⓒ Q_{AI2}(m³/s)	ⓓ $Q_{PI2}(=Q_{240})$(m³/s)
0	5.0	5.0	10.0
4	10.8	9.4	20.2
8	27.4	23.3	50.7
12	43.9	38.3	82.2
16	60.5	52.2	112.7
20	65.4	58.7	124.1
24	50.4	46.2	96.6
28	37.9	33.8	71.7
32	25.5	21.4	46.9
36	13.1	10.4	23.5
40	5.0	5.0	10.0

㈐ $\therefore Q_{PI2}(=Q_{240})=124.1\text{m}^3/\text{s}$

(2) Q_{PII}의 수문곡선 종거 유도와 최대 유량 결정

① $Q_{PII}(=Q_{336})$=유역추적(Q_{AII1})+하도추적$[Q_{240(LI\sim II)}]$의 합성으로 결정한다.

㈎ Q_{AII1}의 유역추적에 의한 홍수량을 계산한다.

㈏ **표 예7.16.2**ⓓ를 이용한 유역추적과 **표 예7.16.5**ⓓ를 이용한 하도추적을 수행하여 합성시킨다.

㈐ Ⅱ유역의 유효우량 산정은 2021.08.01., 00:00~04:00, 04:00~08:00까지 내린 호우 70mm, 90mm의 연속 강우에 의한다.

㈑ NRCS UH를 적용하여 **표 예7.16.6**ⓒ, ⓓ와 같이 유도한다.

㉮ $\overline{R}_{\text{III}} = \dfrac{(P-0.2S)^2}{P+0.8S}\left[\leftarrow S=\dfrac{25400}{CN}-254=\dfrac{25400}{75}-254=84.6\text{mm}\right]$

$$= \frac{(P-0.2\times 84.6)^2}{P+0.8\times 84.6} = \frac{(P-16.92)^2}{P+67.68}$$

㉯ $P_1=70\text{mm};\ \overline{R}_{\text{III}.1}=\dfrac{(P_1-16.92)^2}{P_1+67.68}=\dfrac{(70-16.92)^2}{70+67.68}=21.0\text{mm}=2.10\text{cm}$

㉰ $P_2=90\text{mm};\ \overline{R}_{\text{III}.2}=\dfrac{(P_2-16.92)^2}{P_2+67.68}=\dfrac{(90-16.92)^2}{90+67.68}=33.8\text{mm}=3.38\text{cm}$

㉱ 유효우량은 2(2)①항의 $\overline{R}_{\text{II}1,1}$=2.10cm, $\overline{R}_{\text{II}1,2}$=3.38cm를 표 예7.16.6ⓒ, ⓓ와 같이 적용하여 표 예7.16.6ⓕ를 유도한다.

표 예7.16.6 $Q_{A\text{II}1}$ 유역추적에 의한 홍수유출수문곡선 유도

ⓐ 시간 (h)	ⓑ 4시간 단위도 종거 (m³/s)	ⓒ 2.10×(4*UH*) (m³/s)	ⓓ 3.38×(4*UH*) (m³/s)	ⓔ 기저유량 (m³/s)	ⓕ 홍수수문곡선 (m³/s)
0	0	0.0	0.0	5	5.0
4	3	6.3	0.0	5	11.3
8	6	12.6	10.1	5	27.7
12	9	18.9	20.3	5	44.2
16	12	25.2	30.4	5	60.6
20	9	18.9	40.6	5	64.5
24	7	14.7	30.4	5	50.1
28	4	8.4	23.7	5	37.1
32	2	4.2	13.5	5	22.7
36	0	0.0	6.8	5	11.8
40			0.0	5	5.0

② $Q_{240(L\text{I}\sim\text{II})}$의 하도추적에 의한 유출량 산정;

(가) Muskingum 방법에 의한 하도추적을 수행한다.

(나) 추적시간 Δt=4h와 저류상수 K=8h, 가중상수 x=0.2를 사용한다.

(다) 식 (예7.16)에 의한 하도추적 결과는 표 예7.16.7ⓕ와 같이 유도된다.

㉮ $O_2 = C_1I_1 + C_2I_2 + C_3O_1 = 0.43I_1 + 0.05I_2 + 0.52O_1$ (예7.16)

㉯ $C_1 = \dfrac{\Delta t + 2Kx}{\Delta t + 2K - 2Kx} = \dfrac{4+2(8)(0.2)}{4+2(8)-2(8)(0.2)} = \dfrac{7.2}{16.8} = 0.43$

㉰ $C_2 = \dfrac{\Delta t - 2Kx}{\Delta t + 2K - 2Kx} = \dfrac{4-2(8)(0.2)}{4+2(8)-2(8)(0.2)} = \dfrac{0.8}{16.8} = 0.05$

㉱ $C_3 = \dfrac{-\Delta t + 2K - 2Kx}{\Delta t + 2K - 2Kx} = \dfrac{-4+2(8)-2(8)(0.2)}{4+2(8)-2(8)(0.2)} = \dfrac{8.8}{16.8} = 0.52$

③ $Q_{P\text{II}}(=Q_{336})$=유역추적$(Q_{A\text{II}1})$+하도추적$[Q_{240(L\text{I}\sim\text{II})}=Q_{L240}]$의 합성으로 구한다.

(가) Q_{336}=표 예7.13.8ⓑ+표 예7.16.8ⓒ로 구한다.

(나) $\therefore Q_{P\text{II}}(=Q_{336}=Q_{A\text{II}1})$ 홍수유출수문곡선은 표 예7.16.8ⓓ와 같이 유도된다.

표 예7.16.7 $Q_{240(LI\sim II)}$ 하도추적 홍수유출수문곡선

ⓐ 시간(h)		ⓑ I(m³/s)	ⓒ $0.05I_2$	ⓓ $0.43I_1$	ⓔ $0.52O_1$	ⓕ (=ⓒ+ⓓ+ⓔ) $O_2[Q_{240(LI\sim II)}$m³/s]
2019.08.01., 00:00	0	10.0	0	0	0	10.0
04:00	4	20.2	1.0	4.3	5.2	10.5
08:00	8	50.7	2.5	8.6	5.4	16.5
12:00	12	82.2	4.1	21.8	8.5	34.4
16:00	16	112.7	5.6	35.3	17.8	58.7
20:00	20	124.1	6.2	48.4	30.5	85.1
08.02., 24:00	24	96.6	4.8	53.3	44.2	102.3
04:00	28	71.7	3.5	41.5	53.1	98.1
08:00	32	46.9	2.3	30.8	51.0	84.1
12:00	36	23.5	1.1	20.1	43.7	64.9
16:00	40	10.0	0.5	10.1	33.7	44.3
20:00	44		0	4.3	23.0	27.3
08.03., 24:00	48			0	14.1	14.1
04:00	52			0	7.3	7.3
08:00	56			0	3.7	3.7
12:00	60			0	1.9	1.9
16:00	64			0	0.9	0.9

표 예7.16.8 Q_{336}의 홍수유출수문곡선 유도

ⓐ 시간(h)		ⓑ Q_{AII1}(m³/s)	ⓒ Q_{L240}(m³/s)	ⓓ $Q_{P12}(=Q_{336})$(m³/s)
2019.08.01., 00:00	0	5.0	10.0	15.0
04:00	4	11.3	10.5	21.8
08:00	8	27.7	16.5	44.2
12:00	12	44.2	34.4	78.6
16:00	16	60.6	58.7	119.3
20:00	20	64.5	85.1	149.6
08.02., 24:00	24	50.1	102.3	152.4
04:00	28	37.1	98.1	135.2
08:00	32	22.7	84.1	106.8
12:00	36	11.8	64.9	76.7
16:00	40	5.0	44.3	49.3
20:00	44		27.3	27.3
08.03., 24:00	48		14.1	14.1
04:00	52		7.3	7.3
08:00	56		3.7	3.7
12:00	60		1.9	1.9

표 예7.16.8 Q_{336}의 홍수유출수문곡선 유도(계속)

ⓐ 시간(h)		ⓑ $Q_{A\text{II}1}$(m³/s)	ⓒ Q_{L240}(m³/s)	ⓓ $Q_{PI2}(=Q_{336})$(m³/s)
16:00	64		0.9	0.9
20:00	68		0.4	0.4
08.04., 24:00	72		0.2	0.2
04:00	76		0.1	0.1
08:00	80		0.0	0.0

㈐ ∴ 2019.08.01., 00:00~08.04.까지 **그림 예7.16.1** 유역 출구의 유출량은 $Q_{P\text{II}1}(=Q_{336})=152.4\text{m}^3/\text{s}$이다.

3. 출구(점) $Q_{P\text{II}1}$의 유효우량 주상도와 홍수유출수문곡선 작성
   ① 출구점의 유효우량주상도는 **그림 예7.16.3**의 좌측 상단과 같이 작성한다.
   ② 출구점의 홍수유출수문곡선은 **그림 예7.16.3**과 같이 $Q_{A\text{II}1}$와 $Q_{240(LI\sim\text{II})}$의 합성에 의한 **표 예7.16.8**ⓓ의 값을 가로축의 추적시간에 따른 세로축의 종거로 작성한다.

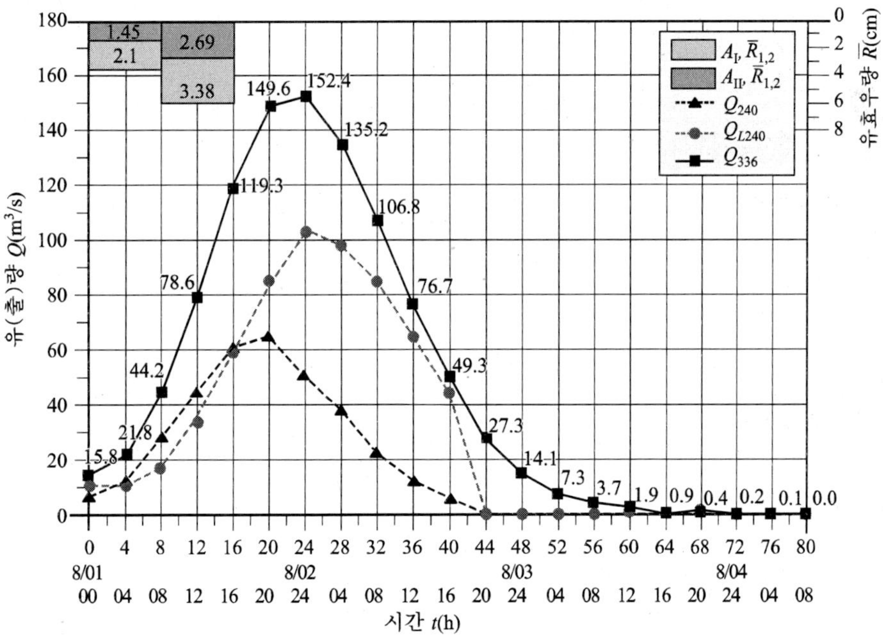

그림 예7.16.3 출구(점) $Q_{P\text{II}1}$의 유효우량 주상도와 홍수유출수문곡선

예제 7.17

[예제 7.16]의 표 예7.16.1과 그림 예7.16.1의 유역 내 강수량 관측소 강우량 자료를 이용하여 지역빈도 해석결과 100년 빈도 지속기간 24시간(누가) 우량자료는 표 예6.13.1과 같다(가정). HEC-HMS을 이용하여 2020.8.1., 00:00~8.4., 12:00까지의 홍수추적을 수행하는 데 필요한 기초자료는 표 예7.17.1~표 예7.17.6과 같다(추가 자료가 필요한 경우 관련 참고문헌 등을 참조한다). 다음 사항에 답하시오【단, 유역추적=Clark · NRCS UH, 하도추적=Muskingum 방법 적용】.

1. 설계홍수량 산정요령(국토해양부, 2012)과 홍수량 산정 표준지침(환경부, 2019)에 의한 $Q_{A\,\mathrm{I}\,1}$, Q_{240}, Q_{336} 홍수 수문곡선의 HEC-HMS(v4.8) 적용 유도
   (1) Clark UH
   (2) NRCS UH
2. 1항에 의한 Q_{336}의 최대 설계홍수량 결정

표 예7.17.1 유역모델(Basin Model) 소유역(Subbasin)(유역추적)의 수문자료

소유역(Subbasin)			$A_{\mathrm{I}1}$	$A_{\mathrm{I}2}$	$A_{\mathrm{II}1}$
소유역 면적(Area)(km^2)			128	112	96
손실 계산(Loss Method) 유출곡선지수(NRCS CN)		유출곡선지수(Curve Number)	75	75	75
		불투수성(Impervious)(%)	2	2	2
직접유출량 (Transform)	Clark UH	도달시간(Concentration Time)(h)	4.02	3.02	3.12
		저류계수(Storage Coefficient)(h)	6.5	5.5	4.5
	NRCS UH	지체시간(Lag Time) (Min)	450	340	245
기저유량(Baseflow) [Recession]		초기유량(Initial Discharge)(m^3/s)	0.5	0.5	0.5
		감수상수(Recession constant)	0.2	0.2	0.2
		첨두량과 비(Ratio)	0.1	0.1	0.1
옵션(Options)			–	–	–

표 예7.17.2 유역모델(Basin Model) 수로구간(Reach)(하도추적) 자료

수로구간(Reach)	Q_{L240}		
추적방법(Routing)	Muskingum	저류상수(Storage Constant) K	2
		가중상수(Weighting Constant) x	0.2
	하류구간(Subreaches) 수		1
옵션(Options)	–		

표 예7.17.3 유역모델(Basin Model) 합류점(Junction) 자료

합류(Junction)	시점(소유역+수로구간)	Q_{240}
	종점(출구)(Outlet)	Q_{336}
옵션(Options)	–	

표 예7.17.4 기상모델(Meteorologic Models) 자료

기상모델	내용		
EX7_17-1	단위(Unit System)	Metric	
	강수(Precipitation)	특정 우량 주상도(Specific Hyetograph)	
	증발(Evapotranspiration)	None	
	융설(Snowmelt)	None	
유역(Basins)	유역모델(Basin Model)	EX7_17_Clark, EX7_17_NRCS	
	포함된 소구역((Include Subbains)	YES	
옵션(Options)	Total Override	No	
특정 우량 주상도 (Specific Hyetograph)	소유역(Subbasin Name)	A_{I}	A_{II}
	강수량 관측소(Gage)	G_{I} (강우량) (표 예6.13.1ⓑ Gumkang)	G_{II} (강우량) (표 예6.13.1ⓒ Sumkang)

표 예7.17.5 통제내역(Control Specifications)

통제내역 (Control Specifications)	추적 기간	
EX7_17-2	(추적)시작일[Start Date(ddMMMYYYY)]	01Aug2020
	(추적)시작시각[Start Time(HH:mm)]	00:00
	(추적)종료일[End Date(ddMMMYYYY)]	04Aug2020
	(추적)종료시각[End Time(HH:mm)]	12:00
	(추적)시간간격(Time Interval)	1Hour

표 예7.17.6 시계열자료(Time-Series Data)

시계열자료 (Time-Series Data)	강수량 관측소(Precipitation Gages)			
	관측소	시계열자료		
강수량 관측소 (Precipitation Gages)	G_{I} (Gumkang)	Time-Series Gage	Data Source	Manual Entry
			Units	Cumulative Millimeters
			Time Interval	1Hour
		Time Window (01Aug2020,00:00 -02Aug2020,00:00)	Start Date(ddMMMYYYY)	01Aug2020
			Start Time(HH:mm)	00:00
			End Date(ddMMMYYYY)	02Aug2020
			End Time(HH:mm)	00:00
		Table	표 예6.13.1ⓑ(강우량 사용)	-
		Graph	표 예6.13.1ⓑ 입력→생성	-
	G_{II} (Sumkang)	Time-Series Gage	Data Source	Manual Entry
			Units	Cumulative Millimeters
			Time Interval	1Hour
		Time Window (01Aug2020,00:00 -02Aug2020,00:00)	Start Date(ddMMMYYYY)	01Aug2020
			Start Time(HH:mm)	00:00
			End Date(ddMMMYYYY)	02Aug2020
			End Time(HH:mm)	00:00
		Table	표 예6.13.1ⓒ(강우량 사용)	-
		Graph	표 예6.13.1ⓒ 입력→생성	-

[풀이]

1. 설계홍수량 산정요령(국토해양부, 2012)과 홍수량 산정 표준지침(환경부, 2019)에 의한 Q_{AI1}, Q_{240}, Q_{336} 홍수 수문곡선의 HEC-HMS(v4.8) 적용 유도 ; 그림 예7.17.1
   (1) Clark UH
   (2) NRCS UH

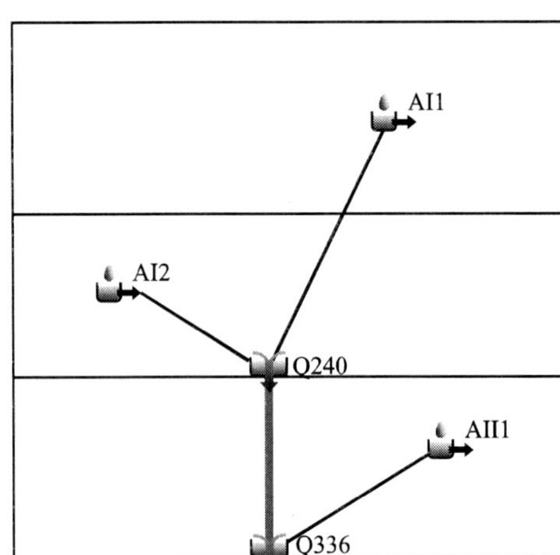

그림 예7.17.1 HEC-HMS(v4.8)에 의한 [그림 예7.16.2] 홍수추적의 수행 절차

(1) $Q_{A\,I\,1}$의 Clark UH와 NRCS UH에 추적 결과

① Clark UH와 NRCS UH의 수행을 위한 요소 구성도 ; **그림 예7.17.2**

② 유역 $A_{I\,1}$의 추적 결과 그래프 ; **그림 예7.17.3**

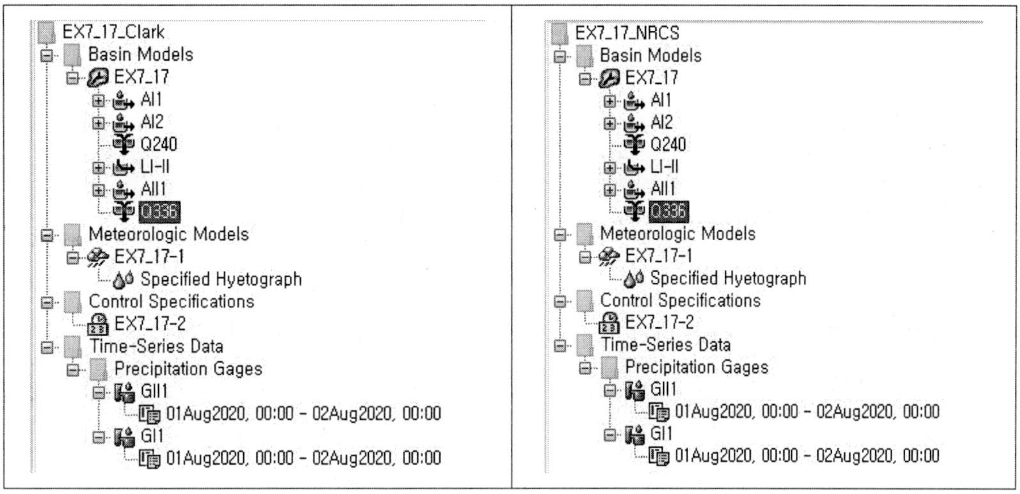

(a) Clark UH (b) NRCS UH

그림 예7.17.2 Clark UH와 NRCS UH의 수행을 위한 요소 구성도

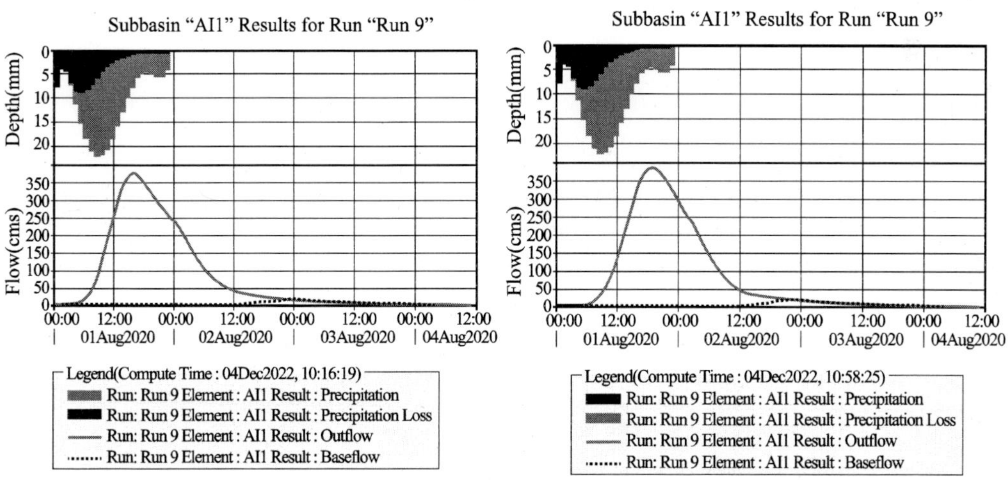

(a) Clark UH (b) NRCS UH

그림 예7.17.3 유역 $A_{I\,1}$의 추적 결과

③ 유역 A_{I1}의 추적 결과 총괄·요약표; 표 예7.17.7

④ 유역 A_{I1}의 추적 결과 시간계열표 ; 표 예7.17.8

표 예7.17.7 유역 A_{I1}의 추적 결과 총괄·요약표

(a) Clark UH

㉮ 총괄표

Project: EX7_17_Clark Simulation Run: Run 9

Start of Run: 01Aug2020, 00:00 Basin Model: EX7_17
End of Run: 04Aug2020, 12:00 Meteorologic Model: EX7_17-1
Compute Time: 04Dec2022, 10:16:19 Control Specifications: EX7_17-2

Show Elements: Initial Selection Volume Units: ◉ MM ○ 1000 M3 Sorting: Hydrologic

Hydrologic Element	Drainage Area (KM2)	Peak Dischar... (M3/S)	Time of Peak	Volume (MM)
AI1	128	377,4	01Aug2020, 16:00	186,02

㉯ 요약표

Project: EX7_17_Clark Simulation Run: Run 9
Subbasin: AI1

Start of Run: 01Aug2020, 00:00 Basin Model: EX7_17
End of Run: 04Aug2020, 12:00 Meteorologic Model: EX7_17-1
Compute Time: 04Dec2022, 10:16:19 Control Specifications: EX7_17-2

Volume Units: ◉ MM ○ 1000 M3

Computed Results

Peak Discharge: 377,4 (M3/S) Date/Time of Peak Discharge: 01Aug2020, 16:00
Precipitation Volume: 252,60 (MM) Direct Runoff Volume: 174,96 (MM)
Loss Volume: 77,64 (MM) Baseflow Volume: 11,06 (MM)
Excess Volume: 174,96 (MM) Discharge Volume: 186,02 (MM)

(b) NRCS UH

㉮ 총괄표

Project: EX7_17_NRCS Simulation Run: Run 9

Start of Run: 01Aug2020, 00:00 Basin Model: EX7_17
End of Run: 04Aug2020, 12:00 Meteorologic Model: EX7_17-1
Compute Time: 04Dec2022, 10:58:25 Control Specifications: EX7_17-2

Show Elements: Initial Selection Volume Units: ◉ MM ○ 1000 M3 Sorting: Hydrologic

Hydrologic Element	Drainage Area (KM2)	Peak Discharge (M3/S)	Time of Peak	Volume (MM)
AI1	128	389,9	01Aug2020, 19:00	187,42

㉯ 요약표

Project: EX7_17_NRCS Simulation Run: Run 9
Subbasin: AI1

Start of Run: 01Aug2020, 00:00 Basin Model: EX7_17
End of Run: 04Aug2020, 12:00 Meteorologic Model: EX7_17-1
Compute Time: 03Dec2022, 23:13:09 Control Specifications: EX7_17-2

Volume Units: ◉ MM ○ 1000 M3

Computed Results

Peak Discharge: 389,9 (M3/S) Date/Time of Peak Discharge: 01Aug2020, 19:00
Precipitation Volume: 252,60 (MM) Direct Runoff Volume: 174,96 (MM)
Loss Volume: 77,64 (MM) Baseflow Volume: 12,46 (MM)
Excess Volume: 174,96 (MM) Discharge Volume: 187,42 (MM)

표 예7.17.8 유역 A_{I1}의 추적 결과 시간계열표

(a) Clark UH

Project: EX7_17_Clark Simulation Run: Run 9
Subbasin: AI1

Start of Run: 01Aug2020, 00:00 Basin Model: EX7_17
End of Run: 04Aug2020, 12:00 Meteorologic Model: EX7_17-1
Compute Time: 04Dec2022, 10:16:19 Control Specifications: EX7_17-2

Date	Time	Precip (MM)	Loss (MM)	Excess (MM)	Direct Flow (M3/S)	Baseflow (M3/S)	Total Flow (M3/S)
01Aug2020	00:00				0,0	5,0	5,0
01Aug2020	01:00	7,60	7,45	0,15	0,1	4,7	4,7
01Aug2020	02:00	3,90	3,82	0,08	0,3	4,4	4,7
01Aug2020	03:00	4,30	4,21	0,09	0,6	4,1	4,7
01Aug2020	04:00	7,10	6,57	0,53	1,2	3,8	5,0
01Aug2020	05:00	11,10	8,46	2,64	3,2	3,6	6,8
01Aug2020	06:00	15,10	8,92	6,18	9,9	3,3	13,2
01Aug2020	07:00	18,40	8,18	10,22	25,9	3,1	29,0
01Aug2020	08:00	21,00	6,98	14,02	55,2	2,9	58,1
01Aug2020	09:00	22,10	5,57	16,53	98,4	2,7	101,1
01Aug2020	10:00	22,00	4,33	17,67	152,2	2,6	154,7
01Aug2020	11:00	20,70	3,28	17,42	210,5	2,4	212,9
01Aug2020	12:00	18,60	2,47	16,13	266,4	2,2	268,7
01Aug2020	13:00	15,80	1,81	13,99	314,0	2,1	316,1
01Aug2020	14:00	12,90	1,32	11,58	349,1	2,0	351,0
01Aug2020	15:00	9,90	0,93	8,97	369,6	1,8	371,4
01Aug2020	**16:00**	**7,60**	**0,67**	**6,93**	**375,7**	**1,7**	**377,4**
01Aug2020	17:00	5,70	0,48	5,22	369,2	1,6	370,8
01Aug2020	18:00	4,70	0,38	4,32	353,3	1,5	354,8
01Aug2020	19:00	4,50	0,35	4,15	331,7	1,4	333,1
01Aug2020	20:00	4,90	0,37	4,53	308,6	1,3	309,9
01Aug2020	21:00	5,40	0,40	5,00	287,3	1,2	288,5
01Aug2020	22:00	5,40	0,39	5,01	269,6	1,1	270,7
01Aug2020	23:00	3,90	0,27	3,63	255,0	1,1	256,0
02Aug2020	00:00	0,00	0,00	0,00	239,9	1,0	240,9

(b) NRCS UH

Project: EX7_17_NRCS Simulation Run: Run 9
Subbasin: AI1

Start of Run: 01Aug2020, 00:00 Basin Model: EX7_17
End of Run: 04Aug2020, 12:00 Meteorologic Model: EX7_17-1
Compute Time: 04Dec2022, 10:58:25 Control Specifications: EX7_17-2

Date	Time	Precip (MM)	Loss (MM)	Excess (MM)	Direct Flow (M3/S)	Baseflow (M3/S)	Total Flow (M3/S)
01Aug2020	00:00				0,0	5,0	5,0
01Aug2020	01:00	7,60	7,45	0,15	0,0	4,7	4,7
01Aug2020	02:00	3,90	3,82	0,08	0,1	4,4	4,5
01Aug2020	03:00	4,30	4,21	0,09	0,2	4,1	4,3
01Aug2020	04:00	7,10	6,57	0,53	0,4	3,8	4,3
01Aug2020	05:00	11,10	8,46	2,64	1,2	3,6	4,8
01Aug2020	06:00	15,10	8,92	6,18	3,4	3,3	6,8
01Aug2020	07:00	18,40	8,18	10,22	8,6	3,1	11,7
01Aug2020	08:00	21,00	6,98	14,02	19,0	2,9	21,9
01Aug2020	09:00	22,10	5,57	16,53	36,9	2,7	39,7
01Aug2020	10:00	22,00	4,33	17,67	64,3	2,6	66,8
01Aug2020	11:00	20,70	3,28	17,42	101,5	2,4	103,9
01Aug2020	12:00	18,60	2,47	16,13	147,1	2,2	149,4
01Aug2020	13:00	15,80	1,81	13,99	198,1	2,1	200,2
01Aug2020	14:00	12,90	1,32	11,58	250,2	2,0	252,1
01Aug2020	15:00	9,90	0,93	8,97	298,7	1,8	300,5
01Aug2020	16:00	7,60	0,67	6,93	339,4	1,7	341,1
01Aug2020	17:00	5,70	0,48	5,22	368,9	1,6	370,5
01Aug2020	18:00	4,70	0,38	4,32	385,3	1,5	386,8
01Aug2020	**19:00**	**4,50**	**0,35**	**4,15**	**388,5**	**1,4**	**389,9**
01Aug2020	20:00	4,90	0,37	4,53	380,2	1,3	381,5
01Aug2020	21:00	5,40	0,40	5,00	363,0	1,2	364,3
01Aug2020	22:00	5,40	0,39	5,01	340,6	1,1	341,8
01Aug2020	23:00	3,90	0,27	3,63	315,9	1,1	317,0
02Aug2020	00:00	0,00	0,00	0,00	290,9	1,0	291,9

(2) 유역 A_{I} 출구(Q_{240})의 Clark UH와 NRCS UH 추적 결과

① 유역 A_{I} 출구(Q_{240})의 추적 결과 그래프 ; 그림 예7.17.3

② 유역 A_{I} 출구(Q_{240})의 추적 결과 총괄·요약표; 표 예7.17.9

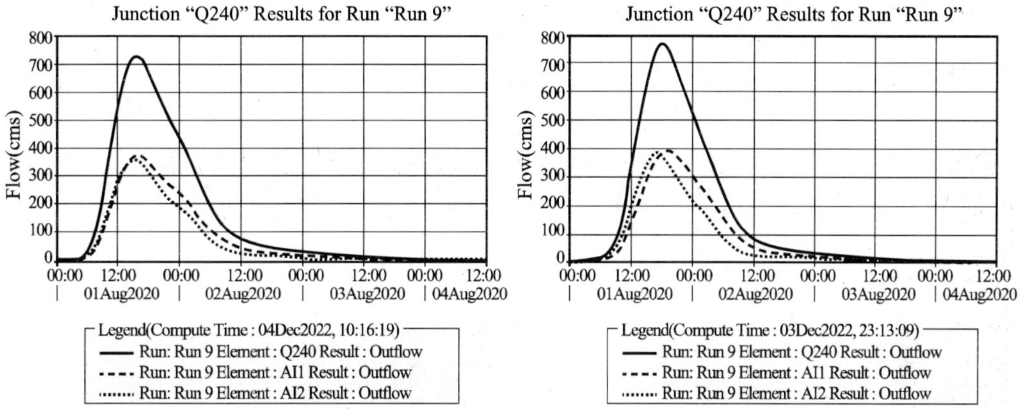

(a) Clark UH (b) NRCS UH

그림 예7.17.3 출구 Q_{240}의 추적 결과

표 예7.17.9 유역 A_{I} 출구(Q_{240})의 추적 결과 총괄·요약표

(a) Clark UH

㉮ 총괄표

Project: EX7_17_Clark Simulation Run: Run 9

Start of Run: 01Aug2020, 00:00 Basin Model: EX7_17
End of Run: 04Aug2020, 12:00 Meteorologic Model: EX7_17-1
Compute Time: 04Dec2022, 10:16:19 Control Specifications: EX7_17-2

Show Elements: Initial Selection Volume Units: ◉ MM ○ 1000 M3 Sorting: Hydrologic

Hydrologic Element	Drainage Area (KM2)	Peak Dischar... (M3/S)	Time of Peak	Volume (MM)
Q240	240	730.5	01Aug2020, 16:00	187.07

㉯ 요약표

Project: EX7_17_Clark Simulation Run: Run 9
Junction: Q240

Start of Run: 01Aug2020, 00:00 Basin Model: EX7_17
End of Run: 04Aug2020, 12:00 Meteorologic Model: EX7_17-1
Compute Time: 04Dec2022, 10:16:19 Control Specifications: EX7_17-2

Volume Units: ◉ MM ○ 1000 M3

Computed Results
Peak Discharge: 730.5 (M3/S) Date/Time of Peak Discharge: 01Aug2020, 16:00
Volume: 187.07 (MM)

(b) NRCS UH

㉮ 총괄표

Project: EX7_17_NRCS Simulation Run: Run 9

Start of Run: 01Aug2020, 00:00 Basin Model: EX7_17
End of Run: 04Aug2020, 12:00 Meteorologic Model: EX7_17-1
Compute Time: 04Dec2022, 10:58:25 Control Specifications: EX7_17-2

Show Elements: Initial Selection Volume Units: ◉ MM ○ 1000 M3 Sorting: Hydrologic

Hydrologic Element	Drainage Area (KM2)	Peak Discharge (M3/S)	Time of Peak	Volume (MM)
Q240	240	763.3	01Aug2020, 18:00	188.94

㉯ 요약표

Project: EX7_17_NRCS Simulation Run: Run 9
Junction: Q240

Start of Run: 01Aug2020, 00:00 Basin Model: EX7_17
End of Run: 04Aug2020, 12:00 Meteorologic Model: EX7_17-1
Compute Time: 04Dec2022, 10:58:25 Control Specifications: EX7_17-2

Volume Units: ◉ MM ○ 1000 M3

Computed Results
Peak Discharge: 763.3 (M3/S) Date/Time of Peak Discharge: 01Aug2020, 18:00
Volume: 188.94 (MM)

③ 유역 A_{I} 출구(Q_{240})의 추적 결과 시간계열표; 표 예7.17.10

(4) 유역 출구(Outlet) Q_{336}의 Clark UH와 NRCS UH 추적 결과

① 유역 출구(Outlet) Q_{336}의 추적 결과 그래프 ; 그림 예7.17.4

표 예7.17.10 유역 A_{I} 출구(Q_{240})의 추적 결과 시간계열표

(a) Clark UH

Project: EX7_17_Clark Simulation Run: Run 9
Junction: Q240

Start of Run: 01Aug2020, 00:00 Basin Model: EX7_17
End of Run: 04Aug2020, 12:00 Meteorologic Model: EX7_17-1
Compute Time: 04Dec2022, 10:16:19 Control Specifications: EX7_17-2

Date	Time	Inflow from AI1 (M3/S)	Inflow from AI2 (M3/S)	Outflow (M3/S)
01Aug2020	00:00	5.0	5.0	10.0
01Aug2020	01:00	4.7	4.8	9.5
01Aug2020	02:00	4.7	4.8	9.5
01Aug2020	03:00	4.7	4.9	9.7
01Aug2020	04:00	5.0	5.3	10.4
01Aug2020	05:00	6.8	7.9	14.7
01Aug2020	06:00	13.2	17.3	30.5
01Aug2020	07:00	29.0	39.0	68.0
01Aug2020	08:00	58.1	75.5	133.6
01Aug2020	09:00	101.1	125.1	226.2
01Aug2020	10:00	154.7	182.1	336.8
01Aug2020	11:00	212.9	239.0	451.9
01Aug2020	12:00	268.7	289.1	557.8
01Aug2020	13:00	316.1	327.3	643.3
01Aug2020	14:00	351.0	350.7	701.7
01Aug2020	15:00	371.4	358.8	730.2
01Aug2020	16:00	377.4	353.1	730.5
01Aug2020	17:00	370.8	336.5	707.4
01Aug2020	18:00	354.8	313.2	667.9
01Aug2020	19:00	333.1	287.1	620.2
01Aug2020	20:00	309.9	262.4	572.3
01Aug2020	21:00	288.5	241.8	530.3
01Aug2020	22:00	270.7	226.2	496.9
01Aug2020	23:00	256.0	213.4	469.4
02Aug2020	00:00	240.9	197.9	438.8

(b) NRCS UH

Project: EX7_17_NRCS Simulation Run: Run 9
Junction: Q240

Start of Run: 01Aug2020, 00:00 Basin Model: EX7_17
End of Run: 04Aug2020, 12:00 Meteorologic Model: EX7_17-1
Compute Time: 04Dec2022, 10:58:25 Control Specifications: EX7_17-2

Date	Time	Inflow from AI1 (M3/S)	Inflow from AI2 (M3/S)	Outflow (M3/S)
01Aug2020	00:00	5.0	5.0	10.0
01Aug2020	01:00	4.7	4.7	9.4
01Aug2020	02:00	4.5	4.5	9.0
01Aug2020	03:00	4.3	4.4	8.7
01Aug2020	04:00	4.3	4.6	8.8
01Aug2020	05:00	4.8	5.6	10.4
01Aug2020	06:00	6.8	9.1	15.9
01Aug2020	07:00	11.7	18.0	29.7
01Aug2020	08:00	21.9	35.8	57.7
01Aug2020	09:00	39.7	65.5	105.2
01Aug2020	10:00	66.8	107.7	174.6
01Aug2020	11:00	103.9	160.4	264.3
01Aug2020	12:00	149.4	218.6	368.0
01Aug2020	13:00	200.2	276.0	476.2
01Aug2020	14:00	252.1	326.0	578.1
01Aug2020	15:00	300.5	363.0	663.5
01Aug2020	16:00	341.1	383.8	724.9
01Aug2020	17:00	370.5	387.7	758.2
01Aug2020	18:00	386.8	376.5	763.3
01Aug2020	19:00	389.9	353.7	743.7
01Aug2020	20:00	381.5	324.0	705.5
01Aug2020	21:00	364.3	292.0	656.3
01Aug2020	22:00	341.8	261.8	603.5
01Aug2020	23:00	317.0	235.5	552.5
02Aug2020	00:00	291.9	213.0	504.9

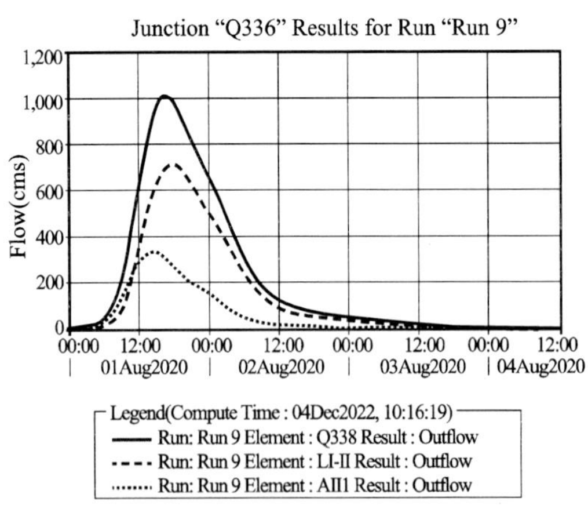

(a) Clark UH

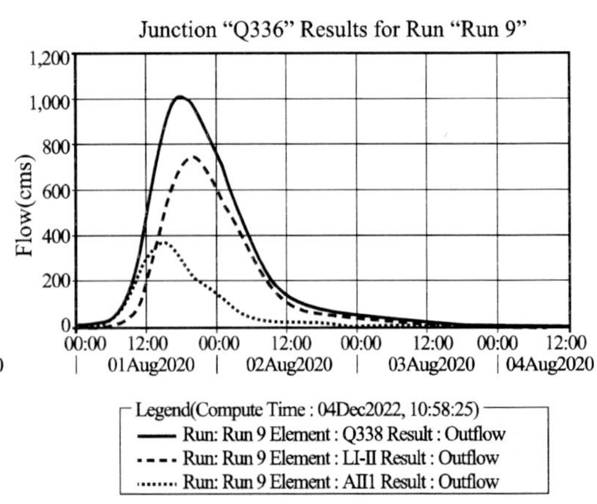

(b) NRCS UH

그림 예7.17.4 유역 출구(Outlet) Q_{336}의 추적 결과

② 유역 출구(Outlet) Q_{336}의 추적 결과 총괄·요약표; **표 예7.17.11**

③ 유역 출구(Outlet) Q_{336}의 추적 결과 시간계열표; **표 예7.17.12**

표 예7.17.11 유역 출구(Outlet) Q_{336}의 추적 결과 총괄·요약표

(a) Clark UH

㉮ 총괄표

Project: EX7_17_Clark Simulation Run: Run 9

Start of Run: 01Aug2020, 00:00 Basin Model: EX7_17
End of Run: 04Aug2020, 12:00 Meteorologic Model: EX7_17-1
Compute Time: 04Dec2022, 10:16:19 Control Specifications: EX7_17-2

Show Elements: Initial Selection Volume Units: ◉ MM ○ 1000 M3 Sorting: Hydrologic

Hydrologic Element	Drainage Area (KM2)	Peak Dischar... (M3/S)	Time of Peak	Volume (MM)
Q336	336	1006,5	01Aug2020, 17:00	189,87

㉯ 요약표

Project: EX7_17_Clark Simulation Run: Run 9
Junction: Q336

Start of Run: 01Aug2020, 00:00 Basin Model: EX7_17
End of Run: 04Aug2020, 12:00 Meteorologic Model: EX7_17-1
Compute Time: 04Dec2022, 10:16:19 Control Specifications: EX7_17-2

Volume Units: ◉ MM ○ 1000 M3

Computed Results
Peak Discharge: 1006,5 (M3/S) Date/Time of Peak Discharge: 01Aug2020, 17:00
Volume: 189,87 (MM)

(b) NRCS UH

㉮ 총괄표

Project: EX7_17_NRCS Simulation Run: Run 9

Start of Run: 01Aug2020, 00:00 Basin Model: EX7_17
End of Run: 04Aug2020, 12:00 Meteorologic Model: EX7_17-1
Compute Time: 04Dec2022, 10:58:25 Control Specifications: EX7_17-2

Show Elements: Initial Selection Volume Un... ◉ MM ○ 1000 M3 Sorting: Hydrologic

Hydrologic Element	Drainage Area (KM2)	Peak Discharge (M3/S)	Time of Peak	Volume (MM)
Q336	336	1006,8	01Aug2020, 18:00	192,16

㉯ 요약표

Project: EX7_17_NRCS Simulation Run: Run 9
Junction: Q336

Start of Run: 01Aug2020, 00:00 Basin Model: EX7_17
End of Run: 04Aug2020, 12:00 Meteorologic Model: EX7_17-1
Compute Time: 04Dec2022, 10:58:25 Control Specifications: EX7_17-2

Volume Units: ◉ MM ○ 1000 M3

Computed Results
Peak Discharge: 1006,8 (M3/S) Date/Time of Peak Discharge: 01Aug2020, 18:00
Volume: 192,16 (MM)

표 예7.17.12 유역 출구(Outlet) Q_{336}의 추적 결과 시간계열표

(a) Clark UH

Project: EX7_17_Clark Simulation Run: Run 9
Junction: Q336

Start of Run: 01Aug2020, 00:00 Basin Model: EX7_17
End of Run: 04Aug2020, 12:00 Meteorologic Model: EX7_17-1
Compute Time: 04Dec2022, 10:16:19 Control Specifications: EX7_17-2

Date	Time	Inflow from LI-II (M3/S)	Inflow from All1 (M3/S)	Outflow (M3/S)
01Aug2020	00:00	10,0	5,0	15,0
01Aug2020	01:00	10,0	5,8	15,8
01Aug2020	02:00	9,8	8,8	18,6
01Aug2020	03:00	9,6	12,9	22,5
01Aug2020	04:00	9,6	16,7	26,3
01Aug2020	05:00	9,8	22,3	32,0
01Aug2020	06:00	11,5	34,9	46,5
01Aug2020	07:00	19,5	59,1	78,7
01Aug2020	08:00	41,6	96,3	137,9
01Aug2020	09:00	85,2	143,9	229,1
01Aug2020	10:00	153,6	196,4	350,0
01Aug2020	11:00	244,0	246,8	490,8
01Aug2020	12:00	347,8	289,0	636,8
01Aug2020	13:00	453,8	318,8	772,6
01Aug2020	14:00	550,5	334,1	884,6
01Aug2020	15:00	628,6	334,7	963,3
01Aug2020	16:00	682,1	321,3	1003,3
01Aug2020	**17:00**	**708,8**	**297,7**	**1006,5**
01Aug2020	18:00	710,1	271,1	981,2
01Aug2020	19:00	690,4	245,5	935,9
01Aug2020	20:00	656,0	221,1	877,1
01Aug2020	21:00	614,1	199,9	814,1
01Aug2020	22:00	571,8	184,3	756,1
01Aug2020	23:00	533,8	172,4	706,2
02Aug2020	00:00	501,5	158,4	659,9

(b) NRCS UH

Project: EX7_17_NRCS Simulation Run: Run 9
Junction: Q336

Start of Run: 01Aug2020, 00:00 Basin Model: EX7_17
End of Run: 04Aug2020, 12:00 Meteorologic Model: EX7_17-1
Compute Time: 04Dec2022, 10:58:25 Control Specifications: EX7_17-2

Date	Time	Inflow from LI-II (M3/S)	Inflow from All1 (M3/S)	Outflow (M3/S)
01Aug2020	00:00	10,0	5,0	15,0
01Aug2020	01:00	10,0	5,5	15,5
01Aug2020	02:00	9,7	7,3	17,0
01Aug2020	03:00	9,3	11,1	20,4
01Aug2020	04:00	9,0	15,6	24,6
01Aug2020	05:00	8,8	21,7	30,5
01Aug2020	06:00	9,4	32,3	41,7
01Aug2020	07:00	12,1	52,3	64,3
01Aug2020	08:00	19,9	85,2	105,0
01Aug2020	09:00	37,3	131,9	169,2
01Aug2020	10:00	69,3	188,7	258,0
01Aug2020	11:00	120,0	248,3	368,3
01Aug2020	12:00	190,5	302,5	493,0
01Aug2020	13:00	278,2	344,2	622,4
01Aug2020	14:00	377,1	368,8	745,9
01Aug2020	15:00	478,4	374,8	853,1
01Aug2020	16:00	572,6	362,2	934,8
01Aug2020	17:00	651,0	335,5	986,5
01Aug2020	**18:00**	**707,2**	**299,6**	**1006,8**
01Aug2020	19:00	737,8	262,5	1000,3
01Aug2020	20:00	742,9	227,5	970,4
01Aug2020	21:00	725,8	197,6	923,4
01Aug2020	22:00	692,0	174,9	866,9
01Aug2020	23:00	648,1	158,9	807,0
02Aug2020	00:00	600,3	144,8	745,1

2. 1항에 의한 Q_{336}의 최대 설계홍수량 결정

(1) 유역 출구(Outlet) Q_{336}의 추적 결과 요약표; **표 예7.17.13**

표 예7.17.13 유역 출구(Outlet) Q_{336}의 추적 결과 요약표

(a) Clark UH	(b) NRCS UH
Project: EX7_17_Clark Simulation Run: Run 9 Junction: Q336 Start of Run: 01Aug2020, 00:00 Basin Model: EX7_17 End of Run: 04Aug2020, 12:00 Meteorologic Model: EX7_17-1 Compute Time: 04Dec2022, 10:16:19 Control Specifications: EX7_17-2 Volume Units: ◉ MM ○ 1000 M3 Computed Results Peak Discharge: 1006.5 (M3/S) Date/Time of Peak Discharge: 01Aug2020, 17:00 Volume: 189.87 (MM)	Project: EX7_17_NRCS Simulation Run: Run 9 Junction: Q336 Start of Run: 01Aug2020, 00:00 Basin Model: EX7_17 End of Run: 04Aug2020, 12:00 Meteorologic Model: EX7_17-1 Compute Time: 04Dec2022, 10:58:25 Control Specifications: EX7_17-2 Volume Units: ◉ MM ○ 1000 M3 Computed Results Peak Discharge: 1006.8 (M3/S) Date/Time of Peak Discharge: 01Aug2020, 18:00 Volume: 192.16 (MM)
∴Outlet(출구) Q_{336}=1,006.5m^3/s	∴Outlet(출구) Q_{336}=1,006.8m^3/s

연 습 문 제

7.1 유역면적 1.982×10^6m^{2}인 저수지가 123.35×10^5m^{3}의 저류용량을 갖는다. 하천 흐름은 1년에 평균 15.5분 유출된다. 연유사생산량이 268.945×10^3m^3/s이다. 고유 용량의 80%를 상실하였을 때 사용 연한을 다한 것으로 가정하고, 다음 사항에 답하시오.

1. 저수지의 사용 연한 결정

7.2 계획배수량 1.3m^3/s를 도로를 통해 배수하기 위해 지름 800mm의 조도계수 $n=0.025$인 주름진 강관을 암거로 사용하고자한다. 암거의 경사는 0.030이고, 길이는 40m로 하고자 하며, 입구부의 손실계수 $K_e=0.7$이다. 다음 사항에 답하시오.

1. 하류수심 1m일 때 암거 상류수심 결정

7.3 어떤 도로를 가로질러 6.0m^3/s의 계획홍수량을 조도계수 $n=0.0200$인 사각형 콘크리트 암거로 배수시키고자 한다. 암거의 폭은 1.2m이고, 길이는 35m이며, 경사는 0.003, 입구부의 손실계수 $K_e=0.5$, 출구단면은 잠수되지 않도록 하려 한다. 암거 상류수심의 최대허용치가 3.2m일 다음 사항에 답하시오.

1. 암거 깊이의 결정

7.4 그림 7.1과 표 7.1을 기준으로 하여 수공구조물을 설계빈도의 크기에 따라 구분하고 설명하시오.

7.5 수경제 분석에 대해 그래프를 그려 최적의 설계재현기간을 결정하는 방법을 설명하시오.

7.6 댐 설치에 따른 여수로 설계를 위해 어떤 지역에 재현기간별 (예상) 피해액과 건설(자본)비용을 조사·추정한 결과는 표 문7.6.1과 같다. 또한 이 지역의 1989년부터 1997년까지 측정된 홍수량 자료는 표 문7.6.2와 표 예5.7.4 표준정규분포 누가확률을 이용하여 다음 사항에 답하시오 【단, 금액(원)=정수, 유량(m^3/s)·평균·표준편차=소수 3자리, 초과확률=소수 4자리, 누가확률·z값=소수 5자리 이하 버림 계산】.

1. 연초과치와 연최대치 자료계열
2. 최적 재현기간과 건설(자본)비용
3. 빈도계수법에 의한 최적 설계홍수량

표 문7.6.1 재현기간별 예상 피해액과 건설(자본)비용

재현기간(년)	1	2	5	10	15	20	25	50	100
건설비용(×10^6원)	0	30	140	230	250	270	290	400	600
피해액(×10^6원)	0	200	600	1400	1770	2130	2500	3000	4000

표 문7.6.2 측정된 홍수량 자료

1989년 : 300, 360, 362, 355m^3/s,
1990년 : 405, 453, 451, 450m^3/s,
1991년 : 446, 438, 439, 452m^3/s,
1992년 : 398, 405, 435, 396m^3/s,
1993년 : 350, 420, 489, 501m^3/s,
1994년 : 439, 489, 508, 509m^3/s,
1995년 : 503, 487, 456, 510m^3/s,
1996년 : 388, 436, 498, 552m^3/s,
1997년 : 425, 486, 499, 409m^3/s

7.7 한강유역의 어떤 하천 하류구간에 사력댐 건설을 위한 200년 빈도 24시간 강우량은 빈도 해석에 의해 427.5mm로 결정되었다. 댐 유역의 4시간 대표 단위도가 표 문7.7.1과 같으며, 이 유역의 강우시간 누가백분율에 대한 강우량 누가백분율은 표 문7.7.2와 같다. 또한, 평균유출곡선지수는 85이며, 기저유량은 45m^3/s일 때 NRCS UH를 이용해 다음 사항에 답하시오【단, 우량(mm)·유효우량(cm) = 소수 2자리 이하, 유(출)량(m^3/s) = 소수 3자리 이하 버림 계산】.

1. 홍수 유입 수문곡선 작성
2. 저수지 저류효과에 의해 댐 계획홍수량(첨두유량의 120% 적용)의 결정
3. 댐 계획홍수량의 35% 감소된 댐 여수로의 설계홍수량 결정

표 문7.7.1 4시간 대표 단위도

시간 (h)	단위도 종거 (m^3/s)	시간 (h)	단위도 종거 (m^3/s)	시간 (h)	단위도 종거 (m^3/s)
0	0	12	190	24	30
4	14	16	128	28	21
8	72	20	87	32	0

표 문7.7.2 강우시간 · 강우량 누가백분율

시간구간 t_i(h)	0~4	4~8	8~12	12~16	16~20	20~24
강우시간 누가 백분율 $[t_i/t_{24}^{200}(100)]$(%)	18.8	35.5	50.8	67.7	87.5	100
강우량 누가백분율 $[R_{t_i}/R_{24}^{200}(100)]$(%)	34.5	56.4	78.6	83.2	91.7	100

7.8 어떤 유역의 1년간 하천 해당 구간으로 유입되는 월평균 유량은 표 문7.8과 같다. 이 구간에 50m^3/s의 수요량(율)을 유지하기 위한 저수 구조물을 건설하려고 할 때 다음 사항에 답하시오.

1. 필요한 최소 저류용량의 결정

표 문7.8 해당 구간의 유량자료

월	1	2	3	4	5	6	7	8	9	10	11	12
평균유량 (m^3/s)	70	55	46	34	23	31	62	91	117	108	94	81

7.9 수력발전소를 건설하려는 어떤 하천의 수로구간에 2년 연속 유입량이 표 문7.9와 같다. 이 하천에 댐을 건설할 때 하류로 7.0m^3/s의 일정량을 흐르게 하기 위한 최소규모 결정을 위한 다음 사항에 답하시오.

1. **연속 첨두연산법(sequent peak algorithm)**을 이용해 계산

표 문7.9 연속 2년간의 유입량

1년차				2년차			
월	유입용적(10^6m^3)	월	유입용적(10^6m^3)	월	유입용적(10^6m^3)	월	유입용적(10^6m^3)
1	10.20	7	57.40	1	16.40	7	30.80
2	2.10	8	65.50	2	12.30	8	43.10
3	2.10	9	28.60	3	10.30	9	53.10
4	2.10	10	32.80	4	8.30	10	39.00
5	4.10	11	36.90	5	4.90	11	28.90
6	36.20	12	24.60	6	10.20	12	16.50

7.10 어떤 하천의 **최대 연순간유량**(maximum annual instantaneous flow)이 표 문7.10과 같다. 과거 기록의 첨두유량은 1947년도에 30,000m^3/s이었다. 다음 사항에 답하시오.

1. 홍수빈도곡선의 작성
2. 20,000m^3/s인 홍수량에 상응하는 확률
3. 초과확률 0.5에 해당하는 홍수량의 크기
4. 100년의 재현기간에 상응하는 홍수량의 크기

표 문7.10 어떤 하천의 연최고 홍수량

연도	홍수량(m^3/s)	연도	홍수량(m^3/s)	연도	홍수량(m^3/s)	연도	홍수량(m^3/s)
1991	14,400	1997	6,770	2003	6,240	2009	19,200
1992	6,720	1998	9,600	2004	22,700	2010	12,984
1993	13,390	1999	980	2005	11,140	2011	5,450
1994	15,360	2000	4,030	2005	4,560	2012	13,440
1995	8,856	2001	10,440	2007	5,376	2013	22,680
1996	5,136	2002	3,100	2008	12,480	2014	8,400

7.11 어떤 하천의 최대 연순간유량(maximum annual instantaneous flow)이 표 문7.10과 같다. 과거 기록의 첨두유량은 1947년도에 30,000m^3/s이었다. 다음 사항에 답하시오【단, 빈도계수는 표 문5.18의 값을 이용】.

1. 대수피어슨형 Ⅲ분포에 의한 빈도 해석 수행

7.12 어떤 하천의 연 7일 최소평균유량(annual 7-day minimum average flow)이 표 문7.12와 같다. 다음 사항에 답하시오.

1. 최소유량 빈도곡선 작성
2. 최소평균유량 2.5m^3/s와 같거나 작게 될 연 7일 최소평균유량의 확률
3. 3.5m^3/s의 최소평균유량에 상응하는 재현기간
4. 재현기간 10년인 연 7일 최소평균유량의 크기

표 문7.12 연 7일 최소평균 유량

연도	연7일 최소 평균유량(m^3/s)	연도	연7일 최소 평균유량(m^3/s)	연도	연7일 최소 평균유량(m^3/s)
1985	2.74	1995	2.83	2005	1.46
1986	1.83	1996	1.56	2006	2.70
1987	2.33	1997	1.71	2007	2.53
1988	2.97	1998	1.57	2008	1.75
1989	1.76	1999	2.39	2009	1.81
1990	1.93	2000	2.63	2010	1.99
1991	2.66	2001	3.13	2011	3.33
1992	4.00	2002	2.09	2012	2.90
1993	2.93	2003	2.80	2013	2.41
1994	2.48	2004	3.35	2014	1.79

7.13 유역면적이 550ha이고, 도달시간이 50분인 유역에 0.5h(30분) NRCS UH를 유도하시오.

7.14 어떤 유역의 6시간 단위도가 삼각형 형상이고, 첨두유량이 60m^3/s이다. 이 첨두유량은 강우 시작 시간으로부터 18시간에 발생하였고 단위도의 기저시간 길이는 54시간이다. 다음 사항에 답하시오.

1. 단위도가 대표하는 유역면적
2. 이 유역 6시간 단위도의 **평형유량(equilibrium discharge)**
3. 6시간 연속되는 두 호우의 유효우량 25, 35mm일 때 기저유량 15m^3/s를 갖는 홍수유출 수문곡선 유도

7.15 표 문7.15, 그림 문7.15와 같은 유역에 2014년 8월 1일 I유역에는 00:00부터 04:00까지 60mm, 04:00부터 08:00까지 80mm, II유역에는 70mm, 90mm의 호우가 각각 내렸다. 이 유역의 기저유량은 5m³/s이고, 유출곡선지수=75이며, 저류상수=8시간, 가중상수=0.2이다. 또한 유효우량은 NRCS의 유효우량 산정공식을 사용하고, 유효우량의 지속기간 4시간인 삼각형 합성단위도 해석으로부터 첨두시간 16시에서 첨두유량 80m³/s를 얻었으며, 기저시간은 36시간이었다. 다음 사항에 답하시오 【단, 유역추적은 NRCS UH, 하도추적은 Muskingum 방법 적용,. 유량(m³/s)=소수 2자리 이하 버림 계산, 유효우량(mm로 계산 후 cm 적용)=mm단위 소수 3자리 이하 버림하여 cm단위 소수 2자리만 사용해 계산, Muskingum 방법의 가중계수=소수 2자리의 합이 1이 되게 소수 3자리에서 반올림 또는 버림하여 계산】

1. NRCS UH 작성
2. $Q_{P\text{II}1}$점의 홍수수문곡선을 작성하여 최대 설계홍수량 결정

표 문7.15 유역에 대한 수문자료

유역기호		홍수량 산정 지점기호	표고(Elevation)		Muskingum 방법의 유출산정식과 가중계수
중유역	소유역		위치	고도(m)	
I	1	$Q_{P\text{I}1}$	a	212	$O_2 = C_1I_1 + C_2I_2 + C_3O_13$ $C_1 = \dfrac{\Delta t + 2Kx}{\Delta t + 2K - 2Kx}$
			b	212	
II	1	$Q_{P\text{II}1}$	c	100	$C_2 = \dfrac{\Delta t - 2Kx}{\Delta t + 2K - 2Kx}$ $C_3 = \dfrac{-\Delta t + 2K - 2Kx}{\Delta t + 2K - 2Kx}$
			d	100	

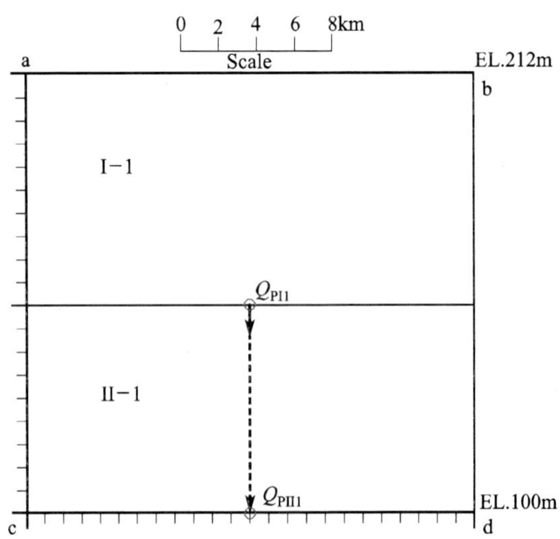

그림 문7.15 유역도

7.16 표 문7.16과 같은 수문학적 특성을 갖는 것을 조사된 그림 문7.16의 7개 소유역에 합리식을 사용하여 우수거를 설계하고자 한다. 설계조건은 강우강도(mm/h) 계산식 $I = \dfrac{130\,T^{0.20}}{t_0 + 35}$ [T=재현기간(년)(年, year), t_0=유입시간(inlet time)(분)]이고, ②와 ③의 지반고는 각각 EL=152.80m, 150.10m이며, Manning 조도계수=0.015이다. 다음 사항에 답하시오.

1. ⓒ 소유역의 재현기간 15년인 설계 홍수량
2. ②~③ 관로의 유하시간(flow time) 결정

표 문7.16 소유역별 유출계수와 유입시간

소유역	유출계수	유입시간(분)	소유역	유출계수	유입시간(분)
ⓐ	0.68	15	ⓔ	0.63	15
ⓑ	0.68	16	ⓕ	0.56	13
ⓒ	0.63	17	ⓖ	0.56	14
ⓓ	0.63	14			

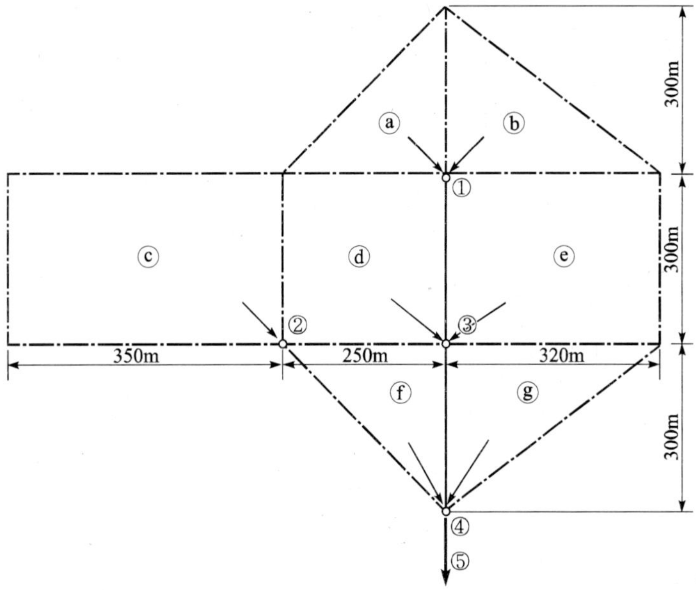

그림 문7.16 소유역의 구분과 우수배치도

7.17 문 7.16의 표 문7.16, 그림 문7.16과 같은 설계조건을 사용하여 재현기간 20년인 설계 홍수량에 대해 다음 사항에 답하시오.

1. 관로 ①~③, ③~④, ④~⑤의 지름 결정

7.18 [예제 7.8]의 설계홍수량 산정 절차에 의해 표 문7.18.1~4의 자료를 이용하여 다음 사항에 답하시오.

1. Clark UH와 HEC-HMS(v4.8)에 의한 【7.3.2(3)②4)】 그림 7.10의 홍수추적 수행

표 문7.18.1 유역모델(Basin Models)의 수문자료

(a) 소유역(Subbasin)(유역추적) 자료

유역	소구역	면적 (km^2)	손실 계산		직접유출 Clark UH		기저유량			옵션 (Options)
			CN	불투수성	도달시간 t_c(h)	저류상수 K(h)	초기유량 (m^3/s)	감수상수	첨두 비	
A_{I}	$A_{\text{I}1}$	90	75	2	9	13.5	5	0.2	0.1	-
	$A_{\text{I}2}$	80	75	2	8	12.0	5	0.2	0.1	-
	$A_{\text{I}3}$	70	75	2	7	10.5	5	0.2	0.1	-
A_{II}	$A_{\text{II}1}$	90	75	2	6	9.0	5	0.2	0.1	-
	$A_{\text{II}2}$	80	75	2	5	7.5	5	0.2	0.1	-
	$A_{\text{II}3}$	60	75	2	4	6.0	5	0.2	0.1	-
A_{III}	$A_{\text{III}1}$	70	75	2	3	4.5	5	0.2	0.1	-
	$A_{\text{III}2}$	60	75	2	2	3.0	5	0.2	0.1	-
비고	Project Basin Models ; Example7_18									

(b) 수로구간(Reach)(하도추적) 자료

	$L_{\text{I}3\sim\text{II}1}$	$L_{\text{II}1\sim\text{II}2}$	$L_{\text{II}2\sim\text{II}3}$	$L_{\text{II}3\sim\text{III}1}$	$L_{\text{III}1\sim\text{III}2}$	비고
저류상수 K	6.0	5.0	4.0	3.0	2.0	
가중상수 x	0.2	0.2	0.2	0.2	0.2	
하류구간 수	5	4	3	2	1	
옵션(Options)	-	-	-	-		

표 문7.18.1 유역모델(Basin Models)의 수문자료(계속)

(c) 합류점(Junction) 자료

합류점	Q_{240}	Q_{330}	Q_{410}	Q_{470}	Q_{540}	Q_{600}
시점	Q_{240}	$L_{\mathrm{I}3\sim\mathrm{II}1}$	$L_{\mathrm{II}1\sim\mathrm{II}2}$	$L_{\mathrm{II}2\sim\mathrm{II}3}$	$L_{\mathrm{II}3\sim\mathrm{III}1}$	$L_{\mathrm{III}1\sim\mathrm{III}2}$
종점	$L_{\mathrm{I}3\sim\mathrm{II}1}$	Q_{330}	Q_{410}	Q_{470}	Q_{540}	Q_{600}
옵션(Options)	−	−	−	−	−	−

표 문7.18.2 기상모델(Meteorologic Models) 자료

(a) PR7_18_1

기상모델	내용	
EX7_18_1	단위(Unit System)	Metric
	강수(Precipitation)	Gage Weights
	증발(Evapotranspiration)	None
	융설(Snowmelt)	None
유역(Basins)	유역모델(Basin Model)	Problem7_18
	포함된 소구역((Include Subbains)	Yes
옵션(Options)	Use Indexing	No
	Total Override	Yes

(b) Precipitation Gages

기상모델		내용				
Time-series Gages		관측소명(Gage Name)	G_{I}		G_{III}	
		Total Depth(MM)	246.2		260.5	
Total Storm Gages		관측소명(Gage Name)	$G_{\mathrm{II}1}$		$G_{\mathrm{II}2}$	
		Total Depth(MM)	252.6		241.7	
소구역	$A_{\mathrm{I}1}$	Gage Weights	Selections	Gage Name	G_{I}	
				Use Gage	Yes	
			Weights	Gage Name	G_{I}	
				Depth Weight	1	
				Time Weight	1	
	$A_{\mathrm{I}2}$		Selections	Gage Name	G_{I}	$G_{\mathrm{II}2}$
				Use Gage	Yes	Yes
			Weights	Gage Name	G_{I}	$G_{\mathrm{II}2}$
				Depth Weight	0.8	0.2
				Time Weight	1	−

표 문7.18.2 기상모델(Meteorologic Models) 자료(계속)

(b) Precipitation Gages(계속)

기상모델		내용				
	A_{I3}	Selections	Gage Name	G_{I}	G_{II2}	
			Use Gage	Yes	Yes	
		Weights	Gage Name	G_{I}	G_{II2}	
			Depth Weight	0.5	0.5	
			Time Weight	1	–	
	A_{II1}	Selections	Gage Name	G_{I}	G_{II1}	G_{II2}
			Use Gage	Yes	Yes	Yes
		Weights	Gage Name	G_{I}	G_{II1}	G_{II2}
			Depth Weight	0.1	0.4	0.5
			Time Weight	1	–	–
	A_{II2}	Selections	Gage Name	G_{III}	G_{II1}	G_{II2}
			Use Gage	Yes	Yes	Yes
		Weights	Gage Name	G_{III}	G_{II1}	G_{II2}
			Depth Weight	0	0.6	0.4
			Time Weight	1	–	–
	A_{II3}	Selections	Gage Name	G_{III}	G_{II1}	G_{II2}
			Use Gage	Yes	Yes	Yes
		Weights	Gage Name	G_{III}	G_{II1}	G_{II2}
			Depth Weight	0.1	0.5	0.4
			Time Weight	1	–	–
	A_{III1}	Selections	Gage Name	G_{III}	G_{II1}	G_{II2}
			Use Gage	Yes	Yes	Yes
		Weights	Gage Name	G_{III}	G_{II1}	G_{II2}
			Depth Weight	0.7	0.2	0.1
			Time Weight	1	–	–
	A_{III2}	Selections	Gage Name	G_{III}		
			Use Gage	Yes		
		Weights	Gage Name	G_{III}		
			Depth Weight	1		
			Time Weight	1		

표 문7.18.3 통제내역(Control Specifications)

통제내역 (Control Specifications)	추적 기간	
PR7_18_2	(추적)시작일[Start Date(ddMMMYYYY)]	01Aug2021
	(추적)시작시각[Start Time(HH:mm)]	00:00
	(추적)종료일[End Date(ddMMMYYYY)]	04Aug2021
	(추적)종료시각[End Time(HH:mm)]	12:00
	(추적)시간간격(Time Interval)	1Hour

표 문7.18.4 시계열자료(Time-Series Data)

시계열자료 (Time-Series Data)	강수량 관측소(Precipitation Gages)			
	강수량 관측소	시계열자료		
강수량 관측소 (Precipitation Gages)	G_{I}	Time-Series Gage	Data Source	Manual Entry
			Units	Cumulative Millimeters
			Time Interval	1Hour
		Time Window (01Aug2022 -02Aug2022)	Start Date(ddMMMYYYY)	01Aug2021
			Start Time(HH:mm)	00:00
			End Date(ddMMMYYYY)	02Aug2021
			End Time(HH:mm)	00:00
		Table	*1표 예6.13.1ⓑb)(강우량)	(p.509 참조)
		Graph	*1[그림 예6.13.18(b) 참조] 입력→생성	(p.523 참조)
	G_{II1}	Time-Series Gage	Data Source	Manual Entry
			Units	Cumulative Millimeters
			Time Interval	1Hour
		Time Window (01Aug2020 -02Aug2020)	Start Date(ddMMMYYYY)	01Aug2021
			Start Time(HH:mm)	00:00
			End Date(ddMMMYYYY)	02Aug2021
			End Time(HH:mm)	00:00
		Table	*2표 예6.13.1ⓑb)(강우량)	(p.509 참조)
		Graph	*2[그림 예6.13.18(b) 참조] 입력→생성	(p.523 참조)
	G_{II2}	Time-Series Gage	Data Source	Manual Entry
			Units	Cumulative Millimeters
			Time Interval	1Hour
		Time Window (01Aug2020 -02Aug2020)	Start Date(ddMMMYYYY)	01Aug2021
			Start Time(HH:mm)	00:00
			End Date(ddMMMYYYY)	02Aug2021
			End Time(HH:mm)	00:00
		Table	*3표 예6.13.1ⓒb)(강우량)	(p.509 참조)
		Graph	*3[그림 예6.13.18(b)] 입력→생성	(p.523 참조)
	G_{III}	Time-Series Gage	Data Source	Manual Entry
			Units	Cumulative Millimeters
			Time Interval	1Hour
		Time Window (01Aug2020 -02Aug2020)	Start Date(ddMMMYYYY)	01Aug2021
			Start Time(HH:mm)	00:00
			End Date(ddMMMYYYY)	02Aug2021
			End Time(HH:mm)	00:00
		Table	표 문7.18.4ⓓ(강우량)	(p.509 참조)
		Graph	표 문7.18.4ⓓ입력→생성	(p.523 참조)

	a) Date, Time	b) PPT(mm)	a) Date, Time	b) PPT(mm)	a) Date, Time	b) PPT(mm)
표 문7.18.4ⓓ	01Aug2021, 00:00	0.0	01Aug2021, 09:00	112.2	01Aug2021, 18:00	229.3
	01Aug2021, 01:00	8.4	01Aug2021, 10:00	135.7	01Aug2021, 19:00	237.9
	01Aug2021, 02:00	12.8	01Aug2021, 11:00	157.9	01Aug2021, 20:00	240.5
	01Aug2021, 03:00	17.6	01Aug2021, 12:00	173.1	01Aug2021, 21:00	251.2
	01Aug2021, 04:00	23.5	01Aug2021, 13:00	188.6	01Aug2021, 22:00	254.7
	01Aug2021, 05:00	36.8	01Aug2021, 14:00	205.3	01Aug2021, 23:00	258.3
	01Aug2021, 06:00	50.9	01Aug2021, 15:00	212.0	02Aug2021, 00:00	260.5
	01Aug2021, 07:00	69.4	01Aug2021, 16:00	219.5		
	01Aug2021, 08:00	89.6	01Aug2021, 17:00	224.7		

7.19 그림 문7.19.1과 같이 유역면적이 875km^2인 열공강(Study River)은 3개 지천[수공천(Hydraulic Stream)과 건설천(Kunseol Stream), 대학천(Daehak Stream)]의 지천으로 구성되어 있다. 열공강 유역은 10개의 소유역으로 분할되었고, 유역 내 6개 · 유역 주변에 4개의 강수량 관측소가 설치되어 있다. 2022년 8월 3일 00:00~8월 4일 00:00까지의 강우에 의한 8월 6일 06:00까지 유출에 따른 표 문7.19.1~2 분석자료, 그림 문7.19.2를 참조하여 다음 사항에 답하시오.

1. HEC-HMS(v4.8)를 이용하여 주요 지점【SR0(=A), SR1, SR3, DS0(=G), HS0(=E), KS0(=F), 수로구간 B, C, D】의 100년 빈도 설계홍수량 산정

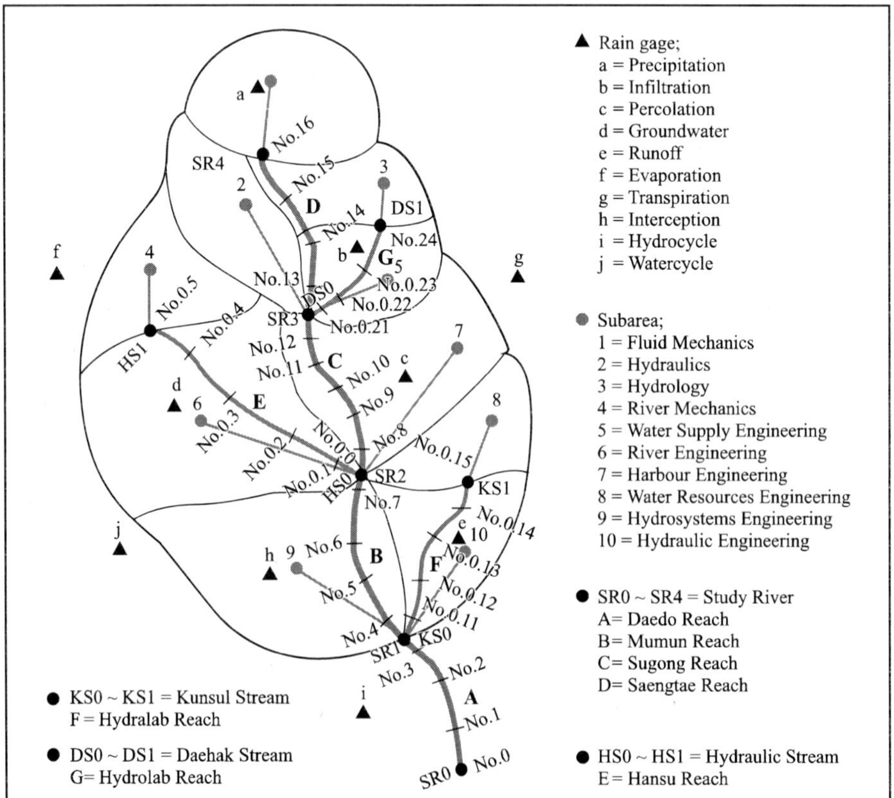

그림 문7.19.1 자연하천의 열공강(Study River) 유역도

표 문7.19.1 유역의 홍수추적 매개변수와 특성인자

(a) 소유역 추적방법과 특성인자

매개변수 소유역	유역 면적 (km^2)	손실량(Loss) NRCS CN		직접유출량(Transform) (Clark UH)		기저유량 (Base Flow)		
		CN	불투수성 (%)	도달시간 t_c(h)	저류계수 R(h)	초기유량 (m^3/s)	감수상수	첨두량비
1=Fluid Mechanics	72	74	5	1.54	1.91	0.9	0.5	0.1
2=Hydraulics	71	74	5	1.90	1.24	0.9	0.5	0.1
3=Hydrology	40	79	5	2.16	1.05	0.9	0.5	0.1
4=River Mechanics	70	74	5	2.08	1.44	0.9	0.5	0.1
5=Water Supply Engineering	43	79	5	2.21	1.18	0.9	0.5	0.1
6=River Engineering	149	79	0	2.62	1.41	0.9	0.5	0.1
7=Harbour Engineering	135	79	0	2.63	3.31	0.9	0.5	0.1
8=Water Resources Engineering	70	78	0	2.43	3.24	0.9	0.5	0.1
9=Hydrosystems Engineering	148	80	0	2.67	3.35	0.9	0.5	0.1
10=Hydraulic Engineering	77	78	0	2.28	2.85	0.9	0.5	0.1
합	875							

(b) 하도추적 방법과 특성인자

하천 \ 매개변수 구간		하도구간			Muskingum 추적		
		기호	설명	하류	저류상수 K	가중상수 x	소구간
Study River	Daedo	A	SR1~SR0	SR0	1.30	0.20	1
	Mumun	B	SR2~SR1	SR1	2.00	0.20	2
	Sugong	C	SR3~SR2	SR2	2.10	0.20	3
	Saengtae	D	SR4~SR3	SR3	2.50	0.20	4
Hydraulic Stresam	Hansu	E	HS1~HS0	HS0	2.30	0.20	3
Kunseol Stream	Hydralab	F	KS1~KS0	KS0	2.40	0.20	2
Daehak Stream	Hydrolab	G	DS1~DS0	DS0	1.25	0.20	4

표 문7.19.1 유역의 홍수추적 매개변수와 특성인자(계속)

(c) 통제내역과 시계열자료

통제내역 (Control Specifications)	Start Date (ddMMMYYYY)	Start Time (HH:mm)	End Date (ddMMMYYYY)	End Time (HH:mm)	Time Interval
	03Aug2022	00:00	06Aug2022	06:00	1Hour

시계열자료 (Time-Series Data)	Time-Series Gage			Time Window			
	Data Source	Units	Time Interval	Start Date (ddMMMYYYY)	Start Time (HH:mm)	End Date (ddMMMYYYY)	End Time (HH:mm)
	Manual Entry	Cumulative Millimeters	1Hour	03Aug 2022	00:00	04Aug 2022	00:00

(d) 강수량 관측소별 24시간 누가확률강우량(100년 빈도 Huff 3분위 분포)

관측소 / 시간		(a)=a강수량 관측소 (지역15, 지점=10121211)			(b)=b강수량 관측소 (지역9, 지점=10124080)			(c)=c강수량 관측소 (지역7, 지점=10041127)			(d)=d강수량 관측소 (지역5, 지점=10071202			(e)=e강수량 관측소 (지역24, 지점=10031221)			(h)=h강수량 관측소 (지역14, 지점=0071226)		
시간 t_i (h)	(t_i/t_{24}^{100}) 100(%)	(R_{t_i}/R_{24}^{100}) 100(%)	R_{t_i}	I_{t_i}	(R_{t_i}/R_{24}^{100}) 100(%)	R_{t_i}	I_{t_i}	(R_{t_i}/R_{24}^{100}) 100(%)	R_{t_i}	I_{t_i}	(R_{t_i}/R_{24}^{100}) 100(%)	R_{t_i}	I_{t_i}	(R_{t_i}/R_{24}^{100}) 100(%)	R_{t_i}	I_{t_i}	(R_{t_i}/R_{24}^{100}) 100(%)	R_{t_i}	I_{t_i}
0	0.0	0.0	0.0	0.0	0.0	0.0	0.0	0.0	0.0	0.0	0.0	0.0	0.0	0.0	0.0	0.0	0.0	0.0	0.0
1	4.17	1.9	6.8	6.8	0.5	1.8	1.8	0.3	0.8	0.8	1.8	8.5	8.5	1.2	4.2	4.2	1.7	5.4	5.4
2	8.33	2.5	8.8	2.0	2.0	6.6	4.9	1.7	5.3	4.5	2.0	9.3	0.8	1.7	6.1	1.8	1.8	5.8	0.4
3	12.50	4.1	14.4	5.6	4.0	13.3	6.6	3.9	12.2	6.9	2.8	13.0	3.7	2.9	10.3	4.2	2.6	8.1	2.3
4	16.67	7.1	24.8	10.4	6.2	20.8	7.6	6.3	19.8	7.7	4.6	21.8	8.7	5.0	17.5	7.3	4.4	13.7	5.7
5	20.83	10.9	38.2	13.4	8.7	29.0	8.2	8.7	27.2	7.3	7.2	33.9	12.1	7.6	26.8	9.3	7.0	21.9	8.2
6	25.00	14.9	52.1	13.9	11.3	37.9	8.9	10.8	33.8	6.6	10.0	47.0	13.1	10.5	37.0	10.2	10.0	31.3	9.3
7	29.17	18.6	64.7	12.7	14.2	47.8	9.9	12.8	40.2	6.4	12.7	59.5	12.6	13.4	47.3	10.3	12.9	40.7	9.4
8	33.33	21.7	75.7	11.0	17.6	59.1	11.3	15.1	47.3	7.1	15.3	71.6	12.0	16.4	57.9	10.6	15.9	50.0	9.3
9	37.50	24.6	85.7	10.0	21.5	72.1	13.1	18.1	56.6	9.3	18.0	84.4	12.8	19.7	69.4	11.6	19.1	59.8	9.9
10	41.67	27.6	96.3	10.6	26.0	87.4	15.2	22.1	69.2	12.6	21.4	100.1	15.7	23.5	83.1	13.7	22.7	71.4	11.5
11	45.83	31.4	109.5	13.2	31.3	104.9	17.6	27.5	86.0	16.8	25.9	121.1	21.0	28.3	100.0	16.9	27.3	85.8	14.4
12	50.00	36.3	126.8	17.3	37.2	124.8	19.9	34.3	107.3	21.3	31.8	149.0	27.9	34.2	120.7	20.8	33.1	104.0	18.3
13	54.17	42.7	148.9	22.2	43.8	146.9	22.1	42.3	132.5	25.2	39.4	184.4	35.4	41.2	145.5	24.7	40.3	126.5	22.4
14	58.33	50.4	175.8	26.9	50.9	170.7	23.8	51.3	160.4	28.0	48.3	226.4	42.0	49.1	173.6	28.1	48.6	152.5	26.1
15	62.50	59.1	206.1	30.3	58.3	195.5	24.9	60.6	189.4	29.0	58.2	272.8	46.4	57.6	203.6	30.0	57.6	181.0	28.5
16	66.67	68.1	237.5	31.4	65.8	220.7	25.1	69.5	217.5	28.1	68.3	320.0	47.3	66.2	233.7	30.1	66.8	209.9	28.9
17	70.83	76.6	267.4	29.8	73.1	245.1	24.5	77.6	242.7	25.2	77.8	364.1	44.1	74.2	262.0	28.3	75.5	237.1	27.1
18	75.00	84.0	293.0	25.6	79.9	268.0	22.8	84.3	263.6	20.9	85.7	401.4	37.3	81.1	286.6	24.7	82.9	260.4	23.3
19	79.17	89.5	312.3	19.4	85.9	288.2	20.2	89.4	279.6	16.0	91.6	429.1	27.7	86.8	306.6	20.0	88.6	278.4	18.0
20	83.33	93.1	324.8	12.5	90.9	305.0	16.8	93.0	290.9	11.3	95.3	446.4	17.3	91.1	321.8	15.2	92.6	290.7	12.3
21	87.50	95.0	331.6	6.8	94.8	317.9	12.9	95.5	298.7	7.8	97.1	454.9	8.5	94.2	333.0	11.2	95.0	298.3	7.6
22	91.67	96.1	335.4	3.8	97.4	326.7	8.8	97.4	304.6	5.9	97.9	458.3	3.3	96.7	341.6	8.7	96.5	303.1	4.8
23	95.83	97.5	340.1	4.7	99.0	332.0	5.3	99.0	309.7	5.1	98.5	461.4	3.2	98.7	348.8	7.2	98.0	307.8	4.7
24	100.00	100.0	348.9	8.8	100.0	335.5	3.5	100.0	312.8	3.1	100.0	468.3	6.9	100.0	353.4	4.6	100.0	314.1	6.3

(e) 유역 내 강수량 관측소별 24시간 누가확률강우량

강수량 관측소	a	b	c	d	e	f	g	h	i	j
총강우량(mm)	348.9	335.5	312.8	468.3	353.4	393.0	569.0	314.1	335.0	301.6

표 문7.19.2 설계홍수량 산정을 위한 매개변수와 모델 작성

(a) 소유역과 강수량 관측소의 가중치[Meteorogic Models/Gage Weights]

매개변수 / 소유역	관측소	가중치	
		강우량	시간
1=Fluid Mechanics	a	1.00	
	d	0.00	1
2=Hydraulics	a	0.35	
	b	0.55	
	d	0.00	1
	f	0.10	
3=Hydrology	a	0.28	
	b	0.42	
	d	0.00	1
	g	0.30	
4=River Mechanics	b	0.10	
	d	0.05	1
	f	0.85	
5=Water Supply Engineering	b	0.87	
	c	0.03	
	d	0.00	1
	g	0.15	
6=River Engineering	b	0.02	
	c	0.03	
	d	0.80	1
	f	0.05	
	h	0.04	
	j	0.06	
7=Harbour Engineering	b	0.07	
	c	0.80	
	d	0.00	1
	e	0.01	
	g	0.12	
8=Water Resources Engineering	c	0.11	
	d	0.00	1
	e	0.79	
	g	0.10	
9=Hydrosystems Engineering	c	0.01	
	d	0.00	1
	e	0.08	
	h	0.70	
	i	0.12	
	j	0.09	
10=Hydraulic Engineering	c	0.02	
	d	0.00	1
	e	0.97	
	i	0.01	

표 문7.19.2 설계홍수량 산정을 위한 매개변수와 모델 작성(계속)

(b) 수로구간(Reach)(하도추적) 자료

Time (ddMMMYYYY, HH:mm)	PPT (MM)	Time (ddMMMYYYY, HH:mm)	PPT (MM)	Time (ddMMMYYYY, HH:mm)	PPT (MM)
03Aug2022, 00:00	0.0	03Aug 2022, 09:00	84.4	03Aug 2022, 18:00	401.4
03Aug2022, 01:00	8.5	03Aug 2022, 10:00	100.1	03Aug 2022, 19:00	429.1
03Aug2022, 02:00	9.3	03Aug 2022, 11:00	121.1	03Aug 2022, 20:00	446.4
03Aug2022, 03:00	13.0	03Aug 2022, 12:00	149.0	03Aug 2022, 21:00	454.9
03Aug2022, 04:00	21.8	03Aug 2022, 13:00	184.4	03Aug 2022, 22:00	458.3
03Aug2022, 05:00	33.9	03Aug 2022, 14:00	226.4	03Aug 2022, 23:00	461.4
03Aug2022, 06:00	47.0	03Aug 2022, 15:00	272.8	04Aug 2022, 00:00	468.3
03Aug2022, 07:00	59.5	03Aug 2022, 16:00	320.0		
03Aug2022, 08:00	71.6	03Aug 2022, 17:00	364.1		

(c) 실측 홍수량 자료[Time-Series Data/Discharge gages 'Daemun(SR0)']

Discharge gages-Out 03Aug~04Aug, 2022	Dis-charge (m^3/s)	Discharge gages-Out 03Aug~04Aug, 2022	Dis-charge (m^3/s)	Discharge gages-Out 03Aug~04Aug, 2022	Dis-charge (m^3/s)
03Aug2021, 00:00	20.00	04Aug2021, 04:00	1,700.00	05Aug2021, 08:00	610.00
03Aug2021, 02:00	50.00	04Aug2021, 06:00	1,895.00	05Aug2021, 10:00	586.00
03Aug2021, 04:00	100.00	04Aug2021, 08:00	2,158.00	05Aug2021, 12:00	450.00
03Aug2021, 06:00	150.00	04Aug2021, 10:00	2,340.00	05Aug2021, 14:00	320.00
03Aug2021, 08:00	250.00	04Aug2021, 12:00	2,650.00	05Aug2021, 16:00	250.00
03Aug2021, 10:00	300.00	04Aug2021, 14:00	3,368.00	05Aug2021, 18:00	200.00
03Aug2021, 12:00	370.00	04Aug2021, 16:00	2,450.00	05Aug2021, 20:00	180.00
03Aug2021, 14:00	450.00	04Aug2021, 18:00	2,190.00	05Aug2021, 22:00	150.00
03Aug2021, 16:00	540.00	04Aug2021, 20:00	1,850.00	05Aug2021, 24:00	130.00
03Aug2021, 18:00	640.00	04Aug2021, 22:00	1,600.00	06Aug2021, 02:00	60.00
03Aug2021, 20:00	750.00	04Aug2021, 24:00	1,400.00	06Aug2021, 04:00	40.00
03Aug2021, 22:00	900.00	05Aug2021, 02:00	1,300.00	06Aug2021, 06:00	20.00
03Aug2021, 24:00	1,100.00	05Aug2021, 04:00	900.00		
04Aug2021, 02:00	1,400.00	05Aug2021, 06:00	780.00		

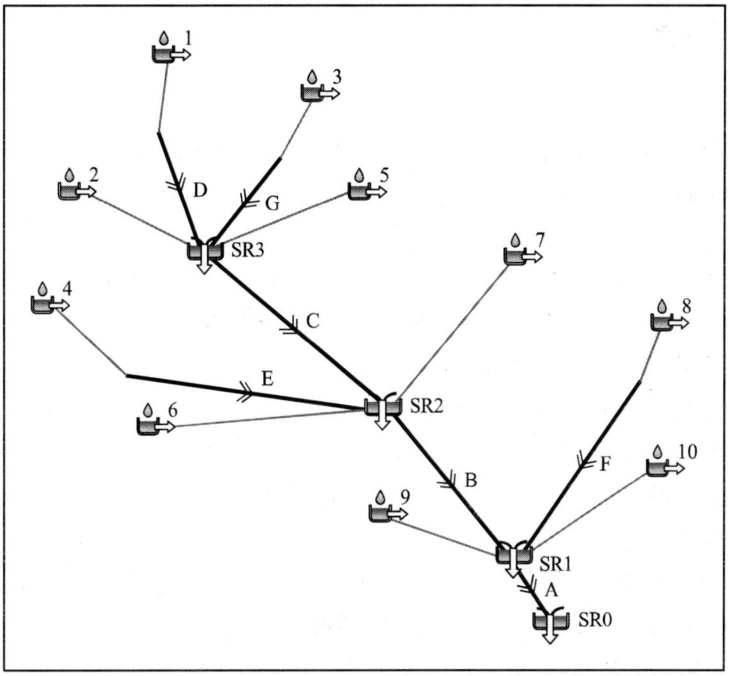

그림 문7.19.2 유역모델(Basin Model)(참조)

참고문헌

건설교통부(2000a), 1999년도 수자원관리기법개발연구조사 보고서, 제1권, 한국 확률강우량도 작성.

건설교통부(2000b), 1999년도 수자원관리기법 개발연구조사 보고서, 제1권, 별책부록, 한국 확률강우량도.

건설교통부(2000c), 1999년도 수자원관리기법 개발연구조사 보고서, 제2권, 한국 가능최대 강수량추정.

건설교통부(2000d), 1999년도 수자원관리기법 개발연구조사 보고서, 제2권, 한국 가능최대 강수량 추정, 별책 제1권, 한국의 주요 호우.

건설교통부(2000e), 1999년도 수자원관리기법 개발연구조사 보고서, 제2권, 한국 가능최대 강수량 추정, 별책 제2권, 지역적 설계강우의 시간적 분포.

건설교통부(2000f), 1999년도 수자원관리기법 개발연구조사 보고서, 제2권, 별책부록, 한국 가능최대 강수량도.

건설교통부(2001), 치수사업 경제성 분석 개선방안 연구.

건설교통부(2003), 도로배수시설 설계 및 유지관리지침.

건설교통부 · 한국수자원공사(1997), 영월다목적댐건설사업 기본계획보고서.

건설교통부(2004), 치수사업 경제성분석 방법 연구 : 다차원 홍수피해산정방법(최종보고서).

건설교통부 · 한국수자원공사(2004), 송리원 다목적댐 건설사업 타당성조사.

건설교통부(2005), 하천설계기준 · 해설.

건설교통부·한국건설교통기술평가원(2005), GIS 기술을 활용한 효율적 하천치수사업 관리기법 개발 연구.

건설교통부(2007), 홍수량 산정기법 가이드라인.

관계부처합동(2021), 제1차 국가물관리기본계획(2021~2030)(발간등록번호 ; 11-1480000-001756-14)(https://policy.nl.go.kr/search/searchDetail.do?rec_key=SH2_PLC20210269320).

국가농림기상센터(2022), 농림기상관련정보(농업기상관측요령 ; 증발량 관측)(http://calslab.snu.ac.kr/ncam/main ; 2022.07.18. ; 18:35 검색).

국립방재연구소(2006), 강우분석프로그램의 개선 및 활용.

국립농업과학원(2007), 투수속도 측정에 기반한 수문학적 토양유형의 분류.

국립재난안전연구원(2022), 국립재난안전연구원/연구실적/주요성과물/강우분석프로그램(http://www.ndmi.go.kr/research/migration/migration.jsp).

국제수문학프로그램(IHP)(2022)(International Hydrological Program ; http://www.ihpkorea.or.kr.).

국토교통부(2013), 2013년도 국토교통 통계연보.

국토교통부(2016), 수자원장기종합계획(2001~2020)(제3차 수정계획).

국토교통부(2017a), 2017년도 국토교통 통계연보.

국토교통부(2017b), 한국형 수문량 분석 선진화 기술 개발.

국토교통부(2018a), 하천기본계획 수립 지침(국토교통부고시 ; 제2018-992호(2018.12.28.)).
국토교통부(2018b), 하천설계기준(KDS 51 00 00 : 2018), 설계수문량(KDS 51 14 10 : 2018).
국토교통부(2021), 2021 국토교통 통계연보(발간등록번호 11-1613000-000196-10).
국토교통부(2023), 도로설계기준(KDS 44 00 00 : 2023), 도로배수시설(KDS 44 40 00 : 2023).
국토해양부(2008), 유역종합치수계획 및 하천기본계획 수립 개선 방안.
국토해양부 · 한국건설기술평가원(2009), 건설기술혁신사업 제3차년도 연차보고서, 하천계획 · 평가 및 적용관리기법개발.
국토해양부(2010), 설계홍수량 산정 선진화 기획 연구보고서.
국토해양부(2011), 확률강우량도 개선 및 보완 연구.
국토해양부(2012), 설계홍수량 산정요령.
기상청(2014), 보도자료(백령도 이중 편파 레이더 정식 운영 시작 ; 2014. 4. 28.).
기상청(2022), 날씨누리(https://www.weather.go.kr/w/typhoon/basic/info1.do)(2022.07.08., 10:54)(기상 레이더센터).
농업과학기술원(2007), 투수속도 측정에 기반한 수문학적 토양유형의 분류.
대한토목학회(1998), 토목용어사전.
박선종, 이종순, 이종원, 정선모, 최국관, 하재현(1993), 국제단위계(SI) 개론, 청문각.
법제처(2022a), 관측업무규정, 국가법령정보센터(https://law.go.kr/LSW/main.html).
법제처(2022b), 기상관측표준화법 시행규칙, 국가법령정보센터(https://law.go.kr/LSW/main.html).
법제처(2022c), 기상법·기상법 시행령·기상법 시행규칙, 국가법령정보센터(https://law.go.kr/LSW/main.html).
법제처(2022d), 물관리기본법·시행령·시행규칙, 국가법령정보센터(https://law.go.kr/LSW/main.html).
법제처(2022e), 수문관측 업무규정, 국가법령정보센터(https://law.go.kr/LSW/main.html).
법제처(2022f), 수문조사 업무규정, 국가법령정보센터(https://law.go.kr/LSW/main.html).
법제처(2022g), 수자원의 조사 · 계획 및 관리에 관한 법률(https://law.go.kr/LSW/main.html).
법제처(2022h), 예보업무규정, 국가법령정보센터(https://law.go.kr/LSW/main.html).
법제처(2022i), 지진화산 업무규정, 국가법령정보센터(https://law.go.kr/LSW/main.html).
법제처(2022j), 지하수법·시행령·시행규칙, 국가법령정보센터(https://law.go.kr/LSW/main.html).
법제처(2022k), 하천법·시행령·시행규칙, 국가법령정보센터(https://law.go.kr/LSW/main.html).
선우중호(1983, 2006), 수문학, 동명사.
심명필(2000~2003), 수자원 경제성분석 입문(1)~(16), 한국수자원학회지 학술/기술강좌, 제33권3호~제36권3호, 한국수자원학회.
신홍준, 남우성, 정영훈, 허준행 (2008), "Generalized Logistic 분포형을 이용한 지역빈도해석의 불확실성 추정", 대한토목학회 논문집, 제8권 제B호, pp.723-729.
염준근(1993), 선형회분석(개정판), 자유아카데미, p.50-51.
우효섭(2007), 수리학, 청문각.

윤용남(2003), 공업수문학, 청문각.

윤용남(2012), 수문학(기초와 응용), 청문각.

윤용남, 김중훈, 유철상, 김상단(2002), "공간 분포된 강우를 사용한 유출 매개변수 추정 및 강우오차가 유출계산에 미치는 영향분석", 한국수자원학회 논문집, 제35권 제1호, pp.1-12.

이동률, 홍일표, 김남원, 서병하(1994), "수자원계획을 위한 과거 강수량자료의 분석", 한국수문학회지, 제27권, 제3호, pp.71-82.

이재수(2006), 수문학, 도서출판 구미서관.

이종석(2006), 수문학, 도서출판 새론.

이종석(2010), 하천공학 및 설계, 도서출판 새론.

이종석(2012), 기초수리학 및 실험, 도서출판 새론.

이종석(2014), 기초수문학(제2판), 도서출판 씨아이알.

이종석(2016), 수공설계, 도서출판 씨아이알.

이종석(2017), 하천공학(제3판), 도서출판 씨아이알.

이종석(2018a), 수리학 및 실험(제3판), 도서출판 씨아이알.

이종석(2018b), 수문학(제3판), 도서출판 씨아이알.

이종석(2019), 수공설계(제2판), 도서출판 씨아이알.

이종석(2022a), 수리학 및 실험(제4판), 도서출판 씨아이알.

이종석(2022b), 하천공학(제4판), 도서출판 씨아이알.

이종석, 김치곤(2015), "논산유역 중소하천의 유량-부유사량 현장측정 분석", 한국방재학회논문집, 제15권, 제1호, pp.291-296.

이종석, 김치곤(2019), "비점오염원 저감장치의 성능분석", 한국수자원학회 논문집, 제52권, 제3호, pp.207-217.

이종석, 김치곤, 유의근(2015), "농경유역 중소하천에서의 유량과 총유사량의 관계식 유도방법", 한국콘텐츠학회 논문지, 제15권, 제8호, pp.544-555.

이종석 외 2인(1996), "총유사량 산정을 위한 유사농도식의 유도", 한국수문학회지, 제29권, 제1호, pp.181-190.

이충기(2013), "국토해양부 강우레이더 관측망 구축·운영·활용현황", 대한전자공학회지, 제40권, 제2호, pp.120-128.

임상준, 박승우(1997), "논의 유출곡선번호 추정", 한국수자원학회 논문집, 제30권, 제6호, pp.379-387.

정수일, 김봉선, 박상규, 유영관 공역(1998), 공업통계학(제1판 3쇄)[원저; Walpole, R.E, and Myers, R. H.(1993), Probability and Statistics for Engineers and Scientists, 5th ed., Macmillan Publishing Company.], p.256-260.

제주도(2013), 제주형 하천기본계획 수립 및 하천시설 관리 매뉴얼 개발.

제주권 국토교통기술 지역거점센터(2017), 제주 도심하천 설계홍수량 산정요령.

제주도(2018), 제주지역 홍수피해 저감을 위한 최적 대응기술 개발.

차재복(2023), 정보통신기술용어해설(http://www.ktword.co.kr/index.php ; 2023.06.10.07:55 검색).

한국수자원공사(1998), 수자원개발의 경제성 분석모델 개발-다목적댐 편익산정을 중심으로.

한국수자원학회(1991), 수공학 용어집.

한국수자원학회(2000), 2000 하천설계기준.

한국수자원학회(2009), 하천설계기준 · 해설.

해양수산부(2023), 해양기상 정보, 국립해양측위정보(NMPNT)(https://marineweather ; 2023.06.04. 09:28 검색).

허준행, 고연우, 김경덕(2001), "확률도시 상관계수 적합도 검정, 검정통계량 유도 및 기각력 검토", 대한토목학회 논문집, 제21권, 제2-B호, pp.85-92.

환경부(2019), 홍수량 산정 표준지침(발간등록번호, 11-1480000-001604-14).

환경부(2020a), 강우빈도해석 프로그램(개발보고서).

환경부(2020b), 환경통계연감(발간등록번호, 11-1480000-000081-10).

환경부(2022a), 국가수자원관리 종합정보 시스템 홈페이지(WAMIS)(/하천/홍수량산정)(http://www.wamis.go.kr/wsc/wsc_fldstand.do ; 2022.08.19., 16:48 검색).

환경부(2022b), 댐설계기준(KDS 54 00 00 : 2022), 댐 설계계획(KDS 54 10 15 ; 2022).

Barnes, B.S.(1940), Discussion of 'Analysis of runoff characteristics', Transact. ASCE, 105, 104-108.

Barré de St. Venant, A.J.C.(1871a), Théorie du mouvement non permanent des eaux, avec application aux crues de rivières et à 1'introduction des marées dans leur lit. Comptes Rendus des Séances de l'Académie des Sciences (Paris, France), Séance, Vol. 73, pp.147-154 (in French).

Barré de St. Venant, A.J.C.(1871b), Théorie du mouvement non permanent des eaux, avec application aux crues de rivières et à 1'introduction des marées dans leur lit. Comptes Rendus des Séances de l'Académie des Sciences (Paris, France), Vol. 73, No. 4, pp.237-240 (in French).

Bedient, P.B., and Huber, W.C.(1988), Hydrology and Floodplain Analysis, Addition- Wesley Publishing Company.

Bedient, P.B., and Huber, W.C.(2002), Hydrology and Floodplain Analysis, 3rd ed., Prentice-Hall, Inc.

Brutsaert, W.(2005), Hydrology-An Introduction, Cambridge University Press.

Chin, D.A.(2000), Water-Resources Engineering, Prentice-Hall, Inc.

Chow, V.T.(1951), "A general formula for hydrologic frequency analysis", Transactions, American Geophysiscal Union, Vol. 32, No. 2, pp.231-237.

Chow, V.T.(1959), Open-Channel Hydraulics, McGraw-Hill, New York, NY.

Chow, V.T.(ed.)(1964), Handbook of Applied Hydrology, McGraw-Hill, New York, NY.

Chow, V.T., Maidment, D.R., and Mays, L.W.(1988), Applied Hydrology, McGraw-Hill International Editions.

Clark, C.O.(1945), "Storage and the unit hydrograph", Transactions, ASCE, Vol. 110, Paper No. 2261, 1419-1446.

Cook, H.L.(1946), "The Infiltration Approach to the Calculation of Surface Runoff", Transactions, American Geophysiscal Union, Vol. 27, No. V, pp.726-747.

Cunge, J.A.(1969), "On the Subject of a Flood Propagation Computation Method (Muskingum Method)", Journal of Hydraulic Research. Vol. 7, No.2, pp.205-230.

Delleur, J.W.(1999),The Handbook of Groundwater Engineering, CRC Press.

Dingman, S.L.(2002), Physical Hydrology, 2nd ed., Prentice-Hall, Inc.

Eagleson, P.S.(1970), Dynamic Hydrology, McGraw-Hill.

Eagleson, H.M.(1985), Hydrology, Principles, Analysis and Design, John Wiley & Sons.

Edward, J.S., Ira, M.K., and James, P.S.(2005), Introduction to fluid mechanics. Oxford University Press, p.46, 56.

Firing, M.B., and Jackson, B.R.(1971), Synthetic Streamflow, Water Resources Monograph No. 1, American Geophysical Clarion.

Golden Software(2023), Grapher(v5.02) (https//www.goldensoftware.com/)https://www.goldensoftware.com/products/grapher, GOLDEN SOFTWARE, LLC.

Graf, W.H.(1998), Fluvial Hydraulics, Flow and Transport Processes in Channels of Simple Geometry, John Wiley & Sons.

Greenwood, J.A., J.M. Landwehr, N.C. Matalas, and J.R. Wallis(1979), "Probability weighted moments : Definition and relation to parameters of several distributions expressable in inverse form", W.R.R., Vol. 15, No. 5, pp.1049-1054.

Grubbs, F.E., and G. Beck.(1972), Extension of sample sizes and percentage points for significance tests of outlying observations. Technometrics 14 : 847-854.

Gupta, R.S.(2017), Hydrology and Hydraulics Systems, 4th ed., Waveland Press, Inc.

Hann, C.T., Barfried, B.J., and Hayes, J.C.(1981), Design Hydrology and Sedimentology for Small Catchments, Academic Press.

Haan, C.T., Barfield, B.J., and Hayes, J.C.(1994), Design Hydrology and Sedimentology for Small Catchments, Academic Press.

Haan, C.T.(2002), Statistical Methods in Hydrology, 2nd ed., The Iowa State University Press.

Henderson, F.M.(1966), Open Channel Flow, Macmillan Publishing Co., Inc.

Hosking, J.R.M(1986), The theory of Probability weighted moments, RC 12210(#54860),

Mathematics, 160p.

Hosking, J.R.M., and Wallis, J.R. (1997), Regional frequency analysis.-An approach based on L-moments, Cambridge University Press, 224p.

Horton, R.E.(1924), "Discussion of the distribution of intense rainfall and some other factors in the design of storm water drains", Proc. Amer. Meteor. Civil Engineers, 50, pp.60-667.

Horton, R.E.(1933), "The role of infiltration in the hydrologic cycle", Transactions, American Geophysical Union, Vol. 14, pp.350-361.

Hromadka, T.V., Clements, J.M., and Saluja, H.(1984), Computer Methods in urban Watershed Hydraulics Lighthouse Publications, Mission Viejo, CA.

Huff, F.A.(1967), "Time distribution of rainfall in heavy storms", W.R.R., Vol. 3, No. 4, pp.1001-1019.

IH(Institute of Hydrology).(1999), Flood estimation handbook, Center for Ecology & Hydrology, Wallingford, UK.

Julien, P.Y.(2002), River Mechanics, Cambridge University Press.

Julien, P.Y.(2010), Erosion and Sedimentation 2nd ed., Cambridge University Press.

Julien, P.Y.(2018), River Mechanics 2nd ed., Cambridge University Press.

Julien, P.Y.(2022), Principles of Hydraulics, Cambridge University Press.

Kibler, D. F., and D. A. Woolhiser.(1970), "The Kinematic Cascade as a Hydrologic Model", Colorado State University Hydrology Paper No. 39, Fort Collins, Colorado.

Kuichling, E.(1889), "The relation between the rainfall and the discharge of sewers in populous districts", Transactions, American Society of Civil Engineers 20, 1-56.

Landwehr, J.M., Matalas, N.C., and Walls, J.R.(1979), "Probability-weighted moments compared with some traditional techniques in estimating Gumbel parameters and quantiles", W.R.R., Vol. 15, pp.1055-64.

Lee, J.S., and Pierre, Y.J.(2006), "Electromagnetic Wave Surface Velocimetry", J. Hydra. Engineering, ASCE, Vol. 136, No. 2, pp.146-153.

Mays, L.W.(2005), Water Resources Engineering, John Wiley & Sons.

NRCC(1989), Hydrology of Floods in Canada : A Guide to Planning and Design.

Penman, H.L.(1948), "Natural Evaporation from Often Water, Bare Soil and Grass", Proceedings of the Royal Society of London A, 193, pp.120-145.

Ponce, V. M., R. M. Li, and D. B. Simons. (1978). "Applicability of Kinematic and Diffusion Models", Journal of the Hydraulics Division, ASCE, Vol. 104, No. HY3, March, pp. 353-360.

Ponce, V.M.(1989), Engineering Hydrology : Principles and Practices. Prentice Hall, Englewood Cliffs, New Jersey.

Ponce, V.M.(2014), Engineering Hydrology : Principles and Practices. 2nd ed., online., http://ponce.sdsu.edu/enghydro/index.html.

Rafael, L.B.,(1990), Hydrology, An Introduction to Hydrologic Science, Addision-Wesley Publishing Company.

Rakhecha, P.R., and Singh, V.P.(2009), Applied Hydrometeorology, Springer.

Roscoe, M., and George, E.M.(1990), Handbook of Ground Water Development, John Wiley & Sons.

Raudkivi, A.J.(1979), Hydrology, An Advanced Introduction to Hydrological Processes and Modelling, Pergamon Press.

SCS(Soil Conservation Service)(1972), (presently ; NRCS, Natural Resources Conservation Service), Hydrology sec. 4 of national Engineering Handbook, Soil Conservation Service, U.S. Department of Agriculture, Washington D.C.

Shaw, E.M.(1994), Hydrology in Practice, 3rd ed., Chaman & Hall.

Sherman, L.K.(1932), "Streamflow from rainfall by the unit-graph method", Eng., News Record, 108, 501-505.

Sherman, L.K.(1942), The unit hydrology method, Physics of the Earth-Hydrology, IX, Meinzer, O.E. ed., National Research Council, McGraw-Hill, New York.

Sokolov, A.A., S.E. Rantz, and M, Roche.(1976), Flood Computation-Methods Compiled from World Experience, The UNESCO Press, Paris.

Strekoff, T., et al.(1980), Comparative analysis of flood routing methods, Res. Doc. 24, Hydrologic Engineering Center, U.S. Army Corps of Engineers, Davis, CA.

Subramanya, K.(2013), Engineering Hydrology, 4th ed., McGraw Hill Education (India) Private Limited.

Sveinsson, O. G. B., D.C. Boes, and J.D. Salas.(2001), "Population index flood method for regional frequency analysis", W.R.R., Vol. 37, No. 11, pp.2733-2748.

Todd, D.K.(1980), Ground Hydrology, 2nd ed., John Wiley & Sons.

Todd, D.K., and Mays, L.W.(2005), Groundwater Hydrology, 3rd ed., John Wiley & Sons, Inc.

USACE(1990)(Hydrologic Engineering Center, U.S. Army Corps of Engineers), HEC-1, Flood Hydrograph Package, User's Manual, v4.0, September.

USACE(2008a)(U.S. Army Corps of Engineers Institute for Water Resources Hydrologic Engineering Center), HEC-HMS(Hydrologic Modeling System), Application Guid, v3.4 .

USACE(2008b)(U.S. Army Corps of Engineers Institute for Water Resources Hydrologic Engineering Center), HEC-HMS(Hydrologic Modeling System), Technical reference manual, v3.4.

USACE(2008c)(U.S. Army Corps of Engineers Institute for Water Resources Hydrologic Engineering Center), HEC-HMS(Hydrologic Modeling System), User's Manual, v3.4.

USACE(2008d)(U.S. Army Corps of Engineers Institute for Water Resources Hydrologic Engineering Center), HEC-RAS(River Analysis System), Application guide, v4.0.

USACE(2008e)(U.S. Army Corps of Engineers Institute for Water Resources Hydrologic Engineering Center), HEC-RAS(River Analysis System), Hydraulic reference manual, v4.0.

USACE(2008f)(U.S. Army Corps of Engineers Institute for Water Resources Hydrologic Engineering Center), HEC-RAS(River Analysis System), User' manual, v4.0.

USACE(2016a)(U.S. Army Corps of Engineers Institute for Water Resources Hydrologic Engineering Center), HEC-RAS(River Analysis System), Application guide, v5.0.

USACE(2016b)(U.S. Army Corps of Engineers Institute for Water Resources Hydrologic Engineering Center), HEC-RAS(River Analysis System), Hydraulic reference manual, v5.0.

USACE(2016c)(U.S. Army Corps of Engineers Institute for Water Resources Hydrologic Engineering Center), HEC-RAS(River Analysis System), User' manual, v5.0.

USACE(2022a)(U.S. Army Corps of Engineers Institute for Water Resources Hydrologic Engineering Center), HEC-HMS(Hydrologic Modeling System), Application Guid, v 4.8(https://www.hec.usace.army.mil/confluence/hmsdocs/hmsag/ ; 2020.08.10. 검색).

USACE(2022b)(U.S. Army Corps of Engineers Institute for Water Resources Hydrologic Engineering Center), HEC-HMS(Hydrologic Modeling System), Technical reference manual, v4.8(https://www.hec.usace.army.mil/confluence/hmsdocs/hmstrm/ ; 2020. 08.10. 검색).

USACE(2022c)(U.S. Army Corps of Engineers Institute for Water Resources Hydrologic Engineering Center), HEC-HMS(Hydrologic Modeling System), User's Manual, v4.8 (https://www.hec.usace.army.mil/confluence/hmsdocs/hmsum/latest ; 2020.08.10. 검색).

USDASCS(1985), Soil Conservation Service ; 105.

Wiesner, C.J.(1970), Hydrometeorology, Chapman and Hall Ltd.

Wikipedia(2023), Pan evaporation, Class A evaporation pan, The Free Encyclopedia (https://en.wikipedia.org/wiki/Pan_evaporation ; 2023.04.07.08:50 검색).

WMO(World Meteorological Organization)(2008), Guide to Hydrological Practices, Volume I, Hydrology From Measurement to Hydrological Information. 6th edition, WMO-No. 168, p. I.2-24.

Wooding, R.A.(1965a), "A Hydraulic Model for the Catchment-stream Problem, 1. Kinematic Wave Theory", Journal of Hydrology, Vol. 3, pp. 254-267.

Wooding, R.A.(1965b), "A Hydraulic Model for the Catchment-stream Problem, II. Numerical Solutions", Journal of Hydrology, Vol. 3, 1965, pp. 268-282.

Wooding, R.A.(1966), "A Hydraulic Model for the Catchment-stream Problem, III. Comparison with Runoff Observations", Journal of Hydrology, Vol. 4, pp. 21-37.

Woolhiser, D. A., and Liggett, J. A.(1967), "Unsteady One-dimensional Flow Over a Plane: The Rising Hydrograph", W.R.R., Vol. 3, No.3, pp. 753-771.

찾아보기

ㄱ

ㄴ

ㄷ

ㅈ

ㅋ

ㅌ

ㅍ

저자 소개

이종석

학 · 경력
단국대학교 대학원 토목공학과 공학박사(수공학)
한밭대학교 건설환경공학과 교수

저서
『수공설계(제2판)』, 도서출판 씨아이알, 2019.
『하천공학(제4판)』, 도서출판 씨아이알, 2022.
『수리학 및 실험(제4판)』, 도서출판 씨아이알, 2022.

수문학 정가 37,000원

저자 : 이종석

발행인 : 임해진
발행처 : 도서출판 구미서관

발행 : 2023년 7월 31일 초판

등록 : 1979년 6월 29일 No.9-6호
주소 : 서울시 마포구 신촌로 2길 5-15 구미빌딩
전화 : 02-333-1101
팩스 : 02-335-2201
http://www.goomibook.com

ISBN 979-11-6257-262-7 (93530)